Web 开发视频点播大系

中文版 Dreamweaver CC 网页制作从入门到精通

未来科技　编著

中国水利水电出版社
www.waterpub.com.cn
·北京·

内 容 提 要

《中文版 Dreamweaver CC 网页制作从入门到精通》一书循序渐进地讲述了在 Dreamweaver CC 中进行网页设计和编程的基础知识和各种操作技巧。全书共 19 章，第 1～8 章主要介绍了如何使用 Dreamweaver CC 熟练制作网页对象，如网页文本、网页图像、网页超链接、网页多媒体、网页表格等；第 9～19 章主要介绍如何使用 Dreamweaver CC 设计网页样式、交互效果、移动页面、动态网站等。

《中文版 Dreamweaver CC 网页制作从入门到精通》配备了极为丰富的学习资源，其中配套资源有：**229 节教学视频**（可二维码扫描）、**素材源程序**；附赠的拓展学习资源有：**习题及面试题库、案例库、工具库、网页模板库、网页配色库、网页素材库、网页案例欣赏库等。**

《中文版 Dreamweaver CC 网页制作从入门到精通》适合作为网页设计、网页制作、网站建设、Web 前端开发人员的自学用书，也可作为高等院校网页设计、网页制作、网站建设、Web 前端开发等专业的教学参考用书或相关机构的培训教材。

图书在版编目（CIP）数据

中文版Dreamweaver CC网页制作从入门到精通 / 未来科技编著. -- 北京 : 中国水利水电出版社, 2017.8(2022.8 重印)
（Web开发视频点播大系）
ISBN 978-7-5170-5423-8

Ⅰ. ①中… Ⅱ. ①未… Ⅲ. ①网页制作工具 Ⅳ. ①TP393.092.2

中国版本图书馆CIP数据核字(2017)第115084号

书　　名	中文版 Dreamweaver CC 网页制作从入门到精通 ZHONGWENBAN Dreamweaver CC WANGYE ZHIZUO CONG RUMEN DAO JINGTONG
作　　者	未来科技　编著
出版发行	中国水利水电出版社 （北京市海淀区玉渊潭南路 1 号 D 座　100038） 网址：www.waterpub.com.cn E-mail：zhiboshangshu@163.com 电话：（010）62572966-2205/2266/2201（营销中心）
经　　售	北京科水图书销售有限公司 电话：（010）68545874、63202643 全国各地新华书店和相关出版物销售网点
排　　版	北京智博尚书文化传媒有限公司
印　　刷	涿州市新华印刷有限公司
规　　格	203mm×260 mm　16 开本　33.5 印张　940 千字
版　　次	2017 年 8 月第 1 版　2022 年 8 月第 9 次印刷
印　　数	21601—24100 册
定　　价	69.80 元

前　言

Preface

随着 Web 应用的快速普及，人们对网页设计的要求越来越高，简单的信息展示已经不能满足人们的要求，具有实时性、交互性和丰富性的页面效果才是网页设计的标准。

Dreamweaver 是一款网站开发、网页设计和编码的专业工具。目前，最新版本是 Dreamweaver CC，该版本在软件的性能和易操作性方面都做了不少改进，全面支持最新的 HTML5 和 CSS3 技术，能够帮助用户快速、直观地设计前沿、时尚的标准网页。

本书内容

本书分为 6 大部分，共 19 章，具体结构划分及内容如下。

第 1 部分：使用 Dreamweaver CC 制作网页，包括第 1～8 章，主要介绍了如何使用 Dreamweaver CC 熟练制作网页对象，如网页文本、网页图像、网页超链接、网页多媒体、网页表格等。

第 2 部分：使用 Dreamweaver CC 设计网页样式，包括第 9～11 章，主要介绍 CSS 样式基础，使用 CSS 控制网页对象的样式，使用 CSS 设计页面整体效果，使用 CSS 设计动画和定位技术。

第 3 部分：使用 HTML5+CSS3 新功能，包括第 12～13 章，主要介绍 Dreamweaver CC 对 HTML5+CSS3 新功能的支持，以及如何设计 HTML5 页面。

第 4 部分：使用 Dreamweaver CC 设计交互效果，包括第 14～15 章，主要介绍行为、特效的使用，以及如何使用 jQuery UI 和 jQuery 特效设计交互页面。

第 5 部分：使用 Dreamweaver CC 设计移动页面，包括第 16～17 章，主要介绍 jQuery Mobile 框架的使用，借助 Dreamweaver CC 的可视化操作，快速设计移动页面和交互组件。

第 6 部分：使用 Dreamweaver CC 设计动态网站，包括第 18～19 章，主要介绍使用 Dreamweaver CC 设计 ASP+Access 类型的动态网站，并结合一个综合案例演示网站的设计和建设过程。

本书编写特点

📖 讲解系统，内容全面

本书按照“设计静态网页”→“设计交互页面”→“制作移动网页”→“商业网站综合案例开发”的顺序讲解，内容安排由浅入深、循序渐进，全面、系统地介绍了 Dreamweaver CC 的使用方法。

📖 操作性强

本书除了各种 Dreamweaver 可视化功能的实际操作外，对关键程序代码也进行了详细的说明，指导用户如何利用现有的代码和修改现有的代码，以提高用户编写脚本代码的能力。

📖 浅显易懂，深入浅出

本书最大的特点就是能够帮助零基础的读者，快速利用 Dreamweaver CC 设计出各种精美的网页效果，即便是一些复杂的代码，借助 Dreamweaver CC 的可视化操作，根据书中提供的详细操作演示，也能够简单地实现。

本书显著特色

📖 **体验好**

二维码扫一扫，随时随地看视频。书中几乎每个章节都提供了二维码，读者朋友可以通过手机微信扫一扫，随时随地看相关的教学视频（若个别手机不能播放，请参考前言中的“本书学习资源列表及获取方式”下载后在计算机上可以一样观看）。

📖 **资源多**

从配套到拓展，资源库一应俱全。本书不仅提供了几乎覆盖全书的配套视频和素材源文件，还提供了拓展的学习资源，如习题及面试题库、案例库、工具库、网页模板库、网页配色库、网页素材库、网页案例欣赏库等，拓展视野、贴近实战，学习资源一网打尽！

📖 **案例多**

案例丰富详尽，边做边学更快捷。跟着大量的案例去学习，边学边做，从做中学，使学习更深入、更高效。

📖 **入门易**

遵循学习规律，入门与实战相结合。本书编写模式采用“基础知识+中小实例+实战案例”的形式，内容由浅入深、循序渐进，从入门中学习实战应用，从实战应用中激发学习兴趣。

📖 **服务快**

提供在线服务，随时随地可交流。本书提供 QQ 群、网站下载等多渠道贴心服务。

本书学习资源列表及获取方式

本书的学习资源十分丰富，全部资源分布如下：

📖 **配套资源**

本书配套同步视频，共计 229 节（可用二维码扫描观看或从下述的网站下载）。

📖 **拓展学习资源**

（1）习题及面试题库（共计 1 000 题）。

（2）案例库（各类案例 4 396 个）。

（3）工具库（HTML 参考手册 11 部、CSS 参考手册 10 部、JavaScript 参考手册 26 部）。

（4）网页模板库（各类模板 1 636 个）。

（5）网页素材库（17 大类）。

（6）网页配色库（623 项）。

（7）网页案例欣赏库（共计 508 例）。

📖 **以上资源的获取及联系方式**

（1）读者朋友可以加入本书微信公众号咨询关于本书的所有问题。

（2）登录网站 xue.bookln.cn，输入书名，搜索到本书后下载。

（3）加入本书学习交流专业解答QQ群：621135618，获取网盘下载地址和密码。

（4）读者朋友还可通过电子邮件 weilaitushu@126.com、945694286@qq.com 与我们联系。

（5）登录中国水利水电出版社的官方网站：www.waterpub.com.cn/softdown/，找到本书后，根据相关提示下载。

本书约定

为了给读者提供更多的学习资源，同时弥补篇幅有限的缺憾，本书提供了很多参考链接，部分书中无法详细介绍的问题都可以通过这些链接找到答案。在此要说明的是，因为这些链接地址会因时间而有所变动或调整，本书无法保证它们是长期有效的。确有需要的读者可通过 QQ 群进行咨询。

本书所列出的插图可能会与读者实际环境中的操作界面有所差别，这可能是由于操作系统平台、浏览器版本等不同而引起的，在此特别说明，读者应该以实际情况为准。

在学习本书实例之前需要安装 Dreamweaver，建议使用 Dreamweaver CC。

本书适用对象

本书适用于网页设计、网页制作、网站建设、Web 前端开发和后台设计人员，也可以作为高等院校相关专业的教学参考书，或相关机构的培训教材。

关于作者

未来科技是由一群热爱 Web 开发的青年骨干教师组成的一个松散组织，主要从事 Web 开发、教学培训、教材开发等业务。该群体编写的同类图书在很多网店上的销量名列前茅，让数十万的读者轻松跨进了 Web 开发的大门，为 Web 开发的普及和应用做出了积极贡献。

参与本书编写的人员有：彭方强、雷海兰、杨艳、顾克明、李德光、刘坤、吴云、赵德志、马林、刘金、邹仲、谢党华、刘望、郭靖、张卫其、班琦、蔡霞英、曾德剑、曾锦华、曾兰香、曾世宏、曾旺新、曾伟、常星、陈娣、陈凤娟、陈凤仪、陈福妹、陈国锋、陈海兰、陈华娟、陈金清、陈马路、陈石明、陈世超、陈世敏、陈文广等。

编　者

目　录

Preface

第 1 章　初识 Dreamweaver CC

Dreamweaver 是一款功能强大的 Web 设计、开发和管理工具，在可视化操作、编码环境和网站集成，以及 Web 技术拓展、系统服务等方面都是非常优秀的。它对 HTML、CSS 和 JavaScript 技术的支持比较完善。不管是成熟的工作流、强大的可视化操作界面，还是性能卓越的站点管理表现，都让用户爱不释手。本章将简单介绍 Dreamweaver 工具的使用，以及 Dreamweaver CC 提供的强大 Web 设计和开发新功能。

【学习重点】

- 熟悉 Dreamweaver CC 主界面。
- 了解 Dreamweaver CC 新功能。

1.1　熟悉 Dreamweaver

Dreamweaver 是 Web 设计和开发人员的最佳使用工具，其可视化操作环境蕴藏着很多无所不在的功能和技巧，熟练掌握这些操作技巧，会让工作变得非常惬意和轻松。

扫一扫，看视频

1.1.1　新建网页文档

启动 Dreamweaver，按常规步骤新建网页文档。选择【文件】|【新建】命令，打开【新建文档】对话框，从中设置【页面类型】、【布局】和【文档类型】等，如图 1.1 所示。在默认状态下，Dreamweaver CC 将创建 HTML5 类型的文档。

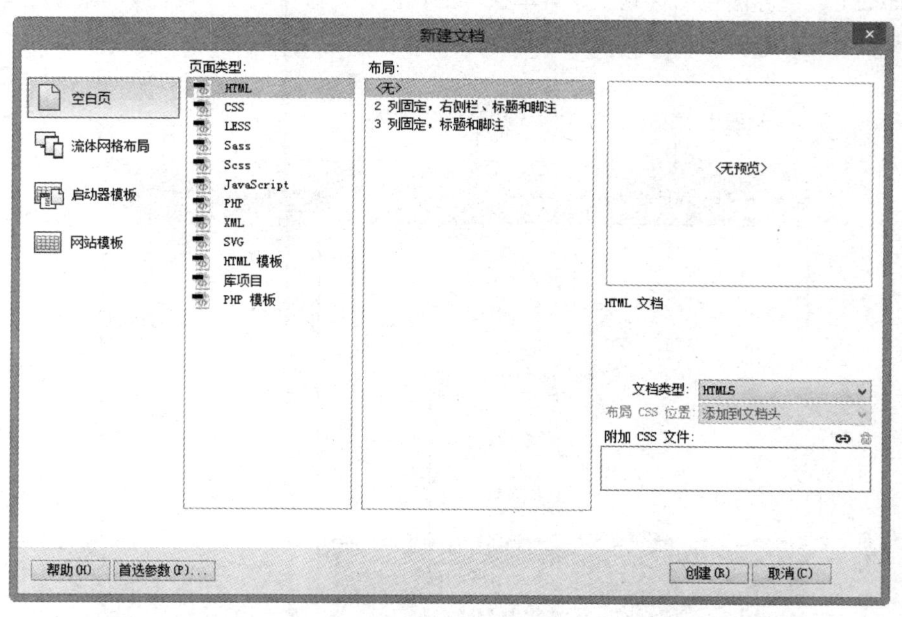

图 1.1　新建文档

新建的文档在可视化编辑环境中显示为一块空白区域，如图 1.2 所示。

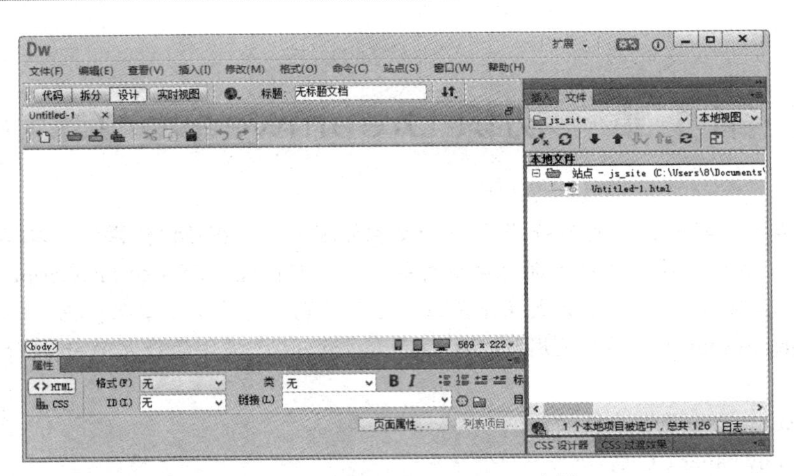

图 1.2　新建 Dreamweaver CC 文档

光标闪烁处正是编辑区域的起始位置，此时可以在菜单栏的【插入】菜单中选择准备插入的对象。该菜单中包含图像、多媒体（如视频、音频、Flash 动画等）、表格、布局对象、表单和超链接等网页中大部分的对象内容。插入对象时一般会打开对话框要求进行必要的设置，编辑窗口中的插入点显示对象效果。

插入对象之后，可以随时选中对象，并在窗口底部的【属性】面板中设置对象的属性，属性面板能够自动侦测用户所选对象并显示该类型对象的设置项。所有设置都会即时呈现在编辑窗口中的插入对象上，从而可以直观地查看对象的设置效果。

扫一扫，看视频

1.1.2　认识 Dreamweaver CC 主界面

Dreamweaver CC 主界面包括标题栏、菜单栏、工具栏、编辑窗口、【属性】面板、浮动面板等几部分，如图 1.3 所示。

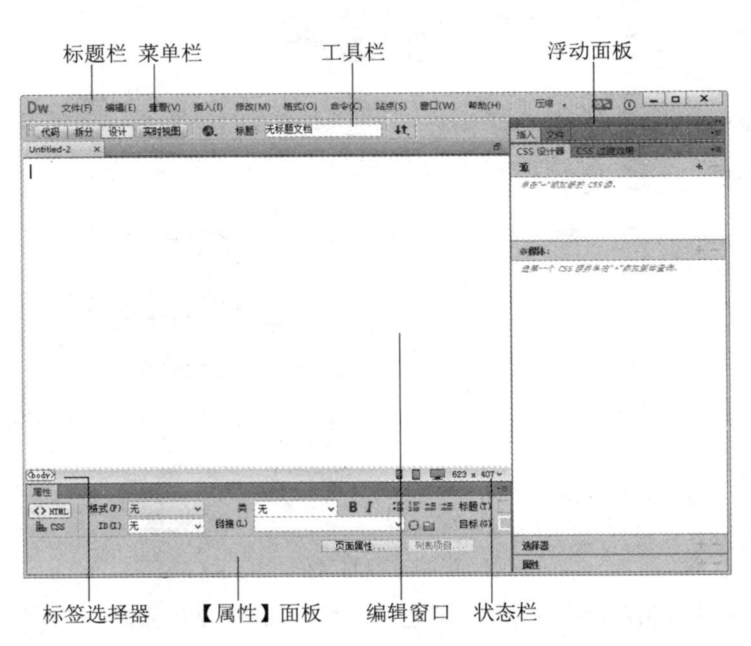

图 1.3　Dreamweaver CC 主界面

Dreamweaver 的所有功能都可以在菜单栏中找到。例如，文档操作在【文件】菜单中选择；插入网页对象可以在【插入】菜单中选择；而修改网页对象只能够在【修改】和【格式】菜单中选择；网站管理应该选择【站点】菜单。

有关网页对象的属性设置操作都被集成到【属性】面板中，该面板默认位于窗口底部。选中一个对象，即可快速在该面板中进行修改。Dreamweaver 根据功能设置了很多浮动面板，这些面板分门别类地组合在一起，显示在窗口的右侧。

Dreamweaver 的编辑窗口模拟了图形图像编辑器的设计风格，以坐标尺的形式显示当前设计的页面。用户应该熟悉视图操作中常用的辅助工具，如标尺、辅助线和缩放工具等。

1.2　Dreamweaver CC 新功能

Dreamweaver CC 是 Adobe 公司最新 Creative Cloud 套装产品的一员，可通过 Adobe Application Manager 在线安装和更新。下面简单介绍 Dreamweaver CC 新增功能。

➘　全新的 CSS 设计器

Dreamweaver CC 提供了高度直观的可视化编辑工具，可快速生成整洁的 Web 标准的代码。使用全新的 CSS 设计器可以快速查看和编辑与特定上下文或页面元素有关的样式。仅单击几下就可以应用如渐变、边框、阴影等属性。

➘　云端同步

将 Dreamweaver 设置与 Creative Cloud 同步，在 Creative Cloud 上存储个人文件、应用程序设置和站点定义。每当需要这些文件和设置时，可以从任何机器登录 Creative Cloud 并访问它们，如图 1.4 所示。

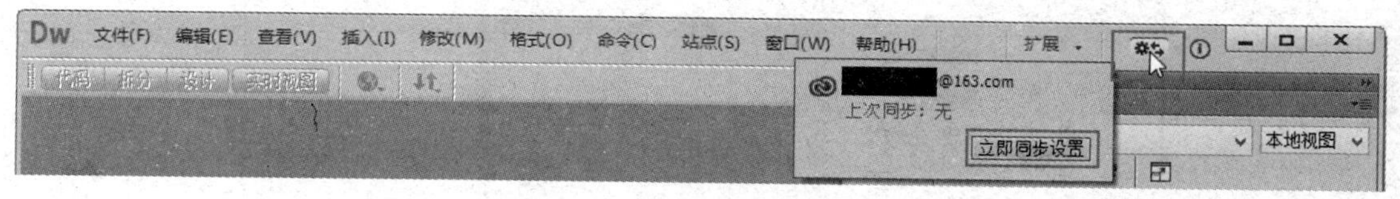

图 1.4　云端同步

也可以设置 Dreamweaver 以自动与 Creative Cloud 同步设置，选择【编辑】|【首选项】命令，打开【首选项】对话框，在左侧【分类】列表框中选择“同步设置”选项，在右侧按需设置同步条件，如图 1.5 所示。

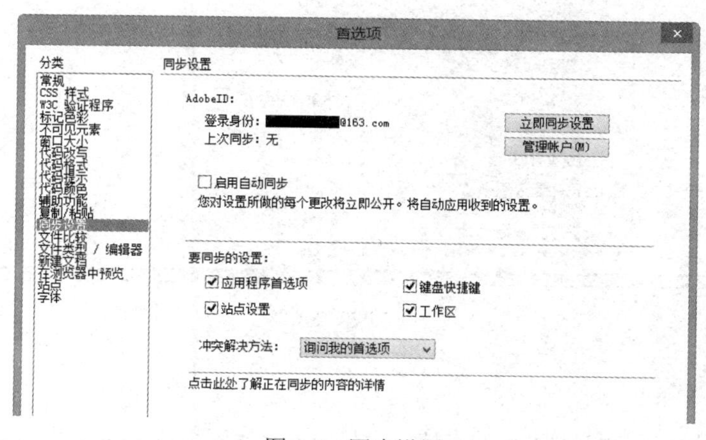

图 1.5　同步设置

➘ 支持新式平台

使用 HTML5、CSS3、jQuery 和 jQuery 移动框架创作项目。在 PHP 中开发动态页面。例如，拖放文档中的手风琴、按钮、选项卡以及许多其他 jQuery Widget。通过 jQuery 效果可以增加网站的趣味性和吸引力。

➘ 简化了用户界面

Dreamweaver CC 用户界面经过改进，减少了对话框的数量。改进后的界面可使用直观的上下文菜单更高效地开发网站。

1.3 Dreamweaver CC 与新技术

Dreamweaver CC 进行了大胆而全新的改版，升级后的 Dreamweaver 为用户提供了更多、更先进的技术支持。本节简单介绍 Dreamweaver CC 在交互式网页设计中支持的新技术。

扫一扫，看视频

1.3.1 jQuery 特效

首先，了解一下 Dreamweaver 行为。Dreamweaver 行为就是将 JavaScript 代码段进行捆绑，以方便用户用可视化的方式在网页中插入 JavaScript 代码。

在【行为】面板中，Dreamweaver CC 绑定了一组 jQuery 特效，通过这些特效能够设计丰富多样的页面动画效果，如图 1.6 所示。

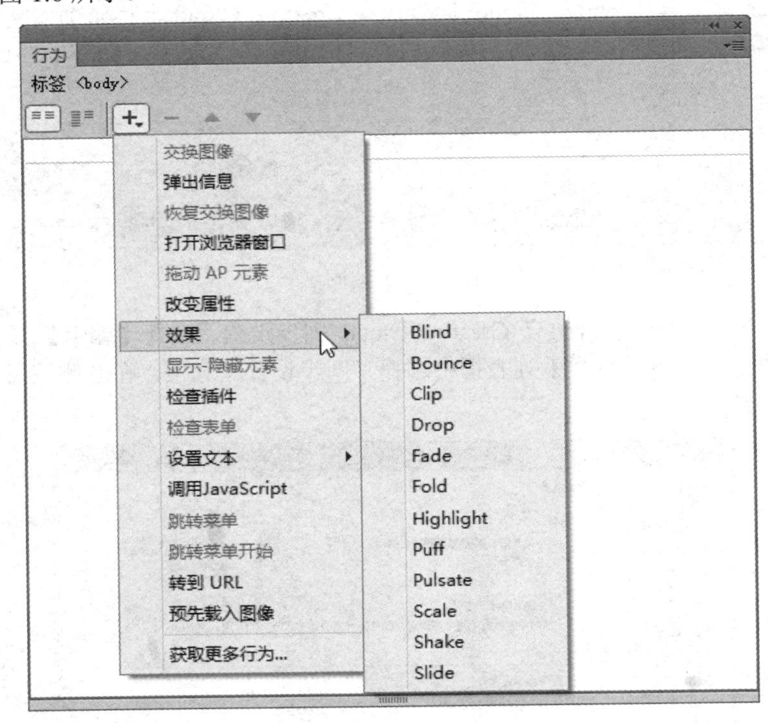

图 1.6 jQuery 特效

扫一扫，看视频

1.3.2 HTML5 支持

Dreamweaver CC 增强了对 HTML5 的支持，为某些表单元素引进了新属性。此外，还引进了 4 个新的 HTML5 表单元素。

新支持的 HTML5 表单属性如下，这些新属性为所有表单元素共有。

- Disabled：禁用元素。
- Required：必须指定值。
- Auto Complete：在输入信息的时候将自动填充值。
- Auto Focus：在浏览器加载页面的时候自动获得焦点。
- Read Only：将元素的值设置为只读。
- Form：指定<input>元素所属的一个或多个表单。
- Name：用来引用代码中的元素的唯一名称。
- Place Holder：描述输入字段的预期值的提示。
- Pattern：既要验证长度又要验证格式的正则表达式。
- Title：有关元素的额外信息。显示为工具提示。
- Tab Index：指定当前元素在当前文档的 Tab 键顺序中的位置。

此外，具有修改属性的表单元素还增加了如下属性。

- Form No Validate：选择此选项可禁用表单验证。此选项在表单级别忽略 No Validate 属性。
- Form Enc Type：一种 MIME 类型，用户代理会将其与元素关联以进行表单提交。
- Form Target：表示控制目标的浏览上下文名或关键字。
- Accept Charset：指定用于表单提交的字符编码。

注意：

在上面介绍的属性中，并非所有的属性都存在于【属性】面板中。对于那些【属性】面板中不存在的属性，可以在【代码】视图下通过代码来添加。各种表单对象支持的属性说明如表 1.1 所示。

表 1.1　HTML5 表单对象支持的新属性

表 单 元 素	元素所特有的新属性
文本字段	List
按钮	无特定新属性
复选框	无特定新属性
文件	Multiple
表单	No Validate、Accept Charset
隐藏	无特定新属性
密码	无特定新属性
图像	Width、Height、Action、Method、Form No Validate、Form Enc Type、Form Target
重置	无特定新属性
提交	Form No Validate、Form Enc Type、Form Target、Action、Tab Index、Method
单选	无特定新属性
TextArea	Rows、Cols、Place Holder、Wrap、Max Length、Tab Index
选择	Size

Dreamweaver CC 新增了多种 HTML5 输入表单类型，如图 1.7 所示。

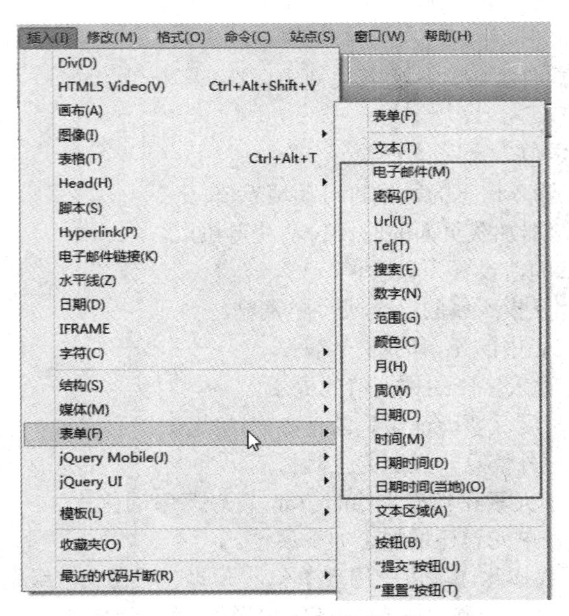

图 1.7　HTML5 新表单对象

HTML5 输入表单类型的使用说明如下。

- 颜色：适用于应包含颜色的输入字段。
- 日期：帮助用户选择日期的控件。
- 日期时间：使用户可选择日期和时间（带时区）。
- 月：使用户可选择月和年。
- 数字：适用于应仅包含数字的字段。
- 范围：适用于应包含某个数字范围内值的字段。
- 时间：使用户可选择时间。
- 周：使用户可选择周和年。
- 电子邮件：一个控件，用于编辑在元素值中给出的电子邮件地址的列表。
- 搜索：一个单行纯文本编辑控件，用于输入一个或多个搜索词。
- 电话：一个单行纯文本编辑控件，用于输入电话号码。
- URL：一个控件，用于编辑在元素值中给出的绝对 URL。

通过【插入】菜单，还可以插入新增的 HTML5 视频和音频元素（如图 1.8 所示），实现对新媒体技术的支持。

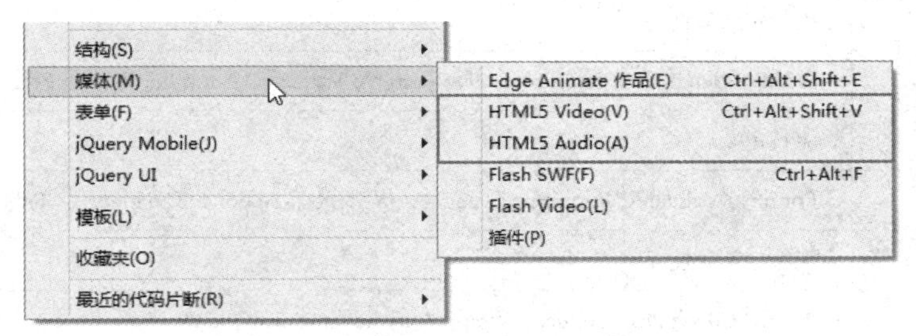

图 1.8　HTML5 视频和音频

【示例】　下面以插入 HTML5 音频为例介绍如何使用 HTML5 媒体对象。

第 1 步，新建 HTML5 文档，保存为 test.html。

第 2 步，在【设计】视图下单击，确保光标位于要插入音频的位置。

第 3 步，选择【插入】|【媒体】|【HTML5 Audio】命令，此时音频文件将会插入到指定位置。

第 4 步，在【属性】面板（如图 1.9 所示）中，输入以下信息。

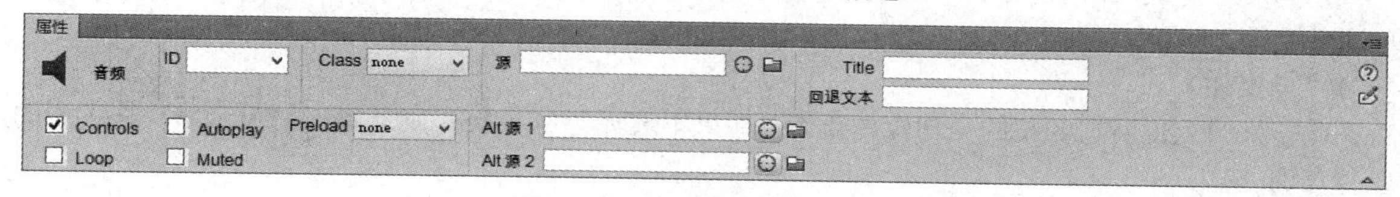

图 1.9　设置 HTML5 音频属性

- "源""Alt 源 1"和"Alt 源 2"：输入音频文件的位置，或者单击文件夹图标以从计算机中选择音频文件。对音频格式的支持在不同浏览器上有所不同。如果"源"中的音频格式不被支持，则会使用"Alt 源 1"或"Alt 源 2"中指定的格式。浏览器选择第一种可识别格式来显示音频。要快速向这 3 个字段中添加音频，应使用多重选择。从文件夹中为同一音频选择 3 种音频格式时，列表中的第一种格式将用于"源"，后续的格式用于自动填写"Alt 源 1"和"Alt 源 2"。
- Title：为音频文件输入标题。
- 回退文本：输入要在不支持 HTML5 的浏览器中显示的文本。
- Controls：选择是否要在 HTML 页面中显示音频控件，如播放、暂停和静音。
- Autoplay：选择是否希望音频一旦在网页上加载后便开始播放。
- Loop：如果希望音频连续播放，直到用户停止播放它，则选中此复选框。
- Muted：如果希望在下载之后将音频静音，则选中此复选框。
- Preload：选择【auto】会在页面下载时加载整个音频文件；选择【metadata】会在页面下载完成后仅下载元数据。

1.3.3　CSS3 支持

扫一扫，看视频

从 Dreamweaver CC 开始，【CSS 设计器】面板替换了原来的【CSS 样式】面板。选择【窗口】|【CSS 设计器】命令，打开【CSS 设计器】面板。该面板是一个综合性的面板，可快速创建 CSS 文件、规则以及设置属性和媒体查询，如图 1.10 所示。

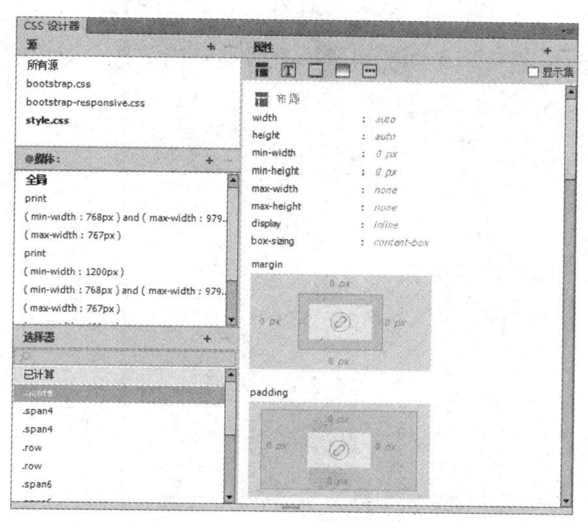

图 1.10　【CSS 设计器】面板

【CSS 设计器】面板由以下窗格组成：

➘ 源

列出与文档有关的所有样式表。通过该窗格，可以创建 CCS 并将其附加到文档，也可以定义文档中的样式。

➘ @媒体

在此窗格中列出所选源中的全部媒体查询。如果不选择特定 CSS，则此窗格将显示与文档关联的所有媒体查询。

➘ 选择器

在此窗格中列出所选源中的全部选择器。如果还同时选择了一个媒体查询，则此窗格会为该媒体查询缩小选择器列表范围。如果没有选择 CSS 或媒体查询，则此窗格将显示文档中的所有选择器。

在“@媒体”窗格中选择“全局”后，将显示对所选源的媒体查询中不包括的所有选择器。

➘ 属性

显示可为指定的选择器设置的属性。

CSS 设计器是上下文相关的，对于任何给定的上下文或选定的页面元素，都可以查看关联的选择器和属性。在【CSS 设计器】面板中选中某选择器时，关联的源和媒体查询将在各自的窗格中高亮显示，如图 1.11 所示。

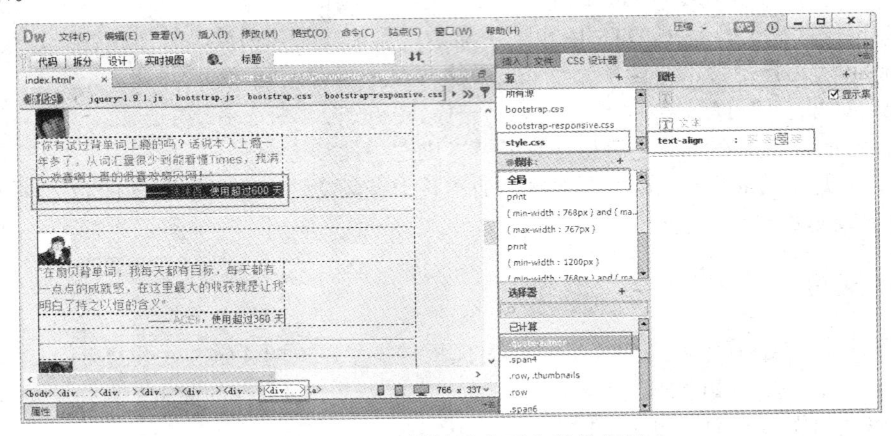

图 1.11 CSS 设计器上下文相关指示

即便在实时视图下，【CSS 设计器】面板也能够准确显示当前选中对象的 CSS 属性，如图 1.12 所示。

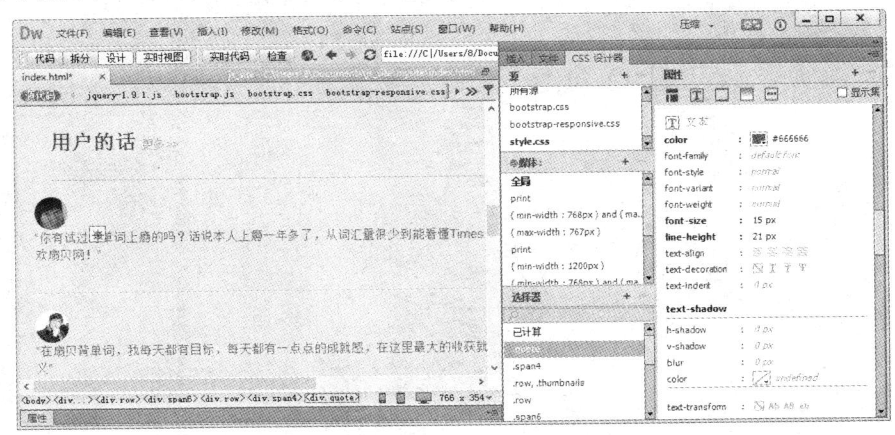

图 1.12 CSS 设计器显示在实时视图中所选对象的属性

提示：

当选中某个页面元素时，在“选择器”窗格中将选中“已计算”。单击一个选择器，可查看关联的源、媒体查询或属性。

如果要查看所有选择器，可以在“源” 窗格中选择“所有源”。若要查看不属于所选源中的任何媒体查询的选择器，可以在“@媒体”窗格中选择“全局”。

CSS3 包含很多技术，如渐变、圆角、阴影、动画等。下面以 CSS3 渐变为例说明如何使用【CSS 设计器】面板，更多技术说明和应用可参阅后面章节的实例。

使用【CSS 设计器】面板，可以为网站背景应用渐变效果，渐变属性在背景类别中定义，如图 1.13 所示。

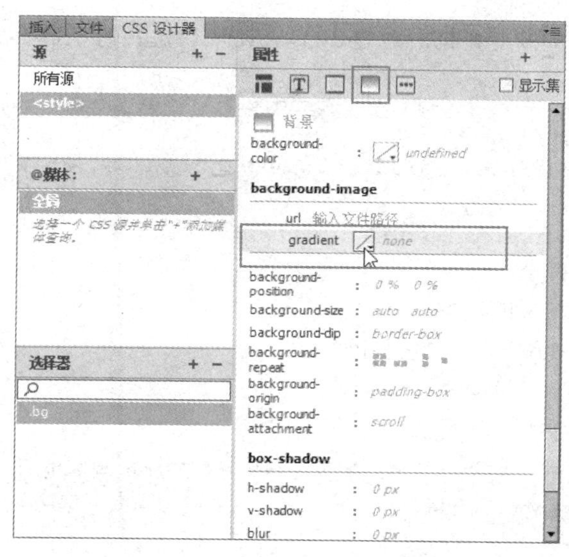

图 1.13　渐变（gradient）属性

单击渐变属性右侧的按钮，打开【渐变】面板，如图 1.14 所示。使用该面板，可以完成如下任务。

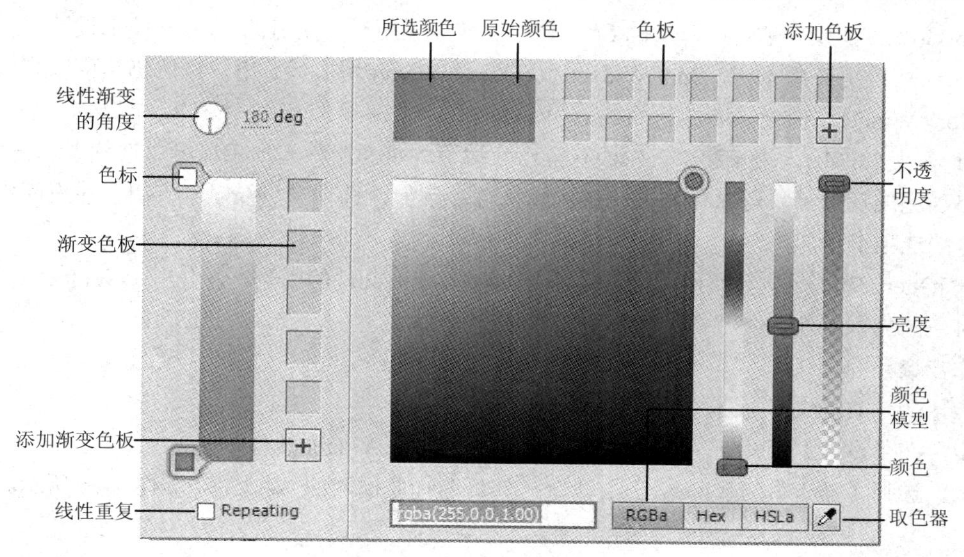

图 1.14　【渐变】面板

- 从不同颜色模型（RGBa、Hex 或 HSLa）中选择颜色，然后将不同颜色组合另存为色板。
  - 如果要将新颜色重置为原始颜色，单击原始颜色（K）。
  - 如果要更改色板的顺序，将色板拖至所需位置。
  - 如果要删除色板，将色板从面板中拖出。
- 使用颜色色标创建复杂渐变。在默认色标之间的任意位置单击，即可创建色标。如果要删除色标，将色标从面板中拖出即可。
- 为线性渐变指定角度。
- 如果要重复该图案，选中【Repeating】（重复）复选框。
- 将自定义渐变另存为色板。

例如，针对图 1.14 设置的渐变背景，则 Dreamweaver CC 定义的 CSS 样式如下。

```
.bg {
   background-image: -webkit-linear-gradient(270deg,rgba(255,255,255,1.00) 0%,rgba
(255,0,0,1.00) 100%);
   background-image: linear-gradient(180deg,rgba(255,255,255,1.00) 0%,rgba(255,0,
0,1.00) 100%);
}
```

针对上面代码简单说明如下。

- 270deg：表示线性渐变的角度。
- rgba(255,255,255,1.00)：第一个色标的颜色。
- 0%：表示色标。

注意：

在 Dreamweaver 中仅支持色标的“%”值。如果使用如 px 或 em 等其他值，Dreamweaver 会将它们读作“null”。此外，Dreamweaver 不支持 CSS 颜色名，如果在代码中指定这些颜色名，这些颜色名会被读作“null”。

扫一扫，看视频

1.3.4 jQuery UI

Dreamweaver CC 放弃了自己开发的 Spry 技术，转而采用当今主流的 jQuery 技术设计交互行为。在 Dreamweaver CC 及更高版本中，Spry Widget 被 jQuery Widget 所取代。用户虽然仍然可以修改页面上已经存在的 Spry Widget，但无法添加新的 Spry Widget。

Widget 是以 HTML、CSS 和 JavaScript 等语言编写的页面组件，如手风琴、选项卡、日期选择器、滑块以及自动完成功能等，可以在网页内插入和执行。例如，选项卡 Widget 可用于在桌面应用程序中复制对话框的选项卡功能。

当插入 jQuery Widget 时，代码中会自动添加对所有相关文件的引用，包含用于 Widget 的 jQuery 框架文件和对应的脚本文件、CSS 样式表和 HTML 结构标签。

【操作步骤】

第 1 步，新建 HTML5 文档，保存为 test.html。

第 2 步，在【设计】视图下单击，确保光标位于要插入 Widget 的位置。

第 3 步，选择【插入】|【jQuery UI】命令，然后选择要插入的 Widget，如图 1.15 所示。

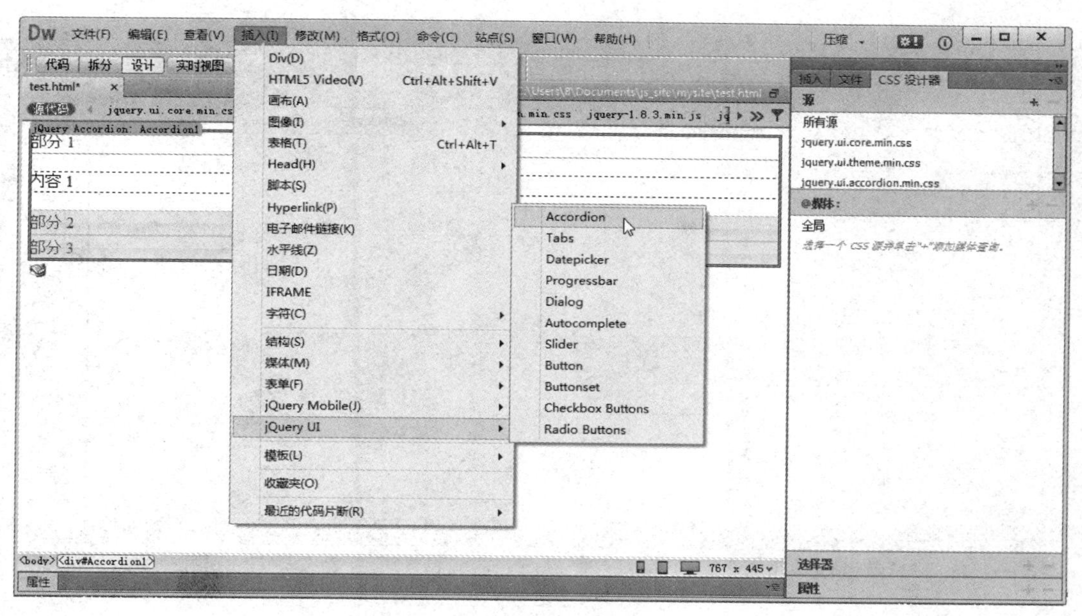

图 1.15　插入 jQurey 组件

提示：

如果使用【插入】面板，可以在“jQuery UI”部分进行选择，如图 1.16 所示。

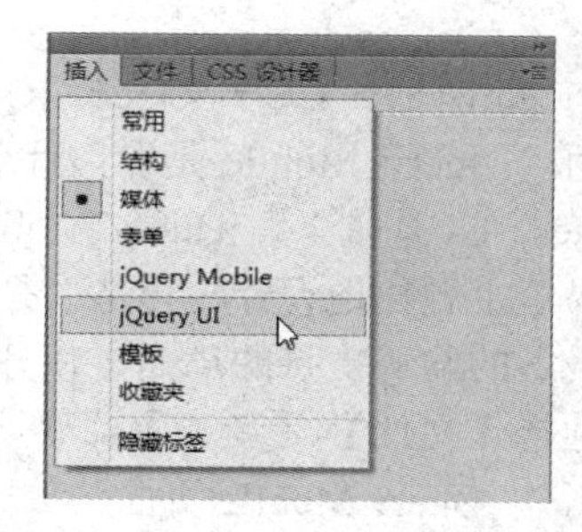

图 1. 16　插入 jQurey 组件工具面板

第 4 步，插入 jQuery 组件之后，可以单击选择 jQuery Widget，此时可以在【属性】面板中修改组件的相关显示属性，如图 1.17 所示。

第 5 步，在工具栏中单击【实时视图】按钮，可以即时预览效果，如图 1.18 所示。

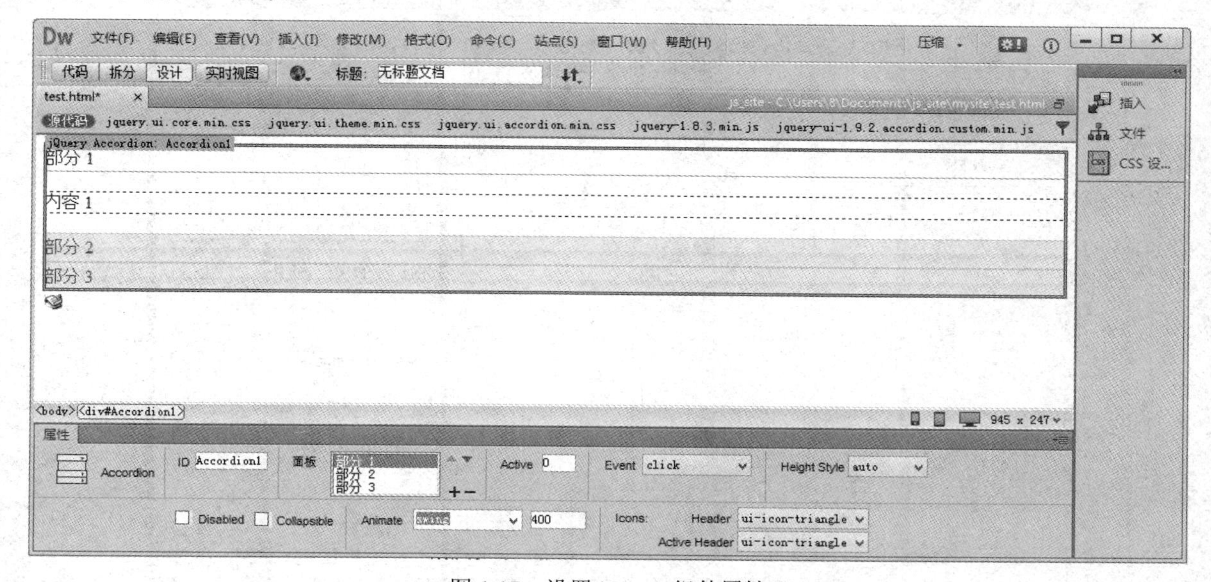

图 1.17　设置 jQuery 组件属性

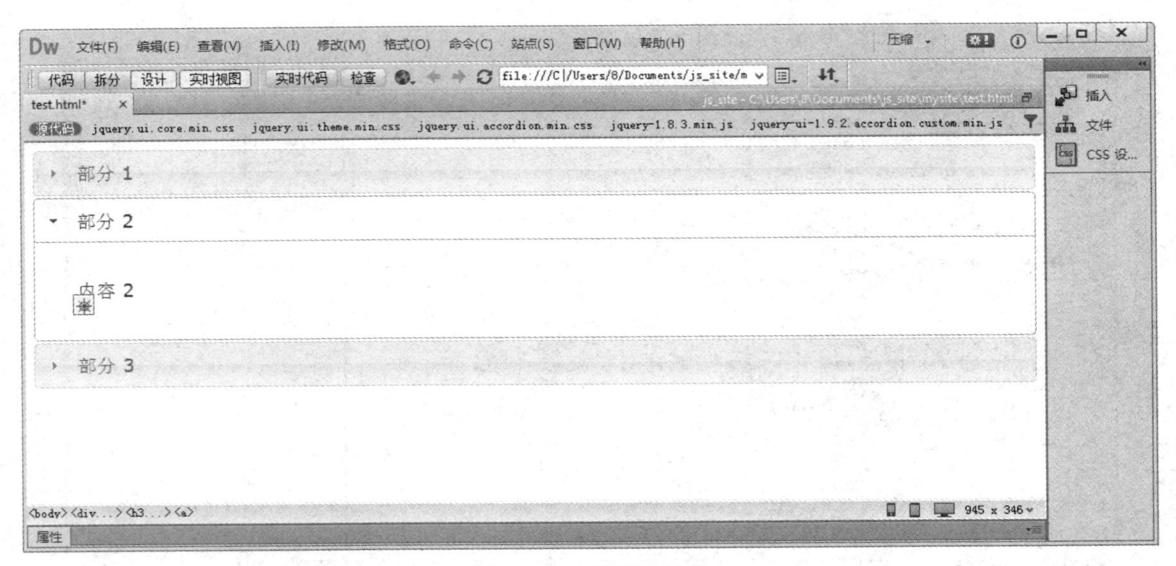

图 1.18　实时预览效果

扫一扫，看视频

1.3.5　jQuery Mobile

Dreamweaver CC 开始支持 jQuery Mobile 技术，以方便用户快速开发符合标准的、适应能力强的移动页面。jQuery Mobile 是专门针对移动终端设备的浏览器开发的 Web 脚本框架。在功能强大的 jQuery 和 jQuery UI 基础上，jQuery Mobile 统一了用户系统接口，能够无缝运行于所有流行的移动平台之上，并且易于主题化地设计与建造，是一个轻量级的 Web 脚本框架。它的出现打破了传统 JavaScript 对移动终端设备的脆弱支持的局面，使开发一个跨移动平台的 Web 应用真正成为可能。

选择【文件】|【新建】命令，打开【新建文档】对话框。在该对话框中选择【启动器模板】选项，可以新建 jQuery Mobile 页面，如图 1.19 所示。

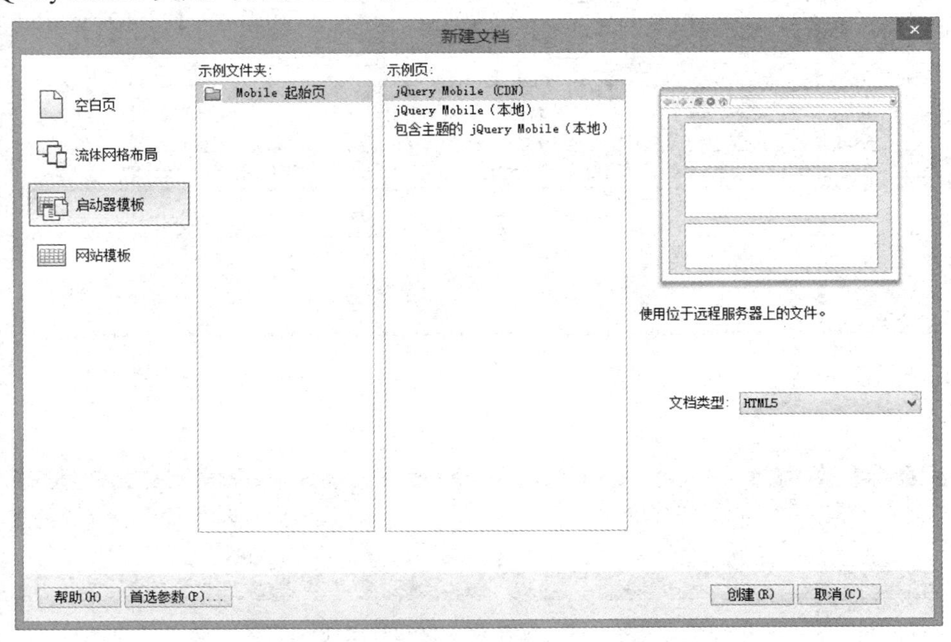

图 1.19　新建 jQuery Mobile 页面

新建 jQuery Mobile 页面后，在【插入】|【jQuery Mobile】子菜单中可以选择要插入的页面对象，如图 1.20 所示。当然，也可以在普通的网页文档中插入 jQuery Mobile 页面。

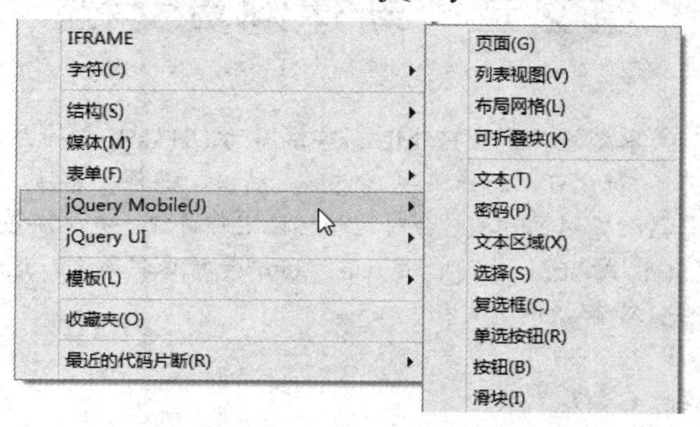

图 1.20　插入 jQuery Mobile 对象

第 2 章　新建网页文档

网页是一种特殊格式的文本文件，是用 HTML 语言编写的。HTML 文档由 HTML 标记、标记的属性和被标记的信息构成。HTML 标记可以标识文字、图形、动画、视频、音频、表格、表单、列表、超链接等对象内容。当使用浏览器浏览网页时，它会对这些标记进行解释，并生成最终页面效果呈现出来。

网页文档的扩展名为.html 或.htm，也可以是.asp、.php 等特殊扩展名，这种特殊的扩展名需要服务器的支持，否则浏览器无法正确解析网页文档。

【学习重点】

- 使用 Dreamweaver CC 新建网页。
- 设置网页基本属性。
- 定义网页头部信息。

2.1　新建文档

Dreamweaver CC 提供了多种创建网页的方法。除了直接在【文件】面板中新建各种类型的网页文件外，使用【新建】命令创建网页是最常用的方法。

【操作步骤】

第 1 步，启动 Dreamweaver CC，选择【文件】|【新建】命令，打开【新建文档】对话框，如图 2.1 所示。

第 2 步，【新建文档】对话框由【空白页】、【流体网格布局】、【启动器模板】和【网站模板】共 4 个分类选项卡组成（通过模板，可以依照已有的文档结构新建一个文档）。从中选择某一选项卡，如“启动器模板”，然后在【示例文件夹】列表框中选择“Mobile 起始页”，则在右侧的【示例页】列表框中将显示相应类型的示例页面，如图 2.2 所示。

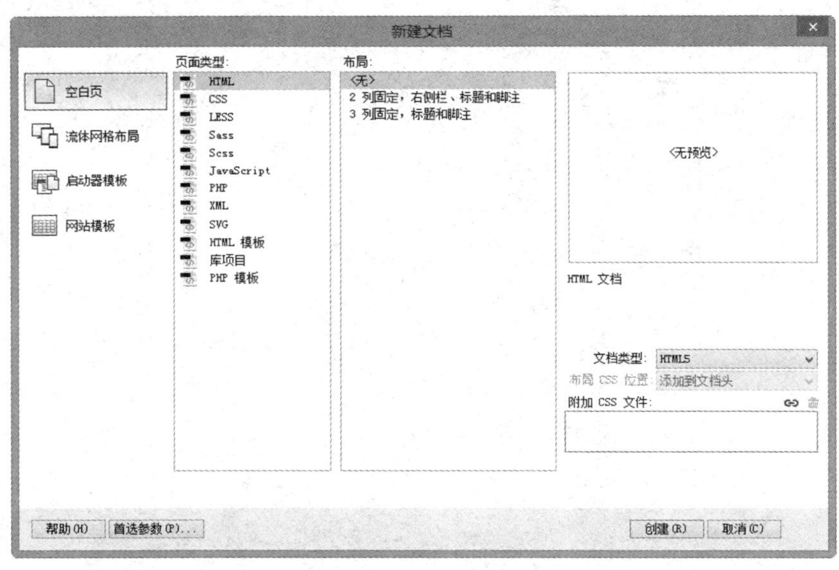

图 2.1　【新建文档】对话框

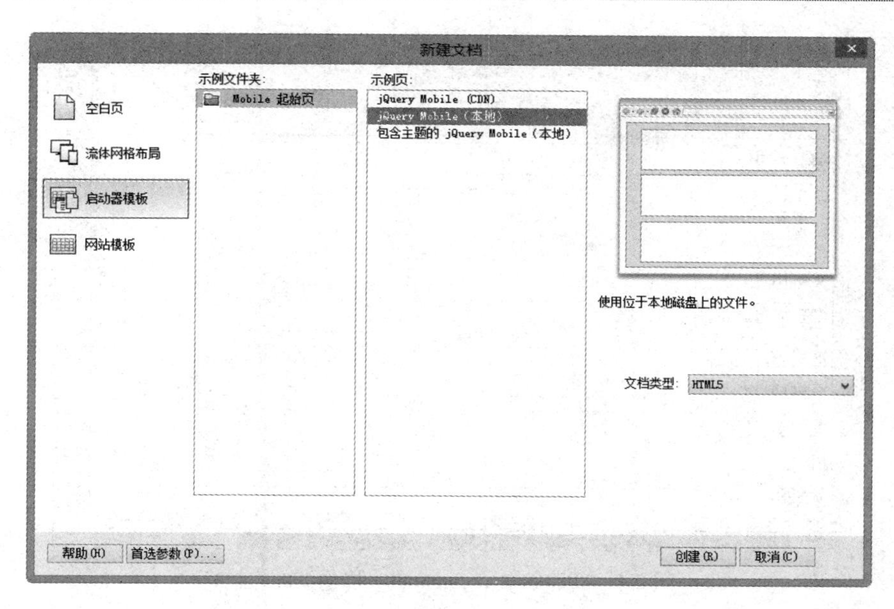

图 2.2　新建启动器模板

第 3 步，在【示例页】列表框中选择一种类型的页面，在右侧的预览区域和描述区域中可以观看效果，并查看该页面的描述文字。

例如，在【示例页】列表框中选择“jQuery Mobile（本地）”项，在预览区域将自动生成预览图，描述区域自动显示该主题的描述说明。

如果在【新建文档】对话框中选择“流体网格布局”选项卡，则可以在右侧设置流体布局的配置参数，如图 2.3 所示。

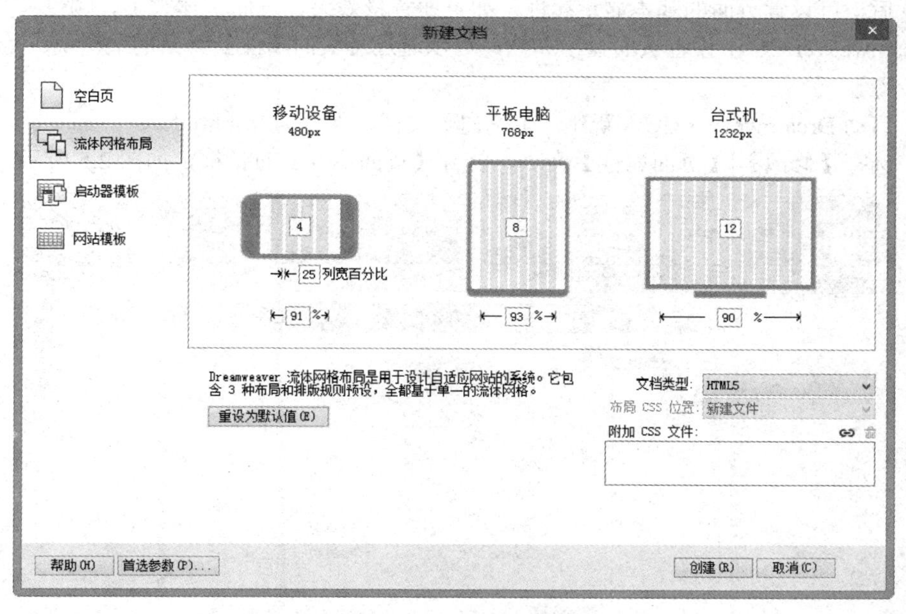

图 2.3　新建流体网格布局

第 4 步，单击【创建】按钮，Dreamweaver CC 会自动在当前窗口创建一个移动互联网网页，如图 2.4 所示。

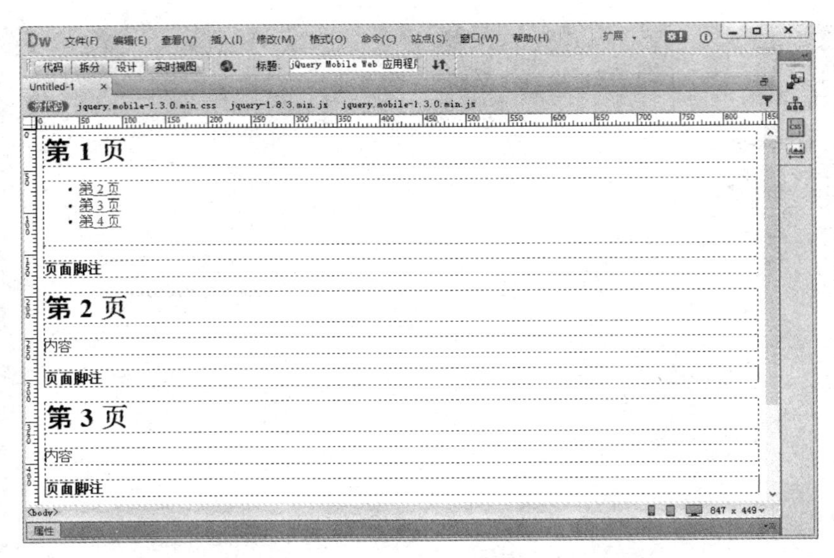

图 2.4 新建的 jQuery Mobile 移动页面模板

提示：

用户可以根据上面介绍的方法，创建不同类型的页面，或者创建一个空白页，具体步骤就不再重复了。一般用户都会新建空白网页文档。

2.2 设置页面属性

新建网页后，可设置页面的基本显示属性，如页面背景效果、页面字体大小、颜色和页面超链接属性等。在 Dreamweaver CC 中设置页面显示属性，可以通过【页面属性】对话框来实现。

【操作步骤】

第 1 步，启动 Dreamweaver CC，新建一个空白页文档，保存为 test.html。

第 2 步，选择【修改】|【页面属性】命令，打开【页面属性】对话框，如图 2.5 所示。

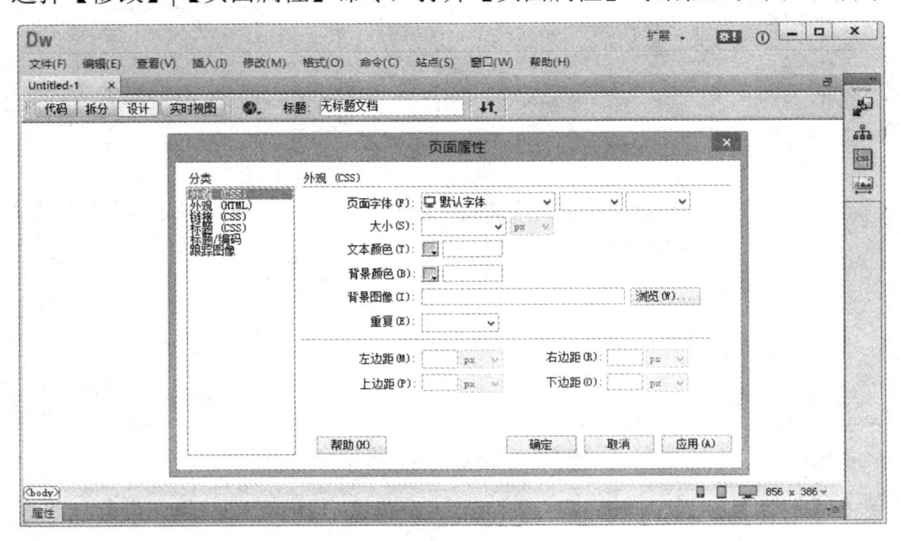

图 2.5 【页面属性】对话框

第 3 步，在【页面属性】对话框的【分类】列表框中选择分类，然后在右侧设置具体属性。页面基本属性共有 6 类：外观（CSS）、外观（HTML）、链接（CSS）、标题（CSS）、标题/编码和跟踪图像。

提示：

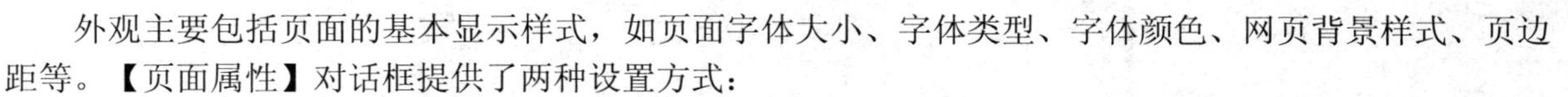
分类名称后括号中的 CSS 表示该类选项中的所有设置由 CSS 样式定义，小括号中的 HTML 则表示使用 HTML 标记属性进行定义。

2.2.1　重点演练：设置网页基本样式

扫一扫，看视频

外观主要包括页面的基本显示样式，如页面字体大小、字体类型、字体颜色、网页背景样式、页边距等。【页面属性】对话框提供了两种设置方式：

- 如果在【页面属性】对话框左侧【分类】列表框中选择“外观（CSS）”选项，则可以使用标准的 CSS 样式进行设置。
- 如果在【页面属性】对话框左侧【分类】列表框中选择“外观（HTML）”选项，则可以使用传统方式（非标准）的 HTML 标记属性进行设置。

【示例】　如果使用标准方式设置页面背景色为白色，则 Dreamweaver CC 会生成如下样式来控制页面字体的大小。

```
<style type="text/css">
body { background-color: rgba(255,255,255,1); }
</style>
```

反之，如果使用非标准方式设置页面背景色为白色，则 Dreamweaver CC 会在<body>标记中插入如下属性。

```
<body bgcolor="#FFFFFF">
```

下面介绍页面外观属性的设置细节。

1. 页面字体

在【页面字体】下拉列表中选择一种字体。如果其中没有显示用户要使用的字体，可以选择最下面的【管理字体】选项，如图 2.6 所示。

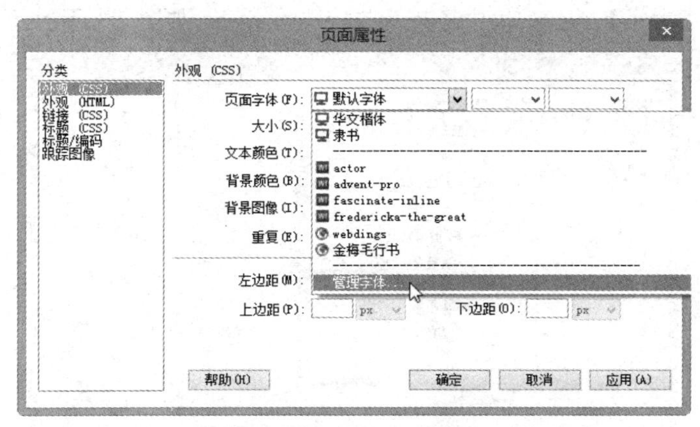

图 2.6　设置页面字体

在打开的【管理字体】对话框中，切换到【自定义字体堆栈】选项卡，在【可用字体】列表框中选择一种字体，并单击 << 按钮将其加入到左侧的【选择的字体】列表框中，如图 2.7 所示。这样就可以在 Dreamweaver 中使用了。

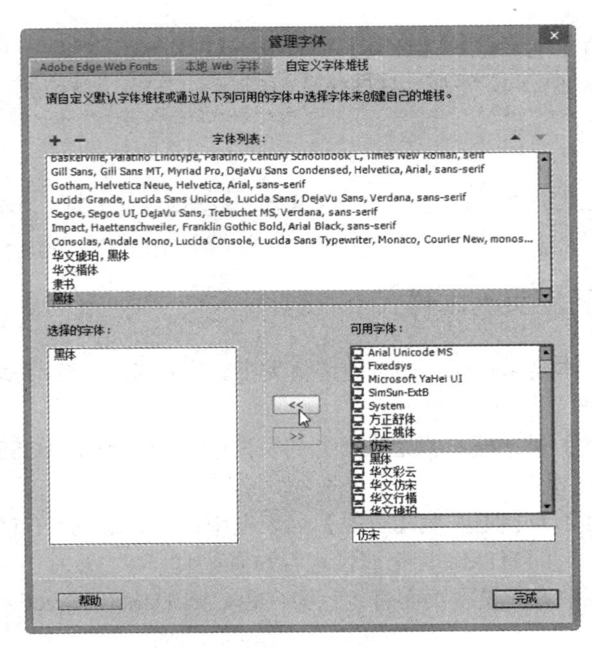

图 2.7　【管理字体】对话框

在【页面属性】对话框的【页面字体】右侧的下拉列表中，分别可以设置斜体（italic）和粗体（bold）样式。

提示：

建议使用系统默认字体（如宋体、雅黑等），不要使用非常用的艺术字体。如果要使用某些艺术字体，可以先在 Photoshop 中把艺术字体生成图片，然后以背景样式的形式显示，或者插入到网页中。

2. 大小

在【大小】下拉列表中可以设置页面字体大小，也可以输入数值定义字体大小。输入数值后，右侧下拉列表变为可编辑状态，从中可以选择单位，如像素（px）、点数（pt）、英寸（in）、厘米（cm）和毫米（mm）等。在【大小】下拉列表中还有一些特殊的字号，如图 2.8 所示。

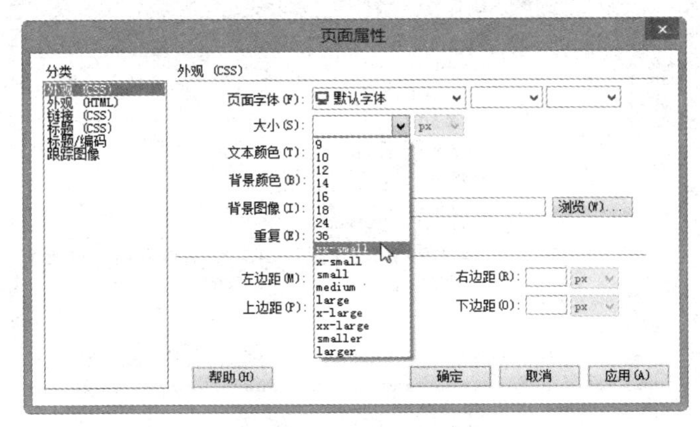

图 2.8　在【页面属性】对话框中选择特殊字号

提示：

图 2.9 列出了这些特殊字号所设置的字体大小，可直观进行比较。

字体大小	字体大小	字体大小	字体大小	字体大小
（a）极大（xx-large）	（b）特大（x-large）	（c）较大（larger）	（d）大（large）	（e）中（medium）
字体大小	字体大小	字体大小	字体大小	字体大小
（f）小（small）	（g）较小（smaller）	（h）特小（x-small）	（i）极小（xx-small）	（j）12px

图 2.9　特殊字号效果比较

3. 文本颜色

单击【文本颜色】旁边的矩形框，打开颜色面板。其中每一个小色块代表一种颜色，鼠标经过任何颜色，色板的上面区域都会显示出该颜色相应的十六进制代码（#号加上 6 个十六进制的数）。选择一个色块单击，即可完成颜色的选取，如图 2.10 所示。

注意：

在颜色面板底部单击【吸管】按钮，鼠标指针会变成吸管形状，此时可以在编辑窗口中快速选择一种颜色，如图 2.11 所示。此外，单击颜色面板底部的 RGBa、Hex、HSLa 按钮，可以切换颜色的表示方式，如 rgba(229,222,168,1.00)、#E5DEA8、hsla(53,54%,78%,1.00)。

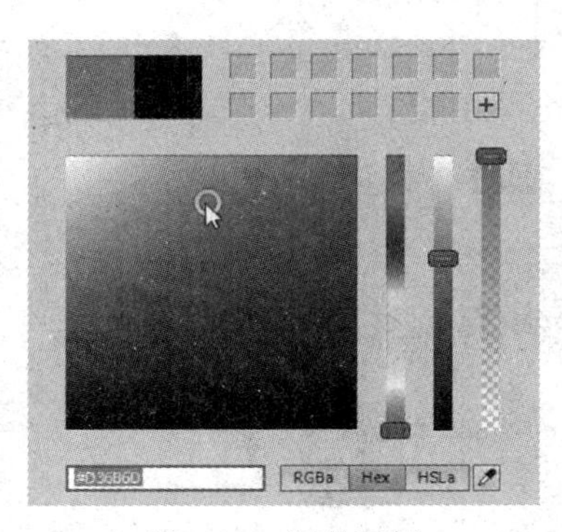

图 2.10　颜色面板

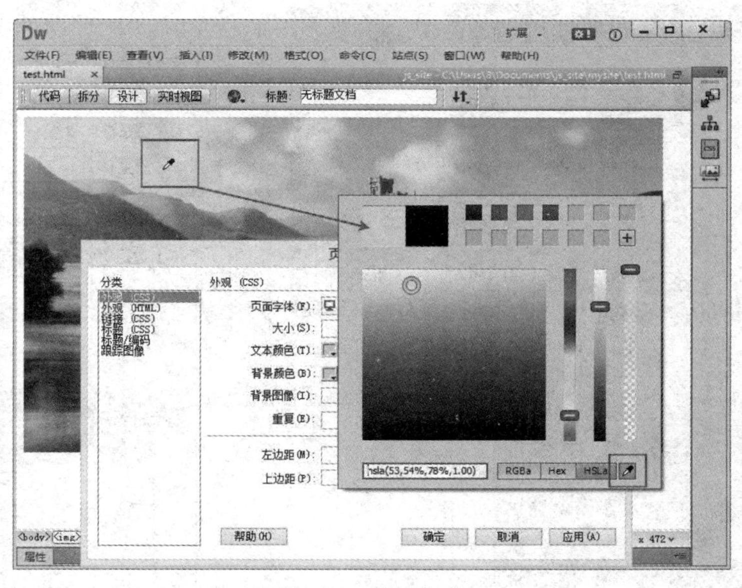

图 2.11　快速取色

返回【页面属性】对话框，在【文本颜色】右侧的文本框中也可以直接输入颜色值。HTML 预设了一些颜色名称，可以在【文本颜色】右侧的文本框中直接输入。例如，在文本框中输入红色的名称“red”，可设置红颜色；输入蓝色的名称“blue”，可设置蓝颜色，如图 2.12 所示。

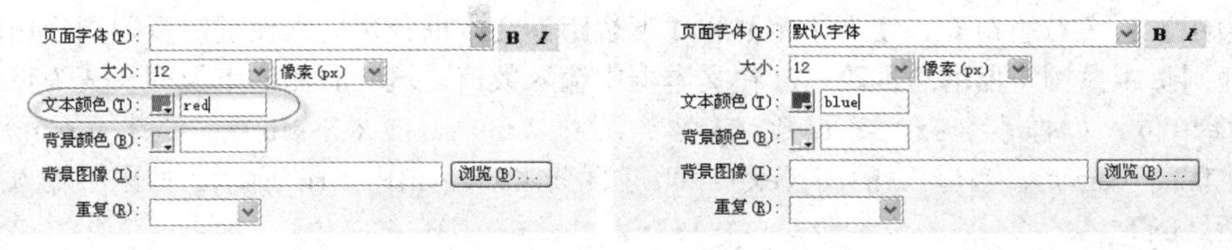

图 2.12　输入 HTML 预设颜色名称

拓展：

常用的预设颜色名称有：black（黑色）、olive（褐黄）、teal（靛青）、red（红色）、blue（蓝色）、maroon（褐红）、navy（深蓝）、gray（灰色）、lime（浅绿）、fuchsia（品红）、white（白色）、green（绿色）、purple（紫色）、yellow（黄色）和 aqua（天蓝）。

4. 背景颜色

背景颜色的设置方法与设置文本颜色的方法基本相同。背景色默认为透明色（transparent），但显示效果为白色。也可以在该文本框中输入“#FFFFFF”，定义网页背景颜色为白色。

5. 背景图像

在【背景图像】文本框中可以直接输入图像的路径，或者直接单击后面的【浏览】按钮，在打开的对话框中选择想用作背景的图像文件。如果图像文件不在网站本地目录下，会弹出如图 2.13 所示的提示对话框，单击【确定】按钮，把图像文件复制到网站根目录中。

【重复】下拉列表（如图 2.14 所示）主要用来设置背景图像在页面上的显示方式，其中包括 no-repeat（不重复）、repeat（重复）、repeat-x（横向重复）和 repeat-y（纵向重复），效果如图 2.15 所示。要避免用中文命名选择的背景图像，否则会无法显示。

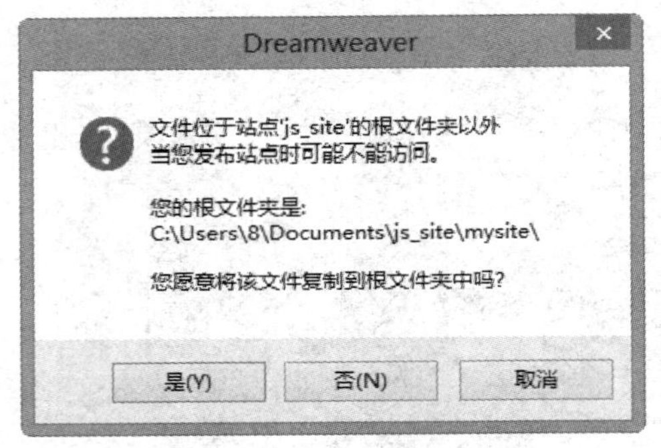

图 2.13　提示对话框

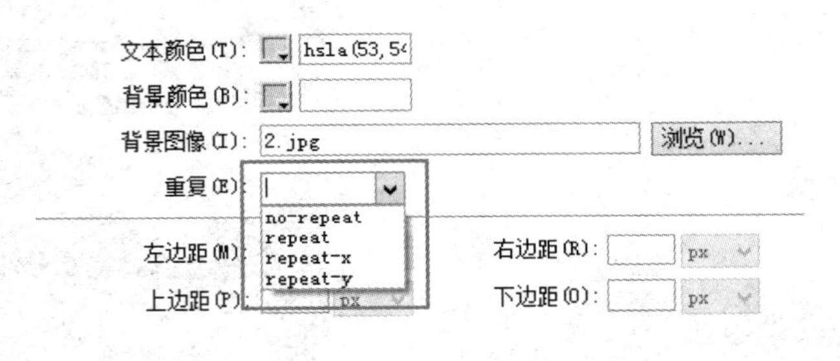

图 2.14　【重复】下拉列表

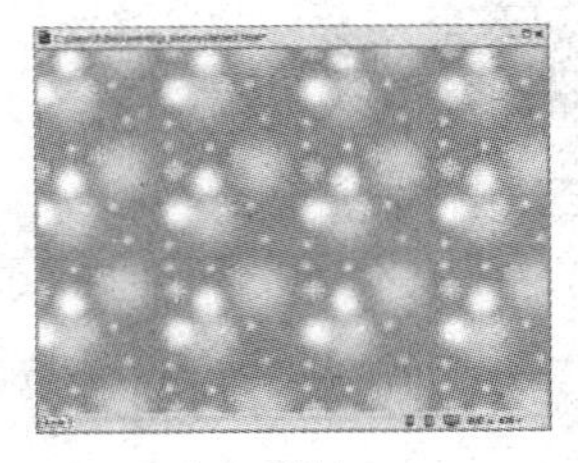

（a）重复

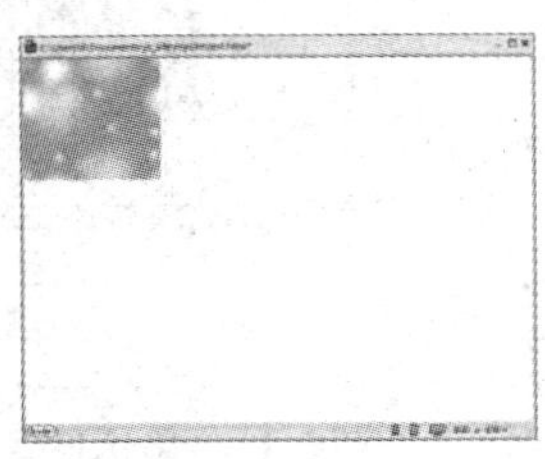

（b）不重复

（c）横向重复

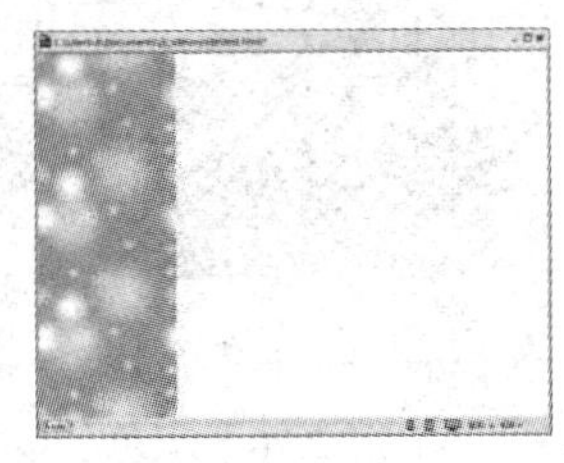

（d）纵向重复

图 2.15　不同背景图像显示方式

6. 设置页边距

【左边距】、【右边距】、【上边距】和【下边距】文本框分别用来设置网页四周空白区域的宽度或高度，即网页距离浏览器的边框距离。在文本框中输入数值，这时右侧的下拉列表变为可选状态，从中可以选择单位，如像素（px）、点数（pt）、英寸（in）、厘米（cm）、毫米（mm）、12pt 字（pc）、字体高（em）、字母 x 的高（ex）和%（百分比），如图 2.16 所示。如果不输入单位，系统默认为像素（px）。

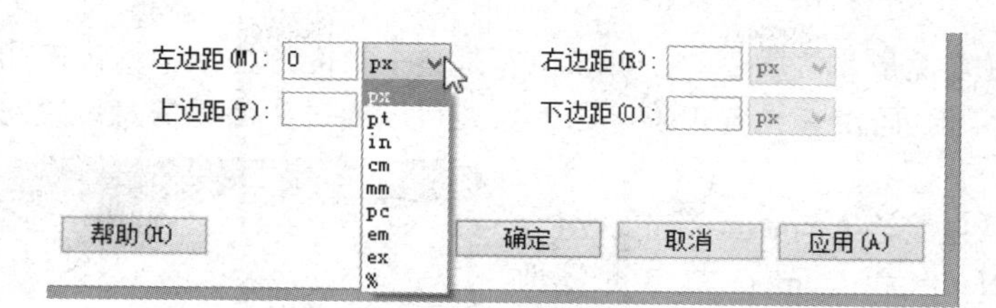

图 2.16　设置页边距

提示：

新建的网页默认都有页边距，大约为 12 像素左右，用户可以根据需要清除页边距。

2.2.2　重点演练：设置网页标题、字符编码和文档类型

扫一扫，看视频

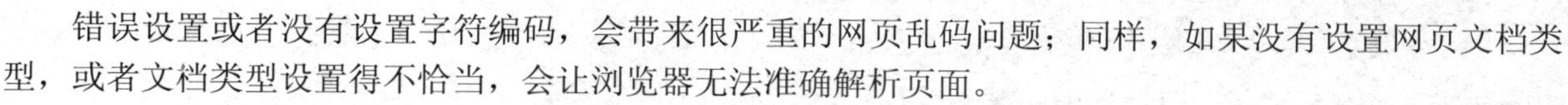

错误设置或者没有设置字符编码，会带来很严重的网页乱码问题；同样，如果没有设置网页文档类型，或者文档类型设置得不恰当，会让浏览器无法准确解析页面。

在【页面属性】对话框左侧的【分类】列表框中选择【标题/编码】选项，在右侧可对标题/编码的相关属性进行详细的设置，如图 2.17 所示。

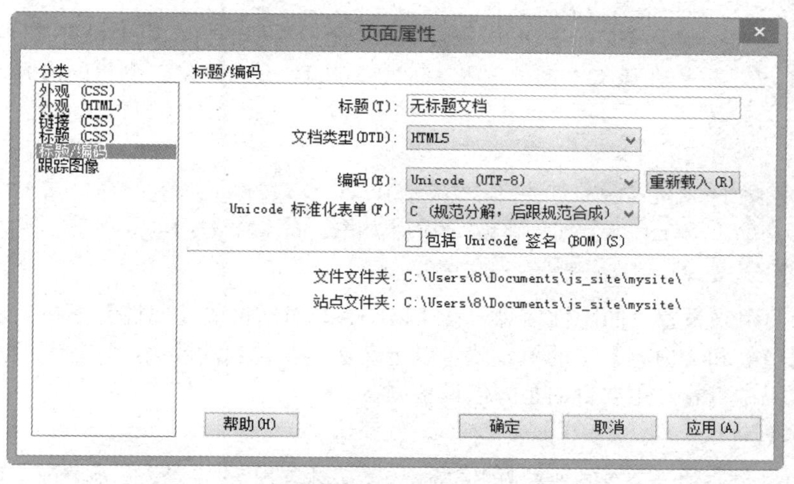

图 2.17　【页面属性】对话框中的【标题/编码】选项

这里设置的标题将显示在浏览器的标题栏中。同时还可以设置 HTML 源代码中的字符编码，网页默认编码为 Unicode（UTF-8），可根据需要重复修改。文档类型包括 HTML 4.01、XHTML 1.0、HTML5 和 XHTML Mobile 1.0，其中 HTML 4.01 和 XHTML 1.0 又分为过渡型和严谨型两种。有关字符编码和文档类型的详细说明可参考下面几节的介绍。

2.3　定义头部信息

网页都由两部分组成：头部信息区和主体可视区。其中头部信息位于<head>和</head>标记之间，不会被显示出来，但可以在源代码中查看。头部信息一般作为网页元信息来方便用户参考、浏览器解析或搜索引擎等设备识别。页面可视区域包含在<body>标记中，浏览者看到的所有网页信息都包含在该区域。

头部信息对于网页来说是非常重要的，可以说它是整个页面的控制中枢，例如，当页面以乱码形式显示，就是因为网页字符编码没有设置正确等原因。还可以通过头部元信息设置网页标题、关键词、作者、描述等多种信息。

在代码视图下可以直接输入<meta>标记，组合使用 HTTP-EQUIV、Name 和 Content 这 3 个属性可以定义各种元数据。在 Dreamweaver CC 中，用户使用可视化方式快速插入元数据会更直观方便。具体方法：选择【插入】|【Head】|【Meta】命令，打开【META】对话框，如图 2.18 所示。

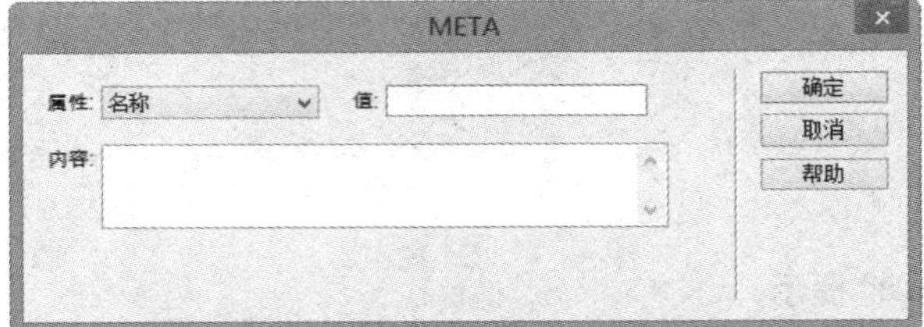

图 2.18　【META】对话框

提示：

也可以通过【插入】面板插入元数据。在【插入】面板中选择【常用】工具类中的【Head】按钮。在弹出的下拉列表中选择【META】命令项。

下面介绍【META】对话框中的各个选项。

（1）【属性】下拉列表：该列表框中有【HTTP-equivalent】和【名称】两个选项，分别对应 HTTP-EQUIV 和 NAME 变量类型。

（2）【值】文本框：输入 HTTP-EQUIV 或 NAME 变量类型的值，用于设置不同类型的元数据。

（3）【内容】文本框：在该文本框中输入 HTTP-EQUIV 或 NAME 变量的内容，即设置元数据项的具体内容。

拓展：

HTTP-EQUIV 是 HTTP Equivalence 的简写，它表示 HTTP 的头部协议，这些头部协议信息将反馈给浏览器一些有用的信息，以帮助浏览器正确和精确地解析网页内容。在【META】对话框的【属性】下拉列表中选择【HTTP-equivalent】选项，则可以设置下面各种元数据。

Name 属性专门用来设置页面隐性信息。在【META】对话框的【属性】下拉列表中选择【名称】选项，然后设置【值】和【内容】项的值，就可以定义文档各种隐性数据，这些元信息是不会显示的，但可以在网页源代码中查看，主要目的是方便设备浏览。

提示：

在插入元信息时，可以重复插入相同类型的信息，虽然在网页中已经设置了字符编码为 UTF-8，但系统依然会再次插入字符编码信息，这与【页面属性】对话框的设置不同，它不会修改原来已经设置的信息。

2.3.1　重点演练：设置网页字符编码

扫一扫，看视频

网页内容可以设置不同的字符集进行显示，如 GB2312 简体中文编码、BIG5 繁体中文编码、ISO8859-1 英文编码、国际通用字符编码 UTF-8 等。对于不同字符编码页面，如果浏览器不能显示该字符，则会显示为乱码。因此需要先定义页面的字符编码，告诉浏览器应该使用什么编码来显示页面内容。

【示例】　在【META】对话框的【属性】下拉列表中选择【HTTP-equivalent】选项，在【值】文本框中输入“Content-Type”，在【内容】文本框中输入“text/html;charset=gb2312”，则可以设置网页字符编码为简体中文，如图 2.19 所示。

使用 HTML 代码在<head>标记中直接书写，如图 2.20 所示。默认情况下，新建页面设置为 UTF-8 编码（国际通用编码）。如果在页面中输入其他国家语言，还需要重新设置相应的字符编码。也可以在【首选项】对话框的【新建文档】分类中设置默认网页编码。

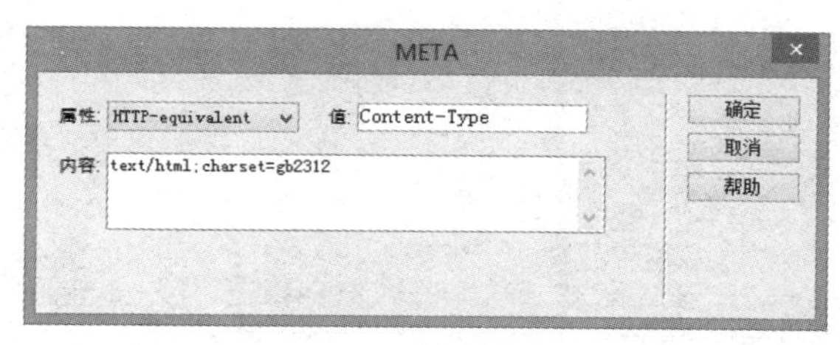

图 2.19　设置简体中文字符

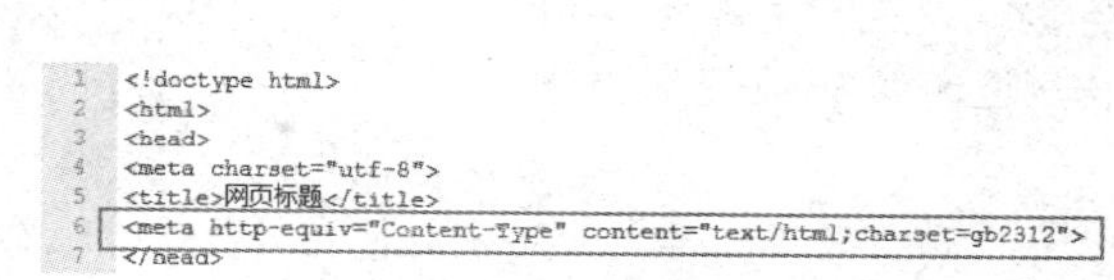

图 2.20　直接输入代码

2.3.2　重点演练：设置网页关键词

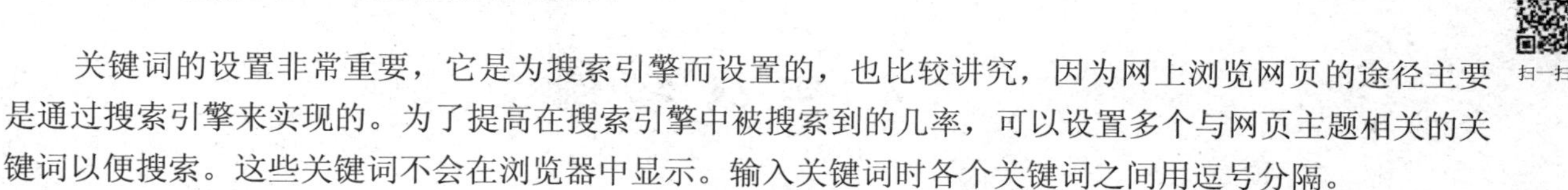

关键词的设置非常重要，它是为搜索引擎而设置的，也比较讲究，因为网上浏览网页的途径主要是通过搜索引擎来实现的。为了提高在搜索引擎中被搜索到的几率，可以设置多个与网页主题相关的关键词以便搜索。这些关键词不会在浏览器中显示。输入关键词时各个关键词之间用逗号分隔。

扫一扫，看视频

注意：

大多数搜索引擎检索时都会限制关键词的数量，有时关键词过多，该网页会在检索中被忽略。所以关键词的输入不宜过多，应切中要害。

【示例】　在【META】对话框的【属性】下拉列表中选择【名称】选项，在【值】文本框中输入“keywords”，在【内容】文本框中输入与网站相关的关键词，如“网页设计师，网页设计师招聘，网页素材，韩国模板，古典素材，优秀网站设计，国内酷站欣赏，我的联盟，设计名站，网页教学，网站重构，网站界面欣赏，平面设计，Flash,Dreamweaver,Photoshop,Coreldraw,ASP,PHP,ASP.NET”，如图 2.21 所示。

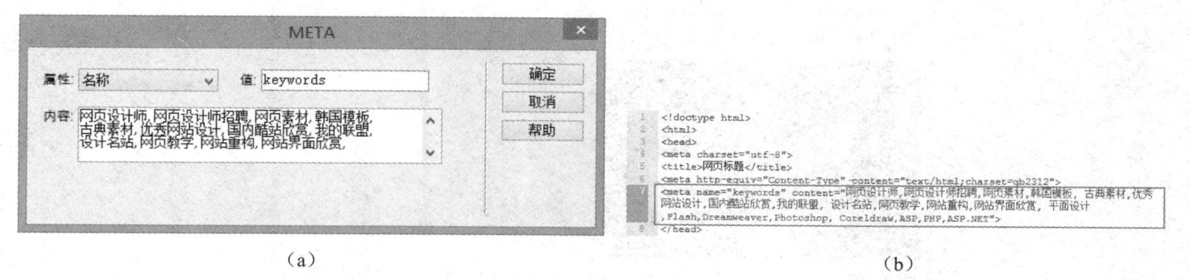

(a)　　　　(b)

图 2.21　设置网页关键词

2.3.3　重点演练：设置网页说明

扫一扫，看视频

在一个网站中，可以在网页源代码中添加说明文字，概括描述网站的主题内容，方便搜索引擎按主题搜索。这个说明文字的内容不会显示在浏览器中，主要为搜索引擎寻找主题网页提供方便。这些说明文字还可存储在搜索引擎的服务器中，在浏览者搜索时随时调用，还可以在检索到网页时作为检索结果返给浏览者。例如在用搜索引擎搜索的结果网页中显示的说明文字就是通过这样设置的。搜索引擎同样限制说明文字的字数，所以内容要尽量简明扼要。

【示例】　在【META】对话框的【属性】下拉列表中选择【名称】选项，在【值】文本框中输入“description”，在【内容】文本框中输入说明文字即可，如“网页设计师联盟，国内专业网页设计人才基地，为广大设计师提供学习交流空间”，如图 2.22 所示。

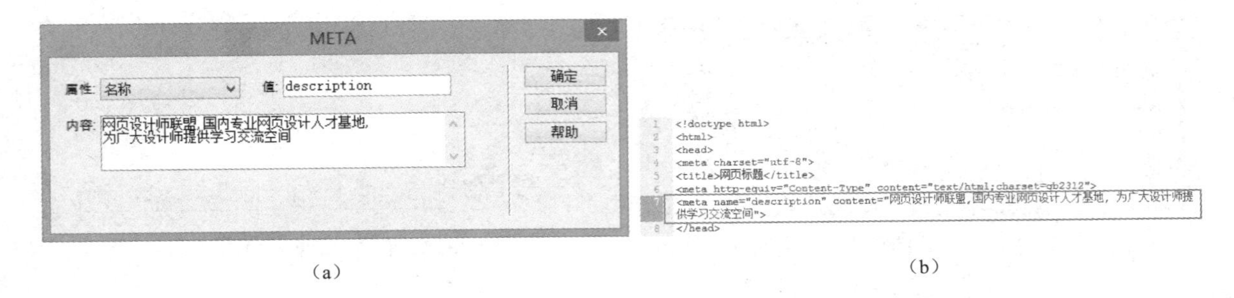

（a）　　　　（b）

图 2.22　设置搜索说明

2.4　实 战 案 例

扫一扫，看视频

本节将通过案例练习网页文档的创建和基本设置，进一步熟悉 Dreamweaver CC 的使用。

2.4.1　设计自我介绍页面

本案例将尝试让读者以手写代码的形式在网页中显示如下内容，示例效果如图 2.23 所示。

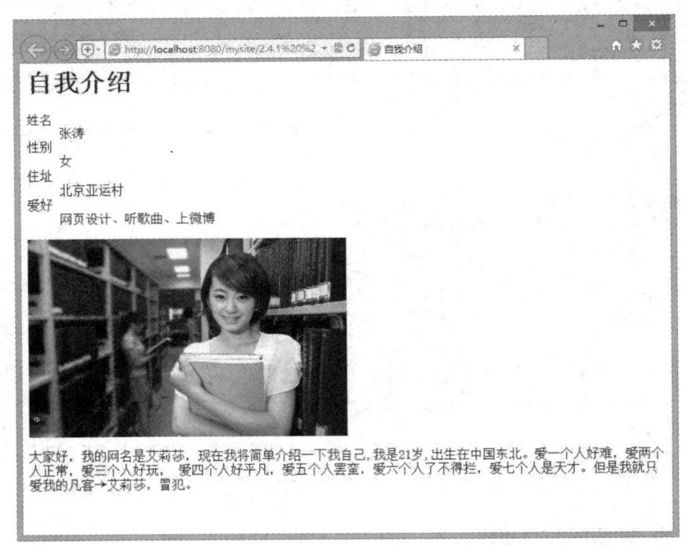

图 2.23　设计简单的自我介绍页面效果

【操作要求】

- 在网页标题栏中显示“自我介绍”文本信息。
- 以 1 级标题的形式显示“自我介绍”文本信息。
- 以定义列表的形式介绍个人基本情况，包括姓名、性别、住址、爱好。
- 在信息列表下面以图像的形式插入个人的头像，如果图像太大，使用 width 属性适当缩小图像大小。
- 以段落文本的形式显示个人简历，文本内容可酌情输入。

【操作步骤】

第 1 步，使用 Dreamweaver 新建空白网页文档，文档类型为 HTML5，字符编码为 utf-8，保存为

index.html。

第 2 步，切换到【代码】视图，删除 Dreamweaver 默认代码，然后练习手写如下代码。

```
<html>
    <head>
        <title>自我介绍</title>
    </head>
    <body>
        <h1>自我介绍</h1>
    <dl>
        <dt>姓名</dt>
          <dd>张涛</dd>
        <dt>性别</dt>
          <dd>女</dd>
        <dt>住址</dt>
          <dd>北京亚运村</dd>
        <dt>爱好</dt>
          <dd>网页设计、听歌曲、上微博</dd>
        </dl>
    <img src="images/head.jpg" width="50%">
    <p>大家好，我的网名是艾莉莎，现在我将简单介绍一下我自己，我是 21 岁，出生在中国东北。爱一个人好难，爱两个人正常，爱三个人好玩，爱四个人好平凡，爱五个人罢蛮，爱六个人了不得拦，爱七个人是天才。但是我就只爱我的凡客&rarr; 艾莉莎，冒犯。</p>
    </body>
</html>
```

第 3 步，输入完毕，保存文档，然后在浏览器中预览，就可以看到图 2.23 的效果。

2.4.2 解决网页乱码

扫一扫，看视频

网页为什么会出现乱码？网页乱码是因为网页没有明确设置字符编码。出现乱码后的网页效果如图 2.24 所示。

图 2.24　出现乱码的网页效果

提示：

有时候用户在网页中没有明确指明网页的字符编码，但是网页能够正确显示，这是因为网页字符的编码与浏览器解析网页时默认采用的编码一致，所以不会出现乱码。浏览器的默认编码与网页的字符编码不一致时，而网页又没有明确定义字符编码，则浏览器依然使用默认的字符编码来解析，这时候就会出现乱码现象。

【操作步骤】

第 1 步，在 Dreamweaver 中打开练习文档 index.html，另存为 index1.html。

注意：

当网页出现乱码之后，如果再次保存乱码文档，网页字符编码可能会被破坏，将无法再恢复为正确字符显示。因此，当网页出现乱码之后，应该先把乱码解决后再保存。

第 2 步，选择【修改】|【页面属性】命令，在打开的【页面属性】对话框中，设置“编码”为“简体中文(GB2312)”，然后单击“确定”按钮即可。

第 3 步，切换到【代码】视图，可以在 HTML 文档中看到 Dreamweaver 添加如下一行代码，同时帮助把网页所有字符进行编码纠正。

```
<html>
<head>
    <title>自我介绍</title>
    <meta http-equiv="Content-Type" content="text/html; charset=gb2312">
</head>
<body>
</body>
</html>
```

提示：

读者也可以直接在 HTML 文档中手工输入代码定义网页的字符编码。

第 4 步，保存文档，按 F12 键在浏览器中预览，发现乱码问题被解决，页面信息被正确解析。

扫一扫，看视频

2.4.3 转换网页文档类型

使用 Dreamweaver 新建文档，切换到【代码】视图，都会看到第一个标记<doctype>，它定义了网页文档的显示规则。

提示：

DOCTYPE 是 Document Type 的简写，中文翻译为文档类型。在网页中通过在首行代码中定义文档类型，用来指定页面所使用的 HTML 的版本类型。在构建符合标注的网页中，只有确定正确的 DOCTYPE（文档类型），HTML 文档的结构和样式才能被正常解析和呈现。

不同的文档类型，其语法规则略有不同。一般来说，HTML4.01 和 HTML5 对语法要求不是很严格，而 XHTML1.0 要求就比较严谨；过渡型（Transitional）没有严谨型（Strict）要求高。另外，HTML5 要求比较松散，同时增加了对新技术的支持。

注意：

把 HTML 转换为 XHTML，需要注意如下几条要求。

- 闭合所有标记，如</p>，或
。
- 使用正确的空标记语法，如
。
- 所有的属性值都必须用引号，如 type="radio"。
- 为所有属性分配值，disabled="disabled"。
- 标记和属性名要小写。

- 标记要正确嵌套。
- 包含 DOCTYPE 声明。
- 添加 XHTML 名字空间，如<html xmlns="http://www.w3.org/1999/xhtml">。

下面这个 HTML 文档不是一个良好构成的 XHTML 文档（html.html）。我们将把它转换成良好构成的 XHTML 文档（xhtml.html），在浏览器中的解析效果如图 2.25 所示。

```
<HTML>
<HEAD>
<TITLE>Sloppy HTML</TITLE>
</HEAD>
<BODY>
<H1>Element Rules</H1>
<P><FONT COLOR=RED>Elements provide the structure that holds your document together.
</FONT> <BR>
<OL COMPACT>
   <LI>Close all elements.
   <LI>Empty elements should follow empty-element syntax,and besure to add the
white space for backward compatibility.
   <LI>Convert all stand-alone attributes to attributes with values.
   <LI>Add quotation marks to all attribute values.
   <LI>Convert all uppercase element and cttribute names to lowercase.
   <LI>Use the appropriate DOCTYPE declaration.
   <LI>Add the XHTML namespace to the html start tag.
   <LI>Make sure you comply with any backward-compatible steps defined in the
section "Backward Compatibility. "
</OL>
</BODY>
</HTML>
```

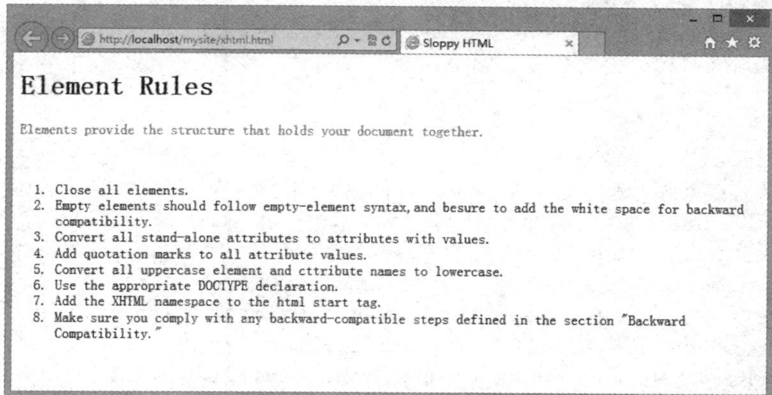

图 2.25　HTML 文档解析效果

【操作步骤】

第 1 步，启动 Dreamweaver，打开本节范例 html.html，然后另存为 xhtml.html。

第 2 步，关闭所有元素。注意，p 元素以及列表项元素（li）都没有关闭标记，因此应该添加标识，关闭 p 和 li 标记。例如：

```
<P><FONT COLOR=RED>Elements provide the structure that holds your document together.
</FONT></P>
<LI>Close all elements.</LI>
```

第 3 步，空元素应该遵守空元素语法，并且要保证加入必要的空格以保持向后兼容性。BR 元素是上述文档中唯一的空元素，因此应该把它更改成
。

第 4 步，把所有独立的属性转换成带有值的属性。把 COMPACT 更改为 COMPACT=COMPACT。

第 5 步，在所有属性值上加引号。例如：

```
<P><FONT COLOR="RED">Elements provide the structure that holds your document together.
</FONT></P>
<OL COMPACT="COMPACT">
```

第 6 步，把所有大写元素和属性名（以及属性值）都转换为小写。例如：

```
<html>
<head>
<title>Sloppy HTML</title>
</head>
<body>
```

第 7 步，使用正确的 DOCTYPE 声明。这里使用过渡型（Transitional）DTD：

```
<!DOCTYPE html PUBLIC "-//W3C//DTD XHTML 1.0 Transitional//EN" "http://www.w3.
org/tr/xhtml1/dtd/xhtml1-transitional.dtd">
```

第 8 步，把 XHTML 名字空间添加到 html 起始标志中。

```
<html xmlns=http://www.w3.org/1999/xhtml>
```

第 9 步，最后得到完全符合 XHTML 规范的文档代码如下：

```
<!DOCTYPE html PUBLIC "-//W3C//DTD XHTML 1.0 Transitional//EN" "http://www.w3.
org/tr/xhtml1/dtd/xhtml1-transitional.dtd">
<html xmlns=http://www.w3.org/1999/xhtml>
<head>
<title>Sloppy HTML</title>
</head>
<body>
<h1> Element Rules</h1>
<p><font color="red"> Elements provide the structure that holds your document
together.</font></p>
<br />
<ol compact="compact">
    <li> Close all elements.</li>
    <li> Empty elements should follow empty-element syntax,and besure to add the
white space for backward compatibility.</li>
    <li> Convert all stand-alone attributes to attributes with  values.</li>
    <li> Add quotation marks to all attribute values.</li>
    <li>Convert all uppercase element and cttribute names to lowercase.</li>
    <li>Use the appropriate DOCTYPE declaration.</li>
    <li>Add the XHTML namespace to the html start tag.</li>
    <li>Make sure you comply with any backward-compatible steps defined in the
section "Backward Compatibility."</li>
</ol>
</body>
</html>
```

拓展：

下面这段 HTML 文档源代码是不符合 XHTML 标准的，请把它转换为 XHTML 过渡型文档。

```
<html>
<head></head>
```

```
<body>
<p><b>将 CSS 样式表文件引入到 HTML 页面</b></p><br>
<p>  1.直接写在标签元素的属性 style 中，通常称之为行间样式；
<p>  2.将样式写在&lt;style&gt;和&lt;/style&gt;标签之内，通常称之为内嵌样式表；
<p>  3.通过在&lt;link /&gt;方式外链 CSS 样式文件，通常称之为外联样式表；
<p>  4.通过@import 关键字导入外部 CSS 样式文件，通常称之为导入样式表。
</body>
</html>
```

【操作要求】

- 注意标明文档类型和名字空间。
- 使用标题标签设计标题。
- 使用有序列表标签设计列表样式。
- 注意标签的闭合。
- 不要使用非语义字符填充 HTML 文档。

提示：

读者可借助工具批量实现文档类型转换，如 HTML Tidy。

第 3 章　美化网页文本

文字是网页信息最基本的表现载体。在网页设计中，一项很重要的工作就是如何编辑网页文字，使文字样式符合网页整体风格，以方便浏览者阅读，提升阅读体验。

【学习重点】

- 在网页中输入字符。
- 设计段落文本、标题文本和列表文本。
- 设置字符样式。
- 设置文本样式。
- 设置列表样式。

3.1　输 入 字 符

在 Dreamweaver CC 中输入字符有多种方法：手动输入字符、使用命令插入字符，以及使用复制、粘贴的方式从其他窗口导入文本。

扫一扫，看视频

3.1.1　重点演练：输入带格式字符

在 Dreamweaver CC 编辑窗口中粘贴文本时，可以确定是否粘贴文本原格式。

【操作步骤】

第 1 步，选择【编辑】|【首选项】命令，打开【首选项】对话框。在左侧【分类】列表框中选择【复制/粘贴】选项，在右侧具体设置粘贴的格式，如图 3.1 所示。然后单击对话框底部的【应用】按钮，最后单击【关闭】按钮关闭对话框。

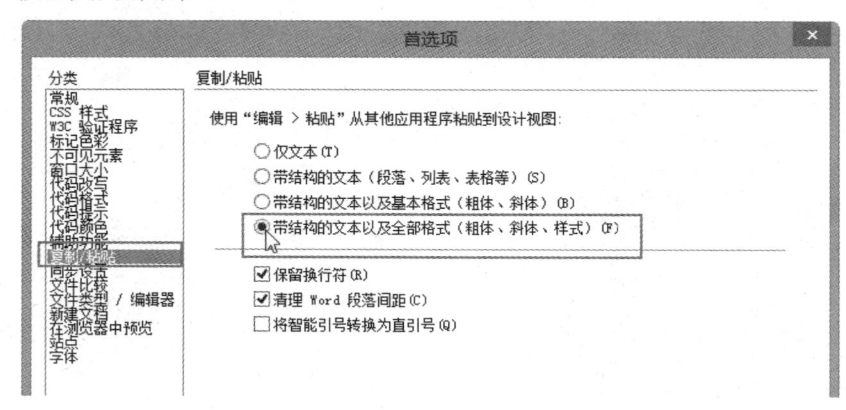

图 3.1　设置粘贴文本的格式

第 2 步，在其他文本编辑器中选择带格式的文本。例如，在 Word 中选择一段带格式的文本，按 Ctrl+C 快捷键进行复制，如图 3.2 所示。

第 3 步，启动 Dreamweaver CC，新建文档，保存为 test.html。在编辑窗口中按 Ctrl+V 快捷键粘贴文本，效果如图 3.3 所示。

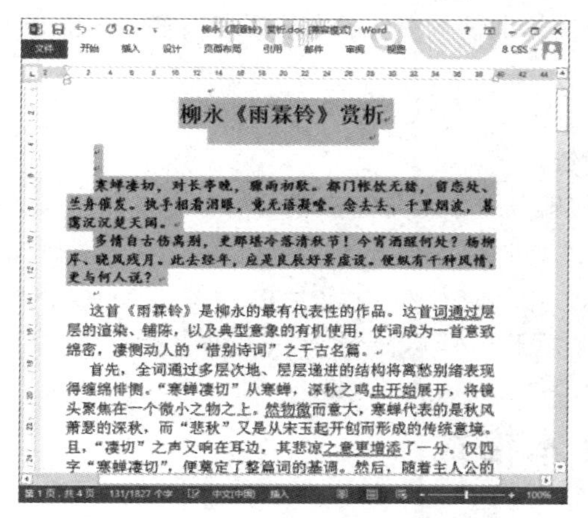

图 3.2　复制 Word 中带格式的文本

图 3.3　粘贴带格式的文本

提示：

在粘贴时，如果选择【编辑】|【选择性粘贴】命令，会打开【选择性粘贴】对话框。在该对话框中可以进行不同的粘贴操作，如仅粘贴文本，或者仅粘贴基本格式文本，或者完整粘贴文本中的所有格式等。

扫一扫，看视频

3.1.2　重点演练：输入特殊字符

特殊字符就是无法通过输入法输入的字符。在网页设计中，用户经常需要插入很多特殊的字符。下面介绍插入特殊字符的各种方法。

【操作步骤】

第 1 步，启动 Dreamweaver CC，新建文档，保存为 test.html。

第 2 步，把光标置于编辑窗口内需要插入特殊文本的位置。选择【插入】|【字符】命令，在弹出的子菜单中选择一个特殊字符。

第 3 步，如果在该子菜单中没有需要的字符，可以选择【其他字符】命令，打开如图 3.4 所示【插入其他字符】对话框，在其中选择要插入的对象。

技巧：

通过代码方式输入特殊字符。切换到【代码】视图，输入“&”字符，Dreamweaver CC 会自动以下拉列表的方式显示全部特殊字符，从中选择一个特殊字符即可，如图 3.5 所示。

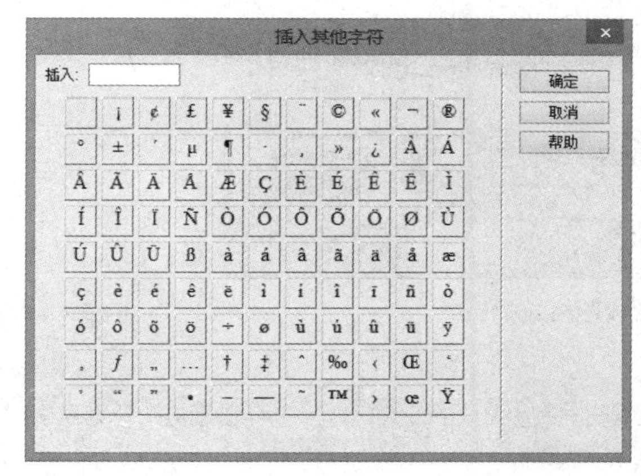

图 3.4　【插入其他字符】对话框

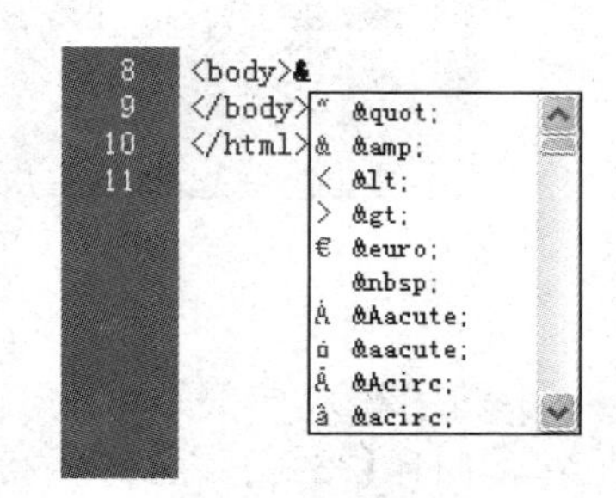

图 3.5　用代码方式快速输入特殊字符

空格是最常用的特殊字符。除了前面介绍的方法，实际上输入空格的方法还有很多。这里介绍 3 种比较快捷的方法：

（1）在【代码】视图下，输入“ ”字符。

（2）在【设计】视图下，按 Ctrl+Shift+Space 快捷键。

（3）在中文输入法状态下，切换到全角模式，直接输入一个全角空格即可。

拓展：

选择【插入】|【日期】命令，打开【插入日期】对话框。在该对话框中，可以选择星期格式、日期格式和时间格式。如果希望在保存文档时能够更新插入的日期，可以选中下面的【保存时自动更新】复选框。

3.2　定义文本格式

文本格式类型就是定义文本所包含的标记类型。在文本属性面板中单击【格式】下拉列表可以快速设置，包括段落格式、标题格式、预先格式化。如果在【格式】下拉列表中选择【无】选项，可以取消格式操作，或者设置无格式文本。

扫一扫，看视频

3.2.1　重点演练：设置段落文本

段落格式就是设置所选文本为段落。在 HTML 源代码中是使用<p>标记来表示，段落文本的默认格式是在段落文本上下边显示 1 行空白间距（约 12px），其语法格式为：

```
<p>段落文本</p>
```

【操作步骤】

第 1 步，启动 Dreamweaver CC，新建文档，保存为 test.html。

第 2 步，在编辑窗口中，手动输入文本“《雨霖铃》”。

第 3 步，在【属性】面板中单击【格式】右侧下拉按钮，在弹出的下拉列表中选择“段落”选项，即可设置当前输入文本为段落格式，如图 3.6 所示。

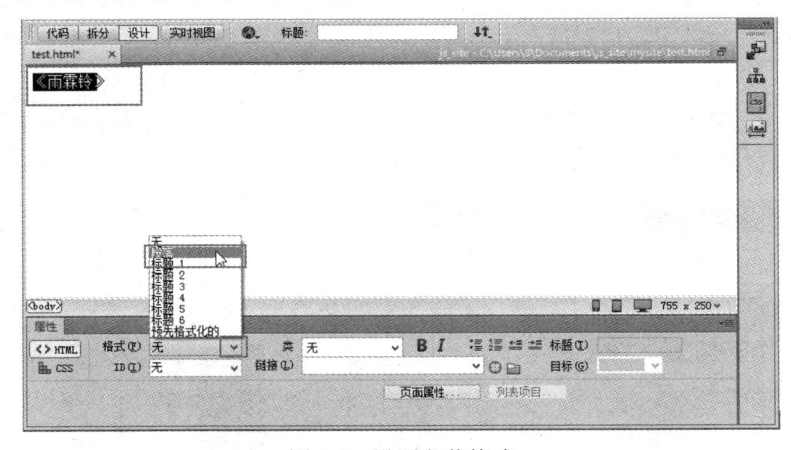

图 3.6　设置段落格式

技巧：

在【设计】视图下，输入一些文字后，按 Enter 键，就会自动生成一个段落，这时也会自动应用段落格式，光标会自动换行，同时【格式】下拉列表中显示为“段落”状态。

第 4 步，切换到【代码】视图下，可以直观比较段落文本和无格式文本的不同。

（1）输入文本回车前：

```
<body>
《雨霖铃》
</body>
```

（2）输入文本回车后：

```
<body>
<p>《雨霖铃》</p>
<p>  </p>
</body>
```

（3）输入文本后选择【段落】格式选项：

```
<body>
<p>《雨霖铃》
</p>
</body>
```

第 5 步，按 Enter 键换行显示，继续输入文本。以此操作类推，输入全部诗句。生成的 HTML 代码如下，在【设计】视图下可以看到如图 3.7 所示的效果。

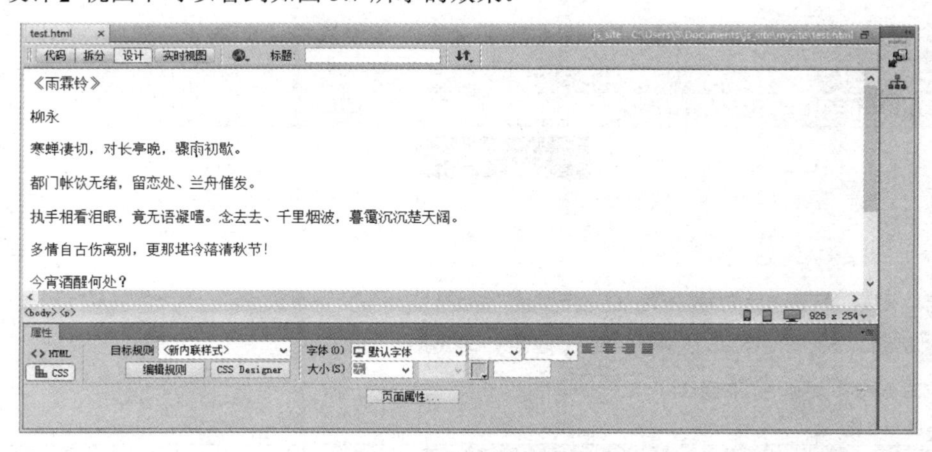

图 3.7　应用段落格式

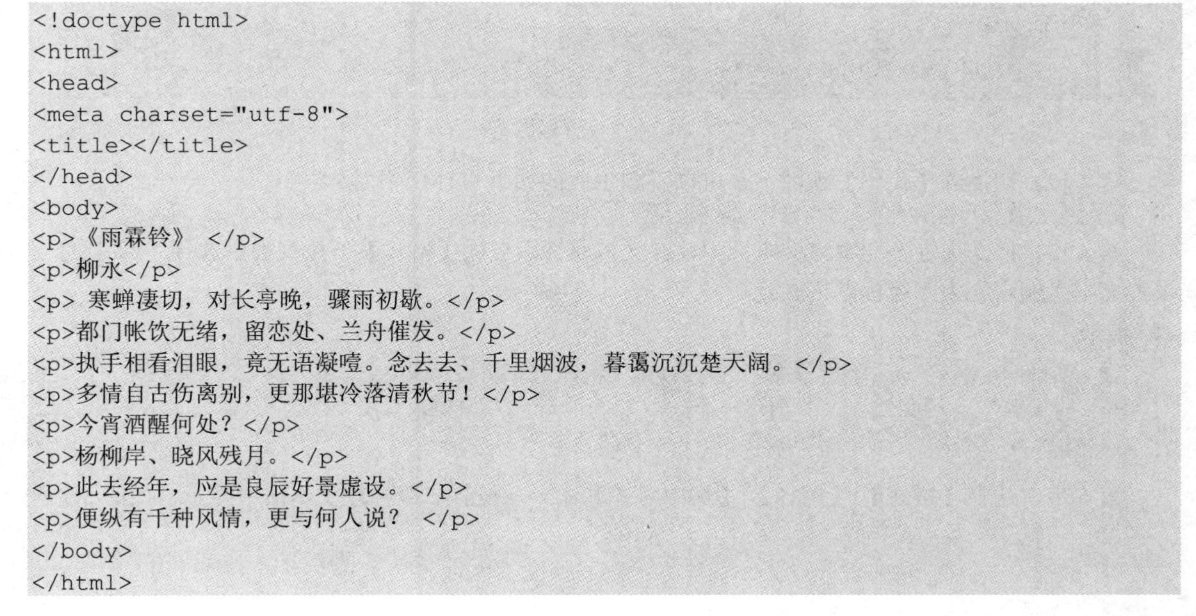

```
<!doctype html>
<html>
<head>
<meta charset="utf-8">
<title></title>
</head>
<body>
<p>《雨霖铃》 </p>
<p>柳永</p>
<p> 寒蝉凄切，对长亭晚，骤雨初歇。</p>
<p>都门帐饮无绪，留恋处、兰舟催发。</p>
<p>执手相看泪眼，竟无语凝噎。念去去、千里烟波，暮霭沉沉楚天阔。</p>
<p>多情自古伤离别，更那堪冷落清秋节！</p>
<p>今宵酒醒何处？</p>
<p>杨柳岸、晓风残月。</p>
<p>此去经年，应是良辰好景虚设。</p>
<p>便纵有千种风情，更与何人说？ </p>
</body>
</html>
```

扫一扫，看视频

3.2.2 重点演练：设置标题文本

标题文本主要用于强调文本信息的重要性。在 HTML 语言中，定义了 6 级标题，它们分别用<h1>、<h2>、<h3>、<h4>、<h5>、<h6>标记来表示，每级标题的字体大小依次递减，标题格式一般都加粗显示。

提示：

实际上每级标题的字符大小并没有固定值，它是由浏览器决定的。为标题定义的级别只决定了标题之间的重要程度。此外，还可以设置各级标题的具体属性。在标题格式中，主要的属性是对齐属性，用于定义标题段落的对齐方式。

【操作步骤】

第 1 步，启动 Dreamweaver CC，打开上一节创建的网页文档 test.html。下面将文档中的文本“《雨霖铃》”定义为一级标题居中显示，将文本“柳永”定义为二级标题居中显示。

第 2 步，在编辑窗口中拖选文本“《雨霖铃》”，在文本属性面板的【格式】下拉列表中选择【标题 1】选项。

第 3 步，选择【格式】|【对齐】|【居中对齐】命令，则设置标题文本居中显示，如图 3.8 所示。

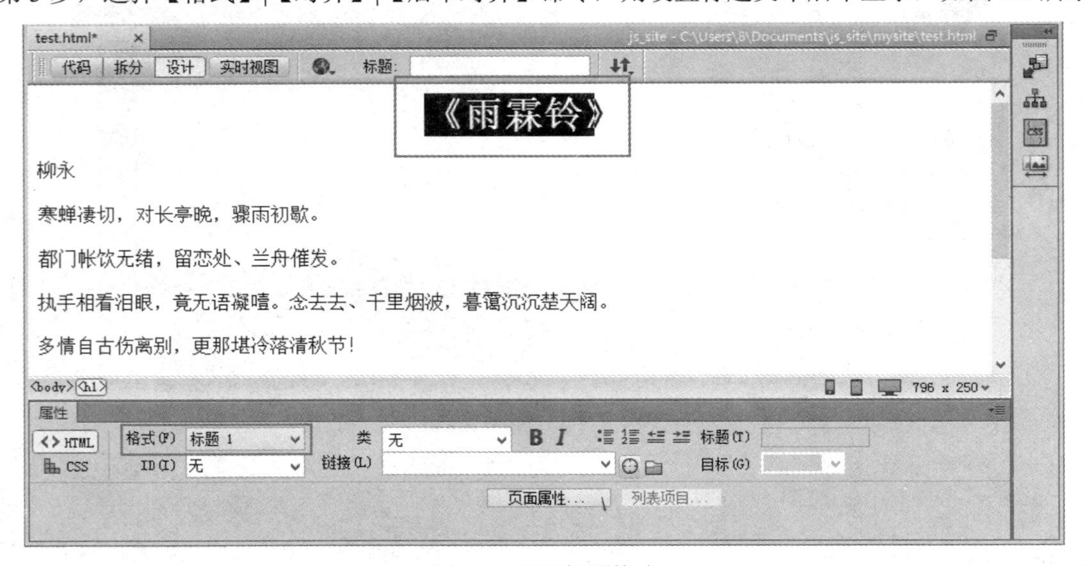

图 3.8　设置标题格式

第 4 步，切换到【代码】视图下，可以看到生成的如下 HTML 代码：

```
<h1 align="center">《雨霖铃》</h1>
```

第 5 步，把光标置于文本“柳永”中，在文本属性面板的【格式】下拉列表中选择【标题 2】选项，设置文本“柳永”为二级标题格式。

提示：

在上面操作中，没有选中操作文本，这是因为段落格式和标题格式作用文本上光标插入点所在的一段，如果要将多段设置为一个标题，可以同时选中。如果按 Shift+Enter 快捷键或者用
标记可以使文本换行，但上下行依然是一段，因此，标题格式和段落格式同样起作用。

第 6 步，选择【格式】|【对齐】|【居中对齐】命令，设置二级标题文本居中显示，如图 3.9 所示。

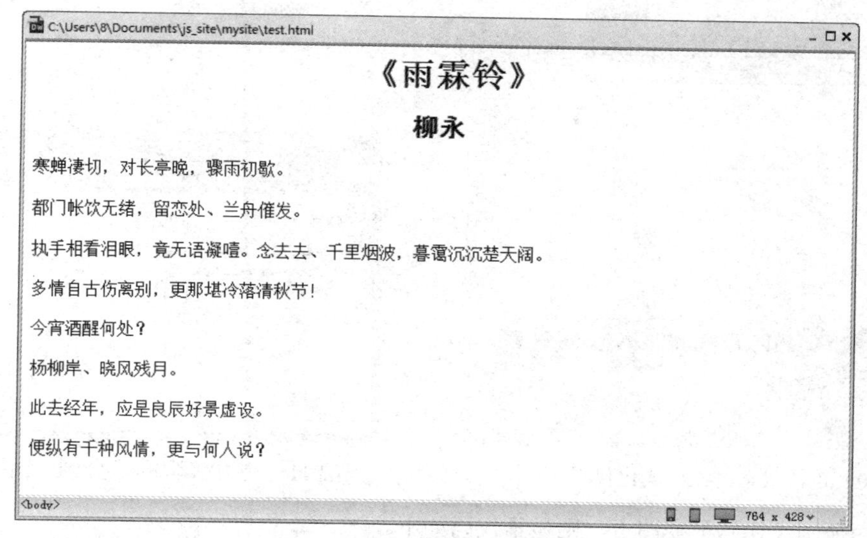

图 3.9　设置标题格式的效果

技巧：

当设置标题格式后，按 Enter 键后，Dreamweaver CC 会自动在下一段中将文本恢复为段落文本格式，即取消了标题格式的应用。如果选择【编辑】|【首选项】命令，在打开的【首选项】对话框中选择【常规】分类项，然后在右侧取消选择【标题后切换到普通段落】复选框。此时，如果在标题格式文本后按 Enter 键则依然保持标题格式。

3.2.3　重点演练：设置预定义格式文本

扫一扫，看视频

预定义格式在显示时能够保留文本间的空格符，如空格、制表符和换行符。在正常情况下浏览器会忽略这些空格符。一般使用预定义格式可以定义代码显示，确保代码能够按输入时的格式效果正常显示。

【操作步骤】

第 1 步，启动 Dreamweaver CC，新建文档，保存为 test.html。

第 2 步，在编辑窗口内单击，把当前光标置于编辑窗口内。

第 3 步，在属性面板中单击【格式】右侧下拉按钮，在弹出的下拉列表中选择【预先格式化的】选项。

第 4 步，在编辑窗口中输入如下 CSS 样式代码，在【设计】视图下，用户会看到输入的代码文本格式，如图 3.10 所示。

```
<style type="css/text">
h1{
    text-align:center;
    font-size:24px;
    color:red;
}
</style>
```

上面的样式代码定义一级标题文本居中显示，字体大小为 24 像素，字体颜色为红色。

第 5 步，按 Ctrl+S 快捷键保存文档，按 F12 键浏览效果，在浏览器中可以看到原来输入的代码依然按原输入格式显示，如图 3.11 所示。

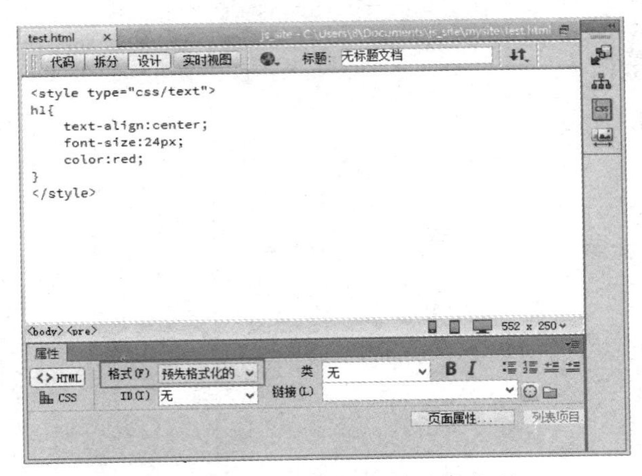

图 3.10 正常状态输入格式化代码

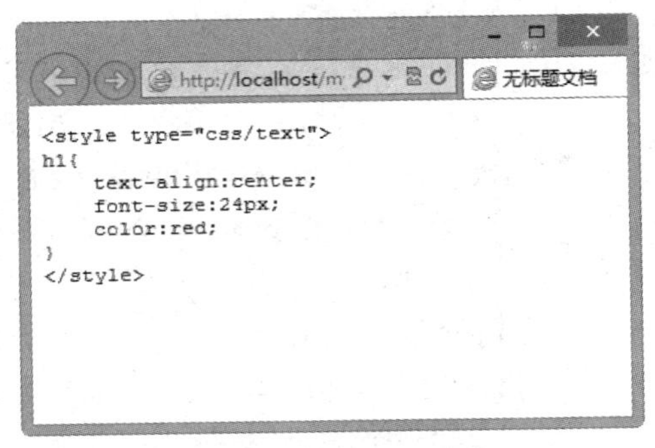

图 3.11 在浏览器中预览预定义格式效果

第 6 步，切换到【代码】视图下，则显示代码如下。

```
<body>
<pre>
&lt;style type=&quot;css/text&quot;&gt;
h1{
    text-align:center;
    font-size:24px;
    color:red;
}
&lt;/style&gt;
</pre>
</body>
```

提示：

预定义格式的标记为<pre>，在该标记中可以输入制表符和换行符，这些特殊符号都会包括在<pre>标记之中。

第 7 步，把 test.html 另存为 test1.html，在【代码】视图下把<pre>标记改为<p>标记，即把预定义格式转换为段落格式，则显示效果如图 3.12 所示。

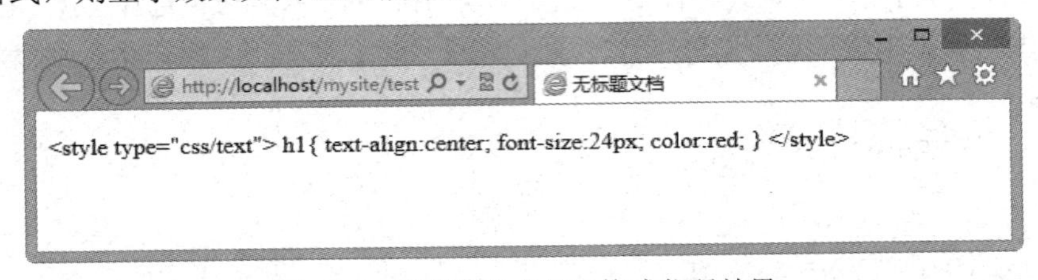

图 3.12 以段落格式显示格式代码效果

3.3 设置字体样式

文本包含很多属性，通过设置这些属性，用户可以控制网页内容的显示效果。

扫一扫，看视频

3.3.1 重点演练：定义字体类型

在网页中，中文字体默认显示为宋体，如果选择【修改】|【管理字体】命令，可以打开【管理字体】对话框，重设字体类型。

【操作步骤】

第 1 步，启动 Dreamweaver CC，打开上一节创建的网页文档 test.html，另存为 test1.html。

第 2 步，在编辑窗口中拖选文本“《雨霖铃》”。

第 3 步，选择【修改】|【管理字体】命令，打开【管理字体】对话框，切换到【自定义字体堆栈】选项卡。在【可用字体】列表中选择一种本地系统中的可用字体类型，如“隶书”。

第 4 步，单击添加按钮 << ，把选择的可用字体添加到【选择的字体】列表中，如图 3.13 所示。

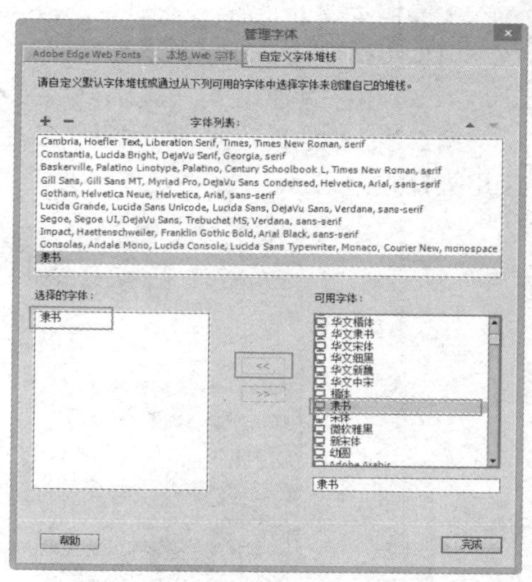

图 3.13 添加可用字体

提示：

在该对话框中可以设置多种字体类型，如自定义字体类型，或者选择本地系统可用字体，只要用户计算机安装有某种字体，都可以进行选择设置。不过建议用户应该为网页字体设置常用字体类型，以确保大部分浏览者都能够正确浏览。

第 5 步，在属性面板中，切换到 CSS 选项卡，在【字体】列表框中单击右侧下拉按钮，从弹出的列表中可以看到新添加的字体，选择该字体“隶书”，即可为当前标题应用隶书字体，效果如图 3.14 所示。

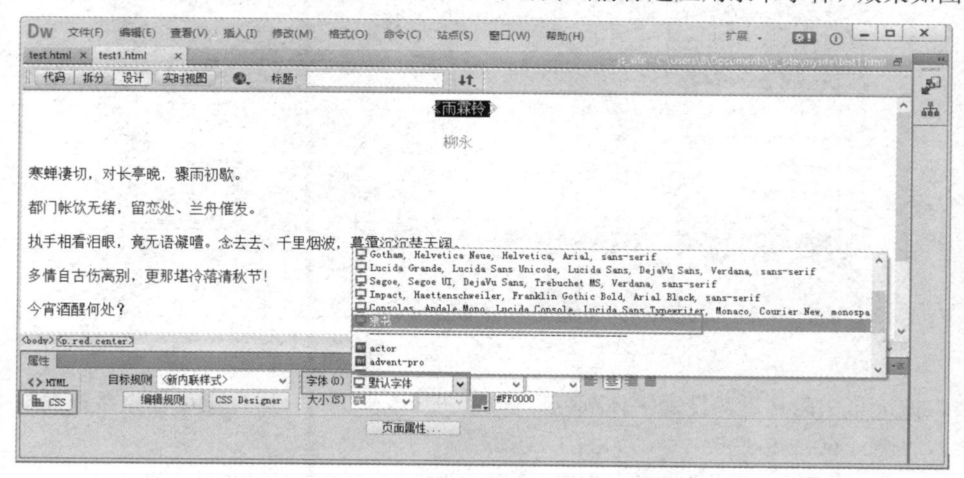

图 3.14 应用字体类型样式

第 6 步，切换到【代码】视图，可以看到 Dreamweaver CC 自动使用 CSS 定义的字体样式属性。

```
<p class="red center"><span style="font-family: '隶书'">《雨霖铃》 </span></p>
<p class="red center">柳永</p>
```

提示：

在传统布局中，默认使用<font>标记设置字体类型、字体大小和颜色，在标准设计中不再建议使用。

3.3.2 重点演练：定义字体颜色

扫一扫，看视频

选择【格式】|【颜色】命令，打开【颜色】面板，利用该面板可以为字体设置颜色。

【操作步骤】

第 1 步，启动 Dreamweaver CC，打开上一小节的网页文档 test1.html，另存为 test2.html。

第 2 步，在编辑窗口中拖选段落文本“《雨霖铃》”。在属性面板中设置字体格式为“标题 1”。

第 3 步，拖选段落文本“柳永”。在属性面板中设置字体格式为“标题 2”。同时修改文本“柳永”应用类样式为.center，而不是复合类样式，清除红色字体效果，仅让二级标题居中显示，如图 3.15 所示。

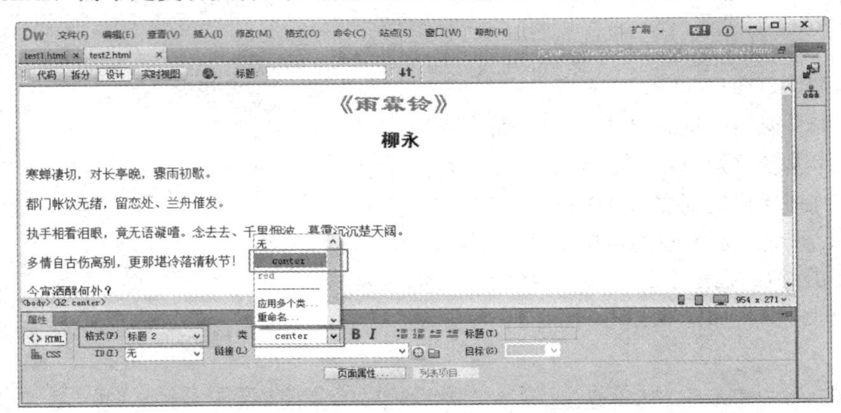

图 3.15　修改标题文本格式化和类样式

第 4 步，拖选词正文的第 1 段文本，在属性面板中切换到 CSS 选项卡，单击“颜色”小方块，从弹出的颜色面板中选择一种颜色，这里设置颜色为浅绿色，RGBa 值显示为“rgba(60,255,60,1)”，如图 3.16 所示。

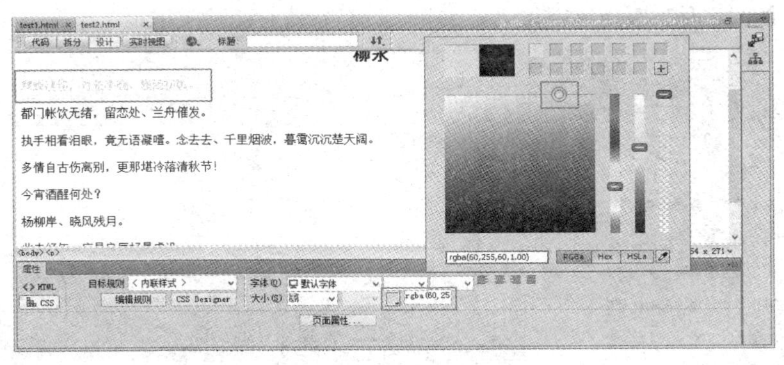

图 3.16　定义第 1 段文本颜色

第 5 步，拖选第 2 段文本，设置字体颜色为 rgba(60,255,60,0.9)，用户也可以直接在属性面板的颜色文本框中输入“rgba(60,255,60,0.9)”，如图 3.17 所示。

图 3.17　定义第 2 段文本颜色

第 6 步，以同样的方式执行如下操作：

设置第 3 段文本字体颜色为 rgba(60,255,60,0.8)；

设置第 4 段文本字体颜色为 rgba(60,255,60,0.7)；

设置第 5 段文本字体颜色为 rgba(60,255,60,0.6)；

设置第 6 段文本字体颜色为 rgba(60,255,60,0.5)；

设置第 7 段文本字体颜色为 rgba(60,255,60,0.4)；

设置第 8 段文本字体颜色为 rgba(60,255,60,0.3)。

第 7 步，选中标题 1 文本“《雨霖铃》”，在属性面板中修改字体颜色为“green”。

第 8 步，保存文档，按 F12 快捷键，在浏览器中预览，显示效果如图 3.18 所示。

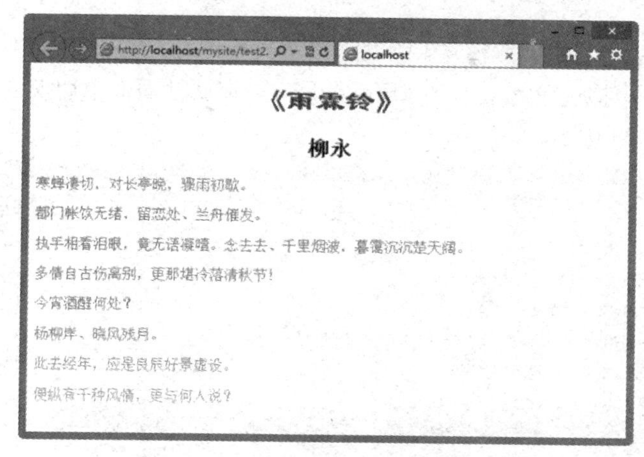

图 3.18　定义字体颜色效果

拓展：

在网页中表示颜色有 3 种方法：颜色名、百分比和数值。

（1）使用颜色名是最简单的方法，目前能够被大多数浏览器接受且符合 W3C 标准的颜色名称有 16 种，如表 3.1 所示。

表 3.1　符合标准的颜色名称

名　称	颜　色	名　称	颜　色	名　称	颜　色
black	纯黑	silver	浅灰	navy	深蓝
blue	浅蓝	green	深绿	lime	浅绿
teal	靛青	aqua	天蓝	maroon	褐红
red	大红	purple	深紫	fuchsia	品红
olive	褐黄	yellow	明黄	gray	深灰
white	亮白				

（2）使用百分比，例如：

```
color:rgb(100%,100%,100%);
```

在上面的设置中，结果将显示为白色，其中第 1 个数字表示红色的比重值，第 2 个数字表示蓝色的比重值，第 3 个数字表示绿色的比重值，而 rgb(0%,0%,0%)会显示为黑色，三个百分值相等将显示灰色。

（3）使用数字，数字范围从 0 到 255，例如：

```
color:rgb(255,255,255);
```

上面这个声明将显示为白色，而 rgb(0,0,0)将显示为黑色。使用 rgba()和 hsla()颜色函数，可以设置 4 个参数，其中第 4 个参数表示颜色的不透明度，范围从 0 到 1，其中 1 表示不透明，0 表示完全透明。

使用十六进制数字来表示颜色（这是最常用的方法），例如：

```
color:#ffffff;
```

要在十六进制数字前面加一个#颜色符号。上面这个定义将显示白色，而#000000 将显示为黑色，用 RGB 来描述：

```
color: #RRGGBB;
```

扫一扫，看视频

3.3.3 重点演练：定义粗体和斜体

粗体和斜体是字体的两种特殊艺术效果，在网页中起到强调文本的作用，以加深或提醒用户注意该文本所要传达信息的重要性。

【操作步骤】

第 1 步，启动 Dreamweaver CC，打开本小节备用练习文档 test.html，另存为 test1.html。

第 2 步，在编辑窗口中拖选段落文本“《雨霖铃》”。在属性面板中切换到 HTML 选项卡，然后单击“粗体”按钮，如图 3.19 所示。

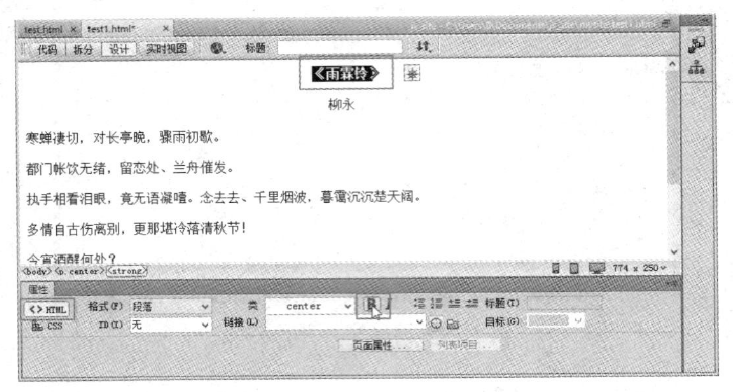

图 3.19　定义加粗字体效果

第 3 步，拖选段落文本“柳永”。在属性面板中单击“斜体”按钮，为该文本应用斜体效果，如图 3.20 所示。

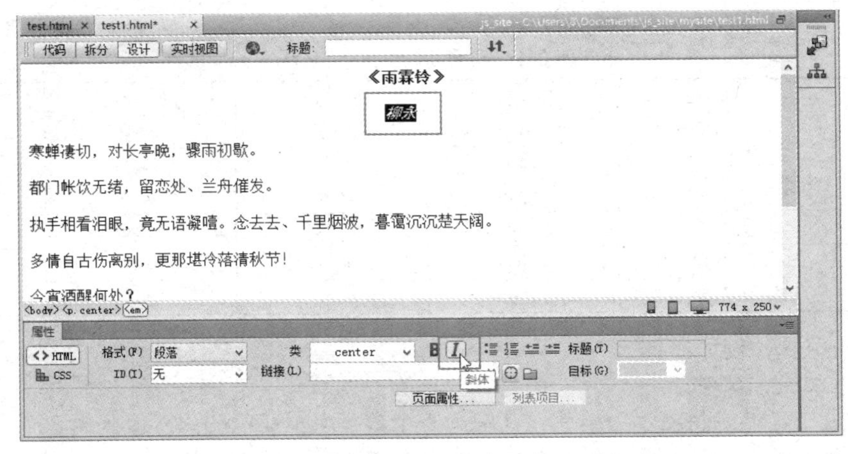

图 3.20　定义斜体字体效果

第 4 步，切换到【代码】视图下，使用 HTML 代码则显示如下所示：

```
<p class="center"><strong>《雨霖铃》 </strong></p>
<p class="center"><em>柳永</em></p>
```

拓展：

在标准用法中，不建议使用<strong>和<em>标记定义粗体和斜体样式。提倡使用 CSS 样式代码进行定义。例如，针对上面示例，另存为 test2.html，然后使用 CSS 设计相同的效果，则文档完整代码如下：

```
<!doctype html>
<html>
```

```
<head>
<meta charset="utf-8">
<title></title>
<style type="text/css">
.center { text-align: center; }
.red { color: #FF0000; }
.bold{ font-weight:bold;}
.ital {font-style:italic;}
</style>
</head>
<body>
<p class="center bold">《雨霖铃》</p>
<p class="center ital">柳永</p>
<p> 寒蝉凄切，对长亭晚，骤雨初歇。</p>
<p>都门帐饮无绪，留恋处、兰舟催发。</p>
<p>执手相看泪眼，竟无语凝噎。念去去、千里烟波，暮霭沉沉楚天阔。</p>
<p>多情自古伤离别，更那堪冷落清秋节！</p>
<p>今宵酒醒何处？</p>
<p>杨柳岸、晓风残月。</p>
<p>此去经年，应是良辰好景虚设。</p>
<p>便纵有千种风情，更与何人说？ </p>
</body>
</html>
```

3.3.4　重点演练：定义字体大小

扫一扫，看视频

网页字体默认大小为 16 像素，在实际设计中网页正文字体大小一般为 12px 到 14px 之间，这个大小符合大多数浏览者的阅读习惯，又能最大容量地显示信息。

【操作步骤】

第 1 步，启动 Dreamweaver CC，打开本小节备用练习文档 test.html，另存为 test1.html。

第 2 步，在编辑窗口中拖选段落文本“《雨霖铃》”。在属性面板中切换到 CSS 选项卡，然后单击【大小】下拉列表右侧的下拉按钮，打开字体下拉列表，选择一个选项即可，这里设置字体大小为 24px，如图 3.21 所示。

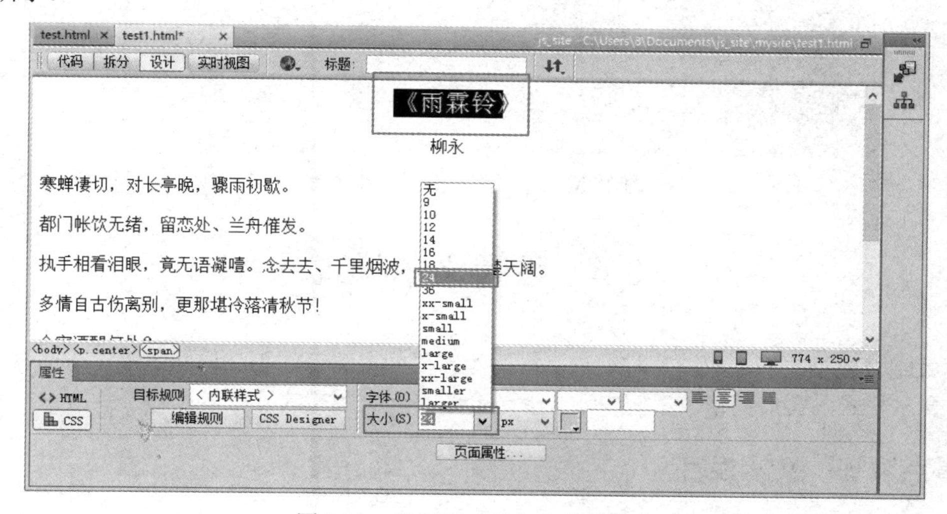

图 3.21　定义第 1 段文本字体大小

提示：

也可以直接输入数字，然后后边的单位文本框显示为可用状态，从中选择一个单位即可。其中，默认选项【无】是指 Dreamweaver CC 默认字体大小或者继承上级包含框定义的字体。用户可以选择【无】选项来恢复默认字体大小。

第 3 步，拖选段落文本“柳永”。在属性面板中设置字体大小为 18px，如图 3.22 所示。

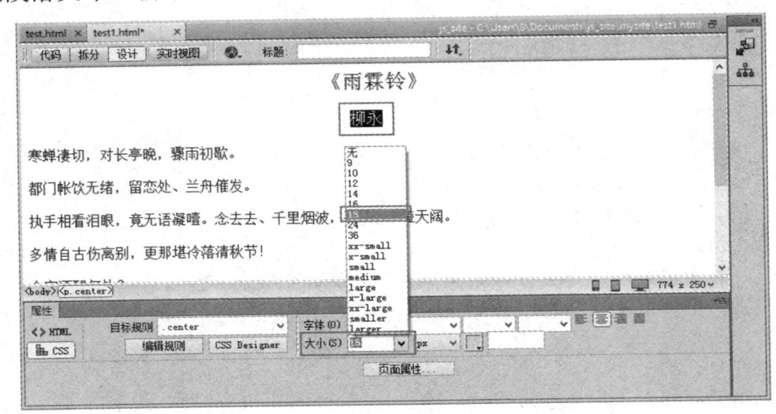

图 3.22　定义第 2 段文本字体大小

第 4 步，切换到【代码】视图下，则自动生成的代码如下所示：

```
<p class="center"><span style="font-size: 24px">《雨霖铃》 </span></p>
<p class="center"><span style="font-size: 18px">柳永 </span></p>
```

第 5 步，保存文档，按 F12 键在浏览器中预览，则显示效果如图 3.23 所示。

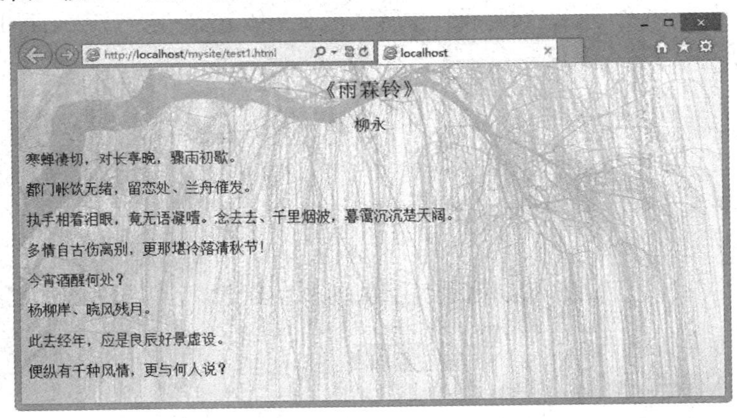

图 3.23　定义字体大小显示效果

3.4　设置文本样式

文本样式主要包括左右缩进、首行缩进、行间距、段间距、字间距、词间距等，下面以示例形式重点介绍常用文本样式，在后面章节案例中还会渗透介绍不同文本样式。

扫一扫，看视频

3.4.1　重点演练：文本换行

在默认状态下段落文本间距比较大，这会影响版面效果。使用强制换行可以避免多行文本间距过大问题。

【操作步骤】

第 1 步，启动 Dreamweaver CC，打开本小节备用练习文档 test.html，按 F12 快捷键预览，则默认显示效果如图 3.24 所示。整个文档包含一个 1 级标题、一个 2 级标题和一段文本，代码如下所示：

图 3.24　备用页面初始化效果

```
<h1>《雨霖铃》 </h1>
<h2>柳永</h2>
<p>寒蝉凄切，对长亭晚，骤雨初歇。都门帐饮无绪，留恋处、兰舟催发。执手相看泪眼，竟无语凝噎。念去去、千里烟波，暮霭沉沉楚天阔。多情自古伤离别，更那堪冷落清秋节！今宵酒醒何处？杨柳岸、晓风残月。此去经年，应是良辰好景虚设。便纵有千种风情，更与何人说？
</p>
```

第 2 步，另存网页为 test1.html，现在定制段落文本多行显示，设计页面左侧是诗词正文，右侧是标题的版式效果。

第 3 步，把光标置于段落文本的第一句话末尾。选择【插入】|【字符】|【换行符】命令，或者按 Shift+Enter 快捷键换行文本，如图 3.25 所示。

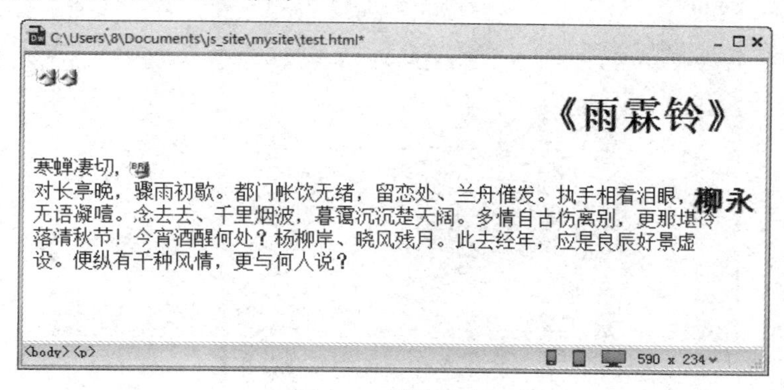

图 3.25　强制换行

第 4 步，以相同方法为每句话进行强制换行显示，最后保存文档，按 F12 键在浏览器中预览，则显示效果如图 3.26 所示。

图 3.26　强制换行后的段落文本效果

提示：

在使用强制换行时，上下行之间依然是一个段落，同受一个段落格式的影响。如果希望为不同行应用不同样式，这种方式就显得不是很妥当。同时在标准设计中不建议大量使用强制换行。在 HTML 代码中一般使用
标记强制换行，该标记是一个非封闭类型的标记。

扫一扫，看视频

3.4.2　重点演练：文本对齐

文本水平对齐包括 4 种方式：左对齐、居中对齐、右对齐和两端对齐。

【操作步骤】

第 1 步，启动 Dreamweaver CC，打开本小节备用练习文档 test.html，按 F12 快捷键预览，则默认显示效果如图 3.27 所示。整个文档包含一个 1 级标题、一个 2 级标题和四段文本。

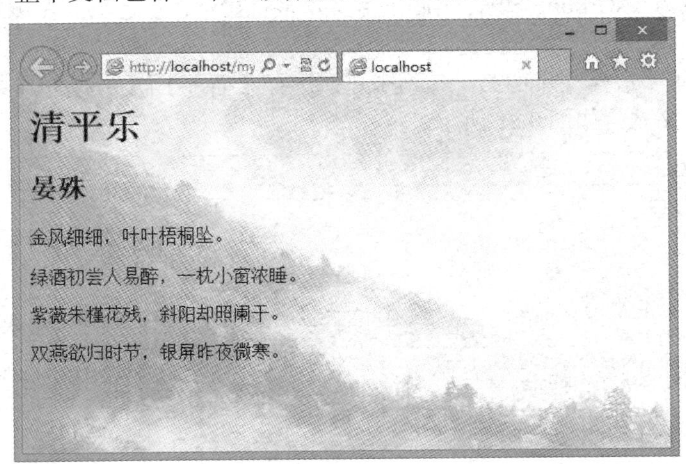

图 3.27　备用页面初始化效果

第 2 步，另存网页为 test1.html。在编辑窗口中选中 1 级标题文本，在属性面板中切换到 CSS 选项卡，单击【居中对齐】按钮，让标题居中显示，如图 3.28 所示。

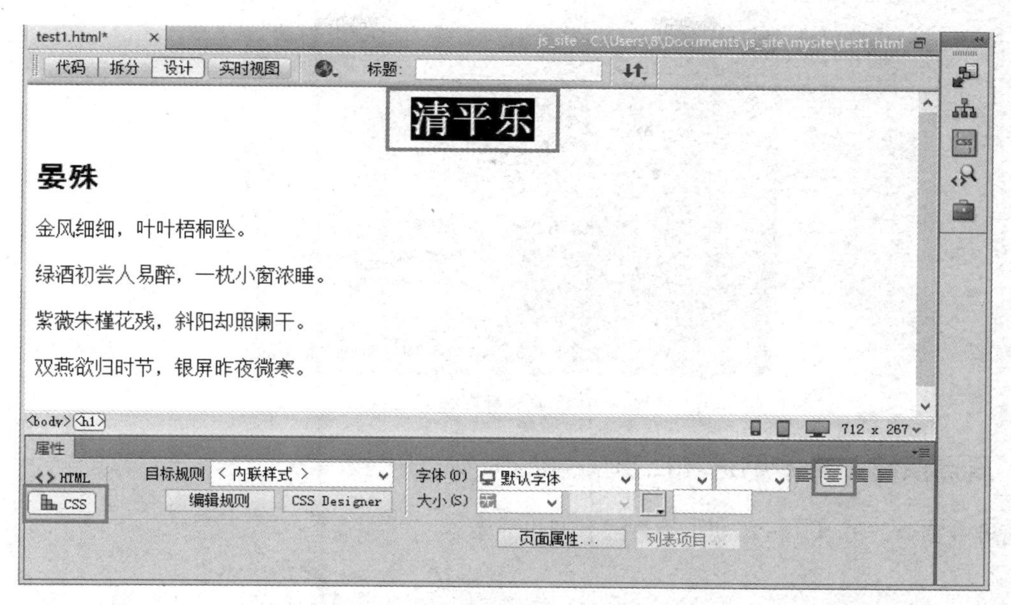

图 3.28　定义 1 级标题居中显示

第 3 步，以同样的方式设置 2 级标题居中显示，第一段文本左对齐，第二段文本居中对齐，第三段文本右对齐，第四段文本两端对齐，如图 3.29 所示。

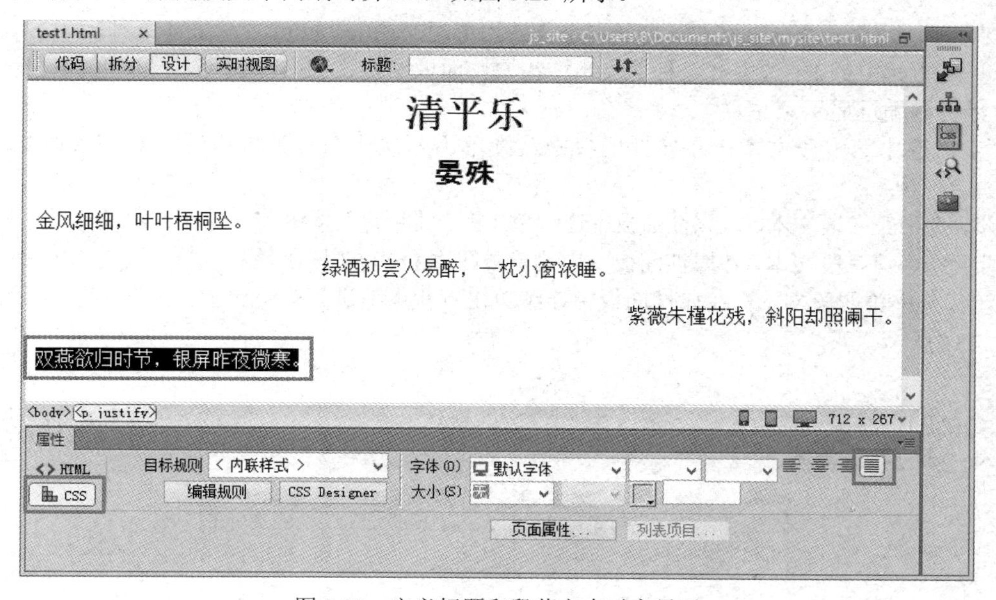

图 3.29　定义标题和段落文本对齐显示

第 4 步，切换到【代码】视图，可以看到 Dreamweaver 自动生成的样式代码如下所示，在浏览器中的预览效果如图 3.30 所示。

```
<h1 style="text-align: center">清平乐</h1>
<h2 style="text-align: center">晏殊</h2>
<p class="left">金风细细，叶叶梧桐坠。</p>
<p class="center" style="text-align: center">绿酒初尝人易醉，一枕小窗浓睡。</p>
<p class="right" style="text-align: right">紫薇朱槿花残，斜阳却照阑干。</p>
<p class="justify" style="text-align: justify">双燕欲归时节，银屏昨夜微寒。</p>
```

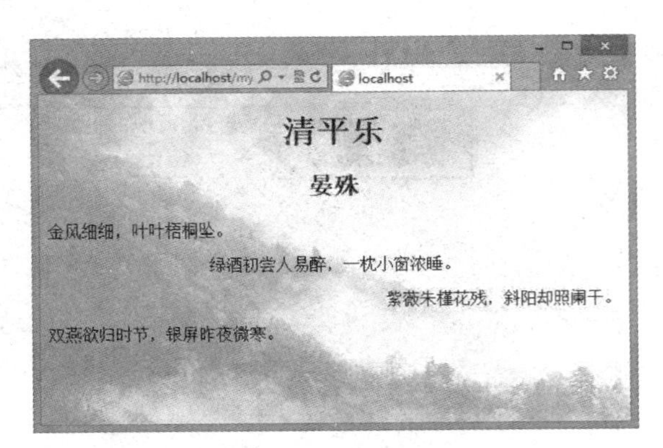

图 3.30　文本对齐显示效果

扫一扫，看视频

3.4.3　重点演练：文本缩进和凸出

根据排版需要，可以让段落文本缩进或者凸出显示。

提示：

缩进和凸出还可以嵌套，在文本属性面板中可以连续单击【缩进】按钮或【凸出】按钮应用多次缩进或凸出效果。

【操作步骤】

第 1 步，启动 Dreamweaver CC，打开本小节备用练习文档 test.html，另存为 test1.html。

第 2 步，在编辑窗口中选中 2 级标题文本，在属性面板中切换到 HTML 选项卡，单击【缩进】按钮，让 2 级标题缩进显示。

第 3 步，选中第一段文本，在属性面板中连续单击两次【缩进】按钮，让第一段文本缩进两次显示。

第 4 步，选中第二段文本，在属性面板中连续单击三次【缩进】按钮，让第二段文本缩进三次显示。

第 5 步，选中第三段文本，在属性面板中连续单击四次【缩进】按钮，让第三段文本缩进四次显示。

第 6 步，选中第四段文本，在属性面板中连续单击五次【缩进】按钮，让第四段文本缩进五次显示，如图 3.31 所示。

技巧：

按下 Ctrl+Alt+]快捷键可以快速缩进文本，按几次就会缩进几次。按下 Ctrl+Alt+[快捷键可以快速凸出缩进文本，也就是恢复缩进。

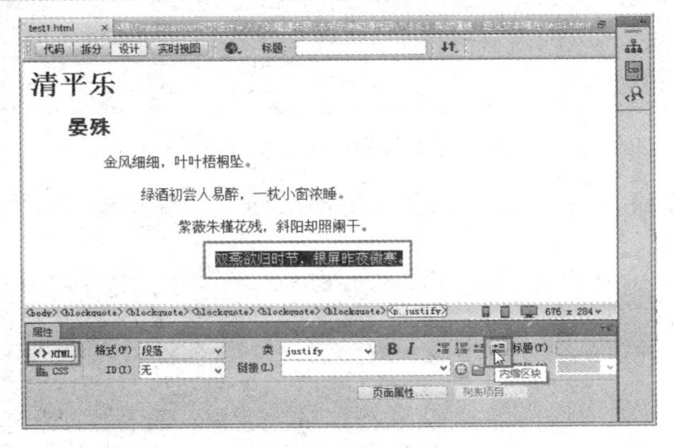

图 3.31　定义文本缩进显示

第 7 步，在【代码】视图下，自动生成的 HTML 代码如下所示，在浏览器中预览，效果如图 3.32 所示。

```
<body>
<h1>清平乐</h1>
<blockquote>
    <h2>晏殊</h2>
    <blockquote>
        <p class="left">金风细细，叶叶梧桐坠。    </p>
        <blockquote>
            <p class="center">绿酒初尝人易醉，一枕小窗浓睡。    </p>
            <blockquote>
                <p class="right">紫薇朱槿花残，斜阳却照阑干。    </p>
                <blockquote>
                    <p class="justify">双燕欲归时节，银屏昨夜微寒。 </p>
                </blockquote>
            </blockquote>
        </blockquote>
    </blockquote>
</blockquote>
</body>
```

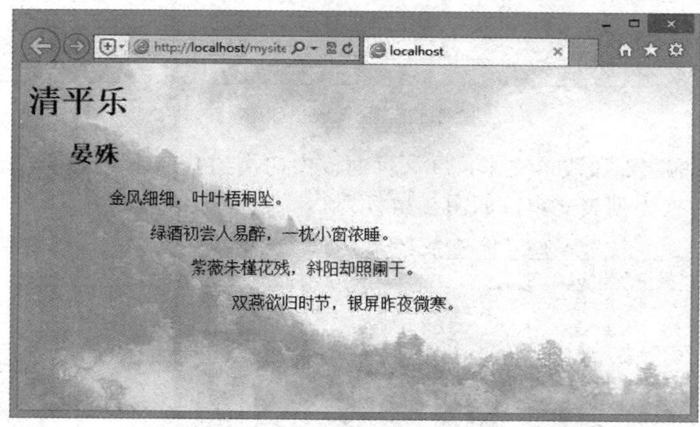

图 3.32　缩进文本显示效果

拓展：

<blockquote>标记表示块状文本引用的意思，它可以通过 cite 属性来指向一个 URL，用于表明引用出处。例如：

```
<p>Adobe 中国：</p>
<blockquote cite="http://www.adobe.com/cn/">
    <p>Adobe 正通过数字体验改变世界。我们帮助客户创建、传递和优化内容及应用程序。... </p>
    <p><img src="bg1.jpg" width="600"/></p>
</blockquote>
```

3.5　设置列表样式

HTML 列表结构包括项目列表和编号列表，前者是用项目符号来标记无序的列表项目，后者则使用编号来记录列表项目的顺序。另外，HTML 还支持定义列表。

3.5.1 重点演练：定义项目列表

在项目列表中，各个列表项之间没有顺序级别之分，即使用一个项目符号作为每条列表的前缀。在 HTML 中，有 3 种类型的项目符号：○（环形）、●（球形）和■（矩形）。

【操作步骤】

第 1 步，启动 Dreamweaver CC，打开本小节备用练习文档 test.html，另存为 test1.html。

第 2 步，在编辑窗口中把光标置于定位盒子内，输入 5 段段落文本，如图 3.33 所示。

图 3.33　输入段落文本

第 3 步，使用鼠标拖选 5 段段落文本，在属性面板中切换到 HTML 选项卡，然后单击【项目列表】按钮，把段落文本转换为列表文本，如图 3.34 所示。

图 3.34　把段落文本转换为列表文本

📖 **拓展：**

在 HTML 中使用如下代码实现项目列表：

```
<ul>
    <li>腾讯视频</li>
    <li>迅雷看看</li>
    <li>乐视网</li>
    <li>电视剧</li>
    <li>更多>></li>
</ul>
```

其中，<ul>标记的 type 属性用来设置项目列表符号的类型，包括：

（1）type="circle"：表示圆形项目符号。

（2）type="disc"：表示球形项目符号。

（3）type="square"：表示矩形项目符号。

<li>标记也带有 type 属性，可以分别为每个项目设置不同的项目符号。

3.5.2 重点演练：定义编号列表

扫一扫，看视频

编号列表使用编号，而不是项目符号来编排列表项目。对于有序编号，可以指定其编号类型和起始编号。编号列表适合设计强调位置关系的各种排序列表结构，如排行榜等。

【操作步骤】

第 1 步，启动 Dreamweaver CC，打开本小节备用练习文档 test.html，另存为 test1.html。

第 2 步，在编辑窗口中把光标置于定位盒子内，输入 10 段段落文本，如图 3.35 所示。

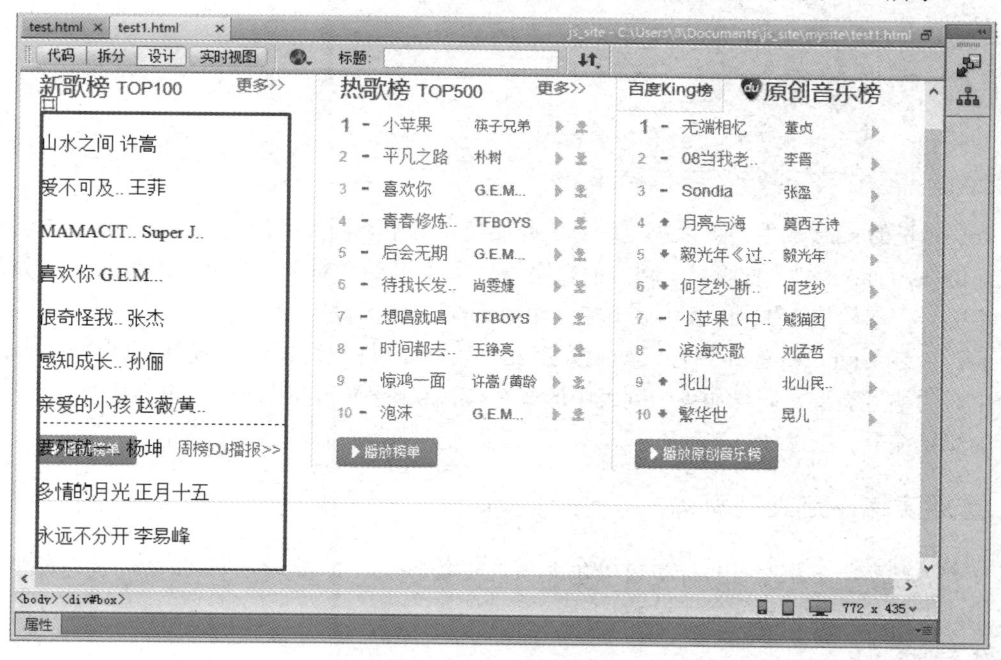

图 3.35 输入段落文本

第 3 步，使用鼠标拖选 10 段段落文本，在属性面板中切换到 HTML 选项卡，然后单击【编号列表】按钮，把段落文本转换为列表文本，如图 3.36 所示。

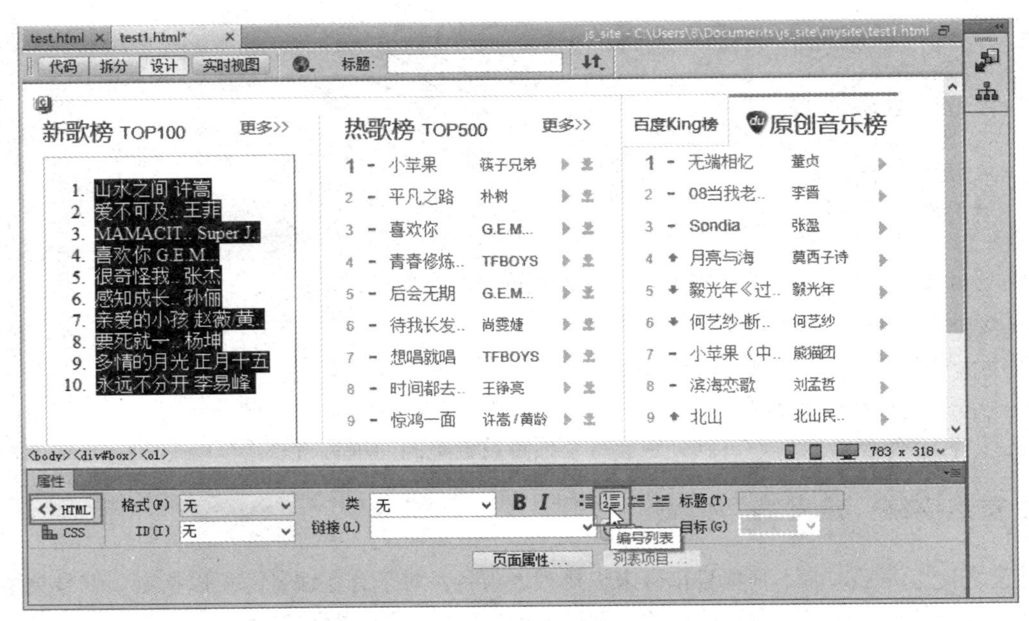

图 3.36　把段落文本转换为列表文本

拓展：

在 HTML 中使用<ol>标记定义编号列表，该标记包含 type 和 start 等属性，用于设置编号的类型和起始编号。设置 type 属性，可以指定数字编号的类型，主要包括：

（1）type= "1"：表示以阿拉伯数字作为编号。

（2）type= "a"：表示以小写字母作为编号。

（3）type= "A"：表示以大写字母作为编号。

（4）type= "i"：表示以小写罗马数字作为编号。

（5）type= "I"：表示以大写罗马数字作为编号。

通过<ol>标记的 start 属性，可以决定编号的起始值。对于不同类型的编号，浏览器会自动计算相应的起始值。例如，start="4"，表明对于阿拉伯数字编号从 4 开始，对于小写字母编号从 d 开始等。默认时使用数字编号，起始值为 1，因此可以省略其中对 type 属性的设置。

<li>标记也支持 type 和 start 属性，如果为列表中某个<li>标记设置 type 属性，则会从该<li>标记所在行起使用新的编号类型，同样如果为列表中的某个<li>标记设置 start 属性，将会从该<li>标记所在行起使用新的起始编号。

扫一扫，看视频

3.5.3　重点演练：定义列表

在定义列表结构中，每个<dl>标记可以包含一个或多个<dt>和<dd>标记。每个列表项都带有一个缩进的定义字段，类似字典结构的词条解释。

【操作步骤】

第 1 步，启动 Dreamweaver CC，打开本小节备用练习文档 test.html，另存为 test1.html。

第 2 步，在编辑窗口中把光标置于定位盒子内，输入 4 段段落文本，如果行内文本过长，可以考虑按 Shift+Enter 快捷键，使它强制换行，如图 3.37 所示。

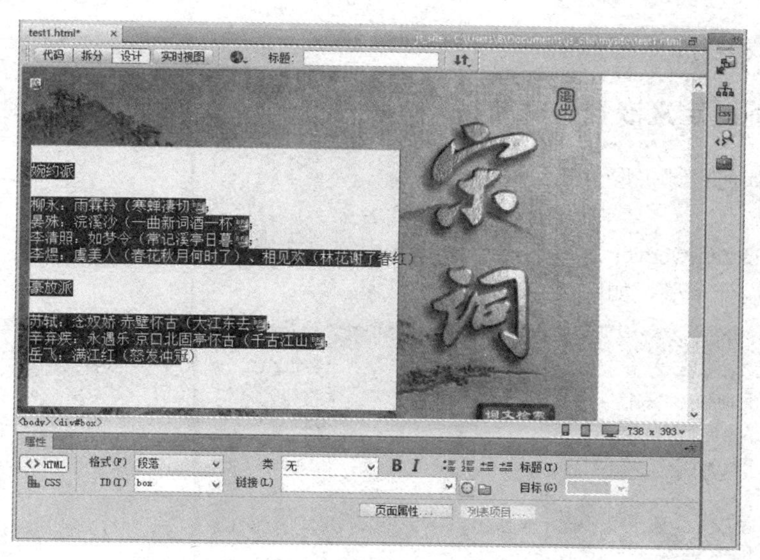

图 3.37　输入段落文本

第 3 步，使用鼠标拖选 4 段段落文本，选择【格式】|【列表】|【定义列表】命令，把段落文本转换为定义列表，如图 3.38 所示。

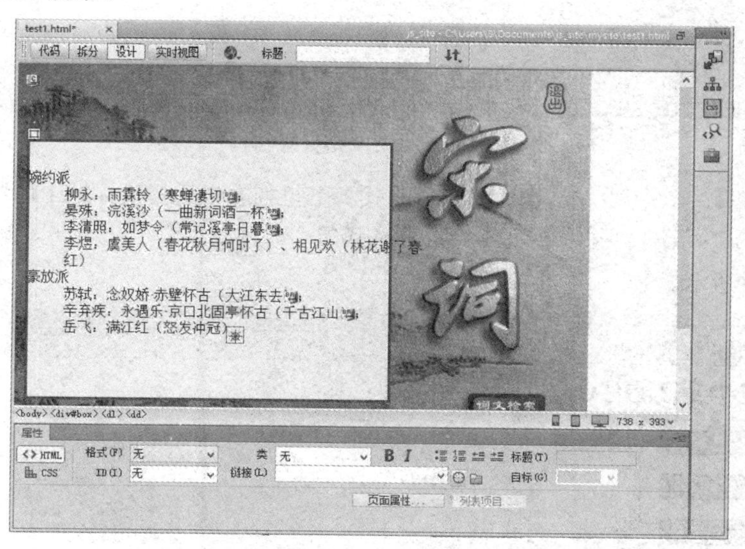

图 3.38　把段落文本转换为定义列表文本

第 4 步，切换到【代码】视图，可以看到 Dreamweaver 把<p>标记转换为如下 HTML 代码结构。

```
<dl>
    <dt>婉约派</dt>
    <dd>柳永：雨霖铃（寒蝉凄切）；<br>
        晏殊：浣溪沙（一曲新词酒一杯）；<br>李清照：如梦令（常记溪亭日暮）；<br>李煜：虞美人（春
花秋月何时了）、相见欢（林花谢了春红）</dd>
    <dt>豪放派</dt>
    <dd>苏轼：念奴娇·赤壁怀古（大江东去）；<br>辛弃疾：永遇乐·京口北固亭怀古（千古江山）；<br>
岳飞：满江红（怒发冲冠）</dd>
</dl>
```

其中<dl>标记表示定义列表，<dt>标记表示一个标题项，<dd>标记表示一个对应的说明项，<dt>标记中可以嵌套多个<dd>标记。

扫一扫，看视频

3.5.4 重点演练：定义嵌套列表结构

下面示例演示如何设计多层目录结构。

【操作步骤】

第 1 步，启动 Dreamweaver CC，打开本小节备用练习文档 test.html，另存为 test1.html。这是一个个人网站目录结构的设计草稿，如图 3.39 所示。

图 3.39 个人网站目录结构

第 2 步，选择第 1 行，在文本属性面板的【格式】下拉列表中选择【标题 1】选项。

第 3 步，选择第 2、第 3 和第 4 行文本，设置格式为 2 级标题，然后在属性面板中单击【文本缩进】按钮，如图 3.40 所示。

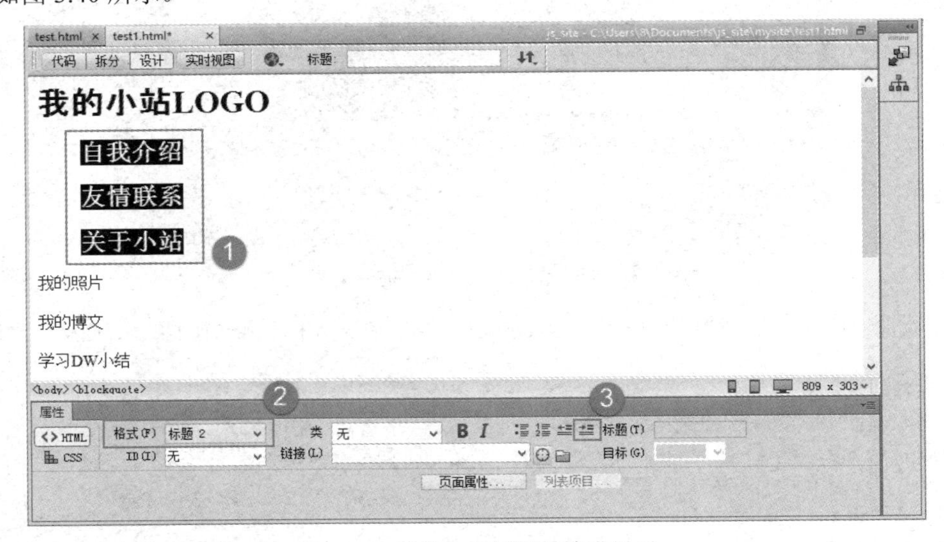

图 3.40 定义 2 级标题并缩进显示

第 4 步，选择第 5 和第 6 行文本，设置格式为 3 级标题，然后单击【编号列表】按钮，再连续单击两次【文本缩进】按钮。

第 5 步，选择最后 5 行文本，然后单击【项目列表】按钮，再连续单击三次【文本缩进】按钮即可，如图 3.41 所示。

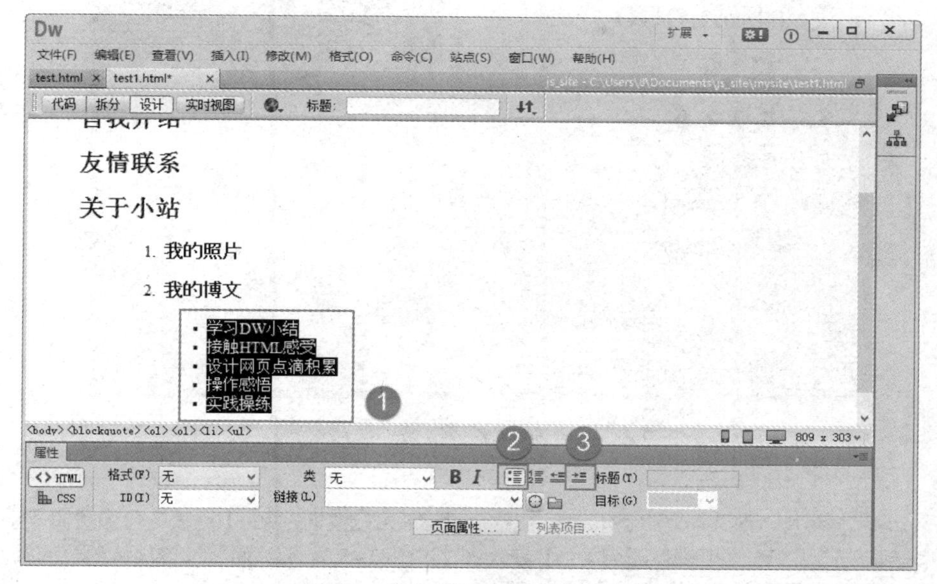

图 3.41　定义项目列表并缩进显示

第 6 步，切换到【代码】视图，自动生成的 HTML 代码如下所示，按 F12 键预览多层列表嵌套的效果，如图 3.42 所示。

```
<body>
<h1>我的小站 LOGO</h1>
<blockquote>
    <h2>自我介绍</h2>
    <h2>友情联系</h2>
    <h2>关于小站</h2>
    <ol>
        <ol>
            <li>
                <h3>我的照片</h3>
            </li>
            <li>
                <h3>我的博文</h3>
                <ul>
                    <li>学习 DW 小结</li>
                    <li>接触 HTML 感受</li>
                    <li>设计网页点滴积累</li>
                    <li>操作感悟</li>
                    <li>实践操练</li>
                </ul>
            </li>
        </ol>
    </ol>
</blockquote>
</body>
```

图 3.42　网站目录结构缩进显示效果

拓展：

定义列表后，将光标插入列表中的任意位置。属性面板 HTML 选项卡中的【列表项目】按钮显示为有效状态，单击【列表项目】按钮可以打开【列表属性】对话框，如图 3.43 所示。通过设置项目列表的属性，可以选择列表的类型、项目列表中项目符号的类型，编号列表中项目编号的类型。

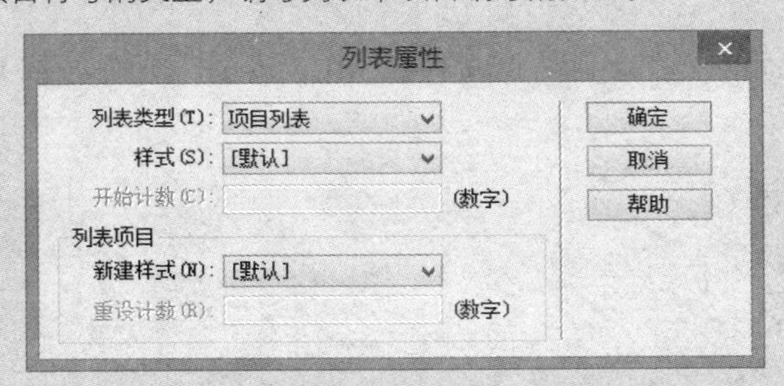

图 3.43　【列表属性】对话框

具体介绍如下：

（1）【列表类型】下拉列表：可以选择列表类型。该选择将影响插入点所在位置的整个项目列表的类型，主要包括：

1）项目列表：生成的是带有项目符号样式的无序列表。

2）编号列表：生成的是有序列表。

3）目录列表：生成目录列表，用于编排目录。

4）菜单列表：生成菜单列表，用于编排菜单。

（2）【样式】下拉列表：可以选择相应的项目列表样式。该选择将影响插入点所在位置的整个项目列表的样式。

1）默认：默认类型。默认为球形。

2）项目符号：项目符号列表的样式。默认为球形。

3）正方形：正方形列表的样式。默认为正方形。

（3）【开始计数】文本框：如果前面选择的是编号列表，则在【开始计数】文本框中，可以选择有序编号的起始数字。该选择将使插入点所在位置的整个项目列表的第一行开始重新编号。

（4）【新建样式】下拉列表：允许为项目列表中的列表项指定新的样式，这时从插入点所在行及其后的行都会使用新的项目列表样式。

（5）【重设计数】文本框：如果前面选择的是编号列表，在【重设计数】文本框中，可以输入新的编号起始数字。这时从插入点所在行开始以后的各行，会从新数字开始编号。

3.6 实战案例

本节将通过几个案例演示如何借助 Dreamweaver 编辑各种网页文本。

扫一扫，看视频

3.6.1 定义类样式

文本属性面板中有一个【类】下拉列表，在该下拉列表中可以为选中文本应用类样式。下面通过一个案例演示如何应用类样式，设计类文本效果。

【操作步骤】

第 1 步，启动 Dreamweaver CC，新建文档，保存为 test.html。模仿上一节的方法完成多段文本的输入操作。

第 2 步，选择【窗口】|【CSS 设计器】命令，打开【CSS 设计器】面板，如图 3.44 所示。

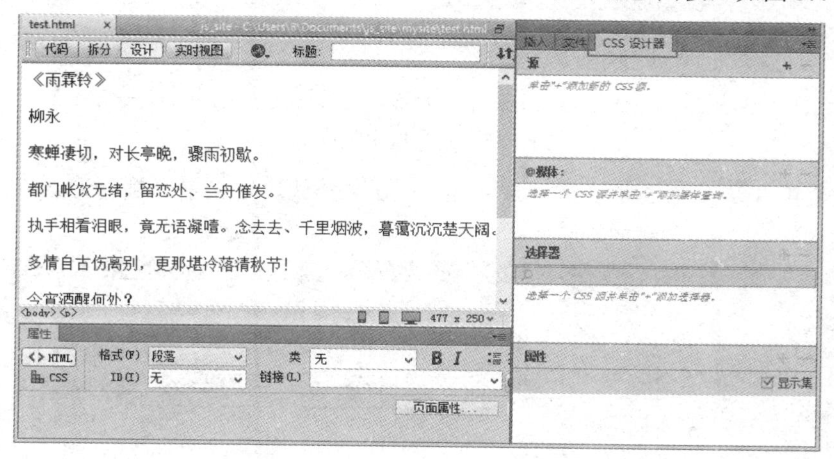

图 3.44　打开【CSS 设计器】面板

第 3 步，在【源】列表框的标题栏右侧，单击加号按钮+，从弹出的下拉列表中选择“在页面中定义”选项，定义一个内部样式表，如图 3.45 所示。

第 4 步，在【@媒体】列表框中选择“全局”选项，在【选择器】列表框的标题栏右侧，单击加号按钮+添加一个样式，然后输入样式选择器的名称为“.center”，如图 3.46 所示。

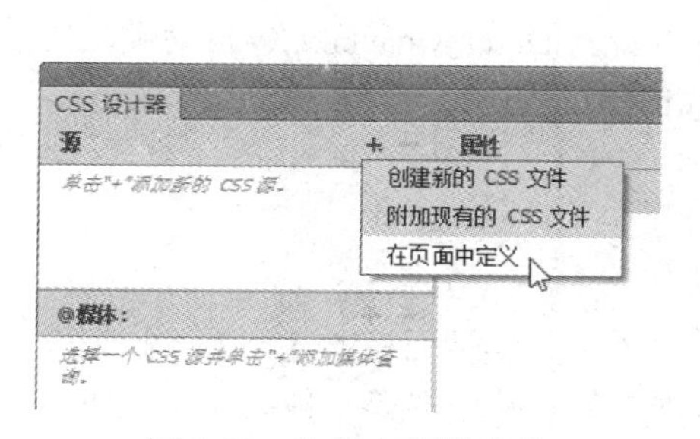

图 3.45　定义内部样式表

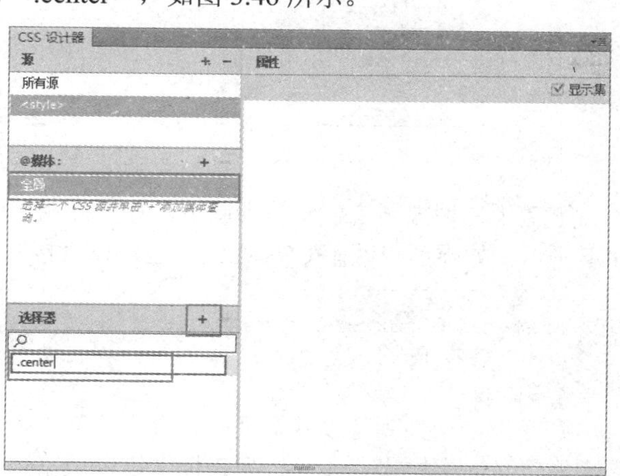

图 3.46　定义样式的选择器名称

第 5 步，在【属性】列表框顶部的分类选项中单击“文本”类，然后找到 text-align 属性，在右侧单击居中图标，定义一个居中类样式，如图 3.47 所示。

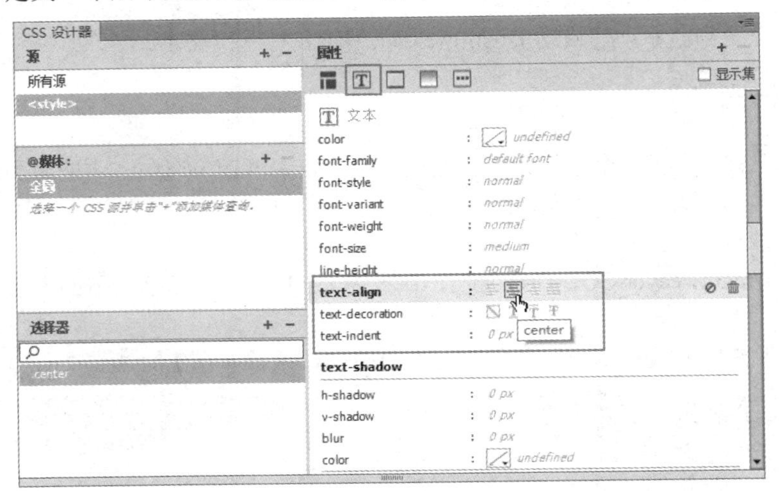

图 3.47　定义居中类样式

第 6 步，重复第 3 步到第 5 步操作，定义一个.red 类样式，定义字体颜色为红色，设置如图 3.48 所示。

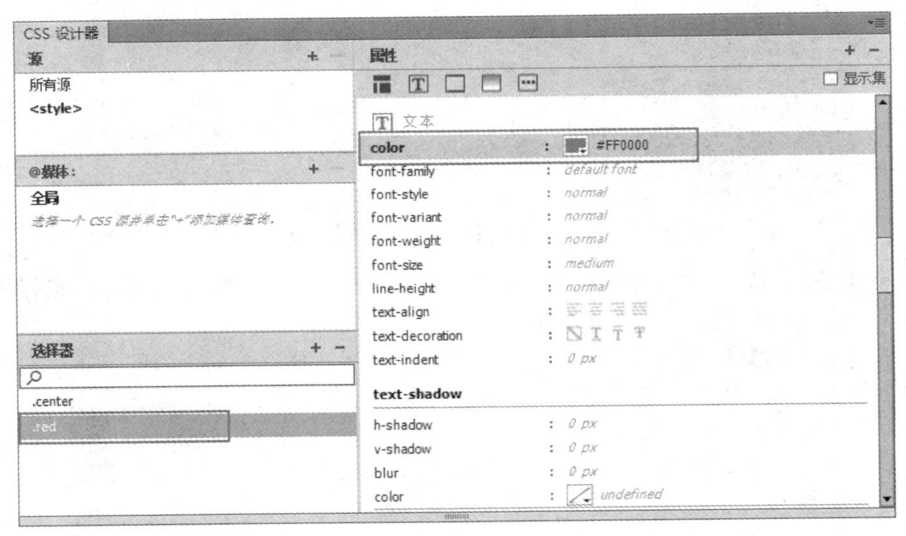

图 3.48　定义红色类样式

第 7 步，切换到【代码】视图下，在页面头部区域可以看到 Dreamweaver CC 自动生成的样式代码如下所示。如果用户熟悉 CSS 语法，也可以直接手动输入代码，快速定义类样式。

```
<style type="text/css">
.center { text-align: center; }
.red { color: #FF0000; }
</style>
```

第 8 步，切换到【设计】视图，选中“《雨霖铃》”文本，在属性面板的【类】下拉列表中可以看到刚才定义的类样式。在下拉列表框中可以预览到类样式的效果。从中选择一种类样式，如选择 red 类（红色），在编辑窗口中会立即看到选中的文本显示为红色，如图 3.49 所示。

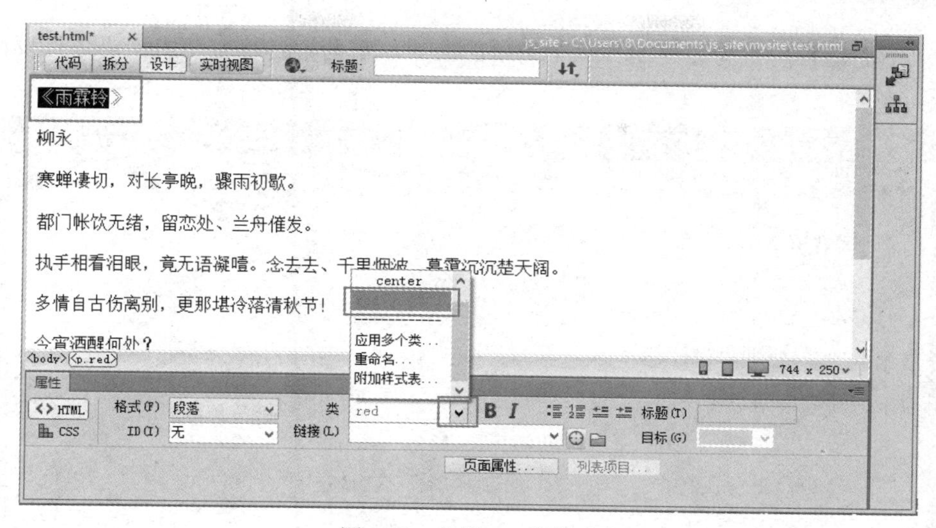

图 3.49　应用 red 类样式

第 9 步，切换到【代码】视图下，Dreamweaver CC 会为<p>标记应用 red 类样式。

```
<p class="red">《雨霖铃》 </p>
```

第 10 步，在属性面板的【类】下拉列表中选择【应用多个类】选项，打开【多类选区】对话框，在该对话框的列表框中会显示当前文档中的所有类样式，从中选择为当前段落文本应用多个类样式，如.center 和.red，如图 3.50 所示。

第 11 步，以同样的方法为段落文本“柳永”应用 red 和 center 类样式，最后所得的页面设计效果如图 3.51 所示。

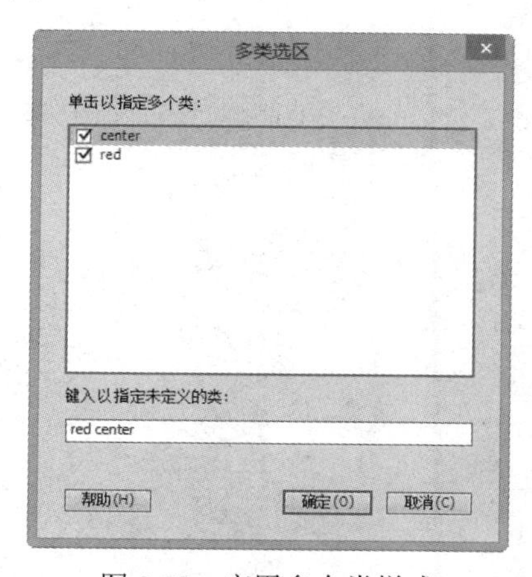

图 3.50　应用多个类样式

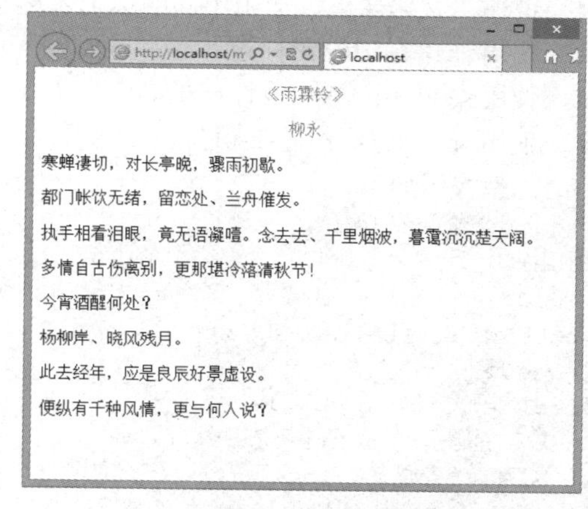

图 3.51　页面设计效果

提示：

如果在属性面板的【类】下拉列表中选择【无】选项，则表示所选文本没有 CSS 样式或者取消已应用的 CSS 样式表；选择【重命名】选项表示将已经定义的 CSS 类样式进行重新命名；【附加样式表...】选项能够打开【使用现有的 CSS 文件】对话框，允许用户导入外部样式表文件。如果在页面中定义了很多类样式，则这些类样式会显示在该下拉列表框中。

3.6.2　编码设计正文页面

扫一扫，看视频

学会在 Dreamweaver 设计视图下编辑网页后，读者也应该逐步学会在代码视图下手写代码设计网页。本例以下面这首唐诗为题材制作一个简单的网页，帮助读者练习使用代码进行设计，演示效果如图 3.52 所示。

图 3.52　设计一个简单的网页

【设计要求】

- 遵循语义化要求，选用不同的标记表达不同的信息。
- 使用<h1>标记设计标题。
- 使用<address>标记设计出处。
- 使用<p>标记组织正文信息。

示例完整代码如下：

```
<!doctype html>
<html>
<head>
<meta charset="utf-8">
</head>
<body>
<div class="poetry-box">
    <h1>《春晓》</h1>
    <address>唐代&middot;孟浩然</address>
    <p>春眠不觉晓，处处闻啼鸟。</p>
    <p>夜来风雨声，花落知多少。</p>
</div>
</body>
</html>
```

扫一扫，看视频

3.6.3　编码设计版块页面

本示例页面设计一个简单的公司网站的首页标题栏效果，演示效果如图 3.53 所示。

图 3.53　页面局部结构效果

【设计要求】

本页面包含文本、超链接和图片的显示，具体设计要求如下：

- 使用<div>标记定义页面结构。
- 使用<h1>标记定义标题。
- 使用<a>标记定义超链接。
- 使用<img>标记定义图像。
- 使用<ul>和<li>标记定义导航列表结构。

示例完整代码如下：

```
<!doctype html>
<html>
<head>
<meta charset="utf-8">
<style type="text/css">/*CSS 样式可以参考本书示例，不作为学习内容*/ </style>
</head>
<body>
<div id="header">
    <div id="logo">
        <h1>公司网站</h1>
        <h2><a href="#">健康新生活从我们开始</a></h2>
    </div>
    <div id="menu">
        <ul>
            <li class="first"><a href="#" accesskey="1" title="">首页</a></li>
            <li><a href="#" accesskey="2" title="">公司简介</a></li>
            <li><a href="#" accesskey="3" title="">产品列表</a></li>
            <li><a href="#" accesskey="4" title="">关于我们</a></li>
            <li><a href="#" accesskey="5" title="">联系我们</a></li>
        </ul>
    </div>
</div>
<div id="splash"> <a href="#"><img src="images/img4.jpg" alt="" width="877"
height="140"></a> </div><!---图片--->
</body>
</html>
```

第 4 章　定义超链接

本章将详细介绍如何使用 Dreamweaver CC 设置各类超链接，以及使用 CSS 定义超链接的基本样式。

【学习重点】

- 在网页中插入链接。
- 创建不同类型的链接。
- 定义图像热点。
- 设计超链接基本样式。

4.1　定义普通超链接

使用 Dreamweaver CC 定义超级链接很方便，同时也提供了多种方法供用户选用。

扫一扫，看视频

4.1.1　认识链接与路径

链接（Hyperlink）也称为超链接或超级链接，它与路径紧密相联。很多用户定义链接时，在本地能够正确访问，但是上传到远程服务器上就无法正常访问了，其原因就是使用了错误的路径。路径包括 3 类：绝对路径、相对路径和根路径。

1. 绝对路径

绝对路径就是提供链接文件的完整 URL。例如，http://news.sohu.com/main.html 就是一个绝对路径。在设置外部链接（链接到网站外资源）时必须使用绝对路径。

2. 相对路径

相对路径是指以当前文件所在位置为起点到被链接文件经由的路径。例如，dreamweaver/main.html 就是一个相对路径。相对路径适用于网站内不同文件之间的相互链接。

（1）如果与当前目录下子文件夹里的文件进行链接，需要提供子文件夹名、斜杠和文件名。例如，subfolder/filename。

（2）如果与当前目录上的父文件夹里的文件进行链接，要在文件名前加上.. / （..表示上一级文件夹）。例如，../filename。

3. 根路径

根路径是指从站点根文件夹到被链接文件经由的路径。根路径由斜杠开头，它代表站点根文件夹。例如，/news/beijing2016.html 就是站点根文件夹下的 news 子文件夹中的一个文件。

注意：

根路径只能由服务器来解释，在本地系统中直接打开一个带有根路径的网页，相应链接就会无效。一般建议读者多使用相对路径定义链接。

扫一扫，看视频

4.1.2　重点演练：使用【属性】面板定义链接

使用【属性】面板定义链接的方法如下。

【操作步骤】

第 1 步，启动 Dreamweaver CC，打开本小节备用练习文档 test.html，另存为 test1.html。

第 2 步，选择编辑窗口中的 Logo 图像。

第 3 步，选择【窗口】|【属性】命令，打开【属性】面板，然后执行如下任一操作：

（1）单击【链接】文本框右边的【选择文件】按钮，在打开的【选择文件】对话框中浏览并选择一个文件，如图 4.1 所示。在【相对于】下拉列表中可以选择【文档】选项（设置相对路径）或【站点根目录】选项（设置根路径），然后单击【确定】按钮。

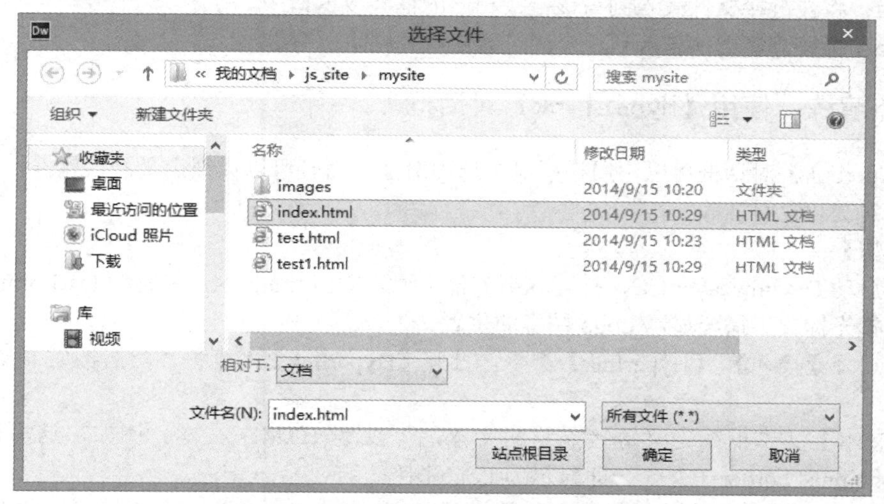

图 4.1　【选择文件】对话框

在【相对于】下拉列表中选择某一选项后，Dreamweaver CC 将把该选项设置为以后定义链接的默认路径类型，直至改变该项选择为止。

（2）在【属性】面板的【链接】文本框中，输入要链接文件的路径和文件名，如图 4.2 所示。

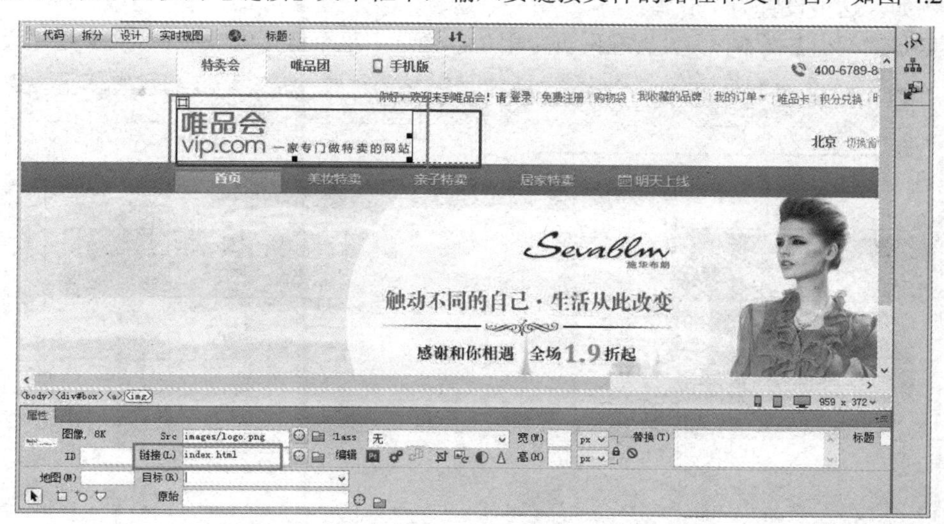

图 4.2　在【属性】面板中定义链接

第 4 步，选择被链接文件的载入目标。在默认情况下，被链接文件打开在当前窗口或框架中。要使被链接的文件显示在其他地方，需要从属性面板的【目标】下拉列表中选择一个选项，如图 4.3 所示。

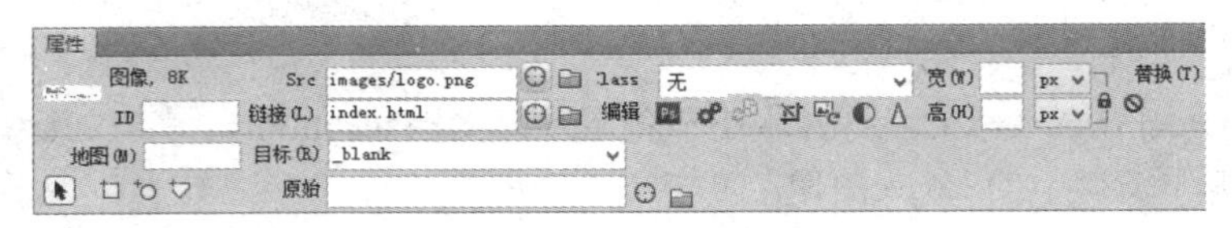

图 4.3　定义链接的目标

（1）_blank：将被链接文件载入到新的未命名浏览器窗口中。

（2）_parent：将被链接文件载入到父框架集或包含该链接的框架窗口中。

（3）_self：将被链接文件载入到与该链接相同的框架或窗口中。

（4）_top：将被链接文件载入到整个浏览器窗口并删除所有框架。

扫一扫，看视频

4.1.3　重点演练：使用【Hyperlink】对话框

使用【Hyperlink】对话框可以不用在网页中选中对象，而且可以详细定义链接属性，如指定链接文本、标题、访问键和索引键等。

【操作步骤】

第 1 步，启动 Dreamweaver CC，打开本小节备用练习文档 test.html，另存为 test1.html。

第 2 步，把光标置于需要显示 Logo 图像的位置。

第 3 步，选择【插入】|【Hyperlink】命令，打开【Hyperlink】对话框，然后按如下说明进行设置，如图 4.4 所示。

（1）【文本】文本框：定义链接显示的文本，可以是 HTML 文本。例如，这里设置为“<img src="images/logo.png" border=0 />”，即显示为 Logo 图像。

（2）【链接】文本框：定义链接到的路径，最好输入相对路径而不是绝对路径，如 index.html。

（3）【目标】下拉列表：定义链接的打开方式。其中包括 4 个选项，具体参见 4.1.2 节的介绍。

（4）【标题】文本框：定义链接的标题，如“网站 LOGO”。

（5）【访问键】文本框：设置快捷键。按键盘上的快捷键将选中链接，然后按 Enter 键就可以快速访问链接。例如，这里设置为“h”。

（6）【Tab 键索引】文本框：设置在网页中用 Tab 键选中这个链接的顺序。例如，这里设置为“1”。

图 4.4　设置【Hyperlink】对话框

第 4 步，设置完毕，单击【确定】按钮，即可向网页中插入一个带有 Logo 标志的链接。切换到【代码】视图，可以看到自动生成的 HTML 代码。

```
<a href="index.html" tabindex="1" title="网站LOGO" accesskey="h" target="_blank"><img src="images/logo.png" border=0/></a>
```

扫一扫，看视频

4.1.4　重点演练：在代码中定义链接

在【代码】视图下可以直接输入 HTML 代码定义链接。

1. 文本链接

使用<a>标记定义文本链接的方法如下：

```
<a href="index.html" title="返回首页" accesskey="t" target="_blank">唯品会</a>
```

其中，href 属性用来设置目标文件的地址；target 属性相当于 Dreamweaver【属性】面板中的【目标】选项的设置，当属性值等于_blank，表示在新窗口中打开。除此之外，还包括其他 3 种设置，即_parent、_self 和_top。

2. 图像链接

图像链接与文本链接基本相同，都是用<a>标记来实现，唯一的差别就在于<a>属性的设置。例如：

```
<a href="index.html" target="_blank"><img src="images/logo.png" border="0" /></a>
```

从实例代码中可以看出，图像链接在<a>标记中多了<img>标记，该标记设置链接图像的属性。

4.2　定义特殊类型链接

根据链接的对象和位置来划分，超链接有多种类型。下面具体介绍。

4.2.1　重点演练：定义锚点链接

扫一扫，看视频

锚点链接是指定向页面中特定位置的链接。例如，在一个很长的页面中，在页面的底部设置一个锚点，单击后可以跳转到页面顶部，这样避免了上下滚动的麻烦。

【操作步骤】

第 1 步，启动 Dreamweaver CC，打开模板页面 temp.html，另存为 index.html。

第 2 步，在编辑窗口中，把光标设置在要创建锚点的位置，或者选中要链接到锚点的文字、图像等对象。

第 3 步，在属性面板中设置锚点位置标签的 ID 值，如设置标题标签的 ID 值为 c，如图 4.5 所示。

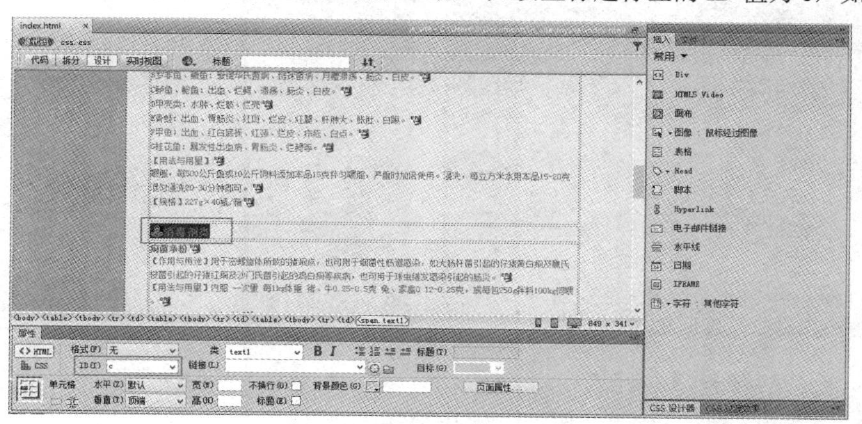

图 4.5　命名锚记

注意：

命名标签的 ID 时不要含有空格，同时不要置于绝对定位元素内。

提示：

要创建锚点链接，首先要创建用于链接的锚点。任何被定义了 ID 值的元素都可以作为锚点标记，就可以设置指向该位置点的锚点链接了。这样当单击超链接时，浏览器会自动定位到页面中锚点指定的位置，这对于一个页面包含很多屏时特别有用。

第 4 步，在编辑窗口中选中或插入要链接到锚点的文字、图像等对象。

第 5 步，在属性面板的【链接】文本框中输入“#+锚点名称”，如输入“#c”，如图 4.6 所示。如果要链接到同一文件夹内其他文件中，如 test.html，则输入“test.html#c”，可以使用绝对路径，也可以使用相对路径。要注意锚点名称是区分大小写的。

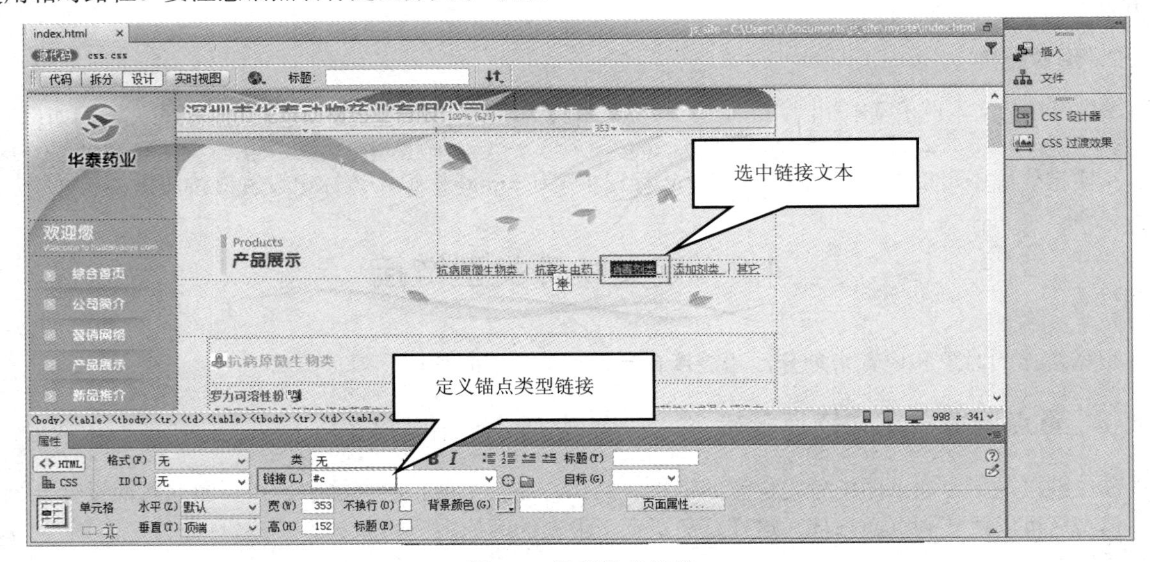

图 4.6　设置锚点链接

第 6 步，保存网页，按 F12 键可以预览效果，如果单击超链接，则页面会自动跳转到顶部，如图 4.7 所示。

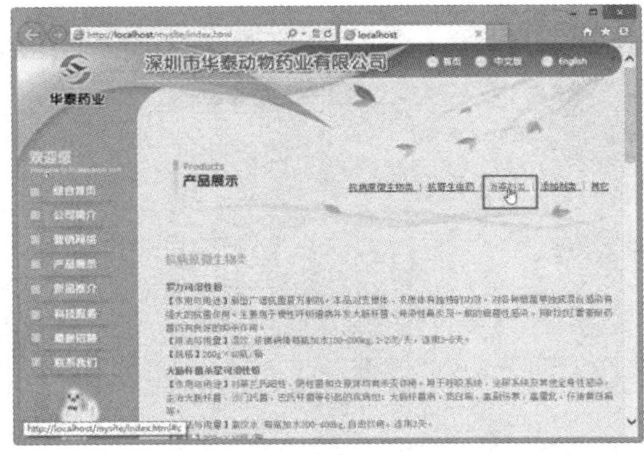

（a）单击锚点类型的超链接

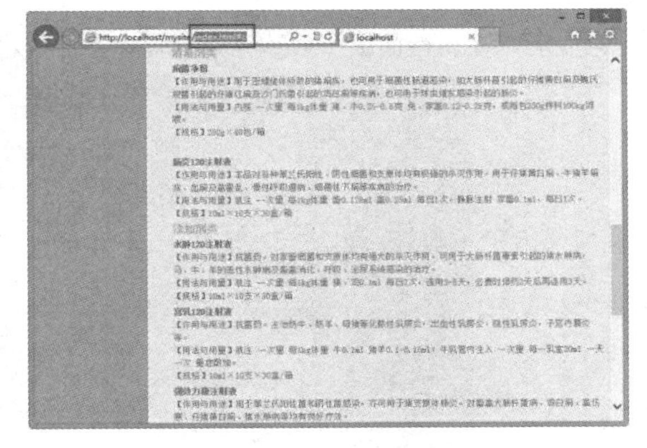

（b）跳转到锚点指向的位置

图 4.7　锚点链接的应用效果

4.2.2　重点演练：定义 Email 链接

Email 链接就是定义超链接地址为邮箱地址。通过 Email 链接可以为用户提供方便的反馈与交流机会。

当浏览者单击邮件链接时，系统会自动打开客户端浏览器默认的电子邮件处理程序（如 Outlook Express），收件人邮件地址被电子邮件链接中指定的地址自动更新，浏览者不用手工输入。

【操作步骤】

第 1 步，启动 Dreamweaver CC，打开模板页面 temp.html，另存为 index.html。

第 2 步，在编辑窗口中，将光标置于希望显示电子邮件链接的地方。

第 3 步，选择【插入】|【电子邮件链接】命令，或者在【插入】面板的【常用】选项卡中单击【电子邮件链接】选项。

第 4 步，在打开的【电子邮件链接】对话框的【文本】文本框中输入或编辑作为电子邮件链接显示在文件中的文本，中英文均可。在【电子邮件】文本框中输入邮件应该送达的 Email 地址，如图 4.8 所示。

第 5 步，单击【确定】按钮，就会插入一个超链接地址，如图 4.9 所示。单击 Email 链接的文字，即可打开系统默认的电子邮件处理程序，如 Outlook。

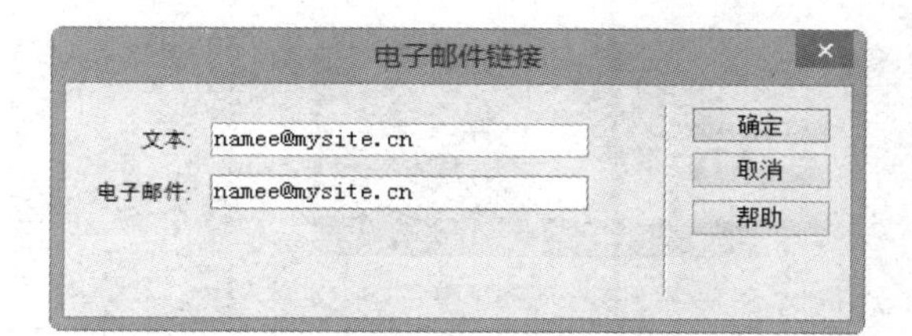

图 4.8　设置【电子邮件链接】对话框

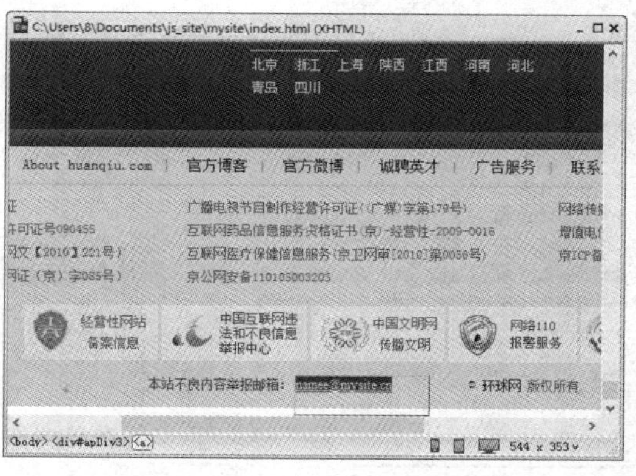

图 4.9　电子邮件链接效果图

拓展：

可以在【属性】面板中直接设置 Email 链接。选中文本或其他对象，在【属性】面板的【链接】文本框中输入"mailto:+电子邮件地址"，如图 4.10 所示。

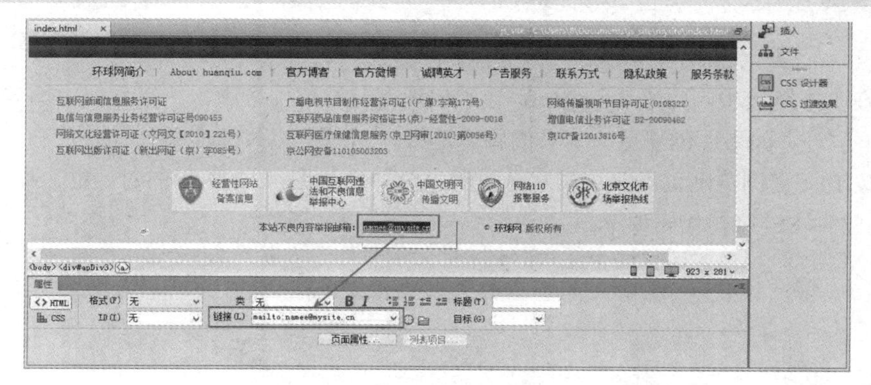

图 4.10　在面板中直接设置 Email 链接

也可以在【属性】面板的【链接】文本框中输入“mailto:+电子邮件地址+?+subject=+邮件主题”，这样就可以快速输入邮件主题。例如，mailto:namee@mysite.cn?subject=“意见和建议”。在 HTML 中可以使用<a>标签创建电子邮件链接，代码如下。

```
<a href="mailto:namee@mysite.cn">namee@mysite.cn</a>
```

在该链接中多了“mailto”:字符，表示电子邮件。

扫一扫，看视频

4.2.3 重点演练：定义脚本链接

脚本链接就是包含 JavaScript 代码的链接，通过单击带有脚本链接的文本或对象，可以执行脚本代码。利用这种特殊的方式可以实现各种功能，如使用脚本链接进行确认或验证表单等。

【操作步骤】

第 1 步，启动 Dreamweaver CC，打开模板页面 temp.html，另存为 index.html。

第 2 步，在编辑窗口中，选择要定义超链接的文本或其他对象。

第 3 步，在【属性】面板的【链接】文本框中输入“JavaScript”，接着输入相应的 JavaScript 代码或函数，如 JavaScript:alert("谢谢关注，投票已结束。");，如图 4.11 所示。

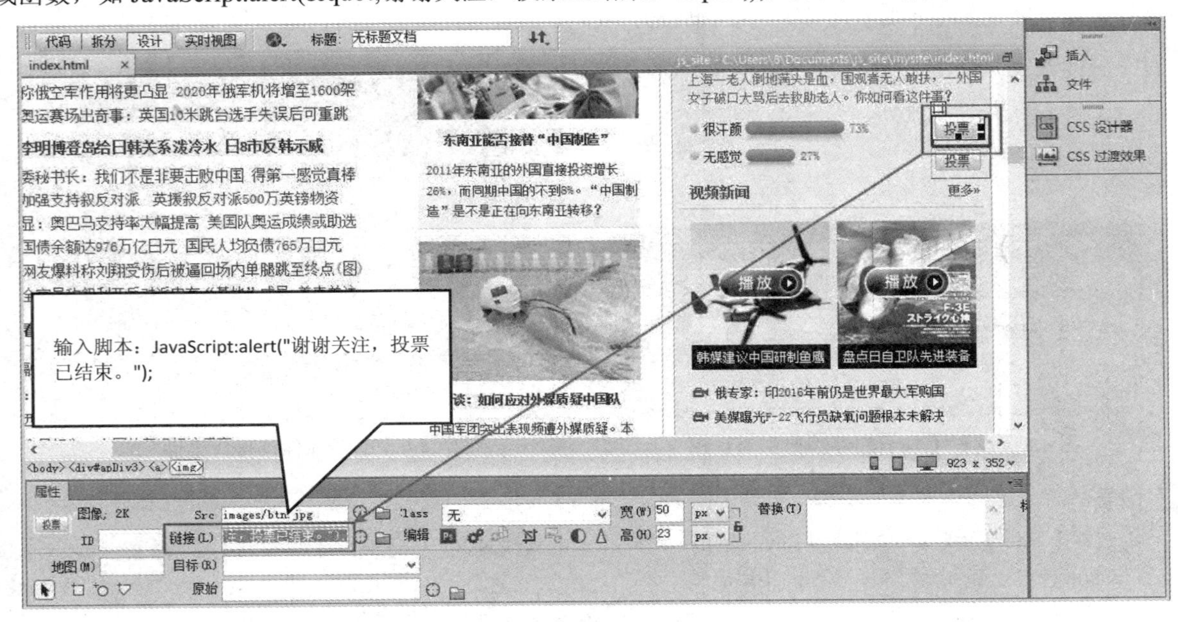

图 4.11　设置脚本链接

第 4 步，在脚本链接中，由于 JavaScript 代码出现在一对双引号中，所以代码中原先的双引号应该相应地改写为单引号。如果要创建更为复杂的脚本链接，请参考相关编程书籍。

第 5 步，按 F12 键浏览网页。单击脚本链接时，会弹出如图 4.12 所示的对话框。在 HTML 中可以使用<a>标签创建脚本链接，代码如下。

```
<a href="JavaScript:alert(&quot;谢谢关注，投票已结束。&quot;);"><img src="images/
btn.jpg" width="50" height="23" /></a>
```

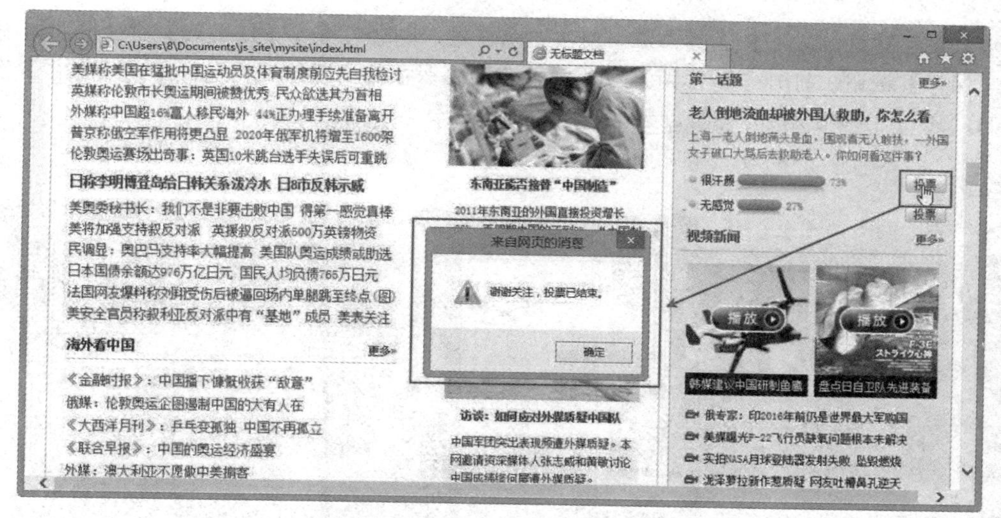

图 4.12　脚本链接演示效果

4.2.4　重点演练：定义空链接

扫一扫，看视频

空链接就是没有指定路径的链接。利用空链接可以激活文档中的链接文本或对象。一旦对象或文本被激活，则可以为之添加行为，以实现当光标移动到链接上时切换图像或显示分层等动作。有些客户端动作，需要由超链接来调用，这时就需要用到空链接。

在网站开发初期，设计师也习惯把所有页面链接设置为空链接，这样方便测试和预览。

【操作步骤】

第 1 步，启动 Dreamweaver CC，新建文档，保存为 test.html。

第 2 步，在编辑窗口中，选择要设置链接的文本或其他对象，在【属性】面板的【链接】文本框中只输入一个"#"符号即可，如图 4.13 所示。

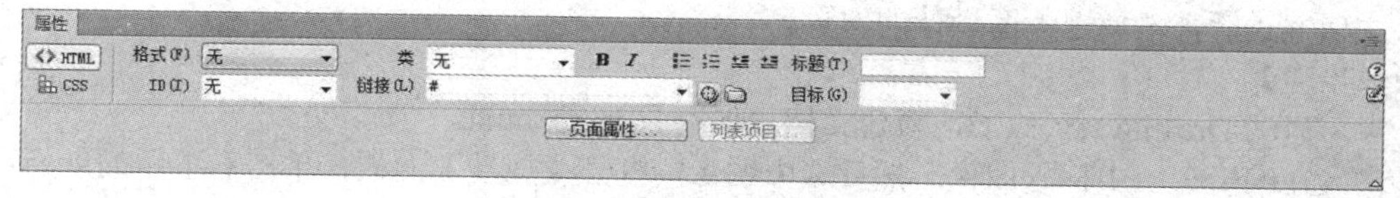

图 4.13　设置空链接

第 3 步，切换到【代码】视图，在 HTML 中可以直接使用<a>标签创建空链接。代码如下：

```
<a href="#">空链接</a>
```

4.2.5　重点演练：定义下载链接

扫一扫，看视频

当被链接的文件不被浏览器解析时，如二进制文件、压缩文件等，便被浏览器直接下载到本地计算机中，这种链接形式就是下载链接。

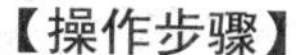

【操作步骤】

第 1 步，启动 Dreamweaver CC，打开模板页面 temp.html，另存为 index.html。

第 2 步，在本地站点文件夹内，使用压缩工具把准备下载的文件压缩打包。

第 3 步，在编辑窗口中，选择要定义超链接的文本或其他对象。在【属性】面板中，直接在【链接】文本框中输入文件名和后缀名，如 Baofeng.exe，如图 4.14 所示。如果不在同一个文件夹中，还要指明路径。

第 4 步，保存网页，按下 F12 键预览。单击这个链接，则会打开【文件下载】对话框，如图 4.15 所示。单击【保存】按钮，打开【另存为】对话框，选择要保存的路径和文件名，单击【保存】按钮即可下载。在 HTML 中可以使用<a>标签创建文件下载链接，代码如下。

```
<a href="images/Baofeng.exe"><img src="images/btn2.png" width="230" height="58" /></a>
```

图 4.14　设置文件下载链接

图 4.15　下载文件演示

扫一扫，看视频

4.3　定义图像热点

图像热点也称为图像地图，即指定图像内部的某个区域为热点，当单击该热点区域时，会触发超链接，并跳转到其他网页或网页的某个位置。图像地图是一种特殊的超链接形式，常用来在图像中设置局部区域导航。

【示例】　下面示例演示如何在一幅图上定义多个热点区域，以实现单击不同的热点区链接到不同的页面。这种方式适合于使用大图设计的网页。

【操作步骤】

第 1 步，启动 Dreamweaver CC，新建文档，保存为 index.html。

第 2 步，在编辑窗口中插入图像，然后选中图像，打开【属性】面板，单击右下角的展开箭头▽，显示图像地图制作工具，如图 4.16 所示。

图 4.16　图像【属性】面板

提示：

在图像【属性】面板中，使用【指针热点工具】、【矩形热点工具】、【椭圆热点工具】和【多边形热点工具】可以调整和创建热点区域。

简单说明如下。

（1）【指针热点工具】按钮：可以选择、调整和移动热点区域。

- 单击热区可选中热区。如果选择多个热区，只需要按住 Shift 键，连续单击选择多个热区。
- 移动热区时，可以使用鼠标进行拖动，或者使用箭头键，热区将根据按下的方向键向特定方向移动 1 个像素，如果按下 Shift+箭头键，热区将向按下方向移动 10 个像素。

➘ 拖动【热点选择器手柄】到热区边界的位置，可改变热区的大小或形状。

（2）【椭圆热点工具】按钮：在选定图像上拖动鼠标指针可以创建圆形热区。

（3）【矩形热点工具】按钮：在选定图像上拖动鼠标指针可以创建矩形热区。

（4）【多边形热点工具】按钮：在选定图像上，单击选择一个多边形，定义一个不规则形状的热区。单击【指针热点工具】可以结束多边形热区定义。

第 3 步，在属性面板的【地图】文本域中输入热点区域名称。如果一个网页的图像中有多个热点区域，必须为每个图像热点区域起一个唯一的名称。

第 4 步，选择一个工具，根据不同部位的形状可以选择不同的热区工具，这里选择【矩形热点工具】按钮，在选定的图像上拖动鼠标指针，便可创建出图像热区。

第 5 步，热点区域创建完成后，选中热区，可以在属性面板中设置热点属性。

（1）【链接】文本框：可输入一个被链接的文件名或页面，单击【选择文件】按钮可选择一个文件名或页面。如果在【链接】文本框输入“#”，表示空链接。

（2）【目标】文本框：要使被链接的文档显示在其他地方而不是在当前窗口或框架，可在【目标】下拉文本框中输入窗口名或从【目标】下拉列表中选择一个框架名。

（3）【替代】文本框：在该文本框中输入所定义热区的提示文字。在浏览器中当鼠标移到该热点区域中将显示提示文字。可设置不同部位的热区显示不同的文本。

第 6 步，用矩形热点工具创建一个热区，在【替代】文本框中输入提示文字，并设置好链接和目标窗口，如图 4.17 所示。

图 4.17　热点属性面板

第 7 步，以相同的方法分别为各个部位创建热区，并输入不同的链接和提示文字。

第 8 步，保存并预览，这时候单击不同的热区就会跳转到对应的页面中。

拓展：

切换到【代码】视图，可以看到 Dreamweaver 自动生成的 HTML 代码：

```
<body>
<img src="images/bg.jpg" width="1003" height="1053" usemap="#Map" border="0">
```

```
<map name="Map" id="Map">
    <area shape="rect" coords="798,57,894,121" href="http://wo.2125.com/?tmcid=187" target="_blank" alt="沃尔
学院">
    <area shape="rect" coords="697,57,793,121" href="http://web.2125.com/ddt/" target="_blank" alt="弹弹堂">
    <area shape="rect" coords="591,57,687,121" href="http://hero.61.com/" target="_blank" alt="摩尔勇士">
    <area shape="rect" coords="488,57,584,121" href="http://hua.61.com/" target="_blank" alt="小花仙">
    <area shape="rect" coords="384,57,480,121" href="http://gf.61.com/" target="_blank" alt="功夫派">
    <area shape="rect" coords="279,57,375,121" href="http://seer2.61.com/" target="_blank" alt="赛尔号 2">
    <area shape="rect" coords="69,57,165,121" href="http://v.61.com/" target="_blank" alt="淘米视频">
    <area shape="rect" coords="175,57,271,121" href="http://seer.61.com/" target="_blank" alt="赛尔号">
</map>
</body>
```

提示：

其中<map>标记表示图像地图，name 属性作为<img>标记中 usermap 属性要引用的对象。然后用<area>标记确定热点区域， shape 属性设置形状类型，coords 属性设置热点区域的各个顶点坐标，href 属性表示链接地址，target 属性表示目标，alt 属性表示替代提示文字。

4.4 实 战 案 例

本节将通过多个案例演示如何借助 CSS 定义网页链接的样式。

扫一扫，看视频

4.4.1 定义超链接文字颜色

设计链接样式需要用到下面四个 CSS 伪类选择器，它们可以定义超链接的四种不同状态。简单说明如下。

- a:link：定义超链接的默认样式。
- a:visited：定义超链接被访问后的样式。
- a:hover：定义鼠标经过超链接时的样式。
- a:active：定义超链接被激活时的样式，如鼠标单击之后，到鼠标被松开之间的这段时间的样式。

【操作步骤】

第 1 步，启动 Dreamweaver CC，打开模板页面 temp.html，另存为 index.html。

第 2 步，在编辑窗口中选择文本“第三届国际茶文化节 11 月在广州举行”。

第 3 步，选择【窗口】|【CSS 设计器】命令，打开【CSS 设计器】面板，依次执行如下操作，详细提示如图 4.25 所示。

（1）在【源】标题右侧单击加号按钮+，在弹出的下拉菜单中选择【在页面中定义】选项，设计网页内部样式表，然后选择<style>标签。

（2）在【选择器】标题右侧单击加号按钮+，新增一个选择器，命名为“a:link”。

（3）在【属性】列表框中分别设置文本样式“color: #8FB812; text-decoration:none;”，定义字体颜色为鹅黄色，清除下划线样式，如图 4.18 所示。

图 4.18　定义超链接伪类默认样式

第 4 步，以同样的方式继续添加 3 个伪类样式，设计超链接其他状态的样式。主要是定义文本样式，设置鼠标经过超链接过程中超链接文本呈现不同的颜色，设置如图 4.19 所示。

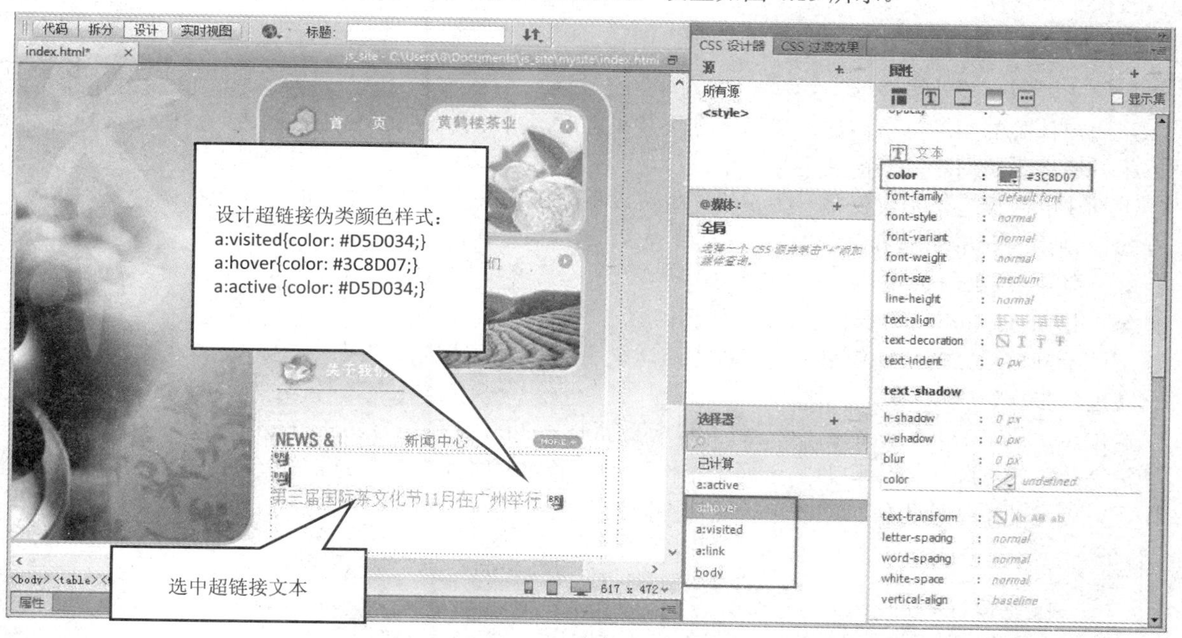

图 4.19　定义遮罩层的不透明效果

第 5 步，按 Ctrl+S 组合键，保存网页，再按 F12 键在浏览器中预览，演示效果如图 4.20 所示。超链接文本在默认状态隐藏显示了下划线，同时设置颜色为淡黄色，当鼠标经过时显示为鲜绿色。

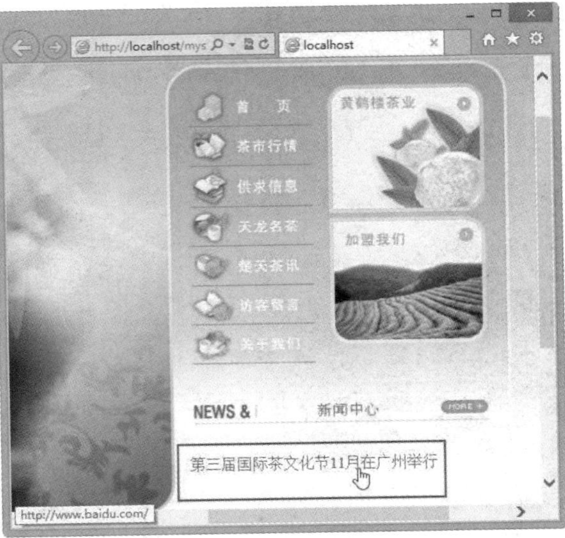

图 4.20　设计超链接的样式

扫一扫，看视频

4.4.2　设计下划线样式

在定义网页链接的字体颜色时，一般都会考虑选择网站专用色，以确保与页面风格融合。下划线是网页链接的默认样式，但很多网站都会清除所有链接的下划线。使用 CSS 实现的代码如下。

```
a {/* 完全清除超链接的下划线效果 */
    text-decoration:none;
}
```

从用户体验的角度分析，如果取消下划线效果之后，可能会影响部分用户的访问。因为下划线效果能够很好地提示访问者，当前文字是一个链接。

下划线的效果当然不仅仅是一条实线，也可以根据需要进行设计。设计的方法包括：

- 使用 text-decoration 属性定义下划线样式。
- 使用 border-bottom 属性定义下划线样式。
- 使用 background 属性定义下划线样式。

下面示例演示如何分别使用上面三种方法定义不同的下划线链接效果。

【操作步骤】

第 1 步，启动 Dreamweaver CC，打开模板页面 temp.html，另存为 index.html。

第 2 步，在编辑窗口中构建一个列表结构。为每个列表项目的文本定义空链接，并分别为它们定义一个类，以方便单独地为每个列表项目定义不同的链接样式。

```
<ul>
    <li class="underline1"><a href="#">隐私家园</a></li>
    <li class="underline2"><a href="#">微博公众号</a></li>
    <li class="underline3"><a href="#">微信公众号</a></li>
</ul>
```

第 3 步，在<head>标签内添加<style type="text/css">标签，定义一个内部样式表，然后准备在其中输入代码，用来定义链接的样式。

第 4 步，在内部样式表中输入代码，定义两个样式，其中第一个样式清除项目列表的缩进效果，清除项目符号；第二个样式定义列表项目向左浮动，让多个列表项目并列显示，同时使用 margin 属性调整每个列表项目的间距，效果如图 4.21 所示。

```
<style type="text/css">
ul, li {/* 清除列表的默认样式效果 */
    margin: 0;                          /* 清除缩进显示 */
    padding: 0;                         /* 清除缩进显示 */
    list-style: none;                   /* 清除列表项目 */
}
li {/* 定义列表项目并列显示 */
    float: left;                        /* 设计每个列表项目向左浮动显示 */
    margin: 0 20px;                     /* 设计每个列表项目之间的间距 */
}
</style>
```

图 4.21　设计列表并列显示样式

第 5 步，设计页面链接的默认样式：清除下划线效果，定义字体颜色为粉色。

```
a {
    text-decoration: none;              /* 清除链接下划线 */
    color: #EF68AD;                     /* 定义链接字体颜色为粉色 */
}
a:hover { text-decoration: none; }      /* 鼠标经过时，不显示下划线 */
```

第 6 步，使用 text-decoration 属性为第一个链接样式定义下划线样式。

```
.underline1 a:hover {text-decoration:underline;}
```

第 7 步， 使用 border-bottom 属性为第二个链接样式定义下划线样式。

```
.underline2 a:hover {
    border-bottom: dashed 1px #EF68AD;      /*粉色虚下划线效果 */
    zoom: 1;                                /* 解决 IE 浏览器无法显示问题 */
}
```

第 8 步，使用 Photoshop 设计一个虚线段，如图 4.22 所示是一个放大 32 倍的虚线段设计图效果，在设计时应该确保高度为 1 像素，宽度可以为 4 像素、6 像素或 8 像素，主要根据虚线的疏密进行设置。然后使用粉色（#EF68AD）以跳格方式进行填充，最后保存为 GIF 格式图像即可，当然最佳视觉空隙是间隔两个像素空格。

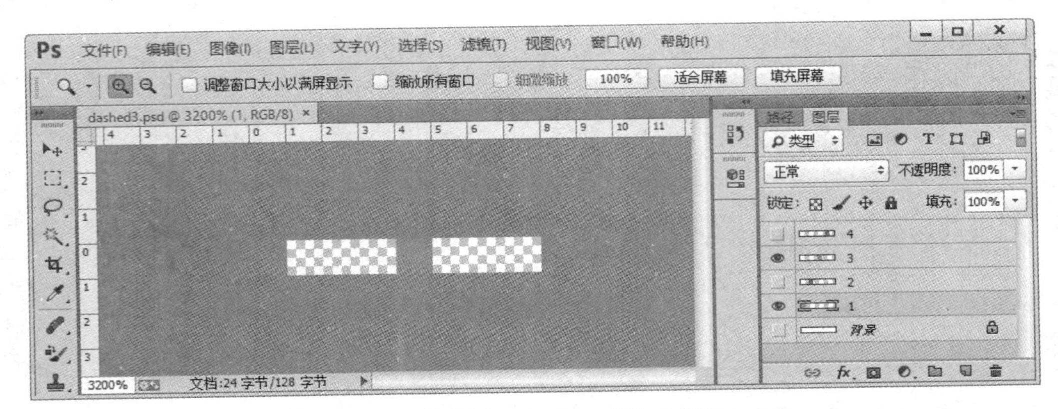

图 4.22　使用 Photoshop 设计虚线段

提示：

由于浏览器在解析虚线时的效果并不一致，且显示效果不是很精致，最好的方法是使用背景图像来定义虚线，效果会更好。

第 9 步，使用 background 属性定义下划线样式，为第三个链接样式定义下划线样式。

```
.underline3 a:hover {
   /* 定义背景图像，定位到链接元素的底部，并沿 x 轴水平平铺 */
   background:url(images/dashed3.gif) left bottom repeat-x;
}
```

第 10 步，保存网页，按 F12 键在浏览器中预览，效果对比如图 4.23 所示。

图 4.23　下划线链接样式效果

提示：

有关下划线的效果还有很多，例如，可以定义下划线的色彩、下划线距离、下划线长度、对齐方式和定制双下划线等。

扫一扫，看视频

4.4.3　设计立体效果

设计立体效果的基本方法：

- 利用边框色错觉。设置右边和底边同色，顶边和左边同色，利用明暗色彩的搭配设计立体效果。
- 利用背景色衬托凸凹效果。深色背景更容易营造凸起效果，当鼠标经过时，再定义浅色背景来营造凹下效果。

➘ 利用环境色、字体颜色烘托立体效果。

本案例定义的网页链接，在默认状态下显示灰色右边框线和灰色底边框线效果。当鼠标经过时，则清除右侧和底部边框线，并定义左侧和顶部边框效果，这样利用错觉就设计出了一个简陋的凸凹立体效果。

【操作步骤】

第 1 步，启动 Dreamweaver CC，打开模板页面 temp.html，另存为 index.html。

第 2 步，在编辑窗口中构建一个列表结构。

```
<ul>
    <li><a href="#">首页</a></li>
    <li><a href="#">今日最热</a></li>
    ......
    <li><a href="#">杂志</a></li>
    <li><a href="#">爱美丽 Club</a></li>
</ul>
```

第 3 步，在<head>标签内添加<style type="text/css">标签，定义一个内部样式表，然后准备在其中输入代码，用来定义链接的样式。

第 4 步，在内部样式表中输入代码，定义两个样式，其中第一个样式清除项目列表的缩进效果，清除项目符号；第二个样式定义列表项目向左浮动，让多个列表项目并列显示，同时使用 margin 属性调整每个列表项目的间距，效果如图 4.24 所示。

```
<style type="text/css">
ul, li {/* 清除列表的默认样式效果 */
    margin: 0;                          /* 清除缩进显示 */
    padding: 0;                         /* 清除缩进显示 */
    list-style: none;                   /* 清除列表项目 */
}
li {/* 定义列表项目并列显示 */
    float: left;                        /* 设计每个列表项目向左浮动显示 */
    margin: 0 1px;                      /* 设计每个列表项目之间的间距 */
}
</style>
```

图 4.24　设计列表并列显示样式

第 5 步，定义<a>标签在默认状态下的显示效果，即鼠标未经过时的样式。

```
a {/* 链接的默认样式 */
    text-decoration:none;                      /* 清除链接下划线 */
    border:solid 1px;                          /* 定义 1 像素实线边框 */
    padding: 0.4em 0.8em;                      /* 增加链接补白 */
    color: #444;                               /* 定义灰色字体 */
    background: #FFCCCC;                       /* 链接背景色 */
    border-color: #fff #aaab9c #aaab9c #fff;   /* 分配边框颜色 */
    zoom:1;                                    /* 解决 IE 浏览器无法显示问题*/
}
```

第 6 步，定义鼠标经过时的链接样式。

```
a:hover {/* 鼠标经过时样式 */
    color: #800000;                            /* 链接字体颜色 */
    background: transparent;                   /* 清除链接背景色 */
    border-color: #aaab9c #fff #fff #aaab9c;   /* 分配边框颜色 */
}
```

第 7 步，保存网页，按 F12 键在浏览器中预览，演示效果如图 4.25 所示。

图 4.25　立体链接样式效果

扫一扫，看视频

4.4.4　设计背景样式

使用背景图像设计链接样式较常用，其中利用背景图像的动态滑动技巧设计很多精致的链接样式，这种技巧被称为滑动门技术。具体实现方法如下：

- 设计相同大小但不同效果的背景图像进行轮换。背景图像之间的设计应该过渡自然、切换吻合。
- 把所有背景图像组合在一张图中，然后利用 CSS 技术进行精确定位，实现在不同状态下显示为不同的背景图像，这种技巧也被称为 CSS Sprites。

在本案例中，先定义链接块状显示，然后根据背景图像大小定义 a 元素的宽和高，并分别在默认状态和鼠标经过状态下定义背景图像。对于背景图像来说，宽度可以与被替换的背景图像宽度相同，也可以根据需要小于背景图像的宽度，但是高度必须保持与背景图像的高度一致。

【操作步骤】

第 1 步，启动 Dreamweaver CC，打开模板页面 temp.html，另存为 index.html。

第 2 步，在编辑窗口中构建一个列表结构。

```
<ul>
```

```
    <li><a href="#">好贷首页</a></li>
    <li><a href="#">消费贷款</a></li>
    ……
    <li><a href="#">好贷资讯</a></li>
    <li><a href="#">贷款问答</a></li>
</ul>
```

第 3 步，在<head>标签内添加<style type="text/css">标签，定义一个内部样式表，然后准备在其中输入代码，用来定义链接的样式。

第 4 步，在内部样式表中输入代码，定义一个样式清除项目列表的缩进效果，清除项目符号，定义列表项目向左浮动，让多个列表项目并列显示，效果如图 4.26 所示。

```
<style type="text/css">
li {/* 清除列表的默认样式效果 */
    float:left;                    /* 设计每个列表项目向左浮动显示 */
    list-style:none;               /* 清除列表项目 */
    margin:0;                      /* 清除缩进显示 */
    padding:0;                     /* 清除缩进显示 */
}
</style>
```

图 4.26　设计列表并列显示样式

第 5 步，在 Photoshop 中设计两幅大小相同、但效果略有不同的图像，如图 4.27 所示。图像的大小为 200px×32px，第一张图像设计风格为渐变灰色，并带有玻璃效果，第二张图像设计风格为深黑色渐变。

图 4.27　设计背景图像

第 6 步，把上面两张图像拼合到一张图像中，如图 4.28 所示。准备利用 CSS Sprites 技术来控制背景图像的显示，以提高网页响应速度。最后，保存到站点 images 目录中。

图 4.28　拼合背景图像

提示：

CSS Sprites 就是把网页中一些背景图片整合到一张图片文件中，再利用 CSS 的 background-image、background-repeat、background-position 的组合进行背景定位进行显示。

第 7 步，定义链接默认样式，为每个<a>标签定义背景图像，并定位背景图像靠顶部显示。

```
a {/* 链接的默认样式 */
    text-decoration:none;                       /* 清除默认的下划线 */
    display:inline-block;                       /* 行内块状显示 */
    width:150px;                                /* 固定宽度 */
    height:32px;                                /* 固定高度 */
    line-height:32px;                           /* 行高等于高度，设计垂直居中 */
    text-align:center;                          /* 文本水平居中 */
    background:url(images/bg3.gif) no-repeat center top;/* 定义背景图像，禁止平铺，居中 */
    color:#ccc;                                 /* 浅灰色字体 */
}
```

第 8 步，定义鼠标经过时链接样式，此时改变背景图像的定位位置，以实现动态滑动效果。

```
a:hover {/* 鼠标经过时样式 */
    background-position:center bottom;          /* 定位背景图像，显示下半部分 */
    color:#fff;                                 /* 白色字体 */
}
```

第 9 步，保存网页，按 F12 键在浏览器中预览，演示效果如图 4.29 所示。

图 4.29　滑动背景链接样式效果

第 5 章　设计网页图像

图像与文字一样都是网页构成的基本要素。在网页中适当插入图像可以避免页面单调、乏味，图像不仅能够表达丰富的信息，还能够增强页面的观赏性。制作精致、设计合理的图像能提升网页浏览的关注度。

【学习重点】

- 在网页中插入图像。
- 创建鼠标经过图像、插入图像占位符。
- 设置网页图像属性。
- 定义网页图像样式。
- 设计图文混排版式。
- 设计背景图像样式。

5.1　插入网页图像

通过<img>标记可以把外部图像插入到网页中，借助标记属性可以设置图像大小、提示文字等属性。

5.1.1　认识网页图像

扫一扫，看视频

图像格式众多，但适用网页显示的图像格式主要包括 3 种：GIF、JPEG 和 PNG。下面简单比较这三种图像格式各自的优缺点。

1. GIF 格式

（1）GIF 格式具有一种减少颜色显示数目而极度压缩文件的能力。它压缩的原理是不降低图像的品质，而是减少显示色，最多可以显示的颜色是 256 色，所以它是一种无损压缩。

（2）GIF 格式的图像支持背景透明的功能，便于图像更好地融合到其他背景色中。

（3）GIF 格式可以存储多张图像，并能动态显示这些图像，GIF 动画已经广泛运用到网页设计中。

2. JPEG 格式

（1）JPEG 格式的压缩是一种有损压缩，即在压缩处理过程中，图像的某些细节将被忽略。

（2）JPEG 格式用全彩模式来表现图像，支持 1670 万种颜色，可以很好地再现摄影图像。

（3）JPEG 格式不支持背景透明和动画显示功能。

3. PNG 格式

PNG 格式是一种网络专用图像，具有 GIF 格式和 JPEG 格式的双重优点。一方面它是一种新的无损压缩文件格式，压缩技术比 GIF 好；另一方面它支持的颜色数量达到 1670 万种，同时还包括对索引色、灰度、真彩色图像以及 Alpha 通道透明的支持。

提示：

在网页设计中，如果图像颜色少于 256 色时，建议使用 GIF 格式，如 Logo、图标、简单背景图等；而颜色较丰富时，应使用 JPEG 格式，如在网页中显示的新闻图片、摄影作品、表现真彩色的背景图。

扫一扫，看视频

5.1.2 重点演练：插入图像

如果想要把一幅图像插入到网页中，可以使用如下方法来实现。

【操作步骤】

第 1 步，启动 Dreamweaver CC，打开本小节备用模板页面 temp.html，另存为 index.html。

第 2 步，将光标置于要插入图像的位置（<div id="apDiv1">标记内），然后选择【插入】|【图像】|【图像】命令，或单击【插入】面板中【常用】选项下的【图像】按钮，从弹出的下拉菜单中选择【图像】命令，如图 5.1 所示。

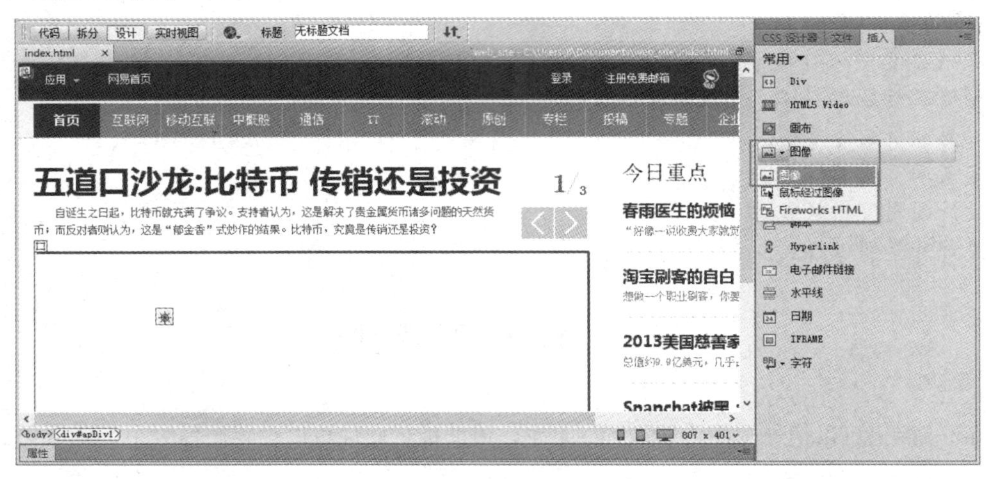

图 5.1 【插入】面板

第 3 步，打开【选择图像源文件】对话框，从中选择图像文件（images/pic.jpg），单击【确定】按钮，图像即被插入页面中，插入效果如图 5.2 所示。

图 5.2 插入图像效果

提示：

插入图像还有其他方法：

➘ 从【插入】面板中把【图像】按钮拖到编辑窗口中要插入图像的位置，打开【选择图像源文件】对话框，选择图像即可。

➘　选择【窗口】|【资源】命令，打开【资源】面板（注意，需要定义站点），在面板左侧单击▣按钮，然后在图像列表框内选择一幅图像，并将其拖到需要插入该图像的位置即可。

拓展：

在 HTML 中使用<img src= "">标记可以实现插入图像。具体代码如下：

```
<img src="images/pic.jpg" width="620" height="300" alt=""/>
```

<img>标记主要有 7 个属性：width（设置图像宽）、height（设置图像高）、hspace（设置图像水平间距）、vspace（设置图像垂直间距）、border（设置图像边框）、align（设置图像对齐方式）和 alt（设置图像指示文字）。

扫一扫，看视频

5.1.3　重点演练：设置图像属性

插入图像之后，选中该图像，就可以在属性面板中查看和编辑图像的显示属性。

【操作步骤】

第 1 步，启动 Dreamweaver CC，打开本小节备用练习文档 test.html，另存为 test1.html。

第 2 步，将光标设在要插入图像的位置，选择【插入】|【图像】|【图像】命令，打开【选择图像源文件】对话框，选择并插入图像 images/1.jpg。

第 3 步，选中插入的图像，在属性面板的【ID】文本框中设置图像的 ID 名称，以方便在 JavaScript 脚本中控制图像。在文本框的上方显示一些文件信息，如“图像”文件类型，图像大小为 147KB。如果插入占位符，则会显示“占位符”字符信息，如图 5.3 所示。

图 5.3　插入图像并定义图像 ID

第 4 步，插入图像之后如果临时需要更换图像，可以在【Src】文本框中指定新图像的源文件。在文本框中直接输入文件的路径，或者单击【选择文件】图标▣，在打开的【选择图像源文件】对话框中找到想要的源文件。

第 5 步，定义图像显示大小。在【宽】和【高】文本框中设置选定图像的宽度和高度，默认以像素为单位。

提示：

当插入图像时，Dreamweaver 默认按原始尺寸显示，同时在该文本框中显示原始宽和高。如果设置的宽度和高度与图像的实际宽度和高度不等比，则图像可能会变形显示。改变图像原始大小后，可以单击【重设图像大小】按钮恢复图像原始大小。

第 6 步，调整图像大小之后，虽然图像显示变小，但图像实际大小并没有发生变化，下载时间保持不变。在 Dreamweaver 中重新调整图像的大小时，可以对图像进行重新取样，以便根据新尺寸来优化图像品质。

操作方法：单击【重新取样】按钮，重新取样图像，并与原始图像的外观尽可能地匹配。对图像进行重新取样会减小图像文件的大小，但可以提高图像的下载性能，降低带宽，如图 5.4 所示。

第 7 步，为图像指定超链接。在【链接】文本框中输入地址，或者单击【选择文件】图标，在当前站点中浏览并选择一个文档，也可以在文本框中直接输入 URL，为图像创建超链接。

此时，【目标】下拉列表被激活，在这里指定链接页面应该载入的目标框架或窗口，包括_blank、_parent、_self 和_top。设置效果如图 5.5 所示。

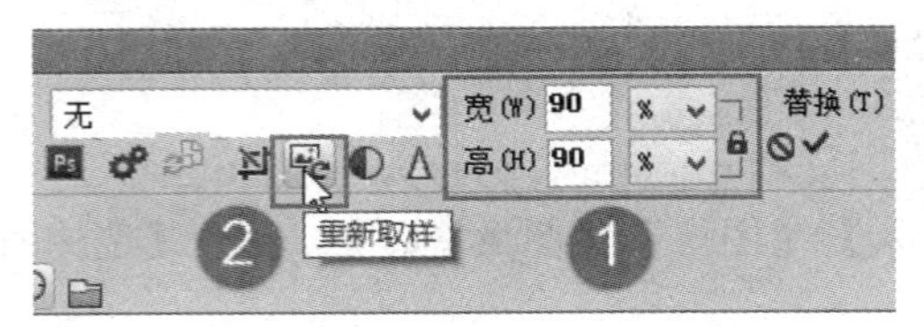

图 5.4 调整图像大小并重新取样

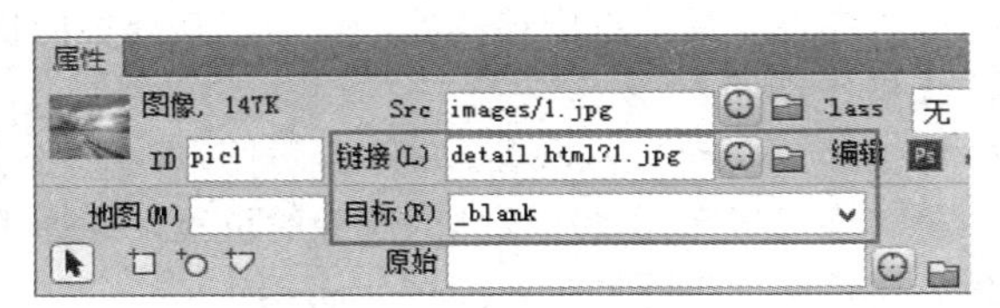

图 5.5 定义图像链接

第 8 步，增强图像可用性。在【替代】文本框中指定在图像位置上显示的可选文字。当浏览器无法显示图像时显示这些文字，如“唯美的秋天景色”；在【标题】文本框中输入文本，定义当鼠标移动到图像上面时，会显示的提示性文字，如“高清摄影图片”，设置如图 5.6 所示。

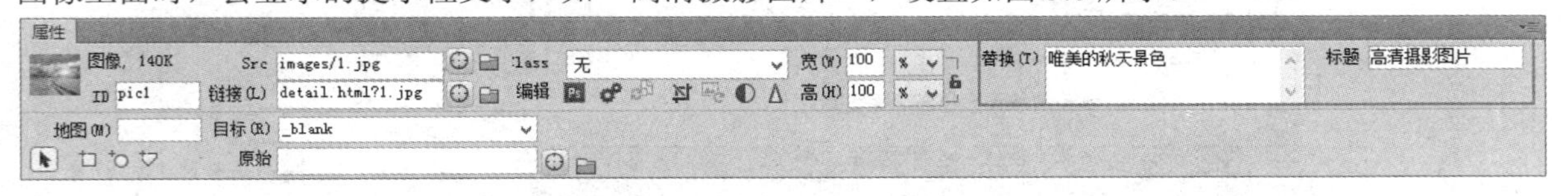

图 5.6 定义图像的标题和替换文本

提示：

其他选项不是必要选项，这里暂不介绍。

扫一扫，看视频

5.1.4 重点演练：插入鼠标经过图像

鼠标经过图像也称为图像轮换，就是当鼠标移动到图像上时，该图像会变成另一幅图，而当鼠标移开时，又恢复成原来的图像效果。因此，鼠标经过图像由两幅图像组成：

- 主图像，就是首次载入页面时显示的图像。
- 次图像，就是当鼠标指针移过主图像时显示的图像。

这两个图像应该大小相等，如果这两个图像的大小不同，在切换过程中就会产生版面晃动，破坏页面布局效果。

【操作步骤】

第 1 步，启动 Dreamweaver CC，打开模板页面 temp.html，另存为 index.html。在编辑窗口中，将光标定位在要插入鼠标经过图像的位置。

第 2 步，选择【插入】|【图像】|【鼠标经过图像】命令，或者单击【插入】面板内【常用】选项中【图像】下拉菜单中的【鼠标经过图像】选项，如图 5.7 所示。

图 5.7　选择【鼠标经过图像】选项

第 3 步，打开【鼠标经过图像】对话框，然后按如下说明进行设置，设置信息如图 5.8 所示。

图 5.8　设置【鼠标经过图像】对话框

（1）【图像名称】文本框：为鼠标经过图像命名，如 Image1。

（2）【原始图像】文本框：可以输入页面被打开时显示的图形，也就是主图的 URL 地址，或者单击后面的【浏览】按钮，选择一个图像文件作为原始的主图像。

（3）【鼠标经过图像】文本框：可以输入鼠标经过时显示的图像，也就是次图像的 URL 地址，或者单击后面的【浏览】按钮，选择一个图像文件作为交换显示的次图像。本例中使用的主图像和次图像如图 5.9 所示。

（a）主图像　　（b）次图像

图 5.9　鼠标经过图像原图

（4）【预载鼠标经过图像】复选框：选中该复选框会使鼠标还未经过图像，浏览器也会预先载入次图像到本地缓存中。这样当鼠标经过图像时，次图像会立即显示在浏览器中，而不会出现停顿的现象，加快网页浏览的速度。

（5）【替换文本】文本框：可以输入鼠标经过图像时的说明文字，即在浏览器中，当鼠标停留在鼠标经过图像上时，在鼠标位置旁显示该文本框中输入的说明文字。

（6）【按下时，前往的 URL】文本框：输入单击图像时跳转到的链接地址。

第 4 步，设置完毕各项内容，单击【确定】按钮，即可完成插入鼠标经过图像的操作，效果如图 5.10 所示。

图 5.10　鼠标经过图像效果

扫一扫，看视频

5.1.5　重点演练：插入图像占位符

图像占位符是指没有设置 src 属性的<img>标记。在编辑窗口中默认显示为灰色，在浏览器中浏览时显示为一个红叉。

图像占位符的作用：网页制作者可先不用关注所插入图像的内容，图像内容由服务器在后期生成，这样极大地提高了网页制作效率。

【操作步骤】

第 1 步，启动 Dreamweaver CC，打开本小节备用练习文档 test.html，另存为 test1.html。

第 2 步，将光标设在要插入图像的位置，选择【插入】|【图像】|【图像】命令，打开【选择图像源文件】对话框，随意选择并插入一幅图像。

第 3 步，选中插入的任意图像，在属性面板中清除 Src 文本框中的值，此时插入的图像就变成一幅图像占位符，显示灰色区域和该区域的大小，如图 5.11 所示。

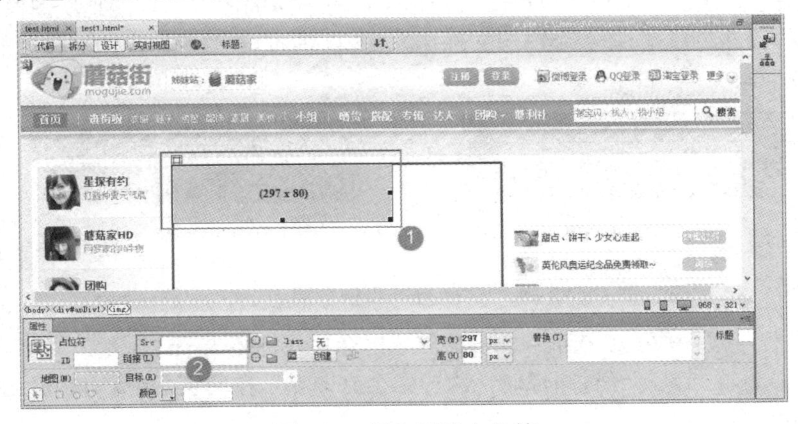

图 5.11　插入图像占位符

第 4 步，可以根据需要，在属性面板中设置图像占位符的属性，具体说明可参考上面内容中关于图像属性的介绍，其中有两个特殊选项说明如下：

（1）【颜色】：可为图像占位符定义一个颜色，以方便显示和区分不同位置的占位符。

（2）【创建】按钮：单击【创建】按钮可以启动 Adobe Fireworks 生成 PNG 图像。

第 5 步，属性面板中这些选项不是必选项，用户可根据需要酌情设置。例如，设置如图 5.12 所示的属性，则预览时效果如图 5.12 右图所示。

图 5.12　插入图像占位符效果

5.2　定义图像样式

选中网页图像后，可以在属性面板中设置图像的显示属性，也可以通过【CSS 设计器】面板设计图像的显示样式。

5.2.1　案例：定义图像大小

扫一扫，看视频

<img>标记包含 width 和 height 属性，使用它们可以控制图像的大小，在标准网页设计中这两个属性依然有效。也可以在 CSS 中使用 width 和 height 属性定义图像的宽度和高度。

【操作步骤】

第 1 步，启动 Dreamweaver CC，打开模板页面 temp.html，另存为 index.html。

第 2 步，在页面中选中段落文本中的插图，然后在属性面板中设置图像的大小，如图 5.13 所示。

图 5.13　定义图像的大小

定义图像大小后，可以在代码视图中看到新添加的代码属性，代码如下：

```
<img src="images/bg.jpg" width="600"/>
```

在代码中，宽度值没有带单位，默认为像素。当用户使用 Dreamweaver 插入命令插入图像时，会自动设置图像原始大小，但不是很必要，可以清除高度和宽度值。

提示：

当仅为图像定义宽度或高度，则浏览器能够自动调整纵横比，使宽和高能够协调缩放，避免图像变形。如果同时为图像定义宽和高，如果没有正确计算宽高比，则显示的图像会出现变形，因此比较稳妥的方法是只定义图像高度或宽度，而不是同时定义高度和宽度。

第 3 步，选择【窗口】|【CSS 设计器】命令，打开【CSS 设计器】面板，依次执行下面的操作，详细提示如图 5.14 所示。

（1）在【源】标题右侧单击加号按钮，在弹出的下拉菜单中选择【在页面中定义】选项，设计网页内部样式表。

（2）在【选择器】标题右侧单击加号按钮，新增一个选择器，命名为 img。

（3）在【属性】列表框中找到 width 属性，单击右侧属性值列，输入值为 100%，即设置图像宽度为 100%。当图像大小取值为百分比时，浏览器将根据图像包含框的宽和高计算图像。

图 5.14　定义图像的大小

第 4 步，按 Ctrl+S 组合键，保存网页，再按 F12 键在浏览器中预览，演示效果如图 5.15 所示，则可以看到 CSS 的 width 属性会优先于 HTML 的 width 属性，图像先按 100%进行显示，而不是 600 像素。

小屏显示效果　　　　宽屏显示效果

图 5.15　设计图像 100%大小的显示效果

提示：

使用 HTML 的 width 和 height 属性定义图像大小不符合标准化设计要求，使用 CSS 属性定义图像大小可以更方便地进行控制。

拓展：

在响应式网页设计中，一般会使用 max-width 和 max-height 属性来设计图像大小，用法如下：

```
img {
    max-width: 100%;
    max-height: 100%;
}
```

这两个属性的意思是设置图像最大高度和最大宽度为 100%，这样能够避免过大的图像撑开包含框，同时又能够让图像尽可能大地显示。

5.2.2 案例：定义图像边框

扫一扫，看视频

使用<img>标记的 border 属性可以设置图像边框粗细，当设置为 0 时，表示清除边框。在标准设计中已不建议使用，推荐使用 CSS 的 border 属性定义图像边框样式。

1. 边框样式

border-style 属性定义元素的边框样式，具体用法如下：

```
border-style : none | hidden | dotted | dashed | solid | double | groove | ridge | inset | outset
```

该属性取值的说明如表 5.1 所示。

表 5.1　边框样式类型

属 性 值	说 明
none	默认值，无边框，不受任何指定的 border-width 值影响
dotted	点线
dashed	虚线
solid	实线
double	双实线
groove	3D 凹槽
ridge	3D 凸槽
inset	3D 凹边
outset	3D 凸边

常用边框样式包括 solid（实线）、dotted（点线）和 dashed（虚线）。dotted（点线）和 dashed（虚线）这两种样式的效果略有不同，同时在不同浏览器中的解析效果也略有差异。

当单独定义对象某边的边框样式，可以使用单边边框属性：border-top-style（顶部边框样式）、border-right-style（右侧边框样式）、border-bottom-style（底部边框样式）和 border-left-style（左侧边框样式）。

【操作步骤】

第 1 步，启动 Dreamweaver CC，打开模板页面 temp.html，另存为 index.html。

第 2 步，在页面中把光标置于插图位置，选择【插入】|【图像】|【图像】命令，插入 images/pic.png

图像文件，如图 5.16 所示。

图 5.16　插入图像

第 3 步，选择【窗口】|【CSS 设计器】命令，打开【CSS 设计器】面板，依次执行下面的操作，详细提示如图 5.17 所示。

（1）在【源】标题右侧单击加号按钮，在弹出的下拉菜单中选择【在页面中定义】选项，设计网页内部样式表。

（2）在【选择器】标题右侧单击加号按钮，新增一个选择器，自动命名为“#apDiv1 img”。

（3）在【属性】列表框顶部单击“边框”按钮，切换到边框样式列表中，然后找到 border-color 属性，单击右侧属性值列，输入颜色值为#FFC1B2；再找到 border-width 属性，设置值为 3px；找到 border-style 属性，单击右侧属性值列，从弹出的值列表中选择 double。

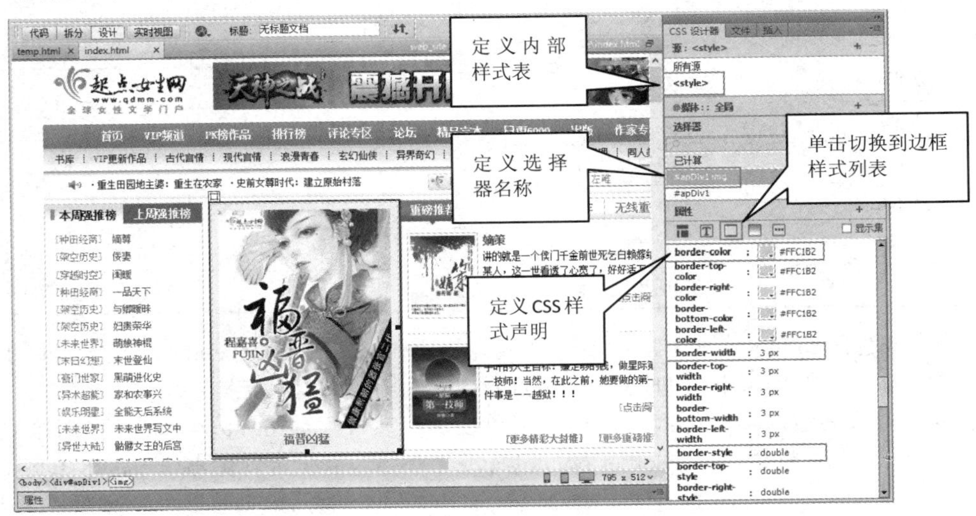

图 5.17　定义图像边框样式

第 4 步，按 Ctrl+S 组合键，保存网页，再按 F12 键在浏览器中预览，演示效果如图 5.18 所示。

图 5.18　双边框图像样式效果

提示：

双边框是由两条单线与其间隔空隙的和来设置边框的宽度。但是双线框的值分配也会存在差异，无法做到平均分配。例如，如果边框宽度为 3px，则两条单线与其间空隙分别为 1px；如果边框宽度为 4px，则外侧单线为 2px，内侧和中间空隙分别为 1px；如果边框宽度为 5px，则两条单线宽度为 2px，中间空隙为 1px，其他取值以此类推。

2. 边框颜色和宽度

border-color 属性定义边框的颜色，border-width 属性可以定义边框的粗细。

提示：

如果定义单边颜色，可以使用 border-top-color（顶部边框颜色）、border-right-color（右侧边框颜色）、border-bottom-color（底部边框颜色）和 border-left-color（左侧边框颜色）。

如果定义单边宽度，可以使用 border-top-width（顶部边框宽度）、border-right-width（右侧边框宽度）、border-bottom-width（底部边框宽度）和 border-left-width（左侧边框宽度）。

当元素的边框样式为 none 时，所定义的边框颜色和边框宽度都会无效。在默认状态下，元素的边框样式为 none，而元素的边框宽度默认为 2~3 像素。

【操作步骤】

第 1 步，新建一个网页，保存为 test.html，在<body>内使用<img>标记插入一幅图像。

```
<img src="images/1.jpg" />
```

第 2 步，选中插入的图像，在【CSS 设计器】面板中设计图像边框宽度为 80 像素，实线样式，然后分别设计各边边框颜色：顶边颜色为 red，右边颜色为 blue，底边颜色为 green，左边颜色为 yellow。

第 3 步，按 Ctrl+S 组合键，保存网页，按 F12 键在浏览器中预览，效果如图 5.19 所示。

图 5.19　定义各边边框颜色的效果

拓展：

在默认状态下网页图像是不显示边框的，但当为图像定义超链接时会自动显示 2~3 像素宽的蓝色粗边框。因此，当为图像绑定超链接时，应为图像添加如下样式，清除粗边框。

```
a img{border-style:none;}
```

选择器“a img”表示页面中所有被<a>标记包含的<img>标记，设计 border-style 属性值为 none，表示清除链接图像的边框样式。

扫一扫，看视频

5.2.3　案例：定义图像透明度

opacity 属性可以定义半透明效果，该属性取值范围在 0~1 之间，数值越低透明度也就越高，0 为完全透明，而 1 表示完全不透明。

【操作步骤】

第 1 步，启动 Dreamweaver CC，打开模板页面 temp.html，另存为 index.html。

第 2 步，在页面中把光标置于插图位置，选择【插入】|【图像】|【图像】命令，插入 images/ icon.png 图像文件，如图 5.20 所示。

图 5.20　插入图像

第 3 步，选择【窗口】|【CSS 设计器】命令，打开【CSS 设计器】面板，依次执行如下操作。

（1）在【源】标题右侧单击加号按钮 ，在弹出的下拉菜单中选择【在页面中定义】选项，设计网页内部样式表。

（2）在【选择器】标题右侧单击加号按钮 ，新增一个选择器，自动命名为“#apDiv1”。

（3）在【属性】列表框中分别设置背景样式：background-color: #000，定义背景色为黑色；设置文本样式：text-align: center，定义文本居中；设置布局样式：padding-top: 190px，定义上边补白为 190 像素，如图 5.21 所示。

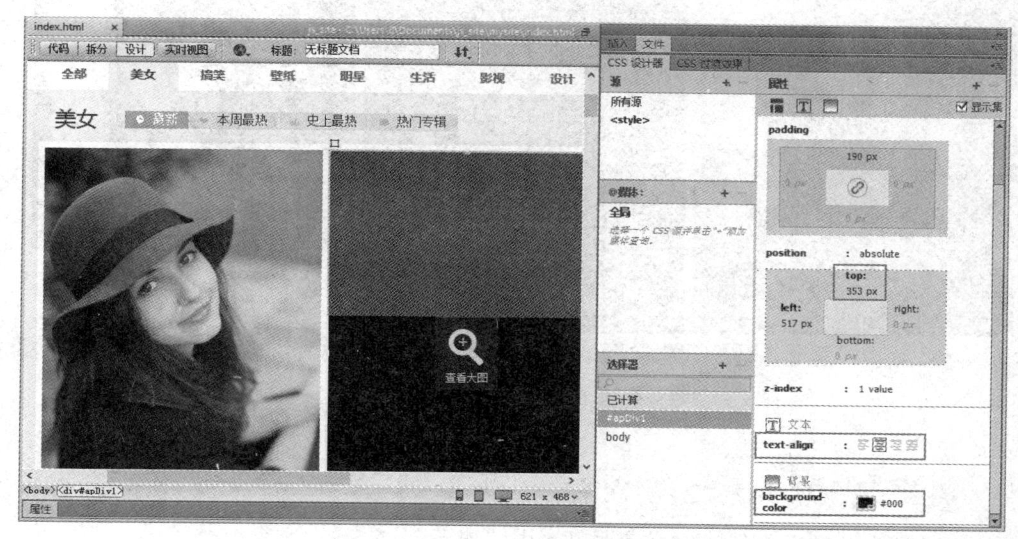

图 5.21　定义遮罩层样式

第 4 步，在布局样式中定义不透明效果：opacity: 0.6，设计遮罩层的不透明度为 0.6，设置效果如图 5.22 所示。

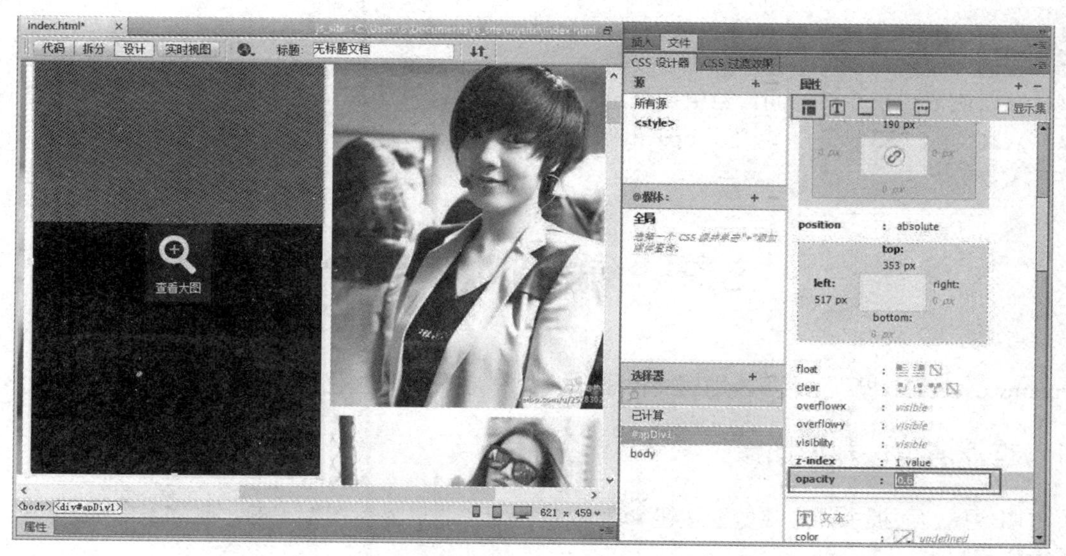

图 5.22　定义遮罩层的不透明效果

第 5 步，按 Ctrl+S 组合键，保存网页，再按 F12 键在浏览器中预览，演示效果如图 5.23 所示。通过这种方式可以设计鼠标经过时，以半透明的遮罩层覆盖效果，以便要求浏览者单击查看大图。

图 5.23 半透明度遮罩层样式效果

拓展：

早期 IE 浏览器不支持 opacity 属性，为了兼容老版本浏览器，用户可以考虑同时定义如下属性。

- IE 浏览器使用 CSS 滤镜来定义透明度，用法如下：

```
filter:alpha(opacity=0~100);
```

alpha()函数取值范围在 0~100 之间，数值越低透明度也就越高，0 为完全透明，而 100 表示完全不透明。

- Firefox 浏览器定义了-moz-opacity 私有属性，用法如下：

```
-moz-opacity:0~1;
```

该属性取值范围在 0~1 之间，数值越低透明度也就越高，0 为完全透明，而 1 表示完全不透明。

- W3C 在 CSS3 版本中定义了 opacity 属性，用法如下：

```
opacity: 0~1;
```

5.3 编辑网页图像

Dreamweaver CC 提供了简单的图像编辑操作，如裁切、色彩优化、亮度和对比度调整等基本操作。

扫一扫，看视频

5.3.1 重点演练：裁剪图像

单击图像属性面板中的【裁剪】按钮可以裁剪图像，以显示图像主题，删除多余部分。

【操作步骤】

第 1 步，选中要裁切的图像，单击图像属性面板中的【裁剪】按钮，弹出一个提示对话框，如图 5.24 所示。

第 2 步，单击【确定】按钮，在所选图像周围出现裁切控制点，如图 5.25 所示。

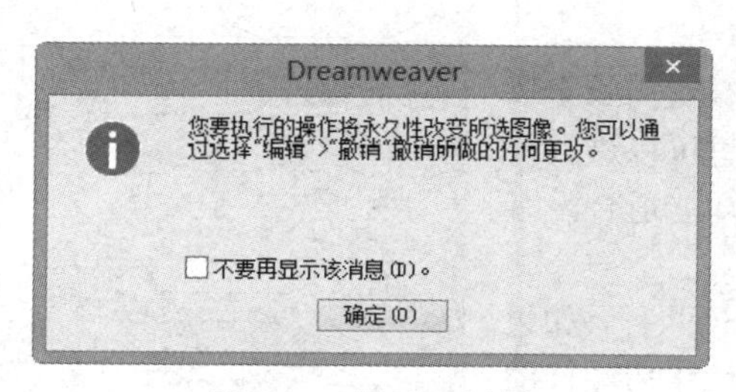

图 5.24　提示对话框

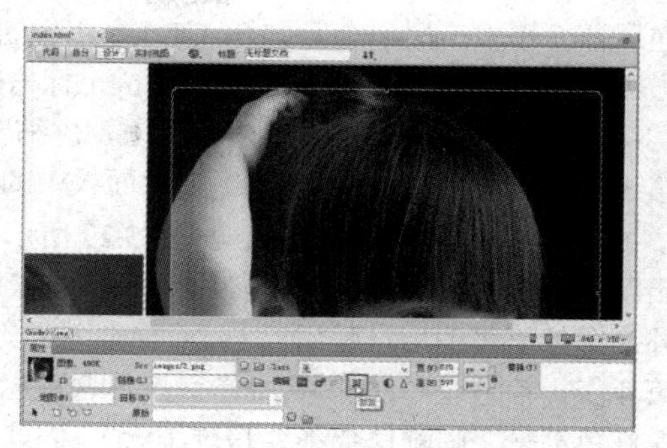

图 5.25　裁切图像区域

第 3 步，拖曳控制点可以调整裁切大小，直到满意为止，如图 5.26 所示。

第 4 步，在图像上双击，或者直接按 Enter 键就可以裁切所选区域。所选区域以外的所有像素都被删除，但将保留图像中其他对象，如图 5.27 所示。

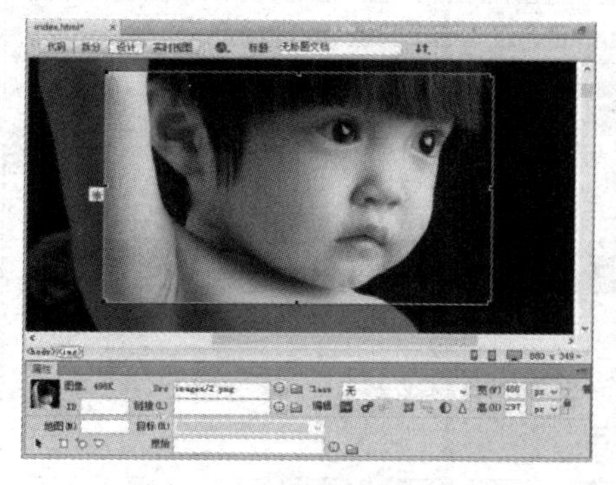

图 5.26　调整裁切区域

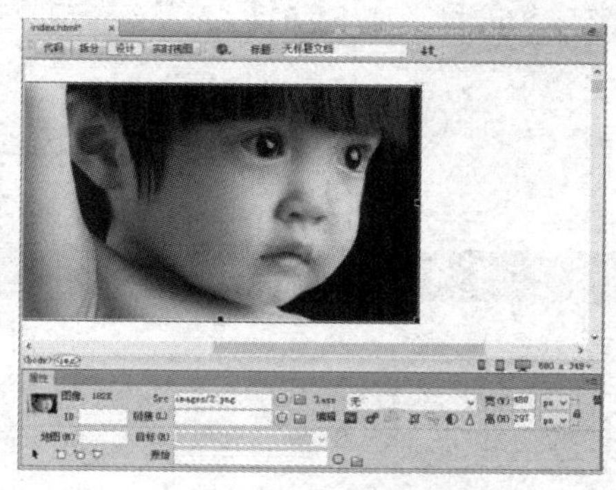

图 5.27　裁切效果图

5.3.2　重点演练：优化图像

扫一扫，看视频

图像优化的目的就是去掉图像中不必要的颜色、像素等，让图像由大变小。这个大小不仅仅指图像尺寸，还包括图像分辨率和图像颜色数等。

【操作步骤】

第 1 步，启动 Dreamweaver CC，打开本小节备用练习文档 test.html，另存为 test1.html。

第 2 步，将光标设在 Logo 位置，选择【插入】|【图像】|【图像】命令，打开【选择图像源文件】对话框，选择并插入图像 images/logo.png，如图 5.28 所示。

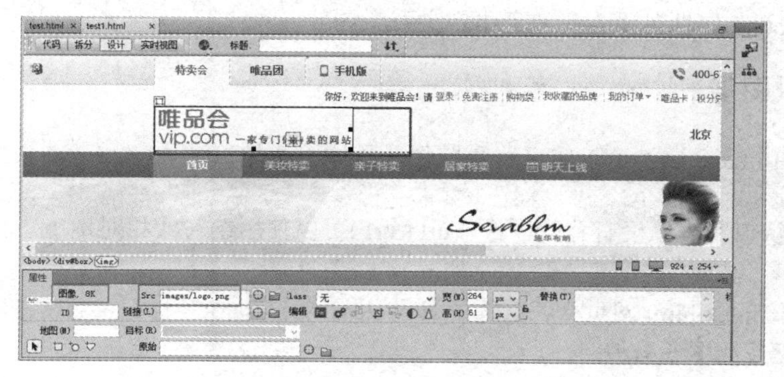

图 5.28　插入图像

在属性面板中，用户会看到插入 Logo 图像的信息：大小为 8KB，格式为 PNG。对这样一个颜色简单的 Logo 标志来说，可以对其进行优化，在确保视觉质量不打折扣的基础上，压缩图像大小。

第 3 步，选中 Logo 图像，单击属性面板中的【图像编辑设置】按钮，打开【图像优化】对话框，如图 5.29 所示，在这里可以进行快速编辑图像、优化图像、转换图像格式等基本操作。该功能适合没有安装外部图像编辑的用户使用。

第 4 步，考虑该 Logo 颜色简单，仅包含白色和粉红色两种，如果加上粉红色渐变，则颜色数不会超过 10 个。因此，设置优化后图像的格式为 GIF，同时设置【颜色】数为 8，设置如图 5.29 所示。

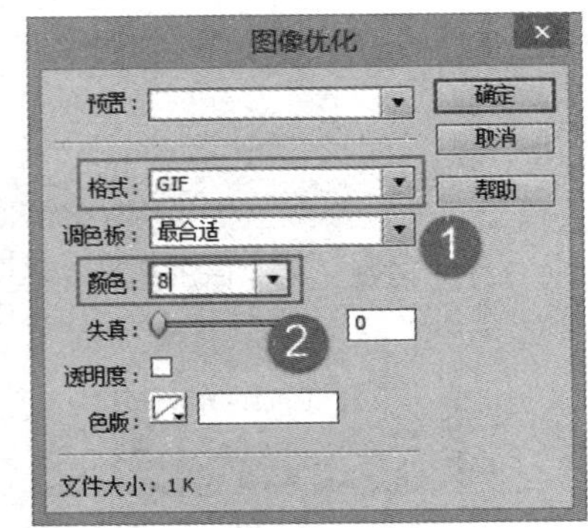

图 5.29　图像快速编辑

第 5 步，单击【确定】按钮，按提示保存优化后图像的位置和名称。此时，在属性面板中查看图像大小，压缩到 2KB，而图像的视觉质量并没有发生变化，如图 5.30 所示。

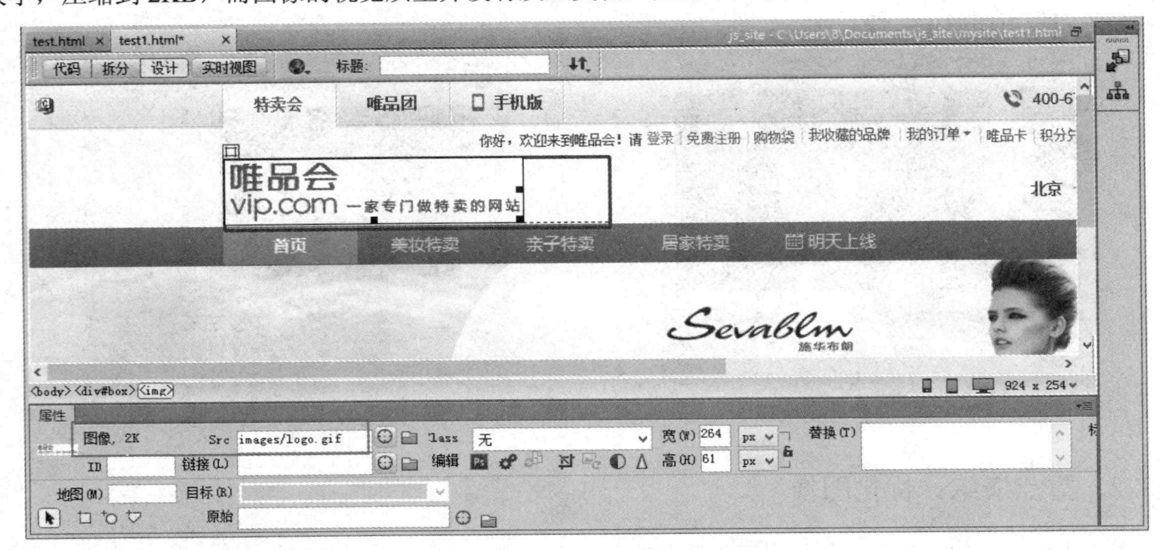

图 5.30　优化后的图像大小和效果

5.4　设计背景图像

背景图像在网页设计中被广泛应用，一般多用于网页装饰，如图标、项目符号、圆角、立体按钮等。使用 CSS 的 background 属性可以为所有元素定义背景图像。

5.4.1　定义背景图像

扫一扫，看视频

使用 background-image 属性可以定义背景图像。具体用法如下：

```
background-image : none | url ( url )
```

其中 none 为默认值，表示没有背景图像，url (url)可以使用绝对或相对地址，指定背景图像所在的路径。

【示例】　打开 index.html 网页文档，选中<div class="separator">标记，然后在【CSS 设计器】面板中定义背景图像，操作如图 5.31 所示。

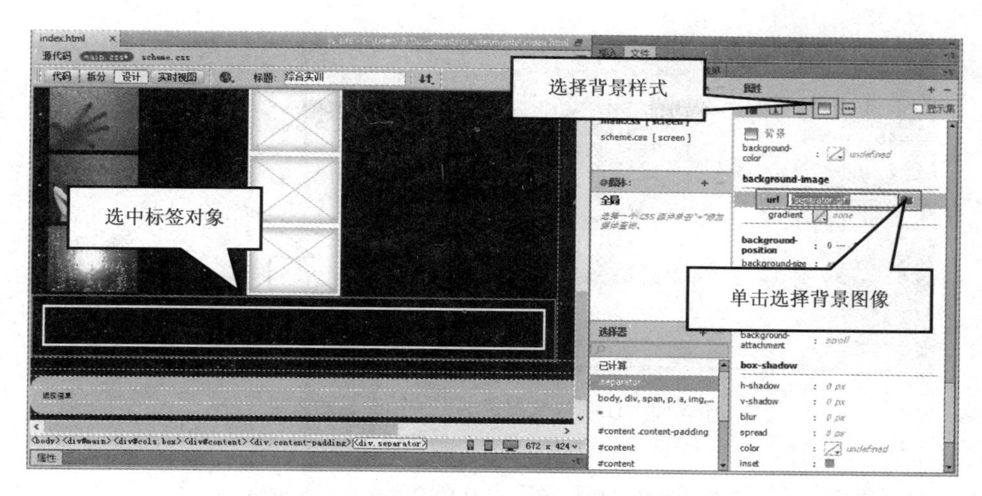

图 5.31　定义背景图像

提示：

如果背景图像为透明的 GIF 或 PNG 格式图像，将其设置为元素的背景图像时，这些透明区域依然被保留。

5.4.2　定义显示方式

使用 background-repeat 属性可以控制背景图像的显示方式。具体用法如下：

```
background-repeat : repeat | no-repeat | repeat-x | repeat-y
```

其中 repeat 为默认值，表示背景图像在纵向和横向上平铺，no-repeat 表示背景图像不平铺，repeat-x 表示背景图像仅在横向上平铺，repeat-y 表示背景图像仅在纵向上平铺。

【示例】　打开 index.html 网页文档，选中<body>标记，在【CSS 设计器】面板中定义背景图像，让背景图像在底部沿水平方向进行平铺，操作如图 5.32 所示。

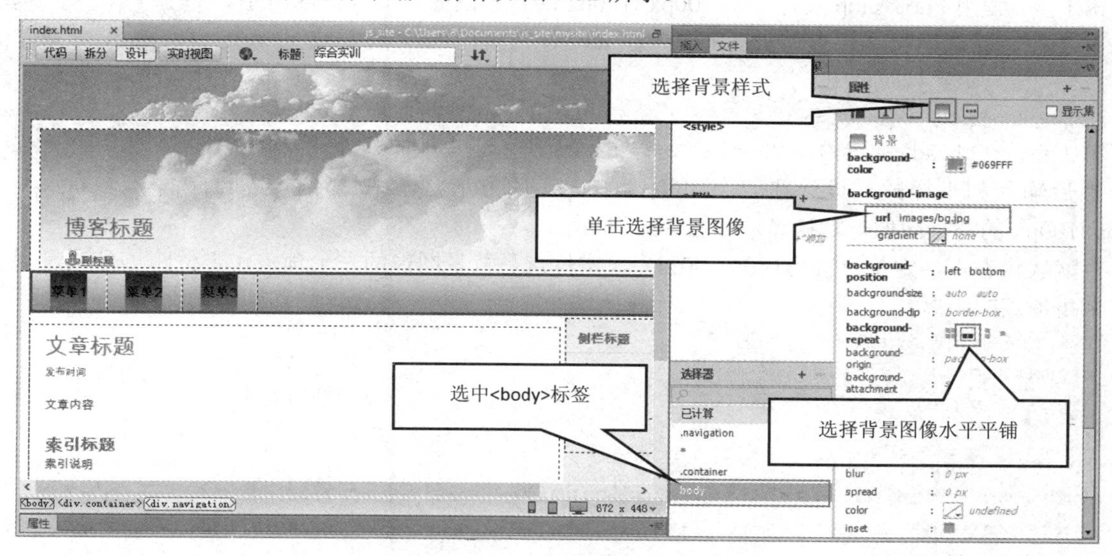

图 5.32　定义网页背景图像水平平铺

在浏览器中预览，背景图像水平平铺效果如图 5.33 所示。

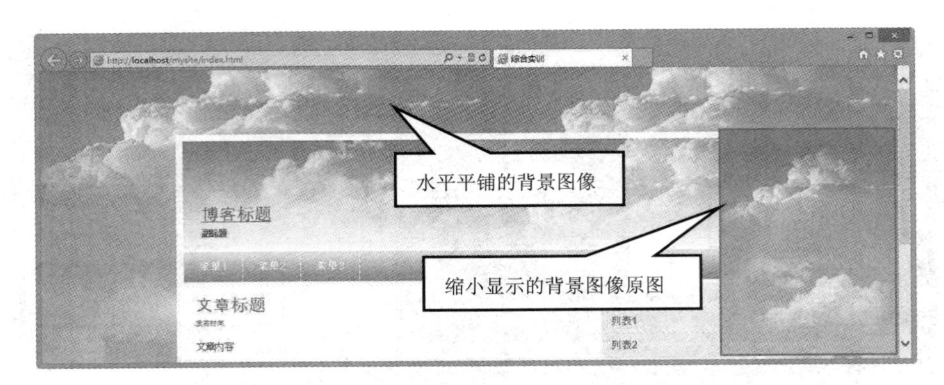

图 5.33　控制背景图像水平平铺的显示效果

提示：

背景平铺在栏目设计中具有重要的应用价值，很多栏目就是借助背景图平铺来设计各种好看的效果。

扫一扫，看视频

5.4.3　定义显示位置

在默认情况下，背景图像显示在元素的左上角，使用 background-position 属性可以精确定位背景图像。具体用法如下：

```
background-position : position || position
```

该属性取值可以为百分比、长度值，或者关键字，如 top、center、bottom 和 left、center、 right，这些关键字分别表示在 y 轴方向上顶部对齐、中间对齐和底部对齐，以及在 x 轴方向上左侧对齐、居中对齐和右侧对齐。

百分比用法比较灵活，为了能更直观地理解百分比的使用，下面结合示例进行说明。

【操作步骤】

第 1 步，使用 Photoshop 设计一个 100px×100px 的背景图像，如图 5.34 所示。

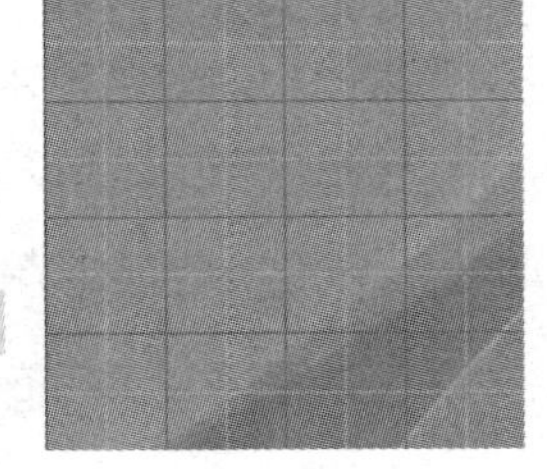

图 5.34　设计背景图像

第 2 步，新建网页，保存为 test.html，在<body>内使用<div>标记定义一个盒子。

```
<div id="box"></div>
```

第 3 步，在<head>标记内添加<style type="text/css">标记，定义一个内部样式表，然后输入如下样式：设计在一个 400px×400px 的方形盒子中，定位一个 100px×100px 的背景图像，默认显示如图 5.35 所示。

在默认状态下，定位位置为（0%　0%），定位点是背景图像的左上顶点，定位距离是该点到包含框左上角顶点的距离。

```
body {/* 清除页边距 */
    margin:0;                                   /* 边界为 0 */
    padding:0;                                  /* 补白为 0 */
}
div {/* 盒子的样式 */
    background-image:url(images/grid.gif);      /* 背景图像 */
    background-repeat:no-repeat;                /* 禁止背景图像平铺 */
    width:400px;                                /* 盒子宽度 */
    height:400px;                               /* 盒子高度 */
    border:solid 1px red;                       /* 盒子边框 */
}
```

第 4 步，修改背景图像的定位位置，定位背景图像为（100%　100%），显示效果如图 5.36 所示。定位点是背景图像的右下角，定位距离是该点到包含框左上角的距离。

```
#box {/* 定位背景图像的位置 */
    background-position:100% 100%;
}
```

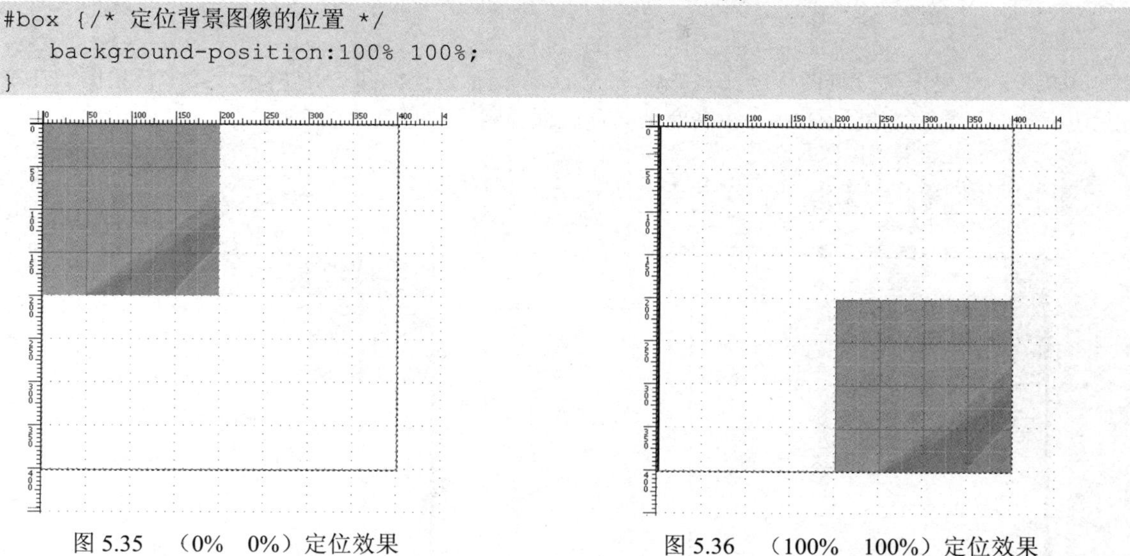

图 5.35　（0%　0%）定位效果　　　图 5.36　（100%　100%）定位效果

第 5 步，定位背景图像为（50%　50%），显示效果如图 5.37 所示。定位点是背景图像的中点，定位距离是该点到包含框左上角顶点的距离。

```
#box {/* 定位背景图像的位置 */
    background-position:50% 50%;
}
```

第 6 步，定位背景图像为（75%　25%），显示效果如图 5.38 所示。定位点是以背景图像的左上顶点为参考点（75%　25%）的位置，定位距离是该点到包含框左上角顶点的距离，这个距离等于包含框宽度 75%和高度的 25%。

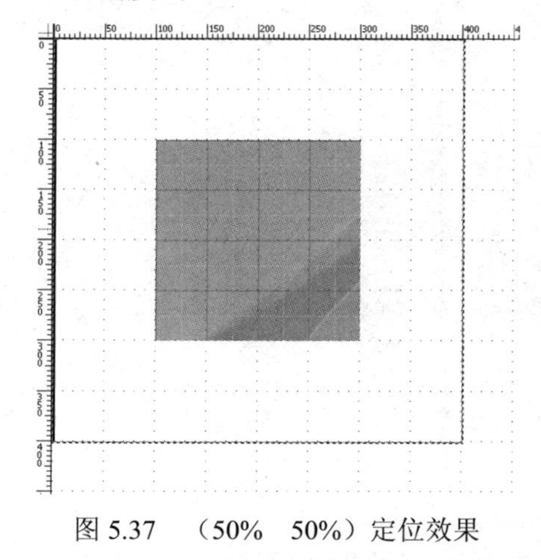

图 5.37　（50%　50%）定位效果

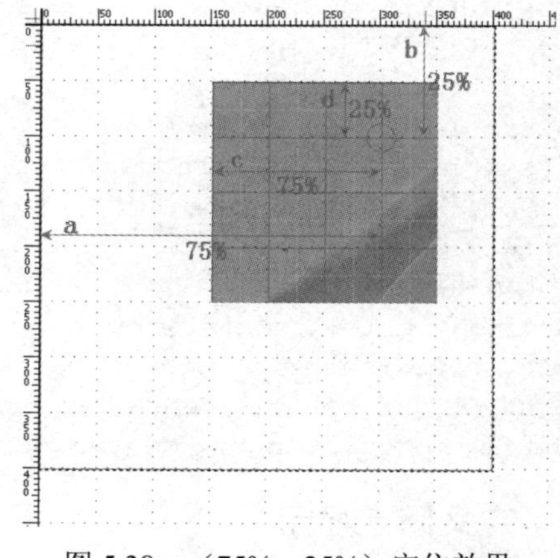

图 5.38　（75%　25%）定位效果

```
#box {/* 定位背景图像的位置 */
    background-position:75% 25%;
}
```

第 7 步，百分比也可以取负值，负值的定位点是包含框的左上顶点，而定位距离则以图像自身的宽和高来决定。例如，如果定位背景图像为（-75%　-25%），显示效果如图 5.39 所示。其中背景图像在宽度上向左边框隐藏了自身宽度的 75%，在高度上向顶边框隐藏了自身高度的 25%。

```
#box {/* 定位背景图像的位置 */
    background-position:-75% -25%;
}
```

第 8 步，如果定位背景图像为（-25%　-25%），显示效果如图 5.40 所示。其中背景图像在宽度上向左边框隐藏了自身宽度的 25%，在高度上向顶边框隐藏了自身高度的 25%。

```
#box {/* 定位背景图像的位置 */
    background-position:-25% -25%;
}
```

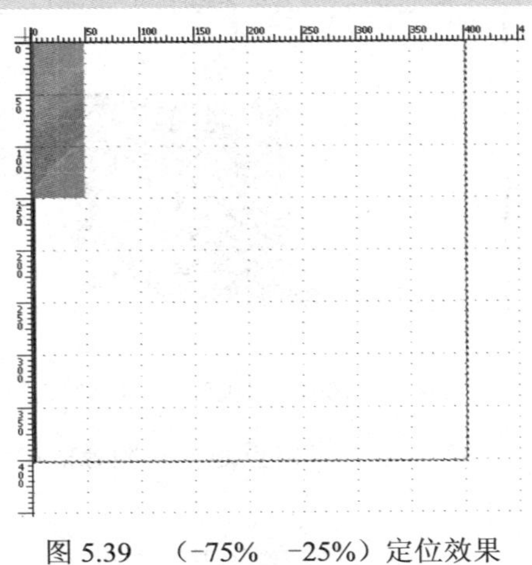

图 5.39　（-75%　-25%）定位效果

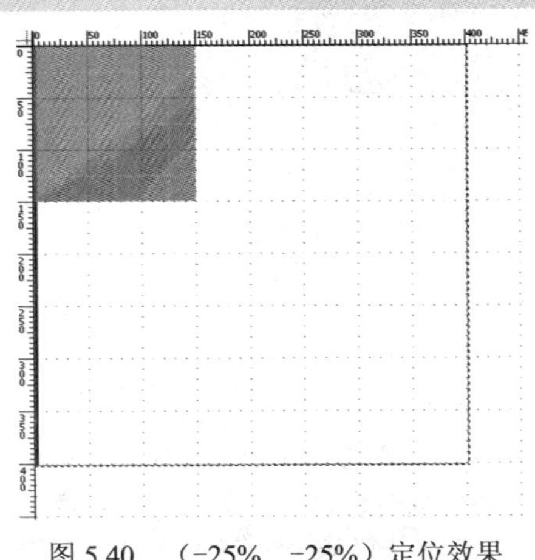

图 5.40　（-25%　-25%）定位效果

拓展：

background-position 属性提供了五个关键字：left、right、center、top 和 bottom。这些关键字与百分比取值的比较说明如下：

```
/* 普通用法 */
top left、left top                              = 0% 0%
right top、top right                            = 100% 0%
bottom left、left bottom                        = 0% 100%
bottom right、right bottom                      = 100% 100%
/* 居中用法 */
center、center center                           = 50% 50%
/* 特殊用法 */
top、top center、center top                     = 50% 0%
left、left center、center left                  = 0% 50%
right、right center、center right               = 100% 50%
bottom、bottom center、center bottom            = 50% 100%
```

扫一扫，看视频

5.4.4　定义固定显示

background-attachment 属性可以固定背景图像显示在窗口中。具体用法如下：

```
background-attachment : scroll | fixed
```

其中 scroll 为默认值，表示背景图像随对象内容滚动，fixed 表示背景图像固定。

【示例】　新建网页，保存为 test.html，在<body>内使用<div>标记定义一个盒子。

```
<div id="box"></div>
```

在<head>标记内添加<style type="text/css">标记，定义一个内部样式表，为<body>标记定义网页背景，并把它固定在浏览器的中央，然后把 body 元素的高度定义为大于屏幕的高度，强迫显示滚动条，操作如图 5.41 所示。

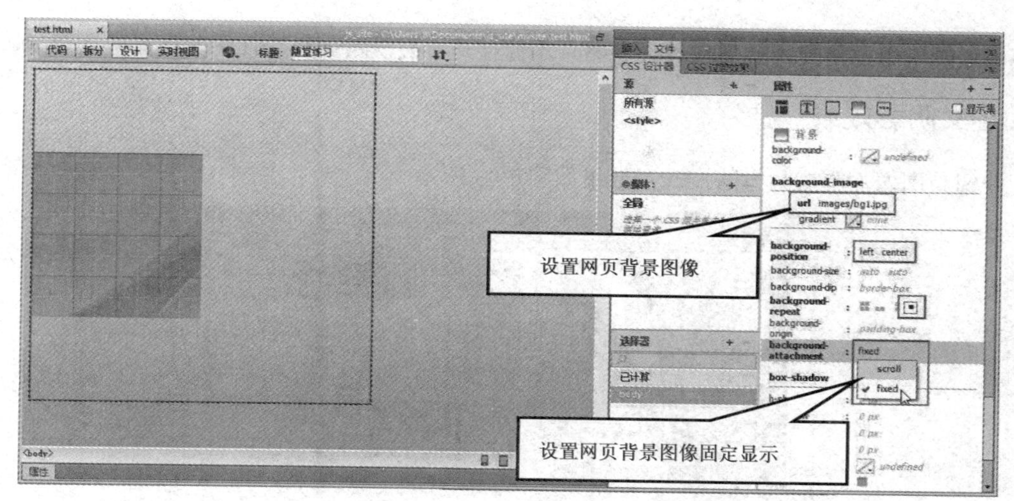

图 5.41 定义背景图像

在浏览器中预览，这时如果拖动滚动条，可以看到网页背景图像始终显示在窗口的中央位置，不会随网页上下滚动，显示效果如图 5.42 所示。

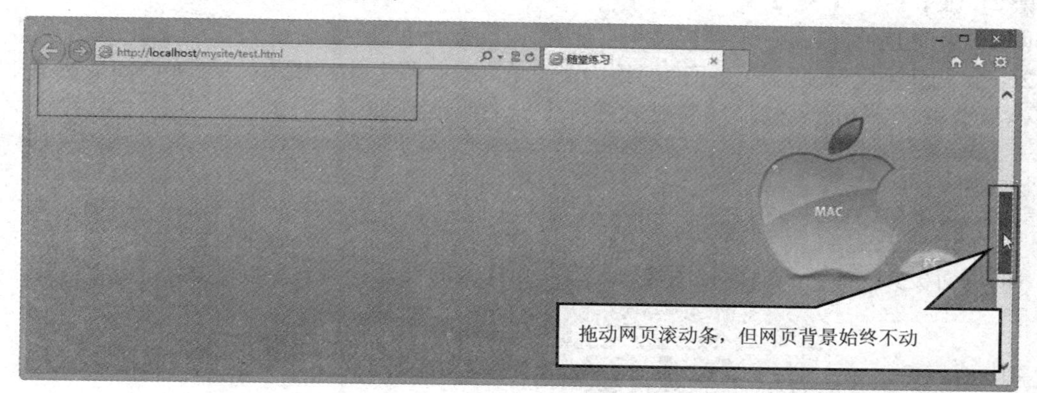

图 5.42 定义背景图像固定显示

📖 拓展：

background 是一个复合属性，可以定义所有相关的背景属性值。例如，如果把上面示例中的四个与背景图像相关的声明合并为一个声明，各个属性值不分先后顺序。

```
body {/* 固定网页背景 */
    background:url(images/bg2.jpg) no-repeat fixed left center;
    height:1000px;
}
```

background 属性还可以同时指定颜色值，这样当背景图像没有完全覆盖所有区域，会自动显示指定颜色。例如，定义如下背景图像和背景颜色：

```
body {/* 同时定义背景图像和背景颜色 */
    background: #CCCC99 url(images/png-1.png);
}
```

5.5 实战案例

扫一扫，看视频

本节将通过 3 个案例介绍如何设计更多网页图像样式，并演示如何设计图文混排版式效果。

5.5.1 定义阴影效果

本例介绍为图像加阴影的方法，演示效果如图 5.43 所示。

图 5.43　图像阴影

【操作步骤】

第 1 步，启动 Dreamweaver，新建文档，保存为 index.html。

第 2 步，构建网页基本结构。页面的结构很简单，只有两个<div>标签，在每个<div>标签中都包含一个<div>标签和一个<img>标签，分别定义了一左一右两幅图像。

```
<div class="pic"><div class="left"><img src="images/2.jpg" border=0 alt="pic"
/></div></div>
<div class="pic"><div class="right"><img src="images/1.jpg" border=0 alt="pic"
/></div></div>
```

此时的页面极其简单，只有两幅图像，没有任何样式的设置，如图 5.44 所示。

图 5.44　构建网页基本结构

第 3 步，定义图像的阴影。其实给图像加阴影的原理很简单，就是运用两个<div>块的相对位置偏移而实现，阴影的宽度和颜色深浅这个值用户自行决定，也就是 CSS 中的相对定位属性 position:relative;。

```
.pic {
    position: relative; float: left;
```

```
    background: #CCC; margin: 10px; margin-right: 50px;
}
.pic div {
    position: relative; padding: 3px;
    border: 1px solid #333; background: #FFF;
}
.right {/*阴影在右边时*/
    top: -6px; left: -6px;
}
.left { /*阴影在左边时*/
    top: -6px; right: -6px;
}
```

给外层的<div>定义一个类样式为 pic，设置其 position 属性为 relative，也就是相对定位。设置它的背景色为#CCC，设置四周补白 10px，并使两图之间的距离为 50px。最后，定义其为左浮动。

对内层<div>进行设置：首先仍然是设置其 position 属性为 relative，这也是本示例最关键的一步。之后设置内层 div 的背景色为#FFF，并设置边框样式和内边距 padding。left 和 right 类样式分别定义了左侧图像的内侧<div>的偏移量和右侧图像的内侧<div>的偏移量，这句话可能有些饶舌，请读者仔细理解，也就是说必须让内侧的<div>进行位移，而左侧图像的位移方向与右侧图像是不同的，所以分别用 left 和 right 进行设置。

拓展：

使用 CSS3 的 box-shadow 属性可以定义阴影，该属性包含 6 个参数值：阴影类型、X 轴位移、Y 轴位移、阴影大小、阴影扩展、阴影颜色，这六个参数值都为可选。

如果不设置阴影类型时，默认为投影效果，当设置为 inset 时，则阴影效果为内阴影。X 轴位移和 Y 轴位移定义阴影的偏移距离。阴影大小、阴影扩展和阴影颜色是可选值，默认为黑色实影，box-shadow 属性值必须设置阴影的位移值，否则没有效果。如果定义了阴影大小，此时定义阴影位移为 0，才可以看到阴影效果。

定义本节示例的阴影效果，具体代码如下：

```
.right { box-shadow: 6px 6px #ccc;}
.left { box-shadow: -6px 6px #ccc;}
```

其中前面两个值为阴影坐标偏移值，第三个值为阴影颜色。

5.5.2　定义圆角效果

扫一扫，看视频

使用 CSS3 的 border-radius 可以设计圆角化图像，本例演示效果如图 5.45 所示。

图 5.45　设置图角效果图像

【操作步骤】

第 1 步，启动 Dreamweaver，新建文档，保存为 index.html。

第 2 步，构建网页结构，网页结构非常简单，就是在网页添加了四张图像。

```
<img class="a" src="images/1.jpg"/>
<img class="a" src="images/2.jpg"/>
<img class="a" src="images/3.jpg"/>
<img class="a" src="images/4.jpg"/>
```

第 3 步，定义网页的基本属性。

```
body { margin: 20px; padding: 20px;}
```

在以上代码中设置了网页四周的补白为 20px，用 padding 设置网页的内边距为 20px，对齐效果设置为居中。显示效果如图 5.46 所示。

图 5.46　设置网页属性

第 4 步，运用 border-radius 属性设置圆角图像。

```
.a {
    width: 150px; height: 150px;
    border: 1px solid gray;
    -moz-border-radius: 10px;    /*仅 Firefox 支持，实现圆角效果*/
    -webkit-border-radius: 10px;/*仅 Safari、Chrome 支持，实现圆角效果*/
    -khtml-border-radius: 10px; /*仅 Safari、Chrome 支持，实现圆角效果*/
    border-radius: 10px;        /*Firefox、Opera、Safari、Chrome 支持，实现圆角效果*/
}
```

在以上代码中，首先定义了图像的宽度和高度，接着设置了图像的边框样式，然后用 border-radius 定义了图像的圆角。

提示：

border-radius 属性的用法如下：

- 如果设置 1 个值，如 border-radius:10px，表示四个角都为圆角，且每个圆角的半径都为 10px。
- 如果设置 2 个值，如 border-radius:10px 5px，第 1 个值代表左上圆角和右下圆角，第 2 个值代表右上圆角和左下圆角。
- 如果设置 3 个值，如 border-radius:10px 5px 1px，第 1 个值代表左上圆角，第 2 个值代表右上圆角和左下圆角，第 3 个值代表右下圆角。
- 如果设置了 4 个值，如 border-radius:10px 9px 8px 7px，四个值分别代表左上圆角，右上圆角，右下圆角，左下圆角。

也可以单独为某个角定义圆角，左上圆角：border-top-left-radius，右上圆角：border-top-right-radius，右下圆角：border-bottom-right-radius，左下圆角：border-bottom-left-radius。

扫一扫，看视频

5.5.3　设计图文混排

图文混排版式就是正文环绕图像进行显示，可显示在一侧，或者一边，或者四周，多见于新闻内页或网络资讯页中。本例的设计效果如图 5.47 所示。

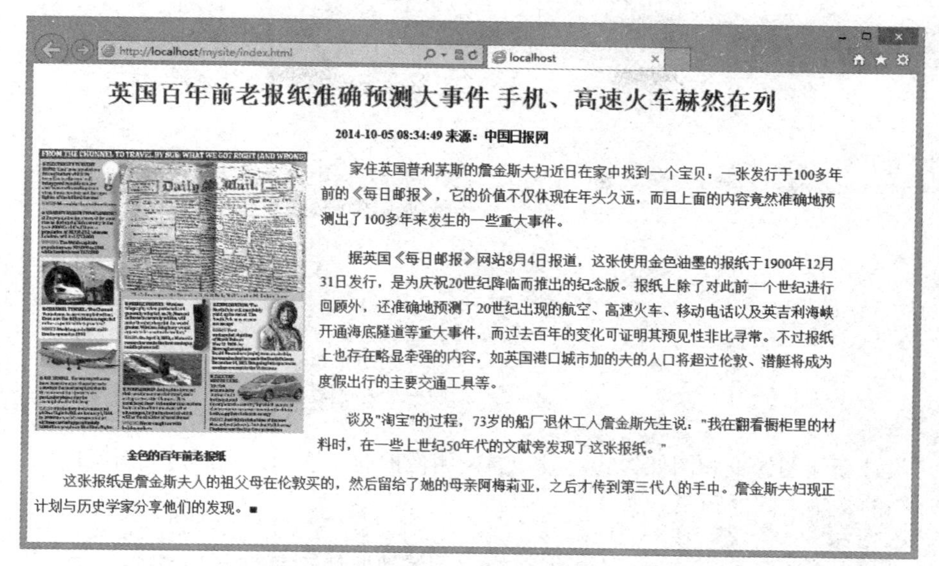

图 5.47　设计图文混排版式

【操作步骤】

第 1 步，启动 Dreamweaver CC，新建网页，保存为 index.html，切换到【代码】视图，在<body>标签内输入如下代码。为了方便快速练习，用户也可以直接打开模板页面 temp.html，另存为 index.html。

```
<div class="pic_news">
    <h1>英国百年前老报纸准确预测大事件 手机、高速火车赫然在列</h1>
    <h2>2014-10-05 08:34:49      来源：中国日报网</h2>
    <div class="pic"><img src="images/00000002.jpg" alt="" />
        <h3>金色的百年前老报纸</h3>
    </div>
    <p>家住英国普利茅斯的詹金斯夫妇近日在家中找到一个宝贝：一张发行于 100 多年前的《每日邮报》，
它的价值不仅体现在年头久远，而且上面的内容竟然准确地预测出了 100 多年来发生的一些重大事件。 </p>
    <p>据英国《每日邮报》网站 8 月 4 日报道，这张使用金色油墨的报纸于 1900 年 12 月 31 日发行，是
为庆祝 20 世纪降临而推出的纪念版。报纸上除了对此前一个世纪进行回顾外，还准确地预测了 20 世纪出现
的航空、高速火车、移动电话以及英吉利海峡开通海底隧道等重大事件，而过去百年的变化可证明其预见性非
比寻常。不过报纸上也存在略显牵强的内容，如英国港口城市加的夫的人口将超过伦敦、潜艇将成为度假出行
的主要交通工具等。 </p>
    <p>谈及"淘宝"的过程，73 岁的船厂退休工人詹金斯先生说："我在翻看橱柜里的材料时，在一些上世纪
50 年代的文献旁发现了这张报纸。"</p>
    <p>这张报纸是詹金斯夫人的祖父母在伦敦买的，然后留给了她的母亲阿梅莉亚，之后才传到第三代人的
手中。詹金斯夫妇现正计划与历史学家分享他们的发现。■</p>
</div>
```

整个结构包含在<div class="pic_news">新闻框中，新闻框中包含三部分，第一部分是新闻标题，由标题标签负责；第二部分是新闻图像，由<div class="pic">图像框负责控制；第三部分是新闻正文部分，由<p>标签负责管理。

第 2 步，在<head>标签内添加<style type="text/css">标签，定义一个内部样式表，然后输入如下样式，定义新闻框的显示效果。

```
.pic_news {width:900px; /* 控制内容宽度，根据实际情况可酌情定义 */}
```

第 3 步，设计新闻标题样式，其中包括三级标题，统一标题为居中显示对齐，一级标题字体大小为 28

像素，二级标题字体大小为 14 像素，三级标题大小为 12 像素，同时三级标题取消默认的上下边界样式。

```
.pic_news h1 {
    text-align:center;                /* 设计标题居中显示 */
    font-size:28px;                   /* 设计标题字体大小为 28 像素 */
}
.pic_news h2 {
    text-align:center;                /* 设计副标题居中显示 */
    font-size:14px;                   /* 设计副标题字体大小为 14 像素 */
}
.pic_news h3 {
    text-align:center;                /* 设计三级标题居中显示 */
    font-size:12px;                   /* 设计三级标题字体大小为 12 像素 */
    margin:0;                         /* 清除三级标题默认的边界 */
    padding:0;                        /* 清除三级标题默认的补白 */
}
```

第 4 步，设计新闻图像框和图像样式，设计新闻图像框向左浮动，然后定义新闻图像大小固定，并适当拉开与环绕的文字之间的距离。

```
.pic_news div {
    float:left;                       /* 设计图像框向左浮动 */
    text-align:center;                /* 设计图像在图片框中居中显示 */
}
.pic_news img {
    margin-right:1em;                 /* 调整图像右侧的空隙为一个字距大小 */
    margin-bottom:1em;                /* 调整图像底部的空隙为一个字距大小 */
    width:300px;                      /* 固定图像宽度为 300 像素 */
}
```

第 5 步，设计段落文本样式，主要包括段落文本的首行缩进和行高效果。

```
.pic_news p {
    line-height:1.8em;   /* 定义段落文本行高为 1.8 倍字体大小，设计稀疏版式效果 */
    text-indent:2em;     /* 设计段落文本首行缩进 2 个字距 */
}
```

扫一扫，看视频

5.5.4 设计渐变栏目效果

CSS 背景图像平铺显示在网页设计中是一个比较常用的技巧，能够设计出很多富有立体感的版面效果。本例效果如图 5.48 所示。

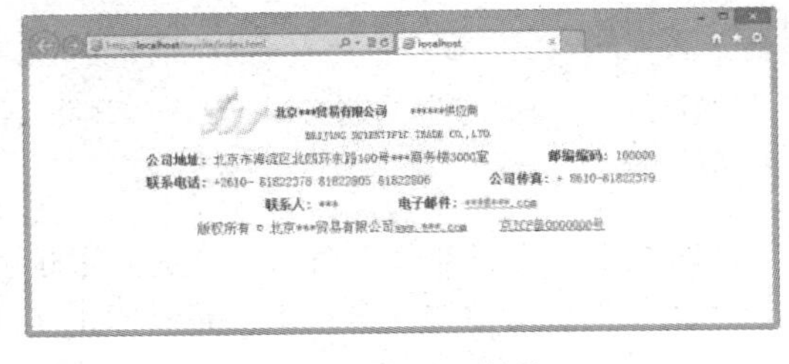

（a）无背景版面效果

（b）添加渐变背景的版面效果

图 5.48 范例效果

【操作步骤】

第 1 步，启动 Photoshop，新建一个文档，命名为 footer_bg，宽度为 79 像素，高度为 150 像素，分辨率为 96 像素/英寸，设置如图 5.49 所示。

第 2 步，在工具箱中选择渐变工具，然后双击选项栏中的渐变图标，打开【渐变编辑器】对话框，设计一个渐变样式，左侧为白色，在 10% 的位置单击添加一个色标，设置色标颜色为#026ec2，设置右侧色标为白色。确定之后关闭【渐变编辑器】对话框，在窗口中从上往下拉出一条渐变，如图 5.50 所示。

第 3 步，设置前景色为#134e90，使用直线工具在编辑窗口顶部拉出一条 1 像素宽度的水平线，设计如图 5.51 所示。

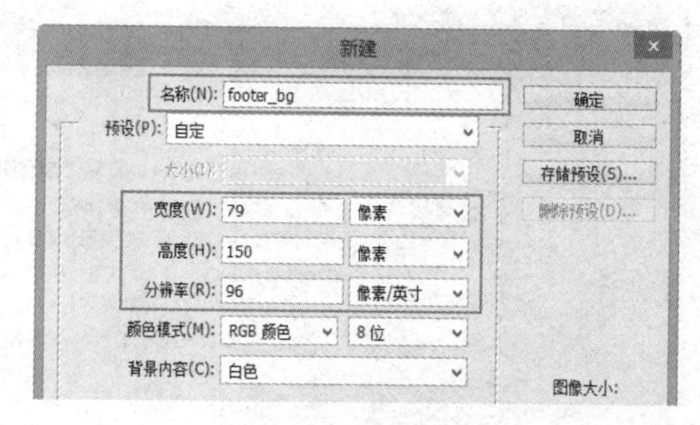

图 5.49　新建文档

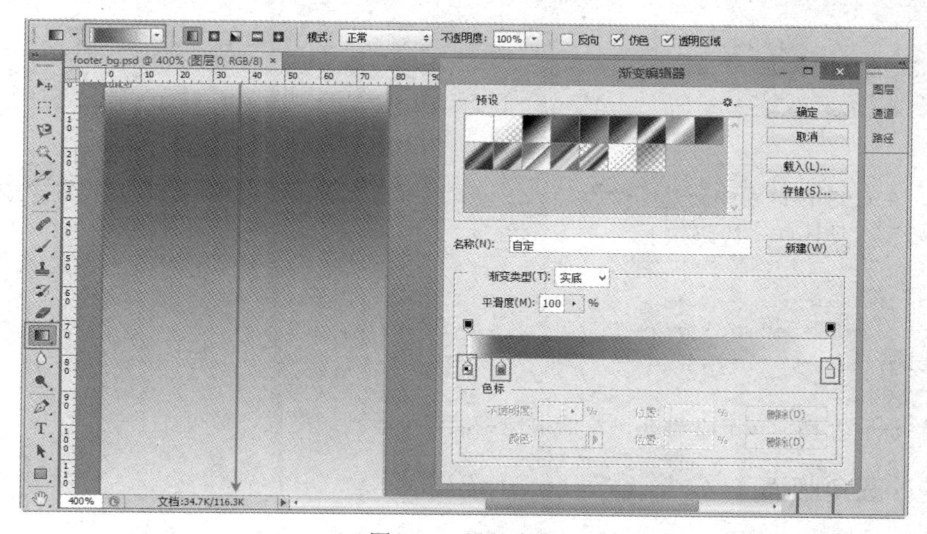

图 5.50　设计渐变

图 5.51　为渐变添加修饰线

第 4 步，把图像裁切为宽度为 1 像素，高度保持不变，另存为 GIF 格式的图像即可。

第 5 步，在 Dreamweaver 中打开预备的 inde.html 文件，另存为 effect.html 文件，如图 5.52 所示。这是一个企业网站的版权信息版面初步效果，下面将为该版面设计一个 CSS 渐变背景。

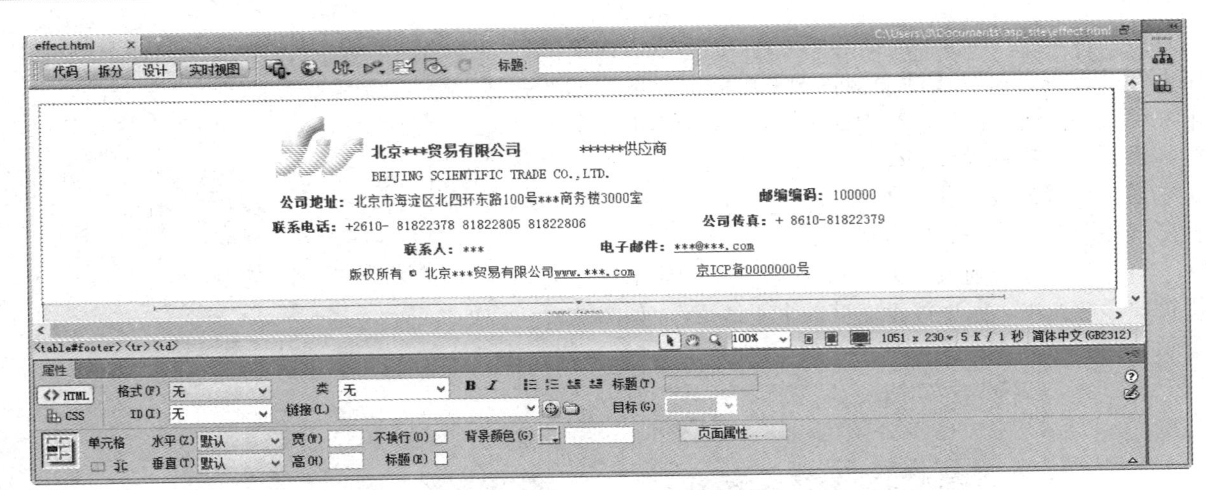

图 5.52　设计嵌套列表结构

第 6 步，在 CSS 设计器中新建一个类样式，设置选择器名称为“footer_bg”，设置“规则定义”为“仅限该文档”，具体样式代码如下。

```
.footer_bg {
    background-image: url(images/footer_bg.gif);
    background-repeat: repeat-x;
    background-position: left top;
}
```

第 7 步，保存文档，按 F12 键在浏览器中预览，即可看到最终设计效果。

扫一扫，看视频

5.5.5　设计圆角版面

使用背景图设计圆角版面的思路：先用 Photoshop 设计好圆角图像，再用 CSS 把圆角图像定义为背景图像，定位到版面的四角。用背景图像打造圆角布局的方法简单，能够节省很多 CSS 代码，而且还可以发挥想象力创意出更多富有个性的圆角效果。本例效果如图 5.53 所示。

（a）带动态滚屏的圆角公告栏

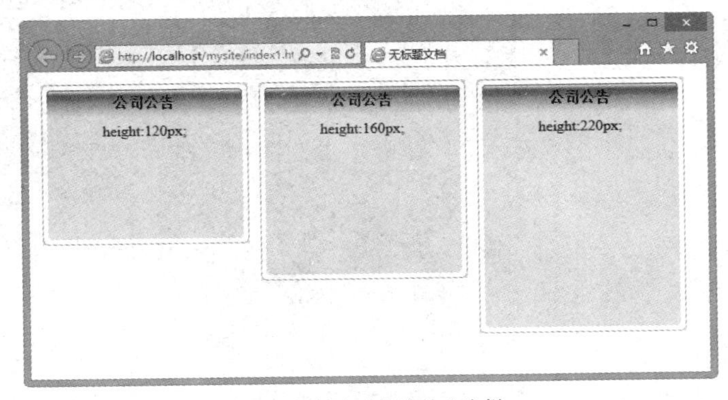

（b）能够自动伸缩的公告栏

图 5.53　范例效果

【操作步骤】

第 1 步，启动 Dreamweaver CC，新建一个文档，命名为 index.html。选择【插入】|【表格】命令，打开【表格】对话框，插入一个 3 行 1 列的无边框表格，设置宽度为 218px，边框粗细为 0，单元格边距为 0，单元格间距为 0，设置如图 5.54 所示。

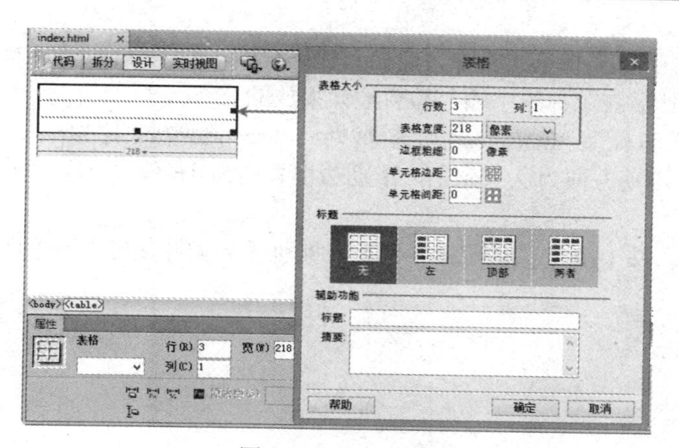

图 5.54　插入表格

第 2 步，在 CSS 设计器中新建类样式，设置选择器名称为“header_bg”，设置“规则定义”为“仅限该文档”，具体样式代码如下。

```
.header_bg {
    background-image: url(images/call_top.gif);
    background-repeat: repeat-x;
}
```

第 3 步，继续新建两个类样式：body_bg 和 footer_bg。分别设置背景样式，其中 body_bg 类样式设计背景图 images/call_mid.gif 垂直平铺，footer_bg 类样式设计背景图 images/call_btm.gif 禁止平铺，代码如下所示。

```
.body_bg {
    background-image: url(images/call_mid.gif);
    background-repeat: repeat-y;
}
.footer_bg {
    background-image: url(images/call_btm.gif);
    background-repeat: no-repeat;
}
```

第 4 步，选中第二行单元格，在属性面板中设置类为 body_bg。选中第三行单元格，在属性面板中设置类为 footer_bg，设置单元格高度为 11 像素，设置如图 5.55 所示。

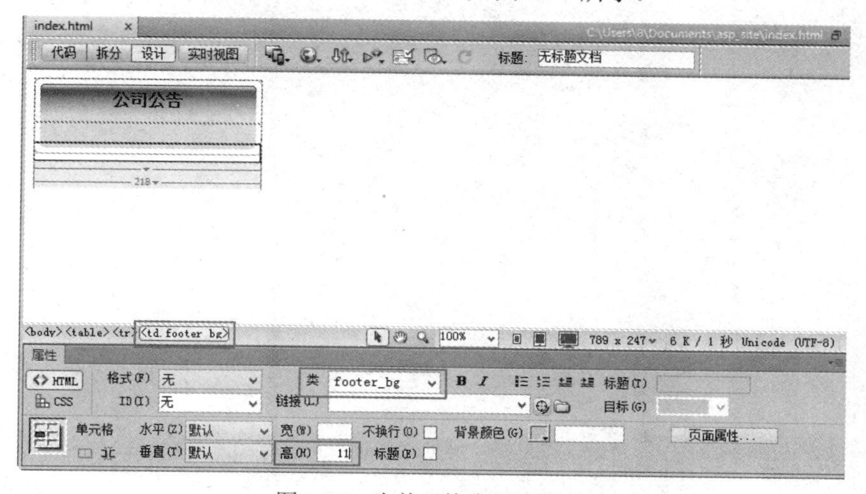

图 5.55　为单元格应用类样式

第 5 步，把光标置于第二行单元格中，切换到代码视图，输入<marquee>标记，确定在单元格中插入一个滚动文本标签。然后在该标签中输入需要滚动播放的公告。

第 6 步，设置滚动标签<marquee>动态属性：direction="up"、hspace="16" 、height="200"、scrolldelay="400"，定义滚动方向为从下到上，滚动边框补白为 16 像素，滚动框高度为 200 像素，滚动速度为 400 毫秒。

第 7 步，保存文档，按 F12 键在浏览器中预览，即可看到如图 5.53 所示的页面效果。

第 6 章　使用多媒体

使用 Dreamweaver 可以在网页中快速插入各种类型的动画、视频、音频等多媒体控件，并借助【属性】面板或各种菜单命令控制多媒体在网页中的显示。

【学习重点】

- 插入 Flash 动画和 FLV 视频。
- 插入多媒体插件。
- 插入 HTML5 视频。
- 插入 HTML5 音频。

6.1　插入 Flash 动画

扫一扫，看视频

Flash 动画也称为 SWF 动画，其文件小巧、速度快、特效精美、支持流媒体和强大交互功能而成为网页最流行的动画格式，被大量应用于网页中。

【操作步骤】

第 1 步，启动 Dreamweaver CC，新建文档，保存为 test.html。

第 2 步，在编辑窗口中，将光标定位在要插入 SWF 动画的位置。

第 3 步，选择【插入】|【媒体】|【Flash SWF】命令，打开【选择 SWF】对话框。

第 4 步，在【选择 SWF】对话框中选择要插入的 SWF 动画文件（.swf），然后单击【确定】按钮，在弹出的【对象标签辅助功能属性】对话框中设置动画的标题、访问键和索引键，如图 6.1 所示。

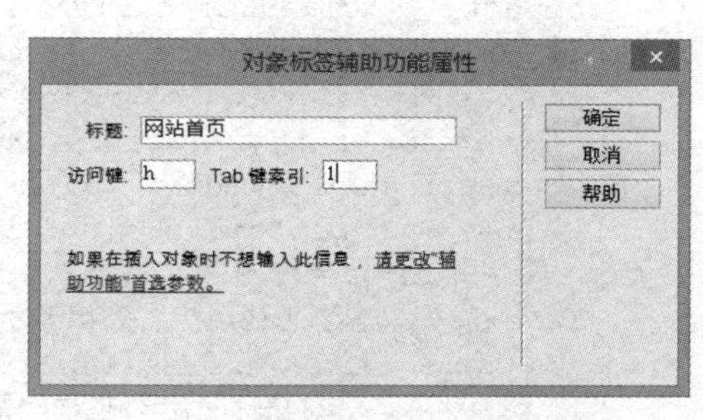

图 6.1　设置对象标签辅助功能属性

第 5 步，单击【确定】按钮，即可在当前位置插入一个 SWF 动画。此时编辑窗口显示为一个带有字母 F 的灰色区域（如图 6.2 所示），表明只有在预览状态下才可以观看到 SWF 动画效果。

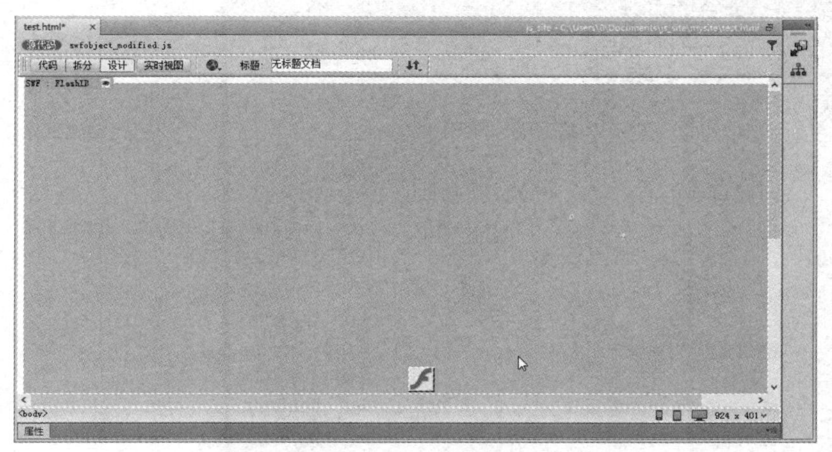

图 6.2　插入 SWF 动画后的效果

第 6 步，按 Ctrl+S 快捷键保存文档。当保存已插入 SWF 动画的网页文档时，Dreamweaver CC 会自动弹出对话框，提示保存两个 JavaScript 脚本文件，它们用来辅助播放动画，如图 6.3 所示。

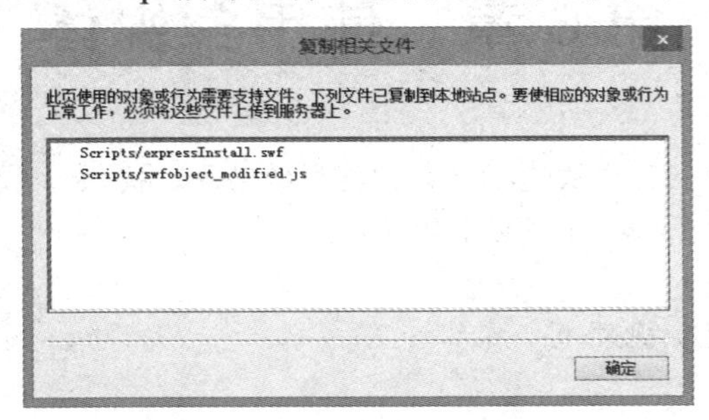

图 6.3　保存脚本支持文件

第 7 步，插入 SWF 动画之后，切换到【代码】视图，可以看到新增加的代码。

```
<!doctype html>
<html>
<head>
<meta charset="utf-8">
<script src="Scripts/swfobject_modified.js" type="text/JavaScript"></script>
</head>
<body>
<object     classid="clsid:D27CDB6E-AE6D-11cf-96B8-444553540000"     width="980"
height="750" id="FlashID" accesskey="h" tabindex="1" title="网站首页">
    <param name="movie" value="index.swf">
    <param name="quality" value="high">
    <param name="wmode" value="opaque">
    <param name="swfversion" value="9.0.116.0">
    <!-- 此 param 标签提示使用 Flash Player 6.0 r65 和更高版本的用户下载最新版本的 Flash
Player。如果您不想让用户看到该提示，请将其删除。 -->
    <param name="expressinstall" value="Scripts/expressInstall.swf">
    <!-- 下一个对象标签用于非 IE 浏览器。所以使用 IECC 将其从 IE 隐藏。 -->
    <!--[if !IE]>-->
    <object  type="application/x-shockwave-flash"  data="index.swf"  width="980"
height="750">
        <!--<![endif]-->
        <param name="quality" value="high">
        <param name="wmode" value="opaque">
        <param name="swfversion" value="9.0.116.0">
        <param name="expressinstall" value="Scripts/expressInstall.swf">
        <!-- 浏览器将以下替代内容显示给使用 Flash Player 6.0 和更低版本的用户。 -->
        <div>
            <h4>此页面上的内容需要较新版本的 Adobe Flash Player。</h4>
            <p><a  href="http://www.adobe.com/go/getflashplayer"><img  src="http:
//www.adobe.com/images/shared/download_buttons/get_flash_player.gif"  alt=" 获 取
Adobe Flash Player" width="112" height="33" /></a></p>
        </div>
        <!--[if !IE]>-->
    </object>
    <!--<![endif]-->
</object>
<script type="text/JavaScript">
```

```
swfobject.registerObject("FlashID");
</script>
</body>
</html>
```

插入的源代码可以分为两部分：第一部分为脚本部分，即使用 JavaScript 脚本导入外部 SWF 动画，第二部分是利用<object>标记来插入动画。当用户浏览器不支持 JavaScript 脚本时，可以使用<object>标记插入，这样就可以最大限度地保证 SWF 动画能够适应不同的操作系统和浏览器类型。

第 8 步，设置 SWF 动画属性。插入 SWF 动画后，选中动画就可以在【属性】面板中设置 SWF 动画属性了，如图 6.4 所示。

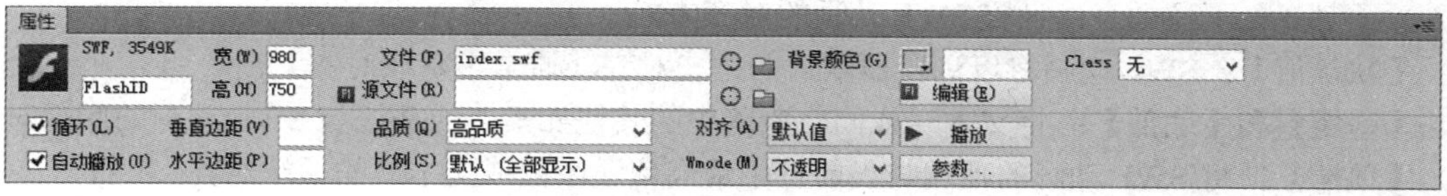

图 6.4　SWF 动画【属性】面板

第 9 步，在 Flash 缩略图右侧的文本框中设置 SWF 动画的名称，即定义动画的 ID，以便脚本进行控制。

第 10 步，在【宽】和【高】文本框中设置 SWF 动画的宽度和高度。默认单位是像素，也可以设置%（相对于父对象大小的百分比）等其他可用单位。输入时数字和缩写必须紧连在一起，中间不留空格，如 20%。

当调整动画显示大小后，单击其中的【重设大小】图标可以恢复动画的原始大小。

第 11 步，根据需要设置以下几个选项，用来控制动画的播放属性。

（1）【循环】复选框：设置 SWF 动画循环播放。

（2）【自动播放】复选框：设置网页打开后自动播放 SWF 动画。

（3）【品质】下拉列表：设置 SWF 动画的品质，包括【低品质】、【自动低品质】、【自动高品质】和【高品质】4 个选项。

品质设置越高，影片的观看效果就越好，但对硬件的要求也更高。选择【低品质】，能加快速度，但画面较糙；选择【自动低品质】，一般先看速度，如有可能再考虑外观；选择【自动高品质】，一般先看外观和速度这两种品质，但根据需要可能会因为速度而影响外观。

如果单击【属性】面板中的【播放】按钮，可以在编辑窗口中播放动画，如图 6.5 所示。

图 6.5　在编辑窗口中播放动画

第 12 步，在【比例】下拉列表中设置 SWF 动画的显示比例，包括以下 3 项。

（1）【默认（全部显示）】：SWF 动画将全部显示，并保证各部分的比例。

（2）【无边框】：根据设置尺寸调整 SWF 动画显示比例。

（3）【严格匹配】：SWF 动画将全部显示，但会根据设置尺寸调整显示比例。

第 13 步，可根据页面布局需要设置动画在网页中的显示样式，具体设置包括以下几项。

（1）【背景颜色】：指定影片区域的背景颜色。在不播放影片时（在加载时和在播放后），也显示此颜色。

（2）【垂直边距】和【水平边距】文本框：设置 SWF 动画与上下方和左右方其他页面元素的距离。

（3）【对齐】下拉列表：设置 SWF 动画的对齐方式。

1）【默认值】：SWF 动画将以浏览器默认的方式对齐（通常指基线对齐）。

2）【基线】和【底部】：将文本（或同一段落中的其他元素）的基线与 SWF 动画的底部对齐。

3）【顶端】：将 SWF 动画的顶端与当前行中最高项（图像或文本）的顶端对齐。

4）【居中】：将 SWF 动画的中部与当前行的基线对齐。

5）【文本上方】：将 SWF 动画的顶端与文本行中最高字符的顶端对齐。

6）【绝对居中】：将 SWF 动画的中部与当前行中文本的中部对齐。

7）【绝对底部】：将 SWF 动画的底部与文本行（包括字母下部，例如在字母 g 中）的底部对齐。

8）【左对齐】：将 SWF 动画放置在左边，文本在图像的右侧换行。如果左对齐文本在行上处于对象之前，它通常强制左对齐对象换到一个新行。

9）【右对齐】：将 SWF 动画放置在右边，文本在对象的左侧换行。如果右对齐文本在行上处于对象之前，它通常强制右对齐对象换到一个新行。

第 14 步，如果需要高级设置，可以单击【参数】按钮，打开【参数】对话框，如图 6.6 所示。可在其中设置传递给影片的附加参数，对动画进行初始化。

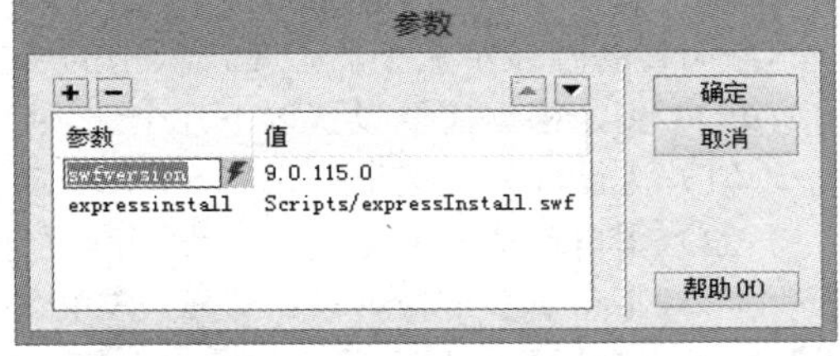

图 6.6　设置动画参数

拓展：

在【参数】对话框中，参数由【参数】和【值】两部分组成，一般成对出现。单击 + 按钮，可增加一个新的参数（在【参数】下方输入名称，在【值】下方输入参数值；单击 − 按钮，可删除选定的参数。在【参数】对话框中，选中一项参数，单击 ▲ 或 ▼ 按钮，可调整该参数的排列顺序。例如，设置 SWF 动画背景透明，在【参数】下方输入“wmode”，在【值】下方输入“transparent”，即可实现动画背景透明播放。当然，在 Dreamweaver CC 版本中，可以直接在【属性】面板中通过【Wmode】下拉列表头设置。

扫一扫，看视频

6.2　插入 FLV 视频

FLV 是 Flash Video 的简称，是一种网络视频格式，由于该格式生成的视频文件小、加载速度快，成为网络视频的常用格式之一。

【操作步骤】

第 1 步，启动 Dreamweaver CC，新建文档，保存为 test.html。

第 2 步，在编辑窗口中，将光标定位在要插入 FLV 视频的位置。

第 3 步，选择【插入】|【媒体】|【Flash Video】命令，打开【插入 FLV】对话框，如图 6.7 所示。

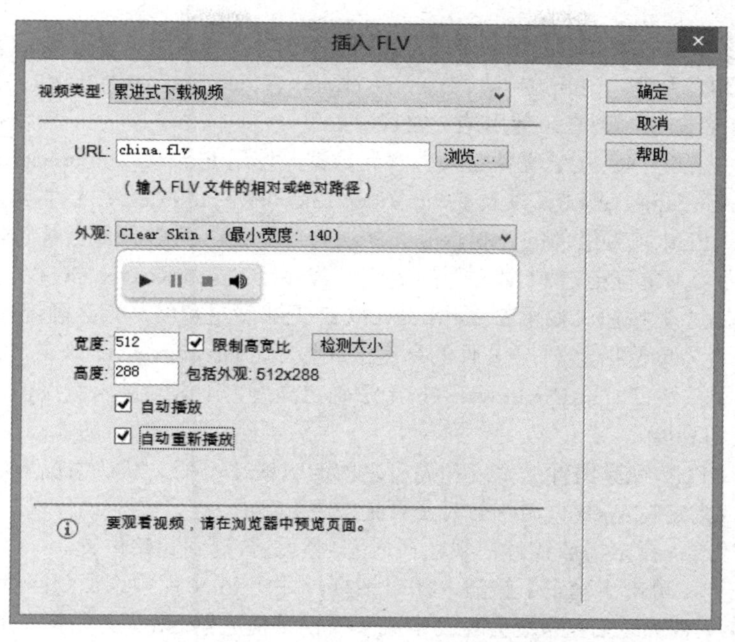

图 6.7　【插入 FLV】对话框

第 4 步，在【视频类型】下拉列表中选择视频下载类型，包括【累进式下载视频】和【流视频】两种类型。当选择【流视频】选项后，对话框会变成如图 6.8 所示。

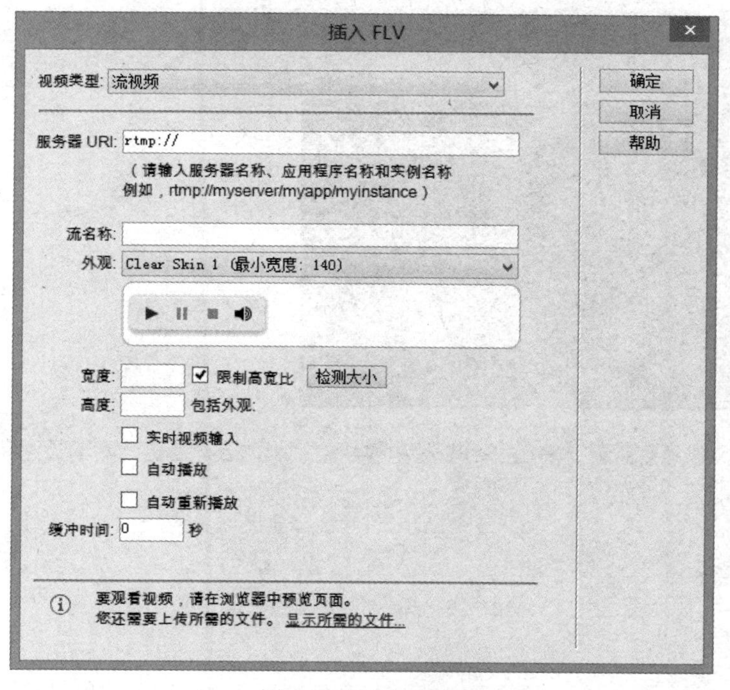

图 6.8　插入流视频

第 5 步，如果希望累进式下载浏览视频，则应该从【视频类型】下拉菜单中选择“累进式下载视频”。然后在如图 6.7 所示的对话框中设置以下选项：

（1）URL：指定 FLV 文件的相对或绝对路径。如果要指定相对路径，例如，mypath/myvideo.flv，可以单击【浏览】按钮，在打开的【选择文件】对话框中选择 FLV 文件。如果要指定绝对路径，可以直接输入 FLV 文件的 URL，例如，http://www.example.com/myvideo.flv。如果要指向 HTML 文件向上两层或更多层目录中的 FLV 文件，则必须使用绝对路径。

要使视频播放器正常工作，FLV 文件必须包含元数据。使用 Flash Communication Server 1.6.2、FLV Exporter 1.2 和 Sorenson Squeeze 4.0，以及 Flash Video Encoder 创建的 FLV 文件自动包含元数据。

（2）外观：指定 FLV 视频组件的外观。所选外观的预览会出现在下面的预览框中。

（3）宽度：以像素为单位指定 FLV 文件的宽度。若要让 Dreamweaver CC 确定 FLV 文件的准确宽度，可以单击【检测大小】按钮。如果 Dreamweaver CC 无法确定宽度，则必须键入宽度值。

（4）高度：以像素为单位指定 FLV 文件的高度。如果要让 Dreamweaver 确定 FLV 文件的准确高度，可以单击【检测大小】按钮。如果 Dreamweaver 无法确定高度，则必须键入宽度值。FLV 文件的宽度和高度包括外观的宽度和高度。

（5）限制：保持 FLV 视频组件的宽度和高度之间的纵横比不变。默认情况下会选择此选项。

（6）自动播放：指定在 Web 页面打开时是否播放视频。

（7）自动重新播放：指定播放控件在视频播放完之后是否返回起始位置。

第 6 步，设置完毕，单击【确定】按钮关闭对话框，并将 FLV 视频添加到网页中。

第 7 步，插入 FLV 视频之后，系统会自动生成一个视频播放器 SWF 文件和一个外观 SWF 文件，它们用于在网页上显示 FLV 视频内容。这些文件与 FLV 视频内容所添加到的 HTML 文件存储在同一目录中。当用户上传包含 FLV 视频内容的网页时，Dreamweaver CC 将以相关文件的形式上传这些文件。插入 FLV 视频的网页效果如图 6.9 所示。

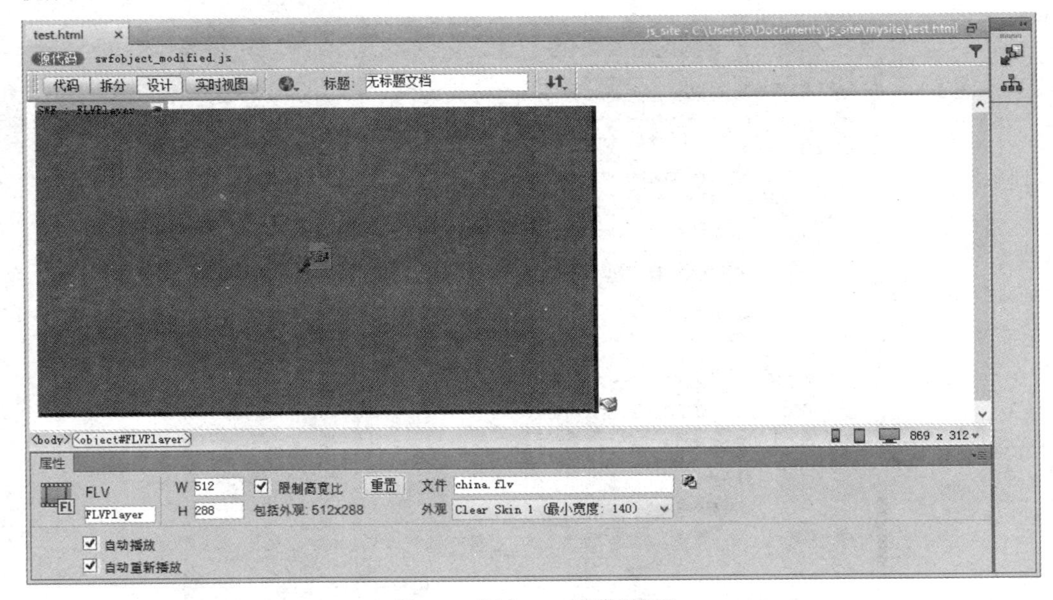

图 6.9　插入 FLV 视频效果

提示：

如果要更改 FLV 视频设置，可在 Dreamweaver CC 编辑窗口中选择 FLV 视频组件占位符，在属性面板中可以设置 FLV 视频的宽和高、FLV 视频文件、视频外观等属性。

如果要删除 FLV 视频，只需要在 Dreamweaver CC 的编辑窗口中选择 FLV 视频组件占位符，按 Delete 键即可。

6.3 插入多媒体插件

一般浏览器都允许第三方开发者根据插件标准将它们的多媒体产品插入到网页中，如 RealPlayer 和 QuickTime 插件。

扫一扫，看视频

6.3.1 案例：插入背景音乐

在个人网页中插入背景音乐，往往会营造一种或幽美、或阳光、或另类的浏览感受。

【操作步骤】

第 1 步，启动 Dreamweaver CC，打开本小节备用练习文档 test.html，另存为 test1.html。

第 2 步，在编辑窗口中，将光标定位在要插入插件的位置。

第 3 步，选择【插入】|【媒体】|【插件】命令，打开【选择文件】对话框。

第 4 步，在对话框里选择要插入的插件文件，这里选择“images/bg.mp3”，单击【确定】按钮，这时在 Dreamweaver 编辑窗口中会出现插件图标，如图 6.10 所示。

图 6.10 插入的插件图标

第 5 步，选中插入的插件图标，可以在属性面板中详细设置其属性，如图 6.11 所示。

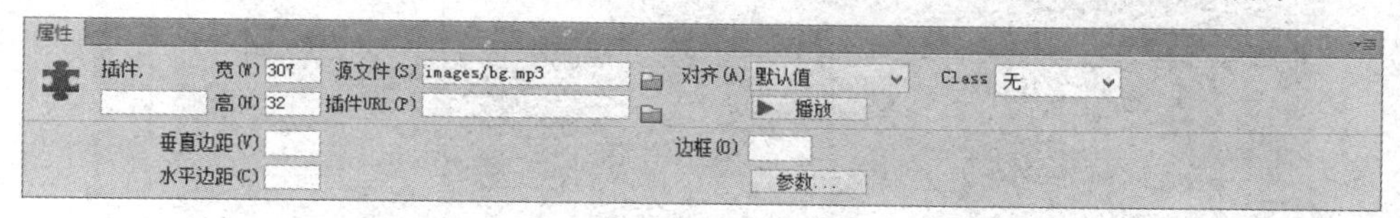

图 6.11 插件属性面板

（1）【插件名称】文本框：设置插件的名称，以便在脚本中能够引用。

（2）【宽】和【高】文本框：设置插件在浏览器中显示的宽度和高度，默认以像素为单位。

（3）【源文件】文本框：设置插件的数据文件。单击【选择文件】图标，可查找并选择源文件，或者直接输入文件地址。

（4）【对齐】下拉列表：设置插件和页面的对齐方式。包括 10 个选项，详细介绍参见本章 6.1 节。

（5）【插件 URL】文本框：设置包含该插件的地址。如果在浏览者的系统中没有安装该类型的插件，则浏览器从该地址下载它。如果没有设置【插件 URL】文本框，且又没有安装相应的插件，则浏览器将无法显示插件。

（6）【垂直边距】和【水平边距】文本框：设置插件的上、下、左、右与其他元素的距离。

（7）【边框】文本框：设置插件边框的宽度，可输入数值，单位是像素。

（8）【播放】按钮：单击该按钮，可在 Dreamweaver CC 编辑窗口中预览这个插件的效果，单击【播放】按钮后，该按钮变成【停止】按钮，单击则停止插件的预览。

（9）【参数】按钮：单击可打开【参数】对话框，设置参数对插件进行初始化。

第 6 步，因为是背景音乐，不需要控制界面，同时设置音乐自动循环播放。单击【参数】按钮，打开【参数】对话框，设置三个参数，如图 6.12 所示。

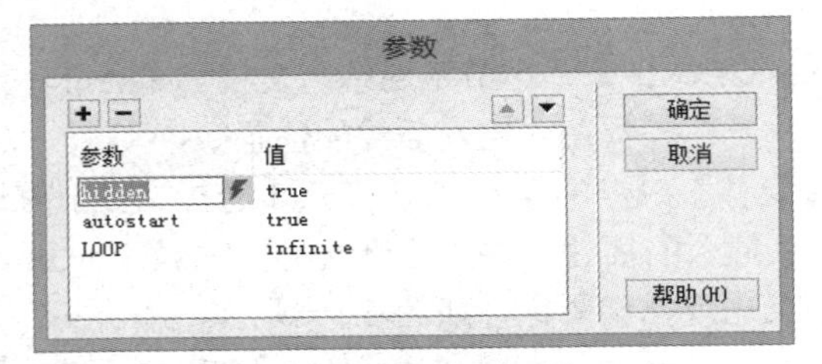

图 6.12　设置插件显示和播放属性

第 7 步，单击【确定】按钮关闭对话框，然后切换到【代码】视图，可以看到生成如下代码：

```
<embed src="images/bg.mp3" width="307" height="32" hidden="true" autostart="true"
loop="infinite"></embed>
```

第 8 步，设置完毕属性，按 F12 键在浏览器中浏览，这时就可以边浏览网页，边听着背景音乐播放的小夜曲。

扫一扫，看视频

6.3.2　重点演练：播放音频

一般浏览器支持的音频格式包括 MIDI、WAV、AIF、MP3 和 RA 等，其中 MP3 比较常用。插入音频的方法有两种：一种是链接声音文件，一种是嵌入声音文件。

链接声音文件首先选择要用来指向声音文件链接的文本或图像，然后在属性面板的【链接】文本框中输入声音文件地址，如图 6.13 所示。

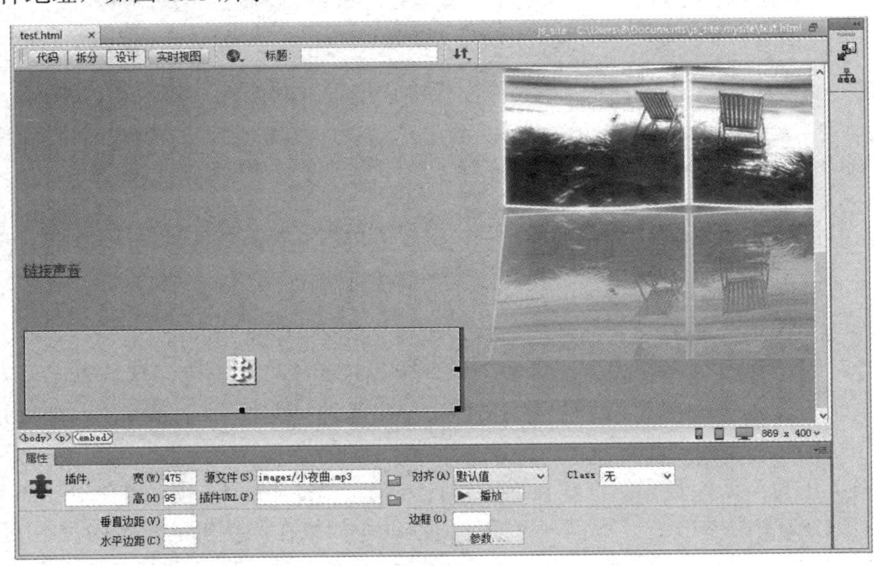

图 6.13　在属性面板中链接声音文件

嵌入声音文件是将声音直接插入页面中，但只有浏览器安装了适当插件后才可以播放声音，具体方法可以参阅上节操作步骤。在浏览器中预览示例，演示效果如图 6.14 所示。

图 6.14　在浏览器中播放音频效果

6.3.3　重点演练：插入视频

扫一扫，看视频

一般浏览器支持的视频格式包括 MPEG、AVI、WMV、RM 和 MOV 等。插入视频的方法也包括链接视频文件和嵌入视频文件两种，使用方法与插入声音的方法相同。

将视频直接插入页面中，选择【插入】|【媒体】|【插件】命令，打开【选择文件】对话框，然后选择要播放的视频，如图 6.15 所示。

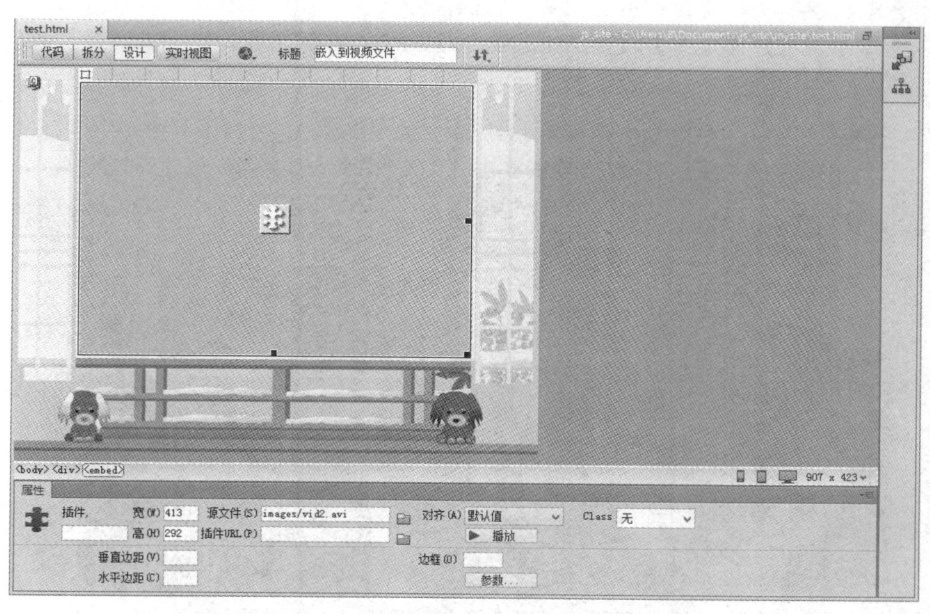

图 6.15　插入视频

提示：

只有浏览器安装了所选视频文件的插件才能够正常播放视频。在 HTML 代码中，不管插入音频还是视频文件，使用的标记代码和设置方法相同。

```
<embed src=" images/vid2.avi" width="339" height="339">
```

扫一扫，看视频

6.4 使用 HTML5 音频

HTML5 新增 audio 元素，使用它可以播放音频，支持格式包括 Ogg Vorbis（Ogg）、MP3、Wav 等，具体用法如下。

```
<audio src="samplesong.mp3" controls="controls"></audio>
```

其中 src 属性用于指定要播放的声音文件，controls 属性用于提供播放、暂停和音量控件。

提示：

如果浏览器不支持 audio 元素，则可以在<audio>与</audio>之间插入一段替换内容，这样旧的浏览器就可以显示这些信息。

```
<audio src="samplesong.mp3" controls="controls">
您的浏览器不支持 audio 标签。
</audio>
```

替换内容不仅可以使用文本，还可以是一些其他音频插件，或者是声音文件的链接等。

下面通过完整的示例演示如何在页面内播放音频。本示例使用了 source 元素来链接到不同的音频文件，浏览器会自动选择第一个可以识别的格式。

【操作步骤】

第 1 步，启动 Dreamweaver CC，打开本小节备用练习文档 test.html，另存为 test1.html。

第 2 步，在编辑窗口中，将光标定位在要插入插件的位置。

第 3 步，选择【插入】|【媒体】|【HTML5 Audio】命令，在编辑窗口中插入一个音频插件图标，如图 6.16 所示。

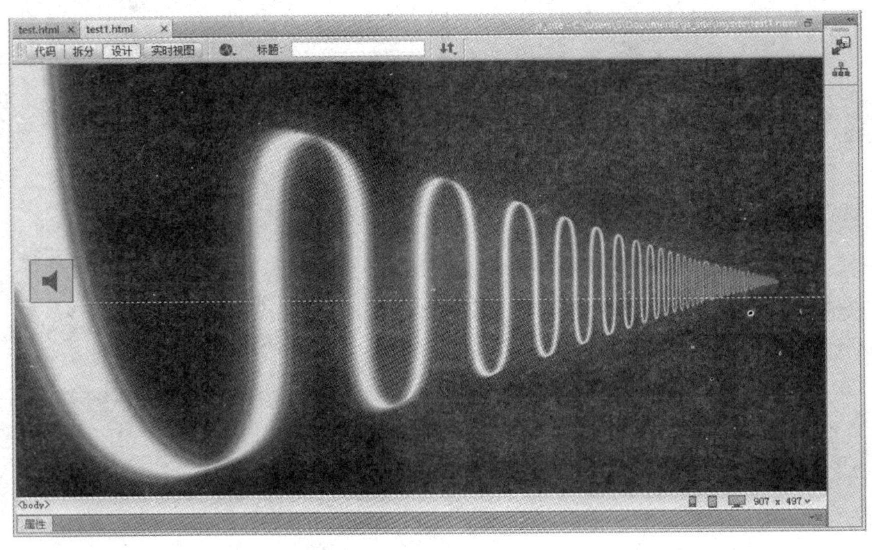

图 6.16　插入 HTML5 音频插件

第 4 步，在编辑窗口中选中插入的音频插件，然后就可以在属性面板中设置相关播放属性和播放内容了，如图 6.17 所示。

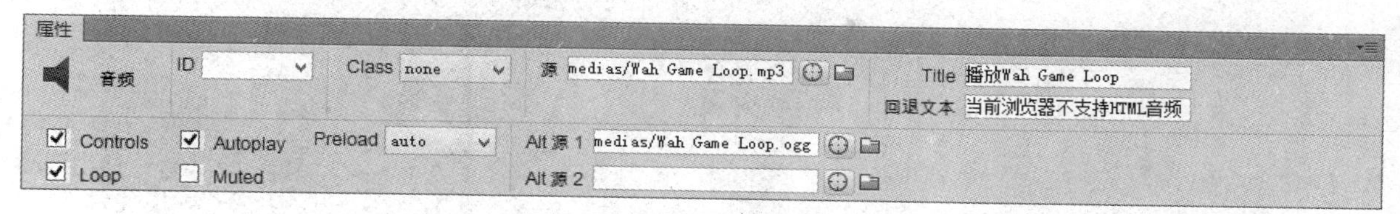

图 6.17　设置 HTML5 音频属性

（1）【ID】文本框：定义 HTML5 音频的 ID 值，以便脚本进行访问和控制。

（2）【Class】列表框：设置 HTML5 音频控件的类样式。

（3）【源】、【Alt 源 1】和【Alt 源 2】文本框：在【源】文本框中输入音频文件的位置。或者单击选择文件图标以从计算机中选择音频文件。

对音频格式的支持在不同浏览器上有所不同。如果源中的音频格式不被支持，则会使用【Alt 源 1】和【Alt 源 2】文本框中指定的格式，浏览器选择第一个可识别格式来显示音频。

建议使用多重选择，当从文件夹中为同一音频选择三个视频格式时，列表中的第一个格式将用于“源”。列表中后续的格式用于自动填写“Alt 源 1”和“Alt 源 2”。

（4）【Controls】复选框：设置是否在页面中显示播放控件。

（5）【Autoplay】复选框：设置是否在页面加载后自动播放音频。

（6）【Loop】复选框：设置是否循环播放音频。

（7）【Muted】复选框：设置是否静音。

（8）【Preload】列表框：预加载选项。选择“auto”选项，则会在页面下载时加载整个音频文件；选择“metadata”选项，则会在页面下载完成之后仅下载元数据；选择“none”选项，则不进行预加载。

（9）【Title】文本框：为音频文件输入标题。

（10）【回退文本】文本框：输入在不支持 HTML5 的浏览器中显示的文本。

第 5 步，在图 6.17 中进行设置：显示播放控件，自动播放，循环播放，允许提前预加载，鼠标经过时的提示标题为“播放 Wah Game Loop”，回退文本为“当前浏览器不支持 HTML 音频”。然后切换到【代码】视图，可以看到生成的代码：

```
<audio title="播放 Wah Game Loop" preload="auto" controls autoplay loop >
    <source src="medias/Wah Game Loop.mp3" type="audio/mp3">
    <source src="medias/Wah Game Loop.ogg" type="audio/ogg">
    <p>当前浏览器不支持 HTML 音频</p>
</audio>
```

在 audio 元素中，使用两个新的 source 元素替换了先前的 src 属性。这样可以让浏览器根据自身播放能力自动选择，挑选最佳的来源进行播放。对于来源，浏览器会按照声明顺序判断，如果支持的不止一种，浏览器会选择支持的第一个来源。数据源列表的排放顺序应按照用户体验由高到低或者服务器消耗由低到高列出。

第 6 步，保存页面，按 F12 键，在浏览器中预览，显示效果如图 6.18 所示。

在 IE 浏览器中可以看到一个比较简单的音频播放器，包含播放、暂停、位置、时间显示、音量控制这些常用控件。

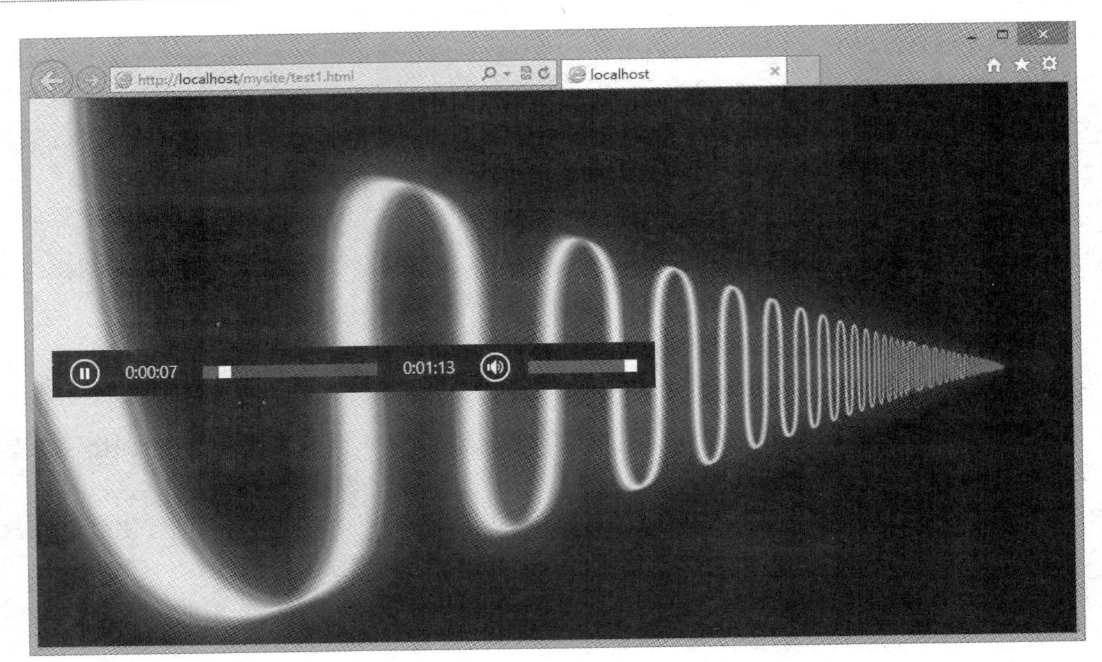

图 6.18　播放 HTML5 音频

扫一扫，看视频

6.5　使用 HTML5 视频

HTML5 新增 video 元素，使用它可以播放视频，支持格式包括 Ogg、MPEG 4、WebM 等，具体用法如下。

```
<video src="samplemovie.mp4" controls="controls"></video>
```

其中 src 属性用于指定要播放的视频文件，controls 属性用于提供播放、暂停和音量控件，也可以包含宽度和高度属性。

提示：

如果浏览器不支持 video 元素，则可以在<video>与</video>之间插入一段替换内容，这样旧的浏览器就可以显示这些信息。

```
<video src="samplemovie.mp4" controls="controls">
您的浏览器不支持 video 标签。
</video>
```

下面通过一个完整的示例来演示如何在页面内播放视频。

【操作步骤】

第 1 步，启动 Dreamweaver CC，打开本小节备用练习文档 test.html，另存为 test1.html。

第 2 步，在编辑窗口中，将光标定位在要插入插件的位置。

第 3 步，选择【插入】|【媒体】|【HTML5 Video】命令，在编辑窗口中插入一个视频插件图标，如图 6.19 所示。

图 6.19　插入 HTML5 视频插件

第 4 步，在编辑窗口中选中插入的视频插件，然后就可以在属性面板中设置相关播放属性和播放内容了，如图 6.20 所示。

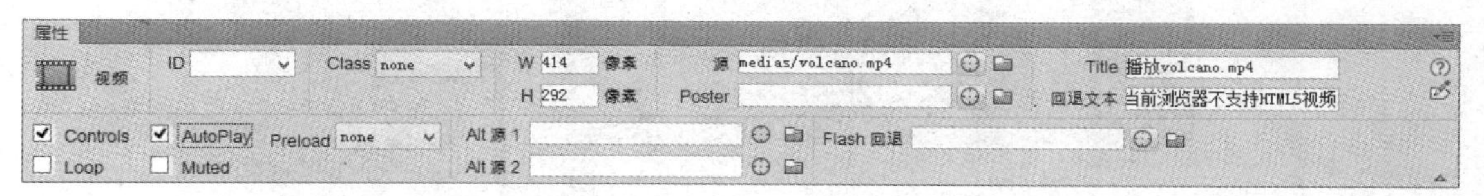

图 6.20　设置 HTML5 视频属性

（1）【ID】文本框：定义 HTML5 视频的 ID 值，以便脚本进行访问和控制。

（2）【Class】列表框：设置 HTML5 视频控件的类样式。

（3）【源】、【Alt 源 1】和【Alt 源 2】文本框：在【源】文本框中输入视频文件的位置。或者单击选择文件图标以从计算机中选择视频文件。

对视频格式的支持在不同浏览器上有所不同。如果源中的视频格式不被支持，则会使用【Alt 源 1】和【Alt 源 2】文本框中指定的格式，浏览器选择第一个可识别格式来显示视频。

建议使用多重选择，当从文件夹中为同一视频选择三个视频格式时，列表中的第一个格式将用于“源”。列表中后续的格式用于自动填写“Alt 源 1”和“Alt 源 2”。

（4）【W】和【H】文本框：设置视频的宽度和高度，单位为像素。

（5）【Poster】文本框：输入要在视频完成下载后或用户单击“播放”后显示的图像海报的位置。当插入图像时，宽度和高度值是自动填充的。

（6）【Controls】复选框：设置是否在页面中显示播放控件。

（7）【Autoplay】复选框：设置是否在页面加载后自动播放视频。

（8）【Loop】复选框：设置是否循环播放视频。

（9）【Muted】复选框：设置是否静音。

（10）【Preload】列表框：预加载选项。选择“auto”选项，则会在页面下载时加载整个视频文件；选择“metadata”选项，则会在页面下载完成之后仅下载元数据；选择“none”选项，则不进行预加载。

（11）【Title】文本框：为视频文件输入标题。

（12）【回退文本】文本框：输入在不支持 HTML5 的浏览器中显示的文本。

（13）【Flash 回退】文本框：对于不支持 HTML5 视频的浏览器选择 SWF 文件。

第 5 步，在图 6.20 中进行设置：显示播放控件，自动播放，允许提前预加载，鼠标经过时的提示标题为“播放 volcano.mp4”，回退文本为“当前浏览器不支持 HTML5 视频”，视频宽度为 414 像素，高度为 292 像素。然后切换到【代码】视图，可以看到生成的代码：

```
<video width="414" height="292" title="播放 volcano.mp4" preload="auto" controls
autoplay >
      <source src="medias/volcano.mp4" type="video/mp4">
      <p>当前浏览器不支持 HTML5 视频</p>
   </video>
```

第 6 步，保存页面，按 F12 键，在浏览器中预览，显示效果如图 6.21 所示。

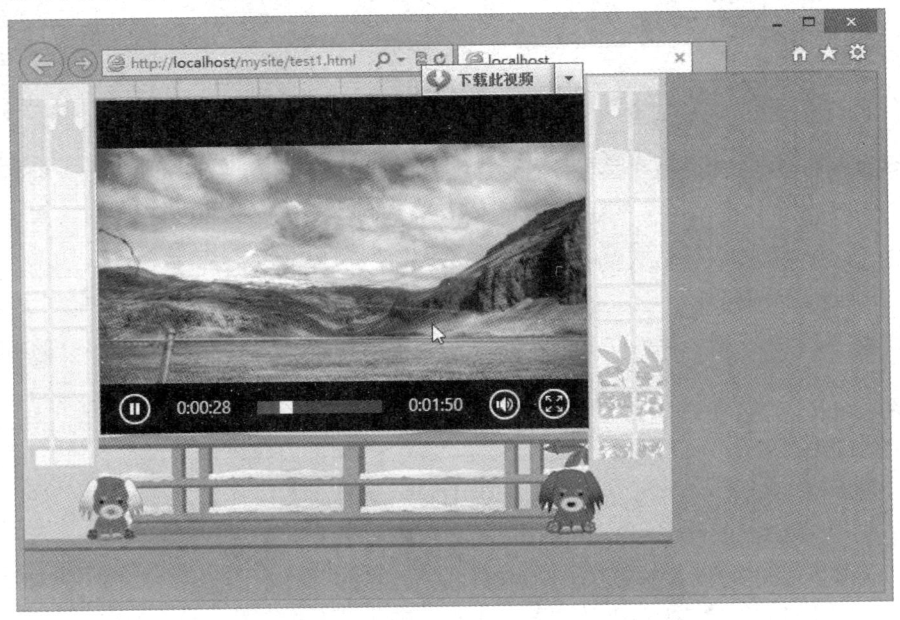

图 6.21　播放 HTML5 视频

提示：

在 audio 元素或 video 元素中指定 controls 属性，可以在页面上以默认方式进行播放控制。如果不加这个特性，在播放的时候就不会显示控制界面。如果播放的是音频，页面上任何信息都不会出现，因为音频元素的唯一可视化信息就是对应的控制界面。如果播放的是视频，视频内容会显示。即使不添加 controls 属性也不能影响页面正常显示。

拓展：

有一种方法可以让没有 controls 特性的音频或视频正常播放，那就是在 audio 元素或 video 元素中设置另一个属性 autoplay。

```
<video autoplay>
   <source src="medias/volcano.ogg" type="video/ogg">
   <source src="medias/volcano.mp4" type="video/mp4">
您的浏览器不支持 video 标签。
</video >
```

通过设置 autoplay 属性，不需要任何用户交互，音频或视频文件就会在加载完成后自动播放。

如果内置的控件不适应用户界面的布局，或者希望使用默认控件中没有的条件或者动作来控制音频或视频文件，可以借助一些内置的 JavaScript 函数和属性来实现，简单说明如下：

- load()：该函数可以加载音频或者视频文件，为播放做准备。通常情况下不必调用，除非是动态生成的元素。该函数用来在播放前预加载。
- play()：该函数可以加载并播放音频或视频文件，除非音频或视频文件已经暂停在其他位了，否则默认从开头播放。
- pause(}：该函数暂停处于播放状态的音频或视频文件。
- canPlayType(type)：该函数检测 video 元素是否支持给定 MIME 类型的文件。

canPlayType(type)函数有一个特殊的用途：向动态创建的video元素中传入某段视频的MIME类型后，仅仅通过一行脚本语句即可获得当前浏览器对相关视频类型的支持情况。

【示例】 下面示例演示如何通过在视频上移动鼠标来触发 play 和 pause 功能。页面包含多个视频，且由用户来选择播放某个视频时，这个功能就非常适用了。如在用户鼠标移到某个视频上时，播放简短的视频预览片段，用户单击后播放完整的视频。具体演示代码如下所示。

```
<!doctype html>
<html>
<head>
<meta charset="utf-8">
</head>
<body>
<video id="movies" onmouseover="this.play()" onmouseout="this.pause()" autobuffer
="true"
    width="400px" height="300px">
    <source src="medias/volcano.ogv" type='video/ogg; codecs="theora, vorbis"'>
    <source src="medias/volcano.mp4" type='video/mp4'>
</video>
</body>
</html>
```

上面代码在浏览器中预览，显示效果如图 6.22 所示。

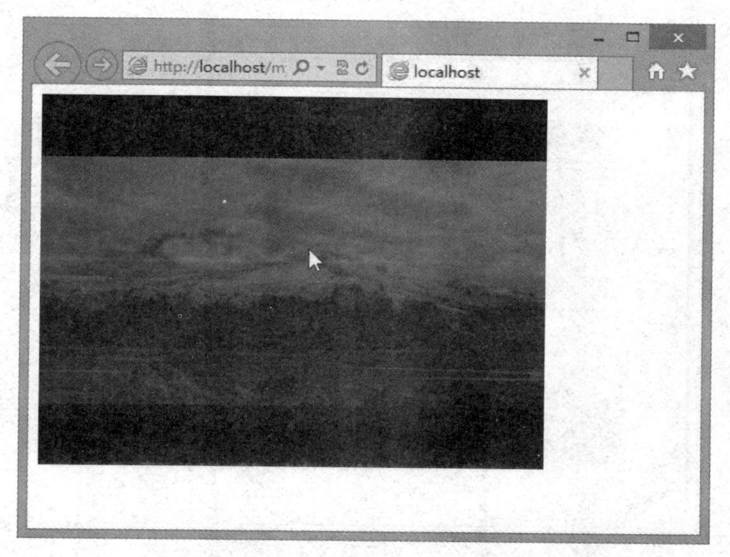

图 6.22 使用鼠标控制视频播放

扫一扫，看视频

6.6 实战案例：设计音乐播放器

本例创建一个隐藏的 audio 元素，方法是不设置 controls 属性，或将其设置为 false，然后用自定义方法控制界面控制音频的播放。本示例完整代码如下，演示效果如图 6.23 所示。

```
<!DOCTYPE html>
<html>
<head>
<meta http-equiv="Content-Type" content="text/html; charset=utf-8">
<style type="text/css">
body { background:url(images/bg.jpg) no-repeat;}
#toggle { position:absolute; left:311px; top:293px; }
</style>
</head>
<title></title>
<audio id="music">
   <source src="medias/Wah Game Loop.ogg">
   <source src="medias/Wah Game Loop.mp3">
</audio>
<button id="toggle" onclick="toggleSound()">播放</button>
<script type="text/JavaScript">
   function toggleSound() {
      var music = document.getElementById("music");
      var toggle = document.getElementById("toggle");
      if (music.paused) {
        music.play();
        toggle.innerHTML = "暂停";
      }
      else {
        music.pause();
        toggle.innerHTML ="播放";
      }
   }
  </script>
</html>
```

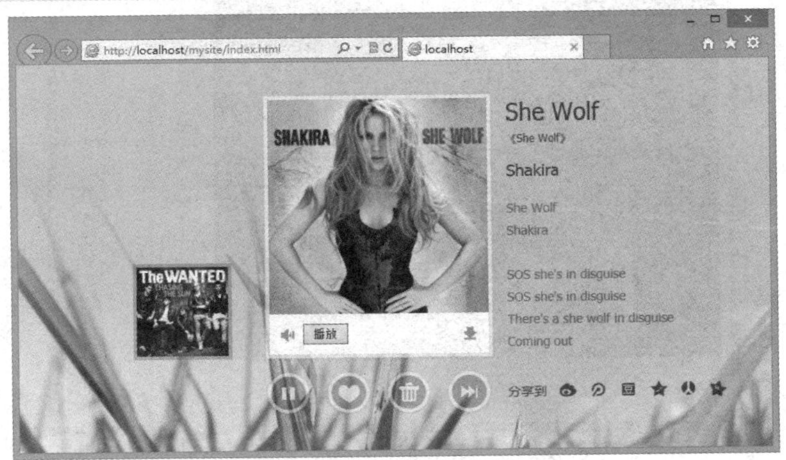

图 6.23　用脚本控制音乐播放

【操作步骤】

第 1 步，启动 Dreamweaver CC，新建文档，保存为 index.html。

第 2 步，切换到代码视图，输入如下 HTML 代码。隐藏<audio>标记的用户控制界面，也没有将其设置为加载后自动播放，再创建一个具有切换功能的按钮，以脚本的方式控制音频播放。

```
<audio id="music">
    <source src="medias/Wah Game Loop.ogg">
    <source src="medias/Wah Game Loop.mp3">
</audio>
<button id="toggle" onclick="toggleSound()">播放</button>
```

第 3 步，在下面输入<script type="text/JavaScript">代码，定义一段 JavaScript 代码。设计按钮在初始化时会提示用户单击它以播放音频。

第 4 步，定义每次单击时，都会触发 toggleSound()函数。在 toggleSound()函数中，首先访问 DOM 中的 audio 元素和 button 元素。

```
function toggleSound() {
    var music = document.getElementById("music");
    var toggle = document.getElementById("toggle");
    if (music.paused) {
      music.play();
      toggle.innerHTML = "暂停";
    }
}
```

第 5 步，定义通过访问 audio 元素的 paused 属性，可以检测到用户是否已经暂停播放。如果音频还没开始播放，那么 paused 属性默认值为 true，这种情况在用户第一次单击按钮的时候遇到。此时，需要调用 play()函数播放音频，同时修改按钮上的文字，提示再次单击就会暂停。

```
else {
  music.pause();
  toggle.innerHTML ="播放";
}
```

第 6 步，如果音频没有暂停，则使用 pause()函数将它暂停，然后更新按钮上的文字为“播放”，让用户知道下次单击的时候音频将继续播放。

第 7 章　使 用 表 格

表格拥有特殊的结构，能够比较醒目地描述数据间的关系，在传统网页设计中是很受欢迎的排版工具，在标准化页面设计中，也是不可缺少的表格化数据显示工具。熟练使用表格可以设计出很多艺术化页面。

【学习重点】

- 在网页中插入表格。
- 设置表格、行、列和单元格属性。
- 增加、合并行与列。
- 设计表格样式。
- 设计表格页面。

扫一扫，看视频

7.1　插 入 表 格

在 Dreamweaver 中可以快捷插入表格，具体操作步骤如下。

【操作步骤】

第 1 步，启动 Dreamweaver CC，打开本小节备用练习文档 test.html，另存为 test1.html。

第 2 步，在编辑窗口中，将光标定位在要插入插件的位置。

第 3 步，选择【插入】|【表格】命令（组合键为 Ctrl+Alt+T），打开【表格】对话框，如图 7.1 所示。

提示：

如果插入表格时，不需要显示对话框，可选择【编辑】|【首选项】命令，打开【首选项】对话框，在【常用】分类选项中取消【插入对象时显示对话框】复选框，如图 7.2 所示。

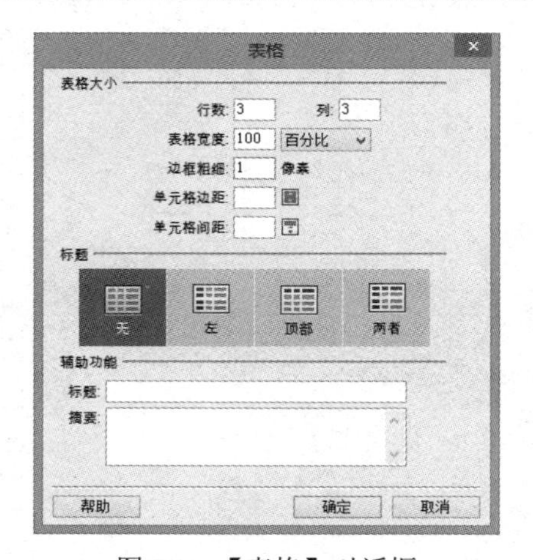

图 7.1　【表格】对话框

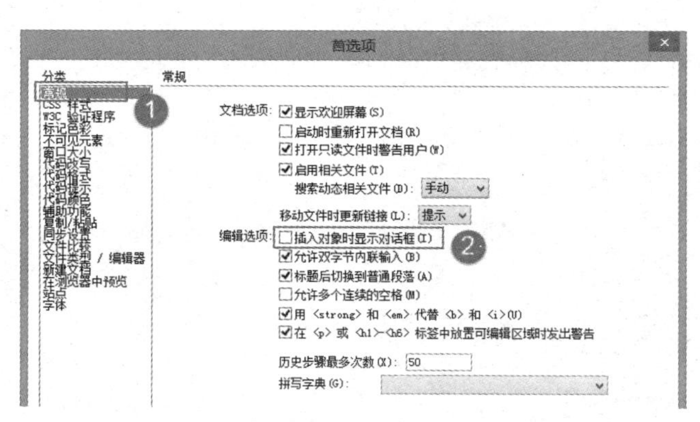

图 7.2　【首选项】对话框

（1）【行数】和【列】文本框：设置表格行数和列数。

（2）【表格宽度】文本框：设置表格的宽度，其后面的下拉列表可选择表格宽度的单位。可以选择【像素】选项设置表格的固定宽度，或者选择【百分比】选项设置表格的相对宽度（以浏览器窗口或者表格所在的对象作为参照物）。

（3）【边框粗细】文本框：设置表格边框的宽度，单位为像素。

（4）【单元格边距】文本框：设置单元格边框和单元格内容之间的距离，单位为像素。

（5）【单元格间距】文本框：设置相邻单元格之间的距离，单位为像素。

（6）【标题】选项区域：选择设置表格标题列拥有的行或列。标题列单元格使用<th>标签定义，而普通单元格使用<td>标签定义。

1）【无】单选项：不设置表格行或列标题。

2）【左】单选项：设置表格的第 1 列作为标题列，以便为表格中的每一行输入一个标题。

3）【顶部】单选项：设置表格的第 1 行作为标题列，以便为表格中的每一列输入一个标题。

4）【两者】单选项：设置在表格中输入行标题和列标题。

（7）【标题】文本框：设置一个显示在表格外的表格标题。

（8）【摘要】文本框：设置表格的说明文本，屏幕阅读器可以读取摘要文本，但是该文本不会显示在用户的浏览器中。

第 4 步，在【表格】对话框中设置表格为 3 行 3 列，宽度为 100percent（100%），边框为 1 像素，插入表格后的效果如图 7.3 所示。

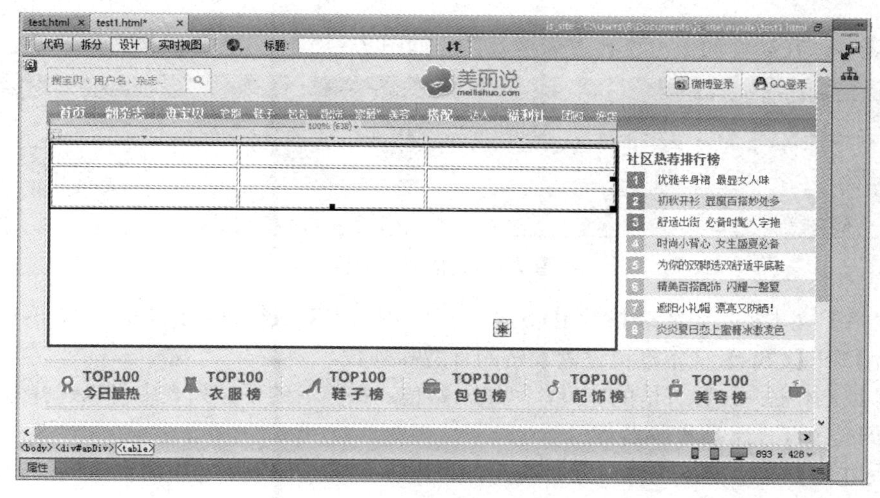

图 7.3　插入的表格

提示：

一般在插入表格的下方或上方显示表格宽度菜单，显示表格的宽度和宽度分布，它可以方便设计者排版操作，不会在浏览器中显示。选择【查看】|【可视化助理】|【表格宽度】命令，可以显示或隐藏表格宽度菜单。单击表格宽度菜单中的下三角图标，会打开一个下拉菜单，如图 7.4 所示，可以利用该菜单完成一些基本操作。

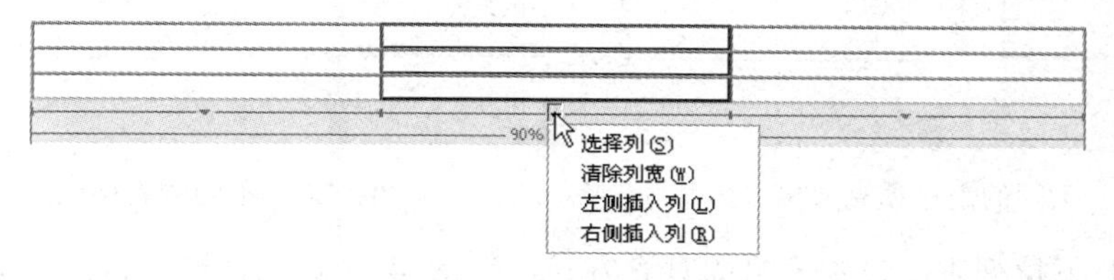

图 7.4　表格宽度菜单

第 5 步，切换到【代码】视图，可以看到自动生成的 HTML 代码，使用<table>标记创建表格的代码如下。

```
<table width="100%" border="1">
    <tr>
        <td> </td>
        <td> </td>
        <td> </td>
    </tr>
    …
</table>
```

其中<table>标记表示表格框架，<tr>标记表示行，<td>标记表示单元格。插入表格后，在【代码】视图下用户能够精确编辑和修改表格的各种显示属性，如宽、高、对齐、边框等。

7.2　设置表格属性

表格由<table>、<tr>和<td>标记组合定义，因此设置表格属性时，也需要分别进行设置。

扫一扫，看视频

7.2.1　重点演练：设置表格属性

选中整个表格，在属性面板可以设置表格属性，如图 7.5 所示。

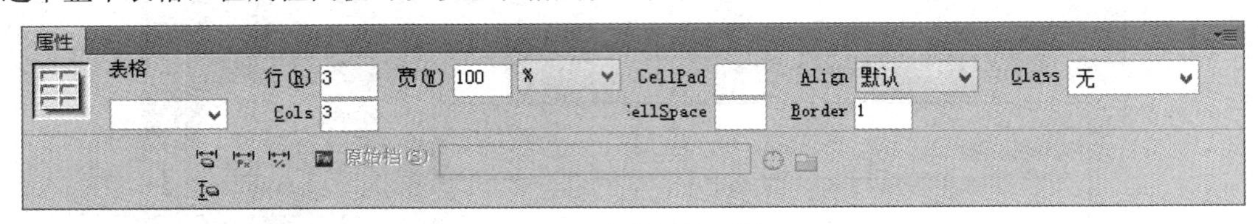

图 7.5　表格属性面板

（1）【表格】文本框：设置表格的 ID 编号，便于用脚本对表格进行控制，一般可不填。

（2）【行】和【Cols】文本框：设置表格的行数和列数。

（3）【宽】文本框：设置表格的宽度，可填入数值。在其后的下拉列表中可以选择宽度的单位，包括 2 个选项，即%（百分比）和像素。

（4）【CellPad】文本框：也称单元格边距，设置单元格内部和单元格边框之间的距离，单位是像素，设置不同的表格填充效果如图 7.6 所示。

（5）【CellSpace】文本框：设置单元格之间的距离，单位是像素，设置不同的表格间距如图 7.7 所示。

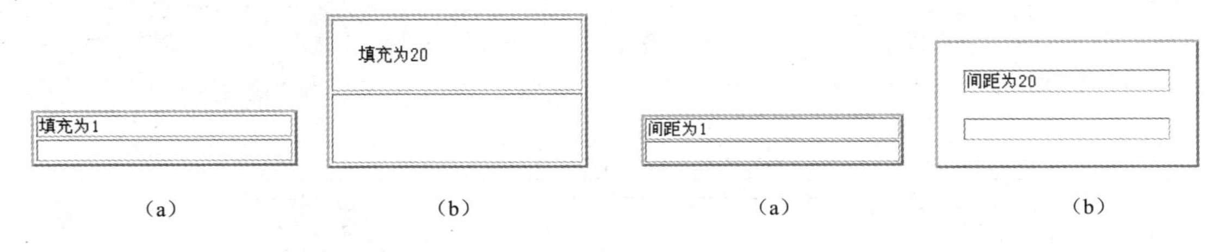

（a）　（b）　（a）　（b）

图 7.6　不同的表格填充效果　　图 7.7　不同的表格间距效果

（6）【Align】下拉列表：设置表格的对齐方式，包括 4 个选项，即默认、左对齐、居中对齐和右对齐。

（7）【Border】文本框：设置表格边框的宽度，单位是像素，设置不同的表格边框如图 7.8 所示。

（a）　　（b）

图 7.8　不同的表格边框效果

（8）【Class】文本框：设置表格的 CSS 样式表的类样式。

（9）【清除列宽】按钮和【清除行高】按钮：单击该按钮可以清除表格的宽度和高度，使表格宽度和高度恢复到最小状态。

（10）【将表格宽度转换成像素】按钮：单击该按钮可以将表格宽度单位转换为像素。

（11）【将表格宽度转换成百分比】按钮：单击该按钮可以将表格宽度单位转换为百分比。

7.2.2　重点演练：设置行、单元格属性

扫一扫，看视频

将光标置于表格的某个单元格内，在属性面板中可以设置单元格属性。在属性面板中，上半部分是设置单元格内文本的属性，下半部分是设置单元格的属性，如果属性面板只显示文本属性的上半部分，可单击属性面板右下角的按钮，可以展开属性面板，如图 7.9 所示。

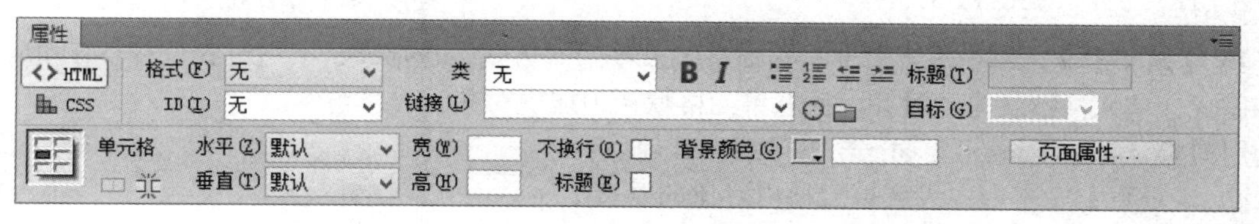

图 7.9　单元格属性面板

（1）【合并单元格】按钮：单击可将所选的多个连续单元格、行或列合并为一个单元格。所选多个连续单元格、行或列应该是矩形或直线的形状，如图 7.10 所示。

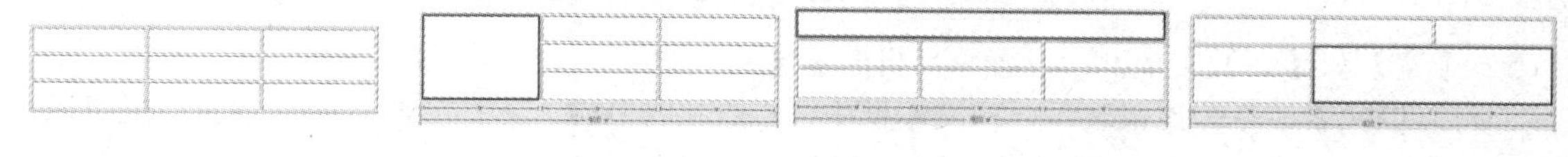

（a）合并前的效果　　（b）合并后的效果

图 7.10　合并单元格

在 HTML 源代码中，可以使用如下代码表示（下面示例为两行两列的表格）：

1）合并同行单元格。

```
<table width="90%" height="150" border="0" cellpadding="0" cellspacing="0">
    <tr>
        <td colspan="2"> </td>
    </tr>
    <tr>
        <td> </td>
        <td> </td>
    </tr>
</table>
```

2）合并同列单元格。

```
<table width="90%" height="150" border="0" cellpadding="0" cellspacing="0">
    <tr>
        <td rowspan="2"> </td>
        <td> </td>
    </tr>
    <tr>
        <td> </td>
    </tr>
</table>
```

（2）【拆分单元格】按钮：单击可将一个单元格分成两个或者更多的单元格。单击该按钮后会打开【拆分单元格】对话框，如图 7.11 所示，在该对话框中可以选择将选中的单元格拆分成【行】或【列】以及拆分后的【行数】或【列数】。拆分单元格的效果如图 7.12 所示。

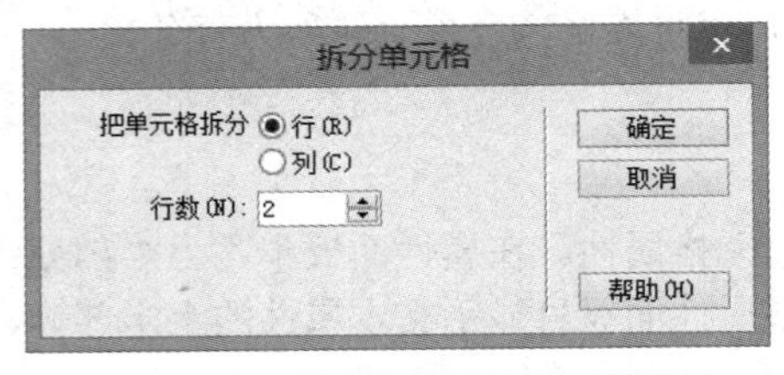

图 7.11 【拆分单元格】对话框

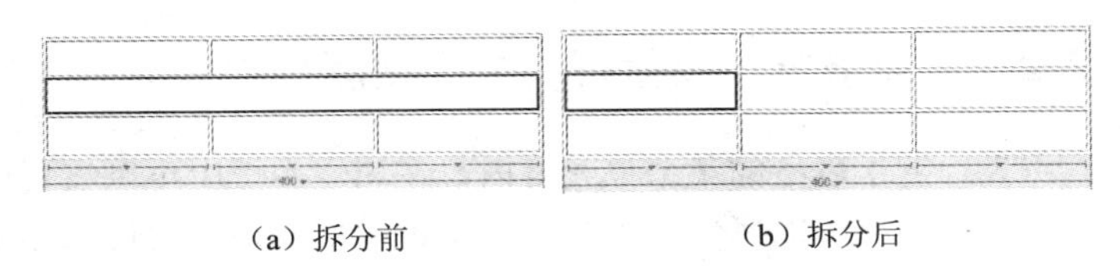

（a）拆分前　（b）拆分后

图 7.12 拆分单元格

（3）【水平】文本框：设置单元格内对象的水平对齐方式，包括默认、左对齐、右对齐和居中对齐等对齐方式（单元格默认为左对齐，标题单元格默认为居中对齐）。

使用 HTML 源代码表示为 align="left"或者其他值。

（4）【垂直】文本框：设置单元格内对象的垂直对齐方式，包括默认、顶端、居中、底部和基线等对齐方式（默认为居中对齐），如图 7.13 所示。

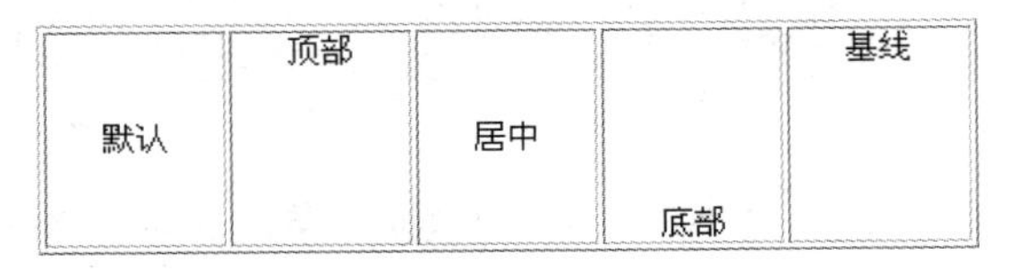

图 7.13 单元格垂直对齐方式

使用 HTML 源代码表示为 valign="top"或者其他值。

（5）【宽】和【高】文本框：设置单元格的宽度和高度，可以以像素或百分比来表示，在文本框中可以直接合并输入，如 45%、45（像素单位可以不输入）。

（6）【不换行】复选框：设置单元格文本是否换行。如果选择该复选框，则当输入的数据超出单元格宽度时，单元格会调整宽度来容纳数据。

使用 HTML 源代码表示为 nowrap="nowrap"。

（7）【标题】复选框：选中该复选框，可以将所选单元格的格式设置为表格标题单元格。默认情况下，表格标题单元格的内容为粗体并且居中对齐。

使用 HTML 源代码表示为<th>标记，而不是<td>标记。

（8）【背景颜色】文本框：设置单元格的背景颜色。

使用 HTML 源代码表示为 bgcolor="#CC898A"。

提示：

当<table>标签属性与<td>标签属性的设置冲突时，将优先使用单元格中设置的属性。

行、列和单元格的属性面板的设置相同，只不过是选中行、列和单元格时，属性面板下半部分的左上角显示不同的名称。

7.3 操作表格

本节重点演练如何使用 Dreamweaver CC 可视化操作表格。

7.3.1 重点演练：选择表格

选择整个表格，可以执行如下操作之一：

（1）移动鼠标指针到表格的左上角，当鼠标指针右下角附带一表格图形时，单击即可，或者在表格的右边缘及下边缘或者单元格内边框的任何地方单击（平行线光标），如图 7.14 所示。

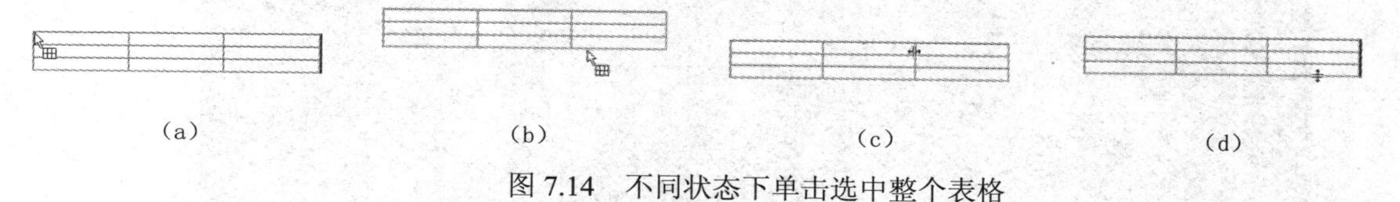

图 7.14　不同状态下单击选中整个表格

（2）在单元格中单击，然后选择【修改】|【表格】|【选择表格】命令，或者连续按 2 次 Ctrl+A 组合键。

（3）在单元格中单击，然后连续选择【编辑】|【选择父标签】命令 3 次，或者连续按 3 次 Ctrl+[组合键。

（4）在表格内任意单击，然后在编辑窗口的左下角标签选择栏中单击<table>标签，如图 7.15 所示。

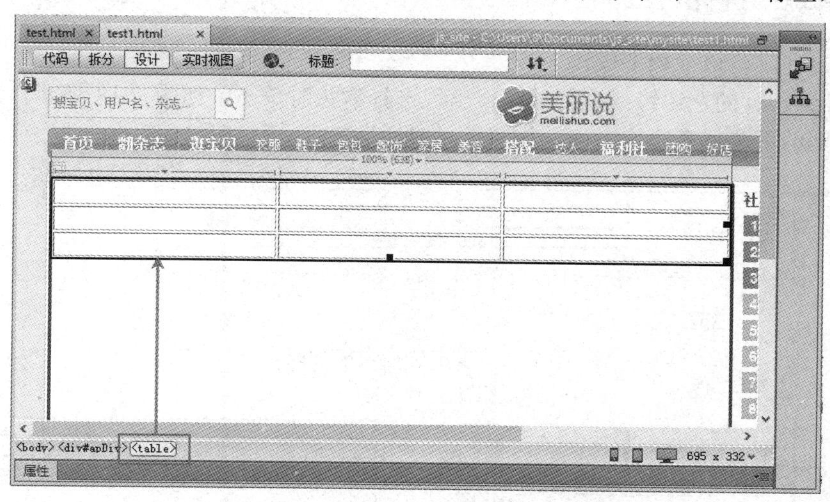

图 7.15　用标签选择器选中整个表格

（5）单击表格宽度菜单中的下三角图标，在打开的下拉菜单中选择【选择表格】命令，如图 7.16 所示。

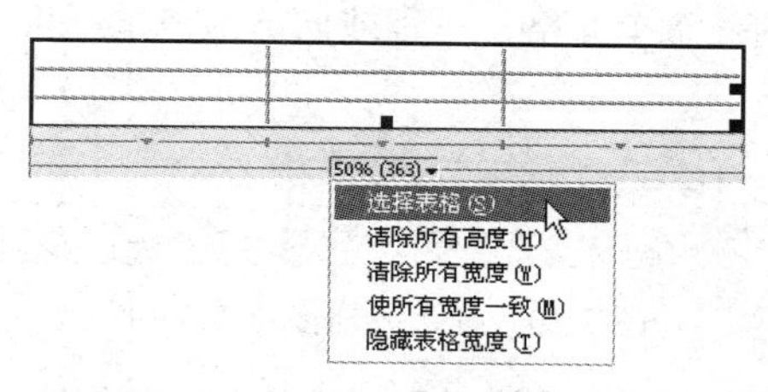

图 7.16　用表格宽度菜单选中整个表格

（6）在【代码】视图下，找到表格代码区域，用鼠标拖选整个表格代码区域（<table>和</table>标记之间的代码区域），如图 7.17 所示。或者将光标定位到<td>和</td>标记内，连续单击左侧工具条中的【选择父标签】按钮 3 次，或者连续按 3 次 Ctrl+[组合键。

```
1  <!DOCTYPE html PUBLIC "-//W3C//DTD XHTML 1.0 Transitional//EN"
   "http://www.w3.org/TR/xhtml1/DTD/xhtml1-transitional.dtd">
2  <html xmlns="http://www.w3.org/1999/xhtml">
3  <head>
4  <meta http-equiv="Content-Type" content="text/html; charset=gb2312" />
5  <title>无标题文档</title>
6  </head>
7
8  <body>
9  <table width="50%" border="1" cellspacing="0" cellpadding="0">
10   <tr>
11     <td> </td>
12     <td> </td>
13     <td> </td>
14   </tr>
15   <tr>
16     <td> </td>
17     <td> </td>
18     <td> </td>
19   </tr>
20   <tr>
21     <td> </td>
22     <td> </td>
23     <td> </td>
24   </tr>
25 </table>
26 </body>
27 </html>
```

图 7.17　在【代码】视图下选中整个表格

扫一扫，看视频

7.3.2　重点演练：选择行或列

选择表格行或列，可执行如下操作之一：

（1）将光标置于行的左边缘或列的顶端，出现选择箭头时单击，如图 7.18 所示，即可选择该行或列。如果单击并拖动可选择多行或多列，如图 7.19 所示。

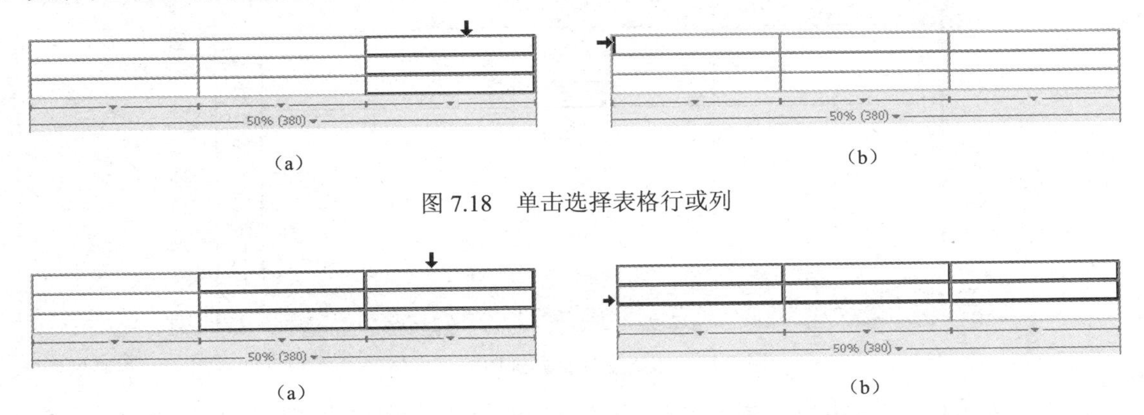

（a）　（b）

图 7.18　单击选择表格行或列

（a）　（b）

图 7.19　单击并拖动选择表格多行或多列

（2）将鼠标光标置于表格的任意单元格，平行或向下拖曳鼠标可以选择多行或者多列，如图 7.20 所示。

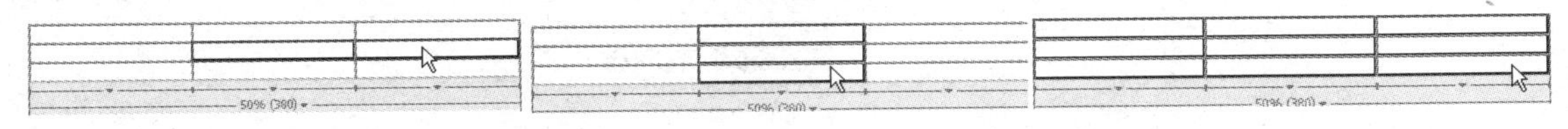

图 7.20　拖选表格多行或多列

（3）在单元格中单击，然后连续选择【编辑】|【选择父标签】命令 2 次，或者连续按 2 次 Ctrl+[组

合键，可以选择光标所在行，但不能选择列。

（4）在表格内任意单击，然后在编辑窗口的左下角标签选择栏中选择<tr>标签，如图 7.21 所示，可以选择光标所在行，但不能选择列。

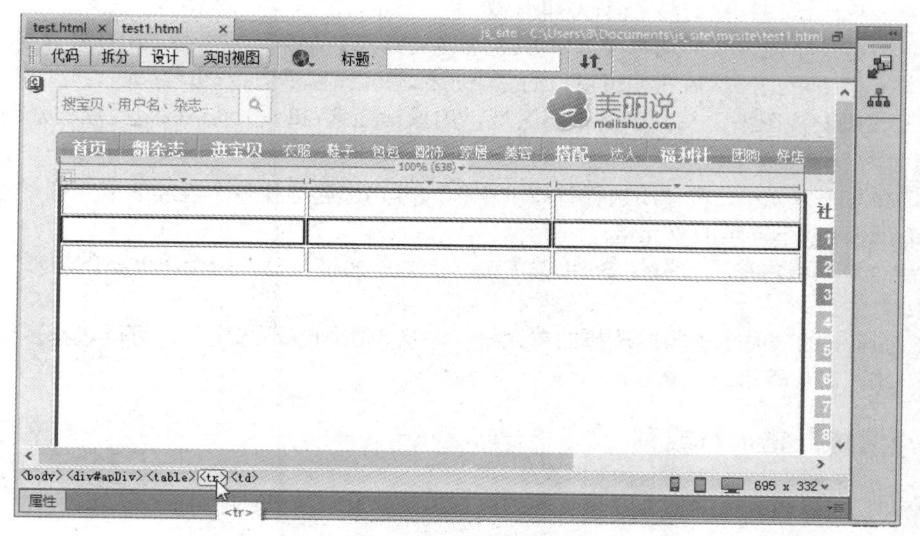

图 7.21　用标签选择器选中表格行

（5）单击表格列宽度菜单中的下三角图标 ，在打开的下拉菜单中选择【选择列】命令，如图 7.22 所示，该命令可以选择所在列，但不能选择行。

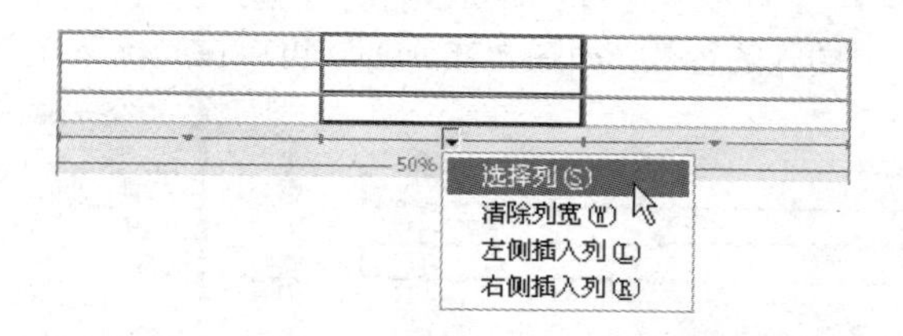

图 7.22　用表格列宽度菜单选中表格列

（6）在【代码】视图下，找到表格代码区域，用鼠标拖选表格内<tr>和</tr>行代码区域，如图 7.23 所示。或者将光标定位到<td>和</td>标记内，连续单击左侧工具条中的【选择父标签】按钮 2 次，或者按 2 次 Ctrl+[组合键。这种方式可以选择行，但不能选择列。

```
8   <body>
9   <table width="50%" border="1" cellspacing="0" cellpadding="0">
10    <tr>
11      <td> </td>
12      <td> </td>
13      <td> </td>
14    </tr>
15    <tr>
16      <td> </td>
17      <td> </td>
18      <td> </td>
19    </tr>
20    <tr>
21      <td> </td>
22      <td> </td>
23      <td> </td>
24    </tr>
25  </table>
26  </body>
27  </html>
```

图 7.23　在【代码】视图下选中表格行

7.3.3 重点演练：选择单元格

选择单元格，可以执行如下操作之一：

（1）在单元格中单击，然后按 Ctrl+A 组合键。

（2）在单元格中单击，然后选择【编辑】|【选择父标签】命令，或者按 Ctrl+[组合键。

（3）在单元格中单击，然后在编辑窗口的左下角标签选择栏中选择<td>标签。

（4）在【代码】视图下，找到表格代码区域，用鼠标拖选<td>和</td>标记区域的代码，单击左侧工具条中的【选择父标签】按钮。

（5）要选择多个单元格，可使用选择行或列中拖选方式快速选择多个连续的单元格。也可以配合键盘快速选择多个连续或不连续的单元格。

（6）在一个单元格内单击，按住 Shift 键单击另一个单元格。包含两个单元格的矩形区域内所有单元格均被选中。

（7）按 Ctrl 键的同时单击需要选择的单元格（两次单击则取消选定），可以选择多个连续或不连续的单元格，如图 7.24 所示。

7.3.4 重点演练：增加行或列

插入表格后，可以根据需要增加表格行和列，也可以删除行或列。

1．增加行

如果增加行，首先把光标置于要插入行的单元格，然后执行如下任意操作之一：

（1）选择【修改】|【表格】|【插入行】命令，可以在光标所在单元格上面插入一行。

（2）选择【修改】|【表格】|【插入行或列】命令，打开【插入行或列】对话框，在【插入】选项中选择【行】单选按钮，然后设置插入的行数，如图 7.25 所示，可以在光标所在单元格下面或者上面插入行。

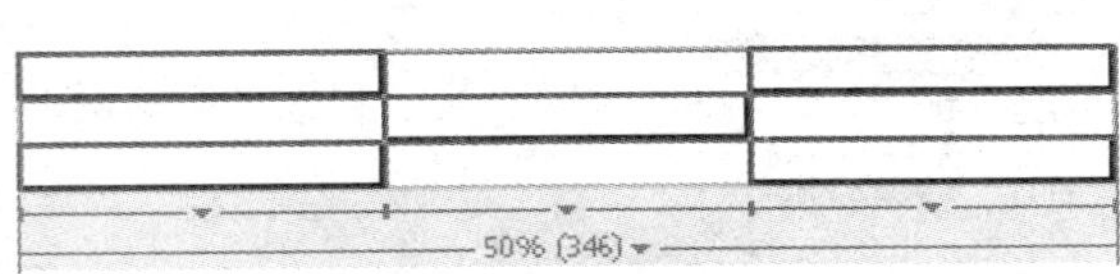

图 7.24　选择多个不连续的单元格

图 7.25　【插入行或列】对话框

（3）通过右键单击单元格，在弹出的快捷菜单中选择【插入行】（或【插入行或列】）命令，可以以相同功能插入行。

（4）在【代码】视图中通过插入<tr>和<td>标记来插入行，有几列就插入几个<td>标记，为了方便观看，在每个<td>标记中插入空格代码 ，如图 7.26 所示。

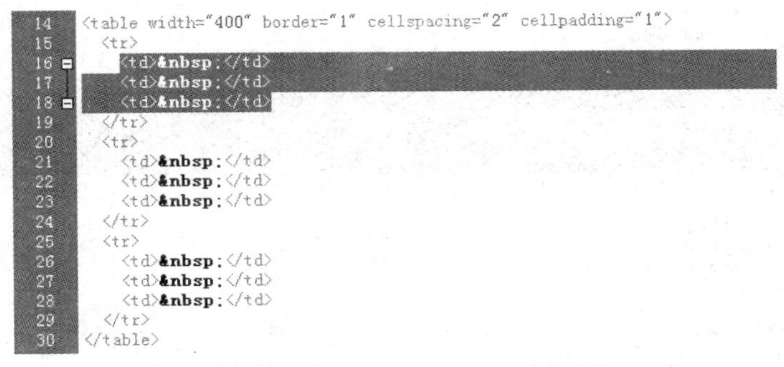

```
14 <table width="400" border="1" cellspacing="2" cellpadding="1">
15   <tr>
16     <td> </td>
17     <td> </td>
18     <td> </td>
19   </tr>
20   <tr>
21     <td> </td>
22     <td> </td>
23     <td> </td>
24   </tr>
25   <tr>
26     <td> </td>
27     <td> </td>
28     <td> </td>
29   </tr>
30 </table>
```

图 7.26　在【代码】视图中通过<td>标记插入行

（5）选中整个表格，然后在属性面板中增大【行】文本框中的数值，如图 7.27 所示。

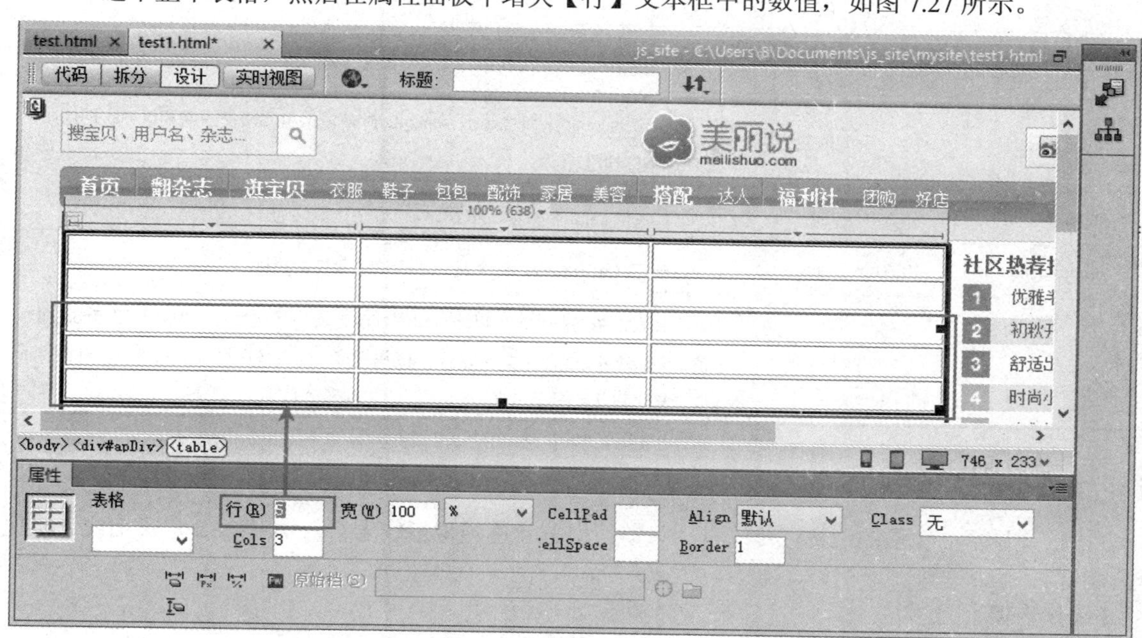

图 7.27　用属性面板插入行

2．增加列

首先把光标置于要插入列的单元格，然后执行如下任意操作之一：

（1）选择【修改】|【表格】|【插入列】命令，可以在光标所在单元格左面插入一列。

（2）选择【修改】|【表格】|【插入行或列】命令，打开【插入行或列】对话框，可以自由插入多列。

（3）通过右键单击单元格，在弹出的快捷菜单中选择【插入列】（或【插入行或列】）命令，可以以相同功能插入列。

（4）在列宽度菜单中选择【左侧插入列】（或【右侧插入列】）菜单项，如图 7.28 所示。

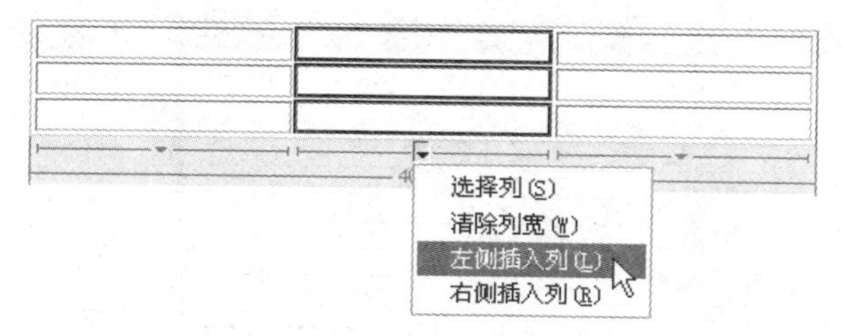

图 7.28　用列宽度菜单插入列

（5）选中整个表格，然后在属性面板中增大【列】文本框中的数值。

7.4　实 战 案 例

CSS 定义了 5 个表格专用属性，说明如表 7.1 所示。

表 7.1　CSS 表格属性列表

属　性	取　值	说　　明
border-collapse	separate（边分开）| collapse（边合并）	定义表格的行和单元格的边是否合并在一起
border-spacing	length	当 border-collapse 属性等于 separate 时，定义单元格在横向和纵向上的间距，该值不可以取负值
caption-side	top | bottom	定义表格 caption 对象的位置
empty-cells	show | hide	当单元格无内容时，定义是否显示该单元格的边框
table-layout	auto | fixed	定义表格布局算法，可以通过该属性改善表格呈现性能，如果设置 fixed 属性值，会加速表格加载；如果设置 auto 属性值，则表格在每一单元格内所有内容读取计算之后才会显示出来

扫一扫，看视频

7.4.1　定义细线表格

表格默认显示 2 像素的边框，传统设计习惯使用背景色模拟细线表格，使用 CSS 定义细线表格比较简单。

【操作步骤】

第 1 步，启动 Dreamweaver CC，打开本小节备用练习文档 test.html，另存为 test1.html。

第 2 步，在<head>标签内输入<style>标签，定义一个内部样式表，然后输入如下样式代码：

```
<style type="text/css">
table { border-collapse:collapse; /* 合并相邻边框 */}
table td {border: #cc0000 1px solid; /* 定义单元格边框 */}
</style>
```

第 3 步，在浏览器中预览，效果如图 7.29 所示。

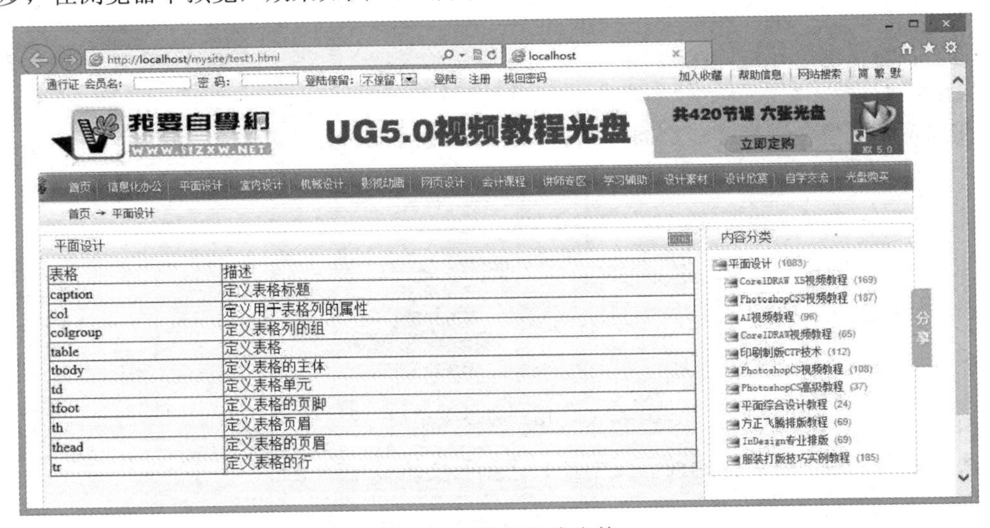

图 7.29　定义细线表格

提示：

table 元素定义的边框是表格的外框，而单元格边框才可以分隔数据单元格；相邻边框会发生重叠，形成粗线框，因此应使用 border-collapse 属性合并相邻边框。

7.4.2　定义粗边表格

为 table 和 td 元素分别定义边框，会设计出更漂亮的表格效果，本示例将设计一个外粗内细的表格效果。

【操作步骤】

第 1 步，启动 Dreamweaver CC，打开本小节备用练习文档 test.html，另存为 test2.html。

第 2 步，在<head>标签内输入<style>标签，定义一个内部样式表，然后输入如下样式代码：

```
<style type="text/css">
table {
    border-collapse:collapse; /* 合并相邻边框 */
    border: #cc0000 3px solid; /* 定义表格外边框 */
}
table1 td { border: #cc0000 1px solid; /* 定义单元格边框 */}
</style>
```

第 3 步，在浏览器中预览，效果如图 7.30 所示。

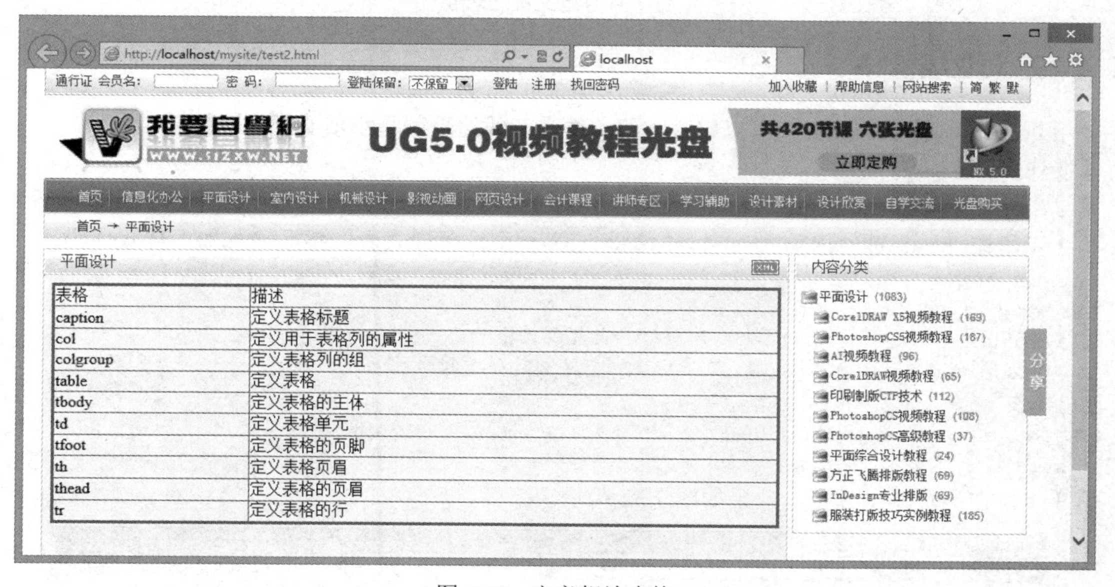

图 7.30　定义粗边表格

这种效果在网页设计中经常用到，它能够使表格内外结构显得富有层次。

7.4.3　定义虚线表格

通过 border-style 属性可以定义很多边框样式，如点线、虚线等效果。

【操作步骤】

第 1 步，启动 Dreamweaver CC，打开本小节备用练习文档 test.html，另存为 test3.html。

第 2 步，在<head>标签内输入<style>标签，定义一个内部样式表，然后输入如下样式代码：

```
<style type="text/css">
table { border-collapse:collapse; /* 合并相邻边框 */}
table td {border: #cc0000 1px dashed; /* 定义单元格边框 */}
</style>
```

第 3 步，在浏览器中预览，效果如图 7.31 所示。

图 7.31　定义虚线表格

扫一扫，看视频

7.4.4　定义双线表格

使用 border-style:double;样式可以定义双线边框，双线边框的最小值必须为 3 像素。

【操作步骤】

第 1 步，启动 Dreamweaver CC，打开本小节备用练习文档 test.html，另存为 test4.html。

第 2 步，在<head>标签内输入<style>标签，定义一个内部样式表，然后输入如下样式代码：

```
<style type="text/css">
table {
    border-collapse:collapse; /* 合并相邻边框 */
    border: #cc0000 5px double; /* 定义表格双线框显示 */
}
table td {border: #cc0000 1px dotted; /* 定义单元格边框 */}
</style>
```

第 3 步，在浏览器中预览，效果如图 7.32 所示。

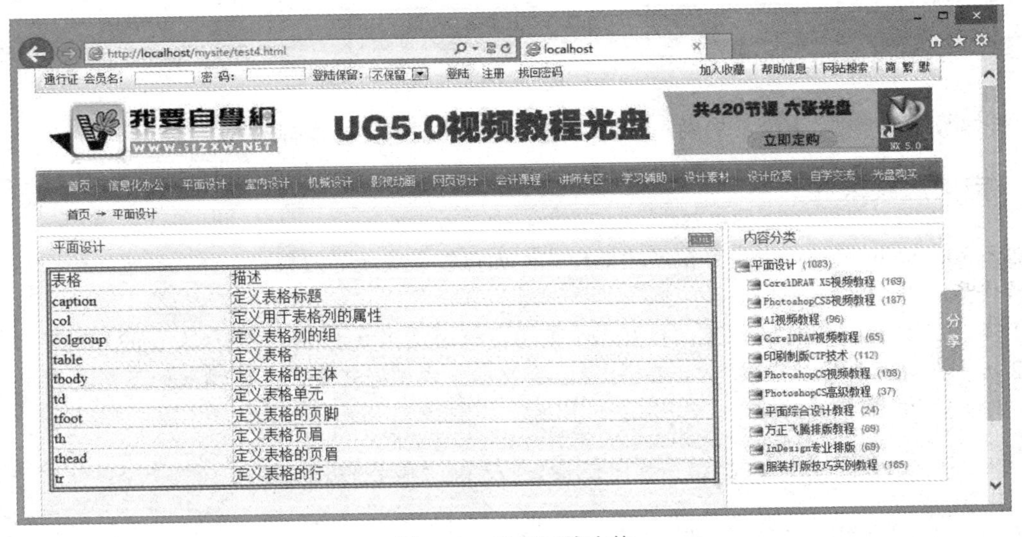

图 7.32　定义双线表格

扫一扫，看视频

7.4.5　定义宫形表格

border-spacing 属性定义单元格间距，使用它可以设计宫形表格效果。

【操作步骤】

第 1 步，启动 Dreamweaver CC，打开本小节备用练习文档 test.html，另存为 test5.html。

第 2 步，在<head>标签内输入<style>标签，定义一个内部样式表，然后输入如下样式代码：

```
<style type="text/css">
table { border-spacing:10px; /* 定义表格内单元格之间的间距，现代标准浏览器支持 */}
table td { border: #cc0000 1px solid; /* 定义单元格边框 */}
</style>
```

第 3 步，在浏览器中预览，效果如图 7.33 所示。

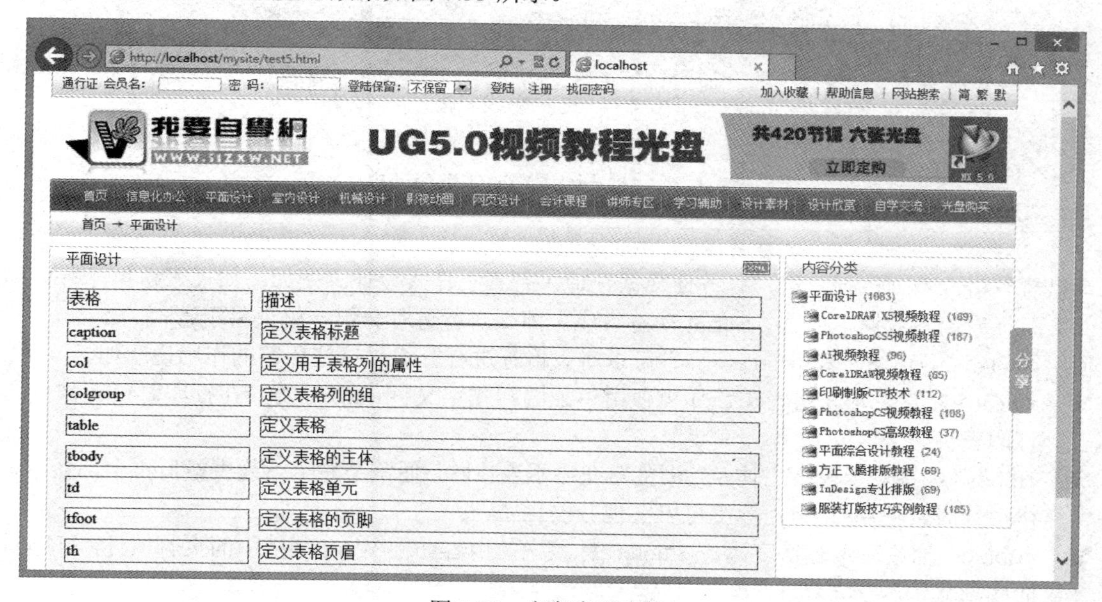

图 7.33　定义宫形表格

提示：

IE6 及更低版本浏览器不支持 border-spacing 属性，因此还需要在<table>标签内增加 cellspacing="10"属性。

扫一扫，看视频

7.4.6　定义单线表格

表格边框样式多种多样，下面再自定义单线表格样式。

【操作步骤】

第 1 步，启动 Dreamweaver CC，打开本小节备用练习文档 test.html，另存为 test6.html。

第 2 步，在<head>标签内输入<style>标签，定义一个内部样式表，然后输入如下样式代码：

```
<style type="text/css">
table {
    border-collapse:collapse; /* 合并相邻边框*/
    border-bottom: #cc0000 1px solid; /* 定义表格顶部外边框 */
}
table td { border-bottom: #cc0000 1px solid; /* 定义单元格底边框 */}
</style>
```

第 3 步，在浏览器中预览，效果如图 7.34 所示。

图 7.34　定义单线表格

扫一扫，看视频

7.5　表格行和列分组

可以对表格行和列进行分组，以方便数据管理，有利于样式设计。例如，如果表格第一行为标题文本，而中间行为动态数据，由 JavaScript 动态生成，那么对行进行分组，就更易于管理。

使用<thead>、<tbody>和<tfooter>标签可以对表格行进行分组，这些标签的作用说明如下。

- <thead>标签表示表格表头，如果使用单独的样式定义<thead>标签，在打印时仅在分页的上部打印表头。
- <tbody>标签表示表格主体，当浏览器在显示表格时，通常是完全下载表格后再全部显示，当表格很长时，使用<tbody>标签可以实现分段显示。
- <tfooter>标签表示表格表尾，<tfooter>标签中的内容如同 Word 文档中的页脚属性，打印时在页面底部显示。

下面的示例演示如何为数据表格进行行分组。

【操作步骤】

第 1 步，启动 Dreamweaver CC，新建一个网页，保存为 test.html。

第 2 步，选择【插入】|【表格】命令，打开【表格】对话框，设置插入一个 12 行 3 列的表格，宽度为 100%，边框宽度为 1 像素。然后在表格中输入数据，如图 7.35 所示。

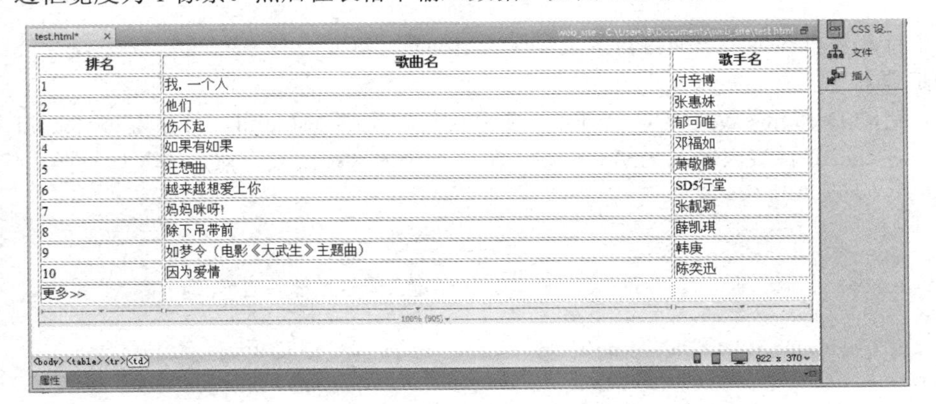

图 7.35　插入的表格结构

第 3 步，切换到代码视图，使用<caption>标签定义表格的标题，使用<thead>标签定义表头区域，使用<tbody>标签定义数据区域，使用<tfooter>标签定义页脚区域，生成的代码如下所示。

```
<table width="100%" border="1">
    <caption>
        <h1>华语九天榜</h1>
    </caption>
    <thead>
        <tr><th>排名</th> <th>歌曲名</th><th>歌手名</th></tr>
    </thead>
    <tbody>
        <tr><td>1</td><td>我，一个人</td><td>付辛博</td> </tr>
        <tr><td>2</td><td>他们</td><td>张惠妹</td></tr>
        <tr><td>3</td><td>伤不起</td><td>郁可唯</td></tr>
        <tr><td>4</td><td>如果有如果</td><td>邓福如</td></tr>
        <tr><td>5</td><td>狂想曲</td><td>萧敬腾</td></tr>
        <tr><td>6</td><td>越来越想爱上你</td><td>SD5 行堂</td></tr>
        <tr><td>7</td><td>妈妈咪呀!</td><td>张靓颖</td></tr>
        <tr><td>8</td><td>除下吊带前</td><td>薛凯琪</td></tr>
        <tr><td>9</td><td>如梦令（电影《大武生》主题曲）</td><td>韩庚</td></tr>
        <tr><td>10</td><td>因为爱情</td><td>陈奕迅</td></tr>
    </tbody>
    <tfoot>
        <tr><td colspan="3" style="text-align: right">更多>> </td></tr>
    </tfoot>
</table>
```

第 4 步，在<table>标签中添加 frame 属性，设置该属性值为"hsides"，添加 rules 属性，设置该属性值为"groups"，生成的代码如下所示。

```
<table width="100%" border="1" frame="hsides" rules="groups">
```

拓展：

传统网页设计中，<table>标签常使用 rules 和 frame 属性定义表格边框线的显示效果，其中 rules 属性定义单元格分隔线的显示或隐藏，取值包括：

- rows：隐藏表格的横向分隔线，只能看到表格的列。
- cols：隐藏表格的纵向分隔线，只能看到表格的行。
- none：纵向分隔线和横向分隔线将全部被隐藏。

frame 定义表格边框的显示或隐藏，取值包括：

- vsides：显示表格的左、右边框。
- hsides：显示表格的上、下边框。
- above：显示表格的上边框。
- below：显示表格的下边框。
- rhs：显示表格的右边框。
- lhs：显示表格的左边框。
- void：不能显示表格的边框。

第 5 步，在 IE 浏览器中预览，演示效果如图 7.36 所示。

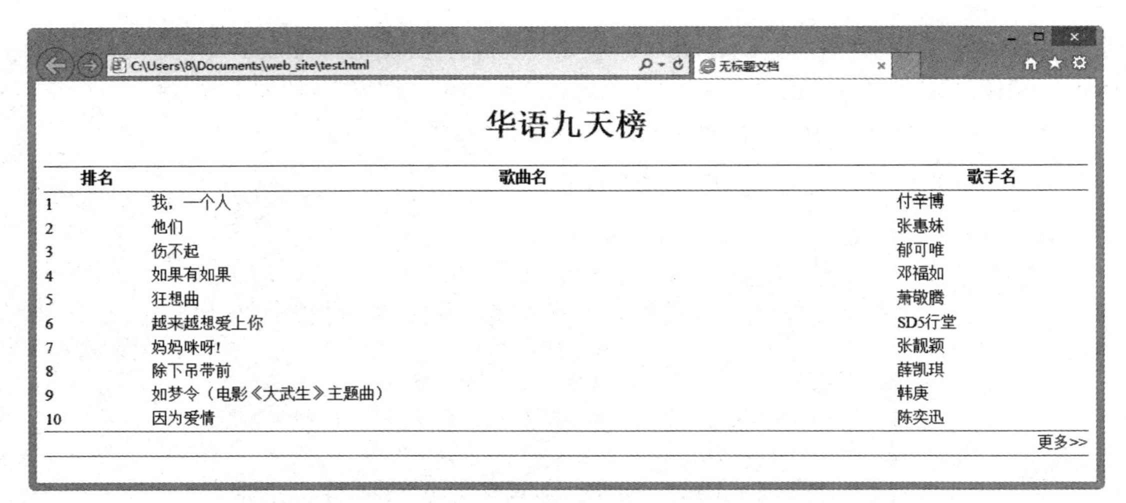

图 7.36　对表格行进行分组

在上面示例中，<thead>标签存放了表格信息的分类标题，<tbody>标签存放了对应分类标题的具体数据信息，<tfooter>标签暂时没有存放任何数据，可存放导航链接、当前页数等辅助信息。通过对表格数据进行行组的划分，可以减少 class 的使用，通过其标签设置 CSS 相应属性，为修改数据信息提供了方便。

使用<colgroup>和<col>标签可以实现数据表格列分组，这些标签的作用说明如下。

- <colgroup>标签定义表格列组框。利用该标签可以对列进行组合以便进行格式化。该标签只有在<table>标签内部使用才是合法的。
- <col>标签为表格中一个或多个列定义属性值。如需对全部列应用样式，<col>标签很有用，这样就不须对各个单元和各行重复应用样式了。该标签可在<colgroup>标签中使用，也可以独立使用。

下面的示例演示了如何为数据表格进行列分组。

【操作步骤】

第 1 步，启动 Dreamweaver CC，在上面示例的基础上，另存为 test1.html。

第 2 步，在<table>标签中添加<colgroup>和<col>标签，对数据表格列进行分组。其中第一列和第二列为一组，第三列为一组，共计分为两组。

```
<table width="100%" border="1" frame="hsides" rules="groups">
   <caption>
      <h1>华语九天榜</h1>
   </caption>
   <colgroup>
      <col span="2" class="col1" />
      <col class="col2" />
   </colgroup>
   <thead>
      <tr><th>排名</th> <th>歌曲名</th><th>歌手名</th></tr>
   </thead>
   <tbody>
      <tr><td>1</td><td>我，一个人</td><td>付辛博</td> </tr>
      <tr><td>2</td><td>他们</td><td>张惠妹</td></tr>
      <tr><td>3</td><td>伤不起</td><td>郁可唯</td></tr>
      <tr><td>4</td><td>如果有如果</td><td>邓福如</td></tr>
```

```
        <tr><td>5</td><td>狂想曲</td><td>萧敬腾</td></tr>
        <tr><td>6</td><td>越来越想爱上你</td><td>SD5 行堂</td></tr>
        <tr><td>7</td><td>妈妈咪呀!</td><td>张靓颖</td></tr>
        <tr><td>8</td><td>除下吊带前</td><td>薛凯琪</td></tr>
        <tr><td>9</td><td>如梦令（电影《大武生》主题曲）</td><td>韩庚</td></tr>
        <tr><td>10</td><td>因为爱情</td><td>陈奕迅</td></tr>
    </tbody>
    <tfoot>
        <tr><td colspan="3" style="text-align: right">更多>> </td></tr>
    </tfoot>
</table>
```

第 3 步，在<head>标签内添加<style>标签，定义一个内部样式表。

第 4 步，输入如下样式，分别为列组 1 和列组 2 定义两个类样式，设计前两列和最后一列背景色不同，如图 7.37 所示。

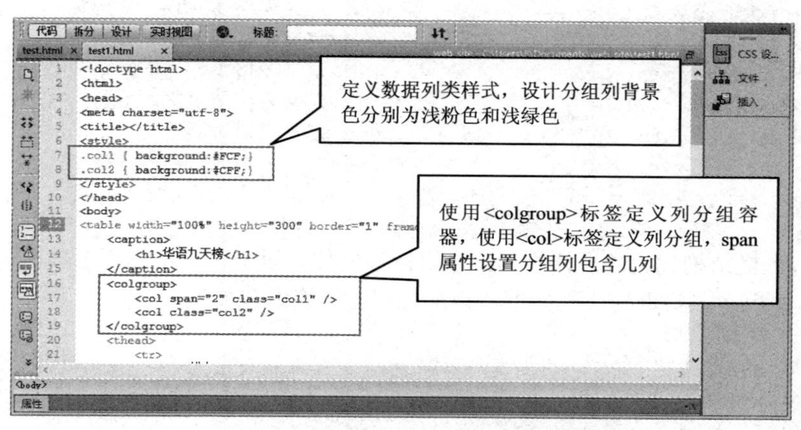

图 7.37　定义列分组类样式

第 5 步，在 IE 浏览器中预览，演示效果如图 7.38 所示。

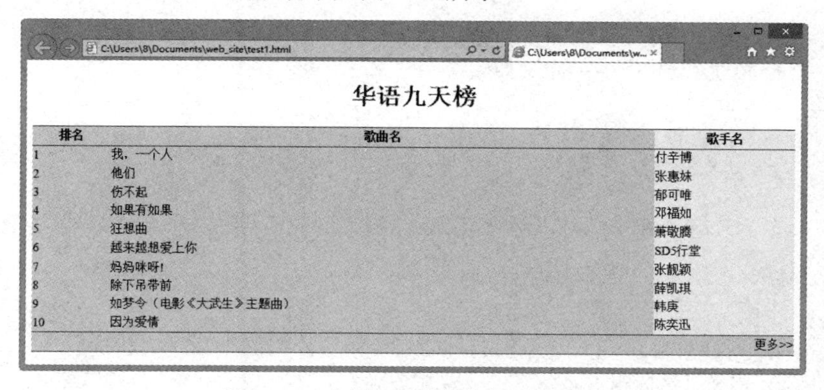

华语九天榜

排名	歌曲名	歌手名
1	我，一个人	付辛博
2	他们	张惠妹
3	伤不起	郁可唯
4	如果有如果	邓福如
5	狂想曲	萧敬腾
6	越来越想爱上你	SD5行堂
7	妈妈咪呀!	张靓颖
8	除下吊带前	薛凯琪
9	如梦令（电影《大武生》主题曲）	韩庚
10	因为爱情	陈奕迅
		更多>>

图 7.38　对表格列进行分组后的效果

提示：

为了方便阅读数据，应使用<th>标签，而不是<td>标签标记每个表头。<th>标签可以用在行表头或者列表头中，为指明其用途，每个<th>标签都有 scope 属性。可以将 scope 设置为"row"或"col"值，指明表头属于哪个表格组。

- col：定义列组（columngroup）的表头信息。
- row：定义行组（rowgroup）的表头信息。

扫一扫，看视频

7.6　综合实战：设计易读的数据表格

本示例使用 CSS 的边框、背景、字体等属性，调整单元格间距，重设表格宽度和高度，设计更易用的表格，提升用户的浏览感受。

【操作步骤】

第 1 步，启动 Dreamweaver CC，打开本小节备用练习文档 test.html，另存为 test1.html。本页面使用如下代码设计了一个 11 行 2 列的表格。

```
<table width="100%">
    <tr><td>表格</td><td>描述</td></tr>
    <tr><td>caption</td>            <td>定义表格标题</td></tr>
    <tr><td>col</td>                <td>定义用于表格列的属性</td></tr>
    <tr><td>colgroup</td>           <td>定义表格列的组</td></tr>
    <tr><td>table</td>              <td>定义表格</td> </tr>
    <tr><td>tbody</td>              <td>定义表格的主体</td> </tr>
    <tr><td>td</td>                 <td>定义表格单元</td></tr>
    <tr><td>tfoot</td>              <td>定义表格的页脚</td></tr>
    <tr><td height="20">th</td>     <td>定义表格页眉</td></tr>
    <tr><td>thead</td>              <td>定义表格的页眉</td></tr>
    <tr><td>tr</td>                 <td>定义表格的行</td></tr>
</table>
```

第 2 步，重构表格结构代码。设计原则：选用标签要体现语义化，结构更合理，适合 CSS 控制，适合 JavaScript 脚本编程。主要重构代码如下，详细代码参考资源包实例。

```
<table width="100%">
    <col class="col1" /><!-- 第 1 列分组-->
    <col class="col2" /><!-- 第 2 列分组-->
    <caption><!-- 定义表格标题 -->
    表格标签列表说明</caption>
    <thead><!--定义第 1 行为表头区域 -->
        <tr>
            <th>表格</th><!-- 定义列标题-->
            <th>描述</th><!-- 定义列标题-->
        </tr>
    </thead>
    <tbody><!--定义第 2 行到结尾为主体区域 -->
        <tr>
            <th colspan="2">基本结构</th>
        </tr>
        ……
        <tr>
            <td>caption</td>
            <td>定义表格标题</td>
        </tr>
    </tbody>
</table>
```

第 3 步，使用 CSS 改善表格显示。设计原则：

- 使用背景色区分主标题行、次标题行和数据行。
- 区别标题与正文的字体显示，如分别定义标题与正文有不同字体、大小、颜色、粗细等。
- 适当增加行高，或添加行线，或交替定义不同背景色等方法，避免错行阅读。

➘ 适当增加列宽，或增加分列线，或定义列背景色，避免错列阅读。

第 4 步，在页面头部输入<style type="text/css">，新建一个内部样式表。

第 5 步，在内部样式表中输入如下 CSS 代码。

```
table {/*定义表格样式*/
    border-collapse:collapse; /* 合并相邻边框 */
    width:100%; /* 定义表格宽度 */
    font-size:14px; /* 定义表格字体大小 */
    color:#666; /* 定义表格字体颜色 */
    border:solid 1px #0047E1; /* 定义表格边框 */
}
table caption {/*定义表格标题样式*/
    font-size:24px;
    line-height:60px; /* 定义标题行高，由于 caption 元素是内联元素，用行高可以调整它的上下距
离 */
    color:#000;
    font-weight:bold;
}
table thead {/*定义列标题样式*/
    background:#0047E1; /* 定义列标题背景色 */
    color:#fff; /* 定义列标题字体颜色 */
    font-size:16px; /* 定义表格标题字体大小 */
}
table  tbody tr:nth-child(odd) {/*定义隔行背景色，改善视觉效果*/
    background:#eee;
}
table  tbody tr:hover {/*定义鼠标经过行的背景色和字体颜色，设计动态交互效果*/
    background:#ddd;
    color:#000;
}
table tbody {/*定义表格主体区域内文本首行缩进*/
    text-indent:1em;
}
table tbody th {/*定义表格主体区域内列标题样式*/
    text-align:left; text-indent:0;
    background:#7E9DE5; color:#D8E4F8;
}
```

第 6 步，保存文档，在浏览器中预览，效果如图 7.39 所示。

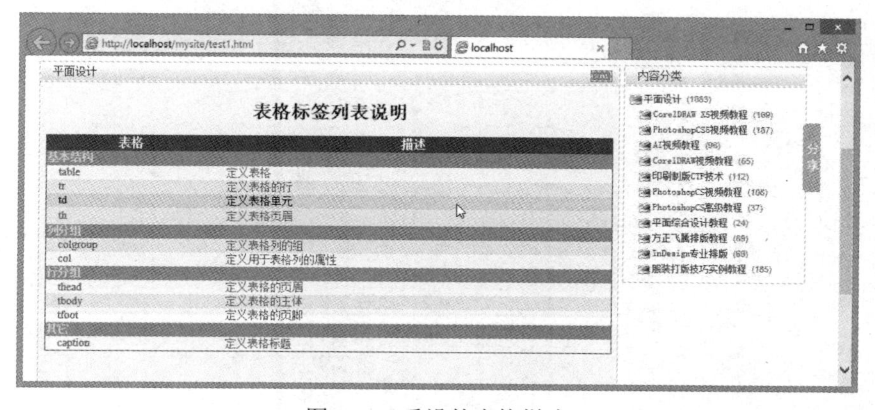

图 7.39 重设的表格样式

拓展：

在 CSS3 中新定义了一个伪类选择符:nth-child()，括号里设置数字或关键字，例如：

```
.table1  tbody tr:nth-child(2) { background:#FEF0F5;}
```

如下样式表示以第 1 个出现的 tr 为基础，所有奇数行都会显示指定背景色。

```
.table1  tbody tr:nth-child(odd) { background:#FEF0F5;}
```

如下样式表示以第 1 个出现的 tr 为基础，所有偶数行都会显示指定背景色。

```
.table1  tbody tr:nth-child(even) { background:#FEF0F5;}
```

第 8 章　使 用 表 单

浏览网页时，可以通过超链接访问不同的页面，这是一种单向信息交流方式，其主要目的是为了获取信息。如果想实现双向交流，与网站进行沟通，或者实现多人互动，就应该使用表单来实现。

【学习重点】

- 在网页中插入表单。
- 设置表单对象的属性。
- 使用 HTML5 表单。
- 设计表单页面。

8.1　插 入 表 单

表单结构由一个或多个表单对象构成，在 Dreamweaver 的【插入】|【表单】菜单项下可以选择、插入所有表单对象。下面介绍如何使用 Dreamweaver CC 快速插入和设置常用表单对象。

8.1.1　重点演练：定义表单框

制作表单页面的第一步是要插入表单域，即插入<form>标记。

【操作步骤】

第 1 步，启动 Dreamweaver CC，新建文档，保存为 test.html。

第 2 步，在编辑窗口中单击，将光标放置于要插入表单的位置。

第 3 步，选择【插入】|【表单】|【表单】命令。

第 4 步，这时在编辑窗口中显示表单框，如图 8.1 所示。其中，红色虚线界定的区域就是表单，它的大小随包含的内容多少而自动调整，虚线不会在浏览器中显示。

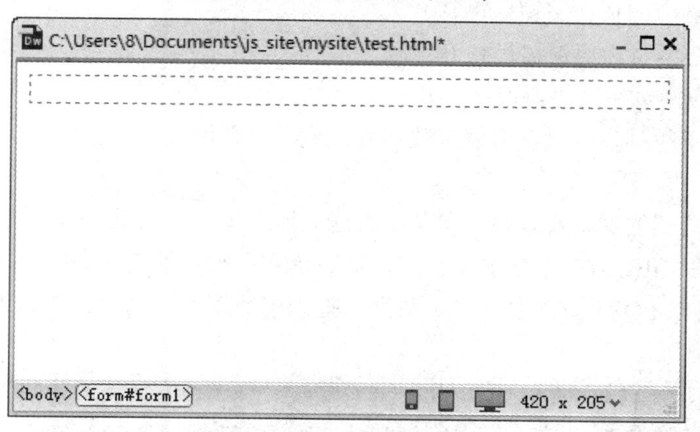

图 8.1　插入的表单域

提示：

如果没有看见红色的虚线，选择【编辑】|【首选项】命令，在打开的【首选项】对话框的【不可见元素】分类中勾选【表单范围】复选框即可。

第 5 步，设置表单域的属性。用鼠标单击虚线的边框，使虚线框内出现黑色，表示该表单域已被选中，此时属性面板如图 8.2 所示。

（1）【ID】文本框：设置表单的唯一标识名称，用于在程序中传送表单值。默认为 forml，以此类推。

（2）【Action】文本框：用于指定处理该表单的动态页或脚本的路径。

（3）【Target】下拉列表：设置表单被处理后，响应网页打开的方式，包括默认、new、blank、parent、self 和 top 选项，响应网页默认的打开方式是在原窗口里打开。

1）默认：根据浏览器默认的方式进行打开。

2）new：在新窗口中打开。

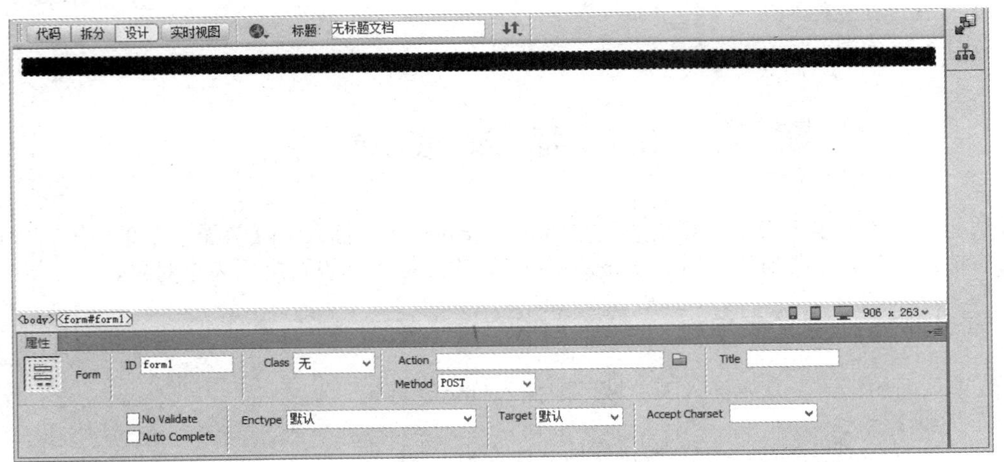

图 8.2　表单属性面板

3）_blank：表示响应网页在新窗口里打开。

4）_parent：表示响应网页在父窗口里打开。

5）_self：表示响应网页在原窗口里打开。

6）_top：表示响应网页在顶层窗口里打开。

（4）【Method】下拉列表：设置将表单数据发送到服务器的方法，包括默认、POST、GET 这 3 个选项。

1）默认：使用浏览器的默认设置将表单数据发送到服务器。一般默认方法为 GET。

2）GET：设置将以 GET 方法发送表单数据，把表单数据附加到请求 URL 中发送。

3）POST：设置将以 POST 方法发送表单数据，把表单数据嵌入到 HTTP 请求中发送。

提示：

没有特别要求，建议选择【POST】选项，因为 GET 方法有很多限制，如果使用 GET 方法，URL 的长度受到限制，而且用 GET 方法发送信息很不安全。浏览者能在浏览器中看见传送的信息。

（5）【Enctype】下拉列表：设置发送数据的 MIME 编码类型，包括 application/x-www- form-urlencode 和 multipart/form-data 这 2 个选项，默认的 MIME 编码类型是 application/x-www- form-urlencode。application/x-www-form-urlencode 通常与 POST 方法协同使用，一般情况下应选择该项。如果表单中包含文件上传域，应该选择“multipart/form-data。

（6）【No Validate】复选框：HTML5 新增属性，勾选该复选框可以禁止 HTML5 表单验证。

（7）【Auto Complete】复选框：HTML5 新增属性，勾选该复选框可以允许 HTML5 表单自动完成输入。

（8）【Accept Charset】下拉列表框：HTML5 新增属性，设置 HTML5 表单可以接收的字符编码。

（9）【Title】文本框：HTML5 增强属性，设置 HTML5 表单提示信息，当鼠标经过表单时会提示该信息。

第 6 步，切换到【代码】视图，可以看到生成的表单框代码。

```
<form action="#" method="post" enctype="multipart/form-data" name="form1" target=
"_self" id="form1" autocomplete="on" title="提示文本">
</form>
```

8.1.2 重点演练：定义文本框

文本框可以接收用户输入的用户名、地址、电话、通信地址等短文本信息，以单行显示。

【操作步骤】

第 1 步，启动 Dreamweaver CC，打开本小节备用练习文档 test.html，另存为 test1.html。

第 2 步，在编辑窗口中单击，将光标放置于要插入文本框的位置。

第 3 步，选择【插入】|【表单】|【文本】命令， 即可插入一个文本框，如图 8.3 所示。根据页面需要，可以修改文本框前面的标签文本，或者删除标签内容。

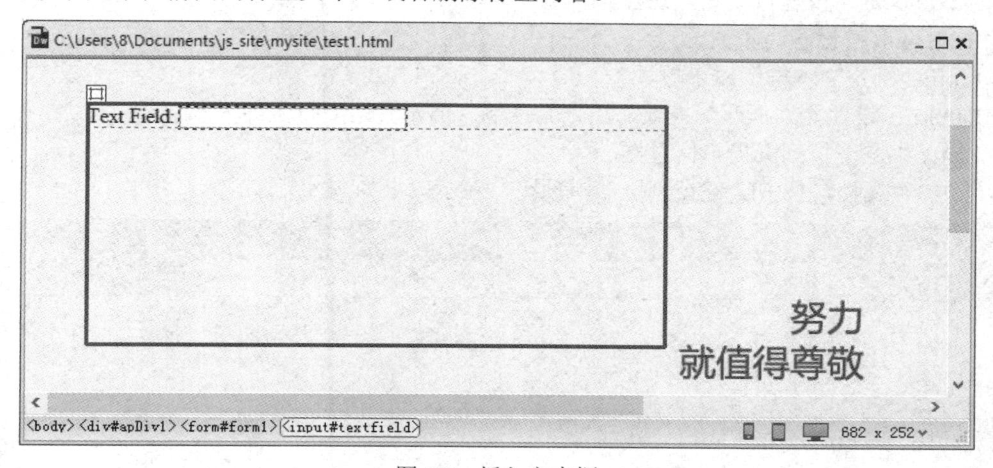

图 8.3 插入文本框

第 4 步，插入文本框后，选中文本框，在属性面板中可以设置文本框的属性，如图 8.4 所示。

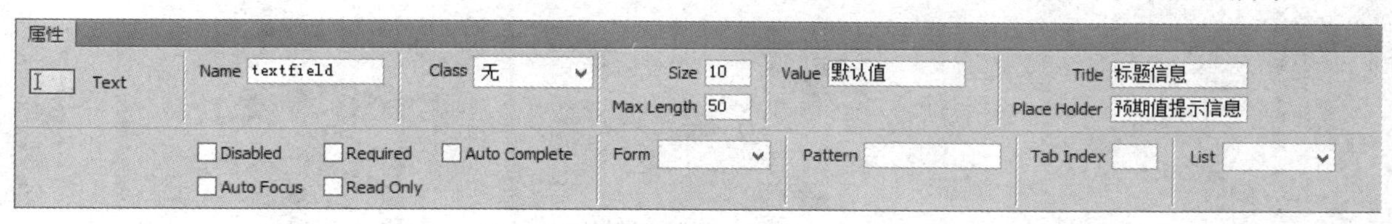

图 8.4 文本框属性面板

（1）【Name】文本框：设置所选文本框的名称。每个文本框都必须有一个唯一的名称。

（2）【Size】文本框：设置文本框中最多可显示的字符数。如果输入的字符数超过了字符宽度，在文本框中将无法看到这些字符，但文本框仍然可以将它们全部发送到服务器端进行处理。

（3）【Max Length】文本框：设置文本框中最多可输入的字符数。如果设置为空，则可以输入任意数量的文本。

提示：

建议用户对文本框输入字符进行限制，防止浏览者无限输入大量数据，影响系统的稳定性。例如，设置用户名最多为 20 个字符，密码最多为 20 个字符，邮政编码最多为 6 个字符，身份证号最多为 18 个字符。

（4）【Value】文本框：设置文本框默认输入的值，一般可以输入一些提示性的文本提示用户输入什么信息，帮助浏览者填写该文本框信息。

（5）【Class】下拉列表框：设置文本框的 CSS 类样式。

（6）【Title】文本框：设置文本框的标题。

（7）【Place Holder】文本框：设置文本框的预期值提示信息，该提示会在输入字段为空时显示，并会在字段获得焦点时消失。

（8）【Tab Index】文本框：设置 Tab 键访问顺序，数字越小越先被访问。

第 5 步，还可以在属性面板中定义 HTML 表单通用属性，这些属性大部分是 HTML5 新增属性，简单说明如下。

（1）Disabled：设置文本框不可用。

（2）Required：要求必须填写。

（3）Auto Complete：设置文本框是否应该启用自动完成功能。

（4）Auto Focus：设置自动获取焦点。

（5）Read Only：设置为只读。

（6）Form：绑定文本框所属表单域。

（7）Pattern：设置文本框匹配模式，用来验证输入值是否匹配指定的模式。

（8）List：绑定下拉列表提示信息框。

第 6 步，保存文档，按 F12 键在浏览器中预览，显示效果如图 8.5 所示。

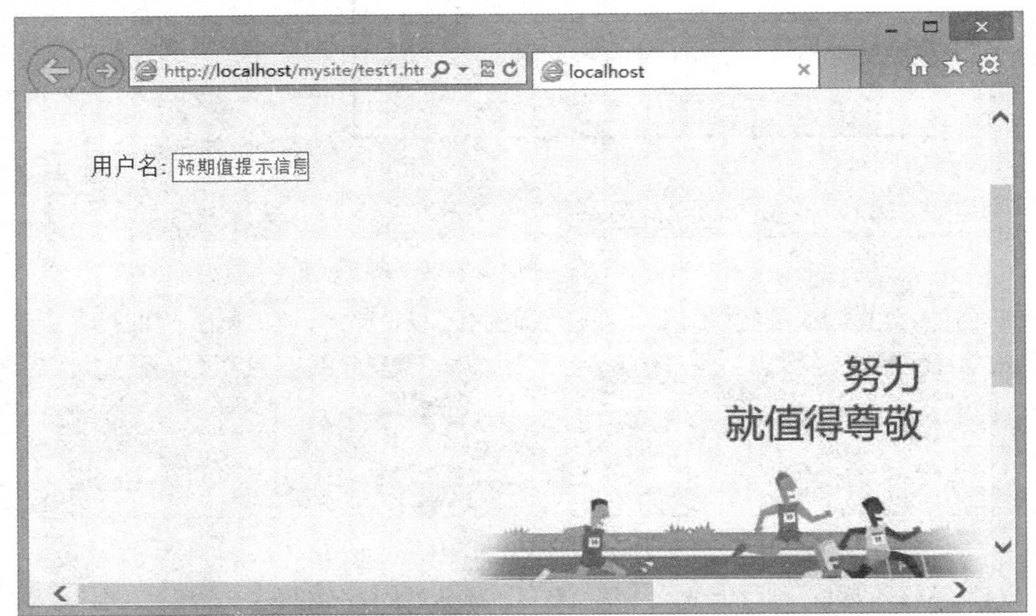

图 8.5　文本框显示效果

第 7 步，切换到【代码】视图，可以看到生成的文本框代码。

```
<label for="textfield">用户名:</label>
      <input name="textfield" type="text" id="textfield" placeholder="预期值提示
信息" title="标题信息" value="默认值" size="10" maxlength="50">
```

8.1.3　重点演练：定义文本区域

文本区域可以提供一个较大的输入空间，方便浏览者输入文章或长字符信息。

【操作步骤】

第 1 步，启动 Dreamweaver CC，打开本小节备用练习文档 test.html，另存为 test1.html。

第 2 步，在编辑窗口中单击，将光标置于要插入文本区域的位置。

第 3 步，选择【插入】|【表单】|【文本区域】命令即可，然后修改标签文字。

第 4 步，选中文本区域，在属性面板设置属性，如图 8.6 所示。

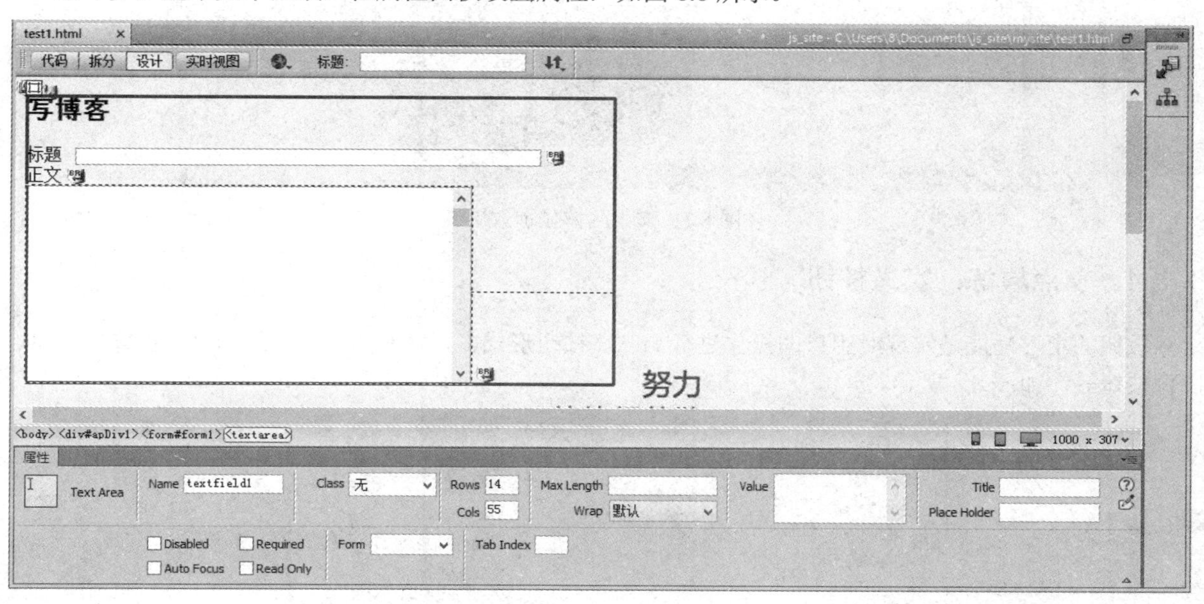

图 8.6　插入密码框

文本区域与文本框的设置属性基本相同，具体说明可以参阅文本框的属性说明。但是文本区域另外增加了如下两个属性：

（1）【Cols】文本框：设置文本区域一行中最多可显示的字符数。

（2）【Rows】文本框：设置所选文本框显示的行数，可输入数值。常用于输入较多内容的栏目，如反馈表、留言簿等。

第 5 步，保存文档，按 F12 键，在浏览器中浏览的效果如图 8.7 所示。自动生成的代码如下所示。

```
<form id="form1" name="form1" method="post" action="">
   <h2>写博客</h2>
   <label for="label">标题</label> 
   <input name="textfield1" type="text" id="label" size="60"><br>
   <label for="label">正文</label><br>
   <textarea name="textfield1" cols="55" rows="14"></textarea><br>
</form>
```

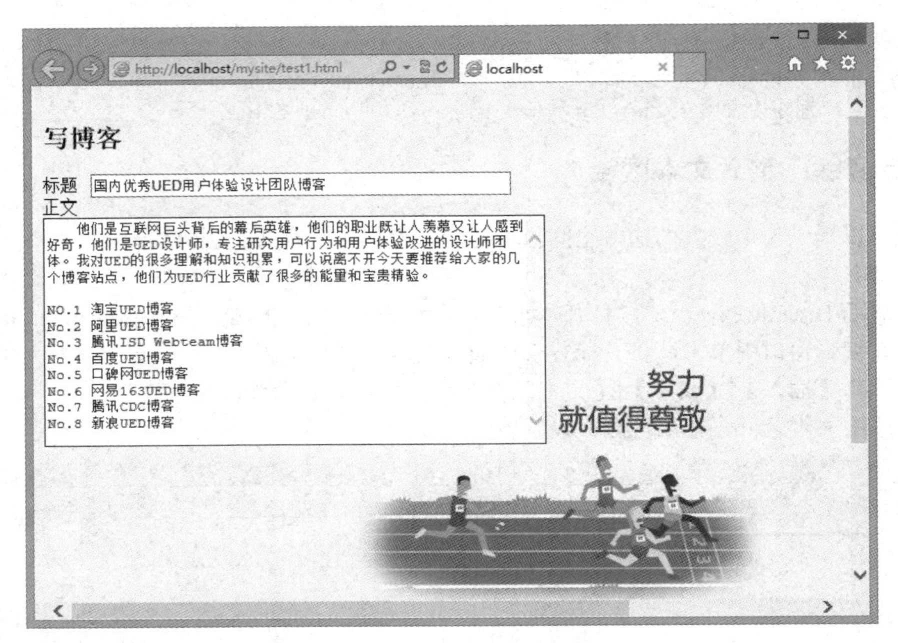

图 8.7　文本区域显示效果

扫一扫，看视频

8.1.4　重点演练：定义按钮

按钮的主要功能是实现对用户的操作进行响应。按钮形式多样，有“提交”按钮、“重置”按钮、图像按钮等，如图 8.8 所示。

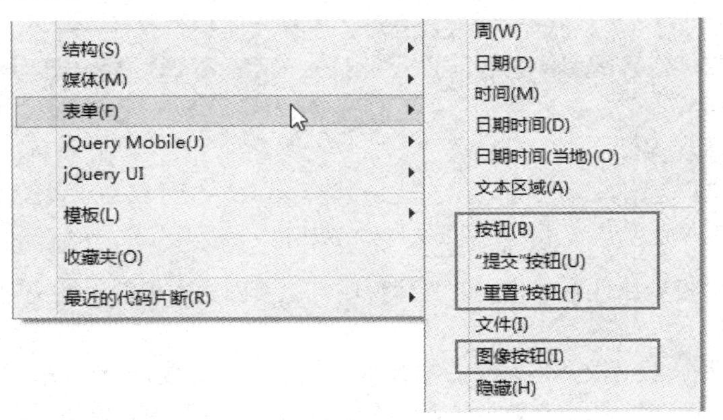

图 8.8　【表单】菜单下的按钮类型

提示：

在上图四种按钮中，“按钮”表示不包含特定操作行为的普通按钮，“提交”按钮专门负责提交表单，“重置”按钮专门负责恢复表单至默认输入状态，图像按钮与普通按钮功能相同，不包含特定操作行为，但是它可以使用图像定制按钮的外观。

下面的示例演示如何插入一个提交按钮。

【操作步骤】

第 1 步，启动 Dreamweaver CC，打开本小节备用练习文档 test.html，另存为 test1.html。

第 2 步，在编辑窗口中单击，将光标放置于表单内的后面。

第 3 步，选择【插入】|【表单】|【“提交”按钮】命令，在光标位置插入了一个“提交”按钮。

第 4 步，选中该按钮，就可以在属性面板中设置按钮的属性，如图 8.9 所示。

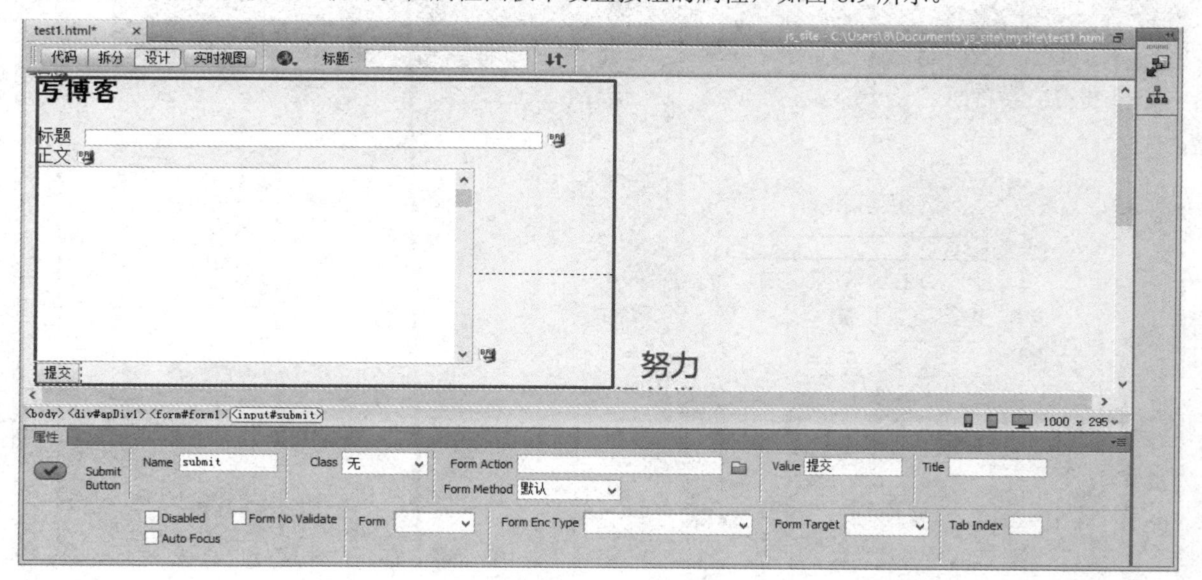

图 8.9 插入提交按钮

（1）【Name】文本框：设置按钮名称，默认为 submit。

（2）【Value】文本框：设置按钮在窗口中显示的文本字符串。

（3）【Class】选项：设置按钮的类样式，用户应先在【CSS 设计器】中设计好类样式，然后在该选项中进行选择。

（4）【Title】文本框：设置按钮的提示性文本，该文本在鼠标经过按钮时显示提示。

（5）【Disabled】：设置文本框不可用。

（6）【Auto Focus】：设置自动获取焦点。

（7）【Form】：绑定文本框所属表单域。

（8）【Tab Index】：定义访问按钮的快捷键。

第 5 步，切换到【代码】视图，可以看到生成的按钮代码。

```
<form id="form1" name="form1" method="post" action="">
   <input type="submit" name="submit" id="submit" value="提交">
</form>
```

8.1.5 重点演练：定义单选按钮

扫一扫，看视频

如果仅允许从一组选项中选择一个选项时，可以使用单选按钮。

【操作步骤】

第 1 步，启动 Dreamweaver CC，打开本小节备用练习文档 test.html，另存为 test1.html。

第 2 步，在编辑窗口中单击，将光标放置于表单内。

第 3 步，选择【插入】|【表单】|【单选按钮】命令，即在网页当前位置中插入一个单选按钮，再插入一个单选按钮，然后修改标签文本。

第 4 步，单击圆形的小按钮将选中单选按钮，在属性面板可以设置单选按钮属性，如图 8.10 所示。

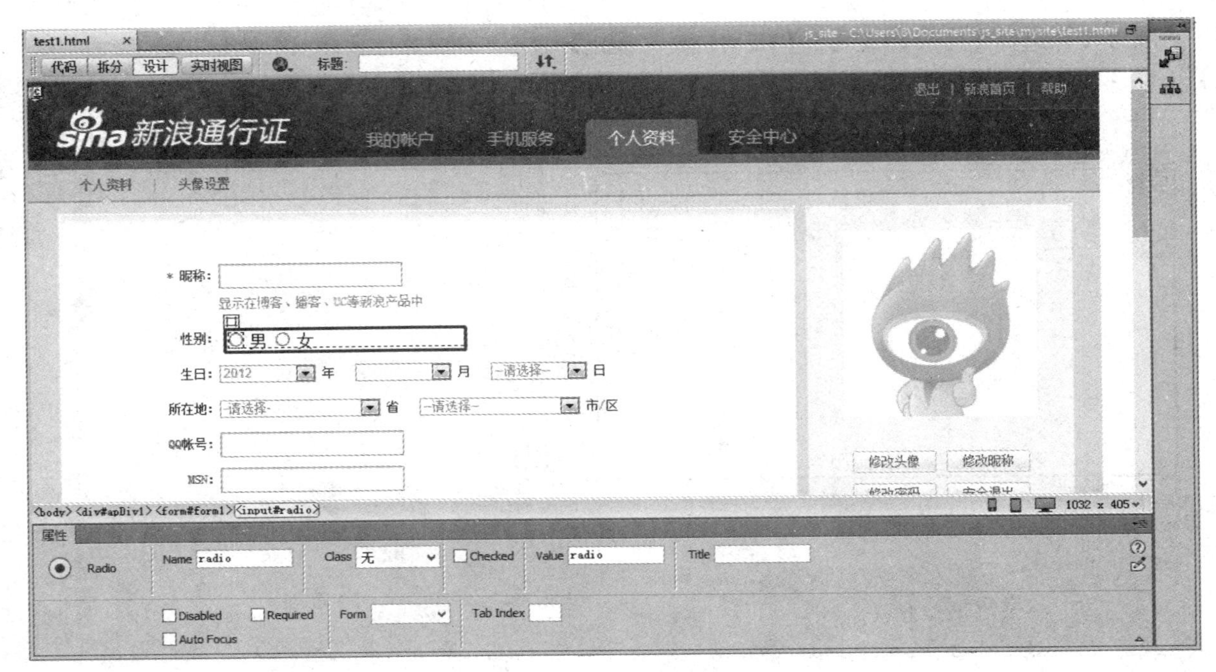

图 8.10　单选按钮属性面板

（1）【Name】文本框：设置单选按钮的名称。

（2）【Class】选项：设置单选按钮的类样式，用户应先在【CSS 设计器】中设计好类样式，然后在该选项中进行选择。

（3）【Checked】复选框：设置单选按钮在默认状态是否被选中显示。

（4）【Value】文本框：设置在该单选按钮被选中时发送给服务器的值。为了便于理解，一般将该值设置为与栏目内容意思相近。

（5）【Title】文本框：设置按钮的提示性文本，该文本在鼠标经过按钮时显示提示。

（6）【Disabled】：设置单选按钮不可用。

（7）【Auto Focus】：设置自动获取焦点。

（8）【Required】：要求必须选中单选按钮。

（9）【Form】：绑定单选按钮所属表单域。

（10）【Tab Index】：定义访问单选按钮的快捷键。

拓展：

当多个单选按钮拥有相同的名称，则会形成一组，称之为“单选按钮组”，在单选按钮组中只允许单选，不可多选。单选按钮和单选按钮组两者之间没有任何区别，只是插入方法不同。插入单选按钮组的具体操作步骤如下。

【操作步骤】

第 1 步，启动 Dreamweaver CC，打开本小节备用练习文档 test.html，另存为 test2.html。

第 2 步，在编辑窗口中单击，将光标放置于表单内。

第 3 步，选择【插入】|【表单】|【单选按钮组】命令，打开【单选按钮组】对话框，如图 8.11 所示。

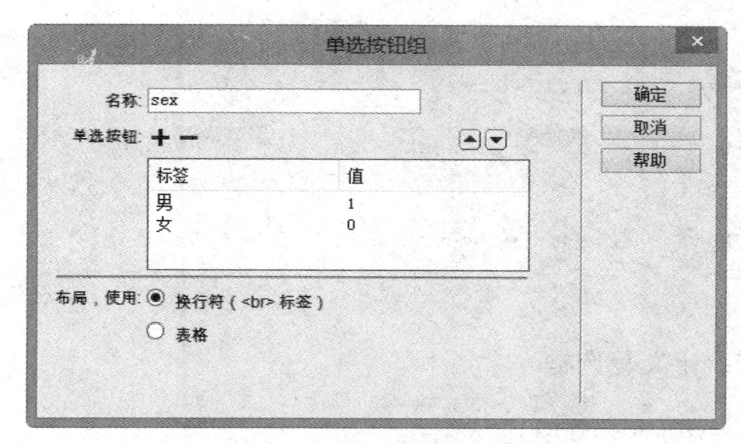

图 8.11 【单选按钮组】对话框

（1）【名称】文本框：设置该单选按钮组的名称，默认为 RadioGroup1。

（2）【单选按钮】列表区域：可以单击【添加】、【移除】、【上移】和【下移】来操作列表中的单选按钮。

1）单击【添加】按钮向单选按钮组添加一个单选按钮，然后为新增加的单选按钮输入 Lable（标签）和 Value（值）。标签就是单选按钮后的说明文字，值相当于属性面板中的【Checked】。单击【移除】按钮可以从组中删除一个单选按钮。

2）单击【上移】和【下移】按钮可以对这些单选按钮进行上移或下移操作，进行排序。

（3）【布局，使用】区域：设置单选按钮组中的布局。

1）如果选择【表格】项，则 Dreamweaver CC 会创建一个单列的表格，并将单选按钮放在左侧，将标签放在右侧。

2）如果选择【换行符】项，则 Dreamweaver CC 会将单选按钮在网页中直接换行。

第 4 步，设置完毕，可以单击【确定】按钮完成插入单选按钮组的操作。然后保存并在浏览器中预览，效果如图 8.12 所示。当插入单选按钮组之后，在浏览器中只能够勾选一个选项，不能够多选。

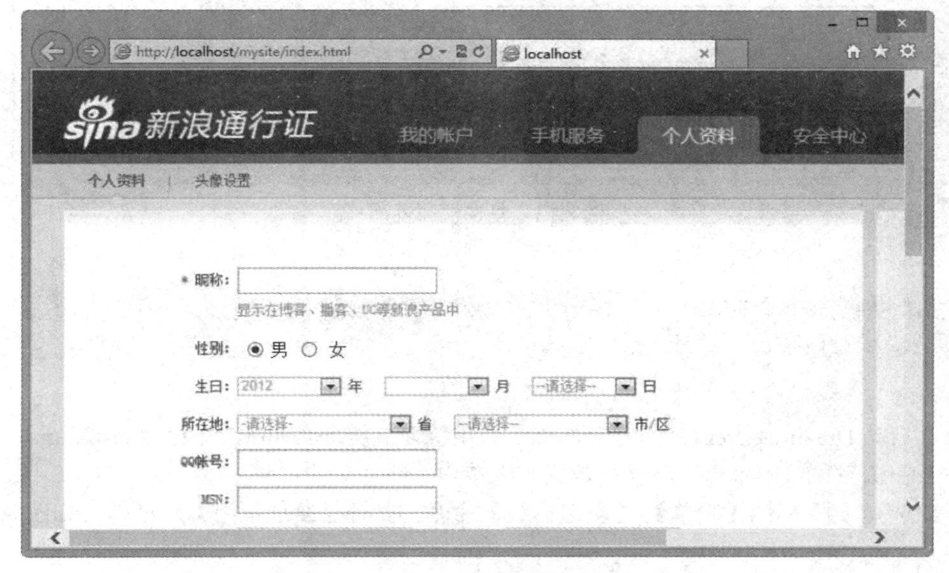

图 8.12 插入的单选按钮组效果

第 5 步，切换到【代码】视图，可以看到生成的单选按钮组代码。

```
<form id="form1" name="form1" method="post" action="">
  <label>
     <input type="radio" name="sex" value="1" id="sex_0">
     男</label>
  <label>
     <input type="radio" name="sex" value="0" id="sex_1">
     女</label>
</form>
```

扫一扫，看视频

8.1.6 重点演练：定义复选框

使用复选框组可以设计多项选择。

【操作步骤】

第 1 步，启动 Dreamweaver CC，打开本小节备用练习文档 test.html，另存为 test1.html。

第 2 步，在编辑窗口中单击，将光标放置于表单内。

第 3 步，选择【插入】|【表单】|【复选框】命令，在光标所在位置插入复选框。

第 4 步，选中复选框，在属性面板中可以设置复选框的属性，单击 Checked 复选框，可以设置复选框在默认状态是否被选中显示，其他属性可以参阅上面的介绍，如图 8.13 所示。

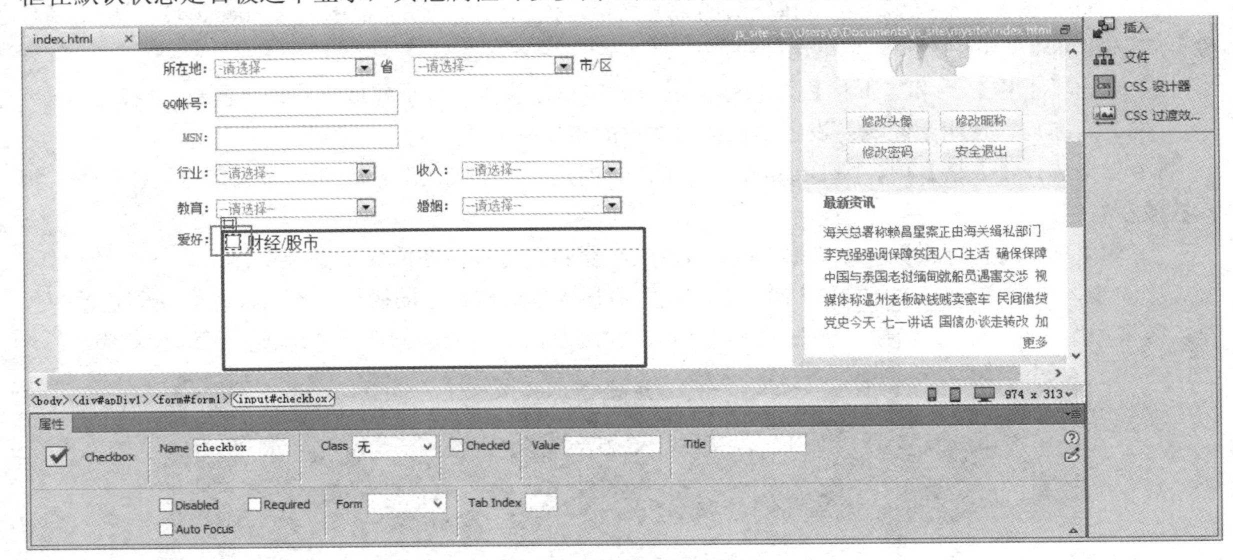

图 8.13　复选框属性面板

拓展：

当多个复选框拥有相同的名称，则会形成一组，称之为“复选框组”，在复选框组中可以允许多选，或者不选。复选框和复选框组两者之间没有任何区别，只是插入方法不同。

【操作步骤】

第 1 步，启动 Dreamweaver CC，打开本小节备用练习文档 test.html，另存为 test2.html。

第 2 步，在编辑窗口中单击，将光标放置于表单内。

第 3 步，选择【插入】|【表单】|【复选框组】命令，打开【复选框组】对话框，如图 8.14 所示。

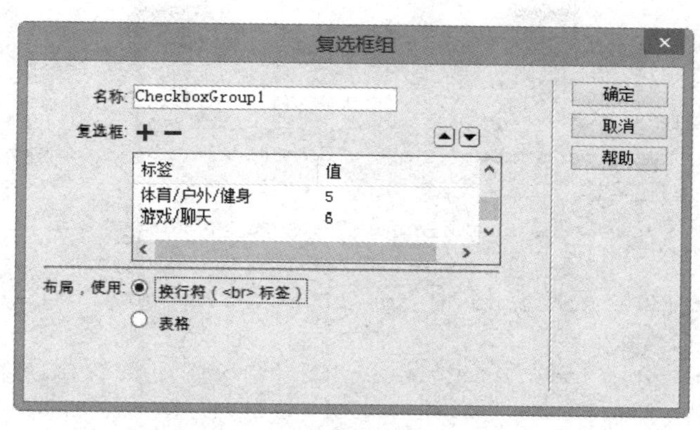

图 8.14　【复选框组】对话框

（1）【名称】文本框：设置复选框组的名称，默认为 CheckboxGroup1。

（2）【复选框】列表区域：可以单击【添加】➕、【移除】➖、【上移】▲和【下移】▼来操作列表中的复选框。

1）单击【添加】➕按钮向复选框组添加一个复选框，然后为新增加的复选框输入 Lable（标签）和 Value（值）。标签就是复选框后的说明文字，值相当于属性面板中的【Checked】。单击【移除】➖按钮可以从组中删除一个复选框。

2）单击【上移】▲和【下移】▼按钮可以对这些复选框进行上移或下移操作，进行排序。

（3）【布局，使用】区域：设置复选框组中的布局。

1）如果选择【表格】项，则 Dreamweaver CC 会创建一个单列的表格，并将复选框放在左侧，将标签放在右侧。

2）如果选择【换行符】项，则 Dreamweaver CC 会将复选框在网页中直接换行。

第 4 步，设置完毕，可以单击【确定】按钮完成插入复选框组的操作。然后保存并在浏览器中预览，效果如图 8.15 所示。当插入复选框组之后，在浏览器中进行多选操作。

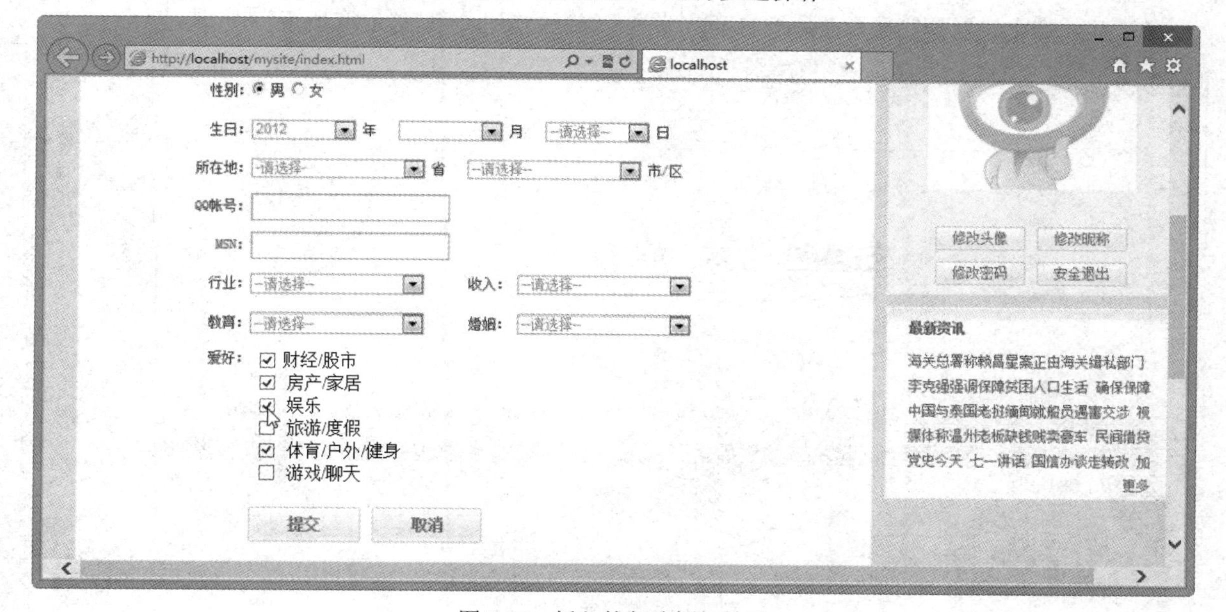

图 8.15　插入的复选框组效果

第 5 步，切换到【代码】视图，可以看到生成的复选框组代码。

```
<form id="form1" name="form1" method="post" action="">
    <label><input type="checkbox" name="CheckboxGroup1" value="1" id="CheckboxGroup1_0">财经/股市</label>
    <label><input type="checkbox" name="CheckboxGroup1" value="2" id="CheckboxGroup1_1"> 房产/家居</label>
    <label><input type="checkbox" name="CheckboxGroup1" value="3" id="CheckboxGroup1_2">娱乐</label>
    <label><input type="checkbox" name="CheckboxGroup1" value="4" id="CheckboxGroup1_3">旅游/度假</label>
    <label><input type="checkbox" name="CheckboxGroup1" value="5" id="CheckboxGroup1_4">体育/户外/健身</label>
    <label><input type="checkbox" name="CheckboxGroup1" value="6" id="CheckboxGroup1_5">游戏/聊天</label>
</form>
```

扫一扫，看视频

8.1.7 重点演练：定义选择框

选择框可以在有限的空间内提供更多选项，节省页面空间。它包括两种形式。

- 列表框：提供一个滚动条，通过拖动滚动条可以浏览很多项，并允许多重选择。
- 下拉式菜单：默认仅显示一项，该项为活动项，单击打开菜单可以选择其中一项。

下面示例设计一个下拉菜单对象。

【操作步骤】

第 1 步，启动 Dreamweaver CC，打开本小节备用练习文档 test.html，另存为 test1.html。

第 2 步，在编辑窗口中单击，将光标放置于表单内。

第 3 步，选择【插入】|【表单】|【选择】命令，在光标所在位置插入选择框。

第 4 步，选中选择框，在属性面板中可以设置选择框的属性，如图 8.16 所示。

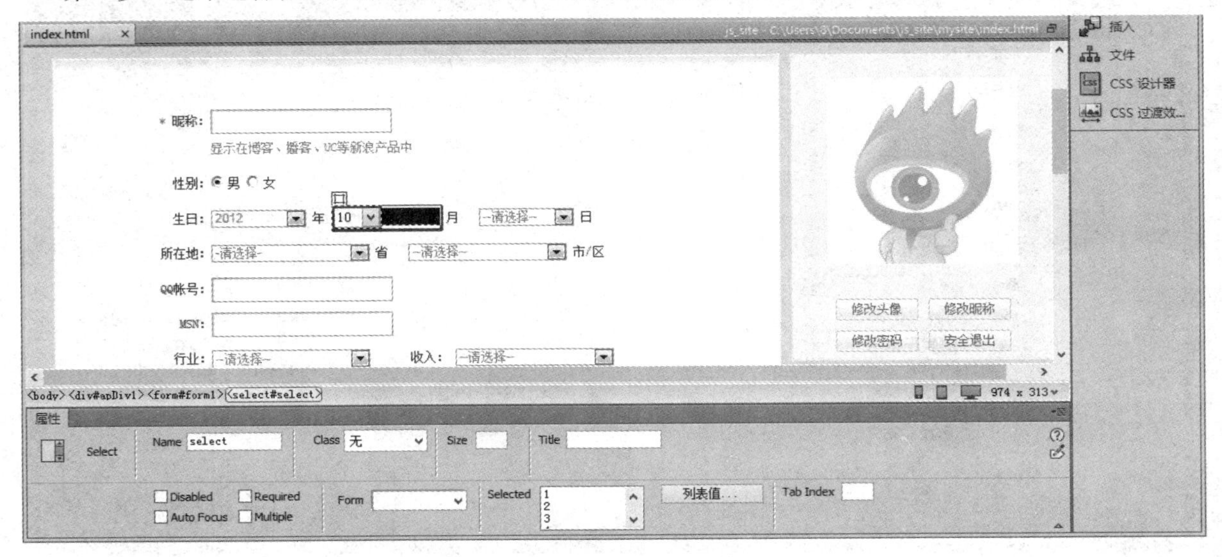

图 8.16 选择框属性面板

（1）Size 文本框：设置选择框的高度，如输入 4，则选择框在浏览器中显示为 4 个选项的高度。如果实际的项目数目多于【高度】中的项目数，列表菜单中的右侧将显示滚动条，通过滚动显示。

（2）Multiple：允许选择框可以多选。当选择框允许被多选，选择时可以结合 Shift 和 Ctrl 键进行操作。如果取消该复选框的选择，则该选择框只能单选。

（3）Selected：可以选择列表框在浏览器里初始被选中的值。

（4）【列表值】按钮：单击该按钮可以打开【列表值】对话框，如图 8.17 所示。在【列表值】对话框中，中间列表框中列有这个选择框中所包含的所有选项，每一行代表一个选项。使用方法与【单选按钮组】对话框相同。

1）【项目标签】：设置每个选项所显示的文本。

2）【值】：设置选项的值。

3）单击【加号】按钮+，可以为列表添加一个新的选项。

4）单击【减号】按钮−，可以删除在列表框里选中的选项。

5）单击【向上】▲或【向下】▼按钮，可以为列表的选项进行排序。

第 5 步，切换到【代码】视图，可以看到生成的下拉菜单代码。

```
<form id="form1" name="form1" method="post" action="">
    <label for="select"></label>
    <select name="select" id="select">
        <option value="1">1</option>
        <option value="2">2</option>
        ……
        <option value="12">12</option>
    </select>
</form>
```

下面示例设计一个列表框对象。

【操作步骤】

第 1 步，打开本小节备用练习文档 test2.html，另存为 test3.html。

第 2 步，选择【插入】|【表单】|【选择】命令，在光标所在位置插入选择框。

第 3 步，选中选择框对象，在属性面板中单击【列表值】按钮，打开【列表值】对话框，如图 8.17 所示。

第 4 步，在【列表值】对话框中输入 10 个项目，如图 8.18 所示。

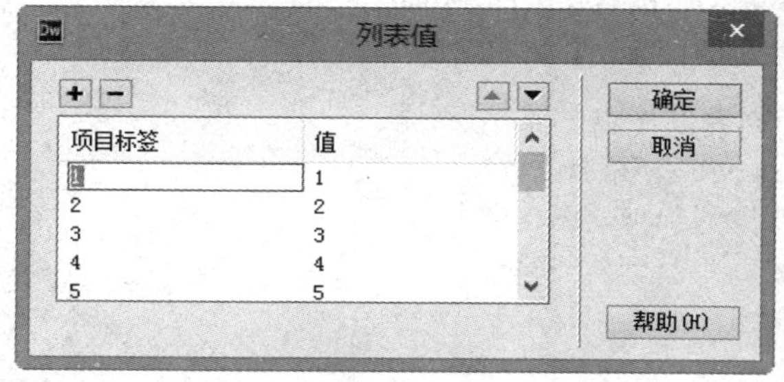

图 8.17　【列表值】对话框

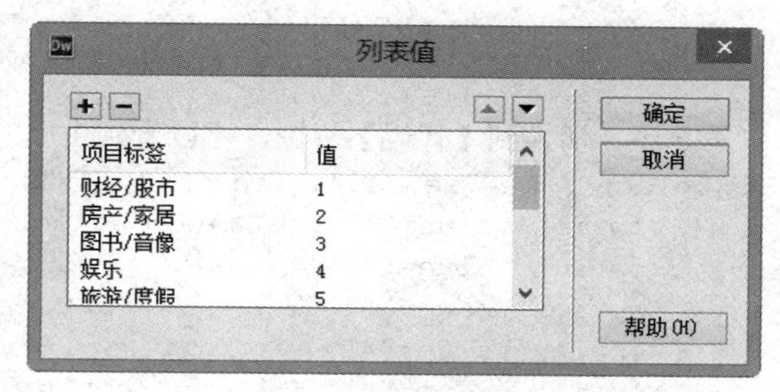

图 8.18　设置【列表值】对话框

第 5 步，在选择框属性面板中设置 Size 为 10，选中 Multiple 复选框，在 Selected 列表框中选择“财经/股市”，属性面板设置如图 8.19 所示。

第 6 步，保存文档之后，按 F12 键在浏览器预览，显示效果如图 8.20 所示。

图 8.19　设置选择框属性面板

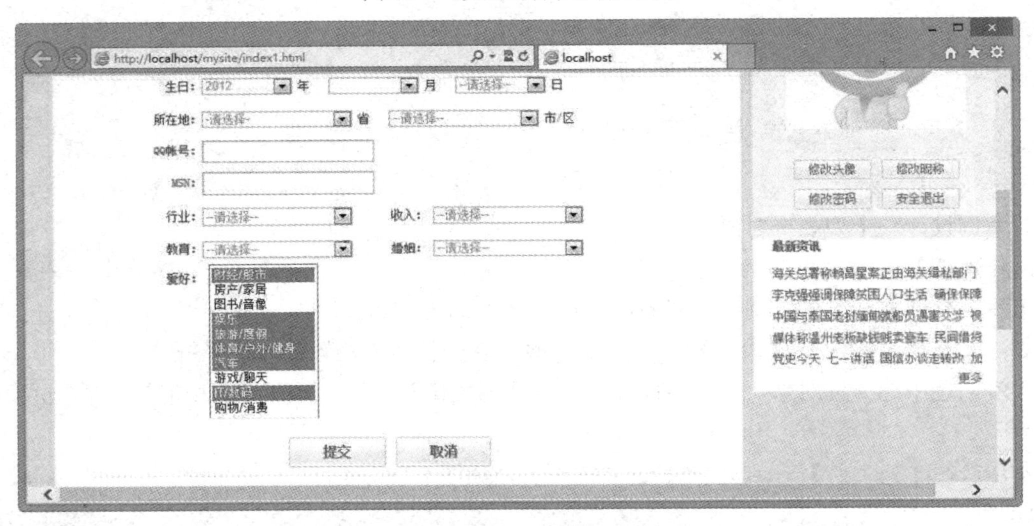

图 8.20　插入列表框的显示效果

第 7 步，切换到【代码】视图，可以看到生成的列表框代码。

```
<select name="select" size="10" id="select">
   <option value="1" selected="selected">财经/股市</option>
   <option value="2">房产/家居</option>
   <option value="3">图书/音像</option>
   <option value="4">娱乐</option>
   <option value="5">旅游/度假</option>
   <option value="6">体育/户外/健身</option>
   <option value="7">汽车</option>
   <option value="8">游戏/聊天</option>
   <option value="9">IT/数码</option>
   <option value="10">购物/消费</option>
</select>
```

8.2 插入 HTML5 表单

HTML5 新增了大量输入型表单对象，可参考【插入】|【表单】菜单项列表。通过使用 HTML5 表单对象，可以实现更好的输入控制。下面介绍常用的 HTML5 表单对象。

扫一扫，看视频

8.2.1 案例：设计电子邮件

Email 类型的 input 元素是一种专门用于输入电子邮件地址的文本输入框，在提交表单的时候，会自动验证 Email 输入框的值。如果不是一个有效的 Email 地址，则该输入框不允许提交该表单。

【操作步骤】

第 1 步，启动 Dreamweaver CC，打开本节示例中的 orig.html 文件，另存为 effect.html。在本示例中将在页面中插入一个电子邮件文本框，用来接收用户输入的用户名，操作之前建议读者先完成构建表单框，即插入表单<form>标签。

第 2 步，把光标置于页面所在位置。选择【插入】|【表单】|【电子邮件】命令，或者在【插入】面板的【表单】选项卡中单击【电子邮件】选项按钮，如图 8.21 所示。

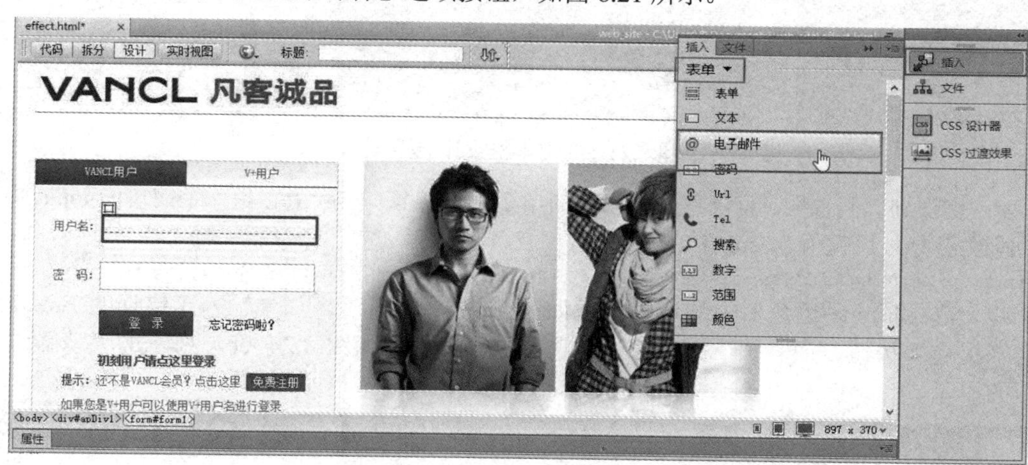

图 8.21 插入电子邮件表单对象

第 3 步，把 Dreamweaver CC 自动添加的标签提示文本删除掉，包括<label>标签，仅保留文本框对象，如图 8.22 所示。

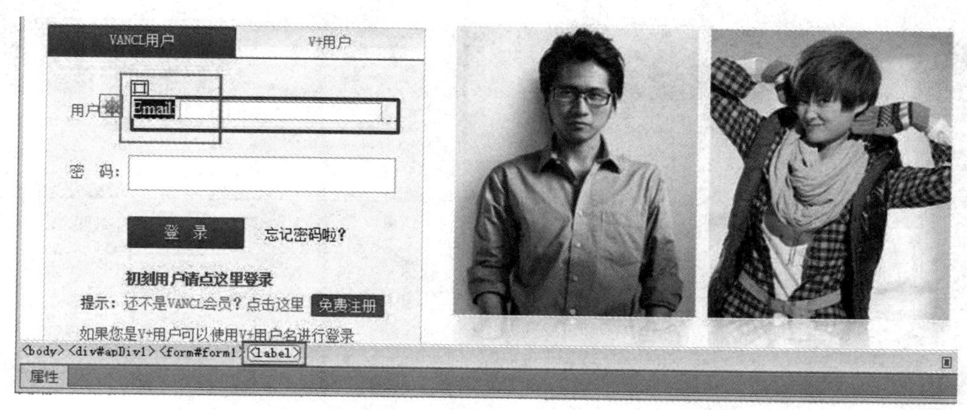

图 8.22 删除<label>标签及其包含的文本信息

第 4 步，为文本框定义类样式 email，设置布局样式：width:220px、height:28px，设计文本框以固定大小显示；设置文本样式：text-indent:5px、color:#999999、font-size:14px，设计文本框字体颜色为浅灰色，字体大小为 14 像素，首字缩进 5 像素；设置其他样式：border:solid 1px #a5afc3，设计文本框边框为 1 像素的灰色实边框。然后在属性面板中，为 Class 绑定 email 类样式，详细设置如图 8.23 所示。

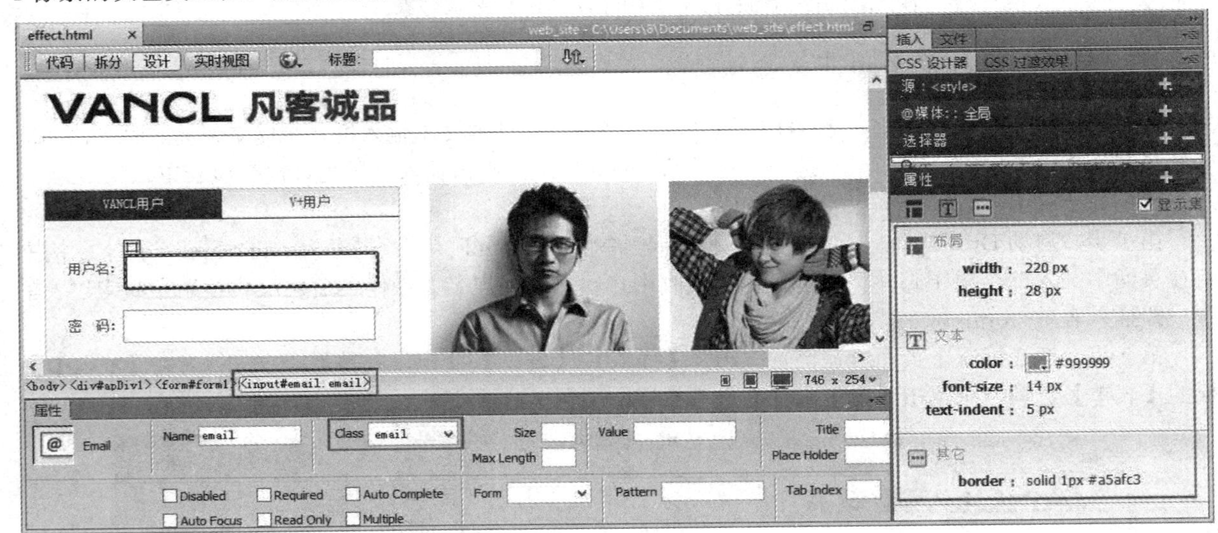

图 8.23　为文本框设计类样式

第 5 步，切换到代码视图，可以看到新添加的电子邮件对象，实际上它是一个简单的 input 输入型表单对象，修改了 type 属性值为"email"。

```
<input type="email" name="email" id="email" class="email">
```

第 6 步，在 Chrome 浏览器中的运行结果如图 8.24（a）所示。如果输入了错误的 Email 地址格式，单击“提交”按钮，或者按 Enter 键提交表单时，会出现如图 8.24（b）所示的“请输入电子邮件地址”的提示。

（a）有效的 Email 输入效果

（b）非法的 Email 验证效果

图 8.24　实例效果

拓展：

如果使用普通的文本框设计电子邮件输入对象，可以通过正则表达式设计 Pattern 验证模式，如图 8.25 所示。

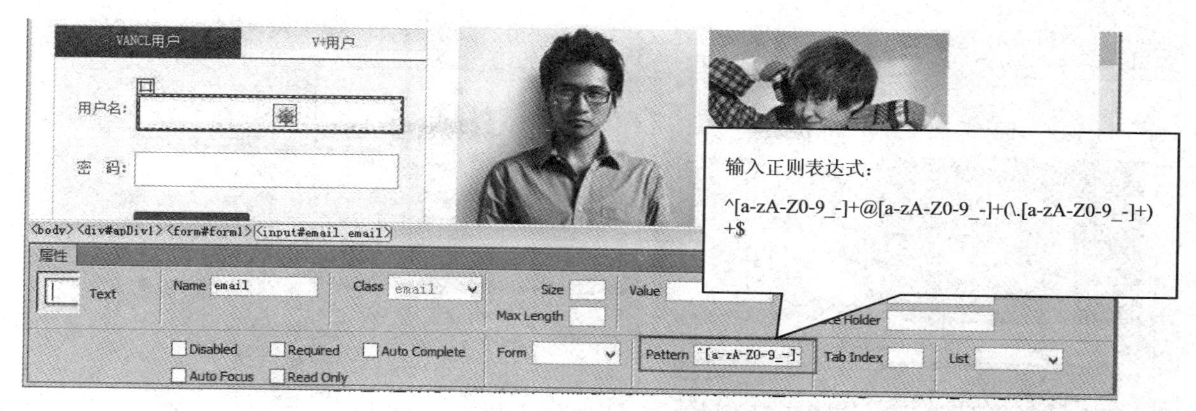

图 8.25 为文本框设计 Pattern 匹配模式

设计的代码如下：

```
<input name="email" type="text" class="email" id="email" pattern="^[a-zA-Z0-9_-]
+@[a-zA-Z0-9_-]+(\.[a-zA-Z0-9_-]+)+$">
```

在浏览器中可以实现相同的验证效果，唯一区别是错误提示的信息不同，如图 8.26 所示。

图 8.26 自定义 Pattern 验证效果

8.2.2 案例：设计数字框

number 类型的 input 元素提供用于输入数值的文本框。它还可以设定对所接受的数字的限制，包括规定允许的最大值和最小值、合法的数字间隔或默认值等。如果所输入的数字不在限定范围之内，则会出现错误提示。

【操作步骤】

第 1 步，启动 Dreamweaver CC，打开本节示例中的 orig.html 文件，另存为 effect.html。在本示例中将在页面中插入一个 Number 输入文本框，用来接收用户输入的数字，表示用户准备购买的 QQ 币数。操作之前建议读者先完成构建表单框，即插入表单<form>标签。

第 2 步，把光标置于页面所在位置。选择【插入】|【表单】|【数字】命令，或者在【插入】面板的【表单】选项卡中单击【数字】选项按钮，如图 8.27 所示。

图 8.27 插入数字表单对象

第 3 步，选中<label>标签及其包含的提示文本，按 Delete 键删除，然后选中文本框，在属性面板中设置数字文本框的基本属性：勾选 Required 复选框，要求该文本框为必填对象；设置 Max 为 1000、Min 为 1，即限制该文本框最大接收的数字和最小接收的数字；设置 Step 为 1，即每次购买 QQ 币的递增量；设置 Value 为 5，即设计文本框默认的数值为 5，设置如图 8.28 所示。

图 8.28 设置文本框属性

提示：

number 类型文本框使用下面的属性来规定对数字类型的限定，如表 8.1 所示。

表 8.1 number 类型文本框的属性

属　性	值	描　述
max	number	规定允许的最大值
min	number	规定允许的最小值
step	number	规定合法的数字间隔（如果 step="4"，则合法的数是 -4,0,4,8 等）
value	number	规定默认值

第 4 步，切换到代码视图，可以看到新添加的数字文本框对象，实际上它是一个简单的 input 输入型表单对象，修改了 type 属性值为"number"。

```
<input name="number" type="number" required id="number" form="form1" max="1000"
min="1" step="1" value="5">
```

第 5 步，为文本框定义类样式 number，设置布局样式：width:40px、height:18px、padding-right: 8px、padding-left: 8px，设计文本框固定大小显示，添加左右补白为 8 像素；设置其他样式：border:inset 2px #fff，设计文本框边框为 2 像素的白色凹陷边框。然后在属性面板中，为 Class 绑定 number 类样式，详细设置如图 8.29 所示。

图 8.29　为文本框设计类样式

第 6 步，在 Chrome 浏览器中运行，在文本框的右侧出现一个上下箭头，通过单击该按钮，可以自动填充数字，如图 8.30 所示。该文本框要求如果输入了不在限定范围之内的数字，或输入了大于规定的最大值时会弹出错误提示信息。同样的，如果违反了其他限定，也会出现相关提示。

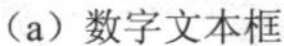

（a）数字文本框

（b）非法的数字验证效果

图 8.30　实例效果

提示：

对于不同的浏览器，number 类型的输入框其外观也可能会有所不同。如果使用 iPhone 或 iPod 中的 Safari 浏览器浏览包含 number 输入框的网页，则 Safari 浏览器同样会通过改变触摸屏键盘来配合该输入框，触摸屏键盘会优化显示数字以方便用户输入。

扫一扫，看视频

8.2.3 案例：设计范围框

range 类型的 input 元素提供用于输入包含一定范围内数字值的文本框，在网页中显示为滑动条。此时还可以设定对所接受的数字的限制，包括规定允许的最大值和最小值、合法的数字间隔或默认值等。如果所输入的数字不在限定范围之内，则会出现错误提示。

【操作步骤】

第 1 步，启动 Dreamweaver CC，打开本节示例中的 orig.html 文件，另存为 effect.html。在本示例中将在页面中插入一个 Range 输入文本框，用来接收用户输入的数字，当用户拖动滑动条时会自动调整输入的数字。操作之前建议先完成构建表单框，即插入表单<form>标签。

第 2 步，把光标置于页面所在位置。选择【插入】|【表单】|【范围】命令，或者在【插入】面板的【表单】选项卡中单击【范围】选项按钮，如图 8.31 所示。

图 8.31 插入范围表单对象

第 3 步，修改<label>标签包含的提示文本为“预览缩放”，然后选中文本框，在属性面板中设置范围文本框的基本属性：设置 Max 为 1000、Min 为 0，即限制该文本框最大接收的数字和最小接收的数字；设置 Step 为 5，即每次缩放图像的递增量；设置 Value 为 50，即设计文本框默认的数值为 50。在 Title 文本框中输入鼠标提示文本“预览缩放”，设置 Form 为“form1”，为当前文本框绑定表单域，设置如图 8.32 所示。

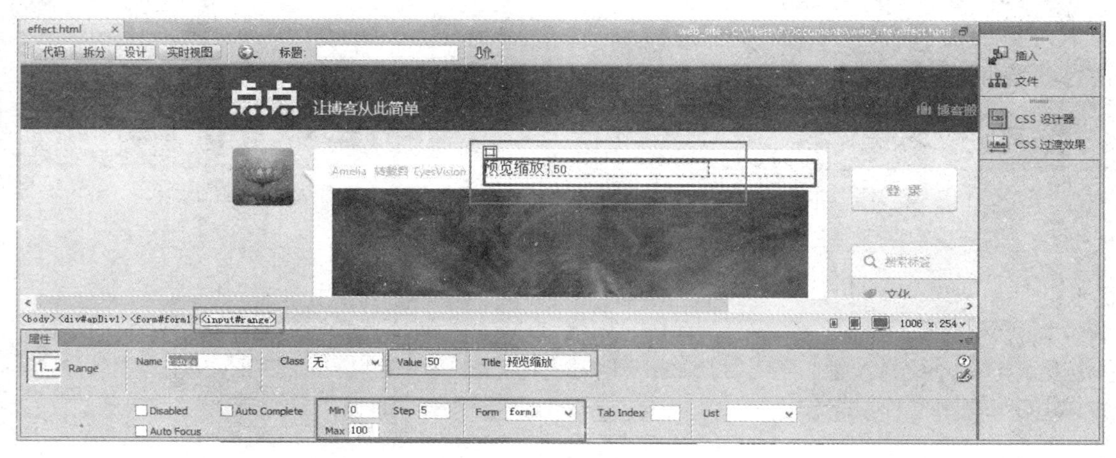

图 8.32 设置文本框属性

提示：

range 类型使用下面的属性来规定对数字类型的限定，如表 8.2 所示。

表 8.2 range 类型文本框的属性

属　性	值	描　述
max	number	规定允许的最大值
min	number	规定允许的最小值
step	number	规定合法的数字间隔（如果 step="4"，则合法的数是 -4,0,4,8 等）
value	number	规定默认值

从上表可以看出，range 类型的属性与 number 类型的属性是完全相同的，这两种类型的不同在于外观表现上，支持 range 类型的浏览器都会将其显示为滑块的形式，而不支持 range 类型的浏览器则会将其显示为普通的纯文本输入框，即以 type="text"来处理。所以可以放心地使用 range 类型的 input 元素。

第 4 步，切换到代码视图，可以看到新添加的范围文本框对象，实际上它是一个简单的 input 输入型表单对象，修改了 type 属性值为"range"。

```
<input name="range" type="range" id="range" form="form1" max="100" min="0" step="5"
title="预览缩放" value="50">
```

第 5 步，为文本框定义类样式 range，设置布局样式：width:26px、position:relative、top:8px;，设计文本框宽度为 260 像素，相对定位，通过 top 属性设置文本框向下偏移 8 像素。然后在属性面板中，为 Class 绑定 range 类样式，详细设置如图 8.33 所示。

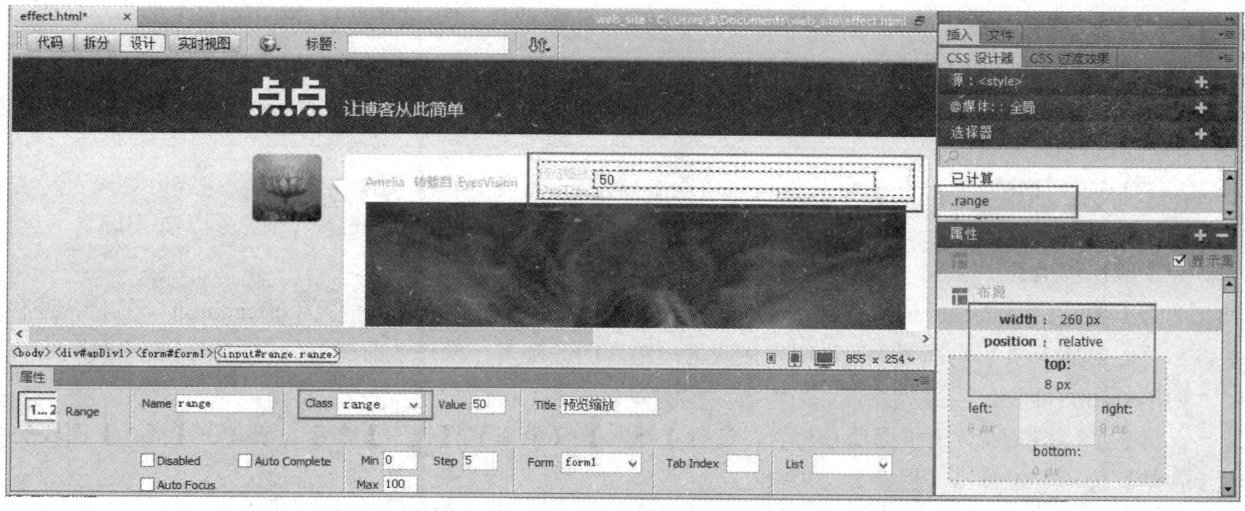

图 8.33 为文本框设计类样式

第 6 步，在 Chrome 浏览器中运行，范围文本框的显示效果如图 8.34（a）所示。range 类型的 input 元素在不同浏览器中的外观也不同，例如，在 IE 浏览器中的外观如图 8.34（b）所示，会在滑块上方动态显示出当前值，同时滑动条出现数字间隔短线。

（a）谷歌浏览器的范围文本框效果

（b）IE 浏览器下的范围文本框效果

图 8.34　实例效果

提示：

目前 Firefox 浏览器还暂时不支持该类型的文本框，不过会把它视为普通文本框进行显示。

8.3　设置 HTML5 表单属性

HTML5 新增了多个 input 控制属性，用于监控输入行为，主要包括：autocomplete、autofocus、form、form overrides、placeholder、height 和 width、min 和 max、step、list、pattern、required。下面重点介绍 3 个常用属性。

扫一扫，看视频

8.3.1　案例：自动完成

HTML5 新增的 autocomplete 属性可以帮助用户在 input 类型的输入框中实现自动完成内容输入，这些 input 类型包括：text、search、url、telephone、email、password、datepickers、range 以及 color。

【操作步骤】

第 1 步，启动 Dreamweaver CC，打开本节示例中的 orig.html 文件，另存为 effect.html。在本示例中将在页面中插入一个搜索文本框，用来接收用户输入的关键字，操作之前建议先完成构建表单框，即插入表单<form>标签。

第 2 步，把光标置于页面所在位置。选择【插入】|【表单】|【搜索】命令，或者在【插入】面板的【表单】选项卡中单击【搜索】选项按钮。

第 3 步，选中<label>标签及其包含的提示文本，按 Delete 键删除。然后选中文本框，在属性面板中设置搜索文本框的基本属性：勾选 Auto Complete 复选框，开启文本框的自动完成功能，如图 8.35 所示。

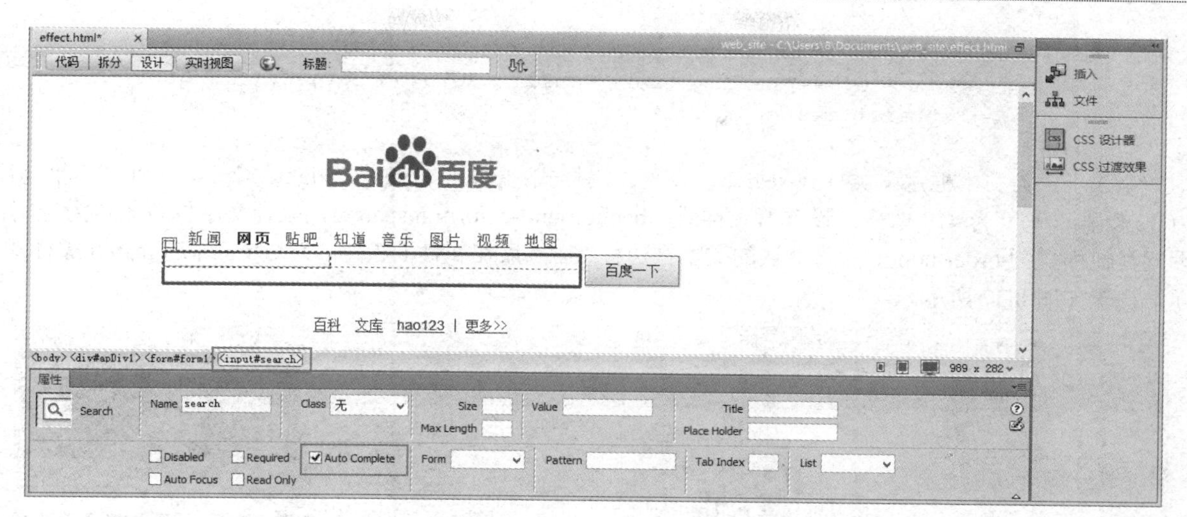

图 8.35　设置文本框属性

提示：

在某些浏览器中，可能需要首先启用浏览器本身的自动完成功能，才能使 autocomplete 属性起作用。目前 IE 浏览器暂不支持 autocomplete 属性，但是浏览器自身提供了自动完成功能。

autocomplete 属性同样适用于<form>标签，<form>标签的 autocomplete 属性用于规定表单域中所有元素都拥有自动完成功能。如果要使个别元素关闭自动完成功能，则单独为该元素指定“autocomplete="off"”即可。默认状态下表单的 autocomplete 属性是处于打开状态的，其中的输入类型表单对象继承所在表单的 autocomplete 状态。也可以单独将表单中某一输入类型的 autocomplete 状态设置为打开状态，这样可以更好地实现自动完成。

第 4 步，切换到代码视图，可以看到新添加的搜索文本框对象，该对象被定义了 autocomplete="on" 属性，如图 8.36 所示。

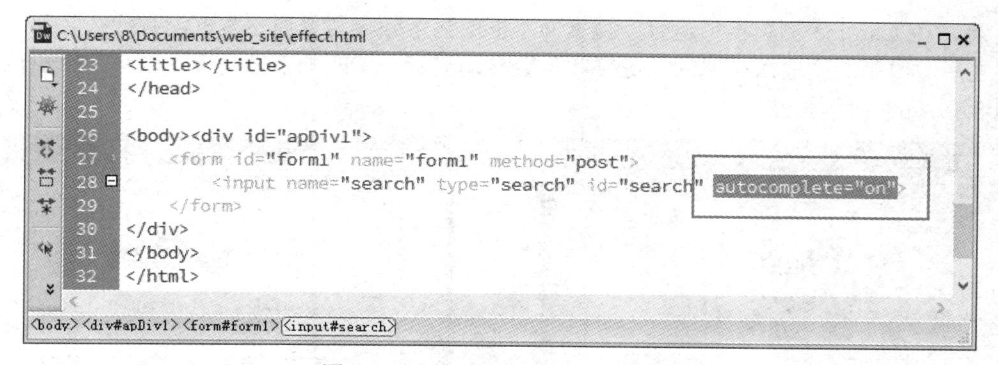

图 8.36　添加的 autocomplete 属性

提示：

autocomplete 属性包含 3 种值：on、off 和空值。其中 on 表示打开，off 表示关闭，空值表示保持默认状态，此时它会继承表单域<form>标签的 autocomplete 状态。

也可以将表单域<form>标签的 autocomplete 属性值设置为 on，而单独将其中某一输入类型的 autocomplete 属性值设置为 off。例如：

```
<form action="/formexample.asp" method="get" autocomplete="on">
姓名：<input type="text" name="name1" /><br />
```

```
职业：<input type="text" name="career1" /><br />
电子邮件地址：<input type="email" name="email1" autocomplete="off" /><br />
<input type="submit" value="提交信息" />
</form>
```

第 5 步，为文本框定义类样式 search，设置布局样式：width:419px、height: 32px，设计文本框高度为 32 像素，宽度为 419 像素；设置背景样式：background-color:transparent，设计文本框背景色为透明；设置其他样式：border:none，清除默认的文本框边框线。然后在属性面板中，为 Class 绑定 search 类样式，详细设置如图 8.37 所示。

图 8.37　为文本框设计类样式

第 6 步，在 Chrome 浏览器中运行，搜索文本框的显示效果与普通文本框没有什么区别，但是当输入关键字之后，等第二次输入类似的关键字时，会自动显示一个匹配下拉列表，以帮助用户自动完成输入，如图 8.38（b）所示。

（a）第一次输入关键字

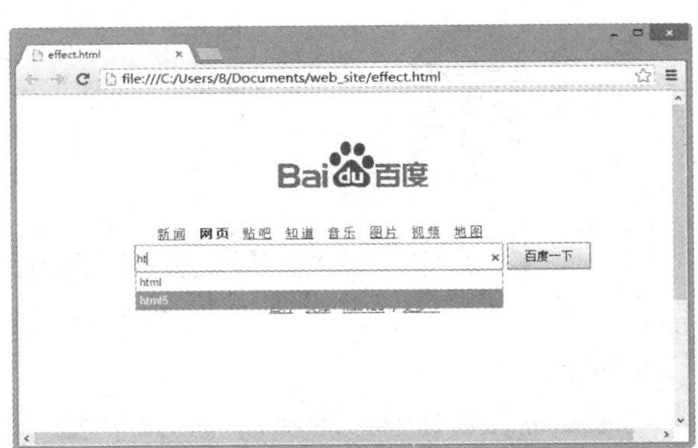

（b）第二次自动匹配完成输入

图 8.38　实例效果

拓展：

autocomplete 属性设置为 on 时，可以使用 HTML5 中新增的<datalist>标签和 list 属性提供一个数据列表供用户进行选择。

【示例】 下面的示例代码说明如何综合应用脚本、autocomplete 属性、<datalist>标签及 list 属性实现自动完成。

在本例中，当用户将焦点定位到文本框中，会自动出现一个城市列表供用户选择，如图 8.39 所示。当用户点击页面的其他位置时，这个列表就会消失。

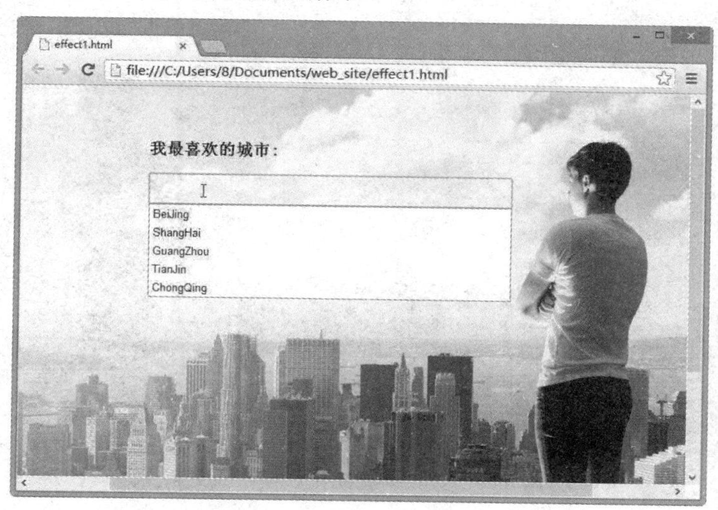

图 8.39　自动完成数据列表

当用户输入时，该列表会随用户的输入进行更新，例如，当输入字母 b 时，会自动更新列表，只列出以 b 开头的城市名称，如图 8.40 所示。随着用户不断地输入新的字母，下面的列表还会随之变化。

```
<!DOCTYPE html>
<html>
<head>
<meta http-equiv="Content-Type" content="text/html; charset=utf-8">
<style type="text/css">
body { background: url(images/bg1.jpg) no-repeat; padding: 0; margin: 0; width:
1024px; height: 644px; }
#apDiv1 { position: absolute; width: 466px; height: 90px; z-index: 1; left: 274px;
top: 44px; }
.city { width: 419px; height: 32px; border: solid 1px #0F9; background-color:
transparent; }
</style>
</head>
<body>
<div id="apDiv1">
<h3>我最喜欢的城市:</h3>
<form autocompelete="on">
    <input type="text" class="city" id="city" list="cityList">
    <datalist id="cityList" style="display:none;">
        <option value="BeiJing">BeiJing</option>
        <option value="ShangHai">ShangHai</option>
        <option value="GuangZhou">GuangZhou</option>
        <option value="TianJin">TianJin</option>
        <option value="ChongQing">ChongQing</option>
</datalist>
```

```
</form>
</div>
</body>
</html>
```

图 8.40　数据列表随用户输入而更新

扫一扫，看视频

8.3.2　案例：绑定表单域

HTML5 新增 form 属性，使用该属性可以把表单元素写在页面中的任一位置，然后只需要为这个元素指定一下 form 属性并为其指定属性值为指定表单的 ID 即可。

【操作步骤】

第 1 步，启动 Dreamweaver CC，打开本节示例中的 orig.html 文件，另存为 effect.html。在本示例中将在页面中插入一个用户名文本框、一个单选按钮组、一个密码文本框，然后把它们都绑定到一个表单域上面。

第 2 步，把光标置于页面用户名所在位置，插入一个文本框。然后，把光标置于性别行后面，选择【插入】|【表单】|【单选按钮组】命令，或者在【插入】面板的【表单】选项卡中单击【单选按钮组】选项按钮，插入单选按钮组，如图 8.41 所示。

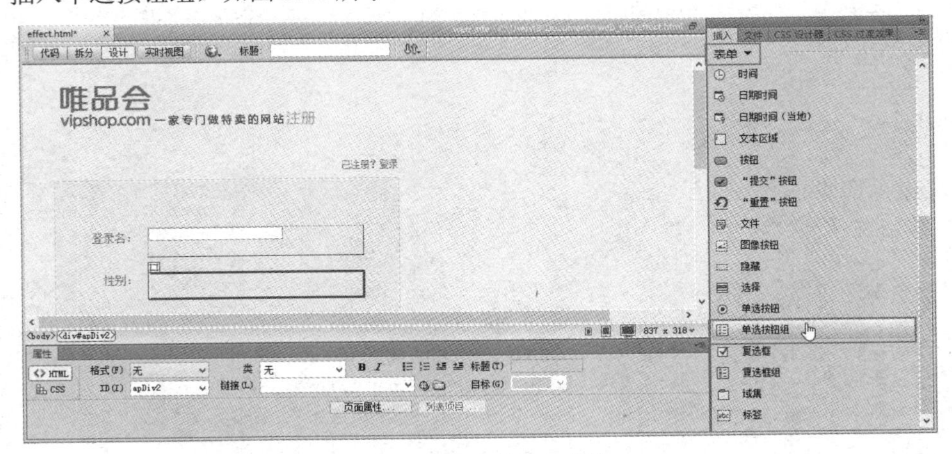

图 8.41　插入单选按钮组

第 3 步，在打开的【单选按钮组】对话框中，添加两个标签，名称分别为“男士”和“女士”，对应的值为 0 和 1，保持单选按钮组的名称不变，即默认值为 RadioGroup1，设置如图 8.42 所示，然后单击【确定】按钮完成单选按钮组的插入操作。

第 4 步，切换到代码视图，在编辑窗口中删除换行标签
，让两个选项并列显示。借助【插入】面板，继续在编辑窗口中插入两个密码文本框，然后删除自动添加的<label>标签及其包含的提示文本，如图 8.43 所示。

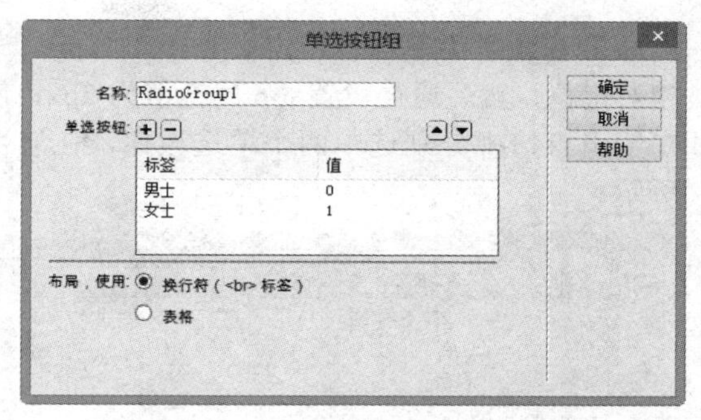

图 8.42　设置【单选按钮组】对话框

图 8.43　插入密码文本框

第 5 步，为文本框定义类样式 text，设置布局样式：width:248px、height: 16px、padding-left:10px、padding-top:9px、padding-bottom:9px;，设计文本框高度为 248 像素，宽度为 16 像素，上下补白为 9 像素，左侧补白为 10 像素；设置文本样式：line-height:16px、color:#a6a6a6、font-size:14px，设计行高为 16 像素，字体颜色为浅灰色，字体大小为 14 像素；设置其他样式：border: solid 1px #dad8da，设计边框为浅灰色的细边框。然后在编辑窗口中分别选中用户名文本框和密码文本框，在属性面板中为 Class 绑定 text 类样式，详细设置如图 8.44 所示。

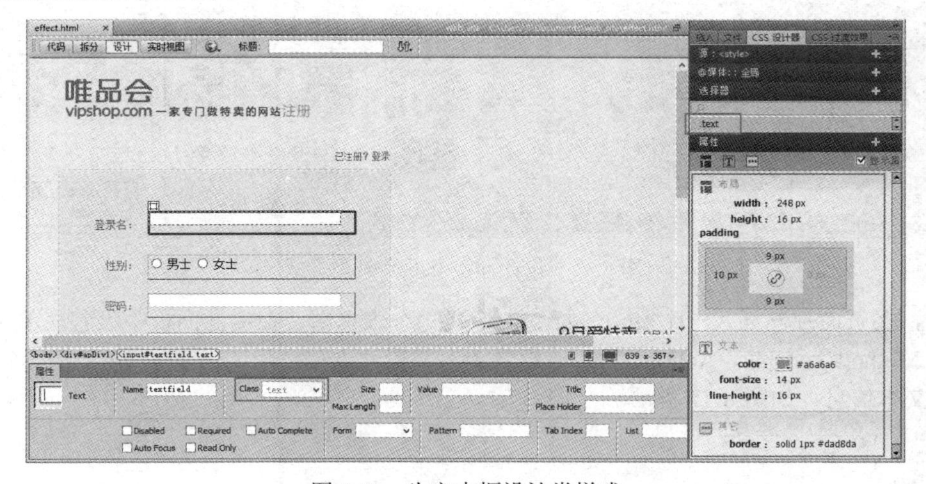

图 8.44　为文本框设计类样式

第 6 步，为单选按钮定义类样式 radio，设置布局样式：position:relative、top:2px，设计单选按钮相对定位，然后通过设置 top 属性值为 2px，使单选按钮向下偏移 2 像素，以便与标签文本对齐。然后在编辑窗口中分别选中两个单选按钮，在属性面板中为 Class 绑定 radio 类样式，详细设置如图 8.45 所示。

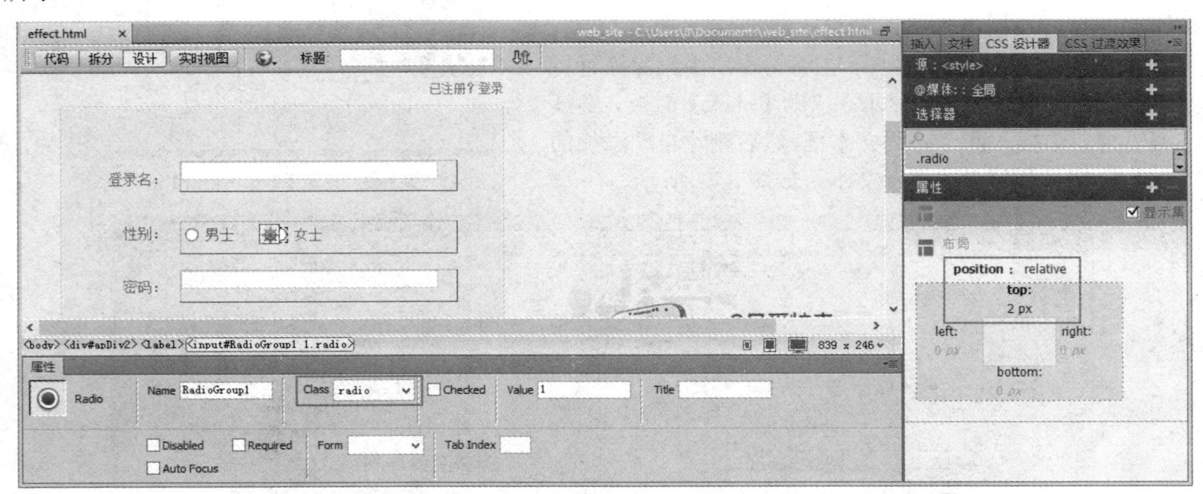

图 8.45　为单选按钮设计类样式

第 7 步，选中<label>标签，在【CSS 设计器】面板中添加 label 类型选择器，设置布局样式：margin-right:30px;，设计标签右侧产生 30 像素的距离，以便把两个单选按钮拉开距离；设置文本样式：color:#787878、font-size:14px，设计标签文本字体大小为 14 像素，字体颜色为灰色。详细设置如图 8.46 所示。

图 8.46　设计标签<label>类型样式

第 8 步，在页面顶部插入一个<form>标签，定义一个表单域，在属性面板中设置表单域的 ID 值为 login，设置 Method 为 GET、Action 为#，这样当填写并提交表单之后，可以在 URL 中看到提交的表单对象包含的文本信息，如图 8.47 所示。

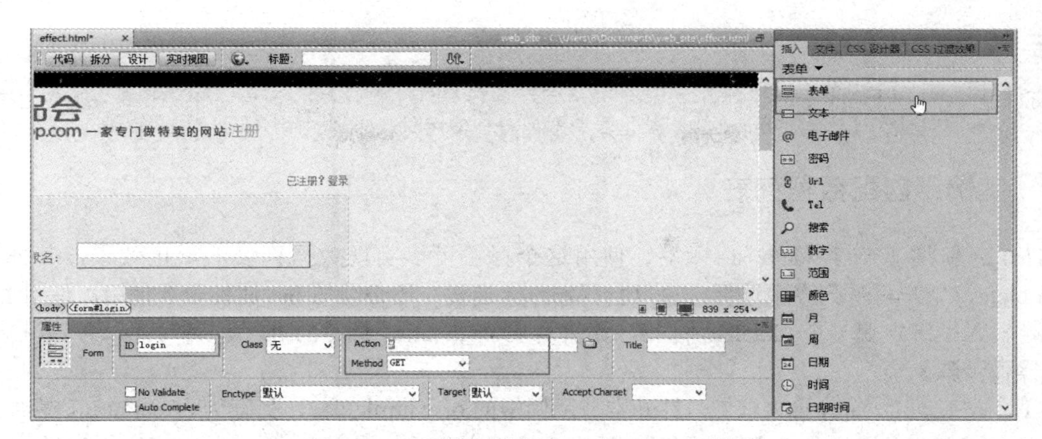

图 8.47　在页面顶部插入一个<form>标签

第 9 步，分别选中文本框和单选按钮等表单对象，在属性面板中全部设置 Form 为 login，在 Place Holder 文本框中输入提示性的占位符，如图 8.48 所示。

图 8.48　为所有文本框和单选按钮绑定表单域

第 10 步，在 Chrome 浏览器中运行，分别在各个文本框中输入值，然后回车提交表单，这时可以在请求的 URL 地址中看到被提交的所有信息，虽然这些文本框和单选按钮并没有被 Name 为 login 的表单域包含，演示效果如图 8.49 所示。

（a）填写表单信息

（b）提交表单后在地址栏中可以看到提交信息

图 8.49　实例效果

提示：

form 属性允许一个表单元素从属于多个表单，这样当提交不同表单时，这个表单元素的值都会被提交给服务器端。form 属性适用于所有的 input 输入类型表单对象，在使用时，必须引用所属表单的 ID 值。

扫一扫，看视频

8.3.3 案例：匹配数据列表

HTML5 新增了一个<datalist>标签，使用这个标签可以实现数据列表的下拉效果，其外观类似 autocomplete，用户可从列表中选择，也可自行输入。当然，还必须与 list 属性配合使用，使用 list 属性可以指定输入框绑定哪一个<datalist>标签，其值是某个<datalist>标签的 ID 值。

【操作步骤】

第 1 步，启动 Dreamweaver CC，打开本节示例中的 orig.html 文件，另存为 effect.html。在本示例中将在页面中插入一个用户名文本框，同时为该文本框绑定一个数据列表，该数据列表可以通过 Ajax 技术从服务器端动态获取，这样当用户输入登录信息时，能够自动、智能显示相匹配的选项。在本例中，仅给出几个静态的数据选项，以演示如何应用<datalist>标签，以及使用 List 属性绑定<datalist>标签。

第 2 步，把光标置于页面用户名所在位置，插入一个文本框。然后删除<label>标签及其包含的提示文本，如图 8.50 所示。

图 8.50　插入文本框

第 3 步，切换到代码视图，在<form>标签中手动输入如下代码，其中<datalist>标签表示一个数据列表框，并为其定义 ID 值，以便页面中的表单对象进行引用，然后在其中使用<option>标签定义多个选项，其中使用 label 属性定义显示的标签，使用 value 属性定义选项的值。

```
<datalist id="email_list">
    <option label="zhangsan@168.com" value="zhangsan@168.com" />
    <option label="zhang@168.com" value="zhang@168.com" />
    <option label="lisi@168.com" value="lisi@168.com" />
</datalist>
```

第 4 步，切换到设计视图，选中文本框，在属性面板的 List 文本框中设置值为 email_list，即为当前文本框绑定数据列表框，当文本框获取焦点时，会自动显示该数据列表信息，以便用户选择，如图 8.51 所示。

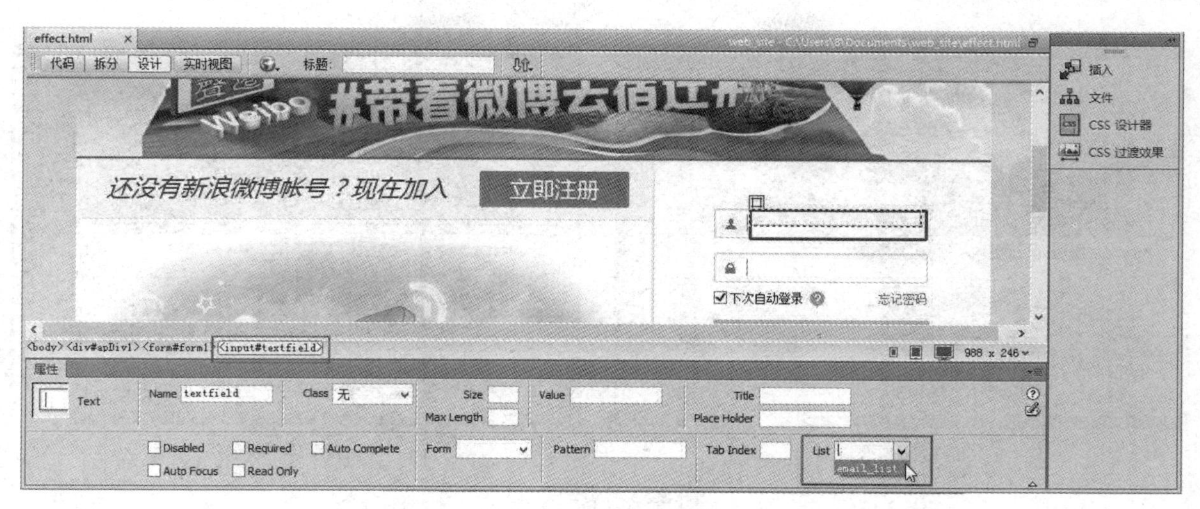

图 8.51　绑定数据列表

提示：

list 属性适用于以下 input 输入类型：text、search、url、telephone、email、date pickers、number、range 和 color。

第 5 步，为文本框定义类样式 text，设置布局样式：width:173px、height: 26px，设计文本框高度为 173 像素，宽度为 26 像素；设置文本样式：color:#a6a6a6、font-size:14px，设计字体颜色为浅灰色，字体大小为 14 像素；设置其他样式：border: none、background-color:transparent，清除边框和背景色。然后在属性面板中为 Class 绑定 text 类样式，详细设置如图 8.52 所示。

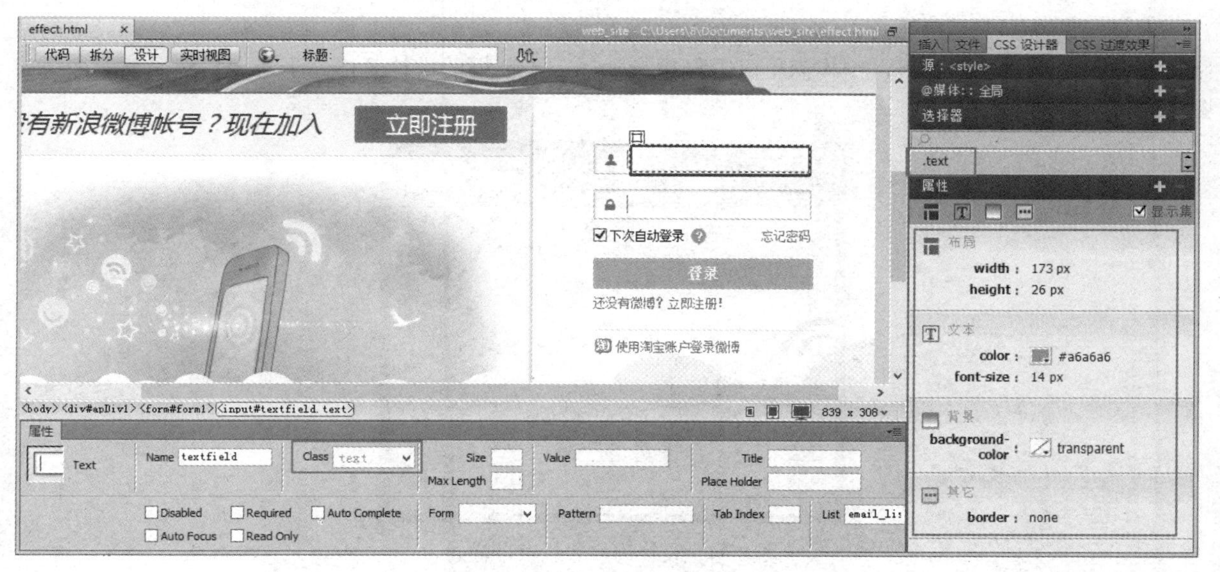

图 8.52　为文本框定义类样式

第 6 步，在 Chrome 浏览器中运行，当文本框获取焦点后，会自动显示备用数据列表，演示效果如图 8.53 所示。当用户输入新的词条，这些新词条也会被加入到下拉列表中，当下次输入相似的词条时，会自动显示并匹配。

（a）显示备选词条

（b）自动提示新词条

图 8.53　实例效果

提示：

<datalist>标签用于为输入框提供一个可选的列表，用户可以直接选择列表中的某一预设的项，从而免去输入的麻烦。该列表由<datalist>标签中的<option>子标签定义。如果用户不希望从列表中选择某项，也可以自行输入其他内容。

扫一扫，看视频

8.4　实战案例：设计用户登录表单页

本示例设计一个用户登录表单页，页面以灰色为主色调，灰色是万能色，能够与任何色调风格的网站相融合，整个登录框醒目，结构简单，方便用户使用，表单框的设计风格趋于淡定自然，演示效果如图 8.54 所示。

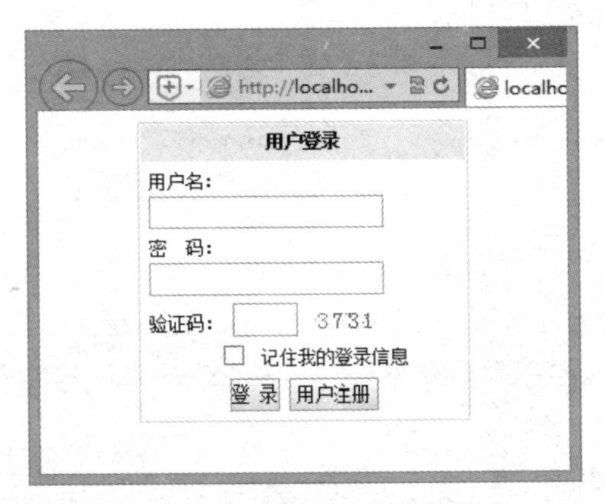

图 8.54　设计用户登录表单样式

【操作步骤】

第 1 步，在 Photoshop 中设计渐变的背景图像，高度为 21 像素，宽度为 2 像素，渐变色调以淡灰色为主，如图 8.55 所示。

第 2 步，启动 Dreamweaver，新建一个网页，保存为 index.html。

第 3 步，在<body>标签内输入如下结构代码，构建表单结构，设计一个简单的用户登录表单。

图 8.55　设计背景图像

```
<div class="user_login">
    <h3>用户登录</h3>
    <div class="content">
        <form method="post" action="">
            <div class="frm_cont userName">
                <label for="userName">用户名：</label>
                <input type="text" id="userName" />
            </div>
            <div class="frm_cont userPsw">
                <label for="userPsw">密　码：</label>
                <input type="password" id="userPsw" />
            </div>
            <div class="frm_cont validate">
                <label for="validate">验证码：</label>
                <input type="text" id="validate" />
                <img src="images/getcode.jpg" alt="验证码：3731" /></div>
            <div class="frm_cont keepLogin">
                <input type="checkbox" id="keepLogin" />
                <label for="keepLogin">记住我的登录信息</label>
            </div>
            <div class="btns">
                <button type="submit" class="btn_login">登 录</button>
                <a href="#" class="reg">用户注册</a></div>
        </form>
    </div>
</div>
```

用户登录框主要由用户名输入框、密码输入框、验证码输入框和登录按钮等相关内容组成，每个网站根据网站的实际需求而决定登录框中所应该包含的元素。

表单框包含在<div class="user_login">包含框中，添加类名为 user_login 的<div>标签将所有登录框元素包含在一个容器之内，便于后期的整体样式控制。其中包含一个标题<h3>和一个子包含框<div class="content">，即内容框。

表单元素在正常情况下都应该存在于<form>标签中，通过<form>标签中的 action 属性和 method 属性检测最后表单内的数据需要发送到服务器端哪个页面，以及以什么方式发送。

利用 div 标签将输入框以及文字包含在一起，形成一个整体。在整个表单中多次出现相同类似的元素，可以考虑使用一个类名调整多次出现的样式。例如，这里使用了 frm_cont 这个类作为整体调整。再添加一个 userName 类针对性调整细节部分。

使用<label>标签中的 for 属性激活与 for 属性的属性值相对应的表单元素标签。例如，<label for="userName">标签被单击时，将激活 id="userName"的 input 元素，使光标出现在对应的输入框中。

第 4 步，在<head>标签内添加<style type="text/css">标签，定义一个内部样式表。

第 5 步，设计登录框最外层包含框（<div class="user_login">）的宽度为 210px，再增加内补白 1px 使其内部元素与边框之间产生一点间距，显示背景颜色或者背景图片，增强视觉效果。

将登录框内的所有元素内补白、边界以及文字的样式统一。在网站整体制作的初期这一步是必不可少的，通过设置整体的样式，可以减少后期再逐个设置样式的麻烦。如果需要调整也可以很快地将所有样式修改，当然针对特定标签可以通过类样式进行有针对性的设置。

```
.user_login {  /* 设置登录框样式，增加 1px 的内补白，提升整体表现效果 */
    width:210px;
    padding:1px;
```

```
    border:1px solid #DBDBD0;
    background-color:#FFFFFF;
}
.user_login * { /* 设置登录框中全局样式，调整内补白、边界、文字等基本样式 */
    margin:0;
    padding:0;
    font:normal 12px/1.5em "宋体", Verdana,Lucida, Arial, Helvetica, sans-serif;
}
```

第 6 步，设置标题的高度以及行高，并且居中显示。在此不设置标题的宽度，使其宽度的属性值为默认的 auto，主要是考虑让其随着外面容器的宽度而改变。重要的一点是可以省去计算宽度的时间，还可以让标题与容器的边框之间 1px 之差能完美体现。

```
.user_login h3 { /* 设置登录框中标题的样式 */
    height:24px;
    line-height:24px;
    font-weight:bold;
    text-align:center;
    background-color:#EEEEE8;
}
```

第 7 步，为了增强容器与内容之间的空间感，针对表单区域内容增加内补白，使内容不会与边框显得拥挤。

```
.user_login .content {/* 设置登录框内容部分的内补白，使其与边框产生一定的间距 */
    padding:5px;
}
```

第 8 步，增加每个表单之间的间距，使表单上下之间有错落感。

```
.user_login .frm_cont {/* 将表单元素的容器向底下产生 5px 的间距 */
    margin-bottom:5px;
}
```

第 9 步，当用户单击<label>标签包含的文字时，能够激活对应的文本框，为了加强用户体验效果，当用户将鼠标经过文字时，将鼠标转变为手形，提示用户该区域点击后会有效果。

```
.user_login .frm_cont label {/* 设置鼠标经过所有的 label 标签时，鼠标为手形 */
    cursor:pointer;
}
```

第 10 步，在表单结构中包含四个表单域对象，其中三个是输入域类型，另外一个是多选框类型。对于输入域类型的<input>标签是可以修改边框以及背景等样式的，而多选框类型的<input>标签在个别浏览器中是不能修改的。因此，本案例有针对性地修改“用户名”“密码”和“验证码”输入框的样式，添加边框线。

输入域类型的<input>标签虽然可以通过 CSS 样式修改其边框以及背景样式，但 Firefox 浏览器还存在一些问题，无法利用 CSS 的 line-height 行高属性设置单行文字垂直居中。因此考虑利用内补白（padding）的方式将输入域的内容由顶部“挤压”，形成垂直居中的效果。

```
.user_login .userName input, .user_login .userPsw input, .user_login .validate input
{/* 将所有输入框设置宽度以及边框样式 */
    width:146px; height:17px;
    padding:3px 2px 0; border:1px solid #A9A98D;
}
```

第 11 步，验证码输入框的宽度相对其他几个输入框相对比较小，为了使其与验证码图片之间有一定的间隔，需要再单独使用 CSS 样式进行调整。

```
.user_login .validate input { /* 设置验证码输入框的宽度以及与验证图之间的间距 */
    width:36px;
```

```
    text-align:center;
    margin-right:5px;
}
```

第 12 步，缩进“记住我的登录信息”的内容，使多选框与其他输入框对齐，利用该容器的宽度属性值为默认值 auto 的前提下，增加左右内补白不会导致最终的宽度变大特性，使用 padding-left 将其缩进。

浏览器默认解析多选框与文字并列出现时，不会将文字与多选框的底部对齐。为了调整这个显示效果的不足，可以使用 CSS 样式中的 vertical-align 垂直对齐属性将多选框向下移动来达到最终效果。Firefox 浏览器的调整导致了 IE 浏览器的不足，因此需要利用针对 IE 浏览器的兼容方法，将 CSS 的 vertical-align 垂直对齐属性设置为 0，最终在 IE 浏览器与 Firefox 浏览器之间能达到一个相对的平衡关系。

```
.user_login .keepLogin { /* 将记住密码区域左缩进 48px，与输入框对齐 */
    padding-left:48px;
}
.user_login .keepLogin input { /* 调整多选框与文字之间的间距，以及底边与文字对齐 */
    margin-right:5px;
    vertical-align:-1px;
    *vertical-align:0; /* 针对 IE 浏览器的 HACK */
}
```

第 13 步，将按钮文字设置为相对于类名为 btns 的父级容器居中显示，需要注意以下两点内容：

- 锚点 a 标签是内联元素，不具备宽高属性。但也不能转化为块元素，如果转化为块元素后，父级的 text-align:center 居中将会失效，而且需要将按钮和文字设置浮动后才能与按钮并列显示。
- 在 IE 浏览器中，按钮与文字之间的垂直对齐关系如同多选框与文字之间的对齐，需要利用 vertical-align 将其调整。

根据这两点需要考虑的问题，可以针对锚点 a 标签设置 padding 属性增加背景图片显示的空间，可以利用兼容方式调整 IE 浏览器中对于按钮与文字之间的对齐关系。

```
.user_login .btns { /* 按钮区域的容器居中显示 */
    text-align:center;
}
.user_login .btns a {/* 设置文字基本样式以及增加相应的内补白显示背景图片 */
    padding:3px 4px 2px;
    text-decoration:none;
    color:#000000;
}
.user_login .btns button {/* 设置按钮高度以及针对 IE 浏览器调整按钮与文字的对齐方式 */
    height:21px;
    *vertical-align:-3px; /* 针对 IE 浏览器的兼容方式/
    cursor:pointer;
}
.user_login .btns button, .user_login .btns a {/*将按钮区域文字和按钮设置边框线和背景
图片 */
    border:1px solid #A9A98D;
    background:url(images/bg_btn.gif) repeat-x 0 0;
}
```

第 9 章　使用 CSS

CSS 与 HTML 就像是一对孪生兄弟，学习网页设计离不开 CSS 样式。Dreamweaver CC 提供了强大的 CSS 支持，能够在可视化界面下快速完成各种样式的设计。

【学习重点】

- 掌握 CSS 基本语法和用法。
- 能够使用 Dreamweaver CC 的 CSS 设计器。
- 能够使用 CSS 规则定义对话框定义 CSS 样式。

9.1　CSS 基本用法

CSS 即层叠样式表的英文首字母缩写，是由 W3C 组织制定的一套网页样式设计标准。CSS 有 3 个版本，其中 CSS2.1 版本最流行，CSS3 是最新标准。

扫一扫，看视频

9.1.1　CSS 样式

在 CSS 源代码中，样式是最基本的语法单元。每个样式包含两部分内容：选择器和声明（或称为规则），如图 9.1 所示。

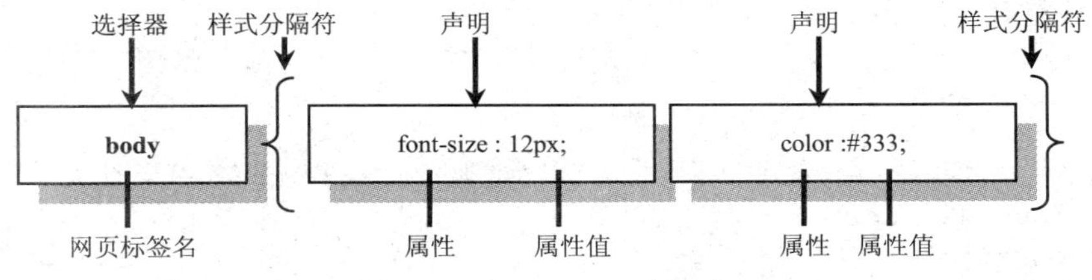

图 9.1　CSS 样式基本格式

- 选择器（Selector）：用于告诉浏览器该样式将作用于页面中哪些对象，这些对象可以是一个标签、指定 class 或 id 值的对象等。
- 声明（Declaration）：声明包括属性和属性值，用分号来标识结束“在一个样式中”最后一个声明可以省略分号。所有声明被放置在一对大括号内，然后放在选择器的后面。
  - 属性（Property）：CSS 预定的样式项。属性名由一个或多个单词组成，多个单词之间通过连字符相连。这样可以直观显示要设置的类型和效果。
  - 属性值（Value）：用于设置属性应该显示的效果，包括值和单位，或者关键字。

【示例 1】　定义网页字体大小为 12 像素，字体颜色为深黑色，可以设置如下样式。

```
body{font-size: 12px; color: #333;}
```

【示例 2】　定义段落文本的背景色为紫色，可以在上面样式的基础上定义如下样式。

```
body{font-size: 12px; color: #333;}p{background-color: #FF00FF;}
```

【示例 3】　由于 CSS 忽略空格，可以格式化 CSS 源代码。

```
body {
    font-size: 12px;
    color: #333;
```

```
}
p { background-color: #FF00FF; }
```

这样在阅读时就一目了然了，代码也容易维护。

9.1.2　应用 CSS 样式

扫一扫，看视频

CSS 样式代码必须保存在.css 类型的文本文件中，或者放在网页内的<style>标签中，或者插在网页标签的 style 属性值中，否则是无效的。

【示例 1】　直接放在标签的 style 属性中，即定义行内样式。

```
<!doctype html>
<html>
<head>
<meta charset="utf-8">
</head>
<body>
<span style="color:red;">红色字体</span>
<div style="border:solid 1px blue; width:200px; height:200px;"></div>
</body>
</html>
```

当浏览器解析上面标签时，能够解析这些样式代码，并把效果呈现出来。

注意：

行内样式与标签属性的用法类似，这种做法没有真正把 HTML 和 CSS 代码分开，不建议使用，除非临时定义单个样式。

【示例 2】　把样式代码放在<style>标签内，即定义内部样式。

```
<!doctype html>
<html>
<head>
<meta charset="utf-8">
<style type="text/css">
/*页面属性*/
body {
   font-size: 12px;
   color: #333;
}
/*段落文本属性*/
p { background-color: #FF00FF; }
</style>
</head>
<body>
</body>
</html>
```

使用<style>标签时，应该指定 type 属性，告诉浏览器该标签包含的代码是 CSS 源代码，这样浏览器才能正确解析它们。

提示：

内部样式一般放在网页头部区域，目的是让 CSS 源代码早于页面结构代码下载并被解析，从而避免当网页信息下载之后，由于没有 CSS 样式渲染而让页面信息无法正常显示。

注意：

在网站整体开发时，使用这种方法会产生大量代码冗余，而且一页一页地管理样式非常繁琐，不建议这样使用。

通常把样式代码保存在单独的文件中，然后使用<link>标签或者@import 命令导入。这种方式称为导入外部样式。每个 CSS 文件定义一个外部样式表。一般网站都采用外部样式表来设计网站样式，以便代码统筹和管理。

扫一扫，看视频

9.1.3 CSS 样式表

一个或多个 CSS 样式可以组成一个样式表。样式表包括内部样式表和外部样式表，它们没有本质区别，具体说明如下。

1. 内部样式表

内部样式表包含在<style>标签内，一个<style>标签定义一个内部样式表。一个网页文档中可以包含多个<style>标签，即能够定义多个内部样式表。

2. 外部样式表

把 CSS 样式放在独立的文件中，称之为外部样式表。外部样式表文件是一个文本文件，扩展名为.css。

在外部样式表文件的第一行可以是 CSS 样式的字符编码。例如，下列代码定义样式表文件的字符编码为中文简体。

```
@charset "gb2312";
```

可以保留默认设置，浏览器会根据 HTML 文件的字符编码解析 CSS 代码。

扫一扫，看视频

9.1.4 导入样式表

外部样式表必须导入到网页文档中，才能够被浏览器正确解析。导入外部样式表文件的方法有两种，简单说明如下。

1. 使用<link>标签

使用<link>标签导入外部样式表文件的用法如下。

```
<link href="style.css" rel="stylesheet" type="text/css" />
```

在使用<link>标签时，一般应定义 3 个基本属性。

- href：定义样式表文件的路径。
- type：定义导入文件的文本类型。
- rel：定义关联样式表。

也可以设置 title 属性，定义样式表的标题，部分浏览器（如 Firefox）支持通过 title 选择所要应用的样式表文件。

2 使用@import 命令

使用 CSS 的@import 命令可以在<style>标签内导入外部样式表文件。

```
<style type="text/css">
@import url("style .css");
</style>
```

在@import 命令后面，调用 url()函数定义外部样式表文件的地址。

扫一扫，看视频

9.1.5 CSS 注释和格式化

所有被放在“/*”和“*/”分隔符之间的文本信息都被 CSS 视为注释，不被浏览器解析。

```
/* 注释 */
```

或

```
/*
注释
*/
```

在 CSS 中，各种空格是不被解析的，因此可以利用 Tab 键、空格键对样式表和样式代码进行格式化排版。

9.2 使用 CSS 设计器

在 Dreamweaver CC 操作环境中，可以使用【CSS 设计器】面板快速定义 CSS 样式，轻松开发符合标准的 CSS 页面。

扫一扫，看视频

9.2.1 认识 CSS 设计器

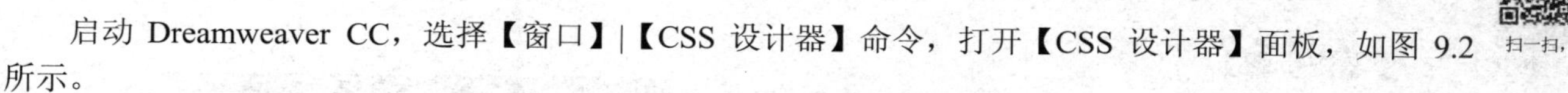

启动 Dreamweaver CC，选择【窗口】|【CSS 设计器】命令，打开【CSS 设计器】面板，如图 9.2 所示。

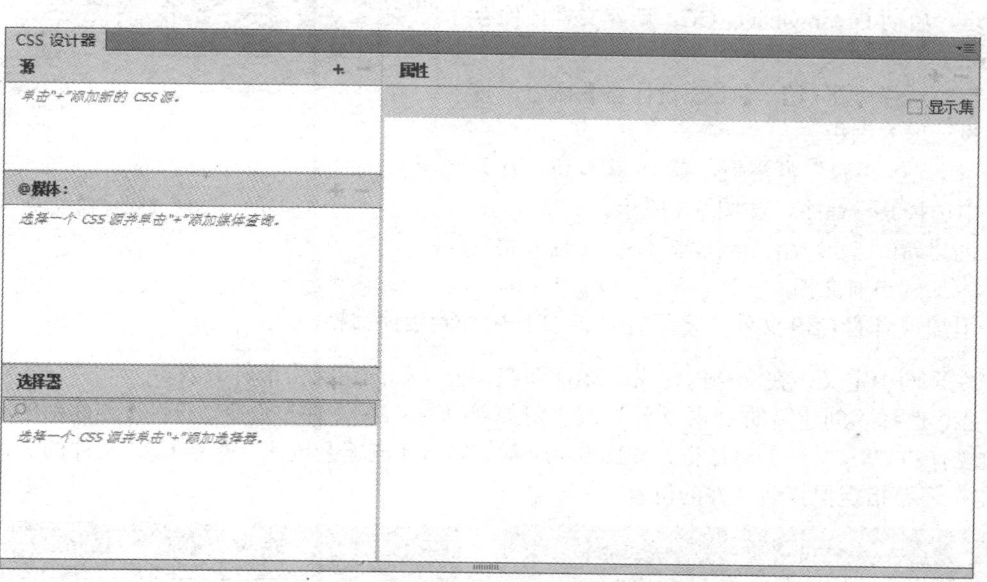

图 9.2 【CSS 设计器】面板

【CSS 设计器】面板属于 CSS 属性检查器，能够可视化地创建 CSS 样式。

提示：

在 CSS 设计器中，可以使用 Ctrl+Z 快捷键撤销操作，也可以使用 Ctrl+Y 快捷键还原执行的所有操作，同时更改会自动反映在“实时视图”中，相关 CSS 文件也会刷新。为了方便观察相关文件已更改，受影响文件的选项卡将在一段时间内（约 8 秒）突出显示。

【CSS 设计器】面板由以下窗格组成：

➘ 源

列出与文档相关的所有 CSS 样式表。使用该窗格，可以创建 CSS，并将其附加到文档，也可以定义文档中的样式。

➘ @媒体

在此窗格中列出所选源中的全部媒体查询。如果不选择特定 CSS，则该窗格中将显示与文档关联的所有媒体查询。

➘ 选择器

在此窗格中列出所选源中的全部选择器。如果同时还选择了一个媒体查询，则此窗格中会为该媒体查询缩小选择器列表范围。如果没有选择 CSS 或媒体查询，则该窗格中将显示文档中的所有选择器。

在“@媒体”窗格中选择“全局”后，将显示对所选源的媒体查询中不包括的所有选择器。

➘ 属性

显示可为指定的选择器设置的属性。

提示：

CSS 设计器是上下文相关的。对于任何给定的上下文或选定的页面元素，都可以查看关联的选择器和属性。而且，在 CSS 设计器中选中某选择器时，关联的源和媒体查询将在各自的窗格中高亮显示。

扫一扫，看视频

9.2.2 重点演练：创建和附加样式表

【操作步骤】

第 1 步，启动 Dreamweaver CC，新建文档，保存为 test.html。

第 2 步，选择【窗口】|【CSS 设计器】命令，打开【CSS 设计器】面板。

第 3 步，在 “源” 窗格中，单击按钮，在弹出的菜单中选择某一命令，如图 9.3 所示。

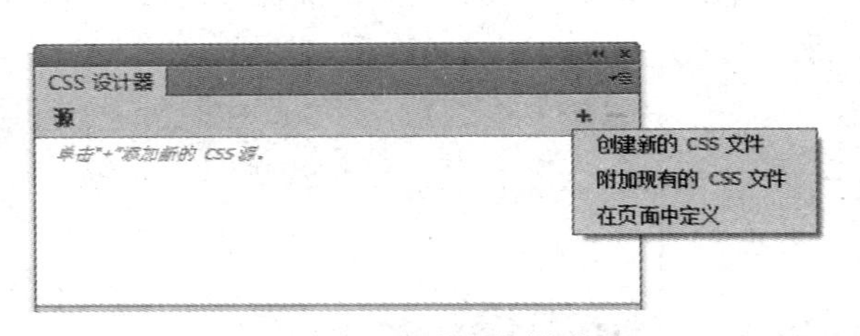

图 9.3 创建或附加样式表

➘ 创建新的 CSS 文件：创建新 CSS 文件并将其附加到当前文档。

➘ 附加现有的 CSS 文件：将现有 CSS 文件附加到当前文档。

➘ 在页面中定义：在文档内定义 CSS，即在当前文档内定义内部样式表。

第 4 步，选择“创建新的 CSS 文件”或“附加现有的 CSS 文件”命令，打开【创建新的 CSS 文件】或【附加现有的 CSS 文件】对话框，如图 9.4 所示。单击【浏览】按钮，指定 CSS 文件的名称。如果要创建 CSS，还要指定保存新文件的位置。

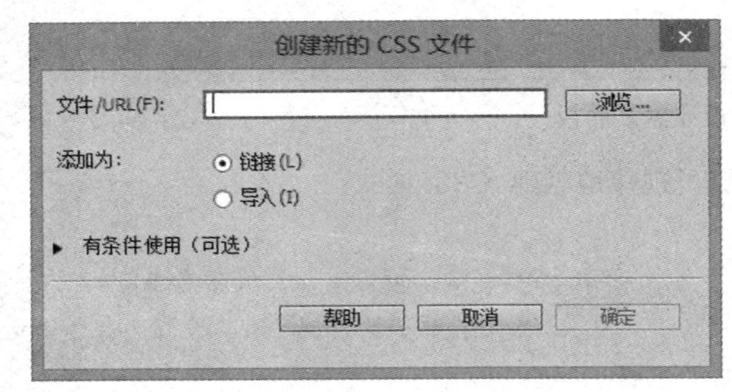

（a）创建新的 CSS 文件

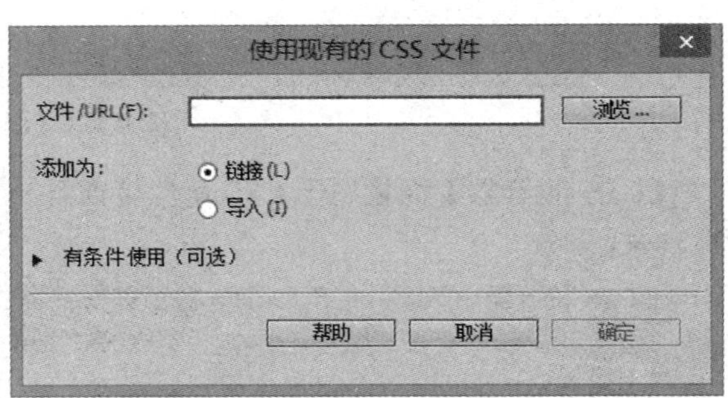

（b）附加现有的 CSS 文件

图 9.4 创建或附加样式表

第 5 步，执行下列操作之一：

- 选中“链接”单选按钮，以将 Dreamweaver 文档链接到 CSS 文件。
- 选中“导入”单选按钮，以将 CSS 文件导入到该文档中。

第 6 步，如果需要，可以单击“有条件使用”，然后指定要与 CSS 文件关联的媒体查询，如图 9.5 所示。

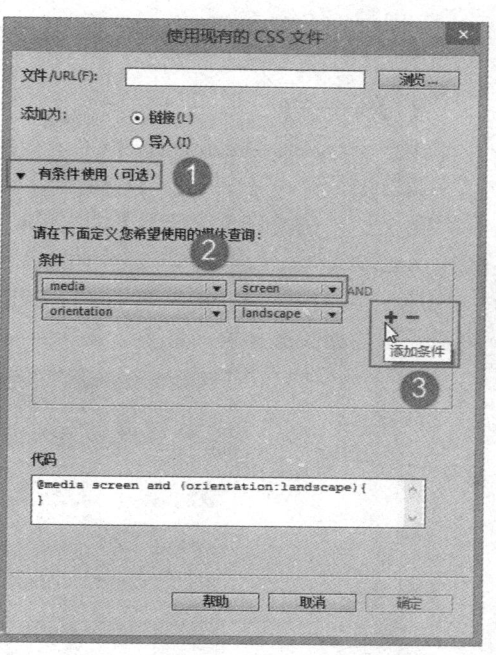

图 9.5　定义设备类型和使用条件

9.2.3　重点演练：定义媒体查询

【操作步骤】

第 1 步，启动 Dreamweaver CC，新建文档，保存为 test.html。

第 2 步，选择【窗口】|【CSS 设计器】命令，打开 CSS 设计器面板。

第 3 步，在 CSS 设计器面板的“源”窗格中，单击➕，然后设置 CSS 源文件。

第 4 步，单击“@媒体”窗格中的➕以添加新的媒体查询，如图 9.6 所示。

第 5 步，打开【定义媒体查询】对话框，其中列出 Dreamweaver CC 支持的所有媒体和查询条件，根据需要选择条件，如图 9.7 所示。

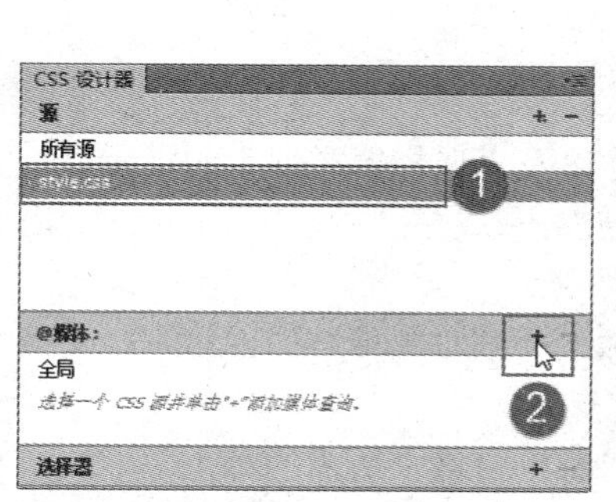

图 9.6　添加新的媒体查询

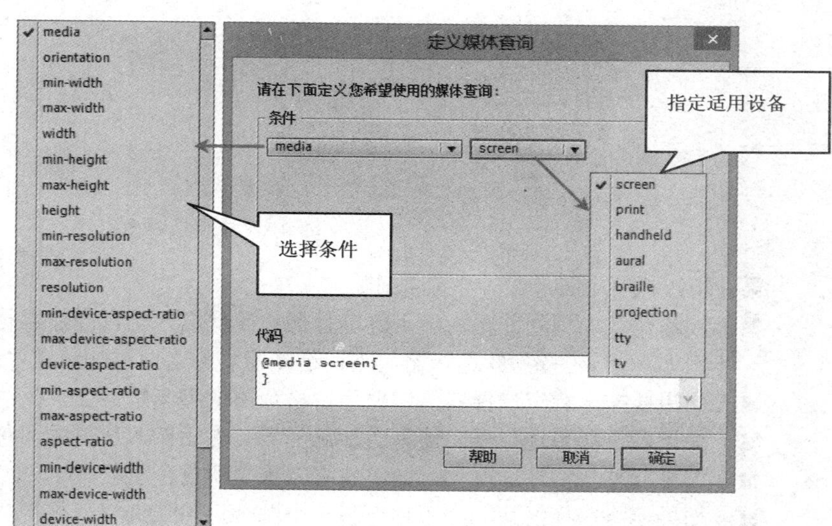

图 9.7　设置设备和条件

提示：

确保为选择的所有条件指定有效值。否则，无法成功创建相应的媒体查询。目前对多个条件只支持“And”运算。

如果通过代码添加媒体查询条件，则只会将受支持的条件填入【定义媒体查询】对话框中。然而，该对话框中的“代码”文本框会完整地显示代码（包括不支持的条件）。

扫一扫，看视频

9.2.4 重点演练：定义 CSS 选择器

【操作步骤】

第 1 步，启动 Dreamweaver CC，新建文档，保存为 test.html。

第 2 步，选择【窗口】|【CSS 设计器】命令，打开【CSS 设计器】面板。

第 3 步，在【CSS 设计器】面板的“源”窗格中，单击按钮，然后设置 CSS 源文件。

第 4 步，单击“@媒体”窗格中的按钮，添加新的媒体查询。如果省略该项设置，则表示全局设备。

第 5 步，在“选择器”窗格中，单击按钮，根据在文档中选择的元素，CSS 设计器会智能确定并提示使用的相关选择器（最多 3 条规则），如图 9.8 所示。

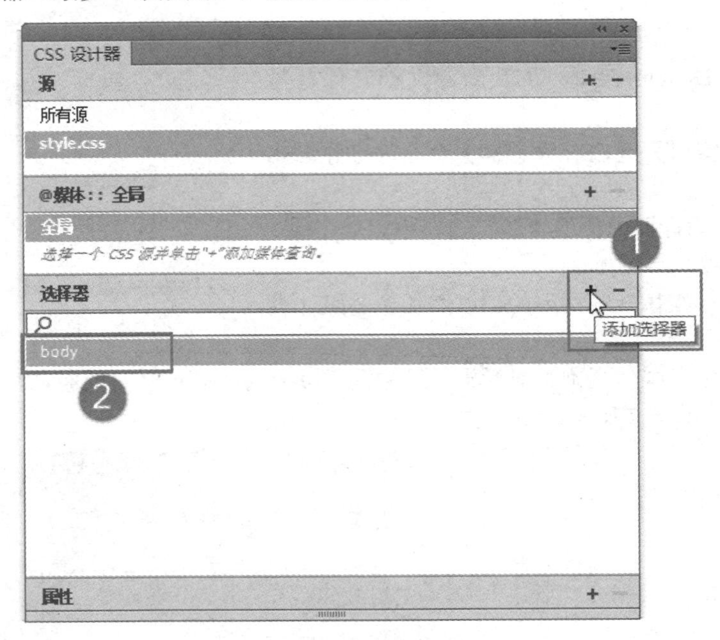

图 9.8　定义选择器

第 6 步，执行下列一个或多个操作：

- 删除建议的规则并键入所需的选择器。确保键入了选择器名称以及“选择器类型”的指示符。例如，如果指定 ID 选择器，则在选择器名称之前添加前缀“#”。
- 如果要搜索特定选择器，请使用窗格顶部的搜索框。
- 如果要重命名选择器，请单击该选择器，然后键入所需的名称。
- 如果要重新整理选择器，请将选择器拖至所需位置。
- 如果要将选择器从一个源移至另一个源，可将该选择器拖至“源”窗格中所需的源上。
- 如果要复制所选源中的选择器，则右键单击该选择器，然后单击“复制”。
- 如果要复制选择器并将其添加到媒体查询中，则右击该选择器，将鼠标悬停在“复制到媒体查询中”上，然后选择该媒体查询。

提示：

只有选定的选择器的源包含媒体查询时，“复制到媒体查询中”选项才可用。无法从一个源将选择器复制到另一个源的媒体查询中。

右键单击某个选择器并选择可用的选项，可以将一个选择器中的样式复制粘贴到其他选择器中。可以复制所有样式或仅复制布局、文本和边框等特定类别的样式。

9.2.5 重点演练：设置 CSS 属性

扫一扫，看视频

【操作步骤】

第 1 步，启动 Dreamweaver CC，新建文档，保存为 test.html。

第 2 步，选择【窗口】|【CSS 设计器】命令，打开【CSS 设计器】面板。

第 3 步，在【CSS 设计器】面板的“源”窗格中，单击按钮，然后设置 CSS 源文件。

第 4 步，单击“@媒体”窗格中的按钮，添加新的媒体查询。如果省略该项设置，则表示全局设备。

第 5 步，在“选择器”窗格中，单击按钮，定义一个选择器。

第 6 步，在“属性”窗格中设置属性。这里的属性分为以下几个类别，并由“属性”窗格顶部的不同图标表示，如图 9.9 所示。

- 布局
- 文本
- 边框
- 背景
- 其他（“仅文本”属性而非具有可视控件的属性的列表）

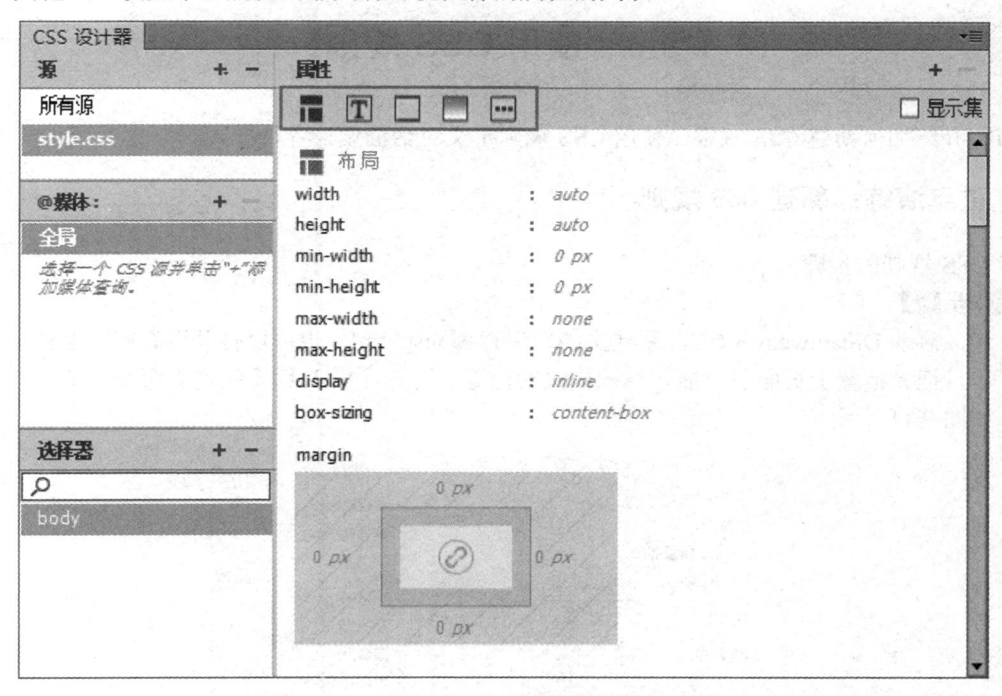

图 9.9 选择属性类别

提示：

选中【显示集】复选框可仅查看集合属性。如果要查看可为选择器指定的所有属性，可以取消选择“显示集”复选框。

第 7 步，选择一种属性类别后，就可以在下面的可用属性列表中设置属性值了。如果没有发现属性，可以单击按钮，新建一个声明，手动输入属性和属性值，如图 9.10 所示。

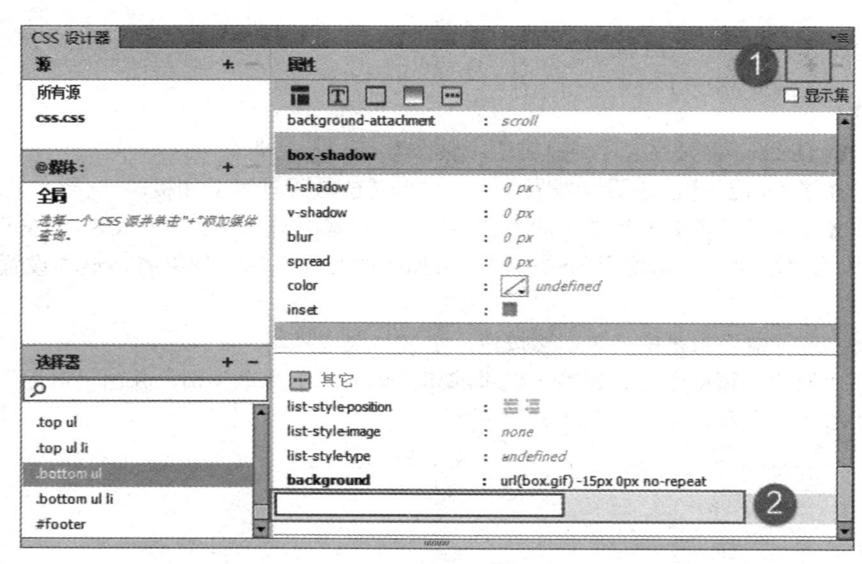

图 9.10　新添加属性

9.3　使用 CSS 规则

本节将介绍如何新建 CSS 规则，使用 CSS 规则定义对话框设计各种样式。

扫一扫，看视频

9.3.1　重点演练：新建 CSS 规则

新建 CSS 规则的步骤如下。

【操作步骤】

第 1 步，启动 Dreamweaver CC，新建文档，保存为 test.html，也可以打开现有网页文档。

第 2 步，把光标置于页面需要插入结构标签的位置。选择【插入】|【结构】命令，从中选择一个结构标签，如图 9.11 所示。

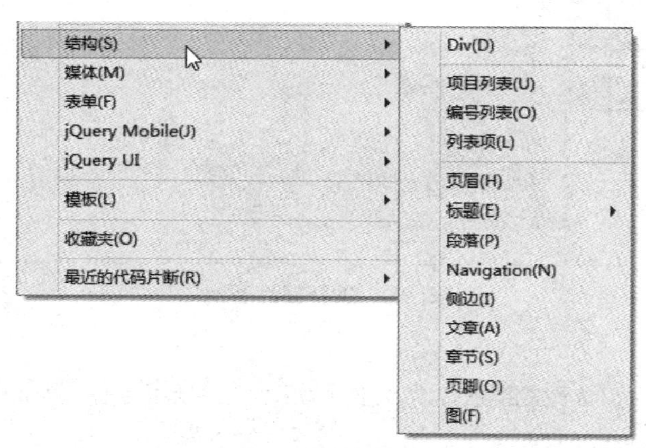

图 9.11　插入结构标签

第 3 步，打开插入结构标签对话框，如插入 Div 标签，则可以在【插入 Div】对话框中设置<div>标签的插入点位置，以及 ID 值和 Class，如图 9.12 所示。

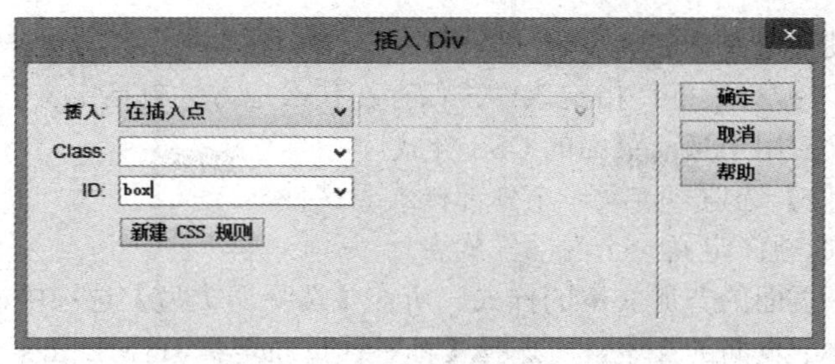

图 9.12 设置【插入 Div】对话框

第 4 步，单击【新建 CSS 规则】按钮，打开【新建 CSS 规则】对话框，如图 9.13 所示。也可以利用该按钮新建一个 CSS 规则，不仅仅为当前插入的结构标签使用。

（1）【选择器类型】下拉列表框：为 CSS 样式选择一种类型。主要包括：

1）【类（可应用于任何 HTML 标签）】选项：选择该项将定义一个新的类样式，类样式可以供任何元素引用，类的名称需要在【选择器名称】文本框中输入。

类样式必须以点开头，如果没有输入点，则 Dreamweaver 将自动添加。类样式是可以被应用于页面中任何标记的样式类型。

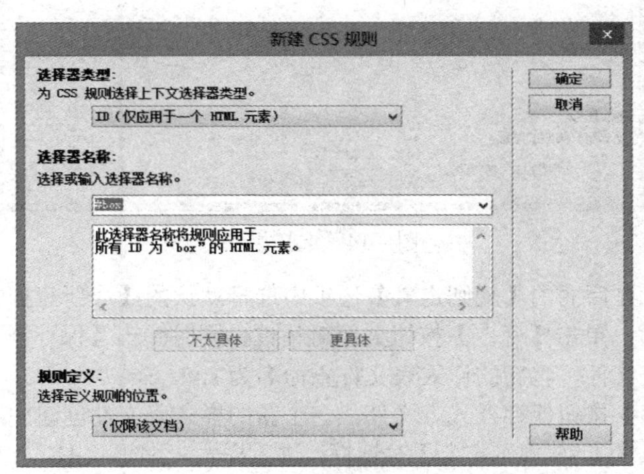

图 9.13 【新建 CSS 规则】对话框

设置完类样式，就可以在【CSS 样式】面板中看到制作完成的样式。在应用的时候，首先在页面中选中一个标记，然后在属性面板中通过【类样式】来选择要应用的类样式名称，也可以在标记中通过 class 属性直接引用类样式。

2）【标签（重新定义 HTML 元素）】选项：选择该项将现有的 HTML 标签重新定义显示样式。因此定义完毕标签样式以后就不需要在网页中指定要应用样式的元素对象，网页中所有该标签都将自动显示这个样式。

3）【ID（仅应用于一个 HTML 元素】选项：选择该项，可以为网页中特定的标记定义样式。当选择该项时，在【选择器名称】文本框中输入网页中一个标记的 ID 值。

ID 样式必须以#开头，如果没有输入#，则 Dreamweaver 将自动添加。ID 样式原则上只供一个标记使用，其他标记不能使用，即使是相同名称的标签也不能够重复使用 ID 样式。

4）【复合内容（基于选择的内容）】选项：选择该项，可以自定义复杂的选择器，如伪选择器、复合选择器等。

（2）【选择器名称】文本框：设置新建样式的名称。当在【选择器类型】选项组中选择不同的选项时，可以在该文本框中设置选择器的名称。

（3）【规则定义】下拉列表框：指定该样式保存在什么地方，包括定义一个外部链接的 CSS 样式表文件，还是定义一个仅应用于当前页面的 CSS 样式。

1）【新建样式表文件】选项：定义一个外部样式表文件。

2）【仅限该文档】选项：定义一个内部样式表。

第 5 步，如果定义该页面的普通文本的样式，可在【选择器类型】选项中，选择 CSS 样式的类型。例如，如果要定义的是整个页面的文本，可选择【标签（重新定义 HTML 元素）】选项，然后在【选择器名称】中选择“body”选项，如图 9.14 所示。

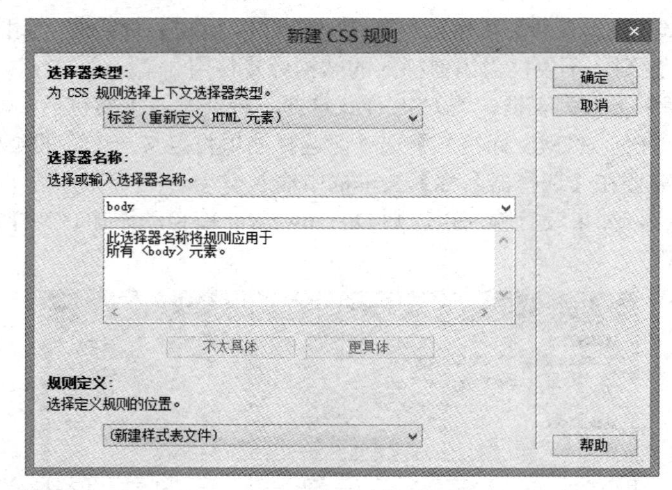

图 9.14　选择标签

第 6 步，选定之后，在后面的【规则定义】选项中选择默认的【（新建样式表文件）】。

第 7 步，设置完毕后，单击【确定】按钮关闭对话框，同时弹出【保存样式表文件为】对话框，提示用户保存新建的样式表文件，将新的样式表文件重命名为 style.css。

第 8 步，单击【保存】按钮保存样式表文件，一个新的样式表文件创建完成。

这时就会打开【body 的 CSS 规则定义】对话框，进入样式表编辑状态。在这里定义网页字体大小为 12 像素，即在 Font-size 选项后的文本框中选择或者输入 12，并在后面的单位下拉列表中选择像素，即 px，如图 9.15 所示。

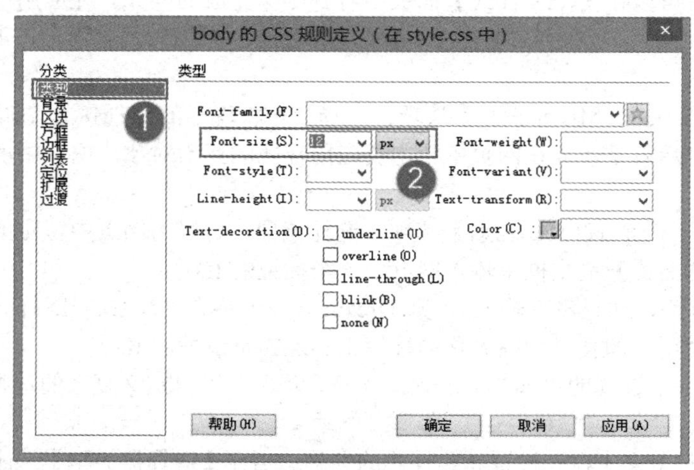

图 9.15　【body 的 CSS 规则定义】对话框

第 9 步，单击【确定】按钮，关闭该对话框，再单击【取消】按钮，关闭【插入 Div】对话框。

第 10 步，切换到代码视图，可以看到 Dreamweaver CC 会自动在 style.css 样式表文件中生成一个样式代码，并定义了一个规则。代码如下：

```
@charset "utf-8";
body { font-size: 12px; }
```

同时在网页文档头部区域，导入 style.css 样式表：

```
<!doctype html>
<html>
<head>
<meta charset="utf-8">
<link href="style.css" rel="stylesheet" type="text/css">
</head>
<body>
</body>
</html>
```

拓展：

当新建 CSS 规则之后，可以在属性面板中快速编辑 CSS 规则，方法如下：

启动 Dreamweaver CC，打开文档 test.html，或者其他现有网页文档，选中需要编辑样式的标签，也可以直接在属性面板的“目标规则”下拉列表中选择当前页面所有的目标选择器。然后，单击【编辑规则】按钮，即可打开【CSS 规则定义】对话框，重新编辑已定义的样式，如图 9.16 所示。

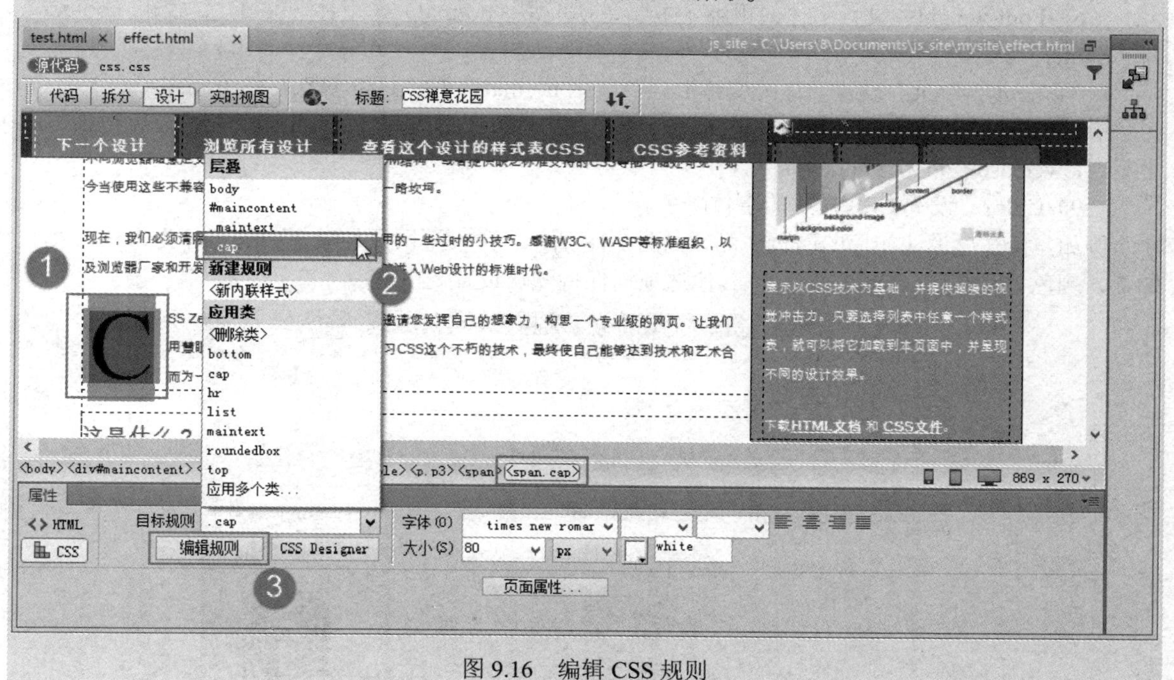

图 9.16　编辑 CSS 规则

9.3.2　重点演练：定义文本样式

扫一扫，看视频

文本样式包括字体、大小、颜色等。在【CSS 规则定义】对话框中，选择左侧的分类列表中的【类型】分类项，可以打开如图 9.17 所示的文本样式选项。

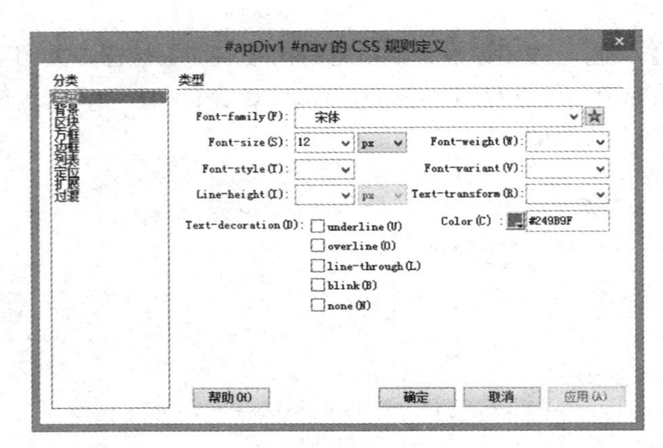

图 9.17　【类型】选项

（1）Font-family：设置字体类型。

（2）Font-size：设置字体的字号。

（3）Font-style：设置字体的特殊格式，包括正常（normal）、斜体（italic）和偏斜体（oblique）。

（4）Line-height：设置文本的行高。选择 normal（正常）项，则由系统自动计算行高和字体大小。

（5）Text-decoration：设置字体修饰格式，包括下划线（underline）、上划线（overline）、删除线（line-through）和闪烁线（blink）和无（none）。选中相应的复选框，则激活相应的修饰格式。

（6）Font-weight：设置字体的粗细，主要包括正常（normal）、粗体（bold）、较粗（bolder）、较细（lighter）。

（7）Font-variant：设置字体的变体形式，包括 normal（正常）和小型大写（small-caps）。

（8）Text-transform：设置字体的大小写方式。包括首字母大写（capitalize）、大写（uppercase）或小写（lowercase）和无（none）。

（9）Color：设置 CSS 样式的字体颜色。

例如，打开已设计初稿的网页作品，如图 9.18 所示。预设置网页导航栏中的字体为宋体、大小为 12 像素、颜色为浅蓝色（#249B9F），其他选项均保持默认设置。

图 9.18　已设计初稿的网页作品

【操作步骤】

第 1 步，启动 Dreamweaver CC，打开 orig.html，另存为 effect.html。

第 2 步，选择【插入】|【结构】|【Div】命令，打开【插入 Div】对话框，忽略该对话框设置，直接单击【新建 CSS 规则】按钮，打开【新建 CSS 规则】对话框，设置选择器类型为“复合内容”，选择器名称为“#apDiv1 #nav”，规则定义为“仅限该文档”选项。

第 3 步，单击【确定】按钮关闭对话框，进入【CSS 规则定义】对话框，设置如图 9.17 所示。

第 4 步，单击【确定】按钮关闭对话框。保存文件后，按 F12 键在浏览器中预览网页，效果如图 9.19 所示。

第 5 步，切换到【代码】视图，可以在头部样式表中看到新添加的样式：

```
#apDiv1 #nav {
    font-family: "宋体";
    font-size: 12px;
    color: #249B9F;
}
```

图 9.19　在浏览器中的显示效果

9.3.3　重点演练：定义背景样式

扫一扫，看视频

背景样式包括背景颜色和背景图像。

【操作步骤】

第 1 步，启动 Dreamweaver CC，打开 orig.html，另存为 effect.html。

第 2 步，选择【插入】|【结构】|【Div】命令，打开【插入 Div】对话框，忽略该对话框设置，直接单击【新建 CSS 规则】按钮，打开【新建 CSS 规则】对话框，设置选择器类型为“ID（仅应用于一个 HTML 元素）”，并把样式保存在文档内部，选择【规则定义】选项为“（仅限该文档）”。

第 3 步，单击【确定】按钮，打开【CSS 规则定义】对话框，在左侧分类列表中选择【背景】项，然后在右侧选项区域设置背景样式，如图 9.20 所示。

（1）Background-color：设置背景色。

（2）Background-image：设置背景图像。单击【浏览】按钮可以方便地选择图像。如果同时定义背景颜色和背景图像，则只显示背景图像效果；如果没有发现背景图像，才会显示背景颜色。

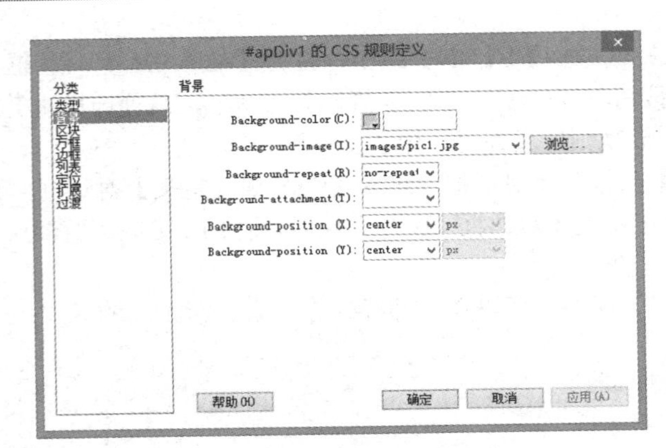

图 9.20 【背景】选项

（3）Background-repeat：设置当使用图像作为背景时是否需要重复显示，它包括以下 4 个选项。

1）no-repeat：不平铺显示。

2）repeat：平铺显示。

3）repeat-x：水平平铺显示。

4）repeat-y：垂直平铺显示。

（4）Background-attachment：包括 fixed（固定）和 scroll（滚动）两个选项，用来设置元素的背景图是随对象内容滚动还是固定的。

（5）Background-position(X)：设置背景图像相对于应用样式的元素的水平位置。包括 left（左对齐）、right（右对齐）和 center（居中对齐），也可以直接输入数值。

（6）Background-position(Y)：设置背景图像相对于应用样式的元素的垂直位置。包括 top（顶部）、bottom（底部）和 center（居中对齐），也可以直接输入数值。

例如，在【背景】选项中选择一张背景图像，设置 Background-repeat 为 no-repeat、Background-position(X) 和 Background-position(Y)都为 center。

第 4 步，定义完毕后，单击【确定】按钮关闭对话框，回到文档编辑状态，保存文件，按 F12 键在浏览器中预览网页，其效果如图 9.21 所示。

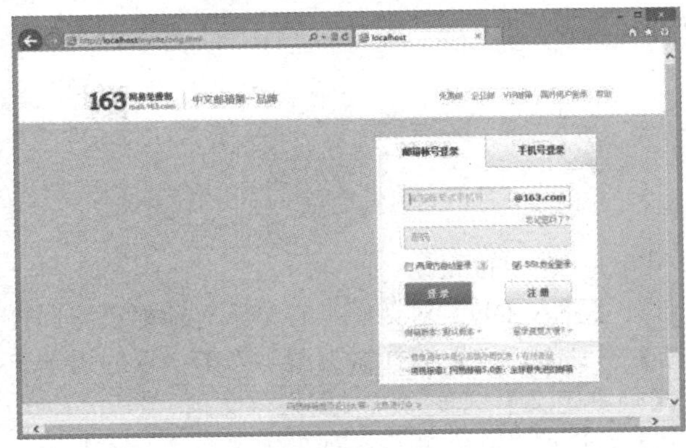

（a）网页原图

（b）效果图

图 9.21 设置背景样式前后效果比较

扫一扫，看视频

9.3.4 重点演练：定义区块样式

区块样式包括段落中文本的字距、对齐方式等样式。在【CSS 规则定义】对话框左侧选择【区块】

选项，然后在右边选项区域详细设置区块样式，如图 9.22 所示。

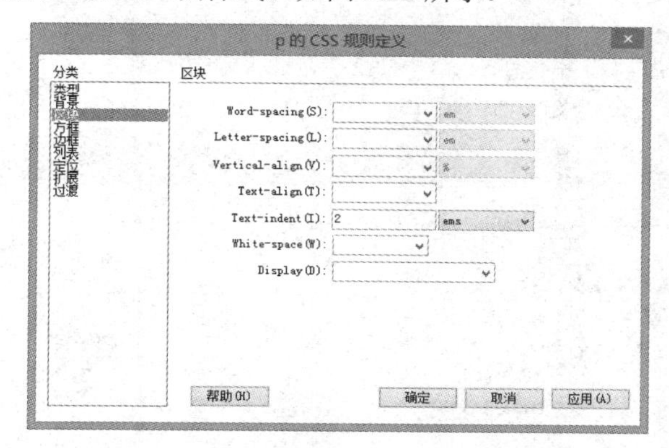

图 9.22　【区块】选项

（1）Word-spacing：定义文字之间的间距。

（2）Letter-spacing：定义字符之间的间距。

（3）Vertical-align：设置行内对象的纵向对齐方式。当单元格显示时，可以垂直对齐包含的块元素。

（4）Text-align：设置文本如何在元素内对齐。包括 left（居左）、right（居右）、center（居中）和 justify（两端对齐）。

（5）Text-indent：设置首行缩进的距离。指定为负值时则创建文本凸出显示。

（6）White-space：决定如何处理元素内的空格键、Tab 键和换行符。取值包括：

1）normal：按正常的方法处理其中的空格键、Tab 键和换行符，即忽略这些特殊的字符，并将多个空格折叠成一个。

2）pre：将所有的空格键、Tab 键和换行符都作为文本用<pre>标记进行标识，保留应用样式元素内源代码的版式效果。

3）nowrap：设置文本只有在遇到
标记时才换行。在 Dreamweaver 文档窗口中不会显示该属性。

（7）Display：设置是否以及如何显示元素。如果选择 none（无）选项，则会关闭该样式被指定给的元素的显示。

例如，为标记 p 定义样式。在【CSS 规则定义】对话框中设置 Text-indent 为“2em”，该值表示缩进 2 个字体大小，其他各项均使用默认设置。单击【确定】按钮关闭对话框，返回编辑窗口。保存文件，然后按 F12 键在浏览器中预览效果，如图 9.23 所示。

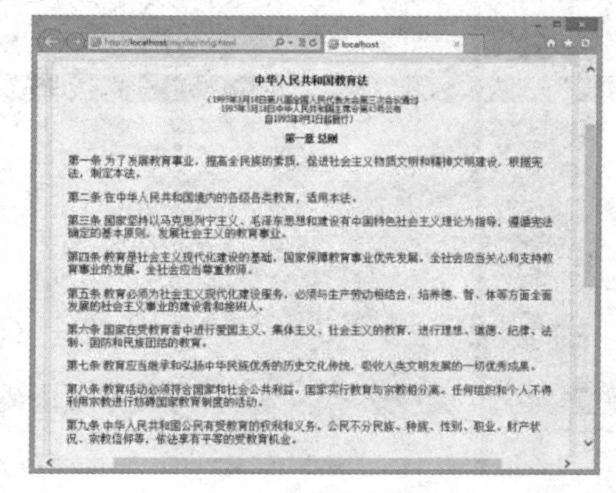

（a）应用样式前

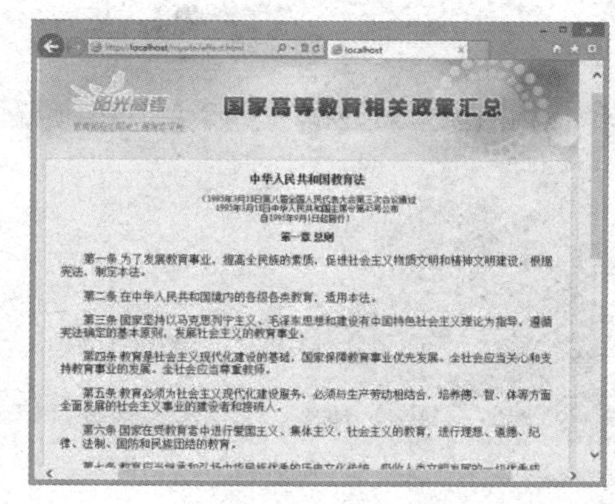

（b）应用样式后

图 9.23　应用样式前后比较效果

扫一扫，看视频

9.3.5　重点演练：定义方框样式

方框样式包括宽度、高度、边界、补白、浮动显示。在【CSS 规则定义】对话框的左边选择【方框】，然后在右侧详细设置方框样式，如图 9.24 所示。

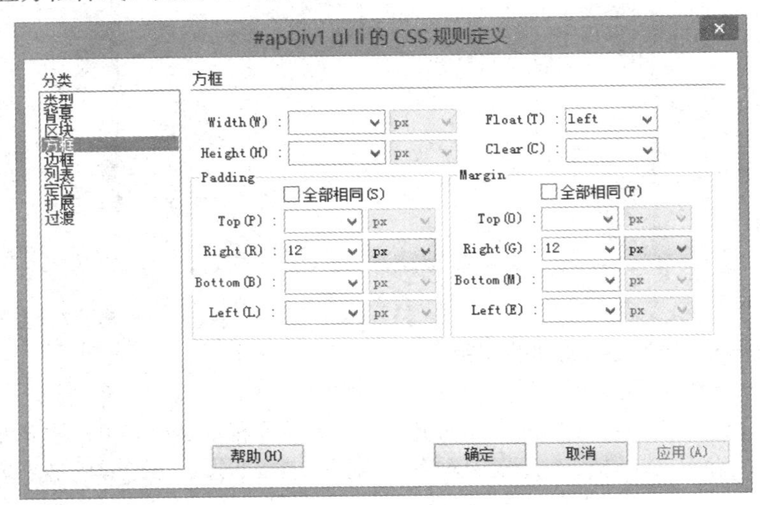

图 9.24　【方框】选项

（1）Width 和 Height：设置元素的大小，只有在被应用于块状元素时，Dreamweaver 的编辑窗口中才会显示该属性。

（2）Padding：设置元素内容与边框之间的空间大小。可以设置 top（上）、bottom（下）、left（左）、right（右）。

（3）Float：设置元素浮动的位置。如果选择 left（左对齐）或者 right（右对齐）选项，则将元素浮动到靠左或靠右的位置。使用它可以设计多个元素并列显示。

（4）Clear：设置浮动元素的哪一边不允许有其他浮动元素。

（5）Margin：设置元素边框和其他元素之间的空间大小。

例如，定义标记 li 的 Margin 和 Padding 的 Right 都为 6 像素，Float 为 left，设置如图 9.24 所示。单击【确定】按钮关闭对话框，保存文件，然后按 F12 键在浏览器中预览效果，如图 9.25 所示。

（a）应用样式前

（b）应用样式后

图 9.25　应用方框样式的文本块效果

9.3.6 重点演练：定义边框样式

边框样式包括边框的颜色、粗细、样式。在【CSS 规则定义】对话框的左侧分类列表中选择【边框】选项，右侧区域显示边框样式的各种属性，如图 9.26 所示。

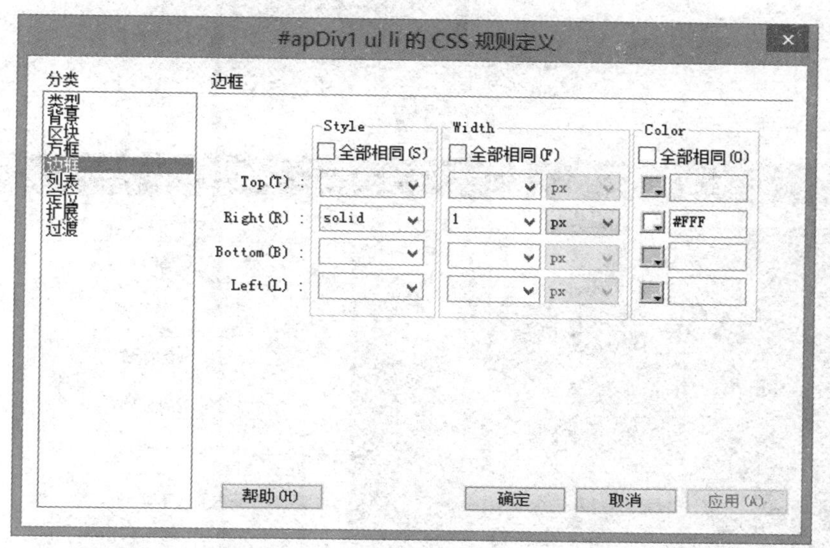

图 9.26 【边框】选项

（1）Style：设置边框的样式，包括无（none）、点划线（dotted）、虚线（dashed）、实线（solid）、双线（double）、槽状（groove）、脊状（ridge）、凹陷（inset）和凸出（outset）。如果选中【全部相同】复选框，则只需设置【上】下拉列表的样式，其他方向样式与【上】相同。

1）none：设置边框线为无，无论设置边框宽度多宽，都不会显示边框。

2）dotted：设置边框线为点划线组成。

3）dashed：设置边框线为虚线组成。

4）solid：设置边框线为实线。

5）double：设置边框线为双实线。

6）groove：设置边框线为立体感的沟槽。

7）ridge：设置边框线为脊形。

8）inset：设置边框线为内嵌一个立体边框。

9）outset：设置边框线为外嵌一个立体边框。

（2）Width：设置边框的粗细，包括 thin（细）、medium（中）、thick（粗）和值。

（3）Color：设置边框的颜色。

例如，针对上一节中的示例，为标记 li 设置右侧边框为 1 像素宽度的实线，边线颜色为白色，设置如图 9.26 所示。单击【确定】按钮关闭对话框，保存文件，然后按 F12 键在浏览器中预览效果，如图 9.27 所示。

图 9.27 应用边框样式效果

扫一扫，看视频

9.3.7 重点演练：定义列表样式

列表样式包括列表项目符号、缩进方式。从【CSS 规则定义】对话框的左侧分类列表中选择【列表】选项，右侧区域显示列表设置的相关属性，如图 9.28 所示。

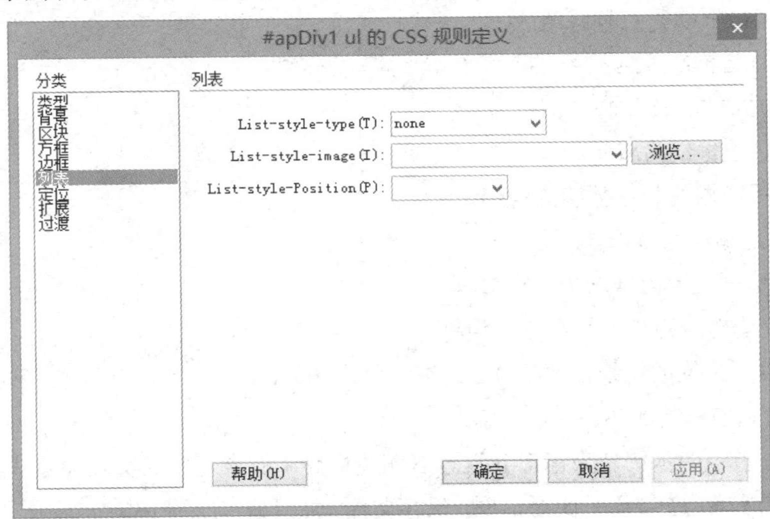

图 9.28 【列表】选项

（1）List-style-type：设置列表项目的符号类型。具体说明如下。

1）disc：设置在文本行前面加实心圆。

2）circle：设置在文本行前面加空心圆。

3）square：设置在文本行前面加实心方块。

4）decimal：设置在文本行前面加阿拉伯数字。

5）lower-roman：设置在文本行前面加小写罗马数字。

6）upper-roman：设置在文本行前面加大写罗马数字。

7）lower-alpha：设置在文本行前面加小写英文字母。

8）upper-alpha：设置在文本行前面加大写英文字母。

9）none：设置在文本行前面什么都不加。

（2）List-style-image：设置图像作为列表项目的符号，单击右侧的【浏览】按钮，可以选择图像文件。

（3）List-style-Position：设置列表项符号的显示位置。

1）outside：设置列表项符号显示在列表项的外面。

2）inside：设置列表项符号显示在列表项的内部。

例如，针对上一节示例中的导航列表，这里为标签 ul 定义如下样式，设置 List-style-type 为 none（无），如图 9.28 所示。单击【确定】按钮关闭对话框，保存文件，然后按 F12 键在浏览器中预览效果，如图 9.29 所示。

图 9.29　应用列表样式效果

9.3.8　重点演练：定义定位样式

扫一扫，看视频

定位样式包括定位方式、宽度、高度、可见性、层叠顺序、溢出处理、偏移坐标、裁切。在【CSS 规则定义】对话框的左侧分类列表中选择【定位】选项，然后在右侧显示 CSS 样式的定位属性，如图 9.30 所示。

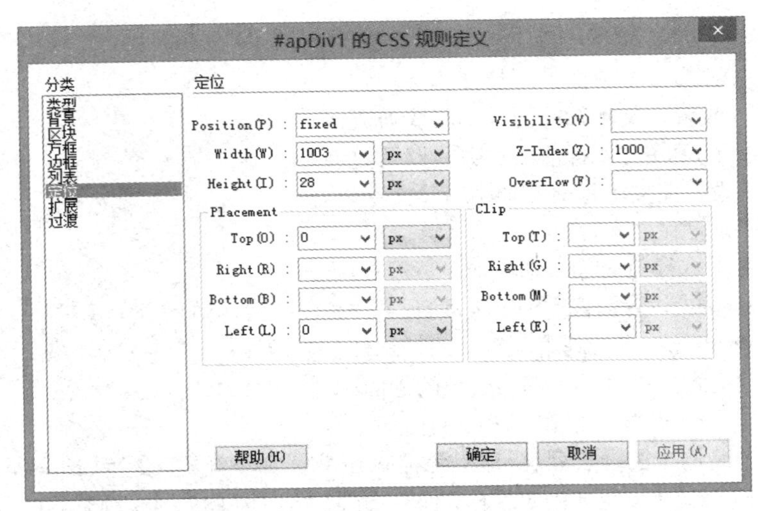

图 9.30 【定位】选项

（1）Position：设置层的定位方式。具体说明如下。

1）absolute：使用绝对坐标定位元素，则元素不再受文档流的影响。

2）relative：使用相对坐标定位元素的位置，相对定位的元素还需要受文档流的影响，同时，它还占据定位前的位置。

3）fixed：使用固定位置来定义元素的显示，固定元素不会随浏览器滚动条的拖动而变化。

4）static：恢复元素的默认状态，不再进行定位处理。

（2）Visibility：设置元素的可见性。

1）inherit：继承父层的可见性。

2）visible：可见的。

3）hidden：隐藏的。

（3）Height 和 Width：设置定位元素的大小。

（4）Z-index：设置定位元素的层叠顺序。可以输入正值或负值，值越大，所在层就会位于较低值所在层的上端。

（5）Placement：设置定位偏移位置。left 表示参照相对物左边界向右偏移位置，top 表示参照相对物顶边界向下偏移位置，bottom 表示参照相对物底边界向上偏移位置，right 表示参照相对物右边界向左偏移位置。

（6）Overflow：设置超出元素所能容纳的范围时的处理方式。

1）visible：无论元素的大小，内容都会显示出来。

2）hidden：隐藏超出元素大小的内容。

3）scroll：不管是否超出元素的范围，都会为元素添加滚动条。

4）auto：只在内容超出元素范围时才显示滚动条。

（7）Clip：设置裁切区域的位置和大小。与 Placement 选项中四个坐标偏移值的用法相似。

例如，在首页中预设置置顶导航菜单永远置顶，并不会随着滚动条的移动而被覆盖，则设置 Position 为 fixed、在 Placement 选项中设置 Top 和 Left 为 0 像素。单击【确定】按钮关闭对话框，保存文件，然后按 F12 键在浏览器中预览效果，如图 9.31 所示。

（a）滚动滚动条之前

（b）滚动滚动条之后

图 9.31　应用定位样式效果

9.4　实战案例：设计图文环绕版块

扫一扫，看视频

浮动元素总会浮向包含框内的左右两侧，它原来的位置同时会被下面对象上移填充掉。这时上移对象围绕在浮动元素周围，形成一种环绕关系。这种效果在图文混排版式中比较常见，因此可以借助浮动版面设计精美的图文页面。

【操作步骤】

第 1 步，启动 Dreamweaver CC，打开原始版面页面（orig.html），另存为效果设计页面（effect.html），在原始版面中有一处图文栏目，图像是人物近照，文字是人物简介。图像和文字按顺序自上而下进行排版，这种效果方便阅读，如图 9.32 所示。但是在有限的页面空间，这种版式浪费了太多的空间，如果改为图文环绕设计，预期效果会更好。

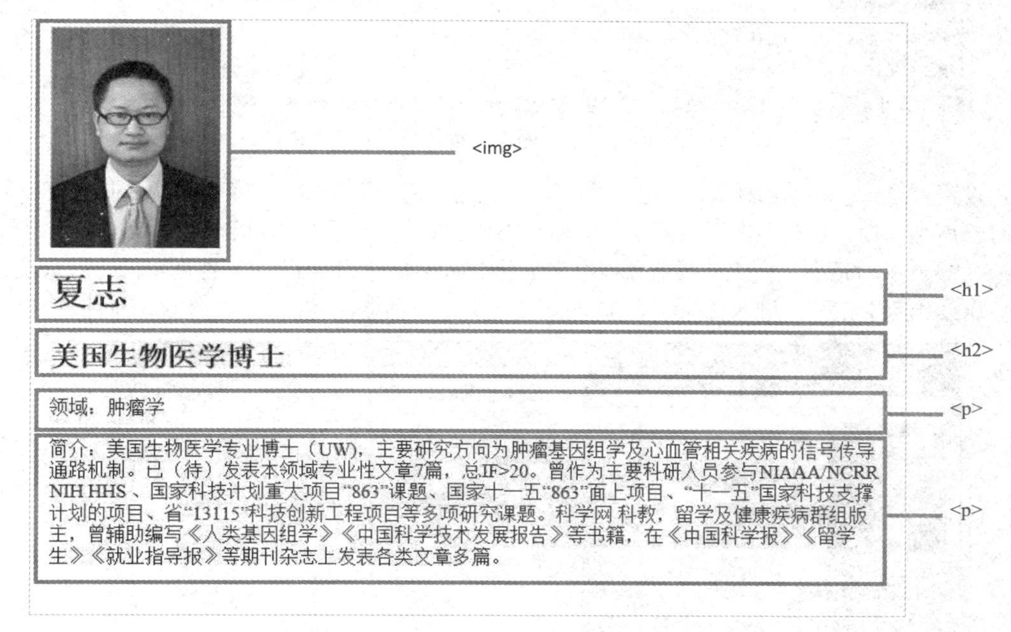

图 9.32　图文版式结构图

第 2 步，在编辑窗口中单击选中图像，新建 CSS 规则，设置方框样式，Padding: 4px、Margin: 12px、

Float:left，勾选“全部相同”复选框，确保四个方向上的补白和边界值设置相同，如图 9.33 所示，然后单击“应用”按钮，可以在编辑窗口中看到设计后的效果。设置满意之后，单击【确定】按钮，关闭对话框，完成图像浮动显示的设计操作。

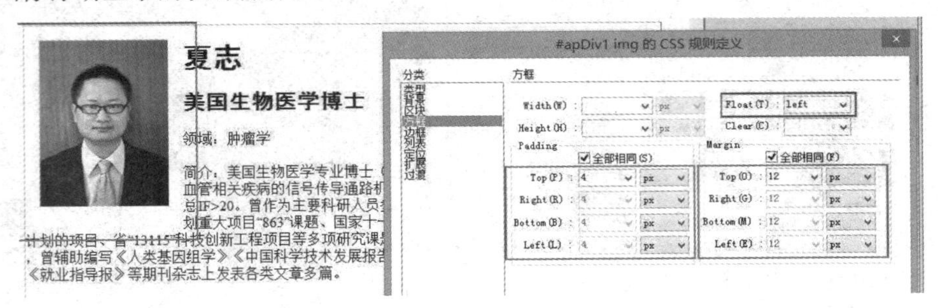

图 9.33　设计图像浮动显示样式

第 3 步，设置照片边框样式。在【#apDiv1 img 的 CSS 规则定义】对话框左侧单击“边框”选项，在右侧选项区域设置边框样式，设计图像边框为 1 像素灰色实线。具体设置：Style:solid、Width:1px、Color: #999，勾选“全部相同”复选框，确保四个方向上的边框样式设置相同，如图 9.34 所示，然后单击【应用】按钮，可以在编辑窗口中看到设计后的效果。设置满意之后，单击【确定】按钮，关闭对话框，完成图像边框样式设计操作。

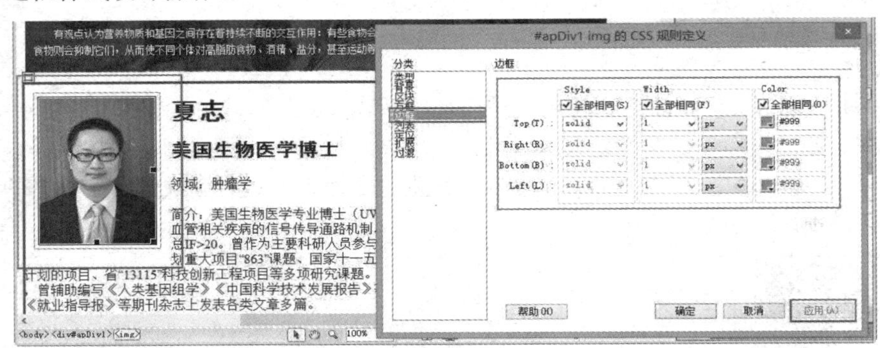

图 9.34　设计图像边框样式

第 4 步，设置“简介”文本加粗显示。在编辑窗口中拖选“简介”文本，在菜单栏中选择【窗口】|【属性】命令，打开属性面板。在属性面板左侧单击选择“CSS”选项，然后在右侧单击“编辑规则”按钮，打开【新建 CSS 规则】对话框，在“选择器名称”文本框中输入类名“bold”，其他选项保持默认设置，在该对话框中单击【确定】按钮，进入【.bold 的 CSS 规则定义】对话框，具体设置如图 9.35 所示。

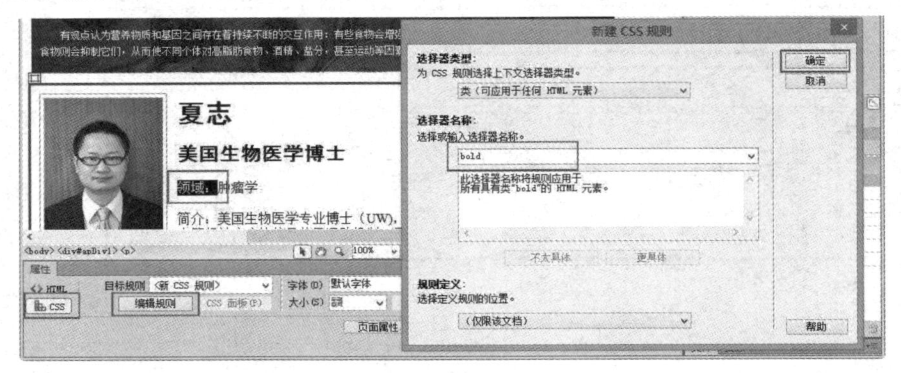

图 9.35　定义加粗类样式

第 5 步，在【.bold 的 CSS 规则定义】对话框中设置类型样式，Font-weight: bold，如图 9.36 所示。单击【确定】按钮，关闭对话框，完成加粗类样式的设计。

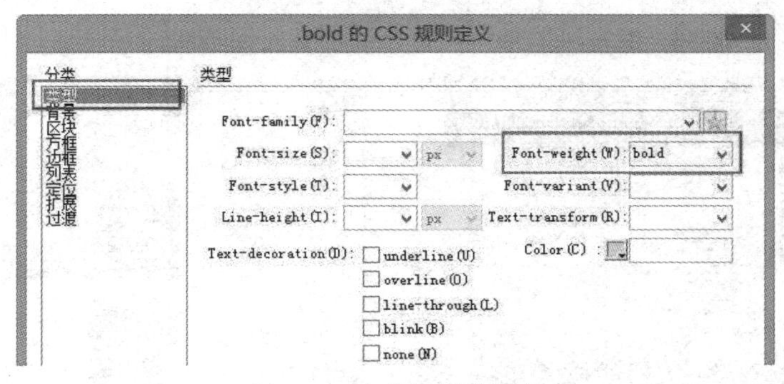

图 9.36　定义加粗类样式

第 6 步，在编辑窗口中拖选“简介：”文本，属性面板中单击“目标规则”下拉列表框，从弹出的下拉菜单中选择上一步定义的 bold 类样式，即可为当前选中的文本应用加粗类样式，如图 9.37 所示。

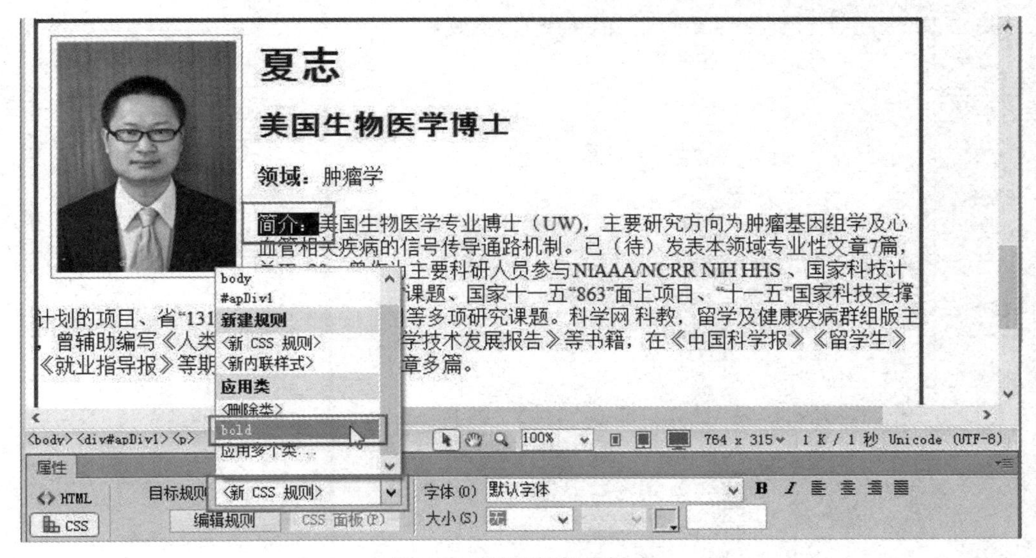

图 9.37　应用加粗类样式

第 7 步，在属性面板“目标规则”下拉列表中选择 p 元素，然后单击【编辑规则】按钮，打开【p 的 CSS 规则定义】对话框，设置段落文本的字体大小为 14 像素，行高为 1.8em，具体设置值为：Font-size: 14px、Line-height:1.8em，如图 9.38 所示。

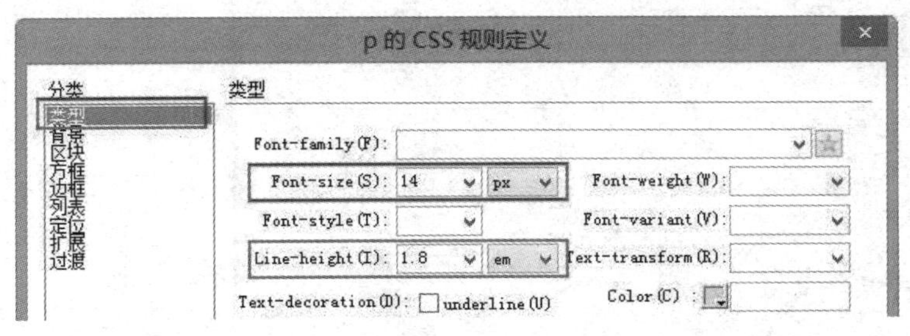

图 9.38　重新定义 p 标签样式

提示：

em 表示相对长度单位，它相对于当前对象内文本的字体大小。

第 8 步，保存文档，按 F12 键在浏览器中预览，演示效果如图 9.39 所示。

（a）原始版面

（b）图文混排效果

图 9.39　示例效果

第 10 章　设计 DIV+CSS 页面

在标准化网页设计中，一般使用<div>标签定义网页结构，使用 CSS 对页面进行排版。页面版式有单列、两列或多列等不同形式，也有固定宽度、弹性宽度、自适应宽度等不同的布局方法，还有混合布局的复杂页面。

【学习重点】

- 定义两列页面。
- 定义多列页面。
- 设计自适应页面。
- 设计混合布局页面。

10.1　两列结构布局

两列结构的网页布局比较常见，如正文页、新闻页、个人博客、新型应用网站等都喜欢采用这种布局样式。

该布局结构在内容上可分为主要内容区域和侧边栏，如图 10.1 所示。宽度一般多为固定宽度，以方便控制。主要内容区域以及侧边栏的位置可以互换。

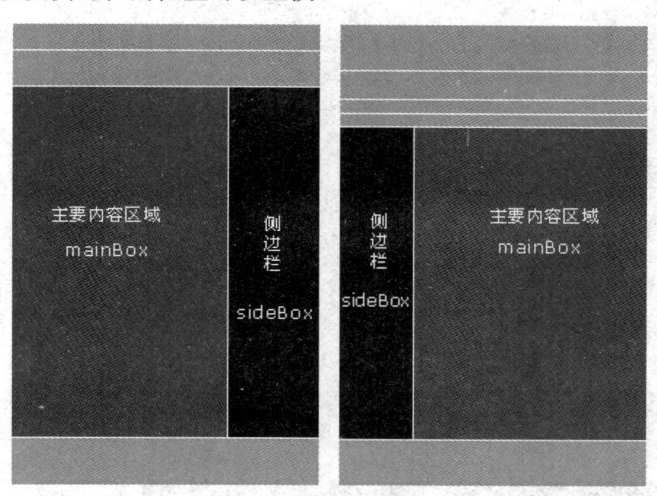

图 10.1　两列页面布局结构的示意图

根据常规设计，普通页面可分为上、中、下 3 个部分，分别对应头部信息、内容包含区域以及底部信息。内容包含区域又分为主要内容区域和侧边栏。使用<div>构建标准的三行两列结构如下。

```
<div id="header">头部信息</div>
<div id="container">
    <div class="mainBox">主要内容区域</div>
    <div class="sideBox">侧边栏</div>
</div>
<div id="footer">底部信息</div>
```

在内容包含区域中，<div class="mainBox">包含的主要内容区域排在上面。这种设计主要考虑的因素是浏览器在解析 HTML 代码时是以由上而下的方式分析，因此将主要信息放在前面，有利于主要信息先被检索或者显示出来。

扫一扫，看视频

10.1.1 重点演练：设计固定宽度

固定宽度布局是指设计各列的宽度固定显示，并通过浮动布局或定位布局方法把<div class="mainBox">、<div class="sideBox">两列控制在页面内容区域左、右两侧显示。

【操作步骤】

第 1 步，启动 Dreamweaver CC，新建一个网页，保存为 test.html。

第 2 步，在<body>内使用<div>标签构建三行两列结构。

```
<div id="header">头部信息</div>
<div id="container">
    <div class="mainBox">主要内容区域</div>
    <div class="sideBox">侧边栏</div>
</div>
<div id="footer">底部信息</div>
```

第 3 步，在<head>标签内添加<style type="text/css">标签，定义一个内部样式表。

第 4 步，输入如下样式：将<div class="mainBox">（主要内容区域）的高度设置为 250px，宽度设置为 680px；<div class="sideBox">（侧边栏）的高度设置为 250px，宽度设置为 270px；将父包含框<div id="container">的容器样式高度设置为 250px、宽度为 960px、上下边界为 10px。

```
/* 设置页面中所有元素的内边界为 0，以便快捷地布局页面 */
* { margin:0; padding:0; }
/* 设置头部信息以及底部信息的宽度为 960px，高度为 30px，并添加浅灰色背景色 */
#header, #footer { width:960px; height:30px; background-color:#E8E8E8; }
/* 设置页面内容区域的宽度为 960px，高度为 250px，并设置上下边界为 10px */
#container { width:960px; height:250px; margin:10px 0; }
/* 设置主要内容区域的宽度为 680px，高度为 250px，背景色以及文本颜色，并居左显示 */
.mainBox { float:left; /* 将主要内容区域向左浮动 */
width:680px; height:250px; color:#FFFFFF; background-color:#333333; }
.sideBox { float:right; /* 将侧边栏向右浮动 */
/* 设置侧边栏的宽度为 270px，高度为 250px，背景色以及文本颜色，并居右显示 */
width:270px; height:250px; color:#FFFFFF; background-color:#999999; }
```

第 5 步，在 IE 浏览器中预览，演示效果如图 10.2 所示。

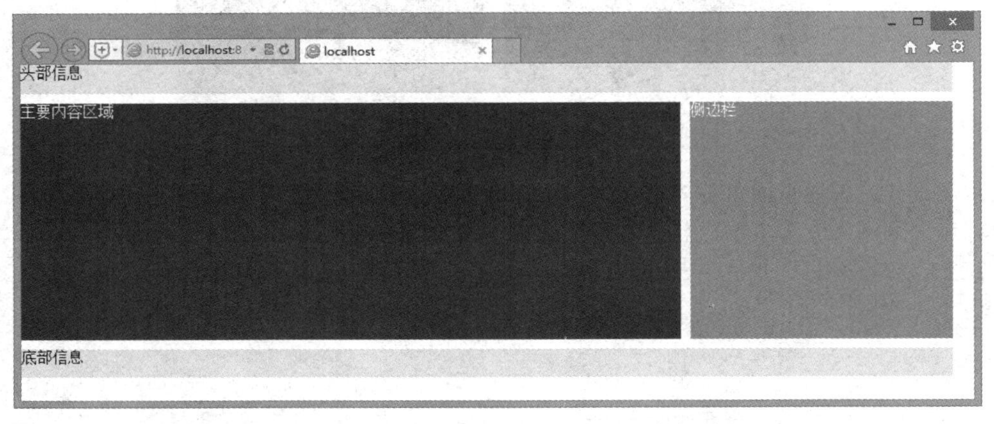

图 10.2 设计固定宽度布局显示效果

拓展 1：

两列网页布局结构比较简单，只需要将两列的容器向左、右浮动即可实现。读者可以尝试将 mainBox 中的 float:left 与 sideBox 中的 float:right 互换，将会发现主要内容区域（mainBox）与侧边栏（sideBox）的位置互换了。

在上面示例的基础上，在内部样式表底部添加如下两行样式，则在浏览器中的显示效果如图 10.3 所示。

```
.mainBox { float:right;}
.sideBox { float:left;}
```

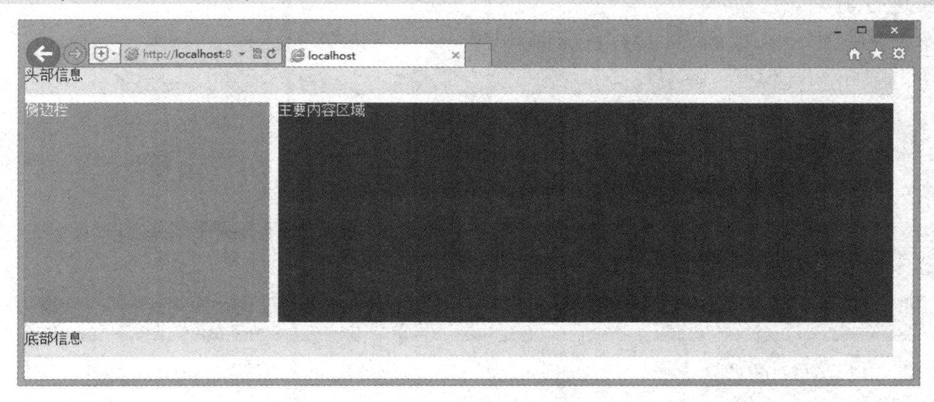

图 10.3　设计固定宽度布局显示效果

拓展 2：

当网页固定宽度和高度之后，就会存在一个问题；特别是固定宽度之后，出现问题的几率更大。当网页内容超过容器范围后，可以使用 CSS 的 overflow 属性将其多出的部分隐藏或者设置滚动显示。overflow 属性的用法如下：

```
overflow : visible | auto | hidden | scroll
```

其中，visible 为默认值，表示不剪切内容，也不添加滚动条；auto 表示在必需时对象内容才会被裁切或显示滚动条；hidden 表示不显示超过对象尺寸的内容；scroll 表示总是显示滚动条。

如果在上面示例的基础上，模拟真实的网页效果（这里通过截图形式填充容器内容），然后在样式表底部添加如下样式。

```
#container,#header, #footer,.mainBox,.sideBox {
    overflow:hidden;
}
```

则将超出显示区域的内容全部隐藏，如图 10.4 所示。

图 10.4　隐藏超出显示区域的内容

拓展 3：

通过隐藏超出显示区域的内容的做法是不明智的，一般用户需要的是当内容超过容器的高度值时，要将容器的高度撑开，即自适应高度。

为了实现网页高度自适应的效果，首先需要做的工作就是删除样式中的高度（内容区域的高度），并在内容区域的下个元素（即“底部信息”元素）添加清除浮动的效果。而对于网页宽度的修改，可以根据具体需要进行调整。

在上面示例的基础上，重新设计网页内部样式表。

```
* { margin:0; padding:0; }
#header, #footer { width:1009px; }
#container { width:1009px;}
.mainBox { float:left; width:752px; }
.sideBox { float:right; width:247px;}
#footer { clear:both; }                    /* 清除页脚区域浮动显示 */
```

在浏览器中预览，显示效果如图 10.5 所示。

图 10.5　设计自适应高度的固定宽度网页效果

在设计固定宽度网页布局时，两列定宽相加不能大于包含框的宽度，否则将会导致页面的错位现象。读者可以尝试将 mainBox 容器或者 sideBox 容器的宽度值减小，再通过浏览器浏览页面，体会一下宽度值减小后的页面效果。

扫一扫，看视频

10.1.2　重点演练：设计宽度自适应

宽度自适应的页面布局方式其实是将页面宽度或者栏目宽度定义为百分比显示，就是设置页面包含框或者栏目包含框的 width 属性以百分比的形式计算。

【操作步骤】

第 1 步，启动 Dreamweaver CC，新建一个网页，保存为 test.html。

第 2 步，在<body>内使用<div>标签构建三行两列结构。

```
<div id="header">头部信息</div>
<div id="container">
```

```
    <div class="mainBox">主要内容区域</div>
    <div class="sideBox">侧边栏</div>
</div>
<div id="footer">底部信息</div>
```

第 3 步，在<head>标签内添加<style type="text/css">标签，定义一个内部样式表。

第 4 步，输入如下样式：将<div class="mainBox">（主要内容区域）的高度设置为 200px，宽度设置为 70%；<div class="sideBox">（侧边栏）的高度设置为 200px，宽度设置为 70%；并将父包含框<div id="container">的容器样式设置为上下边界为 10px。

```
* { margin:0; padding:0; } /* 设置页面中所有元素的内外间距为 0，便于更便捷的页面布局 */
#header, #footer { height:30px; background-color:#E8E8E8; } /* 设置头部信息以及底部信息的高度为 30px，并添加浅灰色背景色 */
#container { margin:10px 0; } /* 设置页面内容区域的上下边界为 10px */
.mainBox { float:left; /* 将主要内容区域向左浮动 */ width:70%; /* 将 mainBox 的宽度修改为 70% */ color:#FF0000; background-color:#333333; } /* 设置主要内容区域的宽度为 70%，背景色以及文本颜色，并居左显示 */
.sideBox { float:right; /* 将侧边栏向右浮动 */ width:30%; /* 将 sideBox 的宽度修改为 30% */
color:#FFFFFF; background-color:#999999; } /* 设置侧边栏的宽度为 30%，背景色以及文本颜色，并居右显示 */
#container:after { display:block; visibility:hidden; font-size:0; line-height:0;
clear:both; content:""; } /* 清除内容区域的左右浮动 */
```

第 5 步，在 IE 浏览器中预览，演示效果如图 10.6 所示。

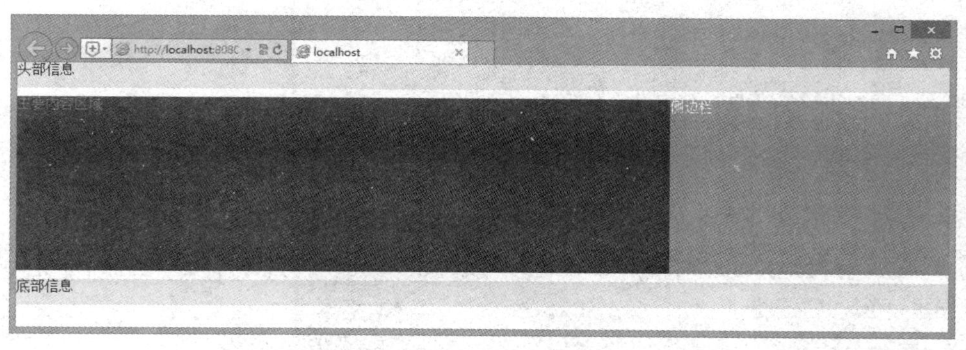

图 10.6　设计宽度自适应显示效果

以上 CSS 样式代码是在上一节示例基础上，去除了#header、#footer 以及#container 的 width 属性后，并修改了.mainBox 和.sideBox 的 width 属性值后的样式。

在 IE 浏览器中，底部信息跑到上面显示，主要是因为 IE 浏览器对 CSS 样式解析的问题：

- 未设置#footer 底部信息的宽度，默认为 auto 值，即根据页面中所留的空白显示容器的宽度。
- 在未设置#footer 底部信息的宽度基础上，又因为.mainBox 的浮动，将其“拉”到上面来。

了解为什么会出现这个问题的原因后，只需要针对性地设置相关属性即可解决问题。

- 设置#footer 的宽度属性值为 100%：

```
#footer {width:100%;} /* 添加底部信息的宽度为 100% */
```

对底部信息#footer 容器添加 100%的宽度属性值，让其不再根据页面中所留的空白而被.mainBox 容器的浮动所牵连。但这样的处理方式却不是很完美，让原有的页面内容区域与底部信息之间的空白间距消失了。

- 在#footer 中添加对上级标签元素浮动的清除：

```
#footer {clear:both;} /* 添加底部信息的对上级标签元素的浮动的清除 */
```

不需要对#footer 设置宽度属性，只需要添加清除浮动的属性，清除上级标签元素的浮动，就可以完

扫一扫，看视频

美地得到所需要的效果。

10.1.3 重点演练：设计自定义宽度

无论是两列定宽的布局结构，还是两列自适应的布局结构，两列的总宽度相加不能大于网页包含框的宽度或者大于 100%，否则就会错位。那么试想一下，定宽的布局结构采用的宽度单位是 px，而自适应的布局结构所采用的单位是%或者是默认的 auto，如何将这两种不同的单位结合在一起，最终完美实现单列自适应、单列定宽的页面布局结构。

【操作步骤】

第 1 步，启动 Dreamweaver CC，新建一个网页，保存为 test.html。

第 2 步，在<body>内使用<div>标签构建三行两列结构。

```
<div id="header">头部信息</div>
<div id="container">
    <div class="mainBox">主要内容区域</div>
    <div class="sideBox">侧边栏</div>
</div>
<div id="footer">底部信息</div>
```

第 3 步，在<head>标签内添加<style type="text/css">标签，定义一个内部样式表。

第 4 步，将上一节示例中自适应布局结构的 CSS 样式复制过来，然后稍作修改，保持 mainBox 的宽度属性值为 70%，修改 sideBox 的宽度属性值为 200px。

```
* { margin:0; padding:0; } /* 设置页面中所有元素的内外间距为 0，便于更便捷的页面布局 */
#header, #footer { height:30px; background-color:#E8E8E8; } /* 设置头部信息以及底部信息的高度为 30px，并添加浅灰色背景色 */
#container { margin:10px 0; } /* 设置页面内容区域的上下边界为 10px */
.mainBox { float:left; /* 将主要内容区域向左浮动 */ width:70%; /* 将 mainBox 的宽度修改为 70% */ color:#FF0000; background-color:#333333; } /* 设置主要内容区域的宽度为 70%，背景色以及文本颜色，并居左显示 */
.sideBox { float:right; /* 将侧边栏向右浮动 */ width:200px; /* 将 sideBox 的宽度修改为 200px */ color:#FFFFFF; background-color:#999999; } /* 设置侧边栏的宽度为 200px，背景色以及文本颜色，并居右显示 */
#container:after { display:block; visibility:hidden; font-size:0; line-height:0; clear:both; content:""; } /* 清除内容区域的左右浮动 */
#footer { clear:both; } /* 添加底部信息的对上级标签元素的浮动的清除 */
.mainBox, .sideBox { height:200px; }
```

第 5 步，在 IE 浏览器中预览，演示效果如图 10.7 所示。

图 10.7　单列定宽和单列自适应宽度的显示效果

拓展 1：

在上面示例中，读者会发现 mainBox 主要内容区域在页面中占用的比例是当前窗口大小的 70%，而 sideBox 侧边栏是以 200px 的宽度显示在页面中。但这仅仅只是在某个情况下正常显示，如果将浏览器的窗口缩小后，sideBox 侧边栏错位，不再与 mainBox 主要内容区域并排显示。

解决这个问题比较好的办法就是利用负边界来处理：

```
.sideBox { /* 设置侧边栏的宽度为 200px，背景色以及文本颜色，并居右显示 */
    float:right; /* 将侧边栏向右浮动 */
    width:200px; /* 将 sideBox 的宽度修改为 200px */
    margin-left:-200px; /* 添加负边界使 sideBox 向左浮动缩进 */
    color:#FFFFFF;
    background-color:#999999;
}
```

对 sideBox 侧边栏添加负边界：margin-left:-200px;，使其在与 mainBox 主要内容区域浮动配合时不会因窗口缩小空间不够而导致错位。但是 sideBox 侧边栏因为使用负边界布局，将与 mainBox 主要内容区域产生重叠。

- 重叠跟错位都是因为两列的宽度值问题。
- mainBox 主要内容区域目前是采用 70%的宽度值，既然是自适应的宽度值，是否可以考虑用 auto 默认宽度值。

因此修改 mainBox 主要内容区域的宽度值为 auto 默认值。

```
.mainBox {/* 设置主要内容区域的宽度为 auto 默认值，背景色以及文本颜色，并居左显示 */
    float:left; /* 将主要内容区域向左浮动 */
    width:auto; /* 将 mainBox 的宽度修改为 auto 默认值 */
    color:#FF0000;
    background-color:#333333;
}
```

在 IE 浏览器中预览，演示效果如图 10.8 所示。

图 10.8 单列定宽和单列自适应宽度的显示效果

拓展 2：

在拓展 1 中， mainBox 主要内容区域随着文字的增多，宽度也会逐渐增多，最终还是将 sideBox 侧边栏挤到下面一行，而且与 sideBox 侧边栏重叠。分析原因：

- 当宽度值为默认值 auto 时，容器中具有 float 浮动属性，那么该容器的宽度将随着容器中的内容而变化。
- 如果去除 float 浮动属性，也就说明 sideBox 侧边栏不再跟 mainBox 主要内容区域并列在一行中显示。
- 在使用 CSS 样式布局页面结构时，如果不使用浮动，就只能采用定位的方式进行页面布局。

使用定位方式设置两列布局结构，需要设置容器对象#container 为相对定位，为子元素定位提供相对参照物。设置.mainBox 容器的边界，留出空白空间，为.sideBox 容器绝对定位后显示。复制拓展 1 示例，然后重新设计内部样式表。

```
* { margin:0; padding:0; } /* 设置页面中所有元素的内外间距为 0，便于更便捷的页面布局 */
#header, #footer { height:30px; background-color:#E8E8E8; } /* 设置头部信息以及底部信息的高度为 30px，并添加浅灰色背景色 */
#container { position:relative; /* 添加相对定位属性为其子元素的绝对定位属性有参照物 */ margin:10px 0; } /* 设置页面内容区域设置上下边界为 10px */
.mainBox { width:auto; /* 将 mainBox 的宽度修改为 auto 默认值 */ margin-right:200px; /* 利用边界属性为 sideBox 留有 200px 的空白 */ color:#FF0000; background-color:#333333; } /* 设置主要内容区域的宽度为 auto 默认值，背景色以及文本颜色，并居左显示 */
.sideBox { position:absolute; /* 设置 sideBox 为绝对定位，相对于其父元素#container 定位 */ top:0px; /* 相对其父元素的顶部 0px 绝对定位 */ right:0px; /* 相对其父元素的右边 0px 绝对定位 */ width:200px; /* 将 sideBox 的宽度修改为 200px */ margin-left:-200px; /* 添加负边界使 sideBox 向左浮动缩进 */ color:#FFFFFF; background-color:#999999; } /* 设置侧边栏的宽度为 200px，背景色以及文本颜色，并居右显示 */
.mainBox, .sideBox { height:200px; }
```

在 IE 浏览器中预览，演示效果如图 10.9 所示。

图 10.9　单列定宽和单列自适应宽度的显示效果

使用绝对定位布局之后，浮动与清除浮动都将无效，同时使用绝对定位的方法导致列包含框无法撑开父级包含框的高度，而且会覆盖其他元素的内容，对于此类问题可以使用 JavaScript 脚本进行处理。

10.2　多列结构布局

常见多列布局是三列结构，一般门户网站喜欢使用这种布局样式。三列结构的页面布局可以视为两列结构的嵌套，在布局时只需要以两列布局结构的方式对待。

使用<div>构建标准的三行三列结构如下。

```
<div class="header">头部信息</div>
<div class="container">
    <div class="wrap">
        <div class="mainBox">主要内容区域</div>
        <div class="subMainBox">次要内容区域</div>
    </div>
    <div class="sideBox">侧边栏</div>
```

```
</div>
<div class="footer">底部信息</div>
```

当然，不是所有的三列都是由两列布局结构组合而成，还可以是由三个独立的列组合而成，使用<div>构建的结构代码如下，布局示意图如图 10.10 所示。

```
<div class="header">头部信息</div>
<div class="container">
    <div class="mainBox">主要内容区域</div>
    <div class="subMainBox">次要内容区域</div>
    <div class="sideBox">侧边栏</div>
</div>
<div class="footer">底部信息</div>
```

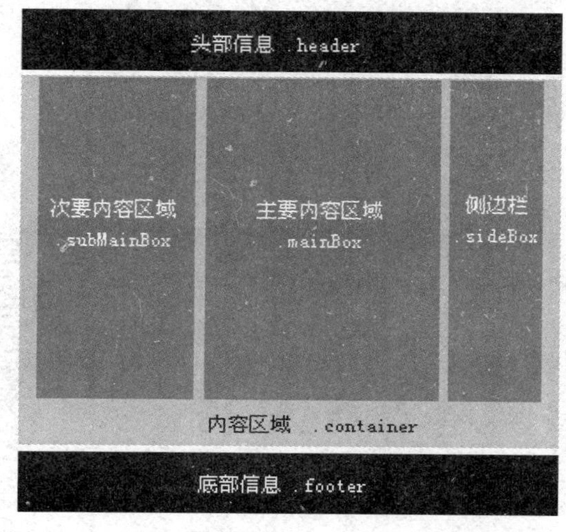

图 10.10　三个单独列组成的三列布局结构示意图

10.2.1　重点演练：设计两列定宽、中间自适应布局

两列定宽、中间自适应页面就是指网页两侧栏目宽度固定，中间正文栏目宽度使用自适应布局。实现的方法是：把左右两列栏目宽度固定，并分别向左右浮动，中间列则采用默认流动布局形式，并通过左右边界调整中间列与左右列内容进行相互影响。

【操作步骤】

第 1 步，启动 Dreamweaver CC，新建一个网页，保存为 test.html。

第 2 步，在<body>内使用<div>标签构建三行三列的结构。主要内容区域是由两个<div>标签包含的。

```
<div class="header">头部信息</div>
<div class="container">
    <div class="mainBox">
        <div class="content">主要内容区域</div>
    </div>
    <div class="subMainBox">次要内容区域</div>
    <div class="sideBox">侧边栏</div>
</div>
<div class="footer">底部信息</div>
```

第 3 步，在<head>标签内添加<style type="text/css">标签，定义一个内部样式表。

第 4 步，输入如下样式。设计思路是以.mainBox 的浮动并将其宽度设置为 100%，配合.content 的默认宽度值与边界所留的空白，利用负边界原理将次要内容区域和侧边栏“引”到次要内容区域的旁边。

```
* { margin:0; padding:0; }
.header, .footer { height:30px; line-height:30px; text-align:center; color:#FFFFFF;
background-color:#AAAAAA; }
.container { text-align:center; color:#FFFFFF; }
.mainBox { float:left; width:100%; background-color:#FFFFFF; } /* 设置主要内容区域
的外层 div 标签浮动，并将宽度设置为 100% */
.mainBox .content { margin:0 210px 0 310px; background-color:#000000; } /* 设置主
要内容区域的内层 div 标签边界保持宽度的默认值为 auto，留出空白的位置给左右两列 */
.subMainBox { float:left; width:300px; margin-left:-100%; background-color:
#666666; } /* 将次要内容区域设置左浮动，并设置宽度为 300px，负边界为左边的-100% */
.sideBox { float:left; width:200px; margin-left:-200px; background-color:#666666; }
/* 将侧边栏设置左浮动，并设置宽度为 200px，负边界为左边的-200px */
.footer { clear:both; }
.subMainBox, .content, .sideBox { height:200px; }
```

第 5 步，在 IE 浏览器中预览，演示效果如图 10.11 所示。

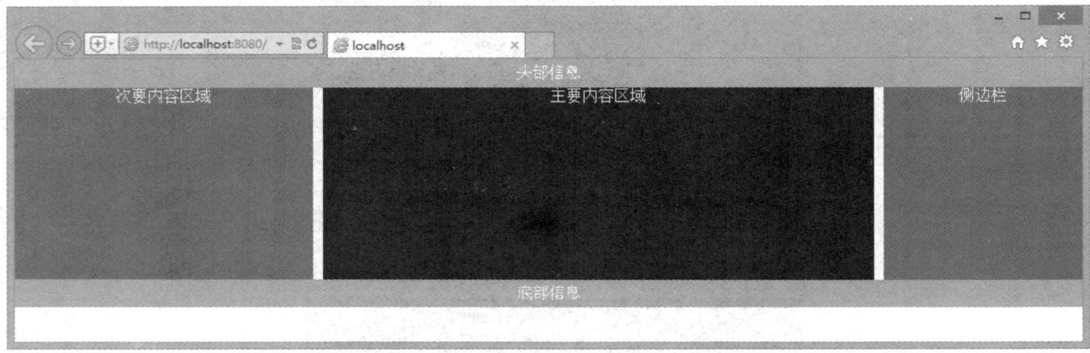

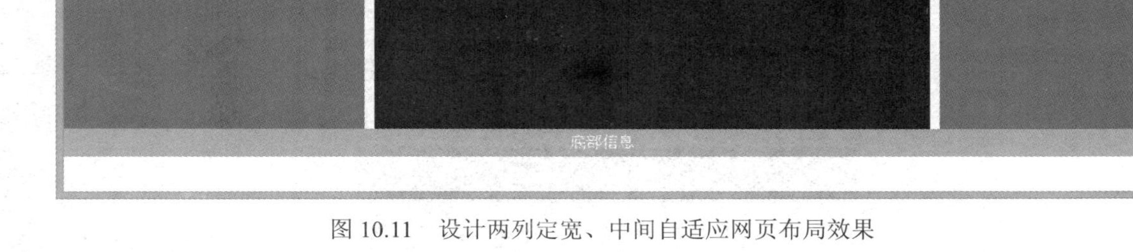

图 10.11　设计两列定宽、中间自适应网页布局效果

扫一扫，看视频

10.2.2　重点演练：设计右侧定宽、左侧及中间自适应布局

实现右侧定宽左侧及中间自适应布局效果，读者需要配合浮动布局和负边界布局进行设计，通过浮动让三列并列显示，通过负边界调整三列之间的显示位置，避免错行显示。

【操作步骤】

第 1 步，启动 Dreamweaver CC，新建一个网页，保存为 test.html。

第 2 步，在<body>内使用<div>标签构建三行三列的结构。主要内容区域是由两个<div>标签包含的。

```
<div class="header">头部信息</div>
<div class="container">
    <div class="mainBox">
        <div class="content">主要内容区域</div>
    </div>
    <div class="subMainBox">次要内容区域</div>
    <div class="sideBox">侧边栏</div>
</div>
<div class="footer">底部信息</div>
```

第 3 步，在<head>标签内添加<style type="text/css">标签，定义一个内部样式表，输入如下样式。

```
* { margin:0; padding:0; }
.header, .footer { height:30px; line-height:30px; text-align:center; color:#FFFFFF;
background-color:#AAAAAA; }
.container { text-align:center; color:#FFFFFF; }
```

```
.mainBox { float:left; width:100%; background-color:#FFFFFF; } /* 设置主要内容区域的外层 div 标签浮动，并将宽度设置为 100% */
.mainBox .content { margin:0 210px 0 41%; background-color:#000000; } /* 设置主要内容区域的内层 div 标签外补丁保持宽度的默认值为 auto，留出空白的位置给左右两列 */
.subMainBox { float:left; width:40%; margin-left:-100%; background-color:#666666; }
/* 将次要内容区域设置左浮动，并设置宽度为 40%，负边距为左边的-100% */
.sideBox { float:left; width:200px; margin-left:-200px; background-color:#666666; }
/* 将侧边栏设置左浮动，并设置宽度为 200px，负边距为左边的-200px */
.footer { clear:both; }
.subMainBox, .content, .sideBox { height:200px; }
```

第 4 步，在 IE 浏览器中预览，演示效果如图 10.12 所示。

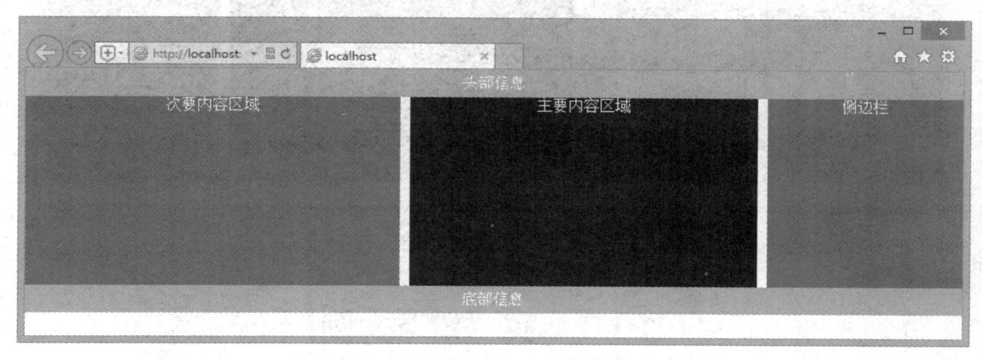

图 10.12　设计右侧定宽、左侧及中间自适应布局效果

10.2.3　重点演练：设计三列宽度自适应布局

扫一扫，看视频

三列宽度都是自适应的布局效果比较少见，这种效果实现的方法也很简单，设置三列的宽度值都为 auto 即可。

【操作步骤】

第 1 步，启动 Dreamweaver CC，新建一个网页，保存为 test.html。

第 2 步，在<body>内使用<div>标签构建三行三列的结构。

```
<div class="header">头部信息</div>
<div class="container">
    <div class="mainBox">
        <div class="content">主要内容区域</div>
    </div>
    <div class="subMainBox">次要内容区域</div>
    <div class="sideBox">侧边栏</div>
</div>
<div class="footer">底部信息</div>
```

第 3 步，在<head>标签内添加<style type="text/css">标签，定义一个内部样式表，输入如下样式。

```
* { margin:0; padding:0; }
.header, .footer { height:30px; line-height:30px; text-align:center; color:#FFFFFF; background-color:#AAAAAA; }
.container { text-align:center; color:#FFFFFF; }
.mainBox { float:left; width:100%; background-color:#FFFFFF; } /* 设置主要内容区域的外层 div 标签浮动，并将宽度设置为 100% */
.mainBox .content { margin:0 21% 0 41%; background-color:#000000; } /* 设置主要内容区域的内层 div 标签外补丁保持宽度的默认值为 auto，留出空白的位置给左右两列 */
```

```
.subMainBox { float:left; width:40%; margin-left:-100%; background-color:#666666; }
/* 将次要内容区域设置左浮动，并设置宽度为 40%，负边距为左边的-100% */
.sideBox { float:left; width:20%; margin-left:-20%; background-color:#666666; } /*
将侧边栏设置左浮动，并设置宽度为 20%，负边距为左边的-20% */
.footer { clear:both; }
.subMainBox, .content, .sideBox { height:200px; }
```

第 4 步，在 IE 浏览器中预览，演示效果如图 10.13 所示。

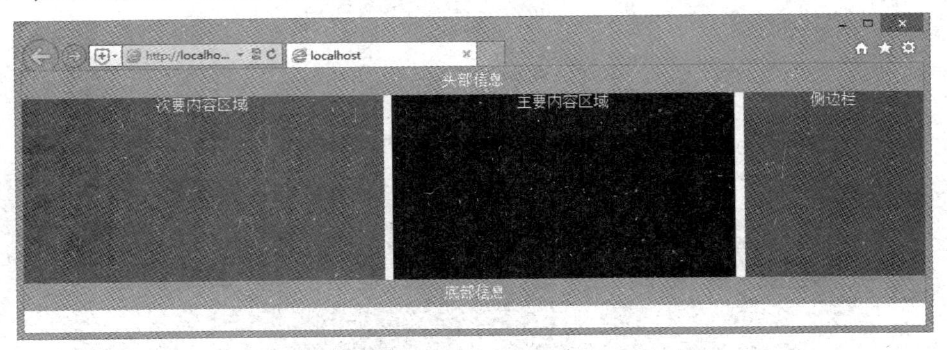

图 10.13　设计三列宽度自适应布局效果

10.3 实战案例

本节将通过 3 个案例介绍如何设计更贴近实战的网页版式效果。

扫一扫，看视频

10.3.1 设计资讯正文页

本例以新闻题材为主题，以正文页面为设计类型，页面效果采用弹性布局，页面效果如图 10.14 所示。

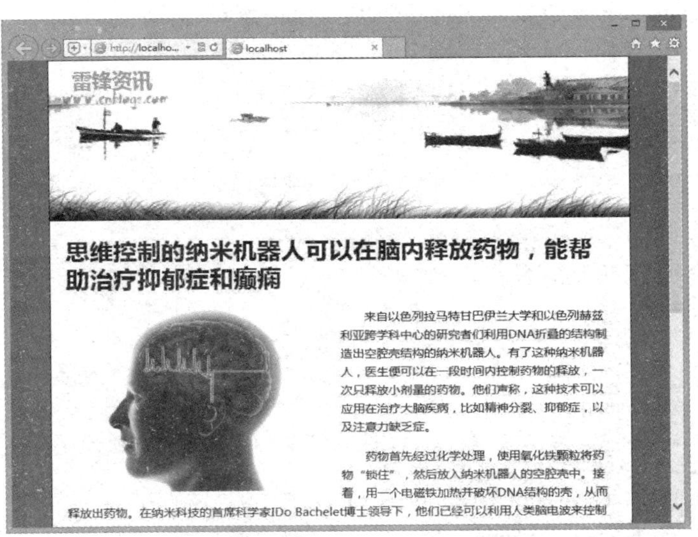

图 10.14　设计资讯正文页面效果

弹性布局的最大特点在于使用 em 作为定义网页宽度的单位。em 是相对长度单位，它相对于当前对象内文本的字体尺寸。当改变网页字体的大小，最终会影响页面布局。

这种布局的优点：网页可以根据浏览器字体的大小，而整体调整页面的布局效果，自适应界面。这让浏览者掌握了页面显示效果的主动权，用户体验好。

这种布局的缺点：CSS 布局代码编写复杂，需要不停地测试用户在不同情况的页面效果，这无形中增加了编写代码的工作量。

弹性布局适合设计页面结构简单，内容单一的页面。对于多列、多栏页面，不建议采用。

【操作步骤】

第 1 步，启动 Dreamweaver CC，新建一个网页，保存为 index.html。

第 2 步，在<body>标签内输入如下结构代码。

```
<div id="container">
    <div id="header">
        <h1><a  href="http://www.leiphone.com/news/201608/AcqLpJrXfe6i6H88.html">
雷锋资讯</a></h1>
    </div>
    <div id="mainContent">
        <h1>思维控制的纳米机器人可以在脑内释放药物，能帮助治疗抑郁症和癫痫</h1>
        <p>……</p>
    </div>
    <div id="footer">
        <p>Copyright ©2017  abc Powered By: <a href="http://www.leiphone.com/">雷
锋网</a> Web 交流群 123456789</p>
    </div>
</div>
```

第 3 步，在<head>标签内添加<style type="text/css">标签，定义一个内部样式表。

第 4 步，在内部样式表中输入如下样式。

```
body {
    font: 1.1em 微软雅黑, 新宋体;           /* 字体相关设置*/
    background: #666666;                  /* 设置页面背景色为灰色 */
    margin:0;                             /* 清除外边距 */
    padding:0;                            /* 清除内间距 */
    text-align:center;                    /* IE 及使用 IE 内核的浏览器居中 */
    color: #000000;                       /* 设置字体颜色，可删除此定义 */
    line-height:150%;                     /* 设置段落文字行高 */
}
#container {
    width: 46em;                          /* 高度使用弹性布局单位 */
    background: #FFFFFF;                  /* 设置背景色为白色，与整体页面背景色对比 */
    margin: 0 auto;                       /* 浏览器居中 */
    border: 1px solid #000000;            /* 设置边框线 */
    font-size:1em;                        /* 字体大小改变时，整个页面发生变化 */
    text-align:left;                      /* 文本内容左对齐 */
}
#header {
    background:url(images/bg_header.gif) no-repeat center -2em;    /* 背景图像设置 */
    height:13em;                          /* 高度使用 em 作为单位 */
}
#header h1 {
```

```
    margin: 0;                        /* 清除默认元素外边距 */
    padding: 10px 0 10px 30px;        /* 设置四个方向的内间距 */
}
#header h1 a{
    color:#999;                       /* 超链接字体颜色 */
    font-size:0.8em;                  /* 字体大小使用相对单位 */
    text-decoration:none;             /* 去除默认超链接的下划线 */
}
#mainContent {
    padding: 0 20px;                  /* 设置左右间距，内容不紧贴在左右两侧 */
    background: #FFFFFF;              /* 设置背景色，可删除，id为container层已定义 */
    font-size:0.95em;                 /* 字体大小使用相对单位 */
}
#footer {
    padding: 0 20px;                  /* 底部信息左右间距 */
    background:#DDDDDD;               /* 底部信息背景色 */
}
#footer p {
    margin: 0;                        /* 底部段落，去掉默认外边距 */
    padding: 10px 0;                  /* 设置上下间距为10像素 */
    font-size:1em;                    /* 字体大小使用相对单位 */
}
#footer a{
    color:gray;                       /* 底部信息超链接颜色*/
    text-decoration:none;             /* 去除默认超链接的下划线 */
}
```

【代码详解】

整体页面基调为灰色，字体大小为 1.1em；字体采用微软雅黑，微软雅黑是迄今为止个人计算机上可以显示的最清晰的中文字体。

页面使用单列、弹性宽度布局，宽度为46em，高度自适应。针对 id 为 container 层定义在 Firefox 浏览器下居中显示，因其继承<body>标签的居中方式（IE 浏览器），重新定义内部元素文字对齐方式为左对齐，字体大小重新定义为 1em。

标题部分：id 为 container 层定义背景图像，其偏移位置为中间、顶部-2em，定义行高为 13em。<h1>标签定义内间距，调整博客标题文字，改变超链接默认设置，字体大小也使用 em 作为单位。

主体部分：主要包含“文章内容”，以及网站底部信息。可将 class 为 footer 层单独取出，作为<body>标签的直系子元素，而不是孙辈元素，最终实现两行弹性布局。“文章内容”是以段落的方式出现，定义段落文字与左右边界的内间距，改变字体大小设置即可。

在本例中，定义了众多以 em 为单位的标签，id 为 mainContent 层定义字体大小为 0.95em，id 为 container 层定义字体大小为 1em，最终结果是 0.95em。

id 为 container 层是最高层标签，当改变它的字体大小时，页面大小及内容发生变化，字体也会发生变化，即使为每个标签都定义字体大小。

扫一扫，看视频

10.3.2 设计企业宣传页

本例以企业题材为主题，以企业介绍页面为设计类型，页面效果采用浮动布局，效果如图 10.15 所示。

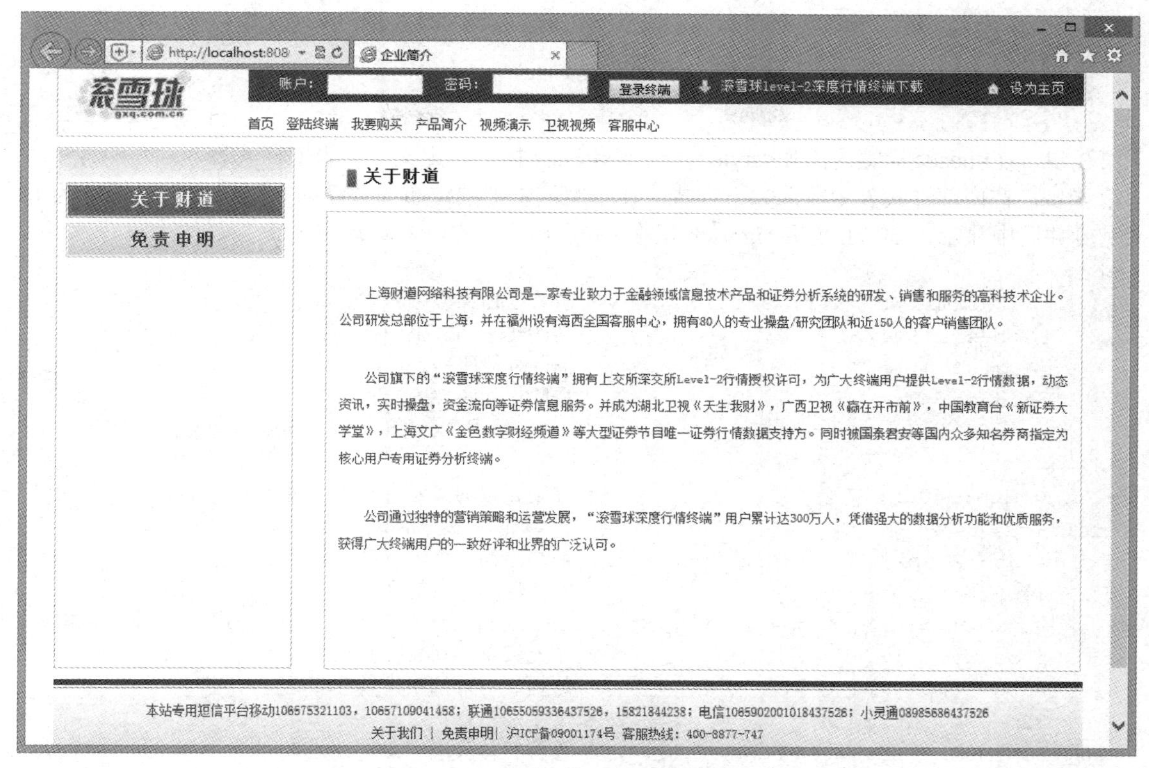

图 10.15　设计企业宣传页面效果

浮动布局使用 float 属性进行定义，设计多个版块在同一行内显示。这是应用最广的布局方式之一，其优点：

- 让栏目并列显示，节省版面空间。
- 设计版面环绕效果，使页面不单调，更适合浏览。

浮动布局的缺点：

- 多列并列显示，如果网页宽度发生变化，易产生错位现象，影响整个页面效果。
- 浮动元素与流动元素混用，会带来很多兼容问题，给设计带来很多麻烦。

【操作步骤】

第 1 步，启动 Dreamweaver CC，新建一个网页，保存为 index.html。

第 2 步，在<body>标签内输入如下结构代码。其中正文内容省略，主要显示网页三层 HTML 嵌套结构，详细内容请参阅资源包示例。

```
<div class="nav">
   <div class="login"> </div>
   <div class="links-A"><a href="#"></div>
</div>
<div class="Cli">
   <div class="left-cli">
      <ul></ul>
   </div>
   <div class="right-cli">
      <h1>关于财道</h1>
      <div class="cont">
         <div class="dingwei1"></div>
```

```
        </div>
    </div>
</div>
<div class="footer"></div>
```

第 3 步，在<head>标签内添加<style type="text/css">标签，定义一个内部样式表。

第 4 步，在内部样式表中输入如下样式。在本案例中把固定布局与浮动布局相结合。class 为 Cli 层定义宽度并居中显示，left-cli 层和 right-cli 层在 Cli 层内进行左、右浮动实现。

```
body {
    font-family:"宋体", arial;          /* 设置字体类型 */
    font-size:14px;                    /* 初始化字体大小 */
    margin: 0;                         /* 清除外边距 */
    padding: 0;                        /* 清除内间距 */
    text-align: center;                /* IE 及使用 IE 内核的浏览器居中 */
}
.Cli{width:960px; }                    /* 浮动元素的父元素宽度，便于浮动元素居中 */
.left-cli{
    width:220px;                       /* 左边浮动元素的宽度 */
    height:499px;                      /* 左边浮动元素的高度 */
    background:url(images/lt.jpg) no-repeat left top;  /* 定义背景图像，衬托内部纵向导航 */
    float:left;                        /* 子元素左浮动 */
    border:1px solid #CACACA;          /* 边框线与背景图像颜色接近 */
    font-weight:bold;                  /* 文字加粗 */
    font-size:16px;                    /* 设置字体大小 */
    letter-spacing:4px;                /* 内部导航文字之间的间距 */
}
.right-cli{
    width:709px;                       /* 右边浮动元素的宽度 */
    float:right;                       /* 子元素右浮动 */
    text-align:left                    /* 文本左对齐 */
}
.right-cli h1{
    width:709px;                       /* 右侧标题宽度，与父元素一致 */
    height:40px;                       /* 设置高度，用于显示背景的空间 */
    background:url(images/loa3.jpg) no-repeat left top;    /* 定义背景图像 */
    line-height:36px;                  /* 设置行高，与高度大小不一致 */
    font-size:16px;                    /* 设置字体大小 */
    letter-spacing:2px;                /* 字体间距 */
    font-weight:bold;                  /* 字体加粗，便于突出与下面文字内容的不同 */
    text-indent:36px;                  /* 用它替代左间距，宽度不计算在内 */
    margin-bottom:9px;                 /* 设置下边距 */
}
```

【代码详解】

页面头部和底部不属于浮动布局，读者可通过资源包示例查看具体设置。公司主体部分说明如下：

- class 为 Cli 层定义固定宽度，实现内部浮动元素的居中。
- class 为 left-cli 层存放导航，定义整体宽度为 220 像素，高度为 499 像素，设置导航顶部的背景图像，字体大小为 16 像素、加粗，字体间距为 4 像素，设置边框线，查看此层占据的位置，最后为左浮动，没有设置左边距，故不需要 display 属性，左侧导航部分。
- class 为 right-cli 层存放公司导航对应的内容，设置宽度为 709 像素，右浮动，段落文本对齐方式为左对齐。左侧的高度已经定义了，右侧高度随着段落内容的增加而逐渐增加。

10.3.3 设计儿童题材的博客首页

本例以儿童题材为主题，以个人博客为设计类型，页面效果采用固定宽度布局，本案例演示效果如图 10.16 所示。

图 10.16　设计儿童博客首页效果

网页宽度固定一般是以像素作为单位。网页中无论一行或者多行，只要通过像素为单位定义宽度，即可认为此布局方式为固定布局。页面中主体模块决定了网页的布局，小模块可采用其他方式或者也以固定布局为主。固定宽度布局的优点。

- 设计简便，调整方便。
- 页面宽度一致，图片等对象宽度固定的内容，潜在的冲突少。

这种布局的缺点：

- 页面适应能力差。
- 需要为不同设备独立设计，兼容设备的成本比较高。

【操作步骤】

第 1 步，启动 Dreamweaver CC，新建一个网页，保存为 index.html。

第 2 步，在<body>标签内输入如下结构代码。

```
<div id="container">
    <div id="mainContent">
        <h1><span>放你的童心在我的手心</span></h1>
        <div class="blognavInfo"> <span><a href="E">丫丫的博客</a></span>……</span>
</div>
        <div class="artic">首页</div>
        <h2> 《小童话》</h2>
        <p>……</p>
```

```
    </div>
</div>
```

第 3 步，在<head>标签内添加<style type="text/css">标签，定义一个内部样式表。

第 4 步，在内部样式表中输入如下样式。

```
body {
    font: 100% 宋体,新宋体;              /* 设置字体 */
    background: #fdacbf;                /* 设置页面背景色 */
    margin: 0;                          /* 清除外边距 */
    padding: 0;                         /* 清除内间距 */
    text-align: center;                 /* IE 及使用 IE 内核的浏览器居中 */
    color: #494949;                     /* 设置字体颜色 */
    line-height:150%;                   /* 设置行高 */
}
#container {
    width: 780px;                       /* IE 及使用 IE 内核的浏览器居中 */
    background: #FFFFFF;                /* IE 及使用 IE 内核的浏览器居中 */
    margin: 0 auto;                     /* 自动边距（与宽度一起）会将页面居中 */
    border: 1px solid #000000;          /* IE 及使用 IE 内核的浏览器居中 */
    text-align: left;                   /* 覆盖<body>标签定义的"text-align: center" */
}
a{color:#AC656D!important;              /* 定义超链接默认颜色 */}
#mainContent {
    padding: 0 20px;                    /* 定义左右间距，与父元素拉开左右距离 */
    padding-bottom:20px;                /* 定义下间距 */
}
#mainContent h1{
    margin:0;                           /* 清除<h1>元素默认边距 */
    background:url(img/1.jpg) center top;    /* 设置背景图像，作为博客头部图片 */
    overflow:hidden;                    /* 超出部分隐藏 */
    height:120px;                       /* 定义高度 120 像素 */
    width:740px;                        /* 定义宽度 740 像素*/
    color:#A1545B;                      /* 设置博客标题字体颜色 */
}
#mainContent h1 span{
    float:right;                        /* 设置博客标题右浮动 */
    font-size:24px;                     /* 设置博客标题字体大小 */
    font-family:"微软雅黑","黑体";       /* 设置博客标题字体类型 */
    line-height:40px;                   /* 设置行高 */
    padding-right:20px;                 /* 博客标题与右侧背景有 20 像素间距 */
    font-weight:300;                    /* 设置字体加粗为 300 */
}
#mainContent .blognavInfo{
    margin-top:-20px;                   /* 设置导航上边距 30px */
    text-indent:80px;                   /* 首行缩进 80px，导航就一行 */
    width:740px;                        /* 导航的宽度 */
}
.artic{
    height:24px;line-height:24px;  /* 设置垂直居中 */
    background-color:#f3bac0;      /* 设置背景色 */
    text-indent:1em; font-size:14px; /* IE 及使用 IE 内核的浏览器居中 */
    clear:both;                    /* 清除浮动 */
```

```
    width:740px;                    /* 博客栏目宽度为 740px */
}
#mainContent a{
    padding:0 5px; text-decoration:none;               /* 超链接设置 */
    font-size:14px; color:Verdana,"宋体",sans-serif;   /*字体设置 */
}
#mainContent a:hover{
    font-weight:bold; text-decoration:underline;  /* 超链接鼠标滑过时的效果 */
}
#mainContent h2{
    color:#BF3E46;font-weight:300;      /* 文章标题名称颜色、加粗设置 */
    font-family:"微软雅黑","黑体";       /* 文章标题字体类型 */
    margin:0; line-height:40px;         /* 文章标题行高及清除默认外边距 */
}
#mainContent p{
    margin:0;                           /* 清除段落默认设置 */
}
#mainContent p span{
    float:right;                        /* 博客内容设置，向右浮动 */
    padding-right:200px;                /* 博客内容设置右间距，效果：与图片位置贴近 */
    line-height:200%                    /* 博客内容行高，不设置高度，高度自适应 */
}
```

【代码详解】

设置网页宽度为 780 像素，该值符合小屏幕分辨率。<body>标签定义 IE 浏览器下居中，定义整体页面基调为粉红色，给人以温馨的感觉，文本行高为相对单位，使用百分比，为后面的段落文字的纵向间距埋下伏笔。

页面使用单列、固定宽度布局，高度自适应。id 为 container 层定义在 Firefox 浏览器下居中，且因其继承<body>标签的居中方式，重新定义内部元素文字对齐方式为左对齐。设置背景色为白色、1 像素的边框线，将博客页面区域彰显出来。

博客主体部分通过 id 为 mainContent 层包含，因其外层已经定义居中、宽度，因而此处只需定义间距即可，其宽度自适应父元素宽度。

博客标题部分使用<h1>标签定义大背景图像，定义其宽度为 740 像素，高度为 120 像素。id 为 mainContent 层定义左右间距 20 像素，整个博客宽度 780 像素，故 780-20(id 为 mainContent 层左间距)-20(id 为 mainContent 层右间距)=740 像素。背景图像的宽度、高度大于定义的高度值，此处定义背景图像从浏览器中间、顶部开始显示。当改变其宽度时，在 IE8 浏览器下显示发现图片超出显示内容。内部字体采用微软雅黑，清除<h1>标签的默认加粗效果，重新定义文字粗细为 300 像素。

导航默认的链接颜色设置为粉色基调，其余设置不再讲解。

设置段落中<span>标签右浮动，脱离文档流，漂移到右侧，图片占据原段落占用的位置，默认图片的宽度、高度大于整个博客的大小。通过 HTML 代码限制其大小为 350*400 像素。此属性设置可通过 CSS 属性定义大小，因 CSS 属性控制图片，定义范围过大（当为 img 定义 CSS 属性时，所有的图片都将应用此属性设置，以后修改也麻烦）。博客中的图片只有通过 HTML 代码定义，而不是用 CSS 限制大小，否则可能引起图片变形。

在浏览器里观察图片与段落文件间距比较大，设置右间距为 200 像素，拉近段落文字与图片的距离，以期达到浏览器下图片文字与段落文字相互衬托的效果。图片大小也可认为是固定布局的一部分，其宽度、高度是以像素为单位的元素或标签，将其单独拿出来放到新页面下的新标签，标签定义大小，可认为是固定布局。

第 11 章　定位页面对象

CSS 定位包括相对定位、绝对定位和固定定位。相对定位能够在不破坏文档流的基础上相对自身原来位置进行定位；绝对定位能够让对象脱离文档流，在网页中精确定位。相对定位和绝对定位应用的比较多，本章将重点介绍。

【学习重点】

- 使用绝对定位控制页面对象。
- 使用相对定位控制页面对象。
- 定义定位偏移坐标。
- 定义定位层叠顺序。

扫一扫，看视频

11.1　使用绝对定位

为指定对象声明 position:absolute;样式，即可设计该元素为绝对定位显示。绝对定位元素会以最近的定位包含框为参照物进行偏移，不会影响文档流中的其他元素。使用 left、right、top、bottom 属性可以定义绝对定位元素的偏移位置。

提示：

定位包含框就是祖级元素中被定义了绝对定位、相对定位或固定定位的元素。文档流就是 HTML 文档行中可显示对象所占用的位置。

【操作步骤】

第 1 步，启动 Dreamweaver CC，新建文档，保存为 index.html。在菜单栏中选择【修改】|【页面属性】命令，打开【页面属性】对话框。设置网页背景图像，使用背景图像来模拟案例整体效果；同时清除页边距，如图 11.1 所示。

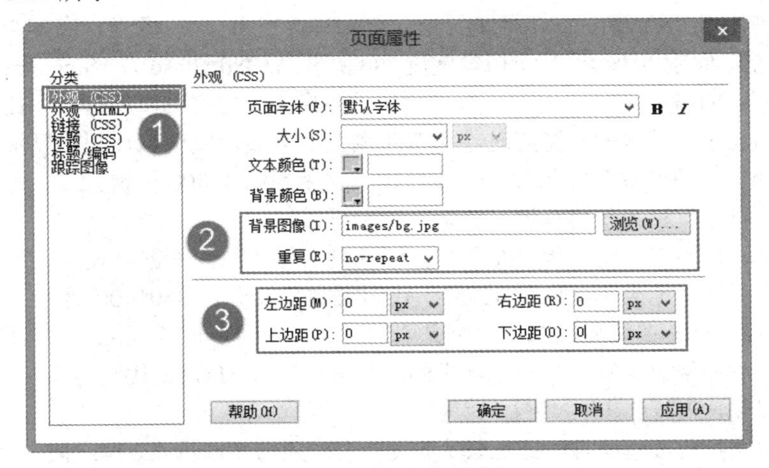

图 11.1　设置页面属性

第 2 步，在菜单栏中选择【插入】|【结构】|【Div 标签】命令，打开【插入 Div 标签】对话框。设置“插入：在插入点”“ID: wrap”，单击【新建 CSS 规则】按钮，打开【新建 CSS 规则】对话框。

保持默认设置，单击【确定】按钮，进入【#wrap 的 CSS 规则定义】对话框。

第 3 步，在【#wrap 的 CSS 规则定义】对话框中设置方框样式，Width: 100%、Height: 440px；设置背景样式，Background-color: #B2D7EA、Background-image: images/bg2.jpg、Background- repeat: no-repeat、Background-position（x）: center、Background-position（y）: center；设置定位样式，Position: absolute、Top: 110px（其中，Position: absolute 表示定义当前包含框以绝对定位方式进行显示，Top:11opx 表示它距离页面顶部距离为 110 像素），如图 11.2 所示。

最后，单击【确定】按钮，关闭【#wrap 的 CSS 规则定义】对话框；再次单击【确定】按钮，关闭【插入 Div 标签】对话框，完成包含框的插入操作。

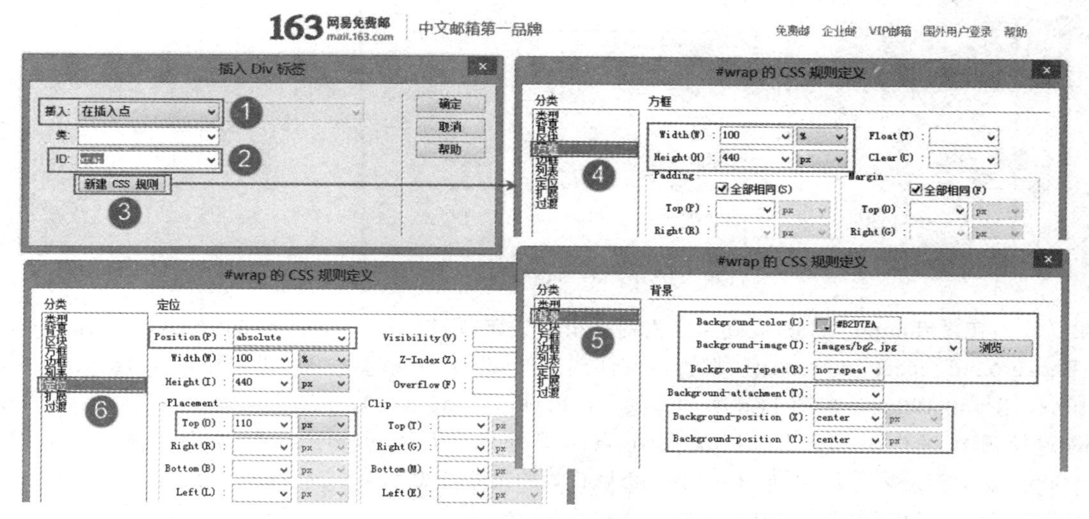

图 11.2　插入<div id="wrap">标签并定义方框、背景和定位样式

第 4 步，插入子包含框。继续插入 Div 标签，方法与上一步相同，设置“插入:在结束标签之前，<div id="wrap">”“ID: sub”，单击【新建 CSS 规则】按钮，在【#sub 的 CSS 规则定义】对话框中设置方框样式，Width: 900px、Height: 440px、Margin-left: auto、Margin-right: auto（将 Margin 的 Left. Right 值设置为 auto，是为了实现子包含框居中显示），如图 11.3 所示。

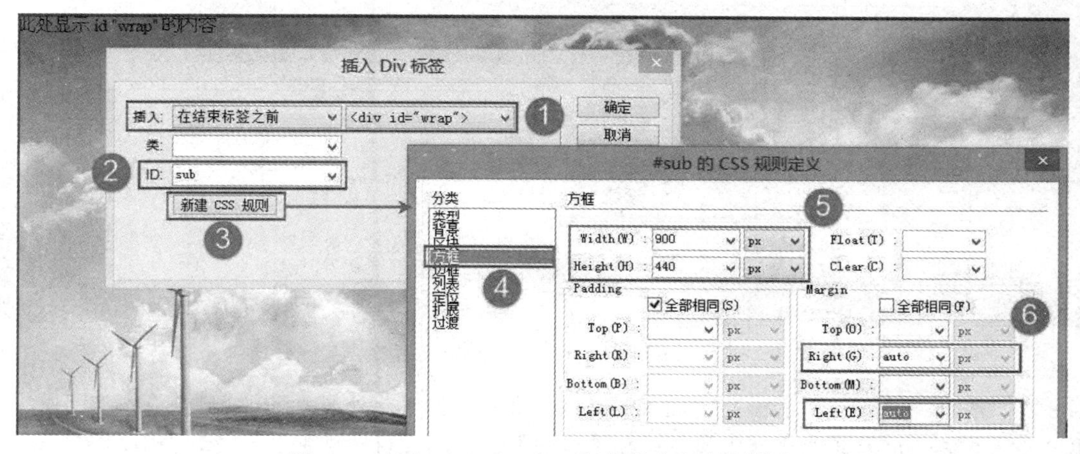

图 11.3　插入<div id="sub">标签并定义方框样式

第 5 步，让子包含框拥有定位功能。选中<div id="sub">标签，在【属性】面板中单击【编辑规则】按钮，在弹出的【#sub 的 CSS 规定义】对话框中设置定位样式，Position: relative，如图 11.4 所

示。通过设置 Position 值为 relative，即可实现子包含框拥有定位包含框的功能，在其中插入的绝对定位元素就可以根据<div id="sub">包含框进行定位，而不是根据<body>标签进行定位。

第 6 步，设计登录框。在菜单栏中选择【插入】|【结构】|【Div 标签】命令，打开【插入 Div 标签】对话框。设置“插入：在结束标签之前，<div id="sub">”“ID: login”，单击【新建 CSS 规则】按钮，打开【新建 CSS 规则】对话框。保持默认设置，单击【确定】按钮，进入【#login 的 CSS 规则定义】对话框。

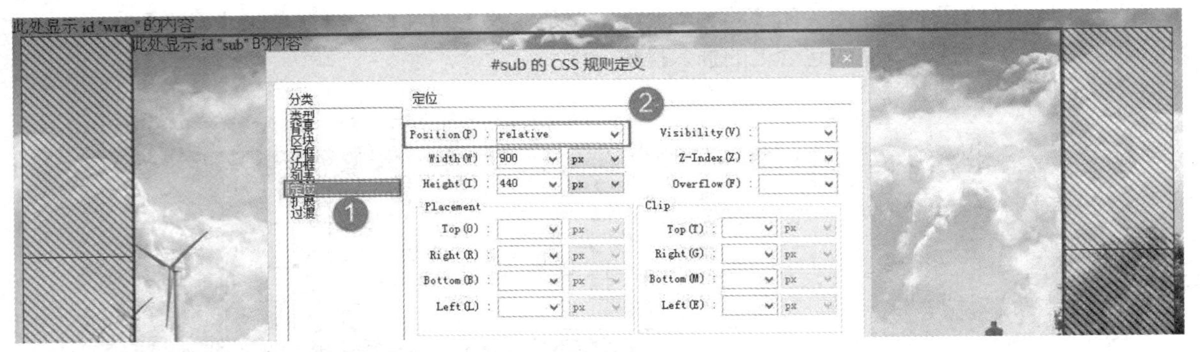

图 11.4　为<div id="sub">标签添加定位功能

第 7 步，在【#login 的 CSS 规则定义】对话框中设置背景样式，Background-image: url(images/login.jpg)、Background-repeat: no-repeat；设置定位样式，Position: absolute、Width: 340px、Height: 390px、Top: 10px、Right: 100px，如图 11.5 所示。其中，Position: absolute 表示定义当前包含框<div id="login">以绝对定位方式进行显示；Top:10px 表示它距离外包含框<div id="sub">顶部距离为 10 像素；Right:100px 表示它距离外包含框<div id="sub">右侧距离为 100 像素；Width:340px、Height:390px 表示定义登录框宽度为 340 像素、高度为 390 像素。

然后，单击【确定】按钮，关闭【#login 的 CSS 规则定义】对话框；再次单击【确定】按钮，关闭【插入 Div 标签】对话框，完成包含框的插入操作。

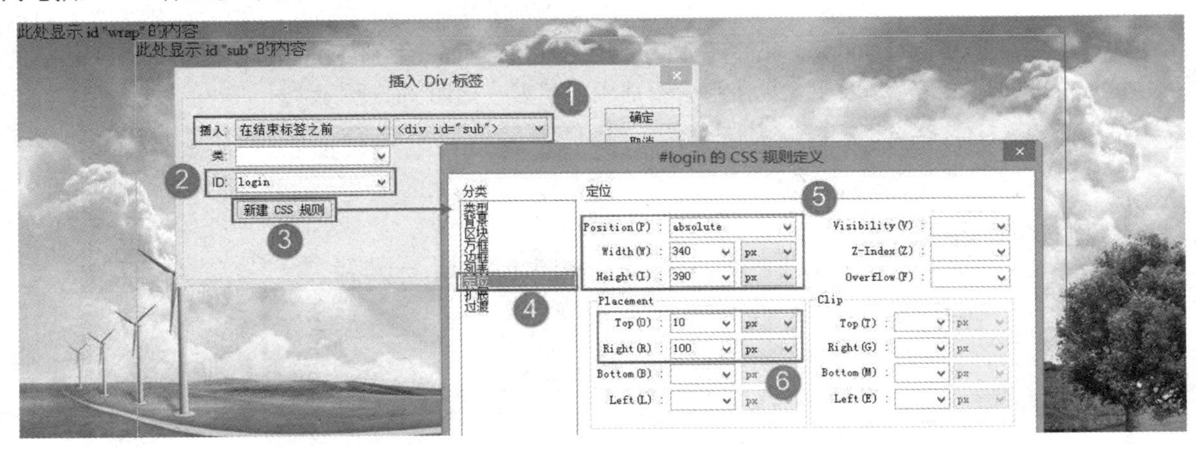

图 11.5　插入<div id="login">标签并定义背景和定位样式

第 8 步，清理掉 Dreamweaver 自动插入的提示性文本，如“此处显示 id "login" 的内容”。

第 9 步，设置页面背景水平居中显示。在【属性】面板的【目标规则】下拉列表中选择“body”选项，单击【编辑规则】按钮，打开“body 的 CSS 规则定义”对话框，设置背景样式，Background-position（x）：center、Background-position（y）:top 让网页背景图像居中、靠上显示，如图 11.6 所示。

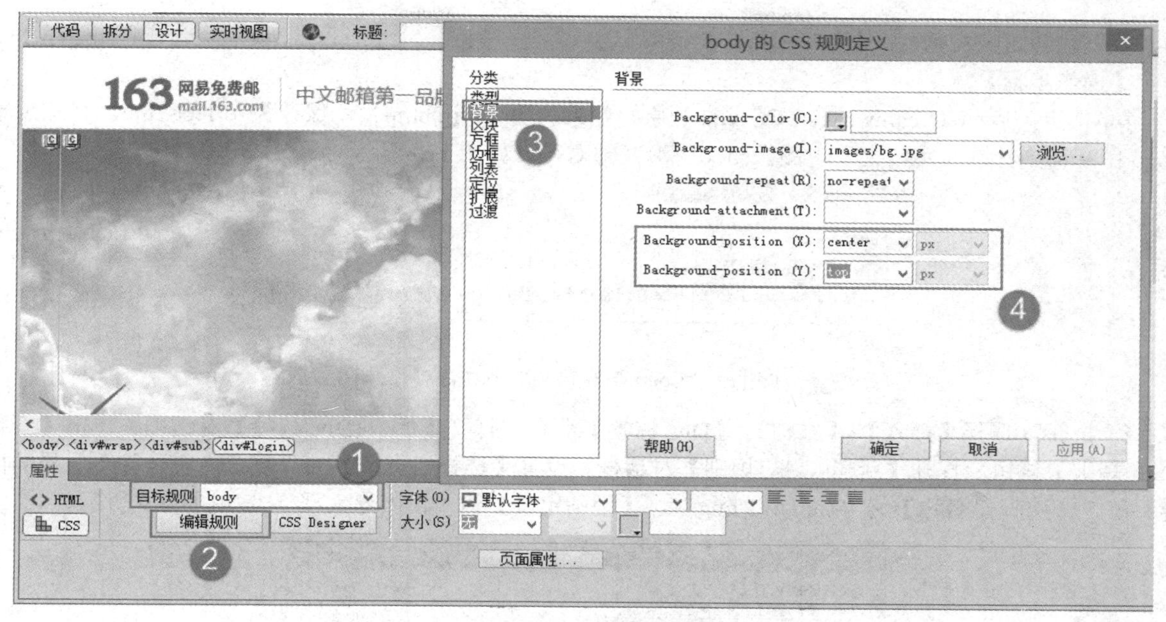

图 11.6　设置网页背景图像居中显示

第 10 步，保存文档，按 F12 键在浏览器中预览，显示效果如图 11.7 所示。

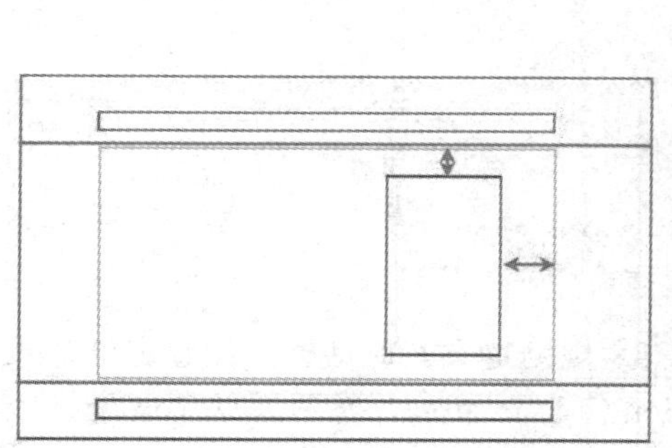

（a）定位草图

（b）定位效果

图 11.7　实例效果

提示：

绝对定位是网页定位的基本方法，配合 left、right、top 和 bottom 坐标属性进行精确定位，结合 z-index 属性排列元素的覆盖顺序，结合 clip 和 visiblity 属性裁切、显示或隐藏元素对象或部分区域，可以设计出绘图般的网页效果。

11.2　使用相对定位

扫一扫，看视频

相对定位能够让元素在不脱离 HTML 文档流的基础上，根据原有坐标点偏移自身位置，定位元素自身依然受到文档流的影响。由于原始位置和占用空间在文档流中依然存在，因此相对定位元素自身大小、位置也会影响文档流。

【操作步骤】

第 1 步，启动 Dreamweaver CC，打开原始效果页面（orig.html），保存为 effect.html。仔细观察 Logo 图标与副标题文字，会发现图像与文字沿底部对齐，如图 11.8 所示。

图 11.8　Logo 与标题文字不垂直对齐

第 2 步，选择【插入】|【结构】|【Div 标签】命令，打开【插入 Div 标签】对话框。单击【新建 CSS 规则】按钮，打开【新建 CSS 规则】对话框。设置【选择器类型】为“复合内容（基于选择的内容）”，【选择器名称】为“#apDiv1 img”，【规则定义】为“仅限该文档”，如图 11.9 所示。

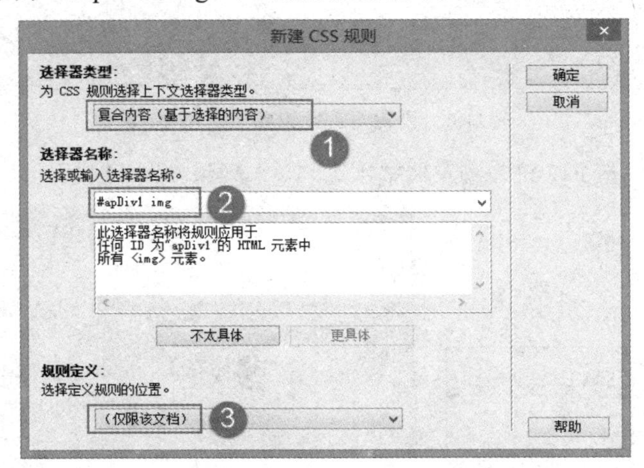

图 11.9　为 Logo 图像设置样式

第 3 步，单击【确定】按钮，打开【#apDiv1 img 的 CSS 规则定义】对话框，设置定位样式，Position: relative、Top: 12px，如图 11.10 所示。设置 Position 值为 relative，然后通过 Top 坐标控制 Logo 图标相对向下偏移位置，以实现 Logo 与标题提示文本水平居中对齐的效果。

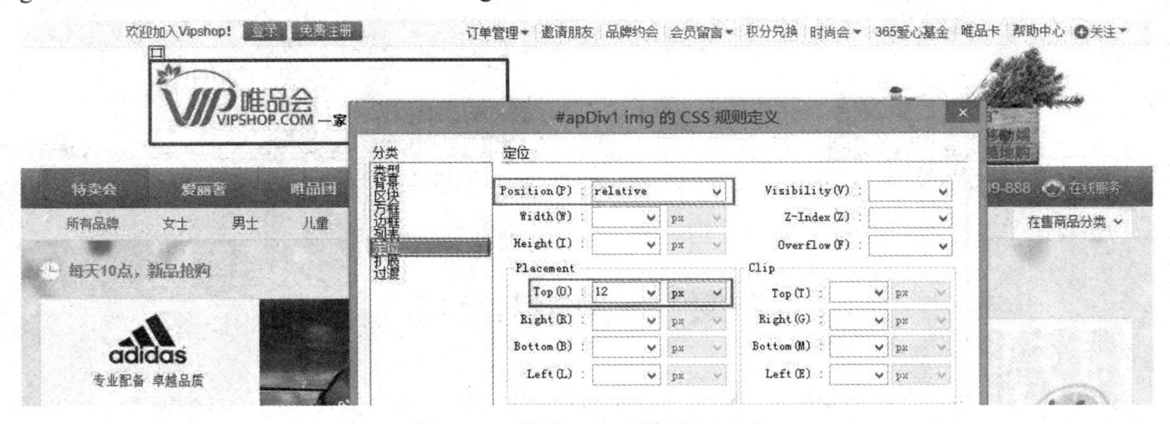

图 11.10　设置 Logo 图标相对定位

第 4 步，保存文档，按 F12 键在浏览器中预览，显示效果如图 11.11 所示。

（a）偏移前效果

（b）偏移后效果

图 11.11 实例效果

11.3 使用固定定位

扫一扫，看视频

固定定位是一种特殊定位方式，它以浏览器窗口作为定位参照进行定位。固定定位的元素不会受文档流的影响，也不会受滚动条的影响，它始终根据浏览器窗口进行定位显示。

【操作步骤】

第 1 步，启动 Dreamweaver CC，打开原始效果页面（orig.html），保存为 effect.html。使用鼠标拖动滚动条，观察窗口中页面变化，会发现页面的 Logo 和 Menu 一起与页面滚动，并消失在窗口顶部视野中。

第 2 步，在页面中选中头部包含框（<div id="header">），选择【插入】|【结构】|【Div 标签】命令，打开【插入 Div 标签】对话框，单击【新建 CSS 规则】按钮，打开【新建 CSS 规则】对话框，设置选择器类型为“ID”，选择器名称为“#header”，规则定义为“仅限该文档”，如图 11.12 所示。

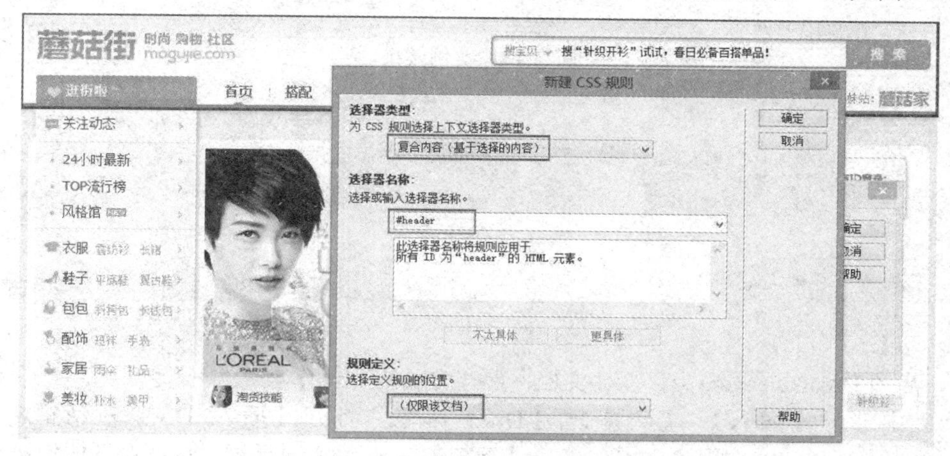

图 11.12 为<div id="header">包含框设置样式

第 3 步，单击【确定】按钮，关闭【新建 CSS 规则】对话框，打开【#header 的 CSS 规则定义】对话框，设置定位样式，Position: fixed、Top: 0px、Width: 976px、Height: 104px，如图 11.13 所示。设置

Position 值为 fixed，即定义<div id="header">包含框为固定定位，然后通过 Top 坐标控制包含框相对窗口顶部的偏移位置为 0。

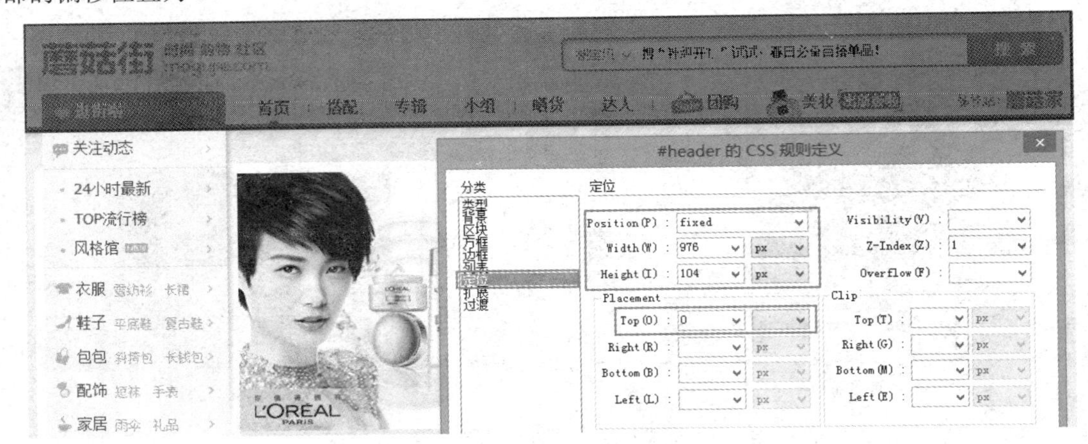

图 11.13　设置<div id="header">包含框固定定位

第 4 步，保存文档，按 F12 键在浏览器中预览，显示效果如图 11.14 所示。

（a）定位前效果

（b）定位后效果

图 11.14　实例效果

提示：

固定定位在 IE 早期版本中（如 IE6 及其以下版本浏览器）不被支持，在使用时如果要兼容早期 IE 用户，需要做好兼容性处理工作。

拓展：

在下面的示例中，设置一张图片总能铺满整个窗口，不管窗口大小如何变化，效果如图 11.15 所示。

【操作步骤】

第 1 步，启动 Dreamweaver CC，新建文档，保存为 test.html。

在菜单栏中选择【插入】|【结构】|【Div】命令，打开【插入 Div】对话框，设置“ID: full_box”，单击【新建 CSS 规则】按钮，打开【新建 CSS 规则】对话框，保持对话框默认设置，在该对话框中单击【确定】按钮，进入【#full_box 的 CSS 规则定义】对话框。

第 2 步，在【#full_box 的 CSS 规则定义】对话框中设置背景样式，Background-image: url(images/bg2.jpg)、Background-repeat: no-repeat，如图 11.15 所示。

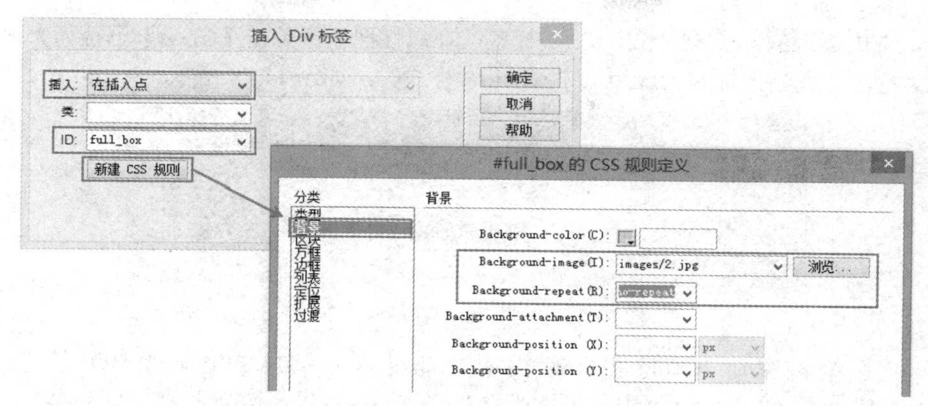

图 11.15　插入<div id="full_box">标签并定义样式

第 3 步，定义类样式。选择【插入】|【结构】|【Div 标签】命令，打开【插入 Div】对话框，单击【新建 CSS 规则】按钮，打开【新建 CSS 规则】对话框，设置选择器类型为“类”，选择器名称为“full_window”，规则定义为“仅限该文档”，如图 11.16 所示。

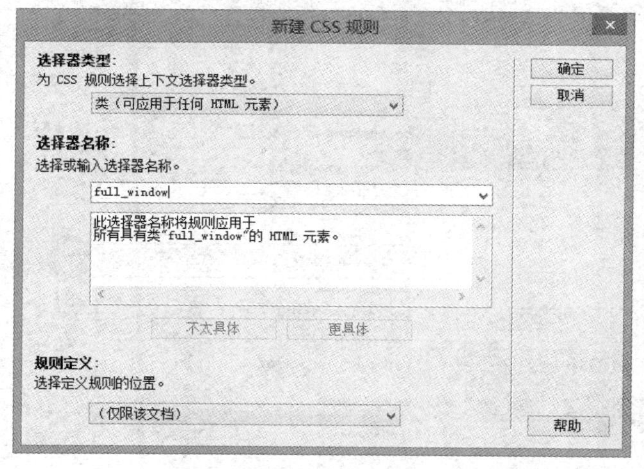

图 11.16　定义类样式

第 4 步，打开【.full_window 的 CSS 规则定义】对话框，设置定位样式，Position: fixed、Left: 0px、Top: 0px、Right: 0px、Bottom: 0px，如图 11.17 所示。设置 Position 值为 fixed，即定义.full_window 类样式为固定定位，然后通过 Left、Top、Right、Bottom 坐标撑开应用该样式类的对象，让其铺满整个窗口。

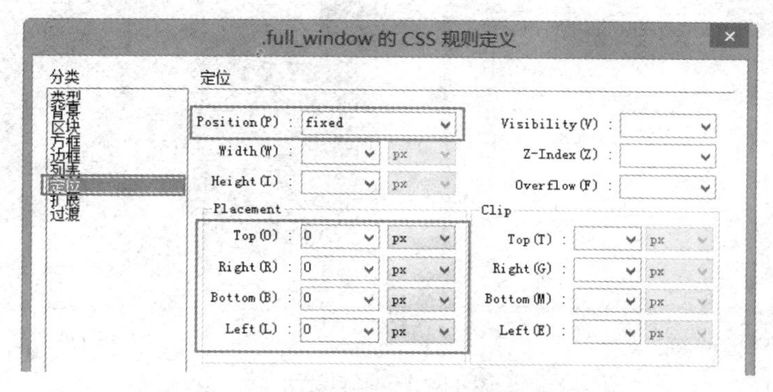

图 11.17　设置.full_window 类样式

第 5 步，选中插入的<div id="full_box">标签，在属性面板中单击【Class】下拉列表框，从中选择 full_window 类选项，在当前标签上应用 full_window 样式类，如图 11.18 所示。

图 11.18 应用 full_window 样式类

第 6 步，在编辑窗口中清除提示性文本“此处显示 id "full_box" 的内容”。选中<div id="full_box">标签，在 CSS 设计器中单击“背景”按钮，在背景属性列表中选择 background-size，在右侧 CSS 属性值文本框中单击，从弹出的下拉列表中选择 cover，如图 11.19 所示。通过设置背景图像的大小，让其覆盖整个<div id="full_box">标签。

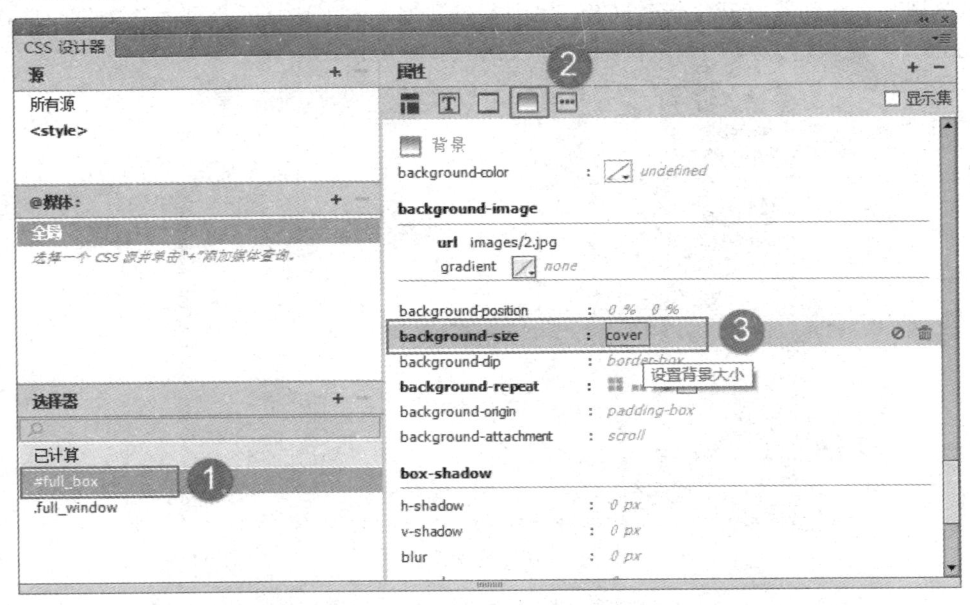

图 11.19 设置背景图像填充整个<div id="full_box">标签

第 7 步，保存文档，按 F12 键在浏览器中预览，显示效果如图 11.20 所示。

（a）原始效果

（b）设计效果

图 11.20 实例效果

提示：

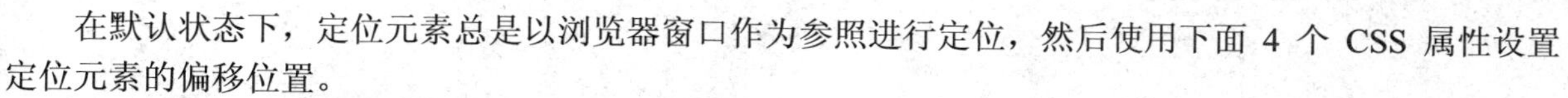

在没有定义宽度的情况下，如果同时定义了 left 和 right 属性，则可以在水平方向上定义元素 100%显示。在没有定义高度的情况下，如果同时定义了 top 和 bottom 属性，则可以在垂直方向上 100%显示。

11.4 实战案例

本节将以实例形式介绍如何定义定位参照物和层叠顺序。

11.4.1 页内偏移

扫一扫，看视频

在默认状态下，定位元素总是以浏览器窗口作为参照进行定位，然后使用下面 4 个 CSS 属性设置定位元素的偏移位置。

- left：表示定位元素左侧距离左边框的距离。
- right：表示定位元素右侧距离右边框的距离。
- top：表示定位元素顶部距离顶边框的距离。
- bottom：表示定位元素底部距离底边框的距离。

【操作步骤】

第 1 步，启动 Dreamweaver CC，新建文档，保存为 index.html。在菜单栏中选择【修改】|【页面属性】命令，打开【页面属性】对话框。设置网页背景图像，使用背景图像来模拟案例整体效果，同时清除页边距，如图 11.21 所示。

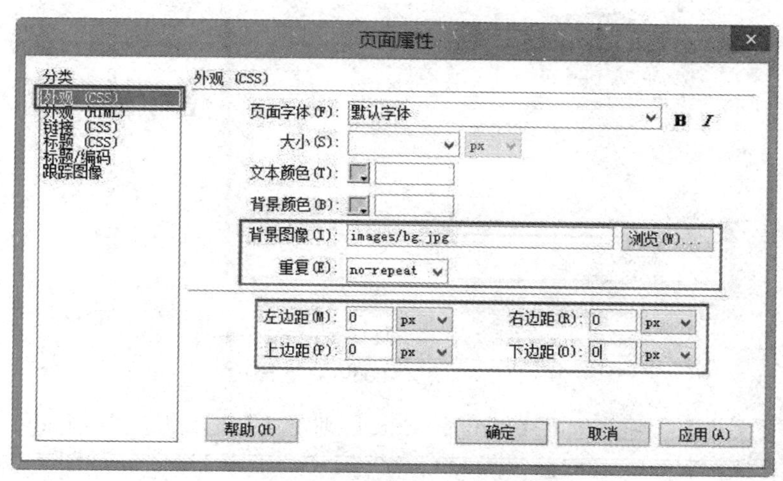

图 11.21 设置页面属性

第 2 步，在菜单栏中选择【插入】|【结构】|【Div 标签】命令，打开【插入 Div 标签】对话框，设置“ID: map”，单击【新建 CSS 规则】按钮，打开【新建 CSS 规则】对话框，保持对话框默认设置，在该对话框中单击【确定】按钮，进入【#map 的 CSS 规则定义】对话框。

第 3 步，在【#map 的 CSS 规则定义】对话框中设置背景样式，Background-image: url(images/map.png)、Background-repeat: no-repeat；设置定位样式，Position: absolute、Bottom: 0px、Right: 0px，如图 11.22 所示，设置地图包含框靠近出口右下角显示。

然后，单击【确定】按钮关闭对话框，再次确定关闭【插入 Div】对话框，完成包含框的插入操作。

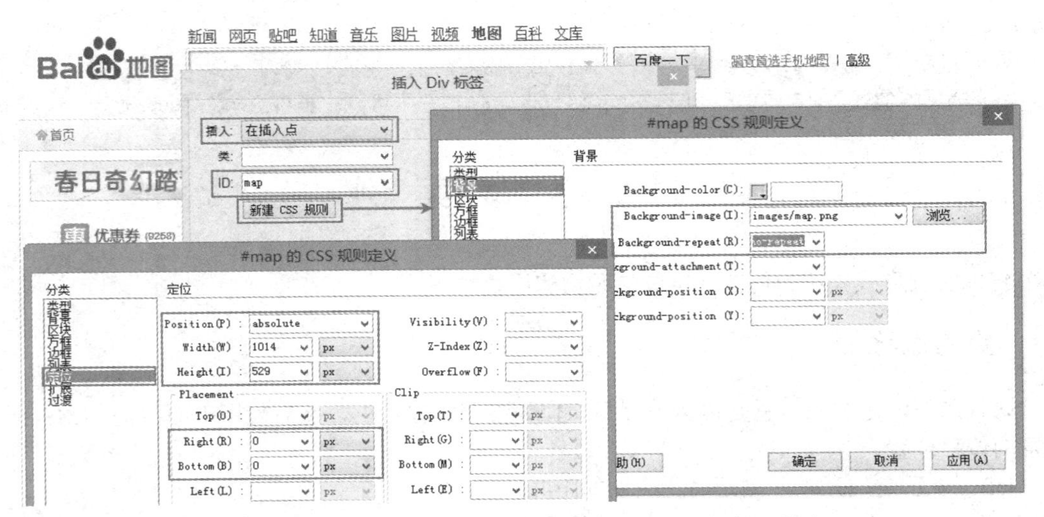

图 11.22　插入<div id="map">标签并定义背景和定位样式

第 4 步，清除 Dreamweaver 自动插入的提示性文本“此处显示 id "map" 的内容”。选择【插入】|【结构】|【Div】命令，打开【插入 Div】对话框，单击【新建 CSS 规则】按钮，打开【新建 CSS 规则】对话框，设置选择器类型为“标签”，选择器名称为“body”，规则定义为“仅限该文档”，如图 11.23 所示。

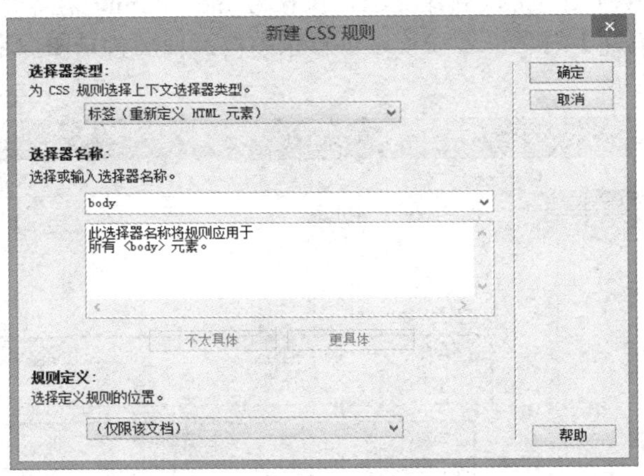

图 11.23　定义<body>标签样式

第 5 步，单击【确定】按钮，进入【body 的 CSS 规则定义】对话框，在【body 的 CSS 规则定义】对话框中设置定位样式，Width: 1362px、Height: 669px、Overflow:hidden，如图 11.24 所示。然后单击【确定】按钮关闭对话框，完成对<body>标签的样式设置。

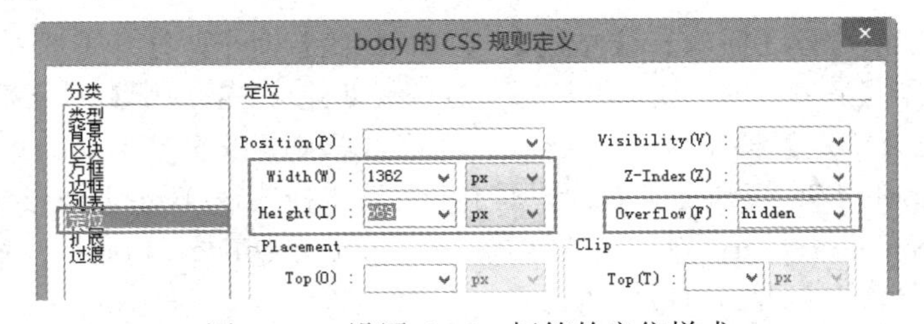

图 11.24　设置<body>标签的定位样式

第 6 步，保存文档，按 F12 键在浏览器中预览，显示效果如图 11.25 所示。

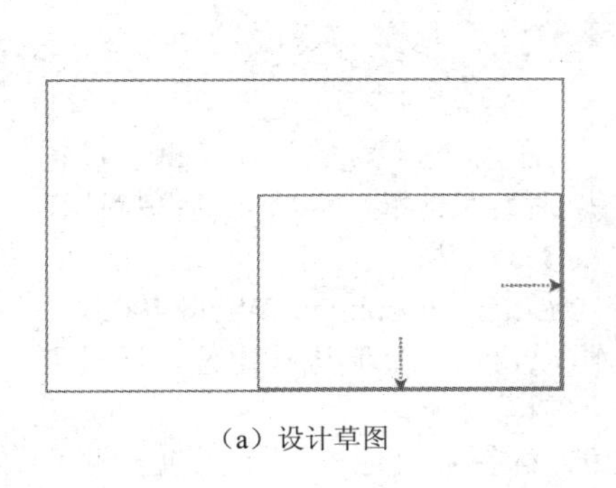

(a) 设计草图

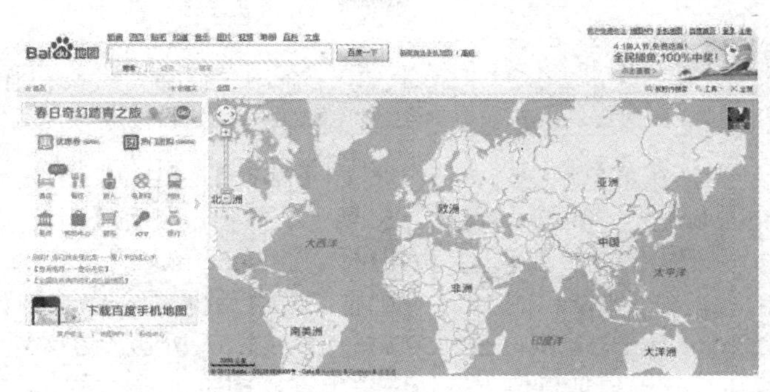

(b) 设计效果

图 11.25　实例效果

拓展：

一般情况下，使用其中两个属性即可完成对象精确定位，如 left 和 top 组合定位，或者 right 和 bottom 组合定位等。但是，不能够让两个同轴属性配合定位，如 left 和 right，或者 top 和 bottom。如果出现这种同轴定位组合，则浏览器会把包含框撑开填充该方向的空间。

11.4.2　相对偏移

扫一扫，看视频

在页面设计中，相对偏移是最常用的方法，这样可以保持定位元素与文档流协调一致，避免脱离文档流。

【操作步骤】

第 1 步，启动 Dreamweaver CC，打开原始效果页面（orig.html），保存为 effect.html。在这个示例中，将采用双重定位的方法设置登录框永远显示在窗口的中央位置，包括水平居中和垂直居中。

水平居中比较容易实现，但是垂直居中就比较麻烦，对于绝对定位的元素来说，要实现居中版式，必须采用间接方式才能够实现。

首先，设置外包含框绝对定位，设置它的 left 值为窗口宽度的一半，top 值也是窗口高度的一半。这样能让外框左上角位于浏览器窗口的中央位置。

然后，以外包含框作为参照，定义子包含框为绝对定位显示，设置它的 left 值为外包含框宽度的一半，并加上负号，top 值为外包含框高度的一半，并加上负号，定位元素以外包含框左上角为参照，反向偏移，最终实现对象居中显示的效果，示意如图 11.26 所示。

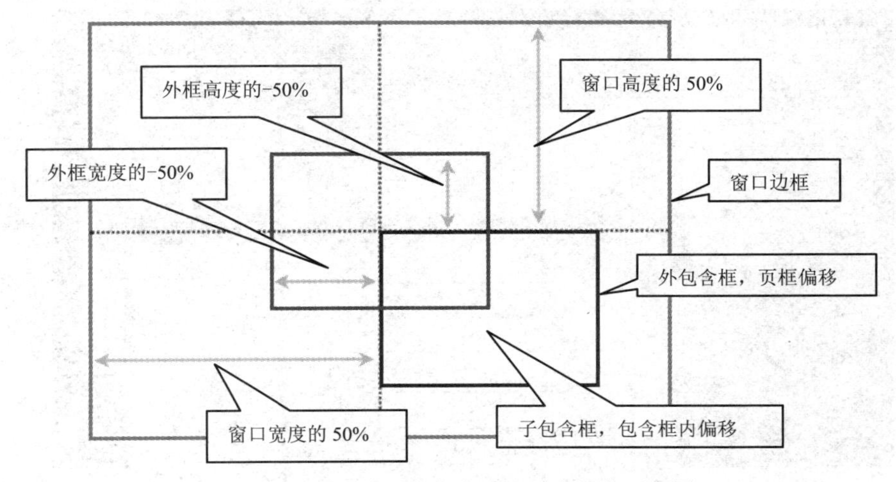

图 11.26　绝对定位水平和垂直居中示意图

注意：

在设置外包含框和子包含框时，要确保它们的大小是相同的。上面示意图展示了元素二次定位的方法，第一次以窗口作为参照物，第二次以包含框作为参照物。

第 2 步，在菜单栏中选择【插入】|【结构】|【Div】命令，打开【插入 Div 标签】对话框，设置“ID: login_box”，单击【新建 CSS 规则】按钮，打开【新建 CSS 规则】对话框，保持对话框默认设置，在该对话框中单击【确定】按钮进入【#login_box 的 CSS 规则定义】对话框。

第 3 步，在【#wrap 的 CSS 规则定义】对话框中设置定位样式，Position: absolute、Width:490px、Height:328px、Top: 50%、Left: 50%，如图 11.27 所示，定义外包含框以窗口为参照进行定位，通过百分比取值让其左上角顶点位于窗口中央位置，同时设置其大小，以便控制。

然后，单击【确定】按钮关闭对话框，再次确定关闭【插入 Div 标签】对话框，完成包含框的插入操作。

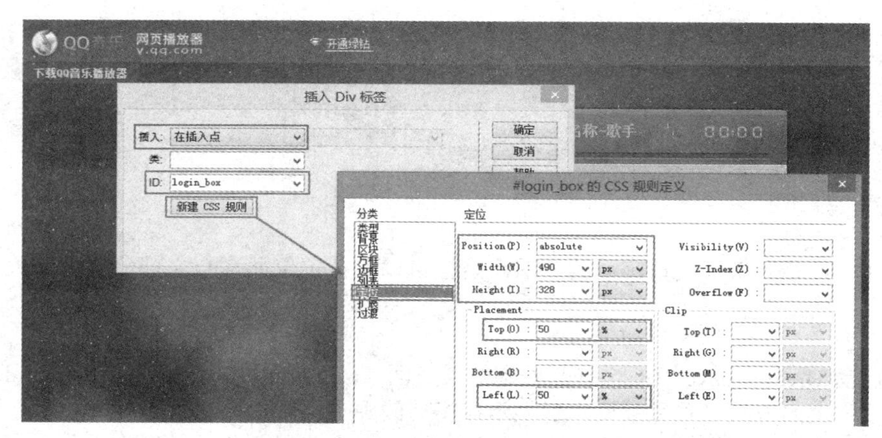

图 11.27　插入<div id=" login_box ">标签并定义定位样式

第 4 步，插入子包含框。继续插入 Div，方法与上一步相同，设置“ID: login_subbox”“插入:在开始标签之后，<div id="login_box">”，单击【新建 CSS 规则】按钮，设置定位样式，Position: absolute、Width:490px、Height:328px、Top: -50%、Left: -50%，如图 11.28 所示，定义子包含框以外包含框为参照进行定位，通过百分比取负值让其以外包含框的左上角顶点为坐标原点反向偏移，以实现子包含框位于窗口中央位置。

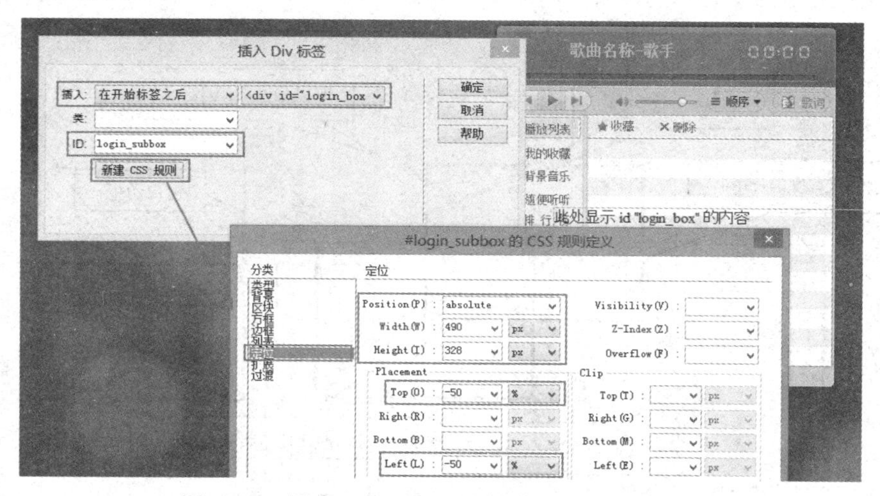

图 11.28　插入<div id="sub">标签并定义定位样式

第 5 步，清除 Dreamweaver 自动插入的提示文本，然后在子包含框中设计登录框内容，本示例为了简化操作，在其中插入一幅登录框截图以方便演示，如图 11.29 所示。

图 11.29　设计登录框具体内容

第 6 步，保存文档，按 F12 键在浏览器中预览，显示效果如图 11.30 所示。

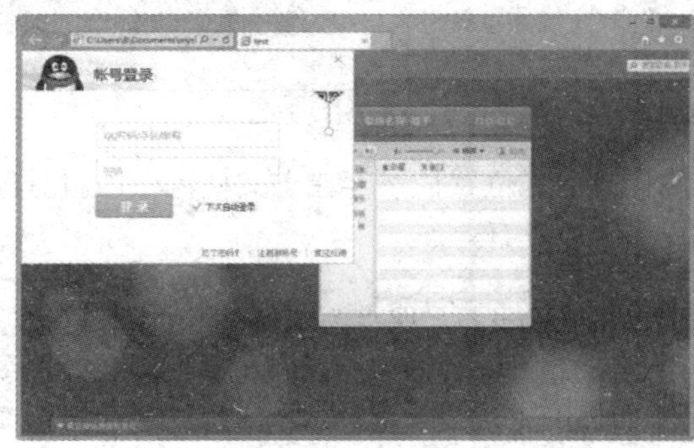

（a）原始效果

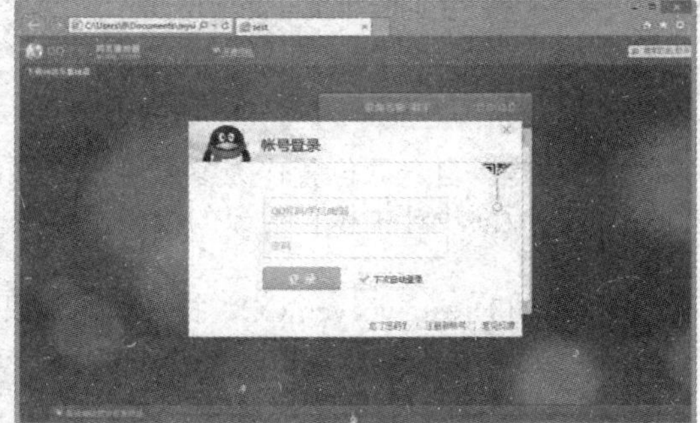

（b）设计效果

图 11.30　实例效果

拓展：

当绝对定位元素没有明确设置 left、top、right、bottom 等坐标值时，元素依然能够在文档中流动。具体分析如下：

- 当没有明确定义 left 和 right 值，则绝对定位对象在水平方向上受文档流影响，如图 11.31 所示。

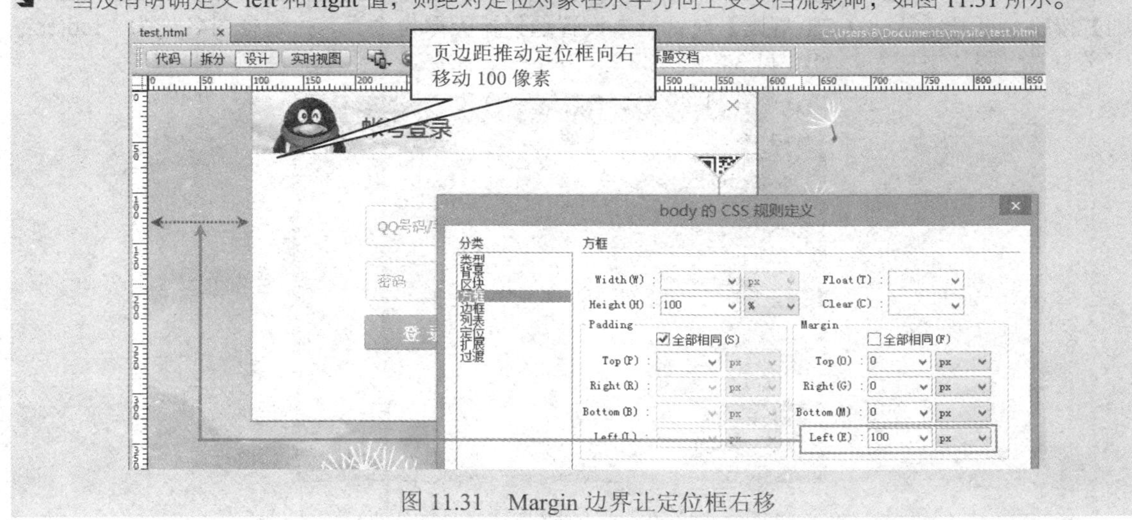

图 11.31　Margin 边界让定位框右移

- 当没有明确定义 top 和 bottom 值，则绝对定位对象在垂直方向上受文档流影响，如图 11.32 所示。

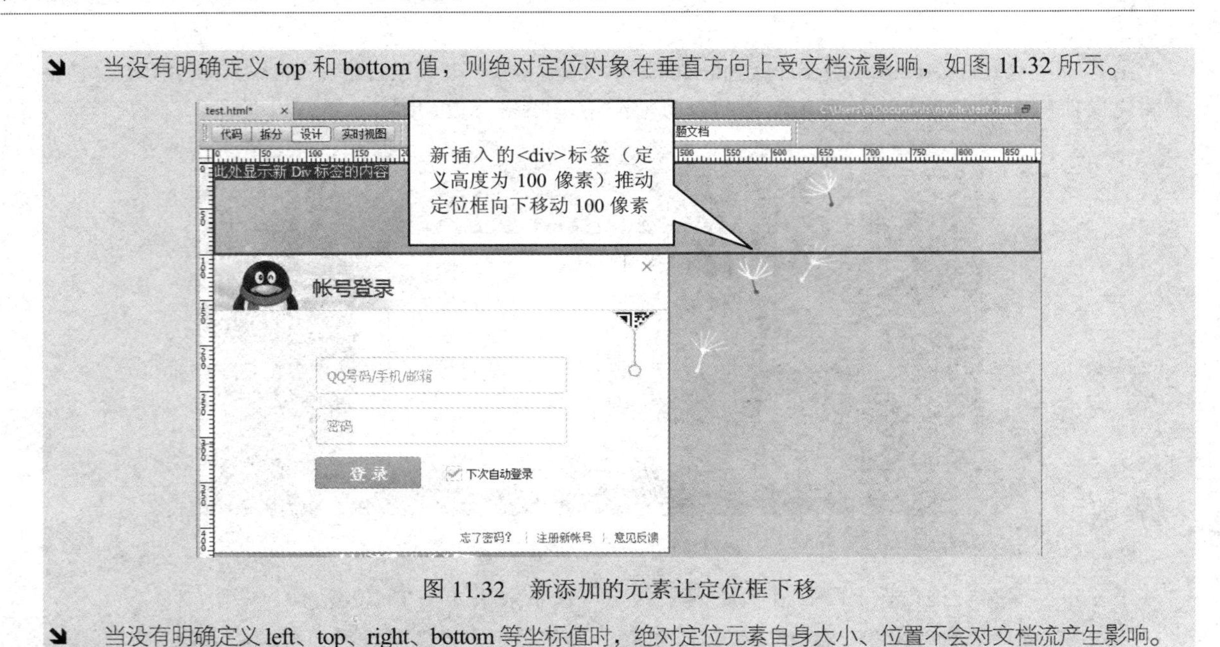

图 11.32　新添加的元素让定位框下移

- 当没有明确定义 left、top、right、bottom 等坐标值时，绝对定位元素自身大小、位置不会对文档流产生影响。

扫一扫，看视频

11.4.3　自身偏移

相对定位总是以自身原位置作为参照进行偏移，偏移之后原位置依然存在于文档流中。自身偏移的用处就是：能在版面设计中校正对象的位差，让版面看起来更好看。

【操作步骤】

第 1 步，启动 Dreamweaver CC，打开原始效果页面（orig.html），保存为 effect.html。仔细观察顶部导航栏中文本与图标、按钮图像底部对齐，如图 11.33 所示。这种对齐效果不是预想要的效果，需要进行校正，让它们居中对齐，同时需要设计“观看历史”文本右侧的下拉按钮上标显示，而不是下标显示。

图 11.33　顶部导航栏文本与图像没有对齐

第 2 步，选择【插入】|【结构】|【Div】命令，打开【插入 Div 标签】对话框，单击【新建 CSS 规则】按钮，打开【新建 CSS 规则】对话框，设置选择器类型为“类”，选择器名称为“footer”，规则定义为“仅限该文档”，如图 11.34 所示。

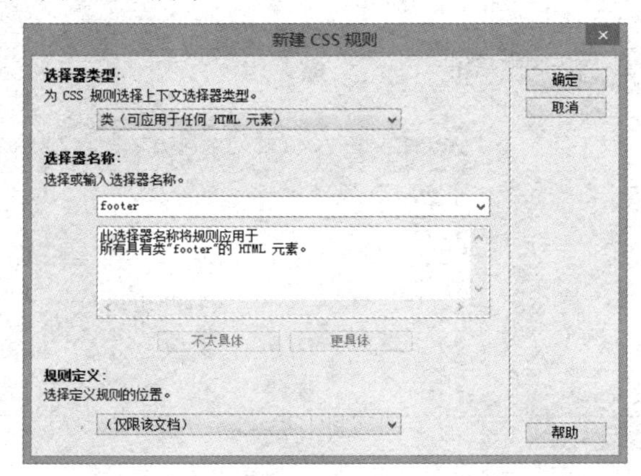

图 11.34　为 Logo 图像设置样式

第 3 步，单击【确定】按钮，关闭【新建 CSS 规则】对话框，打开【.footer 的 CSS 规则定义】对话框，设置定位样式，Position: relative、Top: 5px，如图 11.35 所示。设置 Position 值为 relative，定义定位包含框，然后通过 Top 坐标控制图标相对向下偏移位置，以实现图标与导航文本水平居中对齐的效果。

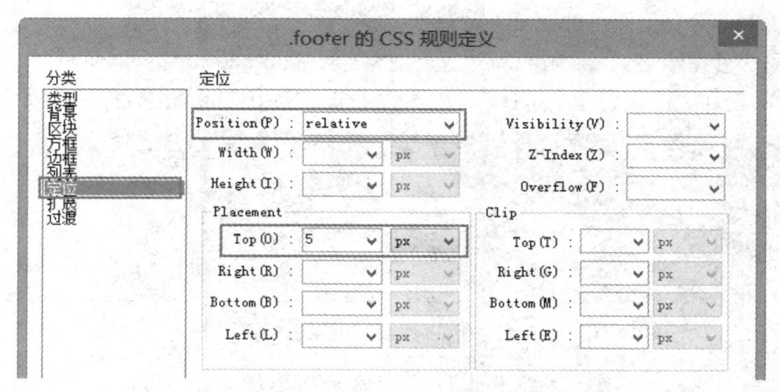

图 11.35　设图标相对定位并向下偏移

第 4 步，在编辑窗口中选中第一个图标图像，在属性面板中单击【Class】下拉列表，从列表中选择上一步定义的类样式 footer，如图 11.36 所示。为当前图标图像应用 footer 类样式。

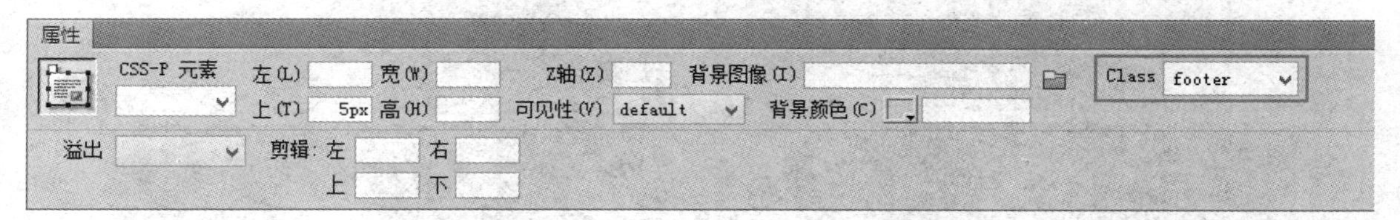

图 11.36　设计图标相对定位并向下偏移

第 5 步，模仿第 2 步和第 3 步操作，新定义一个类样式 sup，设置定位样式，Position: relative、Top: -6px，如图 11.37 所示。

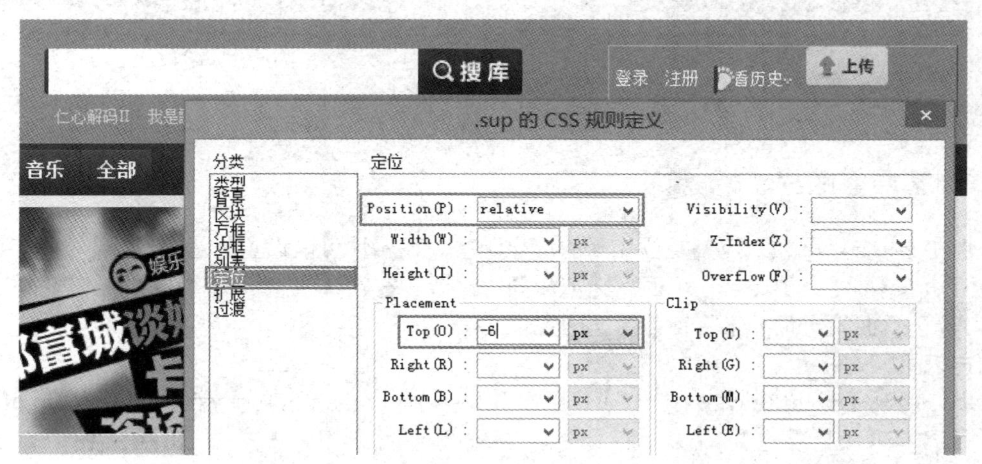

图 11.37　定义 sup 类样式

第 6 步，模仿第 4 步操作，在编辑窗口中选中第二个图标图像，在属性面板中单击【Class】下拉列表，从列表中选择上一步定义的类样式 sup，为当前图标图像应用 sup 类样式，应用效果如图 11.38 所示。

图 11.38　应用 sup 类样式

第 7 步，模仿第 2 步和第 3 步操作，新定义一个类样式 upload，设置定位样式，Position: relative、Top: 10px。然后，单击上传按钮，上传图像，在属性面板中应用 upload 类样式，如图 11.39 所示。

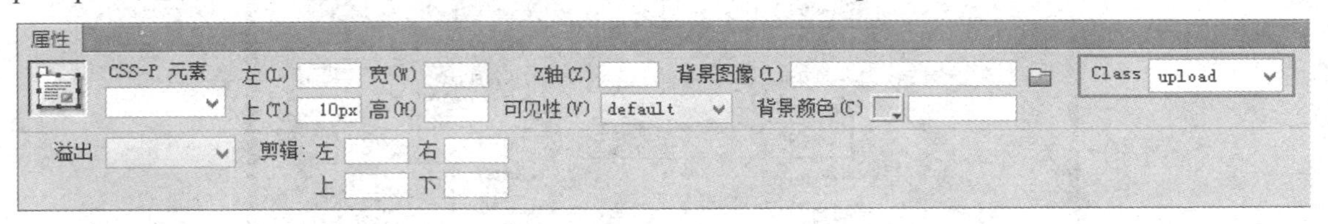

图 11.39　应用 upload 类样式

第 8 步，保存文档，按 F12 键在浏览器中预览，显示效果如图 11.40 所示。

（a）原始效果

（b）设计效果

图 11.40　实例效果

扫一扫，看视频

11.4.4　调整层叠顺序

CSS 通过 z-index 属性来控制定位元素的层叠顺序。该属性可以设置任意整数值，数值越大，排列顺序就靠上，值越小就会被覆盖在下面。当值相同时，或者在默认状态下，将根据在文档中的结构顺序进行覆盖，位于后面的定位元素将覆盖前面的定位元素。

【操作步骤】

第 1 步，启动 Dreamweaver CC，打开原始效果页面（orig.html），保存为 effect.html。在菜单栏中选择【插入】|【结构】|【Div】命令，设置为绝对定位。然后在属性面板中定义 ID 为“banner”，定义固定宽度和高度，分别设置为 1000 像素和 410 像素，设置背景图像为 images/banner.jpg，如图 11.41 所示。

图 11.41　插入 Banner 层

第 2 步，在属性面板中单击【编辑规则】按钮，打开【#banner 的 CSS 规则定义】对话框，设置背景样式，Background-repeat:no-repeat、Background-position(X):center、Background-position(Y): top，如图 11.42 所示。

图 11.42　设置背景图像居中靠上显示

第 3 步，在菜单栏中选择【插入】|【结构】|【Div】命令，在编辑窗口中插入 Menu 层，设置为绝对定位。然后使用鼠标单击该定位框，选中该定位 div 元素，在属性面板中进行如下设置：

CSS-P 元素为“menu”，该值为当前元素的 ID 值；固定宽度和高度，分别设置为 175 像素和 331 像素；单击“背景图像”文本框右侧的“浏览文件”按钮，选择背景图像 menu.png；设置 Z 轴文本框为 2，让其覆盖在 banner 层上面。

使用鼠标拖拽 Menu 层到如图 11.43 所示的位置，或者在属性面板中直接设置坐标值，左:778px、上:50px。

图 11.43　插入 Menu 层

第 4 步，在菜单栏中选择【插入】|【结构】|【Div】命令，在编辑窗口中插入 topMenu 层，设置为绝对定位。使用鼠标单击并选中该定位 div 元素，在属性面板中进行如下设置：

CSS-P 元素为“topmenu”，该值为当前元素的 ID 值；固定宽度和高度，分别设置为 637 像素和 28 像素；单击“背景图像”文本框右侧的“浏览文件”按钮，选择背景图像 topmenu.png；设置 Z 轴文本框为 3，让其覆盖在 menu 层上面。

使用鼠标拖拽 topmenu 层到如图 11.44 所示的位置，或者在属性面板中直接设置坐标值，左:354px。

图 11.44　插入 topmenu 层

第 5 步，继续在编辑窗口中插入一层，用来设计播放按钮和提示文本。使用鼠标单击线框，选中该定位 div 元素，在属性面板中进行如下设置：

CSS-P 元素为“play”，该值为当前元素的 ID 值；固定宽度和高度，分别设置为 738 像素和 70 像素；单击“背景图像”文本框右侧的“浏览文件”按钮，选择背景图像 play.png；设置 Z 轴文本框为 4，让其显示在最顶层。

使用鼠标拖拽 play 层到如图 11.45 所示的位置，或者在属性面板中直接设置坐标值，左:-50px、上:312px。

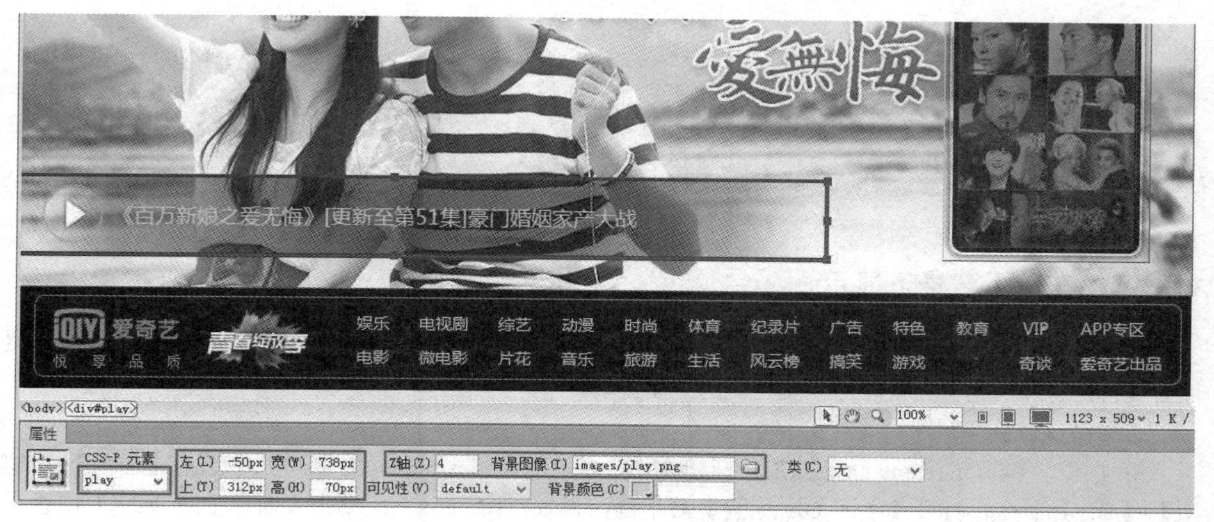

图 11.45　插入 play 层

第 6 步，保存文档，按 F12 键在浏览器中预览，显示效果如图 11.46 所示。

（a）原始效果

（b）设计效果

图 11.46　实例效果

提示：

当绝对定位元素和相对定位元素混排在一起时，它们之间也严格遵循层叠排序规则，不存在绝对定位元素优于相对定位元素的现象。

例如，设计三个盒子，在默认状态下，三个盒子会根据结构顺序先后层叠显示，越排在后面，则显示的位置就越靠上。下面混排三个盒子的定位方式，并通过 Z-Index 控制它们的层叠显示顺序，则显示效果如图 11.47 所示。

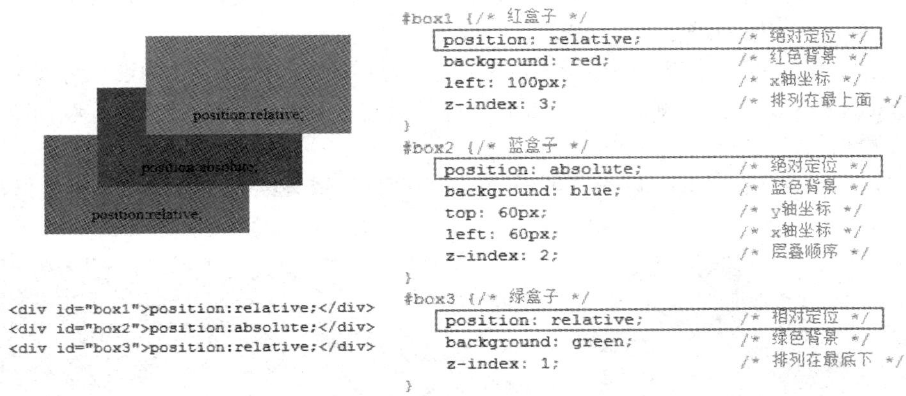

图 11.47　混合定位版式中的层叠顺序

扫一扫，看视频

11.4.5　在网页背景下显示

在默认状态下，定位元素（包括相对定位和绝对定位）会覆盖在文档流之上。如果设置 z-index 属性为负值，可以使定位元素隐藏在文档流的下面显示。

【操作步骤】

第 1 步，启动 Dreamweaver CC，新建文档，保存为 index.html。在菜单栏中选择【插入】|【结构】|【Div】命令，打开【插入 Div 标签】对话框，设置“ID: box”，单击【新建 CSS 规则】按钮，打开【新建 CSS 规则】对话框，保持对话框默认设置，在该对话框中单击【确定】按钮，进入【#box 的 CSS 规则定义】对话框。

第 2 步，在【#box 的 CSS 规则定义】对话框中设置方框样式，Width: 824px、Height: 648px、Padding-rgiht: 200px，固定盒子的尺寸，并通过 Padding 技术调整右侧的补白空间。

设置定位样式，Position: relative，设置边框样式，Border-style: solid、Border-width: 4px、Border-color: #266E56，如图 11.48 所示。其中 Position: relative 表示定义当前包含框为定位参照框，同时定义其边框样式，主要是为了解决浏览器解析时出现的异常，通过边框强制当前对象正确解析。

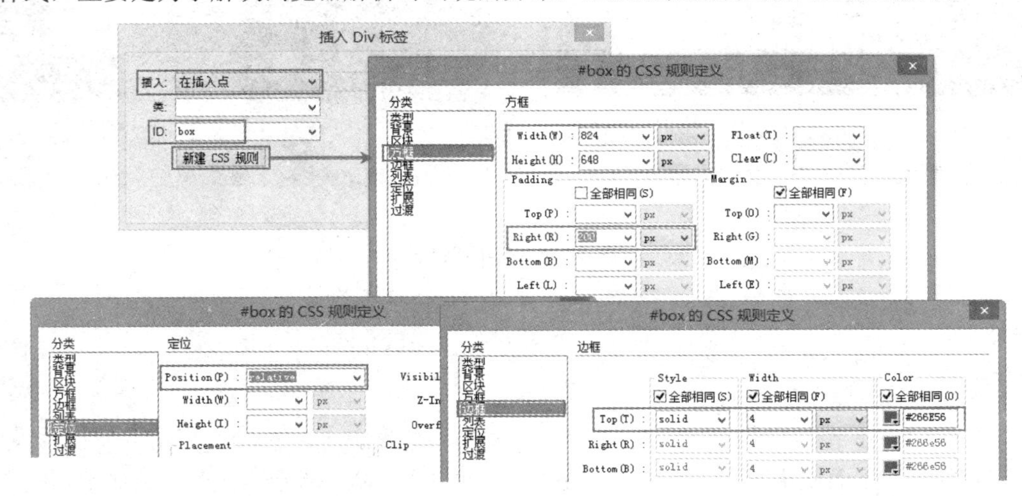

图 11.48　插入<div id="box">标签并定义方框、边框和定位样式

然后，单击【确定】按钮关闭对话框，再次确定关闭【插入 Div 标签】对话框，完成包含框的插入操作。

第 3 步，清除提示性文本“此处显示 id "box" 的内容”，在包含框中输入文本“雨巷”，在属性面板中设置文本为一级标题文本，如图 11.49 所示。

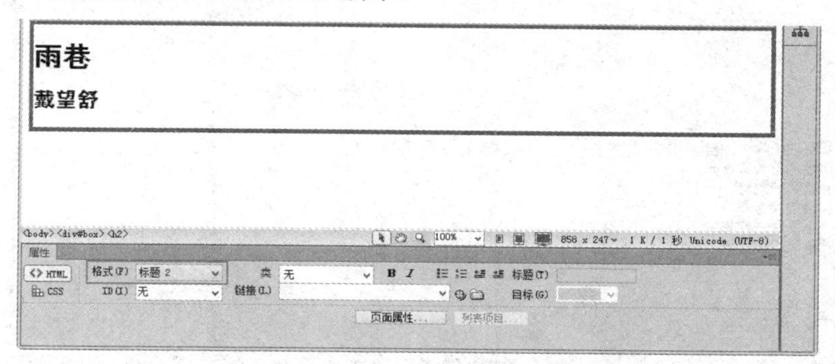

图 11.49　插入一级和二级标题文本

第 4 步，选中<h1>标签，在属性面板中单击【编辑规则】按钮，设置区块样式，Display: none，隐藏一级标题显示，如图 11.50 所示。

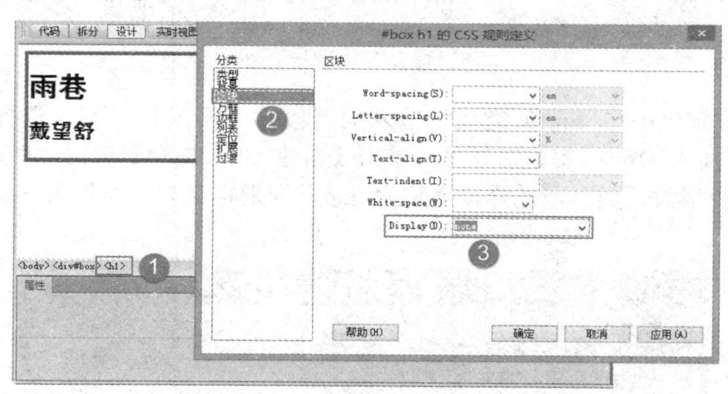

图 11.50　隐藏一级标题显示

第 5 步，选中<h2>标签，在属性面板中单击【编辑规则】按钮，设置区块样式，Text-align: right，让二级标题右侧对齐；设置方框样式，Margin-top: 280px，通过 Margin 技术调整二级标题与包含框顶部的距离，如图 11.51 所示。

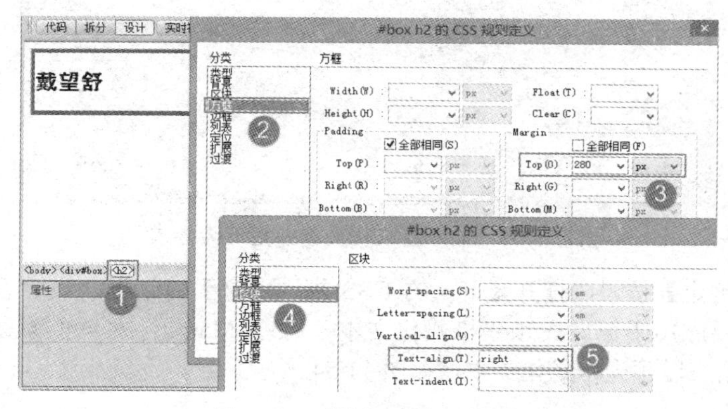

图 11.51　设置二级标题样式

第 6 步，在编辑窗口中按 Enter 键换行输入多行文本，在属性面板中设置文本格式为“预先格式化的”，如图 11.52 所示，设置格式化文本。

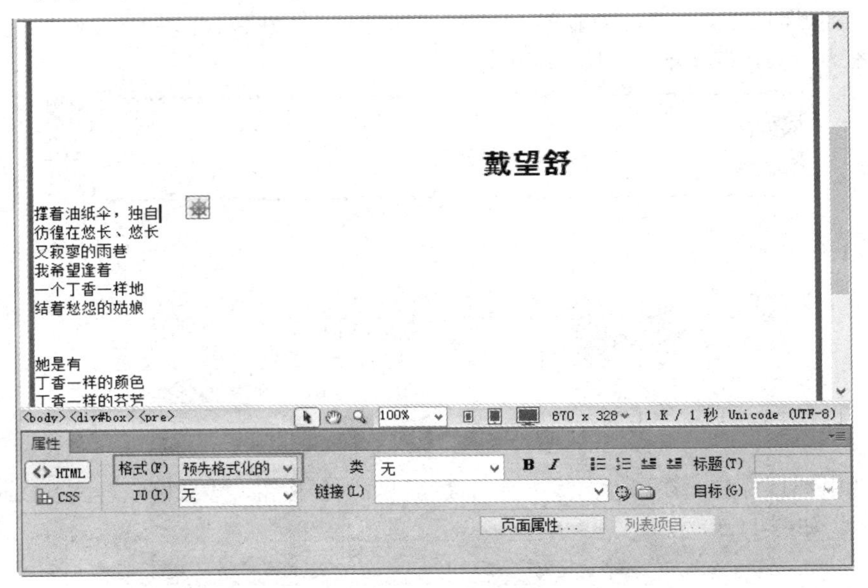

图 11.52　输入并设置格式化文本

第 7 步，在编辑窗口中按 Enter 键换行输入第二段预先格式化文本。选择【插入】|【结构】|【Div】命令，打开【插入 Div 标签】对话框，单击【新建 CSS 规则】按钮，打开【新建 CSS 规则】对话框，设置选择器类型为“类”，选择器名称为 top，规则定义为“（仅限该文档）”，如图 11.55 所示。

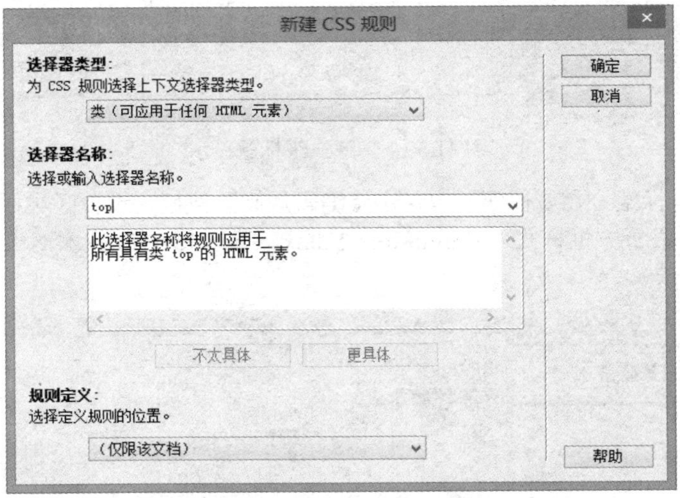

图 11.53　输入格式化文本并定义类样式

第 8 步，单击【确定】按钮，打开【.top 的 CSS 规则定义】对话框，设置方框样式，Margin-top: -260px，该类样式主要应用于第二段预先格式化文本，通过 Margin 技术可以设置负值来实现反向偏移，以实现向上拉升第二段预先格式化文本，如图 11.54 所示。

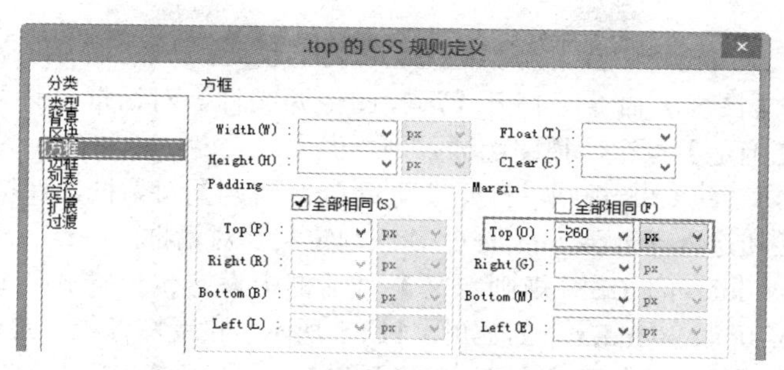

图 11.54　设置 top 类样式

第 9 步，选中<pre>标签，定义预定义格式样式。打开【#box pre 的 CSS 规则定义】对话框，设置方框样式，Width: 200px、Margin-left:80px、Float:left，固定预定义格式标签宽度，并向右浮动显示，通过 Margin 技术调整两列预定义文本间距；设置区块样式，Text-align: center，让预定义文本居中显示，如图 11.55 所示。

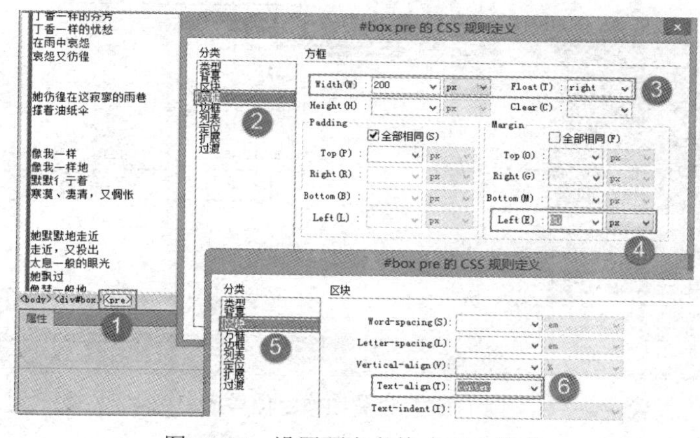

图 11.55　设置预定义格式文本样式

第 10 步，选中第二个<pre>标签，在属性面板中，设置类为 top，如图 11.56 所示。该 top 样式类是在第 8 步中定义的类样式，应用该样式类的目的是让第二个<pre>标签向上偏移，以便与第一个<pre>标签并列同行显示。

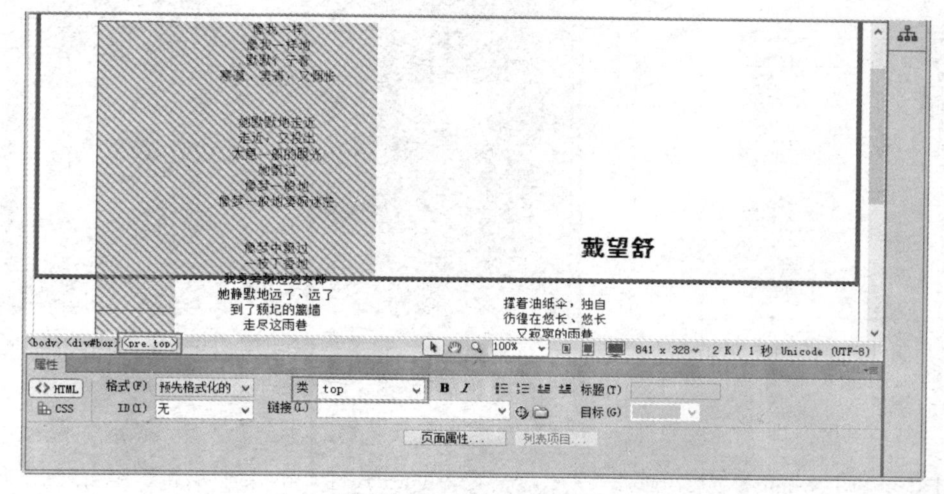

图 11.56　应用 top 类样式

第 11 步，选中第二个<pre>标签，按向右方向键，把光标置于第二个<pre>标签之后。在菜单栏中选择【插入】|【图像】|【图像】命令，打开【选择图像源文件】对话框，打开 images/bg.jpg 图像文件，在该对话框中单击【确定】按钮，把图像插入到页面中。

第 12 步，选中图像，新建 CSS 规则，打开【新建 CSS 规则】对话框，保持对话框默认设置，在该对话框中单击【确定】按钮进入【#box img 的 CSS 规则定义】对话框。

第 13 步，在【#box img 的 CSS 规则定义】对话框中设置定位样式。设置定位样式，Position: absolute、Left: 0px、Top: 0px、Z-Index: -1，如图 11.57 所示，设置图像绝对定位，并定位到包含框<div id="box">的左上角，实现与包含框上下层叠显示，通过 Z-Index 为负值，让图像在文档流下面进行显示。

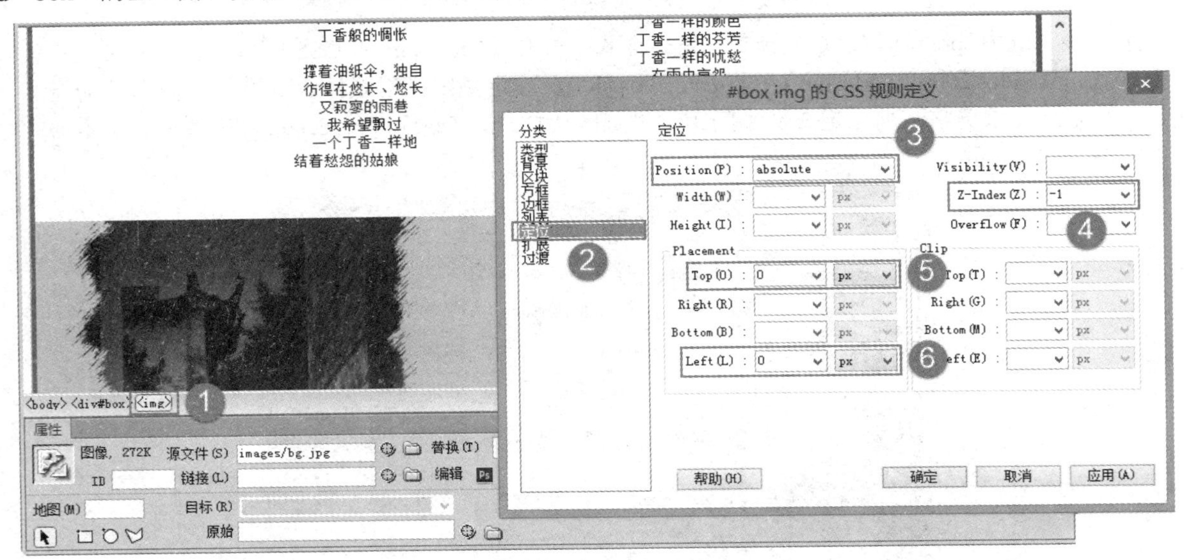

图 11.57　设置图像定位样式

第 14 步，保存文档，按 F12 键在浏览器中预览，显示效果如图 11.58 所示。

（a）原始效果

（b）设计效果

图 11.58　实例效果

提示：

设置 Z-Index 属性为 null 可以移除该属性，或者定义 Z-Index 属性为 0，则它们都具有相同的作用。对于定位元素来说，默认它们的层叠顺序都会高于正常的文档流。

第 12 章　设计 HTML5 结构

HTML5 新增了与文档结构相关联的标签，使文档的语义性变得更加清晰、易读，避免了代码冗余。用户可以根据标题栏、导航栏、内容块、正文、主栏、侧边栏、脚注栏等页面版块选择更符合语义的标签，合理编排页面结构。

【学习重点】

- 定义标题栏和脚注栏。
- 定义文章块和内容块。
- 定义导航栏和侧边栏。

12.1　实战：定义标题栏

扫一扫，看视频

<header>是一个具有引导和导航作用的结构标签，常用来设计页面或内容块的标题。标题栏内可以包含其他内容，如数据表格、搜索表单或相关的 Logo 图片。页面的标题栏应该放在页面的开头部分。

在下面的示例中，将使用<header>标签重构网页标题栏，重构前后结构对比如图 12.1 所示。

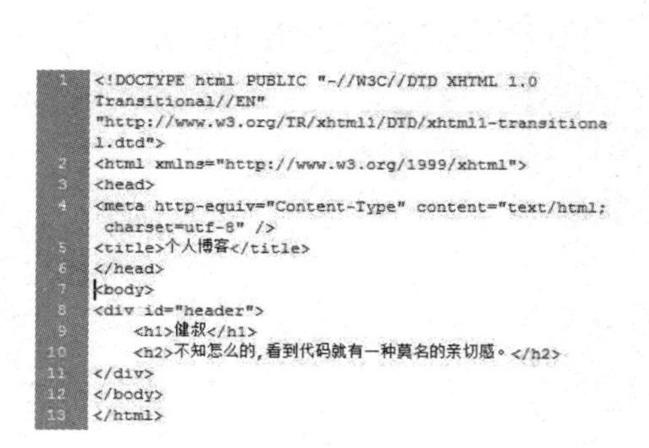

```
1  <!DOCTYPE html PUBLIC "-//W3C//DTD XHTML 1.0
   Transitional//EN"
   "http://www.w3.org/TR/xhtml1/DTD/xhtml1-transitiona
   l.dtd">
2  <html xmlns="http://www.w3.org/1999/xhtml">
3  <head>
4  <meta http-equiv="Content-Type" content="text/html;
    charset=utf-8" />
5  <title>个人博客</title>
6  </head>
7  <body>
8  <div id="header">
9       <h1>健叔</h1>
10      <h2>不知怎么的,看到代码就有一种莫名的亲切感。</h2>
11 </div>
12 </body>
13 </html>
```

（a）传统设计结构

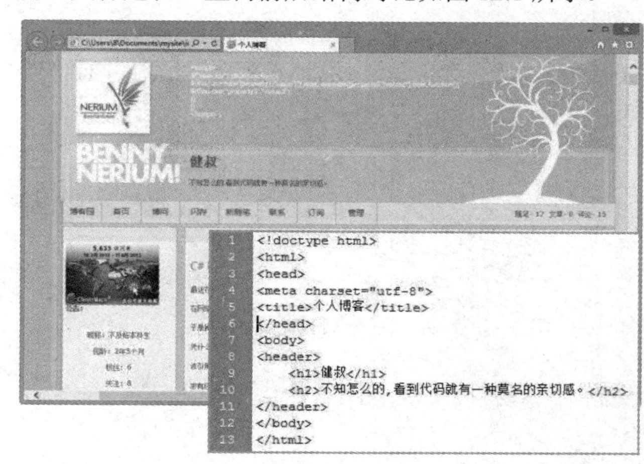

```
1  <!doctype html>
2  <html>
3  <head>
4  <meta charset="utf-8">
5  <title>个人博客</title>
6  </head>
7  <body>
8  <header>
9       <h1>健叔</h1>
10      <h2>不知怎么的,看到代码就有一种莫名的亲切感。</h2>
11 </header>
12 </body>
13 </html>
```

（b）HTML5 结构和设计效果

图 12.1　实例效果

【操作步骤】

第 1 步，启动 Dreamweaver CC，新建 HTML5 文档。在菜单栏中选择【文件】|【新建】命令，打开【新建文档】对话框。选择“空白页”选项卡，在“页面类型”列表框中选择 HTML 选项，在“布局”列表框中选择“无”，然后在“文档类型”下拉列表中选择 HTML5 选项，最后单击【创建】按钮，完成 HTML5 文档的创建，如图 12.2 所示。

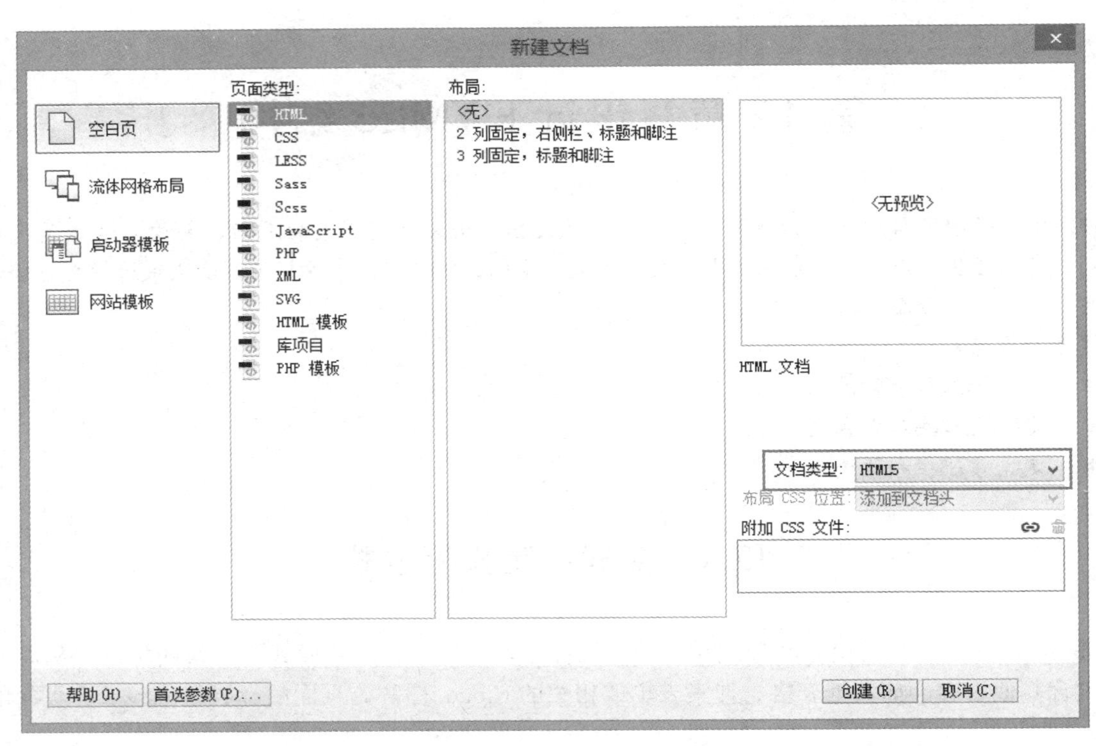

图 12.2　创建新的 HTML5 文档

第 2 步，保存为 index.html。在编辑窗口顶部的文档工具栏中，设置网页标题为“个人博客”。切换到【代码】视图，可以看到 HTML5 文档结构与 HTML4 文档结构存在很大区别，其代码更为简洁，且不再严格遵循 HTML 语法规范，如图 12.3 所示。

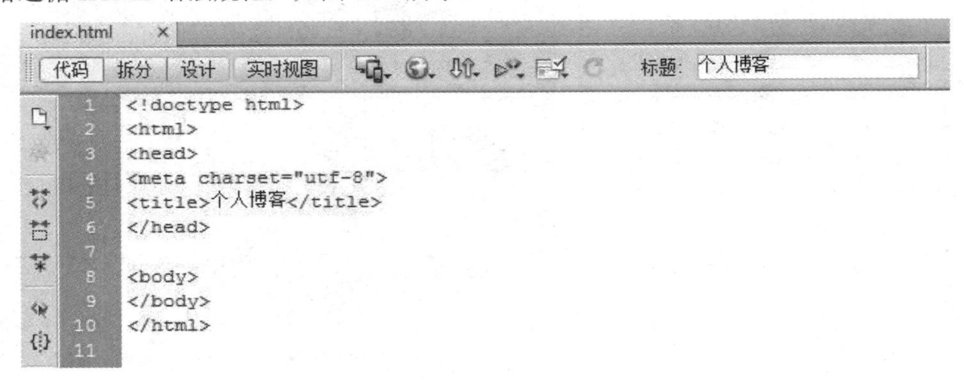

图 12.3　HTML5 文档结构

第 3 步，在菜单栏中选择【插入】|【结构】|【Div】命令，打开【插入 Div】对话框，在该对话框中单击【新建 CSS 规则】按钮，打开【新建 CSS 规则】对话框，设置【选择器类型】为“标签（重新定义 HTML 元素）”，【选择器名称】为“body”，【规则定义】为“仅限该文档”，单击“确定”按钮，打开【body 的 CSS 规则定义】对话框。设置方框样式，Padding-Top: 0px、Margin-Top: 0px、Width: 1345px、Height: 14213px，清除页边距，如图 12.4 所示。然后在背景样式中设置页面背景，Background-image: images/ng.png、Background-repeat: no-repeat。

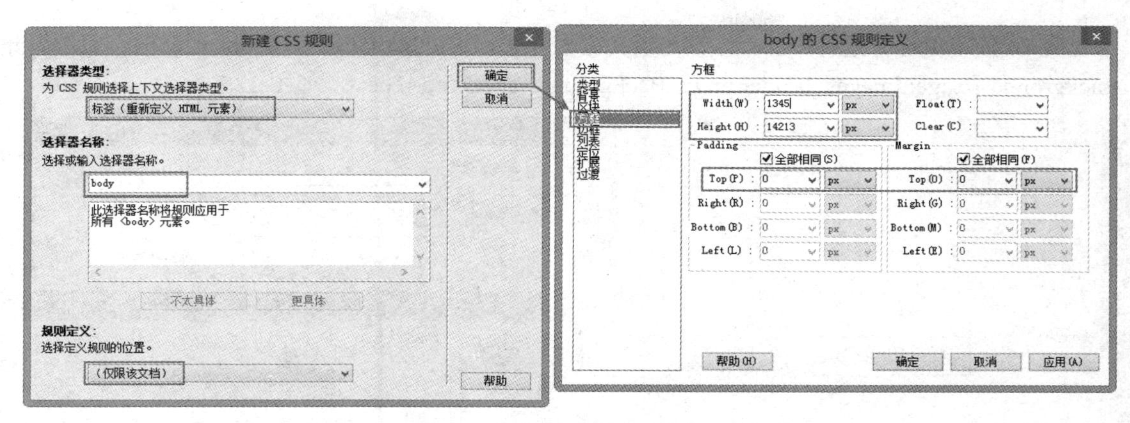

图 12.4　设置页面基本样式

第 4 步，在菜单栏中选择【插入】|【结构】|【Div】命令，在当前窗口中插入一个 div 对象，然后新建 CSS 规则，定义 div 对象绝对定位。使用鼠标拖拽绝对定位的 div 对象到合适的位置，并把光标置于右下角，拖拽调整大小，如图 12.5 所示。

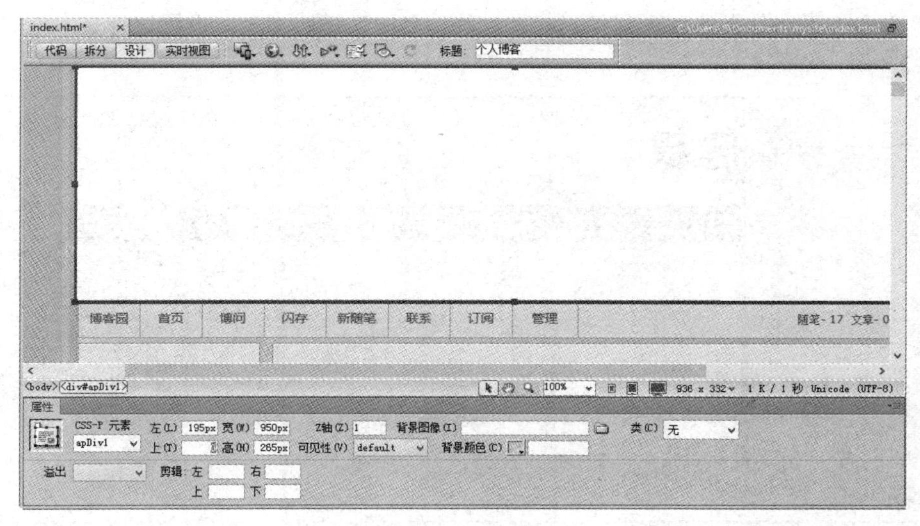

图 12.5　插入定位框

第 5 步，切换到【代码】视图，把光标置于定位包含框内，借助 Dreamweaver 代码智能提示功能，输入<header>标签，然后输入</header>封闭标签，如图 12.6 所示。或者，直接选择【插入】|【结构】|【页眉】命令，快速插入<header>标签。

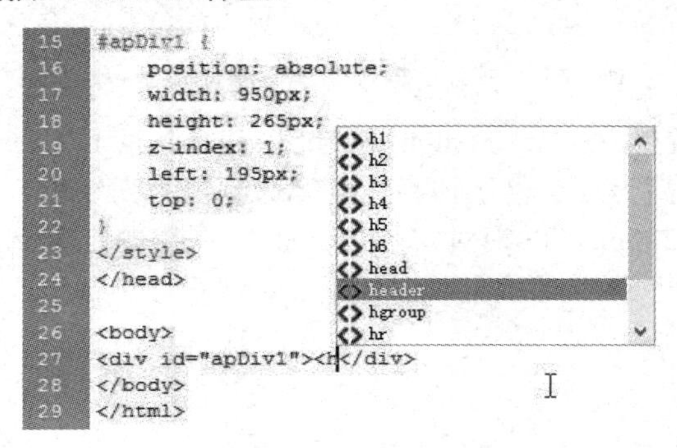

图 12.6　输入<header>标签

第 6 步，使用鼠标拖选<header>标签，定义方框样式，Width: 950px、Height: 265px；设置背景样式，Background-image: images/ header.png、Background-repeat: no-repeat，如图 12.7 所示。

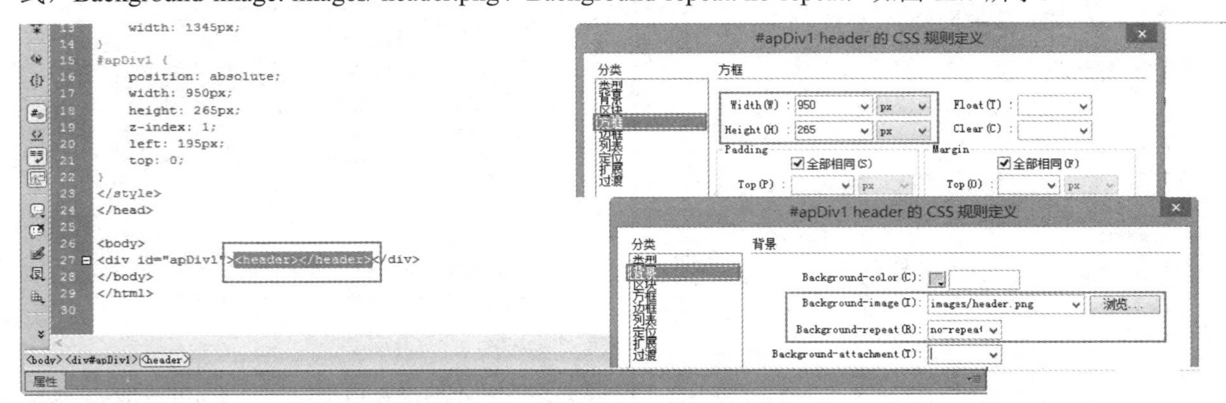

图 12.7　设置<header>标签样式

第 7 步，输入博客标题“健叔”，在【属性】面板中设置文本格式为“一级标题”，按 Enter 键换行；继续输入文本“不知怎么的，看到代码就有一种莫名的亲切感。”，设置该行文本格式为“二级标题”，如图 12.8 所示。

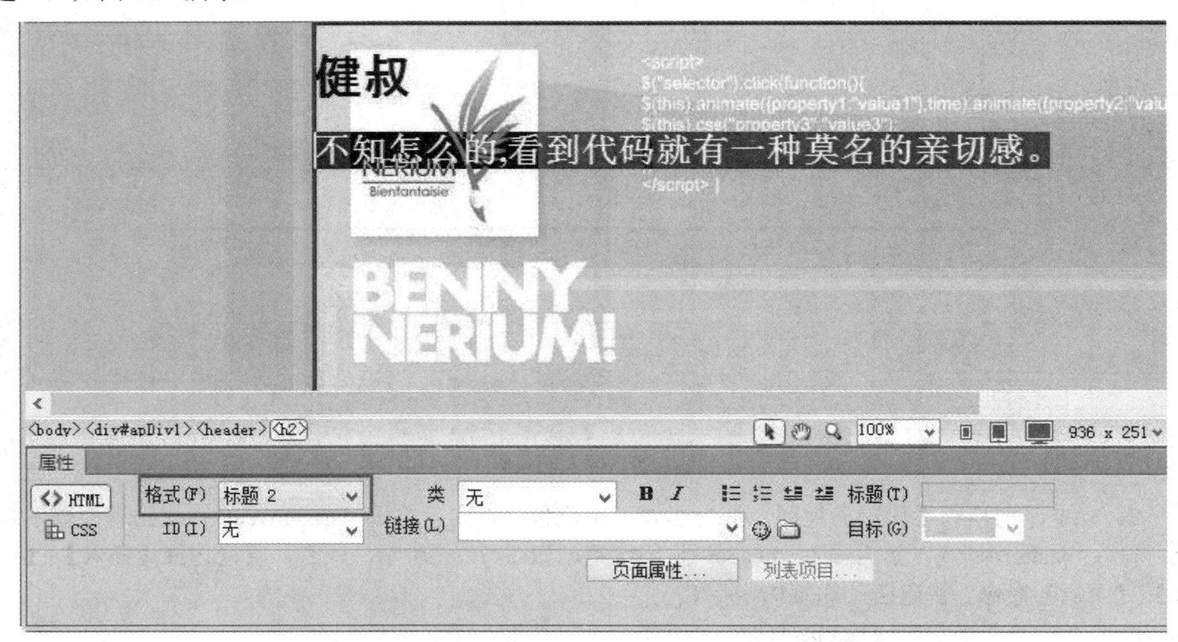

图 12.8　设置一级标题和二级标题

第 8 步，选择一级标题，设置类型样式，Font-size: 24px、Line-height: 1.5em、Color: #A83838，即设置一级标题大小为 24 像素，行高为 1.5 倍字体高度，字体颜色为褐红色；设置定位样式，Position: absolute、Bottom: 35px、Left: 220px，以绝对定位方式把网页标题定位到左下角部分，如图 12.9 所示。

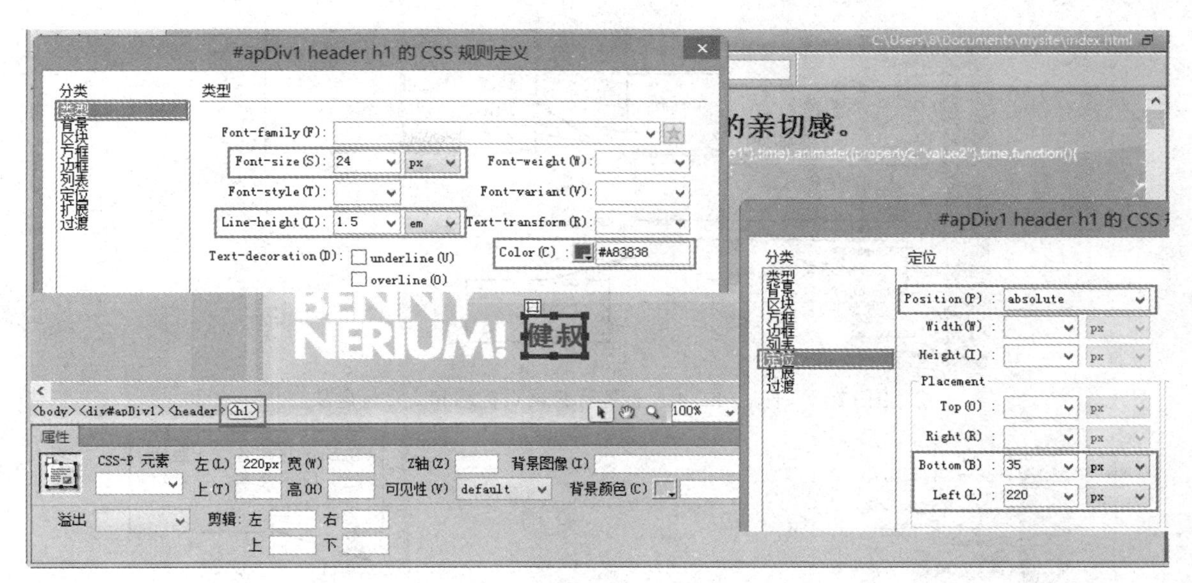

图 12.9　设置一级标题样式

第 9 步，选择二级标题，设置类型样式，Font-size: 12px、Line-height: 1.5em、Color: #A83838、Font-weight: normal，即设置二级标题大小为 12 像素，行高为 1.5 倍字体高度，字体颜色为褐红色，清除默认粗体样式；设置定位样式，Position: absolute、Bottom: 15px、Left: 220px，以绝对定位方式把二级标题定位到一级标题的下面，如图 12.10 所示。

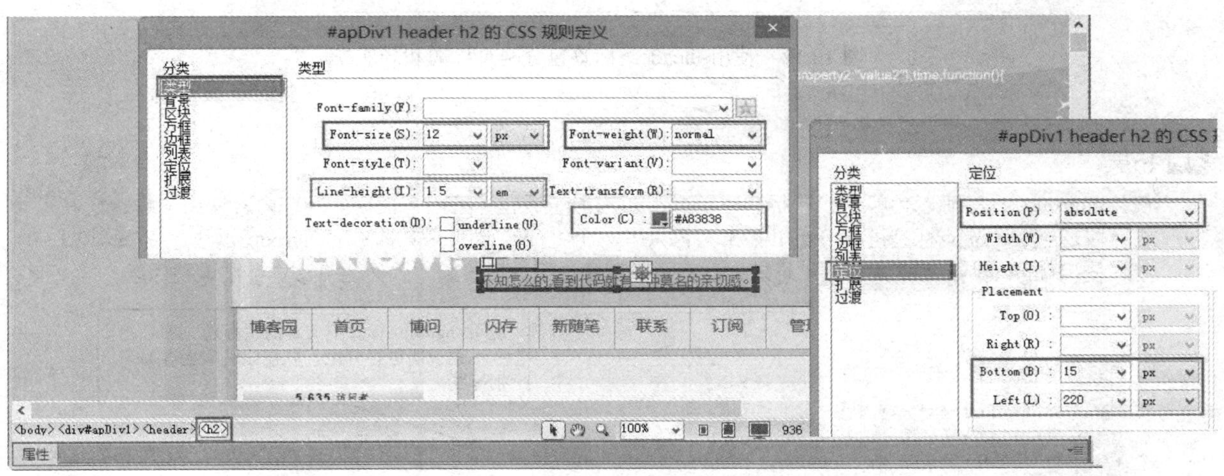

图 12.10　设置二级标题样式

提示：

在一个网页内可以多次使用<header>标签。例如，可以为页面的不同内容块添加 Header 区，用来标识不同级别的标题栏，如图 12.11 所示。

在 HTML5 中， Header 区可包含 h1～h6 元素，也可包含 hgroup、table、form、nav 等元素，只要显示在头部区域的语义标签，都可以包含在 Header 区中。例如，如图 12.12 所示的页面是个人博客首页的头部区域代码示例，整个头部内容都放在 Header 区中。

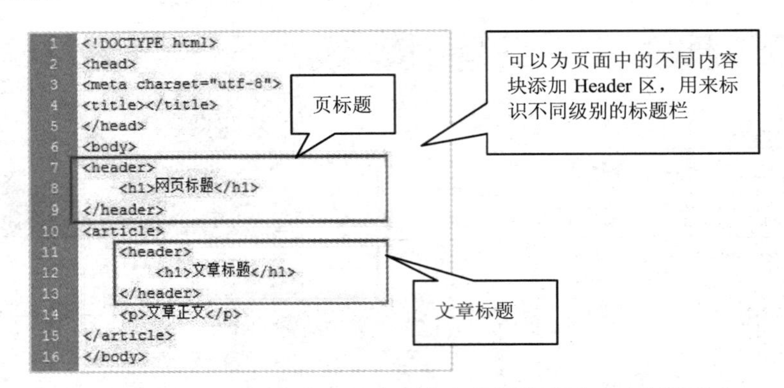

```
<!DOCTYPE html>
<head>
<meta charset="utf-8">
<title></title>
</head>
<body>
<header>
    <h1>网页标题</h1>
</header>
<article>
    <header>
        <h1>文章标题</h1>
    </header>
    <p>文章正文</p>
</article>
</body>
```


图 12.11　使用<header>标签标识网页标题和文章标题块

Header 区中包含一级标题、段落文本、导航信息等内容

```
<!DOCTYPE html>
<head>
<meta charset="utf-8">
<title></title>
</head>
<body>
<header>
    <hgroup>
        <h1>博客标题</h1>
        <p><a href="#">[URL]</a> <a href="#">[订阅]</a></p>
    </hgroup>
    <nav>
        <ul>
            <li><a href="#">首页</a></li>
            <li><a href="#">目录</a></li>
            <li><a href="#">社区</a></li>
            <li><a href="#">微博</a></li>
        </ul>
    </nav>
</header>
</body>
```

图 12.12　使用<header>标签包含网页标题和导航

拓展：

使用<hgroup>标签可以为标题、子标题进行分组，它常与标题标签组合使用。一个内容块中的标题及其子标题可以通过<hgroup>标签进行分组。如果文章只有一个主标题，则不需要使用<hgroup>标签。如图 12.13 所示，使用<hgroup>标签把文章的主标题、副标题和标题说明进行分组，以便让引擎更容易识别标题。

使用<hgroup>标签把文章的主标题、副标题和标题说明进行分组，以便让引擎更容易识别标题

```
<!DOCTYPE html>
<head>
<meta charset="utf-8">
<title></title>
</head>
<body>
<article>
    <header>
        <hgroup>
            <h1>主标题</h1>
            <h2>副标题</h2>
            <h3>标题说明</h3>
        </hgroup>
        <p>
            <time datetime="2013-10-1">发布时间：2013年10月1日</time>
        </p>
    </header>
    <p>新闻正文</p>
</article>
</body>
```

图 12.13　使用<hgroup>标签对文章标题进行分组

12.2　实战：定义文章块

<article>标签表示页面中独立、完整的、可以独自被外部引用的文档内容。<article>标签包含的内容可以是一篇博客或报刊中的文章、一条论坛帖子、一段用户评论等。另外，<article>标签可以包含标题，标题一般放在 Header 块里，还可以包含脚注。当<article>标签嵌套使用的时候，内部的<article>标签包含的内容必须和外部<article>标签包含的内容相关联。<article>标签支持 HTML5 全局属性。

下面示例使用<article>标签重构 IT 资讯文章，HTML 结构和显示效果如图 12.14 所示。

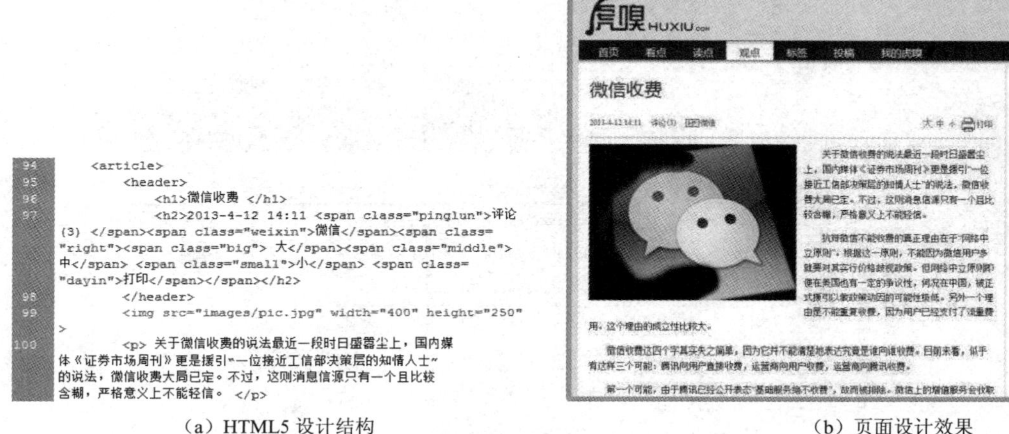

```
94      <article>
95          <header>
96              <h1>微信收费 </h1>
97              <h2>2013-4-12 14:11 <span class="pinglun">评论
(3) </span><span class="weixin">微信</span><span class=
"right"><span class="big"> 大</span><span class="middle">
中</span> <span class="small">小</span> <span class=
"dayin">打印</span></span></h2>
98          </header>
99          <img src="images/pic.jpg" width="400" height="250"
>
100         <p> 关于微信收费的说法最近一段时日盛嚣尘上，国内媒
体《证券市场周刊》更是援引"一位接近工信部决策层的知情人士"
的说法，微信收费大局已定。不过，这则消息信源只有一个且比较
含糊，严格意义上不能轻信。 </p>
```

（a）HTML5 设计结构　　　　（b）页面设计效果

图 12.14　实例效果

【操作步骤】

第 1 步，启动 Dreamweaver CC，新建 HTML5 文档。在菜单栏中选择【文件】|【新建】命令，打开【新建文档】对话框。选择“空白页”选项卡，在“页面类型”列表框中选择 HTML，在“布局”列表框中选择“无”，然后在“文档类型”下拉列表中选择 HTML5 选项，最后单击“创建”按钮，完成 HTML5 文档的创建，如图 12.15 所示。

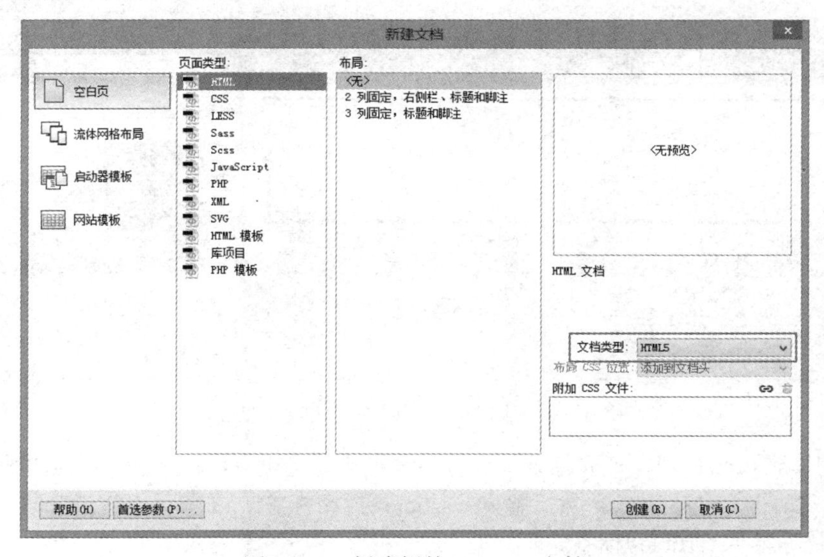

图 12.15　创建新的 HTML5 文档

第 2 步，保存为 index.html。在编辑窗口顶部的文档工具栏中，设置网页标题为“微信收费-观点-@虎嗅网.htm”。

第 3 步，在属性面板的“目标规则”下拉列表框中选择“body”,单击【编辑规则】按钮，打开【body 的 CSS 规则定义】对话框，设置方框样式，Margin: 0px、Padding: 0px、Height: 3029px、Width: 977px，清除页边距，定义页面尺寸。然后在背景样式中设置页面背景，模拟页面效果，Background-color: #E1E1E1、Background-image: images/bg.png、Background-repeat: no-repeat，如图 12.16 所示。

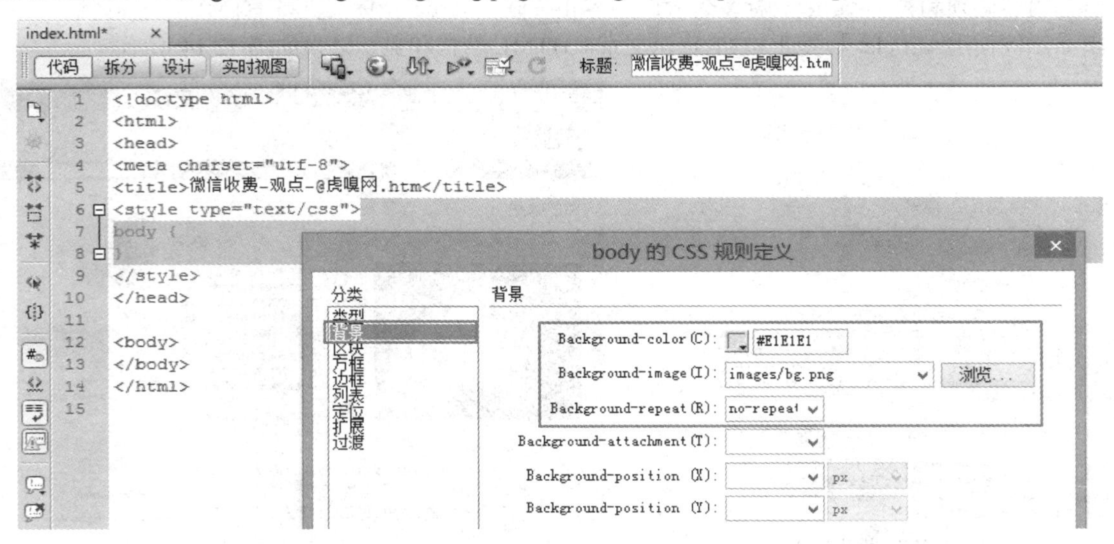

图 12.16　设置页面基本样式

第 4 步，在菜单栏中选择【插入】|【结构】|【Div】命令，在当前窗口中插入一个 div 元素，然后新建 CSS 规则，定义 div 元素为绝对定位。使用鼠标拖拽绝对定位的 div 对象到合适的位置，并把光标置于右下角，拖拽调整大小，如图 12.17 所示。

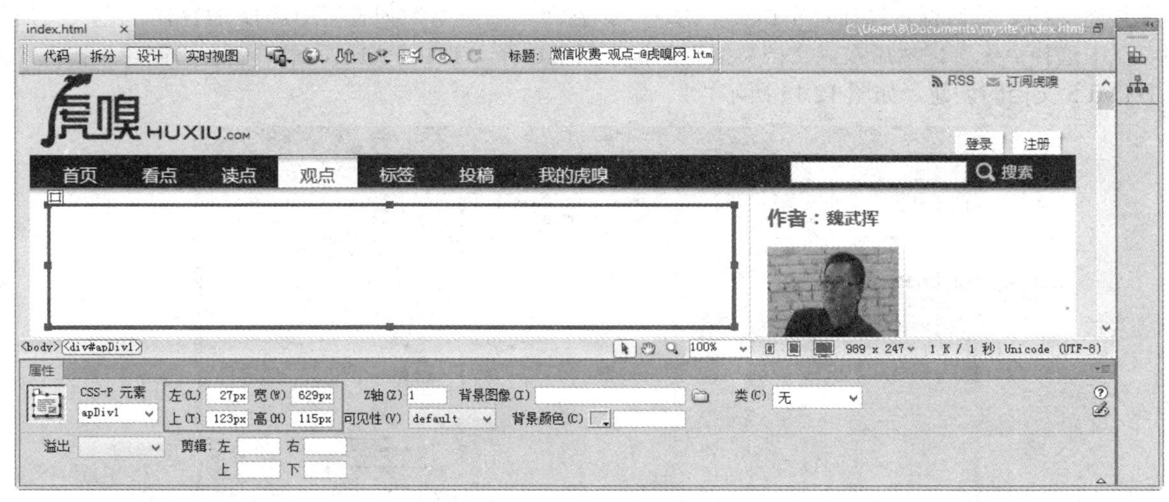

图 12.17　插入定位框

第 5 步，切换到代码视图，把光标置于定位包含框内，借助 Dreamweaver 代码智能提示功能，输入<article>标签，如图 12.18 所示。然后输入</article>封闭标签。或者，直接选择【插入】|【结构】|【文章】命令，快速插入<article>标签。

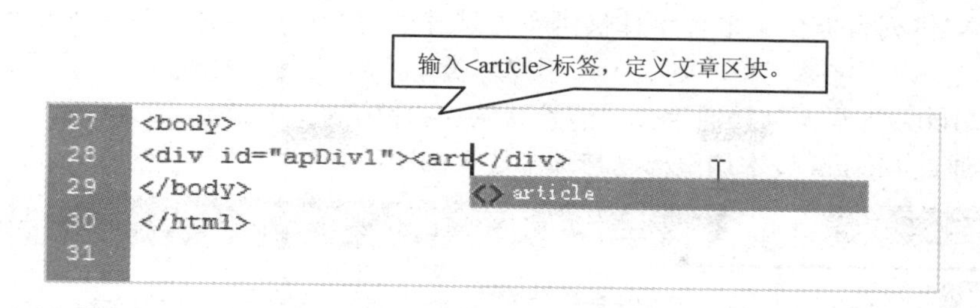

图 12.18　输入<article>标签

第 6 步，输入文本“微信收费”，在属性面板中设置文本格式为“一级标题”，按 Enter 键换行继续输入文本“2013-4-12 14:11 评论(3) 微信 大中 小 打印”，在属性面板中设置该行文本格式为“二级标题”，如图 12.19 所示。

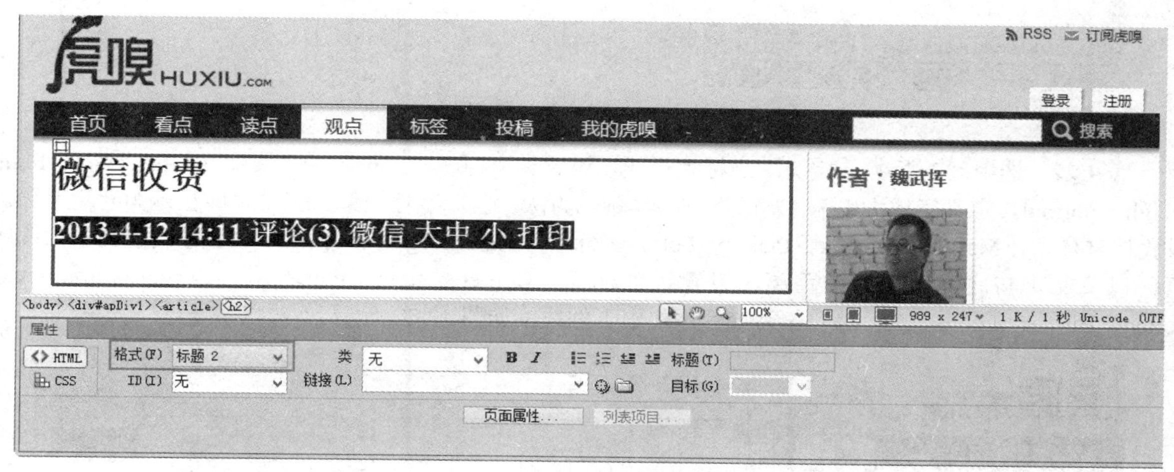

图 12.19　输入文章标题

第 7 步，使用鼠标拖选一级标题和二级标题的所有文本，然后在菜单栏中选择【修改】|【快速标签编辑器”命令，在快速标签编辑文本框中输入“<header>”，为标题环绕一层<header>包含框，如图 12.20 所示。

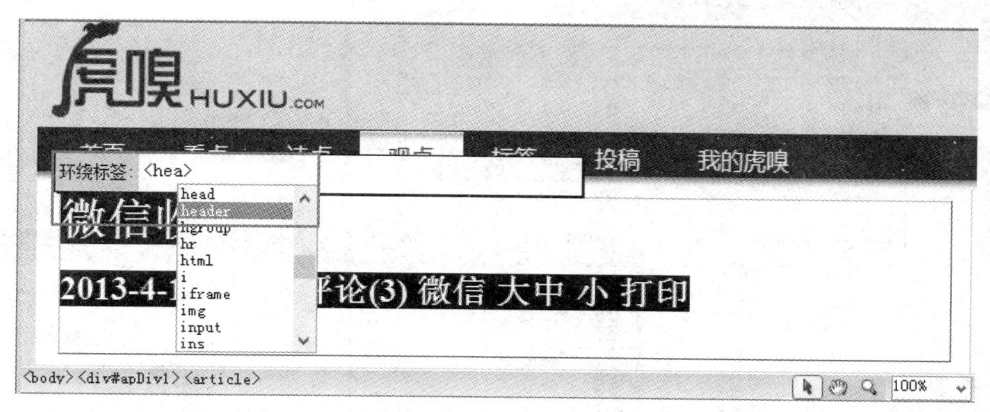

图 12.20　输入<header>包含框

第 8 步，选中<h1>标签，定义一级标签样式，设置类型样式，如 Font-size: 28px、Color: #003366、Font-family: "Microsoft Yahei"、"冬青黑体简体中文 w3"、"黑体"、Font-weight: 100，定义文章标题字体

类型为黑体，同时字体列表提供了多种字体供浏览器选择，对于中文字体来说，如果用户系统中没有“冬青黑体简体中文 w3”字体类型，则显示通用黑体类型，定义字体大小为 28 像素，字体颜色为浅蓝色，字体粗细为 100，即显示为普通字体，清除默认的加粗样式，如图 12.21 所示。设置边框样式，Margin-top: 10px，通过 Margin 技术调整标题与顶部边框的距离。

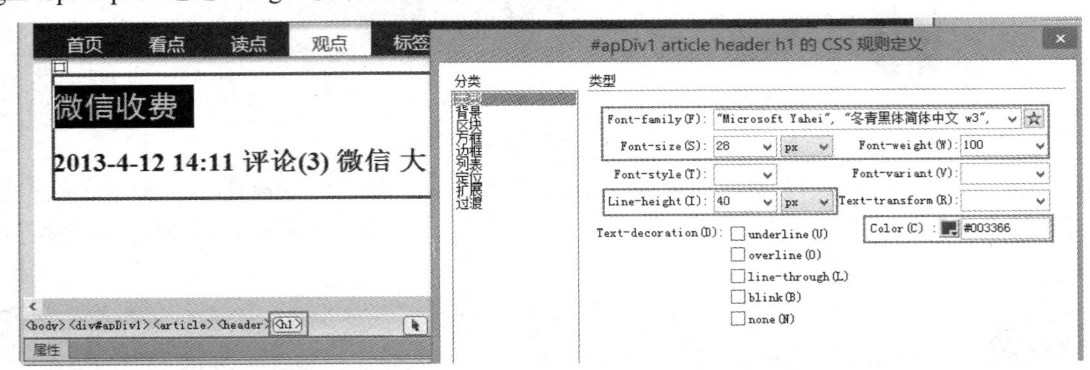

图 12.21　设置一级标题样式

第 9 步，选中<h2>标签，定义二级标签样式，设置类型样式，Font-size: 12px、Color: #444、Font-weight: normal，定义字体大小为 12 像素，字体颜色为深灰色，字体粗细为正常，即显示为普通字体。设置边框样式，Margin-top: 6px、Padding-bottom: 6px，通过 Margin 和 Padding 技术调整文本顶部距离，以及文本与底部边框线的距离。设置边框样式，Border-bottom-width: 1px、Border-bottom-style: dotted、Border-bottom-color: #444，为该行添加虚下划线，如图 12.22 所示。

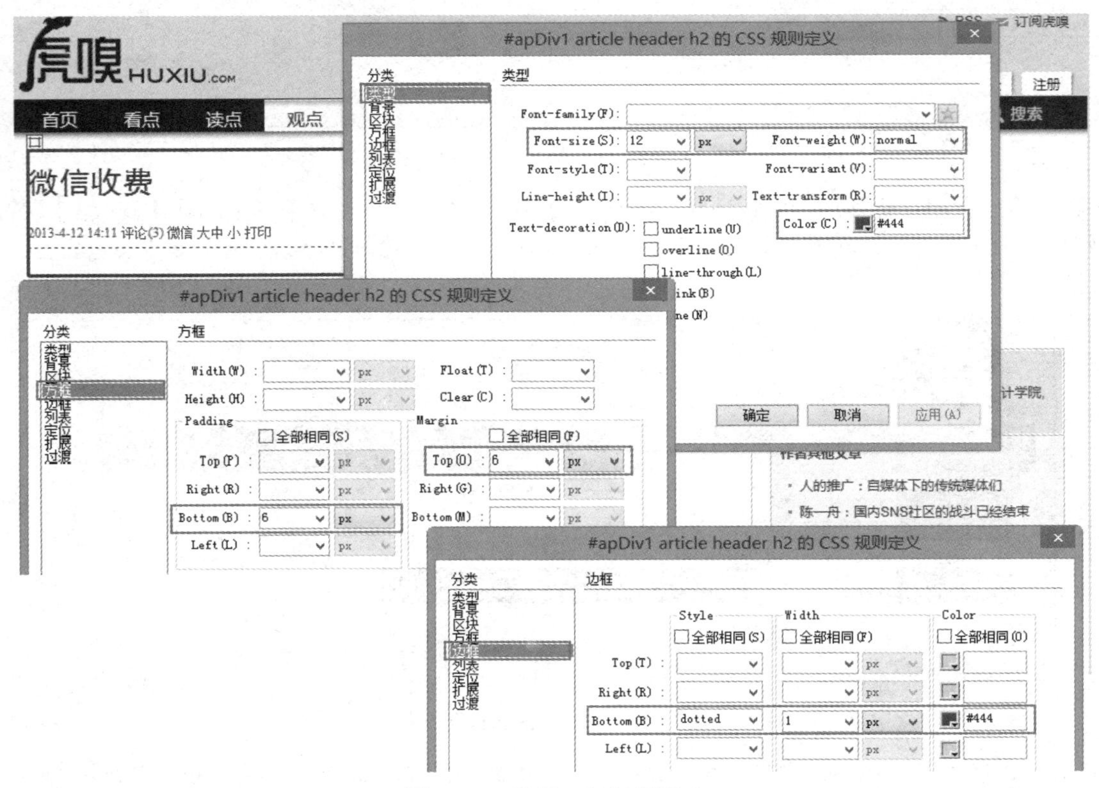

图 12.22　设置二级标题样式

第 10 步，选中文本“评论(3)”，在属性面板的 CSS 选项中，单击“编辑规则”按钮，打开【新建 CSS 规则】对话框，设置【选择器类型】为“类”、【选择器】名称为 pinglun、【规则定义】为“仅限该文档”，单击“确定”按钮。在弹出的【CSS 规则定义】对话框中，设置方框样式，Padding-right: 12px、Padding-left: 12px，通过补白调整文本左右间距，如图 12.23 所示。

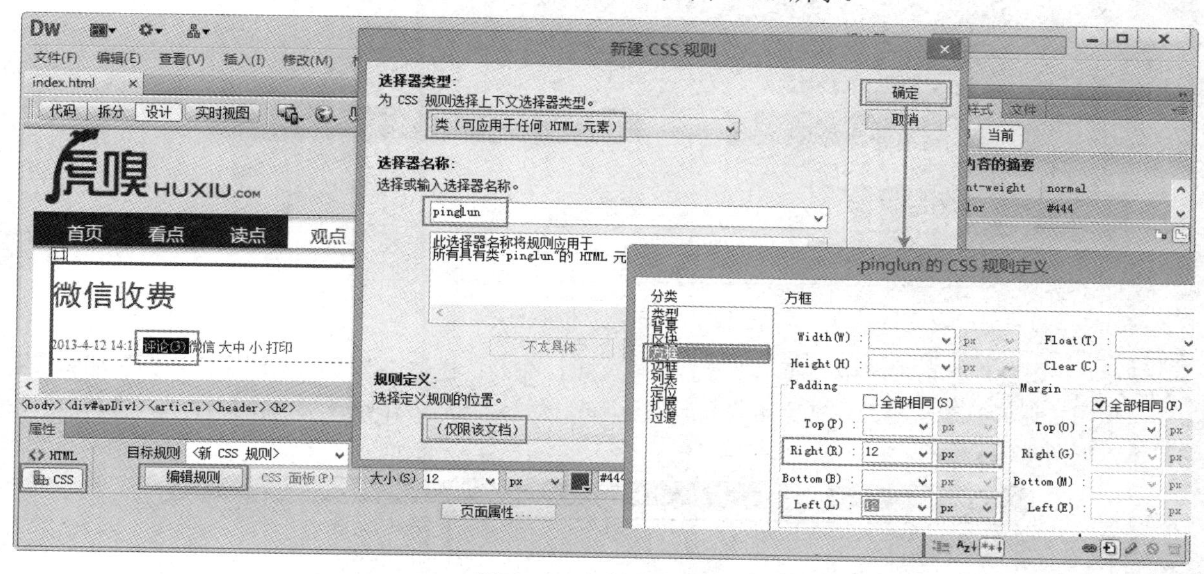

图 12.23　调整文本间距

第 11 步，选中文本“微信”，在【属性】面板的 CSS 选项中，单击“编辑规则”按钮，打开【新建 CSS 规则】对话框，定义 weixin 类样式，在 CSS 规则定义对话框中，设置方框样式，Padding-right: 12px、Padding-left: 24px，通过补白调整文本左右间距，同时设置左侧补白为 24 像素，留出较大的空间，以便以背景方式显示图标，设置背景样式，Background-image: images/icon1.png、Background-repeat: no-repeat、Background-position: left center，为该文本定义前缀图标，如图 12.24 所示。

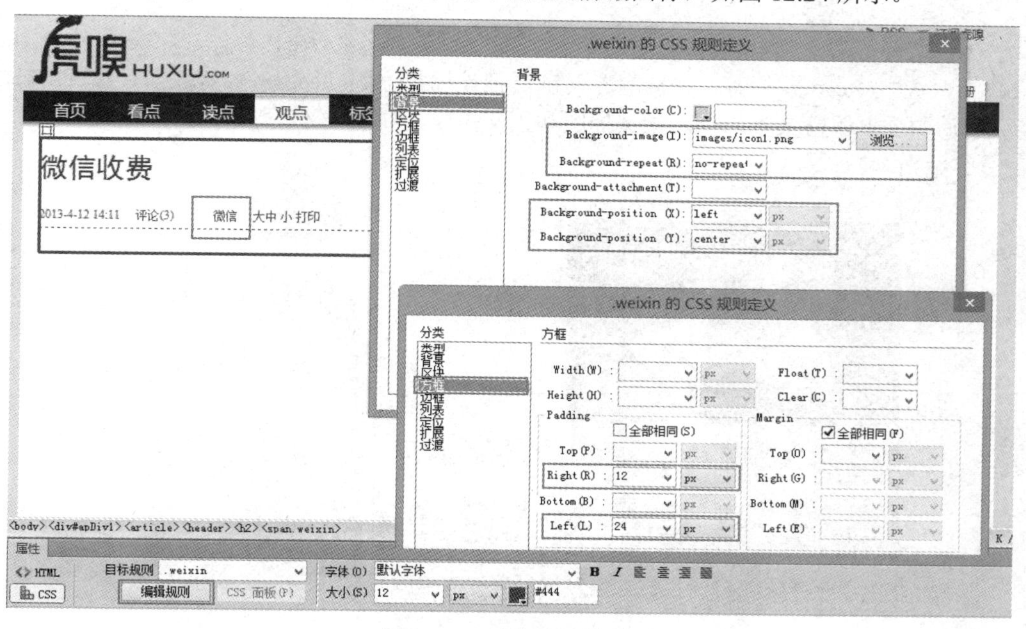

图 12.24　定义文本图标

第 12 步，以同样的方式分别为“大”“中”“小”“打印”文本定义类样式，设置大中小三个字体大小从大到小排序，并通过 Padding 技术适当调整间距。模仿上一步 weixin 类样式的定义方法，为打印定义类样式，演示效果如图 12.25 所示。

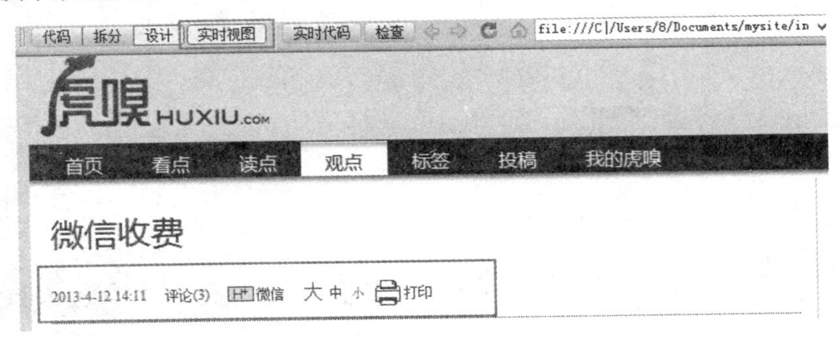

图 12.25 定义文本类样式效果

第 13 步，选中“大”“中”“小”“打印”文本，在菜单栏中选择【修改】|【快速标签编辑器】命令，使用快速标签编辑器为这些文本包裹一层<span>标签，然后为该标签定义方框样式，让其向右浮动显示，如图 12.26 所示。

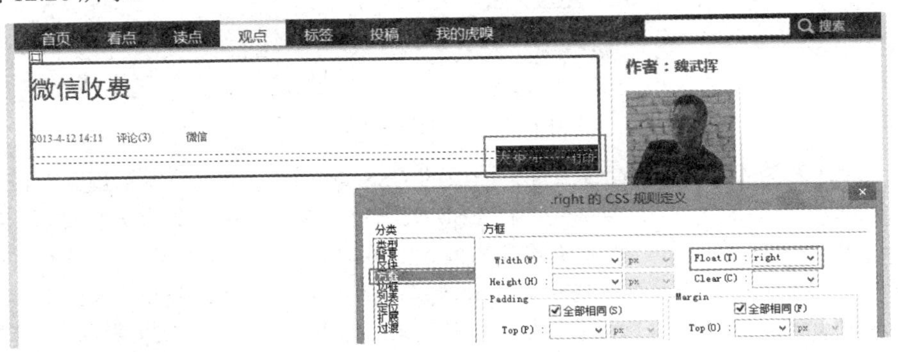

图 12.26 定义文本向右显示

第 14 步，选中<header>标签，按向右方向键，把光标定位到<header>标签后面，按 Enter 键，在<header>标签后面插入段落文本，插入正文插图和正文内容，如图 12.27 所示。

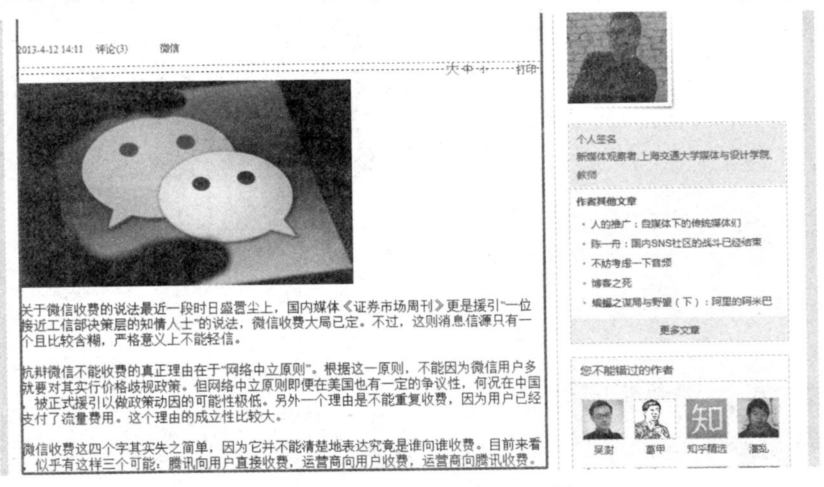

图 12.27 输入正文文本和插图

第 15 步，选中插图，设置方框样式，Float: left、Width: 320px、Padding-right: 12px、Padding-bottom: 12px，定义图像固定大小显示，向左浮动，同时通过 Padding 技术调整向左浮动的图像与正文之间的距离，如图 12.28 所示。

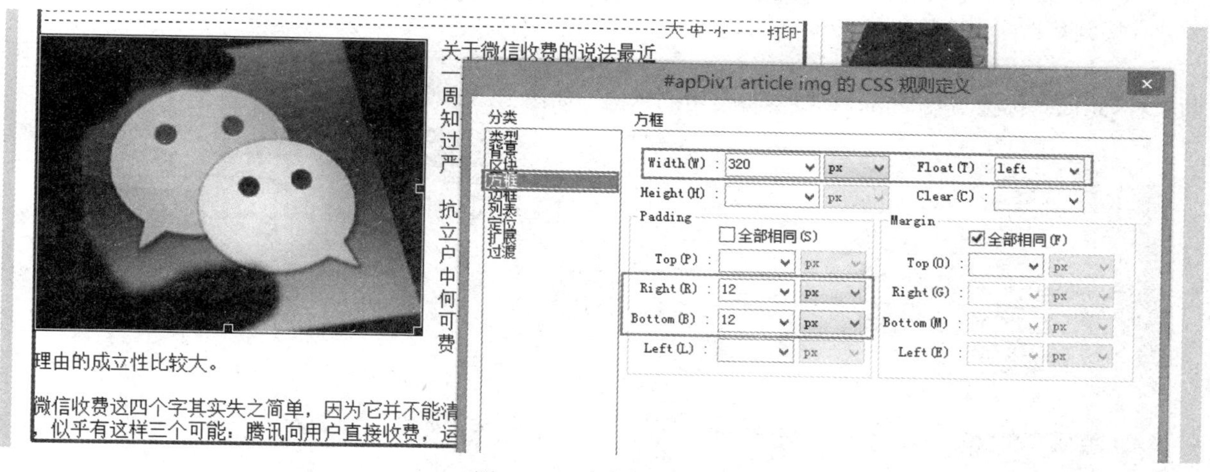

图 12.28　定义插图样式

第 16 步，选中段落文本，设置类型样式，Font-size: 14px、Line-height: 24px，定义字体大小为 12 像素，行距为 24 像素。设置区块样式，Text-indent: 2em，定义段落首行缩进 2 个字距，如图 12.29 所示。

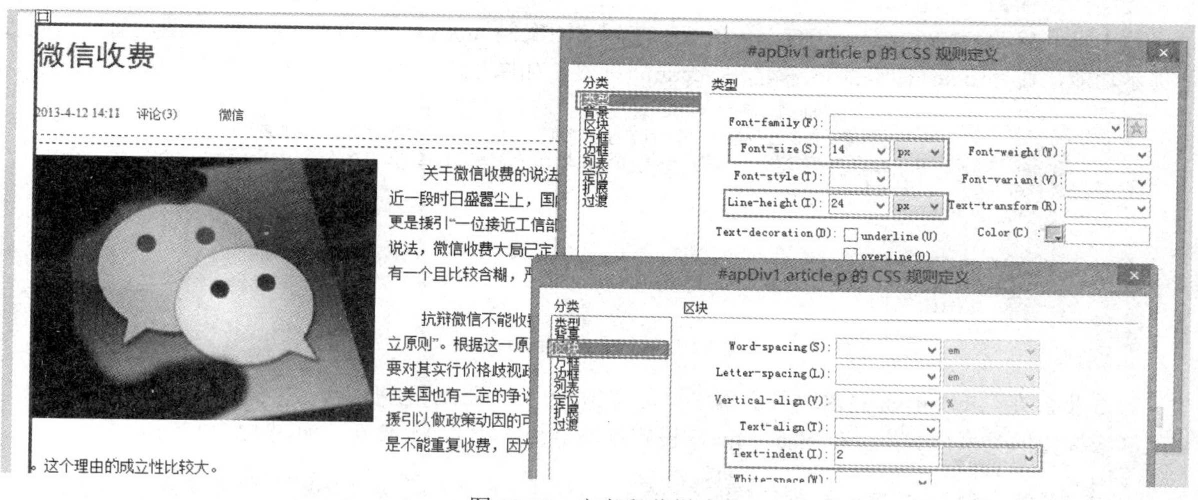

图 12.29　定义段落样式

提示：

<article>标签可以嵌套使用，内层的内容在原则上需要与外层的内容相关联。例如，一篇科技新闻中，针对该新闻的相关评论就可以使用嵌套<article>标签的方式，用来呈现评论的<article>标签被包含在表示整体内容的<article>标签里面。

12.3　实战：定义内容块

扫一扫，看视频

<section>标签负责对页面内容进行分区，一个<section>标签常由内容及其标题构成。在传统设计

中，<div>标签常用来对页面进行分区，但<section>标签具有更强的语义性，它不是一个普通的容器元素，当一个容器需要被直接定义样式或通过脚本定义行为时，推荐使用<div>标签，而非<section>标签。<div>标签关注结构的独立性，而<section>标签关注内容的独立性，<section>标签包含的内容可以单独存储到数据库中或输出到 Word 文档中。

<section>标签的作用类似对文章进行分段，与具有完整、独立的内容模块的<article>标签不同。下面来看<article>标签与<section>标签混合使用的示例，如图 12.30 所示。

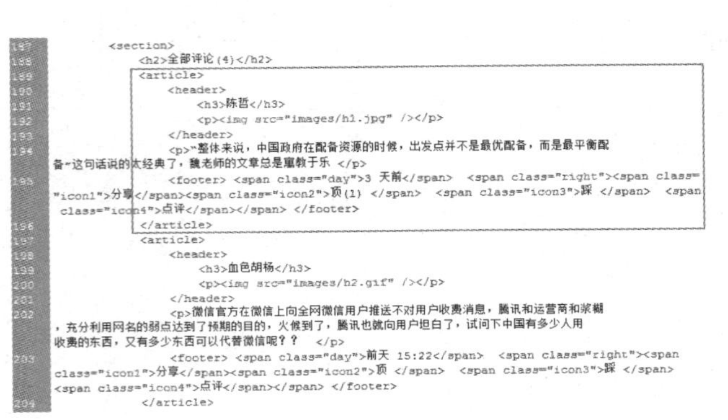

（a）HTML5 设计结构　　（b）页面设计效果

图 12.30　实例效果

【操作步骤】

第 1 步，启动 Dreamweaver CC，复制上一节创建的案例 index.html，切换到代码视图，借助代码智能提示功能，在<article>标签的尾部输入<section>标签，如图 12. 31 所示。

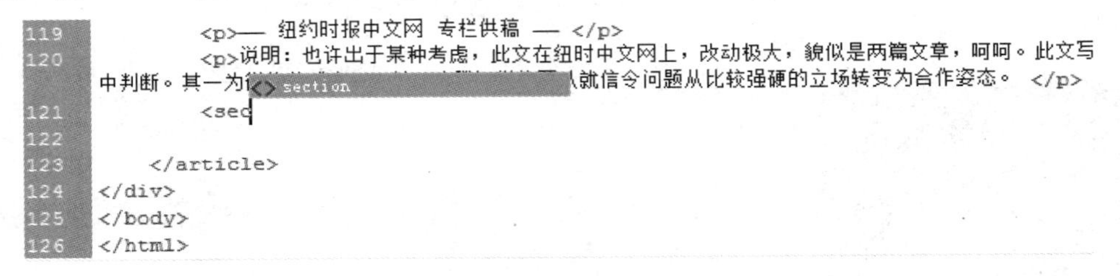

图 12.31　输入<section>标签

第 2 步，在<section>标签内输入文本“全部评论(4)”，在属性面板中设置文本格式为“标题 2”，定义二级标题的类型样式，Font-size: 14px，设置标题字体大小为 14 像素，如图 12. 32 所示。

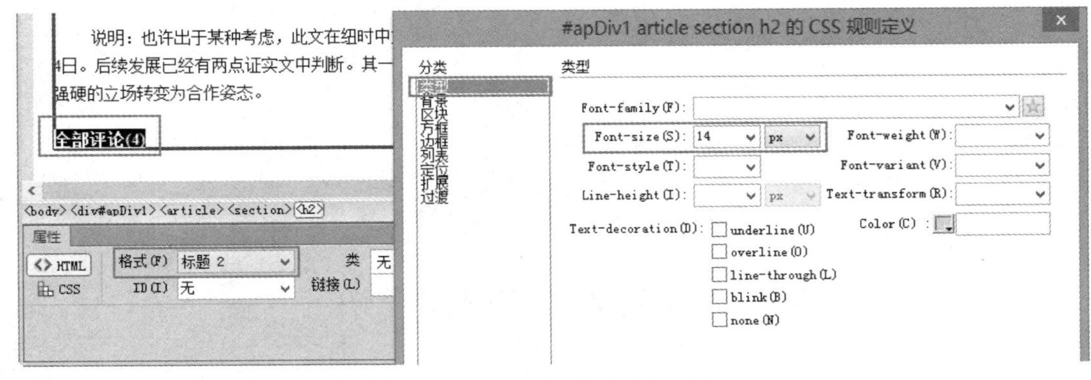

图 12.32　输入二级标题并定义格式

第 3 步，在代码视图下输入一个评论结构，使用<article>标签定义一条评论，使用<h3>标签标识网友名称，使用<header>标签包裹网友名称和大图标，使用<p>标签描述评论信息，使用<footer>标签标识评论相关的信息，如图 12. 33 所示。

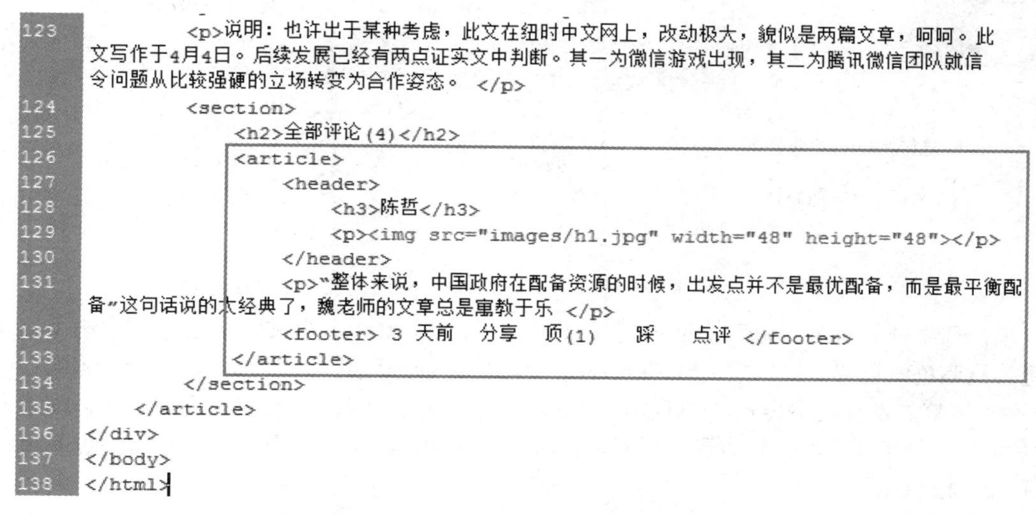

图 12.33 使用<article>标签定义一条评论的结构

第 4 步，选中<article>标签，在属性面板中单击【编辑规则】按钮，设置方框样式，Margin-left: 56px，使用 Margin 技术增加左侧边距。设置定位样式，Position: relative，定义<article>标签为定位包含框，如图 12.34 所示。

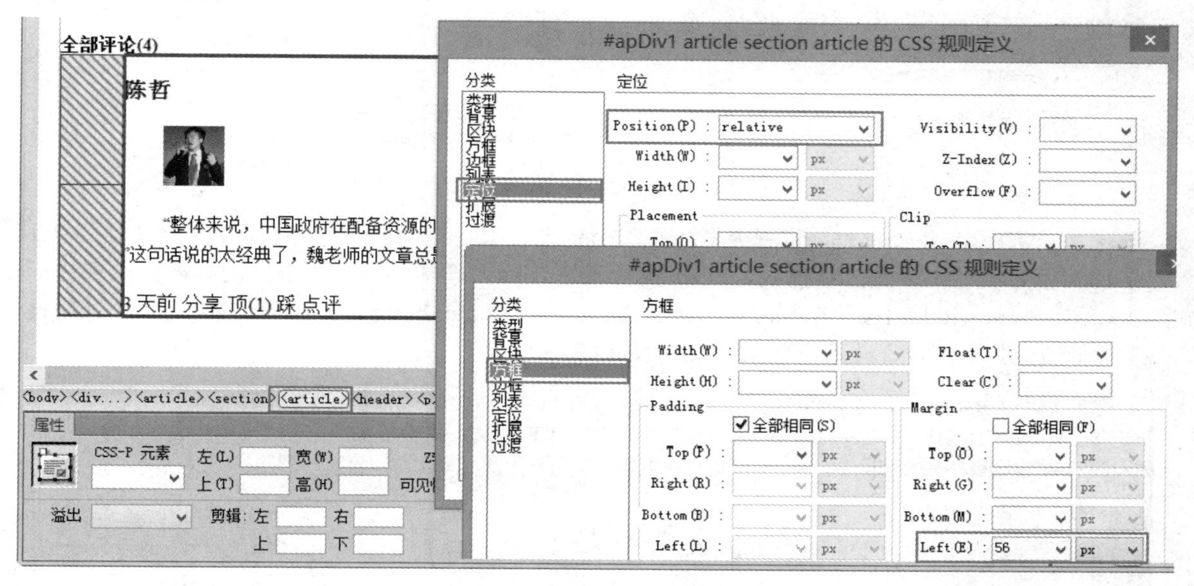

图 12.34 定义<article>标签样式

第 5 步，选中<img>标签，设置定位样式，Position: absolute、Left: -56px、Top: 0px、Width: 48px、Height: 48px，使用 Position 技术绝对定位到<article>标签的左上角，通过 Left 取负值，让其填充<article>标签左侧预留的空间中，如图 12.35 所示。

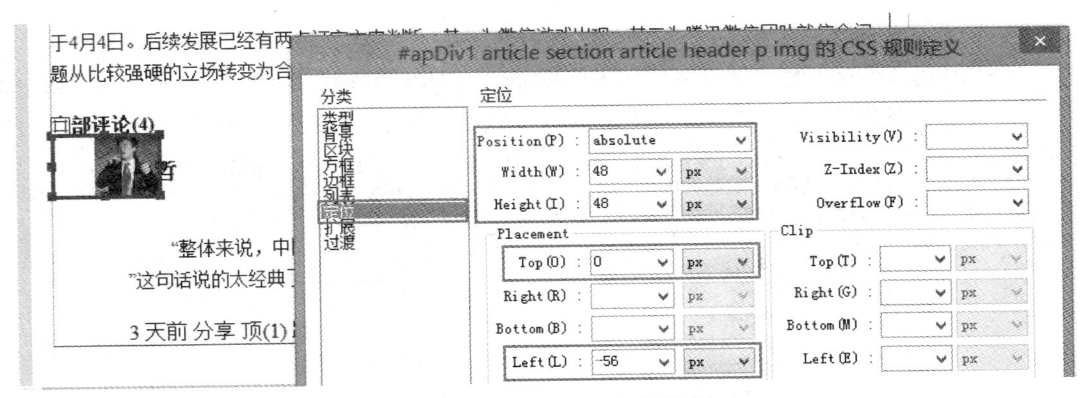

图 12.35　定义<img>标签样式

第 6 步，选中<h3>标签，设置类型样式，Font-size: 12px、Color: #66C，定义字体大小为 12 像素，字体颜色为浅蓝色；设置方框样式，Margin: 0px、Padding: 0px，清除标题的默认上下边距样式。

选中<p>标签，设置类型样式，Font-size: 12px、Line-height: 1.4em，定义评论正文字体大小为 12 像素，行高为 1.4 倍字体大小；设置区块样式，Text-indent: 0，清除首行文本缩进样式。其中<p>标签的类型设置如图 12.36 所示。

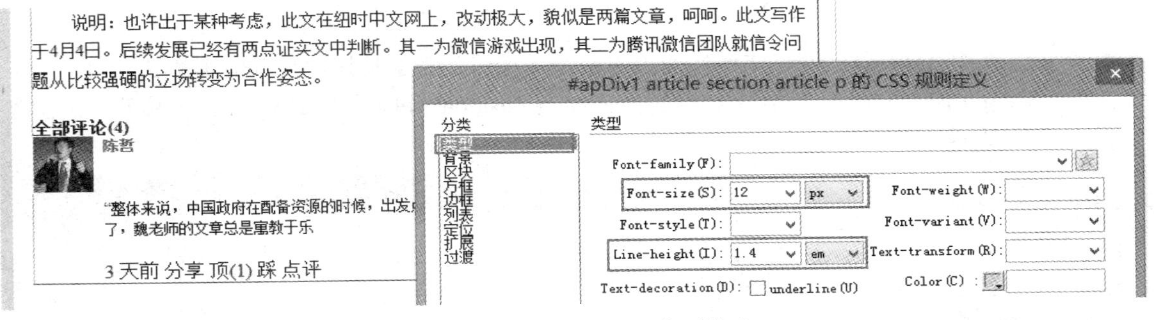

图 12.36　定义<p>标签类型样式

第 7 步，选中<footer>标签，设置类型样式，Font-size: 12px、Color: #666，定义字体大小为 12 像素，字体颜色为灰色；设置方框样式，Padding-bottom: 6px，增加文本与边框线的距离；设置边框样式，Border-bottom-width: 1px、Border-bottom-style: solid、Border-bottom-color: #999，为每个评论设计一条下边框线。其中<footer>标签的类型设置如图 12.37 所示。

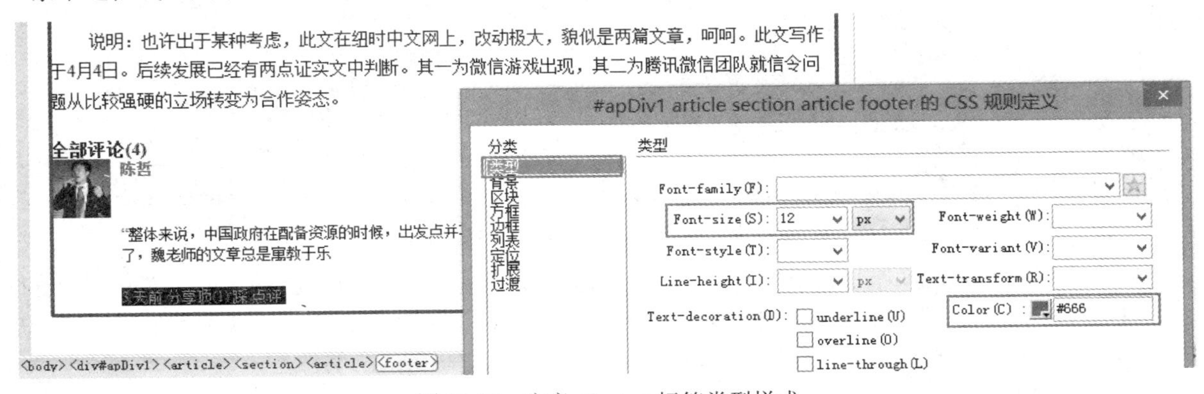

图 12.37　定义<footer>标签类型样式

第 8 步，模仿上一节第 10 步到第 13 步操作方法，为评论底部的互动信息和链接文本分别定义类样式，例如，选中文本“分享”，在属性面板的 CSS 选项中，单击“编辑规则”按钮，打开【新建 CSS 规则】对话框，定义 icon1 类样式，在【CSS 规则定义】对话框中，设置方框样式，Padding-right: 6px、Padding-left: 18px，通过补白调整文本左右间距，同时设置左侧补白为 18 像素，留出较大的空间，以便以背景方式显示图标，设置背景样式，Background-image: images/icon4.png、Background-repeat: no-repeat、Background-position: 4px center，为该文本定义前缀图标，如图 12.38 所示。

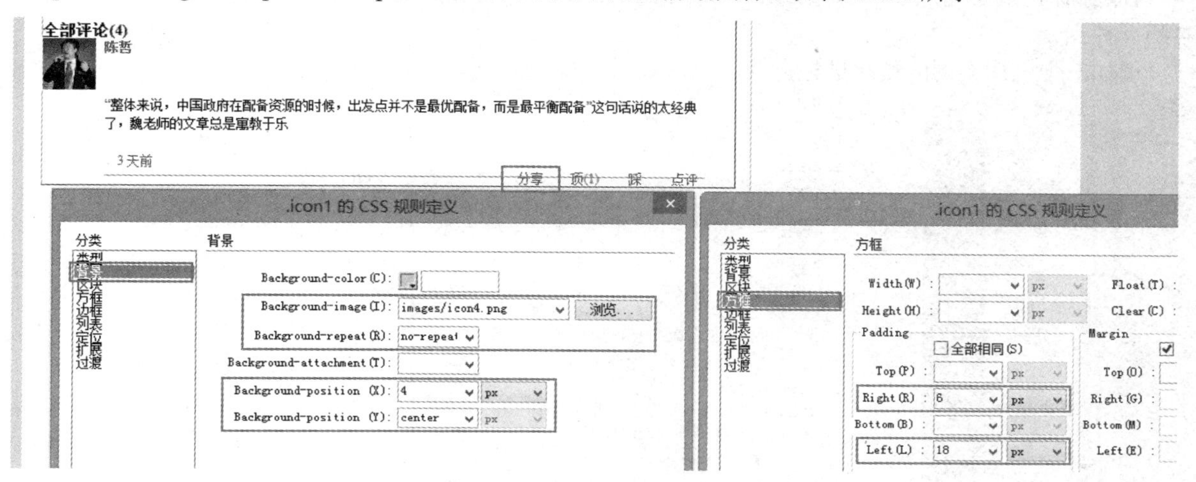

图 12.38 定义互动文本类样式

第 9 步，选中<article>标签及其包含的结构和内容，进行快速复制，最后修改评价信息和网友名称即可，如图 12.39 所示。

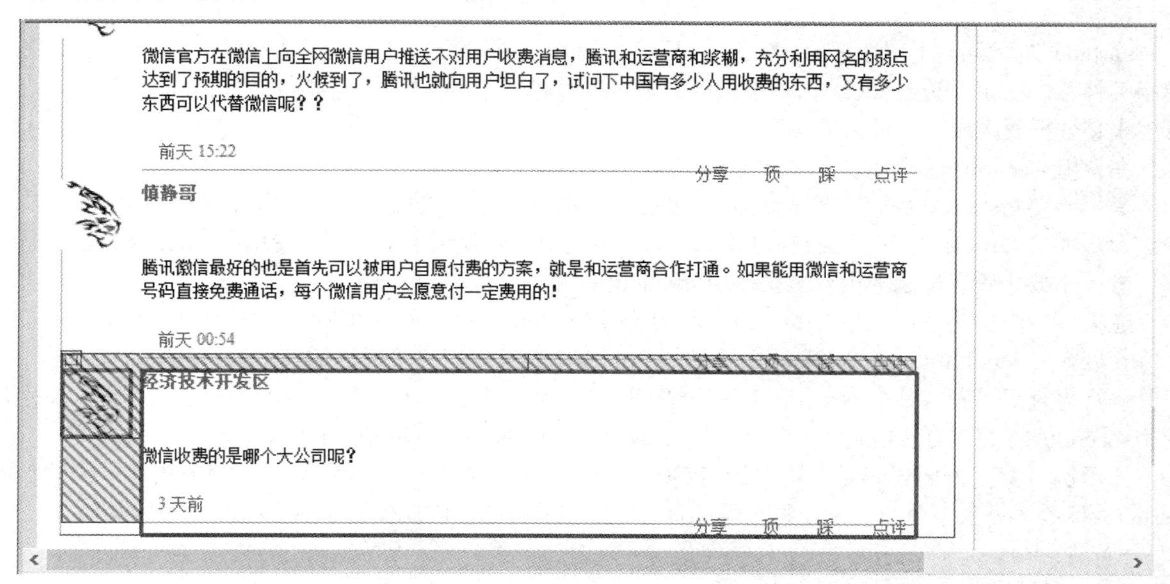

图 12.39 复制评论结构

拓展：

<article>标签与<section>标签都是 HTML5 新增的标签，它们的功能与<div>标签类似，都是用来区分不同区域，它们的使用方法也相似，因此很容易错用。

<article>标签表示页面文档，代表独立完整的可以被外部引用的内容。例如，博客中的一篇文章，论坛中的一个帖子或者一段浏览者的评论等。因为<article>标签是一段独立的内容，通常可以包含头部（header 元素）、底部（<footer>标签）信息。

<section>标签用于对页面内容进行分块。一个<section>标签常由内容以及标题组成，需要包含一个<hn>标题，一般不用包含头部（header 元素）或者底部（<footer>标签）信息。常用<section>标签为那些有标题的内容进行分段。相邻的<section>标签的内容应该是相关的，而不是像<article>标签包含的内容那样独立。

例如，把上面案例的结构进行提炼，可以看到如图 12.40 所示的结构效果。

```
8   <body>
9   <article>
10      <header>
11          <h1>文章标题</h1>
12      </header>
13      <p>文章正文</p>
14      <section>
15          <h2>评论</h2>
16          <article>
17              <h3>评论者</h3>
18              <p>评论正文</p>
19          </article>
20          <article>
21              <h3>评论者</h3>
22              <p>评论正文</p>
23          </article>
24      </section>
25  </article>
26  </body>
```

<article>标签与<section>标签混合使用的模板结构

图 12.40　复制评论结构

<article>标签可以作为特殊的<section>标签。<article>标签强调独立性、完整性，<section>标签强调相关性。<article>和<section>标签不能够替换<div>标签，<div>标签作为无特定语义的包含框，也可以用来划分页面区域，不过它更强调页面布局特性。

在使用<section>标签时应该注意几个问题：

- 不要将<section>标签当作设置样式的页面容器，对于此类操作应该使用<div>标签实现。
- 如果<article>标签、<aside>标签或<nav>标签更符合使用条件，不要使用<section>标签。
- 不要为没有标题的内容区块使用<section>标签。

通常不推荐为那些没有标题的内容使用<section>标签，可以使用 HTML5 轮廓工具（http://gsnedders.html5.org/outliner/）来检查页面中是否有没有包含标题的<section>标签，如果使用该工具进行检查后，发现某个<section>标签的说明中有“untitiled section”（没有标题的 section）文字，这个<section>标签就有可能使用不当，但是<nav>标签和<aside>标签没有标题是合理的。

【示例 1】 下面代码是一篇关于 W3C 的简介，整个版块是一段独立、完整的内容，因此使用<article>标签。该文章分为 3 段，每一段都有一个独立的标题，因此使用了两个<section>标签。

```
<article>
    <h1>W3C</h1>
    <p>万维网联盟（World Wide Web Consortium，W3C），又称 W3C 理事会。1994 年 10 月在麻省理工学院计算机科学实验室成立。建立者是万维网的发明者蒂姆&middot;伯纳斯-李。</p>
    <section>
        <h2>CSS</h2>
        <p>全称 Cascading Style Sheet，级联样式表，通常又称为“风格样式表（Style Sheet）”，它是用来进行网页风格设计的。</p>
```

```
    </section>
    <section>
        <h2>HTML</h2>
        <p>全称 Hypertext Markup Language，超文本标记语言，用于描述网页文档的一种标记语言。</p>
    </section>
</article>
```

注意，关于文章分段的工作可以使用<section>标签完成。为什么没有对第一段使用<section>标签？其实是可以使用的，但是由于其结构比较清晰，分析器可以识别第一段内容在一个<section>标签里，所以也可以将第一个<section>标签省略，但是如果第一个<section>标签里还要包含子<section>标签或子<article>标签，就必须写明第一个<section>标签。

【示例 2】 这个示例比上面示例复杂一些。首先，它是一篇文章中的一段，因此没有使用<article>标签。但是，在这一段中有几块独立的内容，所以嵌入了几个独立的<article>标签。

```
<section>
    <h1>W3C</h1>
    <article>
        <h2>CSS</h2>
        <p>全称 Cascading Style Sheet，级联样式表，通常又称为“风格样式表（Style Sheet）”，它是用来进行网页风格设计的。</p>
    </article>
        <h2>HTML</h2>
        <p>全称 Hypertext Markup Language，超文本标记语言，用于描述网页文档的一种标记语言。</p>
</section>
```

<article>标签可以作为一类特殊的<section>标签，它比<section>标签更强调独立性。<section>标签强调分段或分块。如果一块内容相对来说比较独立、完整的时候，应该使用<article>标签，但是如果想将一块内容分成几段的时候，应该使用<section>标签。

另外，HTML5 将<div>标签视为布局容器，当使用 CSS 样式的时候，可以对这个容器进行一个总体的 CSS 样式控制。例如，将页面各部分（如导航条、菜单、版权说明等）包含在一个<div>标签中，以便统一使用 CSS 样式进行装饰。

12.4 实战：定义导航栏

扫一扫，看视频

<nav>标签专用于设计页面导航服务，该标签可以用于下列场景：

- 传统菜单栏。一般网站都会设计不同层级的菜单栏，其作用是从当前页面跳转到其他页面或者位置。
- 侧边栏导航。在博客网站或者商品网站上都有侧边栏导航，其作用是将页面从当前文章或当前商品位置跳转到其他文章或其他商品页面。
- 页内导航。页内导航的作用是在本页面几个主要的组成部分之间进行跳转。
- 翻页操作。翻页操作是指在多个页面的前后页或博客网站的前后篇文章滚动。

下面示例演示如何为页面设计多个<nav>导航栏，作为页面整体或区块导航使用，如图 12.41 所示。

（a）原始效果

（b）设计效果

图 12.41　实例效果

【操作步骤】

第 1 步，启动 Dreamweaver CC，打开原始版面页面（orig.html），另存为效果设计页面（effect.html）。在【代码】视图下设计页面标题和页面导航模块，如图 12.42 所示。也可以在【设计】视图下，输入多段文本，然后在【属性】面板中，分别设置文本格式为“标题 1”和列表文本，如图 12.42 所示。

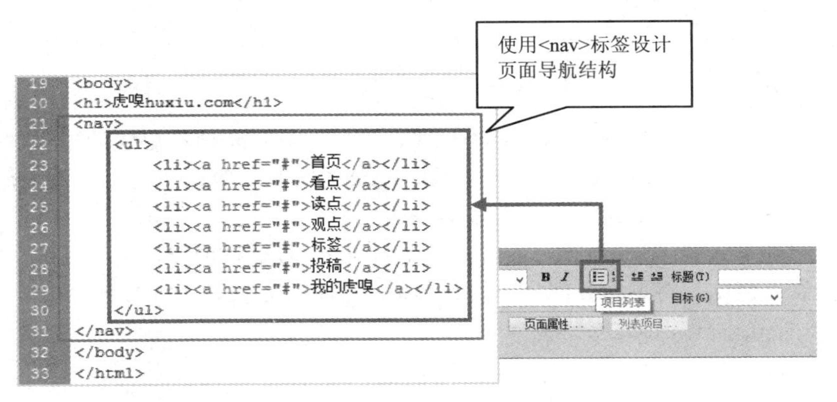

图 12.42　设计页面导航结构

第 2 步，　选中一级标题，设置区块样式，Display: none，隐藏一级标题显示，如图 12. 43 所示。

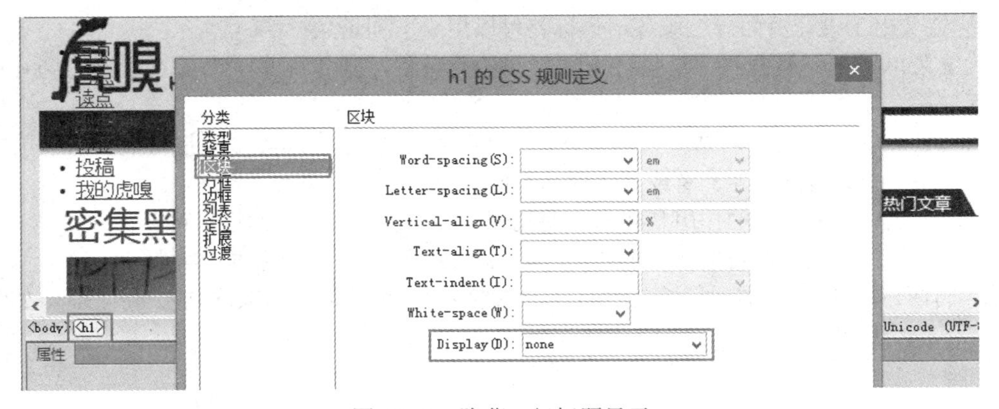

图 12.43　隐藏一级标题显示

第 3 步，选中<nav>标签，在【属性】面板中定义 ID 值为 menu，然后设置定位样式，Position: absolute、Left: 22px、Top: 78px、Height: 48px、Width: 668px，绝地定位导航块，把它固定到页面菜单栏中，如图 12.44 所示。

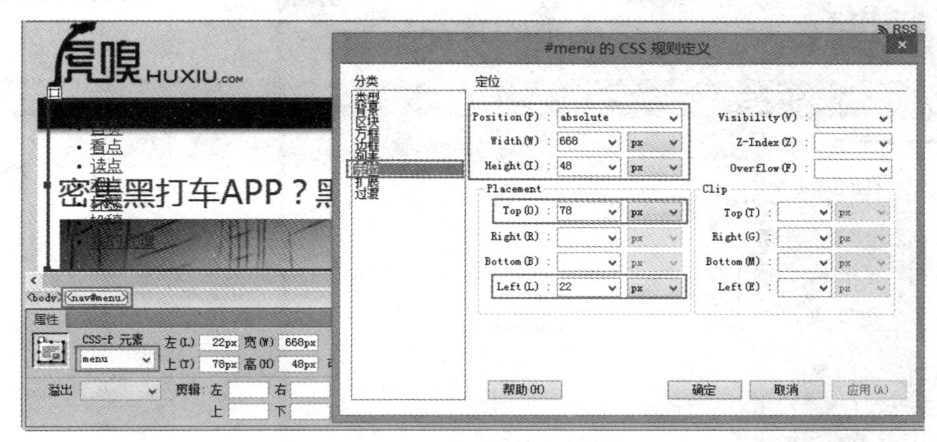

图 12.44 设置<nav>标签定位样式

第 4 步，选中<ul>标签，在【属性】面板底部单击【编辑规则】按钮，设置列表样式，list-style-type: none，清除列表符号，设置方框样式，Margin: 0px、Padding: 0px，清除列表项缩进样式，如图 12.45 所示。

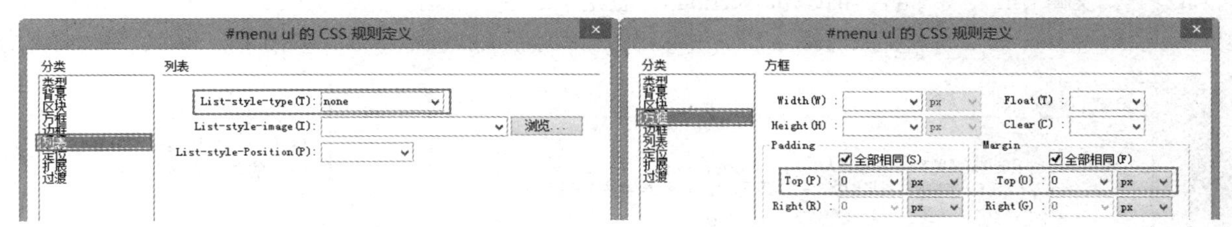

图 12.45 清除<ul>标签默认样式

第 5 步，选中<li>标签，在属性底部单击【编辑规则】按钮，设置方框样式，Height: 28px、Width: 70px、Float: left，固定列表项高度和宽度，设计向左浮动，实现并列显示；设置类型样式，Font-size: 16px、Line-height: 28px、Color: #FFF，设置字体大小为 16 像素，字体颜色为白色，同时设计行高为 28 像素，实现文本垂直居中显示；设置区块样式，Text-align: center，设置文本水平居中显示，如图 12.46 所示。

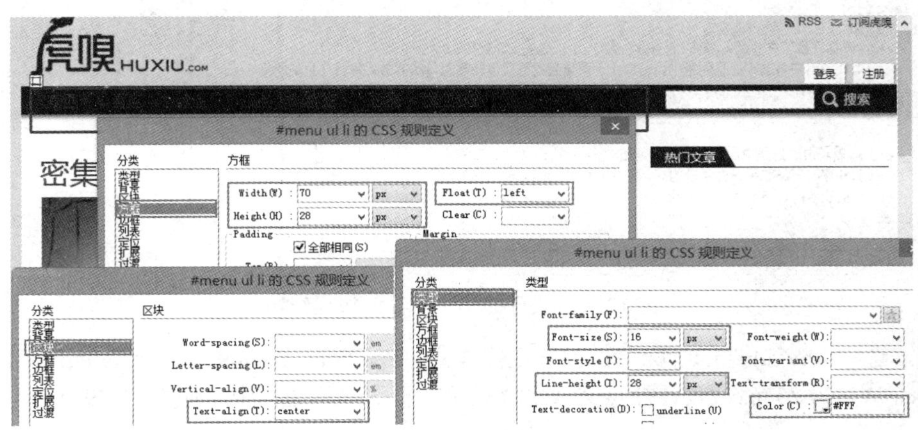

图 12.46 设置<li>标签样式

第 6 步，选中<a>标签，设置类型样式，Text-decoration: none、Color: #FFF，清除超链接下划线样式，设计超链接文本颜色为白色，如图 12.47 所示。

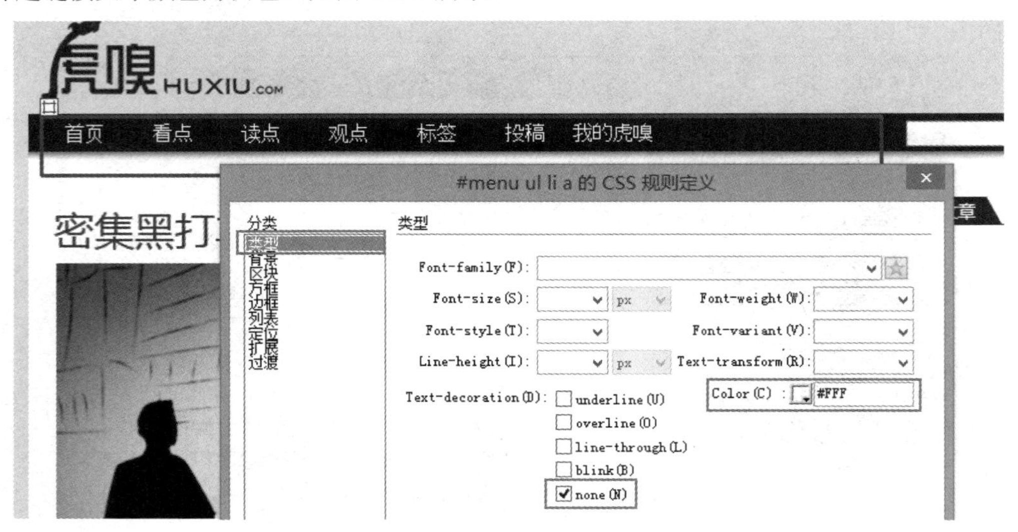

图 12.47　设置<a>标签样式

第 7 步，切换到代码视图，输入<div id="hot">标签，定义 ID 值为 hot。在该标签内输入二级标题“<h2>热门文章</h2>”，结合<nav>和<section>标签定义边栏的热门文章导航栏目。在每个导航项内容块中，使用<h3>标签定义每一项的标题，使用<p>标签定义导读和提示信息，如图 12.48 所示。

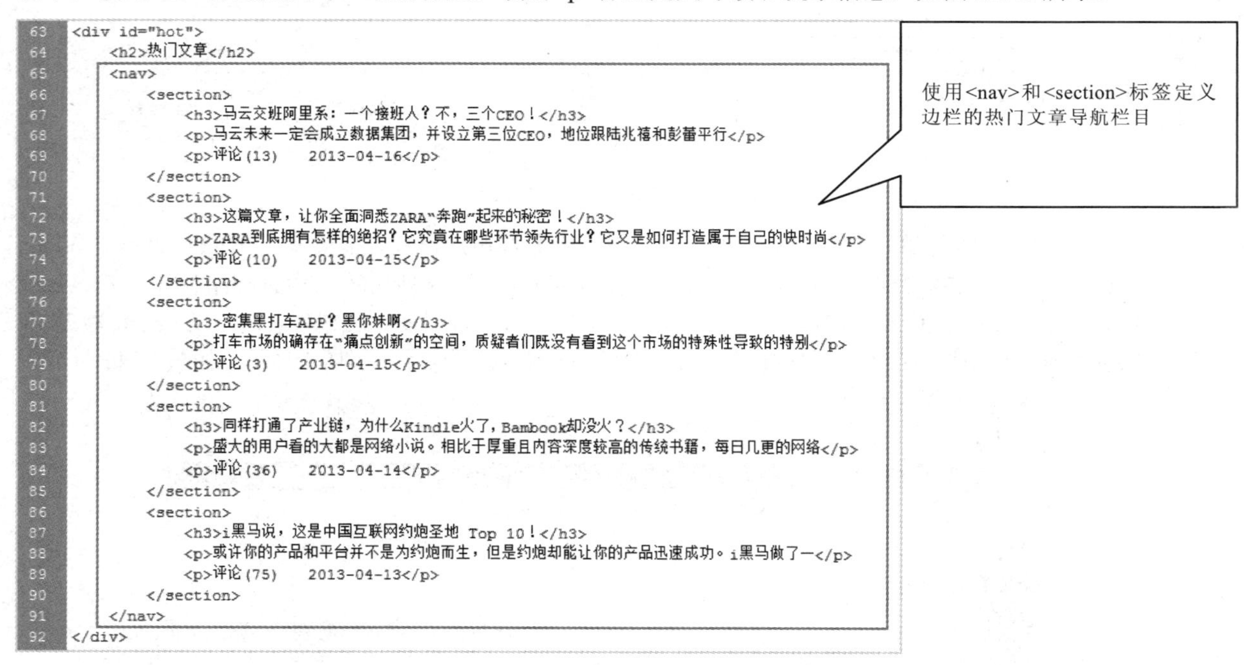

图 12.48　设计热门文章导航边栏结构

第 8 步，选中<div id="hot">标签，设置定位样式，Position: absolute、Left: 697px、Top: 176px、Height: 480px、Width: 257px，设计热点文章定位显示在页面右侧边栏中，如图 12.49 所示。

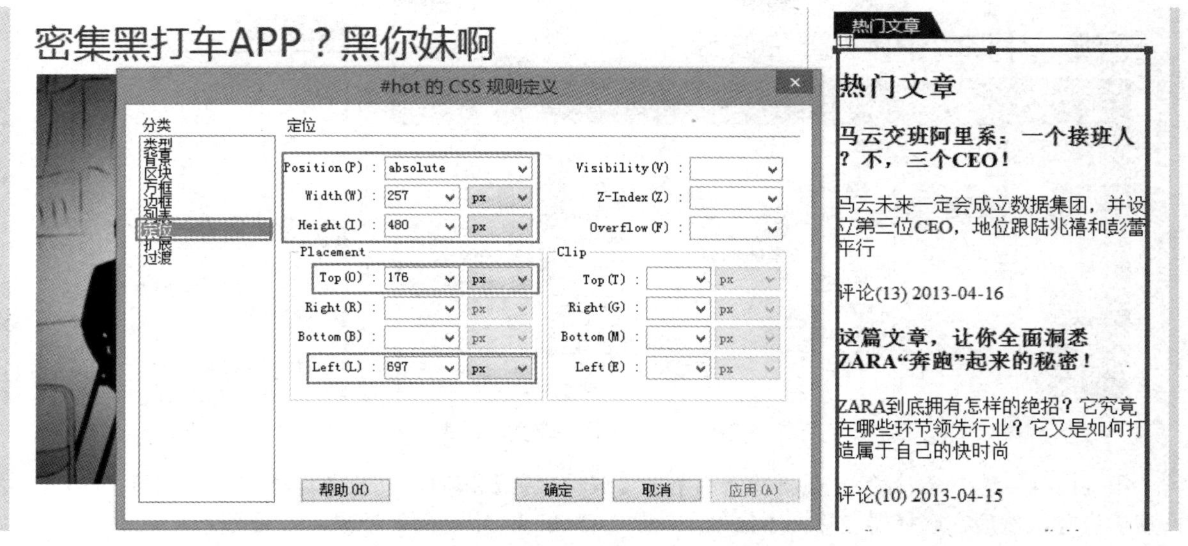

图 12.49　定位热点文章栏目显示位置和大小

第 9 步，选中<h2>标签，设置区块样式，Display: none，隐藏二级标题显示，以背景图像的方式设计二级标题显示效果。选中<section>标签，设置类型样式，Font-size: 12px、Line-height: 1.4em，设计字体大小为 12 像素，行高为 1.4 倍字体大小；设置方框样式，Margin-top: 12px、Padding-bottom: 12px，设计导航项内容块顶部边界为 12 像素，底部补白为 12 像素；设置边框样式，Border-bottom: dotted 1px #999，为每个内容项加一个底边线框，如图 12.50 所示。

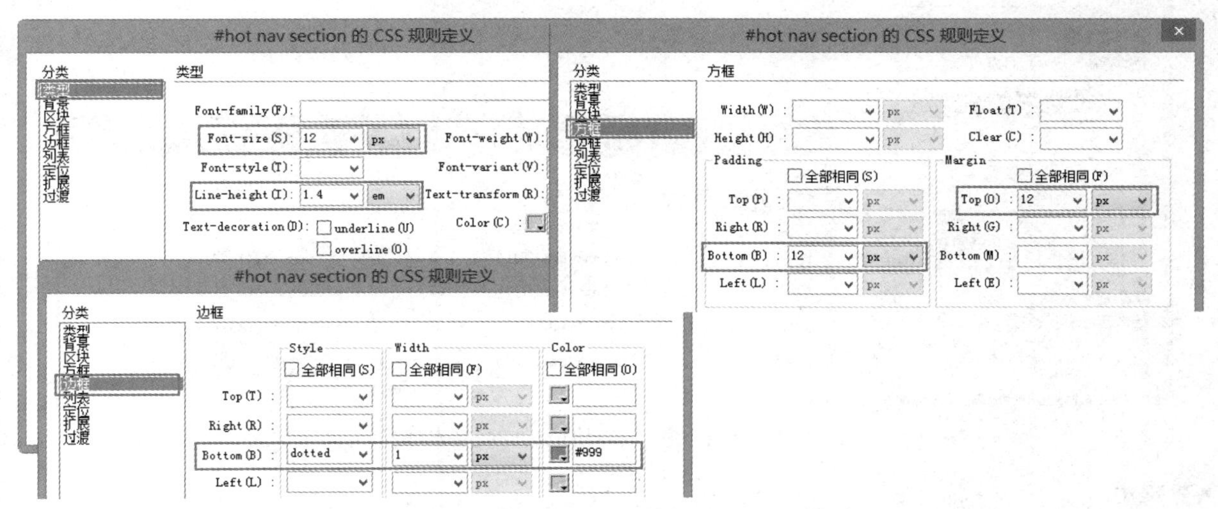

图 12.50　设计导航内容块的基本样式

第 10 步，选中<h3>标签，设置方框样式，Margin:0、Padding:0，清除默认的边距样式，设置类型样式，Color:#003366，定义内容块字体颜色。选中<p>标签，设置方框样式，Margin-top:6px、Margin-bottom:6px，重新设计段落文本的上下边距大小；设置类型样式，Color:#999，定义内容块字体颜色，如图 12.51 所示。

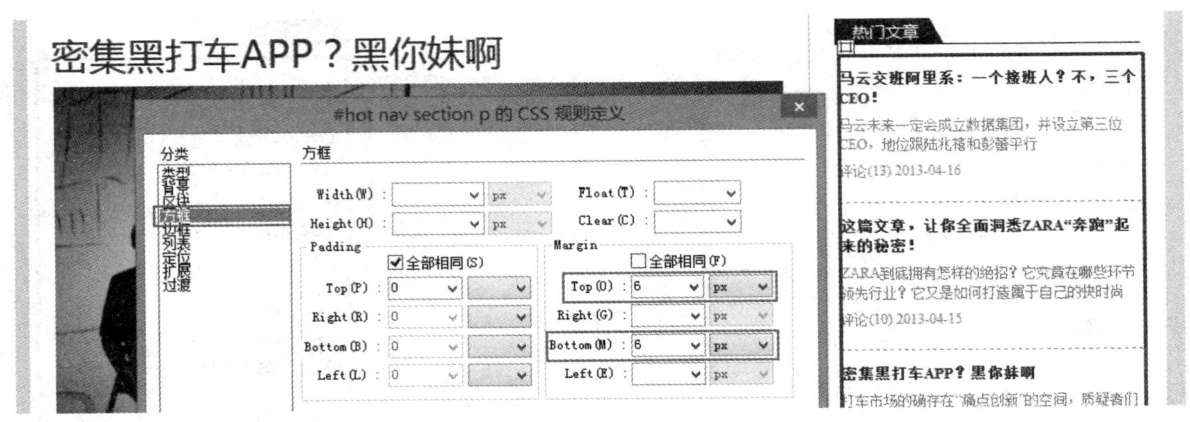

图 12.51　设计段落文本样式

第 11 步，选中<p>标签，在属性底部单击【编辑规则】按钮，打开【新建 CSS 规则】对话框，保持默认设置，然后在选择器名称文本框尾部补加:last-child，定义伪类样式，即为每个<section>标签最后一个<p>子标签定义样式。

单击【确定】按钮，打开【CSS 规则定义】对话框，设置类型样式，Color:#222，定义每个内容块最后一段字体颜色，如图 12.52 所示。

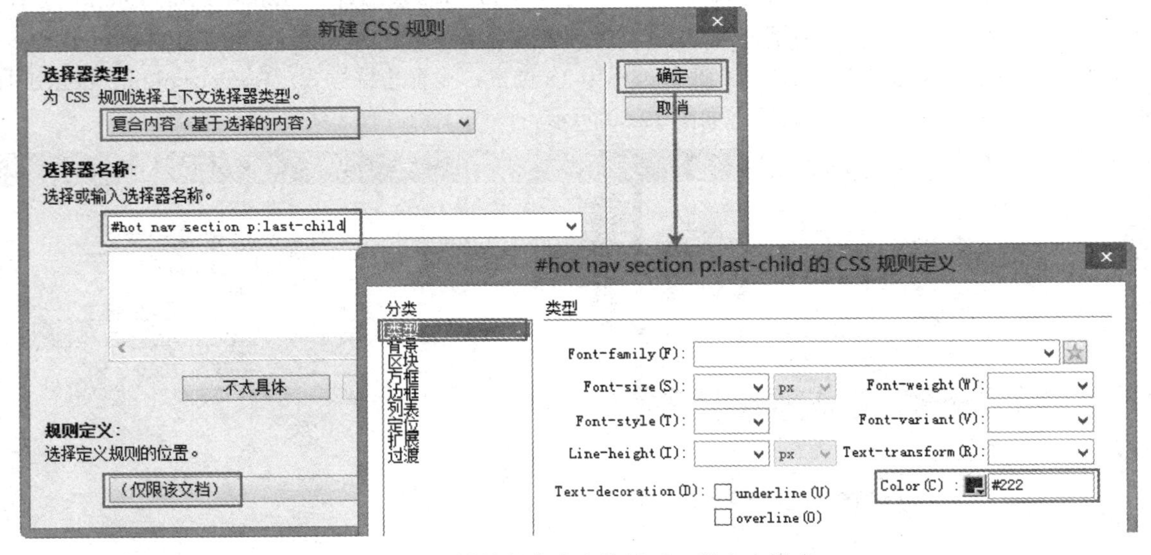

图 12.52　设计每个内容块最后一段文本样式

提示：

在上面示例中，第一个<nav>标签用于页面导航，将页面跳转到其他页面上去，如跳转到网站主页或博客页面；第二个<nav>标签放置在侧栏中，表示在网站内进行文章导航。除此之外，<nav>标签也可以用于其他所有重要的、基本的导航链接组中。

在 HTML5 中不要用<menu>标签代替<nav>标签。很多用户喜欢用<menu>标签进行导航，<menu>标签主要用在一系列交互命令的菜单上，如使用在 Web 应用程序中。

扫一扫，看视频

12.5　实战：定义侧边栏

<aside>标签表示页面或文章附属信息部分，它可以包含与当前页面或主要内容相关的引用、侧边栏、广告、导航条，以及其他类似的有别于主要内容的部分。<aside>标签主要有以下两种使用方法。

- 作为主要内容的附属信息部分，包含在<article>标签中，其中的内容可以是与当前文章有关的参考资料、名词解释等。

【示例】　在下面页面中，使用<header>标签设计网页标题，在<header>标签后面使用<article>标签设计网页正文，将文章段落包含在<p>标签中。由于与该文章相关的名词解释是属于次要信息部分，用来解释该文章中的一些名词，因此，在<p>标签下面使用<aside>标签存放名词解释部分的内容，如图 12.53 所示。

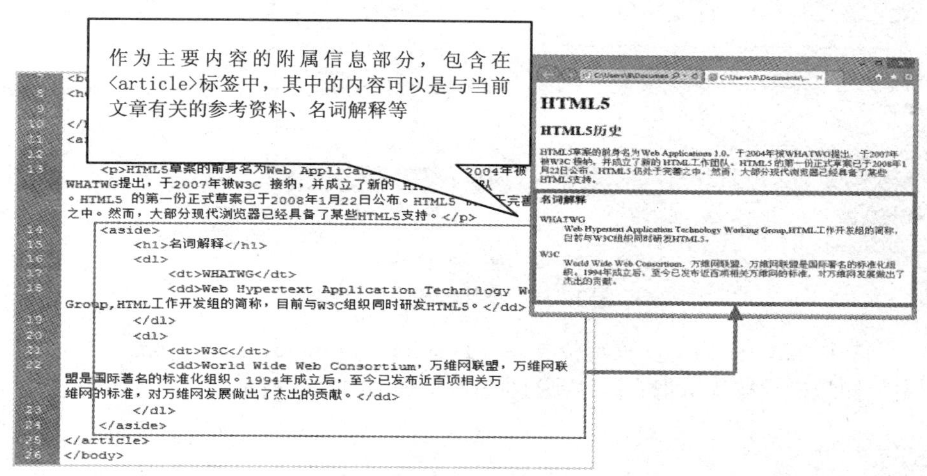

图 12.53　<aside>标签在文章区块中的应用

<aside>标签被放置在<article>标签内后，系统就会将这个<aside>标签的内容理解成与<article>标签包含的内容相关联。

- 作为页面或站点全局的附属信息部分，在<article>标签之外使用。最典型的形式是侧边栏，其中的内容可以是友情链接、导航信息，博客中其他文章列表、广告单元等，如图 12.54 所示。

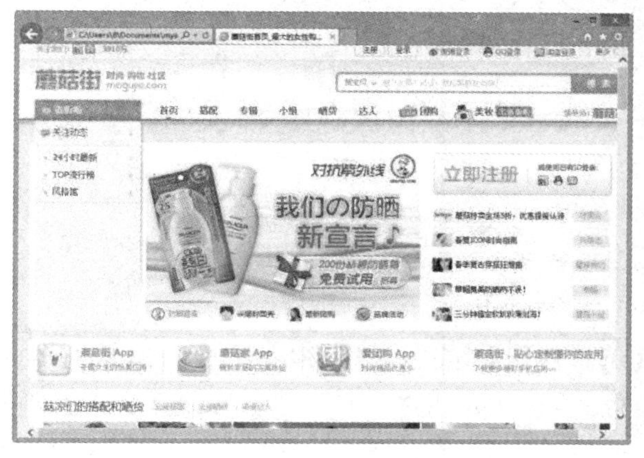

（a）原始效果

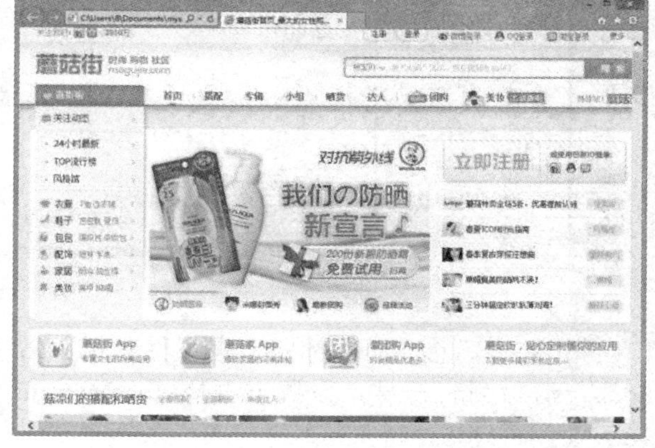

（b）设计效果

图 12.54　实例效果

【操作步骤】

第 1 步，启动 Dreamweaver CC，打开原始版面页面（orig.html），另存为效果设计页面（effect.html）。在代码视图下输入<aside>标签，设计左侧导航模块，设置 ID 值为 cate_slide。在<aside>标签输入 6 段导航文本，然后选中这些段落文本，在属性面板中单击【项目列表】按钮，把它们转换为列表结构，如图 12.55 所示。

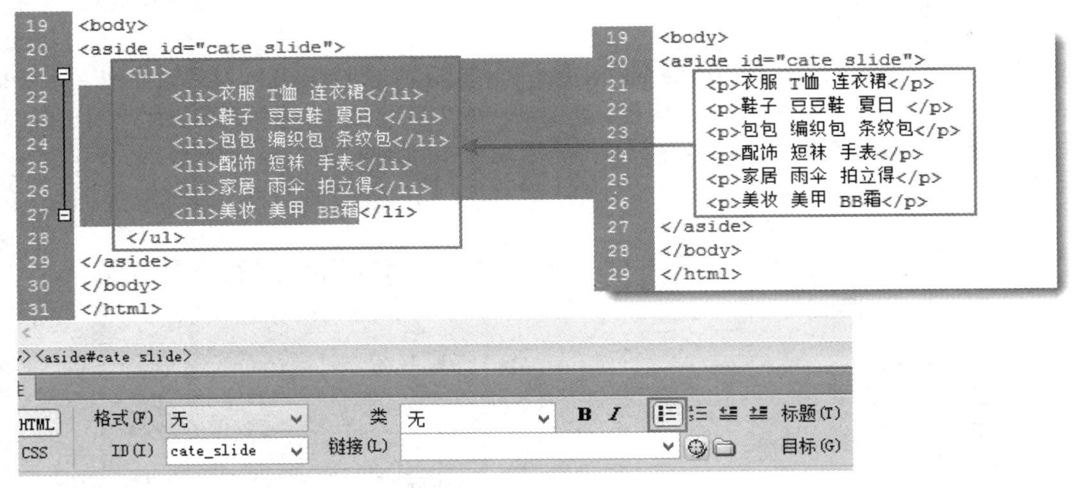

图 12.55　设计侧栏导航结构

第 2 步，选中<nav>标签，设置定位样式，Position: absolute、Left: 34px、Top: 271px、Width: 158px，绝对定位侧边栏导航块，把它固定到页面左侧，如图 12.56 所示。

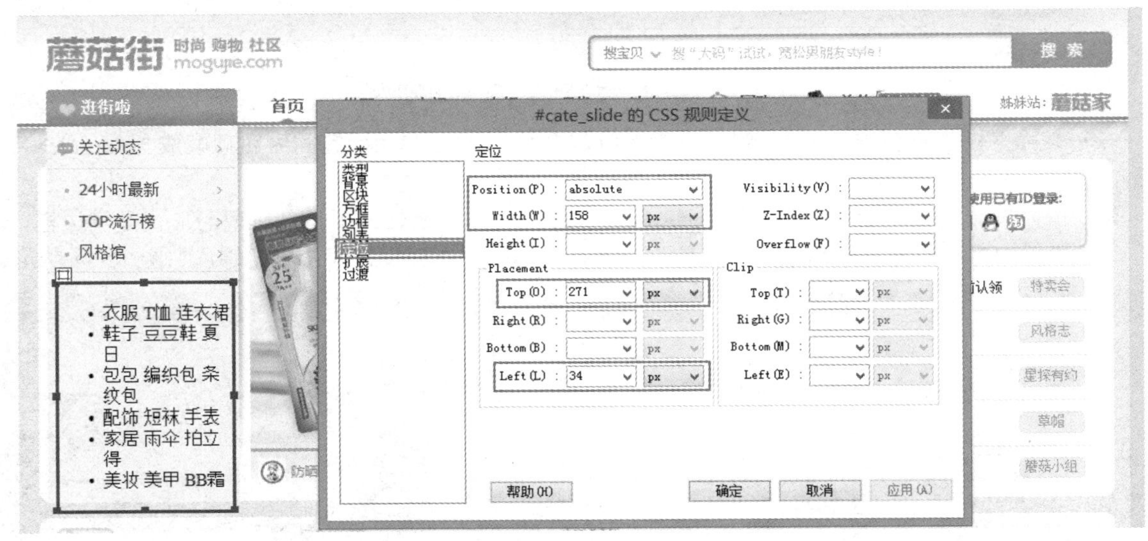

图 12.56　设置<nav>标签定位样式

第 3 步，选中<ul>标签，在属性面板单击【编辑规则】按钮，设置列表样式，list-style-type: none，清除列表符号，设置方框样式，Margin: 0px、Padding: 0px，清除列表项缩进样式，如图 12.57 所示。

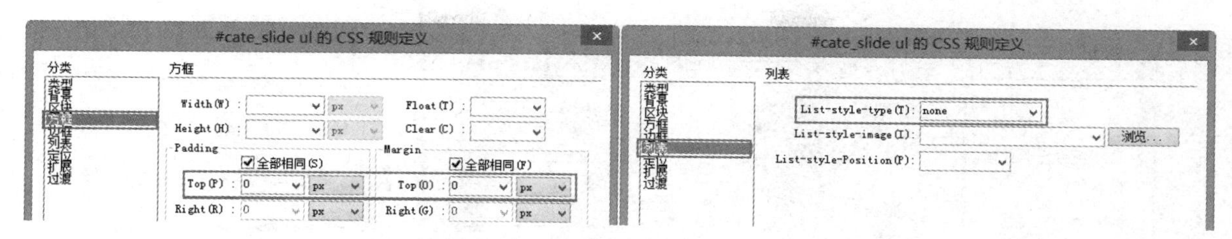

图 12.57　清除<ul>标签默认样式

第 4 步，选中<li>标签，设置方框样式，Height: 27px、Padding-left: 24px，即固定列表项高度为 27 像素，设计左侧补白为 24 像素，为定义列表符号留出缩进；设置类型样式，Font-size: 14px、Line-height: 27px、Color: #333，即设置字体大小为 12 像素，字体颜色为深灰色，同时设计行高为 27 像素，实现文本垂直居中显示，如图 12.58 所示。

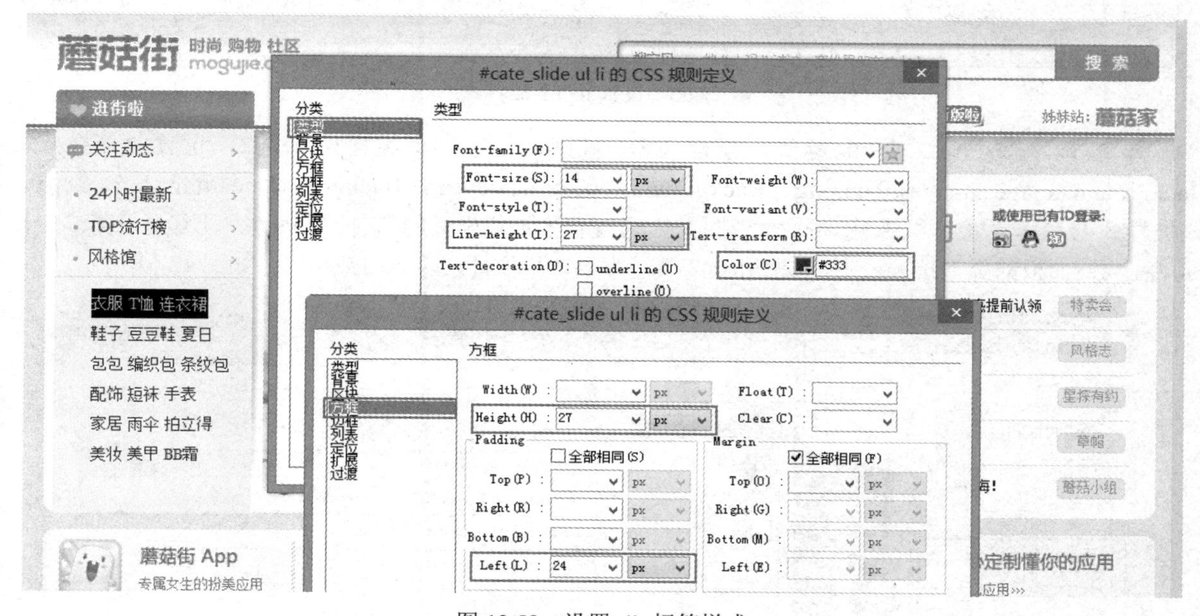

图 12.58　设置<li>标签样式

第 5 步，设置<li>标签的类样式，为每个列表项添加项目符号。新建 CSS 规则，设计一个类样式 icon1，设置背景样式，Background-image: images/icon.png、Background-repeat: no-repeat、Background-position: left 8px，如图 12.59 所示。

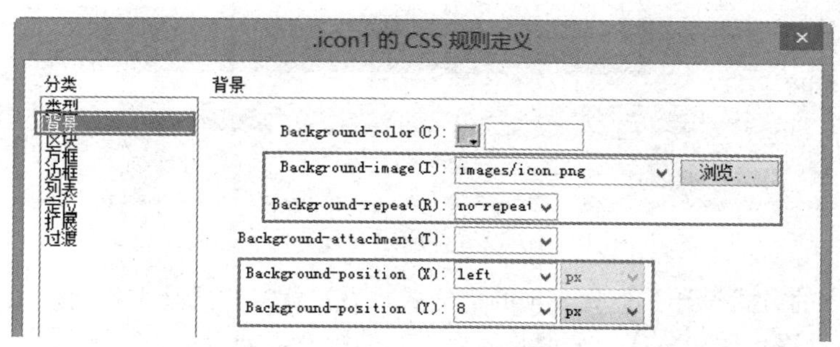

图 12.59　设置 icon1 类样式

第 6 步，选中第一个<li>标签，在属性面板的类下拉列表中，选中上一步定义的 icon1 类，为第一个项目列表应用类样式，如图 12.60 所示。

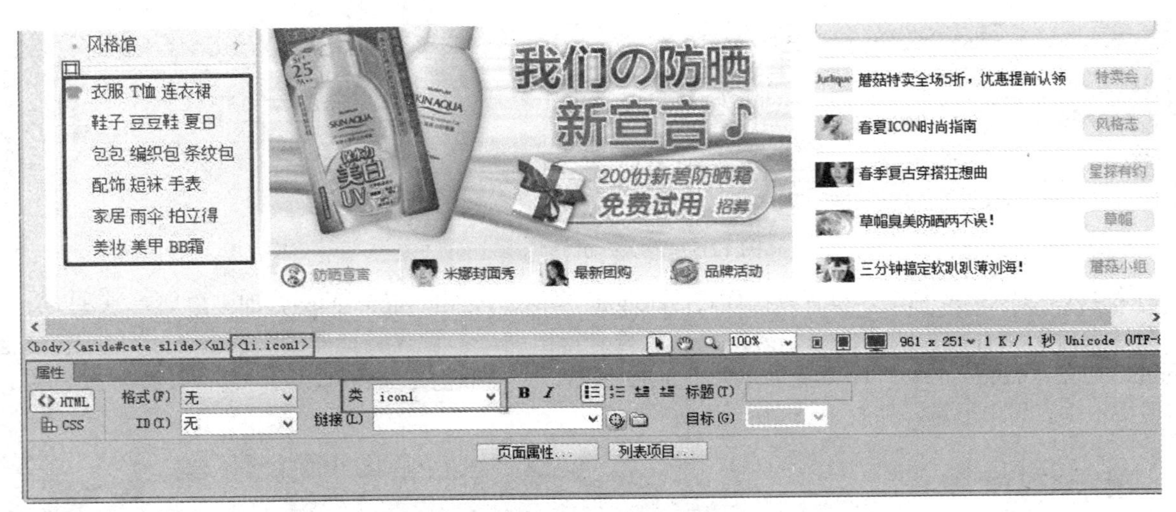

图 12.60　设置 icon1 类样式

第 7 步，选中第二个<li>标签，新建 CSS 规则，设计一个类样式 icon2，设置背景样式，Background-image: images/icon.png、Background-repeat: no-repeat、Background-position: left −28px。该类样式与第一个类样式共用一个背景图像，通过背景定位坐标的 Top 取负值，让其显示第二个图标。在属性面板的类下拉列表中，选中 icon2 类，为第二个项目列表应用类样式，如图 12.61 所示。

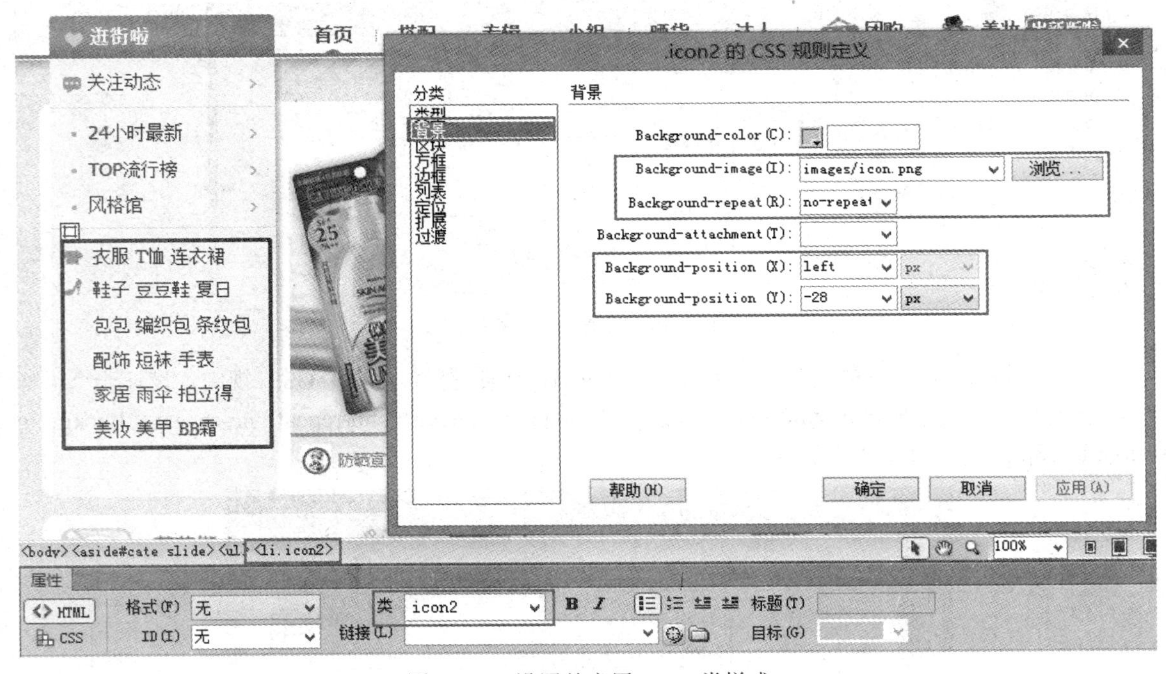

图 12.61　设置并应用 icon2 类样式

第 8 步，以同样的方式设计其他列表项的类样式，设置背景样式基本相同，主要调整 Background-position (Y)的值，通过逐步增加负值，来调整需要显示的图标，如图 12.62 所示。

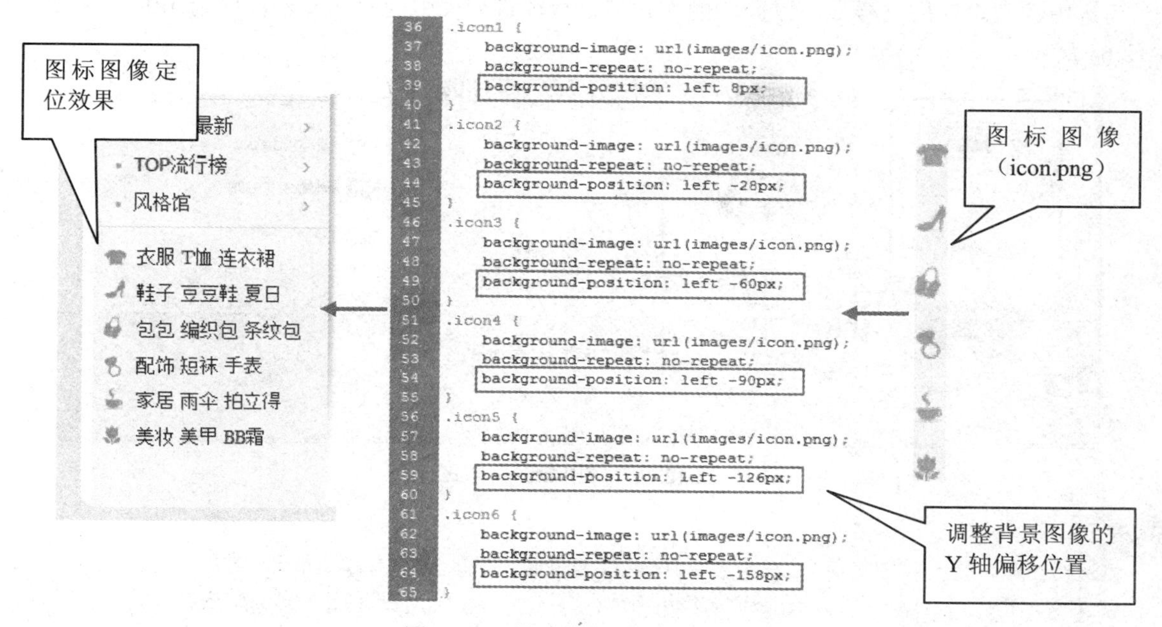

图 12.62　设置并应用图标类样式

提示：

这种设计方法在 CSS 中被称为 CSS Sprites（CSS 精灵），其设计思路就是把网页中一些背景图片整合到一张图片文件中，再利用 Background-image、Background- repeat、Background-position 的组合进行背景定位，Background-position 可以用数字精确地定位出背景图片的位置。

利用 CSS Sprites 很好地减少了网页的 HTTP 请求，从而大大提高页面性能，减少图片的字节，解决在图片命名上的困扰，只需对一张集合的图片上命名就可以了，不需要对每一个小元素进行命名，从而提高了网页的制作效率。更换风格方便，只需要在一张图片上修改图片的颜色或样式，整个网页的风格就可以改变。维护起来更加方便。

第 9 步，定义类样式 title，设置类型样式，Font-size: 12px、Color: #999，即设计字体大小为 12 像素，颜色为浅灰色；设置背景样式，Background-image: images/icon1.png、Background-repeat: no-repeat、Background-position: 80px center，设计箭头图标，并让它显示在右侧居中的位置；设置方框样式， Width: 96px、Float: right，设计标签固定宽度显示，并向右浮动显示，如图 12.63 所示。

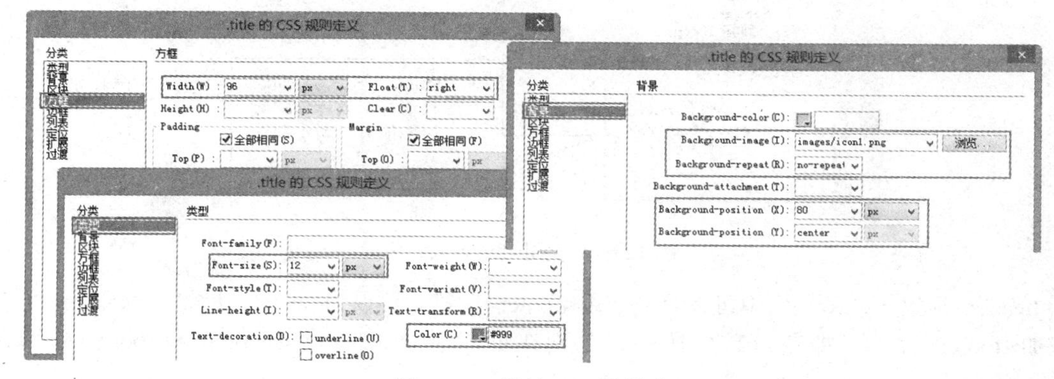

图 12.63　设计 title 类样式

第 10 步，在每个列表项目中选中附加文本，然后在属性面板的类下拉列表中选择 title 类样式，为选中的文本应用类样式。以同样的方式为每行项目列表中的附加文本都应用 title 类样式，如图 12.64 所示。

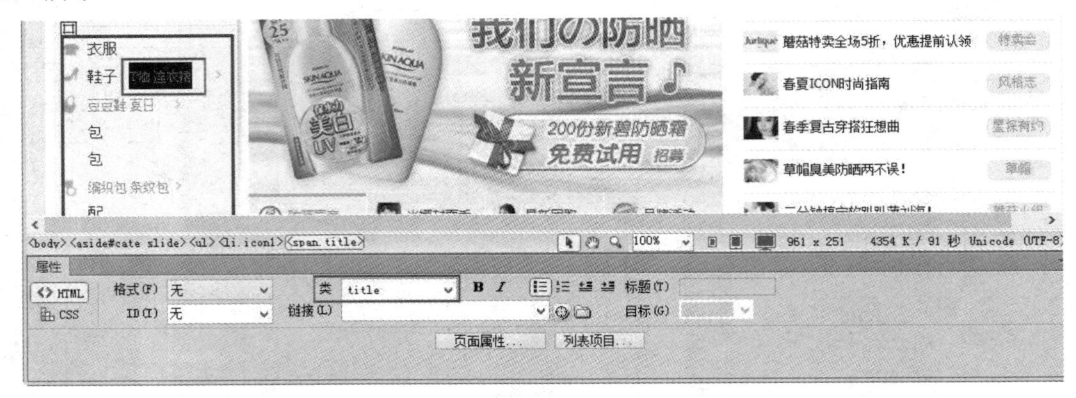

图 12.64　应用 title 类样式

提示：

侧边栏在页面设计中比较典型，一般放在页面左右两侧中，此时建议使用<aside>标签来实现，侧边栏也可以具有导航作用，因此使用<nav>标签嵌套使用，然后通过标题标签和列表结构完成具体内容设计。

扫一扫，看视频

12.6　实战：定义脚注栏

在 HTML5 之前，描述页脚信息一般使用<div id="footer">标签。自从 HTML5 新增了<footer>标签，这种方式将不再使用，而是使用更加语义化的<footer>标签来替代。<footer>标签可以作为内容块的注脚，或者在网页中添加版权信息等。页脚信息有很多种形式，如关于、帮助、注释、相关阅读链接及版权信息等。如图 12.65 所示是使用<footer>标签为页面添加版权信息栏目。

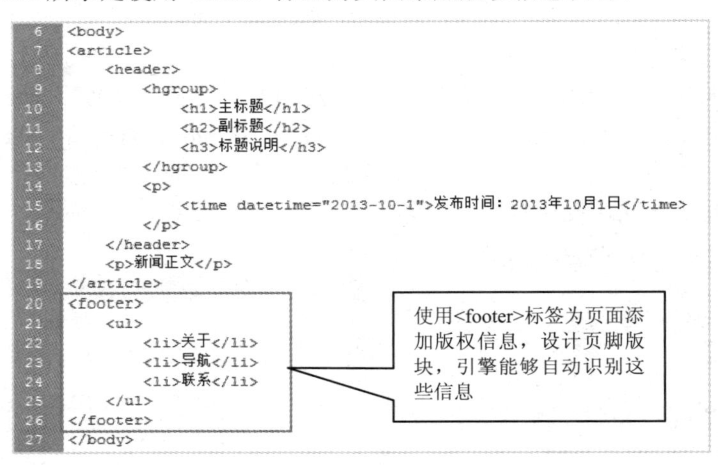

```
6  <body>
7  <article>
8      <header>
9          <hgroup>
10             <h1>主标题</h1>
11             <h2>副标题</h2>
12             <h3>标题说明</h3>
13         </hgroup>
14         <p>
15             <time datetime="2013-10-1">发布时间：2013年10月1日</time>
16         </p>
17     </header>
18     <p>新闻正文</p>
19 </article>
20 <footer>
21     <ul>
22         <li>关于</li>
23         <li>导航</li>
24         <li>联系</li>
25     </ul>
26 </footer>
27 </body>
```


图 12.65　使用<footer>标签

与<header>标签一样，页面中可以重复使用<footer>标签。可以为<article>标签、<section>标签等内容块添加<footer>标签。如图 12.66 所示，分别在页面中<article>、<section>和<body>标签中添加<footer>标签。

```
6  <body>
7  <header>
8      <h1>网页标题</h1>
9  </header>
10 <article> 文章内容
11     <h2>文章标题</h2>
12     <p>正文</p>
13     <footer>注释</footer>
14 </article>
15 <section>
16     <h2>段落标题</h2>
17     <p>正文</p>
18     <footer>段落标记</footer>
19 </section>
20 <footer>网页版权信息</footer>
21 </body>
```

图 12.66　在页面中多处使用<footer>标签

下面示例使用<footer>标签设计版权信息栏，效果如图 12.67 所示。

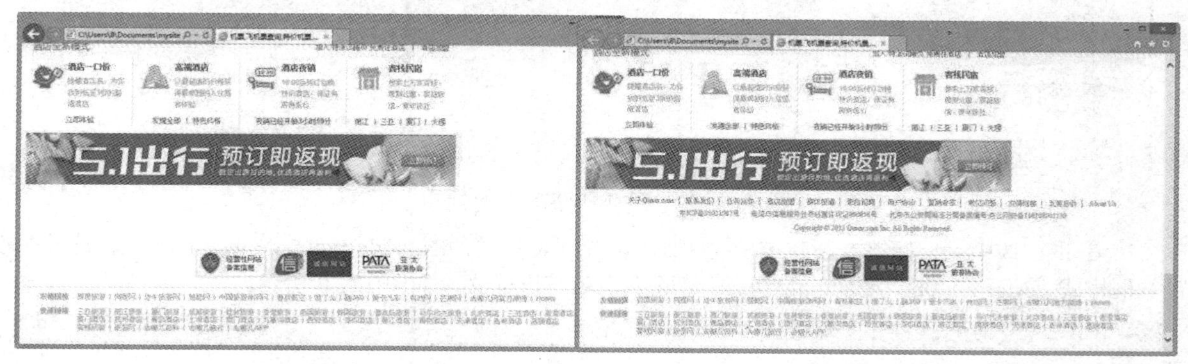

（a）原始效果　　（b）设计效果

图 12.67　实例效果

【操作步骤】

第 1 步，启动 Dreamweaver CC，打开原始版面页面（orig.html），另存为效果设计页面（effect.html）。在代码视图下输入<footer>标签，设计页面版权版块，设置 ID 值为 qn_footer。在<footer>标签输入多段文本，然后选中这些段落文本，在属性面板中单击“项目列表”按钮，把它们转换为列表结构。考虑到文本内容的不同，可以分设两块列表结构，如图 12.68 所示。

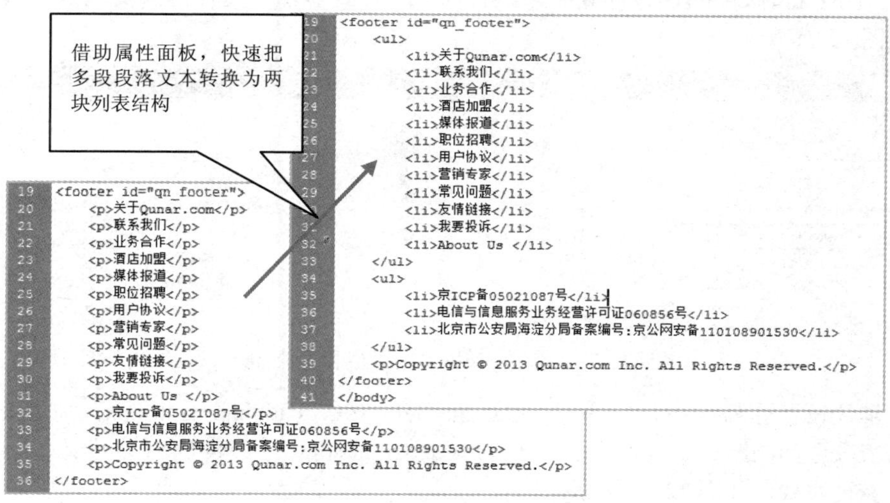


```
19 <footer id="qn_footer">
20     <p>关于Qunar.com</p>
21     <p>联系我们</p>
22     <p>业务合作</p>
23     <p>酒店加盟</p>
24     <p>媒体报道</p>
25     <p>职位招聘</p>
26     <p>用户协议</p>
27     <p>营销专家</p>
28     <p>常见问题</p>
29     <p>友情链接</p>
30     <p>我要投诉</p>
31     <p>About Us </p>
32     <p>京ICP备05021087号</p>
33     <p>电信与信息服务业务经营许可证060856号</p>
34     <p>北京市公安局海淀分局备案编号:京公网安备110108901530</p>
35     <p>Copyright © 2013 Qunar.com Inc. All Rights Reserved.</p>
36 </footer>
```

```
19 <footer id="qn_footer">
20     <ul>
21         <li>关于Qunar.com</li>
22         <li>联系我们</li>
23         <li>业务合作</li>
24         <li>酒店加盟</li>
25         <li>媒体报道</li>
26         <li>职位招聘</li>
27         <li>用户协议</li>
28         <li>营销专家</li>
29         <li>常见问题</li>
30         <li>友情链接</li>
31         <li>我要投诉</li>
32         <li>About Us </li>
33     </ul>
34     <ul>
35         <li>京ICP备05021087号</li>
36         <li>电信与信息服务业务经营许可证060856号</li>
37         <li>北京市公安局海淀分局备案编号:京公网安备110108901530</li>
38     </ul>
39     <p>Copyright © 2013 Qunar.com Inc. All Rights Reserved.</p>
40 </footer>
41 </body>
```

图 12.68　设计页脚区的列表结构

第 2 步，选中<footer>标签，设置定位样式，Position: absolute、Left: 11px、Top: 2065px、Width: 979px、Height: 110px，绝对定位脚注栏，把它固定到页面底部；设置类型样式，Font-size: 12px、Color: #848484，定义字体大小和字体颜色；设置区块样式，Text-align:center，设计页脚文本居中对齐，如图 12. 69 所示。

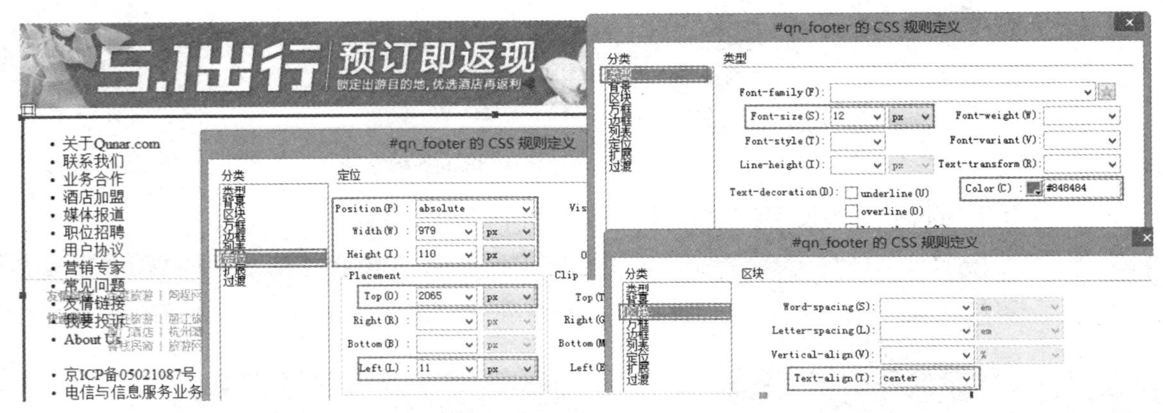

图 12.69　设置<footer>标签样式

第 3 步，选中<ul>标签，新建 CSS 规则，设置列表样式，list-style-type: none，清除列表符号，设置方框样式，Margin: 0px、Padding: 0px，清除列表项缩进样式，如图 12.70 所示。

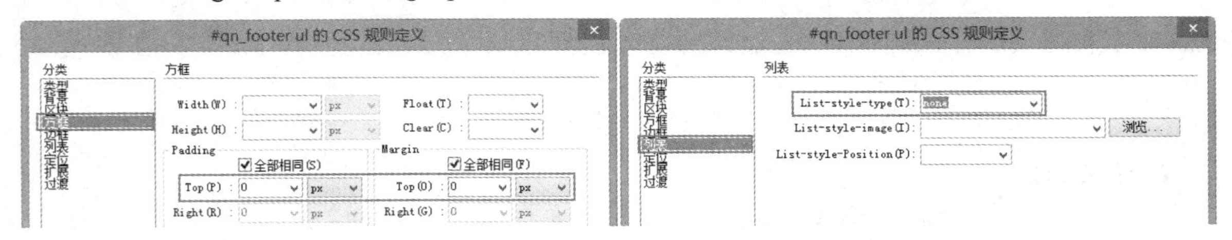

图 12.70　清除<ul>标签默认样式

第 4 步，选中<li>标签，设置类型样式，Line-height: 22px，设计行高为 22 像素；设置区块样式，Display:inline、Text-align:center，设计列表项以行内文本形式显示，这样能够实现多个<li>标签同行、居中显示，如图 12.71 所示。

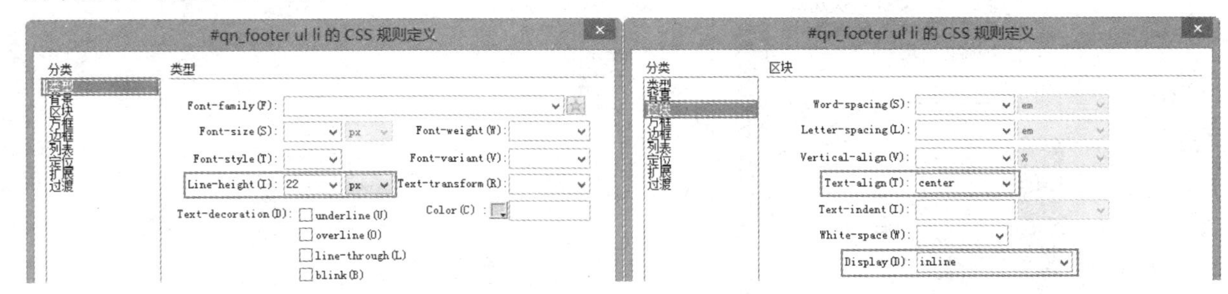

图 12.71　设置<li>标签的类型和区块样式

第 5 步，继续设置<li>标签的方框样式，Padding-left: 8px、Padding-right: 8px，通过左右 Padding 技术增加各个列表项之间的距离；设置边框样式，Border-right:solid 1px #848484;，设计每个列表项右边框为 1 像素宽的灰色实线，如图 12.72 所示。

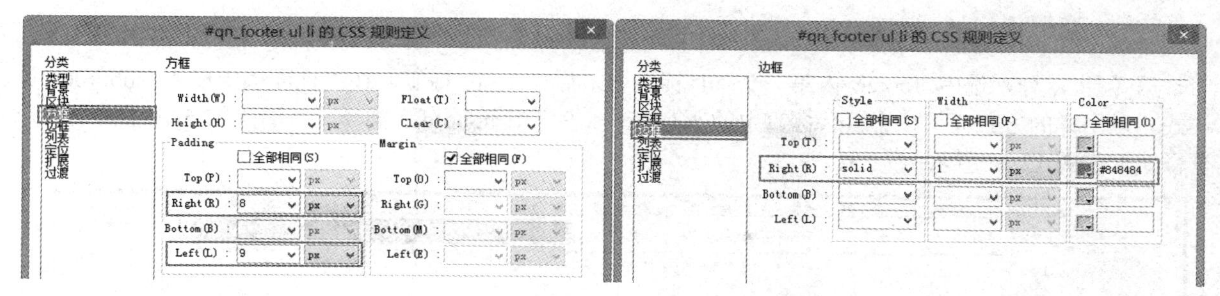

图 12.72　设置<li>标签的方框和边框样式

第 6 步，在<footer>标签内选中<p>标签，设置方框样式，Padding-top: 6px、Padding-bottom: 6px、Margin: 0px，通过上下 Padding 技术增加段落上下的间距，通过 Margin 技术清除段落文本的默认上下间距，如图 12.73 所示。

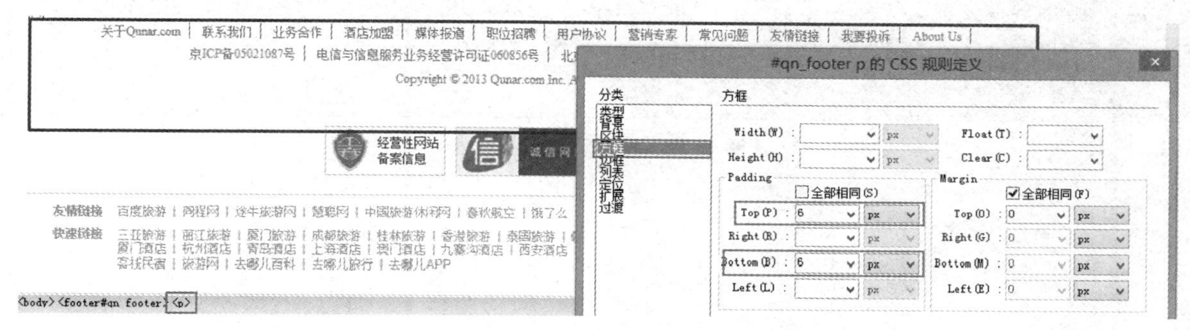

图 12.73　设置<p>标签样式

第 7 步，选中一个<li>标签，新建 CSS 规则，打开【新建 CSS 规则】对话框，保持默认设置，在选择器名称后面添加.noborder，即定义一个类样式，专门应用到<footer>标签内的<li>标签，如图 12.74 所示。

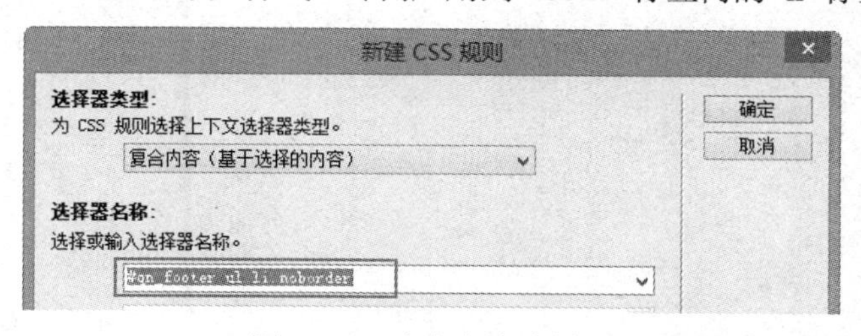

图 12.74　定义复杂类样式

第 8 步，设置边框样式，Border-top-style: none、Border-right-style: none、Border-bottom-style: none、Border-left-style: none，设计边框为无，即清除边框样式，如图 12.75 所示。

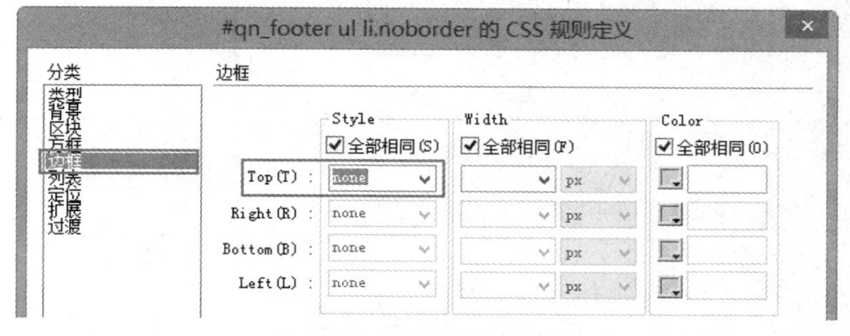

图 12.75　设计无边框类样式

第 9 步，分别选中<footer>内第一个<ul>标签中最后一个<li>标签，在属性面板中应用 noborder 类样式，以同样的方式为第二个<ul>标签中的所有<li>标签应用 noborder 类样式，清除第 5 步中定义的边框样式，如图 12.76 所示。

图 12.76　应用无边框类样式

第 13 章　设计 CSS3 动画

CSS3 动画分为 Transition 和 Animations 两种类型，都是通过改变 CSS 属性值创建动画效果。CSS Transform 呈现的是一种变形结果，CSS Transition 呈现的是一种过渡效果，如渐显、渐隐、快慢等。使用 CSS3 Animations 可以创建类似 Flash 的关键帧动画。

【学习重点】

- 定义过渡效果。
- 定义变形动画。
- 定义关键帧动画。

13.1　使用 CSS3 Transition

CSS3 引入 Transition（过渡）概念，下面介绍 Transition 基础知识，以及如何使用 Dreamweaver CC 定义过渡效果。

13.1.1　认识 CSS3 Transition

扫一扫，看视频

Transition 属性允许 CSS 属性值在一定的时间区间内平滑地过渡。这种效果可以在鼠标单击、获得焦点、被点击或对元素进行的任何改变中触发，并圆滑地以动画效果改变 CSS 的属性值。

其基本语法形式如下所示：

```
transition:  [<'transition-property'> || <'transition-duration'> || <'transition-timing-function'> || <'transition-delay'> [, [<'transition-property'> || <'transition-duration'> || <'transition-timing-function'> || <'transition-delay'>]]*
```

transition 主要包含四个属性值，简单说明如下：

- transition-property：用来指定当元素的其中一个属性改变时执行 transition 效果。
- transition-duration：用来指定元素转换过程的持续时间，单位为 s（秒），默认值是 0，也就是变换时是即时的。
- transition-timing-function：允许根据时间的推进去改变属性值的变换速率，如 ease（逐渐变慢，默认值）、linear（匀速）、ease-in（加速）、ease-out（减速）、ease-in-out（加速然后减速）、cubic-bezier（自定义一个时间曲线）。
- transition-delay：用来指定一个动画开始执行的时间。

【示例 1】 下面示例使用 transition 功能实现元素的移动动画，该示例中有一个汽车，当鼠标指针停留在图像上，图像的属性值不断发生变化，从而产生汽车跑动的动画效果，预览效果如图 13.1 所示。

```
<!doctype html>
<html>
<head>
<meta charset="utf-8">
<style type="text/css">
img {
   position: absolute; top: 50px; left: 0; height: 200px;
```

```
    -webkit-transition: left 1s linear, -webkit-transform 1s linear;
    -o-transition: left 1s linear, -o-transform 1s linear;
    transition: left 1s linear, transform 1s linear;
}
img:hover { left: 700px; }
</style>
</head>
<body>
<img src="images/car.jpg" alt=""/>
</body>
</html>
```

（a）默认效果

（b）鼠标经过时动画效果

图 13.1　自定义移动变形效果

上面示例的运行结果分为如下三种情况：当鼠标指针没有停留在图像上时，页面显示如图 13.1（a）所示效果；当鼠标指针停留在图像上，图像正在向右移动，显示如图 13.1（b）所示；当鼠标指针移开图像，图像会自动恢复默认显示效果。

目前 Webkit 引擎支持-webkit-transition 私有属性，Mozilla Gecko 引擎支持-moz-transition 私有属性，Presto 引擎支持-o-transition 私有属性，IE 10+浏览器支持 transition 属性。

1. 设置缓动属性

transition-property 属性可以定义转换动画的 CSS 属性名称，如 background-color 属性。该属性的基本语法如下所示，对应 Dreamweaver CC 的 CSS 过渡效果面板中的“属性”列表项，如图 13.2 所示。

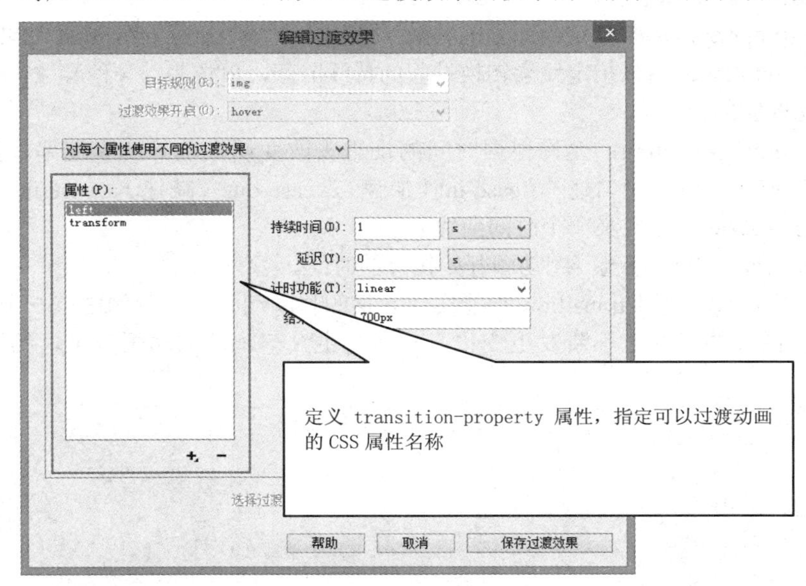

图 13.2　设置 transition-property 属性

```
transition-property:none | all | [ <IDENT> ] [ ',' <IDENT> ]*;
```

transition-property 属性初始值为 all，适用于所有元素，以及:before 和:after 伪元素。取值简单说明如下：

- none：表示没有元素。
- all：表示针对所有元素。
- IDENT：指定 CSS 属性列表。

【示例 2】　下面示例中定义变形属性为背景颜色。这样当鼠标经过 div 对象时，会自动从红色背景过渡到蓝色背景。

```
<style type="text/css">
div { background-color:red; width:400px; height:200px;}
div:hover {
    background-color:blue;
    /*指定动画过渡的 CSS 属性*/
    transition-property:background-color;
}
</style>
<div></div>
```

2. 定义缓动时间

transition-duration 属性用来定义转换动画的时间长度，即设置从原属性值换到新属性值花费的时间，单位为秒。该属性的基本语法如下所示。

```
transition-duration:<time> [, <time>]*;
```

transition-duration 属性初始值为 0，适用于所有元素，以及:before 和:after 伪元素。在默认情况下，动画过渡时间为 0 秒，所以当指定元素动画时，会看不到过渡的过程，直接看到结果。

【示例 3】　在以下示例中，设置动画过渡时间为 2 秒，则当鼠标移过 div 对象时，会看到背景色从红色逐渐过渡到蓝色。

```
<style type="text/css">
div { background-color:red; width:400px; height:200px;}
div:hover {
    background-color:blue;
    /*指定动画过渡的 CSS 属性*/
    transition-property:background-color;
    /*指定动画过渡的时间*/
    transition-duration:2s;
}
</style>
<div></div>
```

3. 定义延迟时间

transition-delay 属性用来定义过渡动画的延迟时间。该属性的基本语法如下所示。

```
transition-delay:<time> [, <time>]*;
```

transition-delay 属性初始值为 0，适用于所有元素，以及:before 和:after 伪元素。设置时间可以为正整数、负整数和零，非零的时候必须设置单位是 s（秒）或者 ms（毫秒），为负数的时候，过渡的动作会从该时间点开始显示，之前的动作被截断。为正数的时候，过渡的动作会延迟触发。

【示例 4】　在下面示例中，设置过渡动画推迟 2 秒钟执行，则当鼠标移过 div 对象时，会看不到任何变化，过了 2 秒钟之后，才发现背景色从红色逐渐过渡到蓝色。

```
<style type="text/css">
```

```
div { background-color:red; width:400px; height:200px;}
div:hover {
    background-color:blue;
    /*指定动画过渡的 CSS 属性*/
    transition-property:background-color;
    /*指定动画过渡的时间*/
    transition-duration:2s;
    /*指定动画延迟触发 */
    transition-delay:2s;
}
</style>
<div></div>
```

4. 定义缓动效果

transition-timing-function 属性用来定义过渡动画的效果。该属性的基本语法如下所示。

```
transition-timing-function:ease | linear | ease-in | ease-out | ease-in-out |
cubicbezier(<number>, <number>, <number>, <number>) [, ease | linear | ease-in |
ease-out | ease-in-out | cubic-bezier(<number>, <number>,<number>, <number>)]*
```

transition-timing-function 属性初始值为 ease，它适用于所有元素，以及:before 和:after 伪元素。取值简单说明如下：

- ease：缓解效果，等同于 cubic-bezier(0.25, 0.1, 0.25, 1.0)函数，即立方贝塞尔。
- linear：线性效果，等同于 cubic-bezier(0.0, 0.0, 1.0, 1.0)函数。
- ease-in：渐显效果，等同于 cubic-bezier(0.42, 0, 1.0, 1.0)函数。
- ease-out：渐隐效果，等同于 cubic-bezier(0, 0, 0.58, 1.0)函数。
- ease-in-out：渐显渐隐效果，等同于 cubic-bezier(0.42, 0, 0.58, 1.0)函数。
- cubic-bezier：特殊的立方贝塞尔曲线效果。

【示例 5】 在下面示例中，设置动画渐变过程更加富有立体感，可以设置过渡效果为线性效果。

```
<style type="text/css">
div { background-color:red; width:400px; height:200px;}
div:hover {
    background-color:blue;
    /*指定动画过渡的 CSS 属性*/
    transition-property:background-color;
    /*指定动画过渡的时间*/
    transition-duration:2s;
    /*指定动画过渡为线性效果 */
    transition-timing-function: linear;
}
</style>
<div></div>
```

扫一扫，看视频

13.1.2 案例：设计变形的盒子

下面将借助 Dreamweaver CC 的 CSS 过渡效果面板设计一个简单的过渡动画：定义一个盒子在 2 秒内从 200px×200px 过渡为 400px×400px。

【操作步骤】

第 1 步，启动 Dreamweaver CC，新建文档，保存为 test.html。

第 2 步，选择【插入】|【结构】|【Div】命令，打开【插入 Div】对话框，在 Class 文本框中输入

“box”，如图 13.3 所示。

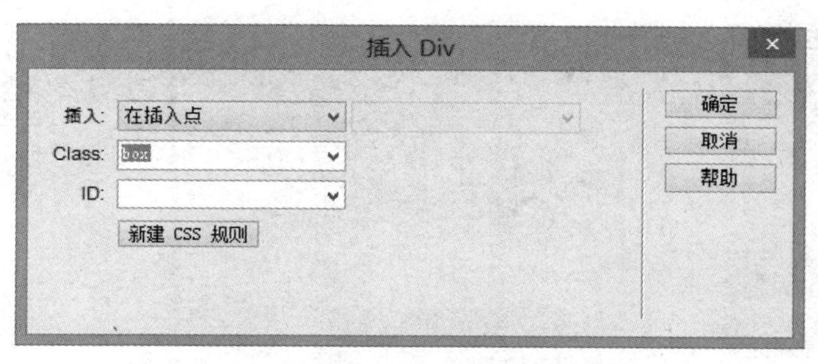

图 13.3　插入 Class 为 box 的 div 元素

第 3 步，单击【新建 CSS 规则】按钮，打开【新建 CSS 规则】对话框，则 Dreamweaver CC 自动设置“选择器类型”为“类”，“选择器名称”为“.box”，“规则定义”为“（仅限该文档）”，如图 13.4 所示。

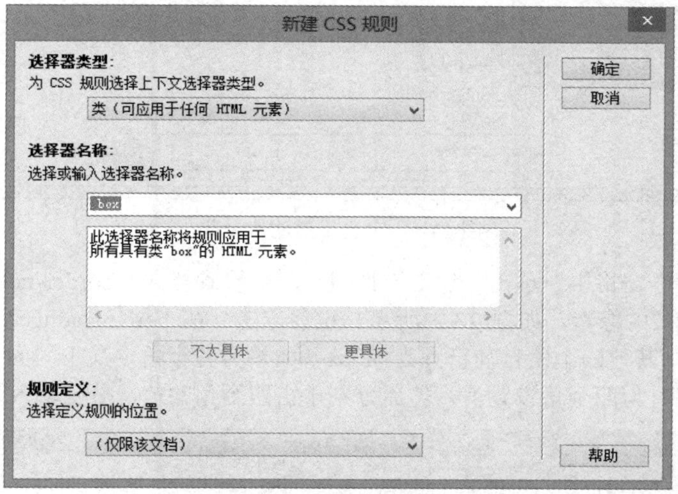

图 13.4　新建 CSS 规则

第 4 步，单击【确定】按钮，打开【.box 的 CSS 规则定义】对话框，设置方框样式：Width: 200px、Height: 200px，即定义新插入的盒子宽度为 200 像素，高度为 200 像素；设置背景样式：Background-color: #92B901，定义盒子背景颜色，如图 13.5 所示。

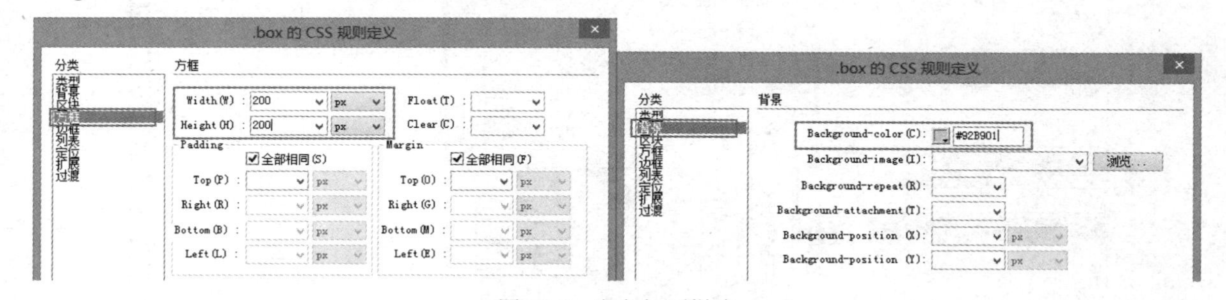

图 13.5　定义规则样式

第 5 步，单击【确定】按钮关闭对话框，插入一个盒子（<div class="box">）。在设计视图中单击选中该对象，然后选择【窗口】|【CSS 设计器】命令，打开【CSS 设计器】面板，此时在“选择器”

窗格中自动显示并选中该选择器。在“属性”窗格中，单击“布局”按钮，然后设置样式：opacity: 0.7，定义盒子不透明度为 0.7，如图 13.6 所示。

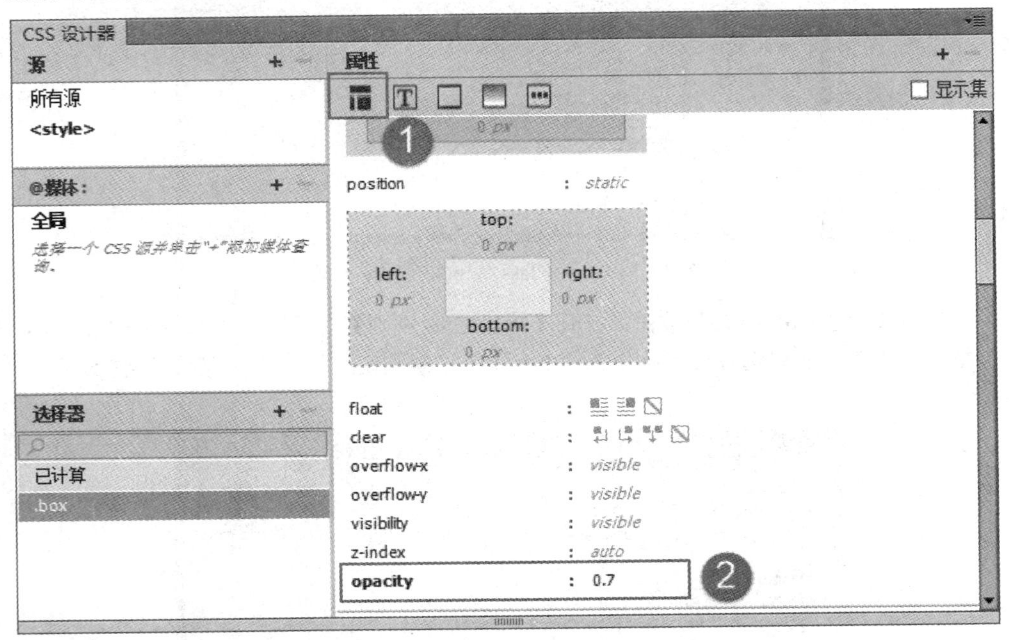

图 13.6　定义不透明度效果

第 6 步，在“属性”窗格中，单击“边框”按钮，然后设置样式：border-radius: 20px，定义盒子显示为圆角，圆角弧度为 20 像素，如图 13.7 所示。设置方法：在 border-radius 示图左上角 0px 位置单击，然后输入 20px，则其他四个角自动设置为 20px。如果为各个角定义不同的弧度，则应该先单击中间的锁形图标，禁止同时为四个角设置值，然后分别单击四个角的值，分别输入值即可。

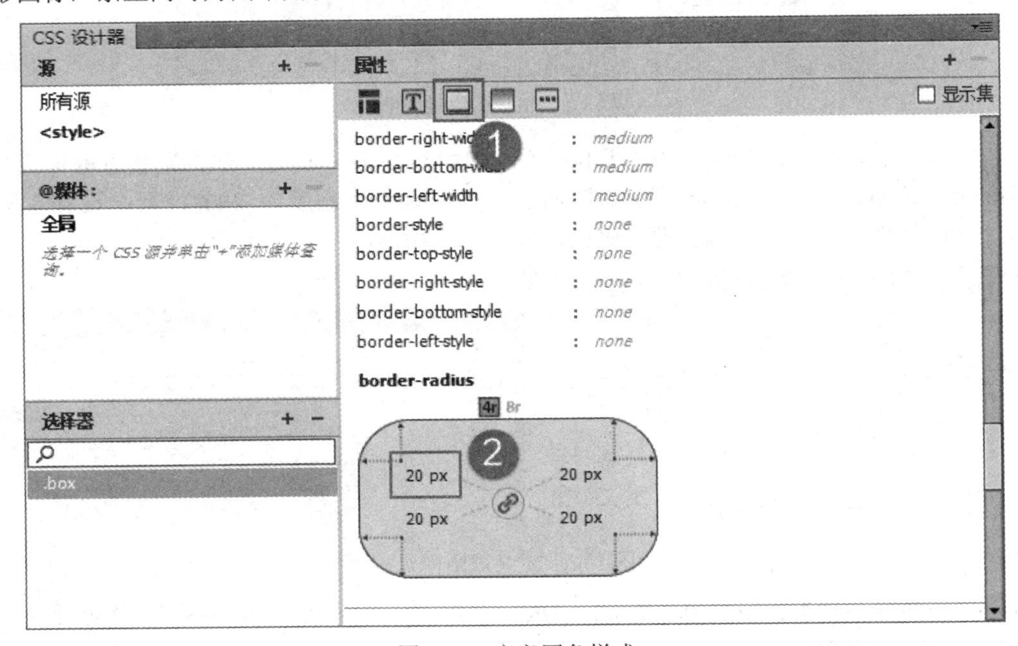

图 13.7　定义圆角样式

第 7 步，在“属性”窗格中，单击“背景”按钮，然后设置样式：box-shadow: 3px 3px 3px rgba(211,233,126,1.00)，定义盒子显示阴影效果，阴影位置为右下角 3px 位置，阴影模糊半径为 3 像素，阴影颜色为 rgba(211,233,126,1.00)，如图 13.8 所示。

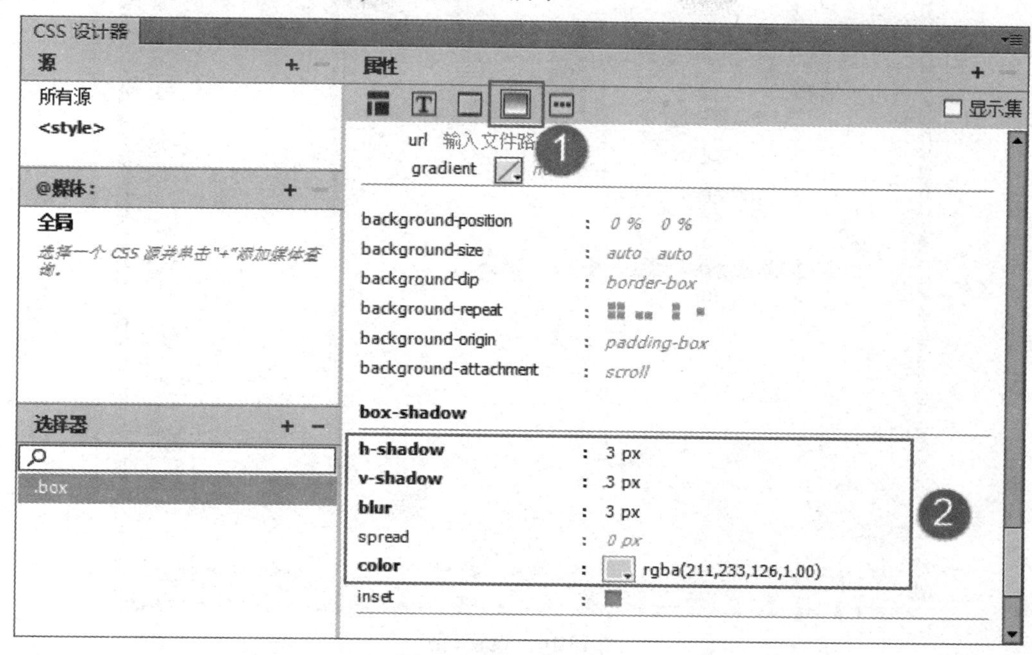

图 13.8　定义阴影样式

第 8 步，选择【窗口】|【CSS 过渡效果】命令，打开【CSS 过渡效果】面板，在该面板中单击加号按钮➕，如图 13.9 所示。

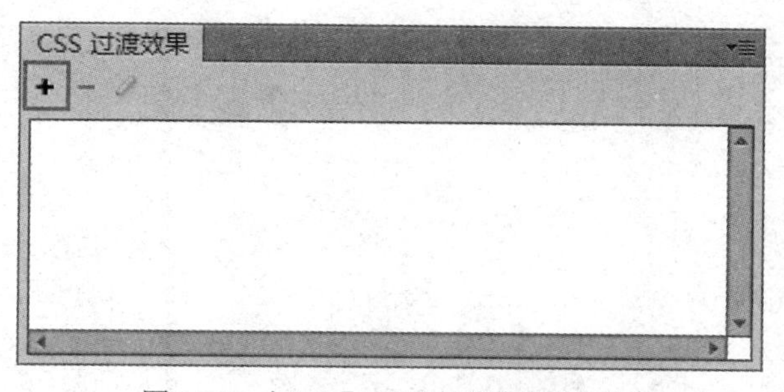

图 13.9　打开【CSS 过渡效果】面板

第 9 步，打开【新建过渡效果】对话框，在“目标规则”下拉列表中选择一个选择器名称，这些选项都是当前文档已经定义的 CSS 选择器。这里选择“.box”，即准备已插入的<div class="box">盒子来定义动画效果。

第 10 步，定义“过渡效果开启”为“hover”，设计当鼠标经过盒子时，触发动画过渡效果；保持“对所有属性使用相同的过渡效果”选项，然后在“持续时间”文本框中输入 2s，延迟动画选项保持为空，计时功能用来定义过渡效果的缓动形式，这里保留为空。

第 11 步，在“属性”列表框底部单击加号按钮➕，从弹出的 CSS 属性列表中选择 height，然后在右侧设置“结束值”为 400px；继续单击加号按钮➕，添加 width 属性，设置“结束值”为 400px。设置完毕，单击【创建过渡效果】按钮，设置如图 13.10 所示。

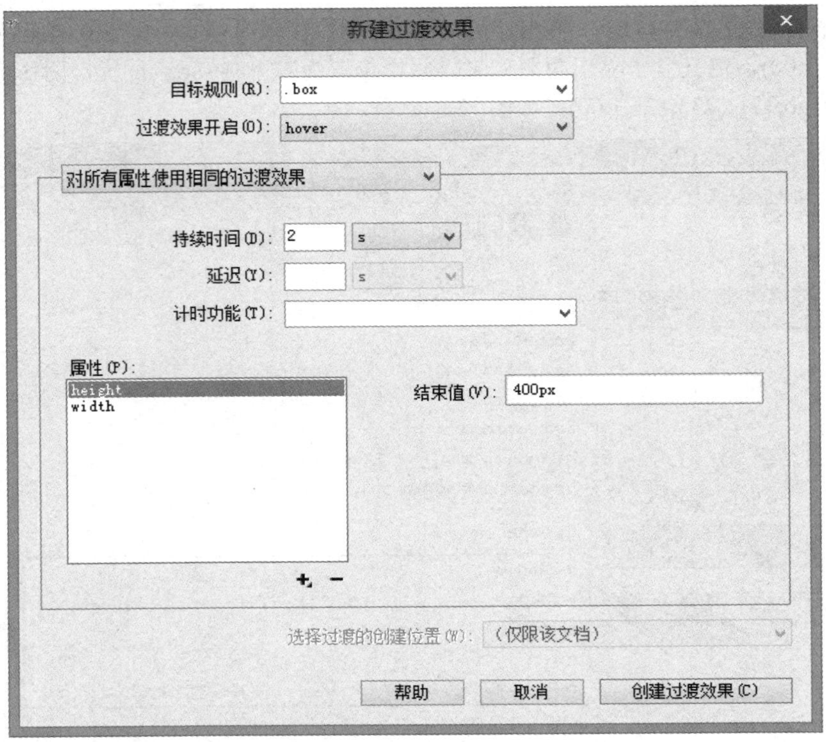

图 13.10　设置动画

第 12 步，切换到代码视图，可以看到 Dreamweaver CC 自动生成的样式代码：

```
<style type="text/css">
.box {/* 定义盒子默认样式和状态*/
    width: 200px;
    height: 200px;
    background-color: #92B901;
    -webkit-border-radius: 20px;                /* 定义圆角*/
    border-radius: 20px;
    opacity: 0.7;                               /* 定义半透明显示效果*/
    -webkit-box-shadow: 3px 3px 3px rgba(211,233,126,1.00);     /* 定义阴影*/
    box-shadow: 3px 3px 3px rgba(211,233,126,1.00);
    -webkit-transition: all 2s ease 0s;        /* 定义过渡动画*/
    -o-transition: all 2s ease 0s;
    transition: all 2s ease 0s;
}
.box:hover {/* 定义鼠标经过盒子时，宽度和高度都为 400 像素*/
    height: 400px;
    width: 400px;
}
</style>
<div class="box"></div>
```

第 13 步，保存文档，按 F12 键，在浏览器中预览，则显示效果如图 13.11 所示。

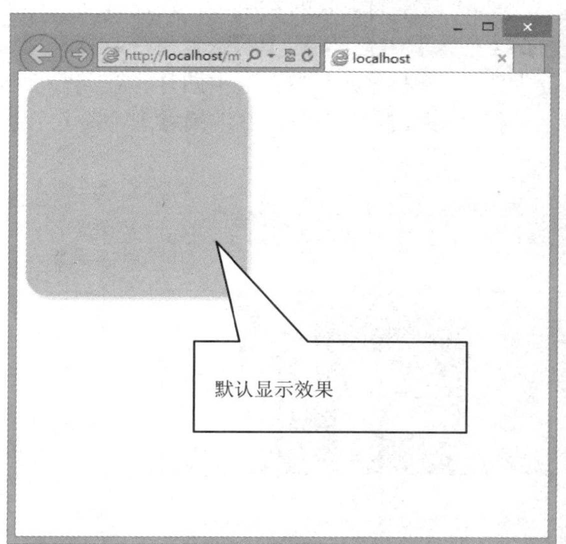

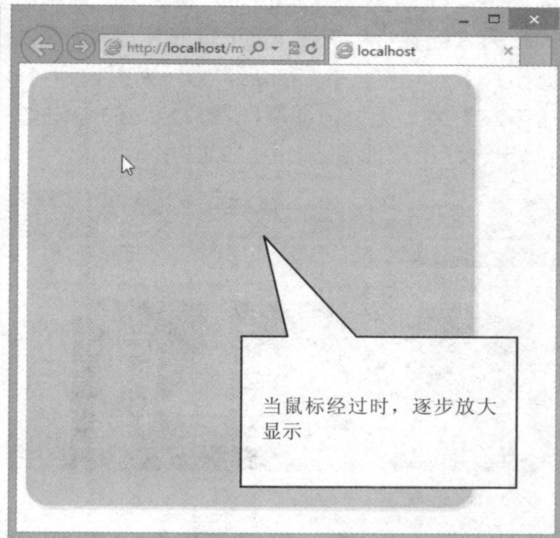

图 13.11　盒子过渡动画演示效果

13.1.3　案例：设计折叠框

在网页设计上会看到设计精巧的折叠面板，本例使用 CSS3 的目标伪类（:target）设计这种效果，没有使用 JavaScript 脚本，使用 CSS3 动画设计滑动效果，如图 13.12 所示。

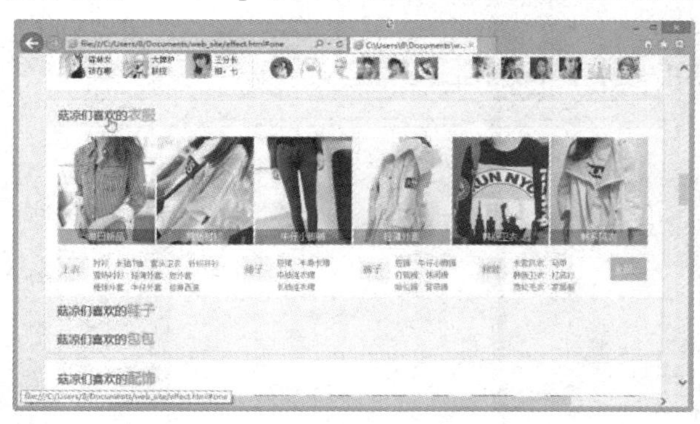

（a）折叠面板

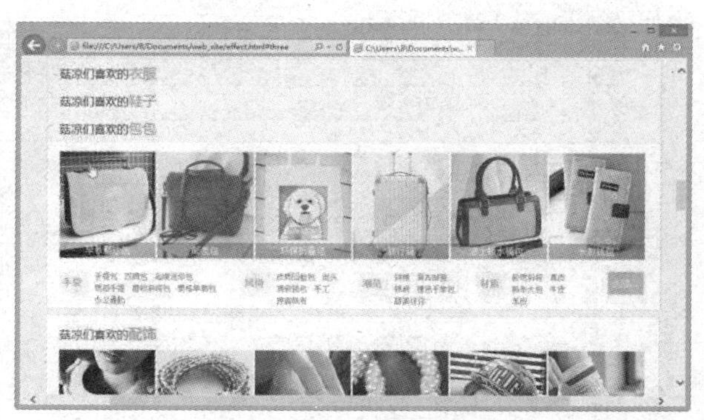

（b）切换折叠面板

图 13.12　案例效果

【操作步骤】

第 1 步，启动 Dreamweaver CC，打开本节示例中的 orig.html 文件，另存为 effect.html。在本示例中将在页面中插入折叠面板栏目，把三个栏目整合到一个面板中，通过折叠样式设计栏目的切换。

第 2 步，把光标置于页面所在位置，切换到代码视图，在<div id="apDiv1"> 标签中输入下面的代码，设计一个<div>标签包含三个子<div>标签，分别为每个子<div>标签定义一个 ID 值，名称分别为 one、two、three。

```
<div>
    <div id="one"></div>
    <div id="two"></div>
    <div id="three"></div>
</div>
```

第 3 步，把光标置于<div id="one">标签中，输入文本“菇凉们喜欢的衣服”，在属性面板中设置“格式”为“标题 3”。按 Enter 键新建段落，然后选择【插入】|【图像】|【图像】命令，打开【选择图像源文件】对话框，在 images 文件夹中找到 1.png 图片，插入到页面中。选中图片，在属性面板中设置【格式】为“无”，即取消图片包含的<p>标签。选择【修改】|【快速标签编辑器】命令，在图像外面包裹一层<div>标签，如图 13.13 所示。

图 13.13　设计折叠面板项的内容

第 4 步，以同样的方式设计第二选项和第三选项的标题和内容框，切换到代码视图，可以看到完整的代码，如图 13.14 所示。

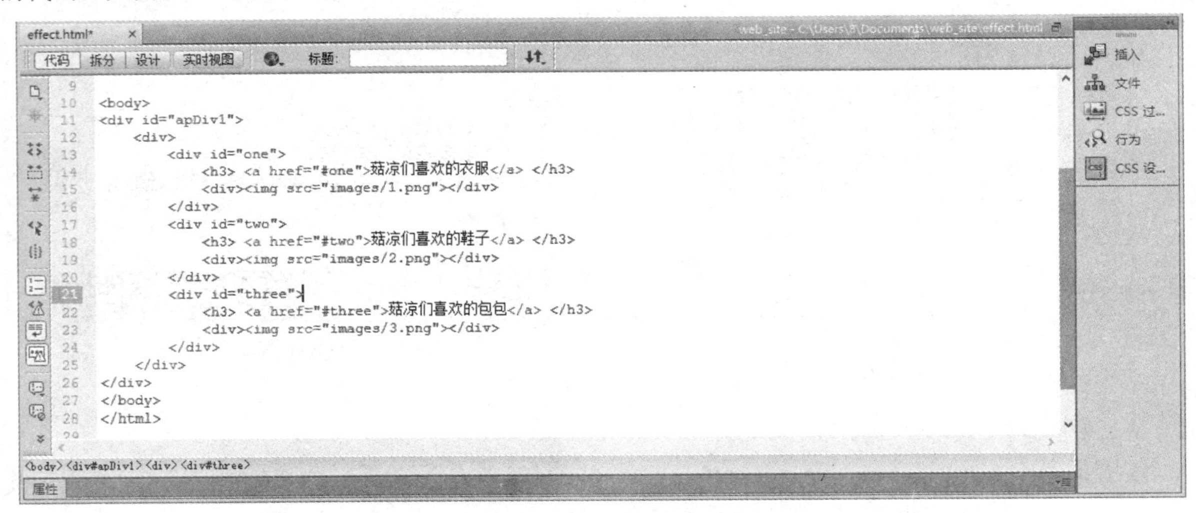

图 13.14　完成折叠面板的标题和内容框设计

第 5 步，选中包含框<div>标签，打开【CSS 设计器】面板。在“源”列表框中选择“<style>”选项，找到当前文档的内部样式表，然后在选择器列表中新建“.accordion”类选择器，在属性列表框中添加定义背景样式：background-color: #fff、box-shadow: 1px 1px 1px #ddd，设计包含框背景色为白色，设置栏目显示轻微的阴影效果，定义向左下角位置偏移 1 个像素，模糊半径为 1 像素，阴影颜色为浅灰色；设置边框样式：border-style:solid、border-width:1px、border-color:#DFDFDF、border-radius: 2px，定义包含框的边框线为 1 像素浅灰色的实线，定义圆角边框，圆角曲度为 2 像素。

第 6 步，在属性面板的 Class 下拉列表中选择 accordion，为当前标签应用 accordion 类样式，如图 13.15 所示。

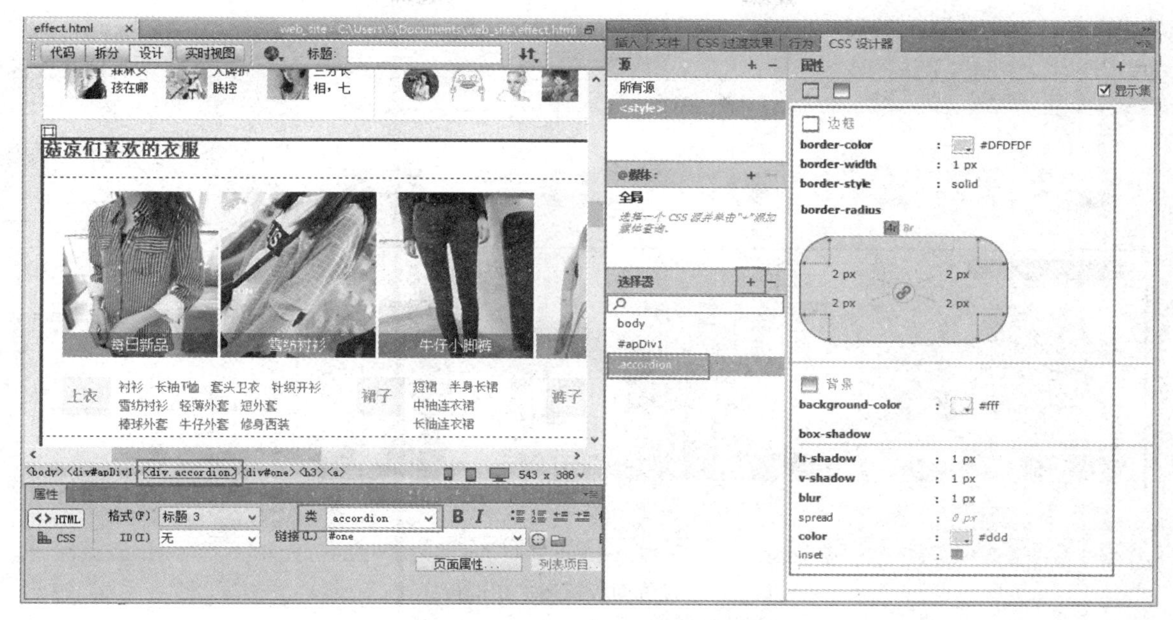

图 13.15　设置并应用包含框类样式

第 7 步，选中三级标题文本，在【CSS 设计器】面板中新建“.accordion h3”复合选择器，在属性列表框中设置布局样式：margin: 0、padding: 8px 1em，设计边界为 0，上下补白为 8 像素，左右补白为 1 个字体大小；设置文本样式：font-weight:normal，清除标题加粗样式；设置背景样式：background-color: #F5F5F5，定义背景颜色为浅灰色。设置如图 13.16 所示。

图 13.16　设置面板标题样式

第 8 步，选中标题文本包裹的超链接标签，在【CSS 设计器】面板中新建“.accordion h3 a”复合选择器，在属性列表框中设置文本样式：text-decoration: none、color: #111、font-size: 18px、font-family: Microsoft Yahei，清除超链接默认的下划线样式，定义字体颜色为深黑色，字体大小为 18 像素，字体类型为微软雅黑。设置如图 13.17 所示。

图 13.17　设置面板标题栏超链接样式

第 9 步，在【CSS 设计器】面板中新建“.accordion h3 + div”复合选择器，该选择器能够匹配<h3>标签相邻的下一个<div>标签，在属性列表框中设置布局样式：height: 0、 padding: 0，定义高度为 0，补白为 0；设置其他样式：overflow: hidden，设计隐藏超出的区域，该声明将隐藏当前<div>标签及其包含的内容。设置如图 13.18 所示。

图 13.18　设置内容包含框样式

第 10 步，选择【窗口】|【CSS 过渡效果】命令，打开【CSS 过渡效果】面板，在该面板顶部单击【新建过渡效果】按钮，如图 13.19 所示。

图 13.19　打开【CSS 过渡效果】面板

第 11 步，打开【新建过渡效果】对话框，在“目标规则”下拉列表中选择上一步定义的选择器名称“.accordion h3 + div”；设置“过渡效果开启”为“target”，该选项设置过渡效果的开启事件为单击锚链接时触发；设置“持续时间”为 0.6 秒钟，“计时功能”为“ease-in”，最后在“属性”文本区域底部单击【添加】按钮，从弹出的属性列表中选择 height，然后在“结束值”文本框中设置为 265 像素。详细设置如图 13.20 所示。

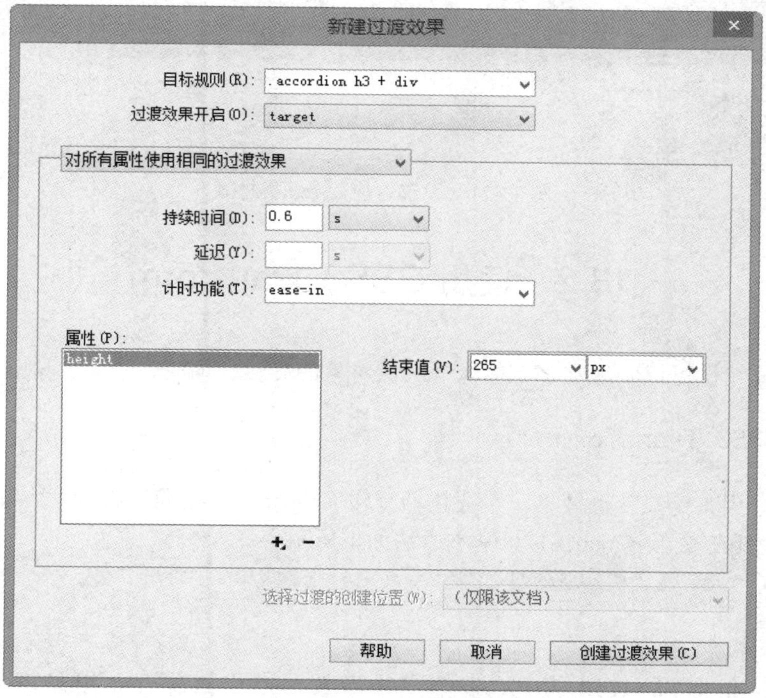

新建过渡效果
目标规则(R): .accordion h3 + div
过渡效果开启(O): target
对所有属性使用相同的过渡效果
持续时间(D): 0.6 s
延迟(Y): s
计时功能(T): ease-in
属性(P): height
结束值(V): 265 px
选择过渡的创建位置(W): (仅限该文档)
帮助　取消　创建过渡效果(C)

图 13.20　设置【新建过渡效果】对话框

第 12 步，单击【创建过渡效果】按钮，完成动画设计，此时切换到代码视图，可以看到 Dreamweaver 自动添加的样式。

```
.accordion h3 + div {
```

```
    -webkit-transition: all 0.6s ease-in;
    -o-transition: all 0.6s ease-in;
    transition: all 0.6s ease-in;
}
.accordion h3 + div:target { height: 265px; }
```

修改最后一个样式的选择器名称，把“.accordion h3 + div:target”改为“.accordion :target h3 + div”，代码如下：

```
.accordion :target h3 + div { height: 265px; }
```

第 13 步，在【CSS 设计器】面板中新建“.red”类选择器，在属性列表框中设置文本样式：font-size: 22px、color: #FE6DA6，定义字体大小为 22 像素，颜色为红色。然后，分别选中标题文本最后一个名词“衣服”“鞋子”和“包包”，在属性面板的 Class 下拉列表框中选择 red 类样式，设置如图 13.21 所示。

图 13.21　设置并应用 red 类样式

13.2　使用 CSS3 Transform

使用 Transform 特性可以实现文字、图像等网页对象的旋转、缩放、倾斜、移动的变形处理。

扫一扫，看视频

13.2.1　认识 CSS3 Transform

Transform 属性用来定义变形效果，主要包括旋转（rotate）、扭曲（skew）、缩放（scale）和移动（translate），以及矩阵变形（matrix）。基本语法如下所示：

```
transform : none | <transform-function> [ <transform-function> ]*
```

参数说明如下：

- none 表示不进行变换。
- <transform-function>表示一个或多个变换函数，以空格分开。用户可以对一个元素进行 transform 的多种属性操作，如 rotate、scale、translate 等，叠加效果都是用逗号（,）隔开，但 transform 中使用多个属性时却需要用空格隔开。

取值详细说明如表 13.1 所示。

表 13.1 transform 属性取值说明

值	描 述
none	定义不进行转换
matrix(n,n,n,n,n,n)	定义 2D 转换，使用 6 个值的矩阵
matrix3d(n,n,n,n,n,n,n,n,n,n,n,n,n,n,n,n)	定义 3D 转换，使用 16 个值的 4×4 矩阵
translate(x,y)	定义 2D 转换
translate3d(x,y,z)	定义 3D 转换
translateX(x)	定义转换，只是用 X 轴的值
translateY(y)	定义转换，只是用 Y 轴的值
translateZ(z)	定义 3D 转换，只是用 Z 轴的值
scale(x,y)	定义 2D 缩放转换
scale3d(x,y,z)	定义 3D 缩放转换
scaleX(x)	通过设置 X 轴的值来定义缩放转换
scaleY(y)	通过设置 Y 轴的值来定义缩放转换
scaleZ(z)	通过设置 Z 轴的值来定义 3D 缩放转换
rotate(angle)	定义 2D 旋转，在参数中规定角度
rotate3d(x,y,z,angle)	定义 3D 旋转
rotateX(angle)	定义沿着 X 轴的 3D 旋转
rotateY(angle)	定义沿着 Y 轴的 3D 旋转
rotateZ(angle)	定义沿着 Z 轴的 3D 旋转
skew(x-angle,y-angle)	定义沿着 X 和 Y 轴的 2D 倾斜转换
skewX(angle)	定义沿着 X 轴的 2D 倾斜转换
skewY(angle)	定义沿着 Y 轴的 2D 倾斜转换
perspective(n)	为 3D 转换元素定义透视视图

1.旋转

rotate(<angle>)通过指定的角度参数对元素指定一个 2D 旋转。如果设置的值为正数，表示顺时针旋转，如果设置的值为负数，则表示逆时针旋转，如图 13.22 所示。

2. 移动

移动分为三种情况：translate(x,y)水平方向和垂直方向同时移动（也就是 X 轴和 Y 轴同时移动）；translateX(x)仅水平方向移动（X 轴移动）；translateY(y)仅垂直方向移动（Y 轴移动），具体使用方法如下：

➘ translate(<translation-value>[, <translation-value>])

通过矢量[tx, ty]指定一个 2D translation，tx 是第一个过渡值参数，ty 是第二个过渡值参数选项。如果 ty 未被提供，则 ty 以 0 作为其值。也就是 translate(x,y)，它表示对象进行平移，按照设定的 x,y 参数值，当值为负数时，反方向移动物体，如图 13.23 所示。其原点默认为元素中心点，也可以根据 transform-origin 改变原点。

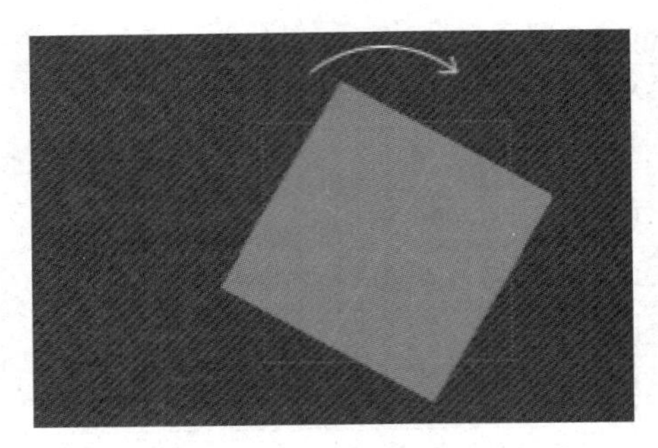

图 13.22 transform:rotate(30deg)

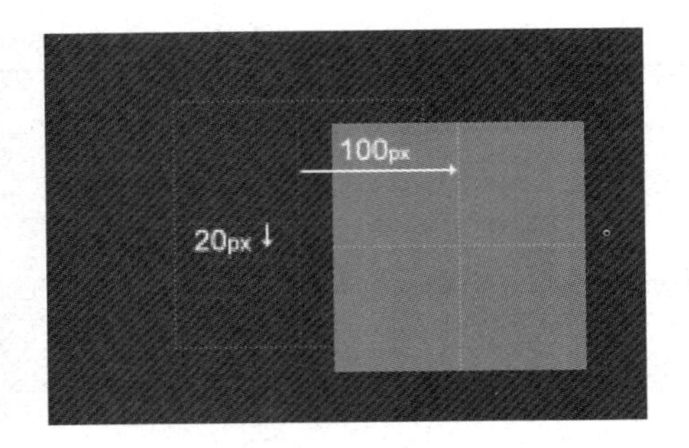

图 13.23 transform:translate(100px,20px)

➘ translateX(<translation-value>)

通过给定一个 X 方向上的数目指定一个 translation。只向 X 轴移动元素，如图 13.24 所示，同样其原点是元素中心点，也可以根据 transform-origin 改变原点位置。

➘ translateY(<translation-value>)

通过给定 Y 方向的数目指定一个 translation。只向 Y 轴进行移动，原点在元素中心点，如图 13.25 所示，可以通过 transform-origin 改变原点位置。

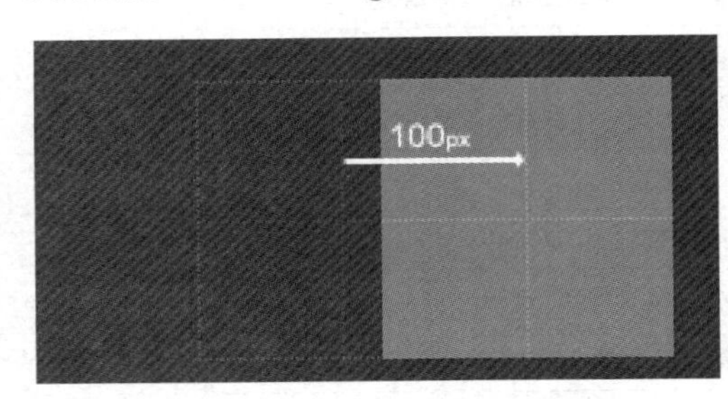

图 13.24 transform:translateX(100px)

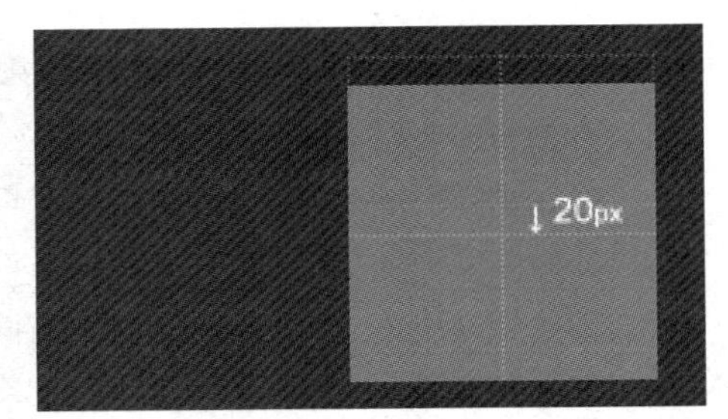

图 13.25 transform:translateY(20px)

3. 缩放

缩放（scale）和移动（translate）极其相似，也具有三种情况：scale(x,y)使元素水平方向和垂直方向同时缩放（也就是 X 轴和 Y 轴同时缩放）；scaleX(x)元素仅水平方向缩放（X 轴缩放）；scaleY(y)元素仅垂直方向缩放（Y 轴缩放），但它们具有相同的缩放中心点和基数，其中心点就是元素的中心位置，缩放基数为 1，如果其值大于 1 元素就放大，反之其值小于 1，元素缩小。

➘ scale(<number>[, <number>])

提供执行[sx,sy]缩放矢量的两个参数指定一个 2D 缩放。如果第二个参数未提供，则取与第一个参数一样的值。scale(X,Y)是用于对元素进行缩放，可以通过 transform-origin 对元素的原点进行设置，同样原点在元素中心位置；其中 X 表示水平方向缩放的倍数，Y 表示垂直方向的缩放倍数。Y 是一个可选参数，如果没有设置 Y 值，则表示 X、Y 两个方向的缩放倍数是一样的，并以 X 为准，如图 13.26 所示。

➘ scaleX(<number>)

使用 [sx,1] 缩放矢量执行缩放操作，sx 为所需参数。scaleX 表示元素只在 X 轴（水平方向）缩放元素，其默认值是(1,1)，其原点一样是在元素的中心位置，同样是通过 transform-origin 来改变元素的原点，如图 13.27 所示。

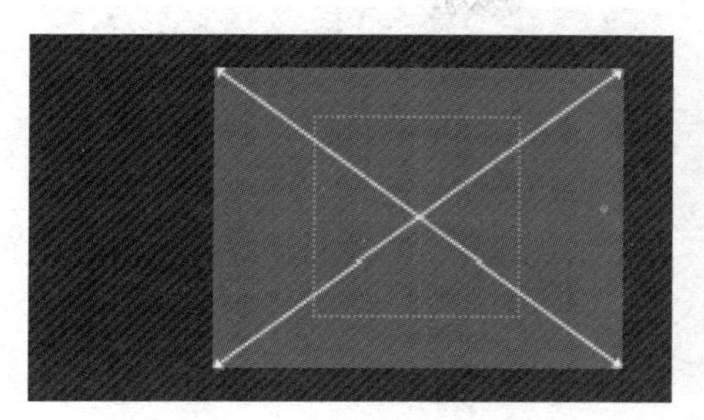

图 13.26　transform:scale(2,1.5)

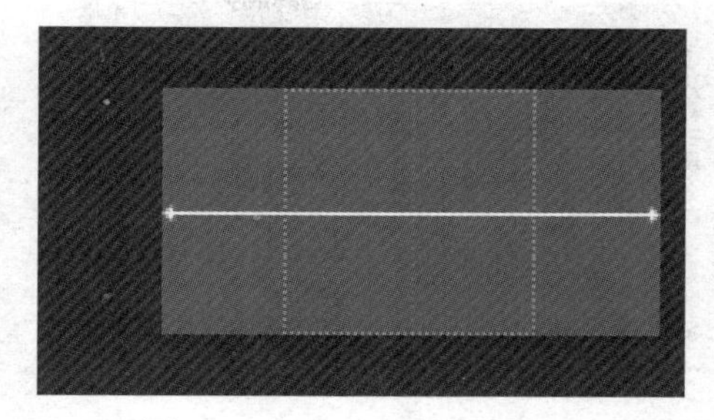

图 13.27　transform:scaleX(2)

➘ scaleY(<number>)

使用 [1,sy] 缩放矢量执行缩放操作，sy 为所需参数。scaleY 表示元素只在 Y 轴（垂直方向）缩放元素，其原点同样是在元素中心位置，可以通过 transform-origin 来改变元素的原点，如图 13.28 所示。

4. 扭曲

扭曲（skew）和 translate、scale 一样同样具有三种情况：skew(x,y)使元素在水平和垂直方向同时扭曲（X 轴和 Y 轴同时按一定的角度值进行扭曲变形）；skewX(x)仅使元素在水平方向扭曲变形（X 轴扭曲变形）；skewY(y)仅使元素在垂直方向扭曲变形（Y 轴扭曲变形）。

➘ skew(<angle> [, <angle>])

X 轴和 Y 轴上的 skew transformation（斜切变换），第一个参数对应 X 轴，第二个参数对应 Y 轴，如图 13.29 所示。如果第二个参数未提供，则值为 0，也就是 Y 轴方向上无斜切。skew 是用来对元素进行扭曲变形，第一个参数是水平方向扭曲角度，第二个参数是垂直方向扭曲角度。其中第二个参数是可选参数，如果没有设置第二个参数，那么 Y 轴为 0deg。同样是以元素中心为原点，也可以通过 transform-origin 来改变元素的原点位置。

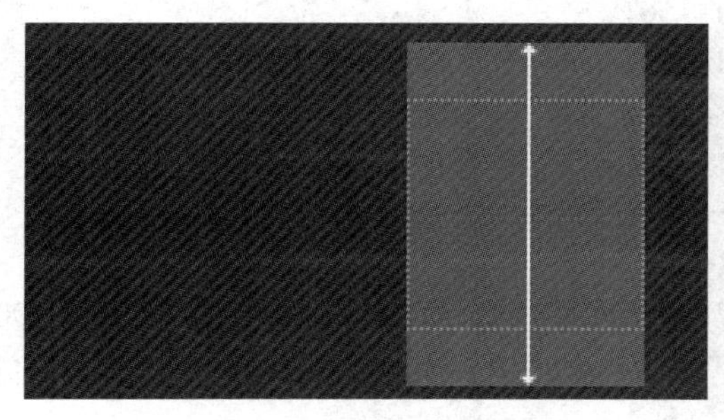

图 13.28　transform:scaleY(2)

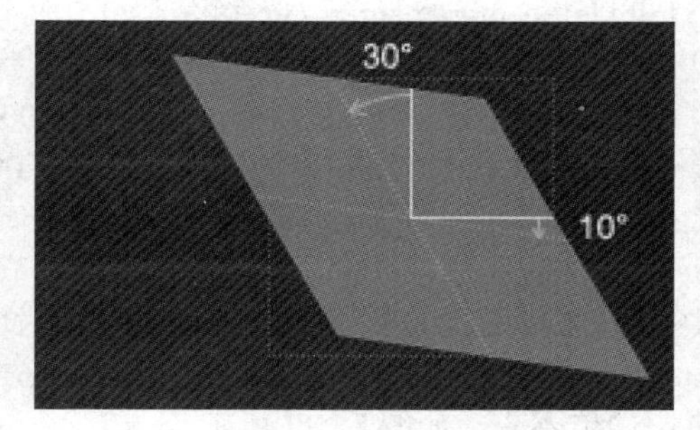

图 13.29　transform:skew(30deg,10deg)

➘ skewX(<angle>)

按给定的角度沿 X 轴指定一个 skew transformation（斜切变换）。skewX 是使元素以其中心为原点，并在水平方向（X 轴）进行扭曲变形，同样可以通过 transform-origin 来改变元素的原点，如图 13.30 所示。

➘ skewY(<angle>)

按给定的角度沿 Y 轴指定一个 skew transformation（斜切变换）。skewY 是用来设置元素以其中心为原点并按给定的角度在垂直方向（Y 轴）扭曲变形。同样可以通过 transform-origin 来改变元素的原点，如图 13.31 所示。

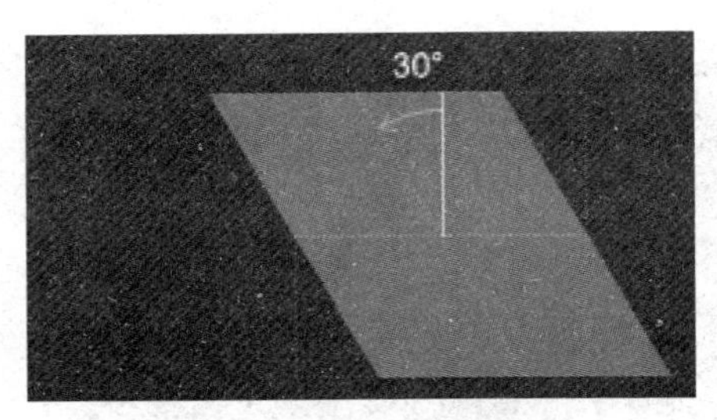

图 13.30　transform:skewX(30deg)

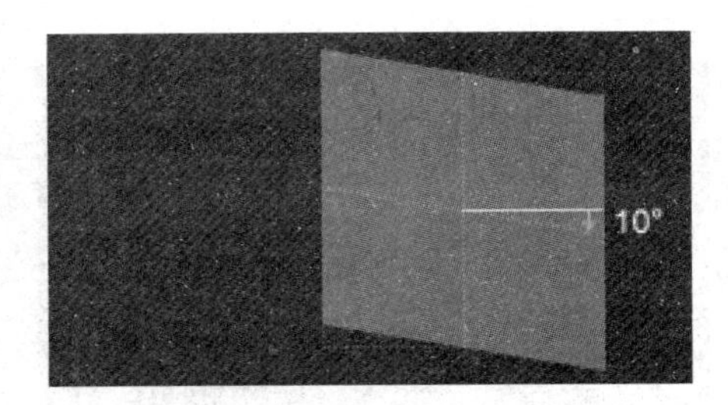

图 13.31　transform:skewY(10deg)

5. 矩阵

matrix(<number>, <number>, <number>, <number>, <number>, <number>)　以一个含六值的(a,b,c,d,e,f)变换矩阵的形式指定一个 2D 变换，相当于直接应用一个[a b c d e f]变换矩阵，就是基于水平方向（X 轴）和垂直方向（Y 轴）重新定位元素。

6. 原点

transform 进行的 rotate、translate、scale、skew 和 matrix 等操作都是以元素中心位置进行变化的，但有时候也需要在不同的位置对元素进行这些操作，这时可以使用 transform-origin 来对元素进行原点位置改变，使元素原点不在中心位置，以到达需要的原点位置。

transform-origin(X,Y)函数用来设置元素的运动的原点（参照点）。默认点是元素的中心点。其中 X 和 Y 的值可以是百分值、em、px，其中 X 也可以是字符参数值 left、center、right；Y 和 X 一样除了百分值外还可以设置字符值 top、center、bottom，它与 background-position 的设置一样，下面列出相互对应的写法：

- top left | left top 等价于 0 0 | 0% 0%；
- top | top center | center top 等价于 50% 0；
- right top | top right 等价于 100% 0；
- left | left center | center left 等价于 0 50% | 0% 50%；
- center | center center 等价于 50% 50%（默认值）；
- right | right center | center right 等价于 100% 50%；
- bottom left | left bottom 等价于 0 100% | 0% 100%；
- bottom | bottom center | center bottom 等价于 50% 100%；
- bottom right | right bottom 等价于 100% 100%。

其中 left、center、right 是水平方向取值，对应的百分值为 left=0%、center=50%、right=100%，而 top、center、bottom 是垂直方向的取值，其中 top=0%、center=50%、bottom=100%。如果只取一个值，表示垂直方向值不变，如图 13.32 所示。

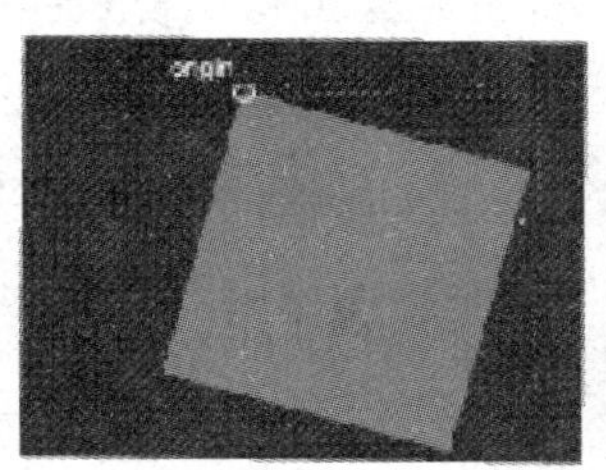

（a）transform-origin:(left,top)

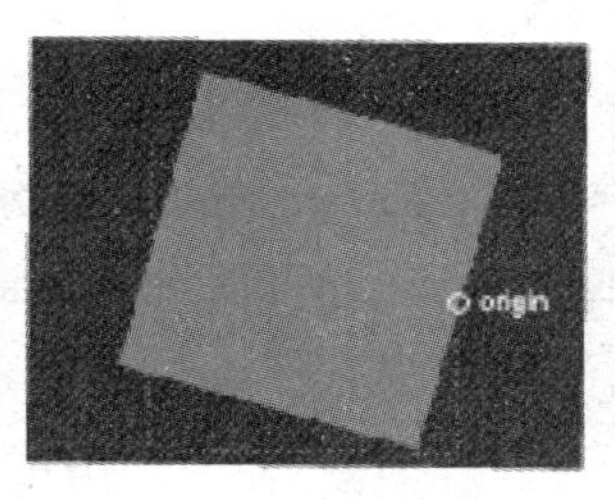

（b）transform-origin:right

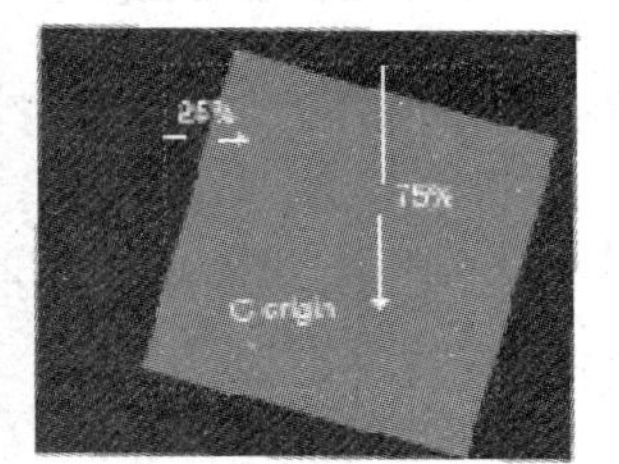

（c）transform-origin(25%,75%)

图 13.32　改变变形原点

transform 在不同浏览器内核下的兼容方法如下：

```
//Mozilla 内核浏览器：firefox3.5+
-moz-transform:rotate|scale|skew|translate;
//Webkit 内核浏览器：Safari and Chrome
-webkit-transform:rotate|scale|skew|translate;
//Opera
-o-transform:rotate|scale|skew|translate;
//IE
-ms-transform:rotate|scale|skew|translate;
//W3C 标准
transform:rotate|scale|skew|translate;
```

13.2.2　案例：设计变形菜单

扫一扫，看视频

本示例利用 CSS3 变形特效设计能够移位的菜单项目，定义鼠标经过网站导航菜单时，当前菜单项会向右下角位置偏移 2 像素，同时改变项目标签和超链接标签的背景色，设计一种立体变形效果。当鼠标移开菜单项，则又重新恢复默认的显示状态，如图 13.33 所示。

（a）页面初始显示效果

（b）鼠标经过时菜单项显示效果

图 13.33　案例效果

【操作步骤】

第 1 步，启动 Dreamweaver CC，打开本节示例中的 orig.html 文件，另存为 effect.html。在本示例中将在页面中插入一个菜单栏，设计菜单项目在鼠标经过时呈现动态移位效果，当鼠标离开时又恢复默认显示状态。

第 2 步，把光标置于页面所在位置，输入文本“首页”。选中文本，在属性面板中设置【格式】为“段落”，即把文本设置为段落格式。然后按 Enter 键，新建一个段落，在其中继续输入菜单项文本，连续重复操作，完成整个网站导航菜单文本的输入工作，如图 13.34 所示。

图 13.34　输入多行段落文本

第 3 步，使用鼠标拖选多行段落文本，在属性面板中单击【项目列表】按钮，把段落格式转换为列表格式，如图 13.35 所示。

图 13.35　把段落格式转换为列表格式

第 4 步，打开【CSS 设计器】面板，在“源”列表框中选择“<style>”，即在当前页面的内部样式表中定义样式，新建一个选择器，命名为“ul, li”，设计标签类型分组选择器，即为<ul>和<li>两个标签统一默认样式。然后在属性列表中定义布局样式：margin: 0、padding: 0，定义边界和补白为 0，即清除项目列表默认的缩进样式；设置其他样式：list-style-type: none，定义项目符号为无，即清除项目列表符号，设置如图 13.36 所示。

图 13.36　重置项目列表默认样式

第 5 步，在【CSS 设计器】面板中新建一个选择器，命名为“li”，设计标签类型选择器，为<li>标签定义显示样式。然后在属性列表中定义布局样式：float: left、margin: 0 4px，定义项目列表项向左浮动显示，定义上下边界为 0 像素，左右边界为 4 像素；设置边框样式：border-radius: 4px，定义边框圆角显示，圆角曲度为 4 像素；设置背景样式：background: #F3F3F3，定义背景色为浅灰色，设置如图 13.37 所示。

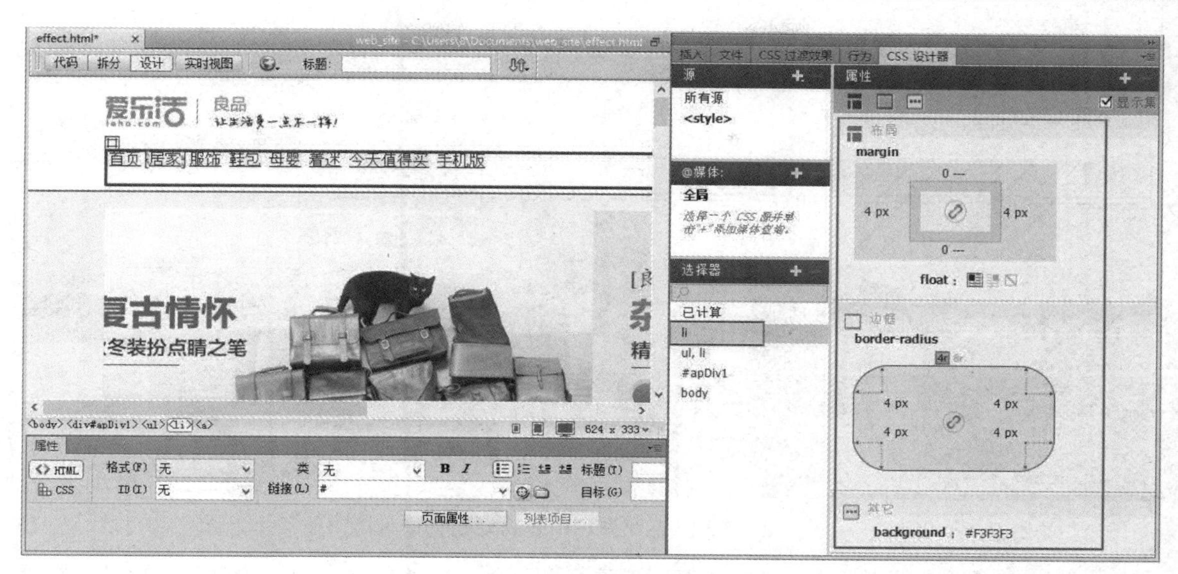

图 13.37　设置列表项样式

第 6 步，选中<a>标签，在【CSS 设计器】面板中新建一个选择器，命名为“a”，设计标签类型选择器，为<a>标签定义显示样式。然后在属性列表中定义布局样式：display: block、padding: 0 12px 0 24px，定义超链接标签块状显示，上下补白为 0，左侧补白为 24 像素，右侧补白为 12 像素；设置字体样式：font-size: 14px、color: #666、line-height: 30px、text-align: center、text-decoration: none，定义字体大小为 14 像素，行高为 30 像素，与项目高度相同，设计文本垂直居中，同时设置文本水平居中，最后清理掉超链接文本的下划线；设置其他样式：background: url(images/icon1.png) no-repeat 8px 10px，定义默认超链接背景图像为黑色箭头，禁止平铺，并定位到菜单项的左侧居中位置，设置如图 13.38 所示。

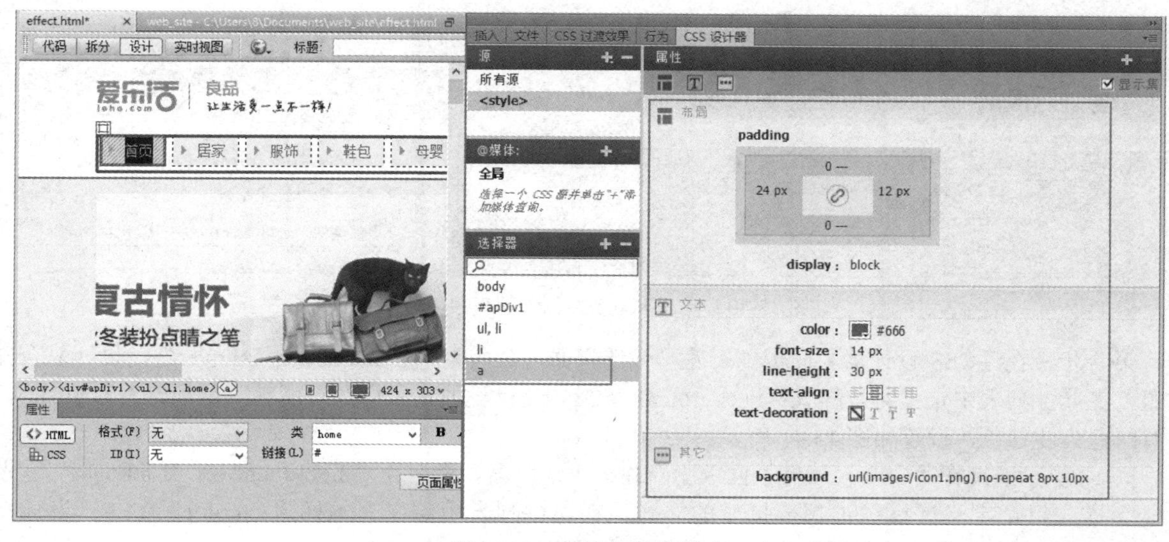

图 13.38　设置超链接样式

第 7 步，在【CSS 设计器】面板中新建一个选择器，命名为“.home”，设计一个类样式，在属性列表中定义背景样式：background: #449BB5，定义背景色为灰蓝色，然后选中“首页”菜单选项，为该列表项目绑定 home 类样式，设置如图 13.39 所示。

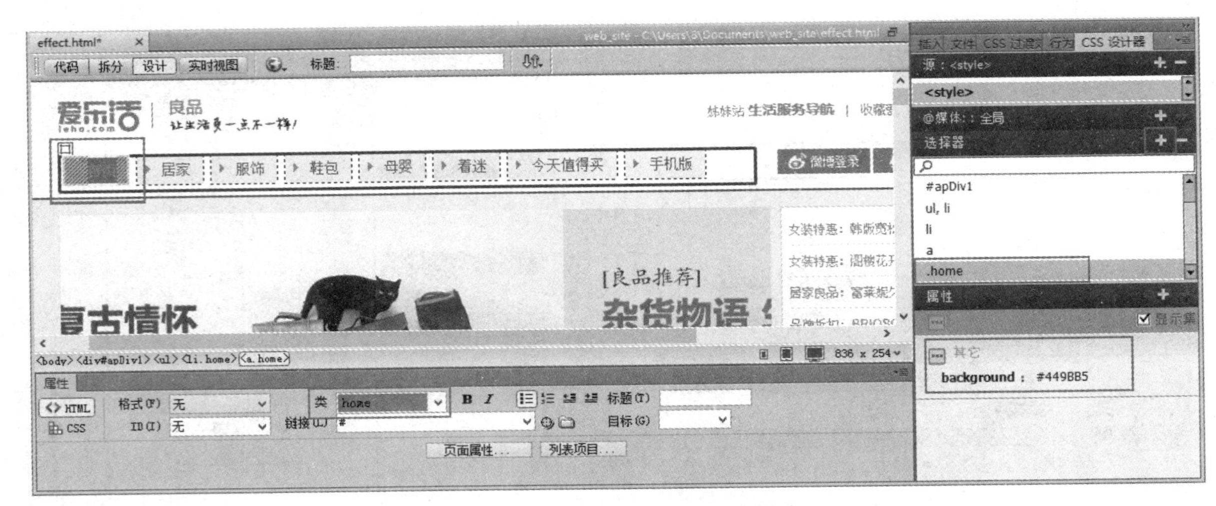

图 13.39　定义并应用 home 类样式

第 8 步，在【CSS 设计器】面板中新建一个选择器，命名为“.home a”，设计复合样式，在属性列表中定义文本样式：color: #fff，定义文本颜色为白色；设置背景样式：background: images/icon2.png no-repeat 8px 10px，在 home 类绑定菜单项左侧添加一个装饰性图标，并定位在左侧居中位置，禁止平铺，设置如图 13.40 所示。

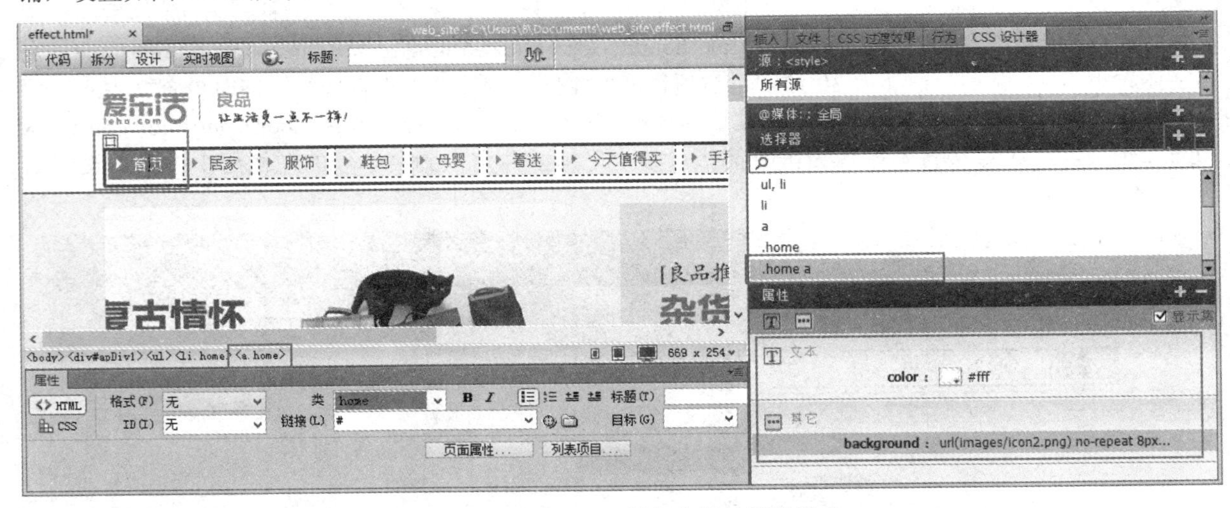

图 13.40　定义 home 类包含超链接的样式

第 9 步，在【CSS 设计器】面板中新建一个选择器，命名为“.home:hover, li:hover”，设计复合样式组，在属性列表中定义背景样式：background: #C85055，设计在鼠标经过所有菜单项时，修改<li>标签背景色为浅红色，设置如图 13.41 所示。

第 10 步，继续在【CSS 设计器】面板中新建一个选择器，命名为“.home a:hover, li a:hover”，设计复合样式组，定义鼠标经过超链接时的样式。在属性列表中定义文本样式：color: #FFF，设计在鼠标经过所有超链接时文本颜色为白色；设置边框样式：border-radius: 4px，定义超链接边框为圆角显示，圆角曲度为 4 像素；定义背景样式：background: images/icon2.png #EB5055 no-repeat 8px 10px，设计鼠标经过时箭头图标替换为 icon2.png，超链接背景色为红色，设置如图 13.42 所示。

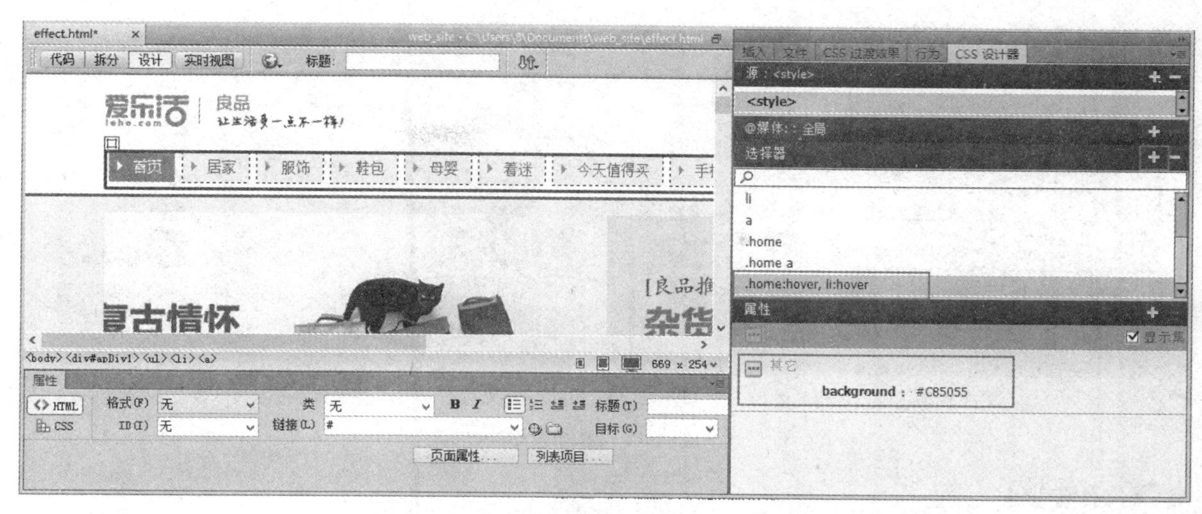

图 13.41　定义鼠标经过菜单项时的背景样式

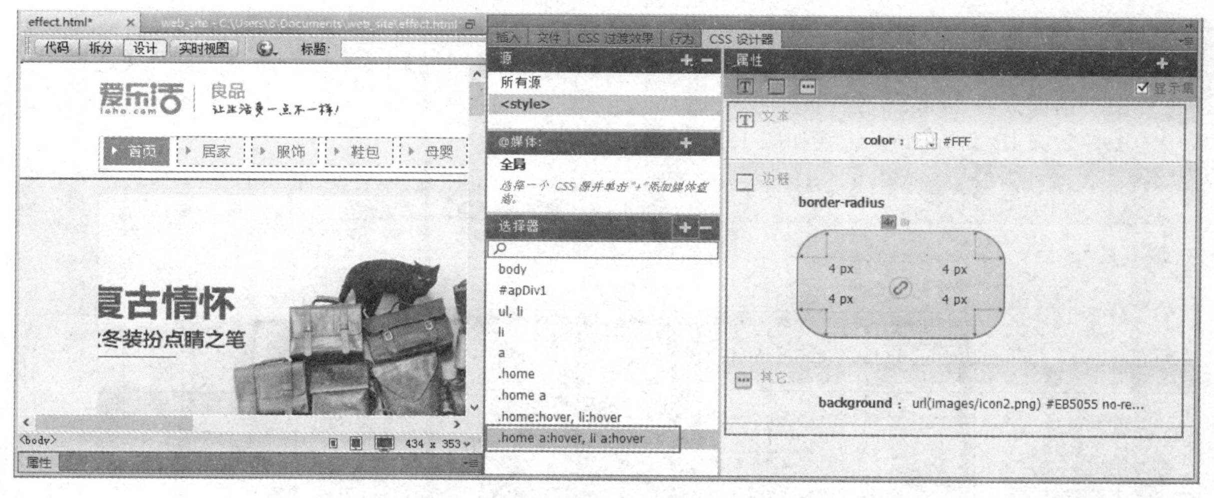

图 13.42　定义鼠标经过菜单项时的超链接样式

第 11 步，切换到代码视图，手动输入下面的代码，定义鼠标经过列表项目时，使用 transform 属性定义位移动画，使用 translate(3px, 2px)函数设计列表项向右下角位置偏移 3 到 2 像素。

```
.home a:hover, li a:hover {
    -moz-transform: translate(3px, 2px);
    -webkit-transform: translate(3px, 2px);
    -o-transform: translate(3px, 2px);
    transform: translate(3px, 2px);
}
```

13.2.3　案例：设计 3D 平面

扫一扫，看视频

本例利用 CSS3 变形设计平面铺开的棋盘，通过倾斜变形设计立体视觉效果，效果如图 13.43 所示。

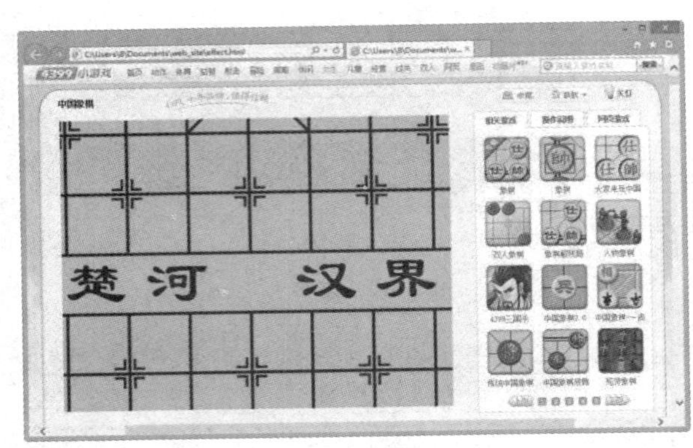

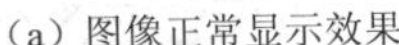
（a）图像正常显示效果

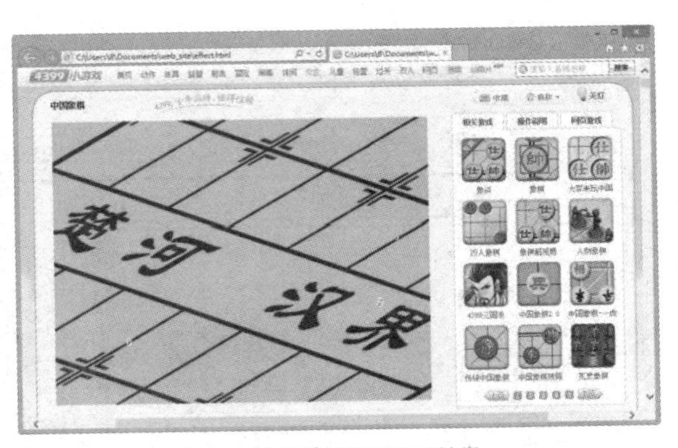

（b）图像倾斜变形显示效果

图 13.43　案例效果

【操作步骤】

第 1 步，启动 Dreamweaver CC，打开本节示例中的 orig.html 文件，另存为 effect.html。在本示例中将在页面中插入一个棋盘，并通过倾斜把棋盘立体铺开。

第 2 步，把光标置于页面所在位置，然后选择【插入】|【图像】|【图像】命令，打开【选择图像源文件】对话框，在 images 文件夹中找到 qipan.jpg 图片，插入到页面中。选中插入的图像，在属性面板中为图像定义 ID 为 qipan，设置如图 13.44 所示。

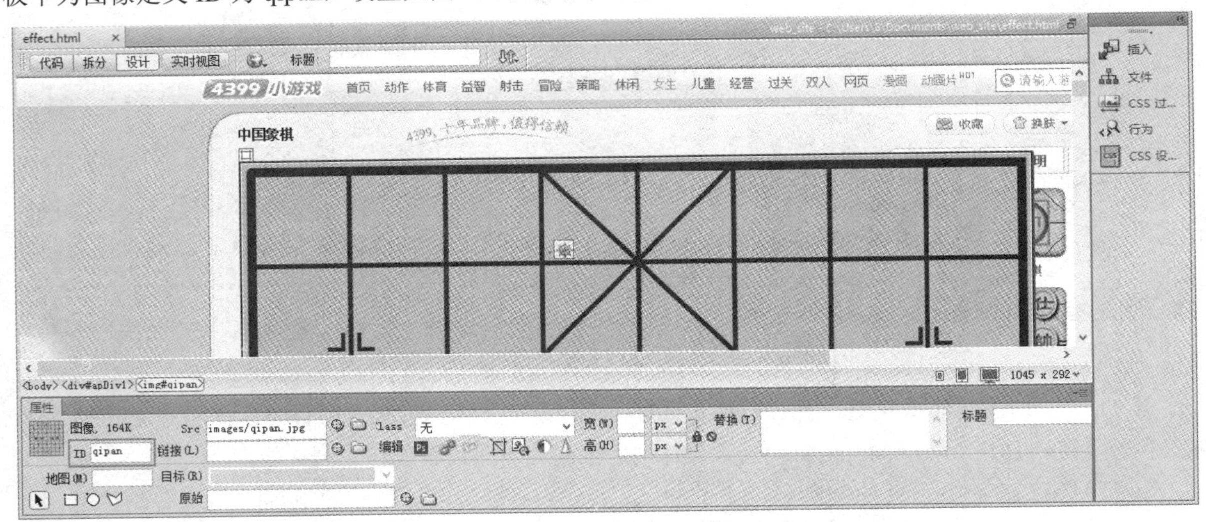

图 13.44　插入图像并定义 ID 值

第 3 步，选中图像包含框<div id="apDiv1">标签，打开【CSS 设计器】面板。在“源”列表框中选择“<style>”选项，找到当前文档的内部样式表，然后在选择器列表中选择“#apDiv1”选择器，在属性列表框中添加定义背景样式：background-color: #E1B070，设计包含框背景色为木黄色；设置其他样式：overflow: hidden，定义超出该包含框范围外的内容全部隐藏，如图 13.45 所示。

第 4 步，切换到代码视图，在内部样式表中定义一个样式（代码如下），设计倾斜变形显示，设置图像沿 x 轴顺时针倾斜 60 度，然后沿 y 轴逆时针倾斜 20 度，演示效果如图 13.46 所示。

```
#apDiv1 img {
    -moz-transform: skew(-60deg, 20deg);
    -webkit-transform: skew(-60deg, 20deg);
    -o-transform: skew(-60deg, 20deg);
```

```
    transform: skew(-60deg, 20deg);
}
```

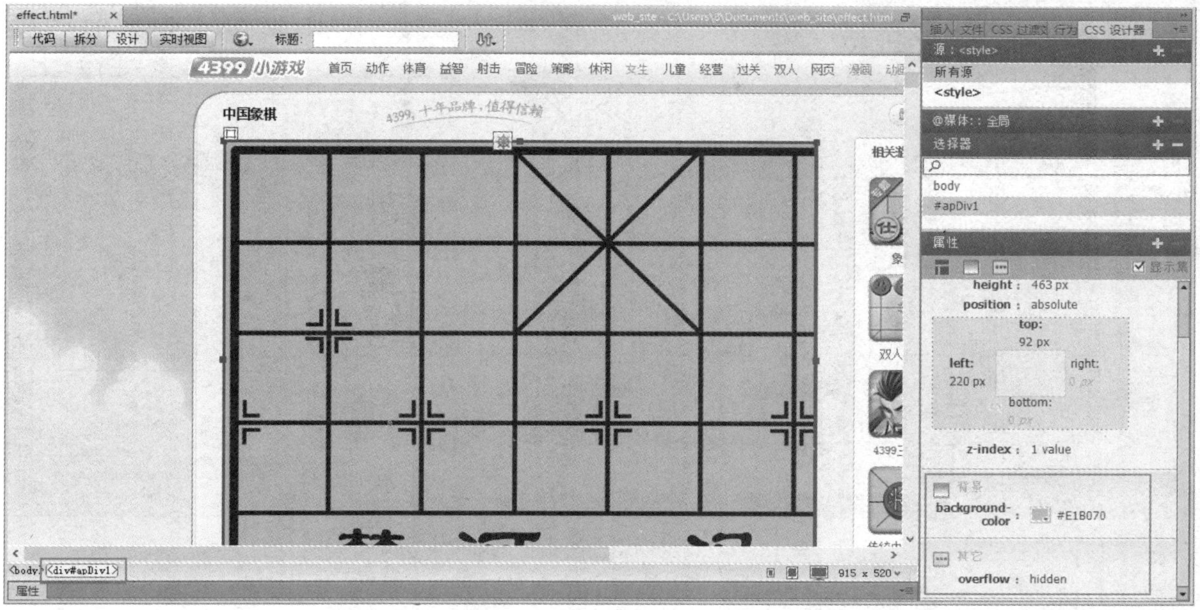

图 13.45　为包含框增加样式声明

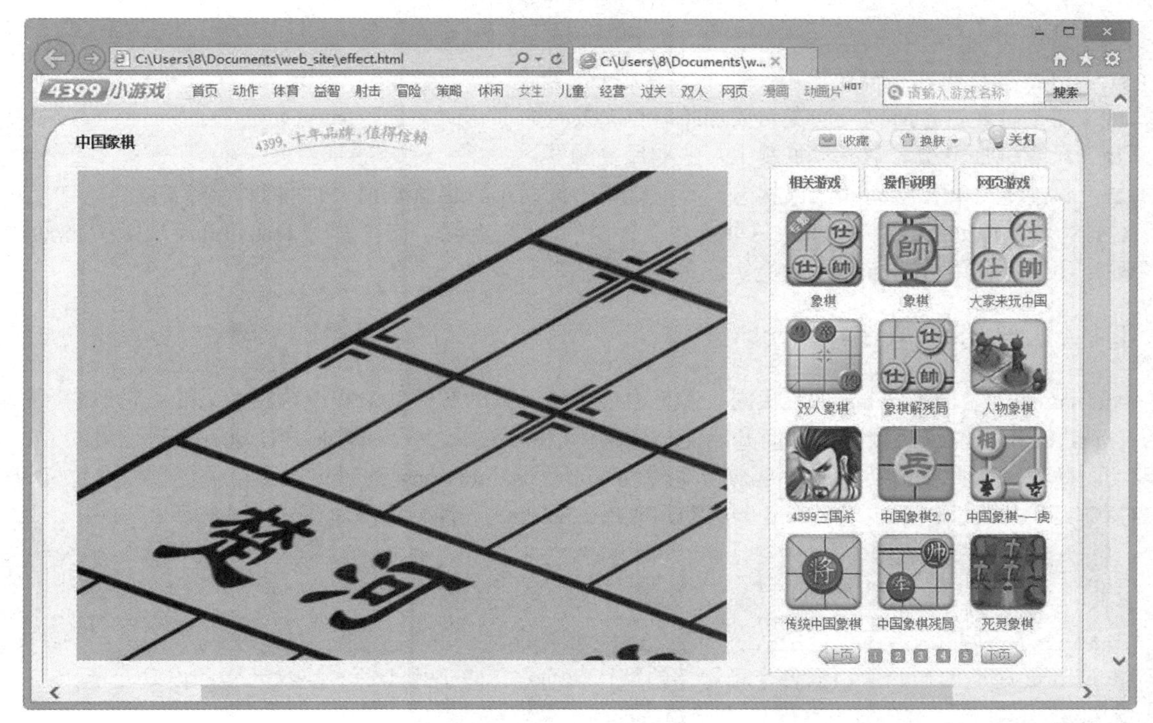

图 13.46　倾斜变形效果

第 5 步，通过相对定位调整图像的显示位置。选中图像，打开【CSS 设计器】面板，从选择器列表中选择“#apDiv1 img”选项，然后添加布局样式：position: relative、left: -100px、top: -180px，通过相对定位向左上方偏移图像，设置如图 13.47 所示。

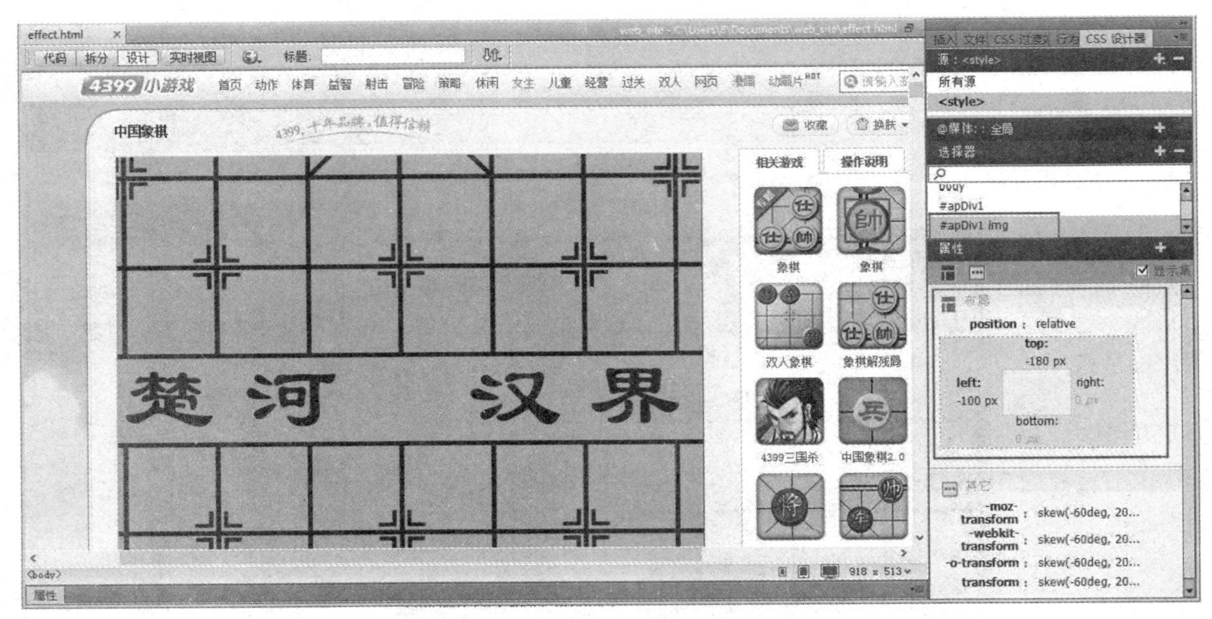

图 13.47　调整倾斜变形图像的显示位置

13.3　使用 CSS3 Animations

Transition 的优点在于简单易用，但是它有几个缺点：

- 需要触发器，所以没法在网页加载时自动发生。
- 只能执行一次，不能重复发生，除非反复触发。
- 只能定义开始状态和结束状态，不能定义中间状态，也就是说只有两个状态。

CSS3 Animation 就是为了解决这些问题而提出的。CSS3 除了支持使用 Transitions 功能实现动画效果之外，还允许使用 Animations 功能实现更为复杂的动画效果。

扫一扫，看视频

13.3.1　认识 CSS3 Animations

Animations 与 Transitions 功能相同，都是通过改变元素的属性值来实现动画效果的。它们的区别在于：Transitions 只能通过指定属性的开始值与结束值，然后在这两个属性值之间进行平滑过渡的方式来实现动画效果，因此不能实现比较复杂的动画效果；而 Animations 通过定义多个关键帧以及定义每个关键帧中元素的属性值来实现更为复杂的动画效果。animation 属性的基本语法格式如下：

```
animation:[<animation-name> || <animation-duration> || <animation-timingfunct
ion>|| <animation-delay> || <animation-iteration-count> ||<animation-direction>]
[, [<animation-name> || <animation-duration>|| <animation-timing-function> ||
<animation-delay> || <animationiteration-count> || <animation-direction>] ]*;
```

animation 属性的初始值根据各个子属性的默认值而定，它适用于所有块状元素和内联元素。

1. 设置名称

animation-name 属性可以定义 CSS 动画的名称。该属性的基本语法如下所示。

```
animation-name:none | IDENT [, none | IDENT ]*;
```

animation-name 属性初始值为 none，适用于所有块状元素和内联元素。animation-name 属性定义了一个适用的动画列表。每个名字用来选择动画关键帧，提供动画的属性值。如果名称不符合任何一个定义的关键帧，则该动画将不执行。此外，如果动画的名称是 none，就不会有动画。这可以用于覆盖任何动画。

2. 设置时间

animation-duration 属性定义 CSS 动画的播放时间。该属性的基本语法如下所示。

```
animation-duration:<time> [, <time>]*;
```

animation-duration 属性初始值为 0，适用于所有块状元素和内联元素。该属性定义动画循环的时间，在默认情况下该属性值为 0，这意味着动画周期是直接的，即不会有动画。当值为负值时，则被视为 0。

3. 设置效果

animation-timing-function 属性可以定义 CSS 动画的播放方式。该属性的基本语法如下所示。

```
animation-timing-function:ease | linear | ease-in | ease-out | ease-in-out | cubicbezier(<number>, <number>, number>, <number>) [, ease | linear |ease-in | ease-out | ease-in-out | cubic-bezier(<number>, <number>,<number>, <number>)]*
```

animation-timing-function 属性初始值为 ease，适用于所有块状元素和内联元素，关于这些取值说明，可以参阅 transition-timing-function 属性的取值说明。

4. 设置延迟时间

animation-delay 属性可以定义 CSS 动画延迟播放的时间，可以是延迟或者提前等。该属性的基本语法如下所示。

```
animation-delay:<time> [, <time>]*;
```

animation-delay 属性初始值为 0，适用于所有块状元素和内联元素。该属性定义动画的开始时间。它允许一个动画开始执行一段时间后才被应用。当动画延迟时间为 0，即默认动画延迟时间，则意味着动画将尽快执行，否则该值指定将延迟执行的时间。

5. 设置播放次数

animation-iteration-count 属性定义 CSS 动画的播放次数。该属性的基本语法如下所示。

```
animation-iteration-count:infinite | <number> [, infinite | <number>]*;
```

nimation-iteration-count 属性初始值为 1，适用于所有块状元素和内联元素。该属性定义动画的循环播放次数。默认值为 1，这意味着动画从开始到结束播放一次。infinite 表示无限次，即 CSS 动画永远重复。如果取值为非整数，将导致动画结束一个周期的一部分。如果取值为负值，则将导致在交替周期内反向播放动画。

6. 设置播放方向

animation-direction 属性定义 CSS 动画的播放方向。该属性的基本语法如下所示。

```
animation-direction:normal | alternate [, normal | alternate]*;
```

animation-direction 属性初始值为 normal，适用于所有块状元素和内联元素。该属性定义动画播放的方向，取值包括两个值（normal 和 alternate），默认为 normal。当为默认值时，动画的每次循环都向前播放。另一个值是 alternate，设置该值则表示第偶数次向前播放，第奇数次向反方向播放。

7. 设置关键帧

关键帧使用@keyframes 命令定义，@keyframes 命令后面可以指定动画的名称，然后加上{}，括号中就是一些不同时间段的样式规则。每个@keyframes 中的样式规则是由多个百分比构成的，如“0%”到“100%”之间，用户可以在这个规则中创建多个百分比，分别在每一个百分比中给需要有动画效果的元素加上不同的属性，从而让元素达到一种在不断变化的效果，如颜色、位置、大小、形状等，还可以使用 from 和 to 来代表一个动画是从哪开始，到哪结束，其中 from 相当于 0%，而 to 相当于 100%。

具体语法规则如下：

```
@keyframes IDENT {
   from {
      Properties:Properties value;
   }
   Percentage {
      Properties:Properties value;
   }
   to {
      Properties:Properties value;
   }
}
```

或者全部写成百分比的形式：

```
@keyframes IDENT {
   0% {
      Properties:Properties value;
   }
   Percentage {
      Properties:Properties value;
   }
   100% {
      Properties:Properties value;
   }
}
```

其中 IDENT 是一个动画名称，Percentage 是百分比值，可以添加多个这样的百分比，Properties 为 CSS 的属性名，如 left、background 等，value 表示对应属性的属性值。

【示例】 下面示例定义了一个 wobble 的动画，动画从 0%开始，到 100%时结束，从中经历了一个 40%和 60%两个过程。wobble 动画在 0%时元素定位到 left 为 100px 的位置，背景色为 green；然后 40%时元素过渡到 left 为 150px 的位置，并且背景色为 orange；60%时元素过渡到 left 为 75px 的位置，背景色为 blue；最后，100%结束动画的位置，元素又回到起点 left 为 100px 处，背景色变成 red。

```
@-webkit-keyframes 'wobble' {
   0% {
      margin-left: 100px;
      background: green;
   }
   40% {
      margin-left: 150px;
      background: orange;
   }
   60% {
      margin-left: 75px;
      background: blue;
   }
   100% {
      margin-left: 100px;
      background: red;
   }
}
```

13.3.2　案例：设计旋转的展品

扫一扫，看视频

在本节案例中将借助 animation 属性来设计自动翻转的图片效果，该效果模拟在 2D 平面中实现 3D 翻转，演示效果如图 13.48 所示。在这个动画中，图片在 x 轴上逐渐压缩，然后逐渐倒转图片，在 2D 平面中演示 3D 动画效果。

（a）页面初始效果

（b）广告旋转效果

图 13.48　案例效果

【操作步骤】

第 1 步，启动 Dreamweaver CC，打开本节示例中的 orig.html 文件，另存为 effect.html。在本示例中将在页面中插入广告栏目，在广告栏设计一幅鞋子大图，然后让它在 x 轴缓慢地旋转 360 度，以便立体呈现该鞋子的广告效果。

第 2 步，把光标置于页面所在位置，选择【插入】|【Div】命令，打开【插入 Div】对话框，设置“ID: box”及“插入:在插入点”，设置如图 13.49 所示。

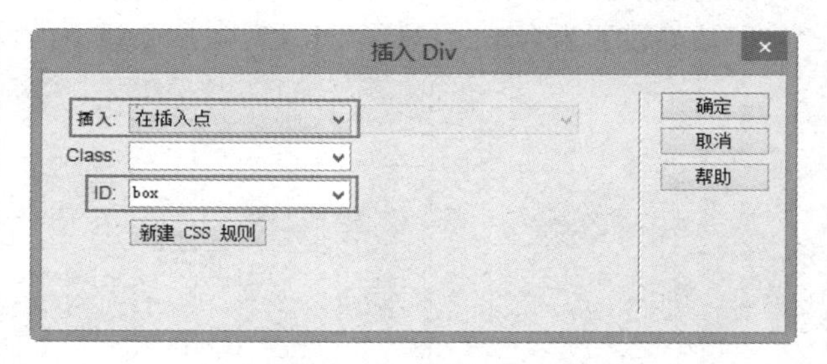

图 13.49　插入 Div

第 3 步，在上一步对话框中单击【新建 CSS 规则】按钮，打开【新建 CSS 规则】对话框，保持默认的设置不变，然后单击【确定】按钮，操作如图 13.50 所示。

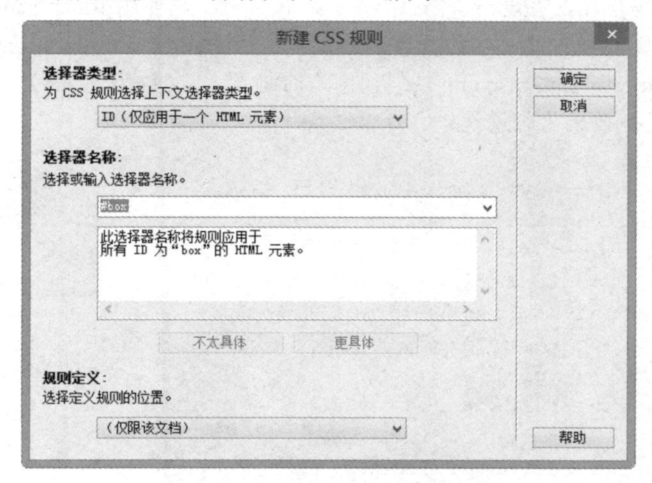

图 13.50　新建 CSS 规则

第 4 步，打开【#box 的 CSS 规则定义】对话框，在左侧分类中选择“背景”，然后在右侧定义：Background-image: images/shoe.png、Background-repeat: no-repeat、Background-position: center bottom，设计对象背景图像为 images/shoe.png，禁止平铺，水平居中靠底部对齐，设置如图 13.51 所示。

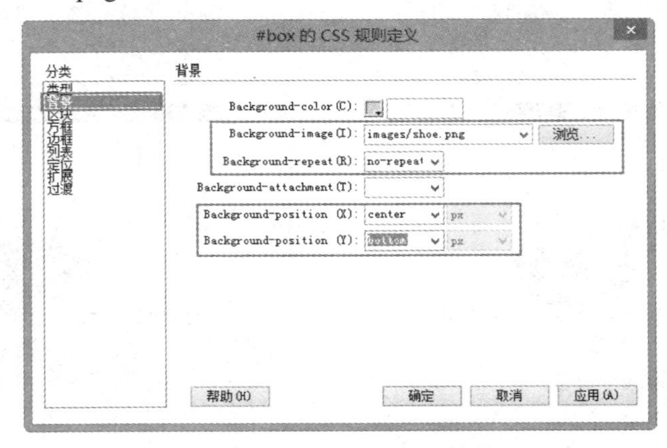

图 13.51　设置背景样式

第 5 步，在【#box 的 CSS 规则定义】对话框左侧分类中选择“方框”，然后在右侧定义：Width:422px、Height:300px、Margin:auto，定义对象固定宽度和高度，宽度为 422 像素，高度为 300 像素，边界设置为自动，这样能够让对象居中显示，设置如图 13.52 所示。

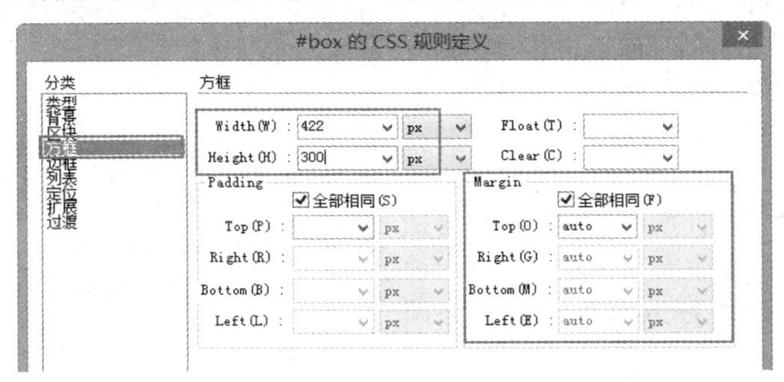

图 13.52　设置方框样式

第 6 步，切换到代码视图，在#box 样式中添加如下声明：先使用 transform-style 定义 3D 动画，然后使用 animation-name 属性设置动画名称为“y-spin”，使用 animation-duration 属性定义动画持续时间为 60 秒，使用 animation-iteration-count 属性定义动画运行次数为无限次，使用 animation-timing-function 属性定义动画运行效果为匀速运动。

```
#box {
    -webkit-transform-style: preserve-3d;
    -webkit-animation-name: y-spin;
    -webkit-animation-duration: 60s;
    -webkit-animation-iteration-count: infinite;
    -webkit-animation-timing-function: linear;
    transform-style: preserve-3d;
    animation-name: y-spin;
    animation-duration: 60s;
    animation-iteration-count: infinite;
    animation-timing-function: linear;
}
```

第 7 步，编写代码调用动画。通过关键帧命令@keyframes 调用动画 y-spin，设置起始帧为 transform: rotateY(0deg)，即定义沿 y 轴旋转到 0 度位置；定义中间帧，位置设置在中间位置（50%），设置中间帧动画为 transform: rotateY(180deg)，即定义沿 y 轴旋转到 180 度位置；定义结束帧，位置设置在结束位置（100%），设置结束帧动画为 transform: rotateY(360deg)，即定义沿 y 轴旋转到 360 度位置。

```
@keyframes y-spin {
    0% {
        transform: rotateY(0deg);
    }
    50% {
        transform: rotateY(180deg);
    }
    100% {
        transform: rotateY(360deg);
    }
}
```

第 8 步，为了能够兼容谷歌的 Chrome 和苹果的 Safari 浏览器，同时使用如下方式调用动画，代码结构和功能完全相同。

```
@-webkit-keyframes y-spin {
    0% {
        -webkit-transform: rotateY(0deg);
    }
    50% {
        -webkit-transform: rotateY(180deg);
    }
    100% {
        -webkit-transform: rotateY(360deg);
    }
}
```

13.3.3 案例：设计动态时钟

扫一扫，看视频

本示例将利用 CSS3 关键帧动画设计一款能够自动转动的时钟，演示效果如图 13.53 所示。

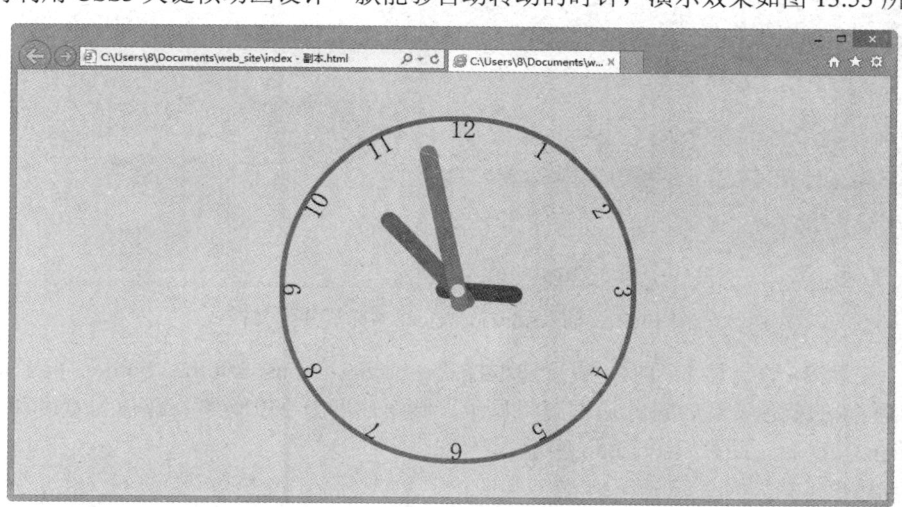

图 13.53　能够旋转的时钟

【操作步骤】

第 1 步，启动 Dreamweaver CC，新建 HTML5 文档，保存为 index.html。把光标置于页面所在位置，然后选择【插入】|【Div】命令，打开【插入 Div】对话框，设置 ID 值为 box，新建 CSS 规则：Width: 100%、Height: 100%、Background: #cde，操作如图 13.54 所示。

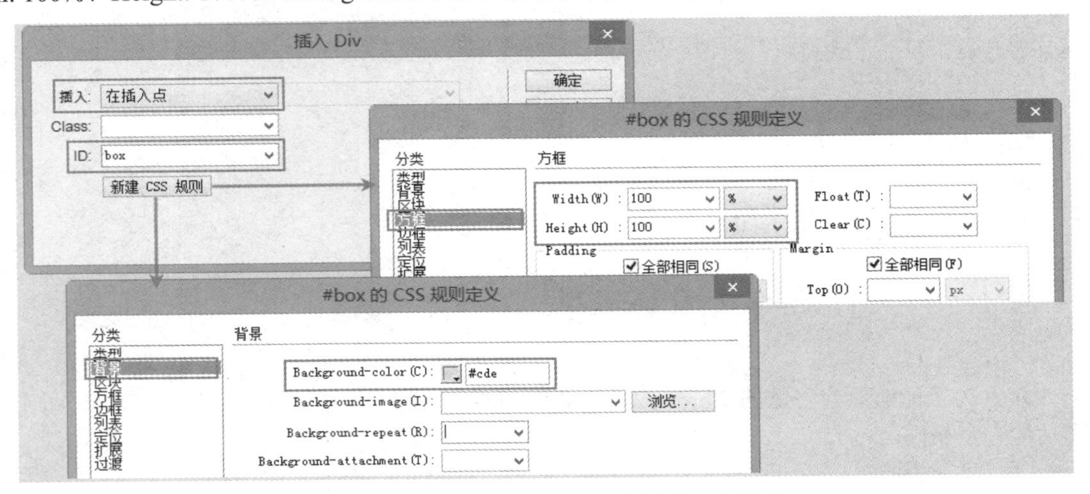

图 13.54　插入<div id="box">标签并定义样式

第 2 步，在<div id="box">标签中插入一个<div>标签，在属性面板中命名 ID 值为 clock，然后在【CSS 设计器】面板中设置布局样式：position: fixed、left: 50%、top: 50%、width: 400px、height: 400px、margin : -200px 0 0 -200px，设计标签固定在窗口中显示，宽度和高度都为 400 像素，x 轴定位为 50%，y 轴定位为 50%，然后通过负边界定义 Margin-left 和 Margin-top 为-200 像素，以便实现当前标签在窗口中居中显示，设置如图 13.55 所示。

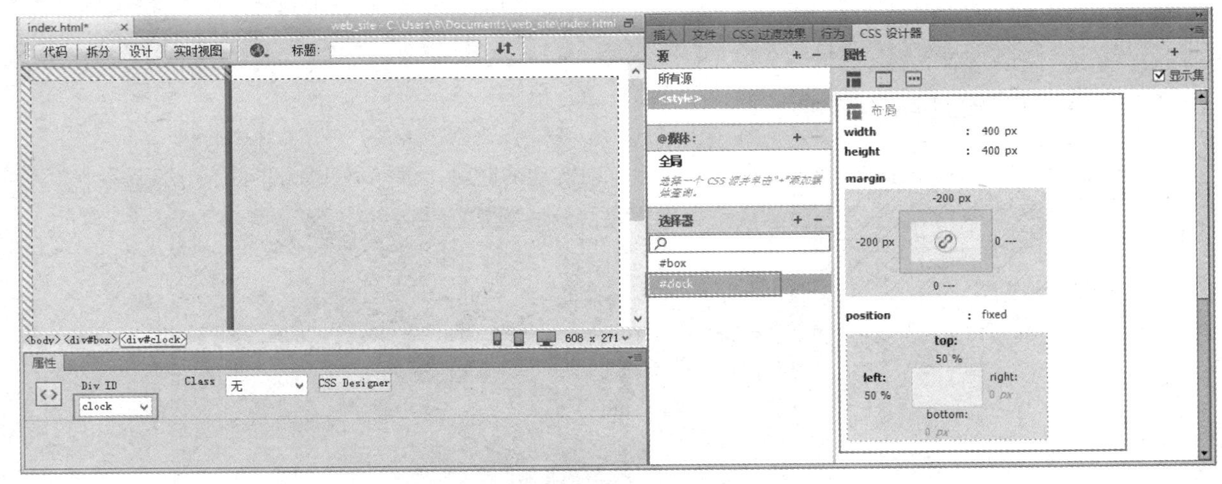

图 13.55　插入<div id="clock">标签并定义样式

第 3 步，在【CSS 设计器】面板中设置边框样式：border-radius: 200px、border: 6px solid #07a，设计边框为 6 像素宽的蓝色实线，设计边框圆角显示，圆角曲度为 200 像素，该值为宽度和高度的一半，即可设计圆形显示效果，设置如图 13.56 所示。

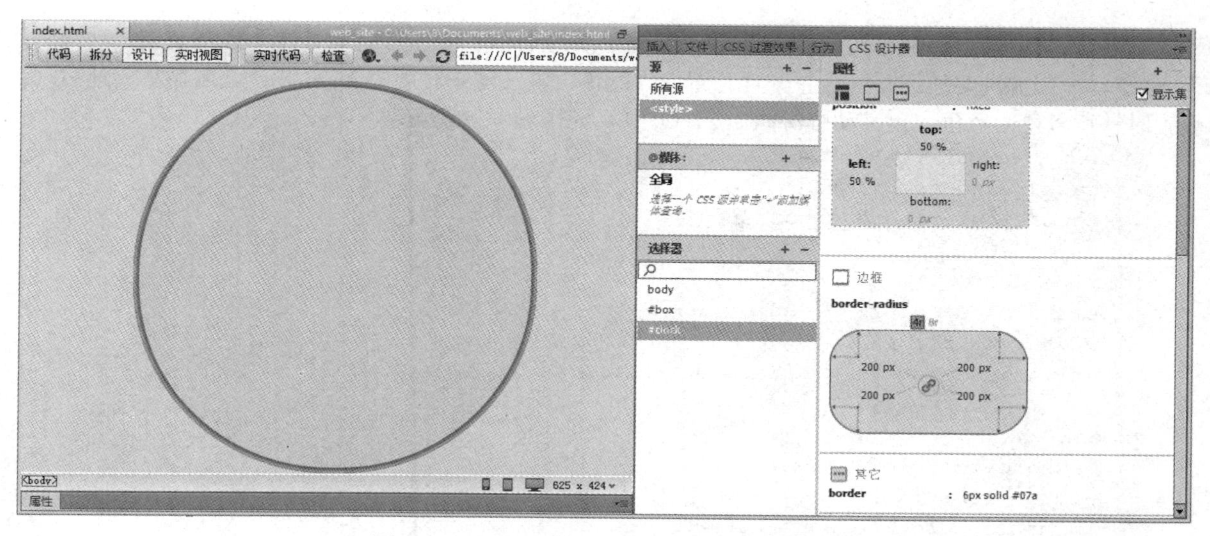

图 13.56　设计<div id="clock">标签圆形样式

第 4 步，切换到代码视图，在<div id="clock">标签输入四个<div>标签，并分别定义 Class 为 hour、minute、second 和 pivot。代码如下所示：

```
<div id="box">
    <div id="clock">
        <div class="hour"></div>
        <div class="minute"></div>
        <div class="second"></div>
        <div class="pivot"></div>
    </div>
</div>
```

第 5 步，在【CSS 设计器】面板中添加“#clock div”选择器，设置布局样式：position: absolute、left: 175px、top: 190px、width: 200px、height: 20px，设计所有时钟部件为绝对定位显示，固定位置显示，并固定大小，宽度为 200 像素，高度为 20 像素；设置边框样式：border-radius: 10px，设置圆角边框，圆角曲度为 10 像素，设置如图 13.57 所示。

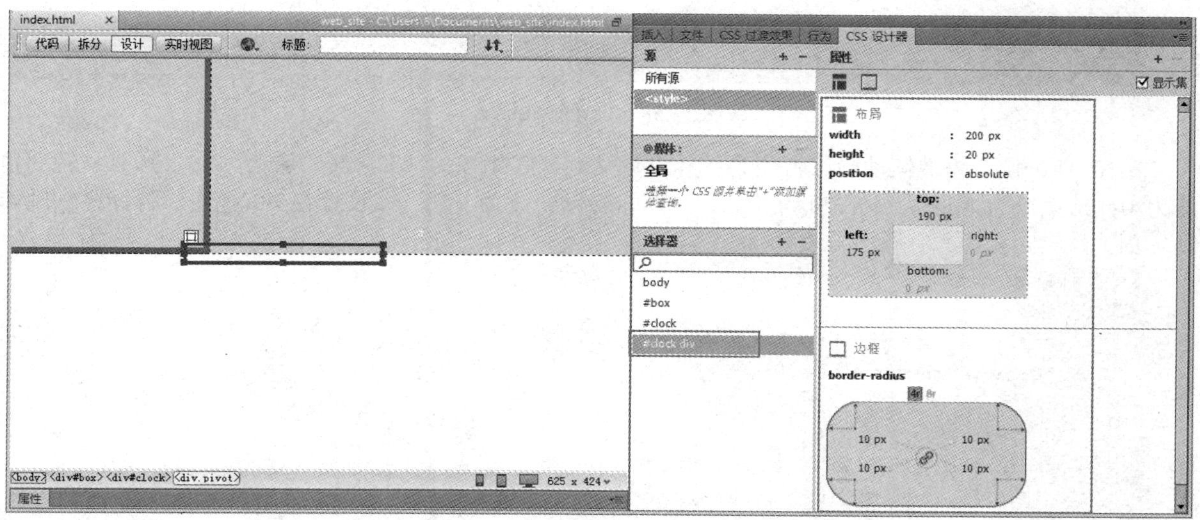

图 13.57　设计所有时钟部件的样式

第 6 步，切换到代码视图，在内部样式表中输入如下样式：设置秒针背景色为红色，定义动画时间为 60 秒，无限循环匀速运动；设置分针背景色为绿色，定义动画时间为 3600 秒，无限循环匀速运动；设置时针背景色为蓝色，定义动画时间为 21600 秒，无限循环匀速运动。

```
#clock .second {
    background-color: red;
    animation: rotate_second 60s infinite linear;
}
#clock .minute {
    background-color: green;
    width: 150px;
    animation: rotate_minute 3600s infinite linear;
}
#clock .hour {
    background-color: blue;
    width: 100px;
    animation: rotate_hour 216000s infinite linear;
}
```

第 7 步，选中<div class="pivot">标签，在【CSS 设计器】面板中定义布局样式：width: 16px、height: 16px、left: 192px、top: 192px，固定大小显示，设置宽度和高度都为 16 像素，定位位置为 x 轴 192 像素，顶部位置为 192 像素，设置如图 13.58 所示。

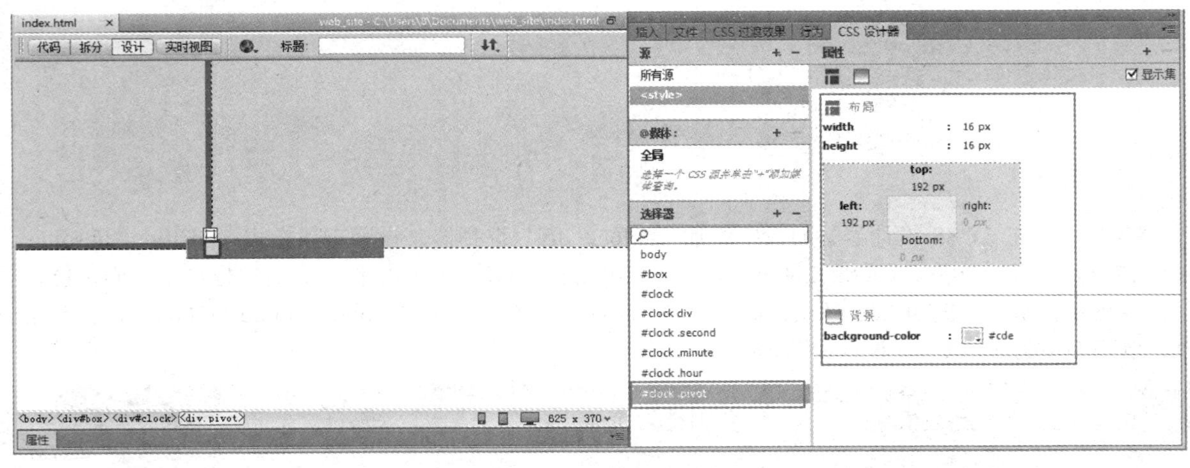

图 13.58　设计钟轴样式

第 8 步，设计关键帧动画。首先为秒针设计动画，起始帧为 0%，转动轴为（25、10），转动角度为 0；结束帧为 100%，转动轴为（25、10），转动角度为 360，即设计在 60 秒内，秒针绕钟轴转动一周。

```
@keyframes rotate_second {
    0% {
        transform-origin: 25px 10px;
        transform: rotate(0);
    }
    100% {
        transform-origin: 25px 10px;
        transform: rotate(360deg);
    }
}
```

第 9 步，以同样的方式为分针和时针设置相同的关键帧动画，起始帧和结束帧位置、转动坐标和转动角度相同，代码如下：

```
@keyframes rotate_minute {
    0% {
        transform-origin: 25px 10px;
        transform: rotate(0);
    }
    100% {
        transform-origin: 25px 10px;
        transform: rotate(360deg);
    }
}
@keyframes rotate_hour {
    0% {
        transform-origin: 25px 10px;
        transform: rotate(0);
    }
    100% {
        transform-origin: 25px 10px;
        transform: rotate(360deg);
    }
}
```

第 10 步，在<div id="clock">标签中输入 1 到 12 个数字，在【CSS 设计器】面板中定义#clock.digit 选择器，设置布局样式：position: absolute、left: 190px、top: 190px、width: 20px、height: 20px，设计数字绝对定位，固定大小和位置；设置文本样式：text-align: center、white-space: pre、font-size: 30px、line-height: 20px，定义字体大小为 30 像素，居中显示，行高为 20 像素，以预定义格式显示。最后，分别为 12 个数字应用 digit 类样式，方法是选中数字，在属性面板的 Class 下拉列表中选择 digit 类即可，设置如图 13.59 所示。

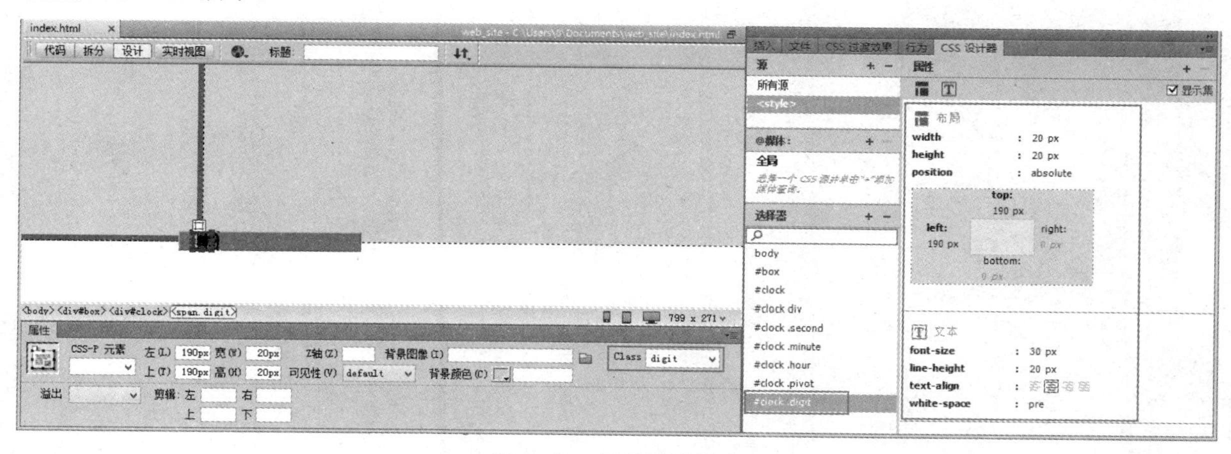

图 13.59　设计数字样式

第 11 步，在页面底部输入如下脚本，这段脚本的主要任务就是以循环的方式把 12 个数字固定到表盘上，并按顺序旋转角度显示，用户也可以直接使用 CSS 样式进行控制，这里就不要重复演示。

```
<script type="text/JavaScript">
var clock = document.querySelector('#clock');
var digits = clock.querySelectorAll('.digit');
var is_webkit = /webkit/i.test(navigator.userAgent);
```

```
var is_ff= /firefox/i.test(navigator.userAgent);
[].slice.call(digits).forEach(function(el,i) {
    var deg = (i + 1) * 30, rad = (deg-90)/180 * Math.PI;
    var tx = Math.round( Math.cos(rad) * 190 ), ty = Math.round( Math.sin(rad) *
190 );
    el.style.cssText = is_webkit
        ? '-webkit-transform: translate3d('+tx+'px,'+ty+'px,0) rotate('+deg+'deg)'
        : is_ff
         ? '-moz-transform: translateX('+tx+') translateY('+ty+') rotate('+deg+
'deg)'
         : 'transform: translate3d('+tx+'px,'+ty+'px,0) rotate('+deg+'deg)'
});
</script>
```

第 14 章　使 用 行 为

在网页中行为就是一段 JavaScript 代码，利用这段代码实现一些动态效果，允许浏览者与网页进行互动，实现网页能够根据浏览者的操作进行智能响应。本章将介绍 Dreamweaver CC 提供的一套 JavaScript 行为。

【学习重点】

- 熟练行为面板。
- 在网页中插入常用行为。
- 使用行为设计简单的交互式页面。

14.1　认 识 行 为

扫一扫，看视频

在 Dreamweaver CC 主界面中选择【窗口】|【行为】命令，打开【行为】面板，如图 14.1 所示。在【行为】面板中可以增加、删除和编辑行为，以及对行为进行排序等。

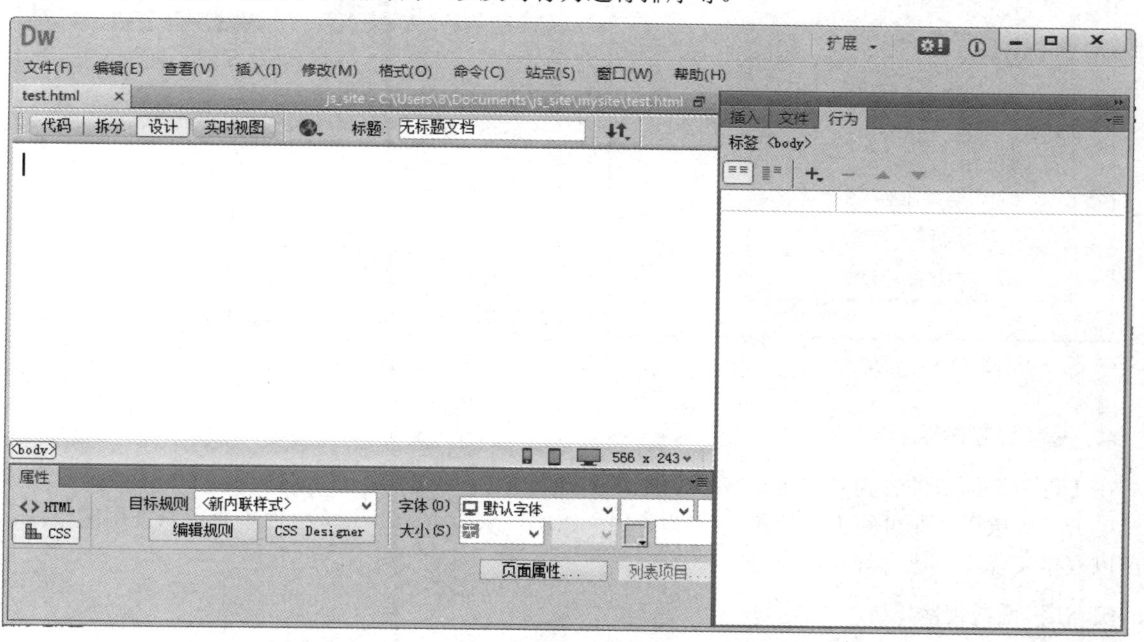

图 14.1　【行为】面板

1．增加行为

在网页中选中要添加行为的对象，单击【行为】面板列表框上面的按钮，在打开的下拉菜单中选择一个行为，如图 14.2 所示。

2．删除行为

在【行为】面板的列表框中选中该行为，然后单击列表框上面的按钮，或按 Delete 键即可实现删除操作。

3．调整行为响应顺序

调整行为顺序只能在同一事件的行为之间实现，也就是说调整同一事件下不同动作的执行顺序。

如果同一个事件有多个动作则以执行的顺序显示这些动作。若要更改给定事件的多个动作的顺序，用户可以选择某个动作后，单击或按钮进行排序，单击按钮可以向上移动行为，单击按钮可以向下移动行为，如图 14.3 所示。

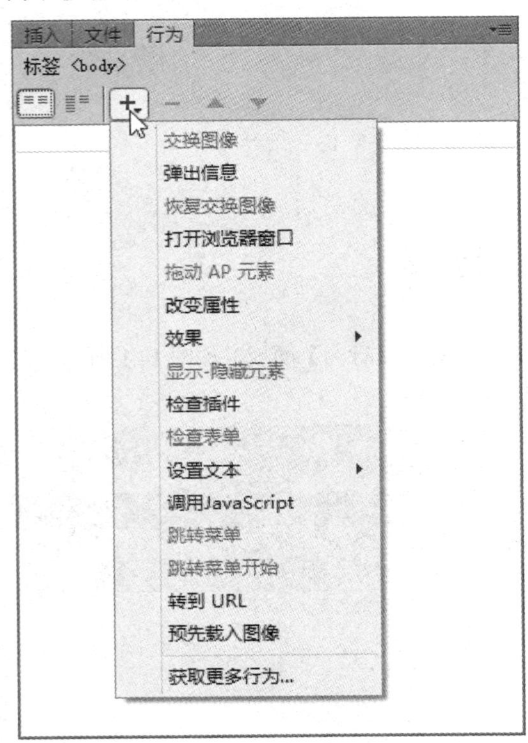

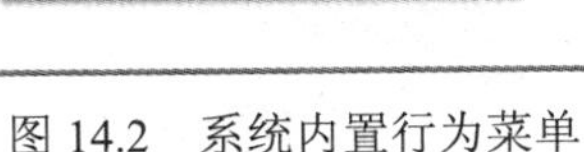
图 14.2　系统内置行为菜单

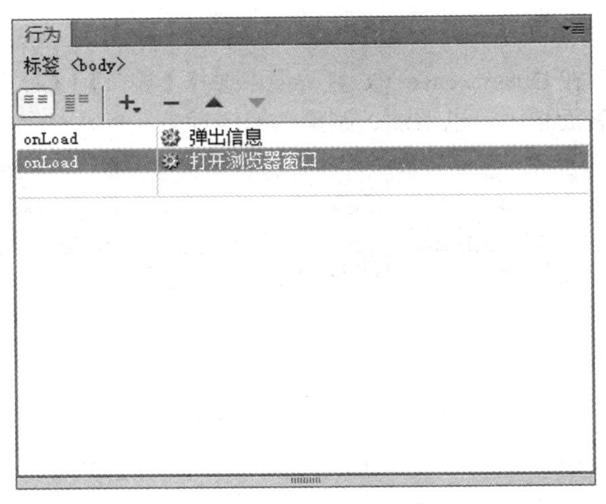

图 14.3　调整行为顺序

4．设置响应事件

在【行为】面板的行为列表中选择一个行为，单击该项左侧的事件名称栏，会显示一个下拉菜单箭头，单击箭头按钮，即可弹出下拉菜单，如图 14.4 所示，菜单中列出了该行为所有可以使用的事件，用户可以根据实际需要进行设置。

5．切换面板视图

在【行为】面板中，用户可以设置事件的显示方式。在面板的左上角有两个按钮，分别表示显示设置事件和显示所有事件，如图 14.5 所示。

- 【显示设置事件】按钮：单击该按钮，仅显示当前网页中增加行为的事件，这种视图方便查看设置事件。
- 【显示所有事件】按钮：单击该按钮，显示当前网页中能够使用的全部事件，这种视图能够快速浏览全部可使用事件。

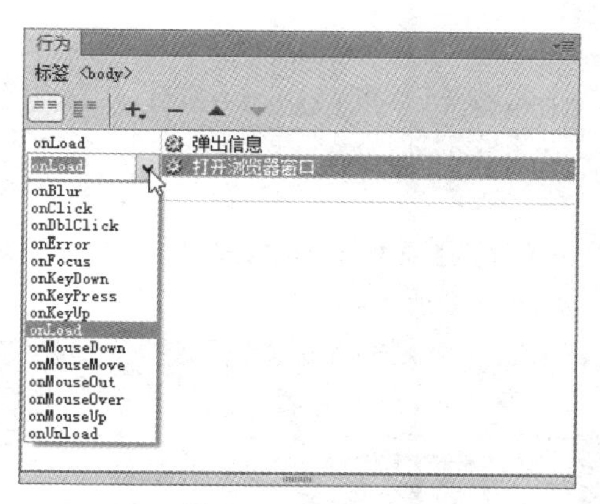

图 14.4　设置事件

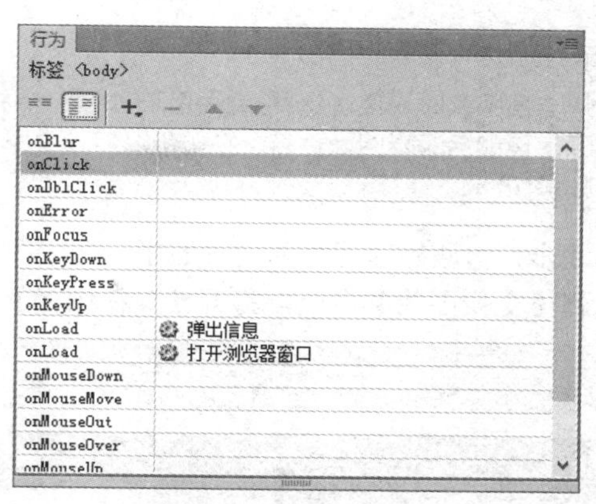

图 14.5　显示所有事件

14.2　交换图像

交换图像就是图像切换，例如，当鼠标移到图像上方时，图像变为另外一幅图像，移开图像后，再使用恢复交换图像行为将图像还原为初始状态。

"交换图像"和"恢复交换图像"行为应该配合使用，当"交换图像"行为附加到对象时，可以选择自动增加"恢复交换图像"行为，也可以单独添加。

扫一扫，看视频

14.2.1　案例：动态按钮

交换式按钮是一种动态响应式效果，以增强页面视觉效果，提升用户体验度，演示效果如图 14.6 所示。

（a）初始效果

（b）设计效果

图 14.6　实例效果

【操作步骤】

第 1 步，打开本节示例中的 orig.html 文件，另存为 effect.html。该页面是一个广告式企业宣传主页，这里设计当鼠标移到页面右侧的广告图像上时，会交换显示为详细信息图像效果。

第 2 步，使用 Photoshop 设计并制作交换图片，如图 14.7 所示。

原始图

动态图

图 14.7　设计的素材图像

提示：

制作交换图片时，应注意原始图和动态图尺寸相同，由于“交换图像”行为通过更改<img>标签的 src 属性将一幅图像和另一幅图像进行交换，所以换入的图像应该与原图像具有相同的高度和宽度。否则，在显示时会被拉伸或压缩。

第 3 步，将原始图片插入到页面中，选中图像后，单击【行为】面板上的 + 按钮，在弹出的快捷菜单中选择【交换图像】命令，打开【交换图像】对话框，如图 14.8 所示。

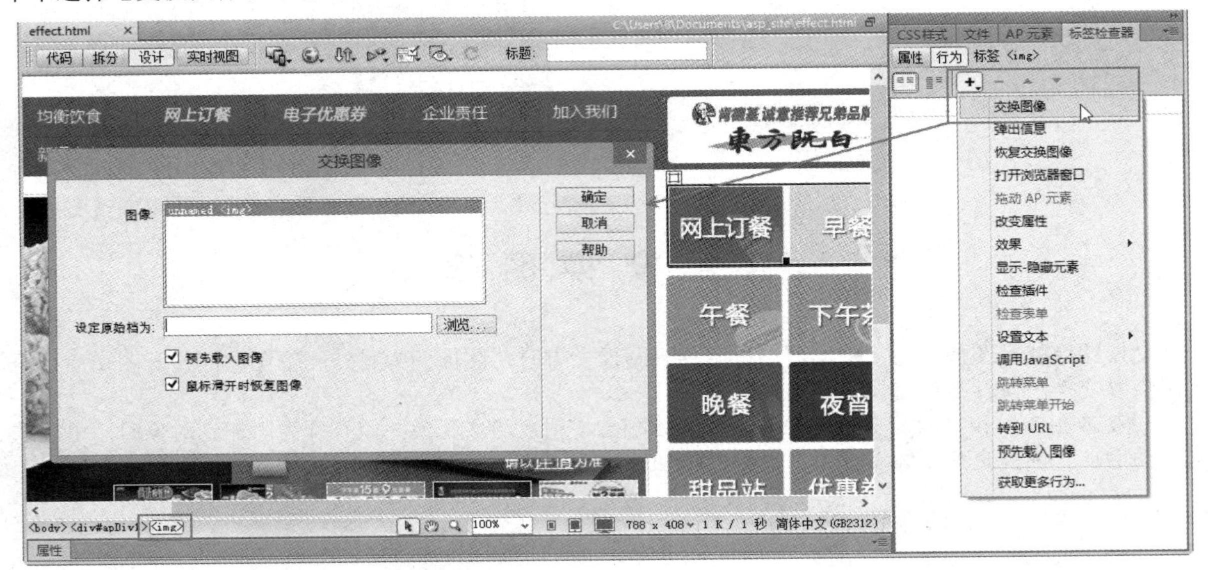

图 14.8　打开【交换图像】对话框

第 4 步，添加原始图片。在【设置原始档为】文本框中设置替换图像的路径，单击【浏览】按钮，打开【选择图像源文件】对话框，从中选择需要交互的图片，作为鼠标放置于按钮上的替换图像，如图 14.9 所示。

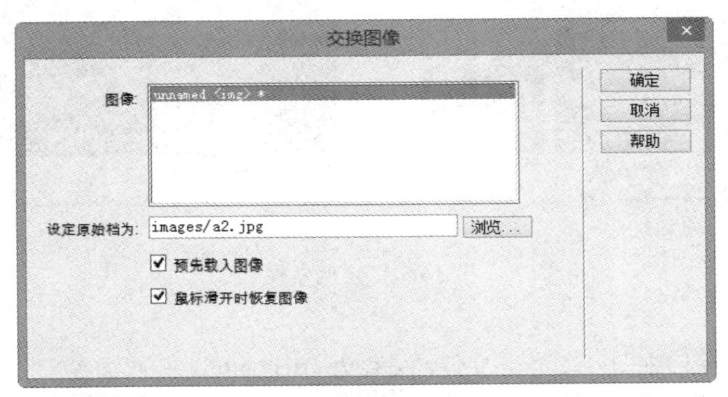

图 14.9　设置【交换图像】对话框

第 5 步，勾选【预先载入图像】复选框，设置预先载入图像，以便及时响应浏览者的鼠标动作。因为替换图像在正常状态下不显示，浏览器默认情况下不会下载该图像。

第 6 步，勾选【鼠标滑开时恢复图像】复选框，设置鼠标离开按钮时恢复为原图像，该选项实际上是启用“恢复交换图像”行为。如果不选择该项，如果要恢复原始状态，用户还需要增加“恢复交换图像”行为以恢复图像原始状态。

提示：

在【交换图像】对话框的【图像】列表框中，列出了网页上的所有图像。选中的图像如果没有命名，则会添加默认名 Image 1。如果网页上图像很多，就必须命名来区分不同的图像。需要特别注意的是，图像的命名不能与网页上其他对象重名。

第 7 步，设置完毕，选中图像，在【行为】面板中会出现两个行为，如图 14.10 所示。【动作】栏显示一个“恢复交换图像”行为，其事件为 onMouseOut（鼠标移出图像）。另一个为“交换图像”行为，事件为 onMouseOver（鼠标在图像上方）。

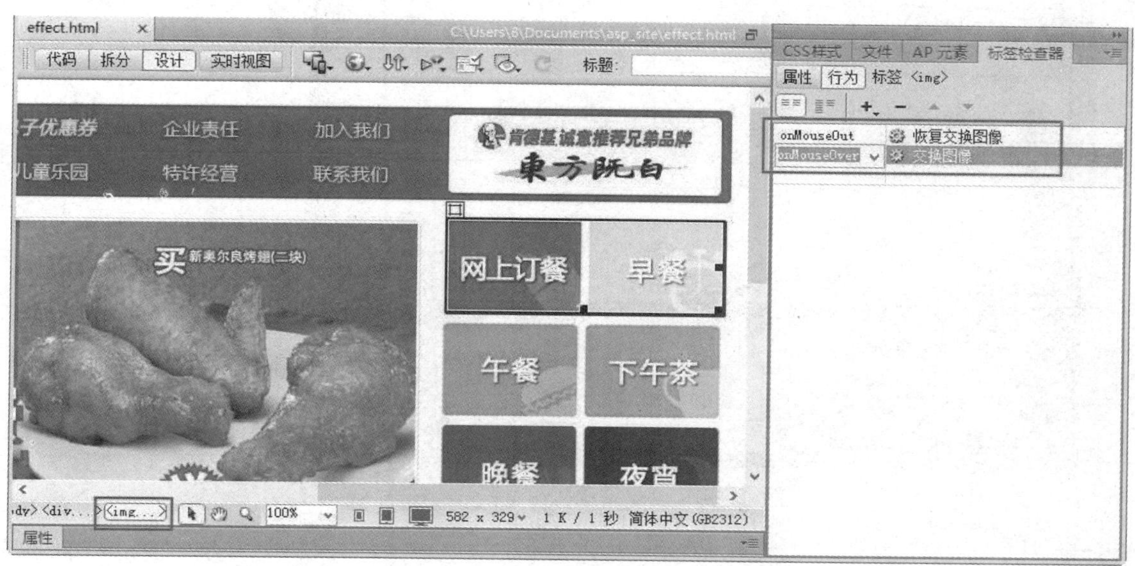

图 14.10　设置交换图像事件

第 8 步，至此，交换图像制作完成，按 F12 键预览效果。当鼠标放置在图像上时，会出现另一张图像，鼠标移开，恢复为原来的图像。

拓展：

添加行为之后，还是可以编辑的，在行为面板中双击【交换图像】项，会打开【交换图像】对话框，可以对交换图像的效果进行重新设置。选中一个行为之后，可以单击面板上的 − 按钮删除行为。

14.2.2　案例：动态导航

扫一扫，看视频

下面示例将演示如何快速设计交换式导航效果。当鼠标移到导航菜单项上时，会交换显示为高亮显示效果，如图 14.11 所示。该行为的效果与图像轮换功能相似。

（a）初始效果

（b）设计效果

图 14.11　实例效果

【操作步骤】

第 1 步，打开本节示例中的 orig.html 文件，另存为 effect.html。该页面是一个工具导航模块，栏目中包含 6 个工具，鼠标经过时会高亮导航项目。

第 2 步，将原始图片插入到栏目中，并选中每幅图片，在属性面板中为它们定义 ID 编号，如图 14.12 所示。

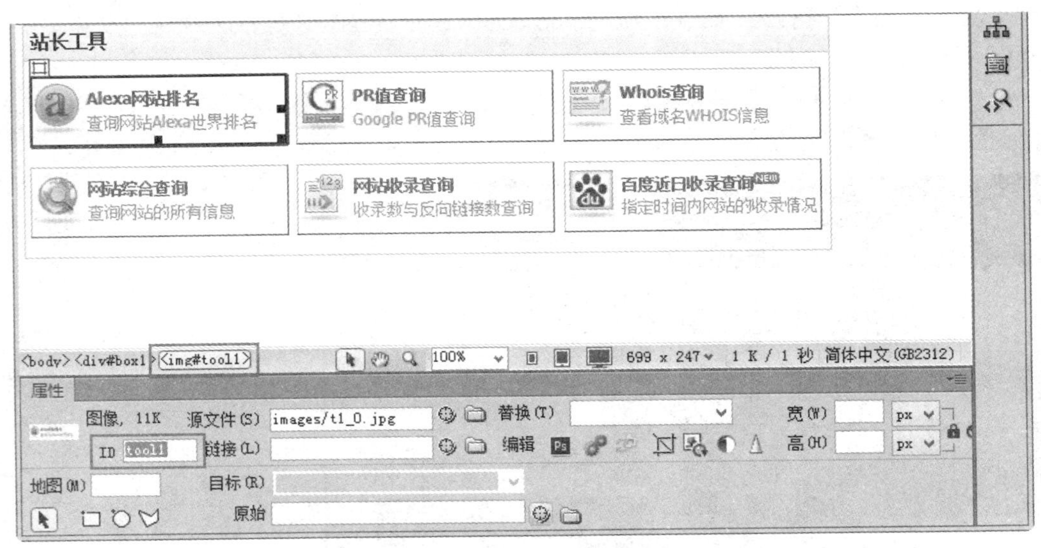

图 14.12　设置【交换图像】对话框

提示：

当页面中需要为多幅图片应用“交换图像”行为时，应该在属性面板中为每幅图片定义 ID 编号，以便脚本控制。

第 3 步，选中第一幅图像，在【行为】面板中单击 + 按钮，在弹出的快捷菜单中选择【交换图像】命令，打开【交换图像】对话框。

提示：

在【图像】列表框中列出了网页上的所有图像，这些图像通过 ID 编号进行识别和相互区分。需要特别注意的是，图像的命名不能与网页上其他对象重名。

第 4 步，在【设置原始档为】文本框中设置替换图像的路径。单击【浏览】按钮，可以打开【选择图像源文件】对话框，从中寻找另外一张图像，作为鼠标放置于按钮上的替换图像。

第 5 步，勾选【预先载入图像】复选框，设置预先载入图像，以便及时响应浏览者的鼠标动作。因为替换图像在正常状态下不显示，浏览器默认情况下不会下载该图像。

第 6 步，勾选【鼠标滑开时恢复图像】复选框，设置鼠标离开按钮时恢复为原图像。如果不选择该项，要想恢复原始状态，用户还需要增加“恢复交换图像”行为以恢复图像原始状态。对话框设置效果如图 14.13 所示。

第 7 步，逐一选中每幅图片，然后模仿上面几步操作，为每幅图片绑定“交换图像”行为。完成交换图像制作，按 F12 键预览效果。当鼠标放置在图像上时，会出现另一张图像，鼠标移开，恢复为原来的图像，演示效果如图 14.5 所示。

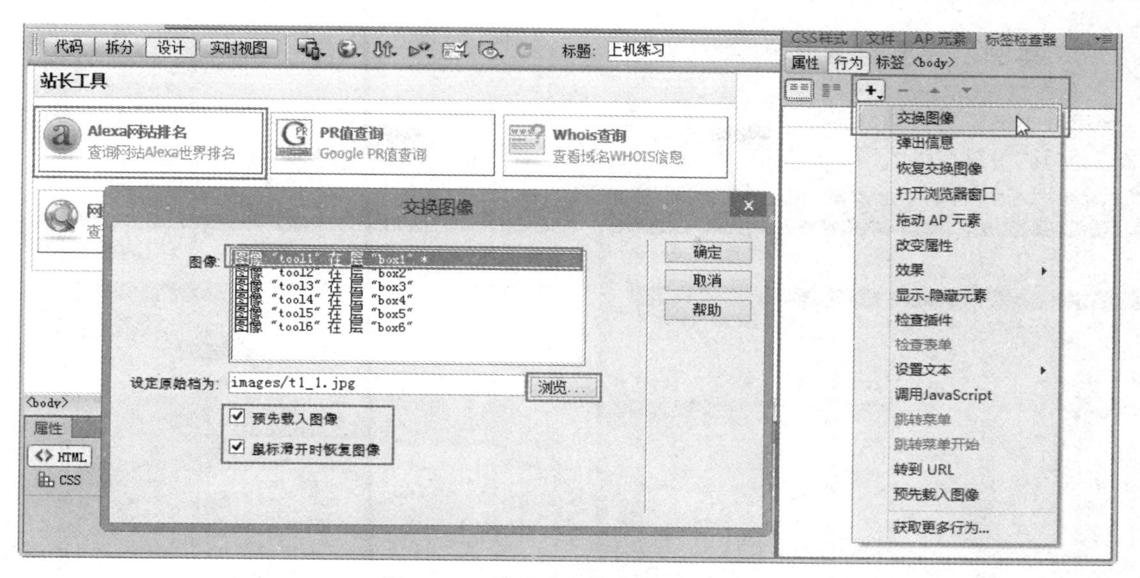

图 14.13　设置【交换图像】对话框

提示：

设置完毕，选中图像，在【行为】面板中会出现两个行为，如图 14.14 所示。“动作”栏会显示一个行为“恢复交换图像”，其事件为 onMouseOut（鼠标移出图像）。另一个为“交换图像”，事件为 onMouseOver（鼠标在图像上方）。单击该栏目，可以重设事件类型，定义不同的响应类型。

图 14.14　增加的行为

14.3　弹　　出

弹出是一种信息提示方式，当用户单击或者移动到页面对象上时，能够自动感知，并快速打开对话框或窗口，并显示提示信息。

扫一扫，看视频

14.3.1 案例：弹出对话框

弹出提示信息对话框，实际上该对话框只是一个 JavaScript 提示框，只有一个【确定】按钮，所以使用该行为时可以提供给用户一些信息，而不能提供选择项，效果如图 14.15 所示。

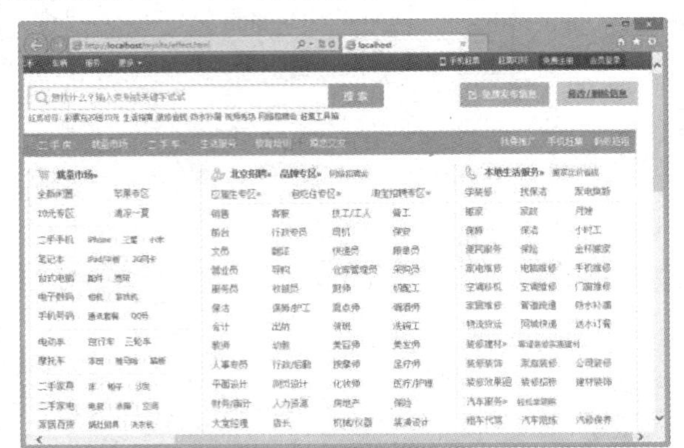

（a）初始效果

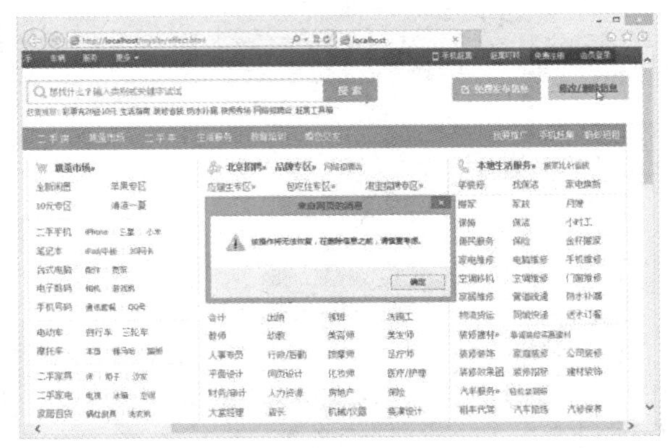

（b）交互效果

图 14.15 实例效果

【操作步骤】

第 1 步，打开本节示例中的 orig.html 文件，另存为 effect.html。该页面是一个招聘网站主页，版式设计单一，主要以文字信息列表为主。

第 2 步，在页面中选择一个对象，如<img>标签，然后单击【行为】面板中的+按钮，从中选择【弹出信息】命令选项。

第 3 步，打开【弹出信息】对话框，输入要显示的信息。例如，输入“该操作将无法恢复，在删除信息之前，请慎重考虑。”，如图 14.16 所示。

图 14.16 设置【弹出信息】对话框

第 4 步，单击【确定】按钮完成设置。在【行为】面板列表中会显示刚加入的动作，根据需要可以设置事件响应类型，这里设置鼠标单击事件，如图 14.17 所示。

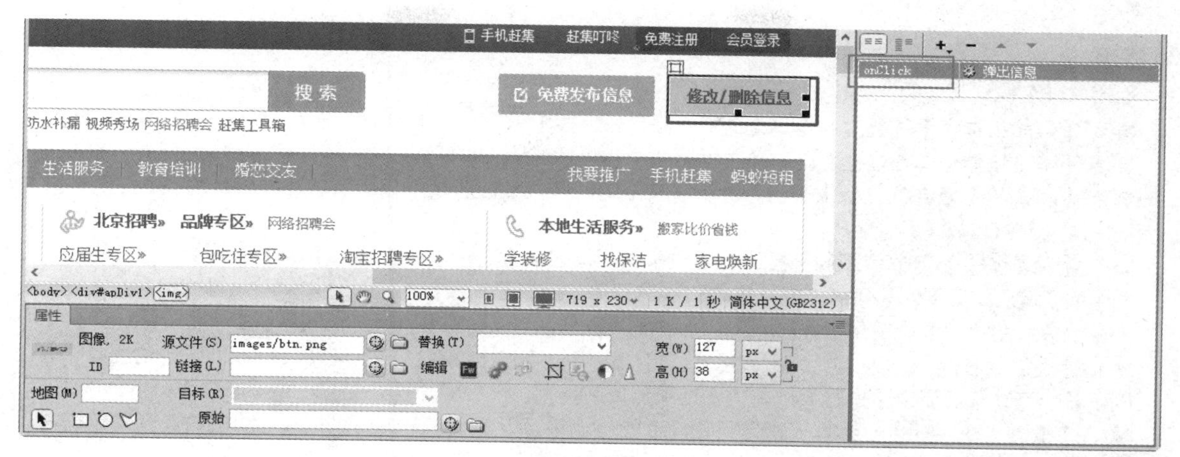

图 14.17　设置响应事件类型

第 5 步，保存并预览网页，在页面中单击按钮，则会自动弹出提示对话框。

14.3.2　案例：弹出窗口

扫一扫，看视频

使用“打开浏览器窗口”行为可以在新窗口中打开一个 URL。用户可以指定新窗口的属性（包括其大小）、特性（它是否可以调整大小、是否具有菜单栏等）和名称，效果如图 14.18 所示。

（a）启动页面效果

（b）自动弹出新窗口效果

图 14.18　实例效果

【操作步骤】

第 1 步，打开本节示例中的 orig.html 文件，另存为 effect.html。该页面是一个招聘网站主页，版式设计单一，主要以文字信息列表为主。

第 2 步，在页面中选择一个对象，如<img>标签，作为事件控制的对象。也可以不选，然后单击【行为】面板中的 + 按钮，从中选择【打开浏览器窗口】选项命令，打开【打开浏览器窗口】对话框。

第 3 步，在【要显示的 URL】文本框中设置在新窗口中载入的目标 URL 地址（可以是网页也可以是本地文件，如图像或者多媒体等），或者单击【浏览】按钮，用浏览的方式选择。这里选择了一个图像 images/ adv.png。

第 4 步，在【窗口宽度】文本框设置窗口的宽度（以像素为单位），在【窗口高度】文本框中指定新窗口的高度。这里设置宽度为 314 像素，高度为 233 像素。

第 5 步，在【属性】选项区域设置窗口显示属性。这里不勾选任何选项，仅显示一个简单的窗口。

提示：

在【属性】选项区域内，各个选项说明如下：

- 【导航工具栏】复选框：是一组浏览器按钮，包括【后退】、【前进】、【主页】和【重新载入】。
- 【地址工具栏】复选框：是一组浏览器选项，包括地址文本框等。
- 【状态栏】复选框：是位于浏览器窗口底部的区域，在该区域中显示消息，如剩余的载入时间以及与链接关联的 URL 等。
- 【菜单条】复选框：是浏览器窗口上显示的菜单，如【文件】、【编辑】、【查看】、【转到】和【帮助】的区域。如果要让访问者能够从新窗口导航，用户应该显式设置此选项。如果不设置此选项，则在新窗口中，用户只能关闭或最小化窗口。
- 【需要时使用滚动条】复选框：指定如果内容超出可视区域应该显示滚动条。如果不显式设置此选项，则不显示滚动条。如果【调整大小手柄】选项也关闭，则访问者将很难看到超出窗口原始大小以外的内容。
- 【调整大小手柄】复选框：指定用户应该能够调整窗口的大小，方法是拖动窗口的右下角或单击右上角的最大化按钮。如果未显式设置此选项，则调整大小控件将不可用，右下角也不能拖动。

第 6 步，在【窗口名称】文本框中设置新窗口的名称。如果用户要通过 JavaScript 使用链接指向新窗口或控制新窗口，则应该对新窗口进行命名。此名称不能包含空格和特殊字符。设置完毕后的对话框如图 14.19 所示。

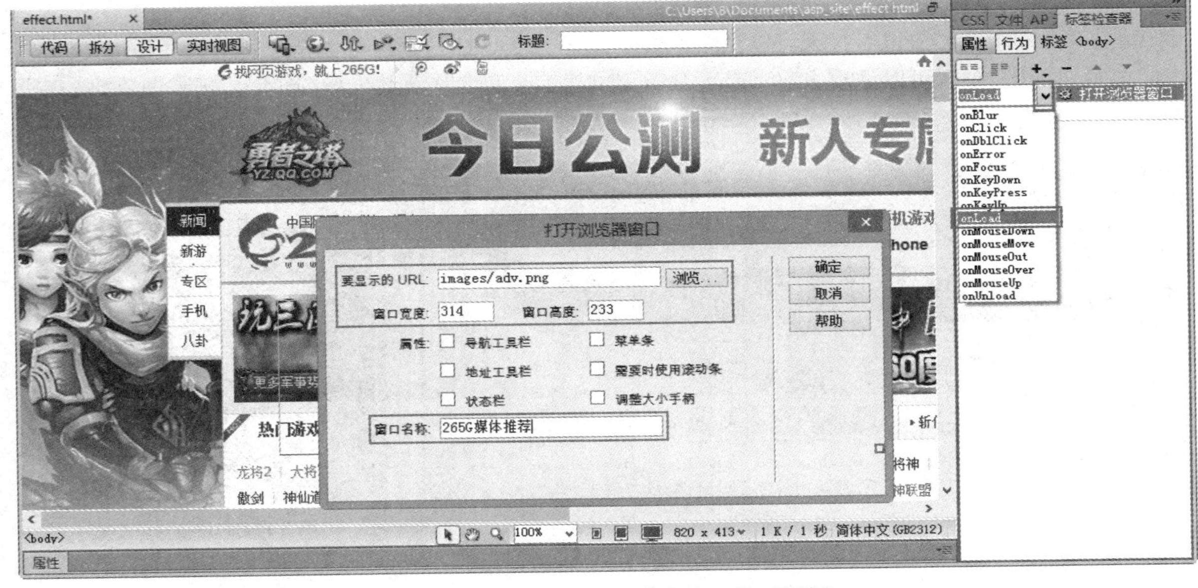

图 14.19 设置【打开浏览器窗口】对话框

第 7 步，单击【确定】按钮，则在【行为】面板中增加一个动作。然后在【行为】面板中调整事件为 onLoad。设置完毕，保存并预览网页，会自动打开新窗口，在窗口中显示提示信息，如图 14.18（b）所示。

提示：

如果不指定浏览器窗口属性，在打开时图像的大小与打开它的窗口相同。如果指定窗口的任何属性，都将自动关闭所有其他未显式打开的属性。例如，如果不为窗口设置任何属性，它将以 640×480 像素大小打开并具有导航条、地址工具栏、状态栏和菜单栏。如果将宽度显式设置为 640，将高度设置为 480，并不设置其他属性，则该窗口将以 640×480 像素大小打开，并且不显示导航条、地址工具栏、状态栏、菜单栏、调整大小手柄和滚动条。

14.4 拖　　放

拖放是鼠标操作中一类重要的交互行为，直接使用 JavaScript 设计比较复杂，如果使用 Dreamweaver 行为会很简单。

14.4.1 案例：无限拖动

“拖动 AP 元素”行为可以允许用户使用鼠标拖动对象，AP 元素就是绝对定位元素。本例设计一个简单的可拖动效果，定义当按下鼠标左键时，对话框能够跟随鼠标指针在页面内移动，如图 14.20 所示。

（a）启动页面效果

（b）自由拖动页面对话框

图 14.20　实例效果

【操作步骤】

第 1 步，打开本节示例中的 orig.html 文件，另存为 effect.html。该页面是一个社区分享主页，版式设计单一，主要显示一个登录窗口，要求用户登录进入。

第 2 步， 定义一个 AP Div 元素。选择【插入】|【布局对象】|【AP Div】命令，在页面中插入一个绝对定位元素。在属性面板的【AP 元素编号】文本框中设置该 AP 元素的名字为 apDiv1。同时定义元素的宽度和高度，最后在 AP 元素中插入一个对话框，如图 14.21 所示。

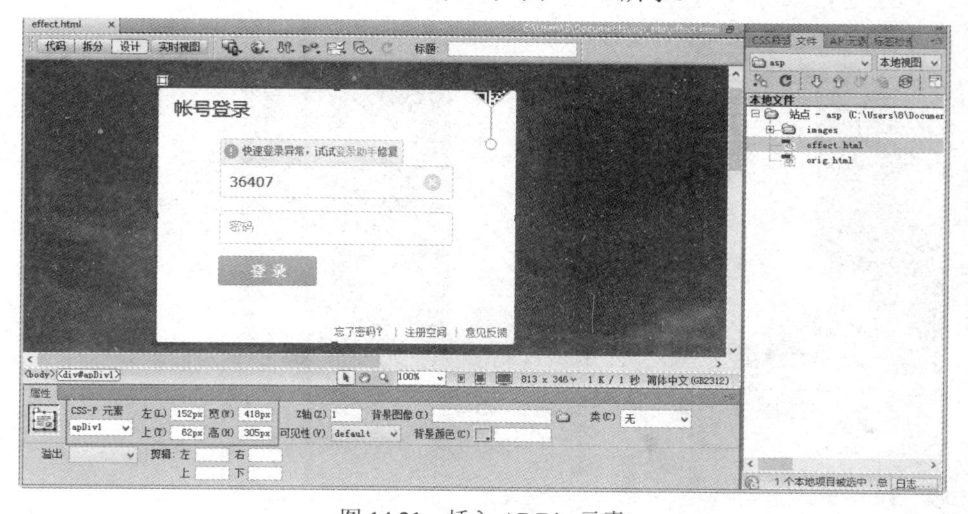

图 14.21　插入 AP Div 元素

第 3 步，在编辑窗口空白区域单击，不选择<body>标记，即不选中页面内任何内容。打开【行为】面板，单击+按钮，从中选择【拖动 AP 元素】选项命令，打开【拖动 AP 元素】对话框，如图 14.22 所示。

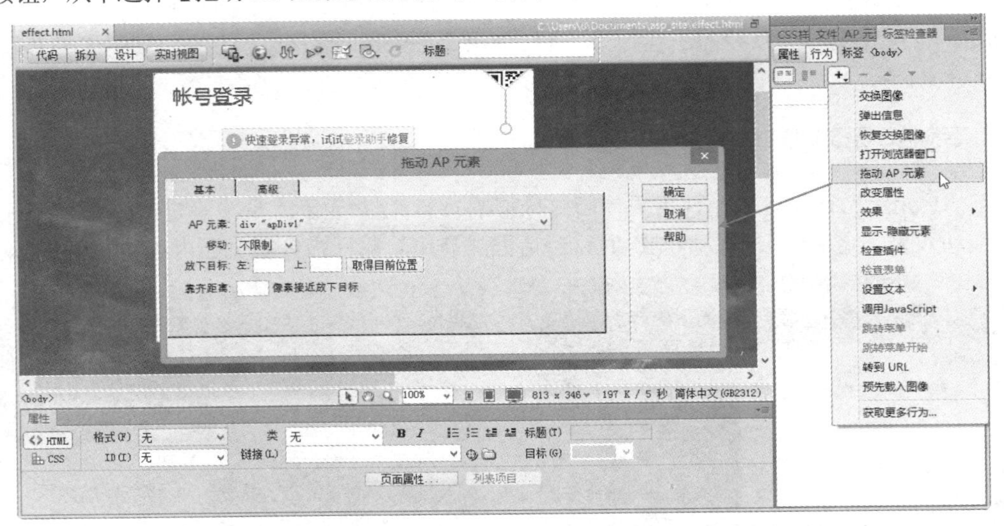

图 14.22　打开【拖动 AP 元素】对话框

第 4 步，在【AP 元素】下拉列表中设置要拖动的 AP 元素。在该下拉列表中选择【div “apDiv1”】选项。

第 5 步，在【移动】下拉列表中设置移动区域。从中选择【不限制】选项，允许浏览者在网页中自由拖动 AP 元素。其他选项保持默认设置。

第 6 步，设置完成单击【确定】按钮。返回【行为】面板，在行为列表中多了一条行为。在事件项下选中 onLoad，动作项下保持默认值为“拖动 AP 元素”，如图 14.23 所示，这就是刚才为 AP 元素添加“拖动 AP 元素”行为。

第 7 步，至此操作完毕，保存并预览网页，在网页中可以任意地拖动插入的对话框。

提示：

Dreamweaver 仅支持绝对定位元素的拖放操作，因此当为普通元素应用拖放行为时，建议先把该对象转换为定位元素，或者把它包含在定位元素中，通过拖动定位元素，间接实现拖放行为。

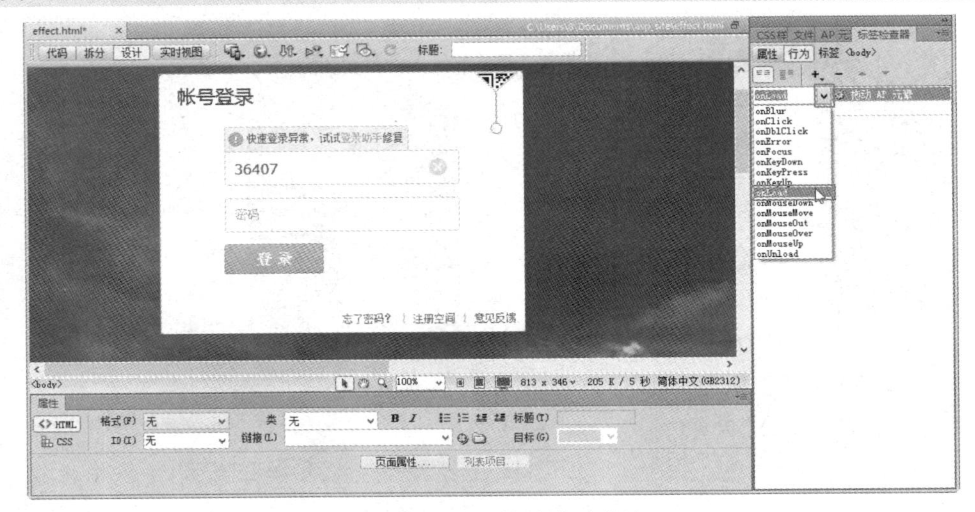

图 14.23　设置拖放激活事件

14.4.2　案例：限制拖放区域

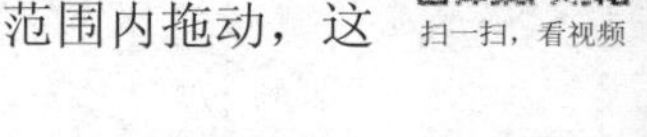

上节示例演示了如何拖动元素，我们也可以限制拖放区域，定义元素只能够在指定范围内拖动，这种行为在 Web 应用中比较常用，避免用户随意拖动对象，演示效果如图 14.24 所示。

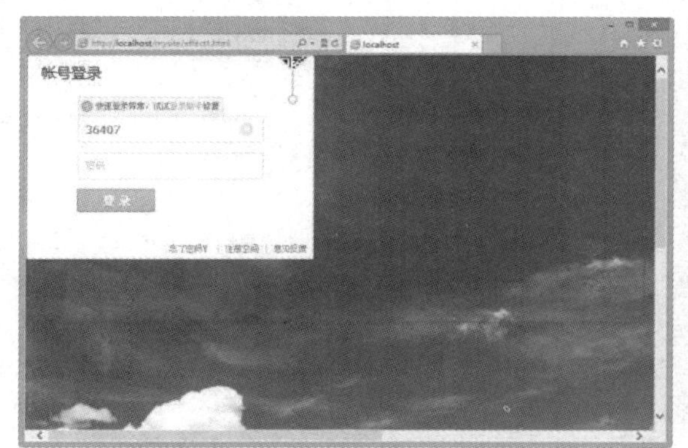

（a）启动页面效果

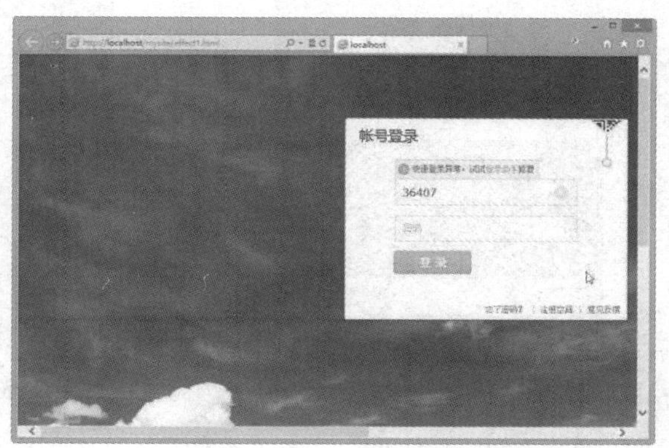

（b）限制在红色边框区域拖动元素

图 14.24　实例效果

【操作步骤】

第 1 步，复制上一节的实例文件（effect.html）为 effect1.html，插入第二个 AP Div 元素，定义宽度为 900px，高度为 400px。然后，选中 apDiv1 定位元素，在属性面板中重置偏移坐标，设置“左”值为 0，设置“右”值也为 0。并用鼠标把它拖放到 apDiv2 元素内部，当然也可以不用嵌套，该嵌套关系不会影响拖放的限制区域。操作如图 14.25 所示。

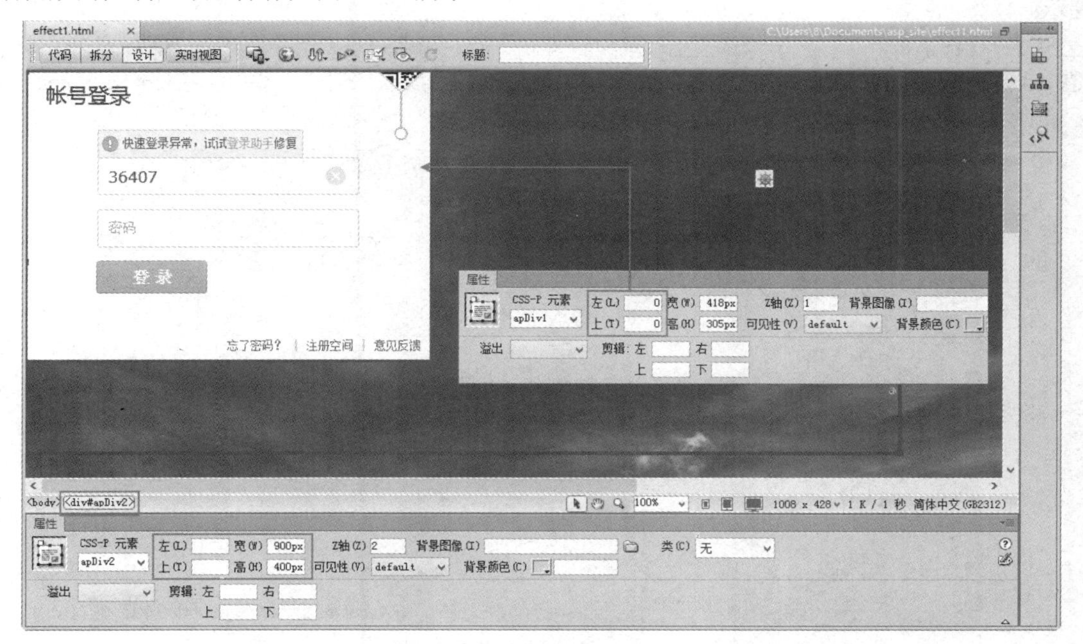

图 14.25　设置 AP Div 元素属性

第 2 步，选中 apDiv2 定位元素，在属性面板单击【编辑样式】按钮，打开【#apDiv2 的 CSS 规则定义】对话框，在左侧“分类”列表中选择“边框”，然后为 apDiv2 元素定义一个红色边框，如图 14.26 所示，或者直接在【CSS 设计器】面板中进行设置。

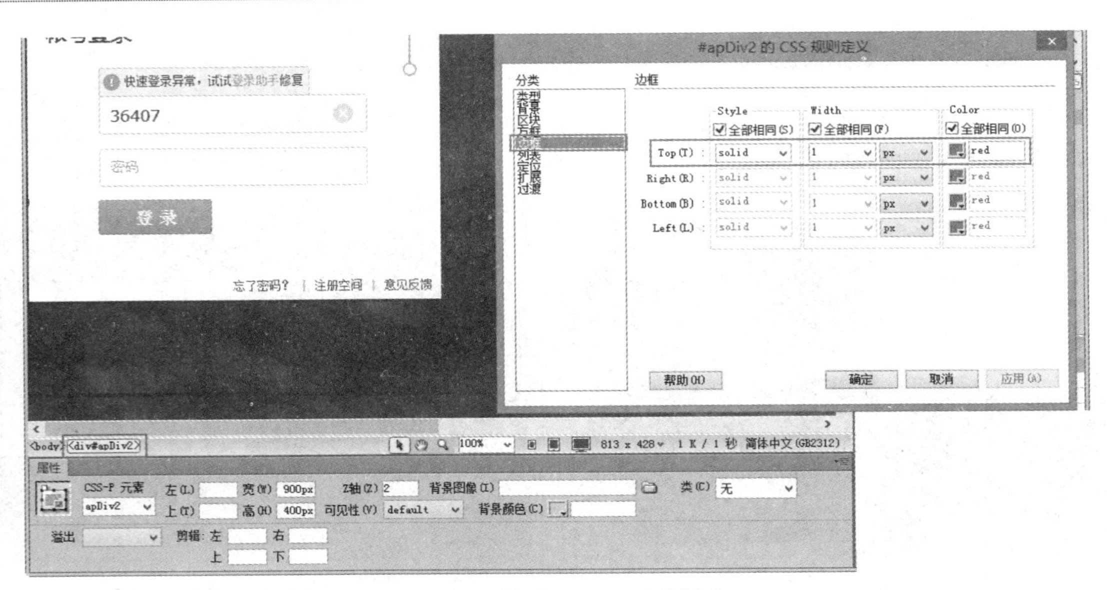

图 14.26　设置 AP Div 元素样式

第 3 步，在页面空白区域单击，不选中任何元素，在【行为】面板中将会显示上一节示例中定义的“拖放 AP 元素”行为。双击该行为，打开【拖动 AP 元素】对话框。

第 4 步，选择【限制】项，【拖动 AP 元素】对话框会多出设置限制区域大小的选项，设置如图 14.27 所示，这些设置用来选定拖动 AP 元素的区域，区域为矩形。计算方法是以 AP 元素当前所在的位置算起，向上、向下、向左、向右可以偏移多少像素的距离。这里只需要填写数字，单位默认为像素。

提示：

上一步设置都是相对于 AP 元素的起始位置的。如果限制在矩形区域中的移动，则在所有四个框中都输入正值。若要只允许垂直移动，则在“上”和“下”文本框中输入正值，在“左”和“右”文本框中输入 0。若要只允许水平移动，则在“左”和“右”文本框中输入正值，在“上”和“下”文本框中输入 0。

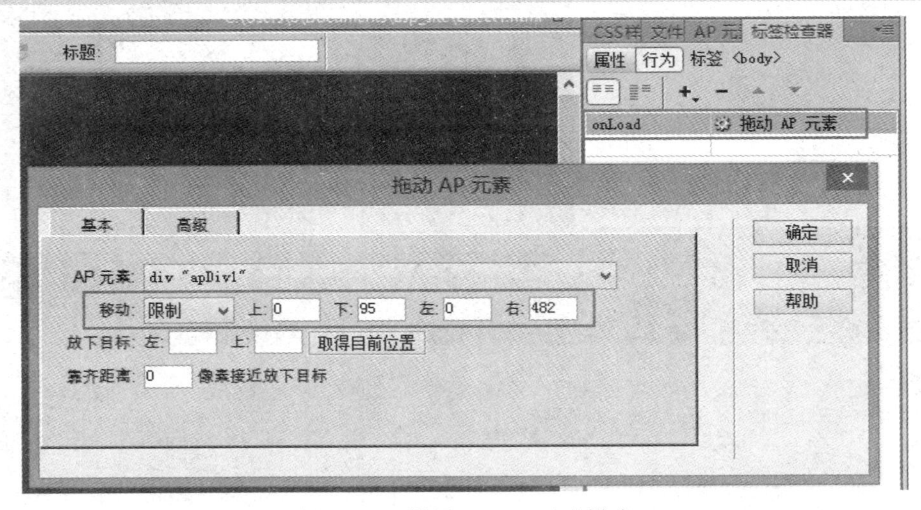

图 14.27　设置 AP Div 元素样式

第 5 步，单击【确定】按钮，完成对话框的修改设置。然后在浏览器中预览，就可以发现被拖动的 AP Div1 元素只能够在 AP Div2 包含框中移动，如图 14.18 所示。

扫一扫，看视频

14.4.3　案例：定义投靠目标

拖动的对象在接近目标位置时，能够自动吸附，并准确停靠，这是 Web 开发中常用的一种行为。下面介绍如何利用 Dreamweaver 拖放行为来实现这个任务，效果如图 14.28 所示。

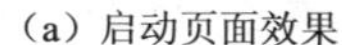
(a) 启动页面效果

(b) 让拖放对象自动停靠目标

图 14.28　实例效果

第 1 步，打开本节示例中的 orig.html 文件，另存为 effect.html。该页面是一个网络商店主页中的一个栏目，版式设计单一，主要显示商品列表，要求用户执行选购操作。

第 2 步，　定义一个 AP Div 元素。选择【插入】|【布局对象】|【AP Div】命令，在页面中插入一个绝对定位元素。在属性面板的【AP 元素编号】文本框中设置该 AP 元素的名字为 apDiv1。同时定义元素的宽度和高度，最后在 AP 元素中插入一个实物图片。

第 3 步，在编辑窗口空白区域单击，不选择<body>标记。打开【行为】面板，单击+按钮，从中选择【拖动 AP 元素】选项命令，打开【拖动 AP 元素】对话框，如图 14.22 所示。

第 4 步，在【AP 元素】下拉列表中设置要拖动的 AP 元素。在该下拉列表中选择【div “apDiv1”】选项。

第 5 步，在【放下目标】选项区域设置拖动 AP 元素的目标，在【左】文本框中填写距离网页左边界的像素值，在【上】文本框中填写距离网页顶端的像素值。可以选择【查看】|【标尺】|【显示】命令，显示标尺来确定目标点的位置。

第 6 步，在【靠齐距离】文本框中设置一旦 AP 元素距离目标点小于规定的像素值时，释放鼠标后 AP 元素会自动吸附到目标点。设置效果如图 14.29 所示。

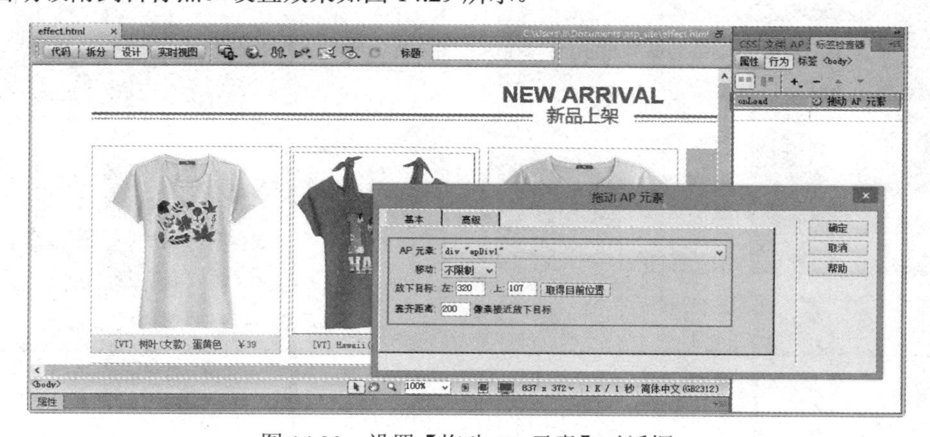

图 14.29　设置【拖动 AP 元素】对话框

第 7 步，单击【确定】按钮，完成对话框的设置。然后在浏览器中预览，就可以发现被拖动的衣服靠近目标位置时，会自动停靠在其中，如图 14.28 所示。

提示：

如果希望拖动对象能够自动恢复到默认的位置，则可以单击【取得目前位置】按钮，将 AP 元素当前所在的点作为目标点，并自动将对应的值填写在【左】和【上】两个文本框之中。

拓展：

【左】和【上】两个文本框之中为拖放目标输入值（以像素为单位）。拖放目标是希望访问者将 AP 元素拖动到的点。当 AP 元素的左坐标和上坐标与在“左”和“上”文本框中输入的值匹配时，便认为 AP 元素已经到达拖放目标。这些值是与浏览器窗口左上角的相对值。单击【取得目前位置】按钮可使用 AP 元素的当前位置自动填充这些文本框。

在【靠齐距离】文本框中输入一个值（以像素为单位）以确定访问者必须将 AP 元素拖到距离拖放目标多近时，才能使 AP 元素靠齐到目标。较大的值可以使访问者较容易找到拖放目标。如果设置“靠齐距离”为 2000 像素，如图 14.30 所示，那么就可以设计在窗口内任意拖动对象，当松开鼠标之后，会快速返回默认位置。利用这种方法可以设计拖动对象归位操作。

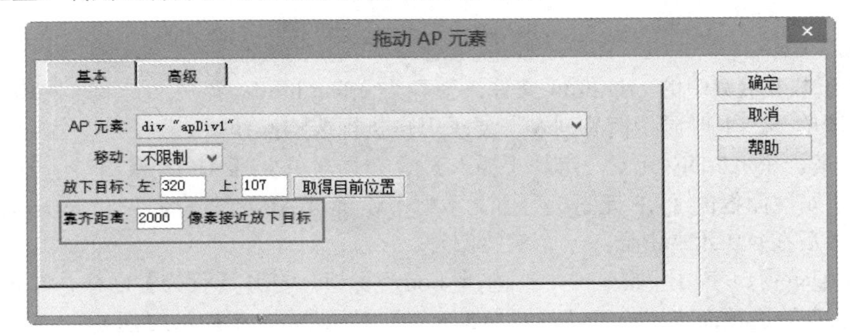

图 14.30　设置拖动对象快速归位行为

14.4.4　案例：定义可拖动范围

通过设置 AP 元素的拖动控制点，可以定义拖动对象的范围。本例设计对话框标题栏为可拖动范围，效果如图 14.31 所示。

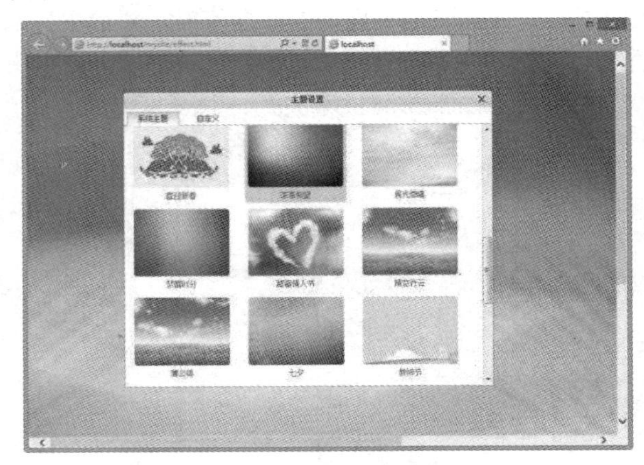

（a）启动页面效果

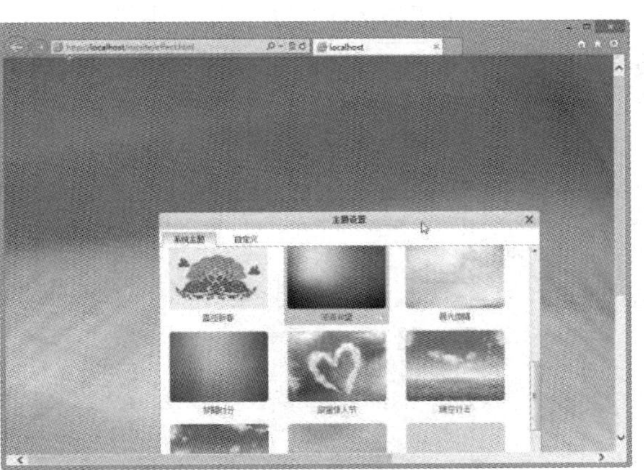

（b）通过标题栏拖动对话框

图 14.31　实例效果

【操作步骤】

第 1 步，打开本节示例中的 orig.html 文件，另存为 effect.html。该页面是一个 Web 应用的桌面，在桌面中可以执行各种设置，使用各种应用。

第 2 步，定义一个 AP Div 元素。选择【插入】|【Div】菜单命令，然后设计绝对定位显示：position:absolute:。在属性面板的【CSS-P 元素】文本框中设置该 AP 元素的名字为 apDiv1。同时定义元素的宽度和高度。

第 3 步，在编辑窗口空白区域单击，不选择<body>标记。打开【行为】面板，单击 +. 按钮，从中选择【拖动 AP 元素】选项命令，打开【拖动 AP 元素】对话框。

第 4 步，在【AP 元素】下拉列表中设置要拖动的 AP 元素。在该下拉列表中选择【div "apDiv1"】选项。

第 5 步，在【移动】下拉列表中设置移动区域。从中选择【不限制】选项，允许浏览者在网页中自由拖动 AP 元素。其他选项保持默认设置。

第 6 步，在【拖动 AP 元素】对话框中单击【高级】选项卡，切换到高级设置选项。

在【拖动控制点】下拉列表中选择【AP 元素内区域】，确定 AP 元素上的固定区域为拖动区域。然后在后面出现的左、上、宽、高文本框中分别输入 0、0、582、26，它们是设置 AP 元素可作用区域到 AP 元素左边的距离、可作用区域到 AP 元素顶部的距离、作用区域的宽度和高度。582 和 26 两个值正是拖动对话框中的标题栏的宽度和高度，如图 14.32 所示。

图 14.32　设置可拖动的区域

第 7 步，选中【拖动时，将元素置于顶层】复选框，使 AP 元素在被拖动的过程中，总是位于所有 AP 元素的最上方。当页面中存在多个可拖动对象时，勾选该复选框就非常必要，避免拖动的 AP Div 元素被其他定位元素覆盖。

第 8 步，在【然后】下拉列表中设置拖动结束后 AP 元素是依旧留在各个 AP 元素的最上面还是恢复原来的 Z 轴位置。

第 9 步，单击【确定】按钮，完成对话框的设置。然后在浏览器中预览，就可以发现只能够拖动对话框的标题栏，其他区域则不允许拖动，如图 14.31 所示。

14.4.5　案例：设计拖动响应

本例通过回调函数，实时监视 AP 元素的坐标，并在页面中动态提示，实现更富交互性的拖放效果，

如图 14.33 所示。

(a) 启动页面效果

(b) 实时跟踪拖动对象，并显示提示信息和动态样式

图 14.33　实例效果

【操作步骤】

第 1 步，打开本节示例中的 orig.html 文件，另存为 effect.html。

第 2 步，定义一个 AP Div 元素。选择【插入】|【布局对象】|【AP Div】命令，在页面中插入一个绝对定位元素。在属性面板的【AP 元素编号】文本框中设置该 AP 元素的名字为 apDiv2。同时定义元素的坐标，让其显示在移动对象的右上角，如图 14.34 所示。

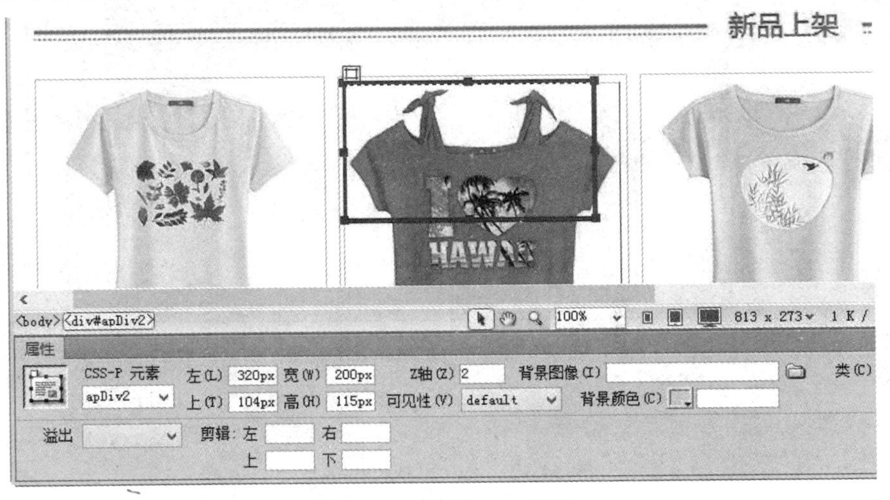

图 14.34　插入 AP 元素

第 3 步，在编辑窗口空白区域单击，不选择<body>标记。打开【行为】面板，单击+.按钮，从中选择【拖动 AP 元素】选项命令，打开【拖动 AP 元素】对话框。

第 4 步，在【AP 元素】下拉列表中设置要拖动的 AP 元素。在该下拉列表中选择【div “apDiv1”】选项。其他选项保持默认设置。

第 5 步，在【拖动 AP 元素】对话框中单击【高级】选项卡，切换到高级设置选项。

第 6 步，在【呼叫 JavaScript】文本框中设置浏览者在拖动 AP 元素的过程中执行的 JavaScript 代码，这里输入“a()”，表示当拖动对象移动时，连续执行函数 a。

第 7 步，在【放下时，呼叫 JavaScript】文本框中设置浏览者释放鼠标后执行的 JavaScript 代码。如果只有在 AP 元素到达拖放目标时才执行 JavaScript，则应该勾选【只有在靠齐时】复选框。

这里输入“b()”，并勾选【只有在靠齐时】复选框，表示当放下鼠标拖动，且让拖动对象归位时，执行函数 b，设置如图 14.35 所示。

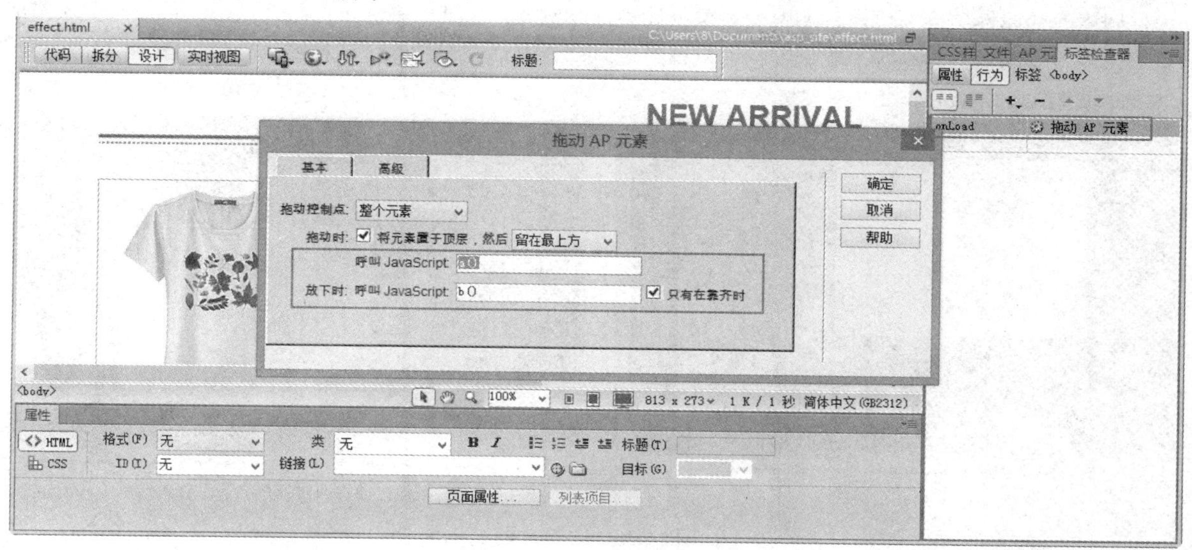

图 14.35　设置回调函数

第 8 步，切换到【代码】视图，在 JavaScript 脚本中定义函数 a 和 b，代码如下。

```
<script>
function a(){
   var e1 = document.getElementById("apDiv1");
   var e2 = document.getElementById("apDiv2");
   e2.innerHTML = "Left:" + e1.offsetLeft + "<br>Top:" +  e1.offsetTop;
   e1.style.border = "solid 1px red";
}
function b(){
   var e1 = document.getElementById("apDiv1");
   var e2 = document.getElementById("apDiv2");
   e2.innerHTML = "";
   e1.style.border = "none";
}
</script>
```

在函数 a 和 b 中，首先使用 document.getElementById 方法获取 apDiv1 和 apDiv2 两个元素。然后在函数 a 中，获取 apDiv1 元素的偏移坐标，并通过 innerHTML 属性，把坐标移动信息显示在 apDiv2 元素中，并为拖动的对象添加一个红色边框。

在函数 b 中，清除 apDiv2 元素包含的任何文本信息，同时清除 apDiv1 元素的边框线。

第 9 步，单击【确定】按钮，完成对话框的设置。然后在浏览器中预览，就可以发现当拖动对象时，该对象会显示红色边框线，同时实时显示坐标位置。

14.5　动态样式

使用 JavaScript 可以动态控制 CSS 样式，Dreamweaver 行为允许用户通过可视化操作设计动态样式。

14.5.1　案例：改变属性

使用“改变属性”行为可以动态改变对象的属性值。例如，当某个鼠标事件触发之后，可以改变表格的背景颜色或改变图像的大小等。本例设计当鼠标经过时，让对话框显示红色边框线，效果如图 14.36 所示。

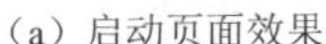

（a）启动页面效果

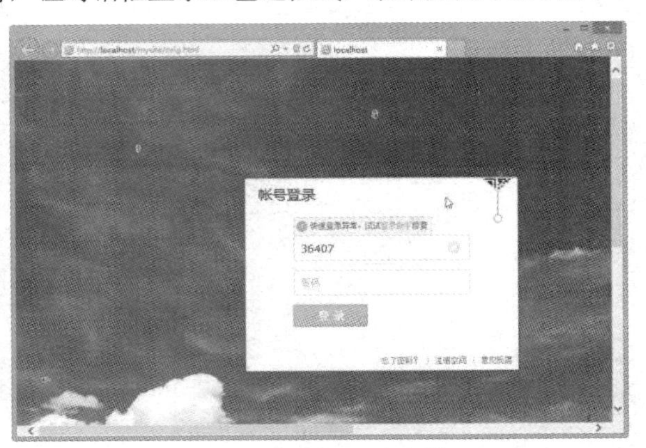

（b）自由拖动页面对话框会显示红色边框

图 14.36　实例效果

【操作步骤】

第 1 步，打开本节示例中的 orig.html 文件，另存为 effect.html。

第 2 步，选中<div id="apDiv1">标签，单击【行为】面板中的 +. 按钮，从弹出的行为菜单中选择【改变属性】选项命令，打开【改变属性】对话框，如图 14.37 所示。

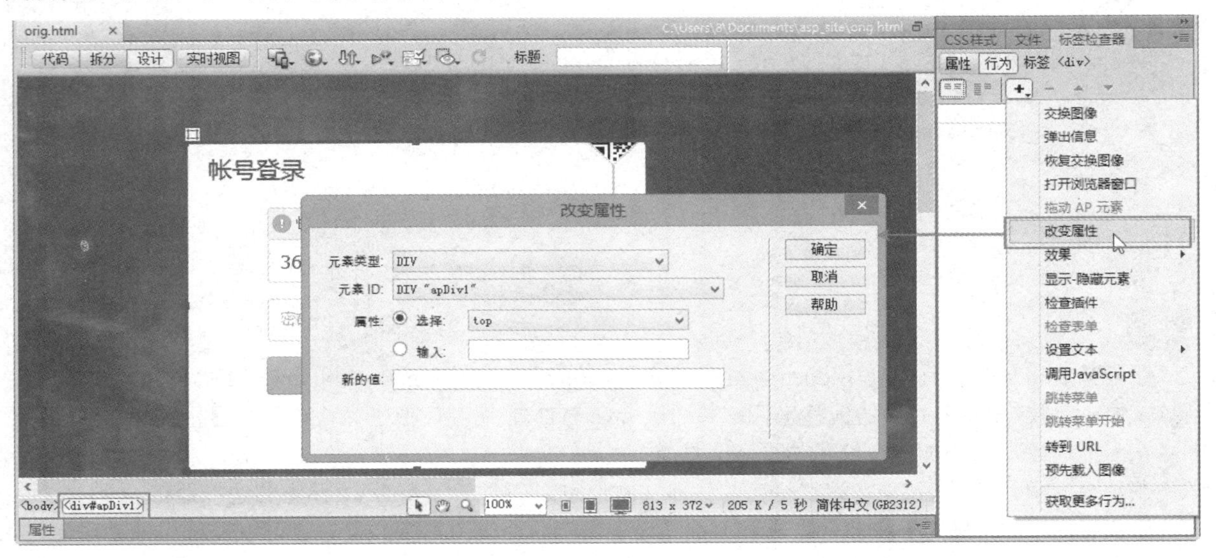

图 14.37　打开【改变属性】对话框

第 3 步，在【元素类型】下拉列表中设置要更改其属性的对象的类型。实例中要改变 AP 元素的属性，因此选择 DIV。

第 4 步，在【元素 ID】下拉列表中显示网页中所有该类对象的名称，如图中会列出网页中所有的 AP 元素的名称。在其中选择要更改属性的 AP 元素的名称，如 DIV "apDiv1"。

第 5 步，在【属性】选项区域选择要更改的属性，因为要设置背景，所以选择 border。如果要更改的属性没有出现在下拉菜单中，可以在【输入】项手动输入属性。

第 6 步，在【新的值】文本框中设置选择属性新值。这里要定义 AP 元素的边框线，这里输入“solid 2px red”。设置如图 14.38 所示。

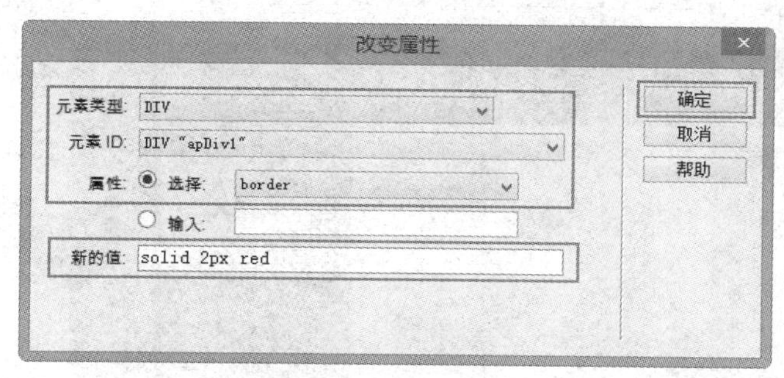

图 14.38　设置【改变属性】对话框

第 7 步，设置完成后单击【确定】按钮。在【行为】面板中确认触发动作的事件是否正确，这里设置为 onMouseOver，如果不正确，需要在事件菜单中选择正确的事件，如图 14.39 所示。

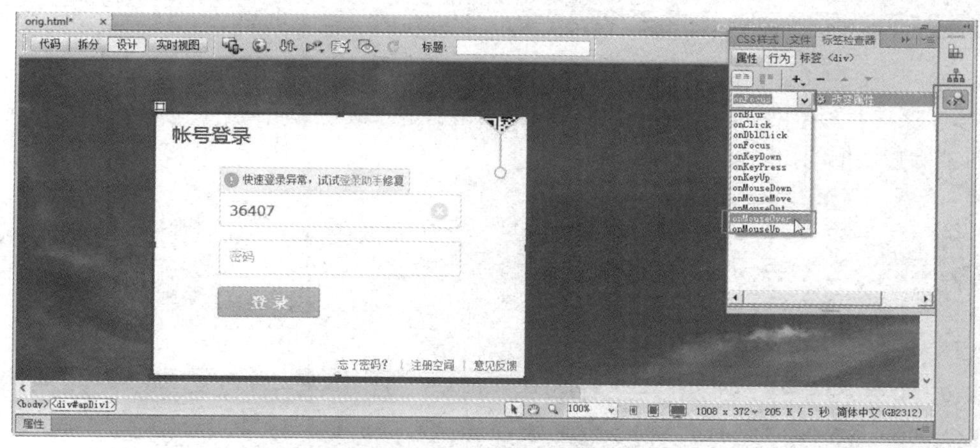

图 14.39　修改事件类型

第 8 步，再选中 ap Div1 元素，继续添加一个“改变属性”行为，设计鼠标移出该元素后恢复默认的无边框效果，设置【改变属性】对话框如图 14.40 所示。

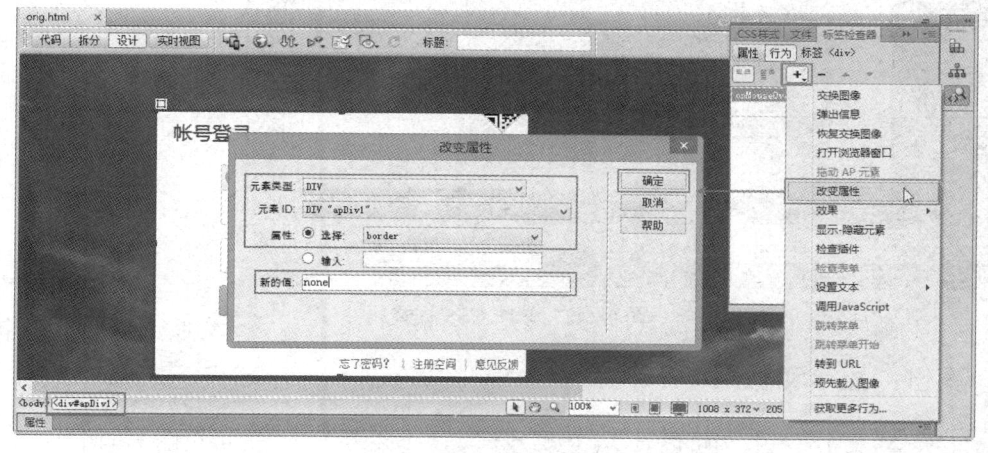

图 14.40　设置【改变属性】对话框

第 9 步，设置完成后单击【确定】按钮。在【行为】面板中确认触发动作的事件是否正确，这里设置为 onMouseOut，即设计当鼠标离开对话框时，恢复默认的无边框状态，如图 14.41 所示。

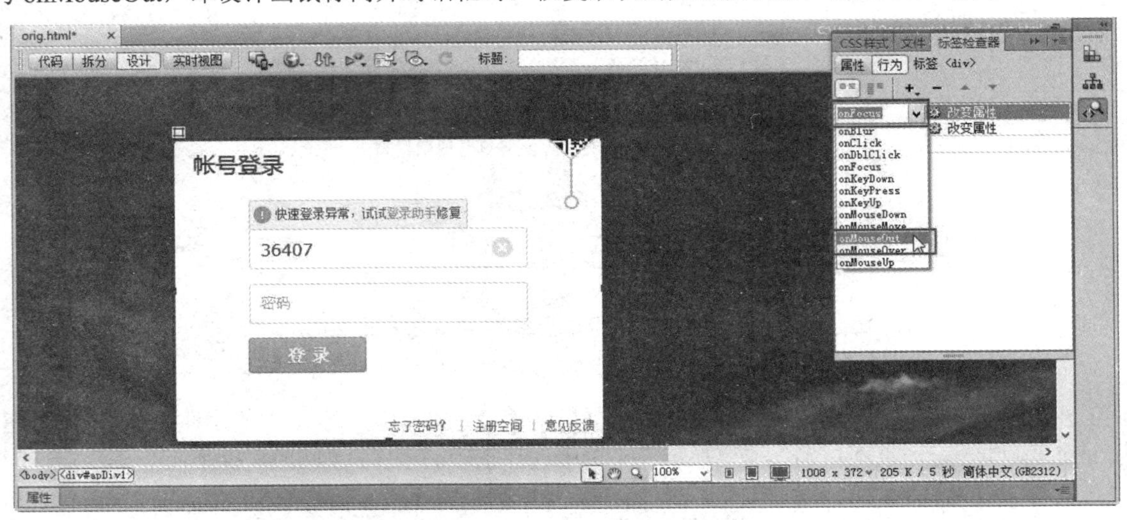

图 14.41　修改事件类型

第 10 步，保存并预览网页。当鼠标移到对话框上时会显示红色边框线，以提示用户注意，当鼠标移出对话框时则隐藏边框线，恢复默认的效果。

拓展：

在上面示例中，当鼠标经过和移出对话框时，会有轻微的晃动，这是因为鼠标经过时显示边框，而移出对话框时边框被清理了，导致出现两个像素的错位。解决方法如下：

重设鼠标移出时，动态修改 CSS 属性值，把 none 改为灰色边框线，如图 14.42 所示。此时保存并预览网页。当鼠标移到对话框上时会显示红色边框线，移出对话框后，不再出现错位现象。

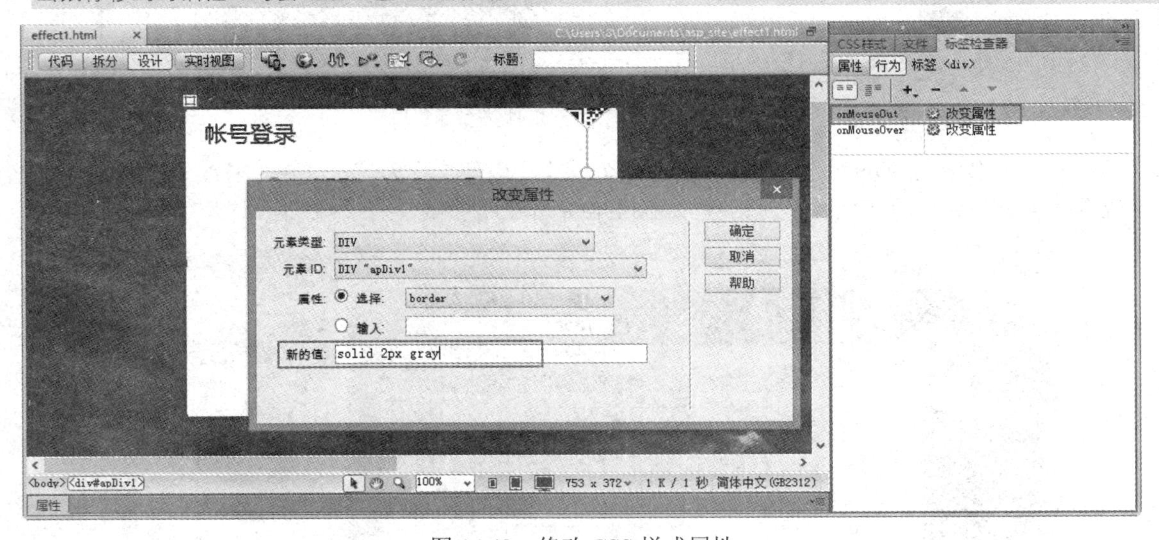

图 14.42　修改 CSS 样式属性

扫一扫，看视频

14.5.2　案例：显示和隐藏

使用“显示-隐藏元素”行为可以显示、隐藏或恢复一个或多个元素的可见性。本例设计一个切换按钮，单击该按钮能够切换页面内容，效果如图 14.43 所示。

（a）启动页面效果

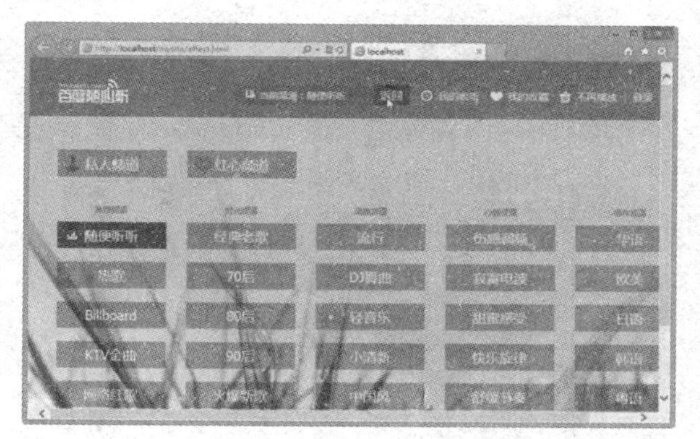

（b）切换页面显示

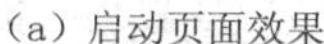

图 14.43 实例效果

【操作步骤】

第 1 步，打开本节示例中的 orig.html 文件，另存为 effect.html。本例将利用“显示-隐藏元素”行为制作切换面板。

第 2 步，单击【代码】视图，切换到代码编辑窗口下，在<body>标签中添加如下 4 行代码。

```
<div id="apDiv1"><img src="images/e1.png" width="56" height="31" /></div>
<div id="apDiv2"><img src="images/e2.png" width="56" height="31" /></div>
<div id="apDiv3"><img src="images/e11.JPG" width="1003" height="580" /></div>
<div id="apDiv4"><img src="images/e22.JPG" width="1003" height="580" /></div>
```

第 3 步，选中<div id="apDiv3">，新建 CSS 规则，设置定位样式，Position: absolute、Width: 1003px、Height: 580px、Z-Index: 4、Left: 0px、Top: 89px，如图 14.44 所示。也可以在【CSS 设计器】面板中设置。

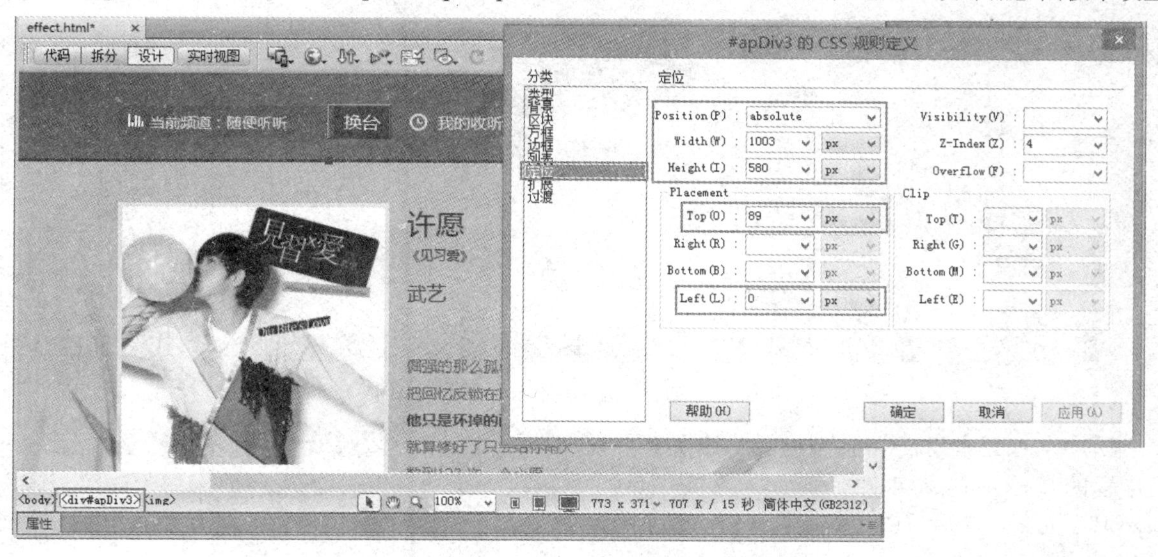

图 14.44 设计<div id="apDiv3">标签样式

第 4 步，选中<div id="apDiv4">，新建 CSS 规则，设置定位样式，设置参数与 apDiv3 相同，不同点是 Z-Index: 3，即让 apDiv3 显示在上面。

第 5 步，选中<div id="apDiv1">，新建 CSS 规则，设置定位样式，Position: absolute、Width: 56px、Height: 31px、Z-Index: 2、Left: 500px、Top: 37px，如图 14.45 所示。也可以在【CSS 设计器】面板中设置。

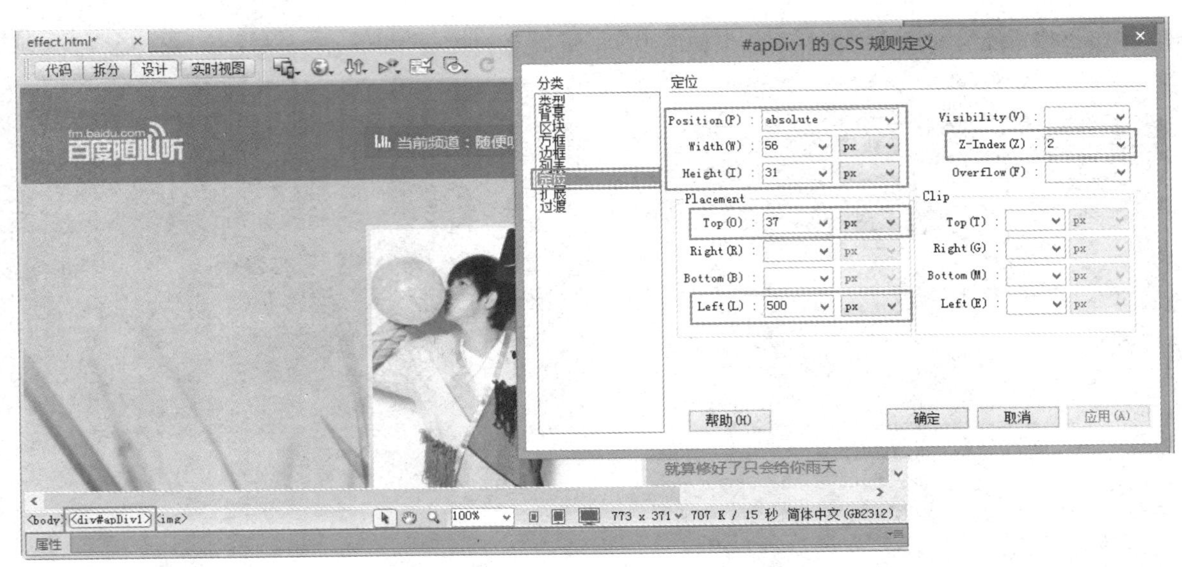

图 14.45　设计<div id="apDiv1">标签样式

第 6 步，选中<div id="apDiv1">，然后在【行为】面板中单击 + 按钮，在弹出的下拉列表中选择【显示-隐藏元素】选项命令，打开【显示-隐藏元素】对话框，如图 14.46 所示。

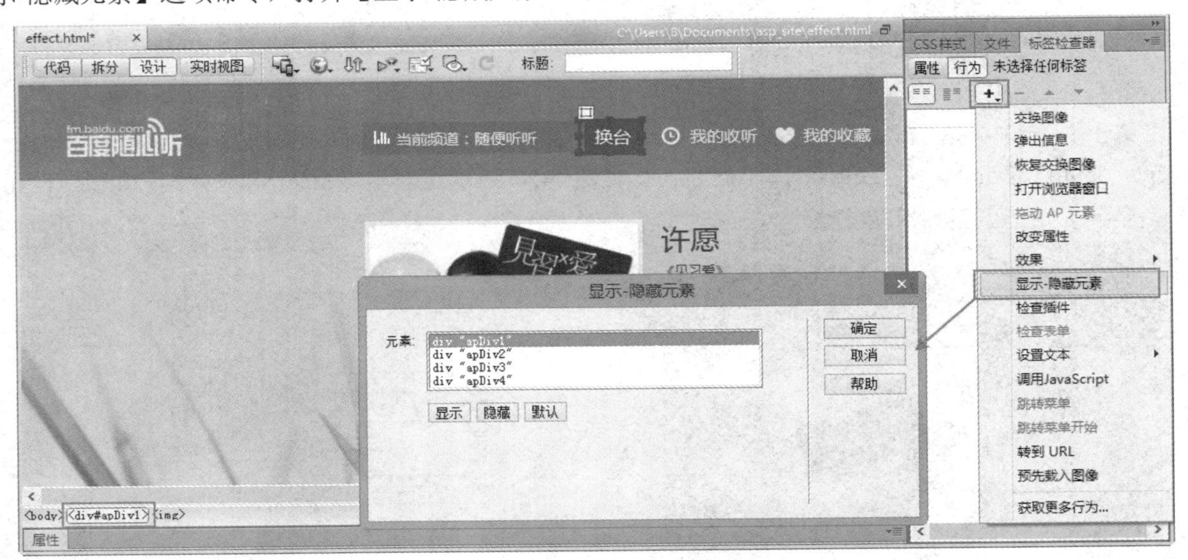

图 14.46　打开【显示-隐藏元素】对话框

第 7 步，在元素列表中选中相应的 AP 元素并设置元素的显示或隐藏属性，例如，选中“div " apDiv1"”元素，然后单击【隐藏】按钮，表示隐藏该 AP 元素；选中“div " apDiv 2"”元素，单击【显示】按钮，表示显示该 AP 元素。而【默认】按钮表示使用属性面板上设置的 AP 元素的显示或隐藏属性。最后，设置<div id="apDiv3">隐藏，而<div id="apDiv4">显示，详细设置如图 14.47 所示。

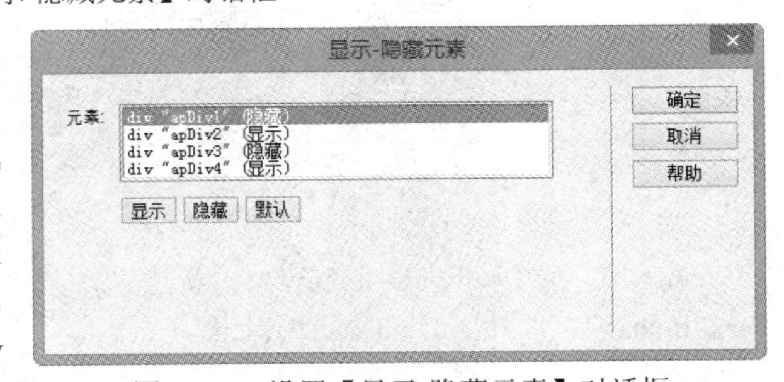

图 14.47　设置【显示-隐藏元素】对话框

第 8 步，设置完成后单击【确定】按钮。在【行为】面板上查看行为的事件是否正确。如果不正确，单击事件旁的向下按钮，在弹出的菜单中选择相应的事件。在本例中设置鼠标事件为 onClick，如图 14.48 所示。

图 14.48　设置事件响应类型

第 9 步，选中<div id="apDiv2">，由于<div id="apDiv2">被<div id="apDiv1">标签覆盖住，在【设计】视图下看不到该标签，因此打开【代码】视图，在【代码】视图下拖选<div id="apDiv2">标签的完整结构，如图 14.49 所示。

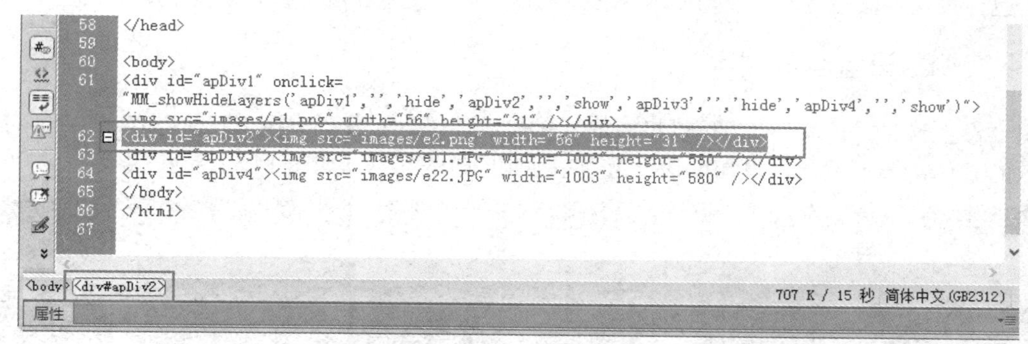

图 14.49　拖选<div id="apDiv2">标签

第 10 步，单击【行为】面板中的 + 按钮，从中选择【显示-隐藏元素】选项命令。在打开的【显示-隐藏元素】对话框中选中相应的 AP 元素并设置元素的显示或隐藏属性，具体设置如图 14.50 所示。

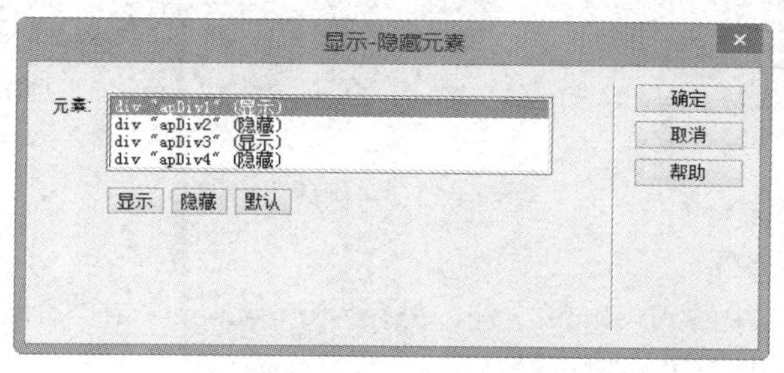

图 14.50　设置【显示-隐藏元素】对话框

第 11 步，单击【确定】按钮后，在【行为】面板中将鼠标事件更改为 onClick，如图 14.51 所示。

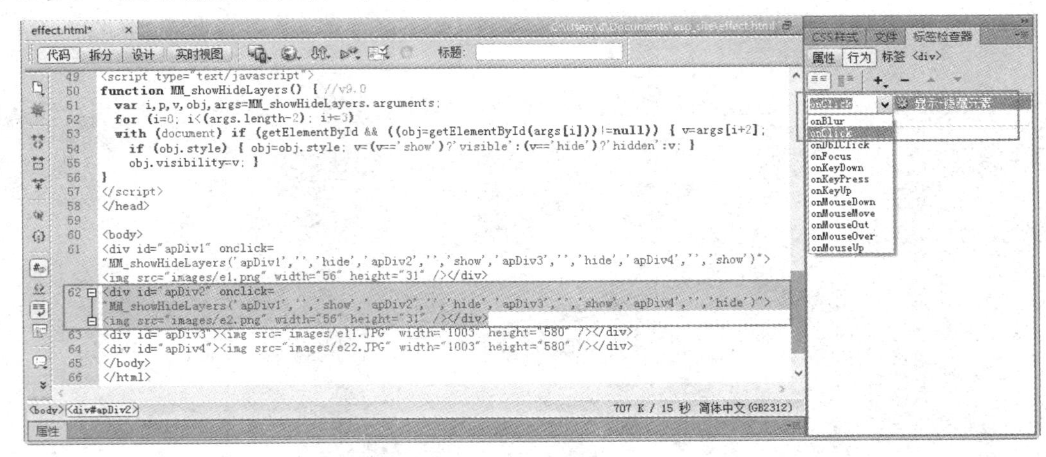

图 14.51　设置事件响应类型

第 12 步，设置完成后保存为页面，浏览页面，当单击“换台”按钮，则会切换到选台页面，此时按钮显示为“返回”，如果单击“返回”按钮，则返回到前面页面。

14.6　动 态 内 容

使用 JavaScript 也可以动态控制 HTML 结构。在“设置文本”行为组中包含 4 项针对不同类型文本的动作，包括设置容器的文本、设置文本域文字、设置框架文本和设置状态栏文本。

扫一扫，看视频

14.6.1　案例：设置容器文本

使用“设置容器的文本”行为可以将指定包含框内的 HTML 代码替换为其他内容，该内容可以包括任何有效的 HTML 源代码。本例借助该行为动态控制广告的显示，如图 14.52 所示。

（a）向右滑动效果

（b）向左滑动效果

图 14.52　实例效果

【操作步骤】

第 1 步，打开本节示例中的 orig.html 文件，另存为 effect.html。在本示例中将借助“设置容器的文本”行为来设计宽幅广告的图片动态切换效果。

第 2 步，在编辑窗口中选择左侧按钮。打开【行为】面板，单击 按钮，在弹出的菜单中选择【设置文本】|【设置容器的文本】选项命令，打开【设置容器的文本】对话框，如图 14.53 所示。

图 14.53　打开【设置容器的文本】对话框

第 3 步，在【容器】下拉列表中列出了页面中所有具备容器的对象，在其中选择要进行操作的层。本例中为 div "apDiv1"。

第 4 步，在【新建 HTML】文本框中输入要替换的内容的 HTML 代码，如“<img src="images/f1.jpg" width="801" height="385" />”。设置如图 14.54 所示。

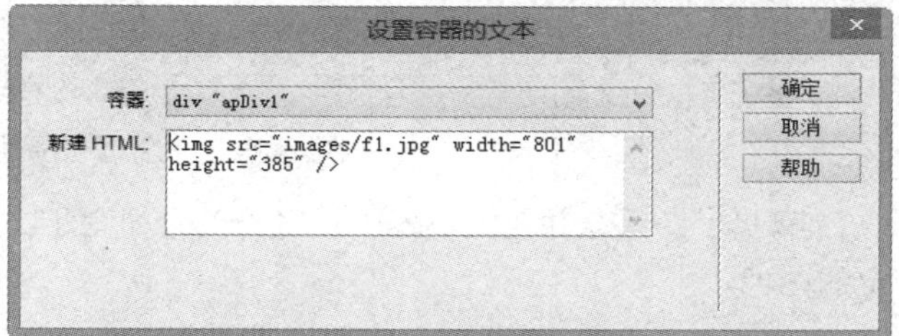

图 14.54　设置【设置容器的文本】对话框

第 5 步，单击【确定】按钮，关闭【设置容器的文本】对话框。然后在【行为】面板中将事件设置为 onClick，如图 14.55 所示。

图 14.55　设置事件类型

第 6 步，选中右侧的导航按钮，单击+按钮，在弹出的菜单中选择【设置文本】|【设置容器的文本】选项命令，打开【设置容器的文本】对话框。在【容器】下拉列表中列出了页面中所有具备容器的对象，在其中选择要进行操作的层。本例中为 div "apDiv1"。

第 7 步，在【新建 HTML】文本框中输入要替换的内容的 HTML 代码，如“<img src="images/f14.jpg" width="801" height="385" />”。设置如图 14.56 所示。

第 8 步，单击【确定】按钮，关闭【设置容器的文本】对话框。然后在【行为】面板中将事件设置为 onClick，如图 14.56 所示。

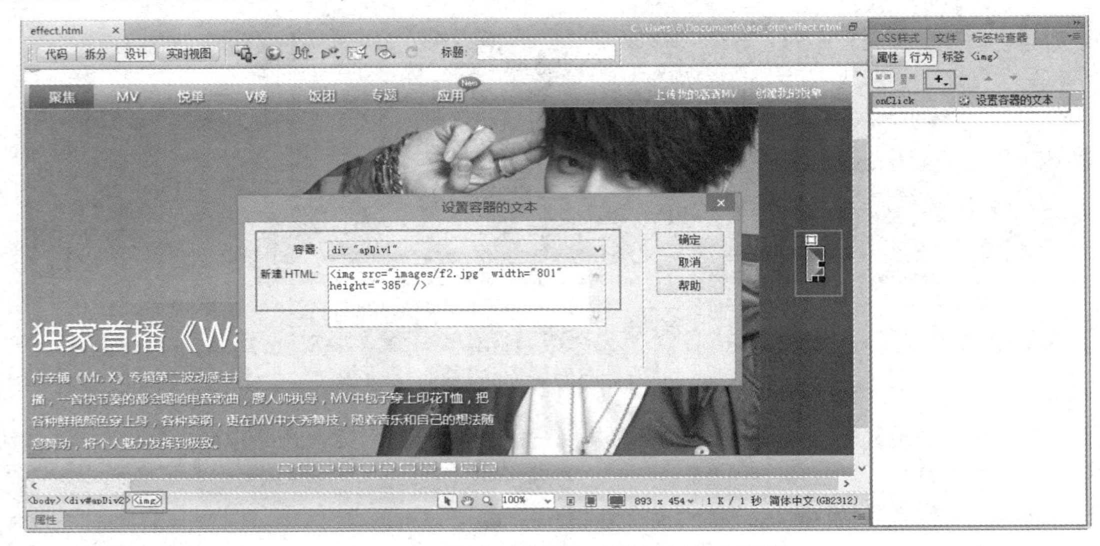

图 14.56　设置【设置容器的文本】对话框

第 9 步，保存并在浏览器中预览，效果如图 14.55 所示，单击段落文本，则该文本会自动替换为指定的图像。

扫一扫，看视频

14.6.2　案例：设置文本框的默认值

使用“设置文本域文字”行为可以动态设置文本域内的输入文本信息。本例设计文本框默认显示提示文本，当获取焦点后，清除提示文本，效果如图 14.57 所示。

（a）文本框默认显示效果

（b）当文本框获取焦点后自动清除默认文本

图 14.57　实例效果

【操作步骤】

第 1 步，打开本节示例中的 orig.html 文件，另存为 effect.html。在本示例中设计当用户单击搜索文本框，则默认的提示性文本自动会消失。

第 2 步，打开 effect.html 文件，插入一个简单的文本域，在属性面板中设置默认值为“输入您想搜索的关键词，如"围巾"”，以提示用户在此输入关键词，如图 14.58 所示。

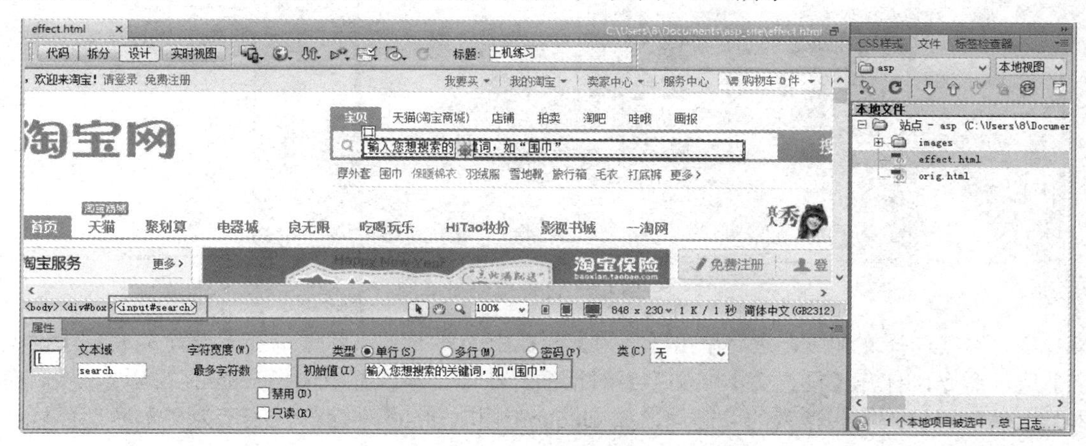

图 14.58　设置文本域的默认值

第 3 步，选择 search 文本域，然后单击【行为】面板中的+按钮，从中选择【设置文本】|【设置文本域文字】选项命令，打开【设置文本域文字】对话框，如图 14.59 所示。

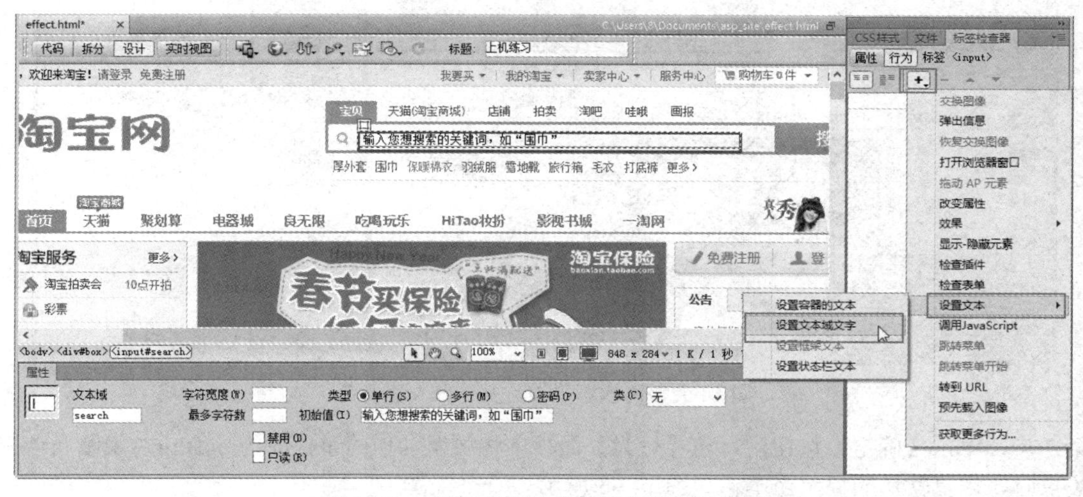

图 14.59　打开【设置文本域文字】对话框

第 4 步，在【文本域】中选择 search 文本域，然后在【新建文本】中不输入信息，表示清除文本域内的默认值，设置如图 14.60 所示。

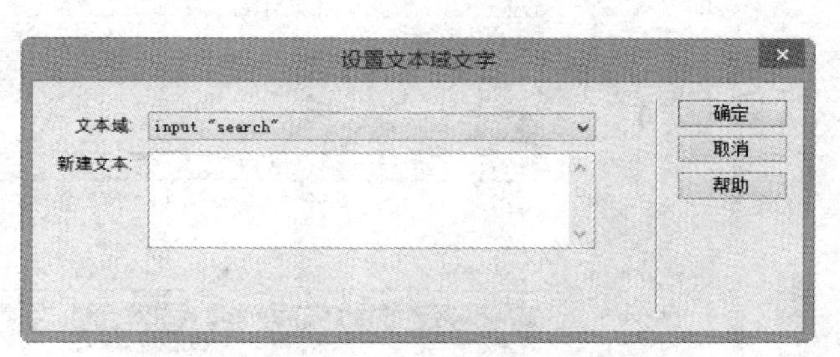

图 14.60　设置【设置文本域文字】对话框

第 5 步，单击【确定】按钮后，在【行为】面板中将触发动作的事件改为 onFocus，表示当该文本域获得焦点时，清除默认的提示文本，避免浏览者手动删除这些文本，然后再输入关键词，这样会影响用户的操作体验，如图 14.61 所示。

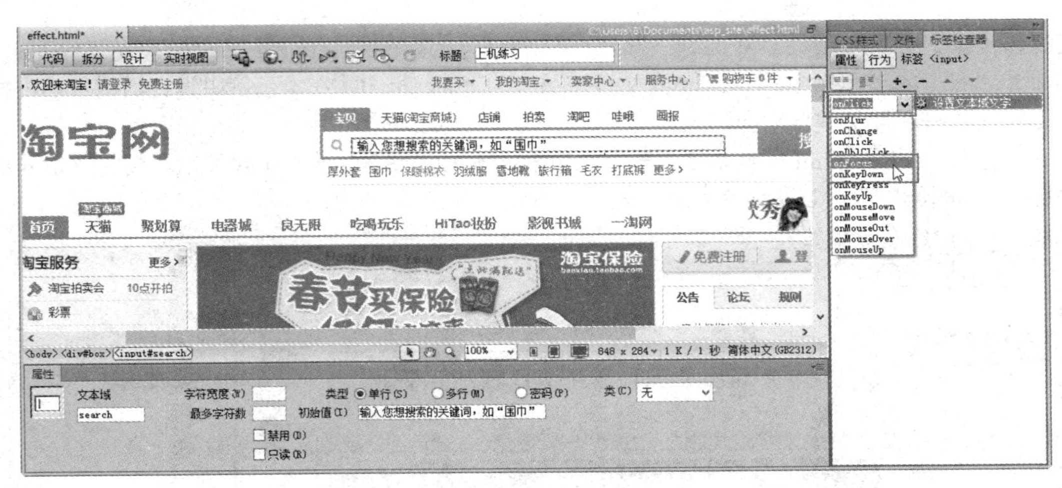

图 14.61　设置事件类型

第 6 步，继续选择文本域，然后单击【行为】面板中的+按钮，从中选择【设置文本】|【设置文本域文字】选项命令，打开【设置文本域文字】对话框。在【文本域】中选择 search 文本域，然后在【新建文本】中输入“输入您想搜索的关键词，如“围巾””信息，表示为文本域设置显示的默认值，设置如图 14.62 所示。

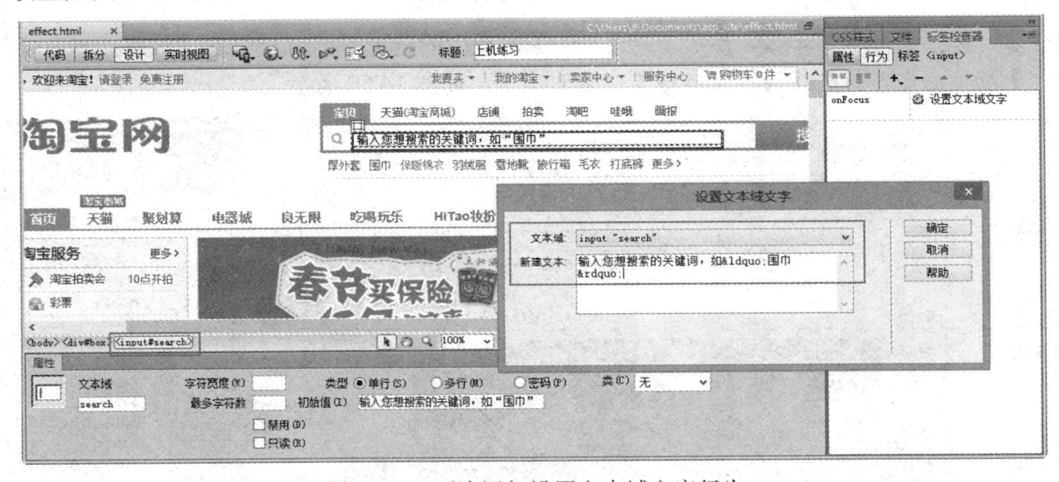

图 14.62　再次添加设置文本域文字行为

第 7 步，单击【确定】按钮后，在【行为】面板中将触发动作的事件改为 onBlur，表示当该文本域失去焦点时，恢复默认的提示文本，如图 14.63 所示。

图 14.63　设置事件类型

第 8 步，保存好页面，在浏览器中浏览时，如果单击文本域，则文本域中显示的文本会立即消失，当文本框失去焦点后，将会恢复默认的文本。

拓展：

在运行上面的示例时，读者可能会发现一个问题：当用户输入文本之后，一旦离开，即文本框失去焦点之后，框内输入的值重新被默认值覆盖。这是因为当文本框失去焦点后，将触发 onBlur 事件，并调用上面定义的“设置文本域文字”行为，使用默认的文本重写了用户输入的文本。

解决方法：单击【代码】按钮，切换到【代码】视图，找到文本框标签，在 onBlur 属性中添加代码 if(! this.value.replace(/(^\s*)|(\s*$)/g,'').length>0)。

```
<input name="search" type="text" id="search" onfocus="MM_setTextOfTextfield ('search',
'','')" onblur="if(! this.value.replace(/(^\s*)|(\s*$)/g,'').length>0) MM_setTextOf
Textfield('search','','输入您想搜索的关键词，如&ldquo;围巾&rdquo;')" value="输入您想搜索
的关键词，如&ldquo;围巾&rdquo;"/>
```

在上面代码中，为 onBlur 事件处理函数添加一个条件，该条件使用 this.value 获取文本框的值，然后使用字符串方法 replace()把文本框值的首尾空格清除掉，这里主要使用正则表达式(^\s*)|(\s*$)/g 进行匹配，避免用户没有输入字符，但是误输入了空格。

然后使用字符串的 length 属性读取文本框值的字符串长度，如果其长度大于 0，则表明文本框中输入了值，就不再调用系统行为函数，使用默认值替换用户输入的值。

注意，一旦修改系统默认的行为代码，在【行为】面板中就不能够可视化编辑该行为了。

14.6.3　案例：设置框架文本

扫一扫，看视频

“设置框架文本”行为允许动态设置框架内的内容，该内容可以包含任何有效的 HTML 代码。下面示例使用这个行为设计一个页面切换效果，如图 14.64 所示。

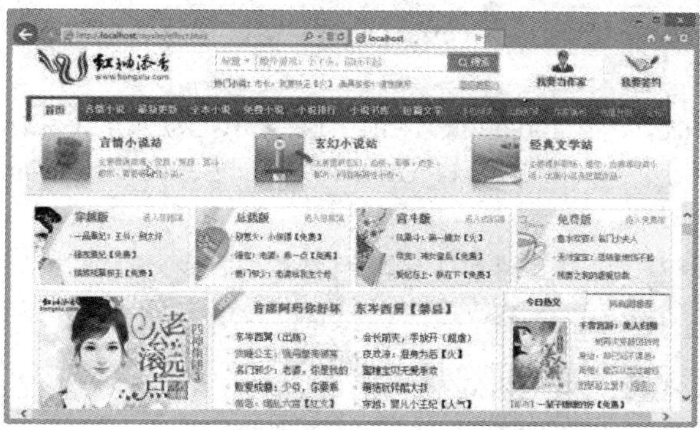

（a）页面初始效果

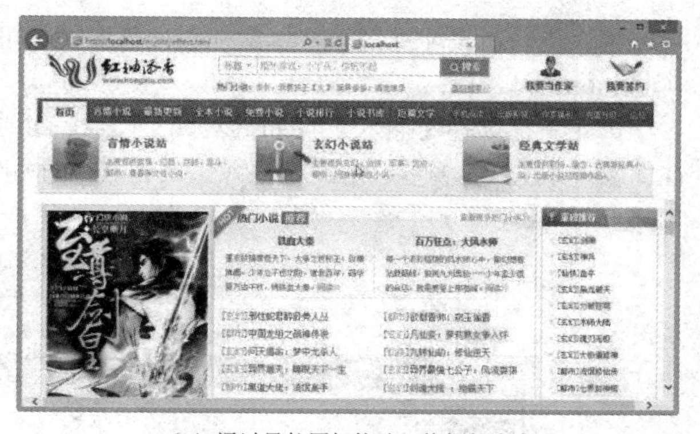

（b）通过导航图标快速切换框架内容

图 14.64　实例效果

【操作步骤】

第 1 步，打开本节示例中的 orig.html 文件，另存为 effect.html。在本示例中将使用“设置框架文本”行为设计框架页导航，抛弃传统的超链接跳转用法。

第 2 步，打开 effect.html 文件，这是一个初步设计好的上下结构的框架集文档，如图 14.65 所示。

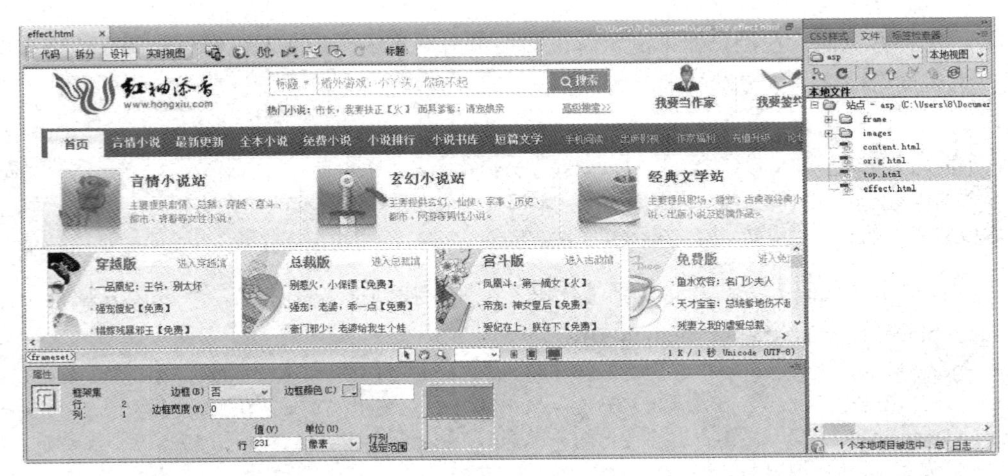

图 14.65　初步设计好的框架集文档

切换到代码视图可以看到页面简单的结构：

```
<frameset rows="231,*" framespacing="0" frameborder="no" border="0">
   <frame src="top.html" frameborder="no" scrolling="no" noresize="noresize"
name="menu" id="menu">
   <frame src="content.html" frameborder="no" scrolling="yes" noresize="noresize"
name="content" id="content">
</frameset>
<noframes>
<body>
<div align="center">你的浏览器不支持框架技术，<br />
  请升级浏览器，然后再浏览本页！</div>
</body>
</noframes>
```

第 3 步，在设计视图下，单击视图顶部区域，可以从框架集文档（effect.html）切换到顶部框架文件（top.html）。

第 4 步，选择【插入】|【布局对象】|【AP Div】命令，在 top.html 文档中插入一个定位元素，在属性面板中设置 ID 编号，定义定位元素的偏移坐标和大小：Width: 290px、Height: 94px、Left: 38px、Top: 126px，如图 14.66 所示。

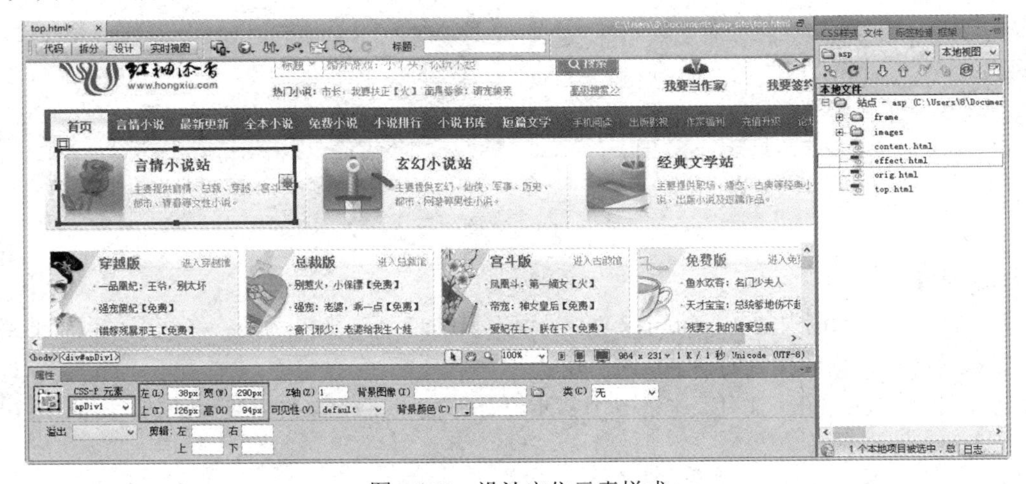

图 14.66　设计定位元素样式

第 5 步，选中 apDiv1 元素，然后按 Ctrl+C 快捷键复制该定位元素，按 Ctrl+V 快捷键进行粘贴，然后在属性面板中定义复制定位元素的偏移位置，如图 14.67 所示。

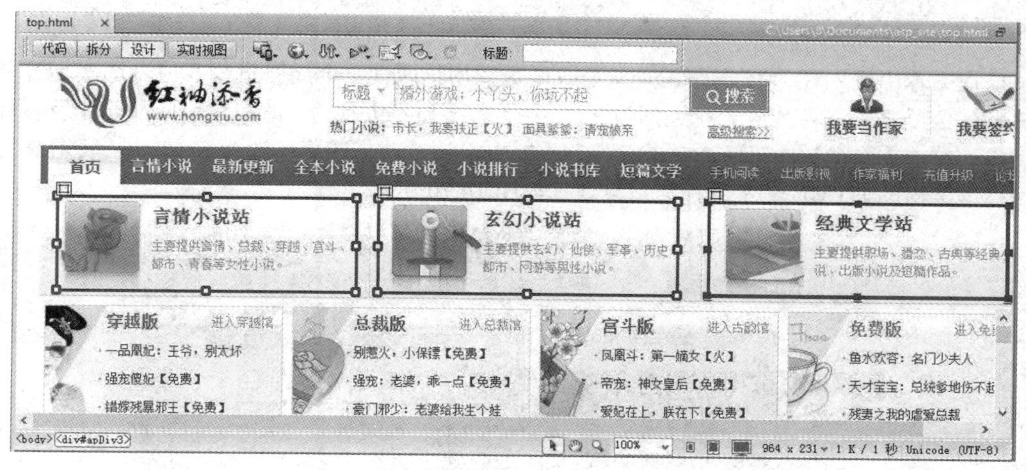

图 14.67　快速复制定位元素

第 6 步，选中 apDiv1 元素，打开【行为】面板，单击 + 按钮，在弹出的菜单中选择【设置文本】|【设置框架文本】选项命令，打开【设置框架文本】对话框，如图 14.68 所示。

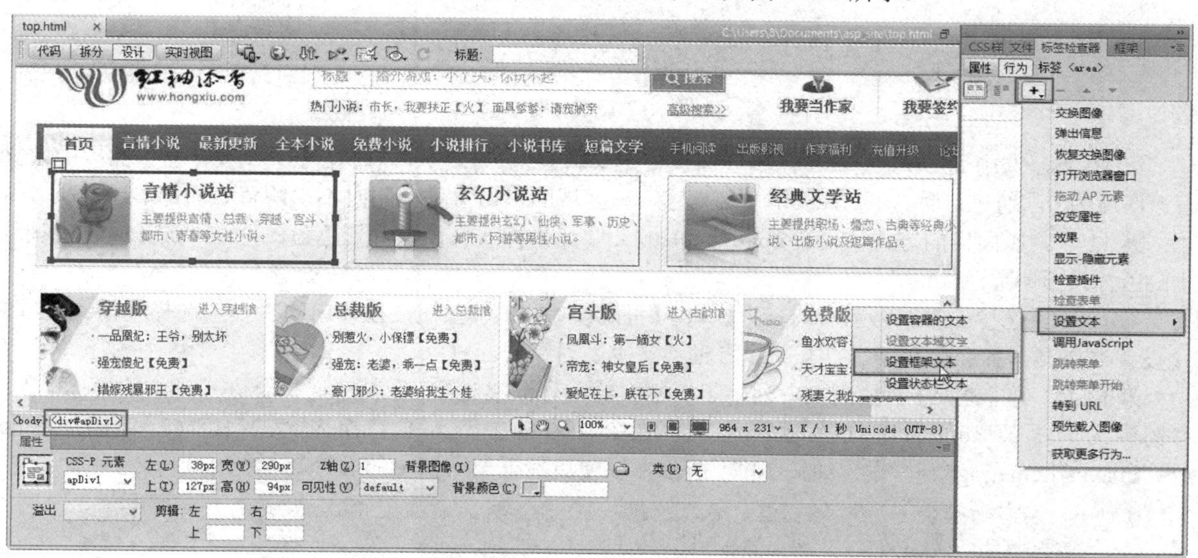

图 14.68　打开【设置框架文本】对话框

第 7 步，在【框架】下拉列表中列出了页面中的所有框架对象，在其中选择要进行操作的目标框架。本例中为“框架"content"”。

第 8 步，在【新建 HTML】文本框中输入要替换内容的 HTML 代码：<img src="images/item1.jpg" />，设置如图 14.69 所示，以便更新框架文档中的 HTML 内容。

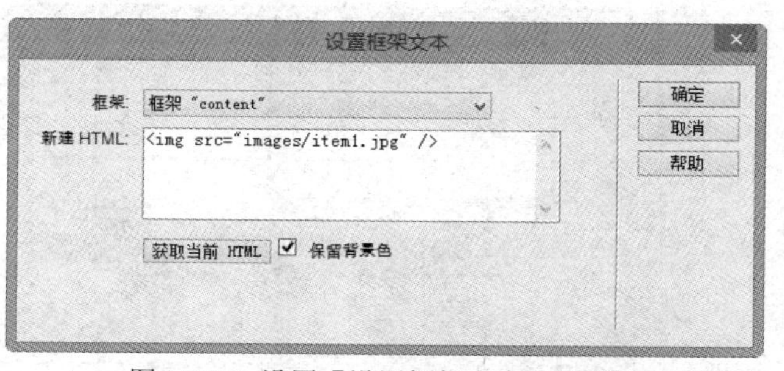

图 14.69　设置【设置框架文本】对话框

提示：

单击“获取当前 HTML”按钮可以复制目标框架的 <body>标签包含的当前 HTML 内容。虽然“设置框架文本”行为会替换框架的格式设置，但可以选择“保留背景色”来保留页面背景和文本的颜色属性。

还可以在文本中嵌入任何有效的 JavaScript 函数调用、属性、全局变量或其他表达式。若要嵌入一个 JavaScript 表达式，请将其放置在大括号（{}）中。若要显示大括号，请在它前面加一个反斜杠（\{）。

第 9 步，单击【确定】按钮后，在【行为】面板中将触发动作的事件改为 onClick，表示单击该按钮时，将目标框架内的 HTML 文本进行重新设计，如图 14.70 所示。

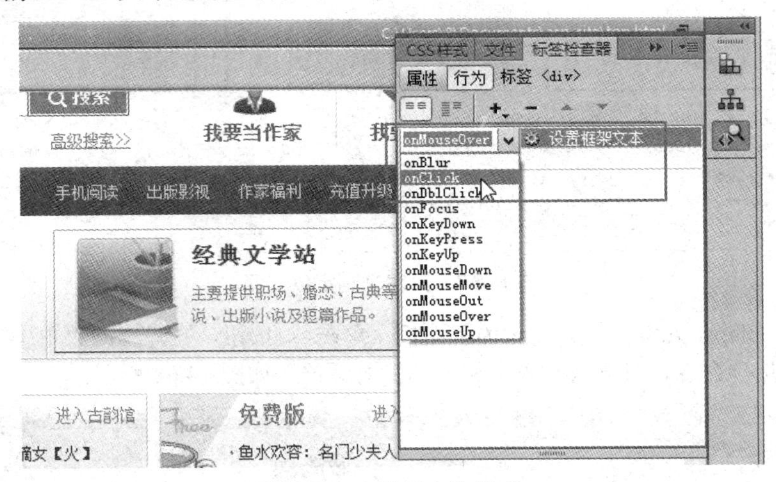

图 14.70　设置事件类型

第 10 步，选中 apDiv1 元素，在属性面板中定义背景色为白色，同时在【CSS 设计器】面板中定义不透明度为 0。通过这种方式让 apDiv1 元素感应该区域的单击事件，同时不影响背景图的显示效果。

第 11 步，以同样的方式，设置 apDiv2 和 apDiv3 元素样式：设置背景色为白色，添加 opacity 属性，让白色背景透明显示。

第 12 步，选中 apDiv2 元素，打开【行为】面板，单击 按钮，在弹出的菜单中选择【设置文本】|【设置框架文本】选项命令，打开【设置框架文本】对话框。

第 13 步，在【框架】下拉列表中列出了页面中的所有框架对象，在其中选择要进行操作的目标框架。本例中为“框架"content"”。在【新建 HTML】文本框中输入要替换内容的 HTML 代码：<img src="images/item2.jpg" />，设置如图 14.71 所示，以便更新框架文档中的 HTML 内容。

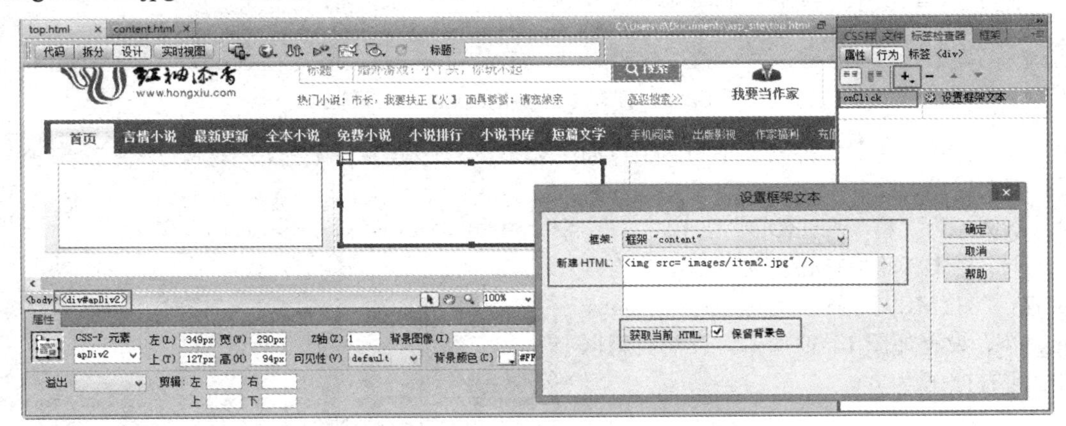

图 14.71　设置【设置框架文本】对话框

第 14 步，单击【确定】按钮后，在【行为】面板中将触发动作的事件改为 onClick，表示单击该按钮时，将目标框架内的 HTML 文本进行重新设计。以同样的步骤为 apDiv2 元素绑定“设置框架文本”行为，其设置的目标框架的 HTML 代码为：<img src="images/item3.jpg" />，最后需要在【行为】面板中修改事件类型。

注意：

“设置框架文本”行为不是很实用，不建议读者在页面中应用，因为使用框架集技术构建页面已经不再推荐使用，所以使用该行为时也应该慎重。

14.6.4　案例：设置状态栏提示信息

扫一扫，看视频

“设置状态栏文本”行为允许定义浏览器状态栏的显示文本。该行为在现代 Web 应用中，已不推荐使用，下面示例简单演示如何定义状态文本，如图 14.72 所示。

（a）页面初始效果　　（b）显示状态栏文本

图 14.72　实例效果

【操作步骤】

第 1 步，打开本节示例中的 orig.html 文件，另存为 effect.html。在本示例中将使用“设置状态文本”行为为页面添加一行状态栏提示信息。

第 2 步，打开 effect.html 文件。打开【行为】面板，单击 + 按钮，在弹出的菜单中选择【设置文本】|【设置状态栏文本】选项命令，打开【设置状态栏文本】对话框，在文本框中输入文本“美丽说，发现、收藏、分享我的美丽点滴,让改变发生”，如图 14.73 所示。

图 14.73　设置【设置状态栏文本】对话框

第 3 步，单击【确定】按钮后，在【行为】面板中将触发动作的事件改为 onLoad，表示当页面加载完毕后，即显示状态栏信息，如图 14.74 所示。

图 14.74　设置事件类型

提示：

如果没有显示状态栏，对于 IE 浏览器来说，可以右键单击标题栏，从弹出的下拉菜单中勾选“状态栏”选项即可。

14.7　跳　　转

跳转是一种特殊的页面访问方式，包括跳转菜单、定位 URL 等。

扫一扫，看视频

14.7.1　案例：跳转菜单

使用【行为】面板中“跳转菜单”行为，可以编辑和重新排列菜单项、更改要跳转到的文件以及编辑打开这些文件的窗口、设置触发事件等，如图 14.75 所示。

（a）页面初始化效果

（b）通过跳转菜单选择城市

图 14.75　实例效果

【操作步骤】

第 1 步，打开本节示例中的 orig.html 文件，另存为 effect.html。在本示例中将在页面中添加一个跳转菜单，实现不同城市主页面的快速切换。

第 2 步，如果页面中尚无跳转菜单对象，则要创建一个跳转菜单对象。方法是：把光标置于要插入菜单的位置，选择【插入】|【表单】|【跳转菜单】命令，打开【插入跳转菜单】对话框，如图 14.76 所示。

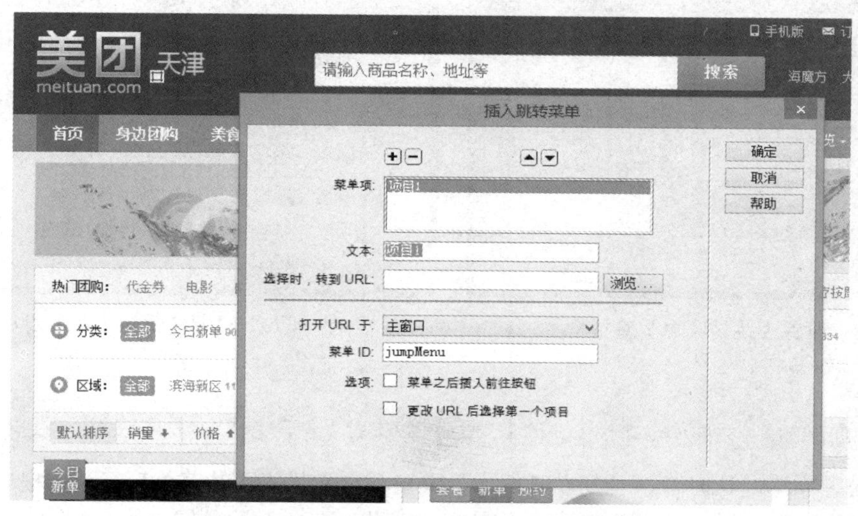

图 14.76　插入一个空的跳转菜单

第 3 步，在【插入跳转菜单】对话框中不做任何设置，直接单击【确定】按钮，插入一个空的跳转菜单。

第 4 步，选择该跳转菜单，执行【行为】面板中的【跳转菜单】命令，打开【跳转菜单】对话框，如图 14.77 所示，然后在该对话框中进行设置。

图 14.77　打开【跳转菜单】对话框

第 5 步，在【文本】文本框中设置项目的标题。在【选择时，转到 URL】文本框中设置链接网页的地址，或者直接单击【浏览】按钮找到链接的网页。

第 6 步，在【打开 URL 于】下拉列表中设置打开链接的窗口。如果勾选【更改 URL 后选择第一个项目】复选框，可以设置在跳转菜单链接文件的地址发生错误时，自动转到菜单中第一个项目的网址，如图 14.78 所示。

第 7 步，设置完成，单击面板上方的+按钮，可以添加新的链接项目，然后按上一步介绍的方法进行设置，最后设置的结果如图 14.79 所示。当选择【菜单项】列表框中的项目，然后单击面板上方的 按钮，可以删除项目。

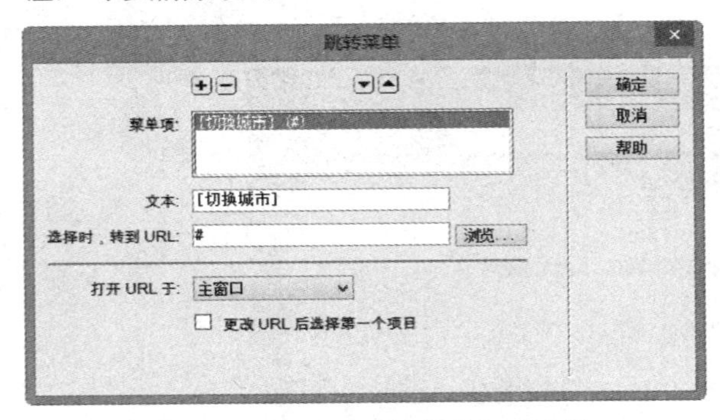

图 14.78　设置【跳转菜单】对话框

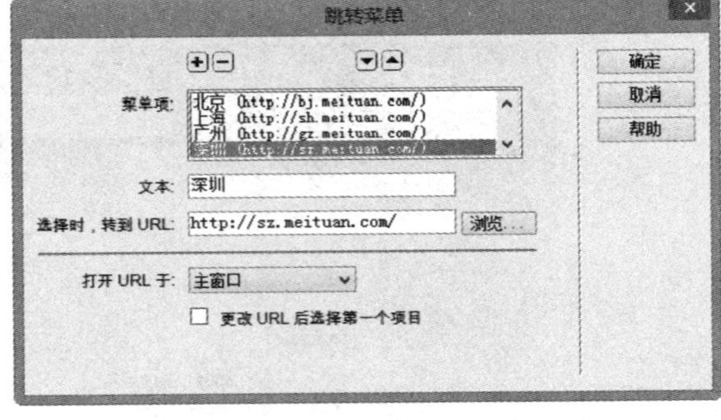

图 14.79　设置【跳转菜单】对话框

提示：

选择已经添加的项目，然后单击面板上方的【向上】 或者【向下】 按钮调整项目在跳转菜单中的位置。

第 8 步，设置完毕，这时可以看到在【行为】中自动定义了"跳转菜单"行为，根据需要设置事件类型，这里设置为 onChange，即当跳转菜单的值发生变化时，将触发跳转行为，如图 14.80 所示。

图 14.80　定义事件类型

第 9 步，保存页面后，在浏览器中可以看到一个跳转下拉菜单，当选择不同的城市时，会自动跳转到该城市主页。

扫一扫，看视频

14.7.2　案例：跳转菜单开始

"跳转菜单开始"行为和"跳转菜单"行为关系密切，"跳转菜单开始"用一个按钮与一个跳转菜单关联在一起，当单击这个按钮时则打开在跳转菜单中选择的链接，演示效果如图 14.81 所示。

(a) 页面初始化效果

(b) 通过按钮执行跳转菜单选择城市

图 14.81 实例效果

【操作步骤】

第 1 步，打开本节示例中的 effect.html 文件，另存为 effect1.html。在本示例中将利用上一节案例为基础，介绍如何添加“跳转菜单开始”行为，因为在应用该行为时，首先应该插入“跳转菜单”行为，否则该行为无效。

第 2 步，在插入的“跳转菜单”行为之后插入一个控制按钮图标，然后选中其作为跳转按钮对象，然后单击【行为】面板中的+按钮，选择【跳转菜单开始】选项，打开【跳转菜单开始】对话框，如图 14.82 所示。

图 14.82 【跳转菜单开始】对话框

第 3 步，在【跳转菜单开始】对话框中，选定页面中存在的将被跳转按钮激活的下拉菜单，设置如图 14.83 所示。

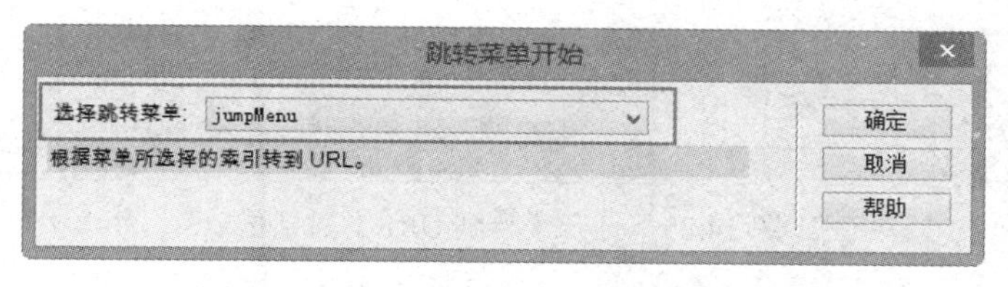

图 14.83 设置【跳转菜单开始】对话框

第 4 步，单击【确定】按钮完成设置，然后在行为面板中修改事件类型即可，一般设置事件类型为 onClick。

第 5 步，保存页面后在浏览器中预览，可以看到一个跳转下拉菜单，当选择不同的城市时，原来的自动跳转行为失效，但是当单击“去看看”按钮，即可跳到该城市主页。

扫一扫，看视频

14.7.3 案例：转到 URL

使用“转到 URL”行为可以从当前页面跳转到其他页面中去，虽然超链接也可以实现这种行为，但它只能够响应单击事件，如果需要其他事件类型，只能使用“转到 URL”行为，效果如图 14.84 所示。

（a）页面初始化效果

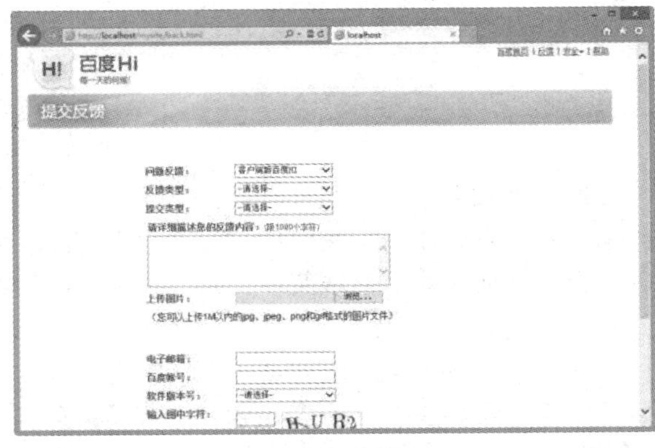

（b）跳转页面效果

图 14.84　实例效果

第 1 步，打开本节示例中的 orig.html 文件，另存为 effect.html。这里将在页面中添加一个跳转行为，当用户双击页面时会自动跳转到 back.html。

第 2 步，选择一个对象，如果仅为页面添加行为，可以在编辑窗口中单击，然后单击【行为】面板中的 + 按钮，选择【转到 URL】选项命令，打开【转到 URL】对话框，如图 14.85 所示。

图 14.85　打开【转到 URL】对话框

第 3 步，在【打开在】列表框中选择打开链接的窗口，如果是框架网页，选择打开链接的框架，对于普通页面来说，仅显示“主窗口”选项。

第 4 步，在【URL】文本框中设置链接的地址，单击【浏览】按钮在本地硬盘中查找链接的文件，设置如图 14.86 所示。

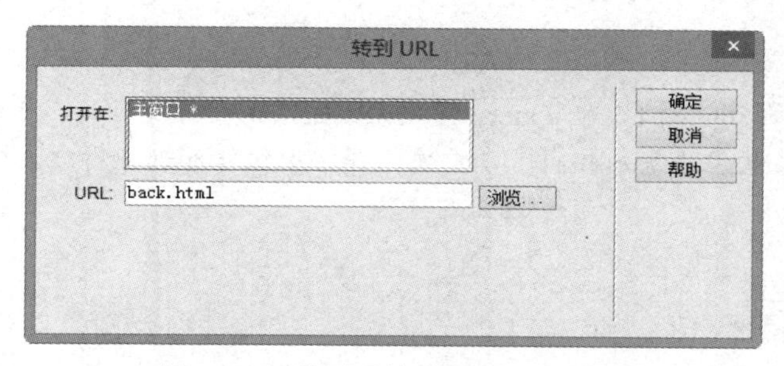

图 14.86 设置【转到 URL】对话框

第 5 步，设置完成后，单击【确定】按钮。如果想在同一对象上打开多个链接，可以重复上面的操作，添加新的“转到 URL”行为。

第 6 步，在行为面板中修改事件类型即可，这里设置事件类型为 onDblClick，即当双击页面时将响应该行为。

第 7 步，保存页面后在浏览器中预览，当双击页面之后，页面会自动跳转到反馈页，演示效果如图 14.84 所示。

第 15 章　使用 jQuery UI 和 jQuery 特效

Dreamweaver CC 捆绑 jQuery UI 和 jQuery 特效库，提供了一种友好的、可视化操作界面，方便用户调用。由于这些组件和特效用法基本相同，本章仅选择常用组件和部分特效，以案例形式介绍如何使用它们来设计页面。

【学习重点】

- 使用选项卡。
- 使用手风琴。
- 使用对话框。
- 使用 jQuery 特效。

扫一扫，看视频

15.1　设计选项卡

选项卡组件就是把多个内容框叠放在一起，通过标题栏中的标题进行切换，效果如图 15.1（b）所示。

（a）页面初始显示效果

（b）插入选项卡后的效果

图 15.1 案例效果

【操作步骤】

第 1 步，启动 Dreamweaver CC，打开本节示例中的 orig.html 文件，另存为 effect.html。在本示例中将在页面中插入一个 Tab 选项卡，设计一个登录表单的切换版面，当鼠标经过时，会自动切换表单面板。

第 2 步，把光标置于页面所在位置，然后选择【插入】|【jQuery UI】|【Tabs】命令，在页面当前位置插入一个 Tabs 面板，如图 15.2 所示。

第 3 步，使用鼠标单击选中 Tabs 面板，可以在属性面板中设置选项卡的相关属性，同时可以在编辑窗口中修改标题名称并填写面板内容，如图 15.3 所示。

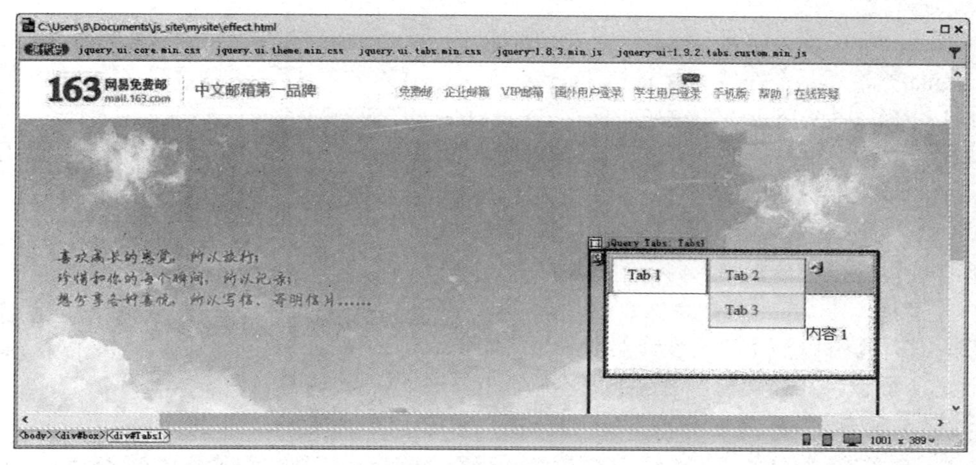

图 15.2　插入 Tabs 选项卡

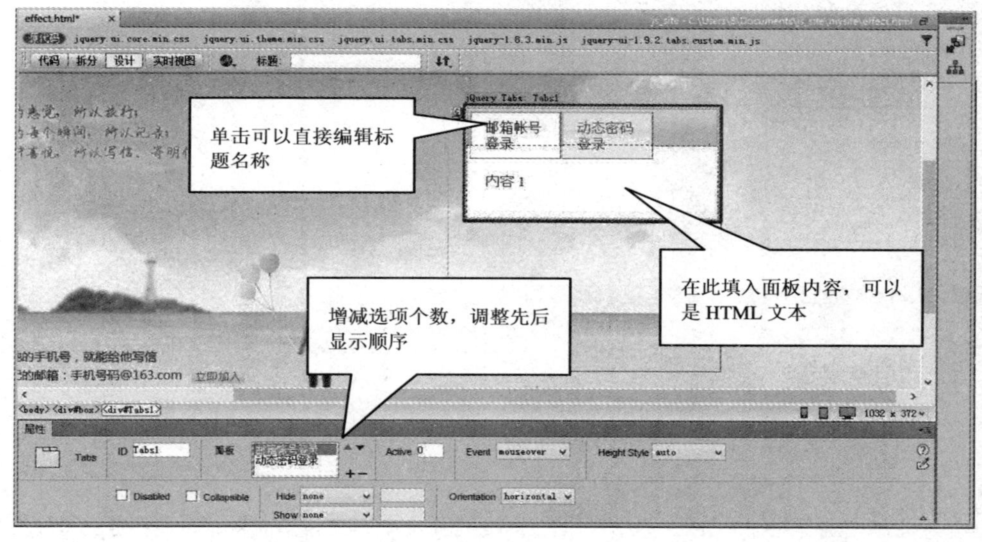

图 15.3　设置 Tabs 选项卡

（1）ID 文本框：设置 Tab 选项卡外包含框 div 元素的 ID 属性值，以方便 JavaScript 脚本控制。

（2）【面板】列表框：在这里显示选项卡中每个选项标题的名称，可以单击▲和▼按钮调整选项显示的先后位置，单击＋按钮可以增加一个选项，而单击－按钮可以减少一个选项。

（3）Active 文本框：设置在默认状态下显示的选项，第一个选项值为 0，第二个选项值为 1，以此类推。

（4）Event 下拉列表框：设置选项卡响应事件，包括 click（鼠标单击）和 mouseover（鼠标经过）。

（5）Height Style 下拉列表框：设置内容框的高度，包括 fill（固定高度）、content（根据内容确定高度）和 auto（自动调整）。

（6）Disabled 复选框：是否禁用选项卡。

（7）Collapsible 复选框：是否可折叠选项卡。默认选项是 false，不可以折叠。如果设置为 true，允许用户单击以将已经选中的选项卡内容折叠起来。

（8）Hide 和 Show 下拉列表框：设置选项卡隐藏和显示时的动画效果，可以参阅下面小节关于 jQuery 特效的介绍。

（9）Orientation：设置选项卡标题栏是在顶部水平显示（horizontal），还是在左侧堆叠显示（vertical）。

第 4 步，按图 15.3 所示设置完毕，保存文档，则 Dreamweaver CC 会弹出对话框，要求保存相关的技术支持文件，如图 15.4 所示。单击【确定】按钮关闭该对话框即可。

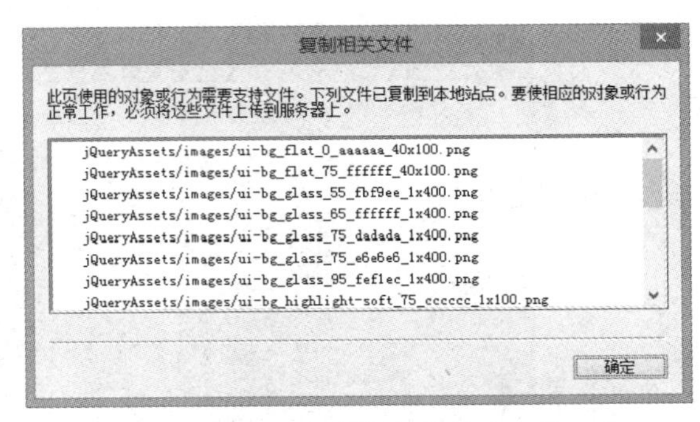

图 15.4　确定保存相关技术文件

第 5 步，在内容框中分别输入内容，这里插入表单截图。

第 6 步，选择【窗口】|【CSS 设计器】命令，打开【CSS 设计器】面板，在编辑窗口中选中内容包含框，在 CSS 设计器面板中清除包含框的 padding 默认值，如图 15.5 所示。

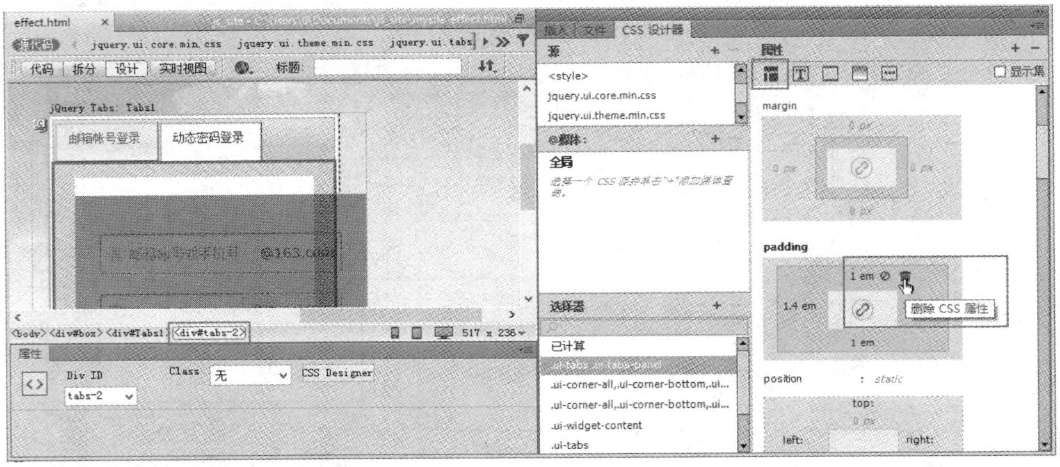

图 15.5　清除内容包含框的补白

拓展：

选项卡组件是基于底层的 HTML 元素结构，该结构是固定的，组件的运转依赖一些特定的元素。选项卡本身必须从列表元素中创建，列表结构可以是排序的，也可以是无序的，并且每个列表项应当包含一个 span 元素和一个 a 元素。每个链接还必须具有相应的 div 元素，与它的 href 属性相关联。例如：

```
<ul>
   <li><a href="#tabs"><span>标题</span></a></li>
</ul>
<div id="tabs1">Tab 面板容器 </div>
```

对于该组件来说，必要的 CSS 样式是必需的，默认可以导入 jquery.ui.all.css 文件或者 jquery.ui.tabs.css，也可以自定义 CSS 样式表，用来控制选项卡的基本样式。

一套选项卡面板包括几种以特定方式排列的标准 HTML 元素，根据实际需要可以在页面中编写好，也可以动态添加，或者两者结合。

- 列表元素（ul 或 ol）。
- a 元素。
- span 元素。
- div 元素。

前三个元素组成了可单击的选项标题，以用来打开选项卡所关联的内容框，每个选项卡应该包含一个带有链接的列表项，并且链接内部还应嵌套一个 span 元素。每个选项卡的内容通过 div 元素创建，其 id 值是必需的，标记了相应的 a 元素的链接目标。

15.2 设计手风琴

手风琴组件是一组折叠框，在同一个时刻只能够有一个内容框被打开。每个内容框都有一个与之关联的标题，用来打开该内容框，同时会隐藏其他内容框，效果如图 15.6（b）所示。

（a）页面初始显示效果

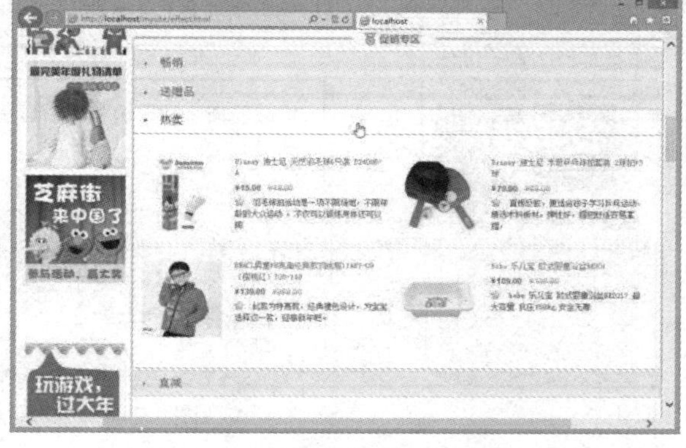

（b）插入手风琴后的显示效果

图 15.6 案例效果

【操作步骤】

第 1 步，启动 Dreamweaver CC，打开本节示例中的 orig.html 文件，另存为 effect.html。在本示例中将在页面中插入一个手风琴，设计一个折叠式版面，当鼠标经过时，会自动切换折叠面板。

第 2 步，把光标置于页面所在位置，然后选择【插入】|【jQuery UI】|【Accordion】命令，在页面当前位置插入一个 Accordion 面板，如图 15.7 所示。

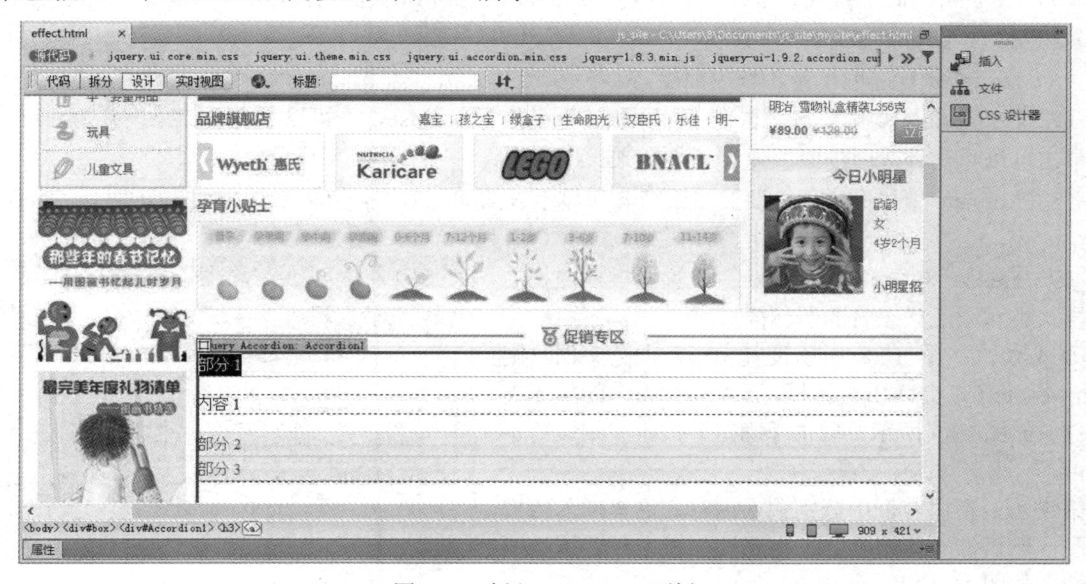

图 15.7 插入 Accordion 面板

第 3 步，使用鼠标单击选中 Accordion 面板，可以在属性面板中设置 Accordion 面板的相关属性，同时可以在编辑窗口中修改标题名称并填写面板内容，如图 15.8 所示。

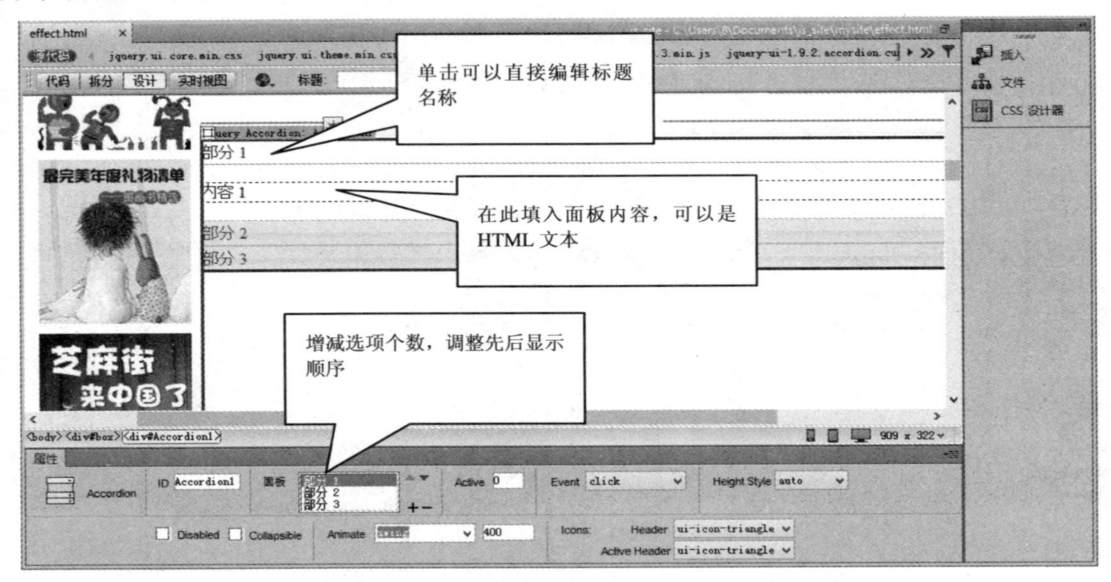

图 15.8　设置 Accordion 选项卡

（1）ID 文本框：设置 Accordion 面板外包含框 div 元素的 ID 属性值，以方便 JavaScript 脚本控制。

（2）【面板】列表框：在这里显示面板中每个选项标题的名称，可以单击▲和▼按钮调整选项显示的先后位置，单击＋按钮可以增加一个选项，而单击－按钮可以减少一个选项。

（3）Active 文本框：设置在默认状态下显示的选项，第一个选项值为 0，第二个选项值为 1，以此类推。

（4）Event 下拉列表框：设置面板响应事件，包括 click（鼠标单击）和 mouseover（鼠标经过）。

（5）Height Style 下拉列表框：设置内容框的高度，包括 fill（固定高度）、content（根据内容确定高度）和 auto（自动调整）。

（6）Disabled 复选框：是否禁用面板。

（7）Collapsible 复选框：是否可折叠面板。默认选项是 false，不可以折叠。如果设置为 true，允许用户单击可以将已经选中的面板内容折叠起来。

（8）Animate 下拉列表框：设置面板隐藏和显示时的动画效果，可以参阅下面小节关于 jQuery 特效的介绍。

（9）Header 和 Active Header：设置面板标题栏的图标样式类和激活状态时的图标样式类。

第 4 步，按图 15.8 所示设置完毕，保存文档，则 Dreamweaver CC 会弹出对话框，要求保存相关的技术支持文件，如图 15.9 所示。单击【确定】按钮关闭该对话框即可。

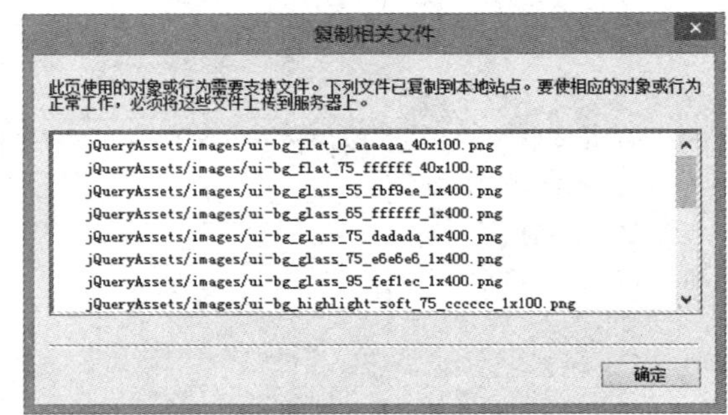

图 15.9　确定保存相关技术文件

第 5 步，在内容框中分别输入内容，这里插入内容框截图，然后修改标题文字，在属性面板中设置折叠面板属性，如图 15.10 所示。

图 15.10　确定保存相关技术文件

第 6 步，选择【窗口】|【CSS 设计器】命令，打开【CSS 设计器】面板，选择内部样式表，新增选择器“#Accordion1>div”，定义样式：padding:0;，清除内容包含框的补白，如图 15.11 所示。

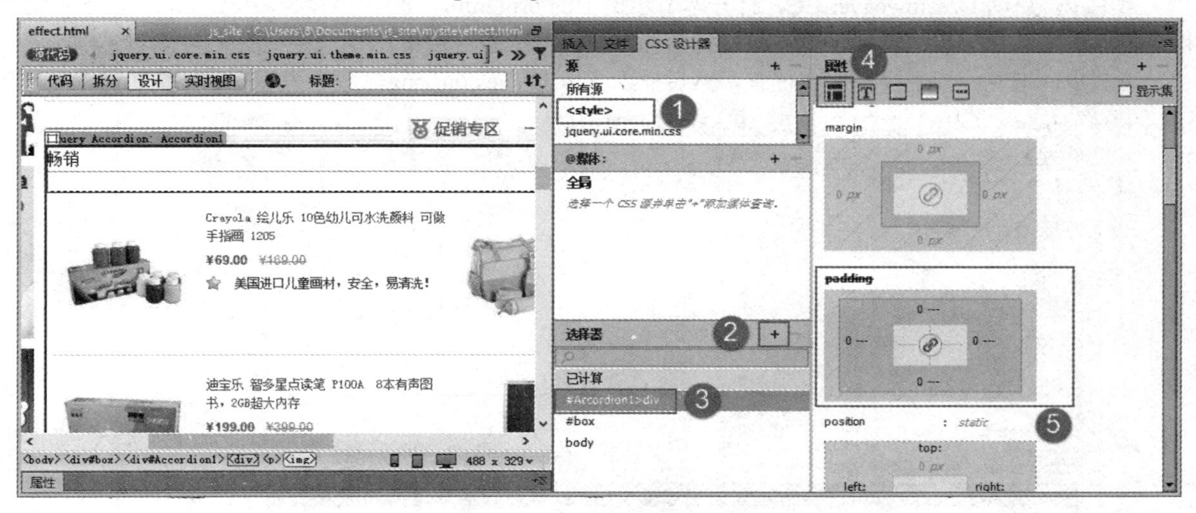

图 15.11　清除内容包含框的补白

提示：

手风琴组件可以高度配置，与选项卡类似，只不过它是垂直摆放而不是水平摆放的。创建手风琴组件不需要特定结构，使用 ID 指定页面上需要转换为手风琴的包含框，然后使用 accordion()函数可以快速创建手风琴组件。

如果不指定样式，手风琴组件将会占据 100%宽度，可以通过自定义样式来控制手风琴及其内容框的外观，还可以使用 UI 库所提供的 default 或 flora 主题，或者使用主题定制器定制组件风格。

扫一扫，看视频

15.3 设计模态对话框

jQuery UI 提供了一个功能强大的对话框组件，该对话框组件可以显示消息，附加内容（如图片或文字等），甚至包括交互型内容（如表单），为对话框添加按钮也更加容易，如简单的确定和取消按钮，并且可以为这些按钮定义回调函数，以便在它们被点击时做出反应，效果如图 15.12 所示。

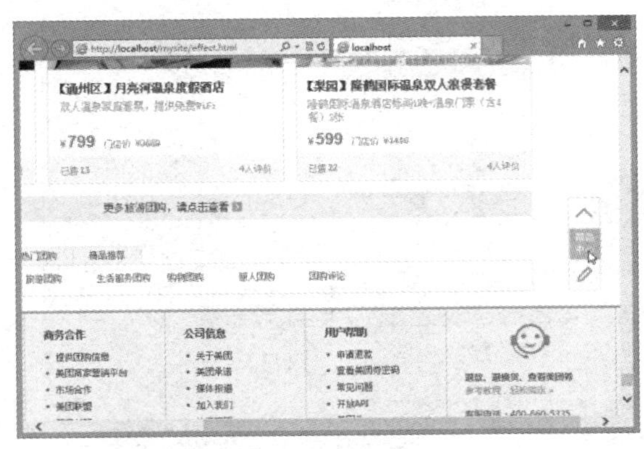

（a）页面初始显示效果

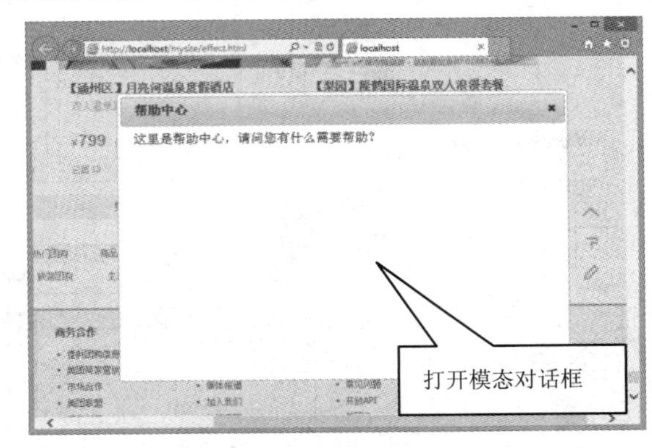

（b）显示对话框效果

图 15.12　案例效果

【操作步骤】

第 1 步，启动 Dreamweaver CC，打开本节示例中的 orig.html 文件，另存为 effect.html。在本示例中将在页面中插入一个按钮图标，单击该按钮图标可以打开模态对话框。

第 2 步，把光标置于页面所在位置，然后插入图像 images/out.png，命名为 help，如图 15.13 所示。

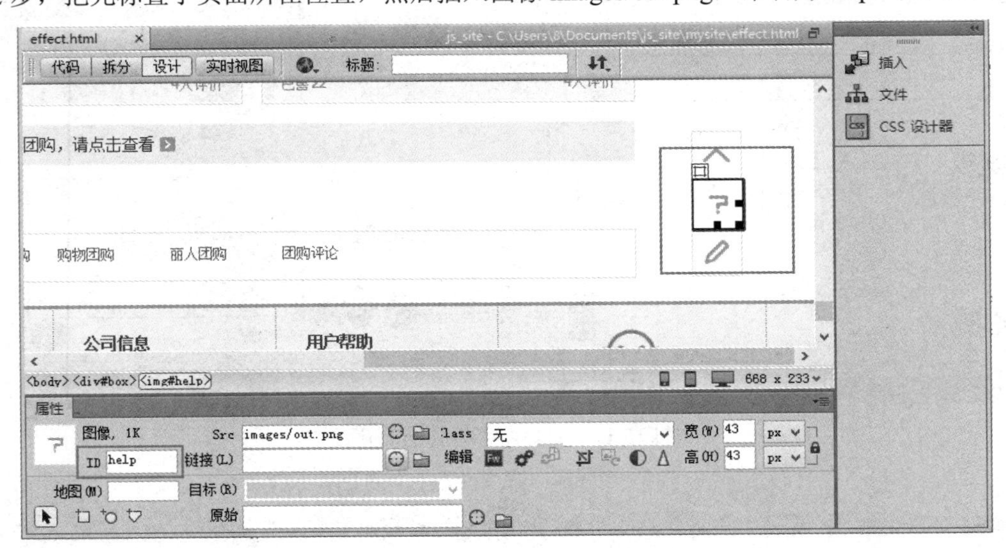

图 15.13　插入图像

第 3 步，选中插入的图像，打开【行为】面板，为当前图像绑定交换图像行为，详细设置如图 15.14 所示。绑定行为之后，在【行为】面板设置触发事件，交换图像为 onMouseOver，恢复交换图像为 onMouseOut，即设计当鼠标经过图像时，能够动态显示图像交换效果。

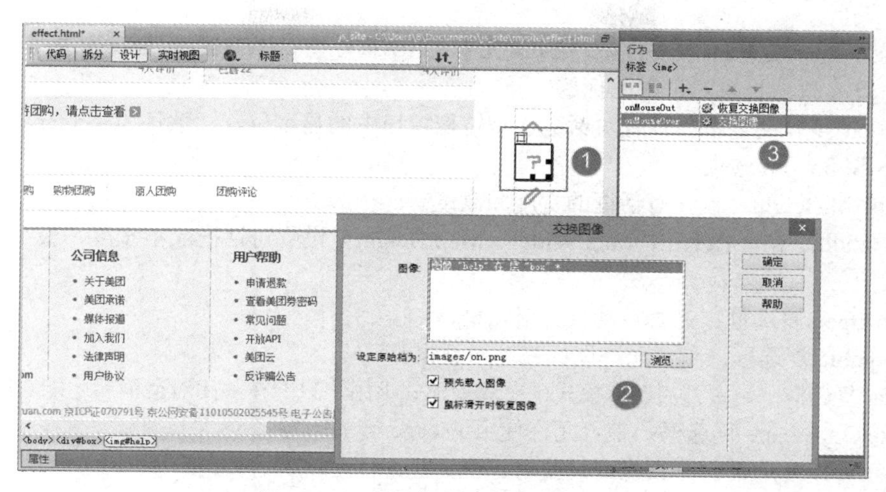

图 15.14　为图像绑定交换图像行为

第 4 步，在页面内单击，把光标置于页面内，不要选中任何对象，然后选择【插入】|【jQuery UI】|【Dialog】命令，在页面当前位置插入一个模态对话框，如图 15.15 所示。

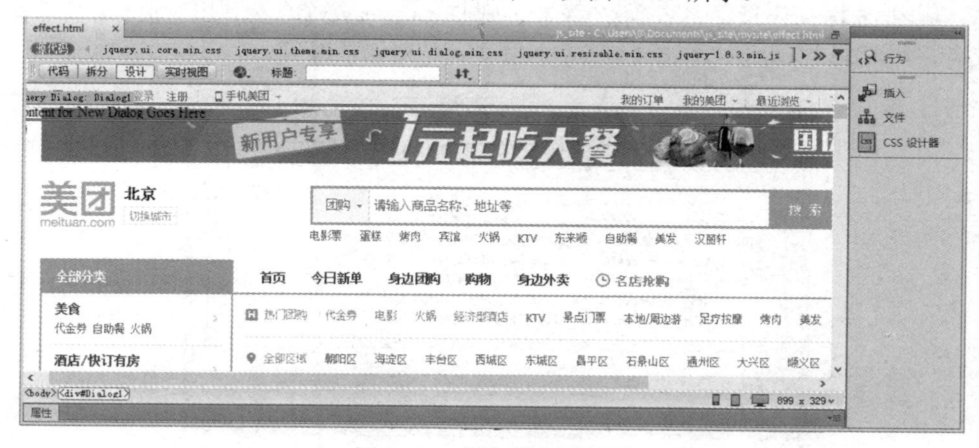

图 15.15　插入模态对话框

第 5 步，使用鼠标单击选中 Dialog 面板，可以在属性面板中设置对话框的相关属性，同时可以在编辑窗口中修改对话框面板的内容，如图 15.16 所示。

图 15.16　设置 Dialog 属性面板

（1）ID 文本框：设置对话框外包含框 div 元素的 ID 属性值，以方便 JavaScript 脚本控制。

（2）Title 文本框：设置对话框的标题。

（3）Position 下拉列表框：设置对话框在浏览器窗口中的显示位置，默认为 center（中央），包括 left、right、top 和 bottom 选项。

（4）Width 和 Height：设置对话框的宽度和高度。

（5）Min Width、Min Height、Max Width、Max Height：设置对话框最小宽度、最小高度、最大宽度和最大高度。

（6）Auto Open 复选框：是否自动打开对话框。

（7）Draggable 复选框：是否允许鼠标拖动对话框。

（8）Modal 复选框：是否开启遮罩模式，在遮罩模式下用户只能在关闭对话框后才能够继续操作页面。

（9）Close On Escape 复选框：是否允许使用 Escape 键关闭对话框。

（10）Resizable 复选框：是否允许调整对话框大小。

（11）Hide 和 Show 下拉列表框：设置对话框隐藏和显示时的动画效果。

（12）Trigger Button：设置触发对话框的按钮对象。

（13）Trigger Event：设置触发对话框的事件。

第 6 步，按图 15.16 所示设置完毕，保存文档，则 Dreamweaver CC 会弹出对话框，要求保存相关的技术支持文件，如图 15.17 所示。单击【确定】按钮关闭该对话框即可。

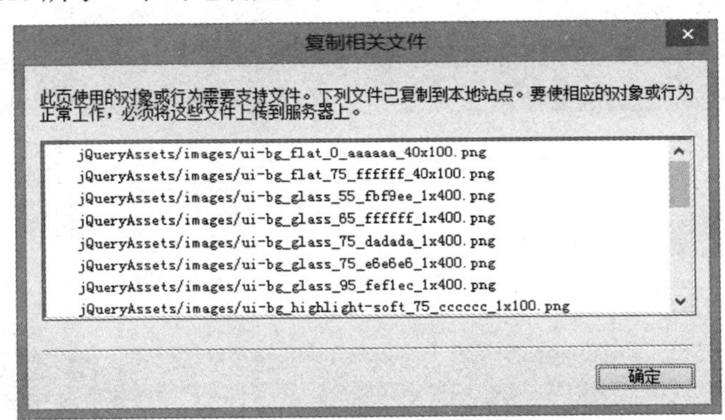

图 15.17　确定保存相关技术文件

第 7 步，切换到【代码】视图，可以看到 Dreamweaver CC 自动生成的脚本。

```
<script type="text/JavaScript">
$(function() {
    $( "#Dialog1" ).dialog({
        modal:true,
        autoOpen:false,
        title:"帮助中心",
        minWidth:300,
        width:600,
        height:400,
        minHeight:300,
        maxHeight:800,
        maxWidth:1024
    });
});
</script>
```

第 8 步，在$(function() {}函数体内增加如下代码，为交换图像绑定激活对话框的行为。

```
<script type="text/JavaScript">
$(function() {
    $( "#Dialog1" ).dialog({
    });
    $( "#help" ).click(function() {
        $( "#Dialog1" ).dialog( "open" );
    });
});
</script>
```

提示：

对话框组件带有内建模式，在默认情况下是非激活的，而一旦模式被激活，将会启用一个模式覆盖层元素，覆盖对话框的父页面。而对话框将会位于该覆盖层的上面，同时页面的其他部分将位于覆盖层的下面。

改变对话框的皮肤使之与内容相适应是很容易的，可以从默认的主题样式表（jquery.ui.dialog.css）中进行修改，也可以自定义对话框样式表。

扫一扫，看视频

15.4 设计高亮特效

高亮特效可以为指定对象设置高亮显示效果，常用来设计交互提示作用，如鼠标经过数据行时，表格行呈现高亮显示效果，或者鼠标单击目标对象时，让目标对象高亮显示。本例利用 jQuery 高亮特效设计段落文本在鼠标经过时，呈现高亮闪现效果，以增强文本的互动特性，如图 15.18（b）所示。

（a）页面初始显示效果

（b）文本高亮显示效果

图 15.18　案例效果

【操作步骤】

第 1 步，启动 Dreamweaver CC，打开本节示例中的 orig.html 文件，另存为 effect.html。在本示例中将在页面中插入一个新闻标题和正文摘录，设计一个图文新闻列表项版面，当鼠标经过时，定义正文文本能够高亮闪现一下，以提示用户留意和深入阅读。

第 2 步，把光标置于页面所在位置，然后输入段落文本“小米可以教给传统企业的 6 个创新法则”，拖选文本，在属性面板中设置“格式”为“标题 2”，如图 15.19 所示。

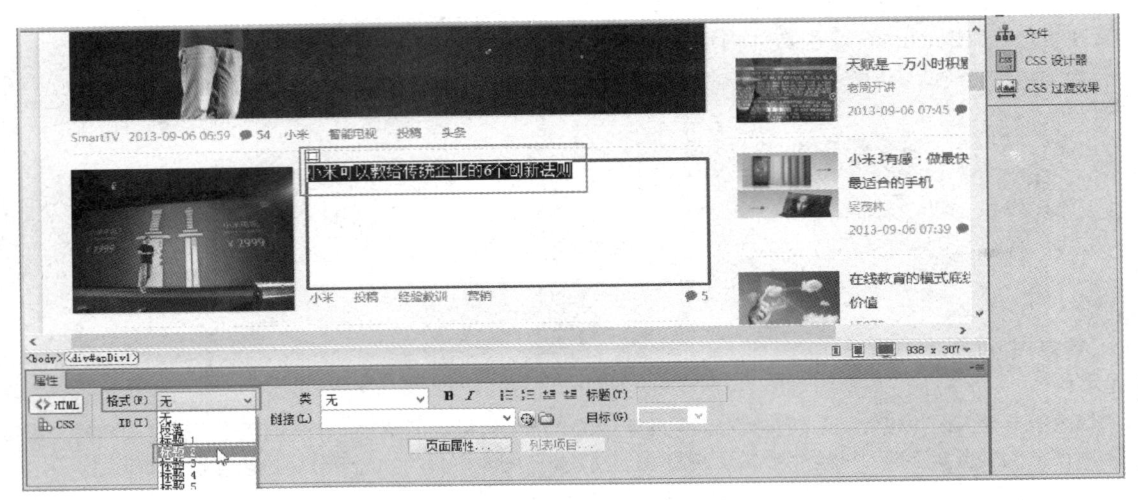

图 15.19　设置文本为二级标题

第 3 步，选中标题 2 及其文本，在【CSS 设计器】面板中，单击“选择器”选项右侧的加号按钮，添加一个选择器，Dreamweaver 会自动命名选择器的名称，读者也可以修改该选择器名称，默认会根据包含结构定义为复合型选择器，然后在“属性”选项区域设置布局样式：margin: 0px、padding: 0px，清除标题文本默认的上下间距；设置文本样式：font-size: 16px、line-height: 20px、font-weight: normal，即定义标题文本大小为 16 像素，行高为 20 像素，恢复字体默认的不加粗显示。详细设置如图 15.20 所示。

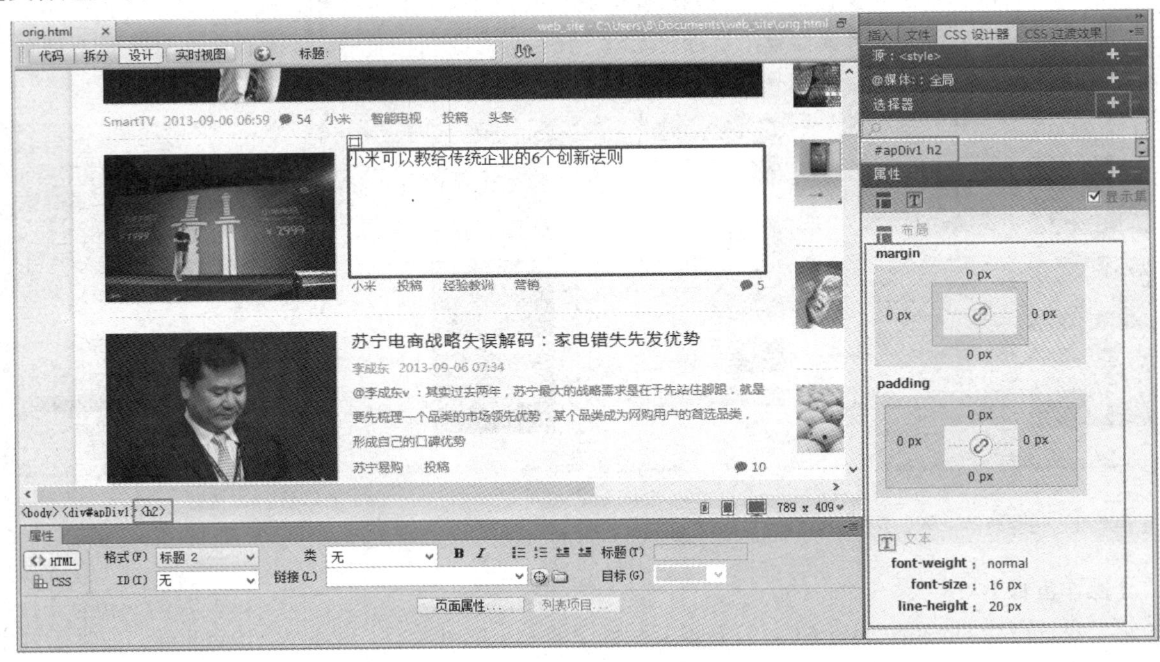

图 15.20　定义标题样式

第 4 步，按 Enter 键另起一行，输入段落文本。然后在【CSS 设计器】中定义类样式 author，设置布局样式：margin-top: 6px、margin-bottom: 6px，设计段落文本上下边界为 6 像素；设置文本样式：tfont-size: 12px、color: #999999，即设计字体颜色为浅灰色，字体大小为 12 像素。然后在属性面板中，为 Class 绑定 author 类样式，详细设置如图 15.21 所示。

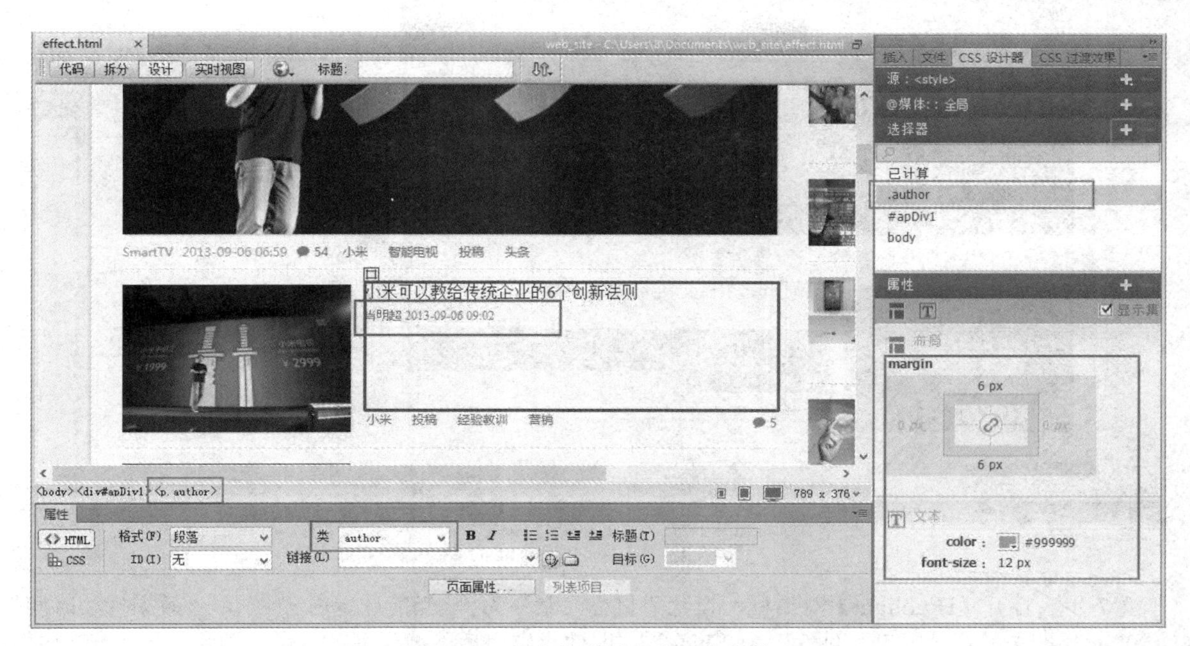

图 15.21　定义并应用段落文本类样式

第 5 步，按 Enter 键另起一行，输入摘要文本。然后在【CSS 设计器】中定义类样式 content，设置布局样式：margin-top: 6px、margin-bottom: 6px，设计段落文本上下边界为 6 像素；设置文本样式：tfont-size: 12px、color: #666666、line-height:1.8em，即设计字体颜色为灰色，字体大小为 12 像素，文本行高为 1.8 倍字体大小。然后在属性面板中，为 Class 绑定 content 类样式，详细设置如图 15.22 所示。

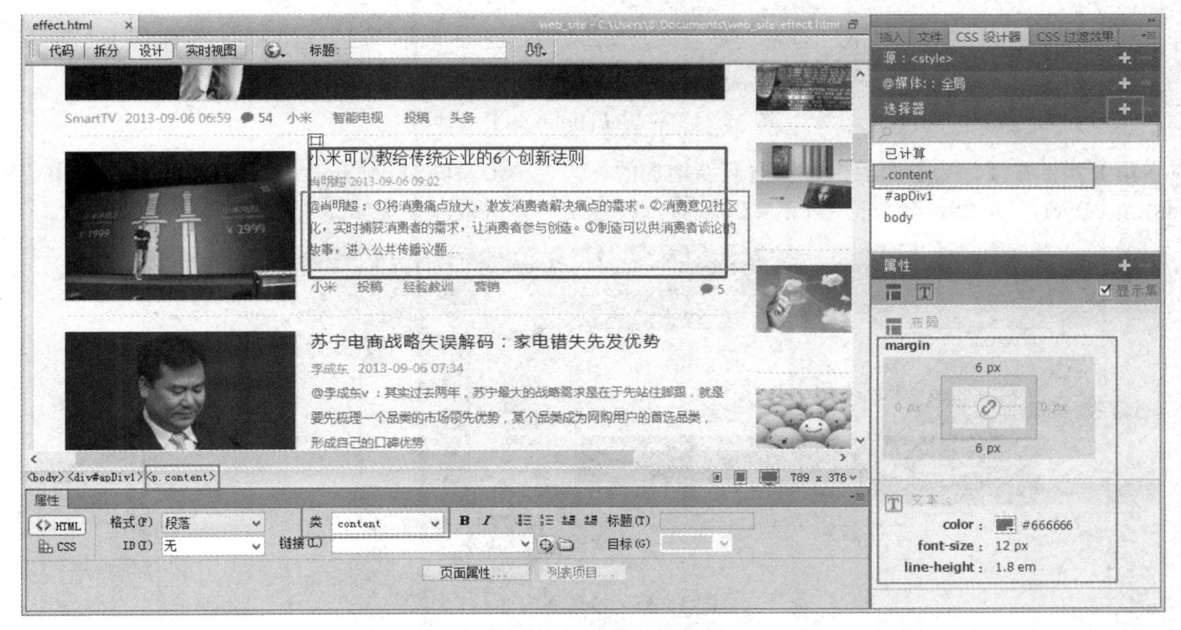

图 15.22　定义并应用段落文本类样式

第 6 步，选中正文摘要内容及其标签<p class="content">，选择【窗口】|【行为】命令，打开【行为】面板，单击加号按钮，从弹出的下拉菜单中选择【效果】|【Highlight】命令，如图 15.23 所示。

图 15.23　选择 Highlight 命令

第 7 步，打开【Highlight】对话框，设置“目标元素”为“<当前选定内容>”，“效果持续时间”为 1000ms，即 1 秒；设置“可见性”为“hide”，即效果结束后隐藏元素；设置“颜色”为“#ffff99”，即定义高亮颜色为亮黄色，设置如图 15.24 所示。设置完毕，单击【确定】按钮完成操作。

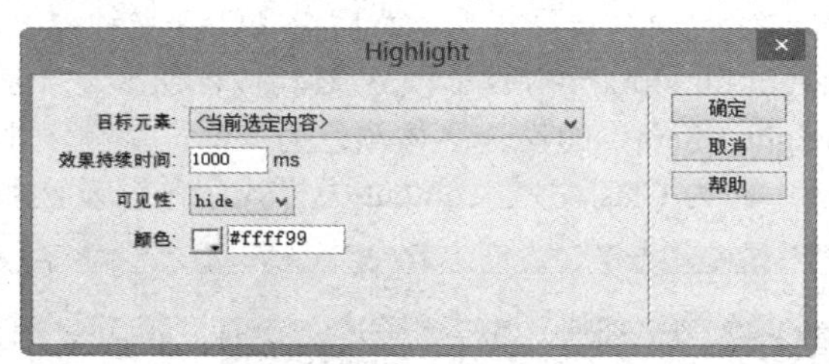

图 15.24　设置【Highlight】对话框

第 8 步，在【行为】面板中可以看到新增加的行为，单击左侧的 onClick，从弹出的下拉菜单中选择 onMouseOver，即设计当鼠标经过正文区域时，将触发高亮特效，设置如图 15.25 所示。

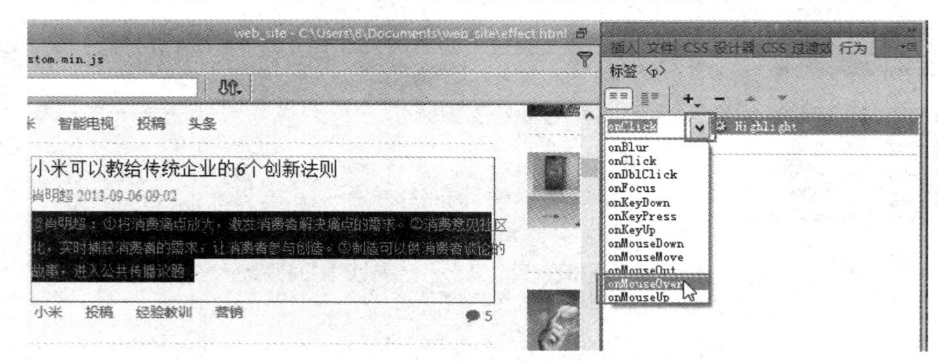

图 15.25　修改触发事件

第 9 步，继续模仿第 6、7、8 步操作，再添加一个 Highlight 特效，设置如图 15.26 所示。其中设置“目标元素”为“<当前选定内容>”，“效果持续时间”为 100ms，即 0.1 秒；设置“可见性”为“show”，即效果结束后显示元素；设置“颜色”为“#ffff99”，即定义高亮颜色为亮黄色，然后单击【确定】按钮完成操作。

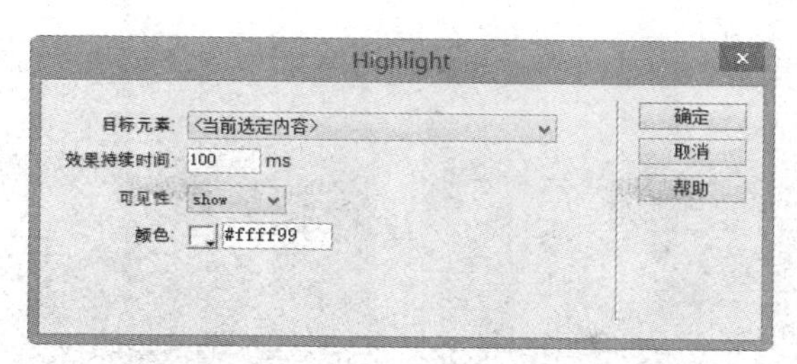

图 15.26　设置【Highlight】对话框

第 10 步，在【行为】面板中可以看到新增加的行为，单击左侧的 onClick，从弹出的下拉菜单中选择 onMouseOver，即设计当鼠标经过正文区域时，将触发高亮特效，然后单击下拉按钮，把当前行为移到下面，让该行为在上一步定义的行为之后发生。设置如图 15.27 所示。

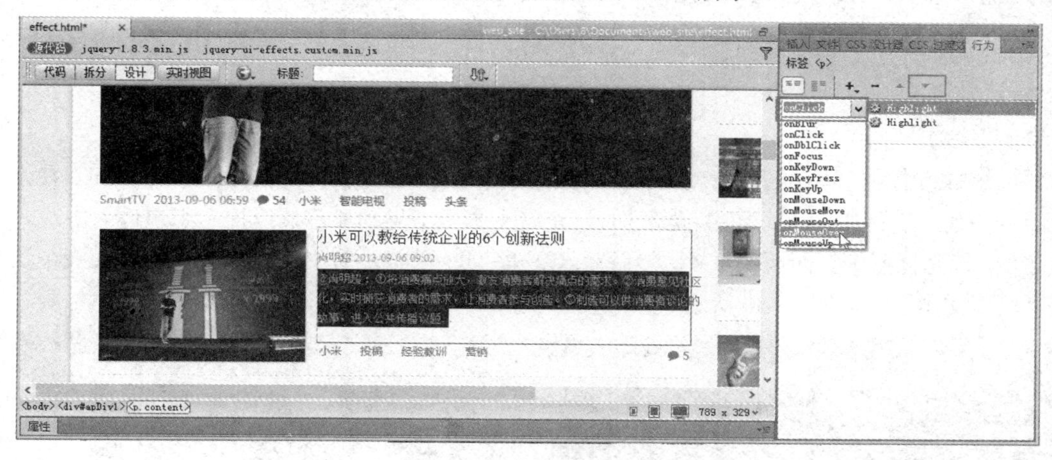

图 15.27　修改触发事件

第 11 步，按 Ctrl+S 快捷键保存页面，此时 Dreamweaver 会弹出对话框，提示保存两个插件文件，如图 15.28 所示。单击【确定】按钮，保存 jquery-1.8.3.min.js 和 jquery-ui-effects.custom.min.js 两个库文件。

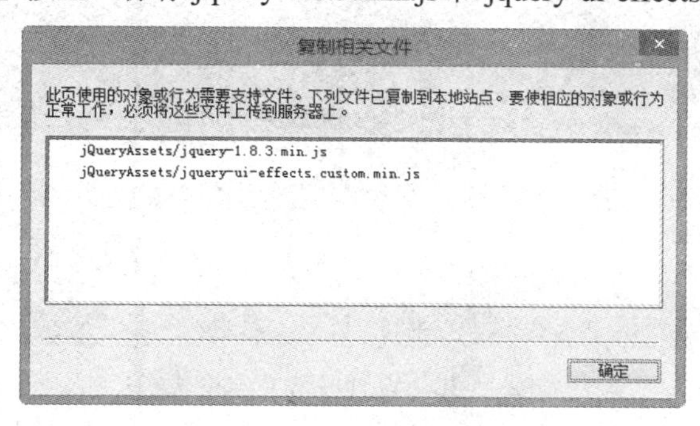

图 15.28　保存插件所需要的库文件

第 12 步，在浏览器中预览，当鼠标移到摘要正文上时，文字会高亮显示并逐步隐藏，然后再恢复正常显示，演示效果如图 15.18 所示。

15.5　设计弹跳特效

扫一扫，看视频

弹跳特效可以为指定对象设置弹跳显示效果。本例利用 jQuery 弹跳特效设计按钮交互行为，当在鼠标经过时，呈现晃动显示效果，以增强游戏互动特性，如图 15.29 所示。

（a）页面初始显示效果

（b）按钮弹跳显示效果

图 15.29　案例效果

【操作步骤】

第 1 步，启动 Dreamweaver CC，打开本节示例中的 orig.html 文件，另存为 effect.html。在本示例中将在页面中插入一个按钮文本，当鼠标经过时，定义文本上下晃动显示，以提示用户进入游戏。

第 2 步，把光标置于页面所在位置，然后输入文本“进入游戏”，拖选文本，在属性面板中设置“格式”为“段落文本”，如图 15.30 所示。

图 15.30　设置段落文本格式

第 3 步，选中段落文本，在【CSS 设计器】面板中，单击“选择器”选项右侧的加号按钮，添加一个选择器，Dreamweaver 会自动命名选择器的名称，这里修改选择器名称为“.in”，即定义一个类样式。然后在“属性”选项区域设置文本样式：font-size: 46px、line-height: 62px、color:#fff、text-align:center，即定义段落文本大小为 46 像素，行高为 62 像素，字体颜色为白色，文本居中显示。然后在属性面板中，为 Class 绑定 in 类样式，详细设置如图 15.31 所示。

图 15.31 定义段落文本样式

第 4 步，定义字体类型。在【CSS 设计器】的属性列表中单击 font-family 右侧的 default font 属性值，从弹出的下拉菜单中选择【管理字体】，如图 15.32 所示。

图 15.32 打开【管理字体】对话框

第 5 步，在打开的【管理字体】对话框中，单击选中【自定义字体堆栈】选项卡，然后在【可用字体】列表中选择“华文琥珀”，单击向左方向键按钮，把选中的“华文琥珀”添加到【选择的字体】列表中；继续选择可用字体“黑体”，执行相同的操作，把它添加到【选择的字体】列表中，最后单击【完成】按钮完成操作，如图 15.33 所示。

第 6 步，在【CSS 设计器】的属性列表中单击 font-family 右侧的 default font 属性值，从弹出的下拉菜单中选择上一步操作中添加的可选字体，为当前段落文本设置自定义字体，如图 15.34 所示。

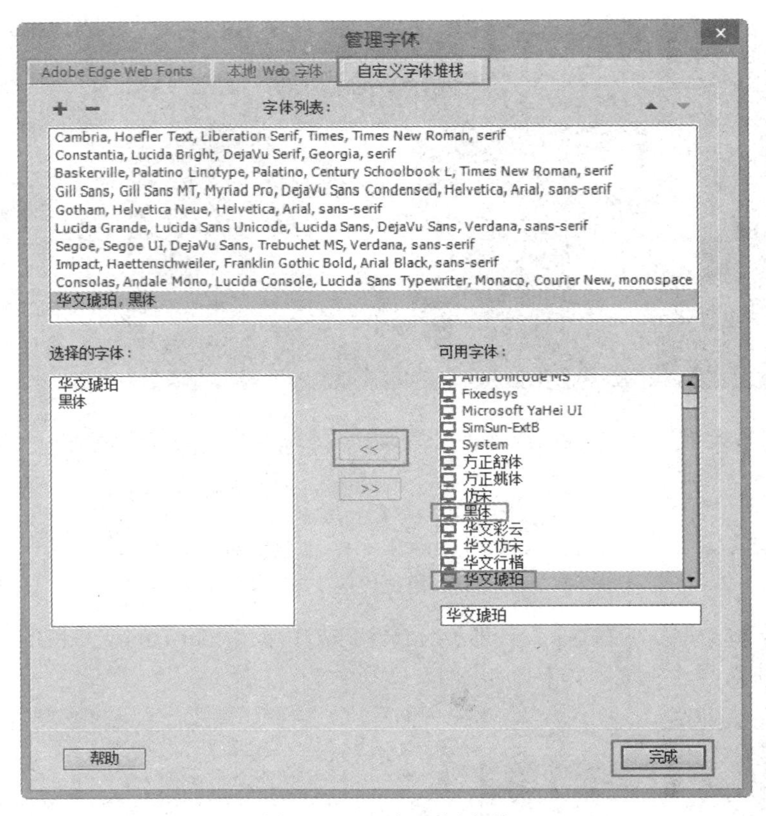

图 15.33　添加可用字体

图 15.34　设置自定义字体类型

第 7 步，选中段落文本标签<p class="in">，选择【窗口】|【行为】命令，打开【行为】面板，单击加号按钮，从弹出的下拉菜单中选择【效果】|【Bounce】命令，如图 15.35 所示。

图 15.35　选择 Bounce 命令

第 8 步，打开【Bounce】对话框，设置“目标元素”为“<当前选定内容>”，“效果持续时间”为 1000ms，即 1 秒；设置“可见性”为“show”，即效果结束后显示元素；设置“方向”为“down”，即定义目标对象向下弹跳，定义“距离”为 5 像素，“次”为 3 次，设置如图 15.36 所示。设置完毕，单击【确定】按钮完成操作。

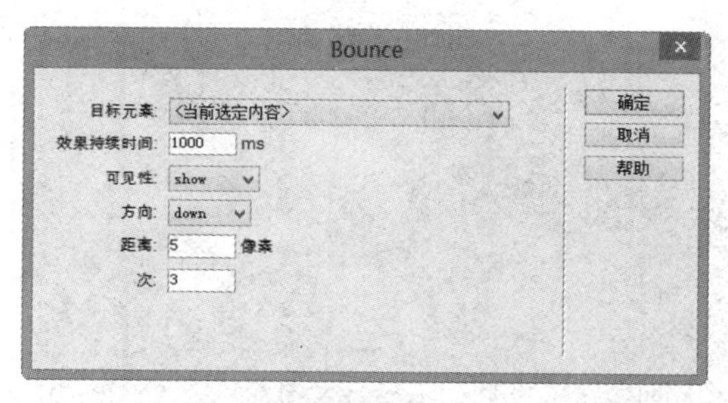

图 15.36　设置【Bounce】对话框

第 9 步，在【行为】面板中可以看到新增加的行为，单击左侧的 onClick，从弹出的下拉菜单中选择 onMouseOver，即设计当鼠标经过正文区域时，将触发弹跳特效，设置如图 15.37 所示。

图 15.37　修改触发事件

第 10 步，继续模仿第 7、8、9 步操作，再添加一个 Bounce 特效，设置“目标元素”为“<当前选定内容>”，“效果持续时间”为 1000ms，即 1 秒；设置“可见性”为“hide”，即效果结束后隐藏元素；设置“方向”为“up”，即定义目标对象向上弹跳，定义“距离”为 5 像素，“次”为 3 次，设计文本轻微弹动，设置如图 15.38 所示。设置完毕，单击【确定】按钮完成操作。

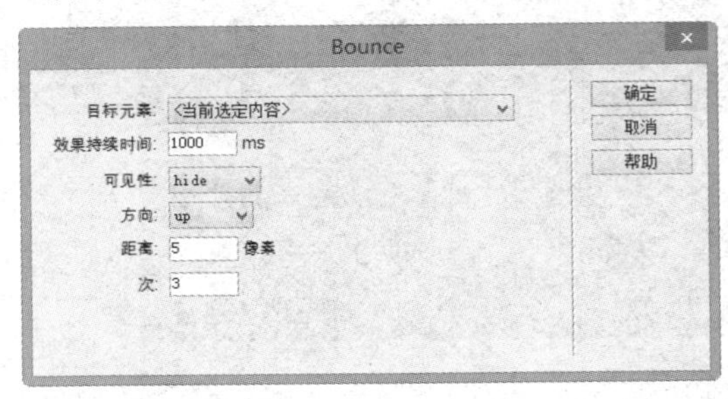

图 15.38　设置【Bounce】对话框

第 11 步，在【行为】面板中修改事件类型，单击左侧的 onClick，从弹出的下拉菜单中选择 onMouseOver，即设计当鼠标经过正文区域时，将触发高亮特效，然后单击下拉按钮，把当前行为移到下面，让该行为在上一步定义的行为之后发生，设置如图 15.39 所示。

图 15.39　修改触发事件并调整响应顺序

第 12 步，按 Ctrl+S 快捷键保存页面，此时 Dreamweaver 会弹出对话框，提示保存两个插件文件，如图 15.40 所示。单击【确定】按钮，保存 jquery-1.8.3.min.js 和 jquery-ui-effects.custom.min.js 两个库文件。

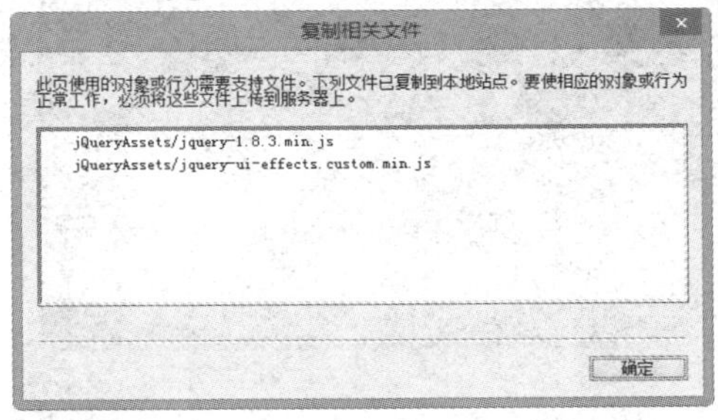

图 15.40　保存插件所需要的库文件

第 13 步，在浏览器中预览，当鼠标移到摘要正文上时，文字会高亮显示并逐步隐藏，然后再恢复正常显示，演示效果如图 15.29 所示。

扫一扫，看视频

15.6　设计摇晃特效

摇晃特效与弹跳特效的效果类似，可以让对象摇晃显示。本例利用 jQuery 摇摆特效设计广告窗口动态效果，当打开首页后页面将会显示一个摆动的广告窗口，以提醒用户点击收看该广告，如图 15.41 所示。

（a）页面初始显示效果

（b）左右摆动的广告效果

图 15.41　案例效果

【操作步骤】

第 1 步，启动 Dreamweaver CC，打开本节示例中的 orig.html 文件，另存为 effect.html。在本示例中将在页面中插入一个广告图片，并设计在页面初始化后广告图片不断摆动显示，以提示用户点击。

第 2 步，把光标置于页面所在位置，然后选择【插入】|【图像】|【图像】命令，打开【选择图像源文件】对话框，在 images 文件夹中找到 haowai.png 图片，插入到页面中，如图 15.42 所示。

图 15.42　插入图片

第 3 步，选中插入的图像，在属性面板中为图像定义 ID 为 haowai，设置如图 15.43 所示。

图 15.43　为图像定义 ID 值

第 4 步，选中 ID 为 haowai 的图像，选择【窗口】|【行为】命令，打开【行为】面板，单击加号按钮，从弹出的下拉菜单中选择【效果】|【Shake】命令，如图 15.44 所示。

图 15.44　选择 Shake 命令

第 5 步，打开【Shake】对话框，设置“目标元素”为“<当前选定内容>”，“效果持续时间”为 3000ms，即 3 秒；设置“方向”为“left”，即定义目标对象向左摆动，定义“距离”为 30 像素，“次”为 10 次，如图 15.45 所示。设置完毕，单击【确定】按钮完成操作。

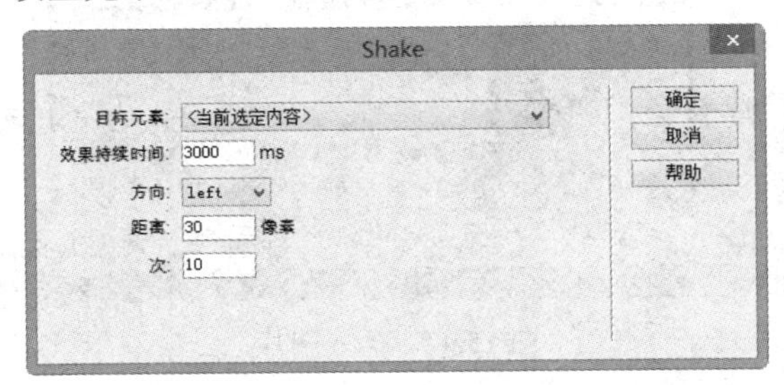

图 15.45　设置【Shake】对话框

第 6 步，在【行为】面板中可以看到新增加的行为，单击左侧的 onClick，从弹出的下拉菜单中选择

onLoad，即设计页面初始化后就让图片摆动显示，设置如图 15.46 所示。

图 15.46　修改触发事件

第 7 步，按 Ctrl+S 快捷键保存页面，此时 Dreamweaver 会弹出对话框，提示保存两个插件文件，如图 15.47 所示。单击【确定】按钮，保存 jquery-1.8.3.min.js 和 jquery-ui-effects.custom.min.js 两个库文件。

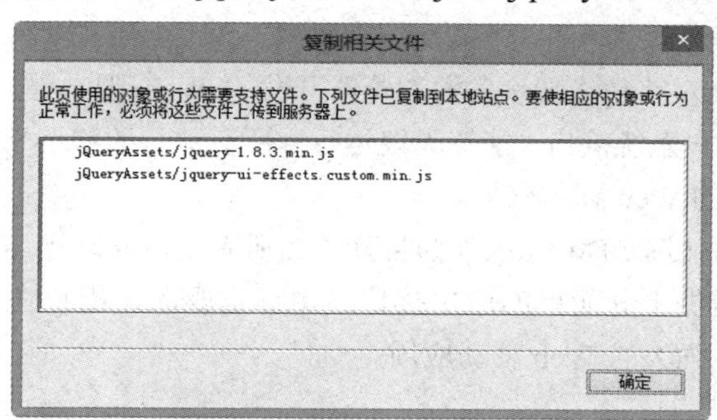

图 15.47　保存插件所需要的库文件

第 8 步，在浏览器中预览，当页面初始化完毕，在窗口中间显示的广告会左右摆动几下，以提示用户注意收看，演示效果如图 15.41 所示。

第 16 章　使用 jQuery Mobile

jQuery Mobile 是 jQuery 的一个组件，而不是 jQuery 的移动版本。jQuery Mobile 的目标是为用户提供一套通用、友好、兼容的移动设备专用网页组件。Dreamweaver CC 支持 jQuery Mobile，并提供可视化操作方式，减轻用户手写代码的繁琐。

【学习重点】

- 认识 jQuery Mobile。
- 设计 jQuery Mobile 单页、多页和链接页。
- 设计对话框。
- 设计标题栏、导航栏、脚注栏。
- 使用网格布局、折叠面板和折叠组。

16.1　认识 jQuery Mobile

jQuery Mobile 是专门针对移动终端设备的浏览器开发的 Web 脚本框架，它基于强悍的 jQuery 和 jQuery UI 基础之上，统一用户系统接口，能够无缝运行于所有流行的移动平台之上，并且易于主题化地设计与建造，是一个轻量级的 Web 脚本框架。

jQuery Mobile 以“Write Less, Do More”为目标，为所有主流移动操作系统平台提供了高度统一的 UI 框架。jQuery Mobile 提供十分简单的应用接口，由标记驱动，用户在 HTML 页中无须使用任何 JavaScript 代码，就可以建立强大的 Web 移动应用。

16.2　设计页视图

视图是 jQuery Mobile 应用程序的基本页面结构，本节将介绍移动应用的基本框架和多页面视图的结构，以及如何实现链接外部页面与后退的方法。

扫一扫，看视频

16.2.1　案例：插入单页视图

jQuery Mobile 提供标准的页面结构模型：在<body>标签中插入一个<div>标签，为该标签定义 data-role 属性，设置值为“page”，即可设计一个视图。

视图一般包含三个基本结构，分别是 data-role 属性为 header、content、footer 的三个子容器，它们用来定义标题、内容、脚注三个页面组成部分，用以包裹移动页面包含的不同内容。

在下面示例中将创建一个 jQuery Mobile 基本模板页，并在页面组成部分中分别显示其对应的容器名称，如图 16.1 所示。

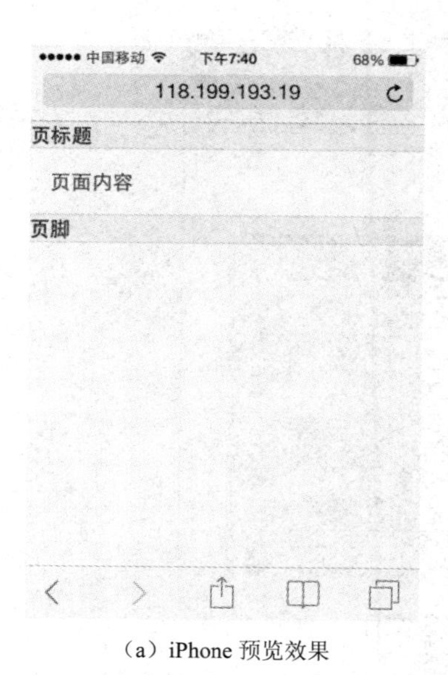

（a）iPhone 预览效果

（b）iBBDemo3 模拟器预览效果

图 16.1　案例效果

【操作步骤】

第 1 步，启动 Dreamweaver CC，选择【文件】|【新建】命令，打开【新建文档】对话框，如图 16.2 所示。在该对话框中选择“空白页”项，设置页面类型为“HTML”，设置文档类型为“HTML5”，然后单击【确定】按钮，完成文档的创建操作。

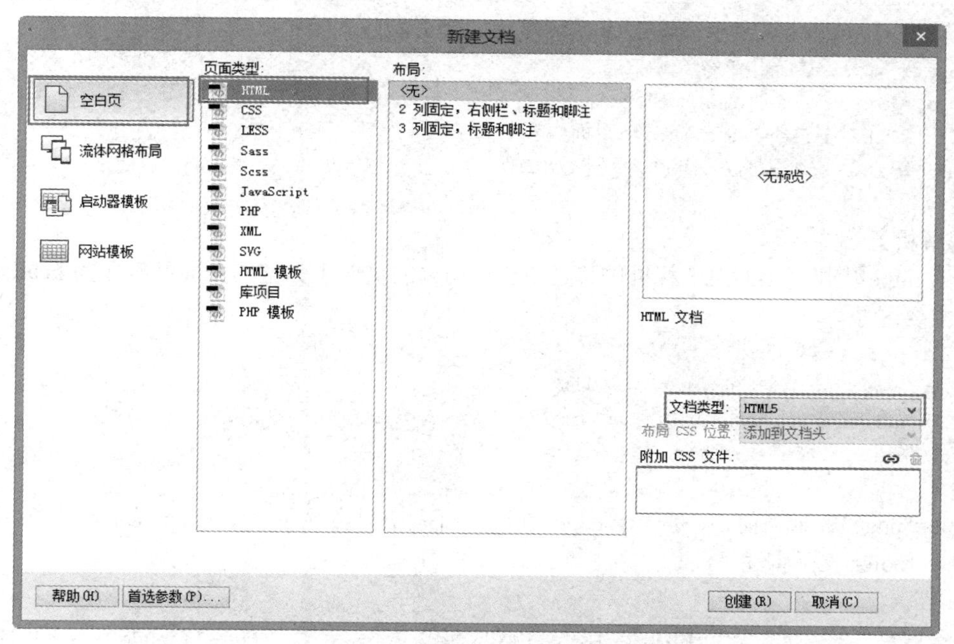

图 16.2　新建 HTML5 类型文档

第 2 步，按 Ctrl+S 快捷键，保存文档为 index.html。选择【窗口】|【CSS 设计器】命令，打开【CSS 设计器】面板，在【源】选项标题栏中单击加号按钮 + ，从弹出的下拉菜单中选择【附加现有的 CSS 文件】命令，打开【使用现有的 CSS 文件】对话框，链接已下载的样式表文件 jquery.mobile-1.4.0-beta.1.css，设置如图 16.3 所示。

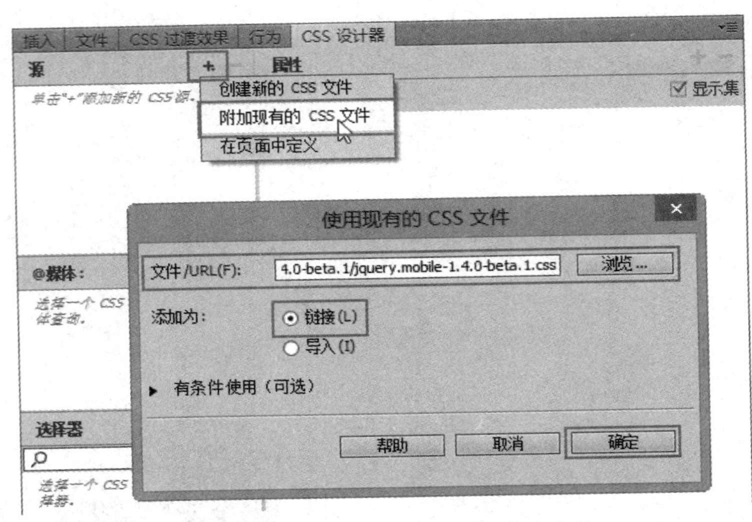

图 16.3　链接 jQuery Mobile 样式表文件

第 3 步，切换到代码视图，在头部可以看到新添加的<link>标签，使用<link>标签链接外部的 jQuery Mobile 样式表文件。然后，在该行代码下面手写如下代码，导入 jQuery 库文件和 jQuery Mobile 脚本文件。

```
<script type="text/JavaScript" src="jquery.mobile/jquery-1.9.1.js"></script>
<script  type="text/JavaScript"  src="jquery.mobile/jquery.mobile-1.4.0-beta.1/
jquery.mobile-1.4.0-beta.1.js"></script>
```

第 4 步，在<body>标签中手写输入如下代码，定义页面基本结构。

```
<div data-role="page">
    <div data-role="header">页标题</div>
    <div data-role="content">页面内容</div>
    <div data-role="footer">页脚</div>
</div>
```

【代码解析】

jQuery Mobile 应用了 HTML5 标准的特性，在结构化的页面中完整的页面结构分为 header、content、footer 三个主要区域。

```
<div data-role="page">
    <div data-role="header"></div>
    <div data-role="content"></div>
    <div data-role="footer"></div>
</div>
```

data-role="page"表示当前 div 是一个 Page，在一个屏幕中只会显示一个 Page，header 定义标题，content 表示内容块，footer 表示脚注。

提示：

新建文档之后，选择【插入】|【jQuery Mobile】|【页面】命令，打开【jQuery Mobile 文件】对话框，保持默认设置，如图 16.4 所示。单击【确定】按钮，再打开【页面】对话框，设置页面的 ID 值，以及页面是否包含标题栏和脚注栏，如图 16.5 所示。最后，单击【确定】按钮，可以快速新建一个移动单页。

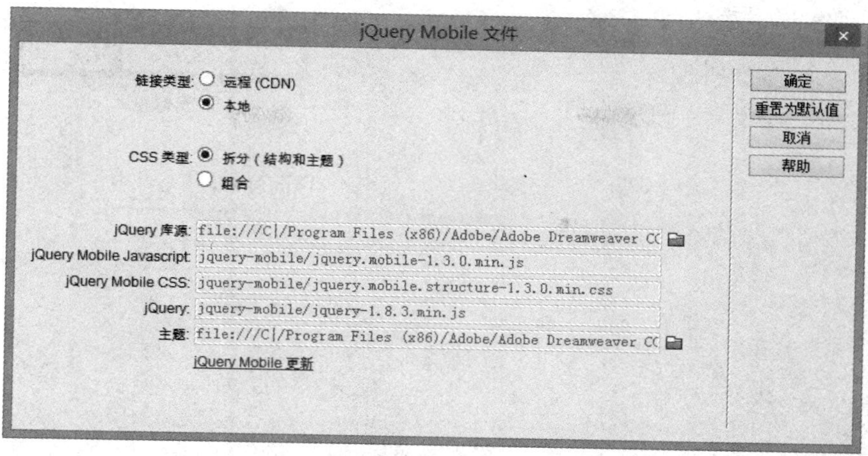

图 16.4　【jQuery Mobile 文件】对话框

拓展：

一般情况下，移动设备的浏览器默认以 900px 的宽度显示页面，这种宽度会导致屏幕缩小，页面放大，不适合网页浏览。如果在页面中添加<meta>标签，设置 content 属性值为“width=device-width,initial-scale=1”，可以使页面的宽度与移动设备的屏幕宽度相同，更适合用户浏览。因此，建议在<head>中添加一个名称为 viewport 的<meta>标签，并设置标签的 content 属性，代码如下所示：

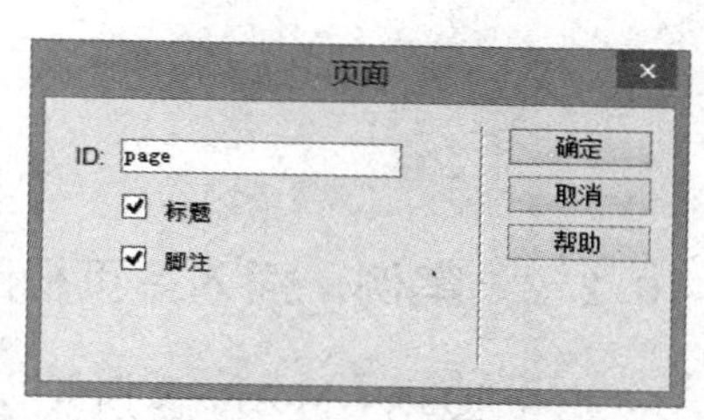

图 16.5　【页面】对话框

```
<meta name="viewport" content="width=device-width,initial-scale=1" />
```

上面一行代码的功能就是：设置移动设备中浏览器缩放的宽度与等级。

针对上面示例，另存为 index1.html，然后在编辑窗口中，把“页标题”格式化为“标题 1”，把“页脚”格式化为“标题 4”，把“页面内容”格式化为“段落”文本，设置如图 16.6 所示。

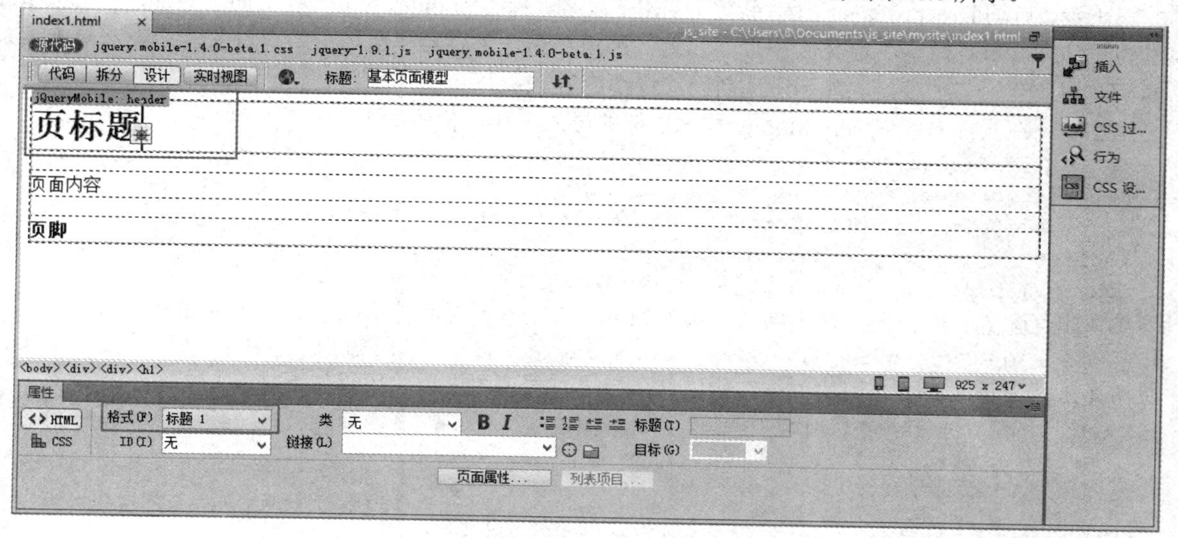

图 16.6　格式化页面文本

然后在移动设备浏览中预览，则显示效果如图 16.7 所示。

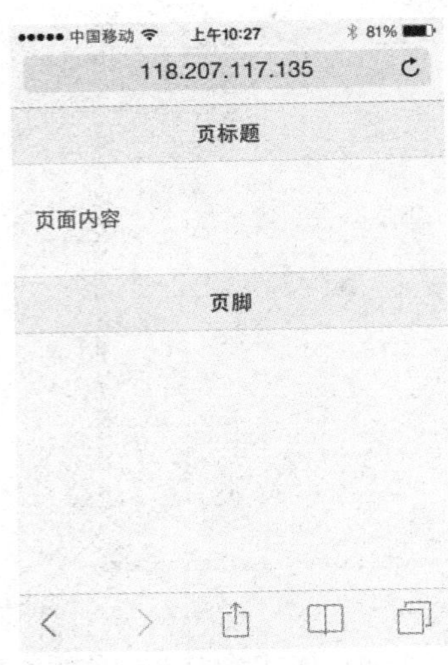

（a）iPhone 5S 预览效果

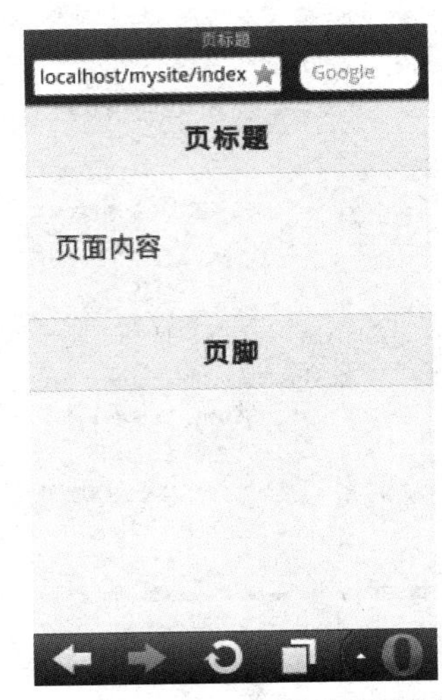

（b）Opera Mobile12 模拟器预览效果

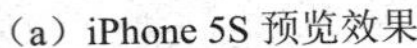

图 16.7　格式化后页面效果

扫一扫，看视频

16.2.2　案例：插入多页视图

一个 jQuery Mobile 文档可以包含多视图页面，即一个文档可以包含多个标签属性 data-role 为 page 的容器，从而形成多容器页面结构。容器之间各自独立，拥有唯一的 ID 值。

当页面加载时，会同时加载；容器访问时，以锚点链接实现，即内部链接“#”加对应 ID 值的方式进行设置。单击该链接时，jQuery Mobile 将在文档中寻找对应 ID 的容器，以动画的效果切换至该容器中，实现容器间内容的互访。

【操作步骤】

第 1 步，启动 Dreamweaver CC，新建 HTML5 文档，保存为 index.html。在页面中添加 2 个 data-role 属性为 page 的<div>标签，定义 2 个页面容器。用户在第一个容器中选择需要查看新闻列表，单击某条新闻后，切换至第二个容器，显示所选新闻的详细内容。

第 2 步，在头部完成 jQuery Mobile 技术框架的导入工作，代码如下。

```
<link href="jquery.mobile/jquery.mobile-1.4.0-beta.1/jquery.mobile-1.4.0-beta. 1.css"
rel="stylesheet" type="text/css">
<script type="text/JavaScript" src="jquery.mobile/jquery-1.9.1.js"></script>
<script  type="text/JavaScript"  src="jquery.mobile/jquery.mobile-1.4.0-beta.1/
jquery.mobile-1.4.0-beta.1.js"></script>
```

第 3 步，配置页面视图，在头部位置输入如下代码，设置页面在不同设备中都是满屏显示。

```
<meta name="viewport" content="width=device-width,initial-scale=1" />
```

第 4 步，模仿上一节介绍的单页结构模型，完成首页视图设置，代码如下：

```
<div data-role="page" id="home">
    <div data-role="header">
        <h1>新闻早报</h1>
    </div>
    <div data-role="content">
        <p><a href="#new1">jQuery Mobile 1.4.0 Beta 发布</a></p>
    </div>
    <div data-role="footer">
        <h4>©2014 jm.cn studio</h4>
```

```
    </div>
</div>
```

第 5 步，在首页视图底部输入如下代码，设计详细页视图：

```
<div data-role="page" id="new1">
    <div data-role="header">
        <h1>jQuery Mobile: Touch-Optimized Web Framework for Smartphones &
Tablets</h1>
    </div>
    <div data-role="content">
        <p><img src="images/devices.png" style="width:100%" alt=""/></p>
        <p>A unified, HTML5-based user interface system for all popular mobile device
platforms, built on the rock-solid jQuery and jQuery UI foundation. Its lightweight
code is built with progressive enhancement, and has a flexible, easily themeable
design. </p>
    </div>
    <div data-role="footer">
        <h4>©2014 jm.cn studio</h4>
    </div>
</div>
```

在上面代码中包含了两个 Page 视图页：主页（ID 为 home）和详细页（ID 为 new1）。从首页链接跳转到详细页面采用的链接地址为#new1。jQuery Mobile 会自动切换链接的目标视图显示到移动浏览器中。该框架会隐藏除第一个包含 data-role="page"的<div>标签以外的其他视图页。

第 6 步，在移动浏览器中预览，在屏幕中首先看到如图 16.8（a）所示的视图效果，单击超链接文本，会跳转到第二个视图页面，效果如图 16.8（b）所示。

（a）首页视图效果

（b）详细页视图效果

图 16.8　设计多页结构

提示：

Dreamweaver CC 提供了构建多页视图的页面快速操作方式，具体操作步骤如下：

第 1 步，选择【文件】|【新建】命令，打开【新建文档】对话框，在该对话框中选择“启动器模板”项，设置示例文件夹为“Mobile 起始页”，示例页为“jQuery Mobile（本地）”，设置文档类型为“HTML5”，然后单击【确定】按钮，完成文档的创建操作，如图 16.9 所示。

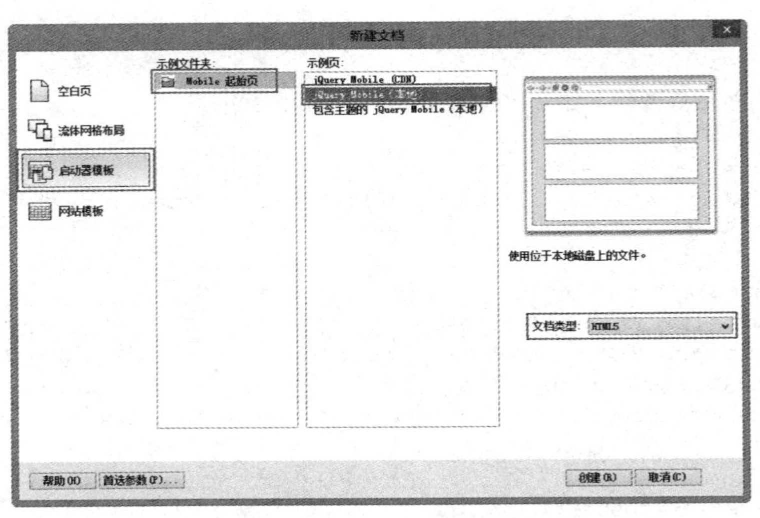

图 16.9　新建 jQuery Mobile 起始页

第 2 步，按 Ctrl+S 快捷键，保存文档为 index3.html。此时，Dreamweaver CC 会弹出对话框提示保存相关的框架文件，如图 16.10 所示。

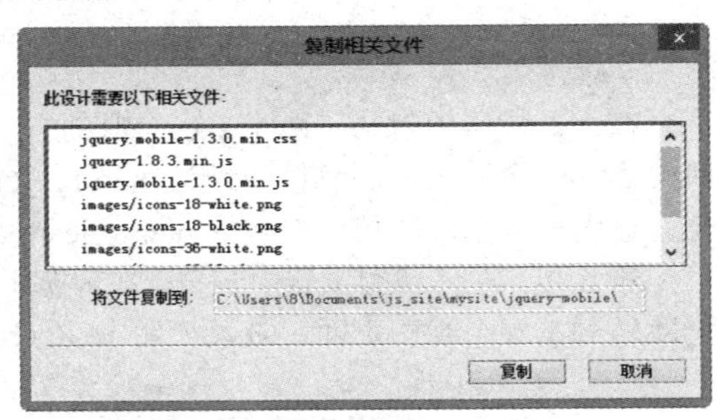

图 16.10　复制相关文件

第 3 步，在编辑窗口中，可以看到 Dreamweaver CC 新建了包含四个页面的 HTML5 文档，其中第一个页面为导航列表页，第 2 页到第 4 页为具体的详细页面。在站点中新建了 jquery-mobile 文件夹，包括所有需要的相关技术文件和图标文件，如图 16.11 所示。

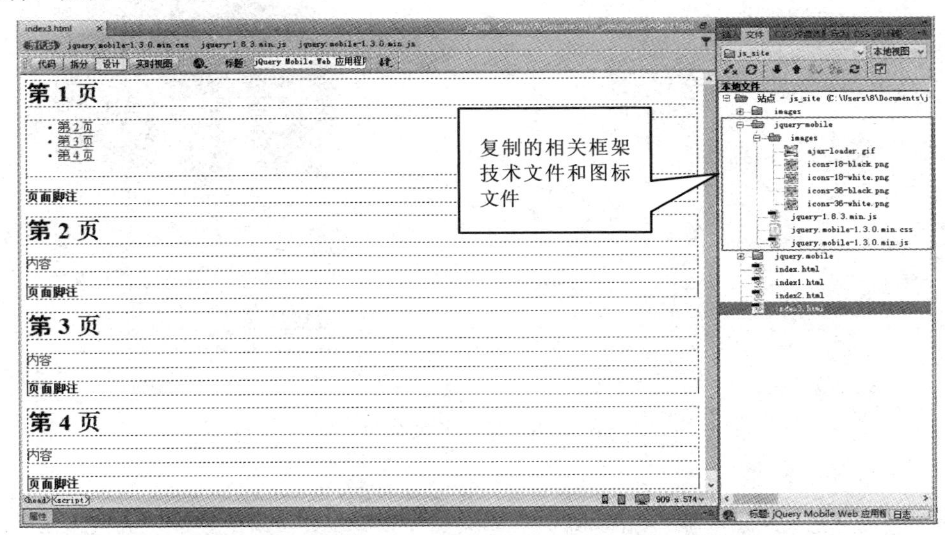

图 16.11　使用 Dreamweaver CC 新建 jQuery Mobile 起始页

第 4 步，切换到代码视图，可以看到大致相同的 HTML 结构代码，此时用户可以根据需要删除部分页结构，或者添加更多页结构，也可以删除列表页结构，并根据需要填入页面显示内容。在默认情况下，jQuery Mobile 起始页预览效果如图 16.12 所示。

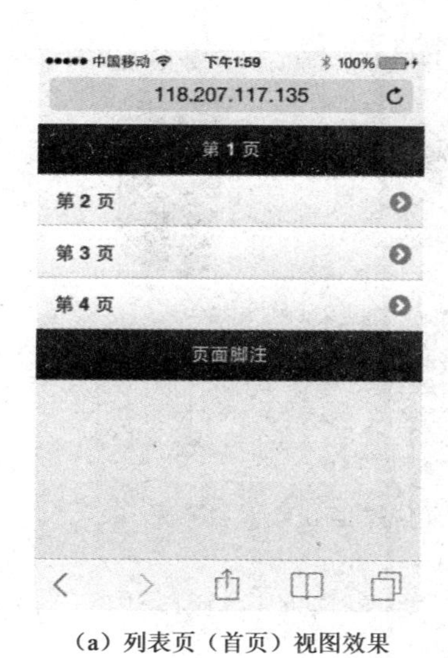

（a）列表页（首页）视图效果

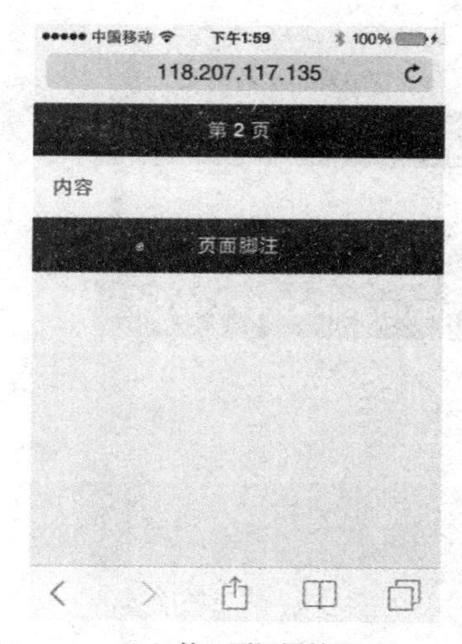

（b）第 2 页视图效果

图 16.12　jQuery Mobile 起始页预览效果

拓展：

在多页面切换过程中，可以使用 data-transition 属性定义页面切换的动画效果。例如：

```
<p><a href="#new1" data-transition="pop">jQuery Mobile 1.4.0 Beta 发布</a></p>
```

上面内部链接将以从中心渐显展开的方式弹出视图页面。data-transition 属性支持的属性值说明如表 16.1 所示。

图 16.1　data-transition 参数说明

参　数	说　明
slide	从右到左切换（默认）
slideup	从下到上切换
slidedown	从上到下切换
pop	以弹出的形式打开一个页面
fade	渐变褪色的方式切换
flip	旧页面翻转飞出，新页面飞入

如果想要在目标页面中显示后退按钮，可以在链接中加入 data-direction="reverse"属性，这个属性和原来的 data-back="true"相同。

16.2.3　案例：设计链接页

扫一扫，看视频

虽然在一个文档中可以设计多页视图，但把全部代码写在一个文档中会延缓页面加载的时间，也造成大量代码冗余，不利于功能的分工、维护以及安全性设计。

在 jQuery Mobile 中，可以采用创建多个文档页面，并通过外部链接的方式，实现页面相互切换的效果，如图 16.13 所示。

（a）列表视图页面效果

（b）外部第 3 页显示效果

图 16.13　案例效果

【操作步骤】

第 1 步，启动 Dreamweaver CC，新建 HTML5 文档。选择【文件】|【新建】命令，打开【新建文档】对话框，在该对话框中选择"启动器模板"项，设置示例文件夹为"Mobile 起始页"，示例页为"jQuery Mobile（本地）"，设置文档类型为"HTML5"，然后单击【确定】按钮，完成文档的创建操作。

第 2 步，按 Ctrl+S 快捷键，保存文档为 index.html。此时，Dreamweaver CC 会弹出对话框提示保存相关的框架文件，单击【确定】按钮，把相关的框架文件复制到本地站点。

第 3 步，在编辑窗口中，拖选第 2 页到第 4 页视图结构，然后按 Delete 键删除，如图 16.14 所示。

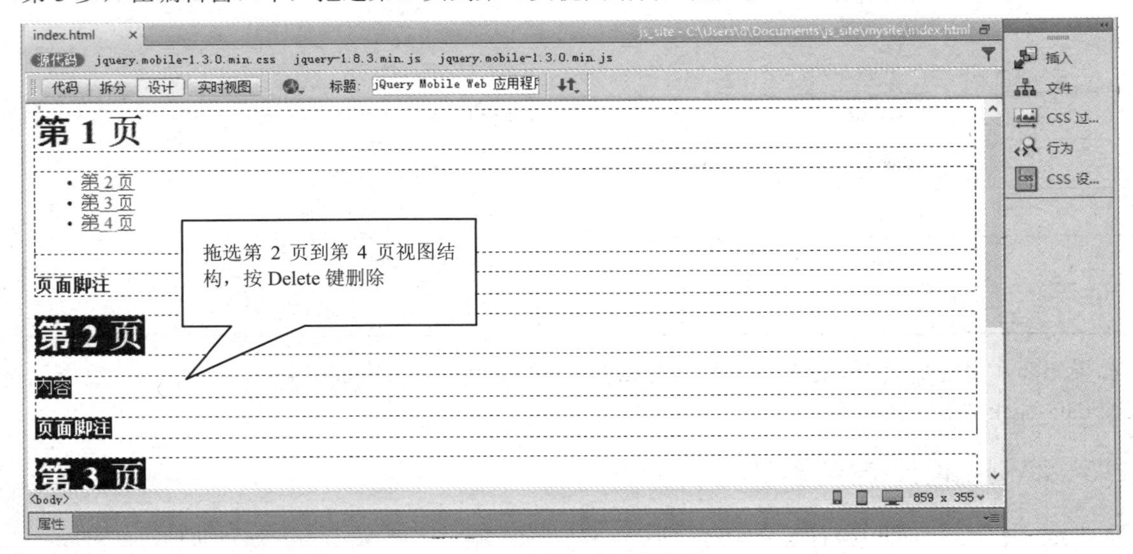

图 16.14　删除部分视图结构

第 4 步，修改标题、链接列表和脚注文本，删除第 4 页链接。然后把第 2 页的内部链接"#page2"改为"page2.html"，同样把第 3 页的内部链接"#page3"改为"page3.html"，设置如图 16.15 所示。

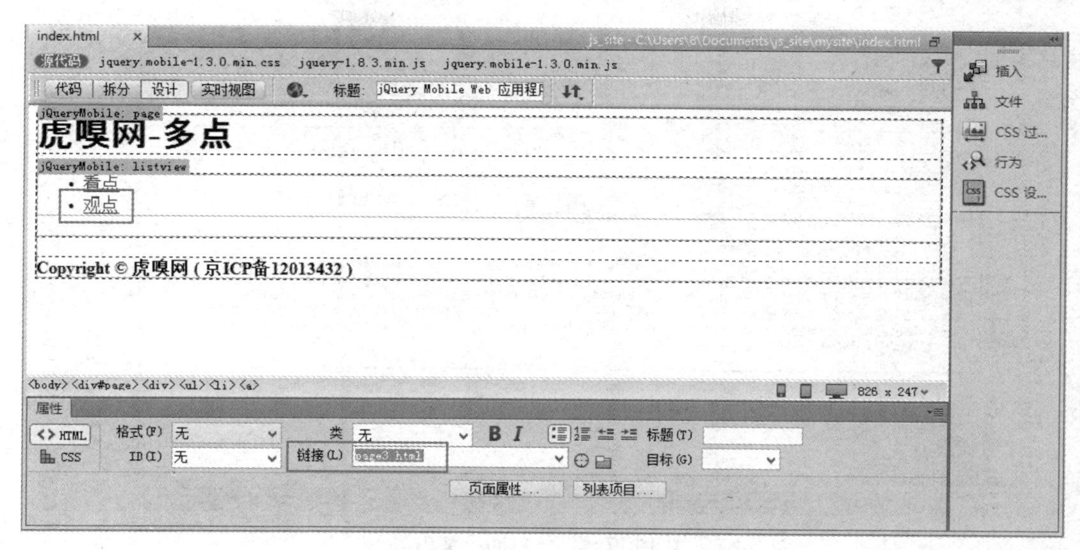

图 16.15　设计列表页效果

第 5 步，切换到代码视图，在头部位置添加视口元信息，设置页面视图与设备屏幕宽度一致，代码如下：

```
<meta name="viewport" content="width=device-width,initial-scale=1" />
```

第 6 步，把 index.html 另存为 page2.html。在 index.html 文档窗口内，选择【文件】|【另存为】命令，在打开的【另存为】对话框中设置另存为文档名称为 page2.html。

第 7 步，修改标题为新闻看点“微信公众平台该改变了！”，删除列表视图结构，选择【插入】|【图像】|【图像】命令，插入 images/2.jpg，然后在代码视图中删除自动设置的 width="700"和 height="429"。

第 8 步，选中图像，在【CSS 设计器】面板中单击【源】标题栏右侧的加号按钮，从弹出的下拉菜单中选择“在页面中定义”项，然后在【选择器】标题栏右侧单击加号按钮，自动添加一个选项器，自动命名为“#page div p img”，在【属性】列表框中设置 width 为 100%，设置如图 16.16 所示。

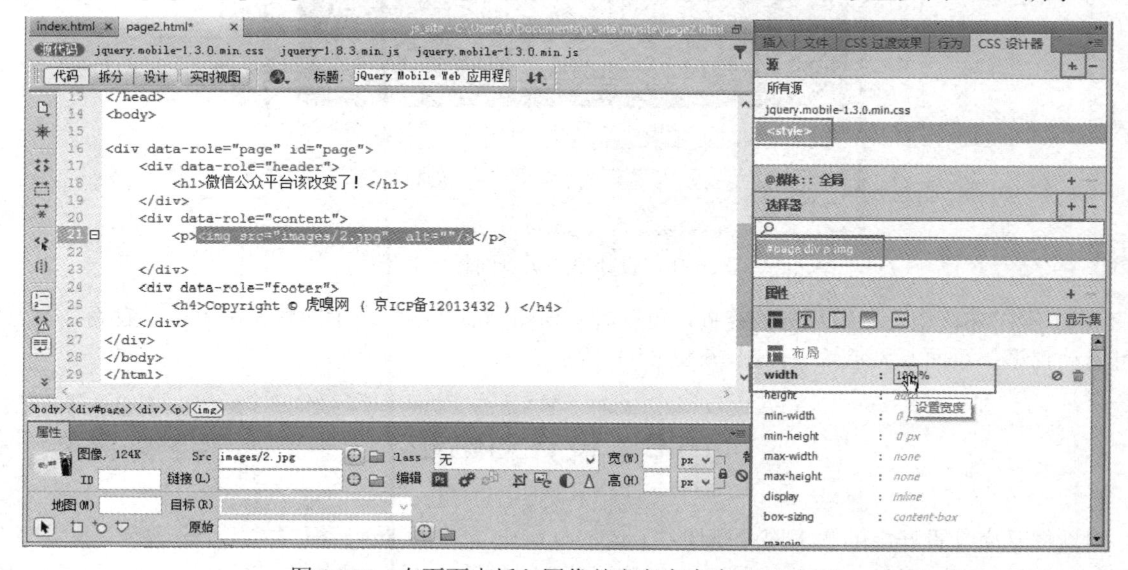

图 16.16　在页面中插入图像并定义宽度为 100%显示

第 9 步，在窗口中换行输入二级标题和段落文本，完成整个新闻内容的版面设置，如图 16.17 所示。

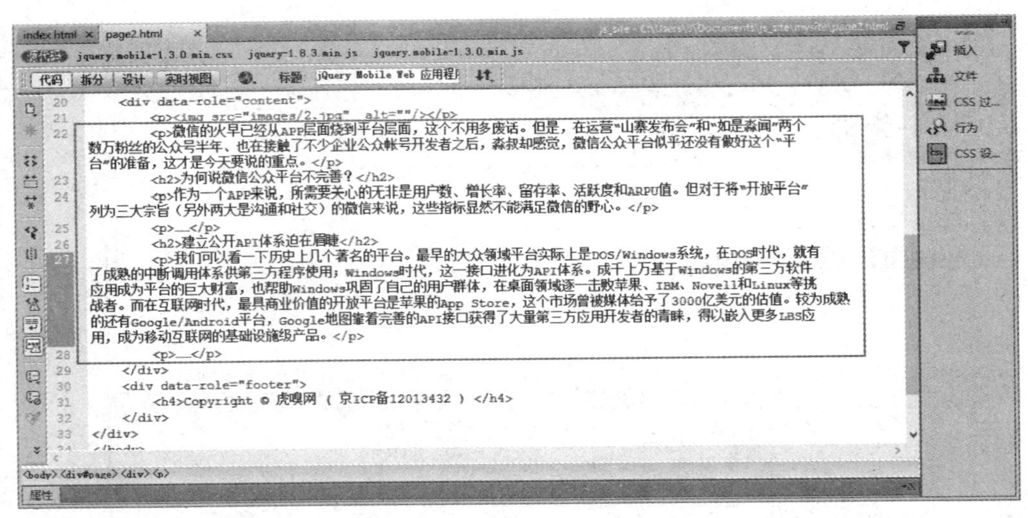

图 16.17 设计页面正文内容

第 10 步，以同样的方式，把 page2.html 另存为 page3.html，并修改该页面标题和页面正文内容，设计效果如图 16.18 所示。

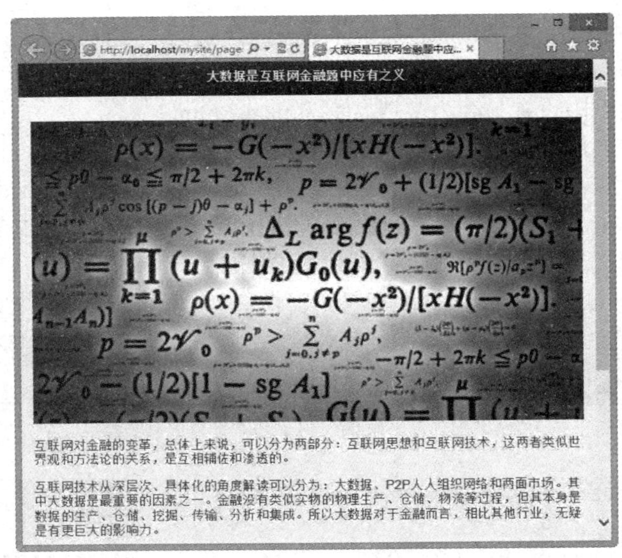

图 16.18 设计第 3 页页面显示效果

第 11 步，在移动设备中预览该首页，可以看到如图 16.13（a）所示的效果，单击“看点”列表项，即可滑动到第 3 页面，显示效果如图 16.13（b）所示。

16.3 设计对话框

对话框是交互设计中的基本构成要件，在 jQuery Mobile 中创建对话框的方式十分方便，只需要在指向页面的链接标签中添加 data-rel 属性，并将该属性值设置为 dialog。当单击该链接时，打开的页面将以一个对话框的形式呈现。单击对话框中的任意链接时，打开的对话框将自动关闭，单击“回退”按钮可以切换至上一页。

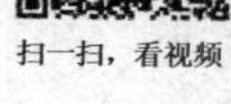

扫一扫，看视频

16.3.1　案例：插入对话框

模态对话框是一种带有圆角标题栏和关闭按钮的伪浮动层，用于独占事件的应用。任何结构化的页面都可以用 data-rel="dialog"链接的方式实现模态对话框的应用，如图 16.19 所示。

（a）链接模态对话框

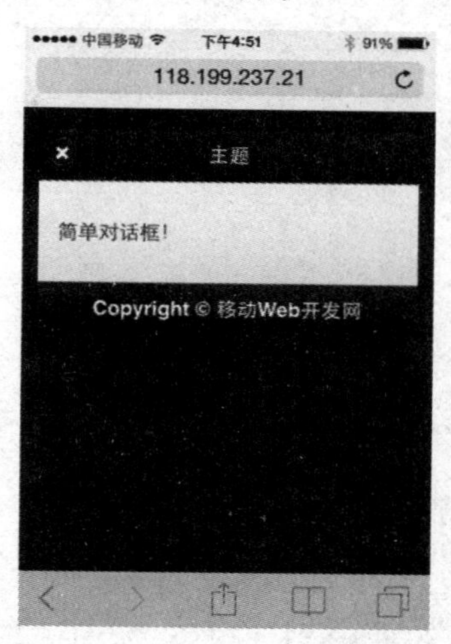

（b）打开简单的模态对话框效果

图 16.19　案例效果

【操作步骤】

第 1 步，启动 Dreamweaver CC，新建 HTML5 文档。选择【文件】|【新建】命令，打开【新建文档】对话框，在该对话框中选择“启动器模板”项，设置示例文件夹为“Mobile 起始页”，示例页为“jQuery Mobile（本地）”，设置文档类型为“HTML5”，然后单击【确定】按钮，完成文档的创建操作。

第 2 步，按 Ctrl+S 快捷键，保存文档为 index.html。此时，Dreamweaver CC 会弹出对话框提示保存相关的框架文件，单击【确定】按钮，把相关的框架文件复制到本地站点。

第 3 步，在编辑窗口中，拖选第 2 页到第 4 页视图结构，然后按 Delete 键删除。

第 4 步，切换到代码视图，修改标题、链接信息和脚注文本，设置<a>标签为外部链接，地址为“dialog. html”，并添加 data-rel="dialog"属性声明，定义打开模态对话框，设置如图 16.20 所示。

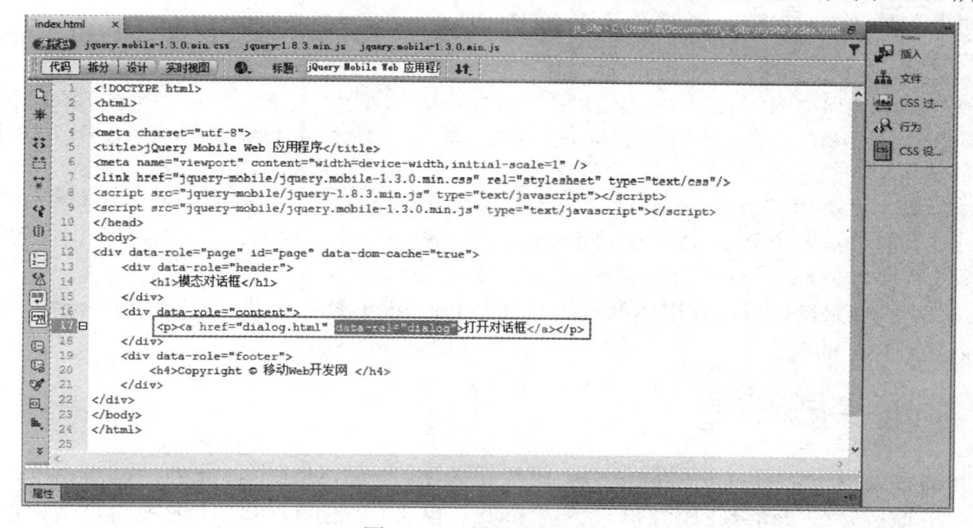

图 16.20　设计首页链接

第 5 步，另存 index.html 为 dialog.html，保持 HTML5 文档基本结构的基础上，定义一个单页视图结构，设计模态对话框视图。定义标题文本为“主题”，内容信息为“简单对话框！”，如图 16.21 所示。

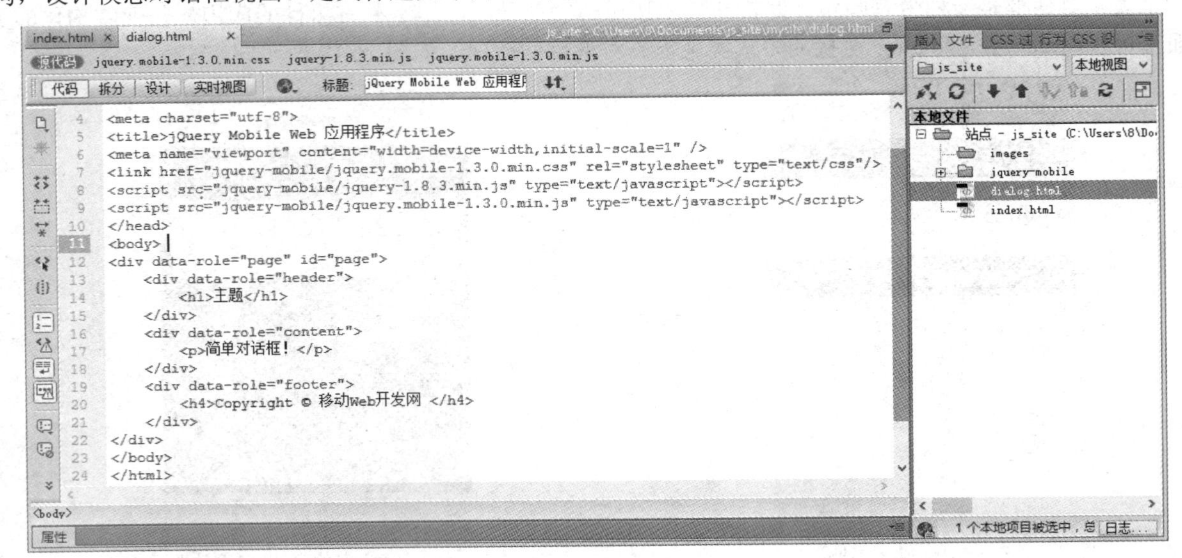

图 16.21　设计模态对话框视图

第 6 步，最后，在移动设备中预览该首页，可以看到如图 16.19（a）所示的效果，单击“打开对话框”链接，即可显示模态对话框，显示效果如图 16.19（b）所示。该对话框以模式的方式浮在当前页的上面，背景深色，四周是圆角的效果，左上角自带一个“×”关闭按钮，单击该按钮，将关闭对话框。

拓展：

在页面切换过程中，可以设计切换效果，可以使用标准页面的 data-transition 参数效果，建议取值为"pop"、"slideup" 和"flip"参数以达到更好的效果。

这个模态对话框会默认生成关闭按钮，用于回到父级页面。在脚本能力较弱的设备上也可以添加一个带有 data-rel="back"的链接来实现关闭按钮。

针对支持脚本的设备可以直接使用 href="#"，或者 data-rel="back"实现关闭。还可以使用内置的 close 方法来关闭模态对话框，如$('.ui-dialog').dialog('close')。

提示：

通过在链接中添加 data-rel="dialog"的属性，可以使链接页面的显示方式变为对话框。给显示的对话框加入切换的效果也是一个不错的选择。例如，将 about 的链接变成一个对话框并加入相应的切换效果，代码如下：

```
<p><a href="#about" data-rel="dialog" data-transition="slideup">About me'</a></p>
```

当在一个页面中写多个 Page 时，在以 dialog 的方式打开一个页面时，不会出现对话框效果。例如：

```
<a href="foo.html" data-rel="dialog">Open dialog</a>
```

这个页面切换效果同样可以使用标准页面的 data-transition 参数效果。建议使用"pop"、"slideup" 和"flip"参数以达到更好的效果。

扫一扫，看视频

16.3.2　案例：关闭对话框

在打开的对话框中，可以使用自带的关闭按钮关闭打开的对话框，此外，在对话框内添加其他链接按钮，将该链接的 data-rel 属性值设置为 back，单击该链接也可以实现关闭对话框的功能，如图 16.22 所示。

（a）链接模态对话框　　　　（b）打开关闭对话框效果

图 16.22　案例效果

【操作步骤】

第 1 步，启动 Dreamweaver CC，复制上一节示例文件 index.html 和 dialog.html。

第 2 步，保留 index.html 文档结构不动，打开 dialog.html 文档，在<div data-role="content">容器内插入段落标签<p>，在新段落行中嵌入一个超链接，定义 data-rel="back"属性。代码如图 16.23 所示。

```
<a href="#" data-role="button" data-rel="back" data-theme="a">关闭</a>
```

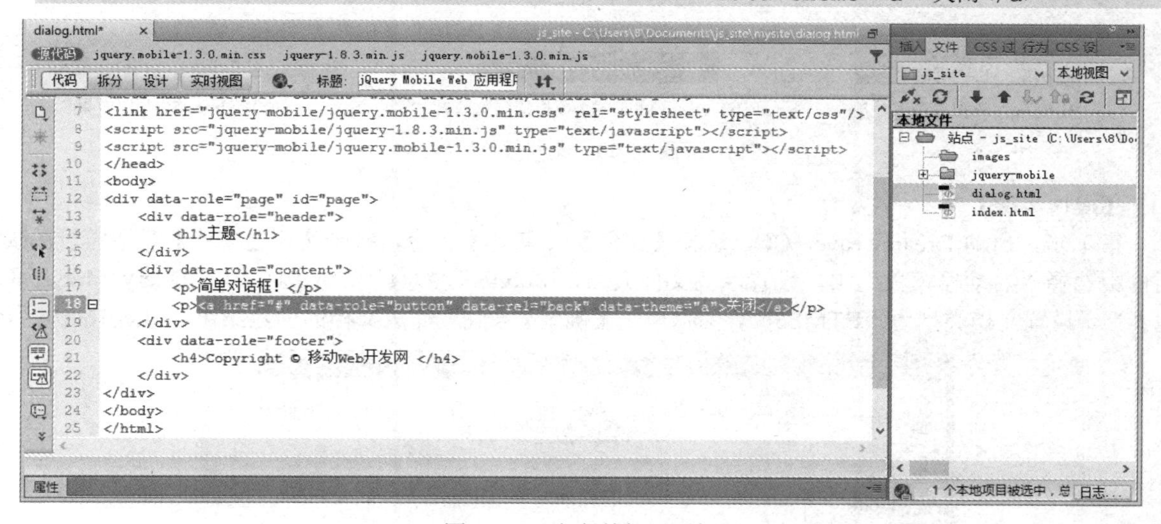

图 16.23　定义关闭对话框

第 3 步，最后，在移动设备中预览该首页，可以看到如图 16.22（a）所示的效果，单击“打开对话框”链接，即可显示模态对话框，显示效果如图 16.22（b）所示。该对话框以模式的方式浮在当前页的上面，单击对话框中的“关闭”按钮，可以直接关闭打开的对话框。

拓展：

本实例在对话框中将链接元素的 data-rel 属性设置为"back"，单击该链接将关闭当前打开的对话框。这种方法在不支持 JavaScript 代码的浏览器中，同样可以实现对应的功能。另外，编写 JavaScript 代码也可以实现关闭对话框的功能，代码如下所示：

```
$('.ui-dialog').dialog('close') ;
```

16.4 设计标题

标题栏主要用来显示标题和主要操作的区域，它是视图页中第一个容器，由标题和按钮组成，其中按钮可以使用后退按钮，也可以添加表单按钮，并可以通过设置相关属性控制标题按钮的相对位置。

16.4.1 案例：定义标题栏

扫一扫，看视频

标题栏由标题文字和左右两边的按钮构成，标题文字通常使用<h>标签，取值范围为 1~6，常用<h1>标签，无论取值是多少，在同一个移动应用项目中都要保持一致，如图 16.24 所示。

标题文字的左右两边可以分别放置一个或两个按钮，用于标题中的导航操作。

（a）iBBDemo3 模拟器预览效果

（b）Opera Mobile12 模拟器预览效果

（c）iPhone 5S 预览效果

图 16.24　案例效果

【操作步骤】

第 1 步，启动 Dreamweaver CC，选择【文件】|【新建】命令，打开【新建文档】对话框，在该对话框中选择“启动器模板”项，设置示例文件夹为“Mobile 起始页”，示例页为“jQuery Mobile（本地）”，设置文档类型为“HTML5”，然后单击【确定】按钮，完成文档的创建操作，如图 16.25 所示。

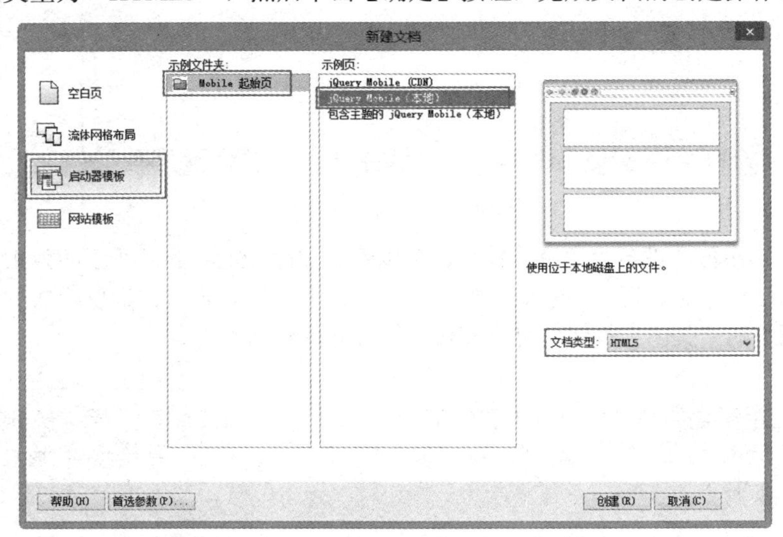

图 16.25　新建 jQuery Mobile 起始页

第 2 步，按 Ctrl+S 快捷键，保存文档为 index3.html。此时，Dreamweaver CC 会弹出对话框提示保存相关的框架文件，如图 16.26 所示。

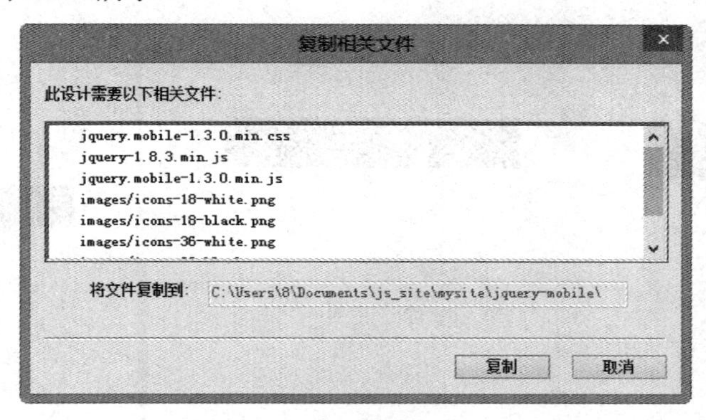

图 16.26 保存相关文件

第 3 步，在编辑窗口中，可以看到 Dreamweaver CC 新建了包含四个页面的 HTML5 文档，其中第一个页面为导航列表页，第 2 页到第 4 页为具体的详细页视图。在站点中新建了 jquery-mobile 文件夹，包括所有需要的相关技术文件和图标文件。

第 4 步，切换到代码视图，清除第 2、3、4 页容器结构，保留第一个 page 容器，在容器中添加一个 data-role 属性为 header 的<div>标签，定义标题栏结构。在标题栏中添加一个<h1>标签，定义标题，标题文本设置为“标题栏文本”，如图 16.27 所示。

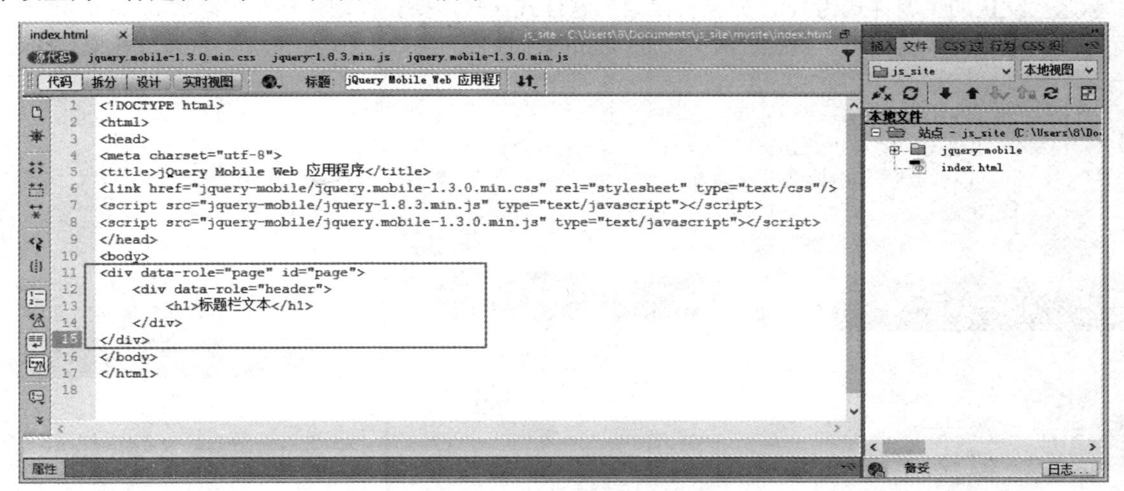

图 16.27 定义标题栏结构

每个视图容器中只能够有一个标题栏，通过添加一个 page 容器的<div>标签，在容器中添加一个 data-role 属性，设置属性值为"header"，然后就可以在标题栏中添加标题、按钮或者标题文本了。标题文本一般应包含在标题标签中。

第 5 步，在头部位置添加如下元信息，定义视图宽度与设备屏幕宽度保持一致。

```
<meta name="viewport" content="width=device-width,initial-scale=1" />
```

拓展：

由于移动设备的浏览器分辨率不尽相同，如果尺寸过小，而标题栏的标题内容又很长时，jQuery Mobile 会自动调整需要显示的标题内容，隐藏的内容以“…”的形式显示在标题栏中，如图 16.28 所示。

```
<div data-role="page" id="page">
    <div data-role="header">
        <h1>标题栏文本长度过长</h1>
    </div>
</div>
```

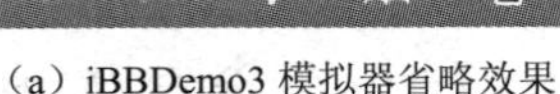

(a) iBBDemo3 模拟器省略效果

(b) Opera Mobile12 模拟器省略效果

(c) iPhone 5S 省略效果

图 16.28　超出标题文本省略效果

标题栏默认的主题样式为"a"，如果要修改主题样式，只需要在标题栏标签中添加 data-theme 属性，设置对应的主题样式值即可。例如，设置 data-theme 属性值为"b"，代码如下所示，预览效果如图 16.29 所示。

```
<div data-role="page" id="page">
    <div data-role="header" data-theme="b">
        <h1>标题栏文本长度过长</h1>
    </div>
</div>
```

(a) iBBDemo3 模拟器主题效果

(b) Opera Mobile12 模拟器主题效果

(c) iPhone 5S 主题效果

图 16.29　定义标题栏主题效果

提示：

jQuery Mobile 提供了一整套标准的工具栏组件，移动应用只需对标签添加相应的属性值，就可以直接调用。通常情况下，工具栏由移动应用的标题栏、导航栏、脚注栏三部分组成，分别放置在移动应用程序中的标题部分、内容部分、脚注部分，并通过添加不同样式和设定工具栏的位置，满足和实现各种移动应用的页面需求和效果。

扫一扫，看视频

16.4.2　案例：定义标题栏导航

由于标题栏空间的局限性，所添加的按钮都是内联类型的，即按钮宽度只允许放置图标与文字这两个部分。

本例将在页面中添加两个 page 视图容器，ID 值分别为"a"和"b"，在两个容器的标题栏中分别添加两个按钮，左侧为“上一张”，右侧为“下一张”，单击第一个容器的“下一张”按钮时，切换到第二个容器；单击第二个容器的“上一张”按钮时，又返回到第一个容器，如图 16.30 所示。

（a）iPhone 5S 预览效果

（b）下一张显示效果

图 16.30　案例效果

【操作步骤】

第 1 步，启动 Dreamweaver CC，选择【文件】|【新建】命令，打开【新建文档】对话框，在该对话框中选择“启动器模板”项，设置示例文件夹为“Mobile 起始页”，示例页为“jQuery Mobile（本地）”，设置文档类型为“HTML5”，然后单击【确定】按钮，完成文档的创建操作。

第 2 步，按 Ctrl+S 快捷键，保存文档为 index.html。此时，Dreamweaver CC 会弹出对话框提示保存相关的框架文件。

第 3 步，切换到代码视图，清除第 3、4 页容器结构，保留第 1、2 个 page 容器，修改第一个容器的 ID 值为 a，第二个容器的 ID 值为 b，同时清除两个容器中标题栏和内容栏中的所有内容，删除脚注栏，代码如下所示。

```
<div data-role="page" id="a">
    <div data-role="header"></div>
    <div data-role="content"></div>
</div>
<div data-role="page" id="b">
    <div data-role="header"></div>
    <div data-role="content"></div>
</div>
```

第 4 步，为标题栏添加 data-position 属性，设置属性值为"inline"。然后在标题栏中添加标题和按钮，代码如下。使用 data-position="inline"定义标题栏行内显示，使用 data-icon 属性定义按钮显示在标题栏指向箭头，其值为"arrow-l"表示向左，"arrow-r"表示向右。

```
<div data-role="page" id="a">
    <div data-role="header" data-position="inline">
        <a href="#" data-icon="arrow-l">上一张</a>
        <h1>秀秀</h1>
        <a href="#b" data-icon="arrow-r">下一张</a>
    </div>
</div>
<div data-role="page" id="b">
    <div data-role="header" data-position="inline">
        <a href="#a" data-icon="arrow-l">上一张</a>
        <h1>嘟嘟</h1>
        <a href="#" data-icon="arrow-r">下一张</a>
    </div>
</div>
```

第 5 步，添加内容栏，在内容栏中插入图像，定义类样式.w100，设计宽度为 100%显示，然后为每个内容栏中插入的图像应用.w100 类样式，设置如图 16.31 所示。

```
<style type="text/css">
.w100 {
    width:100%;
}
</style>

<div data-role="page" id="a">
    <div data-role="header" data-position="inline">…</div>
    <div data-role="content">
         <img src="images/1.jpg" class="w100" />
     </div>
</div>
<div data-role="page" id="b">
    <div data-role="header" data-position="inline">…</div>
    <div data-role="content">
        <img src="images/2.jpg" class="w100" />
    </div>
</div>
```

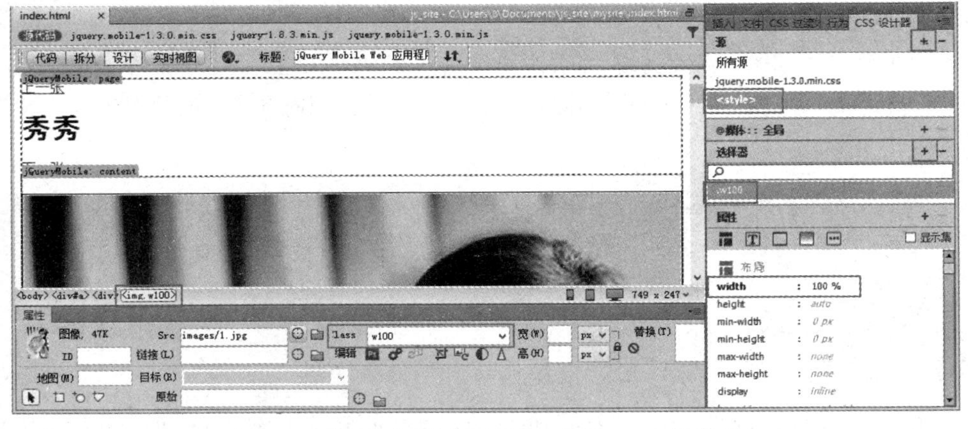

图 16.31　在内容栏插入图像并应用 w100 类样式

第 6 步，在头部位置添加如下元信息，定义视图宽度与设备屏幕宽度保持一致。

```
<meta name="viewport" content="width=device-width,initial-scale=1" />
```

第 7 步，在移动设备中预览该首页，可以看到如图 16.30（a）所示的效果，单击“下一张”按钮，即可显示下一张视图，显示效果如图 16.30（b）所示。单击“上一张”按钮，将返回显示。

16.4.3 案例：设置按钮位置

扫一扫，看视频

在标题栏中，如果只放置一个链接按钮，不论放置在标题的左侧还是右侧，其最终显示在标题的左侧。如果想改变位置，需要为<a>标签添加 ui-btn-left 或 ui-btn-right 类样式，前者表示按钮居标题左侧（默认值），后者表示居右侧。

例如，针对上一节第一个示例，对标题栏中“上一张”“下一张”两个按钮位置进行设定。在第一个 page 容器中，仅显示“下一张”按钮，设置显示在标题栏右侧；切换到第二个 page 容器中时，只显示“上一张”按钮，并显示在左侧，预览效果如图 16.32 所示。

（a）标题栏按钮居右显示

（b）标题栏按钮居左显示

图 16.32 定义标题栏按钮显示位置效果

修改后的结构代码如下：

```
<div data-role="page" id="a">
    <div data-role="header" data-position="inline">
        <h1>秀秀</h1>
        <a href="#b" data-icon="arrow-r"  class="ui-btn-right">下一张</a>
    </div>
    <div data-role="content">
         <img src="images/1.jpg" class="w100" />
     </div>
</div>
<div data-role="page" id="b">
    <div data-role="header" data-position="inline">
        <a href="#a" data-icon="arrow-l" class="ui-btn-left">上一张</a>
        <h1>嘟嘟</h1>
    </div>
```

```
    <div data-role="content">
        <img src="images/2.jpg" class="w100" />
    </div>
</div>
```

提示：

ui-btn-left 和 ui-btn-right 两个类常用来设置标题栏中标题两侧的按钮位置，该类别在只有一个按钮并且想放置在标题右侧时非常有用。另外，通常情况下，需要将该链接按钮的 data-add-back-btn 属性值设置为 false，以确保在 Page 容器切换时不会出现后退按钮，影响标题左侧按钮的显示效果。

16.5 设 计 导 航

使用 data-role="navbar"属性声明可以定义导航栏。导航栏容器通过<ul>标签设置导航栏的各导航按钮，每一行最多可以放置 5 个按钮，超出个数的按钮自动显示在下一行，导航栏中的按钮可以引用系统的图标，也可以自定义图标。

扫一扫，看视频

16.5.1 案例：定义导航栏

导航栏一般位于页视图的标题栏或者脚注栏。在导航容器内，通过列表结构定义导航项目，如果需要设置某导航项目为激活状态，只需在该标签添加 ui-btn-active 类样式即可。

例如，新建 HTML5 文档，在标题栏添加一个导航栏，在其中创建 3 个导航按钮，分别在按钮上显示“采集”“画板”“推荐用户”文本，并将第一个按钮设置为选中状态，如图 16.33 所示。

（a）iPhone 5S 预览效果

（b）Opera Mobile12 模拟器预览效果

图 16.33　案例效果

【操作步骤】

第 1 步，启动 Dreamweaver CC，选择【文件】|【新建】命令，打开【新建文档】对话框，在该对话框中选择“启动器模板”项，设置示例文件夹为“Mobile 起始页”，示例页为“jQuery Mobile（本地）”，设置文档类型为“HTML5”，然后单击【确定】按钮，完成文档的创建操作，如图 16.34 所示。

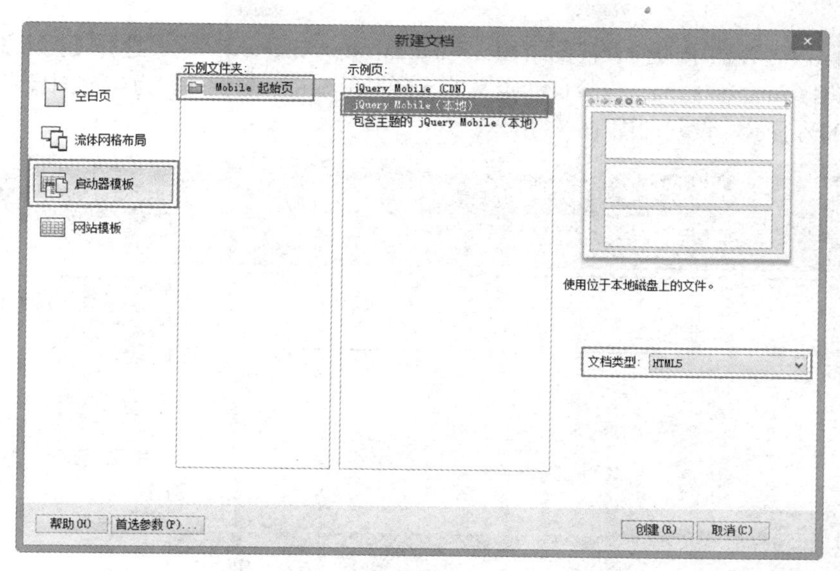

图 16.34　新建 jQuery Mobile 起始页

第 2 步，按 Ctrl+S 快捷键，保存文档为 index.html。然后根据 Dreamweaver CC 提示保存相关的框架文件。

第 3 步，切换到代码视图，清除第 2、3、4 页容器结构，保留第一个 Page 容器，然后在标题栏输入下面的代码，定义导航栏结构。

```
<div  data-role="navbar">
   <ul>
      <li><a href="page2.html">采集</a></li>
      <li><a href="page3.html">画板</a></li>
      <li><a href="page4.html">推荐用户</a></li>
   </ul>
</div>
```

第 4 步，选中第一个超链接标签，然后在属性面板中设置“类”为 ui-btn-active，激活第一个导航按钮，设置如图 16.35 所示。

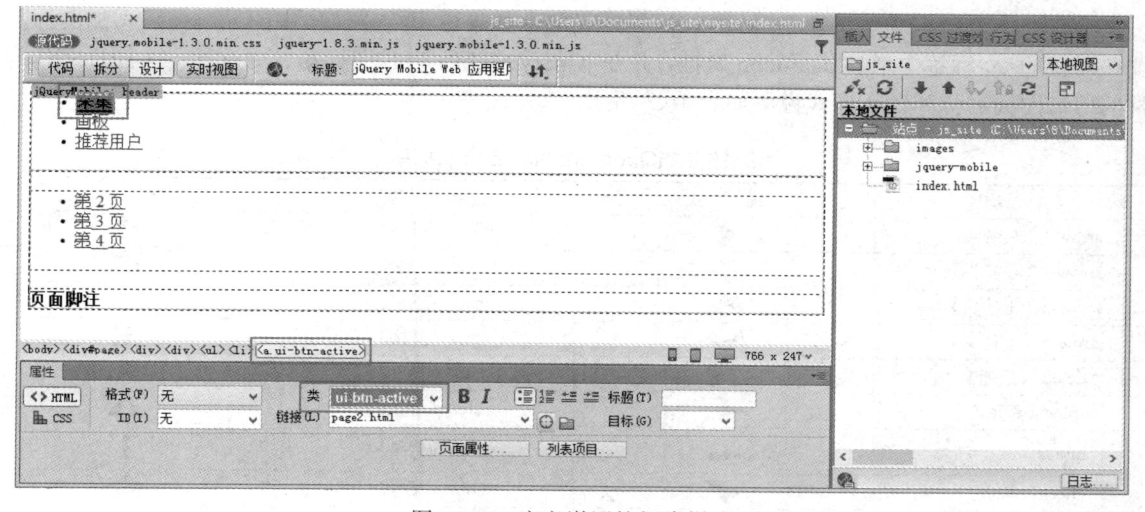

图 16.35　定义激活按钮类样式

第 5 步，删除内容容器中的列表视图结构（<ul data-role="listview">），选择【插入】|【图像】|【图像】命令，插入图像 images/1.jpg，清除自动定义的 width 和 height 属性后，为当前图像定义一个类样式，设计其宽度为 100%显示，设置如图 16.36 所示。

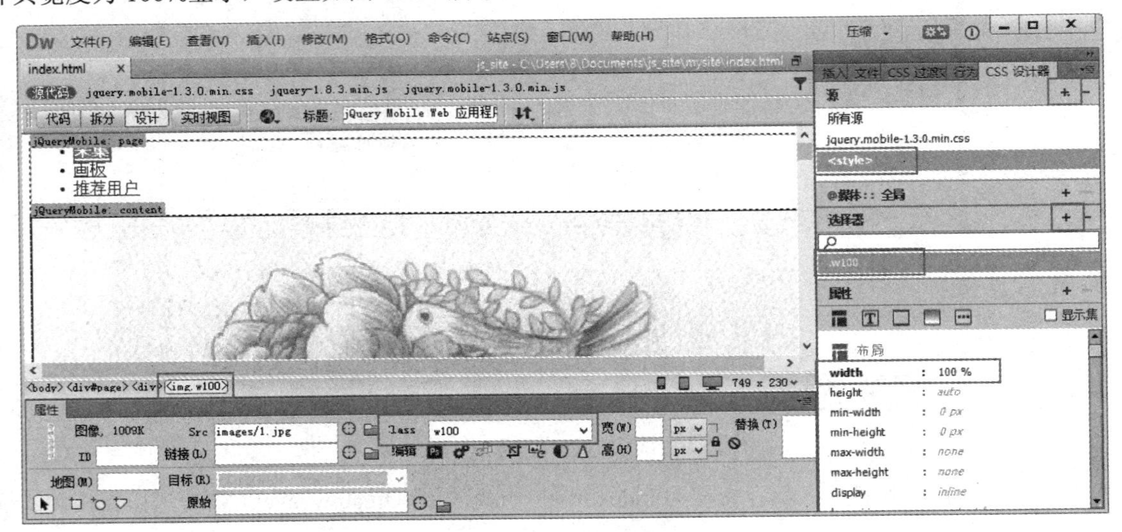

图 16.36 插入并定义图像类样式

第 6 步，在头部位置添加如下元信息，定义视图宽度与设备屏幕宽度保持一致。

```
<meta name="viewport" content="width=device-width,initial-scale=1" />
```

第 7 步，最后，在移动设备中预览该首页，可以看到如图 16.33 所示的导航按钮效果。本实例将一个简单的导航栏容器通过嵌套的方式放置在标题栏容器中，形成顶部导航栏的页面效果。在导航栏的内部容器中，每个导航按钮的宽度都是一致的，因此，每增加一个按钮，都会将原先按钮的宽度按照等比例的方式进行均分。即如果原来有 2 个按钮，它们的宽度为浏览器宽度的二分之一，再增加 1 个按钮时，原先的 2 个按钮宽度变成三分之一，依此类推。当导航栏中按钮的数量超过 5 个时，将自动换行显示。

扫一扫，看视频

16.5.2 案例：定义导航图标

在导航栏中，每个导航按钮是通过<a>标签定义的，如果希望给导航栏中的导航按钮添加图标，只需要在对应的<a>标签中增加 data-icon 属性，并在 jQuery Mobile 自带图标集合中选择一个图标名作为该属性的值，图标名称和图标样式说明如表 16.2 所示。

表 16.2 jQuery Mobile 自带图标集

名　称	样　式	名　称	样　式
arrow-l（左箭头）		refresh（刷新）	
arrow-r（右箭头）		forward（前进）	
arrow-u（上箭头）		back（后退）	
arrow-d（下箭头）		grid（网格）	
delete（删除）		star（五角）	
plus（添加）		alert（警告）	
minus（减少）		info（信息）	
check（检查）		home（首页）	
gear（齿轮）		search（搜索）	

上述列表中图标 data-icon 属性对应的图标名称，不仅用于导航栏中的链接按钮，也适用于各类按钮型元素增加图标。

例如，针对上一节示例，分别为导航栏每个按钮绑定一个图标，其中第一个按钮为信息图标，第二个按钮为警告图标，第三个按钮为齿轮图标，代码如下所示，按钮预览效果如图 16.37 所示。

```
<div data-role="page" id="page">
    <div data-role="header">
        <h1>花瓣</h1>
        <div  data-role="navbar">
            <ul>
                <li><a href="page2.html" data-icon="info" class="ui-btn-active">采集</a></li>
                <li><a href="page3.html" data-icon="alert">画板</a></li>
                <li><a href="page4.html" data-icon="gear">推荐用户</a></li>
            </ul>
        </div>
    </div>
    <div data-role="content">
        <img src="images/1.jpg" class="w100" />
    </div>
    <div data-role="footer">
        <h4>页面脚注</h4>
    </div>
</div>
```

（a）iBBDemo3 模拟器预览效果

（b）Opera Mobile12 模拟器预览效果

图 16.37　为导航栏按钮添加图标效果

在上面示例代码中，首先给链接按钮添加 data-icon 属性，然后选择一个图标名，导航链接按钮上便添加了对应的图标。用户还可以手动控制图标在链接按钮中的位置和自定义按钮。

16.5.3　案例：设置导航按钮位置

扫一扫，看视频

在导航栏中，图标默认放置在按钮文字的上面，如果需要调整图标的位置，只需要在导航栏容器标签中添加 data-iconpos 属性，使用该属性可以统一控制整个导航栏容器中图标的位置。

data-iconpos 属性默认值为 top，表示图标在按钮文字的上面，还可以设置 left、right、bottom，分别表示图标在导航按钮文字的左边、右边和下面，如图 16.38 所示。

（a）iBBDemo3 模拟器预览效果

（b）Opera Mobile12 模拟器预览效果

图 16.38 示例效果

【操作步骤】

第 1 步，启动 Dreamweaver CC，选择【文件】|【新建】命令，打开【新建文档】对话框，在该对话框中选择“启动器模板”项，设置示例文件夹为“Mobile 起始页”，示例页为“jQuery Mobile（本地）”，设置文档类型为“HTML5”，然后单击【确定】按钮，完成文档的创建操作。

第 2 步，按 Ctrl+S 快捷键，保存文档为 index.html。切换到代码视图，清除第 2、3、4 页容器结构，保留第一个 Page 容器，在容器中添加一个 data-role 属性为 header 的<div>标签，定义标题栏结构。在标题栏中添加一个导航结构。使用 data-role="navbar"属性定义导航栏容器，使用 data-iconpos="left"属性设置导航栏按钮位于按钮文字的左侧。然后，在导航栏中添加三个导航列表项目，定义三个按钮，第一个按钮为 data-icon="home"，即显示为首页效果，并使用 ui-btn-active 类激活该按钮样式；第二个按钮为 data-icon="alert"，即显示为警告效果；第三个按钮为 data-icon="info"，即显示为信息效果。

```
<div data-role="header">
    <div  data-role="navbar"  data-iconpos="left">
        <ul>
            <li><a  href="#page2"  data-icon="home"  class="ui-btn-active">首页</a>
</li>
            <li><a href="#page3" data-icon="alert">警告</a></li>
            <li><a href="#page4" data-icon="info">信息</a></li>
        </ul>
    </div>
</div>
```

第 3 步，清除内容容器内的列表视图容器，添加一个导航栏。使用 data-iconpos="right"属性设置导航栏按钮位于按钮文字的右侧。然后，在导航栏中添加三个导航列表项目，定义三个按钮，第一个按钮为 data-icon="home"，即显示为首页效果；第二个按钮为 data-icon="alert"，即显示为警告效果；第三个按钮为 data-icon="info"，即显示为信息效果。最后，选择【插入】|【图像】|【图像】命令，在导航栏后面插入图像 images/1.jpg，定义一个类样式 w100，设置 width 为 100%，绑定类样式到图像标签上。

```
<div data-role="content">
    <div  data-role="navbar"  data-iconpos="right">
        <ul>
            <li><a  href="#page2"  data-icon="home"  class="ui-btn-active">首页</a>
</li>
```

```
            <li><a href="#page3" data-icon="alert">警告</a></li>
            <li><a href="#page4" data-icon="info">信息</a></li>
        </ul>
    </div>
    <img src="images/1.jpg" class="w100" />
</div>
```

第 4 步，清除脚注容器内的标题信息，添加一个导航栏。使用 data-iconpos="bottom"属性设置导航栏按钮位于按钮文字的底部。然后，在导航栏中添加三个导航列表项目，定义三个按钮，第一个按钮为 data-icon="home"，即显示为首页效果；第二个按钮为 data-icon="alert"，即显示为警告效果；第三个按钮为 data-icon="info"，即显示为信息效果。

```
<div data-role="footer">
    <div  data-role="navbar"  data-iconpos="bottom">
        <ul>
            <li><a  href="#page2"  data-icon="home"  class="ui-btn-active">首页</a>
</li>
            <li><a href="#page3" data-icon="alert">警告</a></li>
            <li><a href="#page4" data-icon="info">信息</a></li>
        </ul>
    </div>
</div>
```

第 5 步，在头部位置添加如下元信息，定义视图宽度与设备屏幕宽度保持一致。

```
<meta name="viewport" content="width=device-width,initial-scale=1" />
```

第 6 步，完成设计之后，在移动设备中预览该 index.html 页面，可以看到如图 16.38 所示的导航按钮效果。

提示：

data-iconpos 是一个全局性的属性，该属性针对的是整个导航栏容器，而不是导航栏内某个导航链接按钮的位置。data-iconpos 针对的是整个导航栏内全部的链接按钮，可以改变导航栏按钮的位置。

16.5.4 案例：自定义导航图标

扫一扫，看视频

用户可以根据开发需要自定义导航按钮的图标，实现的方法：创建 CSS 类样式，自定义按钮，添加链接按钮的图标地址与显示位置，然后绑定到按钮标签上，如图 16.39 所示。

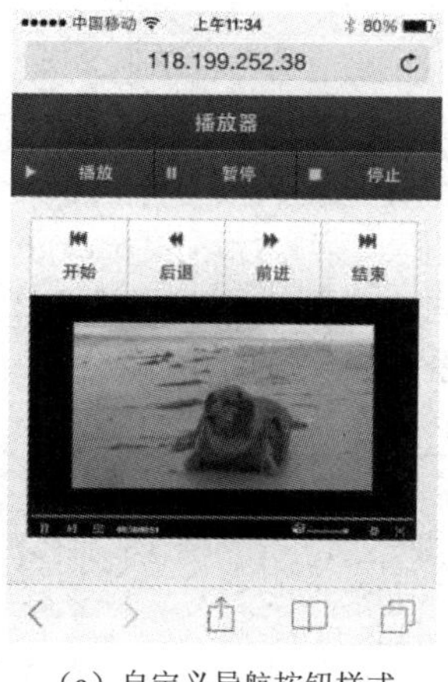

（a）自定义导航按钮样式

（b）保留默认的按钮圆角阴影效果

图 16.39　示例效果

【操作步骤】

第 1 步，启动 Dreamweaver CC，选择【文件】|【新建】命令，打开【新建文档】对话框，在该对话框中选择“启动器模板”项，设置示例文件夹为“Mobile 起始页”，示例页为“jQuery Mobile（本地）”，设置文档类型为“HTML5”，然后单击【确定】按钮，完成文档的创建操作。

第 2 步，按 Ctrl+S 快捷键，保存文档为 index.html。切换到代码视图，清除第 2、3、4 页容器结构，保留第一个 Page 容器，在容器中添加一个 data-role 属性为 header 的<div>标签，定义标题栏结构。定义标题名称为“播放器”，在标题栏中添加一个导航结构。使用 data-role="navbar"属性定义导航栏容器，使用 data-iconpos="left"属性设置导航栏按钮位于按钮文字的左侧。然后，在导航栏中添加三个导航列表项目，定义三个按钮，使用 data-icon="custom"设置三个按钮为自定义。

```
<div data-role="header">
    <h1>播放器</h1>
    <div  data-role="navbar" data-iconpos="left">
        <ul>
            <li><a href="#page1" data-icon="custom">播放</a></li>
            <li><a href="#page2" data-icon="custom">暂停</a></li>
            <li><a href="#page3" data-icon="custom">停止</a></li>
        </ul>
    </div>
</div>
```

第 3 步，清除内容容器内的列表视图容器，添加一个导航栏。使用 data-iconpos="top"属性设置导航栏按钮位于按钮文字的顶部。然后，在导航栏中添加四个导航列表项目，定义四个按钮，使用 data-icon="custom"设置四个按钮为自定义。

第 4 步，把光标置于内容容器尾部，选择【插入】|【图像】|【图像】命令，在内容容器内导航栏后面插入图像 images/1.png，定义一个类样式 w100，设置 width 为 100%，绑定类样式到图像标签上。

```
<div data-role="content">
    <div  data-role="navbar" data-iconpos="top">
        <ul>
            <li><a href="#page4" data-icon="custom">开始</a></li>
            <li><a href="#page5" data-icon="custom">后退</a></li>
            <li><a href="#page6" data-icon="custom">前进</a></li>
            <li><a href="#page7" data-icon="custom">结束</a></li>
        </ul>
    </div>
    <img src="images/1.png" class="w100" />
</div>
```

第 5 步，自定义按钮。在文档头部位置使用<style type="text/css">标签定义内部样式表，定义一个类样式 play，在该类别下编写 ui-icon 类样式。ui-icon 类样式有 2 行代码，第一行通过 background 属性设置自定义图标的地址和显示方式，第二行通过 background-size 设置自定义图标显示的长度与宽度。

该类样式设计自定义按钮，居中显示，禁止重复平铺，定义背景图像宽度为 16 像素，高度为 16 像素。如果背景图像已经设置好了大小，也可以不声明背景图像大小。整个类样式代码如下：

```
.play .ui-icon {
    background: url(images/play.png) 50% 50% no-repeat;
    background-size: 16px 16px;
}
```

其中 play 是自定义类样式，ui-icon 是 jQuery Mobile 框架内部类样式，用来设置导航按钮的图标样式。重写 ui-icon 类样式，只需要在前面添加一个自定义类样式，然后把该类样式绑定到按钮标签<a>上面，代码如下所示。

```
<li><a href="#page1" data-icon="custom" class="play">播放</a></li>
```

第 6 步，以同样的方式定义 pause、stop、begin、back、forward、end，除了背景图像 URL 不同外，声明的样式代码基本相同，代码如下所示。把这些类样式绑定到对应的按钮标签上，如图 16.40 所示。

```
.pause .ui-icon {
    background: url(images/pause.png) 50% 50% no-repeat;
    background-size: 16px 16px;}
.stop .ui-icon {
    background: url(images/stop.png) 50% 50% no-repeat;
    background-size: 16px 16px;}
.begin .ui-icon {
    background: url(images/begin.jpg) 50% 50% no-repeat;
    background-size: 16px 16px;}
.back .ui-icon {
    background: url(images/back.jpg) 50% 50% no-repeat;
    background-size: 16px 16px;}
.forward .ui-icon {
    background: url(images/forward.jpg) 50% 50% no-repeat;
    background-size: 16px 16px;}
.end .ui-icon {
    background: url(images/end.jpg) 50% 50% no-repeat;
    background-size: 16px 16px;}
```

```
50  <div data-role="page" id="page">
51      <div data-role="header">
52          <h1>播放器</h1>
53          <div  data-role="navbar" data-iconpos="left">
54              <ul>
55                  <li><a href="#page1" data-icon="custom" class="play">播放</a></li>
56                  <li><a href="#page2" data-icon="custom" class="pause">暂停</a></li>
57                  <li><a href="#page3" data-icon="custom" class="stop">停止</a></li>
58              </ul>
59          </div>
60      </div>
61      <div data-role="content">
62          <div  data-role="navbar" data-iconpos="top">
63              <ul>
64                  <li><a href="#page4" data-icon="custom" class="begin">开始</a></li>
65                  <li><a href="#page5" data-icon="custom" class="back">后退</a></li>
66                  <li><a href="#page6" data-icon="custom" class="forward">前进</a></li>
67                  <li><a href="#page7" data-icon="custom" class="end">结束</a></li>
68              </ul>
69          </div>
70          <img src="images/1.png" class="w100" />
71      </div>
72  </div>
```

图 16.40　为导航按钮绑定类样式

第 7 步，在文档头部的内部样式表中，重写自定义图标的基础样式，清除默认的阴影和圆角特效，代码如下所示，然后为导航栏容器绑定 custom 类样式，如图 16.41 所示。如果不清除默认的圆角阴影特效，则显示效果如图 16.39 所示。

```
.custom .ui-btn .ui-icon {
    box-shadow: none!important;
    -moz-box-shadow: none!important;
    -webkit-box-shadow: none!important;
    -webkit-border-radius: 0 !important;
    border-radius: 0 !important;}
```

```
50  <div data-role="page" id="page">
51      <div data-role="header">
52          <h1>播放器</h1>
53          <div  data-role="navbar" data-iconpos="left"  class="custom">
54              <ul>
55                  <li><a href="#page1" data-icon="custom" class="play">播放</a></li>
56                  <li><a href="#page2" data-icon="custom" class="pause">暂停</a></li>
57                  <li><a href="#page3" data-icon="custom" class="stop">停止</a></li>
58              </ul>
59          </div>
60      </div>
61      <div data-role="content">
62          <div  data-role="navbar" data-iconpos="top"  class="custom">
63              <ul>
64                  <li><a href="#page4" data-icon="custom" class="begin">开始</a></li>
65                  <li><a href="#page5" data-icon="custom" class="back">后退</a></li>
66                  <li><a href="#page6" data-icon="custom" class="forward">前进</a></li>
67                  <li><a href="#page7" data-icon="custom" class="end">结束</a></li>
68              </ul>
69          </div>
70          <img src="images/1.png" class="w100" />
71      </div>
72  </div>
```

图 16.41　为导航容器绑定 custom 类样式

第 8 步，在头部位置添加如下元信息，定义视图宽度与设备屏幕宽度保持一致。

```
<meta name="viewport" content="width=device-width,initial-scale=1" />
```

第 9 步，完成设计之后，在移动设备中预览该 index.html 页面，可以看到如图 16.39（b）所示的自定义导航按钮效果。

16.6　设计脚注

脚注栏与标题栏的结构基本相同，只要把 data-role 属性的参数设置为"footer"即可。与标题容器相比脚注容器有更多的灵活度，它不会像标题容器一样只允许放置两个按钮，并且也不会默认把按钮放置在左右侧的顶端，脚注的按钮默认是从左到右依次排列的，并且可以放置更多的按钮。

扫一扫，看视频

16.6.1　案例：定义脚注栏

与标题栏一样，在脚注栏中也可以嵌套导航按钮，jQuery Mobile 允许使用控件组容器包含多个按钮，以减少按钮间距（控件组容器通过 data-role 属性值为 controlgroup 进行定义），同时为控件组容器定义 data-type 属性，设置按钮组的排列方式，如果值为 horizontal，表示容器中的按钮按水平顺序排列，如图 16.42 所示。

（a）Opera Mobile12 模拟器预览效果

（b）iPhone 5S 预览效果

图 16.42　示例效果

【操作步骤】

第 1 步，启动 Dreamweaver CC，选择【文件】|【新建】命令，打开【新建文档】对话框，在该对话框中选择“启动器模板”项，设置示例文件夹为“Mobile 起始页”，示例页为“jQuery Mobile（本地）”，设置文档类型为“HTML5”，然后单击【确定】按钮，完成文档的创建操作。

第 2 步，按 Ctrl+S 快捷键，保存文档为 index.html。切换到代码视图，清除第 2、3、4 页容器结构，保留第一个 Page 容器，在页面容器的标题栏中输入标题文本“<h1>普吉岛</h1>”。

```
<div data-role="header">
    <h1>普吉岛</h1>
</div>
```

第 3 步，清除内容容器内的列表视图容器，选择【插入】|【图像】|【图像】命令，在内容容器内导航栏后面插入图像 images/1.png，定义一个类样式 w100，设置 width 为 100%，绑定类样式到图像标签上。

```
<div data-role="content">
    <img src="images/1.png" class="w100" />
</div>
```

第 4 步，在脚注栏设计一个控件组<div data-role="controlgroup">，定义 data-type="horizontal"属性，设计按钮组水平显示。然后在该容器中插入三个按钮超链接，使用 data-role="button"属性声明按钮效果，使用 data-icon="home"为第一个按钮添加图标，代码如下所示：

```
<div data-role="footer">
    <div data-role="controlgroup" data-type="horizontal">
        <a href="#" data-role="button" data-icon="home">首页</a>
        <a href="#" data-role="button">业务合作</a>
        <a href="#" data-role="button">媒体报道</a>
    </div>
</div>
```

第 5 步，在内部样式表中定义一个 center 类样式，设计对象内的内容居中显示，然后把该类样式绑定到<div data-role="controlgroup">标签上。整个页面代码如图 16.43 所示。

```
<style type="text/css">
.center {text-align:center;}
</style>
<div data-role="controlgroup" data-type="horizontal" class="center">
```

图 16.43　设计按钮组容器

第 6 步，在头部位置添加如下元信息，定义视图宽度与设备屏幕宽度保持一致。

```
<meta name="viewport" content="width=device-width,initial-scale=1" />
```

第 7 步，完成设计之后，在移动设备中预览该 index.html 页面，可以看到如图 16.42 所示的脚注栏按钮组效果。

拓展：

在本实例中，由于脚注栏中的按钮放置在<div data-role="controlgroup">容器中，所以按钮间没有任何空隙。如果想要给脚注栏中的按钮添加空隙，则不需要使用容器包裹，另外给脚注栏容器添加一个 ui-bar 类样式即可，代码如下，则预览效果如图 16.44 所示。

```
<div data-role="footer" class="ui-bar">
    <a href="#" data-role="button" data-icon="home">首页</a>
    <a href="#" data-role="button">业务合作</a>
    <a href="#" data-role="button">媒体报道</a>
</div>
```

（a）Opera Mobile12 模拟器预览效果

（b）iPhone 5S 预览效果

图 16.44　不嵌套按钮组容器效果

扫一扫，看视频

16.6.2　案例：添加脚注对象

除了在脚注栏中添加按钮组外，常常会在脚注栏中添加表单对象，如下拉列表、文本框、复选框、单选按钮等，为了确保表单对象在脚注栏的正常显示，应该为脚注栏容器定义 ui-bar 类样式，为表单对象之间设计一定的间距，同时还设置 data-position 属性值为 inline，以统一表单对象的显示位置，如图 16.45 所示。

（a）Opera Mobile12 模拟器预览效果

（b）iPhone 5S 预览效果

图 16.45　示例效果

【操作步骤】

第 1 步，启动 Dreamweaver CC，选择【文件】|【新建】命令，打开【新建文档】对话框，在该对话框中选择“启动器模板”项，设置示例文件夹为“Mobile 起始页”，示例页为“jQuery Mobile（本地）”，设置文档类型为“HTML5”，然后单击【确定】按钮，完成文档的创建操作。

第 2 步，按 Ctrl+S 快捷键，保存文档为 index.html。切换到代码视图，清除第 2、3、4 页容器结构，保留第一个 Page 容器，在页面容器的标题栏中输入标题文本“<h1>衣服精品选</h1>”。

```
<div data-role="header">
    <h1>衣服精品选</h1>
</div>
```

第 3 步，清除内容容器内的列表视图容器，选择【插入】|【图像】|【图像】命令，在内容容器内导航栏后面插入图像 images/1.png，定义一个类样式 w100，设置 width 为 100%，绑定类样式到图像标签上。

```
<div data-role="content">
    <img src="images/1.png" class="w100" />
</div>
```

第 4 步，在脚注栏中清除默认的文本信息，然后选择【插入】|【表单】|【选择】命令，在脚注栏中插入一个选择框。

```
<div data-role="footer">
<select></select>
</div>
```

第 5 步，选中<select>标签，在属性面板中设置 Name 为 daohang，然后单击【列表值】按钮，打开【列表值】对话框，单击加号按钮[+]，添加选项列表，设置如图 16.46 所示，添加完毕单击【确定】按钮，完成列表项目的添加，最后在属性面板的 Selected 列表框中单击选中“达人搭配”选项，设置该项为默认选中项目。添加的代码如下所示：

```
<div data-role="footer">
      <select name="daohang" id="daohang">
          <option value="0">首页</option>
          <option value="1" selected>达人搭配</option>
          <option value="2">美妆</option>
          <option value="3">社区</option>
          <option value="4">团购</option>
          <option value="4">海购</option>
      </select>
   </div>
```

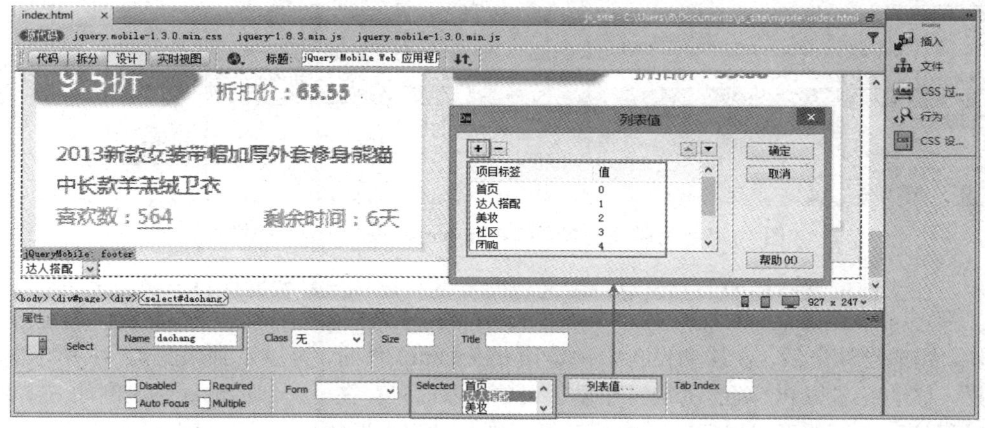

图 16.46　设计下拉列表框

第 6 步，把光标置于下拉列表框前面，选择【插入】|【表单】|【标签】命令，在列表框前面插入一个标签，在其中输入标签文本“服务导航”，然后在属性面板中设置 For 下拉列表的值为"daohang"，绑定当前标签对象到下拉列表框上，设置如图 16.47 所示。

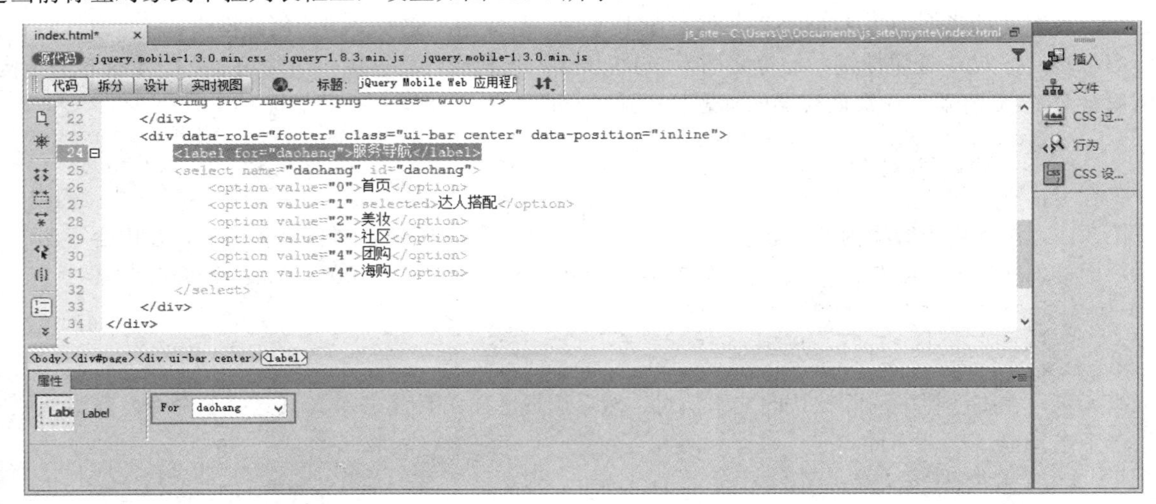

图 16.47 插入标签并绑定到下拉列表框上

第 7 步，在【CSS 设计器】面板中新添加一个 center 类样式，设置水平居中显示。然后选中<div data-role="footer">标签，在属性面板中单击 Class 下拉列表框，从中选择“应用多个样式类”选项，打开【多类选区】对话框，从本文档所有类中勾选 ui-bar 和 center，设置如图 16.48 所示。

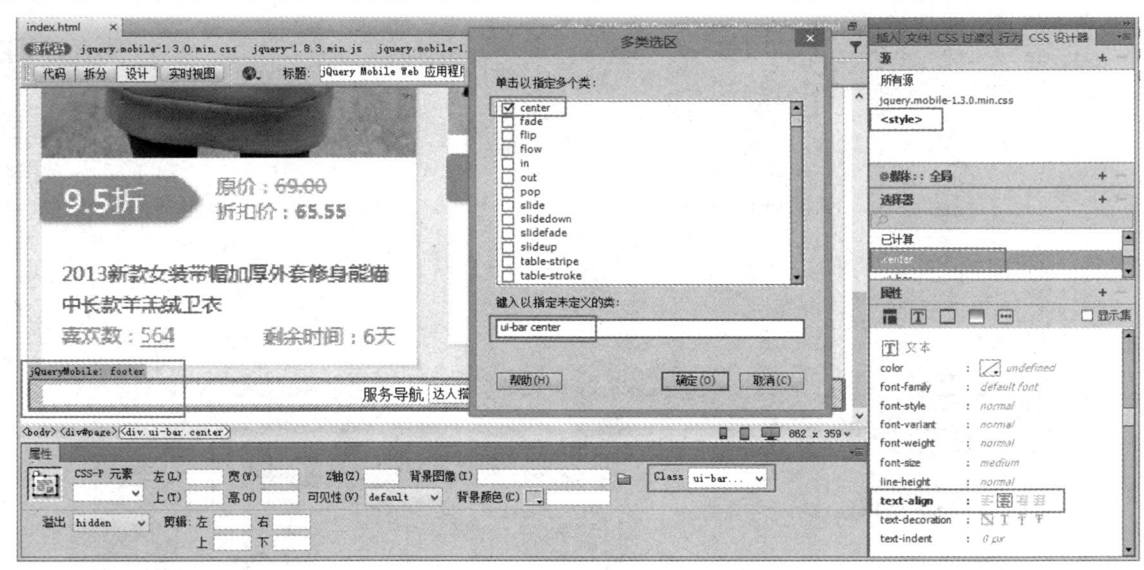

图 16.48 为脚注栏容器绑定 ui-bar 和 center 两个类样式

第 8 步，在头部位置添加如下元信息，定义视图宽度与设备屏幕宽度保持一致。

```
<meta name="viewport" content="width=device-width,initial-scale=1" />
```

第 9 步，完成设计之后，在移动设备中预览该 index.html 页面，可以看到如图 16.45 所示的脚注栏下拉菜单效果。移动终端与 PC 端的浏览器在显示表单对象时，存在一些细微的区别。例如，在 PC 端的浏览器中是以下拉列表框的形式展示，而在移动终端则是以弹出框的形式展示全部的列表内容。

16.7 页 面 布 局

jQuery Mobile 为视图页面提供了强大的版式支持，有两种布局方法使其格式化变得更简单：

- 布局表格：组织内容以列的形式显示，有两列表格和三列表格等。
- 可折叠的内容：当单击内容块的标题，则会将其隐藏的详细内容展现出来。

多列网格布局和折叠面板控件组件可以帮助用户快速实现页面正文的内容格式化。

16.7.1 案例：使用网格

扫一扫，看视频

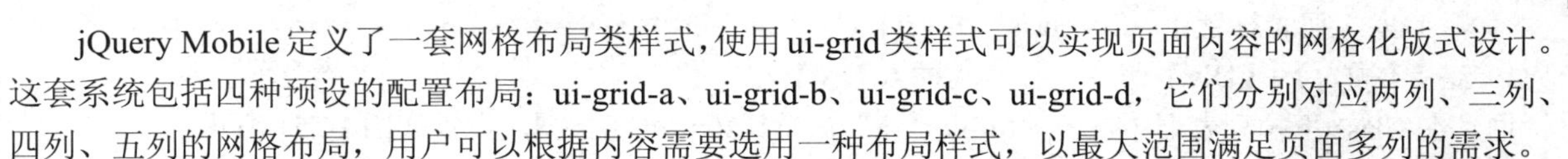

jQuery Mobile 定义了一套网格布局类样式，使用 ui-grid 类样式可以实现页面内容的网格化版式设计。这套系统包括四种预设的配置布局：ui-grid-a、ui-grid-b、ui-grid-c、ui-grid-d，它们分别对应两列、三列、四列、五列的网格布局，用户可以根据内容需要选用一种布局样式，以最大范围满足页面多列的需求。

使用网格布局时，整个宽度为 100%，没有定义任何 padding 和 margin 值，也没有预定义背景色，因此不会影响到页面其他对象在网格中的布局效果。

在下面示例中，将要创建一个两列网格，如图 16.49 所示。要创建一个两列（50%/50%）布局，首先需要一个容器（class="ui-grid-a"），然后添加两个子容器（分别添加 ui-block-a 和 ui-block-b 的 class ）。

```
<div class="ui-grid-a">
    <div class="ui-block-a"></div>
    <div class="ui-block-b"> </div>
</div>
```

（a）Opera Mobile12 模拟器预览效果

（b）iPhone 5S 预览效果

图 16.49 示例效果

【操作步骤】

第 1 步，启动 Dreamweaver CC，选择【文件】|【新建】命令，打开【新建文档】对话框，在该对话框中选择“启动器模板”项，设置示例文件夹为“Mobile 起始页”，示例页为“jQuery Mobile（本地）”，设置文档类型为“HTML5”，然后单击【确定】按钮，完成文档的创建操作。

第 2 步，按 Ctrl+S 快捷键，保存文档为 index.html。切换到代码视图，清除第 2、3、4 页容器结构，保留第一个 page 容器，在页面容器的标题栏中输入标题文本“<h1>网格化布局</h1>”。

```
<div data-role="header">
    <h1>网格化布局</h1>
</div>
```

第 3 步，清除内容容器及其包含的列表视图容器，选择【插入】|【Div】命令，打开【插入 Div】对话框，设置“插入”选项为“在标签结束之前”选项，然后在后面选择“<div id="page">”，在 Class 下拉列表框中选择“ui-grid-a”，插入一个两列版式的网格包含框，设置如图 16.50 所示。

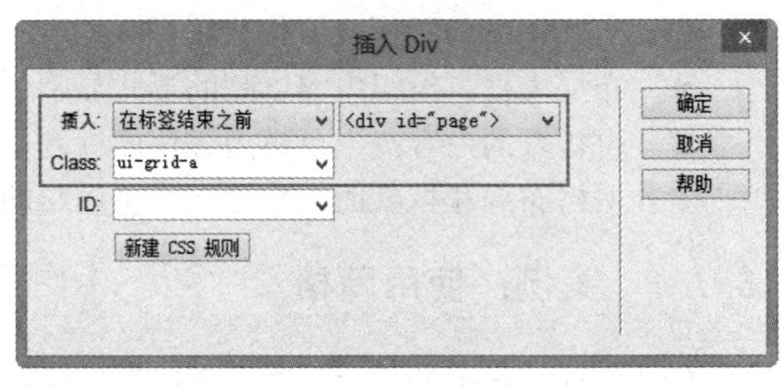

图 16.50　设计网格布局框

第 4 步，把光标置于<div class="ui-grid-a">标签内，选择【插入】|【Div】命令，打开【插入 Div】对话框，在 Class 下拉列表框中选择“ui-block-a”，设计第一列包含框，设置如图 16.51 所示。

第 5 步，把光标置于<div class="ui-grid-a">标签后面，选择【插入】|【Div】命令，打开【插入 Div】对话框，在 Class 下拉列表框中选择“ui-block-b”，设计第二列包含框，设置如图 16.52 所示。

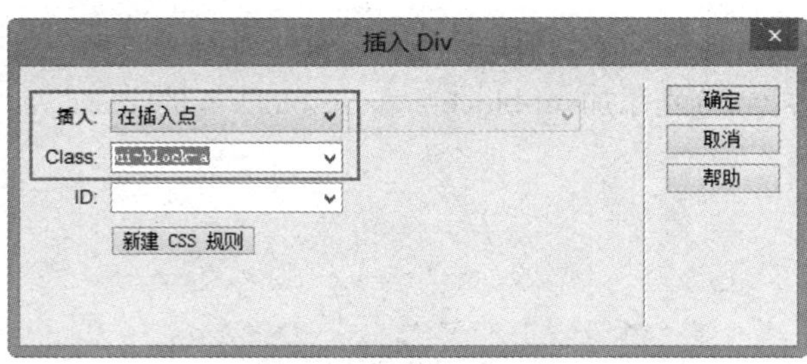

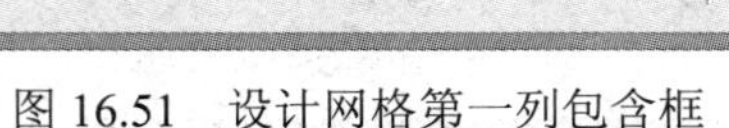

图 16.51　设计网格第一列包含框

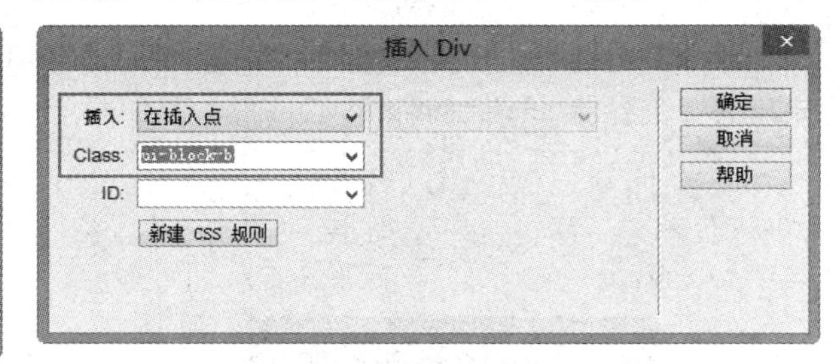

图 16.52　设计网格第二列包含框

第 6 步，把光标分别置于第一列和第二列包含框中，选择【插入】|【图像】|【图像】命令，在包含框中分别插入图像 images/2.png 和 images/4.png。完成设计的两列网格布局代码如下所示。

```
<div data-role="page" id="page">
    <div data-role="header">
        <h1>网格化布局</h1>
    </div>
    <div class="ui-grid-a">
        <div class="ui-block-a"> <img src="images/2.png" alt=""/> </div>
        <div class="ui-block-b"> <img src="images/4.png" alt=""/> </div>
    </div>
</div>
```

第 7 步，在文档头部添加一个内部样式表，设计网格包含框内的所有图像宽度均为 100%，代码如下所示。

```
<style type="text/css">
.ui-grid-a img { width: 100%; }
</style>
```

第 8 步，以同样的方式再添加两行网格系统，设计两列版式，然后完成内容的设计，如图 16.53 所示。

```
15 <div data-role="page" id="page">
16     <div data-role="header">
17         <h1>网格化布局</h1>
18     </div>
19     <div class="ui-grid-a">
20         <div class="ui-block-a"> <img src="images/2.png" alt=""/> </div>
21         <div class="ui-block-b"> <img src="images/4.png" alt=""/> </div>
22     </div>
23     <div class="ui-grid-a">
24         <div class="ui-block-a"> <img src="images/1.png" alt=""/> </div>
25         <div class="ui-block-b"> <img src="images/3.png" alt=""/> </div>
26     </div>
27     <div class="ui-grid-a">
28         <div class="ui-block-a"> <img src="images/6.png" alt=""/> </div>
29         <div class="ui-block-b"> <img src="images/8.png" alt=""/> </div>
30     </div>
31     <div class="ui-grid-a">
32         <div class="ui-block-a"> <img src="images/5.png" alt=""/> </div>
33         <div class="ui-block-b"> <img src="images/7.png" alt=""/> </div>
34     </div>
35 </div>
```

图 16.53　设计多行网格系统

第 9 步，在头部位置添加如下元信息，定义视图宽度与设备屏幕宽度保持一致。

```
<meta name="viewport" content="width=device-width,initial-scale=1" />
```

第 10 步，完成设计之后，在移动设备中预览该 index.html 页面，可以看到如图 16.49 所示的两列版式效果。

拓展：

jQuery Mobile 有两个预设的配置布局：两列布局（Class 含有 ui-grid-a）和三列布局（Class 含有 ui-grid-b）。网格 Class 可以应用于任何容器。在下面的例子中为<fieldset>添加了 ui-grid-a 并为两个 button 容器应用了 ui-block：

```
<fieldset class="ui-grid-a">
    <div class="ui-block-a"><button type="submit" data-theme="c">Cancel</button>
</div>
    <div class="ui-block-b"><button type="submit" data-theme="b">Submit</button>
</div>
</fieldset>
```

三列网格布局配置在父级容器使用 class=ui-grid-b ，而三个子级容器使用 ui-block-a/b/c，以创建三列的布局（33/33/33%）。

```
<div class="ui-grid-b">
    <div class="ui-block-a">Block A</div>
    <div class="ui-block-b">Block B</div>
    <div class="ui-block-c">Block C</div>
</div>
```

四列网格使用 class=ui-grid-c 来创建（25%/25%/25%/25%）。

五列网格使用 class=ui-grid-d 来创建（20%/20%/20%/20%/20%）。

多行网格被设计用来折断多行的内容。如果指定一个三列网格中包含九个子块，它们会折断成三行三列的布局。该布局需要为 class=ui-block 子块使用一个重复的序列（a, b, c, a, b, c 等）来创建。

16.7.2　案例：使用可折叠面板

扫一扫，看视频

jQuery Mobile 允许将指定的区块进行折叠。设计方法：创建折叠容器，即将该容器的 data-role 属性设置为 collapsible，表示该容器是一个可折叠的区块。

在容器中添加一个标题标签，设计该标签以按钮的形式展示。按钮的左侧有一个“+”号，表示该标题可以展开。在标题的下面放置需要折叠显示的内容，通常使用段落标签。当单击标题中的“+”号时，显示元素中的内容，标题左侧中“+”号变成“-”号；再次单击时，隐藏元素中的内容，标题左侧中“-”号变成“+”号，如图 16.54 所示。

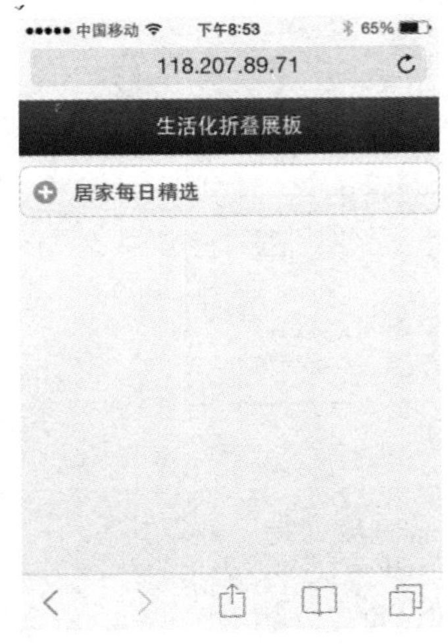

（a）折叠容器收缩

（b）折叠容器展开

图 16.54　示例效果

【操作步骤】

第 1 步，启动 Dreamweaver CC，选择【文件】|【新建】命令，打开【新建文档】对话框，在该对话框中选择“启动器模板”项，设置示例文件夹为“Mobile 起始页”，示例页为“jQuery Mobile（本地）”，设置文档类型为“HTML5”，然后单击【确定】按钮，完成文档的创建操作。

第 2 步，按 Ctrl+S 快捷键，保存文档为 index.html。切换到代码视图，清除第 2、3、4 页容器结构，保留第一个 Page 容器，在页面容器的标题栏中输入标题文本“<h1>生活化折叠展板</h1>”。

```
<div data-role="header">
    <h1>生活化折叠展板</h1>
</div>
```

第 3 步，清除内容容器及其包含的列表视图容器，切换到代码视图，在标题栏下面输入下面的代码，定义折叠面板容器。其中 data-role="collapsible"属性声明当前标签为折叠容器，在折叠容器中，标题标签作为折叠标题栏显示，标题可以是任意级别，可以在 h1~h6 之间选择，根据需求进行设置。然后使用段落标签定义折叠容器的内容区域。

```
<div data-role="collapsible">
    <h1>居家每日精选</h1>
    <p><img src="images/1.png" alt=""/></p>
</div>
```

提示：

在折叠容器中通过设置 data-collapsed 属性值，可以调整容器折叠的状态。该属性默认值为 true，表示标题下的内容是隐藏的，为收缩状态；如果将该属性值设置为 false，标题下的内容是显示的，为下拉状态。

第 4 步，在文档头部添加一个内部样式表，设计折叠容器内的所有图像宽度均为 100%，代码如下所示。

```
<style type="text/css">
#page img { width: 100%; }
</style>
```

第 5 步，在头部位置添加如下元信息，定义视图宽度与设备屏幕宽度保持一致。

```
<meta name="viewport" content="width=device-width,initial-scale=1" />
```

第 6 步，完成设计之后，在移动设备中预览该 index.html 页面，可以看到如图 16.54 所示的折叠版式效果。

拓展：

jQuery Mobile 允许折叠嵌套显示，即在一个折叠容器中再添加一个折叠区块，依此类推。但建议这种嵌套最多不超过 3 层，否则，用户体验和页面性能就变得比较差。

例如，新建一个 HTML5 页面，在内容区域中添加 3 个 data-role 属性值为 collapsible 的折叠块，分别以嵌套的方式进行组合。单击第一层标题时，显示第二层折叠块内容；单击第二层标题时，显示第三层折叠块内容。详细代码如下所示，预览效果如图 16.55 所示。

（a）折叠容器收缩

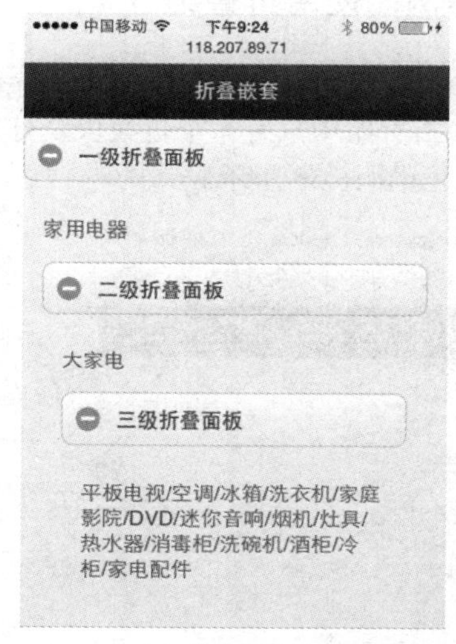

（b）折叠容器展开

图 16.55　嵌套折叠容器演示效果

```
<!DOCTYPE html>
<html>
<head>
<meta charset="utf-8">
<meta name="viewport" content="width=device-width,initial-scale=1" />
<link href="jquery-mobile/jquery.mobile-1.3.0.min.css" rel="stylesheet" type="text/
css"/>
<script src="jquery-mobile/jquery-1.8.3.min.js" type="text/JavaScript"></script>
<script src="jquery-mobile/jquery.mobile-1.3.0.min.js" type="text/JavaScript"></script>
</head>
<body>
<div data-role="page" id="page">
    <div data-role="header">
        <h1>折叠嵌套</h1>
    </div>
    <div data-role="collapsible">
        <h1>一级折叠面板</h1>
        <p>家用电器</p>
        <div data-role="collapsible">
            <h2>二级折叠面板</h2>
            <p>大家电</p>
```

```
            <div data-role="collapsible">
                <h3>三级折叠面板</h3>
                <p>平板电视/空调/冰箱/洗衣机/家庭影院/DVD/迷你音响/烟机/灶具/热水器/消毒柜/
洗碗机/酒柜/冷柜/家电配件</p>
            </div>
        </div>
    </div>
</div>
</body>
</html>
```

扫一扫，看视频

16.7.3　案例：使用折叠组

折叠容器可以编组，只需要在一个 data-role 属性为 collapsible-set 的容器中添加多个折叠块，从而形成一个组。在折叠组中只有一个折叠块是打开的，类似于单选按钮组，当打开别的折叠块时，其他折叠块自动收缩，如图 16.56 所示。

（a）默认状态

（b）折叠其他选项

图 16.56　示例效果

【操作步骤】

第 1 步，启动 Dreamweaver CC，选择【文件】|【新建】命令，打开【新建文档】对话框，在该对话框中选择“启动器模板”项，设置示例文件夹为“Mobile 起始页”，示例页为“jQuery Mobile（本地）”，设置文档类型为“HTML5”，然后单击【确定】按钮，完成文档的创建操作。

第 2 步，按 Ctrl+S 快捷键，保存文档为 index.html。切换到代码视图，清除第 2、3、4 页容器结构，保留第一个 Page 容器，在页面容器的标题栏中输入标题文本“<h1>网址导航</h1>”。

```
<div data-role="header">
    <h1>网址导航</h1>
</div>
```

第 3 步，清除内容容器及其包含的列表视图容器，切换到代码视图，在标题栏下面输入下面的代码，定义折叠组容器。其中 data-role="collapsible-set"属性声明当前标签为折叠组容器。

```
<div data-role="collapsible-set">
</div>
```

第 4 步，在折叠组容器中插入四个折叠容器，代码如下所示。其中在第一个折叠容器中定义 data-collapsed="false"属性，设置第一个折叠容器默认为展开状态。

```
<div data-role="collapsible-set">
    <div data-role="collapsible" data-collapsed="false">
        <h1>视频</h1>
        <p><a href="#">优酷网</a></p>
        <p><a href="#">奇艺高清</a></p>
        <p><a href="#">搜狐视频</a></p>
    </div>
    <div data-role="collapsible">
        <h1>新闻</h1>
        <p><a href="#">CNTV</a></p>
        <p><a href="#">环球网</a></p>
        <p><a href="#">路透中文网</a></p>
    </div>
    <div data-role="collapsible">
        <h1>邮箱</h1>
        <p><a href="#">163 邮箱</a></p>
        <p><a href="#">126 邮箱</a></p>
        <p><a href="#">阿里云邮箱</a></p>
    </div>
    <div data-role="collapsible">
        <h1>网购</h1>
        <p><a href="#">淘宝网</a></p>
        <p><a href="#">京东商城</a></p>
        <p><a href="#">亚马逊</a></p>
    </div>
</div>
```

第 5 步，在头部位置添加如下元信息，定义视图宽度与设备屏幕宽度保持一致。

```
<meta name="viewport" content="width=device-width,initial-scale=1" />
```

第 6 步，完成设计之后，在移动设备中预览该 index.html 页面，可以看到如图 16.56 所示的折叠组版式效果。

拓展：

折叠组中所有的折叠块在默认状态下都是收缩的，如果想在默认状态下使某个折叠区块为下拉状态，只要将该折叠区块的 data-collapsed 属性值设置为 false。例如，在本实例中，将标题为“视频”的折叠块的 data-collapsed 属性值设置为 false。但是由于同处在一个折叠组内，这种下拉状态在同一时间只允许有一个。

第 17 章　设计手机版网页

以手机为主要产品的移动设备屏幕都比较小，操作方式以触摸为主，这就要求移动页面包含的内容不能太多，网页对象必须足够大，以方便用户触击，这样也有利于浏览者浏览。借助 jQuery Mobile 组件，用户能够快速设计出满足要求、用户体验友好、兼容不同移动设备的页面。

【学习重点】

- 设计移动按钮。
- 设计移动表单。
- 设计移动列表。
- 开发移动版网站。

17.1　使用按钮组件

jQuery Mobile 按钮组件有两种形式：

一种是通过<a>标签定义，在该标签中添加 data-role 属性，设置属性值为 button 即可，jQuery Mobile 便会自动为该标签添加样式类属性，设计成可单击的按钮形状；

另一种是表单按钮对象，在表单内无须添加 data-role 属性，jQuery Mobile 会自动把<<input>标签中 type 属性值为 submit、reset、button、image 等对象设计成按钮样式，在内容中放置按钮时，可以采用行内或按钮组的方式进行排版。

扫一扫，看视频

17.1.1　案例：插入按钮

在 jQuery Mobile 中，按钮组件默认显示为块状，自动填充页面宽度，如图 17.1（a）所示。如果要取消默认块状显示效果，只需要在按钮标签中添加 data-inline 属性，设置属性值为 true 即可，该按钮将会根据包含的文字和图片自动进行缩放，显示为行内按钮样式效果，如图 17.1（b）所示。

（a）默认块状显示状态

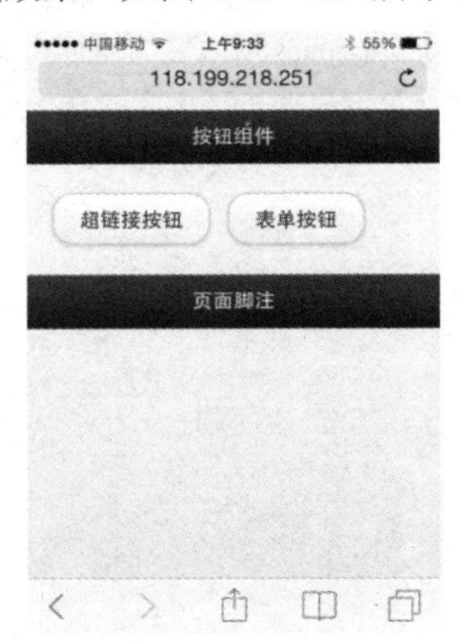

（b）行内显示状态

图 17.1　示例效果

【操作步骤】

第 1 步，启动 Dreamweaver CC，选择【文件】|【新建】命令，打开【新建文档】对话框，在该对话框中选择“启动器模板”项，设置示例文件夹为“Mobile 起始页”，示例页为“jQuery Mobile（本地）”，设置文档类型为“HTML5”，然后单击【确定】按钮，完成文档的创建操作，如图 17.2 所示。

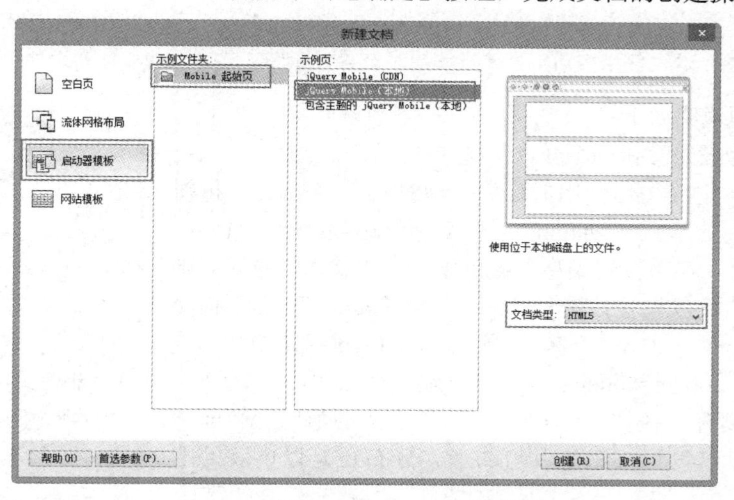

图 17.2　新建 jQuery Mobile 起始页

第 2 步，按 Ctrl+S 快捷键，保存文档为 index.html。然后根据 Dreamweaver CC 提示保存相关的框架文件。

第 3 步，切换到代码视图，清除第 2、3、4 页容器结构，保留第一个 Page 容器，然后在标题栏输入“<h1>按钮组件</h1>”，定义页面标题。页脚栏内容保持不变。

```
<div data-role="header">
    <h1>按钮组件</h1>
</div>
```

第 4 步，清除内容栏内的列表视图结构，分别插入一个超链接和表单按钮对象，为超链接标签定义 data-role="button"和 data-inline="true"属性，为表单按钮对象添加 data-inline="true"属性，设置如图 17.3 所示。

```
11  <body>
12  <div data-role="page" id="page">
13      <div data-role="header">
14          <h1>按钮组件</h1>
15      </div>
16      <div data-role="content">
17          <a href="#" data-role="button" data-inline="true">超链接按钮</a>
18          <input type="button" data-inline="true" value="表单按钮" />
19      </div>
20      <div data-role="footer">
21          <h4>页面脚注</h4>
22      </div>
23  </div>
24  </body>
25  </html>
```

图 17.3　定义行内按钮样式

```
<div data-role="content">
    <a href="#" data-role="button" data-inline="true">超链接按钮</a>
    <input type="button"  data-inline="true" value="表单按钮" />
</div>
```

第 5 步，在头部位置添加如下元信息，定义视图宽度与设备屏幕宽度保持一致。

```
<meta name="viewport" content="width=device-width,initial-scale=1" />
```

第 6 步，完成设计之后，在移动设备中预览该 index.html 页面，可以看到如图 17.1（b）所示的行内按钮效果。

提示：

在 Dreamweaver CC 中选择【插入】|【jQuery Mobile】|【按钮】命令，打开【按钮】对话框，在该对话框中可以设置插入按钮的个数、使用按钮类型、按钮显示位置、布局方式、附加图标等选项，如图 17.4 所示。

该对话框各选项说明如下：

- 按钮：选择插入按钮的个数，可选 1～10。
- 按钮类型：定义按钮使用的标签，包括链接（<a>）、按钮（<button>）、输入（<innput>）三个标签选项。
- 输入类型：当在“按钮类型”选项中选择“输入”选项，则该项有效，可以设置按钮（<input type="button" />）、提交（<input type="submit" />）、重置（<input type="reset" />）、图像（<input type="image" />）四种输入型按钮。
- 位置：当设置“按钮”选项为大于等于 2 的值时，当前项目有效，可以设置按钮是以组的形式分布还是以内联的形式显示。
- 布局：当设置“按钮”选项为大于等于 2 的值时，当前项目有效，可以设置按钮是以垂直方式还是水平方式显示。
- 图标：包含 jQuery Mobile 所有内置图标。
- 图标位置：设置图标显示位置，包括左对齐、右对齐、顶端、底部、默认值和无文本。默认值为左对齐，无文本表示仅显示图标，不显示按钮文字。

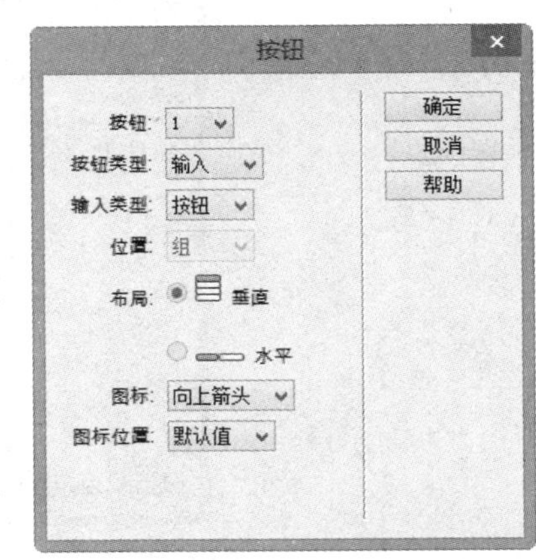

图 17.4　设置【按钮】对话框

扫一扫，看视频

17.1.2　案例：插入按钮组

jQuery Mobile 按钮既可以以行内按钮的形式显示，也可以放置在按钮容器中，设计为按钮组。按钮组容器是 data-role 属性值为 controlgroup 的标签，按钮组内的按钮可以按照垂直或水平方向显示，在默认情况下，按钮组是以垂直方向显示一组按钮列表，可以通过 data-type 属性重置按钮显示方式。下面的示例将创建一个 data-type 属性的按钮组，并以水平方向的形式展示两个按钮列表，如图 17.5 所示。

（a）iPhone 5S 预览效果

（b）Opera Mobile12 模拟器预览效果

图 17.5　示例效果

【操作步骤】

第 1 步，启动 Dreamweaver CC，选择【文件】|【新建】命令，打开【新建文档】对话框，在该对话框中选择“启动器模板”项，设置示例文件夹为“Mobile 起始页”，示例页为“jQuery Mobile（本地）”，设置文档类型为“HTML5”，然后单击【确定】按钮，完成文档的创建操作。

第 2 步，按 Ctrl+S 快捷键，保存文档为 index.html。然后根据 Dreamweaver CC 提示保存相关的框架文件。

第 3 步，切换到代码视图，清除第 2、3、4 页容器结构，保留第一个 Page 容器，然后在标题栏输入“<h1>按钮组组件</h1>”，定义页面标题。页脚栏内容保持不变。

```
<div data-role="header">
    <h1>按钮组组件</h1>
</div>
```

第 4 步，清除内容栏内的列表视图结构，然后选择【插入】|【jQuery Mobile】|【按钮】命令，打开【按钮】对话框，在“按钮”选项中设置数字 2，即插入两个案例；设置“按钮类型”为“输入”，即定义<input>标签按钮；设置“输入类型”为“提交”，即定义<input type="submit" />类型标签；设置“位置”为“组”，“布局”为“水平”；设置“图标”为“刷新”，“图标位置”保持默认值，设置如图 17.6 所示。

第 5 步，单击【确定】按钮，关闭【按钮】对话框，在代码视图中可以看到新插入的代码段：

```
<div data-role="controlgroup" data-type="horizontal">
    <input type="submit" value="提交" data-icon="refresh" />
    <input type="submit" value="提交" data-icon="refresh" />
</div>
```

第 6 步，修改部分代码配置，设置第一个按钮为<input type="reset">，即定义刷新按钮类型，值为“重置”；修改第二个按钮的图标类型为 data-icon="check"。同时在属性面板中设置 Class 为"ui-btn-active"。修改后的完整代码如下所示。

```
<div data-role="controlgroup" data-type="horizontal">
    <input type="reset" value="重置" data-icon="refresh" />,
    <input type="submit" value="提交" data-icon="check"  class="ui-btn-active" />
</div>
```

第 7 步，在头部位置添加如下元信息，定义视图宽度与设备屏幕宽度保持一致。

```
<meta name="viewport" content="width=device-width,initial-scale=1" />
```

第 8 步，完成设计之后，在移动设备中预览该 index.html 页面，可以看到如图 17.5 所示的按钮分组效果。如果按钮组以水平方式显示按钮列表，在默认情况下所有按钮向左边靠拢，自动缩放到各自适合的宽度，最左边按钮的左侧与最右边按钮的右侧两个角使用圆角样式。

提示：

为按钮组容器设置 data-type 属性可以定义按钮布局方向，包括水平分布（horizontal）和垂直分布（vertical），默认状态显示为垂直分布状态。例如，在上面示例中设置 data-type="vertical"，或者删除 data-type 属性声明，则可以看到如图 17.7 所示的预览效果。

```
<div data-role="controlgroup" data-type="vertical">
    <input type="reset" value="重置" data-icon="refresh" />
    <input type="submit" value="提交" data-icon="check"  class="ui-btn-active" />
</div>
```

从上面示例可以看到，当按钮列表被按钮组标签包裹时，每个被包裹的按钮都会自动删除自身的 margin 属性值，调整按钮之间的距离和背景阴影，并且只在第一个按钮上面的两个角和最后一个按钮下面的两个角使用圆角的样式，这样使整个按钮列表在显示效果上更加像一个组的集合。如果在按钮组中仅包裹一个按钮，那么该按钮仍是以正常圆角的效果显示在页面中。

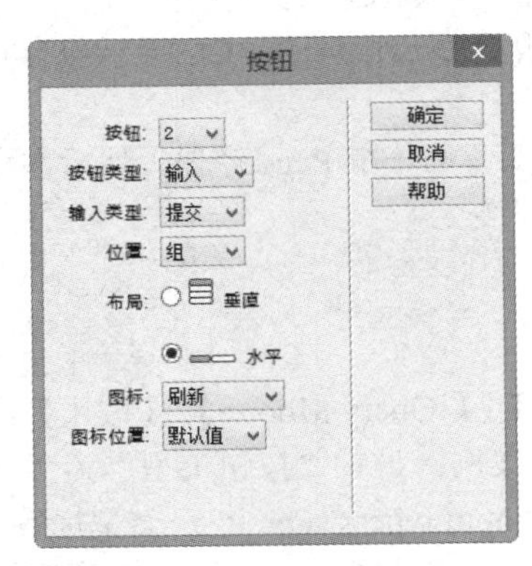

图 17.6　设置【按钮】对话框

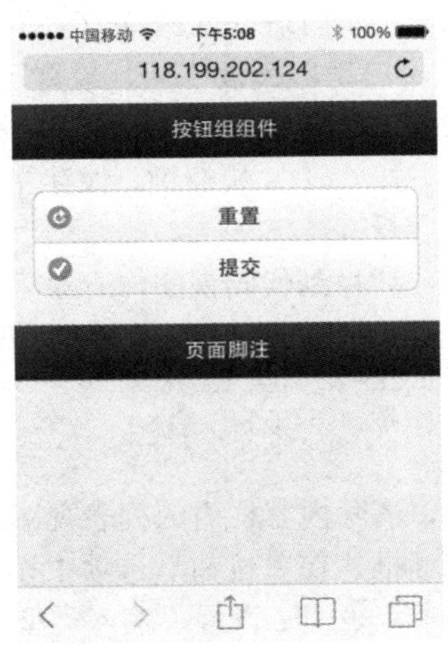

图 17.7　按钮组垂直分布效果

17.2　使用表单组件

jQuery Mobile 提供一套基于 HTML 的表单对象，所有的表单对象由原始代码升级为 jQuery Mobile 组件，然后调用组件内置方法与属性，实现在 jQuery Mobile 下表单的各项操作。

扫一扫，看视频

17.2.1　认识表单组件

jQuery Mobile 框架为原生的 HTML 的表单元素封装了新的表现形式，对触屏设备的操作进行了优化。在框架的页面中会自动将<form>标签渲染成 jQuery Mobile 风格的组件。

在某些情况下，需要使用 HTML 原生的<form>标签，为了阻止 jQuery Mobile 框架对该标签的自动渲染，在框架中可以在 data-role 属性中引入了一个控制参数"none"。使用这个属性参数就会让<form>标签以 HTML 原生的状态显示。例如：

```
<select name="foo" id="foo" data-role="none">
    <option value="a" >A</option>
    <option value="b" >B</option>
    <option value="c" >C</option>
</select>
```

jQuery Mobile 会自动替换标准的 HTML 表单对象，如文本框、复选框、列表框等，以自定义的样式工作在触摸设备上的表单对象，易用性更强。例如，复选框将会变得很大，易于点选。单击下拉列表时，将会弹出一组大按钮列表选项，提供给用户选择。

jQuery Mobile 框架支持新的 HTML5 表单对象，如 search 和 range。另外还可以利用列表框并添加 data-role="slider"并添加两个 option 选项，创建滑动开关。

同时，jQuery Mobile 框架支持组合单选按钮和组合复选框，可以利用<fieldset>标签添加属性 data-role="controlgroup"创建一组单选按钮或复选框，jQuery Mobile 自动格式化它们的格式，使其看上去更时尚。

用户不需要关心表单的那些高级特性，用户仅需要以正常的方式创建表单，jQuery Mobile 框架会完成剩余的工作。另外有一件事情需要开发人员来完成，即使用<div>或<fieldset>标签的属性

data-role="fieldcontain"包装每一个 label/field。这样 jQuery Mobile 会在 label/field 对之间添加一个水平分隔条。这样的对齐方式可以使其更容易查找。

17.2.2 案例：插入文本框

在 jQuery Mobile 中，文本输入框包括单行文本框和多行文本区域，同时 jQuery Mobile 还支持 HTML5 新增的输入类型，如时间输入框、日期输入框、数字输入框、URL 输入框、搜索输入框、电子邮件输入框等，如图 17.8 所示。在 Dreamweaver CC 的【插入】|【jQuery Mobile】子菜单中可以看到这些组件。

（a）iBBDemo3 预览效果

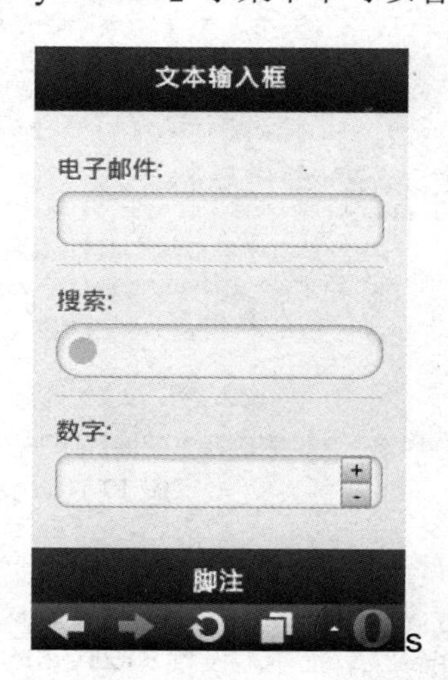

（b）Opera Mobile12 模拟器预览效果

图 17.8 示例效果

【操作步骤】

第 1 步，启动 Dreamweaver CC，选择【文件】|【新建】命令，打开【新建文档】对话框，如图 17.9 所示。在该对话框中选择“空白页”项，设置页面类型为“HTML”，设置文档类型为“HTML5”，然后单击【确定】按钮，完成文档的创建操作。

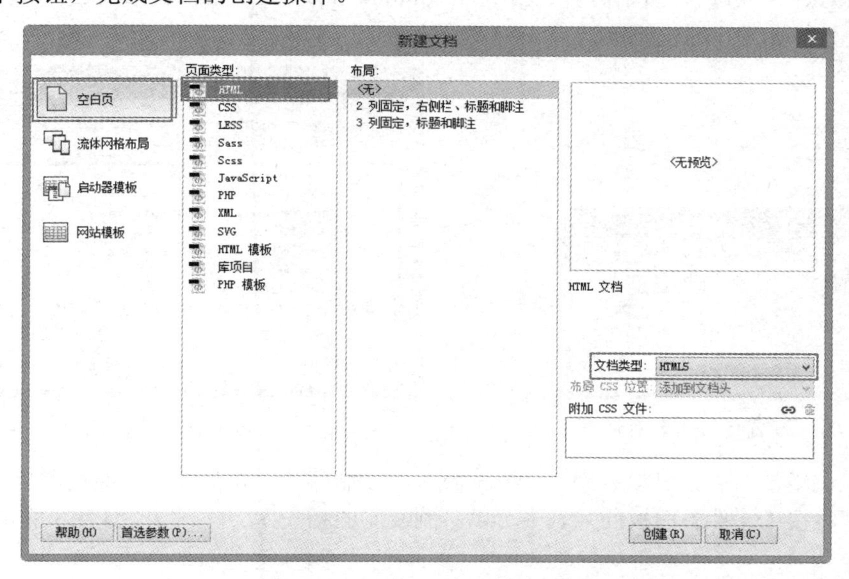

图 17.9 新建 HTML5 类型文档

第 2 步，按 Ctrl+S 快捷键，保存文档为 index.html。选择【插入】|【jQuery Mobile】|【页面】命令，打开【jQuery Mobile 文件】对话框，保留默认设置，单击【确定】按钮，完成在当前文档中插入视图页，设置如图 17.10 所示。

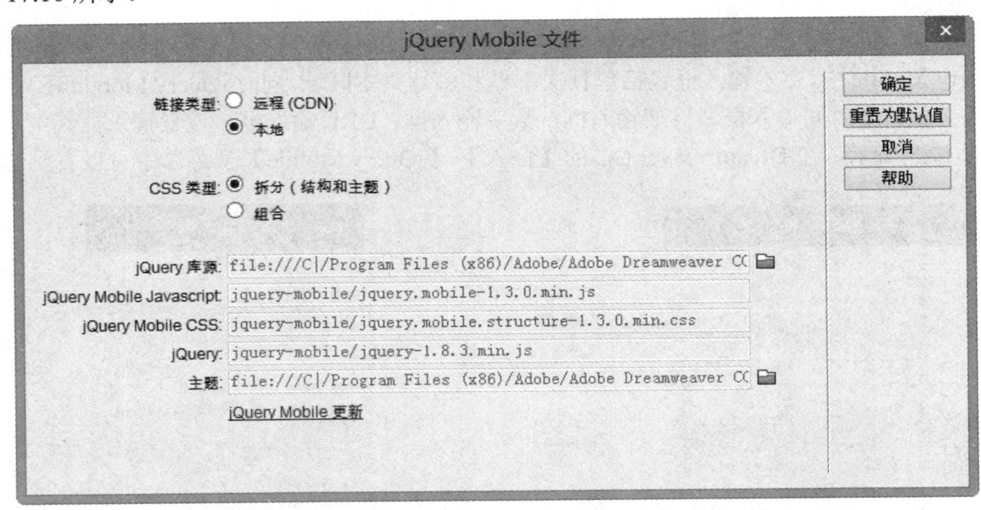

图 17.10　设置【jQuery Mobile 文件】对话框

提示：

在【jQuery Mobile 文件】对话框中，链接类型包括远程（CDN）和本地，远程设置 jQuery Mobile 库文件放置于远程服务器上，而本地设置 jQuery Mobile 库文件放置于本地站点上。CSS 类型包括拆分和合并，如果选择拆分时，则把 jQuery Mobile 结构和主题样式拆分放置于不同的文件中，而选择合并则会把结构和主题样式都合并到一个 CSS 文件中。

第 3 步，单击【确定】按钮，关闭【jQuery Mobile 文件】对话框，然后打开【页面】对话框，在该对话框中设置页面的 ID 值，同时设置页面视图是否包含标题栏和页脚栏（脚注），保持默认设置，单击【确定】按钮，完成在当前 HTML5 文档中插入页面视图结构，设置如图 17.11 所示。

第 4 步，按 Ctrl+S 快捷键，保存当前文档 index.html。此时，Dreamweaver CC 会弹出对话框提示保存相关的框架文件，如图 17.12 所示。

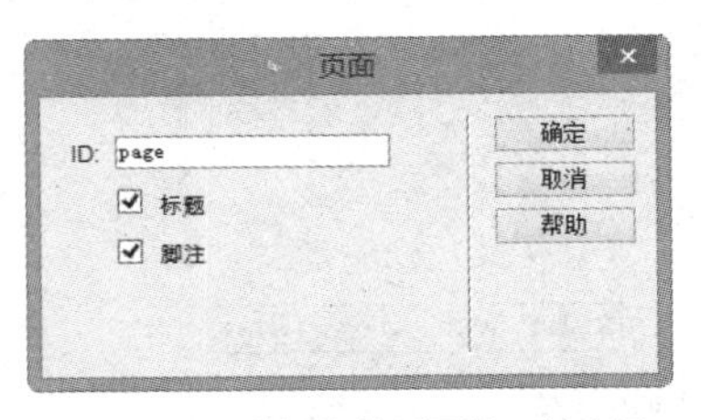

图 17.11　设置【页面】对话框

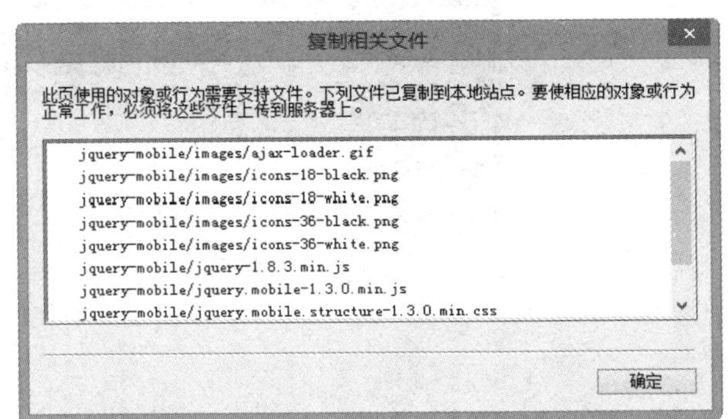

图 17.12　保存相关文件

第 5 步，在编辑窗口中，可以看到 Dreamweaver CC 新建了一个页面，页面视图包含标题栏、内容框和页脚栏，同时在【文件】面板的列表中可以看到复制的相关库文件，如图 17.13 所示。

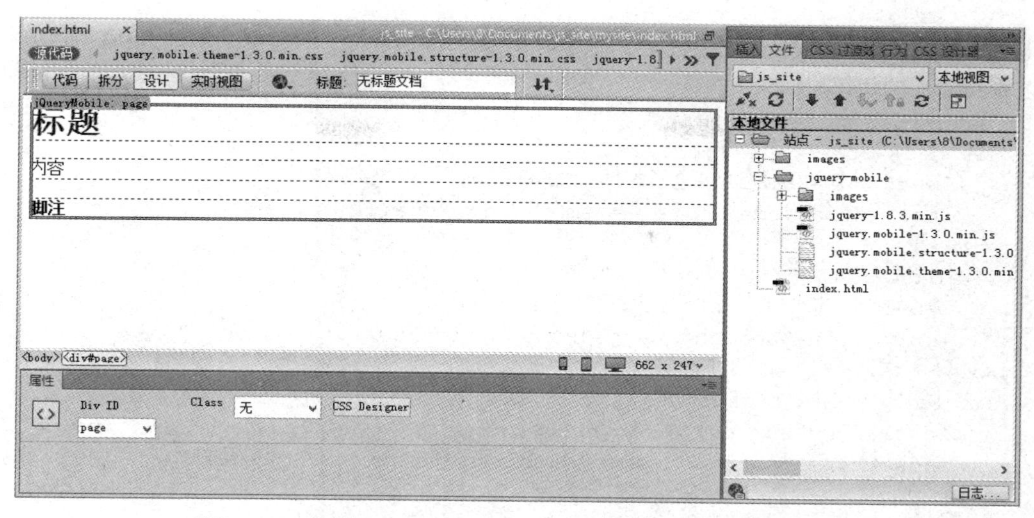

图 17.13　使用 Dreamweaver CC 新建 jQuery Mobile 视图页面

第 6 步，切换到代码视图，可以看到页面视图的 HTML 结构代码，此时用户可以根据需要删除部分页结构，或者添加更多页结构，也可以删除列表页结构。并根据需要填入页面显示内容，修改标题文本为“文本输入框”。

```
<div data-role="page" id="page">
   <div data-role="header">
      <h1>文本输入框</h1>
   </div>
   <div data-role="content">内容</div>
   <div data-role="footer">
      <h4>脚注</h4>
   </div>
</div>
```

第 7 步，选中内容栏中的“内容”文本，清除内容栏内的文本，然后选择【插入】|【jQuery Mobile】|【电子邮件】命令，在内容框中插入一个电子邮件文本输入框，如图 17.14 所示。

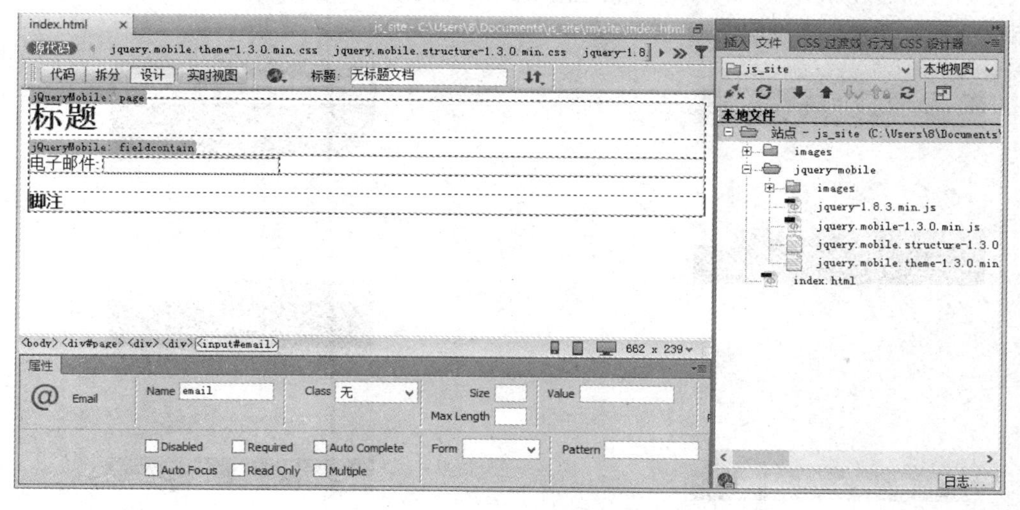

图 17.14　插入电子邮件文本框

第 8 步，继续选择【插入】|【jQuery Mobile】|【搜索】命令，在内容框中插入一个搜索文本输入框；

再选择【插入】|【jQuery Mobile】|【数字】命令，在内容框中插入一个数字文本输入框。此时在代码视图中可以看到插入的代码段：

```
<div data-role="content">
    <div data-role="fieldcontain">
        <label for="email">电子邮件:</label>
        <input type="email" name="email" id="email" value=""  />
    </div>
    <div data-role="fieldcontain">
        <label for="search">搜索:</label>
        <input type="search" name="search" id="search" value=""  />
    </div>
    <div data-role="fieldcontain">
        <label for="number">数字:</label>
        <input type="number" name="number" id="number" value=""  />
    </div>
</div>
```

第 9 步，在头部位置添加如下元信息，定义视图宽度与设备屏幕宽度保持一致。

```
<meta name="viewport" content="width=device-width,initial-scale=1" />
```

第 10 步，完成设计之后，在移动设备中预览该 index.html 页面，可以看到如图 17.8 所示的文本输入框。

从预览图可以看出，在 jQuery Mobile 中，type 类型是 search 的搜索输入文本框的外围有圆角，最左端有一个圆形的搜索图标。当输入框中有内容字符时，它的最右侧会出现一个圆形的叉号按钮，单击该按钮时，可以清空输入框中的内容。在 type 类型是 number 的数字输入文本框中，单击最右端的上下两个调整按钮，可以动态改变文本框的值，操作非常方便。

扫一扫，看视频

17.2.3 案例：插入滑块

使用<input type="range">标签可以定义滑块组件，在 jQuery Mobile 中滑块组件由两部分组成，一部分是可调整大小的数字输入框，另一部分是可拖动修改输入框数字的滑动条，如图 17.15 所示。

滑块元素可以通过 min 和 max 属性来设置滑动条的取值范围。jQuery Mobile 中使用的文本输入域的高度会自动增加，无须因高度问题拖动滑动条。

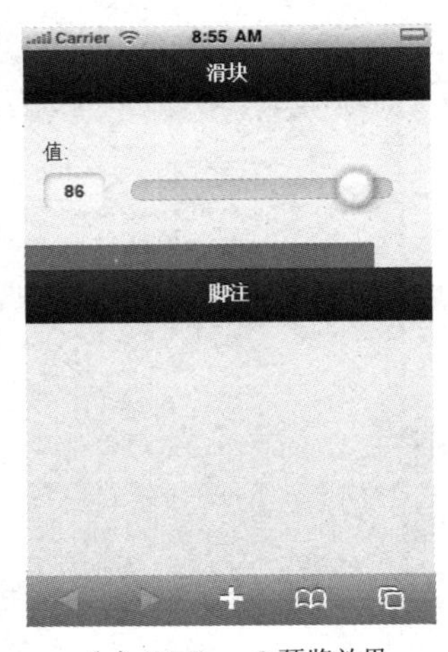

（a）iBBDemo3 预览效果

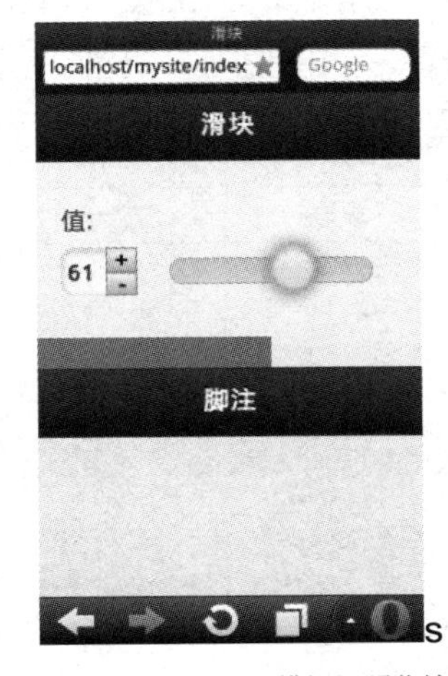

（b）Opera Mobile12 模拟器预览效果

图 17.15　示例效果

【操作步骤】

第 1 步，启动 Dreamweaver CC，选择【文件】|【新建】命令，打开【新建文档】对话框。在该对话框中选择“空白页”项，设置页面类型为“HTML”，设置文档类型为“HTML5”，然后单击【确定】按钮，完成文档的创建操作。

第 2 步，按 Ctrl+S 快捷键，保存文档为 index.html。选择【插入】|【jQuery Mobile】|【页面】命令，打开【jQuery Mobile 文件】对话框，保留默认设置，单击【确定】按钮，完成在当前文档中插入视图页。

第 3 步，单击【确定】按钮，关闭【jQuery Mobile 文件】对话框，然后打开【页面】对话框，在该对话框中设置页面的 ID 值，同时设置页面视图是否包含标题栏和页脚栏（脚注），保持默认设置，单击【确定】按钮，完成在当前 HTML5 文档中插入页面视图结构。

第 4 步，按 Ctrl+S 快捷键，保存当前文档 index.html。此时，Dreamweaver CC 会弹出对话框提示保存相关的框架文件，单击【确定】按钮完成框架文件的复制操作。

第 5 步，在编辑窗口中，可以看到 Dreamweaver CC 新建一个页面，页面视图包含标题栏、内容框和页脚栏，同时在【文件】面板的列表中可以看到复制的相关库文件。

第 6 步，修改标题文本为“滑块”。选中内容栏中的“内容”文本，按 Delete 键清除内容栏内的文本，然后选择【插入】|【jQuery Mobile】|【滑块】命令，在内容框中插入一个滑块组件，如图 17.16 所示。在代码视图中可以看到新添加的滑块表单对象代码。

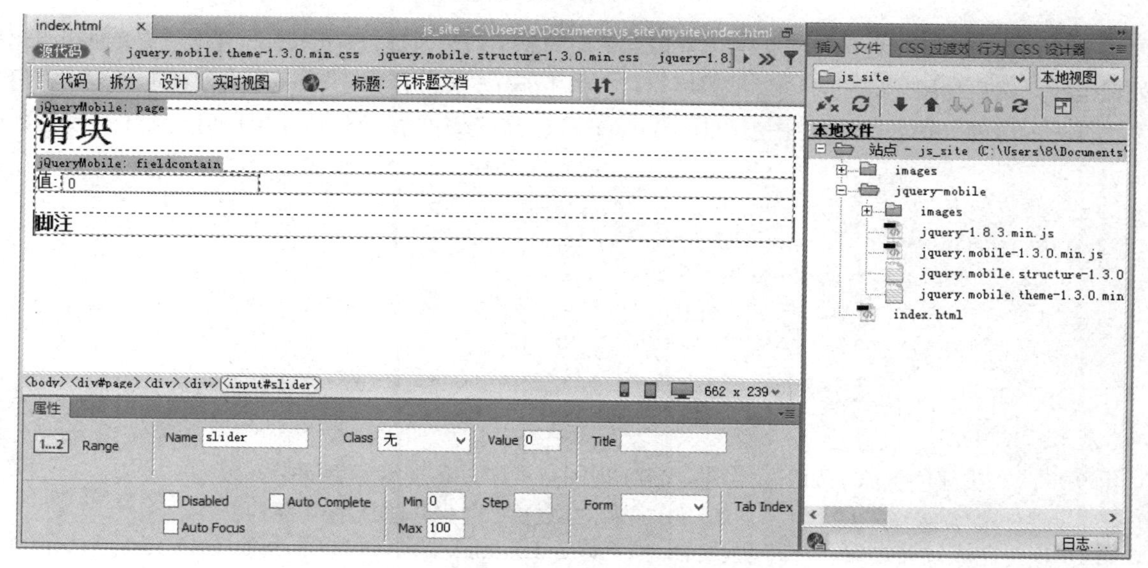

图 17.16　插入滑块表单组件

```
<div data-role="content">
    <div data-role="fieldcontain">
        <label for="slider">值:</label>
        <input type="range" name="slider" id="slider" value="0" min="0" max="100" />
    </div>
</div>
```

第 7 步，选择【插入】|【Div】命令，打开【插入 Div】对话框，设置 ID 值为 box，单击【新建 CSS 规则】按钮，打开【新建 CSS 规则】对话框，保持默认设置，单击【确定】按钮，打开【#box 的 CSS 规则定义】对话框，设置背景样式：Background-color: #FF0000，定义背景颜色为红色；设置方框样式：Height: 20px、Width: 0px，设置高度为 20 像素，宽度为 0 像素，设置如图 17.17 所示。

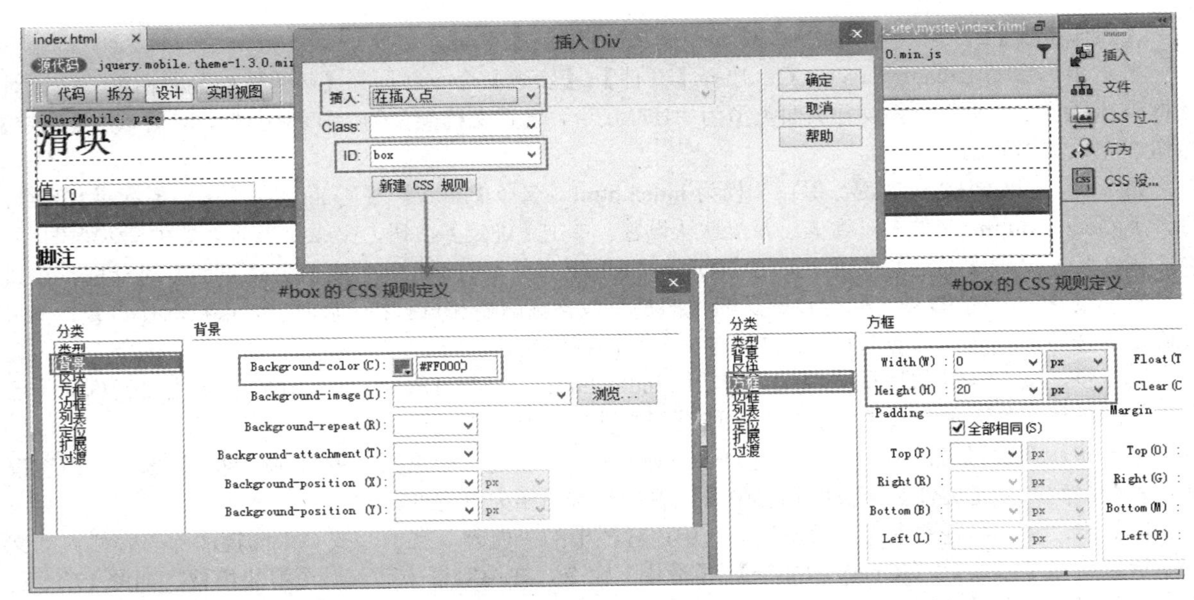

图 17.17　插入并设置盒子样式

第 8 步，切换到代码视图，在头部位置输入下面的脚本代码，通过$(function(){})定义页面初始化事件处理函数，然后使用$("#slider")找到滑块组件，使用 on()方法为其绑定 change 事件处理函数，在滑块值发生变化的事件处理函数中，先使用$(this).val()获取当前滑块的值，然后使用该值设置上一步添加的盒子宽度。

```
<script>
$(function(){
    $("#slider").on("change",function(){
        var val = $(this).val();
        $("#box").css("width",val + "%");
    })
})
</script>
```

第 9 步，在头部位置添加如下元信息，定义视图宽度与设备屏幕宽度保持一致。

```
<meta name="viewport" content="width=device-width,initial-scale=1" />
```

第 10 步，完成设计之后，在移动设备中预览该 index.html 页面，可以看到如图 17.15 所示的滑块效果，当拖动滑块时，会实时改动滑块的值，在 0 到 100 之间变化，然后利用该值改变盒子的宽度，盒子的宽度在 0%到 100%之间变化。

扫一扫，看视频

17.2.4　案例：插入翻转切换开关

翻转切换开关是移动设备中常见的界面元素，提供系统配置中默认值的设置。jQuery Mobile 借助<select>标签设计翻转切换开关组件，当<select>标签添加了 data-role 属性，且属性值设置为 slider，可以将该下拉列表的两个<option>选项样式变成一个翻转切换开关。第一个<option>选项为开状态，返回值为 true 或 1 等；第二个<option>选项为关状态，返回值为 false 或 0 等，如图 17.18 所示。

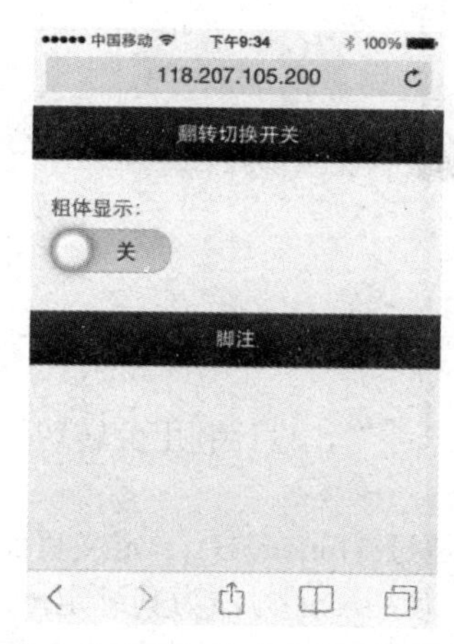

（a）关闭开关时标签字体正常显示

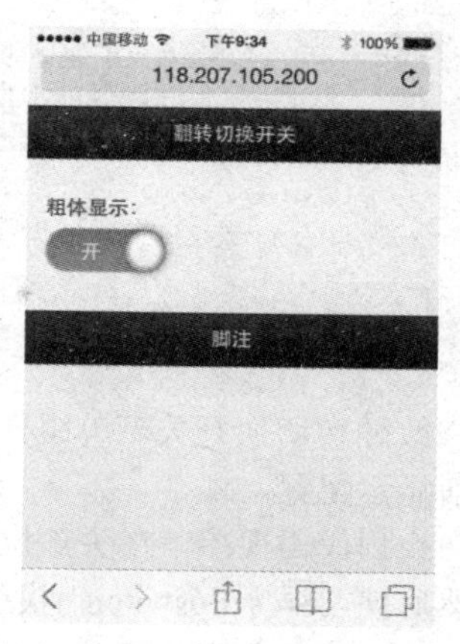

（b）打开开关时标签字体加粗显示

图 17.18 示例效果

【操作步骤】

第 1 步，启动 Dreamweaver CC，选择【文件】|【新建】命令，打开【新建文档】对话框。在该对话框中选择“空白页”项，设置页面类型为“HTML”，设置文档类型为“HTML5”，然后单击【确定】按钮，完成文档的创建操作。

第 2 步，按 Ctrl+S 快捷键，保存文档为 index.html。选择【插入】|【jQuery Mobile】|【页面】命令，打开【jQuery Mobile 文件】对话框，保留默认设置，单击【确定】按钮，完成在当前文档中插入视图页。

第 3 步，单击【确定】按钮，关闭【jQuery Mobile 文件】对话框，然后打开【页面】对话框，在该对话框中设置页面的 ID 值，同时设置页面视图是否包含标题栏和页脚栏（脚注），保持默认设置，单击【确定】按钮，完成在当前 HTML5 文档中插入页面视图结构。

第 4 步，按 Ctrl+S 快捷键，保存当前文档 index.html。此时，Dreamweaver CC 会弹出对话框提示保存相关的框架文件，单击【确定】按钮完成框架文件的复制操作。

第 5 步，在编辑窗口中，可以看到 Dreamweaver CC 新建一个页面，页面视图包含标题栏、内容框和页脚栏，同时在【文件】面板的列表中可以看到复制的相关库文件。

第 6 步，修改标题文本为“翻转切换开关”。选中内容栏中的“内容”文本，按 Delete 键清除内容栏内的文本，然后选择【插入】|【jQuery Mobile】|【翻转切换开关】命令，在内容框中插入一个滑块组件，如图 17.19 所示。在代码视图中可以看到新添加的翻转切换开关的表单对象代码。

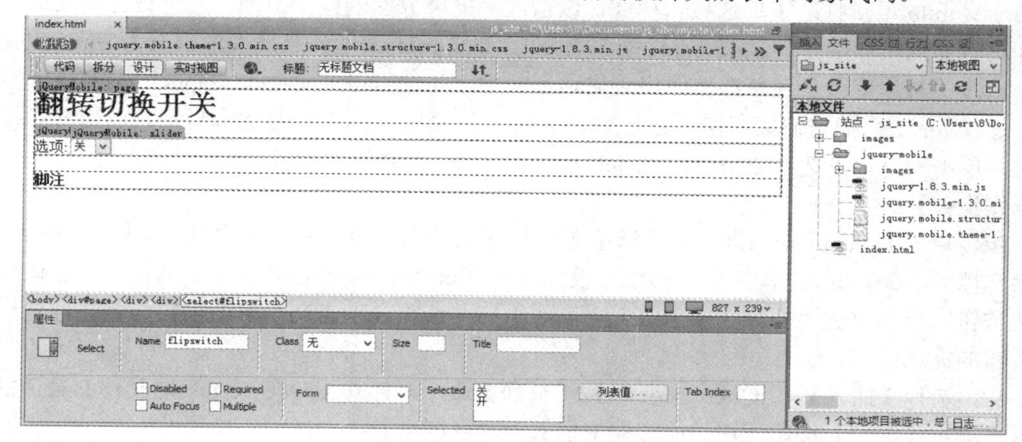

图 17.19 插入翻转切换开关表单组件

```
<div data-role="content">
    <div data-role="fieldcontain">
        <label for="flipswitch">选项:</label>
        <select name="flipswitch" id="flipswitch" data-role="slider">
            <option value="off">关</option>
            <option value="on">开</option>
        </select>
    </div>
</div>
```

第 7 步，修改翻转切换开关表单组件中的标签文本为“粗体显示：”，设计利用翻转切换开关控制视图字体的粗细显示配置。

第 8 步，切换到代码视图，在头部位置输入下面的脚本代码，通过$(function(){})定义页面初始化事件处理函数，然后使用$("#flipswitch")找到翻转切换开关表单组件，使用 on()方法为其绑定 change 事件处理函数，在切换开关的值发生变化时触发的事件处理函数中，先使用$(this).val()获取当前切换开关的值，然后使用该值作为设置条件。如果打开开关，则加粗标签字体显示，否则以普通字体显示。

```
<script>
$(function(){
    $("#flipswitch").on("change",function(){
        var val = $(this).val();
        if(val == "on")
            $("#page label").css("font-weight","bold");
        else
            $("#page label").css("font-weight","normal");
    })
})
</script>
```

第 9 步，在头部位置添加如下元信息，定义视图宽度与设备屏幕宽度保持一致。

```
<meta name="viewport" content="width=device-width,initial-scale=1" />
```

第 10 步，完成设计之后，在移动设备中预览该 index.html 页面，可以看到如图 17.18 所示的切换开关效果，当拖动滑块时，会实时打开或关闭开关，然后利用该值作为条件进行逻辑判断，以便决定是否加粗标签字体。

扫一扫，看视频

17.2.5 案例：插入单选按钮

jQuery Mobile 重新打造了单选按钮样式，以适应触摸屏界面的操作习惯，通过设计更大的单选按钮 UI，以便更容易点击和触摸。当<fieldset>标签添加了 data-role 属性，且属性值设置为 controlgroup，其包裹的单选按钮对象就会呈现单选按钮组效果。在组中，每个<label>标签与<input type="radio">标签配合使用，通过 for 属性把它们捆绑在一起。jQuery Mobile 会把<label>标签放大显示，当用户触摸某个单选按钮时，单击的是该单选按钮对应的<label>标签，如图 17.20 所示。

【操作步骤】

第 1 步，启动 Dreamweaver CC，选择【文件】|【新建】命令，新建 HTML5 文档。按 Ctrl+S 快捷键，保存文档为 index.html。在当前文档中，设计使用<fieldset >容器包含一个单选按钮组，该按钮组有 3 个单选按钮，分别对应“初级”“中级”“高级”三个选项。单击某个单选按钮，将在标题栏中显示被选中按钮的提示信息。

第 2 步，选择【插入】|【jQuery Mobile】|【页面】命令，打开【jQuery Mobile 文件】对话框，保留默认设置，单击【确定】按钮，在当前文档中插入一个视图页。

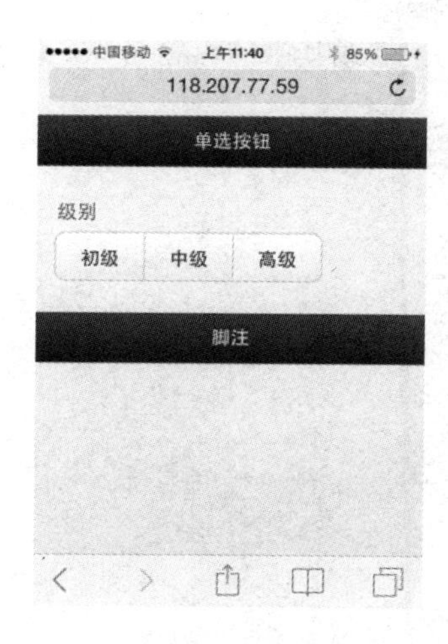

（a）单选按钮组初始显示状态

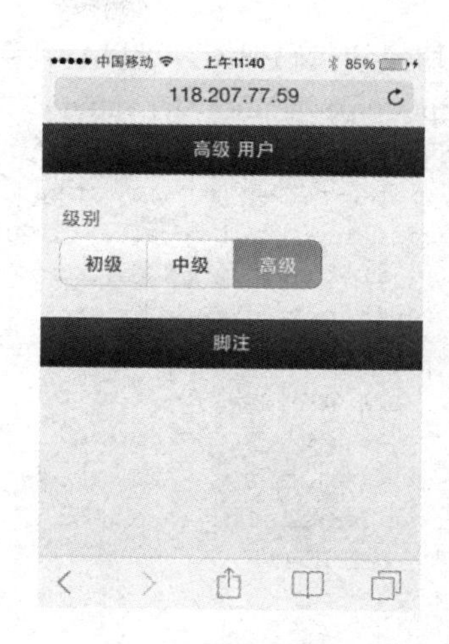

（b）当单击选中高级选项后界面效果

图 17.20　示例效果

第 3 步，按 Ctrl+S 快捷键，保存当前文档 index.html。并根据提示保存相关的框架文件。在编辑窗口中，可以看到 Dreamweaver CC 新建一个页面，页面视图包含标题栏、内容框和页脚栏，同时在【文件】面板的列表中可以看到复制的相关库文件。

第 4 步，修改标题文本为“单选按钮”。选中内容栏中的“内容”文本，按 Delete 键清除内容栏内的文本，然后选择【插入】|【jQuery Mobile】|【单选按钮】命令，打开【单选按钮】对话框，设置“名称”为 radio1，设置“单选按钮”个数为 3，即定义包含 3 个按钮的组，设置“布局”为“水平”，如图 17.21 所示。

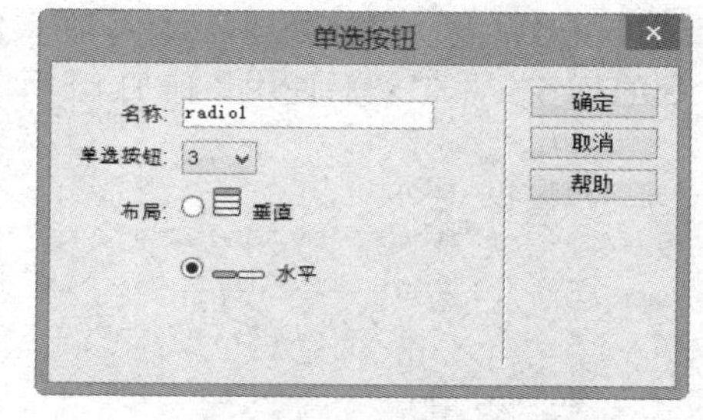

图 17.21　【单选按钮】对话框

第 5 步，单击【确定】按钮，关闭【单选按钮】对话框，此时在编辑窗口的内容框（<div data-role="content">）中插入三个按钮组，如图 17.22 所示。

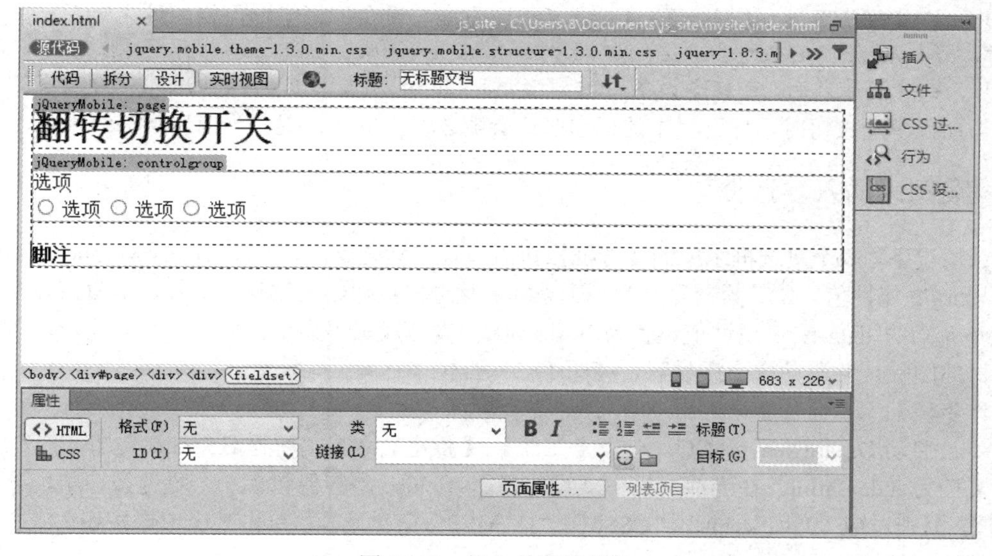

图 17.22　插入单选按钮组

第 6 步，切换到代码视图，可以看到新添加的单选按钮组代码。修改其中的标签名称，以及每个单选按钮标签<input type="radio">的 value 属性值，代码如下所示：

```
<div data-role="content">
    <div data-role="fieldcontain">
        <fieldset data-role="controlgroup" data-type="horizontal">
            <legend>级别</legend>
            <input type="radio" name="radio1" id="radio1_0" value="1" />
            <label for="radio1_0">初级</label>
            <input type="radio" name="radio1" id="radio1_1" value="2" />
            <label for="radio1_1">中级</label>
            <input type="radio" name="radio1" id="radio1_2" value="3" />
            <label for="radio1_2">高级</label>
        </fieldset>
    </div>
</div>
```

在上面代码中，data-role="controlgroup"属性定义<fieldset>标签为单选按钮组容器，data-type="horizontal"定义了单选按钮的水平排列方式。在<fieldset>标签内，通过<legend>标签定义单选按钮组的提示性文本，每个单选按钮<input type="radio">与<label>标签关联，通过 for 属性实现绑定。

第 7 步，在头部位置输入下面的脚本代码，通过$(function(){})定义页面初始化事件处理函数，然后使用$("input[type='radio']")找到每个单选按钮，使用 on()方法为其绑定 change 事件处理函数，在切换单选按钮时触发的事件处理函数中，在事件处理函数中先使用$(this).next("label").text()获取当前单选按钮相邻的标签文本，然后使用该值加上"用户"，作为一个字符串，使用 text()方法传递给标题栏的标题。

```
<script>
$(function(){
    $("input[type='radio']").on("change",
        function(event, ui) {
            $("div[data-role='header'] h1").text($(this).next("label").text() + "
用户");
        })
})
</script>
```

第 8 步，在头部位置添加如下元信息，定义视图宽度与设备屏幕宽度保持一致。

```
<meta name="viewport" content="width=device-width,initial-scale=1" />
```

第 9 步，完成设计之后，在移动设备中预览该 index.html 页面，可以看到如图 17.20 所示的单选按钮组效果，当切换单选按钮时，标题栏中的标题名称会随之发生变化，提示当前用户的级别。

扫一扫，看视频

17.2.6 案例：插入复选框

在默认情况下，多个复选框组成的复选框按钮组放置在标题下面，通过 jQuery Mobile 自动删除每个按钮间的 margin 属性值，使其紧密显示为一个整体。复选框按钮组的默认布局样式是垂直显示，也可以将<fieldset>元素的 data-type 属性值设置为 horizontal，设计成水平显示，如果是水平显示，将自动隐藏各个复选框的图标，并浮动成一排显示，如图 17.23 所示。

【操作步骤】

第 1 步，启动 Dreamweaver CC，选择【文件】|【新建】命令，新建 HTML5 文档。按 Ctrl+S 快捷键，保存文档为 index.html。在当前文档中，设计使用<fieldset >容器包含一个复选按钮组，该按钮组有 3 个复选框，分别对应“JavaScript”“CSS3”“HTML5”三个选项。单击某个单选按钮，将在标题栏中同时显示被选中按钮的提示信息。

（a）复选框组初始显示状态

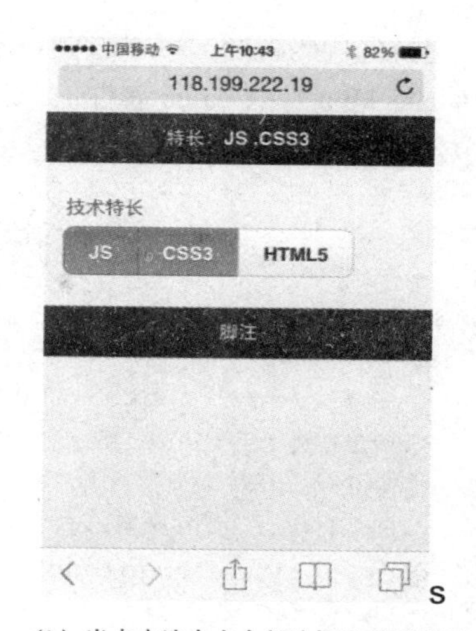

（b）当点击选中多个复选框后界面效果

图 17.23　示例效果

第 2 步，选择【插入】|【jQuery Mobile】|【页面】命令，打开【jQuery Mobile 文件】对话框，保留默认设置，单击【确定】按钮，在当前文档中插入一个视图页。

第 3 步，按 Ctrl+S 快捷键，保存当前文档 index.html。此时根据提示对话框保存相关的框架文件。在编辑窗口中，可以看到 Dreamweaver CC 新建一个页面，页面视图包含标题栏、内容框和页脚栏，同时在【文件】面板中可以看到复制的相关库文件。

第 4 步，修改标题文本为“复选框”。选中内容栏中的“内容”文本，按 Delete 键清除内容栏内的文本，然后选择【插入】|【jQuery Mobile】|【复选框】命令，打开【复选框】对话框，设置“名称”为 checkbox1，设置“复选框”个数为 3，即定义包含 3 个复选框的组，设置“布局”为“水平”，如图 17.24 所示。

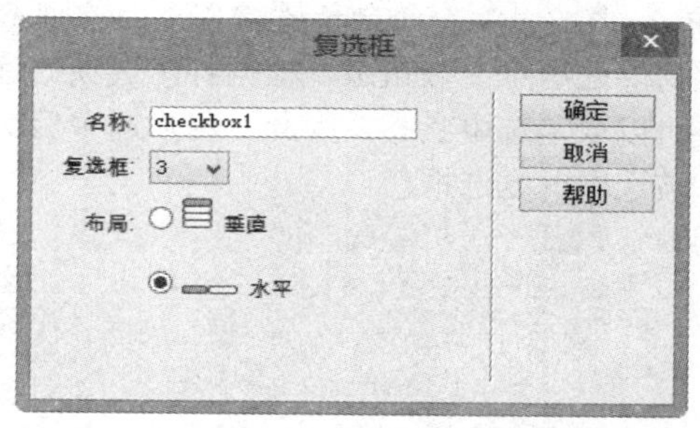

图 17.24　【复选框】对话框

第 5 步，单击【确定】按钮，关闭【复选框】对话框，此时在编辑窗口的内容框（<div data-role="content">）中插入三个复选框组，如图 17.25 所示。

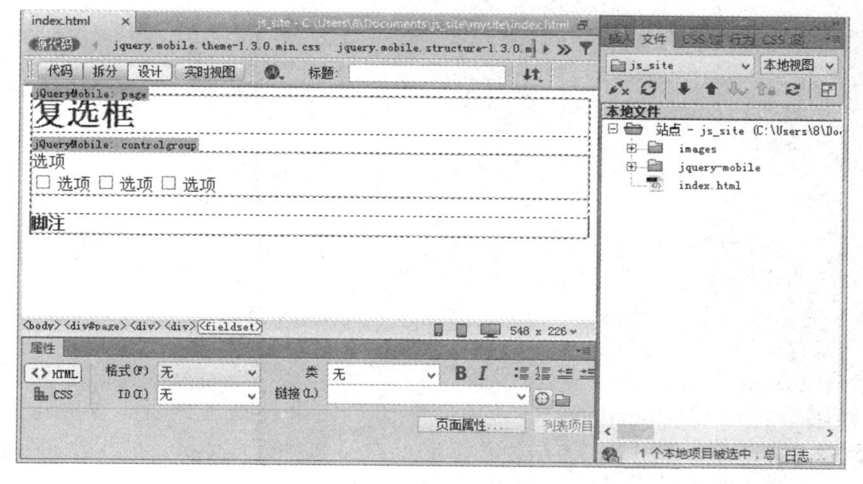

图 17.25　插入复选框组

第 6 步，切换到代码视图，可以看到新添加的复选框组代码。修改其中的标签名称，以及每个复选框<input type="checkbox">的 value 属性值，代码如下所示：

```
<div data-role="content">
  <div data-role="fieldcontain">
      <fieldset data-role="controlgroup" data-type="horizontal">
          <legend>技术特长</legend>
          <input type="checkbox" name="checkbox1" id="checkbox1_0" class="custom"
value="js" />
          <label for="checkbox1_0">JS</label>
          <input type="checkbox" name="checkbox1" id="checkbox1_1" class="custom"
value="css" />
          <label for="checkbox1_1">CSS3</label>
          <input type="checkbox" name="checkbox1" id="checkbox1_2" class="custom"
value="html" />
          <label for="checkbox1_2">HTML5</label>
      </fieldset>
  </div>
</div>
```

在上面代码中，data-role="controlgroup" 属性定义 <fieldset> 标签为复选框组容器，data-type="horizontal"定义了复选框水平排列方式。在<fieldset>标签内，通过<legend>标签定义复选框的提示性文本，每个复选框<input type="checkbox">与<label>标签关联，通过 for 属性实现绑定。

第 7 步，在头部位置输入下面的脚本代码。脚本的设计思路：如果获取被选中的复选框按钮的状态，需要遍历整个按钮组，根据各个选项的选中状态，以递加的方式记录被选中的复选框值。由于复选框也可以取消选中状态，因此，用户选中后又取消时，需要再次遍历整个按钮组，重新递加的方式记录所有被选中的复选框值。

```
<script>
$(function(){
    $("input[type='checkbox']").on("change",
        function(event, ui) {
            var str=""
            $("input[type='checkbox']").each(function() {
                if (this.checked) {
                    str += $(this).next("label").text() + ",";
                }
            });
            if(str)
                str ="特长: " +  str.slice(0,str.length-1);
            else
                str ="复选框" ;
            $("div[data-role='header'] h1").text( str);
        })
})
</script>
```

在上面的代码中，通过$(function(){})定义页面初始化事件处理函数，然后使用$("input[type='checkbox']")找到每个复选框，使用 on()方法为其绑定 change 事件处理函数，在点选复选框时将触发该事件处理函数。

在事件处理函数中，使用 each()方法迭代每个复选框按钮，判断是否被点选。如果点选，则先使用$(this).next("label").text()获取当前复选框按钮相邻的标签文本，并把该文本信息递加到变量 str 中。

最后，对变量 str 进行处理，如果 str 变量中存储有信息，则清理掉最后一个字符（逗号），如果没有信息，则设置默认值为"复选框"。使用 text()方法，把 str 变量存储的信息传递给标题栏的标题标签。

第 8 步，在头部位置添加如下元信息，定义视图宽度与设备屏幕宽度保持一致。

```
<meta name="viewport" content="width=device-width,initial-scale=1" />
```

第 9 步，完成设计之后，在移动设备中预览该 index.html 页面，可以看到如图 17.23 所示的复选框组效果，当点选不同的复选框，标题栏中的标题名称会随之发生变化，提示当前用户的特长。

17.2.7　案例：插入选择菜单

jQuery Mobile 重新定制了<select>标签样式，以适应移动设备的浏览显示需求，这种自定义菜单样式取代原生菜单样式，使选择菜单操作更符合触摸体验，如图 17.26 所示。

整个菜单由按钮和菜单两部分组成，当用户点击按钮时，对应的菜单选择器将会自动打开，选择其中某一项后，菜单自动关闭，被点击的按钮的值将自动更新为菜单中用户所点选的值。jQuery Mobile 同时还保留了原生菜单类型效果，即单击菜单右端的下拉按钮，滑出一个下拉列表，选择其中的某一项。

（a）菜单组初始显示状态

（b）当点击选中菜单后标题栏实时显示信息

图 17.26　示例效果

【操作步骤】

第 1 步，启动 Dreamweaver CC，新建 HTML5 文档，保存文档为 index.html。在选择菜单组容器中添加三个菜单项目，第一个用于选择“年”，第二个用于选择“月”，第三个用于选择“日”。当单击按钮并选中某选项后，标题中将显示选中的日期信息。

第 2 步，选择【插入】|【jQuery Mobile】|【页面】命令，打开【jQuery Mobile 文件】对话框，保留默认设置，单击【确定】按钮，在当前文档中插入一个视图页。

第 3 步，修改标题文本为“下拉菜单”。选中内容栏中的“内容”文本，按 Delete 键清除内容栏内的文本，然后选择【插入】|【jQuery Mobile】|【选择】命令，在编辑窗口的插入一个下拉菜单框，如图 17.27 所示。

第 4 步，选中列表框对象，在属性面板中单击【列表值】按钮，打开【列表值】对话框，单击加号按钮+，添加 3 个列表项目，然后在“项目标签”和“值”栏中分别输入 2013、2014 和 2015，最后单击【确定】按钮完成菜单项目的定义，如图 17.28 所示。

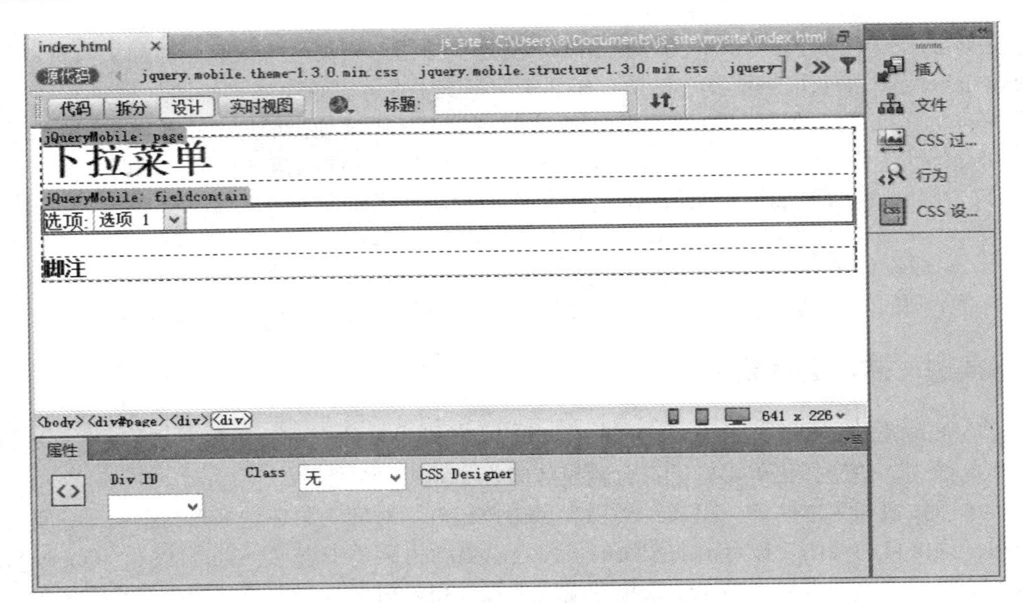

图 17.27　插入下拉菜单框

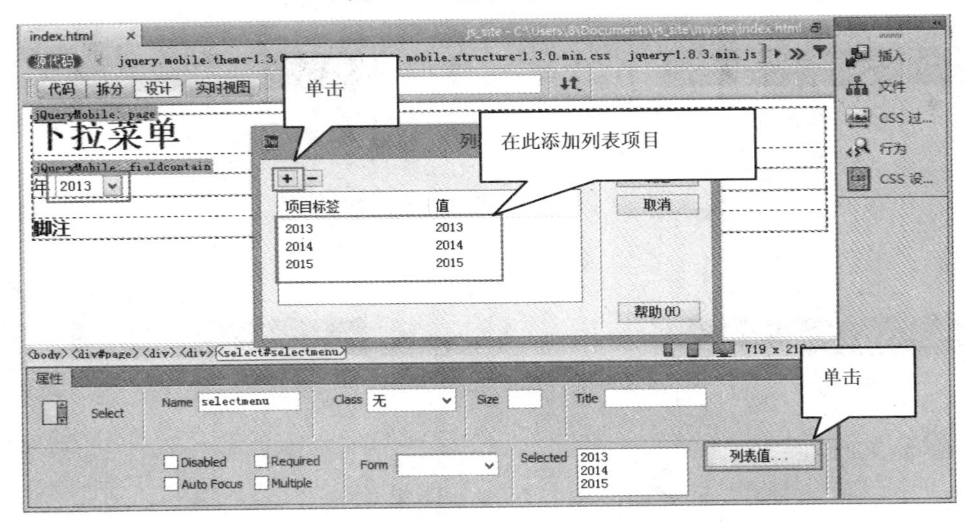

图 17.28　定义列表项目

第 5 步，模仿上面两步操作，继续在页面中插入两个菜单选择框，并在属性面板中修改对应的列表项目值，修改菜单标签的文本。

第 6 步，切换到代码视图，可以看到新添加的菜单框代码。代码如下所示：

```
<div data-role="content">
    <div data-role="fieldcontain">
        <label for="selectmenu" class="select">年</label>
        <select name="selectmenu" id="selectmenu">
            <option value="2013">2013</option>
            <option value="2014">2014</option>
            <option value="2015">2015</option>
        </select>
        <label for="selectmenu2" class="select">月</label>
        <select name="selectmenu2" id="selectmenu2">
```

```
            <option value="1">1月</option>
            <option value="2">2月</option>
            <option value="3">3月</option>
            ......
        </select>
        <label for="selectmenu3" class="select">日</label>
        <select name="selectmenu3" id="selectmenu3">
            <option value="1">1</option>
            <option value="2">2</option>
            <option value="3">3</option>
            ......
        </select>
    </div>
</div>
```

在上面代码中，<div data-role="fieldcontain">标签定义了一个表单容器，使用<select>标签定义三个菜单项目，每个菜单对象与前面的<label>标签关联，通过 for 属性实现绑定。

第 7 步，在头部位置输入下面的脚本代码。脚本的设计思路：当菜单值发生变化，则逐一获取年、月、日菜单的值，然后更新标题栏的标题信息，以正确、实时显示当前菜单框选择的日期值。

```
<script>
$(function(){
    var year,mobth,day,str;
    $("#selectmenu, #selectmenu2, #selectmenu3").on("change",
        function() {
            year = parseInt($("#selectmenu").val());
            month = parseInt($("#selectmenu2").val());
            day = parseInt($("#selectmenu3").val());
            if(year)
                str = year;
            if(month)
                str += "-" + month;
            if(day)
                str += "-" +day;
            $("div[data-role='header'] h1").text( str);
    })
})
</script>
```

在上面代码中，通过$(function(){})定义页面初始化事件处理函数，然后使用$("#selectmenu, #selectmenu2, #selectmenu3")获取页面中年、月和日菜单选择框，使用 on()方法为其绑定 change 事件处理函数，在点选菜单时将触发该事件处理函数。

在事件处理函数中，逐一获取年、月和日菜单项目的显示值，然后把它们组合在一起递交给变量 str。最后，把 str 变量存储的信息传递给标题栏的标题标签。

第 8 步，在头部位置添加如下元信息，定义视图宽度与设备屏幕宽度保持一致。

```
<meta name="viewport" content="width=device-width,initial-scale=1" />
```

第 9 步，完成设计之后，在移动设备中预览该 index.html 页面，可以看到如图 17.26 所示的菜单效果，当选择菜单项目的值时，标题栏中的标题名称会随之发生变化，提示当前用户选择的日期值。

17.2.8　案例：插入列表框

扫一扫，看视频

当为<select>标签添加 multiple 属性后，选择菜单对象将会转换为多项列表框，jQuery Mobile 支持列表框组件，允许在菜单基础上进一步设计多项选择的列表框，如果将某个选择菜单的 multiple 属性值设置为 true，单击该按钮后弹出的菜单对话框中，全部菜单选项的右侧将会出现一个可勾选的复选框，用户通过单击该复选框，可以选中任意多个选项。选择完成后，单击左上角的“关闭”按钮，已弹出的对话框将关闭，对应的按钮自动更新为用户所选择的多项内容值，如图 17.29 所示。

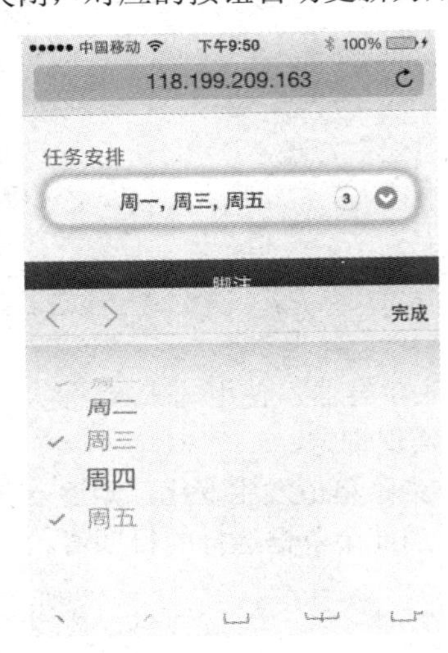

（a）选择多项列表

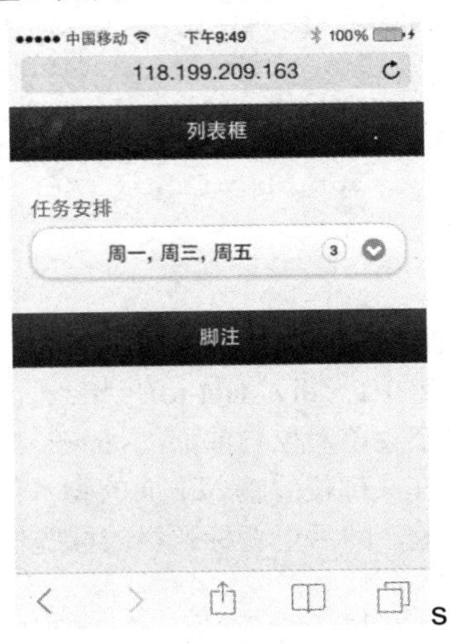

（b）选中多项列表后的效果

图 17.29　示例效果

【操作步骤】

第 1 步，启动 Dreamweaver CC，新建 HTML5 文档，保存文档为 index.html。

第 2 步，选择【插入】|【jQuery Mobile】|【页面】命令，打开【jQuery Mobile 文件】对话框，保留默认设置，单击【确定】按钮，在当前文档中插入一个视图页。

第 3 步，修改标题文本为“列表框”。选中内容栏中的“内容”文本，按 Delete 键清除内容栏内的文本，然后选择【插入】|【jQuery Mobile】|【选择】命令，在编辑窗口中插入一个下拉菜单框。

第 4 步，选中列表框对象，在属性面板中勾选 Multiple 复选框，然后单击【列表值】按钮，打开【列表值】对话框，单击加号按钮 +，添加 5 个列表项目，然后在“项目标签”和“值”栏中分别输入显示文本和对应的反馈值，如图 17.30 所示。

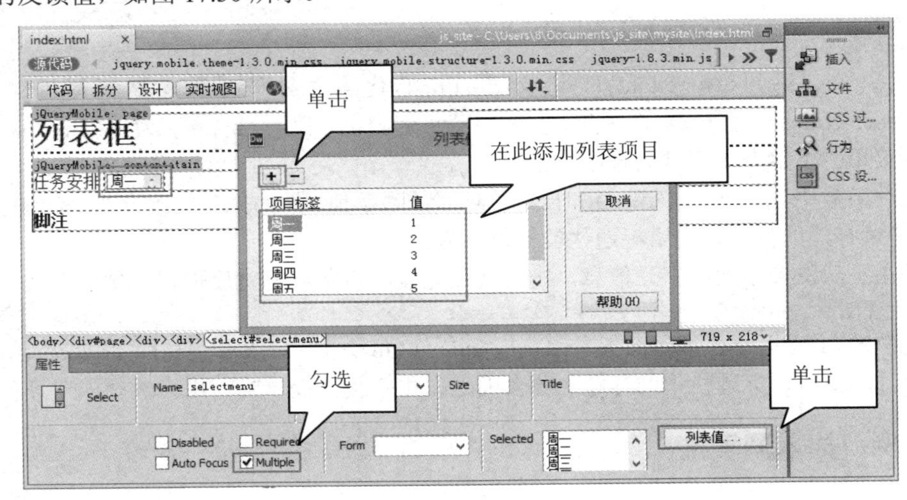

图 17.30　定义列表项目

第 5 步，单击【确定】按钮，关闭【列表值】对话框完成设计，切换到代码视图，可以看到新添加的菜单框代码。代码如下所示：

```
<div data-role="content">
    <div data-role="fieldcontain">
        <label for="selectmenu" class="select">任务安排</label>
        <select name="selectmenu" id="selectmenu"  multiple="true">
            <option value="1">周一</option>
            <option value="2">周二</option>
            <option value="3">周三</option>
            <option value="4">周四</option>
            <option value="5">周五</option>
        </select>

    </div>
</div>
```

在上面代码中，<div data-role="fieldcontain">标签定义了一个表单容器，使用<select>标签定义 5 个菜单项目，每个菜单对象与前面的<label>标签关联，通过 for 属性实现绑定。

第 6 步，在头部位置添加如下元信息，定义视图宽度与设备屏幕宽度保持一致。

```
<meta name="viewport" content="width=device-width,initial-scale=1" />
```

第 7 步，完成设计之后，在移动设备中预览该 index.html 页面，可以看到如图 17.29 所示的菜单效果，当选择菜单项目的值时，标题栏中的标题名称会随之发生变化，提示当前用户选择的日期值。

提示：

在点选多项选择列表框对应的按钮时，不仅会显示所选择的内容值，而且超过 2 项选择时，在下拉图标的左侧还会有一个圆形的标签，在标签中显示用户所选择的选项总数。另外，在弹出的菜单选择对话框中，选择某一个选项后，对话框不会自动关闭，必须单击左上角圆形的【关闭】按钮，才算完成一次菜单的选择。单击【关闭】按钮后，各项选择的值将会变成一行用逗号分隔的文本，显示在对应按钮中。如果按钮长度不够，多余部分将显示成省略号。

17.3　使用列表视图

为<ul>标签添加 data-role 属性，设置属性值为 listview，即可设计一个列表视图，jQuery Mobile 将对列表结构进行渲染，设计列表的宽度与屏幕同比缩放，在列表选项的最右侧添加一个带箭头的链接图标。在 jQuery Mobile 框架中，列表结构可以包含的类型有简单列表、嵌套列表、编号列表等，同时，还可以对列表中选项的内容进行分隔和格式化。

17.3.1　案例：插入简单列表

扫一扫，看视频

jQuery Mobile 框架对<ul>标签进行包装，经过样式渲染后，列表项目更适合触摸操作，当点击某项目列表时，jQuery Mobile 通过 Ajax 方式异步请求一个对应的 URL 地址，并在 DOM 中创建一个新的页面，借助默认的切换效果显示该页面，如图 17.31 所示。

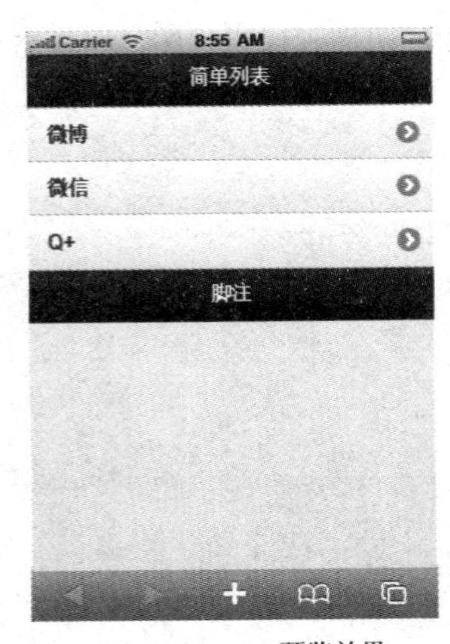

（a）iBBDemo3 预览效果

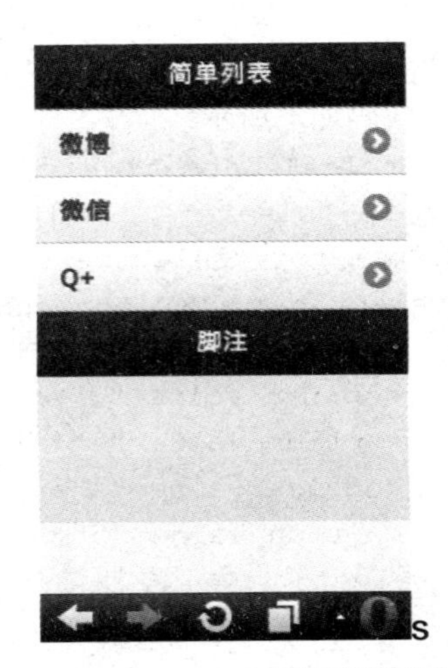

（b）Opera Mobile12 模拟器预览效果

图 17.31　示例效果

【操作步骤】

第 1 步，启动 Dreamweaver CC，选择【文件】|【新建】命令，打开【新建文档】对话框，新建 HTML5 文档。计划在页面中添加一个简单列表结构，在列表容器中添加三个内容分别为“微博”“微信”和“Q+”的选项。

第 2 步，按 Ctrl+S 快捷键，保存文档为 index.html。选择【插入】|【jQuery Mobile】|【页面】命令，打开【jQuery Mobile 文件】对话框，保留默认设置，如图 17.32 所示。

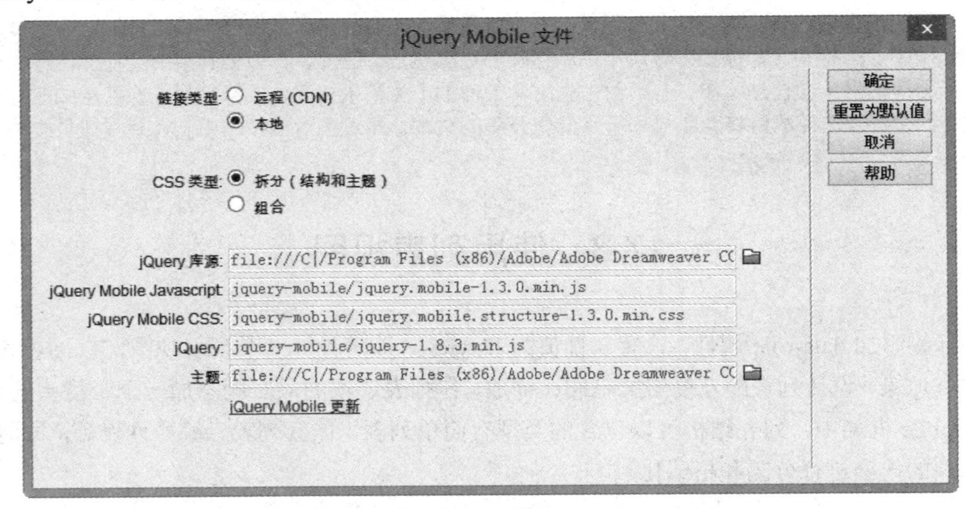

图 17.32　设置【jQuery Mobile 文件】对话框

第 3 步，单击【确定】按钮，关闭【jQuery Mobile 文件】对话框后，打开【页面】对话框，在该对话框中设置页面的 ID 值，同时设置页面视图是否包含标题栏和页脚栏（脚注），保持默认设置，单击【确定】按钮，完成在当前 HTML5 文档中插入页面视图结构，如图 17.33 所示。

第 4 步，按 Ctrl+S 快捷键，保存当前文档 index.html。此时，Dreamweaver CC 会弹出对话框提示保存相关的框架文件，如图 17.34 所示。

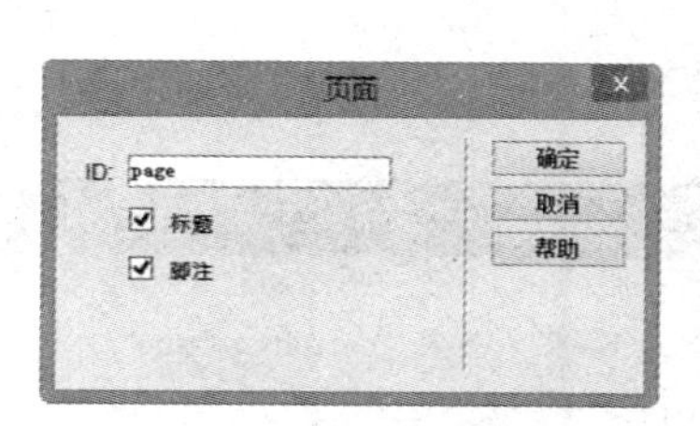

图 17.33　设置【页面】对话框

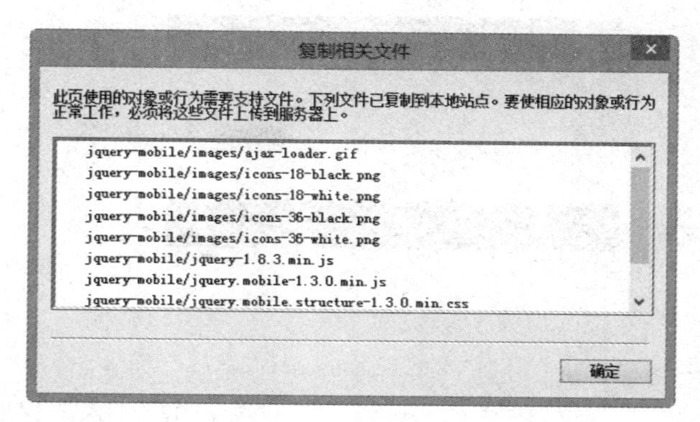

图 17.34　保存相关文件

第 5 步，在编辑窗口中，Dreamweaver CC 新建了一个页面视图，页面视图包含标题栏、内容框和页脚栏，同时在【文件】面板的列表中可以看到复制的相关库文件，如图 17.35 所示。

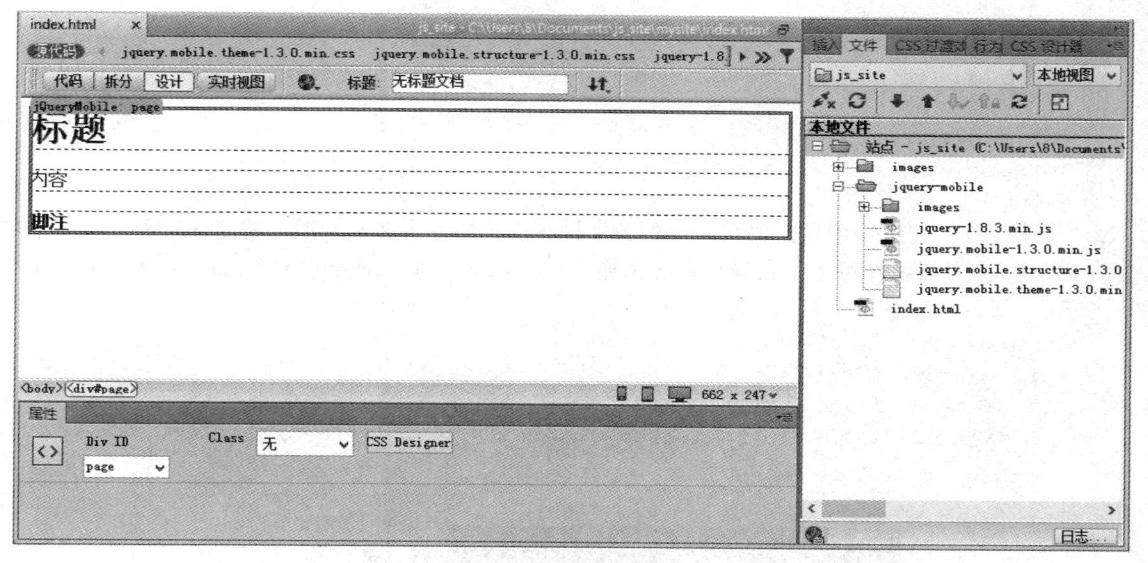

图 17.35　使用 Dreamweaver CC 新建 jQuery Mobile 视图页面

第 6 步，设置标题栏中标题文本为“简单列表”。选中内容栏中的“内容”文本，按 Delete 键清除内容栏内的文本，然后选择【插入】|【jQuery Mobile】|【列表视图】命令，打开【列表视图】，如图 17.36 所示。

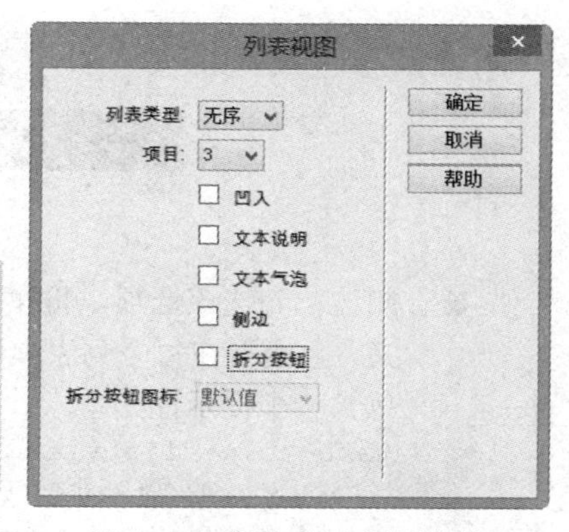

图 17.36　插入列表视图结构

提示：

- 列表类型：定义列表结构的标签，“无序”使用<ul>标签设计列表视图包含框，“有序”使用<ol>标签设计列表视图包含框。
- 项目：设置列表包含的项目数，即定义有多少个<li>标签。
- 凹入：设置列表视图是否凹入显示，通过 data-inset 属性定义，默认值为 false。凹入效果和不凹入效果对比如图 17.37 所示。

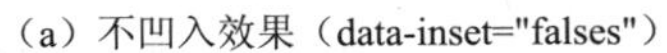

（a）不凹入效果（data-inset="falses"）

（b）凹入效果（data-inset="true"）

图 17.37　凹入与不凹入效果对比

- 文本说明：勾选该项，将在每个列表项目中添加标题文本和段落文本。下面的代码分别演示带文本说明和不带文本说明的列表项目结构。

不带文本说明：

```
<li><a href="#">页面</a></li>
```

带文本说明：

```
<li><a href="#">
    <h3>页面</h3>
    <p>Lorem ipsum</p>
</a></li>
```

- 文本气泡：勾选该项目，将在每个列表项目右侧添加一个文本气泡，如图 17.38 所示。使用代码定义，只需要在每个列表项目尾部添加“<span class="ui-li-count">1</span></a>”标签文本即可，该标签包含一个数字文本。

```
<ul data-role="listview">
    <li><a href="#">页面<span class="ui-li-count">1</span></a></li>
    <li><a href="#">页面<span class="ui-li-count">1</span></a></li>
    <li><a href="#">页面<span class="ui-li-count">1</span></a></li>
</ul>
```

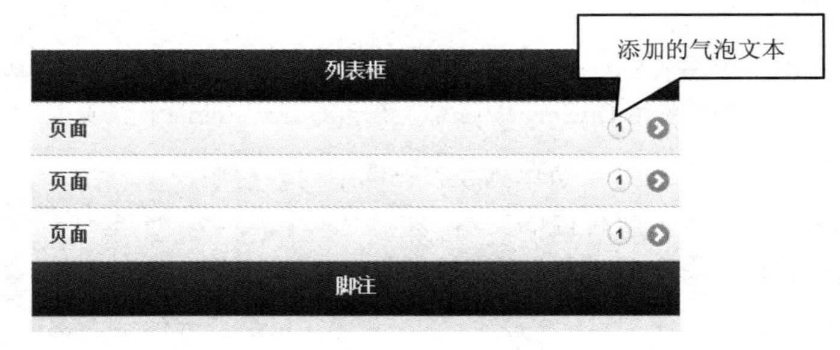

图 17.38　气泡文本

- 侧边：勾选该选项，将在每个列表项目右侧添加一个侧边文本，如图 17.39 所示。使用代码定义，只需要在每个列表项目尾部添加“<p class="ui-li-aside">侧边</p>”标签文本即可，该标签包含一个提示性文本。

```
<ul data-role="listview">
    <li><a href="#">页面
        <p class="ui-li-aside">侧边</p>
    </a></li>
    <li><a href="#">页面
        <p class="ui-li-aside">侧边</p>
```

```
    </a></li>
    <li><a href="#">页面
        <p class="ui-li-aside">侧边</p>
    </a></li>
</ul>
```

➘ 拆分按钮：勾选该选项，将会在每个列表项目右侧添加按钮，效果如图 17.40 所示。

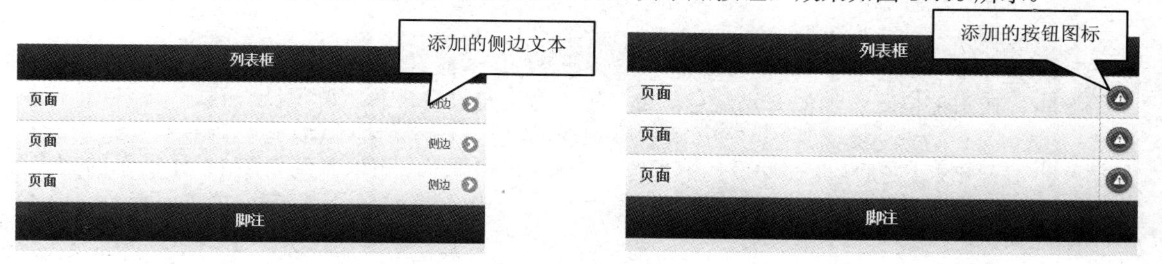

图 17.39 侧边文本　　　图 17.40 添加按钮

勾选“拆分按钮”项后，可以在“拆分按钮图标”下拉列表中选择一种图标类型，使用代码定义，只需要在每个列表项目尾部添加“<a href="#">默认值</a>”标签，然后在<ul>标签中添加 data-split-icon="alert"属性声明，该属性值为一个按钮类型名称，如图 17.41 所示。

```
<ul data-role="listview" data-split-icon="alert">
    <li><a href="#">页面</a><a href="#">默认值</a></li>
    <li><a href="#">页面</a><a href="#">默认值</a></li>
    <li><a href="#">页面</a><a href="#">默认值</a></li>
</ul>
```

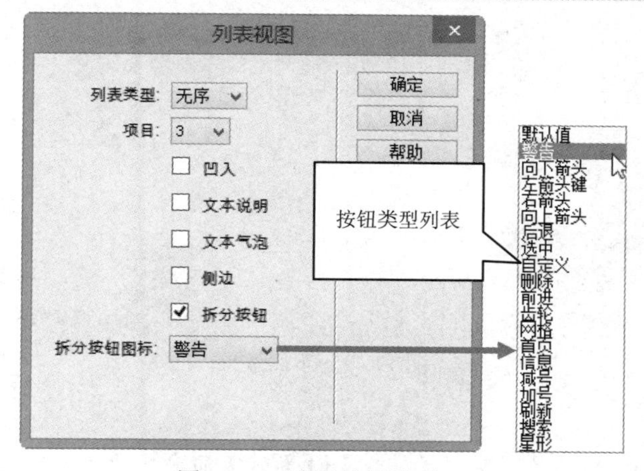

图 17.41 选择按钮类型

第 7 步，在第 6 步的基础上，保留默认设置，单击【确定】按钮，在内容框中插入一个列表视图结构。然后修改标题栏标题，设计列表项目文本，此时在代码视图中可以插入并编辑如下代码段：

```
<div data-role="page" id="page">
    <div data-role="header">
        <h1>简单列表</h1>
    </div>
    <div data-role="content">
        <ul data-role="listview" data-split-icon="alert">
            <li><a href="#">微博</a></li>
```

```
            <li><a href="#">微信</a></li>
            <li><a href="#">Q+</a></li>
        </ul>
    </div>
    <div data-role="footer">
        <h4>脚注</h4>
    </div>
</div>
```

第 8 步，在头部位置添加如下元信息，定义视图宽度与设备屏幕宽度保持一致。

```
<meta name="viewport" content="width=device-width,initial-scale=1" />
```

第 9 步，完成设计之后，在移动设备中预览该 index.html 页面，可以看到如图 17.31 所示的列表效果。

扫一扫，看视频

17.3.2 案例：定义列表嵌套

jQuery Mobile 框架支持嵌套列表结构。在外层列表结构的列表项中再包裹一层列表结构，就形成一种列表嵌套关系。当用户单击外层的某个选项时，jQuery Mobile 会自动生成一个包含内层列表结构的新页面，页面的主题则为外层列表的标题内容，如图 17.42 所示。

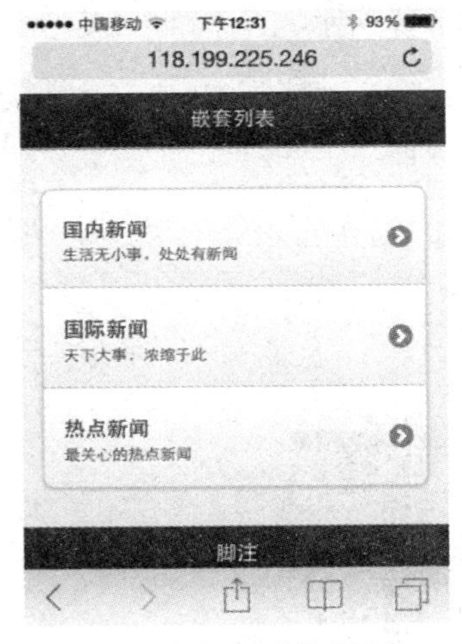

（a）嵌套列表结构首页

（b）展开嵌套列表结构页面视图

图 17.42　示例效果

【操作步骤】

第 1 步，启动 Dreamweaver CC，选择【文件】|【新建】命令，新建 HTML5 文档。本案例计划在页面中添加一个列表结构，然后在每个列表项目中嵌套一个子列表结构。

第 2 步，按 Ctrl+S 快捷键，保存文档为 index.html。选择【插入】|【jQuery Mobile】|【页面】命令，打开【jQuery Mobile 文件】对话框，保留默认设置，单击【确定】按钮。

第 3 步，在打开的【页面】对话框中保持默认设置，单击【确定】按钮，完成在当前 HTML5 文档中插入页面视图结构。按 Ctrl+S 快捷键，保存当前文档 index.html，并根据提示保存相关的框架文件。

第 4 步，在编辑窗口中，Dreamweaver CC 新建了一个页面视图，页面视图包含标题栏、内容框和页脚栏。设置标题栏中的标题文本为“嵌套列表”。选中内容栏中的“内容”文本，按 Delete 键清除内容栏内的文本。

第 5 步，选择【插入】|【jQuery Mobile】|【列表视图】命令，打开【列表视图】，设置“列表类型”

为“无序”，“项目”为 3，勾选“凹入”和“文本说明”复选框，如图 17.43 所示。

第 6 步，单击【确定】按钮，切换到代码视图，在内容框中插入一个列表视图结构。然后设计列表项目文本，修改后的列表视图代码如下：

```
<div data-role="content">
    <ul data-role="listview" data-inset="true">
        <li><a href="#">
            <h3>国内新闻</h3>
            <p>生活无小事，处处有新闻</p>
        </a></li>
        <li><a href="#">
            <h3>国际新闻</h3>
            <p>天下大事，浓缩于此</p>
        </a></li>
        <li><a href="#">
            <h3>热点新闻</h3>
            <p>最关心的热点新闻</p>
        </a></li>
    </ul>
</div>
```

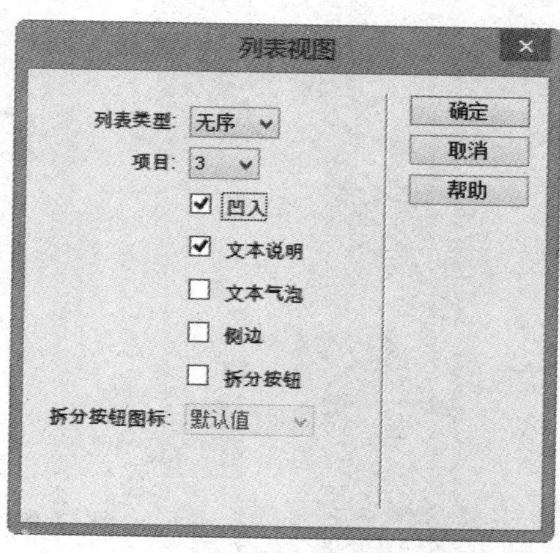

图 17.43　插入列表视图结构

第 7 步，把光标置于第一个列表项目中，选择【插入】|【jQuery Mobile】|【列表视图】命令，打开【列表视图】对话框，设置“列表类型”为“无序”，“项目”为 3，设置如图 17.44 所示，在当前项目中嵌套一个列表结构。

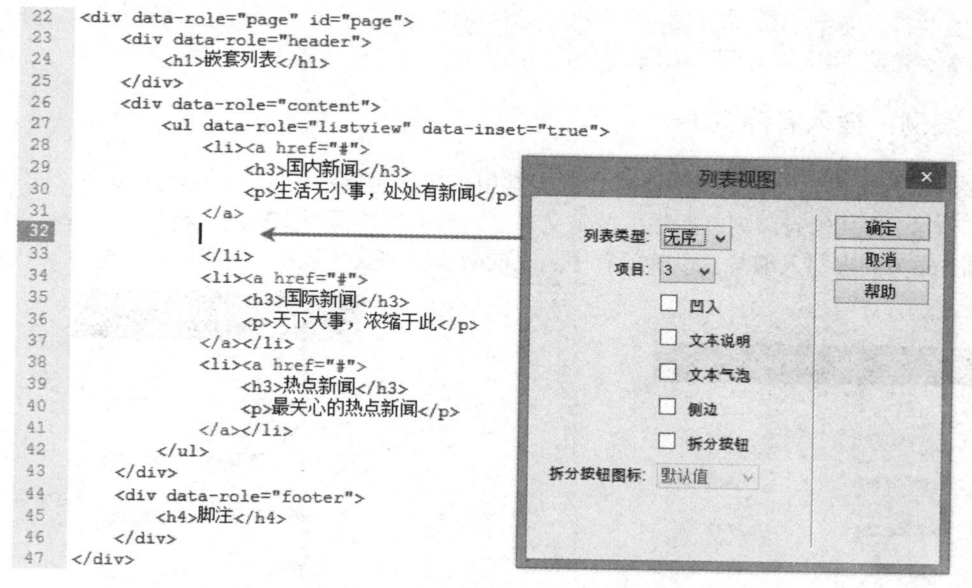

图 17.44　插入嵌套列表视图结构

第 8 步，以同样的方式，为第二个列表项目嵌套一个列表结构，同时在代码视图下修改每个列表项目的文本，修改之后的嵌套列表结构如图 17.45 所示。

第 9 步，在头部位置添加如下元信息，定义视图宽度与设备屏幕宽度保持一致。

```
<meta name="viewport" content="width=device-width,initial-scale=1" />
```

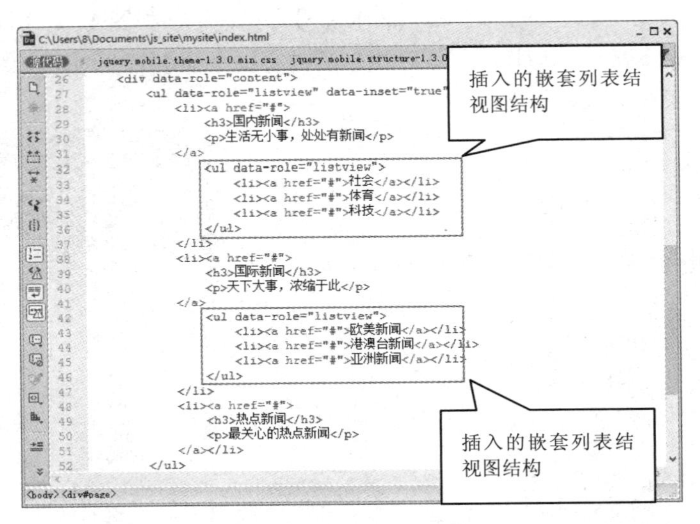

图 17.45　设计完成的嵌套列表视图结构代码

第 10 步，完成设计之后，在移动设备中预览该 index.html 页面，可以看到如图 17.42 所示的列表效果。当用户点击外层列表中某个选项内容时，将弹出一个新建的页面，页面中显示与外层列表项目相对应的子列表内容。这个动态生成的列表主题样式为蓝色，以区分外层列表，表示为嵌套的二级列表。

提示：

列表的嵌套可以包含多层，但从视觉效果和用户体验角度来说，建议不要超过三层。无论有多少层，jQuery Mobile 都会自动处理页面打开与链接的效果。

扫一扫，看视频

17.3.3　案例：插入有序列表

使用<ol>标签可以定义有序列表，有序列表常用于排行榜显示。为了显示有序的列表效果，jQuery Mobile 使用 CSS 样式给有序列表添加了自定义编号。如果浏览器不支持这种样式，jQuery Mobile 将会调用 JavaScript 为列表写入编号，以确保有序列表的效果能够安全显示，如图 17.46 所示。

（a）iPhone 5S 预览效果

（b）Opera Mobile12 模拟器预览效果

图 17.46　示例效果

【操作步骤】

第 1 步，启动 Dreamweaver CC，选择【文件】|【新建】命令，新建 HTML5 文档。本案例计划在页面中添加一个有序列表结构，显示新歌排行榜。

第 2 步，按 Ctrl+S 快捷键，保存文档为 index.html。选择【插入】|【jQuery Mobile】|【页面】命令，按默认设置在编辑窗口中新建一个页面视图，页面视图包含标题栏、内容框和页脚栏。设置标题栏中标题文本为“新歌榜 TOP100”。选中内容栏中的“内容”文本，按 Delete 键清除内容栏内的文本。

第 3 步，选择【插入】|【jQuery Mobile】|【列表视图】命令，打开【列表视图】，设置“列表类型”为“有序”，“项目”为 10，勾选“凹入”和“侧边”复选框，设置如图 17.47 所示。

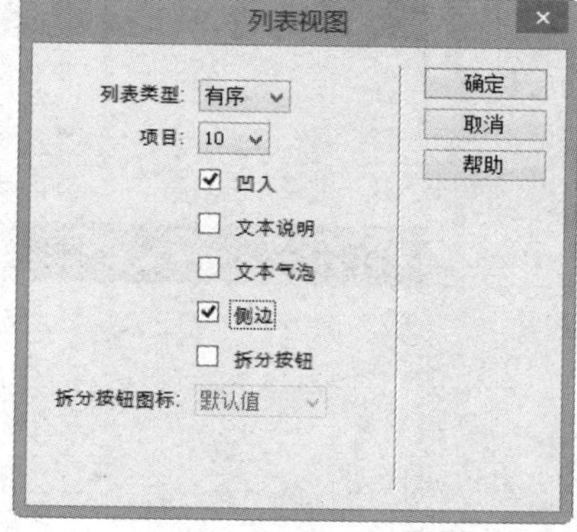

图 17.47　插入列表视图结构

第 4 步，单击【确定】按钮，切换到代码视图，在内容框中插入一个列表视图结构。然后设计列表项目文本，修改后的列表视图代码如下：

```
<div data-role="content">
    <ol data-role="listview" data-inset="true">
        <li><a href="#">爸爸去哪儿<p class="ui-li-aside"> 群星</p></a></li>
        <li><a href="#">爱，不解释<p class="ui-li-aside"> 张杰</p></a></li>
        <li><a href="#">爱无反顾<p class="ui-li-aside"> 姚贝娜</p></a></li>
        <li><a href="#">房间<p class="ui-li-aside"> 刘瑞琦</p></a></li>
        <li><a href="#">动人的传说<p class="ui-li-aside"> 杭娇</p></a></li>
        <li><a href="#">泼墨<p class="ui-li-aside"> 周华健</p></a></li>
        <li><a href="#">一起摇摆<p class="ui-li-aside"> 汪峰</p></a></li>
        <li><a href="#">就当是你<p class="ui-li-aside"> 许诺</p> </a></li>
        <li><a href="#">Summer<p class="ui-li-aside"> 吉克隽</p></a></li>
        <li><a href="#">不值得<p class="ui-li-aside"> 曾一鸣</p></a></li>
    </ol>
</div>
```

第 5 步，在头部位置添加如下元信息，定义视图宽度与设备屏幕宽度保持一致。

```
<meta name="viewport" content="width=device-width,initial-scale=1" />
```

第 6 步，完成设计之后，在移动设备中预览该 index.html 页面，可以看到如图 17.46 所示的列表效果。

提示：

jQuery Mobile 已全面支持 HTML5 的新特征和属性，在 HTML5 中<ol>标签的 start 属性是允许使用的，该属性定义有序编号的起始值，但考虑到浏览器的兼容性，jQuery Mobile 对该属性暂时不支持。此外，HTML5 不建议使用<ol>标签的 type、compact 属性，jQuery Mobile 也不支持这两个属性。

17.3.4　案例：拆分按钮列表项

扫一扫，看视频

如果需要在列表项目上定义两个不同的操作目标，这时可以为列表项目定义拆分按钮块，实现拆分的方法非常简单：只需要在<<li>标签中增加 2 个<a>标签，拆分后的<li>选项中<a>超链接按钮之间通常有一条竖直的分隔线，分隔线左侧为缩短长度后的选项链接按钮，右侧为增加的<a>标签按钮。<a>标签的显示效果为一个带图标的按钮，可以通过为<ul>标签添加 data-split-icon 属性，然后设置一个图标名称的值，来改变该按钮中的图标类型，如图 17.48 所示。

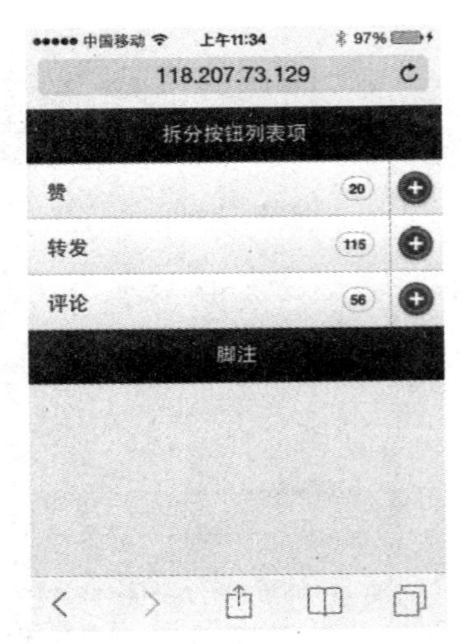

（a）iPhone 5S 预览效果

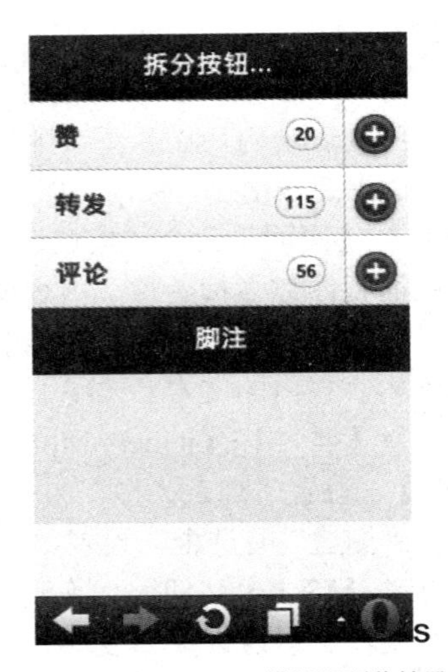

（b）Opera Mobile12 模拟器预览效果

图 17.48　示例效果

【操作步骤】

第 1 步，启动 Dreamweaver CC，选择【文件】|【新建】命令，新建 HTML5 文档。本案例计划在页面中添加一个无序列表结构。

第 2 步，按 Ctrl+S 快捷键，保存文档为 index.html。选择【插入】|【jQuery Mobile】|【页面】命令，按默认设置在编辑窗口中新建一个页面视图，页面视图包含标题栏、内容框和页脚栏。设置标题栏中标题文本为“拆分按钮列表项”。选中内容栏中的“内容”文本，按 Delete 键清除内容栏内的文本。

第 3 步，选择【插入】|【jQuery Mobile】|【列表视图】命令，打开【列表视图】对话框，设置“列表类型”为“无序”，“项目”为 3，勾选“文本气泡”和“拆分按钮”复选框，然后在“拆分按钮图标”列表中选择“加号”选项，设置如图 17.49 所示。

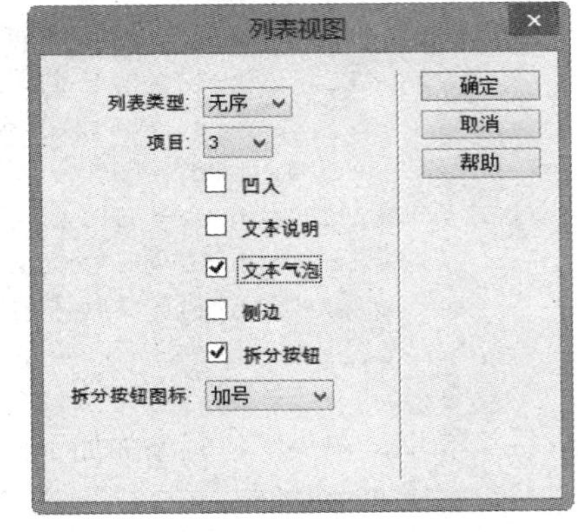

图 17.49　插入列表视图结构

第 4 步，单击【确定】按钮，切换到代码视图，在内容框中插入一个列表视图结构。然后设计列表项目文本，修改后的列表视图代码如下：

```
<div data-role="content">
    <ul data-role="listview" data-split-icon="plus">
        <li><a href="#">赞<span class="ui-li-count">20</span></a><a href="#">默认值
</a></li>
        <li><a href="#">转发<span class="ui-li-count">115</span></a><a href="#">默
认值</a></li>
            <li><a href="#">评论<span class="ui-li-count">56</span></a><a href="#">
默认值</a></li>
    </ul>
</div>
```

在上面的代码片段中，每个列表项<li>标签包含两个<a>标签，第一个超链接定义列表项链接信息，第二个超链接定义一个独立操作的按钮图标。

第 5 步，在头部位置添加如下元信息，定义视图宽度与设备屏幕宽度保持一致。

```
<meta name="viewport" content="width=device-width,initial-scale=1" />
```

第 6 步，完成设计之后，在移动设备中预览该 index.html 页面，可以看到如图 17.48 所示的列表效果。

提示：

<li>标签包含两个<a>标签后，便可以定义一条分隔线将列表选项中的链接按钮分隔成两部分。其中，分隔线左侧的宽度可以随着移动设备分辨率的不同进行等比缩放，而右侧仅包含一个图标的链接按钮，它的宽度是固定不变的。jQuery Mobile 允许列表项目中可以分成两部分，即在<li>标签中只允许有两个<a>标签，如果添加更多的<a>标签，只会把最后一个<a>标签作为分隔线右侧部分。

17.3.5　案例：定义分类列表

扫一扫，看视频

在列表结构内部，可以根据需要对列表项目进行分类，即在列表中通过分隔项将同类的列表项组织起来，形成相互独立的同类列表组，组的下面是一个个列表项。定义分类列表的方法：在列表结构中需要分隔的位置增加一个<li>标签，并为该标签添加 data-role 属性，设置值为 list-divider，它表示当前<li>标签是一个分隔列表项，如图 17.50 所示。

（a）iPhone 5S 预览效果

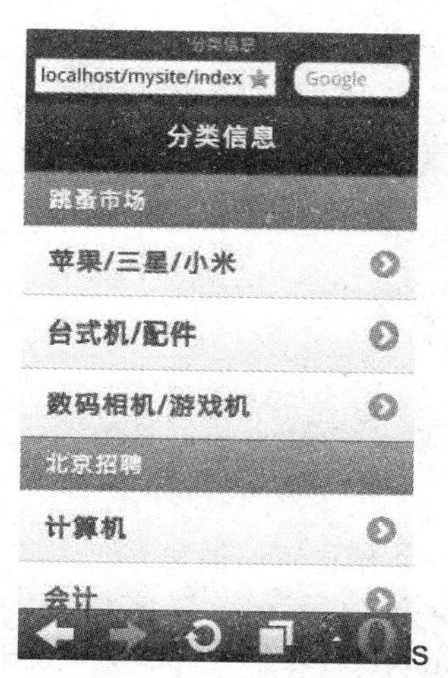

（b）Opera Mobile12 模拟器预览效果

图 17.50　示例效果

【操作步骤】

第 1 步，启动 Dreamweaver CC，新建 HTML5 文档，保存为 index.html。选择【插入】|【jQuery Mobile】|【页面】命令，在当前文档中插入一个页面视图，然后设置标题为“分类信息”。

第 2 步，选择【插入】|【jQuery Mobile】|【列表视图】命令，在内容栏中插入一个列表结构，设置“项目”为 7，修改每个列表项目的文本信息，代码如下所示。

```
<div data-role="page" id="page">
    <div data-role="header">
        <h1>分类信息</h1>
    </div>
    <div data-role="content">
        <ul data-role="listview">
            <li><a href="#">苹果/三星/小米</a></li>
            <li><a href="#">台式机/配件</a></li>
            <li><a href="#">数码相机/游戏机</a></li>
            <li><a href="#">计算机</a></li>
            <li><a href="#">会计</a></li>
            <li><a href="#">房屋出租</a></li>
```

```
            <li><a href="#">房屋求租</a></li>
        </ul>
    </div>
    <div data-role="footer">
        <h4>脚注</h4>
    </div>
</div>
```

第 3 步，在第 1、4 和 6 个列表项目前面插入一个<li data-role="list-divider">，如图 17.51 所示。

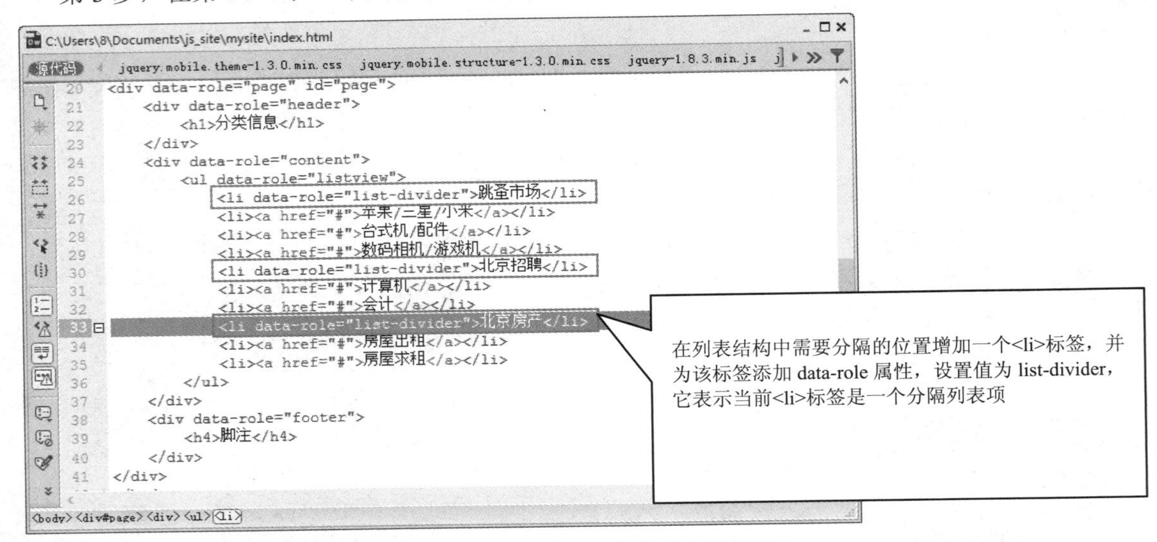

图 17.51　插入分类列表分隔符

第 4 步，在头部位置添加如下元信息，定义视图宽度与设备屏幕宽度保持一致。

```
<meta name="viewport" content="width=device-width,initial-scale=1" />
```

第 5 步，完成设计之后，在移动设备中预览 index.html 页面，可以看到如图 17.50 所示的列表分类效果。普通列表项的主题色为浅灰色，分类列表项的主题色为蓝色，通过主题颜色的区别，形成层次上的包含效果，该列表项的主题颜色也可以通过修改<ul>标签中的 data-divider-theme 属性值进行修改。

提示：

列表项分类的作用只是将列表中的选项内容进行视觉归纳，对于结构本身没有任何影响，但是添加的分隔符<li data-role="list-divider">属于无语义标签，因此不要滥用，且在一个列表中不宜过多使用分隔列表项，每一个分隔列表项下的列表项数量不要太少。

扫一扫，看视频

17.3.6　案例：插入修饰图标和计数器

如果在列表项目前面添加<img>标签，作为<li>标签的第一个子元素，则 jQuery Mobile 会将该图片自动缩放成边长为 80 像素的正方形，显示为缩略图。

如果<img>标签导入的图片是一个图标，则需要给该标签添加一个 ui-li-icon 的类样式，才能在列表的最左侧正常显示该图标。如果每个列表项最右侧显示一个计数器，只要添加一个<span>元素，并在该元素中增加一个 ui-li-count 的类样式，如图 17.52 所示。

【操作步骤】

第 1 步，启动 Dreamweaver CC，新建 HTML5 文档，保存为 index.html。选择【插入】|【jQuery Mobile】|【页面】命令，在当前文档中插入一个页面视图，然后设置标题为“列表项目图标和计数器”。

（a）iPhone 5S 预览效果

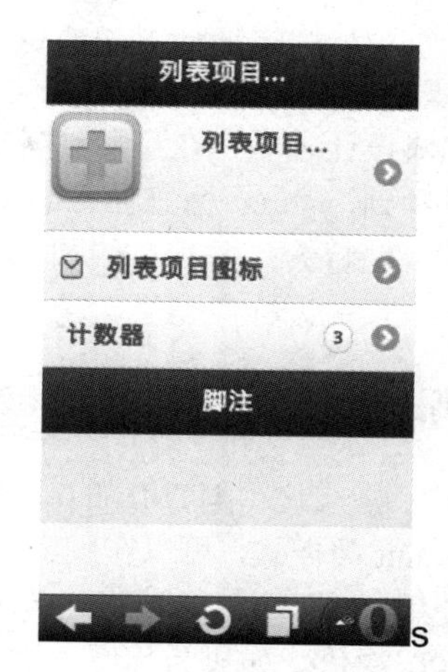

（b）Opera Mobile12 模拟器预览效果

图 17.52　示例效果

第 2 步，选择【插入】|【jQuery Mobile】|【列表视图】命令，在内容栏中插入一个列表结构，设置“项目”为 3，编辑列表项目的文本信息，代码如下所示。

```
<div data-role="page" id="page">
    <div data-role="header">
        <h1>列表项目图标和计数器</h1>
    </div>
    <div data-role="content">
        <ul data-role="listview">
            <li><a href="#">列表项目图片</a></li>
            <li><a href="#">列表项目图标</a></li>
            <li><a href="#">计数器</a></li>
        </ul>
    </div>
    <div data-role="footer">
        <h4>脚注</h4>
    </div>
</div>
```

第 3 步，在第一个列表项目的<a>标签头部插入一个图片，在第二个列表项目的<a>标签头部插入一个图片，并定义 ui-li-icon 类样式，在第三个列表项目的<a>标签尾部插入一个<span>标签，并定义类样式为 ui-li-count，如图 17.53 所示。

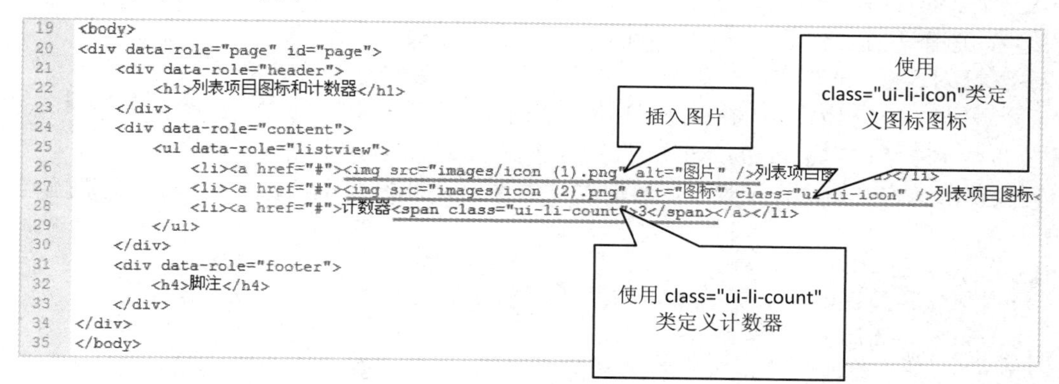

图 17.53　插入图标和计数器

第 4 步，在头部位置添加如下元信息，定义视图宽度与设备屏幕宽度保持一致。

```
<meta name="viewport" content="width=device-width,initial-scale=1" />
```

第 5 步，完成设计之后，在移动设备中预览 index.html 页面，可以看到如图 17.52 所示的列表效果。通过效果图可以看到，<img>标签导入的图标尺寸大小应该控制在 16 像素以内。如果图标尺寸过大，虽然会被自动缩放，但将会与图标右侧的标题文本不协调，从而影响到用户的体验。如果计数器<span>元素中包含的数字很长，该标签将会自动向左侧伸展，直到完全显示所包含的文本信息。

扫一扫，看视频

17.3.7 案例：格式化列表

jQuery Mobile 格式化了 HTML 的部分标签，使其符合移动页面的语义化显示需求。例如，为<span>标签添加 ui-li-count 类样式，可以在列表项的右侧设计一个计数器；使用<h>标签可以加强列表项中部分显示文本，而使用<p>标签可以减弱列表项中部分显示文本。配合使用<h>和<p>标签，可以定义列表项包含的内容更富层次化。如果为标签添加 ui-li-aside 类样式，可以设计附加信息文本，如图 17.54 所示。

（a）iPhone 5S 预览效果

（b）向上滑动页面

图 17.54　示例效果

【操作步骤】

第 1 步，启动 Dreamweaver CC，新建 HTML5 文档，保存为 index.html。选择【插入】|【jQuery Mobile】|【页面】命令，在当前文档中插入一个页面视图，然后设置标题为“格式化列表”。

第 2 步，选择【插入】|【jQuery Mobile】|【列表视图】命令，打开【列表视图】对话框，设置“列表类型”为“无序”，“项目”为 3，勾选“文本说明”和“侧边”复选框，如图 17.55 所示。

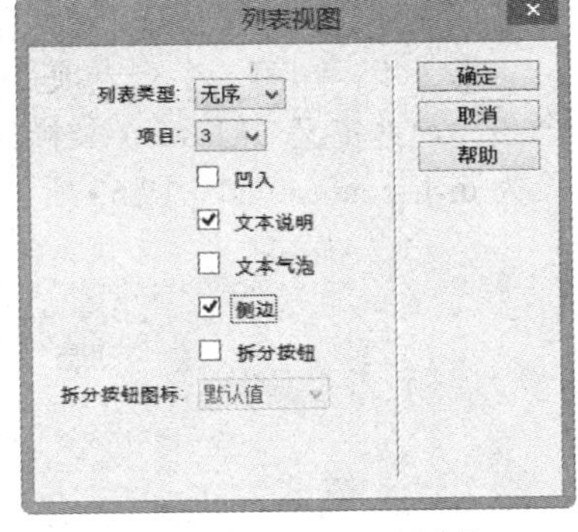

图 17.55　插入列表视图结构

第 3 步，单击【确定】按钮，切换到代码视图，在内容框中插入一个列表视图结构。然后设计列表项目文本，修改后的列表视图代码如下：

```
<div data-role="content">
    <ul data-role="listview">
        <li><a href="#">
            <h3>原价: 128.00</h3>
            <p>2013 秋季必备牛仔长裤 韩版猫爪破洞垮裤 乞丐裤 小脚牛仔裤 ...</p>
```

```
            <p class="ui-li-aside">剩余时间: 4 天</p>
        </a></li>
        <li><a href="#">
            <h3>原价: 917.00</h3>
            <p>2013 秋冬新款女韩版公主名缓复古小香风细格子修身长袖毛呢连...</p>
            <p class="ui-li-aside">剩余时间: 5 天</p>
        </a></li>
        <li><a href="#">
            <h3>原价:140.00</h3>
            <p>韩模实拍秋冬新款韩国代购修身显瘦中长款毛呢大衣 毛呢外套...</p>
            <p class="ui-li-aside">剩余时间: 3 天</p>
        </a></li>
    </ul>
</div>
```

第 4 步，切换到代码视图，在每个列表项目的<a>标签头部插入一个图片，在每个三级标题后面再插入一个三级标题<h3>标签，用来设计折扣价信息，同时在<p>标签后面再插入一个段落文本，用来设计喜欢数信息，继续插入一个段落文本，用来设计提示性按钮，如图 17.56 所示。

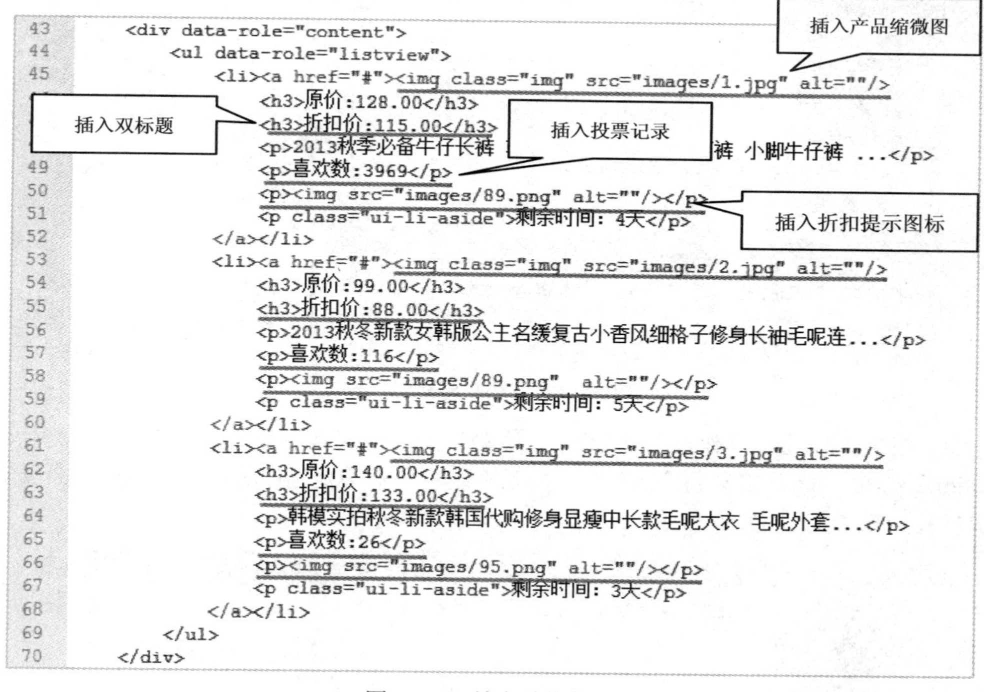

图 17.56　补充结构代码

第 5 步，选择【窗口】|【CSS 设计器】命令，打开【CSS 设计器】面板，在“源”列表框中选择“<style>”，即在当前页面的内部样式表中定义样式。

提示：

可以单击标题栏右侧的加号按钮，添加新的样式表源：创建新的 CSS 文件、附加现有的 CSS 文件或在页面中定义，如果选择“在页面中定义”项，则会在当前页面内部样式表中定义样式，如图 17.57 所示。

图 17.57 选择 CSS 样式表源

第 6 步，在“@媒体”列表框中选择“全局”，即保持默认的样式媒体类型。单击“选择器”选项右侧的加号按钮，添加一个选择器，Dreamweaver 会自动在列表框中添加一个文本框，在其中输入“.img”，定义一个类样式，类名为 img，其中前缀点号（.）表示类样式类型。

第 7 步，在“属性”选项区域单击“布局”按钮，切换到布局属性选项设置区域，设置布局样式：max-height:150px、max-width:100px，修改列表项目左侧缩微图默认的最大宽度和高度，详细设置如图 17.58 所示。

第 8 步，选中<img>标签定义的缩微图，在属性面板中单击 Class 下拉列表框，从中选择上面定义的 img 类样式，如图 17.58 所示。

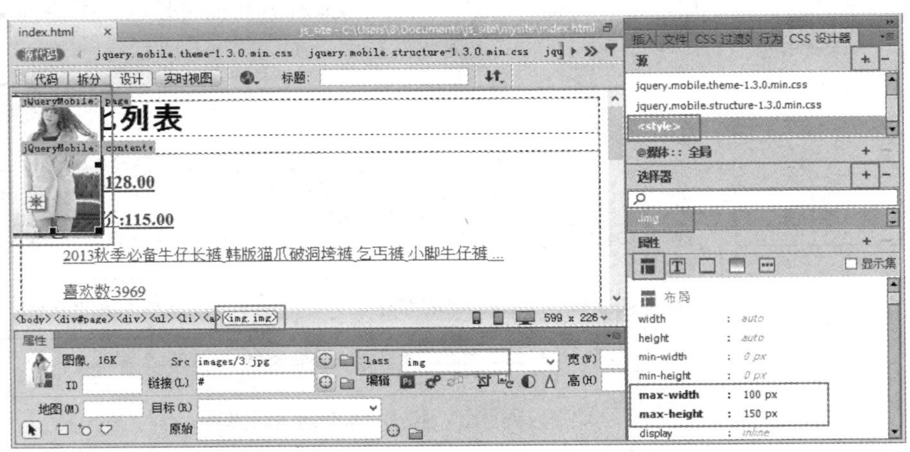

图 17.58 设计并应用 img 类样式

第 9 步，模仿上面几步操作，在【CSS 设计器】面板中定义一个 del 类样式，定义文本样式：text-decoration:line-through，定义删除线效果。然后在编辑窗口中拖选原价价格，在属性面板中 Class 中应用 del 类样式，设置如图 17.59 所示。

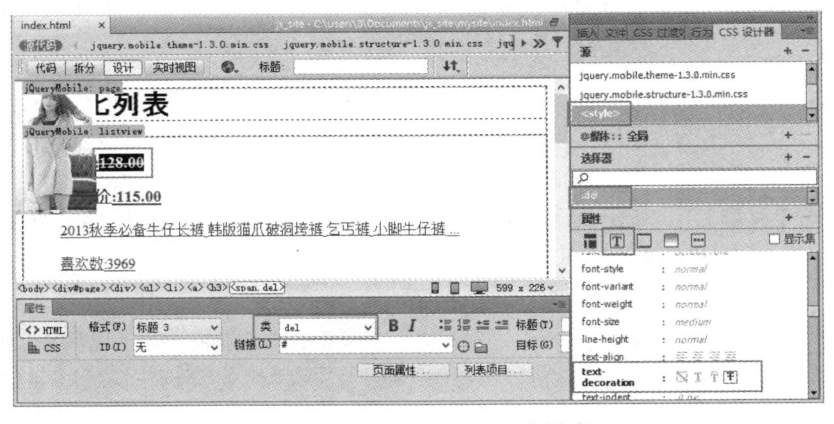

图 17.59 设计并应用 del 类样式

第 10 步，在【CSS 设计器】面板中定义一个 red 类样式，设计文本样式：color:red，为折扣价数字应用该类样式，设置如图 17.60 所示。

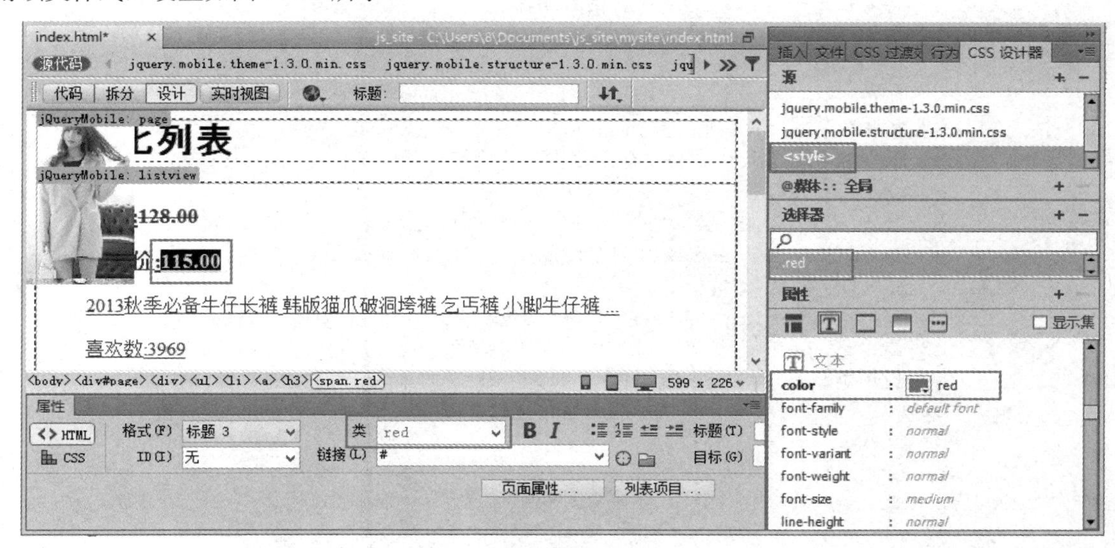

图 17.60 设计并应用 red 类样式

第 11 步，在【CSS 设计器】面板中定义一个 b 标签样式，设计文本样式：color:blue，然后拖选“喜欢数”的数字，选择【修改】|【快速标签编辑器】命令，在打开的快速编辑器中为当前文本包裹一个<b>标签，设置如图 17.61 所示。

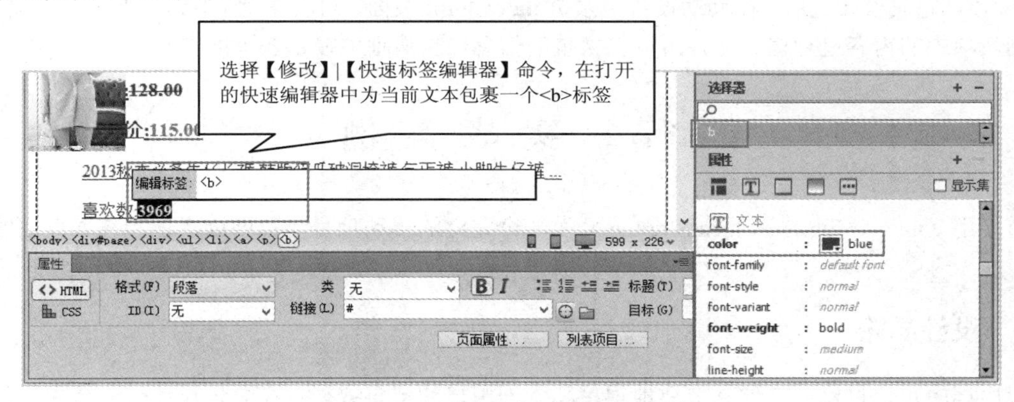

图 17.61 设计并应用<b>标签样式

第 12 步，切换到代码视图，在列表视图的前面插入一个<li>标签，添加 data-role 属性，设置值为 list-divider，即定义列表项分组标题栏，在其中输入文本“衣服精选榜”，然后在其后插入<span class="ui-li-count">，定义一个计数器图标。完善后的整个列表视图结构代码如下：

```
<div data-role="content">
    <ul data-role="listview">
        <li data-role="list-divider">衣服精选榜
            <span class="ui-li-count">3</span>
        </li>
        <li><a href="#"><img class="img" src="images/1.jpg" alt=""/>
            <h3>原价:<span class="del">128.00</span></h3>
            <h3>折扣价:<span class="red">115.00</span></h3>
            <p>2013 秋季必备牛仔长裤 韩版猫爪破洞垮裤 乞丐裤 小脚牛仔裤 ...</p>
```

```
            <p>喜欢数:<b>3969</b></p>
            <p><img src="images/817.png" alt=""/></p>
            <p class="ui-li-aside">剩余时间: <b>4 天</b></p>
        </a></li>
        <li><a href="#"><img class="img" src="images/2.jpg" alt=""/>
            <h3>原价:<span class="del">917.00</span></h3>
            <h3>折扣价:<span class="red">88.00</span></h3>
            <p>2013 秋冬新款女韩版公主名缓复古小香风细格子修身长袖毛呢连...</p>
            <p>喜欢数:<b>116</b></p>
            <p><img src="images/817.png"  alt=""/></p>
            <p class="ui-li-aside">剩余时间: <b>5 天</b></p>
        </a></li>
        <li><a href="#"><img class="img" src="images/3.jpg" alt=""/>
            <h3>原价:<span class="del">140.00</span></h3>
            <h3>折扣价:<span class="red">133.00</span></h3>
            <p>韩模实拍秋冬新款韩国代购修身显瘦中长款毛呢大衣 毛呢外套...</p>
            <p>喜欢数:<b>26</b></p>
            <p><img src="images/95.png" alt=""/></p>
            <p class="ui-li-aside">剩余时间: <b>3 天</b></p>
        </a></li>
    </ul>
</div>
```

第 13 步，在头部位置添加如下元信息，定义视图宽度与设备屏幕宽度保持一致。

```
<meta name="viewport" content="width=device-width,initial-scale=1" />
```

第 14 步，完成设计之后，在移动设备中预览 index.html 页面，可以看到如图 17.54 所示的列表效果。通过对列表项中的内容进行格式化，可以将大量的信息层次清晰地显示在页面中。

17.4 实 战 案 例

本节使用 jQuery Mobile + localStorage 开发一个完整的移动项目，帮助读者体验移动页面的开发流程。

扫一扫，看视频

17.4.1 设计思路

本应用程序定位目标：方便、快捷地记录和管理用户的记事数据。在总体设计时，体现操作简洁、流程简单、系统可拓展性强的原则。

整个应用程序主要考虑的应用需求：

- 进入首页后，以列表的形式展示各类别记事数据的总量信息，单击某类别选项进入该类别的记事列表页。
- 在记事列表页中展示该类别下的全部记事标题内容，并增加根据记事标题进行搜索的功能。
- 如果单击分类列表页中的某记事标题，则进入记事详细页，在该页面中展示记事信息的标题和正文信息。在该页面添加一个删除按钮，用以删除该条记事信息。
- 如果在记事详细页中单击“修改”按钮，则进入修改记事页，在该页中可以编辑标题和正文信息。
- 无论在首页或记事列表页中，单击“写日记”按钮，都可以进入添加记事页，在该页中可以增加一条新的记事信息。

本示例的总体设计流程如图 17.62 所示。

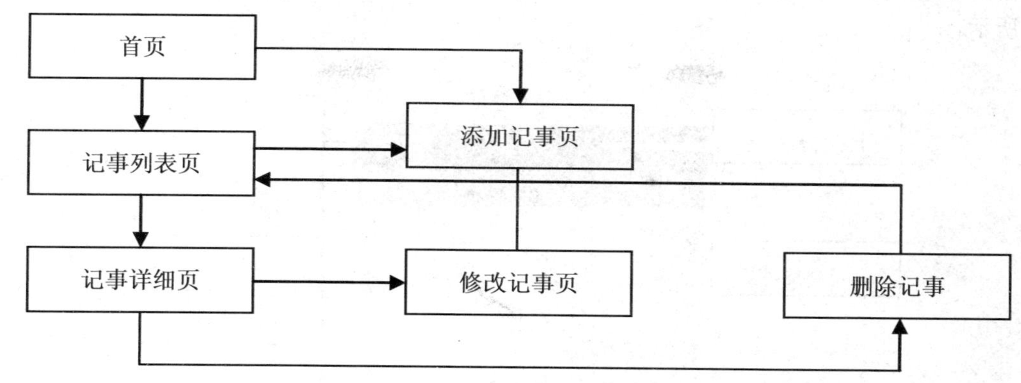

图 17.62 案例设计流程图

上面流程图列出了本案例应用程序的功能和操作流程。整个系统包含五大功能：分类列表页（首页）、记事列表页、记事详细页、修改记事页和添加记事页。当用户进入应用系统，首先进入 index.html 页面，浏览记事分类列表，然后选择记事分类，即可进入记事列表页，在分类和记事列表页中都可以进入添加记事页，只有在记事列表页中才能进入记事详细页。在记事详细页中，进入修改记事页。最后，在完成增加或者修改记事的操作后，都返回相应类别的记事列表页。

根据设计思路和设计流程，本案例灵活使用 jQuery Mobile 技术框架设计了 5 个功能页面，具体说明如下。

- 首页（index.html）

在本页面中，利用 HTML 本地存储技术，使用 JavaScript 遍历 localStorage 对象，读取其保存的记事数据。在遍历过程中，以累加方式记录各类别下记事数据的总量，并通过<ul>列表显示类别名称和对应记事数据总量。当单击<ul>列表中某选项时，则进入该类别下的记事列表页（list.html）。

- 记事列表页（list.html）

本页将根据 localStorage 对象存储的记事类别，获取该类别名称下的记事数据，并通过列表的方式将记事标题信息显示在页面中。同时，将列表元素的 data-filter 属性值设置为 true，使该列表具有根据记事标题信息进行搜索的功能。当单击<ul>列表中某选项时，则进入该标题下的记事详细页（notedetail.html）。

- 记事详细页（notedetail.html）

在该页面中，根据 localStorage 对象存储的记事 ID 编号，获取对应的记事数据，并将记录的标题与内容显示在页面中。在该页面中当单击头部栏左侧“修改”按钮时，进入修改记事页。单击头部栏右侧“删除”按钮时，弹出询问对话框，单击“确定”按钮后，将删除该条记事数据。

- 修改记事页（editnote.html）

在该页面中，以文本框的方式显示某条记事数据的类别、标题和内容，用户可以对这三项内容进行修改。修改后，单击头部栏右侧“保存”按钮，便完成了该条记事数据的修改。

- 添加记事页（addnote.html）

在分类列表页或记事列表页中，当单击头部栏右侧“写日记”按钮时，进入添加记事页。在该页面中，用户可以选择记事的类别，输入记事标题、内容，然后单击该页面中的头部栏右侧“保存”按钮，便完成了一条新记事数据的增加。

17.4.2 设计首页

当用户进入本案例应用系统时，将首先进入系统首页面。在该页面中，通过<ul>标签以列表视图的

形式显示记事数据的全部类别名称，并将各类别记事数据的总数显示在列表中对应类别的右侧，效果如图 17.63 所示。

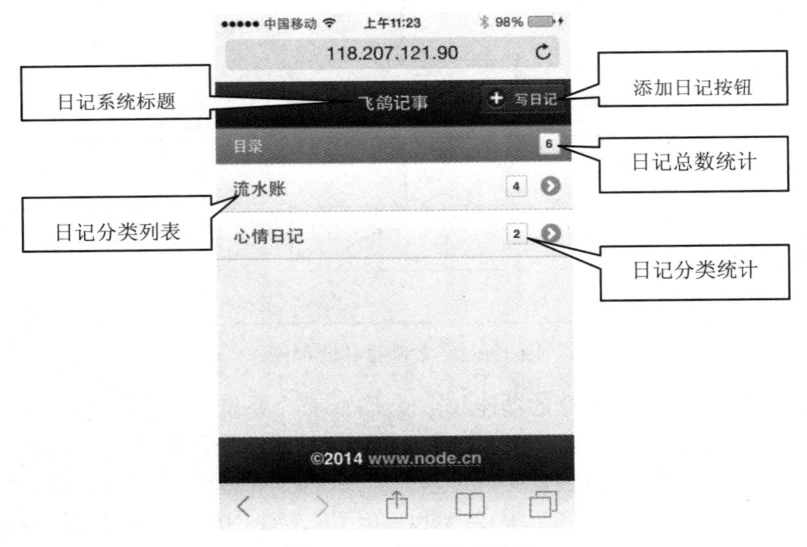

图 17.63　首页设计效果

【操作步骤】

第 1 步，启动 Dreamweaver CC，选择【文件】|【新建】命令，打开【新建文档】对话框。在该对话框中选择“空白页”项，设置页面类型为“HTML”，设置文档类型为“HTML5”，然后单击【确定】按钮，完成文档的创建操作。

第 2 步，按 Ctrl+S 快捷键，保存文档为 index.html。选择【插入】|【jQuery Mobile】|【页面】命令，打开【jQuery Mobile 文件】对话框，保留默认设置，单击【确定】按钮，完成在当前文档中插入视图页，设置如图 17.64 所示。

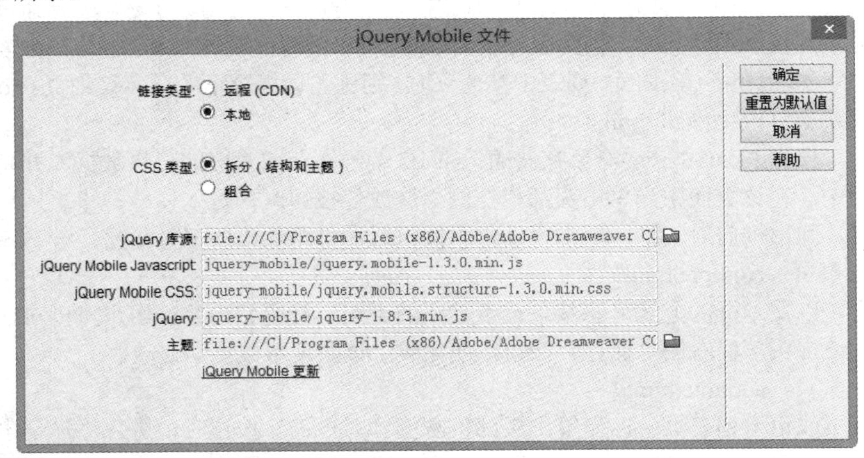

图 17.64　设置【jQuery Mobile 文件】对话框

第 3 步，单击【确定】按钮，关闭【jQuery Mobile 文件】对话框，然后打开【页面】对话框，在该对话框中设置页面的 ID 值为 index，同时设置页面视图包含标题栏和页脚栏，单击【确定】按钮，完成在当前 HTML5 文档中插入页面视图结构，设置如图 17.65 所示。

第 4 步，按 Ctrl+S 快捷键，保存当前文档 index.html。此时，Dreamweaver CC 会弹出对话框提示保存相关的框架文件。

此时，在编辑窗口中，可以看到 Dreamweaver CC 新建了一个页面，页面视图包含标题栏、内容框和页脚栏，同时在【文件】面板的列表中可以看到复制的相关库文件。

第 5 步，选中内容栏中的“内容”文本，清除内容栏内的文本，然后选择【插入】|【结构】|【项目列表】命令，在内容栏插入一个空项目列表结构。为<ul>标签定义 data-role="listview"属性，设计列表视图。

第 6 步，为标题栏和页脚栏添加 data-position="fixed"属性，定义标题栏和页脚栏固定在页面顶部和底部显示，同时修改标题栏的标题为“飞鸽记事”。

第 7 步，选择【插入】|【jQuery Mobile】|【按钮】命令，打开【按钮】对话框，设置如图 17.66 所示，单击【确定】按钮，在标题栏右侧插入一个添加日记的按钮。

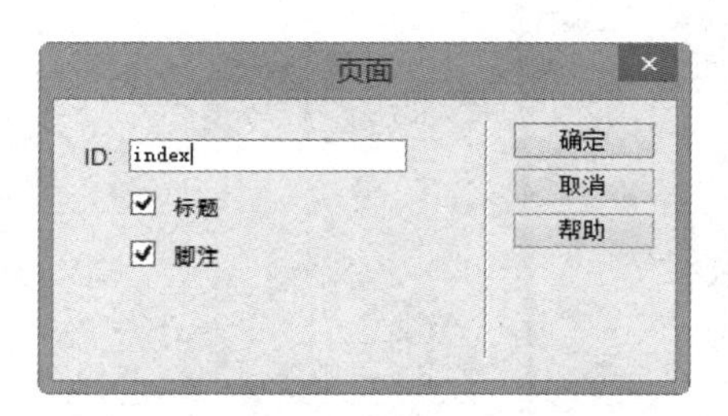

图 17.65　设置【页面】对话框

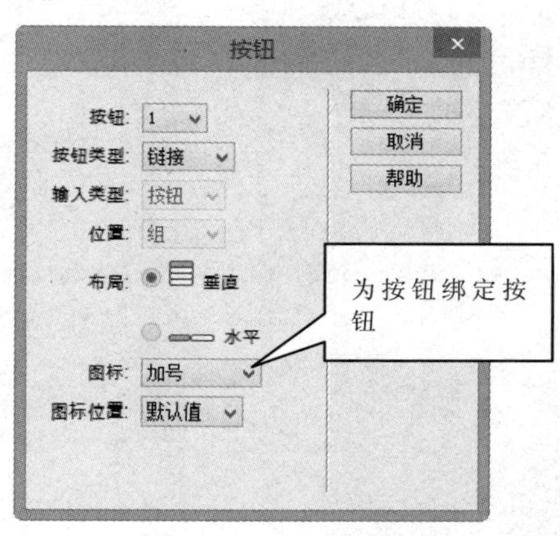

图 17.66　插入按钮

第 8 步，为添加日记按钮设置链接地址：href="addnote.html"，绑定类样式 ui-btn-right，让其显示在标题栏右侧。切换到代码视图，可以看到整个文档结构，代码如下所示。

```
<div data-role="page" id="index">
    <div data-role="header" data-position="fixed" data-position="inline">
        <h2>飞鸽记事</h2>
            <a href="addnote.html" class="ui-btn-right" data-role="button" data-icon="plus">写日记</a> </div>
    <div data-role="content">
        <ul data-role="listview"></ul>
    </div>
    <div data-role="footer" data-position="fixed" >
        <h1>©2014 <a href="http://www.node.cn/" target="_blank">www.node.cn</a></h1>
    </div>
</div>
```

第 9 步，新建 JavaScript 文件，保存为 js/note.js，在其中编写如下代码：

```
//Web 存储对象
var myNode = {
    author: 'node',
    version: '2.1',
    website: 'http://www.node.cn/'
}
```

```
myNode.utils = {
    setParam: function(name, value) {
        localStorage.setItem(name, value)
    },
    getParam: function(name) {
        return localStorage.getItem(name)
    }
}
//首页页面创建事件
$("#index").live("pagecreate", function() {
    var $listview = $(this).find('ul[data-role="listview"]');
    var $strKey = "";
    var $m = 0, $n = 0;
    var $strHTML = "";
    for (var intI = 0; intI < localStorage.length; intI++) {
        $strKey = localStorage.key(intI);
        if ($strKey.substring(0, 4) == "note") {
            var getData = JSON.parse(myNode.utils.getParam($strKey));
            if (getData.type == "a") {
                $m++;
            }
            if (getData.type == "b") {
                $n++;
            }
        }
    }
    var $sum = parseInt($m) + parseInt($n);
    $strHTML += '<li data-role="list-divider">目录<span class="ui-li-count">' + $sum
+ '</span></li>';
    $strHTML += '<li><a href="list.html" data-ajax="false" data-id="a" data-name="
流水账">流水账<span class="ui-li-count">' + $m + '</span></li>';
    $strHTML += '<li><a href="list.html" data-ajax="false" data-id="b" data-name="
心情日记">心情日记<span class="ui-li-count">' + $n + '</span></li>';
    $listview.html($strHTML);
    $listview.delegate('li a', 'click', function(e) {
        myNode.utils.setParam('link_type', $(this).data('id'))
        myNode.utils.setParam('type_name', $(this).data('name'))
    })
})
```

在上面代码中，首先定义一个 myNode 对象，用来存储版权信息，同时为其定义一个子对象 utils，该对象包含两个方法：setParam()和 getParam()，其中 setParam()方法用来存储记事信息，而 getParam()方法用来从本地存储中读取已经写过的记事信息。

然后，为首页视图绑定 pagecreate 事件，在页面视图创建时执行其中的代码。在视图创建事件回调函数中，先定义一些数值和元素变量，供后续代码使用。由于全部的记事数据都保存在 localStorage 对象中，需要遍历全部的 localStorage 对象，根据键值中前 4 个字符为 note 的标准，筛选对象中保存的记事数据，并通过 JSON.parse()方法，将该数据字符内容转换成 JSON 格式对象，再根据该对象的类型值，将不同类型的记事数量进行累加，分别保存在变量$m 和$n 中。

最后，在页面列表<ul>标签中组织显示内容，并保存在变量$strHTML 中，调用列表<ul>标签的 html()方法，将内容赋值于页面列表<ul>标签中。使用 delegate()方法设置列表选项触发单击事件时需要执行的代码。

由于本系统的数据全部保存在用户本地的 localStorage 对象中，读取数据的速度很快，当将字符串内容赋值给列表<ul>标签时，已完成样式加载，无须再调用 refresh()方法。

第 10 步，在头部位置添加如下元信息，定义视图宽度与设备屏幕宽度保持一致。同时使用<script>标签加载 js/note.js 文件，代码如下所示。

```
<meta name="viewport" content="width=device-width,initial-scale=1" />
<script src="js/note.js" type="text/JavaScript" ></script>
```

第 11 步，完成设计之后，在移动设备中预览 index.html 页面，将会显示如图 17.63 所示。

17.4.3　设计列表页

用户在首页点击列表中某类别选项时，将类别名称写入 localStorage 对象的对应键值中，当从首页切换至记事列表页（列表页）时，再将这个已保存的类别键值与整个 localStorage 对象保存的数据进行匹配，获取该类别键值对应的记事数据，并通过<ul>列表将数据内容显示在页面中，页面演示效果如图 17.67 所示。

图 17.67　列表页设计效果

【操作步骤】

第 1 步，启动 Dreamweaver CC，选择【文件】|【新建】命令，打开【新建文档】对话框。在该对话框中选择“空白页”项，设置页面类型为“HTML”，设置文档类型为“HTML5”，然后单击【确定】按钮，完成文档的创建操作。

第 2 步，按 Ctrl+S 快捷键，保存文档为 list.html。选择【插入】|【jQuery Mobile】|【页面】命令，打开【jQuery Mobile 文件】对话框，保留默认设置，在当前文档中插入视图页。

第 3 步，单击【确定】按钮，关闭【jQuery Mobile 文件】对话框，然后打开【页面】对话框，在该对话框中设置页面的 ID 值为 list，同时设置页面视图包含标题栏和页脚栏，单击【确定】按钮，完成在当前 HTML5 文档中插入页面视图结构，设置如图 17.68 所示。

第 4 步，按 Ctrl+S 快捷键，保存当前文档 list.html。此时，Dreamweaver CC 会弹出对话框提示保存相关的框架文件。

第 5 步，选中内容栏中的“内容”文本，清除内容栏内的文本，然后选择【插入】|【结构】|【项目列表】命令，在内容栏插入一个空项目列表结构。为<ul>标签定义 data-role="listview"属性，设计列表视图。

为列表视图开启搜索功能，方法是在<ul>标签中添加 data-filter="true"属性，然后定义 data-filter-placeholder="过滤项目..."属性，设置搜索框中显示的替代文本的提示信息。完成后代码如下所示：

```
<div data-role="content">
    <ul data-role="listview" data-filter="true" data-filter-placeholder="过滤项
目...">></ul>
</div>
```

第 6 步，为标题栏和页脚栏添加 data-position="fixed"属性，定义标题栏和页脚栏固定在页面顶部和底部显示，同时修改标题栏的标题为“记事列表”。选择【插入】|【图像】|【图像】命令，在标题栏的标题标签中插入一个图标 images/node3.png，设置类样式为 class="h_icon"。

第 7 步，选择【插入】|【jQuery Mobile】|【按钮】命令，打开【按钮】对话框，设置如图 17.69 所示，单击【确定】按钮，在标题栏插入两个按钮。然后在代码中修改按钮的标签字符和属性，设置第一个按钮的字符为“返回”，标签图标为 data-icon="back"，链接地址为 href="index.html"，第二个按钮的字符为“写日记”，链接地址为"addnote.html"，完整代码如下所示。

```
<div data-role="header" data-position="fixed" data-position="inline">
    <h2><img src="images/node3.png" class="h_icon" alt="" />  记事列表</h2>
      <a href="index.html" data-role="button"  data-icon="back"  data-inline=
"true">返回</a>
    <a href="addnote.html" data-role="button" data-icon="plus"  data-inline=
"true">写日记</a>
</div>
```

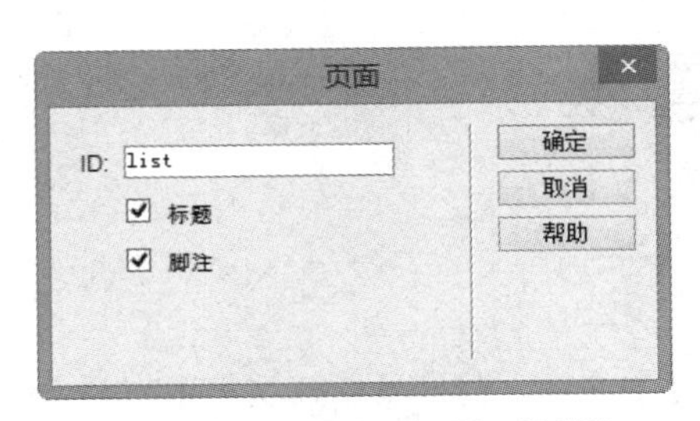

图 17.68　设置【页面】对话框

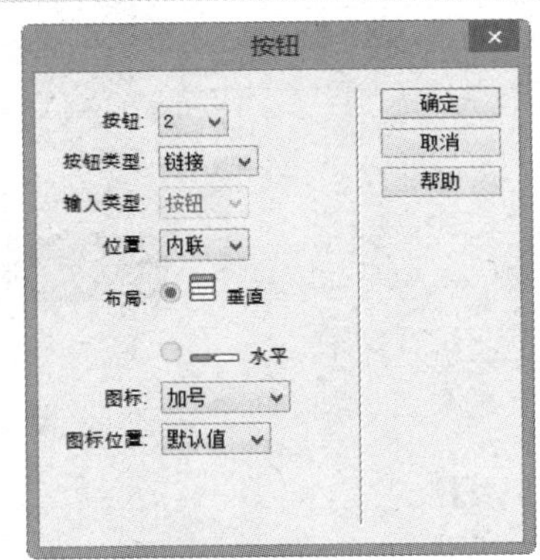

图 17.69　设置【按钮】对话框

第 8 步，打开 js/note.js 文档，在其中编写如下代码：

```
//列表页面创建事件
$("#list").live("pagecreate", function() {
    var $listview = $(this).find('ul[data-role="listview"]');
    var $strKey = "", $strHTML = "", $intSum = 0;
    var $strType = myNode.utils.getParam('link_type');
    var $strName = myNode.utils.getParam('type_name');
    for (var intI = 0; intI < localStorage.length; intI++) {
```

```
        $strKey = localStorage.key(intI);
        if ($strKey.substring(0, 4) == "note") {
            var getData = JSON.parse(myNode.utils.getParam($strKey));
            if (getData.type == $strType) {
                if(getData.date)
                    var date = new Date(getData.date);
                if(date)
                    var _date = date.getFullYear() + "-" + date.getMonth() + "-" +
date.getDate();
                else
                    var _date = "";
                $strHTML += '<li data-icon="false" data-ajax="false"><a href="not
edetail.html" data-id="' + getData.nid + '">' + getData.title + '<p class="ui-li-
aside">' + _date + '</p></a></li>';
                $intSum++;
            }
        }
    }
    var strTitle = '<li data-role="list-divider">' + $strName + '<span class="ui-
li-count">' + $intSum + '</span></li>';
    $listview.html(strTitle + $strHTML);
    $listview.delegate('li a', 'click', function(e) {
        myNode.utils.setParam('list_link_id', $(this).data('id'))
    })
})
```

在上面代码中，先定义一些字符和元素对象变量，并通过自定义函数的方法 getParam()获取传递的类别字符和名称，分别保存在变量$strType 和$strName 中。然后遍历整个 localStorage 对象筛选记事数据。在遍历过程中，将记事的字符数据转换成 JSON 对象，再根据对象的类别与保存的类别变量相比较，如果符合，则将该条记事的 ID 编号和标题信息追加到字符串变量$strHTML 中，并通过变量$intSum 累加该类别下的记事数据总量。

最后，将获取的数字变量$intSum 放入列表<ul>元素的分隔项中，并将保存分隔项内容的字符变量 strTitle 和保存列表项内容的字符变量$strHTML 组合，通过元素的 html()方法将组合后的内容赋值给列表对象。同时，使用 delegate()方法设置列表选项被点击时执行的代码。

第 9 步，在头部位置添加如下元信息，定义视图宽度与设备屏幕宽度保持一致。

```
<meta name="viewport" content="width=device-width,initial-scale=1" />
```

第 10 步，完成设计之后，在移动设备中预览 index.html 页面，然后单击记事分类项目，则会跳转到 list.html 页面，显示效果如图 17.67 所示。

17.4.4 设计详细页

扫一扫，看视频

当用户在记事列表页中单击某记事标题选项时，将该记事标题的 ID 编号通过 key/value 的方式保存在 localStorage 对象中。当进入记事详细页（详细页）时，先调出保存的键值作为传回的记事数据的 ID 值，并将该 ID 值作为键名获取对应的键值，然后将获取的键值字符串数据转成 JSON 对象，再将该对象的记事标题和内容显示在页面指定的元素中。页面演示效果如图 17.70 所示。

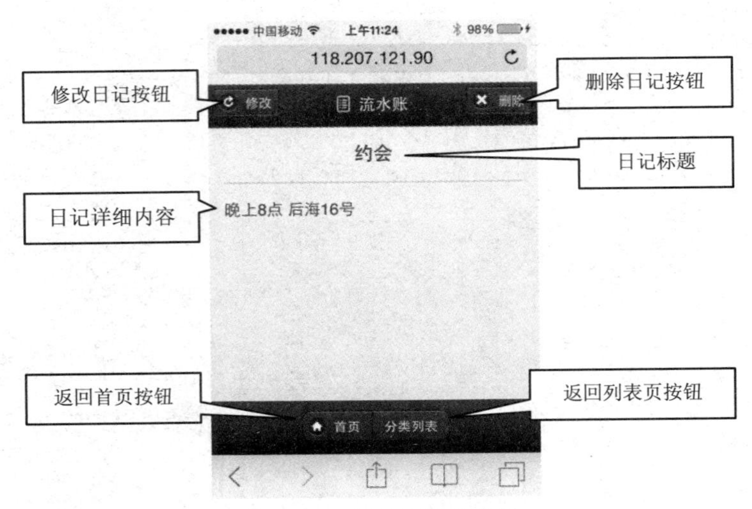

图 17.70　详细页设计效果

【操作步骤】

第 1 步，启动 Dreamweaver CC，选择【文件】|【新建】命令，打开【新建文档】对话框。在该对话框中选择“空白页”项，设置页面类型为“HTML”，设置文档类型为“HTML5”，然后单击【确定】按钮，完成文档的创建操作。

第 2 步，按 Ctrl+S 快捷键，保存文档为 notedetail.html。选择【插入】|【jQuery Mobile】|【页面】命令，打开【jQuery Mobile 文件】对话框，保留默认设置，在当前文档中插入视图页。

第 3 步，单击【确定】按钮，关闭【jQuery Mobile 文件】对话框，然后打开【页面】对话框，在该对话框中设置页面的 ID 值为 notedetail，同时设置页面视图包含标题栏和页脚栏，单击【确定】按钮，完成在当前 HTML5 文档中插入页面视图结构，设置如图 17.71 所示。

第 4 步，按 Ctrl+S 快捷键，保存当前文档 notedetail.html。此时，Dreamweaver CC 会弹出对话框提示保存相关的框架文件。

第 5 步，选中内容栏中的“内容”文本，清除内容栏内的文本，然后插入一个三级标题和两个段落文本，设置标题的 ID 值为 title，段落文本的 ID 值为 content，具体代码如下所示。

```
<div data-role="content">
    <h3 id="title"></h3>
    <p class="notep"></p>
    <p id="content"></p>
</div>
```

第 6 步，为标题栏和页脚栏添加 data-position="fixed"属性，定义标题栏和页脚栏固定在页面顶部和底部显示，同时删除标题栏的标题字符，显示为空标题。

第 7 步，选择【插入】|【jQuery Mobile】|【按钮】命令，打开【按钮】对话框，设置如图 17.72 所示，单击【确定】按钮，在标题栏插入两个按钮。然后在代码中修改按钮的标签字符和属性，设置第一个按钮的字符为“修改”，标签图标为 data-icon="refresh"，链接地址为 href="editnote.html"，第二个按钮的字符为“删除”，链接地址为"#"，完整代码如下所示。

```
<div data-role="header" data-position="fixed" data-position="inline">
    <h4></h4>
    <a  href="editnote.html"  data-ajax="false"  data-role="button"  data-icon=
"refresh" data-inline="true">修改</a>
    <a href="JavaScript:" id="alink_delete"  data-role="button" data-icon="delete"
```

```
data-inline="true">删除</a>
</div>
```

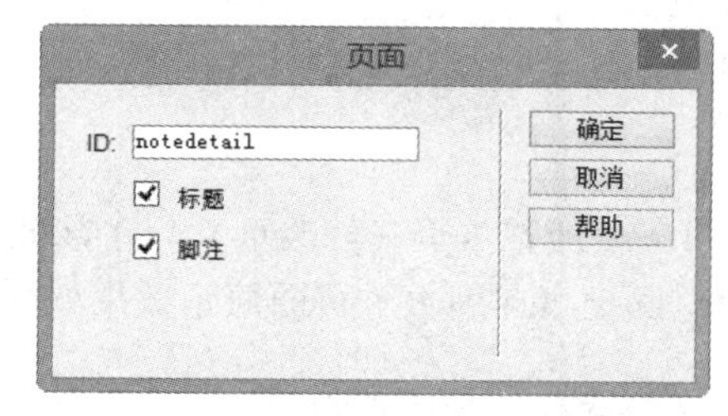

图 17.71　设置【页面】对话框

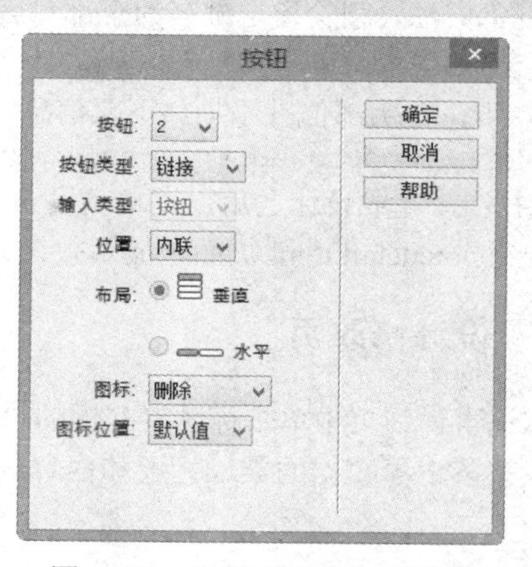

图 17.72　设置【按钮】对话框

第 8 步，以同样的方式在页脚栏插入两个按钮，然后在代码中修改按钮的标签字符和属性，设置第一个按钮的字符为“首页”，标签图标为 data-icon="home"，链接地址为 href="index.html"，第二个按钮的字符为“分类列表”，链接地址为"list.html"，完整代码如下所示。

```
<div data-role="footer" data-position="fixed" >
    <h1 data-role="controlgroup" data-type="horizontal">
        <a href="index.html" data-role="button" data-icon="home">首页</a>
        <a href="list.html" data-role="button">分类列表</a>
    </h1>
</div>
```

第 9 步，打开 js/note.js 文档，在其中编写如下代码：

```
//详细页面创建事件
$("#notedetail").live("pagecreate", function() {
    var $type = $(this).find('div[data-role="header"] h4');
    var $strId = myNode.utils.getParam('list_link_id');
    var $titile = $("#title");
    var $content = $("#content");
    var listData = JSON.parse(myNode.utils.getParam($strId));
    var strType = listData.type == "a" ? "流水账" : "心情日记";
    $type.html('<img src="images/node5.png" class="h_icon" alt=""/> ' + strType);
    $titile.html(listData.title);
    $content.html(listData.content);
    $(this).delegate('#alink_delete', 'click', function(e) {
        var yn = confirm("确定要删除吗？");
        if (yn) {
            localStorage.removeItem($strId);
            window.location.href = "list.html";
        }
    })
})
```

在上面代码中先定义一些变量，通过自定义方法 getParam()获取传递的某记事 ID 值，并保存在变量$strId 中。然后将该变量作为键名，获取对应的键值字符串，并将键值字符串调用 JSON.parse()方法转换成 JSON 对象，在该对象中依次获取记事的标题和内容，显示在内容区域对应的标签中。

通过 delegate()方法添加单击事件，当单击“删除”按钮时触发记录删除操作。在该事件的回调函数中，先通过变量 yn 保存 confirm()函数返回的 true 或 false 值，如果为真，将根据记事数据的键名值使用 removeltem()方法，删除指定键名的全部对应键值，实现删除记事数据的功能，删除操作之后页面返回记事列表页。

第 10 步，在头部位置添加如下元信息，定义视图宽度与设备屏幕宽度保持一致。

```
<meta name="viewport" content="width=device-width,initial-scale=1" />
```

第 11 步，完成设计之后，在移动设备中预览记事列表页面（list.html），然后单击某条记事项目，则会跳转到 notedetail.html 页面，显示效果如图 17.70 所示。

扫一扫，看视频

17.4.5 设计修改页

当在记事详细页中单击标题栏左侧的“修改”按钮时，进入修改记事页（修改页），在该页面中，可以修改某条记事数据的类、标题和内容信息，修改完成后返回记事详细页。页面演示效果如图 17.73 所示。

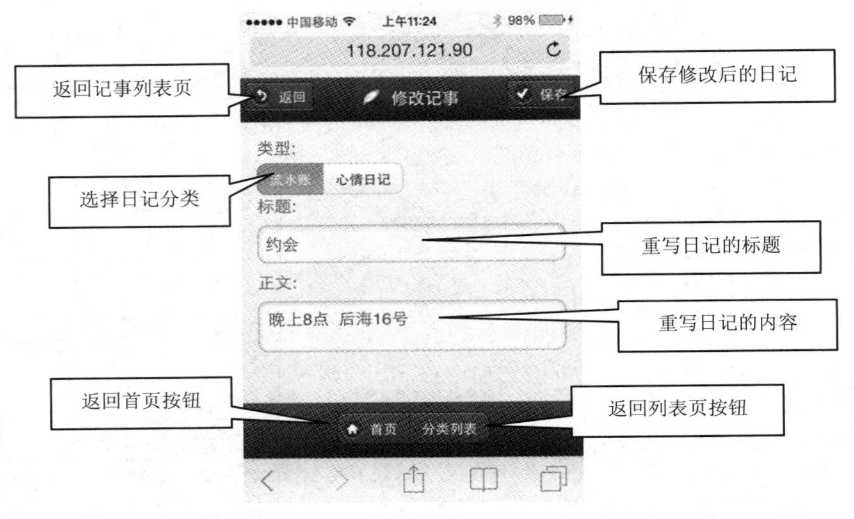

图 17.73　修改页设计效果

【操作步骤】

第 1 步，启动 Dreamweaver CC，选择【文件】|【新建】命令，打开【新建文档】对话框。在该对话框中选择“空白页”项，设置页面类型为“HTML”，设置文档类型为“HTML5”，然后单击【确定】按钮，完成文档的创建操作。

第 2 步，按 Ctrl+S 快捷键，保存文档为 editnote.html。选择【插入】|【jQuery Mobile】|【页面】命令，打开【jQuery Mobile 文件】对话框，保留默认设置，在当前文档中插入视图页。

第 3 步，单击【确定】按钮，关闭【jQuery Mobile 文件】对话框，然后打开【页面】对话框，在该对话框中设置页面的 ID 值为 editnote，同时设置页面视图包含标题栏和页脚栏，单击【确定】按钮，完成在当前 HTML5 文档中插入页面视图结构，设置如图 17.74 所示。

第 4 步，按 Ctrl+S 快捷键，保存当前文档 notedetail.html。此时，Dreamweaver CC 会弹出对话框提示保存相关的框架文件。

第 5 步，选中内容栏中的“内容”文本，清除内容栏内的文本。选择【插入】|【jQuery Mobile】|【单选按钮】命令，打开【单选按钮】对话框，设置名称为 rdo-type，设置单选按钮个数为 2，水平布局，设置如图 17.75 所示。

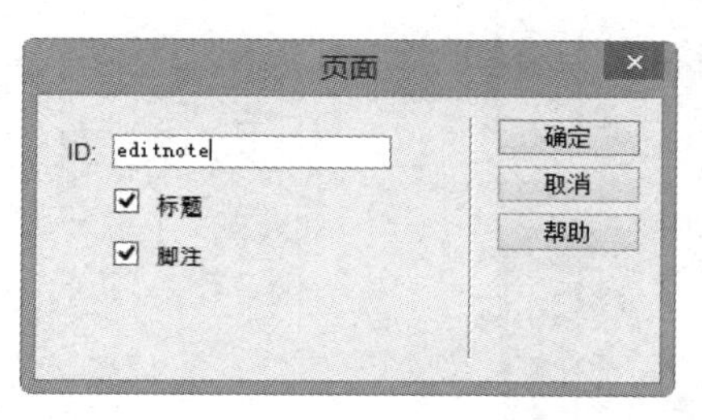

图 17.74　设置【页面】对话框

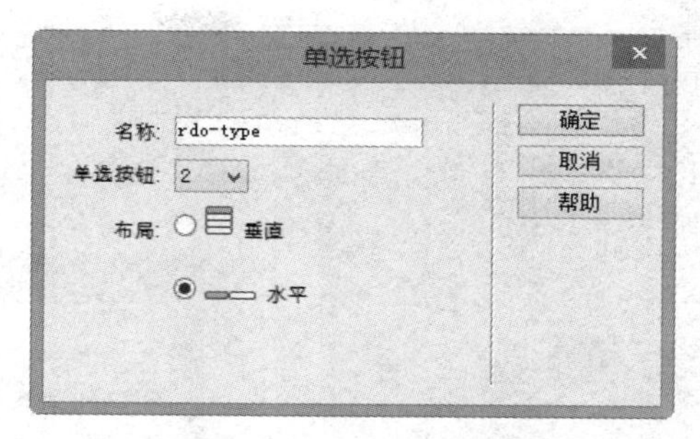

图 17.75　设置【单选按钮】对话框

第 6 步，单击【确定】按钮，在内容区域插入一个单选按钮组，为每个单选按钮设置 ID 值，修改单选按钮的标签，以及绑定属性值，并在该单选按钮中插入一个隐藏域，ID 为 hidtype，值为 a。完整代码如下所示：

```
<div data-role="fieldcontain">
    <fieldset data-role="controlgroup" data-type="horizontal"  id="rdo-type" data-mini="true" >
        <legend for="rdo-type" >类型:</legend>
        <input type="radio" name="rdo-type" id="rdo-type-0" value="a" />
        <label for="rdo-type-0" id="lbl-type-0">流水账</label>
        <input type="radio" name="rdo-type" id="rdo-type-1" value="b" />
        <label for="rdo-type-1" id="lbl-type-1">心情日记</label>
        <input type="hidden" id="hidtype"  value="a"/>
    </fieldset>
</div>
```

第 7 步，选择【插入】|【jQuery Mobile】|【文本】命令，在内容区域插入单行文本框，修改文本框的 ID 值，以及<label>标签的 for 属性值，绑定标签和文本框，设置<label>标签包含的字符为“标题：”，完成后的代码如下。

```
<div data-role="fieldcontain">
    <label for="txt-title">标题:</label>
    <input type="text" name="txt-title" id="txt-title" value=""  />
</div>
```

第 8 步，选择【插入】|【jQuery Mobile】|【文本区域】命令，在内容区域插入多行文本框，修改文本区域的 ID 值，以及<label>标签的 for 属性值，绑定标签和文本区域，设置<label>标签包含的字符为“正文：”，完成后的代码如下。

```
<div data-role="fieldcontain">
    <label for="txta-content">正文:</label>
    <textarea cols="40" rows="8" name="txta-content" id="txta-content"></textarea>
</div>
```

第 9 步，为标题栏和页脚栏添加 data-position="fixed"属性，定义标题栏和页脚栏固定在页面顶部和底部显示，同时修改标题栏的标题为“修改记事”。选择【插入】|【图像】|【图像】命令，在标题栏的标题标签中插入一个图标 images/node.png，设置类样式为 class="h_icon"。

第 10 步，选择【插入】|【jQuery Mobile】|【按钮】命令，打开【按钮】对话框，设置如图 17.76 所示，单击【确定】按钮，在标题栏插入两个按钮。然后在代码中修改按钮的标签字符和属性，设置第一个按钮的字符为“返回”，标签图标为 data-icon="back"，链接地址为 href="notedetail.html"，第二个按钮的字符为“保存”，链接地址为"JavaScript:"，完整代码如下所示。

```
<div data-role="header" data-position="fixed" data-position="inline">
    <h2><img src="images/node.png" class="h_icon" alt=""/> 修改记事</h2>
```

```
    <a href="notedetail.html" data-ajax="false" data-role="button" data-icon=
"back" data-inline="true">返回</a>
    <a href="JavaScript:" data-role="button" data-icon="check" data-inline=
"true">保存</a>
</div>
```

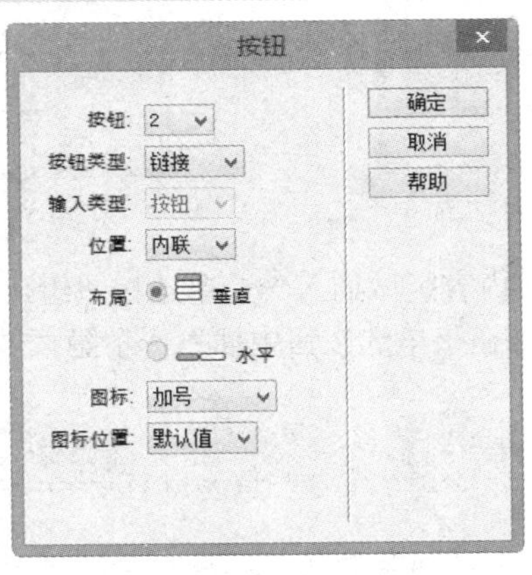

图 17.76 设置【按钮】对话框

第 11 步，打开 js/note.js 文档，在其中编写如下代码：

```
//修改页面创建事件
$("#editnote").live("pageshow", function() {
    var $strId = myNode.utils.getParam('list_link_id');
    var $header = $(this).find('div[data-role="header"]');
    var $rdotype = $("input[type='radio']");
    var $hidtype = $("#hidtype");
    var $txttitle = $("#txt-title");
    var $txtacontent = $("#txta-content");
    var editData = JSON.parse(myNode.utils.getParam($strId));
    $hidtype.val(editData.type);
    $txttitle.val(editData.title);
    $txtacontent.val(editData.content);
    if (editData.type == "a") {
        $("#lbl-type-0").removeClass("ui-radio-off").addClass("ui-radio-on
ui-btn-active");
    } else {
        $("#lbl-type-1").removeClass("ui-radio-off").addClass("ui-radio-on
ui-btn-active");
    }
    $rdotype.bind("change", function() {
        $hidtype.val(this.value);
    });
    $header.delegate('a', 'click', function(e) {
        if ($txttitle.val().length > 0 && $txtacontent.val().length > 0) {
            var strnid = $strId;
            var notedata = new Object;
            notedata.nid = strnid;
            notedata.type = $hidtype.val();
            notedata.title = $txttitle.val();
            notedata.content = $txtacontent.val();
```

```
            var jsonotedata = JSON.stringify(notedata);
            myNode.utils.setParam(strnid, jsonotedata);
            window.location.href = "list.html";
        }
    })
})
```

在上面代码中先调用自定义的 getParam()方法获取当前修改的记事数据的 ID 编号，并保存在变量$strId 中，然后将该变量值作为 localStorage 对象的键名，通过该键名获取对应的键值字符串，并将该字符串转换成 JSON 格式对象。在对象中，通过设置属性的方式获取记事数据的类、标题和正文信息，依次显示在页面指定的表单对象中。

当通过水平单选按钮组显示记事类型数据时，先将对象的类型值保存在 ID 属性值为 hidtype 的隐藏表单域中，再根据该值的内容，使用 removeClass()和 addClass()方法修改按钮组中单个按钮的样式，使整个按钮组的选中项与记事数据的类型一致。为单选按钮组绑定 change 事件，在该事件中，当修改默认类型时，ID 属性值为 hidtype 的隐藏表单域的值也随之发生变化，以确保记事类型修改后，该值可以实时保存。

最后，设置标题栏中右侧“保存”按钮的 click 事件。在该事件中，先检测标题文本框和正文文本区域的字符长度是否大于 0，来检测标题和正文是否为空。当两者都不为空时，实例化一个新的 Object 对象，并将记事数据的信息作为该对象的属性值，保存在该对象中。然后，通过调用 JSON.stringify()方法将对象转换成 JSON 格式的文本字符串，使用自定义的 setParam()方法，将数据写入 localStorage 对象对应键名的键值中，最终实现记事数据更新的功能。

第 12 步，在头部位置添加如下元信息，定义视图宽度与设备屏幕宽度保持一致。

```
<meta name="viewport" content="width=device-width,initial-scale=1" />
```

第 13 步，完成设计之后，在移动设备中预览详细页面（notedetail.html），然后单击某条记事项目，则会跳转到 editnote.html 页面，显示效果如图 17.73 所示。

17.4.6　设计添加页

扫一扫，看视频

在首页或列表页中，单击标题栏右侧的“写日记”按钮后，将进入添加记事页（添加页），在该页面中，用户可以通过单选按钮组选择记事类型，在文本框中输入记事标题，在文本区域中输入记事内容，单击该页面头部栏右侧的“保存”按钮后，便把写入的日记信息保存起来，在系统中新增了一条记事数据。页面演示效果如图 17.77 所示。

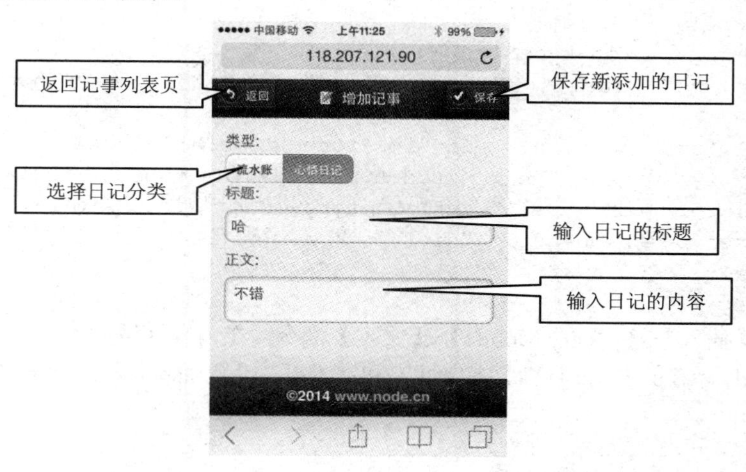

图 17.77　添加页设计效果

【操作步骤】

第 1 步，启动 Dreamweaver CC，选择【文件】|【新建】命令，打开【新建文档】对话框。在该对话框中选择“空白页”项，设置页面类型为“HTML”，设置文档类型为“HTML5”，然后单击【确定】按钮，完成文档的创建操作。

第 2 步，按 Ctrl+S 快捷键，保存文档为 addnote.html。选择【插入】|【jQuery Mobile】|【页面】命令，打开【jQuery Mobile 文件】对话框，保留默认设置，在当前文档中插入视图页。

第 3 步，单击【确定】按钮，关闭【jQuery Mobile 文件】对话框，然后打开【页面】对话框，在该对话框中设置页面的 ID 值为 addnote，同时设置页面视图包含标题栏和页脚栏，单击【确定】按钮，完成在当前 HTML5 文档中插入页面视图结构，设置如图 17.78 所示。

第 4 步，按 Ctrl+S 快捷键，保存当前文档 addnote.html。此时，Dreamweaver CC 会弹出对话框提示保存相关的框架文件。

第 5 步，选中内容栏中的“内容”文本，清除内容栏内的文本。选择【插入】|【jQuery Mobile】|【单选按钮】命令，打开【单选按钮】对话框，设置名称为 rdo-type，设置单选按钮个数为 2，水平布局，设置如图 17.79 所示。

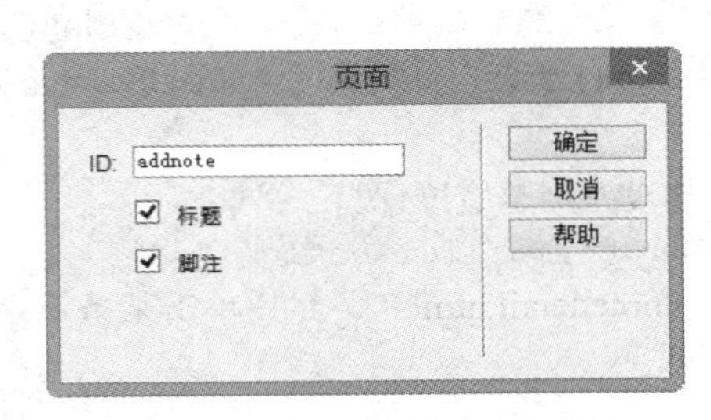

图 17.78　设置【页面】对话框

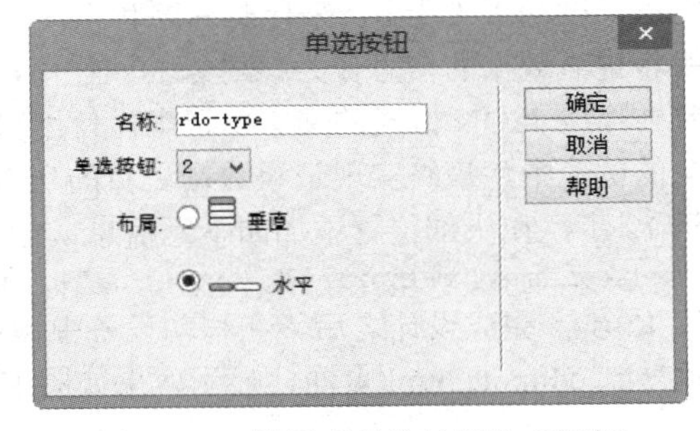

图 17.79　设置【单选按钮】对话框

第 6 步，单击【确定】按钮，在内容区域插入一个单选按钮组，为每个单选按钮设置 ID 值，修改单选按钮的标签，以及绑定属性值，并在该单选按钮中插入一个隐藏域，ID 为 hidtype，值为 a。完整代码如下所示：

```
<div data-role="fieldcontain">
   <fieldset  data-role="controlgroup"  data-type="horizontal"   id="rdo-type"
data-mini="true"  data-mini="true" >
      <legend for="rdo-type" >类型:</legend>
      <input  type="radio"  name="rdo-type"  id="rdo-type-0"  value="a"  checked=
"checked"  />
      <label for="rdo-type-0" id="lbl-type-0">流水账</label>
      <input type="radio" name="rdo-type" id="rdo-type-1" value="b" />
      <label for="rdo-type-1" id="lbl-type-1">心情日记</label>
      <input type="hidden" id="hidtype"  value="a"/>
   </fieldset>
</div>
```

第 7 步，选择【插入】|【jQuery Mobile】|【文本】命令，在内容区域插入单行文本框，修改文本框的 ID 值，以及<label>标签的 for 属性值，绑定标签和文本框，设置<label>标签包含的字符为“标题：”，完成后的代码如下。

```
<div data-role="fieldcontain">
   <label for="txt-title">标题:</label>
   <input type="text" name="txt-title" id="txt-title" value=""  />
</div>
```

第 8 步，选择【插入】|【jQuery Mobile】|【文本区域】命令，在内容区域插入多行文本框，修改文本区域的 ID 值，以及<label>标签的 for 属性值，绑定标签和文本区域，设置<label>标签包含的字符为“正文：”，完成后的代码如下。

```
<div data-role="fieldcontain">
    <label for="txta-content">正文:</label>
    <textarea name="txta-content" id="txta-content"></textarea>
</div>
```

第 9 步，为标题栏和页脚栏添加 data-position="fixed"属性，定义标题栏和页脚栏固定在页面顶部和底部显示，同时修改标题栏的标题为“增加记事”。选择【插入】|【图像】|【图像】命令，在标题栏的标题标签中插入一个图标 images/write.png，设置类样式为 class="h_icon"。

第 10 步，选择【插入】|【jQuery Mobile】|【按钮】命令，打开【按钮】对话框，设置如图 17.80 所示，单击【确定】按钮，在标题栏插入两个按钮。然后在代码中修改按钮的标签字符和属性，设置第一个按钮的字符为“返回”，标签图标为 data-icon="back"，链接地址为 href="JavaScript:"，第二个按钮的字符为“保存”，链接地址为"JavaScript:"，完整代码如下所示。

```
<div data-role="header" data-position="fixed" data-position="inline">
    <h2><img src="images/write.png" class="h_icon" alt=""/> 增加记事</h2>
    <a href="JavaScript:" data-ajax="false" data-role="button" data-icon="back" data-inline="true">返回</a>
    <a href="JavaScript:" data-role="button" data-icon="check" data-inline="true">保存</a>
</div>
```

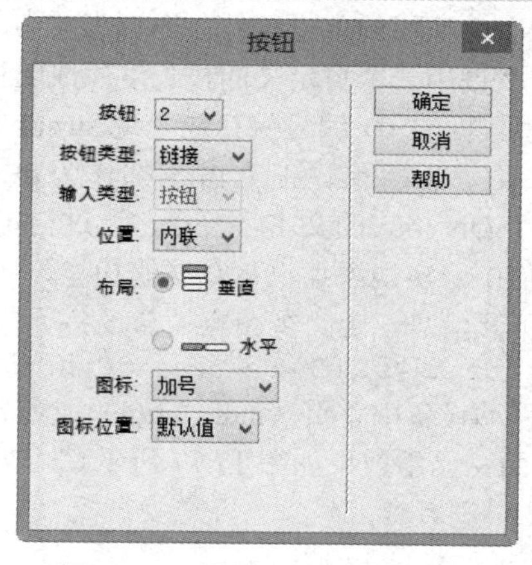

图 17.80 设置【按钮】对话框

第 11 步，打开 js/note.js 文档，在其中编写如下代码：

```
//增加页面创建事件
$("#addnote").live("pagecreate", function() {
    var $header = $(this).find('div[data-role="header"]');
    var $rdotype = $("input[type='radio']");
    var $hidtype = $("#hidtype");
    var $txttitle = $("#txt-title");
    var $txtacontent = $("#txta-content");
    $rdotype.bind("change", function() {
        $hidtype.val(this.value);
    });
    $header.delegate('a', 'click', function(e) {
```

```
        if ($txttitle.val().length > 0 && $txtacontent.val().length > 0) {
            var strnid = "note_" + RetRndNum(3);
            var notedata = new Object;
            notedata.nid = strnid;
            notedata.type = $hidtype.val();
            notedata.title = $txttitle.val();
            notedata.content = $txtacontent.val();
            notedata.date = new Date().valueOf();
            var jsonotedata = JSON.stringify(notedata);
            myNode.utils.setParam(strnid, jsonotedata);
            window.location.href = "list.html";
        }
    });
    function RetRndNum(n) {
        var strRnd = "";
        for (var intI = 0; intI < n; intI++) {
            strRnd += Math.floor(Math.random() * 10);
        }
        return strRnd;
    }
})
```

在上面代码中，先通过定义一些变量保存页面中的各元素对象，并设置单选按钮组的 change 事件。在该事件中，当单选按钮的选项中发生变化时，保存选项值的隐藏型元素值也将随之变化。然后，使用 delegate()方法添加标题栏右侧“保存”按钮的单击事件。在该事件中，先检测标题文本框和内容文本域的内容是否为空，如果不为空，那么调用一个自定义的按长度生成随机数的数，生成一个 3 位数的随机数字，并与 note 字符一起组成记事数据的 ID 编号保存在变量 strnid 中。最后，实例化一个新的 Object 对象，将记事数据的 ID 编号、类型、标题、正文内容都作为该对象的属性值赋值给对象，使用 JSON.stringify()方法将对象转换成 JSON 格式的文本字符串，通过自定义的 setParam()方法，保存在以记事数据的 ID 编号为键名的对应键值中，实现添加记事数据的功能。

第 12 步，在头部位置添加如下元信息，定义视图宽度与设备屏幕宽度保持一致。

```
<meta name="viewport" content="width=device-width,initial-scale=1" />
```

第 13 步，完成设计之后，在移动设备中首页（index.html）或列表页（list.html）中单击“写日记”按钮，则会跳转到 addnote.html 页面，显示效果如图 17.77 所示。

第 18 章　设计动态网站（上）

动态网站涉及的知识面广，需要用户掌握网页制作、数据库设计、服务器环境搭配、服务器行为设计等。Dreamweaver 提供了强大的动态网站开发、测试、上传和维护等功能，降低了用户的学习和设计门槛。本章及第 19 章将以 ASP+Access 技术为基础介绍如何使用 Dreamweaver 设计动态网站。

【学习重点】

- 认识动态网页。
- 配置虚拟服务器。
- 定义本地站点和动态站点。
- 连接到数据库。
- 查询数据库。

18.1　认识动态网页

网页包括静态网页和动态网页两种类型，它们都使用 ASCII 字符进行编码，能够用记事本打开和编辑。两者的不同点如下：

- 扩展名不同。静态网页的扩展名一般为.htm 或.html，而动态网页的扩展名可以为.php 或.aspx 等。
- 解析方式不同。静态网页可以直接在浏览器中打开和浏览，动态网页必须在服务器上执行，生成静态网页后，在客户端浏览器中显示。

动态网页的执行原理示意图如图 18.1 所示。

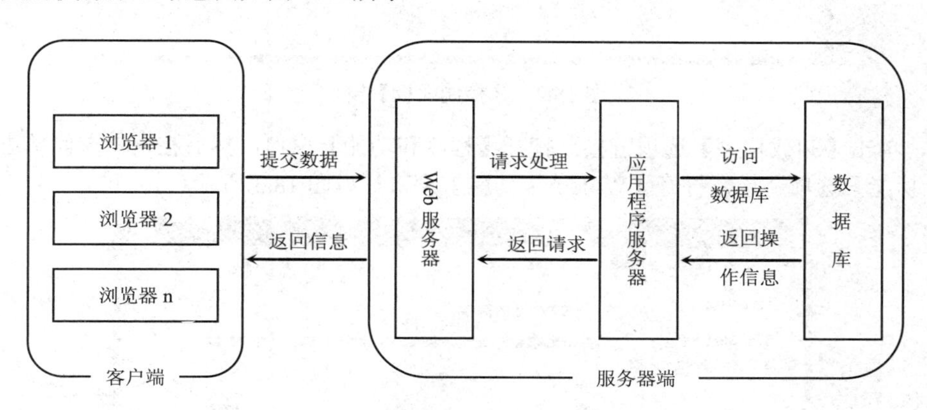

图 18.1　动态网页工作原理示意图

在上面的示意图中，客户端浏览器首先向服务器提交表单或URL地址参数，提出服务请求。Web服务器接到用户请求后进行处理。如果需要访问数据库，查询或操作数据，则需要提交SQL查询或操作字符串给数据库管理系统。然后从数据库中获取查询记录或操作信息。最后服务器把处理的结果生成静态网页响应给客户端浏览器。

常用的服务器技术包括 ASP、ASPX 或 PHP 等，在服务器上运行的代码称为服务器端脚本。在 Dreamweaver 中，服务器端脚本称作服务器行为。

18.2 搭建服务器环境

下面介绍如何在 Windows 操作系统下配置 ASP 服务器环境，操作版本为 Windows 8。

扫一扫，看视频

18.2.1 重点演练：安装 IIS

IIS 是互联网信息服务英文 Internet Information Service 首字母的缩写，作为附属的 Web 服务组件，Windows 操作系统提供了 IIS 组件，但是部分 Windows 版本需要手动安装。下面以 Windows 8 版本为例介绍 IIS 组件的安装方法。

【操作步骤】

第 1 步，在桌面右下角右击【开始】图标，从弹出的【开始】菜单中选择【控制面板】菜单命令，打开【控制面板】窗口，如图 18.2 所示。

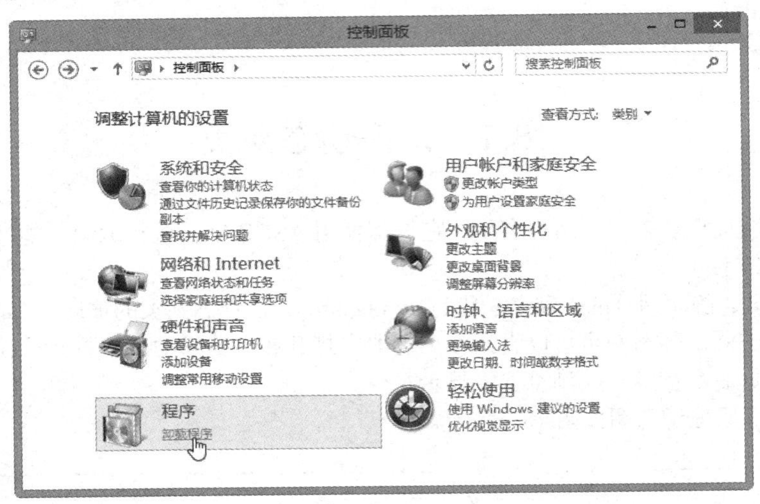

图 18.2 【控制面板】窗口

第 2 步，单击【卸载程序】选项链接，打开【程序和功能】窗口，然后在窗口左侧单击【启用或关闭 Windows 功能】选项链接，打开【Windows 功能】窗口，如图 18.3 所示。

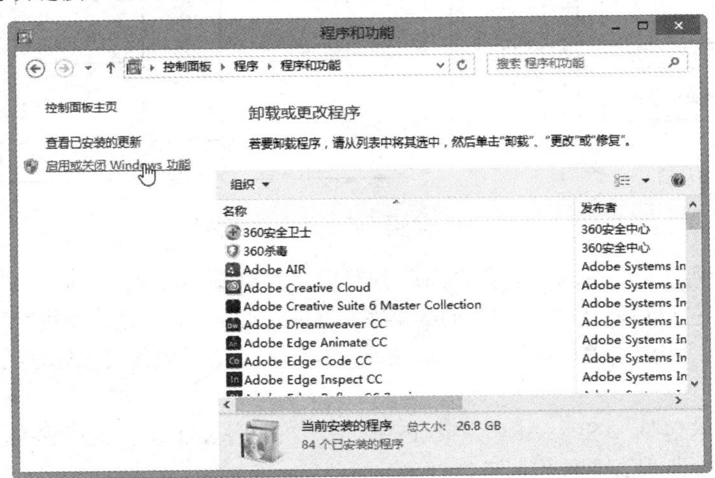

图 18.3 【程序和功能】窗口

第 3 步，在【Windows 功能】窗口选中【Internet 信息服务】选项，可以单击展开下拉列表，查看并选择 IIS 所有包含的组件，如图 18.4 所示。在图中可以勾选主要服务组件。

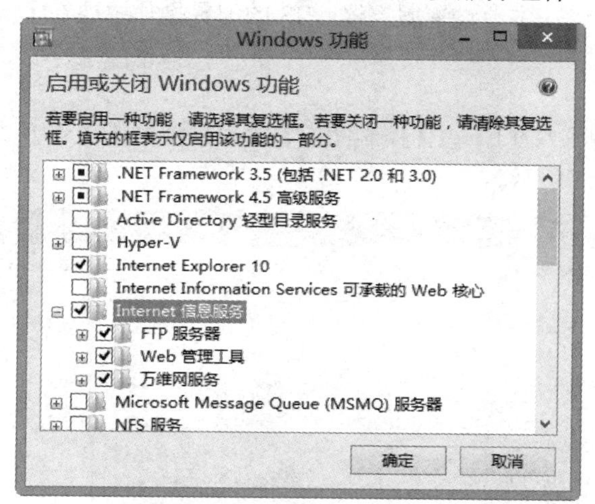

图 18.4　设置【Windows 功能】窗口

第 4 步，单击【确定】按钮，系统会自动安装，整个安装过程需等待几分钟时间，然后就可以完成 Internet 信息服务的安装。

第 5 步，安装完毕，启动 IE 浏览器，在地址栏中输入 http://localhost/，如果能够显示 IIS 欢迎界面，表示安装成功，如图 18.5 所示。

图 18.5　IIS8 欢迎界面

提示：

不同版本的 Windows 操作系统在安装成功后所显示的信息是不同的，但结果是一样的，均表明 IIS 已经安装成功。

扫一扫，看视频

18.2.2 重点演练：配置 IIS

IIS 安装成功之后，就可以在本地设置服务器。IIS 的配置操作主要在【Internet 信息服务（IIS）管理器】窗口中实现。

【操作步骤】

第 1 步，打开【控制面板】窗口，在【控制面板】窗口顶部的【查看方式】中单击【大图标】选项，以大图标形式显示，如图 18.6 所示。

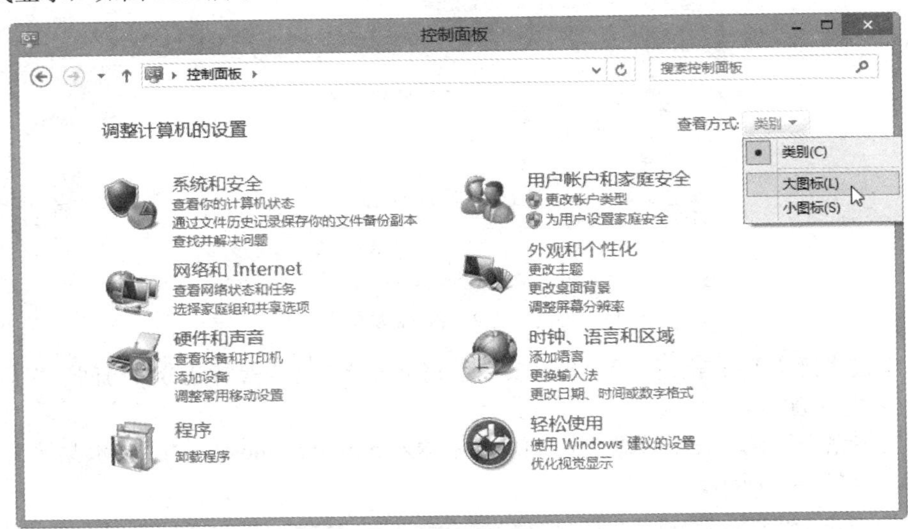

图 18.6 以大图标形式显示

第 2 步，在窗口列表中选择并单击【管理工具】项目，如图 18.7 所示。

图 18.7 选择【管理工具】项目

第 3 步，进入【管理工具】窗口，然后在其中单击【Internet 信息服务（IIS）管理器】选项，打开【Internet 信息服务（IIS）管理器】窗口，如图 18.8 所示。

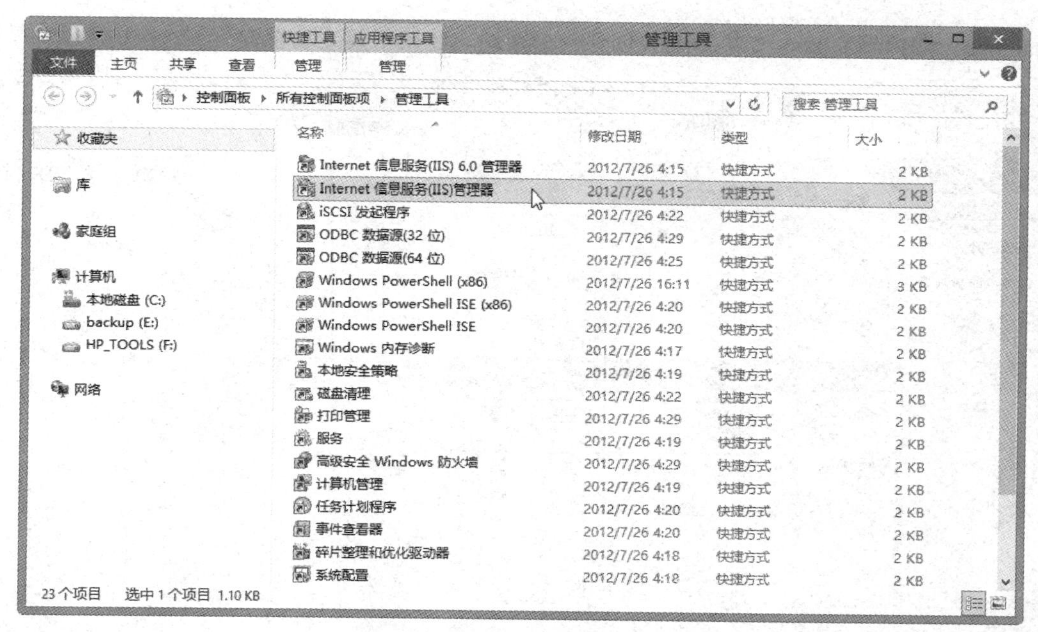

图 18.8　选择【Internet 信息服务（IIS）管理器】项目

第 4 步，打开【Internet 信息服务（IIS）管理器】窗口，在窗口左侧展开折叠菜单，选择“Default Web Site”，右边显示的是 Default Web Site 主页的内容，在其中可以配置各种服务器信息，如图 18.9 所示。

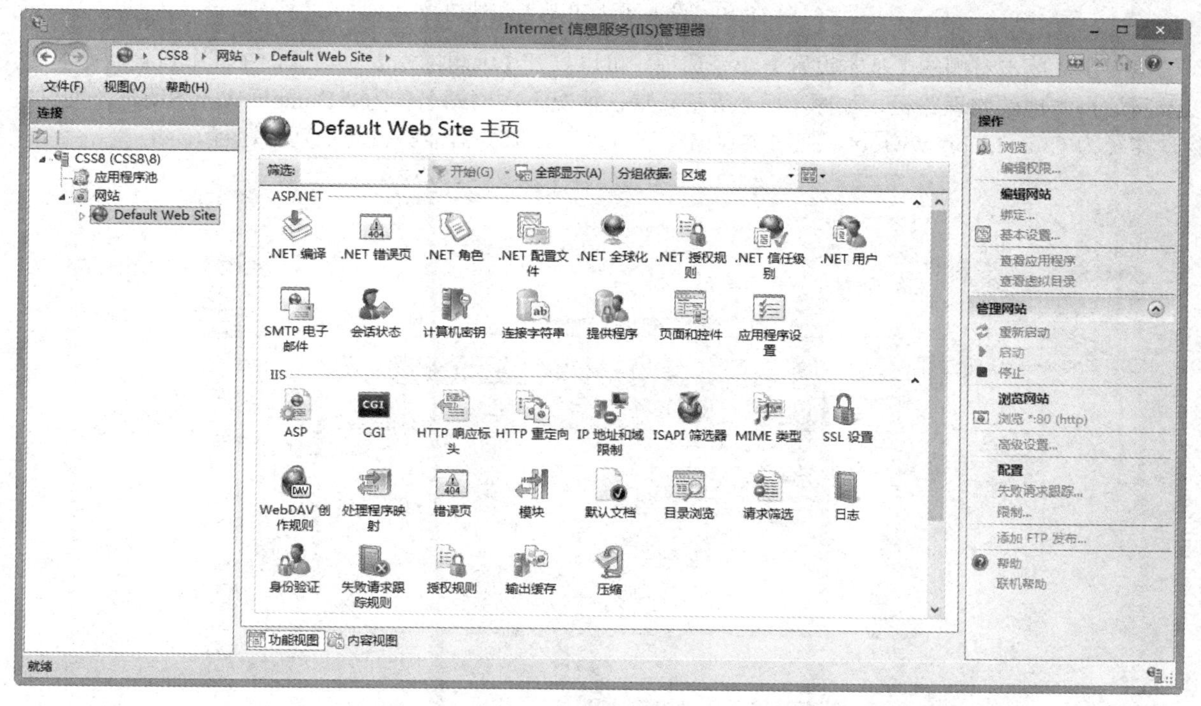

图 18.9　选择 Default Web Site 主页的内容

第 5 步，在窗口左侧选择 Default Web Site 选项，然后在右侧选项中单击【绑定】命令，弹出【网站绑定】对话框，在该对话框中可以设置网站的 IP 地址和端口。用户只需要单击【编辑】按钮，在打开的【编辑网站绑定】对话框中设置 IP 地址和端口号，如图 18.10 所示。默认状态下，本地 IP 地址为

http://localhost/，端口号为 80，如果本地仅创建一个网站，建议不要改动设置。

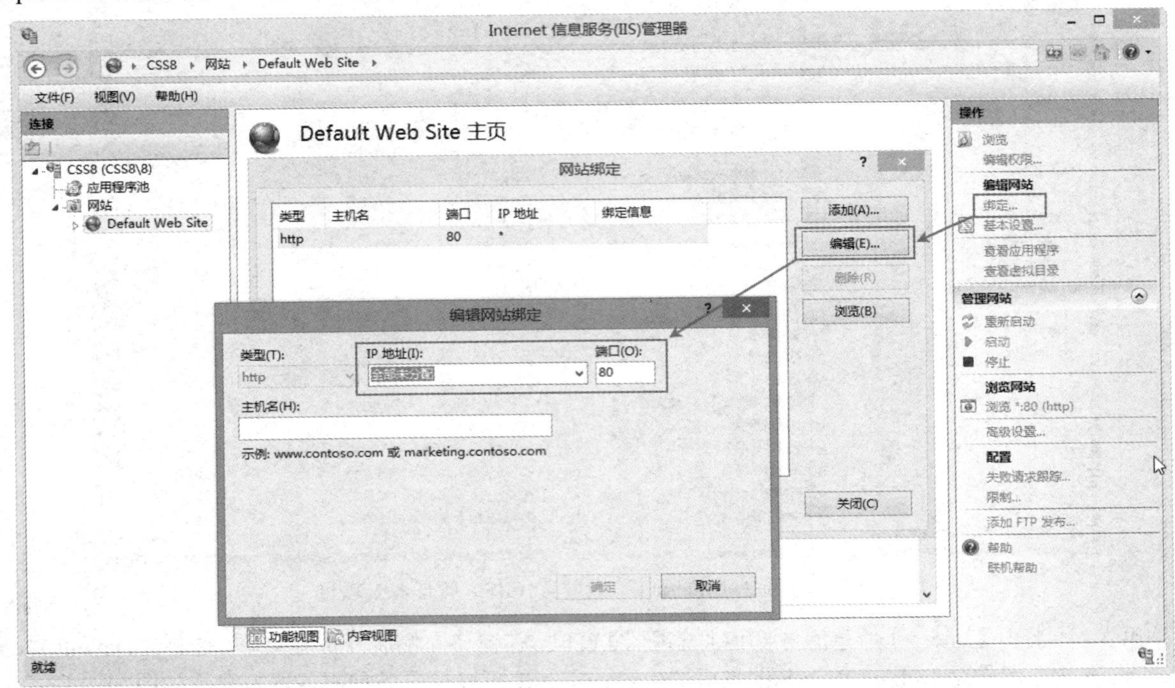

图 18.10　设置网站 IP 地址和端口号

第 6 步，单击右侧的【基本设置】命令选项，可以打开【编辑网站】对话框，在其中设置网站名称，以及网站在本地的物理路径，如图 18.11 所示。默认情况下，网站名称为“Default Web Site”，网站的物理路径为 C:\inetpub\wwwroot，把网页存储在该目录下，服务器能够自动识别并运行。

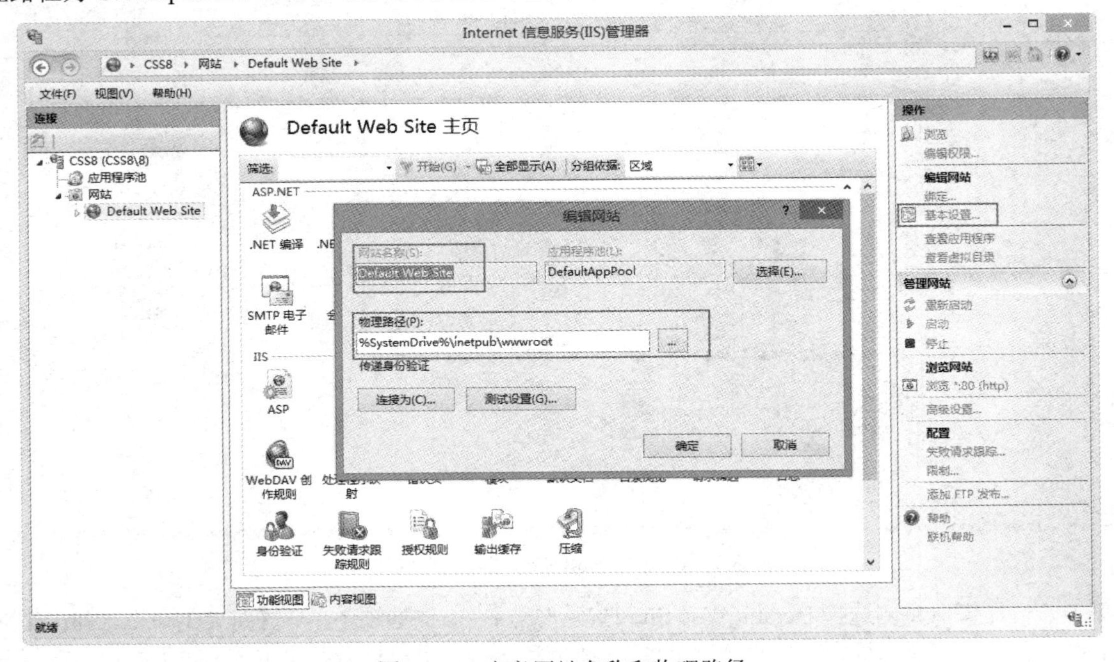

图 18.11　定义网站名称和物理路径

18.2.3　重点演练：定义虚拟目录

安装 IIS 组件之后，Windows 自动在系统盘的根目录下创建\Inetpub\wwwroot 主目录。用户把网站文件复制到 wwwroot 主目录下，就可以在浏览器中进行访问。但是这样不便于管理，也不安全，一般都要定义虚拟目录。虚拟目录就是把网站映射到本地系统其他目录下，而访问地址不变。

【操作步骤】

第 1 步，在上一节操作的基础上，右击窗口左侧的 Default Web Site 选项，从弹出的下拉菜单中选择【添加虚拟目录】菜单选项，如图 18.12 所示，创建一个虚拟网站目录。

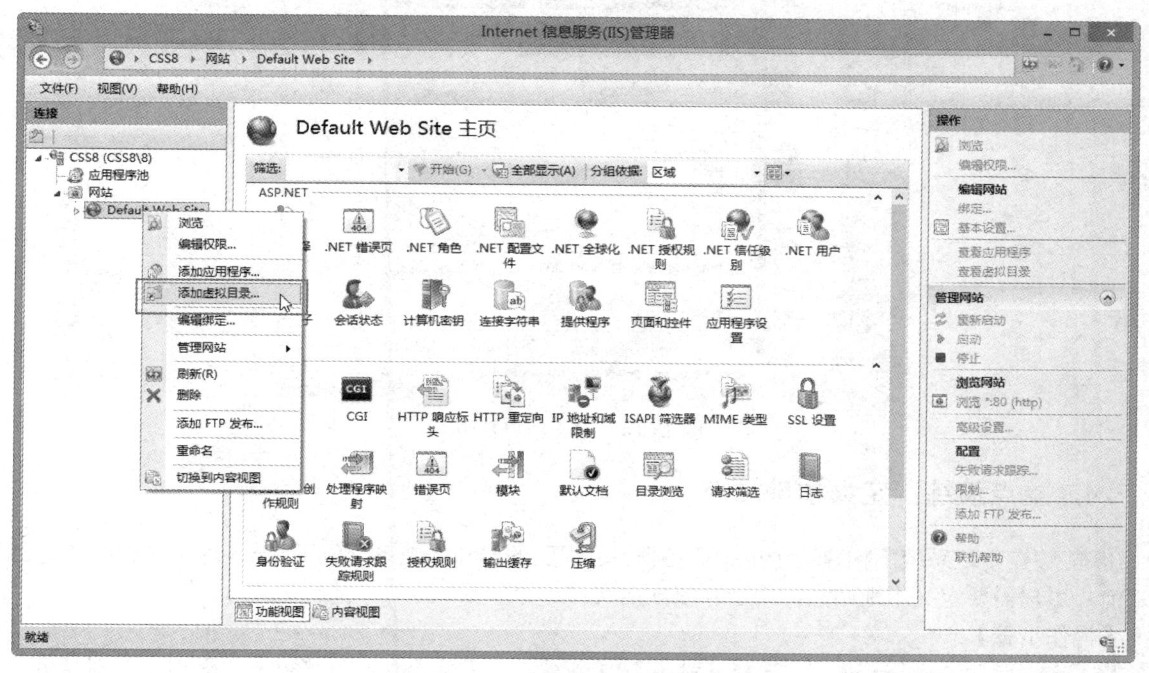

图 18.12　创建虚拟目录

第 2 步，在打开的【添加虚拟目录】对话框中设置虚拟网站的名称和本地路径，设置如图 18.13 所示。然后单击【确定】按钮完成本地虚拟服务器的设置操作。

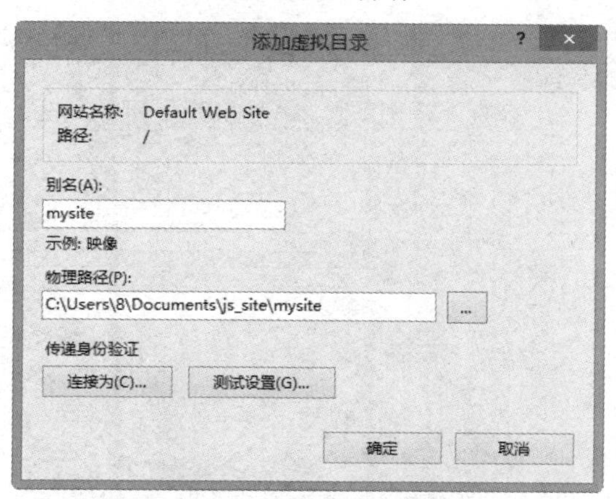

图 18.13　定义虚拟目录名称和路径

第 3 步，单击右侧的【编辑权限】命令选项，打开【mysite 属性】对话框，单击【安全】选项，切换至【安全】选项卡，在其中添加 Everyone 用户身份，在【Everyone 的权限】列表中勾选所有选项，允许任何访问用户都可以对网站进行读写操作，如图 18.14 所示。

图 18.14　定义用户权限

扫一扫，看视频

18.2.4　重点演练：定义本地站点

IIS 能够在本地系统上构建一个虚拟服务器。远程服务器和本地系统位于同一台计算机中，在正式开发之前，用户需要定义本地站点，用于存放本地文件。

【操作步骤】

第 1 步，启动 Dreamweaver，选择【站点】|【新建站点】命令，打开【站点设置对象】对话框。

第 2 步，在【站点名称】文本框中输入站点名称，如 test_site，在【本地站点文件夹】文本框中设置站点在本地文件中的存放路径，可以直接输入，也可以用鼠标单击右侧的【选择文件】按钮选择相应的文件夹，设置如图 18.15 所示。

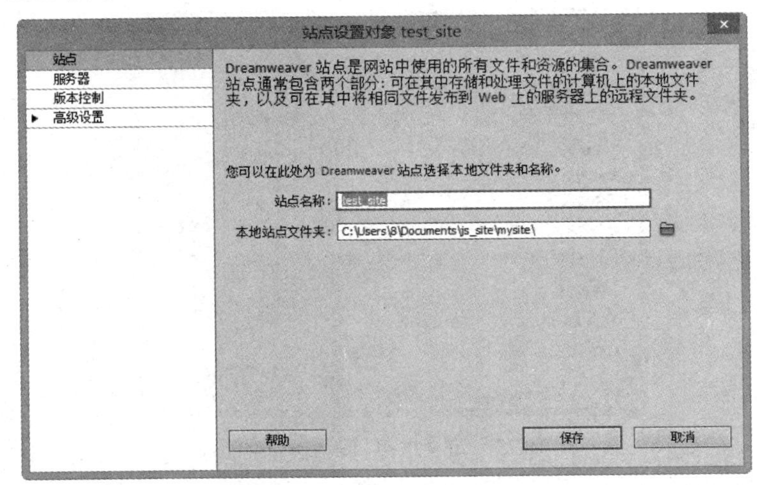

图 18.15　定义站点

第 3 步，单击【高级设置】选项卡，展开高级设置选项，在左侧的选项列表中单击【本地信息】选项。然后在【本地信息】对话框中设置本地信息，如图 18.16 所示。

- 【默认图像文件夹】文本框：设置默认的存放站点图片的文件夹。但是对于比较复杂的网站，图片往往不仅仅只存放在一个文件夹中，因此可以不输入。
- 【链接相对于】选项：定义 Dreamweaver 为站点内所有网页插入超链接时是采用相对路径还是绝对路径，如果希望采用相对路径，则可以勾选【文档】单选按钮，如果希望以绝对路径的形式定义超链接，则可以勾选【站点根目录】单选按钮。
- 【Web URL】文本框：输入网站的网址，该网址能够供链接检查器验证使用绝对地址的链接。在输入网址的时候需要输入完全网址，例如，http://localhost/mysite/。该选项只有在定义动态站点后才有效。
- 【区分大小写的链接检查】复选框：选中该复选框可以对链接的文件名称大小进行区分。
- 【启用缓存】复选框：选中该复选框可以创建缓存，以加快链接和站点管理任务的速度，建议用户要选中。

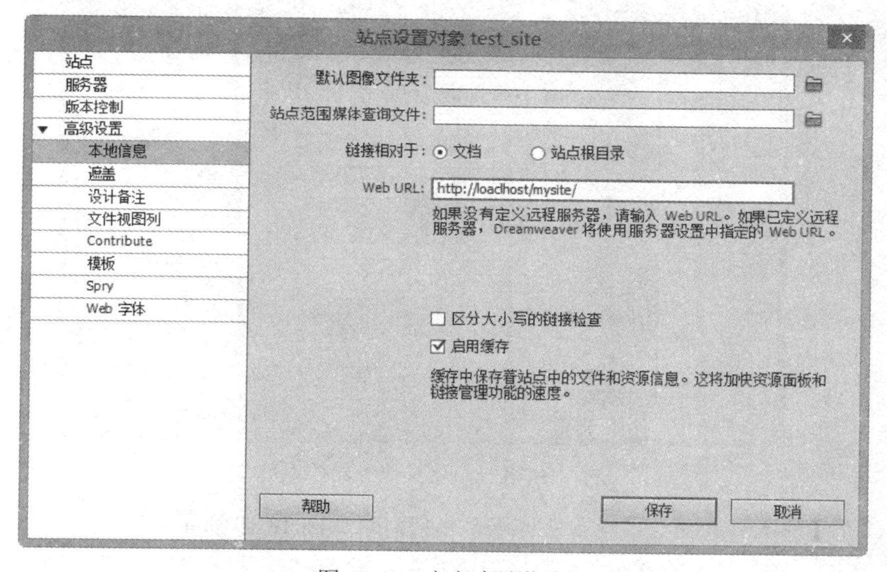

图 18.16　定义本地信息

18.2.5　重点演练：定义动态站点

扫一扫，看视频

下面介绍如何建立一个基于 ASP 技术、VBScript 脚本的动态网站，本章及后面章节的实例都是在这样的动态网站上测试、运行。

【操作步骤】

第 1 步，用户应先定义一个虚拟目录，用来作为服务器端应用程序的根目录，然后在本地计算机的其他硬盘中建立一个文件夹作为本地站点目录。建议两个文件夹名称最好相同。

第 2 步，在 Dreamweaver 中，选择【站点】|【新建站点】命令，打开【站点设置对象】对话框，单击【服务器】选项，切换到服务器设置面板。

第 3 步，在【服务器】选项面板中单击 + 按钮，如图 18.17 所示。显示增加服务器技术面板，在该面板中定义服务器技术，如图 18.18 所示。

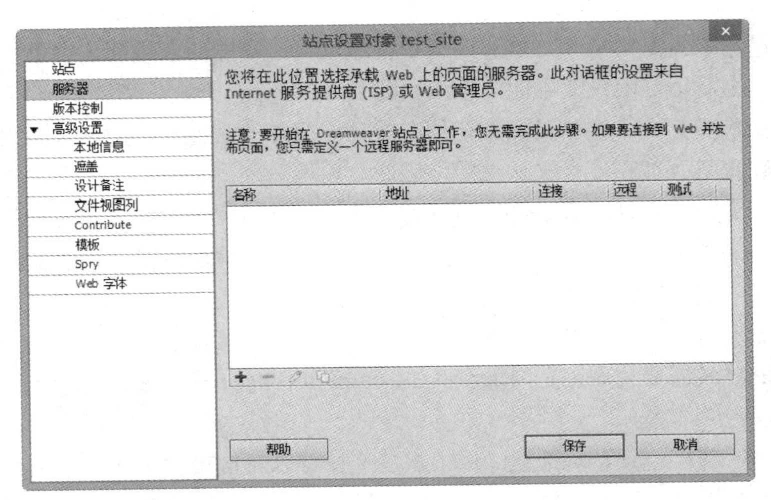

图 18.17　增加服务器技术

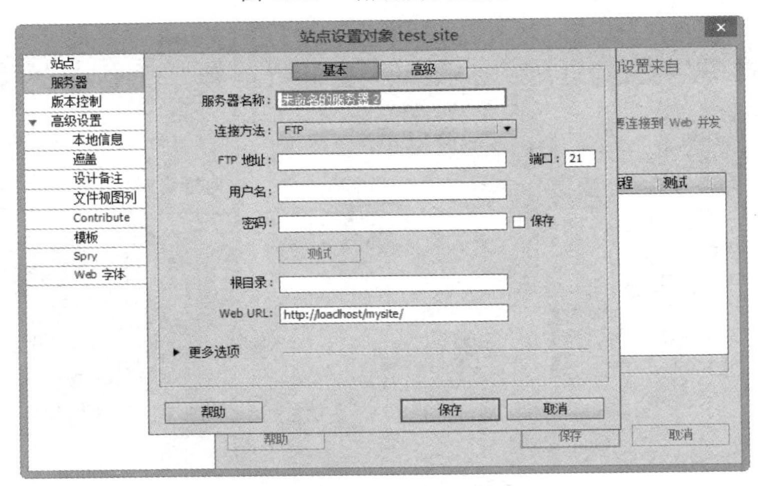

图 18.18　定义服务器技术

第 4 步，在【基本】选项卡中设置服务器基本信息，如图 18.19 所示。

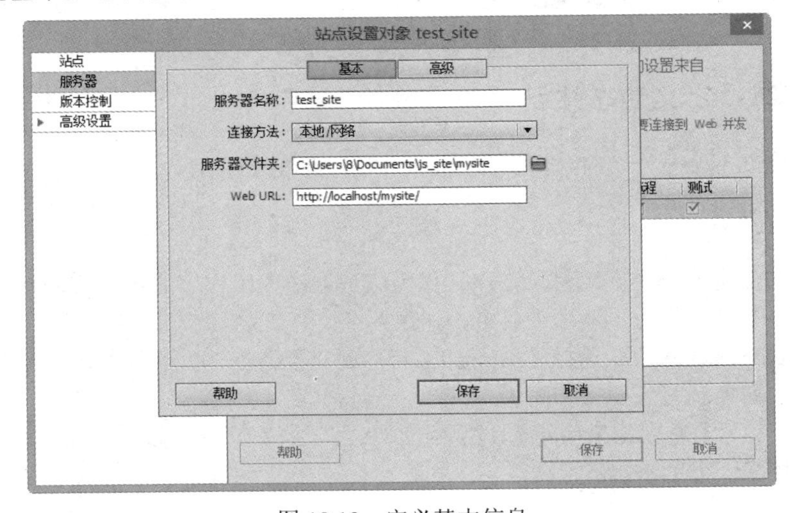

图 18.19　定义基本信息

（1）在【服务器名称】文本框中输入站点名称，如“test_site”。

（2）在【连接方法】下拉列表框中选择【本地/网络】选项，实现在本地虚拟服务器中建立远程连接，也就是说设置远程服务器类型为在本地计算机上运行网页服务器。

（3）在【服务器文件夹】文本框中设置站点在服务器端的存放路径，可以直接输入，也可以用鼠标单击右侧的【选择文件】按钮选择相应的文件夹。为了方便管理，可以把本地文件夹和远程文件夹设置相同的路径。

（4）在【Web URL】文本框中输入 HTTP 前缀地址，该选项必须准确设置，因为 Dreamweaver 将使用这个地址确保根目录被上传到远程服务器上是有效的。

例如，本地目录为 D:\mysite\，本地虚拟目录为 mysite，在本地站点中根目录就是 mysite；如果网站本地测试成功之后，准备使用 Dreamweaver 把站点上传到 http://www.mysite.com/news/目录中，此时远程目录中的根目录就为 news 了，如果此时在【HTTP 地址】地址中输入“http://www.mysite.com/news/”，则 Dreamweaver 会自动把本地根目录 mysite 转换为远程根目录 news。

第 5 步，在【站点设置对象】对话框中选择【高级】选项卡，设置服务器的其他信息，如图 18.20 所示。

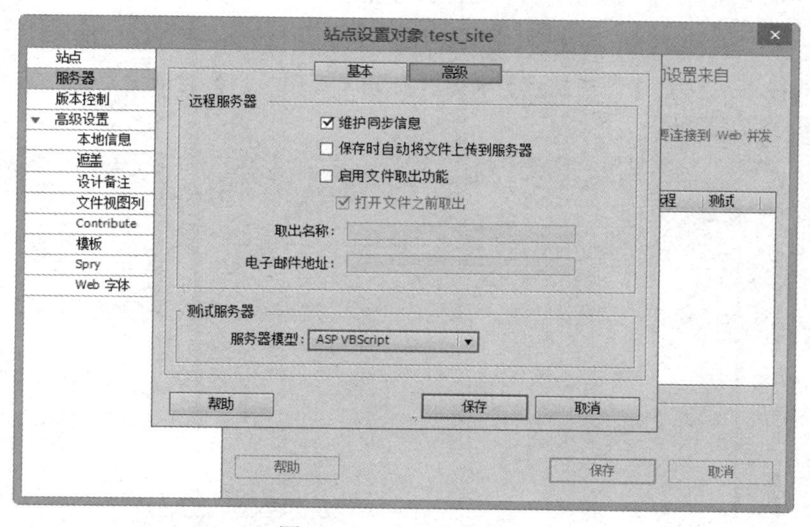

图 18.20　定义高级信息

在【服务器模型】下拉列表中选择 ASP VBScript 技术。

在【远程服务器】选项区域，还可以设置各种协助功能，详细说明如下：

- 勾选【维护同步信息】复选框，可以确保本地信息与远程信息同步更新。
- 勾选【保存时自动将文件上传到服务器】复选框，可以确保在本地保存网站文件时，会自动把保存的文件上传到远程服务器。
- 勾选【启用文件取出功能】复选框，则在编辑远程服务器上的文件时，Dreamweaver 会自动锁定服务器端的该文件，禁止其他用户再编辑该文件，防止同步操作可能会引发的冲突。
- 在【取出名称】和【电子邮件地址】文本框中输入用户的名称和电子邮件地址，确保网站团队内部即时进行通信，相互沟通。

第 6 步，设置完毕，单击【保存】按钮，返回【站点设置】对话框，这样就可建立一个动态网站，如图 18.21 所示。此时如果选中新定义的服务器，则可以单击下面的【编辑】按钮重新设置服务器选项。当然也可以单击【删除】按钮删除该服务器，或者单击【增加】按钮再定义一个服务器。单击【复制】按钮 复制选中的服务器。

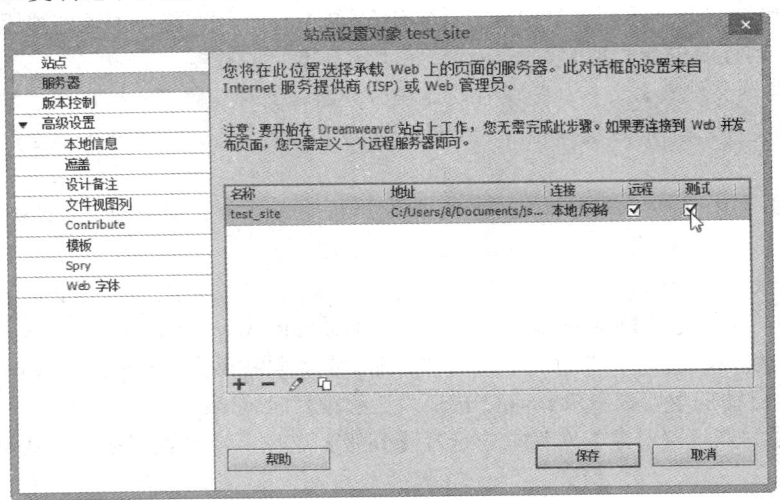

图 18.21　定义用户权限

第 7 步，选择【站点】|【管理站点】命令，打开【管理站点】对话框，用户就可以看见刚刚建立的动态站点，如图 18.22 所示。

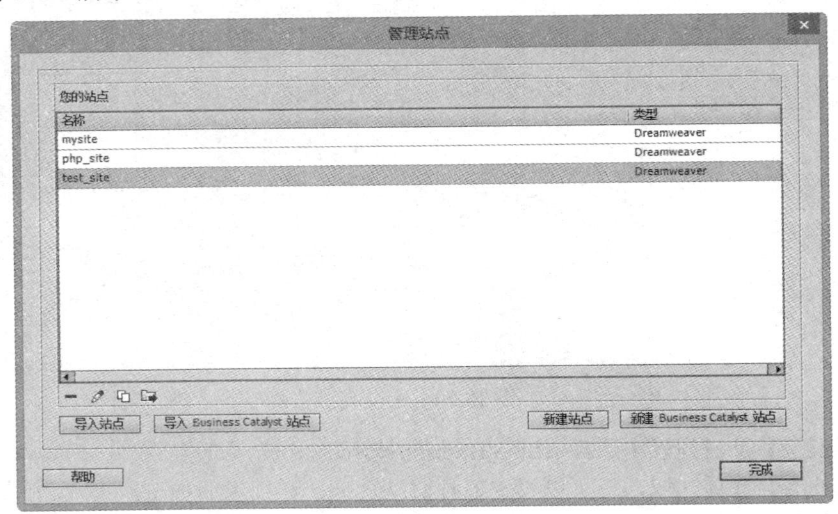

图 18.22　定义的站点

第 8 步，选择【窗口】|【文件】命令，或者按 F8 键，打开【文件】面板。单击【文件】下拉列表右侧的按钮，在打开的下拉列表中选择刚建立的 test_site 动态网站，这时就可以打开 test_site 站点，如图 18.23 所示。

图 18.23　启动站点

注意：

ASP 动态网页的扩展名为.asp，不正确的扩展名会导致服务器无法正确解析。

扫一扫，看视频

18.2.6　重点演练：测试本地站点

下面来测试一下服务器是否正常运行。

【操作步骤】

第 1 步，选择【窗口】|【文件】菜单选项，打开【文件】面板。

第 2 步，在面板中单击右键，从弹出的快捷菜单中选择【新建文件】选项，即可在当前站点的根目录下新建一个 untitled.asp，重命名为 index.asp。

第 3 步，双击打开该文件，切换到【代码】视图。

第 4 步，输入下面一行代码，该代码表示输出显示一行字符串。

```
<%="<h2>Hello world!</h2>"%>
```

第 5 步，按 F12 键预览文件，则 Dreamweaver 提示是否要保存并上传文件。选择【是】按钮，如果远程目录中已存在该文件，则 Dreamweaver 还会提示是否覆盖该文件。

第 6 步，Dreamweaver 将打开默认的浏览器（如 IE）显示预览效果，如图 18.24 所示。实际上在浏览器地址栏中直接输入 http://localhost/mysite/index.asp 或 http://localhost/mysite，按 Enter 键确认，这时在浏览器窗口中也会打开该页面。这时说明本地站点测试成功，服务器运转正常。

图 18.24　测试网页

提示：

如果无法正确访问，注意服务器的端口号，默认为 80，可以省略，为了避免与其他服务器发生冲突，IIS 可能使用其他端口号，这个可以在【Internet 信息服务（IIS）管理器】窗口进行配置，这时就不能够省略端口号，如 http://localhost:8080/mysite/。

18.3　连接到数据库

动态网站一般都需要数据库的支持，数据库存储网站所有需要动态显示的内容，以及网站配置信息等。数据库种类繁多，对于初学者来说，建议选用简单、易用的 Access 数据库进行学习和上机练习，ASP+Access 是学习动态网页设计最佳的入门级搭档。

18.3.1　案例：设计留言板数据库

扫一扫，看视频

下面以留言板数据库为例，介绍如何创建一个新的数据库。

（1）明确目的。

- 留言板是否建立管理和审核机制。
- 留言交互性。

（2）确定数据表。

- 管理表：存储管理登录信息。
- 留言表：存储留言信息。

（3）确定字段信息。

在上述相关的表中，可以初步确定必要的字段信息。习惯上，每个表都可人为设定一个关键字段。在留言表中，它的主关键字段是由多个字段组成的，如留言编号、标题、留言内容等，如图 18.25 所示。

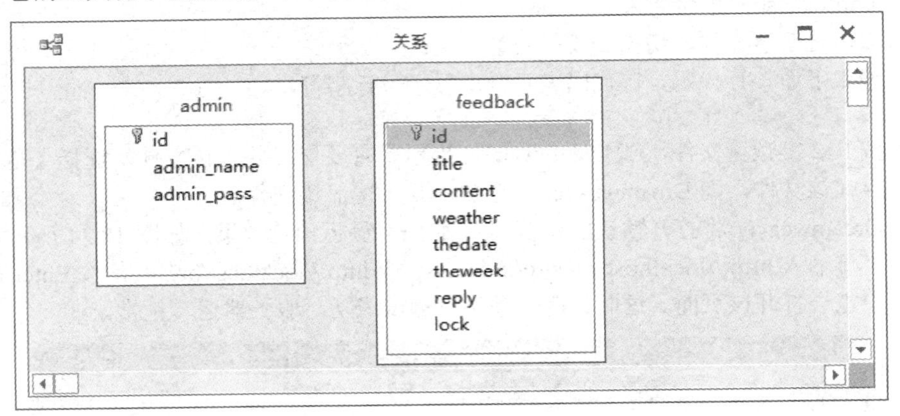

图 18.25 设计数据表结构

（4）确定表间关系。

要建立两个表之间的关系，可以把其中一个表的主关键字段添加到另一个表中，使两个表都有该字段。但是在本示例中不需要确定表间关系，可以省略。

（5）改进设计。

图 18.25 中每个表的字段设置可以进一步完善和改进，甚至可以建立不同于初步设计时的新表来完成。如有需要，为了进行留言优化、交互等字段，还可以设计用户表等。

下面就在 Access 2013 中完成留言板的数据库设计操作。

【操作步骤】

第 1 步，新建数据库，保存为 feedback.mdb。建立数据库的方法有多种，可以利用 Access 2013 现有的模板，也可以建立空白数据库。选择建立空数据库，其中的各类对象暂时没有数据，而是在以后的操作过程中根据需要逐步建立。

第 2 步，建立空的数据库之后，即可向数据库中添加对象，其中最基本的是表。简单表的创建有多种方法：使用向导、设计器、通过输入数据都可以建立表。最简单的方法是使用表向导，它提供了一些模板。

第 3 步，在本示例数据库 feedback.mdb 中包含两个数据表：admin 和 feedback。admin 表用来记录用户登录信息，包括用户名和密码。该表的数据结构设计如表 18.1 所示。

表 18.1 admin 表字段列表

字段	类型	字段大小	必填字段	允许空字符串	说明
id	自动编号	—	—	—	自动编号
admin_name	文本	100	是	否	用户名
admin_pass	文本	200	是	否	密码

第 4 步，admin 表在 Access 中实现如图 18.26 所示。

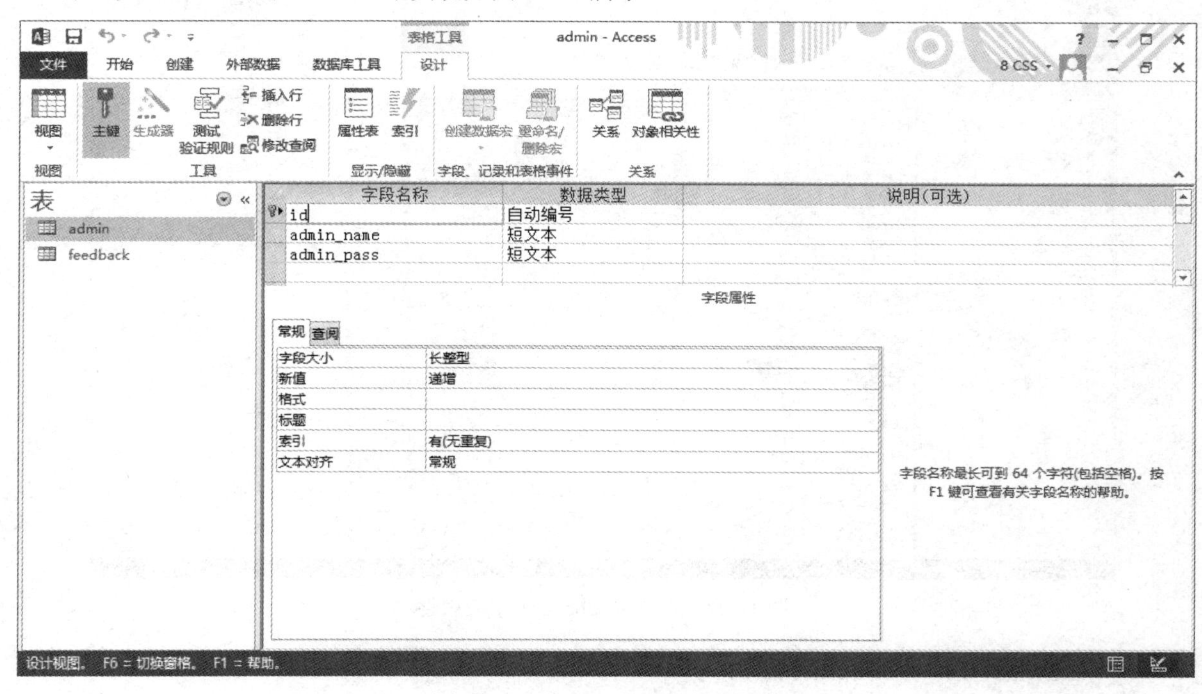

图 18.26　设置 admin 表字段属性

设置 id 字段为主键，方法是：右击 id 字段左侧的边框，在快捷菜单中选择【主键】命令即可。最后，在 admin 表中输入用户名为 admin，密码为 admin。

第 5 步，feedback 表主要存储用户留言内容，该表的数据结构设计如表 18.2 所示。

表 18.2　feedback 表字段说明

字段	类型	字段大小	必填字段	允许空字符串	说明
id	自动编号	—	—	—	自动编号
title	文本	200	是	否	留言标题
content	备注	—	是	否	留言内容
weather	文本	50	是	否	当天天气
date	日期/时间	—	是	否	发表日期
week	文本	50	是	否	星期

第 6 步，feedback 表在 Access 中实现如图 18.27 所示。由于 date 字段是日期/时间类型数据，可以在【默认值】中输入内置函数 Date()。该函数实现当增加一条记录时，如果不明确指明该字段的日期，系统就会自动以当前日期填写该字段。

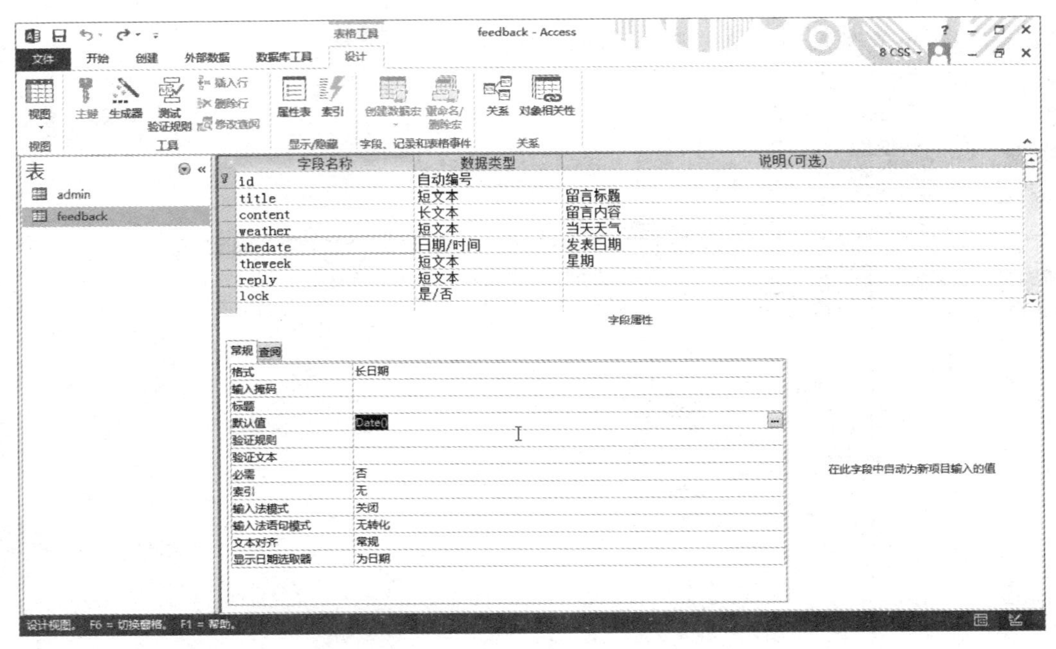

图 18.27　设置 feedback 表字段属性

扫一扫，看视频

18.3.2　重点演练：安装服务器行为

在默认状态下，Dreamweaver CC 不再支持服务器行为操作模块，读者需要手动安装。安装的方法有两种：

- 在 Dreamweaver CC 安装目录下，找到 Adobe Dreamweaver CC\configuration\DisabledFeatures 子目录中的 Deprecated_ServerBehaviorsPanel_Support.zxp 文件，双击并安装该模块。安装该模块前需要安装 Adobe Extension Manager CC 软件，该软件是 Adobe 扩展管理中心。
- 在 Dreamweaver CC 中选择【窗口】|【扩展】|【Adobe Exchange】菜单命令，在打开的【Adobe Exchange】面板中找到 Server Behavior & Database 选项，并按要求安装即可，如图 18.28 所示。

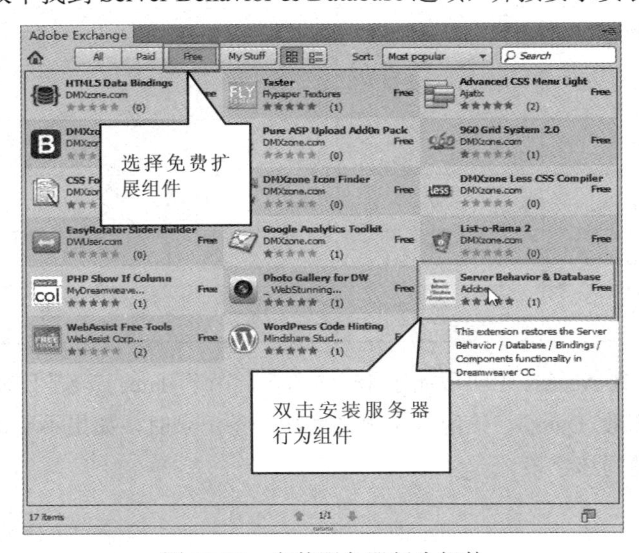

图 18.28　安装服务器行为组件

提示：

Dreamweaver CS6 版本对服务器行为的支持是最完善的，如果有条件，建议读者在本地系统中同时安装 Dreamweaver CS6 和 Dreamweaver CC。在 Dreamweaver CS6 下设计动态网页会更稳定，本章及后面一章将以 Dreamweaver CS6 为操作工具进行介绍。

扫一扫，看视频

18.3.3　认识连接字符串

连接数据库的方法有两种：使用 DSN、自定义连接字符串。自定义连接字符串是最常用的数据库连接方式，与 DSN 方式连接数据源相比，自定义连接字符串建立与数据库连接的适应性和灵活性更强。

自定义连接字符串是一组包含参数信息的普通文本字符串，该字符串提供了 Web 应用程序连接到数据库所需要的全部信息，如数据库驱动程序或提供程序、数据库的物理路径、用户名和密码等。参数由属性和属性值成对组成，参数之间通过分号分隔。例如：

```
Provider=SQLOLEDB;Server=zhu;Database=Northwind;UID=zhu;PWD=2008
```

这个自定义连接字符串将创建与位于 zhu 服务器上名为 Northwind 的 SQL Server 数据库的连接，连接提供程序由 OLE DB 负责。注意属性对中等号（=）的左右并不包含空格。

上面自定义连接字符串由 5 组属性对（即 5 个参数）组成，这些参数提供了连接 SQL Server 数据库所需要的全部信息。其中 Provider 参数设置 OLE DB 提供程序，Server 参数设置服务器的名称，Database 参数用来设置具体连接的数据库名称，UID 参数设置数据库访问的用户名，PWD 参数用来设置数据库访问的用户密码。

【示例】　自定义连接字符串本身不能自动工作，它需要传递给 ADO 组件中的数据库操作对象。例如，把自定义连接字符串传递给 ADO 组件的 Connection 对象以实现定义数据库连接：

```
<%
'创建 Connection 对象
Set cnn = Server.CreateObject("ADODB.Connection")
'使用 OLE DB 自定义连接字符串打开数据库连接
cnn.Open "Provider=SQLOLEDB;Server=zhu;Database=Northwind;UID=zhu;PWD=2000"
%>
```

ADO 组件提供了 Connection 对象，该对象可以打开和关闭数据库连接，并发布对更新信息的查询。要建立数据库连接，首先必须创建 Connection 对象实例，接着使用该对象的 Open 方法引用自定义连接字符串直接打开指定数据库的连接。

扫一扫，看视频

18.3.4　重点演练：连接到数据库

留言板数据库存放在站点 database 目录下（database/feedback.mdb），下面介绍如何使用 Dreamweaver 快速连接到留言数据库。

本示例主要通过【数据库】面板定义自定义连接字符串，以实现与 Access 类型的数据库建立连接。

【操作步骤】

第 1 步，启动 Dreamweaver，在【文件】面板中切换到已定义的动态站点，打开一个 ASP 动态页面，然后选择【窗口】|【数据库】菜单命令，打开【数据库】面板。

第 2 步，在【数据库】面板顶部单击加号按钮（+），在弹出的下拉菜单中选择【自定义连接字符串】选项，打开【自定义连接字符串】对话框，如图 18.29 所示。

第 3 步，在【连接名称】文本框中输入数据库连接的名称，如 conn。再在【连接字符串】文本框中输入自定义连接字符串。例如，数据库 feedback.mdb 位于 mysite 站点根目录下的 database 文件夹中。

- 如果使用 OLE DB 提供程序进行连接，则自定义连接字符串如下：

```
    "Provider=Microsoft.Jet.OLEDB.4.0;Data
Source="&Server.MapPath("database/feedback.mdb")
```

- 如果使用 ODBC 驱动程序进行连接，则自定义连接字符串如下：

```
"Driver={Microsoft Access Driver
(*.mdb)};DBQ="&Server.MapPath("database/ eedback. db")
```

第 4 步，确保在【Dreamweaver 应连接】单选按钮组中选中【使用测试服务器上的驱动程序】单选按钮。

第 5 步，单击【测试】按钮测试数据库连接是否成功，如果弹出如图 18.30 所示的对话框，则说明连接成功。

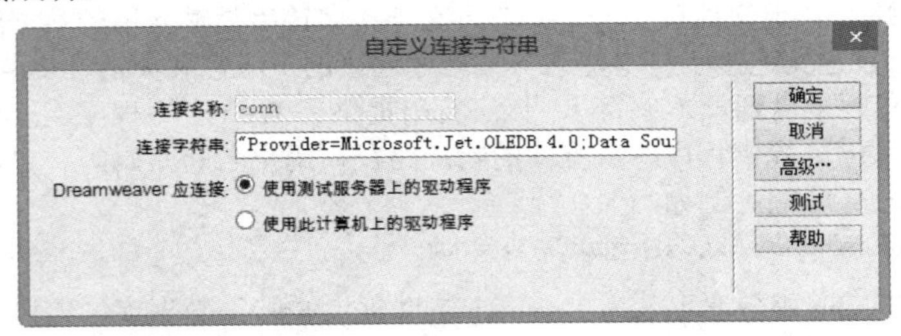

图 18.29 【自定义连接字符串】对话框

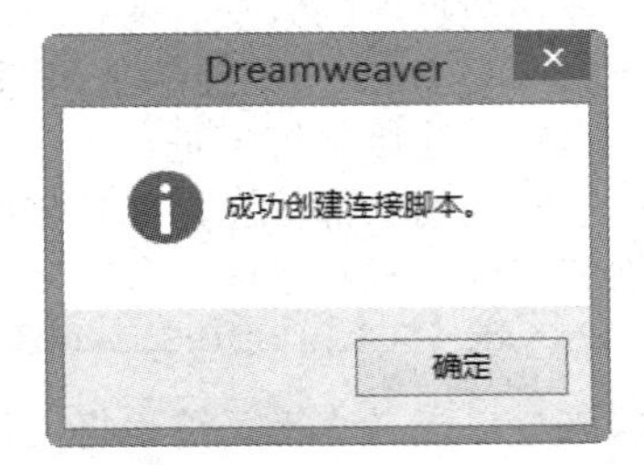

图 18.30 测试成功

提示：

如果按上述方法进行操作，但单击【测试】按钮测试失败，说明数据库连接是正确的，但 Dreamweaver 不会支持可视化定义服务器行为。

如果能够可视化定义 Dreamweaver 服务器行为，用户可以把数据库的相对地址复制到临时文件夹 _mmServerScripts 中，如 Database/northwind.mdb。_mmServerScripts 文件夹是由 Dreamweaver 自动生成的，上传到远程服务器上时可以删除，不会影响到应用程序的执行。

第 6 步，如果在【Dreamweaver 应连接】单选按钮组中选中【使用此计算机上的驱动程序】单选按钮，则必须保证在【连接字符串】文本框中输入完整的物理路径，而不能使用 Server.MapPath 方法进行转换。例如，可以输入如下代码：

```
"Provider=Microsoft.Jet.OLEDB.4.0;Data Source=C:\Documents and Settings\zhu\My Documents\mysite\database\feedback.mdb"
```

或者

```
"Driver={Microsoft Access Driver (*.mdb)};DBQ= C:\Documents and Settings\zhu\My Documents\mysite\database\feedback.mdb"
```

第 7 步，确保测试成功，然后单击【确定】按钮完成设置，这时就会在【数据库】面板中显示刚定义的数据库连接名称 conn。

扫一扫，看视频

18.3.5 重点演练：编辑数据库连接

在同一个动态站点内可以定义多个数据库连接，如图 18.31 所示。这样可以方便用户在页面中有选择地进行数据库连接操作，或者在同一个页面内与多个数据库建立连接关系。

选中一个已定义的数据库连接，单击【数据库】面板顶部的减号按钮（⊟），可以删除这个数据库连接。

双击【数据库】面板中某个数据库连接，会打开【数据源名称（DSN）】对话框（使用数据源名称定义的数据库连接）或者【自定义连接字符串】对话框（使用自定义连接字符串定义的数据库连接）。在打开的对话框中修改已经定义的数据库连接的数

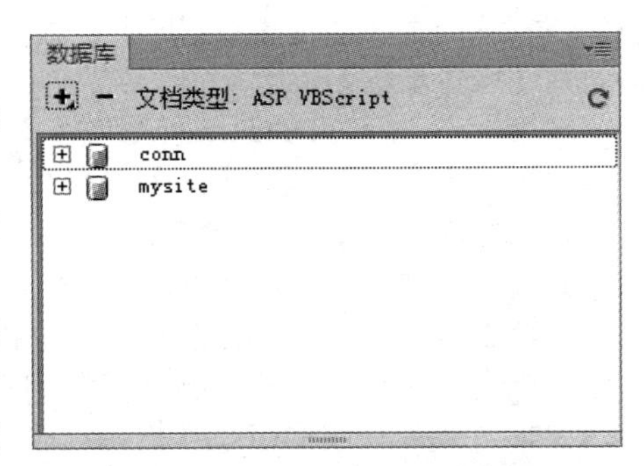

图 18.31 定义多个数据库连接

据源、用户名和密码，以及数据库连接的位置。

在【数据库】面板中拖动某个数据库连接到打开的动态页面中，Dreamweaver 会自动将当前数据库连接文件包含进文档页面中。例如，拖动 conn 数据库连接到页面中，则会自动生成如下代码。

```
<!--#include file="Connections/conn.asp" -->
```

定义数据库连接之后，可以在【数据库】面板中查看当前连接的数据库结构。

- 单击数据库连接前面的折叠图标（⊞），Dreamweaver 会展开数据库连接，显示当前连接下的表、视图和预存过程，如图 18.32 所示。
- 单击表右侧的折叠图标（⊞），Dreamweaver 会展开数据库中定义的全部数据表名称。
- 单击某个具体的表右侧的折叠图标（⊞），Dreamweaver 会展开该表，显示表中定义的所有字段的名称、数据类型和字段大小等数据结构的核心信息，如图 18.33 所示。

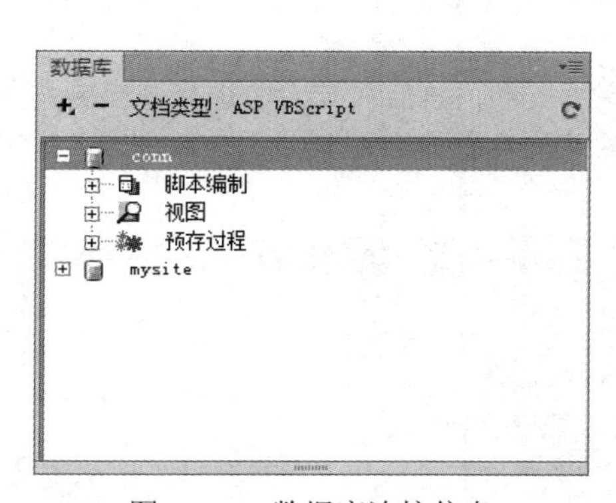

图 18.32　数据库连接信息

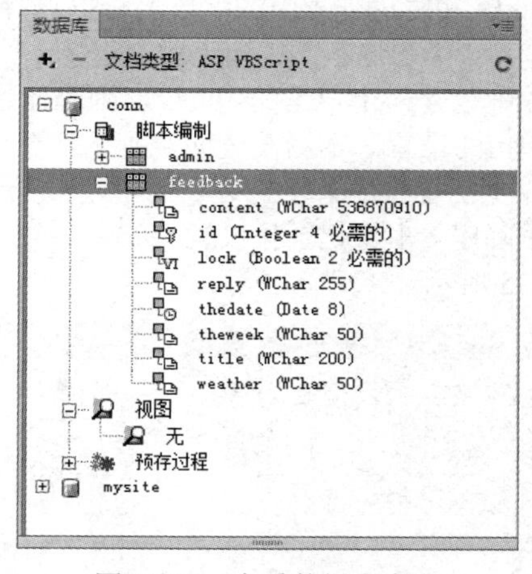

图 18.33　查看数据表字段

在展开的表的字段列表中，左侧图标可以显示字段的数据类型。例如，在以 DSN 方式连接的 Access 类型的数据库 NorthWind.mdb 中，d图标表示日期/时间类型，图标表示数值类型，图标表示文本类型（字符串数据类型）。其中自动编号、数字和货币数据类型都属于数值类型。在字段名称右侧的括号内详细显示该字段的数据类型和大小。

18.4　实战：在数据库中查询最新留言

扫一扫，看视频

使用 Dreamweaver 设计动态网页的一般流程如下：

第 1 步，建立页面与数据库的连接。

第 2 步，查询需要显示的数据，生成记录集。

第 3 步，把记录集中的字段绑定到页面中。

第 4 步，使用服务器行为控制记录集的显示。

这个过程被 Dreamweaver 分解为：连接数据库、定义记录集、绑定记录集、控制记录集的显示和管理记录集等几个主要操作步骤。

下面结合留言板定义记录集，查询用户最新留言。

【操作步骤】

第 1 步，在 Dreamweaver 中，新建 index.asp 文档。如果在【数据库】面板中没有任何数据源显示，要先定义数据源。

第 2 步，在菜单中选择【窗口】|【绑定】命令，打开【绑定】面板。单击面板左上角的按钮，

在弹出的下拉菜单中选择【记录集（查询）】菜单命令。

第 3 步，打开【记录集】对话框，如图 18.34 所示。如果显示的是高级【记录集】对话框，单击【简单】按钮可以切换到简单的【记录集】对话框。

第 4 步，在【名称】文本框中输入记录集的名称，如 read，该名称可以方便在其他地方引用记录集，实际上它就是 Recordset 对象的实例变量名。然后在【连接】下拉列表框中选择一个连接（该连接将向记录集提供数据的数据源），如 conn。

第 5 步，在【表格】下拉列表框中选择数据源，即数据库中要查询的表，如 feedback。

第 6 步，在【列】区域中，选择要包括在记录集中的表格字段，由于本例比较小，不会对内存有多大影响，因此选择【全部】单选按钮，选择 feedback 表中的全部字段。通常，记录集的字段越多，可以显示更多的详细信息。若要使记录集中只包括某些表字段，请单击【选定的】单选按钮，然后按住 Ctrl 键或者 Shift 键并单击列表中的字段名，以选择所需字段。

第 7 步，【筛选】下拉列表用于选择一个字段作为查找和显示的条件字段。例如，如果 URL 查询字符串参数中包含一个记录的 ID 号，则选择包含记录 ID 号的字段。筛选实质上是 SQL 查询字符串中的 Where 子句的设置。本例没有涉及到条件查询。

第 8 步，【排序】下拉列表用于选择一个字段作为排序的依据，然后在其右边选择排序的方式，是升序还是降序。本页记录集设置 thedate 字段进行降序排序，这样就把最新留言显示在最前面，详细设置如图 18.35 所示。

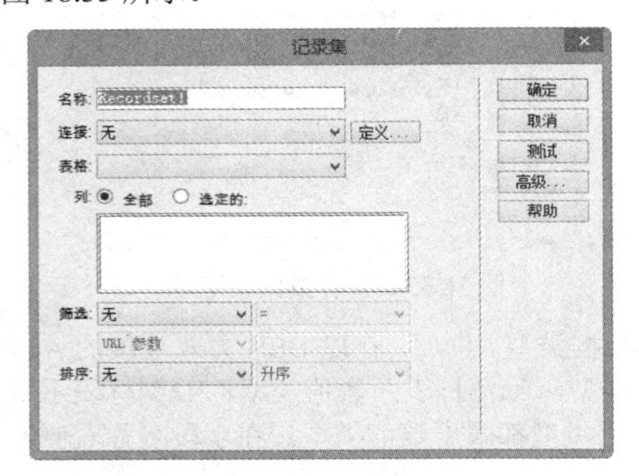

图 18.34 【记录集】对话框

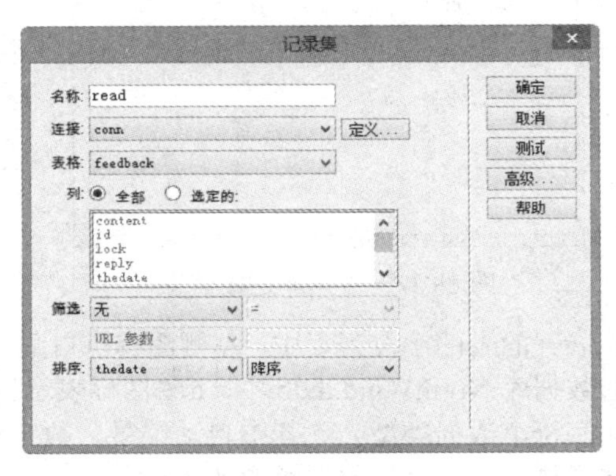

图 18.35 查询记录集

第 9 步，单击【记录集】对话框右边的【测试】按钮，可以测试记录集是否查询成功，并可查看结果，如图 18.36 所示。

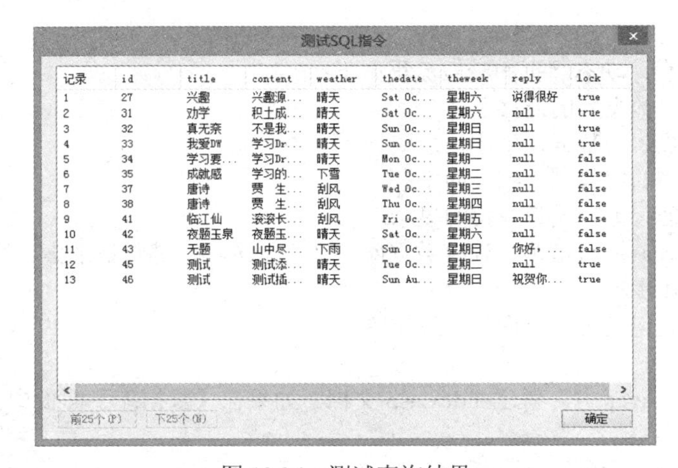
测试SQL指令

记录	id	title	content	weather	thedate	theweek	reply	lock
1	27	兴趣	兴趣源...	晴天	Sat Oc...	星期六	说得很好	true
2	31	劝学	积土成...	晴天	Sat Oc...	星期六	null	true
3	32	真无奈	不是我...	晴天	Sun Oc...	星期日	null	true
4	33	我爱DW	学习Dr...	晴天	Sun Oc...	星期日	null	true
5	34	学习要...	学习Dr...	晴天	Mon Oc...	星期一	null	false
6	35	成就感	学习的...	下雪	Tue Oc...	星期二	null	false
7	37	唐诗	贾　生...	刮风	Wed Oc...	星期三	null	false
8	38	唐诗	贾　生...	刮风	Thu Oc...	星期四	null	false
9	41	临江仙	滚滚长...	刮风	Fri Oc...	星期五	null	false
10	42	夜题玉泉	夜题玉...	晴天	Sat Oc...	星期六	null	false
11	43	无题	山中尽...	下雨	Sun Oc...	星期日	你好，...	false
12	45	测试	测试添...	晴天	Tue Oc...	星期二	null	true
13	46	测试	测试插...	晴天	Sun Au...	星期日	祝贺你...	true

前25个(P)　下25个(N)　确定

图 18.36 测试查询结果

第 10 步，设置完毕，单击【确定】按钮，记录集随即出现在【服务器行为】面板中，如图 18.37 所示。

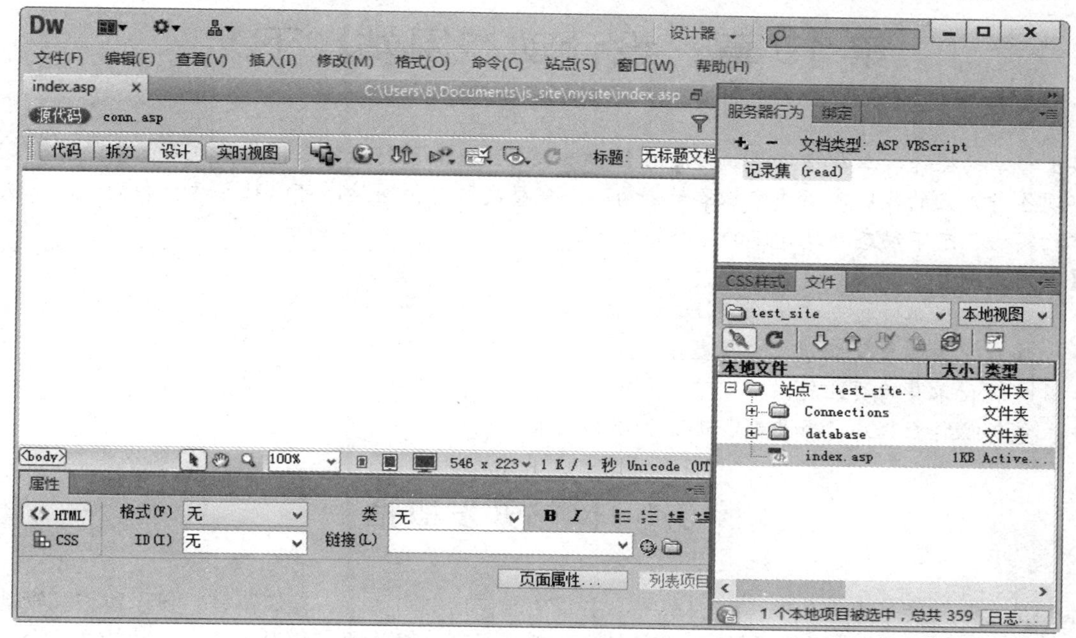

图 18.37　定义的记录集

第 19 章　设计动态网站（下）

接上一章的操作，本章将介绍如何使用 Dreamweaver 服务器行为完成记录集在页面中的显示，以及如何实现各种复杂的数据库操作。本章示例为一个完整的留言板网站，可以独立运行和测试，以便读者能够体验实战状态下动态网站开发的完整过程。

【学习重点】

- 绑定记录集。
- 实现记录集重复显示、分页显示。
- 实现记录集跨页跳转。
- 能够操作数据库，如更新、删除和添加记录。

扫一扫，看视频

19.1　网站开发概括

本例是一个功能基本完备的留言板系统，主要功能包括书写留言、存储留言、显示留言和管理留言等多个模块，管理留言包括留言回复、留言审核、删除留言、修改留言和退出留言等功能。整个示例设计流程如图 19.1 所示。

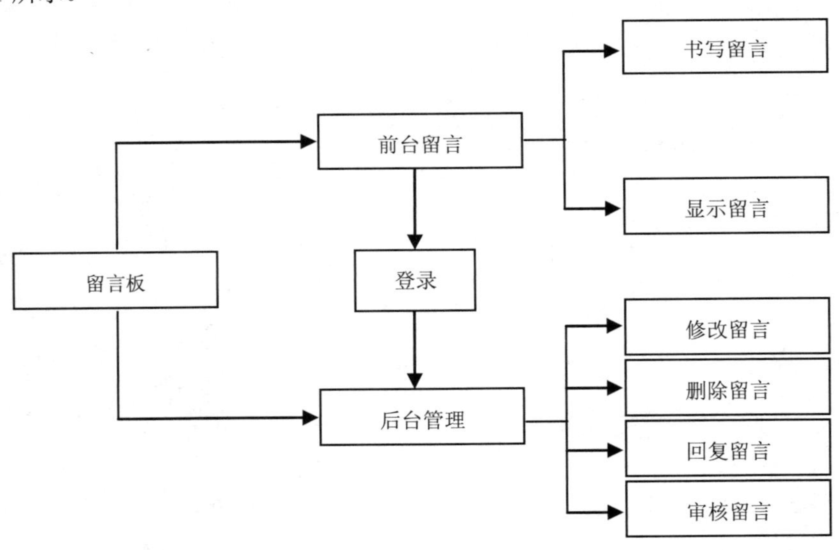

图 19.1　留言板设计流程图

本例使用的 Dreamweaver 服务器行为说明如下。

- 书写留言，利用“插入记录”服务器行为来实现。
- 显示留言，可以先创建记录集，然后用“重复区域”“记录集分页”和“显示区域”服务器行为来实现留言显示功能。
- 删除留言，需要把删除记录信息传递给删除文件，然后利用该文件中的删除代码删除记录。
- 修改留言，需要把修改的记录信息传递给修改表单，在表单中显示出来，修改之后再用“更新记录”服务器行为来更新数据库。

➘　利用服务器行为“用户登录”和“注销用户”来实现用户登录与退出功能。

本网站预览效果如图 19.2 所示。

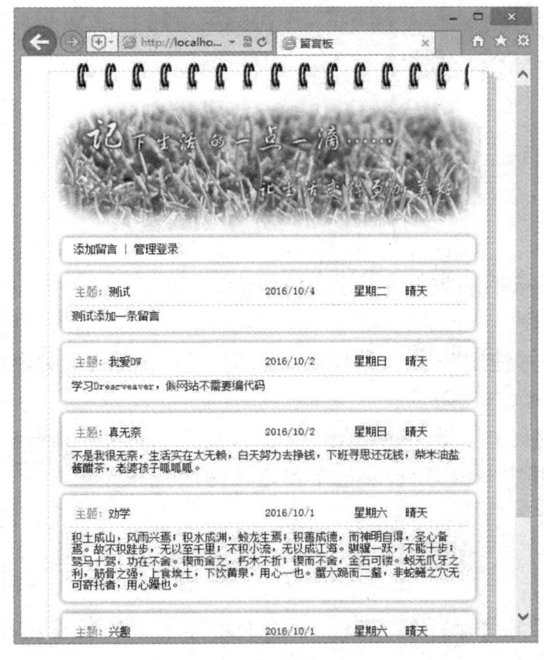

（a）首页

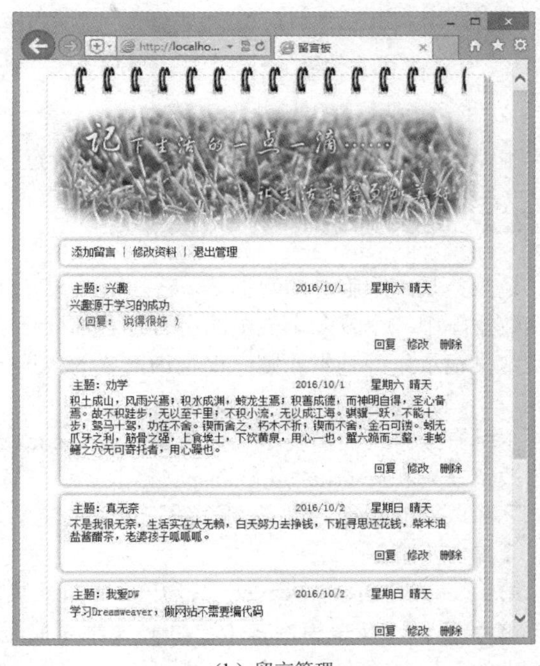

（b）留言管理

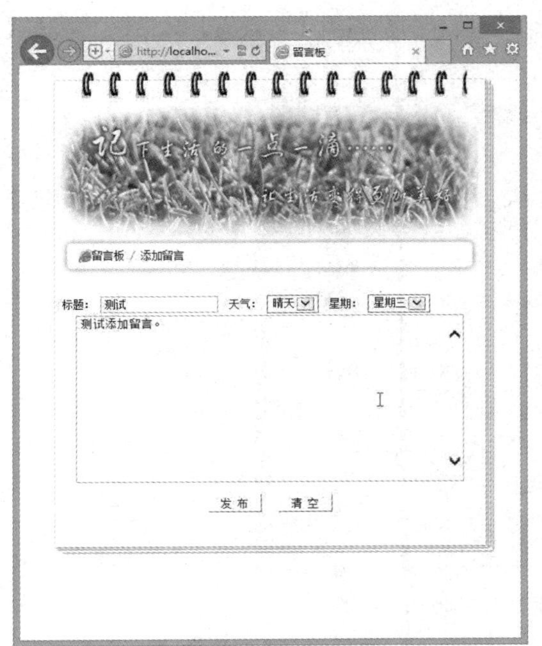

（c）添加留言

（d）修改留言

图 19.2　留言板浏览效果

【学习准备】

在本地系统中定义一个虚拟目录，如 mysite。启动 Dreamweaver 创建一个动态站点，动态站点的【服务器类型】为“ASP VBScript”，【访问】类型为“本地/网络”。把资源包中本章实例源代码全部复制到本地站点根目录下。

19.2 设 计 首 页

下面结合留言板主页（index.asp）的设计过程介绍 Dreamweaver 服务器行为的基本用法。

扫一扫，看视频

19.2.1 定义记录集

记录集是一个临时的数据表，它是根据 SQL 查询字符串从数据库中查询所得到的数据。记录集可以包括数据库中一个或多个表中的所有或者部分记录和字段。

定义记录集的基本原则：仅查询需要的数据；当不再使用时应立即释放记录集，以便提高服务器的性能。

本例有 4 个页面需要定义记录集，包括 index.asp（首页）、edit_diary.asp（管理首页）、rewrite_diary.asp（修改留言）和 rewrite_admin.asp（修改登录信息）。其中 edit_diary.asp 需要定义两个记录集。

下面以 index.asp 文件为例介绍记录集的定义方法。

【操作步骤】

第 1 步，在 Dreamweaver 中打开 index.asp 页面。

第 2 步，在菜单中选择【窗口】|【绑定】命令，打开【绑定】面板。单击面板左上角的按钮，在弹出的下拉菜单中选择【记录集（查询）】命令。

第 3 步，打开【记录集】对话框，如图 19.3 所示。如果显示的是高级【记录集】对话框，单击【简单】按钮可以切换到简单的【记录集】对话框。

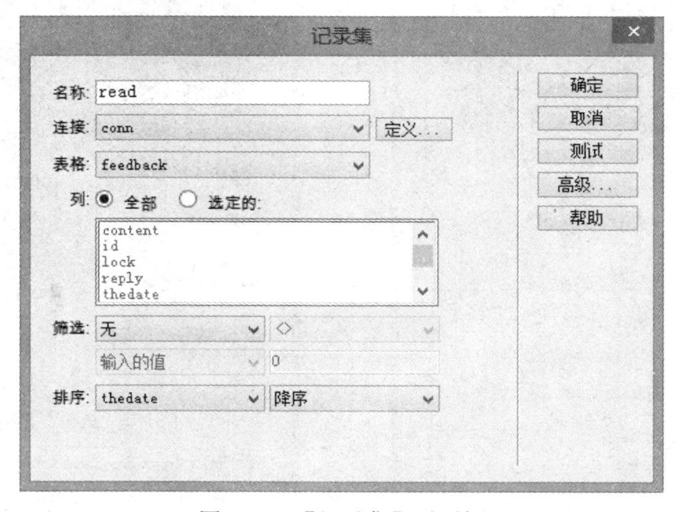

图 19.3 【记录集】对话框

第 4 步，在【名称】文本框中输入记录集的名称，如 read。然后在【连接】下拉列表框中选择一个连接，如 conn。

第 5 步，在【表格】下拉列表框中选择数据库中要查询的数据表，如 feedback。

第 6 步，在【列】区域中，选择要包括在记录集中的字段。这里单击【全部】单选按钮，选择 feedback 表中的全部字段。

提示：

记录集的字段越多，可以显示更详细的信息。如果仅需要显示部分字段，单击【选定的】单选按钮，然后按住 Ctrl 键或者 Shift 键并单击列表中的字段名，选择所需字段。

第 7 步，【筛选】下拉列表用于选择一个字段作为查找和显示的条件字段。例如，如果 URL 查询字符串参数中包含一个记录的 ID 号，则选择包含记录 ID 号的字段。这里先暂时不设置。

第 8 步，【排序】下拉列表用于选择一个字段作为排序的依据，然后在其右边选择排序的方式，是升序还是降序。本页记录集设置 thedate 字段进行降序排序，这样就把最新留言显示在最前面。

第 9 步，单击【记录集】对话框右边的【测试】按钮，可以测试记录集是否查询成功，并可查看结果。

第 10 步，设置完毕，单击【确定】按钮，记录集即可显示在【绑定】面板中。

拓展：

有关其他几个页面记录集的定义方法相同，下面列出各个页面记录集的设置。

- edit_diary.asp 页面记录集的设置如图 19.4 所示。

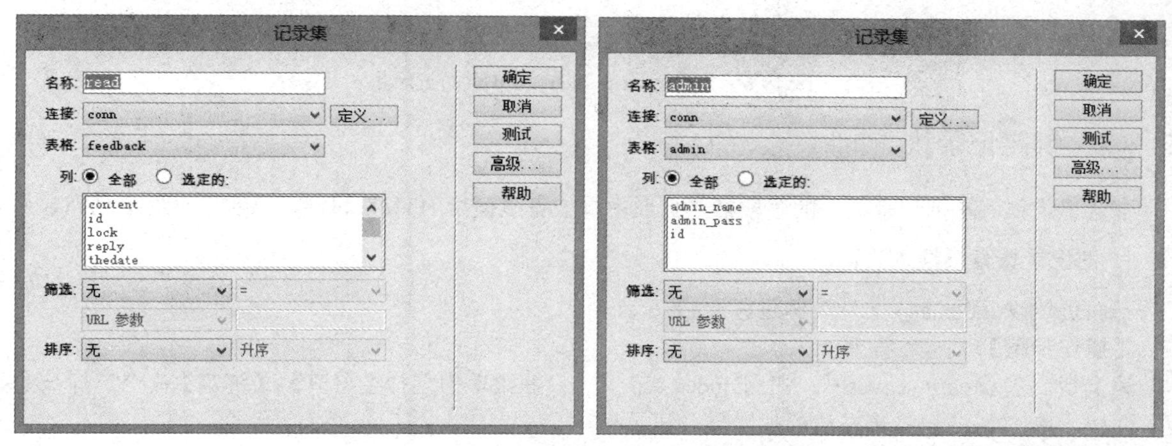

图 19.4　定义 edit_diary.asp 页面记录集

- rewrite_admin.asp 页面记录集的设置如图 19.5 所示。在 rewrite_admin.asp 页面记录集中用到了条件筛选，它是根据用户登录时保存在阶段变量 MM_Username 中的用户名。

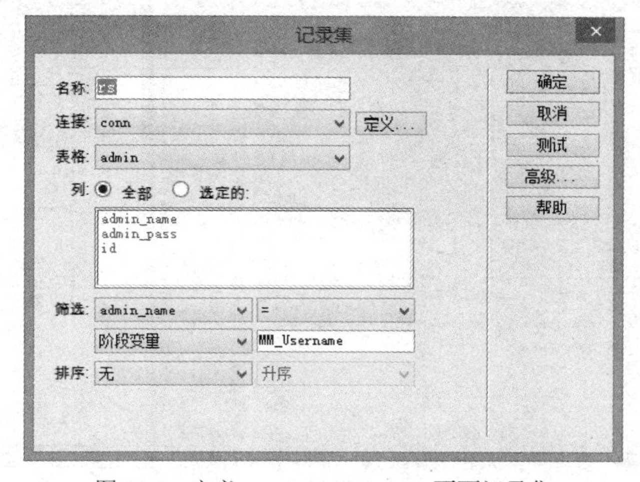

图 19.5　定义 rewrite_admin. asp 页面记录集

- rewrite_diary.asp 页面记录集的定义结果如图 19.6 所示。在 rewrite_diary.asp 页面记录集中用到了条件筛选，它是根据用户单击编辑留言（edit_diary.asp）页面中的“修改”超链接文本传送的查询字符串参数来确定要修改记录的 id 字段值。

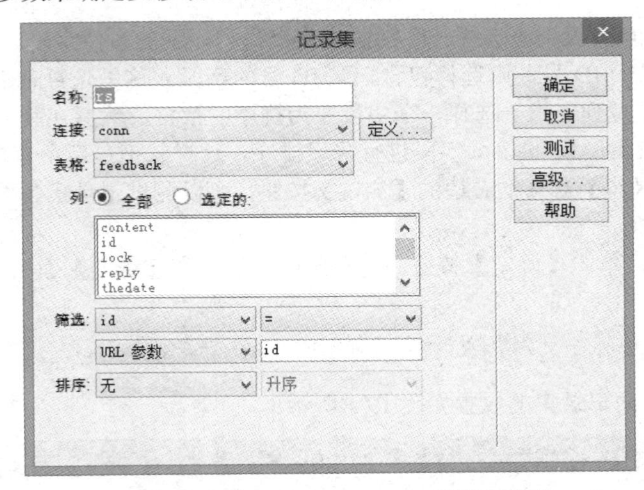

图 19.6　定义 rewrite_diary. asp 页面记录集

扫一扫，看视频

19. 2. 2　绑定记录集

绑定记录集就是把记录集中的字段插入页面中，或者赋值给 HTML 属性，以实现页面的动态显示。

1. 把记录集直接插入页面

下面仍然以 index.asp 文件为例进行介绍。

【操作步骤】

第 1 步，在 Dreamweaver 中，打开 index.asp 文件。在菜单中选择【窗口】|【绑定】命令，打开【绑定】面板。单击 read 记录集左边的加号展开记录集。

第 2 步，把光标定位到要插入标题的单元格，然后在【绑定】面板中选定 read 记录集中的 title 字段，单击面板底部的【插入】按钮，即可把 title 字段插入到页面中。

以同样的方式把日期、天气、星期和内容绑定到页面中，如图 19.7 所示。

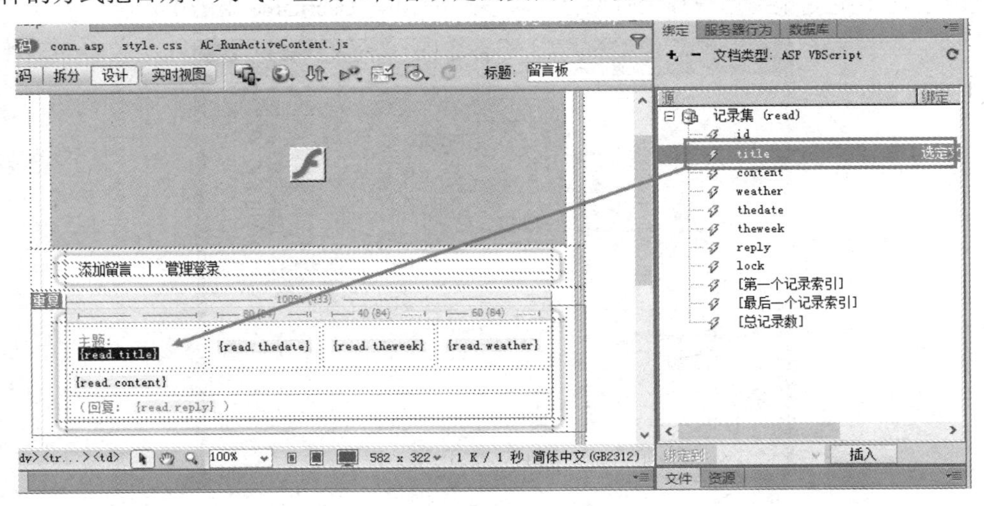

图 19.7　绑定字段

第 3 步，单击【文档】工具栏中的【实时视图】按钮，就可以查看结果，如图 19.8 所示。

图 19.8 绑定字段

第 4 步，在 edit_diary.asp 网页中插入记录集到页面的方法与 index.asp 网页基本相同，如图 19.9 所示。

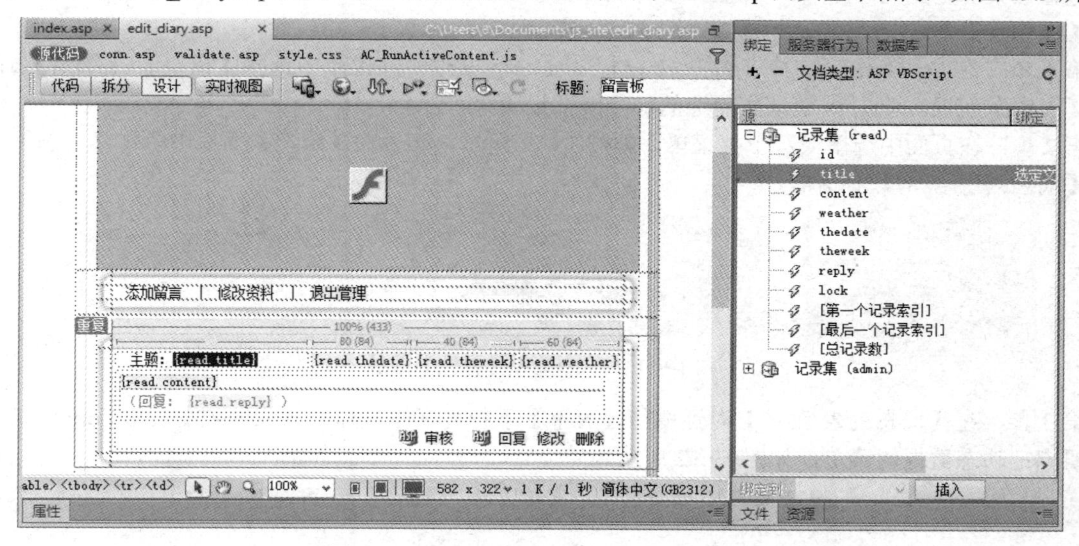

图 19.9 edit_diary.asp 网页记录集的绑定

2. 把记录集绑定到文本框

rewrite_diary.asp 和 rewrite_admin.asp 网页的记录集不是直接插入到页面上，而是绑定到表单对象的属性上。

【操作步骤】

第 1 步，在 Dreamweaver 中，打开 rewrite_diary.asp 文件。在菜单中选择【窗口】|【绑定】命令，打开【绑定】面板。单击 rs 记录集左侧的加号展开记录集。

第 2 步，在页面中选中标题文本框，然后在【绑定】面板底部的【绑定到】下拉列表中选择输入值属性 input value。在 rs 记录集中选择 title 字段，单击【绑定】按钮，如图 19.10 所示。

第 3 步，以同样的方式把 rs 记录集中的 content 字段绑定到 textarea 文本域。

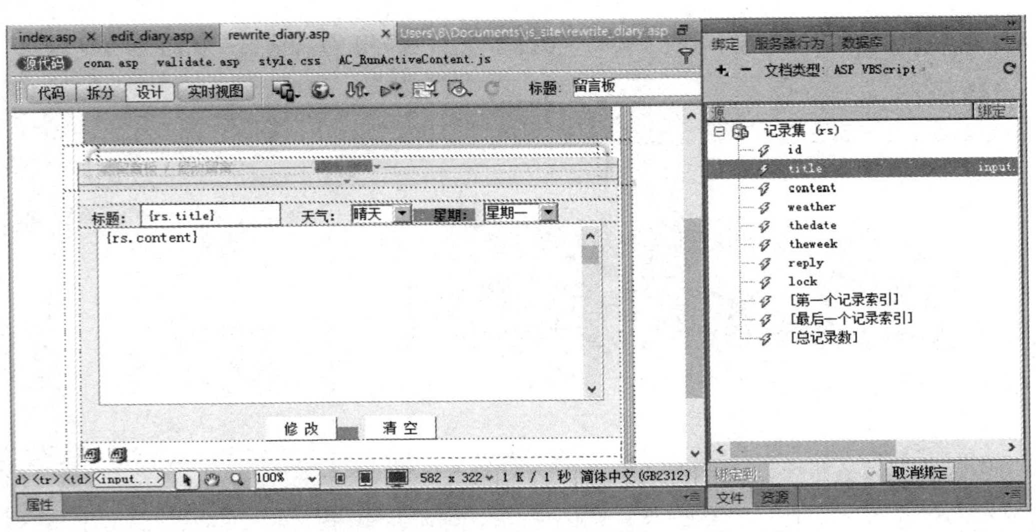

图 19.10　绑定动态数据

3. 把记录集绑定到列表/菜单

把记录集绑定到列表/菜单中的操作步骤如下。

【操作步骤】

第 1 步，在 Dreamweaver 中，打开 rewrite_diary.asp 文件。在菜单中选择【窗口】|【绑定】命令，打开【绑定】面板。单击 rs 记录集左边的加号展开记录集。

第 2 步，在页面中选中天气下拉菜单，如图 19.11 所示，然后在【属性】面板中单击【动态】按钮，打开【动态列表/菜单】对话框。

图 19.11　列表/菜单【属性】面板

第 3 步，在【动态列表/菜单】对话框的【菜单】下拉列表中选择“"weather"在表单"form"”选项，设置要绑定动态数据的菜单，如图 19.12 所示。

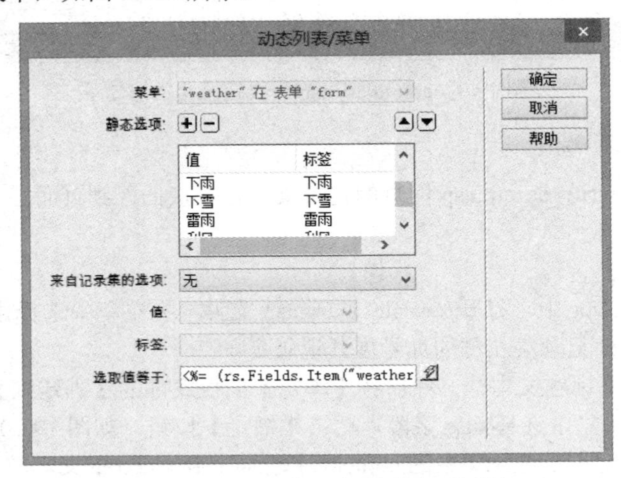

图 19.12　【动态列表/菜单】对话框

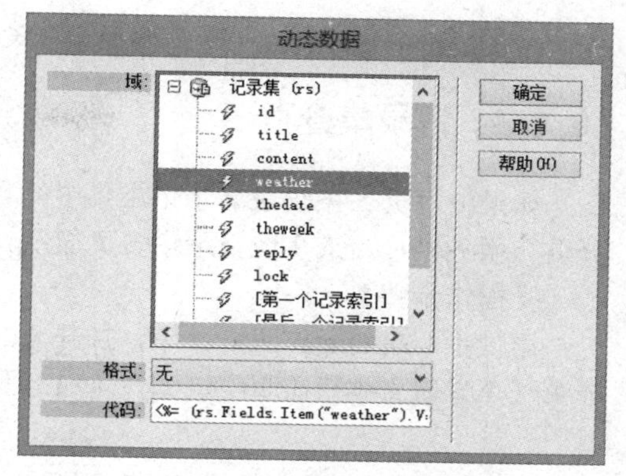

图 19.13　【动态数据】对话框

第 4 步，在【选取值等于】文本框中输入“<%=(Recordset1. Fields.Item("weather").Value)%>”，也可以单击文本框右边的【动态数据】按钮，在打开的【动态数据】对话框中选择【weather】字段选项，然后单击【确定】按钮，如图 19.13 所示。

第 5 步，回到【动态列表/菜单】对话框，单击【确定】按钮，完成天气下拉菜单的动态数据绑定工作。

第 6 步，以同样的方式绑定【星期】下拉菜单的动态数据。要注意在【菜单】下拉列表中选择“"week"在表单"form"”选项，在【选取值等于】文本框中输入“<%=(Recordset1.Fields.Item ("week").Value) %>”选项。

rewrite_admin.asp 网页的记录集绑定和 rewrite_diary. asp 文件的操作基本相同。

19.2.3　重复显示

在默认状态下，记录集只能显示一条当前记录，即第一条记录。如果要在页面中显示多条记录，需要利用“重复区域”服务器行为来实现。

【操作步骤】

第 1 步，在 Dreamweaver 中，打开 index.asp 文件。在页面中选中动态记录所处的独立表格。在选择表格时要注意完整性，不能只选中表格的几行或跨表格选取，这样在显示时就会造成页面的错乱，建议在代码视图下进行选择会更精确。

第 2 步，选择【窗口】|【服务器行为】命令，打开【服务器行为】面板。单击【服务器行为】面板左上角的 按钮，在弹出的下拉菜单中选择【重复区域】命令。

第 3 步，打开【重复区域】对话框，在【记录集】下拉列表中选择要显示的记录集，如 read；在【显示】区域设置每页只显示 5 条记录。

第 4 步，单击【确定】按钮，即可在页面中插入重复区域服务器行为，如图 19.14 所示。

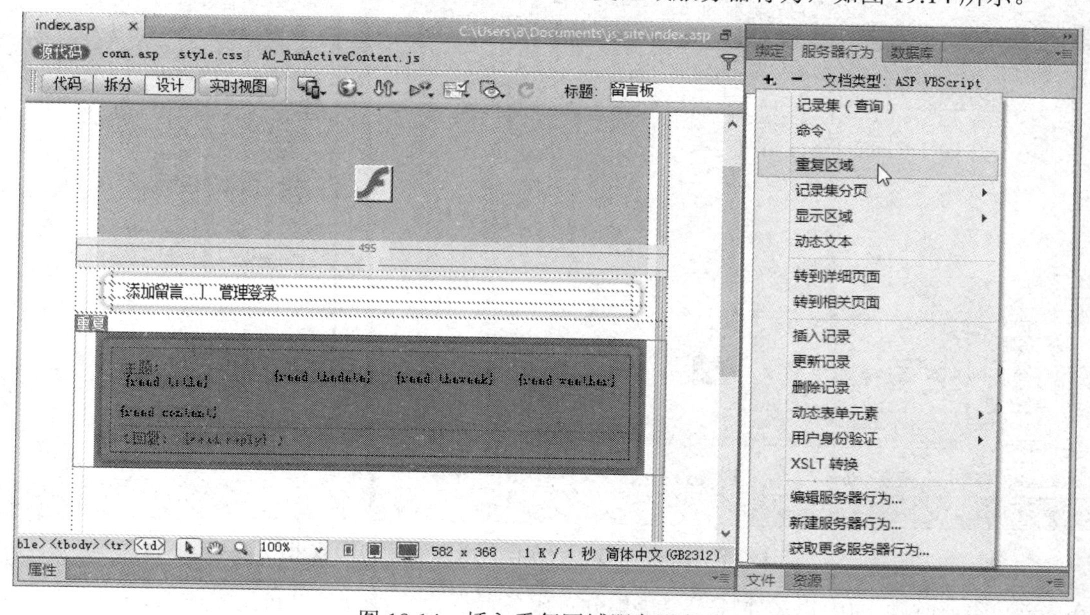

图 19.14　插入重复区域服务器行为

在 edit_diary.asp 页面中也需要显示多条记录，方法与上面的操作步骤相同，读者可以自己动手试一试。

扫一扫，看视频

19.2.4 记录集分页

如果按每页 5 条记录显示记录集中的数据，还有很多条记录无法显示，这时可以通过插入“记录集分页”服务器行为来实现记录集多页显示。

【操作步骤】

第 1 步，在 Dreamweaver 中，打开 index.asp 文件，把光标置于要显示导航条的区域。在本例中，选择第一个导航文本“首页”，如图 19.15 所示。

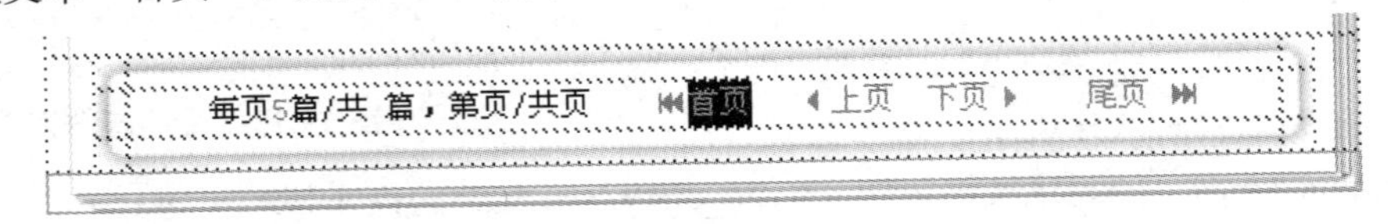

图 19.15 选中导航文本

其中导航文本【首页】前边的 9 是 webdings 字体符号，源代码是<FONT face=webdings>9 </FONT>，显示效果是⏮。

第 2 步，选择【窗口】|【服务器行为】命令，打开【服务器行为】面板。单击【服务器行为】面板左上角的 + 按钮，在弹出的下拉菜单中选择【记录集分页】|【移至第一条记录】命令。

第 3 步，打开【移至第一条记录】对话框，在【链接】下拉列表中自动显示所选择的文本；在【记录集】下拉列表中选择要读取的记录集，如 read，如图 19.16 所示。

第 4 步，以同样的方式把【记录集分页】子菜单中的其他 3 个导航命令增加到相应的导航文本上，效果如图 19.17 所示。

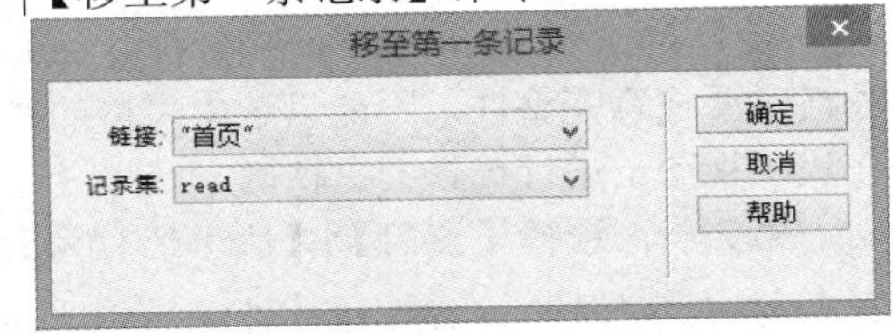

图 19.16 【移至第一条记录】对话框

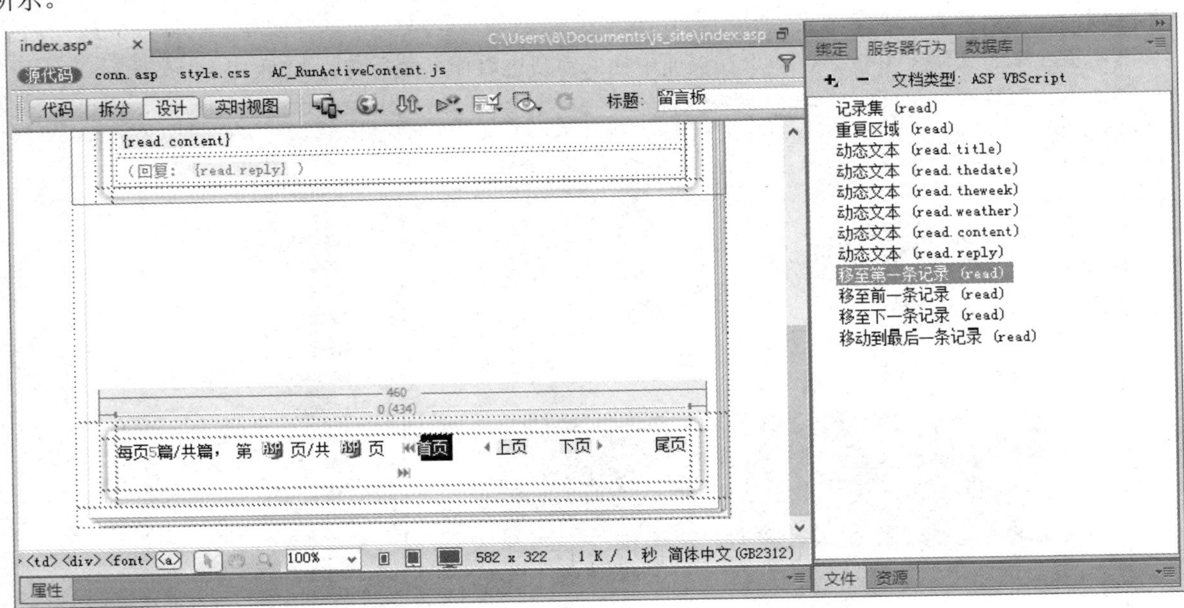

图 19.17 插入“记录集分页”服务器行为的效果

在 edit_diary.asp 页面中也需要插入记录集分页服务器行为，读者可以自己模仿练习。

19.2.5　条件显示

扫一扫，看视频

下面利用“显示区域”服务器行为来控制导航条的显示，实现当记录集显示到第一页时，使“首页”和“上页”超链接文本及相关提示符号不显示；而当记录集显示到最后一页时，使“下页”和“尾页”超链接文本及相关提示符号不显示。

【操作步骤】

第 1 步，在 Dreamweaver 中，打开 index.asp 文件。选择第一个导航文本“首页”，同时要把前边的提示符号选中，要注意选取完整。

提示：

建议在代码视图下选取会比较保险，被选择的代码如下：<FONT color=#808040> <FONT face=webdings>9</FONT><A HREF="<%=MM_moveFirst%>">首页</A> </FONT>。如果在【设计】视图下用光标选取，有时存在误差。

第 2 步，选择【窗口】|【服务器行为】命令，打开【服务器行为】面板。单击【服务器行为】面板左上角的按钮，在弹出的下拉菜单中选择【显示区域】|【如果不是第一条记录则显示区域】命令。

第 3 步，打开【如果不是第一条记录则显示区域】对话框，在【记录集】下拉列表中选择记录集，如 read，如图 19.18 所示。单击【确定】按钮，即可增加一条显示区域服务器行为。

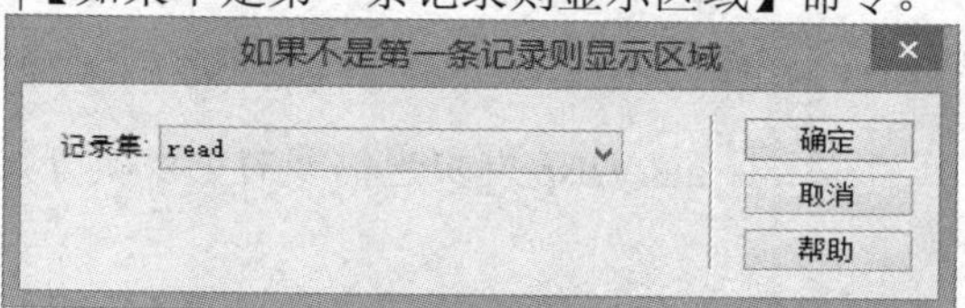

图 19.18　【如果不是第一条记录则显示区域】对话框

第 4 步，以同样的方式为“上页”增加“如果不是第一条记录则显示区域”服务器行为，为“下页”和“尾页”增加“如果不是最后一条记录则显示区域”服务器行为。增加后的效果如图 19.19 所示。

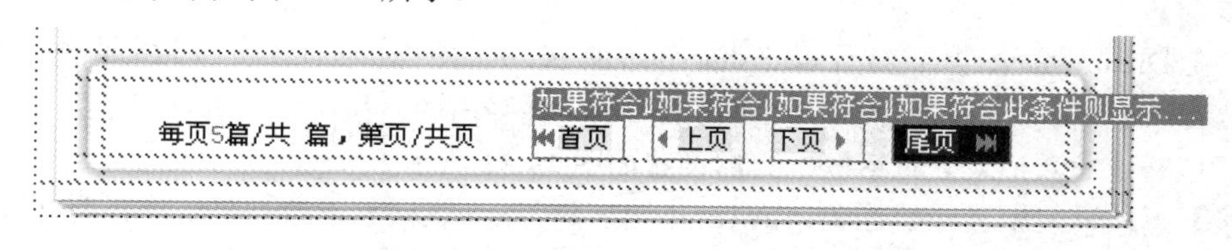

图 19.19　增加的显示区域服务器行为

第 5 步，最后，选中整个导航条表格，如图 19.20 所示。单击【服务器行为】面板左上角的按钮，在弹出的下拉菜单中选择【显示区域】|【如果记录集不为空则显示区域】命令，设置当没有数据显示时就不显示导航条。

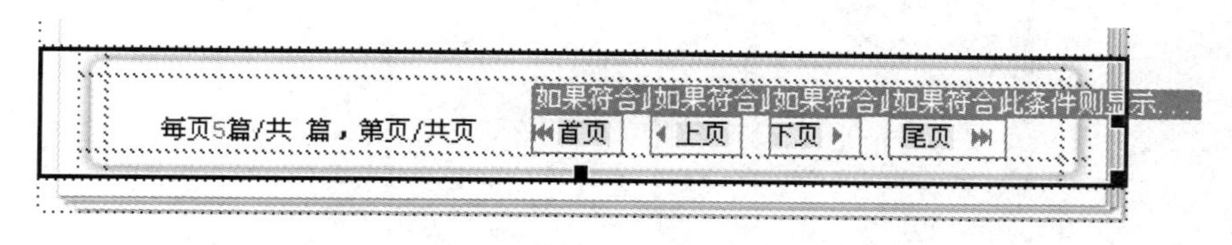

图 19.20　选取整个导航条表格

第 6 步，切换到【服务器行为】面板，可以看到本页面增加的全部服务器行为，如图 19.21 所示。单击其中任意一条服务器行为可以重新打开相应的对话框，修改参数。

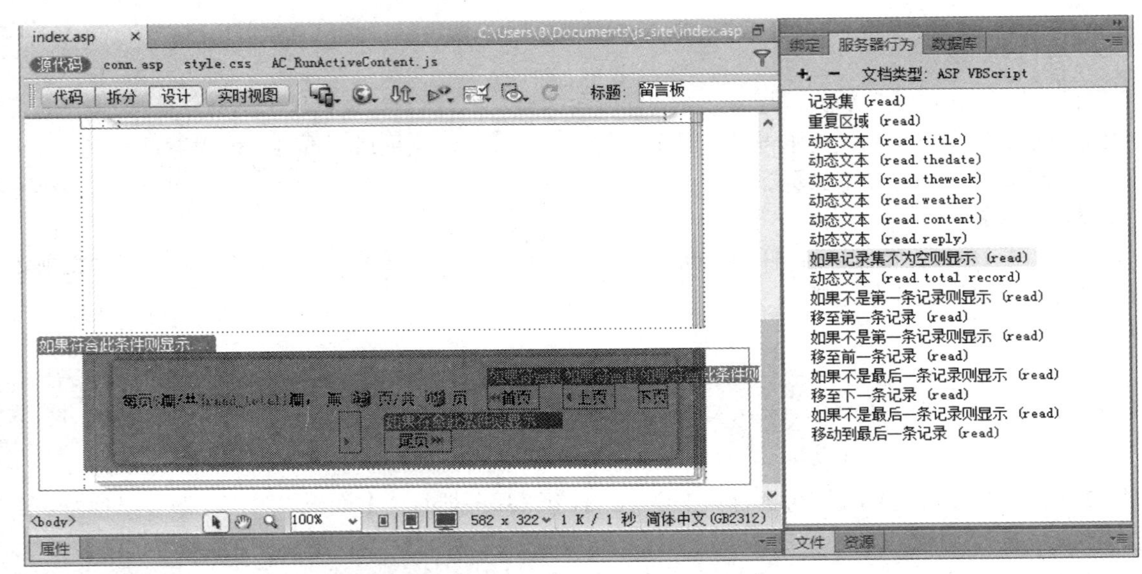

图 19.21　增加行为后的【服务器行为】面板

在 edit_diary.asp 网页也需要对记录集分页导航条进行控制，读者可以自己模仿练习。

扫一扫，看视频

19.3　添 加 留 言

下面介绍如何把用户留言插入数据库。

【操作步骤】

第 1 步，在 Dreamweaver 中，打开 add_diary.asp 页面，在菜单中选择【窗口】|【服务器行为】命令，打开【服务器行为】面板。单击面板左上角的+按钮，在弹出的下拉菜单中选择【插入记录】命令。

第 2 步，打开【插入记录】对话框，具体设置如图 19.22 所示。

在【连接】下拉列表中选择数据源，如 conn；在【插入到表格】下拉列表中选择要插入的数据表，如 feedback；在【插入后，转到】文本框中设置插入记录成功后要跳转的页面，可以空着，不设置该项表示插入成功之后依然显示 add_diary.asp 页面。

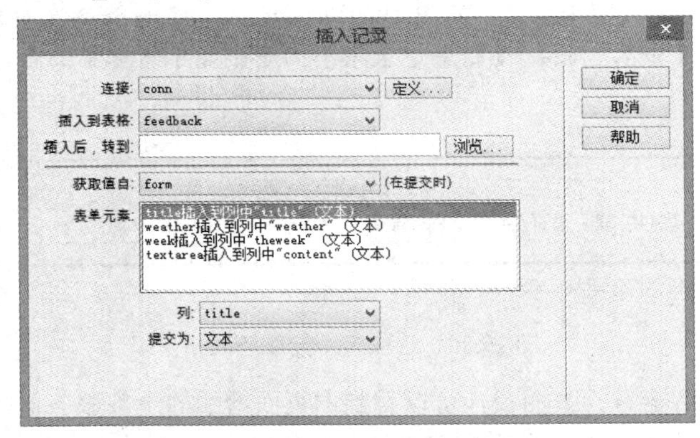

图 19.22　设置【插入记录】对话框

第 3 步，在【表单元素】列表框中分别设置每个表单对象中要插入数据库中 feedback 表的字段。

第 4 步，设置完毕，单击【确定】按钮，即可实现插入记录功能，运行效果如图 19.23 所示。在左图中写入留言，提交之后，如果管理员审核通过，在首页可以看到插入的记录。

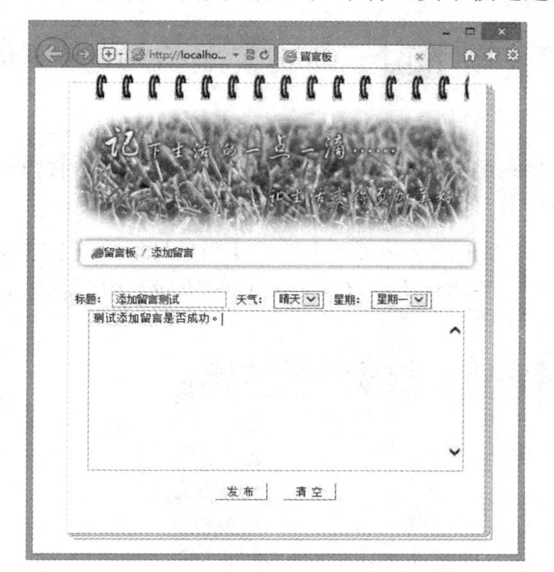

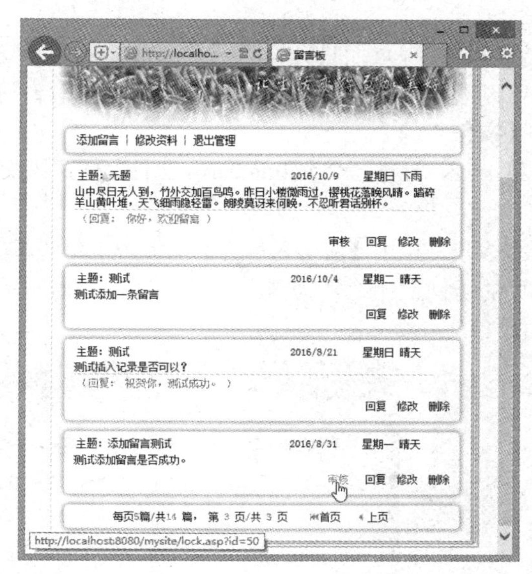

图 19.23　增加留言效果

19.4　留 言 管 理

对于普通访问者来说，在留言板中只能浏览和发表留言，只有网站管理人员登录后台之后才可以对所有留言进行修改、删除、审核或者回复等操作，这些功能都属于网站后台管理模块。

19.4.1　管理登录

扫一扫，看视频

本例用户登录页面的设计比较简单，仅需要添加登录成功与失败后跳转的页面，打开 admin.asp 文件，在页面中增加“登录用户”服务器行为。【登录用户】对话框的设置如图 19.24 所示。

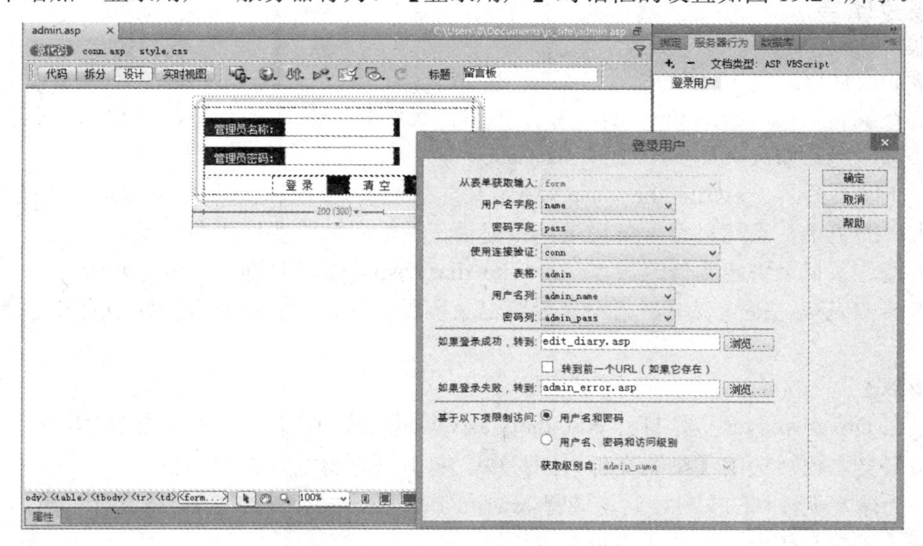

图 19.24　【登录用户】对话框

扫一扫，看视频

19.4.2 限制访问

留言板管理页面只允许后台登录成功的用户访问，为了禁止没有权限的用户访问后台页面，需要使用“限制对页的访问”服务器行为监视每位后台访问者。

【操作步骤】

第 1 步，新建一个 validate.asp 文件。打开该文件，切换到【代码】视图，清除该文档中的所有 HTML 代码。

第 2 步，单击【服务器行为】面板左上角的按钮，在弹出的下拉菜单中选择【用户身份验证】|【限制对页的访问】命令，为该页面增加“限制对页的访问”服务器行为。【限制对页的访问】对话框的设置如图 19.25 所示。

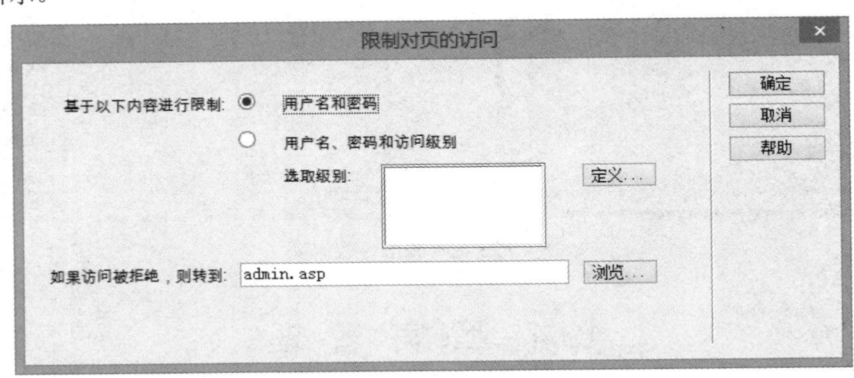

图 19.25 【限制对页的访问】对话框

第 3 步，切换到【代码】视图，删除第 1 行代码：

```
<%@LANGUAGE="VBSCRIPT"%>
```

第 4 步，最后，使用下面一句代码把该文件包含到所有后台文件代码行的顶部，如 edit_diary.asp、rewrite_admin.asp 和 rewrite_diary.asp。

```
<!--#include file="validate.asp" -->
```

扫一扫，看视频

19.4.3 修改留言

修改留言的设计思路如下：

第 1 步，在编辑页面（edit_diary.asp）中单击留言底部的“修改”超链接，获取该留言的 id 字段信息，并把该信息传递给修改页面（rewrite_diary.asp）。

第 2 步，在修改页面（rewrite_diary.asp）中定义一个记录集，该记录集根据传递过来的 ID 参数信息筛选出数据表中的记录。当然只有一条记录，该记录正是前面浏览要修改的记录。

第 3 步，把这条记录绑定到修改表单（rewrite_diary.asp）中，允许用户进行修改。

第 4 步，修改完毕，提交表单，利用“更新记录”服务器行为实现对数据库中对应记录的数据进行更新。

【操作步骤】

第 1 步，在 Dreamweaver 中，打开 edit_diary.asp 页面，选中“修改”超链接文本，在【属性】面板中单击【链接】文本框后边的【浏览文件】图标，打开【选择文件】对话框。

第 2 步，选择要跳转到的文件，这里选择 rewrite_diary.asp 文件，如图 19.26 所示。然后单击【URL】文本框右边的【参数】按钮，打开【参数】对话框。

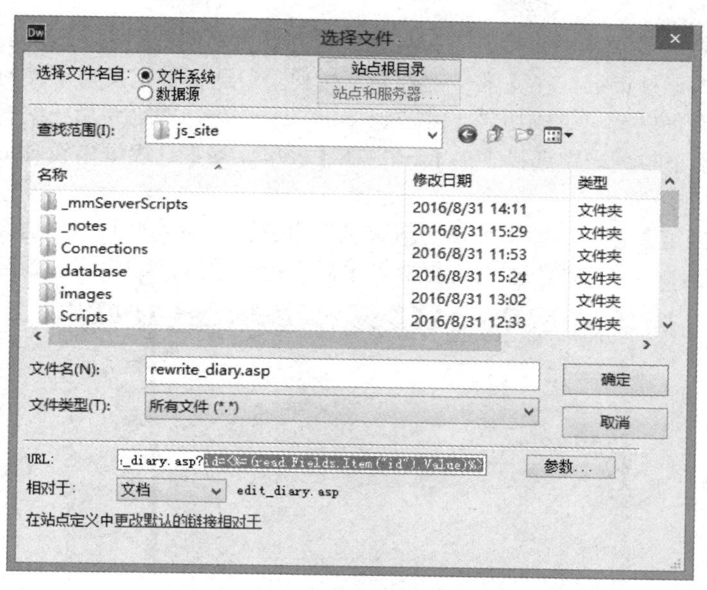

图 19.26 【选择文件】对话框

第 3 步，在【参数】对话框中单击按钮，增加一条参数，在【名称】栏中输入一个名称，如 id，该查询字符串变量用来存储和传递参数（相当于一个自定义变量），如图 19.27 所示。

然后在【值】栏右边单击【动态数据】按钮，打开【动态数据】对话框，在【域】列表框中选择 id 字段，注意该字段必须被设置为主键，这样才能保证该记录的唯一性，如图 19.28 所示。

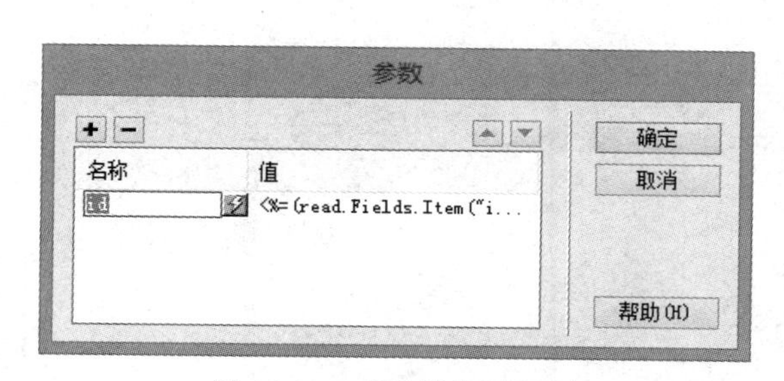

图 19.27 【参数】对话框

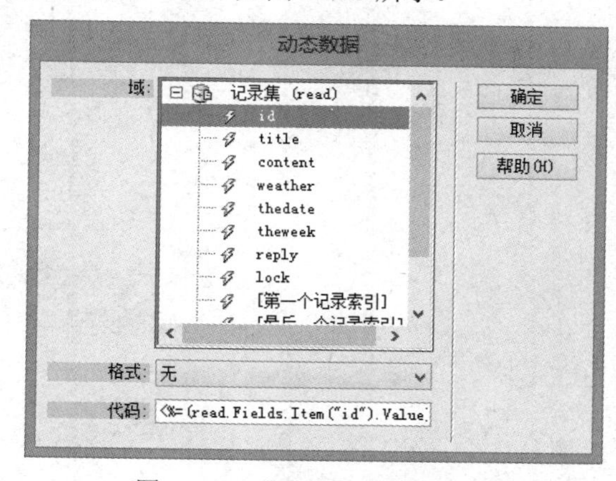

图 19.28 【动态数据】对话框

第 4 步，单击【确定】按钮返回，在【参数】对话框中单击【确定】按钮返回到【选择文件】对话框。这时会发现【URL】文本框中变成了 rewrite_diary.asp?id= <%=(read.Fields.Item ("id").Value)%>，实现的功能就是把单击的记录 id 字段的参数附加到 URL 后面，以便传递给 rewrite_diary.asp 文件。

第 5 步，打开 rewrite_diary.asp 文件，在新建的记录集中根据传递过来的参数变量 id 来筛选数据，如图 19.29 所示。

第 6 步，把筛选出的记录集（只有一条记录）绑定到表单对象上。

第 7 步，打开【服务器行为】面板。单击面板左上角的按钮，在弹出的下拉菜单中选择【更新记录】命令。

第 8 步，打开【更新记录】对话框，具体设置如图 19.30 所示。在【连接】下拉列表中选择前面定义好的数据源 conn；在【要更新的表格】下拉列表中选择要更新的数据表 feedback；在【选取记录自】下拉列表中选择定义的记录集 rs；在【唯一键列】下拉列表中选择被定义为主键的字段 id；在【在更新后，转到】文本框中设置更新记录成功后要跳转到 edit_diary.asp，即更新后在编辑页面中可以立即查看结果；在【获取值自】下拉列表中选择表单 form；在【表单元素】列表框中设置每个表单对象所要对应的数据表中的字段。

第 9 步，单击【确定】按钮，即增加“更新记录”服务器行为到页面中，这样就可以在该页面中修改指定留言的内容，当单击“修改”按钮，提交表单后会把修改后的数据写入到数据库中。

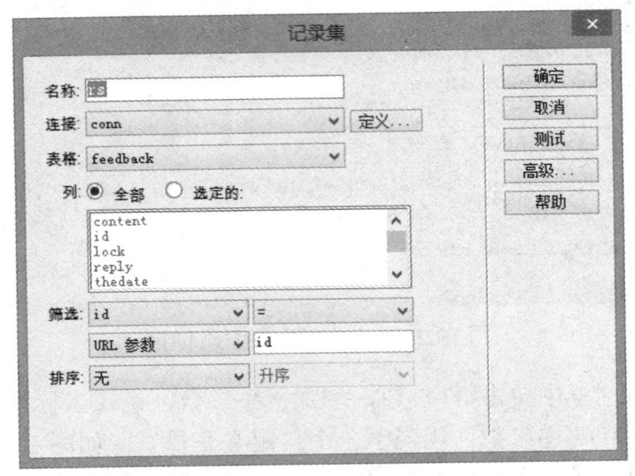

图 19.29　利用传递参数筛选数据

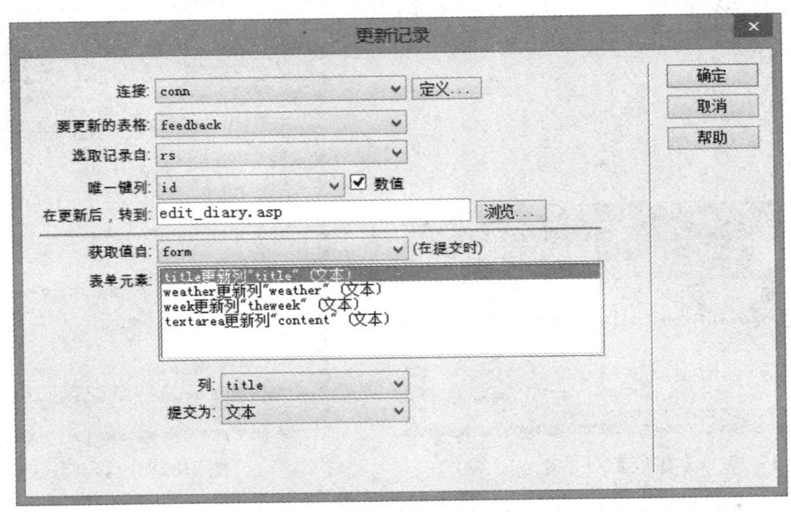

图 19.30　设置【更新记录】对话框

扫一扫，看视频

19.4.4　删除留言

删除记录的实现方法和修改记录的思路相同。

【操作步骤】

第 1 步，在 Dreamweaver 中，打开 edit_diary.asp 页面，选中“删除”链接文字，在【属性】面板中单击【链接】文本框后边的【浏览文件】图标，打开【选择文件】对话框。

第 2 步，选择要跳转到的文件，这里选择 del_diary.asp 文件，然后模仿上节介绍的方法设置【URL】文本框要传递的参数，代码为 del_diary.asp?id=<%=(read.Fields.Item("id"). Value)%>，如图 19.31 所示。

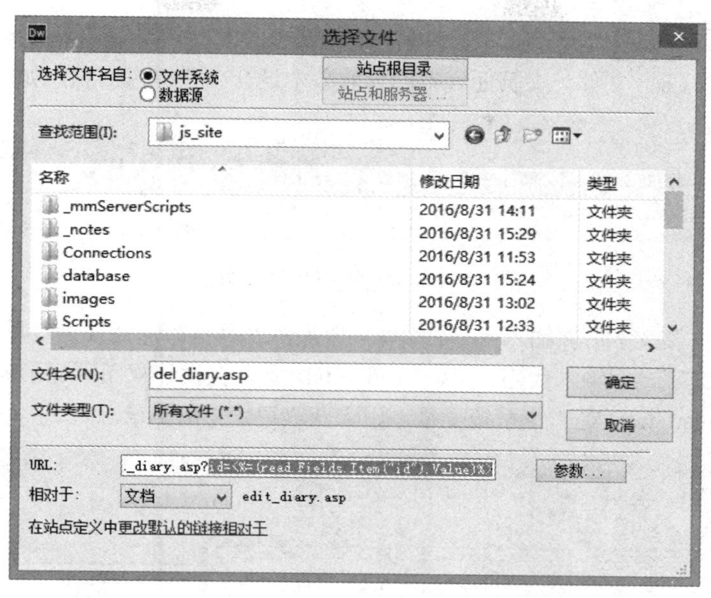

图 19.31　【选择文件】对话框

第 3 步，在 del_diary.asp 文件中输入如下代码，实现对指定记录执行删除操作，删除之后跳转到 edit_diary.asp。

```
<%@LANGUAGE="VBSCRIPT"%>
<!--#include file="Connections/conn.asp" -->
<!--#include file="validate.asp" -->
<%'定义数据库连接实例
Dim conn
Set conn=Server.CreateObject("ADODB.Connection")
conn.Open MM_conn_STRING
'定义 SQL 字符串
dim theid,connString
theid =Cint(trim(Request.QueryString("id")))
connString = "delete from feedback  where id = " & theid
'利用 Connection 对象执行删除操作
conn.Execute connString
'关闭数据库连接
conn.close
set conn=nothing
'跳转到 edit_diary.asp 页面
Response.Redirect("edit_diary.asp")
%>
```

提示：

也可以使用“删除记录”服务器行为来删除留言记录，但是要使用该服务器行为，必须定义一个记录集，同时要在页面中增加一个表单，把记录集绑定到表单中。虽然不用手工编写代码，但操作起来比较麻烦，不如上面的方法简洁。

19.4.5　定义分页提示信息

扫一扫，看视频

为了方便用户了解当前浏览状态，在首页（index.asp）和编辑留言（edit_diary.asp）页面的底部添加提示信息，如当前页、总页数、分页数。

【操作步骤】

第 1 步，打开 index.asp 文件，在页面底部的导航条中设计一栏提示信息，如图 19.32 所示。

图 19.32　设计动态提示栏版面

第 2 步，在“每页”文本后面输入 5，表示每页要显示 5 篇留言，并设为红色显示。

在“共篇”两个文字之间输入代码：<%=(read_total)%>，在设计视图下显示为“{read_total}”，如图 19.33 所示，其中 read_total 是一个系统变量，用来获取记录集的记录总数。

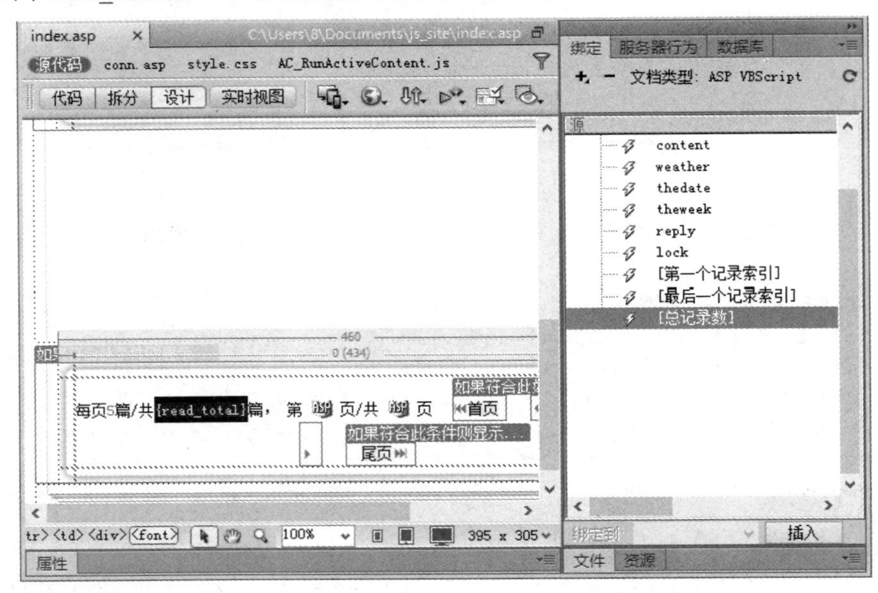

图 19.33　绑定记录集总数

第 3 步，在【设计】视图下，把光标置于“第页”两字之间，然后切换到【代码】视图，在光标处输入如下代码：

```
<%'利用每页最后一条记录数变量 read_last 和每页记录数，计算当前页数
if read_last > 0 then
page =  read_last / 5
if page <> Int(page) then
    page = Int(page) + 1
end if
Response.Write(page)
Else
Response.Write( "?")
end if
%>
```

在上面代码中，read_last 是系统变量，记录当前页最后一条记录在数据集中是第几条记录。然后根据每页记录数来计算当前页数。

第 4 步，在【设计】视图下，把光标置于“共页”文字之间，然后切换到【代码】视图，在光标处

输入如下代码：

```
<%'利用总记录数变量 read_total 和每页记录数，计算分页数
if read_total > 0 then
page = read_total / 5
if page <> Int(page) then
    page = Int(page) + 1
end if
Response.Write(page)
Else
Response.Write( "?")
end if
%>
```

在上面代码中，read_total 是系统变量，记录当前记录集的总记录数。然后根据每页记录数来计算记录集的总页数。

第 5 步，按 F12 键在浏览器中浏览，效果如图 19.34 所示。

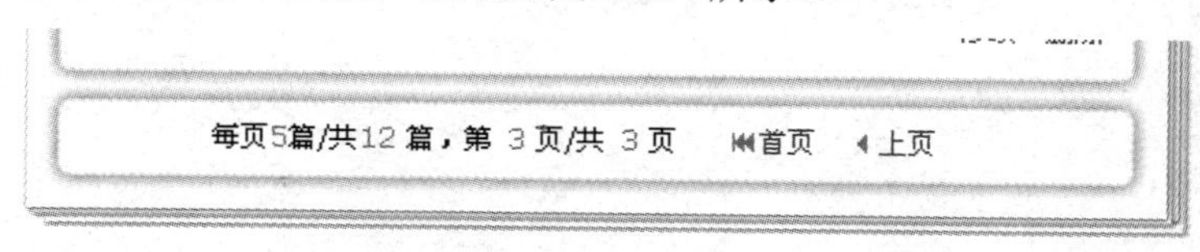

图 19.34　记录集分页信息效果

在 edit_diary.asp 网页中也需要插入记录集分页的提示信息，读者可以自己模仿练习。

19.4.6　修改管理信息

扫一扫，看视频

修改管理信息在 rewrite_admin.asp 文件中实现，修改信息的操作与修改留言的操作相同。

【操作步骤】

第 1 步，在 Dreamweaver 中，打开 rewrite_admin.asp 文件，新建记录集，并根据阶段变量 Session("MM_Username")筛选用户记录，记录集设置如图 19.35 所示。

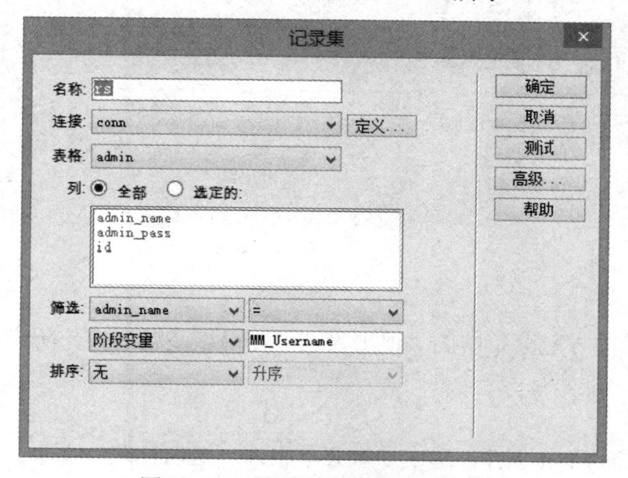

图 19.35　利用阶段变量筛选数据

第 2 步，把筛选出的记录集（只有一条记录）绑定到表单对象上。

第 3 步，打开【服务器行为】面板。单击面板左上角的 [+] 按钮，在弹出的下拉菜单中选择【更新记录】命令。

第 4 步，打开【更新记录】对话框，具体设置如图 19.36 所示。在【连接】下拉列表中选择前面定义好的数据源 conn；在【要更新的表格】下拉列表中选择要更新的数据表 admin；在【选取记录自】下拉列表中选择定义的记录集 rs；在【唯一键列】下拉列表中选择被定义为主键的字段 admin_name；在【在更新后，转到】文本框中设置更新记录成功后要跳转到 edit_diary.asp；在【获取值自】下拉列表中选择表单 form；在【表单元素】列表框中设置每个表单对象所要对应的数据表中的字段。

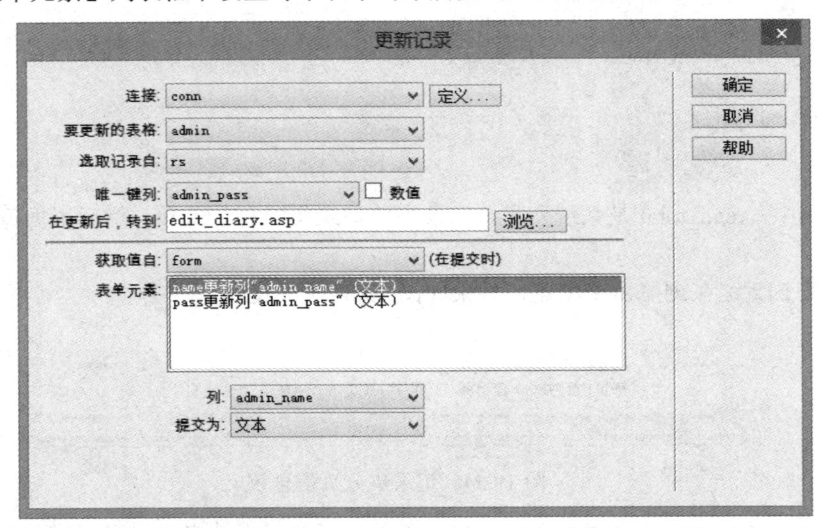

图 19.36　设置【更新记录】对话框

第 5 步，单击【确定】按钮，即增加“更新记录”服务器行为到页面中，这样就可以在该页面中修改用户信息了，单击“修改”按钮，提交表单后会把修改后的数据写入到数据库中。

第 6 步，最后，切换到【代码】视图，找到“更新记录”服务器行为代码段，在更新成功并准备跳转页面之前（该行语句 Response.Redirect(MM_editRedirectUrl)前面）插入如下代码，用来同时更新阶段变量 MM_Username 的值。

```
'修改用户名之后，同时更新阶段变量 MM_Username 的值
'-------------------------------------------------------------
Session("MM_Username") = trim(Request.Form("name"))
'-------------------------------------------------------------
    Response.Redirect(MM_editRedirectUrl)
  End If
End If
%>
```

扫一扫，看视频

19.4.7　注销用户

当用户登录之后，单击导航菜单中的“退出管理”，可以注销用户，防止被其他浏览者利用登录信息进入后台进行操作。

【操作步骤】

第 1 步，打开 edit_diary.asp 文件，选中导航菜单中的“退出管理”文本。在【服务器行为】面板中选择【用户身份验证】|【注销用户】命令。

第 2 步，在打开的【注销用户】对话框中进行简单设置，如图 19.37 所示。最后，单击【确定】按钮即可。

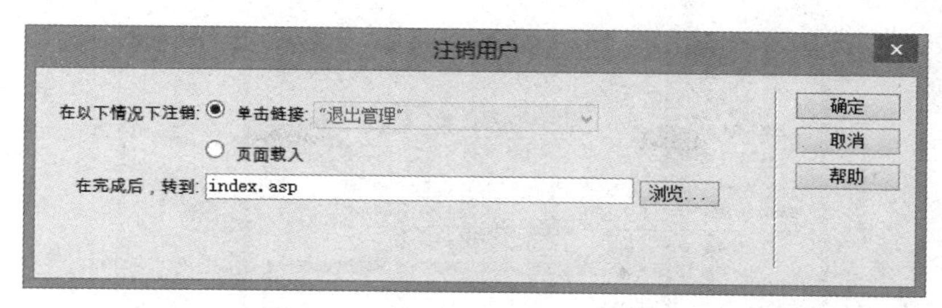

图 19.37　设置【注销用户】对话框

19.5　扩展功能

本例留言板功能单一，但是用户可以通过扩展的方式增强留言板功能。下面将介绍如何实现留言板的审核和回复功能。

19.5.1　留言回复

留言回复是管理员的权限，该功能设计在后台页面（edit_diary.asp）中。

留言回复的设计思路：在 feedback 数据表中增加 reply 字段，用来保存留言信息，然后新建 reply 文件，用来写回复或者更新回复，然后把留言回复显示在页面中即可。

【操作步骤】

第 1 步，首先，在数据库 feedback.mdb 的 feedback 数据表中增加一个字段，字段名为 reply，数据类型为“文本”，字段大小可以设置为“255”。

第 2 步，在 edit_diary.asp 文件中“修改”文本前面添加一个“回复”超链接，定义超链接 URL 为 reply.asp 文件，传递参数为 id（与“修改”超链接的设置完全相同），具体代码如下：

```
<a href="reply.asp?id=<%=(read.Fields.Item("id").Value)%>">回复</a>
```

第 3 步，新建 reply.asp 文件，也可以复制 rewrite_diary.asp 文件，然后改名为 reply.asp，并简单修改表单页面和服务器行为设置。

第 4 步，在该文件中定义一个记录集，查询符合参数变量 id 值的记录，然后把该记录集字段绑定到表单中，用来显示数据库中已经存在的留言回复信息。

第 5 步，增加“更新记录”服务器行为，实现把新写或者修改的回复信息保存到数据库中。定义的“更新记录”服务器行为如图 19.38 所示。

第 6 步，打开 index.asp 和 edit_diary.asp 文件，在留言正文底部增加如下代码。注意，在增加代码时，一定要准确确定代码插入点，即应该在留言正文所在表格行<tr>和</tr>标记的后面输入如下代码，否则就会造成页面结构的混乱。

```
<%=(read.Fields.Item("content").Value)%>
<%If read.Fields.Item("reply").Value <> "" then %>
<TR><TD style="PADDING: 4px; margin-top:6px;line-hieght: 120%;color:red; border-top:solid #ddd 1px;" colSpan=4> (回复: <%=(read.Fields.Item("reply"). Value)%> )
</TD></TR>
<% end if %>
```

上面代码首先判断记录中是否存在留言回复，如果有则显示回复内容。

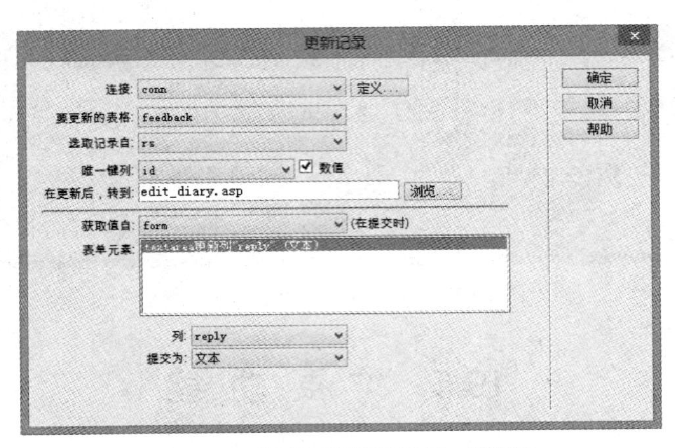

图 19.38　设置【更新记录】对话框

第 7 步，用户登录后台后，单击“回复”超链接文本，将打开 reply.asp 文件，如图 19.39 所示。在其中写入新留言回复或者修改已经存在的留言回复，然户单击【回复】按钮，即可在 index.asp 和 edit_diary.asp 文件中看到新留言的回复信息，如图 19.40 所示。

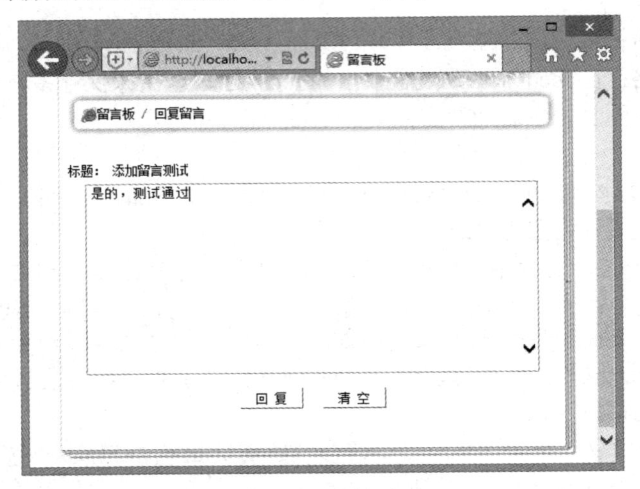

图 19.39　回复留言

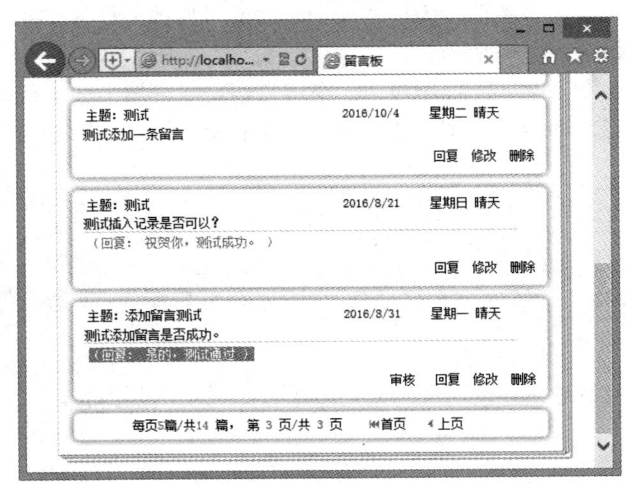

图 19.40　显示留言回复

19.5.2　留言审核

管理员可以删除不良的留言信息，但有时由于疏忽，有些不良信息已经显示出来。留言审核具有预防功能，只有审核通过，才能允许留言公开显示。

留言审核的设计思路：在 feedback 数据表中增加 lock 字段，用来保存审核信息，然后新建 lock 文件，用来对留言信息进行审核操作，审核之后把审核结果写入数据库。在 index.asp 文件中根据 lock 字段的信息决定是否显示每条留言信息。

【操作步骤】

第 1 步，首先，在数据库 feedback.mdb 的 feedback 数据表中增加一个字段，字段名为 lock，数据类型为“是/否”，该字段默认值为 0，表示“否”（即 false），如果取值为非 0（默认为 1），则表示“是”（即 true）。

第 2 步，在 edit_diary.asp 文件中“回复”文本前面添加一个“审核”超链接，定义超链接 URL 为 lock.asp 文件，传递参数为 id（与“修改”超链接的设置完全相同），具体代码如下：

```
<%if read.Fields.Item("lock").Value = 0 then %>
<a href="lock.asp?id=<%=(read.Fields.Item("id").Value)%>">审核</a> 
<% end if %>
```

在上面代码中，通过一个条件语句判断当前记录是否通过审核，如果没有通过审核，则显示“审核”超链接，单击该超链接将跳转到 lock.asp 文件，并传递 id 参数值。

第 3 步，新建 lock.asp 文件，可以复制 reply.asp 文件，然后改名为 lock.asp，并简单修改表单页面和服务器行为设置。

第 4 步，在该文件中定义一个记录集，查询符合参数变量 id 值的记录，然后把该记录集字段绑定到表单中，用来显示数据库中该记录的审核信息。代码如下：

```
<h3 align="center">审 核</h3>
<% if rs.Fields.Item("lock").Value <> 0 then %>
        <input name="ok" type="radio" value="true" checked>通　过<br>
        <input name="ok" type="radio" value="false">没通过
<% else %>
        <input name="ok" type="radio" value="true" >通　过<br>
        <input name="ok" type="radio" value="false" checked>没通过
<% end if %>
```

在上面代码中，利用一个条件语句判断该记录是否通过审核，如果通过审核，则显示“通过”单选按钮为选中状态，否则显示“没通过”单选按钮为选中状态。页面中表单设计效果如图 19.41 所示。

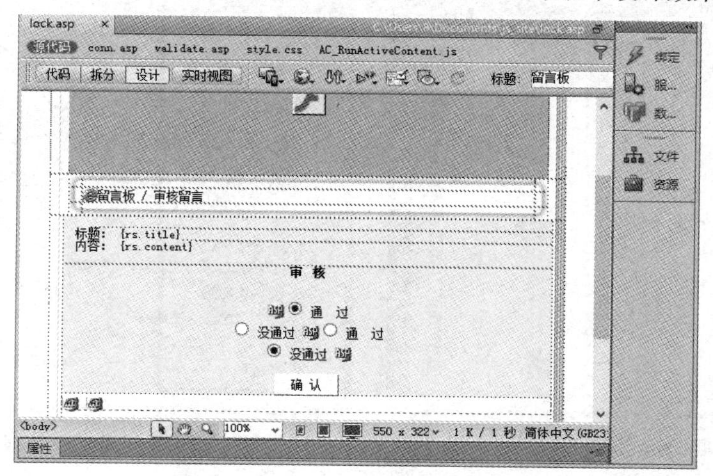

图 19.41　审核表单设计效果

第 5 步，增加“更新记录”服务器行为，定义的“更新记录”服务器行为如图 19.42 所示。在【更新记录】对话框中，要选择【提交为】下拉菜单为“复选框 1，0”选项。

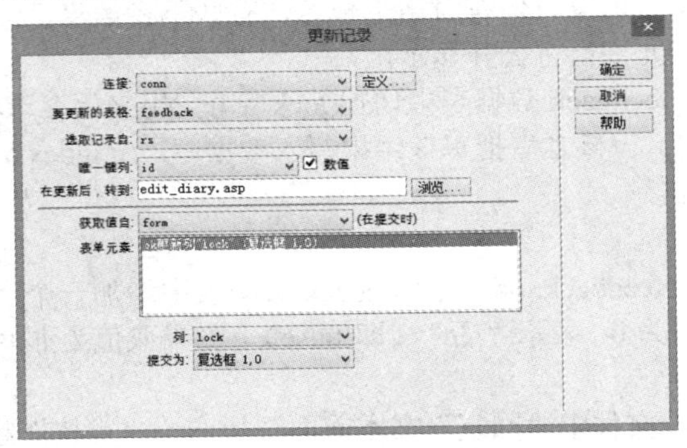

图 19.42 设置【更新记录】对话框

第 6 步，打开 index.asp 文件，修改记录集 read 的筛选条件为字段 lock 不等于 0。方法是：在【绑定】面板中双击“read”记录集，打开【记录集】对话框，修改其中的【筛选】选项，如图 19.43 所示。

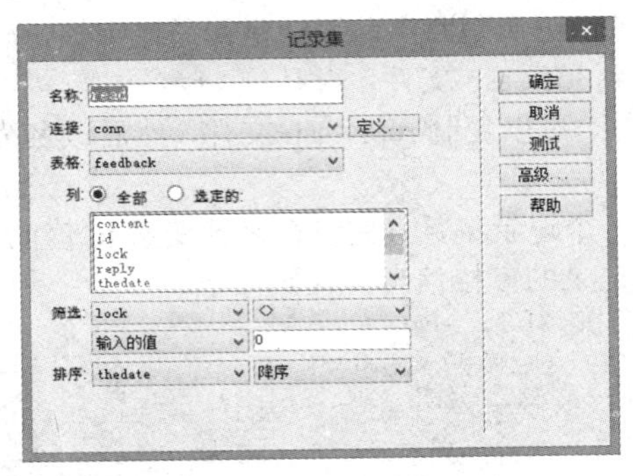

图 19.43 修改【记录集】对话框

第 7 步，设计完毕，如果用户登录后台后，单击“审核”超链接文本，将打开 lock.asp 文件，如图 19.44 所示。在其中选择是否通过审核，然后单击【确认】按钮，即可在 index.asp 文件中看到该留言信息，如图 19.45 所示。

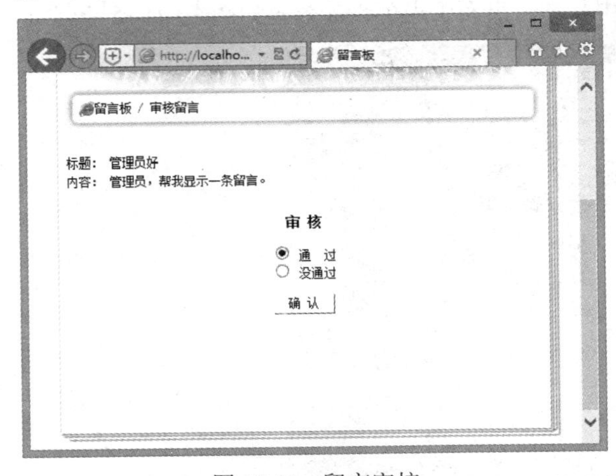

图 19.44 留言审核

图 19.45 显示审核通过的留言